Reaktortechnik

Albert Ziegler · Hans-Josef Allelein
Herausgeber

Reaktortechnik

Physikalisch-technische Grundlagen

2., neu bearbeitete Auflage 2013

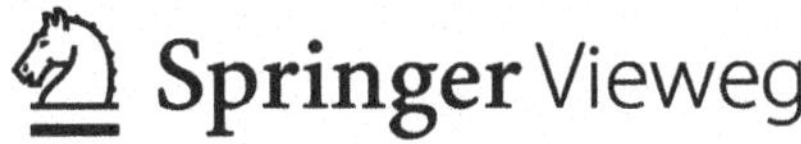

Herausgeber
Albert Ziegler
Estenfeld, Deutschland

Hans-Josef Allelein
Lehrstuhl für Reaktorsicherheit und -technik
Rheinisch-Westfälische Technische Hochschule (RWTH) Aachen
Aachen, Deutschland

Co-Autoren
Stefan Brejora
Kernkraftwerke Lippe-Ems GmbH
Kernkraftwerk Emsland (KKE)
Lingen, Deutschland

Ulf Ilg
EnBW Kernkraft GmbH
Kernkraftwerk Philippsburg
Philippsburg, Deutschland

Stephan Jühe
Lehrstuhl für Reaktorsicherheit und -technik
Rheinisch-Westfälische Technische Hochschule (RWTH) Aachen
Aachen, Deutschland

ISBN 978-3-642-33845-8 ISBN 978-3-642-33846-5 (eBook)
DOI 10.1007/978-3-642-33846-5

Die Deutsche Nationalbibliothek verzeichnet diese Publikation in der Deutschen Nationalbibliografie; detaillierte bibliografische Daten sind im Internet über http://dnb.d-nb.de abrufbar.

Bei der Entstehung des Buches wurde mit großer Sorgfalt vorgegangen, trotzdem lassen sich Fehler nie vollständig ausschließen. Der Herausgeber und die Autoren haben sich bemüht, sämtliche Rechteinhaber von Abbildungen zu ermitteln. Wo dies nicht geschehen ist, bitten wir um einen Hinweis. Eine beabsichtigte Verletzung von Urheber- und Abbildungsrechten liegt nicht vor.

Gedruckt auf säurefreiem und chlorfrei gebleichtem Papier

Springer Vieweg ist eine Marke von Springer DE. Springer DE ist Teil der Fachverlagsgruppe Springer Science+Business Media
www.springer-vieweg.de

Immer greift die Macht der Normen
g'rad an Gottes Plan vorbei!

(aus Brumm, Bienchen
Heinrich Böll, 1946)

Danksagung

Mein Dank an den Springer-Verlag allgemein gilt insbesondere Frau Hestermann-Beyerle und Frau Kollmar-Thoni, die uns mit routiniertem Verständnis klare Randbedingungen geschaffen haben, auf deren Basis wir inhaltlich arbeiten konnten.

Großer Dank gilt meinen beiden Co-Autoren Dr. Ulf Ilg und Dr. Stefan Brejora, die die Kap. 13–15 erstellt haben. Ihre Fachkompetenz, die in die Ausgestaltung dieser Kapitel eingeflossen ist, bereichert den vorliegenden Band an wichtigen Stellen.

Besonderer Dank gilt meinem Mitarbeiter und Co-Autor Dr. Stephan Jühe. Er hat nicht nur die Last der mühsamen Tagesarbeit bei der Erstellung unseres Buches getragen und wichtige Passagen um- oder neugeschrieben, sondern seinem Enthusiasmus für dieses Projekt ist es zu verdanken, dass wir es überhaupt in Angriff genommen und zum Abschluss gebracht haben.

Aus dem Kreis meines Mitarbeiterstabs sind eine Reihe zumeist junger Damen und Herren zu nennen, die mit Fachkenntnis und Beharrlichkeit die anfallenden Arbeiten für Texterstellung, Textver- und Bildbearbeitung sowie Korrekturlesen geleistet haben: Frau Friederike Bostelmann, Frau Shanna Eismar, Frau Anna Feininger, Frau Sara Krajewski, Frau Dr. Bärbel Schlögl, Frau Anni Schulze, Frau Victoria Sosna, Herr Philipp Broxtermann, Herr Alexander Hundhausen, Herr Björn Krupa und Herr Stephan Struth.

Frau Friederike Bostelmann und Herrn Stefan Herber danke ich für die Durchführung zahlreicher Rechnungen mit dem Monte-Carlo-Neutronenprogramm SERPENT, die uns erlauben, bei einer ganzen Reihe von Abbildungen den aktuellen Stand von Wissenschaft und Technik wiederzugeben.

Den Herren Stefan Glaubrecht, Detlef Hofbauer und Dr. Christian Schönfelder von der Firma Areva danke ich für ihre Unterstützung und insbesondere die Bereitstellung von Abbildungen für dieses Buch.

„Last, but not least" gilt mein Dank Herrn Jörg Boeven für seine administrative Unterstützung bei der Realisierung dieses Projektes.

Zum Schluss noch ein Wunsch und eine Bitte: Alle Beteiligten hoffen, dass unsere neu herausgegebene Überarbeitung trotz der schwierigen Situation im Umfeld der deutschen Kerntechnik vielen mit der Thematik Befassten von Nutzen ist und auch an der ein oder anderen Stelle Freude bereitet. Trotz größter Mühe bei der Bearbeitung unsererseits werden Sie, verehrte Leserinnen und Leser, sicher zahlreiche Verbesserungsvorschläge für dieses Werk machen können. Ob sachliche Fehler, Hinweise jeglicher Art oder schlichtweg Rechtschreibfehler, bitte senden Sie uns diese an folgende E-Mail-Adresse:

lehrbuch-reaktortechnik@lrst.rwth-aachen.de

Uns allen viel Freude!

Kürten, 12. November 2012 Hans-Josef Allelein

Inhaltsverzeichnis

1 Situation der Kernenergie in Deutschland ... 1

2 Struktur der Materie und Kernreaktionen ... 3
2.1 Strukturbereiche und ihre Physik ... 3
2.1.1 Struktur der Atomkerne ... 7
2.1.2 Struktur der Nukleonen ... 9
2.1.3 Das Standardmodell der Elementarteilchenphysik ... 10
2.1.4 Kernaufbau ... 13
2.1.5 Bindungsenergie ... 15
2.1.6 Schalenmodell ... 17
2.1.7 Tröpfchenmodell ... 23
2.1.8 Stabilität der Atomkerne ... 25
2.2 Radioaktivität ... 27
2.2.1 α-Strahlung ... 28
2.2.2 β-Strahlung ... 30
2.2.3 γ-Strahlung ... 32
2.2.4 Nachweis von α-, β- und γ-Strahlung ... 34
2.3 Kernumwandlungen ... 35
Literatur ... 38

3 Kernspaltung ... 39
3.1 Auslösung der Kernspaltung ... 39
3.2 Spaltprodukte ... 42
3.3 Energiefreisetzung bei der Spaltung ... 45
3.4 Neutronenerzeugung ... 47
3.4.1 Neutronenausbeute ... 47
3.4.2 Verzögerte Neutronen ... 47
3.4.3 Energiespektrum der Spaltneutronen ... 53
Literatur ... 55

4 Neutronenreaktionen ... 57
4.1 Wechselwirkung von Neutronen mit Materie ... 57
4.1.1 Neutronenstrom und Neutronenflussdichte ... 57
4.1.2 Schwächung eines Neutronenstrahles ... 58
4.1.3 Wirkungsquerschnitt ... 59
4.2 Wirkungsquerschnitte für Einzelprozesse ... 60
4.3 Reaktionswahrscheinlichkeit ... 61
4.3.1 Makroskopischer Wirkungsquerschnitt ... 61
4.3.2 Reaktionsrate ... 64
4.4 Energieabhängigkeit der Wirkungsquerschnitte ... 65
4.4.1 $1/v$-Bereich ... 66
4.4.2 Resonanzbereich ... 66
4.4.3 Schneller Bereich ... 67
4.4.4 Korrektur der thermischen Wirkungsquerschnitte ... 68
4.5 Differentieller Wirkungsquerschnitt ... 73
4.5.1 Differentieller Streuquerschnitt der Energieverteilung ... 73
4.5.2 Isotrope Streuung ... 74
4.6 Bremsung von Neutronen ... 76
4.6.1 Der Bremsstoß ... 77
4.6.2 Energieverteilung nach dem Stoß ... 78
4.6.3 Lethargie ... 79
4.6.4 Mittlerer Energieverlust pro Stoß ... 80
4.6.5 Bremszeit ... 83
4.6.6 Stoßdichte und Bremsdichte ... 84
4.7 Resonanzabsorption ... 85
Literatur ... 90

5 Unendlich ausgedehnter Reaktor ... 93
5.1 Kettenreaktionen ... 93
5.2 Multiplikation in homogenen Medien ... 95
5.3 Generationszyklus ... 97
5.4 Vier-Faktoren-Formel ... 98
5.5 Reaktivität ... 99
5.6 Homogene und heterogene Anordnungen ... 101
5.7 Berechnung der Vier Faktoren ... 102
5.7.1 Berechnung von η ... 103
5.7.2 Berechnung von f ... 104
5.7.3 Berechnung von ε ... 105
5.7.4 Berechnung von p in homogener Anordnung ... 109
5.7.5 Berechnung von p in heterogener Anordnung ... 110
5.7.6 Berechnung von p in quasihomogener Anordnung ... 112
Literatur ... 113

6 Neutronentransport 115
6.1 Bewegung der Neutronen 115
6.2 Allgemeine Transportgleichung 118
6.3 Monte-Carlo 122
6.4 Vereinfachungen der Transportgleichung 123
6.4.1 P_N-Näherung der Transportgleichung 123
6.4.2 Diffusionsgleichung 126
6.4.3 Das Ficksche Gesetz 126
6.4.4 Lösung der Diffusionsgleichung 132
6.4.5 Grenzbedingungen 132
6.4.6 Fermi-Alter-Theorie 136
Literatur 138

7 Diffusionsgleichung für den endlichen Reaktor 139
7.1 Multiplikationsfaktor für ein endlich ausgedehntes System 139
7.2 Konzept einer kritischen Anordnung 141
7.3 Kritische Abmessungen eines endlichen Systems 145
7.3.1 Kugelförmige Reaktoren 145
7.3.2 Reaktoren mit Quaderform 147
7.3.3 Reaktoren mit Zylinderform 148
7.4 Neutronenphysikalische Optimierung von Reaktoren 151
7.5 Heterogene Reaktoren 153
7.5.1 Berechnung des Neutronenflusses in der Einheitszelle 154
7.5.2 Berechnung des heterogenen Reaktors 162
7.6 Multigruppenrechnung 164
7.6.1 Bestimmung der Mehrgruppenkonstanten 166
7.6.2 Mehrgruppendiffusionsgleichung 168
7.7 Thermischer Reaktor mit Reflektor 172
Literatur 176

8 Reaktordynamik 177
8.1 Charakterisierung der relevanten Phänomene 177
8.2 Punktkinetische Gleichungen 178
8.2.1 Kinetik der verzögerten Neutronen 178
8.2.2 Einfache Lösung der punktkinetischen Gleichungen 180
8.3 Reaktivitätseffekte durch Temperaturänderung 181
8.4 Mittel- und langfristige Effekte 185
8.4.1 Brennstoffabbrand 185
8.4.2 Aufbau höherer Isotope 188
8.4.3 Aufbau von Spaltprodukten 188
8.4.4 Spaltproduktvergiftung 191
Literatur 196

9 Reaktorwärmetechnik 197
9.1 Grundsätzliche Fragen des technischen Reaktordesigns 197
9.1.1 Brennstoffvarianten 197
9.1.2 Moderatoren 198
9.1.3 Kühlmittel 199
9.1.4 Brennstoffhülle 199
9.1.5 Leistungsreaktortypen 199
9.2 Brennelemente 200
9.2.1 Brennstabauslegung 201
9.2.2 Formänderungen des Brennstoffs 202
9.2.3 Formänderungen des Hüllrohrs 204
9.2.4 Spaltprodukte 205
9.2.5 Abbrandverhalten des Brennstabs 209
9.2.6 Brennstabauslegung 210
9.2.7 Brennelementeinsatz im Reaktor 213
9.2.8 Spaltprodukte 214
9.3 Leistungsdichteverteilung 214
9.4 Temperaturfeld im Brennstoff 215
9.5 Wärmeübertragung im Spalt zwischen Brennstoff und Hülle 221
9.6 Temperaturverlauf in der Brennstoffhülle 223
9.7 Axiale Temperaturverteilung 224
9.8 Wärmeübergang an der Brennelementoberfläche 228
9.8.1 Wärmeübergang ohne Sieden 229
9.8.2 Wärmeübergang beim Sieden 231
9.9 Druckverlust im Reaktorkern 237
Literatur 241

10 Moderne Leichtwasserreaktoren 243
10.1 Druckwasserreaktor (Typ Konvoi) 243
10.1.1 Brennelemente 244
10.1.2 Reaktoraufbau 252
10.1.3 Hauptförderpumpen 261
10.1.4 Dampferzeuger 263
10.1.5 Druckhalter 265
10.1.6 Rohrleitungen 266
10.1.7 Kreislaufauslegung 268
10.2 Siedewasserreaktor 269
10.2.1 Brennelemente 271
10.2.2 Reaktoraufbau 272
10.2.3 Kühlmittelumwälzpumpen 284
10.2.4 Dampfkreislauf 286
10.2.5 Abschlussarmaturen 287

10.2.6 Druckentlastungssystem ... 287
10.2.7 Kreislaufauslegung ... 288
10.3 Reaktormesstechnik ... 289
10.3.1 Ionisierende Strahlung ... 290
10.3.2 Neutronenfluss ... 300
Literatur ... 309

11 Entwicklungen im Rahmen der Generation III+ ... 311
11.1 Passive Sicherheitseigenschaften ... 311
11.2 Prinzip der räumlichen Trennung ... 312
11.3 Passive Primärkreiskühlung ... 313
11.3.1 Kerena Notkondensator ... 313
11.3.2 AP1000 Passives System zur Nachwärmeabfuhr ... 315
11.3.3 ESBWR Isolation Condenser ... 315
11.4 Passive Containmentkühlsysteme ... 316
11.4.1 AP1000 Containmentkühlsystem ... 317
11.4.2 Kerena Gebäudekondensator ... 319
11.4.3 ESBWR containmentkühlsystem ... 320
11.5 Sonstige Beispiele neuartiger passiver Systeme ... 321
11.5.1 Reaktordruckbehälterkühlung (Kerena und AP1000) ... 322
11.5.2 EPR Kernfänger ... 323
11.5.3 WWER-1000 Kernfänger ... 326
11.5.4 Kerena Passive druckgesteuerte Pulsgeber ... 327
11.6 Beispiele fortschrittlicher westlicher Reaktorkonzepte ... 328
11.6.1 Europäischer Druckwasserreaktor (EPR) ... 328
11.6.2 AP1000 ... 330
11.6.3 KERENA ... 331
Literatur ... 333

12 Weitere Reaktorkonzepte ... 335
12.1 Schwerwassermoderierter Druckröhrenreaktor ... 335
12.1.1 Grundlagen ... 336
12.1.2 Referenzanlage CANDU-6 ... 337
12.1.3 Weiterentwicklung zum Advanced CANDU Reactor ... 341
12.2 Schneller Natriumgekühlter Reaktor ... 342
12.2.1 Grundlagen ... 342
12.2.2 Referenzanlage Loop-Typ: SNR-300 ... 345
12.2.3 Referenzanlage Pool-Typ: Super Phénix ... 350
12.3 Hochtemperaturreaktor ... 353
12.3.1 Grundlagen ... 353
12.3.2 Referenzanlage HTR-Modul ... 356
12.4 Generation IV ... 360

12.4.1 Übersicht . . . 361
12.4.2 Schnelle Reaktorkonzepte . . . 362
12.4.3 Thermische Reaktorkonzepte . . . 372
Literatur . . . 380

13 Werkstoff- und Integritätskonzept für druckführende Komponenten . . . 383
13.1 Sicherheitstechnische Anforderungen; Weiterentwicklung . . . 383
13.1.1 Regulatorische Anforderungen für wichtige Komponenten . . . 384
13.1.2 Entwicklung und Einführung der Basissicherheit . . . 385
13.1.3 Analyse des strukturmechanischen Verhaltens . . . 389
13.1.4 Integritätskonzept . . . 395
13.1.5 Sicherheitstechnische Einstufung von Systemen . . . 398
13.2 Druckführende Komponenten mit höchsten Anforderungen . . . 399
13.2.1 Betrachtungsumfang für eine 1300 MWe DWR-Anlage . . . 399
13.3 Das Werkstoffkonzept in deutschen Leichtwasser-Reaktoren . . . 400
13.3.1 Grundzüge des deutschen Werkstoffkonzepts . . . 401
13.4 Beispielhafte Darstellung komponentenspezifischer Details . . . 404
13.4.1 DWR-Anlage Baulinie Konvoi (Siemens/KWU) . . . 404
13.4.2 Deutsche SWR-Anlagen . . . 416
Literatur . . . 426

14 Betrieb . . . 431
14.1 Brennelement-Einsatzplanung . . . 431
14.1.1 Beladestrategien . . . 432
14.1.2 Randbedingungen . . . 433
14.1.3 Brennelement-Einsatz . . . 436
14.1.4 Ergebnisse . . . 437
14.1.5 Reaktivitätskoeffizienten . . . 443
14.2 Handhabung von Brennelementen . . . 446
14.2.1 Aufbau und Funktion der BE-Lademaschine . . . 447
14.2.2 Bedienung der BE-Lademaschine . . . 451
14.3 Aufbau, Funktion und Fahrkonzept von Steuerelementen . . . 455
14.3.1 Mechanischer Aufbau . . . 456
14.3.2 Aufgaben der Steuerelemente – Fahrkonzept . . . 459
14.3.3 Neutronenphysikalische Wirksamkeit . . . 462
14.3.4 Auslegung von Steuerelementen . . . 467
14.4 Anfahren eines Reaktors . . . 469
14.4.1 Aufheizen des Primärkreises auf ≥295 °C . . . 470
14.4.2 Erreichen der Kritikalität . . . 473
14.4.3 Überführen des Reaktors in den Leistungsbetrieb . . . 476
14.4.4 Leistungsbetrieb . . . 480
14.5 Lastfolgebetrieb . . . 483
14.5.1 Arten der Leistungsregelung . . . 484

14.5.2 Neutronenphysikalisches Verhalten 486
14.5.3 Einflussfaktoren auf die Lastwechselflexibilität 488
14.5.4 Einschränkungen der Lastwechselfähigkeit 490
14.6 Streckbetrieb 492
14.6.1 Stationäres Teillastdiagramm 493
14.6.2 Streckbetriebsfahrweisen 494
14.6.3 Reaktorphysikalische Auswirkungen des Streckbetriebs 496
Literatur 499

15 Betriebsüberwachung druckführender Komponenten 501
15.1 Hintergrund 501
15.1.1 Alterungs-/integritätsrelevante Begriffsdefinitionen 502
15.2 Gruppenklassifizierung; Integritätsabsicherung 503
15.2.1 Sicherheitstechnisch orientierte Klassifizierung 503
15.2.2 Vorgehensweise zur Integritätsabsicherung 504
15.3 Komponentenspezifische Erkenntnisse im bisherigen Betrieb 506
15.3.1 Ursachen möglicher Schädigungsmechanismen 506
15.3.2 Folgen möglicher Schädigungsmechanismen 509
15.4 Prinzipielle Vorgehensweise zur Integritätsabsicherung 509
15.4.1 Ursachenüberwachung von Schädigungsmechanismen 509
15.4.2 Folgenüberwachung von Schädigungsmechanismen 511
15.5 Sprödbruch-Sicherheitsanalyse des Reaktordruckbehälters 516
15.5.1 Bruchzähigkeiten im unbestrahlten und bestrahlten Zustand 516
15.5.2 Bruchmechanikkonzept zum RDB-Sicherheitsnachweis 518
15.5.3 Bestrahlungseinfluss auf die Werkstoffeigenschaften 519
15.5.4 Grundzüge des RT_{NDT}- und T_0-Konzeptes 519
15.5.5 Bestrahlungs-Überwachungsprogramm 522
15.5.6 Fortschrittliche Sprödbruchsicherheitsnachweise 522
Literatur 527

16 Brennstoffzyklus 531
16.1 Uranvorkommen 531
16.1.1 Entstehung der Uranvorkommen 531
16.1.2 Uranvorkommen auf der Erde 533
16.1.3 Das Oklo-Phänomen 534
16.1.4 Uranabbau und Erzaufbereitung 535
16.1.5 Derzeitige Uranförderung 536
16.1.6 Weitere Möglichkeiten der Urangewinnung 536
16.1.7 Reichweite der Kernbrennstoffe 538
16.2 Vom Erz zum Kernbrennstoff 539
16.2.1 Weiterverarbeitung der Urankonzentrate 539
16.2.2 Aktuelle Verfahren zur Urananreicherung 540

16.2.3 Weiterverarbeitung zu Brennstoffpellets 550

16.3 Entsorgung radioaktiver Abfälle 550

16.3.1 Das aktuelle Entsorgungskonzept Deutschlands 551

16.3.2 Wiederaufarbeitung von Kernbrennstoffen. 552

16.3.3 Partitionierung und Transmutation 555

16.3.4 Zwischenlagerung 560

16.3.5 Endlagerung 575

Literatur 580

Anhang A. 583

Sachverzeichnis 623

Situation der Kernenergie in Deutschland 1

Kernenergie hat in Deutschland eine wechselvolle Geschichte. Zunächst als Symbol modernster Technik quasi vergöttert, spätestens nach Fukushima 2011 als „Teufelszeug" verpönt. Politisches Kalkül, mediale Kampagne und weitgehende fehlende Bereitschaft der breiten Öffentlichkeit, sich mit Kernenergie – speziell der Reaktorsicherheit – zu befassen, haben zu der sog. Energiewende geführt, nach der Deutschland in überschaubarer Zeit aus der inländischen Nutzung der Kernenergie zur Stromerzeugung aussteigen will.

Zu diesem Entscheidungsfindungsprozess habe ich in der Alumni-Ausgabe 52 meiner Hochschule, der RWTH-Aachen, im Jahre 2011 u. a. Folgendes geschrieben:

„Der Papst hat sich bei seinem letzten Deutschlandbesuch gegen das Bestreben gewandt, in einer Demokratie das Recht allein auf Mehrheitsbeschlüsse zu gründen: Mehrheit muss nicht Wahrheit bedeuten. Wenn der Papst diesen Gedanken auch in einem ganz anderen inhaltlichen Zusammenhang formuliert hat, so möchte ich ihn doch an dieser Stelle modifiziert aufgreifen: ‚Mehrheit muss nicht Richtigkeit bedeuten.' Wenn ich auch die getroffene Entscheidung inhaltlich – vor allem wegen der zeitlichen Fixierung und der stümperhaften Entscheidungsfindung, worüber auch Ethikkommission etc. nicht hinweg täuschen können – nicht mittrage, so gilt es doch, die demokratischen Regeln einzuhalten. Zu lamentieren oder gar zu boykottieren ist unverantwortlich der Bevölkerung gegenüber.

Wir müssen uns der neuen Marschrichtung stellen, um (energiepolitischen) Schaden zu vermeiden beziehungsweise zu minimieren. Dies gilt auch, wenn die Mehrheit einen Beschluss fasst, der unwiderruflich und unumkehrbar sein soll, denn ‚damit wird gegen eine unantastbare Regel demokratischer Politik verstoßen, die da lautet, dass niemand das Recht hat, Fakten zu schaffen, die Nachkommende nicht revidieren können.' (Welt online, 11. Juni 2011)."

Die zu Anfang erwähnte frühe Euphorie in Deutschland spiegelt sich auch in der Fachliteratur zur Reaktortechnik wieder:

Erschienen in der Blütezeit noch einige deutschsprachige Werke wie Emmendörfer/Höcker, Schulten/Kugeler, Smidt und Ziegler, so sind mir in den letzten Jahrzehnten

A. Ziegler und H.-J. Allelein (Hrsg.), *Reaktortechnik*,
DOI: 10.1007/978-3-642-33846-5_1, © Springer-Verlag Berlin Heidelberg 2013

weder deutschsprachige Neuerscheinungen, noch inhaltlich überarbeitete Neuauflagen bekannt.

Umso höher ist es dem Springer-Verlag anzurechnen, dass er sich nicht scheut, eine grundlegend überarbeitete, dem heutigen Kenntnisstand angepasste Neufassung eines der oben erwähnten Standardwerke neu herauszugeben. Auf der Basis des ursprünglichen „dreibändigen Zieglers“ liegt nun der Band „Reaktortechnik“ in gründlich überarbeiteter Fassung vor. Die inhaltliche Struktur orientiert sich stark am „alten Ziegler“, trägt aber auch den beiden Leitgedanken für die Neufassung Rechnung: Zum einen sollen die in den letzten beiden Jahrzehnten gemachten Fortschritte in der Reaktortechnik in diesem Werk ihren Niederschlag finden, zum anderen soll die Reaktorsicherheit samt der zugehörigen Forschung der herausgehobene Stellenwert zukommen, den sie nicht erst nach den Katastrophen bzw. Beinahe-Katastrophen in Harrisburg, Tschernobyl und Fukushima hat bzw. im Laufe der Jahre bekommen hat. Diesem Gedanken folgend ist mittelfristig ein eigenständiger zweiter Band „Reaktorsicherheit“ geplant.

Struktur der Materie und Kernreaktionen

2

Wesentliche Motivation für die friedliche Nutzung der Kernenergie ist der hohe Energieinhalt des Kernbrennstoffes. Während ein modernes deutsches Kernkraftwerk mit ca. 30 Tonnen leicht angereichertem Uran ein ganzes Jahr lang Elektrizität produzieren kann, liegt der entsprechende Brennstoffbedarf eines gleichwertigen Braunkohlekraftwerkes bei ca. 4 Millionen Tonnen! Aber woher kommt diese Energie? Mit dem folgenden Kapitel soll mit einem Überblick über die Physik der Atomkerne ein grundlegendes Verständnis dieser Frage aufgebaut werden.

2.1 Strukturbereiche und ihre Physik

Die Kernspaltung beruht auf Vorgängen, die sich in den fast kleinsten Bausteinen der Materie, den Atomkernen, abspielen und mit einer Umwandlung von Materie in Energie verbunden sind. Um sie zu verstehen, müssen wir uns mit der Struktur der Materie befassen.

Wir tun dies, indem wir in Gedanken die Materie in immer kleinere Teile zerlegen und nach deren physikalischen Eigenschaften fragen. Dabei werden wir erkennen, dass zwar in der Natur ohne Ausnahme die gleichen Gesetze gelten, dass sie sich aber im makroskopischen Bereich anders auswirken als im mikroskopischen, im atomaren, im nuklearen oder gar im subnuklearen Bereich.

In unserer täglichen Erfahrung erkennen wir die Materie in Form fester Körper, Flüssigkeiten und Gase. Sie sind schwer, weil sie von der Erde angezogen werden, und sie sind träge, weil wir zu ihrer Bewegung Kraft aufwenden müssen. Das erfahren wir am unmittelbarsten an unserem eigenen Körper. Die bestimmende Kraft ist die Gravitation. Da sie proportional zum Produkt zweier Massen ist und die Proportionalitätskonstante einen sehr kleinen Wert aufweist, hat sie nur erkennbare Wirkung, wenn große Massen im Spiel sind, zum Beispiel die Erde. Die Energieformen, mit denen wir es bei der Bewegung zu tun haben, sind potentielle und kinetische Energie sowie mechanische Arbeit. Dabei spielt die

A. Ziegler und H.-J. Allelein (Hrsg.), *Reaktortechnik*,
DOI: 10.1007/978-3-642-33846-5_2,

innere Energie der Stoffe keine Rolle. Neben einem Erhaltungssatz der Masse gelten die Erhaltungssätze der Energie und des Impulses.

Die physikalische Beschreibung dieser makroskopischen Körper ist das Gebiet der Mechanik.

Beginnen wir mit unserem Gedankenexperiment der Zerlegung der Materie, so stellen wir fest, dass sich die makroskopischen Eigenschaften von Gasen sehr gut beschreiben lassen, wenn man davon ausgeht, dass diese aus kleinsten Teilchen bestehen, die manchmal miteinander kollidieren, sich aber ansonsten frei bewegen. Die kinetische Energie dieser Teilchen ist das, was wir makroskopisch als Wärme bezeichnen, die mittlere kinetische Energie eines Einzelteilchens hängt mit der Temperatur zusammen und durch Kollisionen mit einer das Volumen umgebenden Wand wird der Gasdruck ausgeübt. Bei Kollisionen dominieren die abstoßenden Kräfte zwischen den Teilchen – wenn wir ein Gas aber stark genug abkühlen, machen sich auch anziehende Kräfte bemerkbar und das Gas kondensiert zu einer Flüssigkeit. In dieser stehen die Teilchen in direktem Kontakt, können sich aber noch relativ zueinander bewegen. Bei noch geringerer Temperatur sind die Teilchen dann auch räumlich fixiert und die Flüssigkeit erstarrt zu einem Festkörper. Sowohl die abstoßenden, als auch die anziehenden (van-der-Waals-Kräfte und Dipol-Wechselwirkung bei Flüssigkeiten, Kristall- und Ionenbindung bei Festkörpern) Kräfte sind ihrer Natur nach elektromagnetische Kräfte. Die durch diese Kräfte vermittelte Wechselwirkung zwischen den Teilchen ist verantwortlich für die Phänomene der Wärmebewegung, der Schallausbreitung, der Druckübertragung und vor allem der verschiedenen Aggregatzustände der Materie. Mit ihrer Beschreibung befinden wir uns im Bereich der Thermodynamik und der Akustik. Den Energiesatz müssen wir durch Berücksichtigung der Wärmeenergie des Stoffes erweitern. Die Gravitation ist hierbei in den meisten Fällen vernachlässigbar.

In vielen Fällen sind die bis hierher genannten Teilchen Moleküle, die wir weiter in Atome zerlegen können (eine Ausnahme sind z. B. die einatomigen Edelgase). Hierfür muss die chemische Bindungsenergie überwunden werden. Die Bindungskräfte rühren von der elektromagnetischen Wechselwirkung zwischen den Atomen her, die erst mit der Aufklärung der Atomstruktur verstanden werden konnte. Die Bindungskräfte haben noch kürzere Reichweiten als die van-der-Waals-Kräfte. Sie sind verantwortlich für die stofflichen Veränderungen, deren Beschreibung Gegenstand der Chemie und der Biologie ist.

Der Energiesatz muss wiederum erweitert werden durch Hineinnahme der chemischen Reaktionswärme. Wir können auch die chemischen Vorgänge zum Teil durch unsere Sinne direkt wahrnehmen, z. B. als Feuer oder Explosion, aber auch durch Geschmack und Geruch.

Versuchen wir, die Atome, die vermeintlich „Unteilbaren" (nach dem griechischen Philosophen Demokrit: ἄτομος = „unteilbar"; eigentlich: „unzerschneidbar"), weiter zu zerlegen, so erkennen wir, dass sie aus einem zentralen Kern und einer Elektronenhülle aufgebaut sind. Die Kraft, die wir aufbringen müssen, um die Elektronen vom Kern zu entfernen, muss die elektrische Anziehung der positiven und negativen elektrischen Ladungen, die sogenannte Coulomb-Kraft, überwinden. Wir erkennen, dass diese Kraft nichts mit der Masse zu tun hat, sondern proportional zum Produkt der Ladungen ist, anziehend oder abstoßend, je nach Vorzeichenkombination. Die Ladung kann positiv oder negativ sein und kann sich gegenseitig kompensieren, aber sie kann nicht verschwinden. Auch für die Ladung gilt also ein Erhaltungssatz. Interessanterweise kommt die Ladung aber nicht in beliebiger Größe vor, sondern tritt nur in ganzzahligen Vielfachen einer Ladungseinheit, der Elementarladung $e = 1{,}602 \cdot 10^{-19}$ C, auf. Sie ist also gequantelt. Den Energiesatz müssen wir wiederum um die Energie des elektromagnetischen Feldes erweitern. Darüber hinaus müssen wir feststellen, dass die Energie der atomaren Bindung ebenfalls gequantelt ist. Es gibt nur bestimmte Zustände der kinetischen Energie, in denen sich die Elektronen um den Atomkern herum bewegen können, was ein deutlicher Hinweis darauf ist, dass die Elektronen hier nicht den Gesetzen der Mechanik eines Massenpunktes folgen. Wir befinden uns damit im Bereich der Atomphysik, die von der Quantentheorie beschrieben wird. Die Energieänderungen in der Elektronenhülle, wir nennen sie jetzt wegen der diskreten Energieniveaus „Energieübergänge", sind verbunden mit einer Emission elektromagnetischer Strahlung, sogenannter Photonen, die wir zum Teil als Licht wahrnehmen können; alles, was sich in der subatomaren Struktur abspielt, können wir nur noch indirekt wahrnehmbar machen, da sie den menschlichen Sinnen nicht mehr direkt zugänglich sind. Die Untersuchung des Lichts hat die diskreten Energiezustände durch die Spektrallinien offenbart und die Erkenntnis vermittelt, dass die Beziehung zwischen Energieübergang ΔE und Lichtfrequenz ν

$$\Delta E = h\nu \tag{2.1}$$

durch eine Konstante h, das sogenannte Plancksche Wirkungsquantum, bestimmt wird, womit auch die Photonenemission beschrieben werden kann. In den Energiesatz muss noch die elektromagnetische Wechselwirkung mithineingenommen werden.

Bei dem Versuch, die Atomstruktur mit den Gesetzen der klassischen Physik zu verstehen, kommt man in Schwierigkeiten. Viele Experimente führten zu der Erkenntnis, dass die Atome aus einem positiv geladenen Kern und negativ geladenen Elektronen bestehen. Fast die gesamte Masse des Atoms ist im Atomkern konzentriert, sodass man diesen als ruhend und nur die Elektronen als beweglich betrachten kann. Dass die Elektronen nicht ruhend sein können, leuchtet unmittelbar ein, da sie ja durch die Anziehung sofort in Bewegung kämen. Ein statisches Atommodell scheidet also aus. Die Bewegung der Elektronen kann auch nicht geradlinig sein, da sie sonst das Atom verlassen würden. Bei einer gekrümmten Bahn müssten sie aber nach den klassischen Gesetzen der Elektrodynamik dauernd Energie abstrahlen, was mit der Stabilität des Atoms in Widerspruch steht. Eine der gemachten Annahmen muss also falsch sein.

Da sich sowohl die Existenz der Ladungen und des Coulomb-Feldes als auch die Gesetze der Elektrodynamik als experimentell gesichert erwiesen, konnte nur eine andere Annahme falsch sein, nämlich, dass man für die Elektronen die Gesetze der klassischen Punktmechanik anwandte. Die Lösung brachte die Wellenmechanik, deren Grundgleichung, die sogenannte Schrödinger-Gleichung in (2.2) wiedergegeben ist.

$$\mathrm{i}\hbar\frac{\partial}{\partial t}|\,\psi(t)\rangle = \hat{H}|\,\psi(t)\rangle \quad \hbar = h/2\pi. \tag{2.2}$$

Hierbei ist $|\psi(t)\rangle$ die zu bestimmende unbekannte Funktion und $\hat{H}$ der Hamiltonoperator, der das zu untersuchende System charakterisiert. Eingesetzt zur Beschreibung der Elektronenhülle, lässt sich die Schrödinger-Gleichung nur für den einfachsten Fall, das Wasserstoffatom, analytisch lösen.

Auf die Wellennatur der Elektronen deutete der experimentelle Befund, dass bei der Beugung von Elektronenstrahlen, die man zunächst als eine Korpuskularstrahlung betrachtete, Interferenzerscheinungen wie beim Licht beobachtet werden. Versteht man die elementare Eigenschaft der Raumerfüllung eines Teilchens nicht im Sinne einer fast punktförmigen Konzentration auf ein bestimmtes Volumen, sondern als eine Dichteverteilung über einen größeren Raumbereich, so kann man diese Dichteverteilung auch als eine Wahrscheinlichkeitsfunktion für eine Wirkung des Teilchens betrachten, das sich uns nicht direkt, sondern nur durch seine Wirkungen kundtut. Die Erscheinung der Interferenz bedeutet aber, dass die Wirkungen von Teilchen sich nicht nur gegenseitig verstärken, sondern auch auslöschen können. Dichte und Wahrscheinlichkeit sind jedoch nach unserer Definition positiv. Gegenseitige Auslöschung ist bei ihnen nicht denkbar, sondern nur bei einer Größe, die beide Vorzeichen annehmen kann. Man ist also gezwungen, der Wirkung des Teilchens einen Vorgang zu unterlegen, der sich durch eine von der Dichte unabhängige Größe beschreiben lässt. Diese Wellenfunktion ψ (s.(2.2)) muss wegen des Wellencharakters auch negative Werte annehmen können. Sie beschreibt eine Veränderung des Raumes durch das Teilchen derart, dass das Quadrat dieser Veränderung die Dichte des Teilchens ergibt. Die Dichte des Teilchens steht also mit der Wellenfunktion in dem gleichen Verhältnis wie die Intensität einer Welle zu ihrer Amplitude.

Die Lösung der Schrödinger-Gleichung für die Elektronen eines Atoms führt zu Eigenfunktionen, die diskrete, durch Quantenzahlen gekennzeichnete, stehende Dichtewellen im Kraftfeld des Kerns beschreiben. Die jeder Hauptquantenzahl zugeordnete Anzahl von Energiezuständen definiert Schalen, die mit einer durch die Quantenzahl bestimmten Anzahl von Elektronen besetzt werden können. Dies führt zu einer periodischen Wiederholung chemischer Eigenschaften, für die jeweils nur die äußersten Elektronen maßgeblich sind, die im periodischen System der Elemente zum Ausdruck kommt. Die Energiezustände der Elektronen stimmen mit den aus Spektren berechneten Energietermen exakt überein. Überraschenderweise stellt man aber fest, dass jeder Zustand nicht nur mit einem, sondern mit zwei Elektronen besetzt ist. Diese unterscheiden sich jedoch durch ein hier erstmals erkennbares Merkmal, den sogenannten Elektronenspin. Der Spin ist ein Eigendrehimpuls, der sich jedoch nicht im mechanischen Sinne als Rotation einer räumlich ausgedehnten Masse erklären lässt. Er kann nur ganzzahlige oder halbzahlige Vielfache der Werte des reduzierten Planckschen Wirkungsquantums $\hbar = h/2\pi$ annehmen; üblicherweise wird dieser Faktor aber nicht mit genannt und der Spin wird z. B. mit $+1/2$ angegeben. Teilchen mit einem ganzzahligen Spin werden als Bosonen, solche mit einem halbzahligen Spin als Fermionen bezeichnet. Für Fermionen gilt, dass jeder Energiezustand von nur zwei Teilchen mit entgegengesetztem Spin besetzt sein darf. Diese Regel nennt man das Pauli-Prinzip. Allgemeiner ausgedrückt besagt es, dass Fermionen, die den gleichen Ort einnehmen, nicht in allen Quantenzahlen übereinstimmen dürfen. Bei sehr hohen Drücken kann das Pauli-Prinzip als eine Art abstoßende Kraft verstanden werden, die der Kompression von Materie entgegenwirkt. Hierdurch wird, als Beispiel aus der Astrophysik, ein weiterer Kollaps Weißer Zwerge (Wir auf die Elektronen) und Neutronensterne (Wirkung auf Neutronen) verhindert.

Die Eigenschaften eines Elementarteilchens lassen sich auch nicht genauer als bis auf ein gewisses Wirkungsvolumen bestimmen. Daraus resultiert die Heisenbergsche Unschärferelation, die sagt, dass das Produkt zweier Koordinaten mit der Dimension einer Wirkung niemals genauer als $\hbar$ sein kann. Das trifft z. B. zu für Ort $\times$ Impuls bzw. Energie $\times$ Zeit, und es gilt

$$\Delta x \Delta p \geqq \hbar \quad \text{bzw.} \quad \Delta E \Delta t \geqq \hbar\,. \tag{2.3}$$

Je schärfer die eine Koordinate bestimmt wird, desto unschärfer bleibt die andere.

2.1.1 Struktur der Atomkerne

Versuchen wir weiter, auch die Struktur der Atombausteine noch zu ergründen, so stoßen wir auf die überraschende Tatsache, dass es Hinweise auf die Teilbarkeit des Atomkerns schon gab, bevor die Struktur der Elektronenhülle aufgeklärt war. Schon 1896 entdeckte Becquerel die Radioaktivität, und 1919 gelang Rutherford der Nachweis künstlicher Kernumwandlung. Auf eine innere Struktur der Elektronen gibt es jedoch bis heute keine Hinweise; diese stellen damit nach unserem derzeitigen Verständnis Elementarteilchen dar.

Da die Atome nach außen elektrisch neutral sind, muss die Zahl der positiven Ladungen im Kern ebenso groß sein wie die Zahl der Elektronen in seiner Hülle. Weil das Atomgewicht in vielen Fällen nahezu einem ganzzahligen Vielfachen der Masse des Wasserstoffatoms entsprach, war es naheliegend anzunehmen, dass die Atomkerne aus Wasserstoffkernen, genannt Protonen, zusammengesetzt seien. Die aus der Masse ermittelte Teilchenzahl war jedoch mehr als doppelt so groß wie die Zahl der positiven Ladungen. Es mussten demnach noch neutrale, etwa gleich schwere Teilchen am Aufbau beteiligt sein. Erst 1932 wurde durch die Entdeckung des Neutrons von Chadwick dieses Nukleon identifiziert.

Aus Kernreaktionen und Streuexperimenten konnte ermittelt werden, dass der Kern nur einen winzigen Teil des Atomvolumens einnimmt. Die Kernradien liegen in der Größenordnung von 10^{-14} bis 10^{-15} m. Nachdem man Art und Anzahl der Bausteine vieler Atomkerne kannte, musste man feststellen, dass ihre Masse kleiner war als die Massensumme ihrer Bausteine. Man erkannte darin die erste Bestätigung der aus der Relativitätstheorie folgenden Einsteinschen Gleichung, die die Äquivalenz von Masse und Energie ausdrückt:

$$E = mc^2 \tag{2.4}$$

Hierbei ist c die Lichtgeschwindigkeit; für Energie E und Masse m wird ggf. die Differenz über eine Reaktion eingesetzt. Die Massendifferenz war somit als Bindungsenergie zwischen den Protonen und Neutronen zu deuten, die offenbar sehr groß und unabhängig von der elektrischen Ladung sein musste. Die Anziehungskräfte haben jedoch nur eine sehr kurze Reichweite und erreichen nur die nächsten Nachbarnukleonen. Das zugehörige Kraftfeld nennt man die Kernkraft, sie ist eine Folge der starken Wechselwirkung innerhalb der Nukleonen (s. Abschn. 2.1.3) – analog zu der intermolekularen van-der-Waals-Kraft als Folge der temporären induzierten Dipole durch Ladungsverschiebungen in den Elektronenhüllen, die sich damit aus der Coulomb-Kraft ableitet.

Die quantentheoretische Behandlung ist bis heute weniger erfolgreich als bei der Elektronenhülle, weil man den quantitativen Potentialverlauf dieser starken Wechselwirkung nicht genau kennt. Sicher weiß man, dass ein Nukleon, sobald es nahe genug an einen Kern herankommt, mit großer Kraft in diesen hineingezogen wird, dass der gesamte Kernverband sich unter dieser Kraft aber nur bis auf ein Volumen verdichtet, das proportional zur Zahl der Nukleonen ist, so, als ob jedes Nukleon einen harten Kern besäße, der einer weiteren Verdichtung widersteht. Da man annehmen muss, dass jedes Nukleon sich im Inneren des Kerns praktisch kräftefrei bewegen kann, weil die Anziehungskräfte der Berührungsnachbarn nach allen Seiten wirken und sich gegenseitig aufheben, erhält man für das auf ein einzelnes Nukleon wirkende Kraftfeld in der Umgebung des Kernmittelpunktes einen sogenannten Potentialtopf, der in Abb. 2.1 für Neutronen und Protonen abgebildet ist.

Setzt man dieses Potential für ein Neutron bzw. mit Berücksichtigung des Coulomb-Feldes für ein Proton in die Schrödinger-Gleichung ein, so erhält man, ähnlich wie in der Atomhülle, für die erlaubten Energiezustände des Nukleons jeweils diskrete Werte, die man zu unterschiedlich besetzten Schalen zusammenfassen kann. Man spricht deshalb vom sogenannten Schalenmodell.

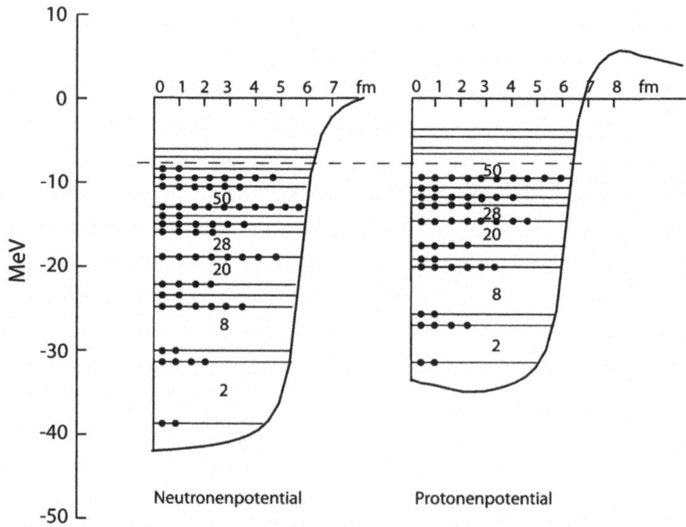

Abb. 2.1 Beispielhafte Potentialtöpfe für Protonen und Neutronen (Choppin et al. 2002)

Dieses eignet sich unter anderem zur Erklärung der sogenannten magischen Zahlen, das sind die Protonen- bzw. Neutronenzahlen von Kernen mit besonders hoher Bindungsenergie, die ähnlich der Elektronenschalen der Edelgase in der Chemie als Konfiguration mit voll besetzten Schalen verstanden werden können. Details hierzu werden in Abschn. 2.1.6 behandelt.

Neutronen und Protonen besetzen ihre Energieniveaus unabhängig voneinander. Sie haben den Spin 1/2. Auf jedem Energieniveau dürfen sich deshalb nach dem Pauli-Prinzip jeweils zwei Teilchen befinden, eines mit positivem und eines mit negativem Spin.

Die kurze Reichweite der Kernkräfte und die Eigenschaft des harten Kerns der Nukleonen legt eine Analogie zum Verhalten der Moleküle bei Einwirkung der ebenfalls kurz reichenden van-der-Waals-Kräfte nahe. Danach kann der Atomkern nach dem Modell eines Flüssigkeitstropfens beschrieben werden. Dieses sogenannte Tröpfchenmodell ist in der Tat zur Erklärung vieler Eigenschaften der Atomkerne geeignet.

2.1.2 Struktur der Nukleonen

Während freie Protonen in Form von Wasserstoff-Ionen als stabil bekannt sind, können freie Neutronen nicht als stabile Teilchen existieren. Sie zerfallen in ein Proton, ein Elektron und ein Antineutrino. Man nennt das einen β^--Zerfall und führt ihn auf die sogenannte schwache Wechselwirkung zurück. Auch bei Atomkernen, die einem β^--Zerfall unterliegen, wird im Kern ein Neutron in ein Proton umgewandelt. Im Kern kann aber auch ein Proton in ein Neutron unter Aussendung eines Positrons und eines Neutrinos (β^+-Zerfall) umgewandelt werden. Dabei muss allerdings mindestens das Energieäquivalent der doppelten Elektronenmasse zur Erzeugung eines Positrons aufgebracht werden. Die Existenz des Neutrinos bzw. Antineutrinos ist beim β-Zerfall notwendig zur Erfüllung des Energie- und Impulssatzes. Sie ist durch Experimente und Theorie gesichert, obwohl Neutrinos praktisch keine Wechselwirkung mit Materie eingehen und deshalb nur mit erheblichem experimentellem Aufwand indirekt nachgewiesen werden können. Die exakte Bestimmung ihrer Ruhemasse ist auch heute noch Gegenstand aktueller Forschung (Wolf 2010).

Aus der Möglichkeit des Zerfalls und der Umwandlung von Nukleonen müssen wir schließen, dass auch sie noch nicht die letzten Bausteine der Materie sind, sondern selbst eine innere Struktur haben. Diese wurde anhand des Strukturverhaltens hochenergetischer Elektronen an Protonen nachgewiesen. Diese Bestandteile der Nukleonen werden als Quarks bezeichnet und sind nach heutigem Stand der Erkenntnis nicht weiter teilbar. Für den Aufbau unserer stabilen Materie sind zwei Typen von Quarks von Bedeutung: Das sog. up-Quark weist eine Ladung von $+\frac{2}{3}e$ auf, während die des down-Quarks $-\frac{1}{3}e$ beträgt. Dementsprechend besteht ein Proton aus zwei up- und einem down- und das Neutron aus einem up- und zwei down-Quarks.

2.1.3 Das Standardmodell der Elementarteilchenphysik

Elementarteilchen stellen die kleinsten, nicht mehr weiter teilbaren Bestandteile der Materie dar. Das Standardmodell der Elementarteilchenphysik (SM) beschreibt diese Teilchen, ihre Eigenschaften und Wechselwirkungen (mit Ausnahme der Gravitation). Eine erste Klassifizierung der Teilchen erfolgt in der Unterscheidung zwischen den Fermionen, die die eigentlichen Bestandteile der Materie sind, und den Eichbosonen, die als Austauschteilchen die Wechselwirkungen zwischen den Fermionen übertragen.

Zu allen im Folgenden beschriebenen elementaren Fermionen existieren sogenannte Anti-Teilchen, allgemein auch als Antimaterie bezeichnet. Teilchen und Antiteilchen sind in allen Eigenschaften mit Ausnahme der Masse, die nur positive Werte annehmen kann, spiegelbildlich zueinander. So weist beispielsweise das Anti-Elektron (Positron) eine positive Ladung auf. Trifft ein Teilchen auf sein korrespondierendes Antiteilchen, so löschen sie sich gegenseitig aus (Annihilation) und eine der vernichteten Masse äquivalente Energiemenge (vgl. Gl. (2.4)) wird in Form von γ-Strahlung freigesetzt.

Die elementaren Fermionen werden wiederum in Quarks und Leptonen untergliedert, wobei nur erstere der starken Wechselwirkung unterliegen. Außerdem unterscheidet man bei ihnen sogenannte „Generationen" oder „Familien" ähnlicher Teilchen, die sich mit Ausnahme der Neutrinos unter anderem durch ansteigende Massen und abnehmende Lebensdauern unterscheiden.

Eine Übersicht über die Elementarteilchen des Standardmodells ist in Abb. 2.2 dargestellt.

Quarks

Quarks stellen die Grundbestandteile der Hadronen (Teilchen, die der starken Wechselwirkung unterworfen sind) dar. Letztendlich basiert die starke Wechselwirkung auf einer besonderen Eigenschaft der Quarks, der Farbladung. Diese kann die drei unterschiedlichen Zustände rot, grün und blau annehmen, wobei zu beachten ist, dass diese Analogie nur das Verständnis der grundsätzlichen Zusammenhänge erleichtern soll und Quarks keine Farben im optischen Sinne besitzen. Quarks kommen nicht isoliert vor, sondern verbinden sich derart miteinander, dass Teilchen mit der Gesamtfarbladung „weiß" entstehen. Dies kann entweder durch eine Kombination aller drei Farbladungen oder - unter Einbeziehung von Anti-Quarks - von Farbe und Antifarbe geschehen. Die daraus resultierenden Teilchen enthalten somit entweder drei Quarks (Baryonen) oder eine Quark-Anti-Quark Kombination (Mesonen). Aufgrund der schnellen Annihilation haben Mesonen immer eine nur sehr kurze Lebensdauer und spielen für die Zusammensetzung unserer stabilen Materie keine Rolle.

Überträger der starken Wechselwirkung sind die Gluonen, die ihrerseits ebenfalls eine Farbladung aufweisen. Im Gegensatz zu beispielsweise der elektromagnetischen Kraft,

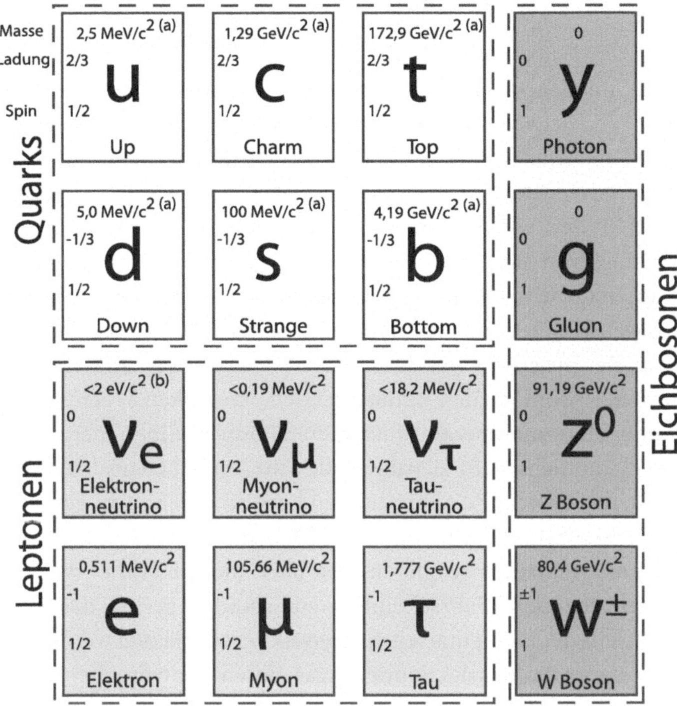

Abb. 2.2 Elementarteilchen des Standardmodells; Daten: Nakamura et al. (2010). **a** für Quarks sind die nackten Massen angegeben, **b** Wert wurde für das Anti-Elektron-Neutrino bestimmt

deren Austauschteilchen, das Photon, keine eigene Ladung aufweist und die mit zunehmendem Abstand geringer wird, bleibt die Farbkraft zwischen zwei Quarks unabhängig vom Abstand gleich, sodass für eine Trennung eine unendlich hohe Energie aufzubringen wäre. Daher können Quarks nicht als freie Einzelteilchen vorkommen – in Teilchenbeschleunigern können bei sehr hohen Energien allerdings die hadronischen Strukturen zerstört und für sehr kurze Zeit ein Quark-Gluon Plasma gebildet werden.

Wie in Abschn. 2.1.2 beschrieben, setzen sich Protonen und Neutronen aus up- und down-Quarks zusammen, die die erste Generation der Quarks bilden. Darüber hinaus existieren in der zweiten Generation das charm- und strange-, sowie in der dritten Generation das top- und bottom-Quark.

Eine Angabe der Masse von Quarks ist nicht trivial, da diese nicht frei vorkommen. Während die theoretischen nackten Massen für ein up-/down-Quark ca. 2.5 MeV/c^2 bzw. 5 MeV/c^2 betragen, weisen sie als Bestandteile von Nukleonen eine sog. Konstituentenmasse von ca. 330 MeV/c^2 auf. Da diese durch die Bindung im Gluonenfeld bedingte Masse nicht von der Quarksorte abhängt, verliert dieser Effekt für die schweren Quarks relativ an Bedeutung.

Leptonen

Leptonen besitzen im Gegensatz zu den Quarks keine Farbladung und unterliegen damit nicht der starken Wechselwirkung. Eine Klassifizierung ist in geladene (Elektronen-artige) und ungeladene Teilchen (Neutrinos) möglich. Die drei Generationen der elektronenartigen Leptonen sind das Elektron, das Myon und das Tauon. Dazu entsprechend existieren das Elektron-, das Myon- und das Tau-Neutrino.

Während das Elektron stabiler Grundbaustein unserer Materie ist, zerfallen Tauonen und Myonen innerhalb sehr kurzer Zeit, wobei Endpunkt der Umwandlung neben Neutrinos in aller Regel das Elektron ist. Myonen können anstelle von Elektronen in Atome eingebaut werden. Beispielsweise weist der Myon-Wasserstoff einen so geringen Radius auf, dass die Kerne zweier Atome in den Einflussbereich der starken Wechselwirkung gelangen und damit schon bei Raumtemperatur fusionieren können. Einer energietechnischen Verwendung dieses Phänomens steht allerdings die sehr kurze Lebensdauer der Myonen von 2.197 μs entgegen, da in dieser Zeit bei heutigen Experimenten nicht genug Fusionen stattfinden, um die zur Erzeugung der Myonen erforderliche Energie gewinnen zu können.

Die ungeladenen Neutrinos reagieren nur über die schwache Wechselwirkung mit Materie. Die entsprechenden Wahrscheinlichkeiten sind so gering, dass sie für praktische Anwendungen jenseits der Elementarteilchenphysik vernachlässigt werden können. So wird beispielsweise der Strom der von der Sonne ausgesandten Neutrinos beim Durchgang durch die Erde nicht signifikant abgeschwächt.

Eichbosonen

Die Eichbosonen sind Austauschteilchen, die Wechselwirkungen zwischen Fermionen bewirken. Sie weisen einen ganzzahligen Spin von 1 auf und unterliegen somit nicht der Fermi-Statistik, sodass Ihre Dichte im Gegensatz zu den Fermionen nicht durch das Pauli-Prinzip beschränkt ist. Die einzelnen Eichbosonen sind:

- Photonen: elektromagnetische Wechselwirkung
- Gluonen: starke Wechselwirkung
- W^+, W^- und Z^0 Bosonen: schwache Wechselwirkung

Die Tatsache, dass die W^+, W^- und Z^0 Bosonen eine Masse aufweisen, sowie letztendlich die Eigenschaft „Masse" aller Fermionen wird gemäß dem Standardmodell als eine Auswirkung des sogenannten Higgs-Feldes; genauer gesagt von dessen Wechselwirkung mit originär masselosen Partikeln aufgefasst. Hieraus lässt sich die Existenz eines weiteren Partikels, des Higgs-Bosons ableiten, welches als ein Anregungszustand des Higgs-Feldes angesehen werden kann. Das Higgs-Boson besitzt weder Spin, Ladung oder Farbladung. Seine Masse wird theoretisch nicht vorhergesagt; erste Ergebnisse von Experimenten zu seinem Nachweis deuten auf einen Wert im Bereich von 115–135 GeV/c^2 hin. Der Nachweis

Tab. 2.1 Ruhemasse und Ladung der Atombausteine

Baustein	Masse in 10^{-24} g	Masseneinheit in u	Ladung
Proton p	1.672	1.00728	+e
Neutron n	1.674	1.00867	0
Elektron β e^-	0.00091	0.00055	−e

des Higgs-Bosons würde eine weitere Bestätigung des Standardmodells darstellen und ist das Ziel der derzeitigen Experimente am Large Hadron Collider (LHC).

2.1.4 Kernaufbau

Für das Verständnis der in der Reaktortechnik vor allem interessierenden Wechselwirkungen der Neutronen mit den Atomkernen ist es ausreichend, den Kernverband als ein System von Protonen und Neutronen zu beschreiben. Stabile Atome bestehen ausschließlich aus Protonen, Neutronen und Elektronen. Tabelle 2.1 gibt die Ruhemassen und die Ladungen der Bausteine an.

$1u$ ist definiert als 1/12 der Masse des C-12 Atoms einschließlich der Elektronenmasse:

$$1u = 1.66043 \cdot 10^{-24}\,\text{g}\,. \tag{2.5}$$

Da die Masse des Neutrons größer ist als die Summe der Massen von Proton plus Elektron, ist ein Zerfall energetisch möglich. Tatsächlich ist ein freies Neutron instabil und zerfällt mit einer Halbwertszeit von 10,25 Minuten nach folgendem Schema:

$$n \longrightarrow p + \beta^- + \overline{\nu} + E_{kin}.$$
$$\text{Neutron} \longrightarrow \text{Proton} + \text{Elektron} + \text{Antineutrino}$$

Dieser Vorgang wird auch β^--Zerfall genannt und die zugeordnete Elektronenemission als β^--Strahlung bezeichnet. Während der Zerfall eines freien Protons energetisch nicht möglich ist, kann jedoch ein Proton innerhalb des Kernverbandes mit Protonenüberschuss in ein Neutron umgewandelt werden, wobei ein Positron und ein Neutrino ausgestoßen werden.

$$p \longrightarrow n + \beta^+ + \nu + E_{kin}$$

Die fehlende Energie wird aus dem Kernverband beigesteuert. Das Positron ist das dem Elektron entsprechende positiv geladene Antiteilchen, deshalb wird diese Form der Umwandlung als β^+-Zerfall bezeichnet.

Den Atomkern kann man sich modellhaft als kugelförmiges Konglomerat von Protonen und Neutronen vorstellen, die sich in unmittelbarer Nähe zueinander befinden, dabei aber einen minimalen Abstand $2R_0$ nicht unterschreiten. Bei dieser Vorstellung ist das Volumen

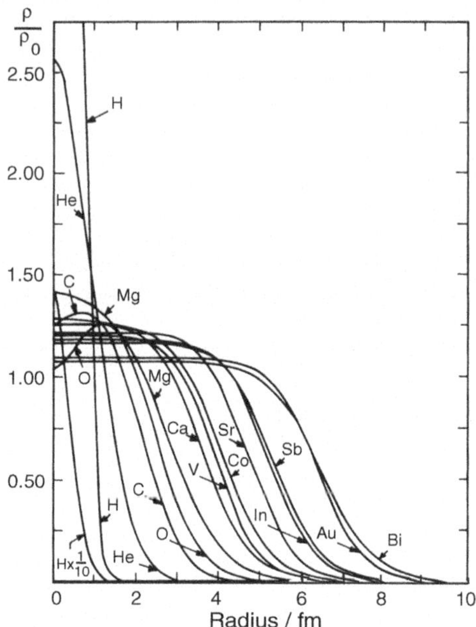

Abb. 2.3 Radiale Ladungsverteilungen einiger Atomkerne (Hofstadter 1957)

V des Kerns proportional der Anzahl A der Nukleonen. Für den Kernradius errechnet man daraus

$$R = r_n A^{1/3}. \tag{2.6}$$

Dabei ist für r_n ein Wert von $1.4 \cdot 10^{-15}$ m anzusetzen. Betrachtet man die Wechselwirkung des Kerns mit geladenen Teilchen, so kann (2.6) mit einem Coulomb-Radius von $r_c = 1.3 \cdot 10^{-15}$ m verwendet werden; zur Bestimmung des Radius mit konstanter nuklearer Dichte ist $r_s = 1.1 \cdot 10^{-15}$ m ein geeigneter Wert (Choppin et al. 2002).

Für den schwersten in der Natur vorkommenden Kern, den des Uran-238, ergibt sich mit r_n ein Radius von $8.68 \cdot 10^{-15}$ m. Im Vergleich zum Atomradius von ungefähr 10^{-10} m füllt der Kern nur einen außerordentlich kleinen Raum aus.

Mittels Versuche, bei denen Elektronen an Kernen gestreut werden, konnte die Ladungsverteilung von Atomkernen bestimmt werden. Einige Beispiele sind in Abb. 2.3 dargestellt.

Anhand dieser Ergebnisse wird deutlich, dass ein Atomkern keine so eindeutig definierte Grenze aufweist wie wir dies in unserer makroskopischen Welt von Festkörpern kennen, wodurch sich die Notwendigkeit ergibt, für Gl. (2.6) je nach zu betrachtendem Effekt verschiedene Radiuskonstanten festzusetzen.

Das Energiepotential der Kernkräfte als Funktion des Abstandes zweier Nukleonen, s. Abb. 2.4, hat ein Potentialminimum beim Abstand $2R_0$.

Der sehr steile Anstieg bei kürzerem Abstand markiert den „harten Kern“. Vom tiefsten Niveau des gebundenen Zustandes auf das höhere Niveau des freien Zustandes steigt das

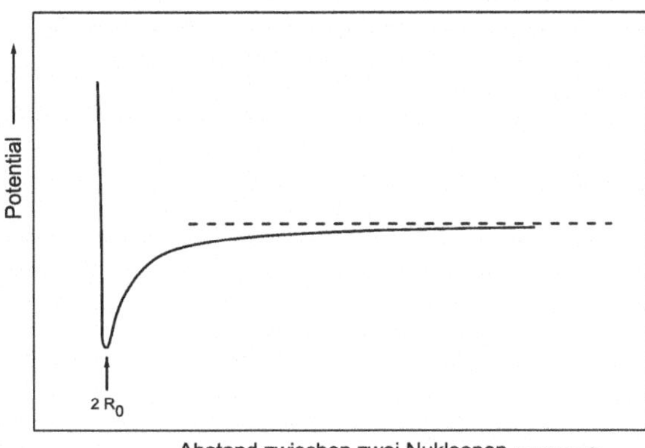

Abb. 2.4 Potential der Kernkräfte p-n

Potential über eine kurze Distanz an und verläuft dann bei größerem Abstand vollkommen flach. Dies gilt für die Bindung zwischen einem Proton und einem Neutron.

Die Höhe der Kernkräfte zwischen benachbarten Nukleonen hängt aber auch vom Spinzustand der wechselwirkenden Nukleonen ab. So kann man aus dem ganzzahligen Spin der vier Kerne $^2_1$H, $^6_3$Li, $^{10}_5$B und $^{14}_7$N schließen, dass die Kernkräfte zwischen zwei ungleichen Nukleonen mit parallelem Spin stärker sind als zwischen zwei Neutronen bzw. Protonen mit antiparallelem Spinzustand.

Da nach dem Pauli-Prinzip zwei Teilchen mit gleichgerichtetem Spin im gleichen Zustand verboten sind, könnten Neutronen- oder Protonenpaare im gebundenen Zustand nur existieren, wenn sie entgegengesetzt gerichtete Spinzustände aufweisen. Bei zwei Neutronen ist jedoch wegen der dabei beobachteten zu schwachen Kernkraft kein stabiler Zustand möglich. Bei zwei Protonen wird die Bindung zusätzlich noch durch die abstoßende Coulomb-Kraft der elektrischen Ladungen verhindert.

Abgesehen vom Wasserstoffkern ^{1}H (p) können deshalb stabile Konfigurationen, die ausschließlich aus Protonen oder Neutronen aufgebaut sind, nicht bestehen, sondern es müssen zwischen den Protonen als positiven Ladungsträgern des Atoms Neutronen eingebaut werden, um einen stabilen Atomkern zu ermöglichen.

2.1.5 Bindungsenergie

Als Bindungsenergie E_B bezeichnet man die Energiedifferenz zwischen der Energie E_∞ der Nukleonen im freien Zustand und der Energie E der Nukleonen im gebundenen Zustand des Kerns. Da der Nullpunkt auf der Energieskala frei wählbar ist, kann man willkürlich $E_\infty = 0$ setzen.

$$E_B = E_\infty - E = -E \tag{2.7}$$

In einem Kernverband ist die Bindungsenergie E_B nach dieser Definition eine positive Größe, sodass aus 2.7 folgt, dass $E_\infty > E$ sein muss. Der freie ungebundene Energiezustand der Nukleonen liegt demnach höher als der gebundene. Diese Definition ist im Einklang mit der Tatsache, dass der Energiebetrag E_B beim Aufbau eines Kerns aus den einzelnen Nukleonen freigesetzt wird. Nimmt ein bestehender Kern ein weiteres Nukleon auf, so führt die freiwerdende Energie zunächst zu einer Anregung des Kerns, der in der Regel dann durch Abstrahlung dieser Energie in Form von γ-Strahlung in den Grundzustand übergeht.

Nach der Einsteinschen Gleichung entspricht die abgestrahlte Energie einem Massenverlust

$$\Delta m = \frac{E_B}{c^2}. \tag{2.8}$$

Die Masse der im Kern gebundenen Nukleonen ist demnach kleiner als die Summe aller Massen der freien Nukleonen. Die Differenz Δm nennt man den Massendefekt. Für die Masse eines Kerns, der Z Protonen und N Neutronen enthält, gilt somit:

$$m = Zm_p + Nm_n - \frac{E_B}{c^2}. \tag{2.9}$$

Durch Umformung erhält man für die Bindungsenergie

$$E_B = 931.5(Zm_p^{'} + Nm_n^{'} - m^{'})\text{MeV} \tag{2.10}$$

931.5 MeV ist die aus der Einsteinschen Formel errechnete Energie einer Masseneinheit u. $m_p^{'}$, $m_n^{'}$ und $m^{'}$ sind in Masseneinheiten einzusetzen. Die Bindungsenergie ist also unmittelbar durch Messung der Kernmassen bestimmbar.

Kurz gesagt ist also der Massendefekt die Differenz zwischen der Masse aller Bausteine eines Atomkerns im ungebundenen Zustand und der Masse des Atomkerns. Wenn z. B. ein freies Neutron von einem Kern eingefangen wird, wird bei der Bindung Energie frei, die als γ-Strahlung emittiert wird. Mit zunehmender Anzahl an Nukleonen nimmt die Gesamtbindungsenergie des Kerns stetig zu. Trägt man dagegen den Quotient E_B/A, die Bindungsenergie pro Nukleon, über der Massenzahl auf, erhält man den in Abb. 2.5 gezeigten Verlauf. Abgesehen von den leichtesten Kernen liegt die nukleonenspezifische Bindungsenergie zwischen 7.5 und 8.7 MeV; sie weist im Bereich von Eisen ein Maximum auf, das heißt diese Kerne sind am festesten gebunden.

Grundsätzlich wird also Energie nach außen abgegeben, wenn entweder zwei leichte Kerne zu einem schweren zusammengeschmolzen werden (Fusion), oder wenn schwere Kerne in zwei mittelschwere gespalten werden (Fission). Durch Fusion wird mehr Energie pro Nukleon (etwa 1–3.5 MeV) frei als bei der Spaltung (etwa 1 MeV), aber da bei der Spaltung der schweren Kerne deutlich mehr Nukleonen beteiligt sind als bei der Fusion leichter Kerne, erhält man aus einem einzelnen Spaltprozess mehr als das zehnfache der Energie des Fusionsprozesses, nämlich etwa 200 MeV im Vergleich zu höchstens 20 MeV bei der Fusion.

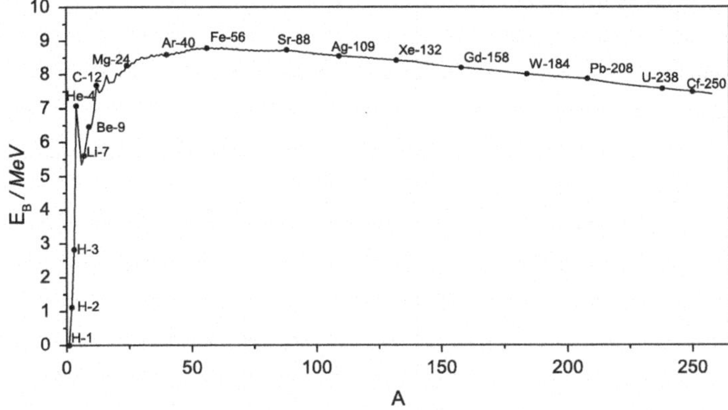

Abb. 2.5 Bindungsenergie pro Nukleon als Funktion der Massenzahl; Daten: Audi und Wapstra (1995)

2.1.6 Schalenmodell

Bestimmte Atomkerne weisen eine besonders hohe Stabilität auf. Diese korreliert mit bestimmten sog. „magischen Zahlen“ für die Anzahl von Protonen und/oder Neutronen, die die Werte 2, 8, 20, 28, 50, 82 und 126 annehmen. Dies lässt sich damit erklären, dass die Nukleonen – analog zur Elektronenhülle der Atome – Schalen bzw. Energieniveaus zugeordnet sind, wobei abgeschlossene Schalen eine energetisch vorteilhafte und damit stabile Konfiguration darstellen. Nach dem Schalenmodell wird angenommen, dass sich jedes Proton bzw. Neutron im Inneren des Potentialtopfes kräftefrei bewegen, diesen aber nicht verlassen kann. Für den Potentialverlauf als Funktion des Radius r und des Grundzustandes V_0 kann man unterschiedliche mathematische Beschreibungen wählen, die dieser Voraussetzung genügen. Im einfachsten Fall ist dies ein Kasten-Potential V_K mit

$$V_K = \begin{cases} -V_0 & r \leq R \\ \infty & r > R \end{cases} \tag{2.11}$$

Daneben lässt sich das Oszillator-Potential V_{OS} mit einem quadratischen Anstieg über r bei gegebener Nuklearmasse m_N analytisch untersuchen.

$$V_{OS} = -V_0 + \frac{m_N}{2}(\omega_0 r)^2 \tag{2.12}$$

Realistischer ist der von Wood und Saxon eingeführte Ansatz für das Potential V_{WS}; dieser kann aber nur numerisch ausgewertet werden.

$$V_{WS} = -\frac{V_0}{1 + e^{\frac{r-R}{a}}}. \tag{2.13}$$

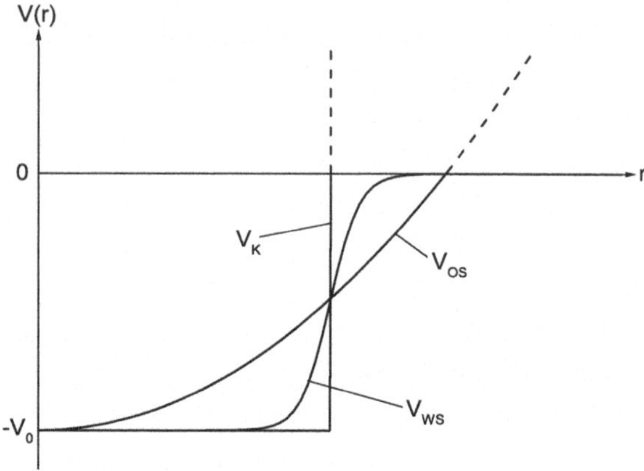

Abb. 2.6 Potentialformen im Einzelteilchen-Schalenmodell (Bethge et al. 2001)

Hierbei stellen der Radius R, die Frequenz ω_0 bzw. die Breite der Randzone a Parameter dar, die angepasst werden können, um experimentell ermittelte Werte für die Ausdehnung der Kerne wiederzugeben. Die Verläufe der unterschiedlichen Potential-Ansätze sind in Abb. 2.6 dargestellt.

Die größte Übereinstimmung mit den in Abb. 2.3 dargestellten Ladungsdichteverteilungen weist der Potentialverlauf nach Wood-Saxon auf.

Die Schrödinger-Gleichung für ein Nukleon in diesem Potentialtopf beschreibt alle Energiezustände, die von einem Nukleon eingenommen werden können.

Aus der Lösung der Schrödinger-Gleichung für das Kasten- und das Oszillator-Potential erhält man die in Abb. 2.7 dargestellten Energieniveaus. Das Auftreten magischer Zahlen entspricht bei dieser Darstellung besonders großen Abständen zwischen diesen sukzessive mit Nukleonen aufzufüllenden Energieniveaus. Man sieht, dass die gemäß diesem stark

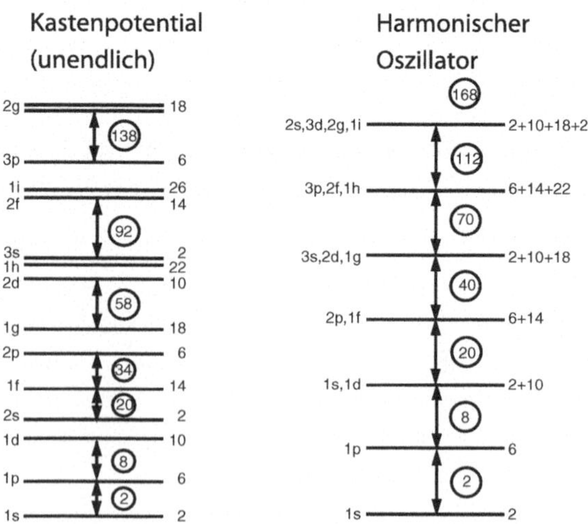

Abb. 2.7 Schalenmodellzustände mit Kasten- und Oszillatorpotential berechnet (Bethge et al. 2001)

vereinfachten Modell vorhergesagten magischen Zahlen nur schlecht mit den oben aufgeführten, real beobachteten Werten übereinstimmen.

Wird für die Nukleonen – wiederum analog zur Elektronenhülle – eine Spin-Bahn-Kopplung eingeführt, so ergibt sich für das Wood-Saxon Potential die in Abb. 2.8 dargestellte Aufspaltung der Energieniveaus (Bethge et al. 2001). Hierbei werden die magischen Zahlen für Protonen und Neutronen nun korrekt wiedergegeben.

Die Besetzung der im Kern existierenden Energiezustände kann man anhand des Fermigas-Modells diskutieren, das für Teilchen mit dem Spin 1/2 gilt, die der Fermi-Statistik unterliegen und in einem begrenzten Volumen durch eine für sie unübersteigbare Potentialschwelle eingeschlossen sind. Das Fermigas-Modell kann man zum Beispiel auch auf Leitungselektronen in einem metallischen Leiter anwenden.

Aus der Lösung der zeitunabhängigen Schrödinger-Gleichung erhält man für einen zur Vereinfachung würfelförmig angesetzten Potentialtopf (Kastenpotential) mit den Kantenlängen a die möglichen Energiezustände eines Nukleons der Masse m

$$E = \frac{1}{2m}\left(\frac{\pi\hbar}{a}\right)^2\left(\lambda_x^2+\lambda_y^2+\lambda_z^2\right); \quad \lambda_x, \lambda_y, \lambda_z = 0, 1, 2\ldots \tag{2.14}$$

Dabei gilt die Tiefe des Potentialtopfes als Nullpunkt der Energie E. Das Teilchen, das durch die Wellenfunktion mit den Eigenwerten λ_x, λ_y und λ_z beschrieben wird, hat entsprechend seiner Energie den Impuls

$$p^2 = 2mE = \left(\frac{\pi\hbar}{a}\right)^2\left(\lambda_x^2+\lambda_y^2+\lambda_z^2\right). \tag{2.15}$$

Betrachtet man λ_x, λ_y und λ_z als die Koordinaten eines rechtwinkeligen Koordinatensystems, so stellen die λ-Werte, die ja ganzzahlig sein müssen, die Koordinaten eines räumlichen Punktgitters dar. Da für jede einzelne Koordinate

$$\lambda_i = \frac{ap_i}{\pi\hbar}, \tag{2.16}$$

gilt, ist das Volumen

$$\lambda_x\lambda_y\lambda_z = \frac{a^3 p_x p_y p_z}{\pi^3\hbar^3} \tag{2.17}$$

des sogenannten Phasenraumes proportional zu dem Produkt des Ortsraumes a^3 und dem Volumen des Impulsraumes $p_x p_y p_z$, gemessen in der Einheit $\pi^3\hbar^3$. Der Radiusvektor im Phasenraum hat den Wert

$$\rho^2 = \lambda_x^2+\lambda_y^2+\lambda_z^2. \tag{2.18}$$

In einer Kugelschale $d\Omega = 4\pi\rho^2$ befindet sich, da λ_i nur positive Werte annimmt und damit physikalische Zustände nur einen Oktanden der Kugel besetzen, folgende Anzahl dn an Zuständen:

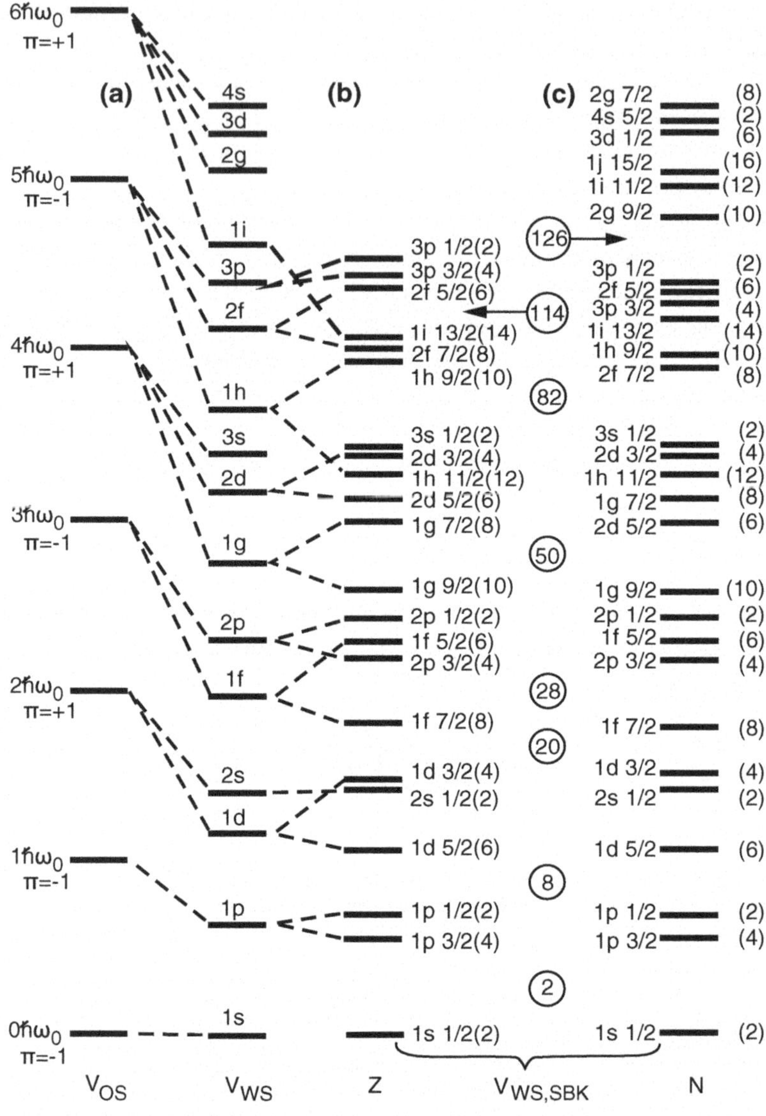

Abb. 2.8 Schalenmodellzustände unter Berücksichtigung der Spin-Bahn-Kopplung (Bethge et al. 2001)

$$\mathrm{d}n = \frac{1}{8}\mathrm{d}\Omega = \frac{1}{2}\pi\rho^2\,\mathrm{d}\rho \tag{2.19}$$

Setzt man (2.18) in (2.15) ein, so ergibt sich:

$$\rho = \frac{a \cdot p}{\pi \hbar} \quad \text{und} \quad \mathrm{d}\rho = \frac{a}{\pi \hbar}\,\mathrm{d}p, \tag{2.20}$$

und man erhält durch Einsetzen in (2.19)

$$\mathrm{d}n = \frac{a^3}{2\pi^2 \hbar^3} p^2\,\mathrm{d}p. \tag{2.21}$$

Nach Umrechnung auf die Energie als Variable mithilfe von (2.15) geht (2.21) über in

$$\mathrm{d}n = C_1 a^3 \sqrt{E}\,\mathrm{d}E; \quad \text{mit} \quad C_1 = \frac{m^{3/2}}{\sqrt{2}\pi^2 \hbar^3}. \tag{2.22}$$

Nehmen wir an, dass alle Energiezustände, angefangen vom Zustand mit der niedrigsten Energie, von unten nach oben mit je zwei Nukleonen besetzt sind, so ist die Zahl der Teilchen pro Energieintervall $\mathrm{d}n/\mathrm{d}E$ proportional zu $\sqrt{E}$. Dabei soll es kein Nukleon auf einem freien Zustand höherer Energie geben, das heißt, der Kern soll sich im Grundzustand befinden. Die Grenzenergie E_F, bis zu der alle Zustände gefüllt sind, heißt Fermi-Energie.

Die Gesamtzahl der Nukleonen ergibt sich dann durch Integration des doppelten Wertes von (2.22) bis zur Fermi-Energie, da jeder Zustand mit Nukleonen mit gegensätzlichem Sinn doppelt besetzt ist.

$$n = 2C_1 a^3 \int_0^{E_F} \sqrt{E}\,\mathrm{d}E \tag{2.23}$$

Nach Ausführung der Integration erhält man

$$n = \frac{4}{3} C_1 a^3 E_F^{3/2}. \tag{2.24}$$

Damit lässt sich die Fermi-Energie in Abhängigkeit von der Nukleonenzahl und dem Kernvolumen angeben.

$$E_F(n) = \left(\frac{3n}{4C_1 a^3}\right)^{2/3}. \tag{2.25}$$

Setzt man dabei noch $a^3 = \frac{4}{3}\pi R_0^3 A$, so erhält man:

$$E_F(n) = \left(\frac{9\pi}{4}\right)^{\frac{2}{3}} \frac{\hbar^2}{2mr_0^2} \left(\frac{n}{A}\right)^{\frac{2}{3}}. \tag{2.26}$$

Die bisherigen Überlegungen haben außer Acht gelassen, dass der Kern aus zwei verschiedenen Teilchenarten besteht, von denen die Energiezustände unabhängig voneinander besetzt werden können. Der Kern besteht also eigentlich aus zwei voneinander unabhängigen Fermigasen für Protonen und Neutronen mit unterschiedlichen Energiezuständen.

Für eine Anzahl n von Nukleonen einer Sorte in einem Kern mit insgesamt A Nukleonen kann die totale Energie durch folgendes Integral berechnet werden:

$$E_T(n) = \int_0^{E_F} E \frac{\mathrm{d}n}{\mathrm{d}E} \cdot \mathrm{d}E. \tag{2.27}$$

Hieraus erhält man durch Einsetzen von (2.22), Integrieren und Einsetzen von (2.26)

$$E_T(n) = C_2 \cdot \frac{n^{\frac{5}{3}}}{A^{\frac{2}{3}}} \quad \text{mit} \quad C_2 = \frac{3}{10} \cdot \left(\frac{9\pi}{4}\right)^{\frac{2}{3}} \cdot \frac{\hbar^2}{mr_0^2}. \tag{2.28}$$

Für einen Kern mit Z Protonen und N Neutronen gilt dann:

$$E_T(Z,N) = C_2 \cdot \frac{(N^{5/3} + Z^{5/3})}{A^{2/3}} \tag{2.29}$$

Bei einer symmetrischen Besetzung erhält man für die Gesamtenergie:

$$E_{T,\text{sym.}} = \left(\frac{1}{2}\right)^{2/3} \cdot C_2 \cdot A. \tag{2.30}$$

Die Differenz ist

$$\Delta E = \frac{C_2}{A^{\frac{2}{3}}} \left[N^{5/3} + Z^{5/3} - \left(\frac{A}{2}\right)^{5/3} \right]. \tag{2.31}$$

Setzt man

$$\delta = \frac{N-Z}{A} \longrightarrow \begin{cases} N = \frac{A}{2}(1+\delta) \\ Z = \frac{A}{2}(1-\delta) \end{cases} \tag{2.32}$$

so erhält man nach Einsetzen in (2.29)

$$\Delta E = \frac{C_2}{A^{\frac{2}{3}}} \left(\frac{A}{2}\right)^{5/3} \left[(1+\delta)^{5/3} + (1-\delta)^{5/3} - 2\right]. \tag{2.33}$$

Entwickelt man die Binomialausdrücke bis zum quadratischen Glied, so ergibt sich als Näherung

$$\delta E = \frac{5}{9} \frac{C_2}{2^{\frac{2}{3}}} \cdot \frac{(N-Z)^2}{A} \tag{2.34a}$$

$$\delta E \sim \frac{(N-Z)^2}{A}. \tag{2.34b}$$

Diese Energie, wird als sogenannter Asymmetrieterm bei der Bindungsenergie berücksichtigt. Sie ist proportional zum Neutronenüberschuss im Quadrat und umgekehrt proportional zur Massenzahl.

2.1.7 Tröpfchenmodell

Wegen der Ähnlichkeit der Kernkräfte mit den van-der-Waals-Kräften, die den Atomverband einer Flüssigkeit zusammenhalten, kann man den Atomkern nach dem Modell eines Tropfens behandeln, um die Bindungsenergie der verschiedenen Kerne zu verstehen.

Alle Nukleonen des Kerns liefern einen gleichen Beitrag zur Bindungsenergie. Die dem Kernvolumen V und damit der Massenzahl A proportionale Energie

$$E_V = a_V A \tag{2.35}$$

wird durch den oberflächenproportionalen Energieanteil

$$E_0 = a_0 A^{2/3} \tag{2.36}$$

verringert, da die Nukleonen an der Oberfläche nicht die volle Zahl von unmittelbaren Nachbarn haben.

Eine weitere Verringerung der Bindungsenergie ergibt sich durch die gegenseitige Abstoßung der positiv geladenen Z Protonen aufgrund der elektrostatischen Abstoßung. Die Coulomb-Energie E_C kann man nach dem Modell einer homogen geladenen Kugel berechnen.

$$E_C = a_C \frac{Z^2}{A^{1/3}} \tag{2.37}$$

Die bisher genannten Energieterme können aus dem Tröpfchenmodell mithilfe der klassischen Physik berechnet werden. Hinzu kommen aber noch zwei Energieterme, die nur aus der Quantenmechanik ableitbar sind.

Der sogenannte Asymmetrie-Term E_A bringt zum Ausdruck, dass die Bindungsenergie zwischen den Nukleonen am größten ist, wenn der Kern gleichviel Neutronen und Protonen enthält, also symmetrisch gebaut ist. Überzählige Nukleonen der einen oder der anderen Art bringen einen kleineren Beitrag zur Bindungsenergie. Der Effekt wurde bei der Betrachtung des Schalenmodells mathematisch hergeleitet; er ist proportional zum Quadrat der Anzahl der überzähligen Nukleonen und wird mit größerem Kernvolumen proportional kleiner, wie (2.38) zeigt.

Für die Asymmetrie gilt damit in verkürzter Form:

$$E_A = a_A \frac{(N-Z)^2}{A} = a_A \frac{(A-2Z)^2}{A}. \tag{2.38}$$

Der Paarbildungsterm bringt zum Ausdruck, dass die Paarbildung je zweier Neutronen bzw. Protonen mit antiparallelem Spin eine Vergrößerung der Bindungsenergie bewirkt. Bei ungerader Massenzahl muss entweder N gerade und Z ungerade sein (gu) oder umgekehrt (ug). Dann bleibt in jedem Fall ein Nukleon ohne Partner, und dieser Fall soll durch die bisher genannten Energieterme als Normalfall beschrieben werden. Ist die Massenzahl gerade, so sind entweder N und Z gerade (gg) oder beide ungerade (uu.) Im ersten Fall finden sich alle Nukleonen zu Paaren zusammen, und die Bindungsenergie ist um E_p größer. Im zweiten Fall bleibt ein Neutron und ein Proton ohne Partner, und die Bindungsenergie ist um E_P kleiner.

Aus der empirischen Proportionalität zu $A^{-1/2}$ ergibt sich der Paarbildungsterm zu

$$E_P = \varepsilon a_P A^{-1/2}, \quad \varepsilon = \begin{cases} +1, & \text{für gg} \\ 0, & \text{für gu oder ug} \\ -1, & \text{für uu} \end{cases} \tag{2.39}$$

Der durch Aufsummieren der genannten Terme mit richtigem Vorzeichen entstehende Ausdruck für die Bindungsenergie wird als Bethe-Weizsäcker-Formel bezeichnet:

$$E_B = a_V A - a_0 A^{2/3} - a_C Z^2 A^{-1/3} - a_A (N - Z)^2 A^{-1} + \varepsilon a_P A^{-1/2}. \tag{2.40}$$

Für die Konstanten in dieser Formel gibt es in der Literatur verschiedene Wertesätze, die jeweils für begrenzte Bereiche der Massenzahlen angepasst sind.

Ein Satz entsprechender Konstanten ist nach (Bethge et al. 2001):

$$a_V = 15.5\,\text{MeV};\ a_0 = 16.8\,\text{MeV};\ a_C = 0.715\,\text{MeV}$$
$$a_A = 23.0\,\text{MeV};\ a_P = 11.3\,\text{MeV}.$$

Eine Anwendbarkeit mit Fehlern im kleinen einstelligen Prozentbereich ist für Massenzahlen >40 gegeben. Der Anteil der einzelnen Terme der Bethe-Weizsäcker-Formel zur Bindungsenergie ist in Abb. 2.9 dargestellt Bei einzelnen Kernen gibt es signifikante Abweichungen, vor allem im Bereich der Magischen Zahlen. Dies sind die Zahlen 2, 8, 20, 28, 40, 50, 82 und 126, die abgeschlossenen Schalen entsprechen. Die Kerne mit magischen Zahlen für Protonen und Neutronen haben größere Bindungsenergien, dies ist in Abb. 2.5 besonders deutlich für Helium-4, für andere Nuklide aber bestenfalls nur ansatzweise erkennbar.

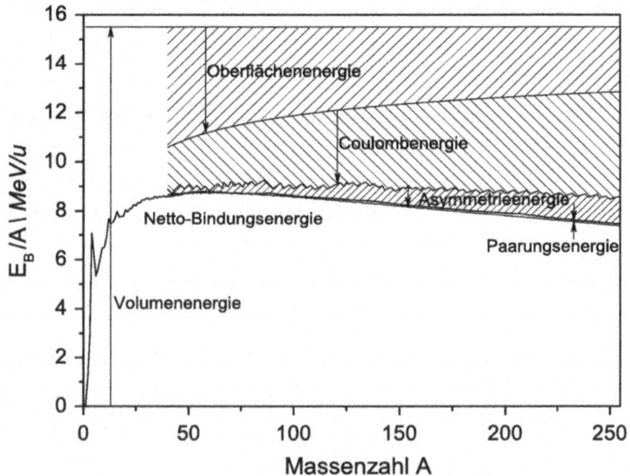

Abb. 2.9 Bindungsenergie pro Nukleon: reale Werte (Audi und Wapstra 1995) und Summe der Terme der Bethe-Weizsäcker-Formel Daten

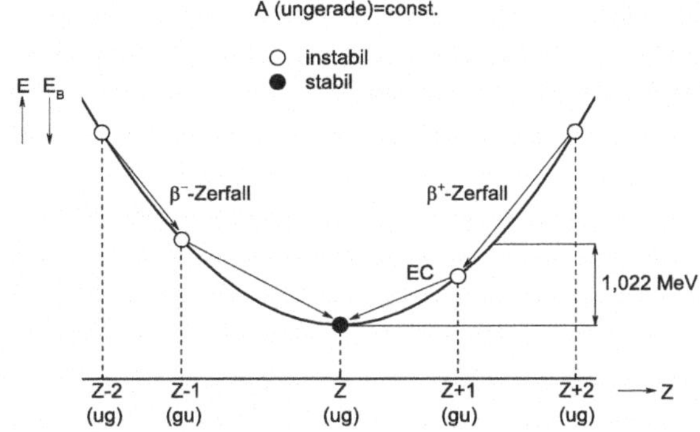

Abb. 2.10 Energieinhalt einer Isobarenkette mit ungerader Massenzahl

2.1.8 Stabilität der Atomkerne

Bei der Untersuchung der Stabilität der Atomkerne betrachtet man die potentielle Energie $E = -E_B$. Trägt man die Werte für alle Isobaren (Kerne mit gleichen Massenzahlen A) als Funktion der Ladungszahl Z auf, so erhält man bei ungeraden Massenzahlen eine Parabel, Abb. 2.10, mit dem Minimum in der Nähe von $Z = N$. Bei schweren Kernen verschiebt sich dieses Minimum immer mehr zur Seite eines Neutronenüberschusses $Z < N$.

Stabile Kerne können nur in der tiefsten Position dieser Kurve existieren, da Kerne mit höherer Energie auf dem linken Ast sich durch β^--Zerfall, also die Umwandlung eines Neutrons in ein Proton, in den benachbarten Kern mit der um 1 größeren Ladungszahl umwandeln können.

Auf dem rechten Ast der Parabel geschieht das Entsprechende, durch Umwandlung des Protons in ein Neutron, entweder verbunden mit einer β^+-Emission, oder durch Elektroneneinfang (EC = electron capture).

Der β^+-Zerfall ist nur möglich, wenn die Energiedifferenz beider benachbarter Isobaren den Betrag von 1,022 MeV (Energieäquivalent der doppelten Ruhemasse eines Elektrons) übersteigt. Unterhalb dieses Betrages kann nur noch Elektroneneinfang stattfinden. Dabei wandelt sich der Kern durch Einfang eines Hüllelektrons aus einer inneren Elektronenschale um. Der Einfang des Elektrons bewirkt eine Verringerung der positiven Kernladung um eine Ladungseinheit. Auch oberhalb dieses Betrages der Energiedifferenz tritt der Elektroneneinfang bei vielen Nukliden als zur Positronenemission konkurrierender Prozess auf.

Der Kern kann also jeweils in den energetisch günstigsten Zustand übergehen, und es kann bei ungerader Massenzahl in der Regel nur ein isobarer Kern stabil sein. In seltenen Fällen kommen auch einmal zwei vor, wenn beide Energiewerte praktisch auf gleichem Niveau liegen.

Ganz anders verhält es sich für gerade Massenzahlen, denn die doppelt geraden Kerne haben nach dem Tröpfchenmodell einen positiven, die doppelt ungeraden einen negativen Korrekturterm für die Paarenergie. Die Energiewerte liegen also alternierend auf zwei

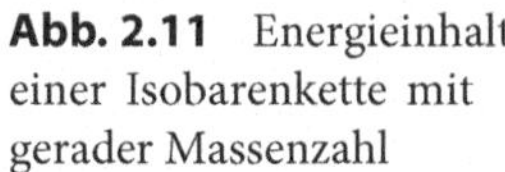

Abb. 2.11 Energieinhalt einer Isobarenkette mit gerader Massenzahl

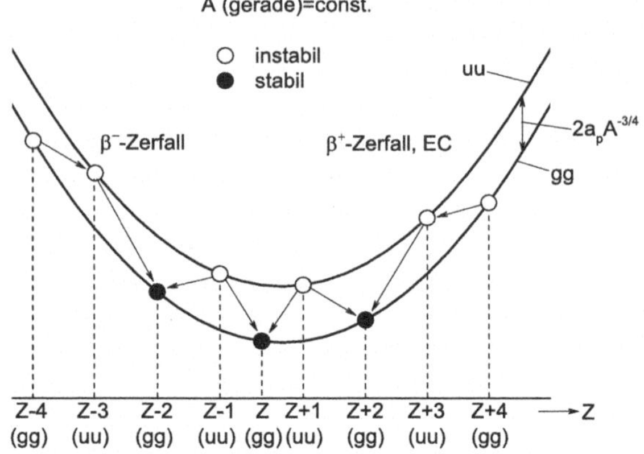

Parabeln, die sich um den Betrag $2a_pA^{-1/2}$ unterscheiden (Abb. 2.11). Die doppelt ungeraden Kerne haben auf der isobaren Linie immer benachbarte, doppelt gerade Kerne. Da diese im mittleren Bereich durchweg tiefer liegen, können sich die doppelt ungeraden in die doppelt geraden Kerne umwandeln und sind deshalb nicht stabil. Die doppelt geraden Kerne dagegen sind im ganzen unteren Bereich der Parabel stabil. Erst, wenn die Flanken der Parabel so steil werden, dass auch der nach innen benachbarte doppelt ungerade Kern tiefer liegt, kann der doppelt gerade Kern sich über den doppelt ungeraden in den nächsten doppelt geraden verwandeln. Es können also mehrere stabile doppelt gerade Kerne mit gleicher Massenzahl existieren, sogenannte Isobare. Nur bei den leichten Kernen gibt es vier doppelt ungerade stabile Kerne, weil dort die Parabel so steil ansteigt, dass auch ein doppelt ungerader Kern einmal die tiefste Lage haben kann. Dies sind die Isotope H-2, Li-6, B-10 und N-14.

Die dargestellten Gesetzmäßigkeiten lassen sich auf der Nuklidkarte Abb. 2.12 klar erkennen.

Aus der gegebenen Darstellung erklärt sich auch direkt, warum stabile Kerne nur in einem schmalen Band entlang der Linie $Z = N$ existieren. Die Abweichung des stabilen Bandes bei großen Massenzahlen zugunsten eines Neutronenüberschusses wird durch den Coulomb-Term (2.37) bewirkt. Sie ist qualitativ leicht zu verstehen, denn je größer die positive Ladung des Kerns wird, umso mehr wird ein Neutron gegenüber einem Proton begünstigt. Um eine stabile Konfiguration zu erhalten, müssen die Neutronen sozusagen wie Kitt zwischen die Protonen gefügt werden, um deren abstoßende Wirkung zu mildern.

Es bleibt noch anzumerken, dass bei sehr hohem Energieüberschuss, das heißt bei Kernen, die sehr weit außerhalb des stabilen Minimums liegen, statt der Neutronenumwandlung auch ein Neutronenausstoß möglich ist. Diesem Phänomen ist die Neutronenemission bei der Kernspaltung zu verdanken. Analog dazu können Kerne mit starkem Protonenüberschuss auch einzelne Protonen emittieren.

Am oberen Ende des periodischen Systems ist die Emission eines α- Teilchens energetisch möglich. Das gilt etwa für alle Kerne mit größerer Massenzahl als Blei. Das schwerste

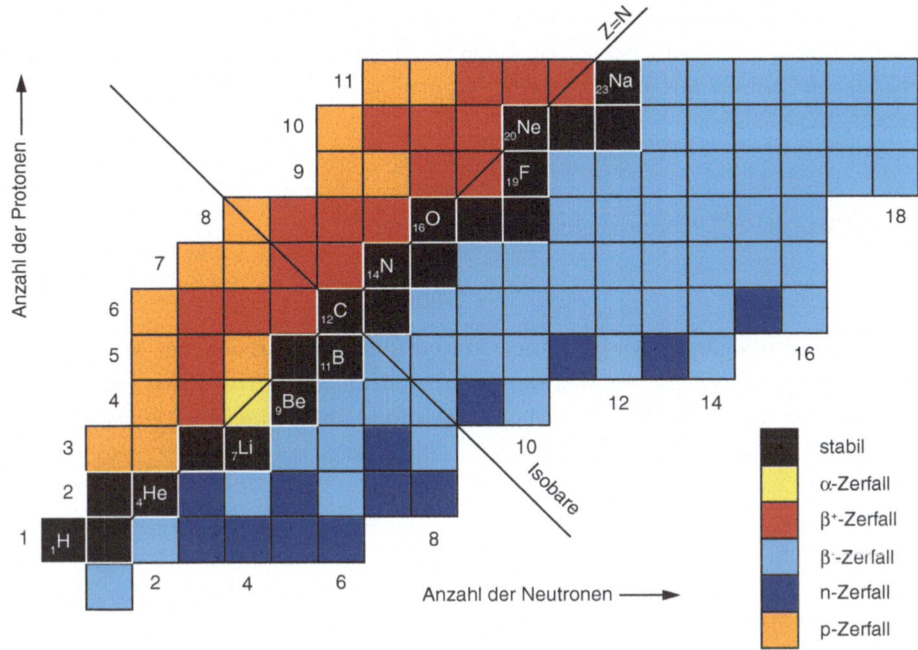

Abb. 2.12 Nuklidkarte

natürlich in signifikanten Mengen vorkommende Element ist Uran, von dem zwar kein stabiles Nuklid existiert, von dem aber die Isotope U-235 und U-238 so langlebig sind, dass sie seit der Entstehung der Erde noch nicht gänzlich zerfallen sind.

Einige schwere Kerne, wie zum Beispiel U-238, sind so instabil, dass sie auch durch spontane Spaltung zerfallen. Andere kommen zur Spaltung, wenn ihnen nur noch eine geringere Energie durch Absorption eines Neutrons zugeführt wird.

Angeregte Zustände eines Kerns gehen in der Regel in sehr kurzer Zeit durch γ-Strahlung in den Grundzustand über. Es gibt aber einige Kerne, bei denen ein quantenmechanisches Übergangsverbot besteht. Es führt dazu, dass diese in einen metastabilen Zustand fallen, also eine messbare Zerfallszeit, bei schweren Kernen bis zu einigen Stunden, haben. Solche metastabilen Kerne nennt man Isomere.

2.2 Radioaktivität

Wenn der Übergang eines Kerns in einen energetisch tiefer liegenden Zustand möglich ist, so geschieht dies unter Emission ionisierender Strahlung; dieses Phänomen wird als Radioaktivität bezeichnet. Alle Arten des radioaktiven Zerfalls sind statistische Prozesse. Das

Maß für die Zerfallswahrscheinlichkeit je Sekunde einer bestimmten Kernart ist ihre Zerfallskonstante λ. Die Anzahl der je Zeiteinheit zerfallenden Kerne ist der zu dem Zeitpunkt vorhandenen Zahl der instabilen Kerne N proportional:

$$\frac{\mathrm{d}N}{\mathrm{d}t} = -\lambda N. \tag{2.41}$$

Als Lösung dieser Differenzialgleichung erhält man:

$$N = N_0 \mathrm{e}^{-\lambda t} \tag{2.42}$$

Dieser Ausdruck gibt an, wie viele Kerne von einer anfangs vorhandenen Menge N_0 nach der Zeit t noch N existieren. Als Halbwertszeit $T_{1/2}$ definiert man die Zeitspanne, nach der die Anzahl der Kerne um die Hälfte abgenommen hat und somit $N = 1/2N_0$ ist. Durch Einsetzen in () erhält man die Beziehung zur Zerfallskonstanten λ:

$$T_{1/2} = \frac{\ln 2}{\lambda} = \frac{0.693}{\lambda}. \tag{2.43}$$

Die Aktivität A eines radioaktiven Nuklids ist definiert als Anzahl der pro Zeiteinheit zerfallenden Atomkerne und wird angegeben in Becquerel (Bq):

$$1\,\mathrm{Bq} \mathrel{\widehat{=}} 1\frac{\mathrm{Zerfall}}{\mathrm{s}} = 1\,\mathrm{s}^{-1}. \tag{2.44}$$

Sie entspricht der zeitlichen Änderung der Kernzahl und damit:

$$A = \lambda \cdot N. \tag{2.45}$$

Früher wurde als Aktivitätseinheit Curie (C) verwendet, was der Aktivität von 1 g Radium entspricht; für die Umrechnung gilt

$$1\,\mathrm{C} \mathrel{\widehat{=}} 3.7 \cdot 10^{10}\,\mathrm{Bq}. \tag{2.46}$$

2.2.1 α-Strahlung

α-Strahlung tritt von wenigen Ausnahmen abgesehen, bei Elementen mit höheren Ordnungszahlen als der des Blei auf. Sie entsteht durch die Aussendung eines He-4-Kerns, sodass sich Protonen- und Neutronenzahl des emittierenden Kerns jeweils um zwei reduzieren.

$$^{A}_{Z}\mathrm{X} \longrightarrow {}^{A-4}_{Z-2}\mathrm{Y} + \alpha + E_{kin}$$

Die freigesetzte Energie verteilt sich als kinetische Energie auf das α-Teilchen und den Kern des Tochternuklids, wobei aus Impulserhaltungsgründen das leichte α-Teilchen einen

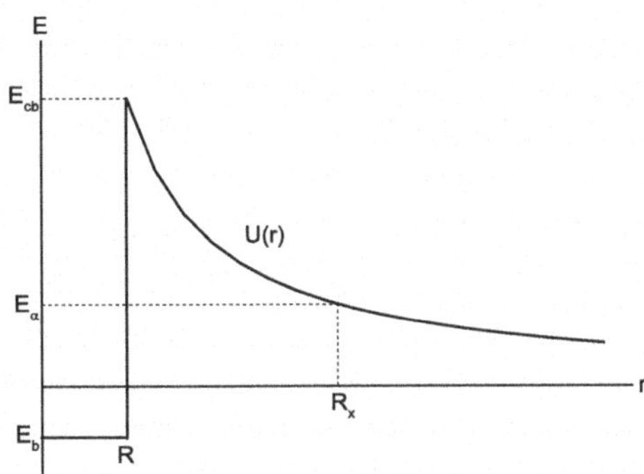

Abb. 2.13 Potentialwall und α-Energie

sehr viel größeren Anteil erhält. Die insgesamt beim Zerfall freigesetzte Energie Q_α kann aus der Massendifferenz von Edukten und Produkten analog zu Gl. 2.4 gemäß

$$Q_\alpha = \Delta m \cdot c^2 \qquad (2.47)$$

bestimmt werden. Wenn das Tochternuklid in einem angeregten Kernzustand vorliegt, ist die kinetische Energie entsprechend geringer und es wird beim Übergang in den Grundzustand zusätzlich γ-Strahlung emittiert. Aufgrund der Coulomb-Abstoßung beim Verlassen des Wirkungsbereiches der Kernkraft ergibt sich der in Abb. 2.13 schematisch dargestellte Verlauf der potentiellen Energie als Funktion des Abstands vom Kernmittelpunkt.

Wenn man davon ausgeht, dass das α-Teilchen vom höchsten Punkt dieses Potentialwalls abgestoßen wird, so müsste beispielsweise für Uran-235 eine Energie von ca. 26 MeV freigesetzt werden; tatsächlich sind es aber nur 4.4 MeV.

Dass ein α-Zerfall trotzdem möglich ist, kann dadurch erklärt werden, dass die Wellenfunktion als Lösung der zeitabhängigen Schrödinger-Gleichung für einen He-4 Kern als diskrete Einheit innerhalb des Gesamtkerns eine geringe, aber positive Aufenthaltswahrscheinlichkeit außerhalb des Potentialtopfes aufweist. Auf der Grundlage dieser Betrachtung erhält man für die Zerfallskonstante λ nach (Choppin et al. 2002)

$$\lambda \approx \left[\frac{h}{2\mu R^2}\right] \cdot \exp\left\{-\left[\frac{(2\mu)^{1/2} e^2 Z_1 Z_\alpha}{(\varepsilon_0 h Q_\alpha^{1/2})}\right]\left[\arccos(u) - u(1-u^2)^{1/2}\right]\right\} \qquad (2.48)$$

$$\text{mit} \quad u = \left(\frac{E_\alpha}{E_{cb}}\right)^{1/2} = \left[\frac{4\pi\varepsilon_0 Q_\alpha R}{Z_1 Z_\alpha e^2}\right]^{1/2}$$

$$\text{wobei} \quad R \approx 1.30 A_1^{1/3} + 1.20 \quad (\text{fm}),$$

$$\text{und} \quad \mu = \frac{M_\alpha \cdot M_1}{M_\alpha + M_1}.$$

Hierbei ist h das Plancksche Wirkungsquantum, M die jeweilige Kernmasse, $\varepsilon_0 = 8.8541 \cdot 10^{-12} \frac{As}{Vm}$ die elektrische Feldkonstante und der Index 1 bezieht sich auf den Kern des Tochternuklids.

Gleichung (2.48) kann entnommen werden, dass die Halbwertszeit eines dem α-Zerfall unterliegenden Nuklids um so geringer ist, je höher die Energie Q_α wird; ein Effekt, der bereits 1911 von Geiger und Nuttall beobachtet worden war.

In dem Zweikörpersystem des α-Zerfalls ist die Energie des α-Teilchens durch Energie- und Impulserhaltung eindeutig festgelegt, sodass entsprechend der Energiebilanz der Kernumwandlung α-Spektren mit klaren Peaks existieren. Die Energie des α-Teilchens liegt typischerweise im Bereich von 3–10 MeV.

Beim Durchgang durch Materie treten die α-Teilchen hauptsächlich mit den Hüllelektronen der Atome in Wechselwirkung und erzeugen Ionenpaare. Ist die kinetische Energie der bei der primären Ionisation entstehenden Elektronen groß genug, können sekundäre Ionisationen ausgelöst werden. Eine Bremsstrahlung, vgl. Abschn. 2.2.3, tritt bei schweren Partikeln, wie α-Teilchen, kaum auf. Da die Masse eines α-Teilchens im Vergleich zum Elektron sehr groß ist, wird es bei Kollisionen mit Elektronen kaum gestreut und verliert relativ wenig Energie. Die spezifische Ionisation, das heißt die Anzahl der je Bahnlängeneinheit erzeugten Ionenpaare, nimmt mit abnehmender α-Energie zu. Die Strecke, nach der die α-Partikel beim Durchgang durch ein Medium ihre gesamte Energie verloren haben und durch Einfang zweier Elektronen zu einem Helium-Atom rekombiniert werden, bezeichnet man als ihre Reichweite. Wegen der einheitlichen Ausgangsenergie der einzelnen α-Gruppen und der geringen Streuung beim Durchgang durch Materie hat α-Strahlung eine ziemlich exakt angebbare Reichweite, die aufgrund der stärkeren Wechselwirkung der großen He-Kerne mit Materie sehr kurz ist, in festen Stoffen nur Bruchteile eines Millimeters.

Bei leichten Kernen reichen energiereiche α-Teilchen auch aus, um Kernreaktionen zu bewirken.

2.2.2 β-Strahlung

β-Strahlen sind Elektronen (β^-) bzw. Positronen (β^+), die von radioaktiven Kernen mit Neutronen- bzw. Protonenüberschuss zur Herstellung eines stabilen Protonen-Neutronen-Verhältnisses emittiert werden. Dabei wird ein Neutron im Kern in ein Proton bzw. ein Proton in ein Neutron verwandelt.

$$
\begin{aligned}
{}^A_Z\mathrm{X} &\longrightarrow {}^{A}_{Z+1}\mathrm{Y} + \beta^- + \overline{\nu} + E_{kin}.\\
{}^A_Z\mathrm{X} &\longrightarrow {}^{A}_{Z-1}\mathrm{Y} + \beta^+ + \nu + E_{kin}.
\end{aligned}
$$

Im Gegensatz zu den α-Strahlen weisen die emittierten β-Strahlen keine einheitliche Energie, sondern ein kontinuierliches Energiespektrum, das sich von null bis zur verfügbaren Maximalenergie erstreckt, mit einem ausgeprägten Maximum auf. Der Grund hierfür

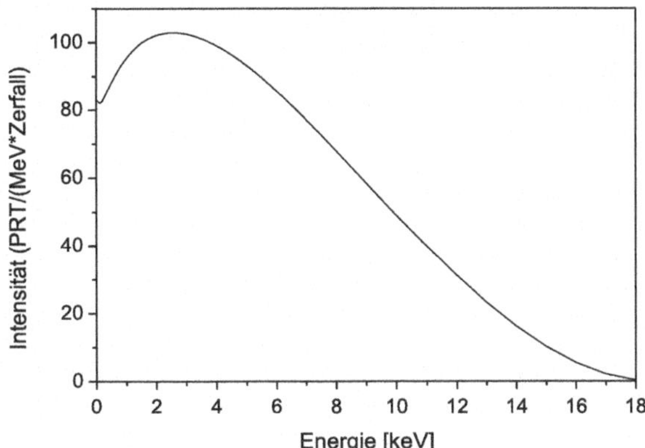

Abb. 2.14 β^--Spektrum des Tritiums; Daten: Chadwick et al. (2011)

ist, dass die beim Zerfall frei werdende Energie sich auf das β-Teilchen und ein gleichzeitig emittiertes Neutrino bzw. Antineutrino aufteilen. Letzteres hat aber keine Ladung hat und kann mit einfachen Mitteln nicht direkt nachgewiesen werden kann, da es kaum eine messbare Wechselwirkung mit Materie eingeht.

Ein abgestrahltes Positron vereinigt sich nach kurzer Zeit mit einem negativ geladenen Elektron, wobei sich die Ruhemassen beider Teilchen in zwei γ-Quanten mit je 0,511 MeV als Vernichtungsstrahlung umwandeln.

Als Beispiel für ein typisches β^--Spektrum ist in Abb. 2.14 die Energieverteilung der beim Zerfall des radioaktiven Tritium (H-3) freigesetzten β^--Strahlung dargestellt. Dabei wird die maximale Grenzenergie E_{max} bestimmt durch die zur Verfügung stehende Energie beim Übergang auf ein Energieniveau des Folgekerns.

Die durchschnittliche Energie liegt etwa bei 0.3 E_{max} für β^-- und 0.4 E_{max} für β^+-Strahlung. Dem kontinuierlich verlaufenden β^--Spektrum können diskrete Spektrallinien überlagert sein, wenn ein Teil der freiwerdenden Energie angeregter Kerne beim Übergang in den Grundzustand direkt auf die Hüllelektronen übertragen wird und diese dann mit diskreten Energien das Atom verlassen.

Die Wechselwirkungen der Elektronen mit Materie sind von ihren Energien abhängig. Im Bereich kleiner Energien herrschen Ionisationsprozesse vor, mit wachsender Energie nimmt die Energieabsorption durch Emission von Bremsstrahlung zu. Die Bremsstrahlung, eine elektromagnetische Strahlung, wird bei der Abbremsung von Elektronen im Coulomb-Feld des bremsenden Atomkerns erzeugt. Auch sie besitzt ein kontinuierliches Energiespektrum, dessen maximale Energie durch die Maximalenergie der Elektronen bestimmt ist. Die Energie der Bremsstrahlung ergibt sich aus dem Verlust der kinetischen Energie der Elektronen.

Wegen seiner kleinen Masse (ca. 1/1800 der Protonenmasse) verursacht ein Elektron nicht nur eine geringere Ionisationsdichte als ein α-Teilchen, sondern es wird auch durch Stöße mit Atomkernen und Hüllelektronen erheblich gestreut. Diese starke Streuung, verbunden mit der kontinuierlichen Verteilung der Ausgangsenergie, verursacht erhebliche

Tab. 2.2 Strahlungsreichweite nach (Choppin et al. 2002)

Strahlung	Energie [MeV]	maximale Luft	Reichweite [cm] Wasser
$^{226}Ra(\alpha)$	E_α 4.80	3.3	0.0033
$^{210}Po(\alpha)$	E_α 5.30	3.8	0.0039
$^{222}Rn(\alpha)$	E_α 5.49	4.0	0.0041
$^{3}H(\beta^-)$	E_{max} 0.018	0.65	0.00055
$^{35}S(\beta^-)$	E_{max} 0.167	31	0.032
$^{90}Sr(\beta^-)$	E_{max} 0.544	185	0.18
$^{32}P(\beta^-)$	E_{max} 1.17	770	0.79
$^{90}Y(\beta^-)$	E_{max} 2.25	1020	1.1

Unterschiede in den Reichweiten der einzelnen β^--Teilchen, sodass nur wenige Teilchen tatsächlich bis zur insgesamt maximalen Reichweite vordringen. Tabelle 2.2 gibt typische Reichweiten in Abhängigkeit der Energie der Teilchenstrahlung in verschiedenen Medien wieder.

2.2.3 γ-Strahlung

Während es sich bei der α- und β-Strahlung um Korpuskularstrahlen handelt, sind γ- und Röntgenstrahlung elektromagnetische Wellen. Die Unterscheidung von γ- und Röntgenstrahlen erfolgt anhand ihrer Herkunft. Die Röntgenstrahlen stammen aus der Elektronenhülle bzw. im Fall der Bremsstrahlung dem Coulombfeld des Kerns und die γ-Strahlen aus dem Kern selbst. Die Frequenz ν ist wegen der bedeutend höheren Energie der γ-Strahlung (bis zu einigen MeV) entsprechend der Gleichung

$$E = h\nu \tag{2.49}$$

in der Regel sehr viel höher als die der Röntgenstrahlen. Im Bezug auf die Wechselwirkung mit Materie wird diese Unterteilung im Folgenden nicht berücksichtigt und lediglich von γ-Strahlen oder Photonen gesprochen, letzteres, wenn ihr Teilchencharakter besonders hervorgehoben werden soll.

γ-Strahlung tritt immer dann auf, wenn sich ein Kern zum Beispiel nach einem vorausgehenden β-Zerfall in einem angeregten Zustand befindet, von dem er unter Energieabgabe in Form von γ-Strahlung in den Grundzustand übergeht. Da bei den meisten Kernen eine Vielzahl von angeregten Zuständen existiert, treten meist mehrere γ-Quanten unterschiedlicher Energie auf, wie Abb. 2.15 am Beispiel des Zerfalls von Iod-131 zeigt.

Beim Durchgang von γ-Strahlung bzw. Photonen durch Materie sind für kerntechnisch relevante Photonenenergien zwischen 0.01 und 10 MeV drei Wechselwirkungsarten von Bedeutung: der Photoeffekt, der Compton-Effekt und die Paarbildung.

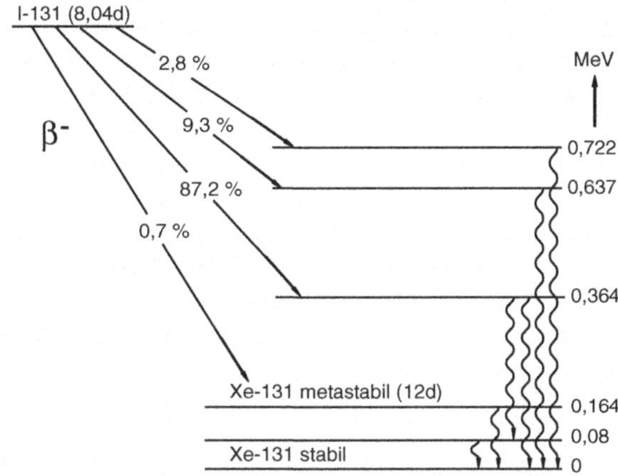

Abb. 2.15 Zerfallsschema von I-131, Niveauenergie in MeV, Zahl in Klammern Halbwertszeit

Beim Photoeffekt wird ein Elektron unter Absorption eines Photons aus einer Schale der Elektronenhülle herausgelöst. Die Energie des Photons wird dabei restlos absorbiert. Ein Teil der Energie dient zur Überwindung der Bindungsenergie in der Elektronenhülle, der Rest liefert die kinetische Energie des Elektrons. Aus Impulserhaltungsgründen kann ein freies Elektron kein Photon absorbieren; als dritter Partner einer solchen Wechselwirkung dient der Atomkern. Daher ist der Photoeffekt für Elektronen mit starker Bindung an den Kern (Elektronen der K- und L-Schale) wahrscheinlicher als für solche mit schwacher Bindung. Die Lücke in der Elektronenschale wird unter Emission charakteristischer Röntgenstrahlung wieder aufgefüllt.

Ist die Energie der Photonen wesentlich größer als die Bindungsenergie der Hüllelektronen, dann treten mit wachsender Energie Streuprozesse zwischen Photonen und Elektronen in den Vordergrund. Bei dieser sogenannten Compton-Streuung wird ein Elektron aus der Elektronenhülle herausgelöst und das streuende Photon abgelenkt. Die Energieverteilung zwischen den beiden Stoßpartnern richtet sich nach dem Stoßwinkel.

Überschreitet die Photonenenergie 1.022 MeV, so besteht die Möglichkeit, dass Photonen in der Nähe eines Atomkerns in Elektronen-Positronen-Paare umgewandelt (materialisiert) werden. Diese Schwellenenergie ergibt sich aus der Beziehung

$$E_s = 2m_e c^2 = 1.022\,\text{MeV}. \tag{2.50}$$

Die Differenz der tatsächlichen Energie des Photons und den in Materie umgewandelten 1.022 MeV liefert die kinetische Energie der beiden entstehenden Teilchen.

Da die beschriebenen drei Effekte voneinander unabhängig sind, setzt sich die Gesamtwahrscheinlichkeit der Wechselwirkungen von γ-Strahlen mit Materie aus der Summe der einzelnen Wahrscheinlichkeiten zusammen. Die Intensität der γ-Strahlung beim Durchgang durch Materie fällt exponentiell ab. Deshalb kann im Gegensatz zu α- und β-Strahlung keine definierte Reichweite angegeben werden. Man verwendet bei der γ-Strahlung den

Begriff Halbwertsdicke, mit der man die Dicke eines Materials bezeichnet, nach deren Durchdringen die Intensität der γ-Strahlung auf die Hälfte abgefallen ist. Bei γ-Strahlung hoher Energie (harte γ-Strahlung) kann die Halbwertsdicke einige Meter in festen Körpern erreichen.

2.2.4 Nachweis von α-, β- und γ-Strahlung

Der Nachweis von α-, β- und γ-Strahlung wird in zwei Schritten durchgeführt. Zunächst muss die für eine Messung notwendige Wechselwirkung zwischen Strahlung und Materie herbeigeführt werden, sodass das Ergebnis dieser Wechselwirkung in eine elektrische Messgröße überführt werden kann. Beide Schritte werden in einem Strahlungsdetektor durchgeführt. Die Wechselwirkungen der Strahlung mit Materie erzeugt geladene Teilchen, die elektrisch oder optisch messbare Signale auslösen.

In der Regel wird die ionisierende Wechselwirkung der Strahlung mit Materie ausgenutzt. Dazu dienen Ionisationsdetektoren, Proportionalzählrohre, Geiger-Müller-Zählrohre und Halbleiterdetektoren. Bei den drei erstgenannten werden durch die Ionisierung eines sich im Volumen zwischen einer positiv und negativ geladenen Elektrode befindlichen Füllgases entstehenden Ionenpaare in die positiven und negativen Ladungsträger getrennt, wobei sie bei ausreichender Beschleunigung im elektrischen Feld neue Ionisationen auslösen und es so zu einer Verstärkung kommt. Die Ladungsträger bewegen sich zu den entsprechenden Elektroden, und die Bewegung wird durch äußere Stromkreise gemessen. Bei Halbleiterdetektoren wird statt einer Gasfüllung eine feste Schicht mit hohem Widerstand zwischen einer n-leitenden Vorderschicht und dem p-leitenden Grundmaterial benutzt. Durch Einfall eines ionisierenden Teilchens in diese feste Zone wird die entsprechende Ladung freigesetzt und fließt zu den Elektroden ab, wo sie gemessen werden kann. Da hier keine Verstärkungen durch die Ionisation erfolgen und im Gegensatz zu gasgefüllten Detektoren bei ausreichender Detektorgröße mit signifikanter Wahrscheinlichkeit die gesamte Energie des Photons im Detektor deponiert wird, sind Halbleiterdetektoren besonders zur Bestimmung der Teilchenenergie geeignet.

Neben den Ionisationsdetektoren gibt es noch Szintillationsdetektoren, die aus einem Szintillator und einem nachgeschalteten Photomultiplier bestehen. Statt der Ionisierung durch die einfallende Strahlung findet im Szintillator eine Anregung der Atome oder Moleküle des Szintillatormaterials (z. B. Na) statt, wodurch die angeregten Atome beim Übergang in den Grundzustand einen Lichtimpuls emittieren. Dieser Impuls löst im nachgeschalteten Photomultiplier aus der Kathode ein Elektron. Die Elektronen werden durch ein elektrisches Feld beschleunigt und lösen ihrerseits neue Elektronen in mehreren Stufen, den sogenannten Dynoden, heraus. Es kommt so zu einer lawinenartigen Verstärkung des Elektronenstromes, der an der Anode in messbare Stromimpulse umgewandelt wird.

2.3 Kernumwandlungen

Radioaktivität tritt immer dann auf, wenn ein Kern nicht im stabilen Zustand ist. Solche Kerne kommen in der Natur vor, können aber auch künstlich durch Kernumwandlungen erzeugt werden. Trifft ein Nukleon oder Photon auf einen Atomkern, so bildet sich kurzzeitig mit diesem ein hochangeregter Zwischenkern, der dann wieder durch Emission eines Kernteilchens oder Photons bzw. durch Spaltung in eine stabilere Struktur übergeht. Der neue Kern ist in der Regel nicht im Grundzustand, sondern erreicht diesen erst durch Emission von γ-Strahlung. Er muss auch nicht stabil sein, sondern kann sich durch Emission weiterer Teilchen so lange umwandeln, bis ein stabiler Kern erreicht wird.

Man schreibt solche Kernreaktionen in der Form

$$X(u, v)Y.$$

Das besagt, dass Kern X von den Teilchen u getroffen wird, worauf das Teilchen v emittiert und ein neuer Kern Y gebildet wird, der häufig radioaktiv ist, d. h. weiteren Kernumwandlungen unterliegt. Gelegentlich wird auch noch die freigesetzte Energie mit angegeben. Während bei diesem Prozess die Ladungszahl und die Massenzahl erhalten bleiben, gilt das Gesetz der Erhaltung der Masse und der Energie in dem Sinne, dass man Masse und Energie als gleichwertige Energieformen addiert. Es muss also für die Ruhemassen der Reaktionspartner m_i und m_i' sowie für die kinetischen Energien E_i und E_i' vor und nach der Reaktion gelten:

$$\sum_i m_i + \sum_i m_{i,kin} = \sum_i m_i' + \sum_i m_{i,kin}' \quad \text{mit} \quad m_{kin} = \frac{E_{kin}}{c^2} \tag{2.51}$$

d. h. der Massendefekt

$$\Delta m = \sum_i m_i - \sum_i m_i' \tag{2.52}$$

ist gleich der Erhöhung der kinetischen Energie der Reaktionspartner:

$$c^2 \Delta m = \sum_i E_{i,kin}' - \sum_i E_{i,kin}. \tag{2.53}$$

Für häufig vorkommende Reaktionspartner (leichten Nuklide sowie Neutronen und Photonen) werden im Allgemeinen einfache Buchstabensymbole verwendet (Tab. 2.3).

Man spricht also z. B. von (p, n)-, (d, α)-, (γ, n)-, (n, γ)-, (n, f)-Reaktionen. Ist das auftreffende Teilchen ein leichter Atomkern mit positiver Ladung, so ist eine gewisse Mindestenergie notwendig, um die Abstoßung des positiv geladenen, Targetkerns zu überwinden. Neutronen können dagegen ohne nennenswerte kinetische Energie in den Kern eindringen. In der Reaktortechnik haben vor allem die von Neutronen ausgelösten Reaktionen große Bedeutung.

Tab. 2.3 Bezeichnung der Reaktionspartner

Reaktionspartner	Nuklidbezeichnung	Symbol
Proton	${}^{1}_{1}\mathrm{H}$	p
Deuteron	${}^{2}_{1}\mathrm{H} = {}^{2}_{1}\mathrm{D}$	d
Triton	${}^{3}_{1}\mathrm{H} = {}^{3}_{1}\mathrm{T}$	t
Helium	${}^{4}_{2}\mathrm{He}$	α
Neutron	${}^{1}_{0}\mathrm{n}$	n
Elektron	(e^{-})	β^{-}
Positron	(e^{+})	β^{+}
Photon	–	γ
(Spaltung)	–	f (fission)

Treffen zwei leichte Kerne mit hoher kinetischer Energie aufeinander, so kann es zur Verschmelzung, genannt Fusion, kommen. Von Interesse für die Energieerzeugung sind folgende zwei Fusionsprozesse:

$$ {}^{3}_{1}\mathrm{H}\ (d,n)\ {}^{4}_{2}\mathrm{He} + 17{,}6\,\mathrm{MeV}. $$

$$ {}^{3}_{2}\mathrm{He}\ (d,p)\ {}^{4}_{2}\mathrm{He} + 18{,}3\,\mathrm{MeV}. $$

(n,γ)-Reaktionen treten mit fast allen Atomkernen auf. Es handelt sich dabei um Neutronenabsorption mit nachfolgender γ-Strahlung. Der ursprüngliche Kern geht dabei über in einen Kern mit einer um 1 erhöhten Massenzahl. Die Ladungszahl bleibt zunächst unverändert, sodass der Kern sich vom Anfangskern chemisch nicht unterscheidet. Für einen Kern ${}^{A}_{Z}\mathrm{X}$ wäre also so zu schreiben

$$ {}^{A}_{Z}\mathrm{X}\ (n,\gamma)\ {}^{A+1}_{Z}\mathrm{X}. \tag{2.54} $$

Erst ein ggf. nachfolgender β^{-}-Zerfall erzeugt einen Kern ${}^{A+1}_{Z+1}\mathrm{Y}$ mit einer um 1 erhöhten Ladungszahl, der also zum nächsten Element des Periodensystems gehört.

Bei (n,n)-Reaktionen bleibt der Kern in Masse und Ladung unverändert, lediglich seine innere Energie kann dabei zunehmen. Der angeregte Zustand des Folgekerns wird durch einen Stern angedeutet. Das Neutron hat nach dem Stoß in der Regel natürlich eine andere Richtung und eine geringere Geschwindigkeit als vor dem Stoß. Die Reaktion $X(n,n)X$ beschreibt einen elastischen Stoß, bei dem der gestoßene Kern nur Translationsenergie übernimmt. Die Reaktion $X(n,n)X^{*}$ beschreibt einen inelastischen Stoß, wobei zusätzlich vom Kern noch innere Anregungsenergie übernommen wird.

(n,α)-Reaktionen werden zum indirekten Nachweis von Neutronen über die Messung der bei der Kernreaktion entstehenden α-Strahlung benutzt.

$$ {}^{10}_{5}\mathrm{B}\ (n,\alpha)\ {}^{7}_{3}\mathrm{Li}. $$

Die weitaus bedeutsamste Reaktion ist die Kernspaltung durch Neutronen, die im Folgenden noch eingehend behandelt wird.

Eine gewisse Bedeutung für die Kerntechnik haben auch die Neutronen erzeugenden (α, n)- und (γ, n)-Reaktionen, denn sie werden zur Herstellung von Neutronenquellen angewandt.

In Ra- Be- und Po- Be- Quellen läuft die Reaktion

$$^{9}_{4}\text{Be} \ (\alpha, n) \ ^{12}_{6}\text{C}$$

ab, wobei mit Be-Pulver vermischtes Ra bzw. Po die α-Teilchen liefert.

Photoneutronen erhält man aus den Reaktionen

$$^{9}_{4}\text{Be} \ (\gamma, n) \ ^{8}_{4}\text{Be} \ \rightarrow \ 2\alpha$$

oder

$$^{2}_{1}\text{D} \ (\gamma, n) \ ^{1}_{1}\text{H}.$$

Die erforderliche harte γ-Strahlung wird dabei meistens durch ein künstliches Radionuklid, z. B. Californium Cf-252 mit 2.62 a Halbwertszeit, erzeugt. Darüber hinaus ist Cf-252 durch Spontanspaltung auch selbst eine starke Neutronenquelle. Bei der in Abb. 2.16 gezeigten Neutronenquelle wird Antimon (Sb) als γ-strahlendes Nuklid verwendet, das mit einem rohrförmigen Be-Mantel umgeben ist.

Diese Neutronenquellen haben den Vorteil, dass sie sich im Neutronenfluss des Reaktors selbst regenerieren. Sb-123 wird durch Neutronenabsorption in das radioaktive Isotop Sb-124 umgewandelt, das einem β^--Zerfall mit 61 d Halbwertszeit unterliegt und dabei in das angeregte Te-124 übergeht, welches beim Zerfall eine harte γ-Strahlung mit einer Energie von 1,69 MeV aussendet. Diese kann in dem umgebenden Be-Mantel durch (γ, n)-Reaktion Photoneutronen erzeugen. Auch nach Abschalten des Reaktors reicht die Neutronenproduktion noch mehrere Monate als Anfahrquelle aus, bis das Sb-124 abgeklungen ist.

Da man beim neuen Reaktor noch keine Eigenaktivierung des Antimons hat, werden häufig Californiumquellen mit Antimon-Beryllium Mischpellets verwendet. Während am Anfang das Californium die γ-Strahlung liefert, wird diese Funktion mehr und mehr vom aktivierten Antimon übernommen, gleichzeitig nimmt die Aktivität des Californiums ab.

Eine Übersicht über radioaktive Neutronenquellen ist in Tab. 2.4 gegeben:

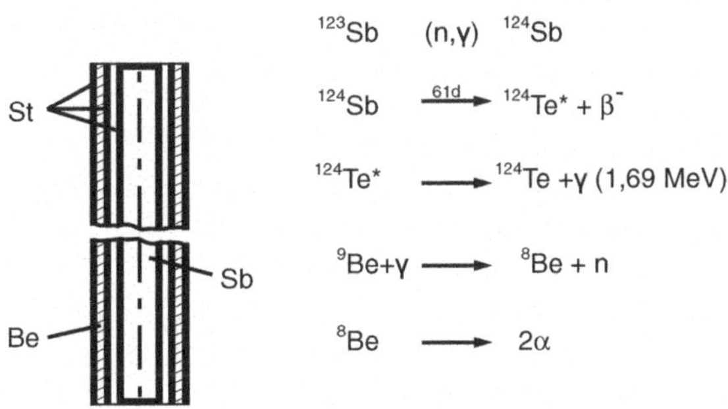

Abb. 2.16 Antimon-Neutronenquelle

Tab. 2.4 Radioaktive Neutronenquellen nach (Choppin et al. 2002)

Material	Halbwertszeit	Neutronenausbeute
^{226}Ra + Be	1600a	$3.5 \cdot 10^{-4}$ n s^{-1}Bq^{-1}
^{239}Pu + Be	24110a	$2.4 \cdot 10^{-4}$ n s^{-1}Bq^{-1}
^{239}Pu + ^{18}O	24110a	$\leq 7,8 \cdot 10^{-6}$ n s^{-1}Bq^{-1}
^{241}Am + Be	433a	$6.8 \cdot 10^{-5}$ n s^{-1}Bq^{-1}
^{210}Po + Be	138d	$6.8 \cdot 10^{-5}$ n s^{-1}Bq^{-1}
^{124}Sb + Be	60d	$\sim 5,0 \cdot 10^{-6}$ n s^{-1}Bq^{-1}
^{252}Cf	2.6a	$5.0 \cdot 10^{12}$ n s^{-1}g^{-1}

Literatur

Audi, G., Wapstra, A.H.: The 1995 update to the atomic mass evaluation/IAEA. http://www-nds.iaea.org/ndspub/masses/mass_rmd.mas95 - Forschungsbericht (1995)

Bethge, K., Walter, G., Wiedemann, B.: Kernphysik Eine Einführung . Springer (2001)

Chadwick, M.B., Herman, M., Obloinský, P., Dunn, M.E., Danon, Y., Kahler, A.C., Smith, D.L., Pritychenko, B., Arbanas, G., Arcilla, R., Brewer, R., Brown, D.A., Capote, R., Carlson, A.D., Cho, Y.S., Derrien, H., Gruber, K., Hale, G.M., Hobilit, S., Holloway, S., Johnson, T.D., Kawano, T., Kiedrowski, B.C., Kim, H., Kunieda, S., Larson, N.M., Leal, L., Lestone, J.P., Little, R.C., McCutchan, E.A., MacFarlane, R.E., MacInnes, M., Mattoon, C.M., McKnight, R.D., Mughabghab, S.F., Nobre, G.P.A., Palmiotti, G., Palumbo, A., Pigni, M.T., Pronyaev, V.G., Sayer, R.O., Sozogni, A.A., Summers, N.C., Talou, P., Thompson, I.J., Trkov, A., Vogt, R.L., Marck, S.C. van der, Wallner, A., White, M.C., Wiarda, D., Young, P.G.: ENDF/B-VII.I Nuclear data for science and technology: cross sections, covariances, fission product yields and decay data. Nuc. Data Sheets **112**(12), 2887–2996 (2011). http://www.sciencedirect.com/science/article/pii/S009037521100113X. Special issue on ENDF/B-VII.1 library

Choppin, G.R., Liljenzin, J.-O., Rydberg, J.: Radiochemistry and Nuclear Chemistry. Butterworth-Heinemann, Woburn (2002)

Hofstadter, R.: Ann. Rev. Nucl. Sci. **7**, 231 (1957)

Nakamura, K., et al.: Particle data summary tables. J. Phys G: Nucl. Part. Phys. **37**. http://pdg.lbl.gov/ (2010)

Wolf, J.: The KATRIN neutrino mass experiment. Nucl. Instrum. Methods Phys. Res. Sect. A **632**, 442–444 (2010)

Kernspaltung 3

In Kap. 2 wurde gezeigt, wie aus Atomkernen Energie freigesetzt werden kann. Der radioaktive Zerfall ist aber ein Vorgang, der sich (von wenigen, lediglich im Hinblick auf die Grundlagenforschung relevanten Fällen einmal abgesehen) nicht durch den Menschen beeinflussen lässt. Für eine großtechnische Nutzung der Kernenergie ist es wesentlich, Kernumwandlungen gezielt auslösen und damit die Energiefreisetzung steuern zu können. Die hierfür am besten geeignete Reaktion ist die Kernspaltung – die Zerlegung eines schweren Atomkernes in mehrere Bruchstücke, die im folgenden Kapitel detaillierter beschrieben wird.

3.1 Auslösung der Kernspaltung

In Kap. 2 wurde anhand der Bindungsenergiekurve gezeigt, dass durch die Spaltung eines schweren Kerns in zwei mittelschwere Kerne Energie freigesetzt werden kann. Ab einer Grenze von ca. $A \geq 100$ erhält man aus der Massen- und damit Energiebilanz möglicher Ausgangskerne und Spaltprodukte eine Reaktionsenergie von $Q_f > 0$, sodass eine Spaltung dann energetisch grundsätzlich möglich ist. Dass trotzdem Nuklide mit deutlich höheren Massenzahlen stabil sein können, ist dadurch zu erklären, dass für die Auslösung der Kernspaltung eine gewisse Aktivierungsenergie aufgebracht werden muss.

Die potentielle Energie aufgrund der Coulomb-Abstoßung E_{cb} der Spaltproduktkerne mit den Massenzahlen A_1 und A_2 und den Kernladungszahlen Z_1 und Z_2 kann für einen gemäß (2.6) postulierten Zusammenhang zwischen Massenzahl und Kernradius durch Integration der Coulomb-Kraft vom Kontaktpunkt bis ∞ erhalten werden (3.1):

$$E_{cb} = \frac{e^2}{r_c \cdot 4\pi\varepsilon_0} \cdot \frac{Z_1 \cdot Z_2}{A_1^{1/3} + A_2^{1/3}} \approx 1.18\,\text{MeV} \cdot \frac{Z_1 \cdot Z_2}{A_1^{1/3} + A_2^{1/3}}. \tag{3.1}$$

A. Ziegler und H.-J. Allelein (Hrsg.), *Reaktortechnik*,
DOI: 10.1007/978-3-642-33846-5_3, © Springer-Verlag Berlin Heidelberg 2013

Hierbei ist e die Elementarladung und ε_0 die elektrische Feldkonstante.

Da, wie in Abb. 3.1 schematisch dargestellt, der Kernspaltung eine Deformation vorausgeht, ist der Abstand der Spaltproduktkerne im Augenblick der Trennung etwas größer, als es für zwei Kugeln der Fall wäre, sodass sich die Coulombenergie nach (Choppin et al. 2002) auf den Ausdruck nach (3.2) reduziert:

$$E_{cb} = 0.96\,\text{MeV} \cdot \frac{Z_1 \cdot Z_2}{A_1^{1/3} + A_2^{1/3}}. \tag{3.2}$$

Die Differenz $E_a = E_{cb} - Q_f$ stellt die Höhe des Coulombwalls und damit die für die Auslösung der Kernspaltung aufzubringende Aktivierungsenergie dar.

Anhand dieser Betrachtung lässt sich die Stabilitätsschwelle $Q_f = E_{cb}$ abschätzen, indem Q_f mittels der Bethe-Weizsäcker-Formel als Differenz der Gesamtbindungsenergien von Edukt und Produkten und E_{cb} nach (3.1) bestimmt wird. Man erhält:

$$\left(\frac{Z^2}{A}\right)_{krit} = 38.54 \tag{3.3}$$

Die dafür verwendeten, vereinfachenden Annahmen sind:

- Die beiden Spaltprodukte sind identisch (ideal symmetrische Spaltung).
- Der Paarbildungsterm der Bethe-Weizsäcker Formel wird vernachlässigt.

Auch für $E_a > 0$ sind – analog zum α-Zerfall – spontane Kernspaltungen aufgrund des Tunneleffektes möglich. Die Halbwertszeit für diese Zerfallsart $T_{1/2,sf}$ nimmt mit steigenden Werten für E_a stark zu. Während beispielsweise für Uran-238 mit $E_a = 5.8\,\text{MeV}$ und $T_{1/2,sf} = 8.2 \cdot 10^{15}$ y für Spontanspaltungen zwar von α-Zerfall mit $T_{1/2,a} = 4.468 \cdot 10^9$ y

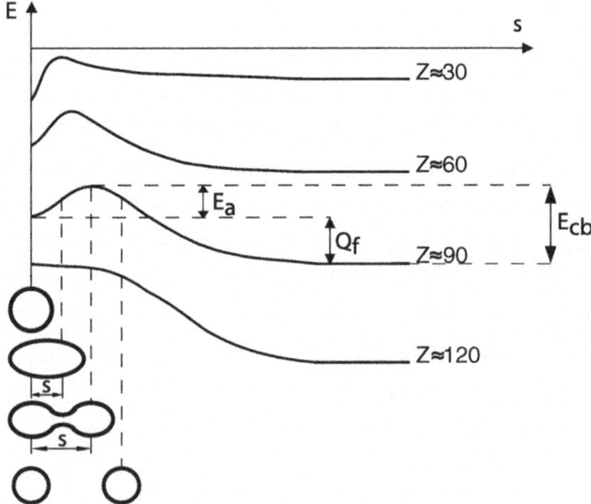

Abb. 3.1 Potentielle Energie des Kerns als Funktion des Spaltfragmentabstandes

klar dominiert werden, sich aber trotzdem immer noch nachweisen lassen, können leichte Kerne wie Ru-100 als stabil angesehen werden.

Die Auslösung einer Kernspaltung kann man sich nach dem Tröpfchenmodell als Folge einer heftigen Schwingungsanregung des Atomkerns vorstellen. Dabei schwingt der Tropfen so, dass er abwechselnd die Form eines gestreckten bzw. eines abgeplatteten Ellipsoids einnimmt. Wird die Schwingung heftiger, kann das gestreckte Ellipsoid bis zur Hantelform ausschwingen, die dann an der engsten Stelle auseinanderbricht, wenn die „Oberflächenspannung" der weitreichenden elektrostatischen Abstoßung nicht mehr standhalten kann, d. h. wenn durch Abschnürung und Trennung beider Teile Energie gewonnen wird. Trägt man den Schwerpunktabstand s der beiden Teilvolumina als Schwingungsparameter auf, so erhält man den in Abb. 3.1 gezeichneten Potentialverlauf der Energie als Funktion von s.

Sobald die zur Spaltung notwendige Energie überschritten wird und die beiden Teile auseinanderbrechen, wird in jedem Fall die gesamte Energie bis zum Zustand $s = \infty$ frei. Das sind etwa 200 MeV, also wesentlich mehr als die Schwellenhöhe, die in der nicht maßstabgetreuen Darstellung zur Verdeutlichung erheblich übertrieben wurde.

Die zur Schwingungsanregung und damit zur Überwindung der Potentialschwelle notwendige Energie E_a kann dem Kern auch von außen zugeführt werden. Dies kann prinzipiell durch jedes beliebige Teilchen, so auch durch β- oder γ-Strahlen, geschehen. In der Reaktortechnik sind jedoch hauptsächlich die durch Einfang eines freien Neutrons erzeugten angeregten Zwischenkerne und damit verbundenen Spaltungen von Interesse. Die Anregungsenergie setzt sich bei der neutroneninduzierten Spaltung aus der kinetischen Energie des eingefangenen Neutrons und der bei der Aufnahme in den Kern freiwerdenden Bindungsenergie E_B zusammen .

Entsteht bei Einfang eines Neutrons ein Zwischenkern mit gerader Protonen- und Neutronenzahl, so ist die freiwerdende Bindungsenergie größer als für Zwischenkerne mit ungerader Massenzahl, da die Bindungsenergie bei doppelt geraden Kerne um den Paarbildungsterm (2.39) erhöht ist.

Die frei werdende Bindungsenergie übersteigt deshalb bei den spaltbaren Mutterkernen U-233, U-235, Pu-239 und Pu-241 die zum Überschreiten der Potentialschwelle notwendige Energie E_a, sodass die Neutronen keine nennenswerte kinetische Energie mit einbringen müssen. Bei anderen Kernen, wie z. B. Th-232 oder U-238, ist zusätzlich zur freiwerdenden Bindungsenergie noch kinetische Energie erforderlich, um eine Spaltung auszulösen. Diese Kerne sind nicht mit langsamen, wohl aber mit schnellen Neutronen spaltbar. Auch bei Neutronenenergien unterhalb der Potentialschwelle sind aus den bei der Spontanspaltung genannten Gründen bei diesen Kernen Spaltungen möglich, die Wahrscheinlichkeit hierfür ist aber sehr gering. Tabelle 3.1 gibt für einige schwere Kerne die Neutronenenergien an, bei der bei einer Neutronenabsorption die Wahrscheinlichkeit für eine Spaltung höher ist als die für eine Rückkehr des Kerns in den Grundzustand unter Aussendung von γ-Strahlung. Die entsprechenden Daten wurden aus (Chadwick et al. 2011) gewonnen; die Zahlenwerte stimmen sehr gut mit den in (Smidt 1976) aufgeführten Schwellenenergien für die Überwindung der Potentialbarriere überein.

Tab. 3.1 Neutronenspaltung schwerer Kerne

Kern	$^{232}_{90}$Th	$^{233}_{92}$U	$^{234}_{92}$U	$^{235}_{92}$U	$^{236}_{92}$U	$^{238}_{92}$U	$^{237}_{93}$Np	$^{239}_{94}$Pu	$^{240}_{94}$Pu	$^{241}_{94}$Pu
Zwischenkern	$^{233}_{90}$Th	$^{234}_{92}$U	$^{235}_{92}$U	$^{236}_{92}$U	$^{237}_{92}$U	$^{239}_{92}$U	$^{238}_{93}$Np	$^{240}_{94}$Pu	$^{241}_{94}$Pu	$^{242}_{94}$Pu
erforderliche Neutronenenergie in MeV	1.5	0	0.33	0	0.8	1.3	0.48	0	0.3	0

Wie in Kap. 2.2.3 beschrieben, kann ein angeregter Kern durch Emission von γ-Strahlen in den Grundzustand übergehen. Dieser Vorgang konkurriert mit der Kernspaltung, sodass nicht jeder Neutroneneinfang eines spaltbaren Nuklids zu dessen Spaltung führen muss.

Von den mit langsamen Neutronen spaltbaren Kernen kommt nur U-235 in relevanten Mengen in der Natur vor, und zwar mit einem Isotopenanteil von nur 0.72 %. Die restlichen 99.28 % sind U-238. Alle anderen mit langsamen Neutronen spaltbaren Atomkerne müssen unter Zuhilfenahme entsprechender Kernreaktionen „erbrütet" werden. Dabei werden durch (n, γ)-Reaktionen über mehrere Zwischenkerne Transurane und darunter auch einige spaltbare Nuklide gebildet. Die wichtigsten derartigen Kernreaktionen sind die Erzeugung von U-233 aus Th-232 und Pu-239 bzw. Pu-241 aus U-238:

$$^{232}_{90}\text{Th}\ (n,\gamma)\ ^{233}_{90}\text{Th} \xrightarrow[22m]{\beta^-} {}^{233}_{91}\text{Pa} \xrightarrow[27.0d]{\beta^-} {}^{233}_{92}\text{U}$$

$$^{238}_{92}\text{U}\ (n,\gamma)\ ^{239}_{92}\text{U} \xrightarrow[23m]{\beta^-} {}^{239}_{93}\text{Np} \xrightarrow[2.3d]{\beta^-} {}^{239}_{94}\text{Pu}$$

$$^{239}_{94}\text{Pu}\ (n,\gamma)\ ^{240}_{94}\text{Pu} \quad \text{und} \quad ^{240}_{94}\text{Pu}\ (n,\gamma)\ ^{241}_{94}\text{Pu}$$

Da aufgrund von Spontanspaltungen in Natururan in geringem Maße Neutronen freigesetzt werden, werden durch deren Absorption in U-238 minimale Mengen Pu-239 gebildet.

3.2 Spaltprodukte

Die Spaltung eines schweren Kerns ist ein stochastisches Ereignis, bei dem unter gleichen Ausgangsbedingungen viele verschiedene Spaltprodukte entstehen können. Bei der Spaltung von Kernbrennstoffen mit langsamen Neutronen wird eine unsymmetrische Teilung in einen leichten und einen schweren Kern bevorzugt. Charakterisiert man die Spaltprodukte zunächst nur anhand ihrer Massenzahl, so erhält man die Häufigkeitsverteilungen nach Abb. 3.2. Die als Ordinate in Prozent aufgetragenen Werte nennt man die Spaltproduktausbeute der einzelnen Nuklide. Die Verteilung zeigt außerdem mit zunehmender Atommasse des Ursprungsnuklids eine leichte Verschiebung zu schwereren Kernen.

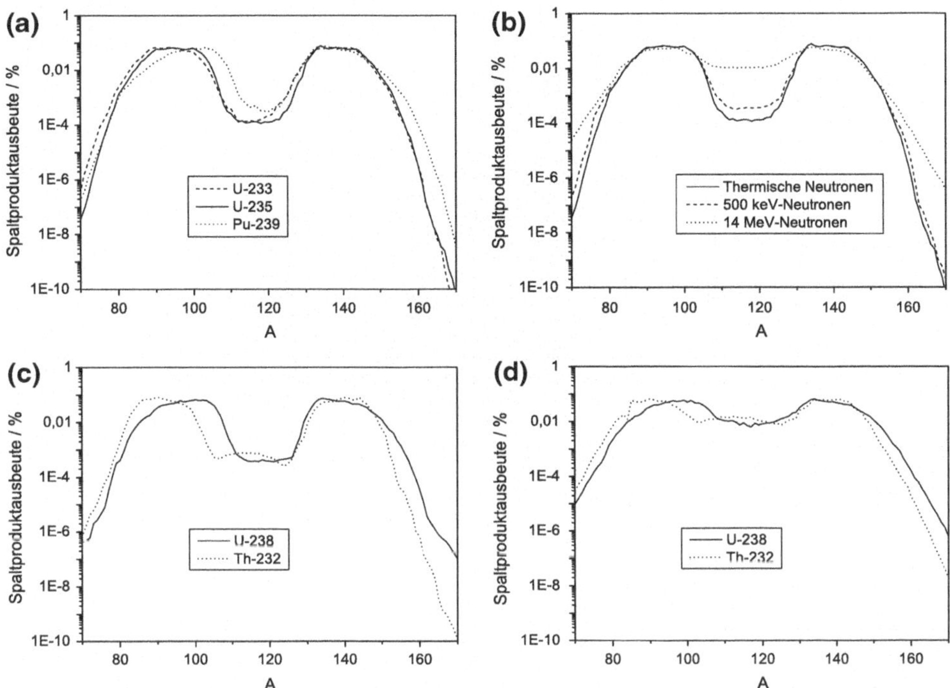

Abb. 3.2 Spaltproduktausbeute (Daten: Chadwick et al. 2011): a) Spaltung von U-233, U-235 und Pu-239 durch thermische Neutronen; b) Spaltung von U-235 durch Neutronen verschiedener Energien; c) Spaltung von Th-232 und U-238 durch 0.5 MeV Neutronen und d) Spaltung von Th-232 und U-238 durch 14 MeV Neutronen

In seltenen Fällen wird noch ein dritter Kern freigesetzt, beispielsweise Tritium (0.01 %) oder He-4 (0.17 %).

Abbildung 3.2 gibt die Häufigkeitsverteilung der Spaltprodukte des U-235 sowohl für langsame, also thermische Neutronen, als auch für Neutronen mit einer kinetischen Energie von 14 MeV wieder. Dabei ist für Spaltungen mit schnellen Neutronen eine deutliche Auffüllung des mittleren Minimums im Vergleich zur Ausbeute mit thermischen Neutronen erkennbar. Ebenso sieht man, dass bei einer thermischen Spaltung des U-235 nur in etwa 0.01 % der Fälle gleich große Spaltprodukte entstehen, die Spaltung also symmetrisch ist.

Das Verhältnis von Neutronen zu Protonen von U-236 beträgt 1.565, während es für die Massenzahlen der gebildeten Spaltprodukte im Bereich 1.2 bis 1.4 liegen müsste, damit diese stabil sein können. Zwar werden bei der Kernspaltung mehrere Neutronen freigesetzt (vgl. Abschn. 3.4); dennoch weisen die Spaltprodukte einen erheblichen Neutronenüberschuss auf, der durch sukzessive β^--Zerfälle abgebaut wird. Hieraus ergibt sich die zentrale Herausforderung der friedlichen Nutzung der Kernspaltungsenergie, nämlich dass dabei Stoffe entstehen, die ein erhebliches Gefahrenpotential aufweisen. Als Beispiel ist im Folgenden der Zerfall des gebildeten Kr-90 bis zu einem stabilen Nuklid aufgeführt.

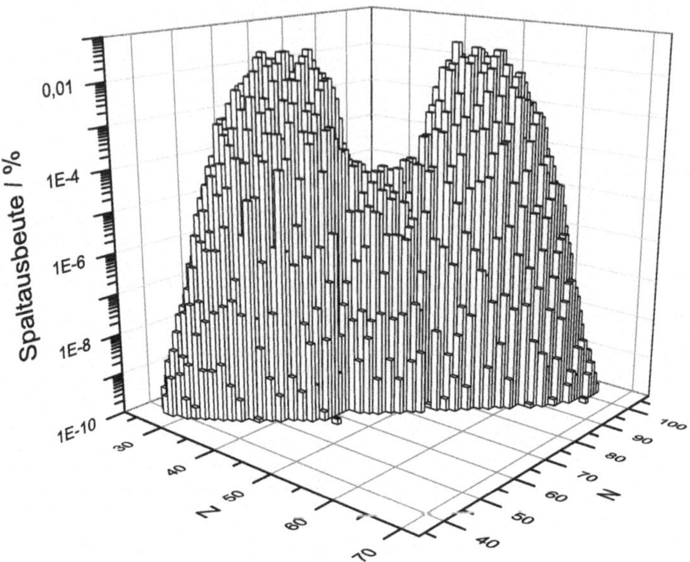

Abb. 3.3 Direkte Spaltproduktausbeute für die thermische Spaltung von U–235 (Daten Chadwick et al. 2011)

$$^{90}_{36}Kr \xrightarrow[32.3s]{\beta^-} {}^{90}_{37}Rb \xrightarrow[2.6m]{\beta^-} {}^{90}_{38}Sr \xrightarrow[28.64a]{\beta^-} {}^{90}_{39}Y \xrightarrow[64.1h]{\beta^-} {}^{90}_{40}Zr \tag{3.4}$$

Das Verhältnis von Neutronen zu Protonen der Spaltprodukte basiert zwar grundsätzlich auf dem des Ursprungskerns, allerdings treten auch hier aufgrund der stochastischen Natur der Kernspaltung Variationen auf. Zur Charakterisierung des Spaltproduktgemisches reicht es daher nicht aus, die in Abb. 3.2 dargestellten Ausbeuten für die einzelnen Isobaren, also in der Nuklidkarte Diagonalen gleicher Massenzahl, entlang derer β-Zerfälle verlaufen, anzugeben, sondern die direkte Ausbeute jedes Einzelnuklides, wie in Abb. 3.3 dargestellt. Wie in 3.4 ersichtlich, kann z. B. Sr-90 so durch den Zerfall von Vorläufernukliden, aber auch direkt als Spaltprodukt gebildet werden.

Da z. B für die Abschätzung der langlebigen Nuklide deren letztendliche Gesamtmenge von Bedeutung ist, werden üblicherweise für jedes Nuklid sowohl die direkte, als auch unter Berücksichtigung des Zerfalls von Vorläufernukliden die kumulierte Ausbeute(engl.: yield) angegeben. Beispiele sind für einige wichtige Spaltprodukte für die Spaltung von U-235 und Pu-239 in Tab. 3.2 (Chadwick et al. 2011) aufgeführt.

Aus Impulserhaltungsgründen ist die kinetische Energie der leichten Spaltprodukte höher als die der schweren Fragmente. Unter Vernachlässigung aller übrigen Einflüsse wird dies durch folgenden Zusammenhang beschrieben:

$$E_{kin,1} = \frac{A_2}{A_1 + A_2} \cdot E_{kin,ges}. \tag{3.5}$$

Tab. 3.2 Ausbeute ausgewählter Spaltprodukte bei Spaltung von U-235 und Pu-239

Spaltprodukt	Halbwertszeit	Ausbeute in %			
		U-235		Pu-239	
		direkt	kumulativ	direkt	kumulativ
^{85}Kr	10.76 a	$2.55 \cdot 10^{-4}$	0.0028	$1 \cdot 10^{-4}$	$1.23 \cdot 10^{-3}$
^{90}Sr	28.64 a	$7.37 \cdot 10^{-4}$	0.578	$9.69 \cdot 10^{-4}$	$2.1 \cdot 10^{-2}$
^{106}Ru	373.6 d	$9.07 \cdot 10^{-9}$	$4.02 \cdot 10^{-3}$	$3.24 \cdot 10^{-4}$	$4.35 \cdot 10^{-2}$
^{131}I	8.02 d	$3.92 \cdot 10^{-5}$	0.0289	$2.29 \cdot 10^{-4}$	$3.86 \cdot 10^{-2}$
^{135}Xe	9.1 h	$7.85 \cdot 10^{-4}$	0.0654	$3.14 \cdot 10^{-4}$	$7.61 \cdot 10^{-2}$
^{137}Cs	30.17 a	$6.0 \cdot 10^{-4}$	0.0619	$5.97 \cdot 10^{-4}$	$6.61 \cdot 10^{-2}$

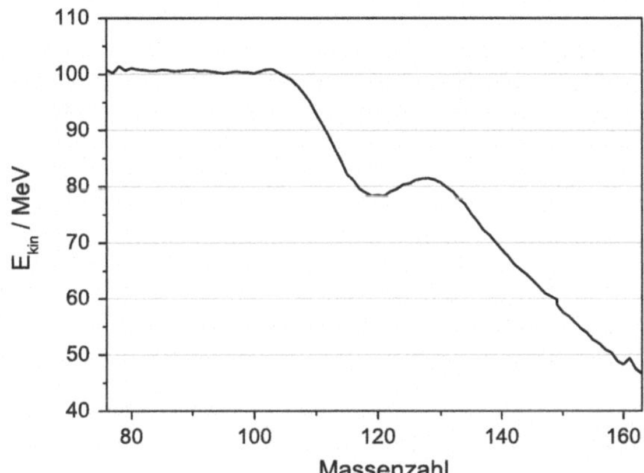

Abb. 3.4 Verteilung der kinetischen Energie der Spaltprodukte (Daten aus Chadwick et al. 2011)

Hierbei stellen die Indizes 1 und 2 die beiden Spaltfragmente dar. Eine experimentell bestimmte Verteilung der kinetischen Energie der Spaltprodukte als Funktion von deren Massenzahl ist in Abb. 3.4 dargestellt.

Die Spaltprodukte übernehmen den größten Teil der bei der Kernspaltung freiwerdenden Energie.

3.3 Energiefreisetzung bei der Spaltung

Die aus dem Massendefekt errechenbare Energie von durchschnittlich 204 MeV bei U-235 verteilt sich im Mittel wie in Tab. 3.3 (Bethge et al. 2001) dargestellt.

Für die Spaltung von U-233 ergibt sich eine verwertbare Energie von etwa 191 MeV und für Pu-239 ca. 201 MeV. Bei der Kernspaltung werden neben den Spaltprodukten 2-3

Tab. 3.3 Energieaufteilung nach der Spaltung von U-235

Reaktionsprodukte	MeV	Reichweite im Reaktor
Spaltprodukte	167 ± 5	$\ll 1$ mm
Neutronen	5 ± 0.2	<10 cm
β-Teilchen	6 ± 1	$\simeq 1$ cm
Elektron Antineutrinos	12 ± 2.5	∞
Prompte γ-Strahlung	8 ± 1.5	$\simeq 1$ m
γ-Strahlung aus Spaltkernen	6 ± 1	~ 1 m
	204	

Verwertbare Energie: $192 \frac{MeV}{Spaltung} = 3.08 \cdot 10^{-11} \frac{J}{Spaltung}$
Energieäquivalent: 1 g U-235 $\widehat{=}$ 0.913 MWd $\approx$ 1 MWd

prompte Neutronen freigesetzt, bis zu 30 % direkt, ansonsten durch „Verdampfen" aus den hochangeregten Spaltproduktkernen (Carjan und Rizea 2010).

Anschließend erfolgen sukzessive β^--Zerfälle der Spaltprodukte, bis schließlich ein stabiler Kern erreicht wird. Gleichzeitig mit den β^--Teilchen werden natürlich Neutrinos ausgestoßen. Die hochangeregten Kernbruchstücke geben einen Teil der Energie auch als prompte γ-Strahlung ab. Weitere γ-Strahlung wird infolge der β^--Übergänge von den Folgekernen der Spaltprodukte emittiert.

Der weitaus größte Teil der Energie wird von den Spaltprodukten übernommen. Ihre Reichweite im Uran liegt trotz der hohen Geschwindigkeit weit unter 1 mm. Auf die Neutronen entfallen etwa 5 MeV. Ihre mittlere Reichweite hängt stark von den Absorptionseigenschaften der verschiedenen Stoffe ab. Im Reaktor liegt sie meist unter 10 cm. Die β^--Teilchen, auf die etwa 6 MeV der Energie entfallen, haben Reichweiten von der Größenordnung 1 cm. Die bisher aufgezählten Energieanteile werden also wegen der kurzen Reichweiten im Wesentlichen im Bereich des Reaktorkerns frei. Dagegen können die 12 MeV, die von den Neutrinos mitgenommen werden, nicht genutzt werden und gehen größtenteils im Weltall verloren. Auch die insgesamt 12 MeV der γ-Strahlung werden nur zum Teil im Bereich des Reaktorkerns frei, was bei der wärmetechnischen Auslegung zu berücksichtigen ist. Ein großer Teil gibt seine Energie im Reaktordruckgefäß bzw. in der umgebenden Betonabschirmung ab und trägt zur Erwärmung dieser Strukturen bei.

Auch der Zeitpunkt der Energiefreisetzung spielt für die Reaktorauslegung und die Brennelementhandhabung eine wichtige Rolle, denn die Wärme aus der β- und γ-Strahlung wird zum Teil erst mit erheblicher Verzögerung frei. Man nennt sie daher Nachwärme. Für die Berechnung der Nachwärme werden für einfache Überschlagsrechnungen empirische Formeln benutzt. Eine besondere Bedeutung hat die von Way und Wigner (Way und Wigner 1946) aufgestellte Beziehung gemäß (3.6), die für Zeitintervalle von $10 - 10^7$ s nach der Abschaltung der Reaktion anwendbar ist:

$$\frac{P}{P_0} = 6.22 \cdot 10^{-2} \left[t^{-0.2} - (T_0 + t)^{-0.2} \right], \quad \text{mit:} \quad 10\,s < t < 10^7\,s \tag{3.6}$$

Hierbei ist P die Nachwärmeleistung, P_0 die Nennleistung des Reaktors, T_0 die vorausgehende Betriebszeit des Reaktors bei Nennleistung und t die Zeit nach dem Abschalten des Reaktors in (alle Zeitangaben müssen in s erfolgen!). Der Fehler kann bis zu 20 % betragen. Bei genauerer Kenntnis der Betriebshistorie des Reaktors lässt sich auch DIN 25463 bzw. DIN 25485 anwenden: Die genauesten Ergebnisse erhält man, wenn man das Inventar aller Spaltprodukte berechnet und auf dieser Grundlage dann dessen Beitrag zur Nachwärmeproduktion bestimmen kann.

3.4 Neutronenerzeugung

Die Tatsache, dass bei der durch Neutronenabsorption ausgelösten Kernspaltung wieder einige Neutronen entstehen, ist eine wesentliche Voraussetzung für die Möglichkeit einer Kettenreaktion. Wie in den Kap. 4 und 5 dargelegt werden wird, ist für die Neutronik im Reaktor nicht nur die reine Bilanzierung, sondern auch die Neutronenenergie und der Anteil der sog. verzögerten Neutronen von Bedeutung, sodass diese Aspekte für die Spaltneutronen im Folgenden separat betrachtet werden.

3.4.1 Neutronenausbeute

Die mittlere Zahl der pro Spaltung erzeugten Neutronen ν nennt man die Neutronenausbeute . Sie ist abhängig von der Energie E_n des auslösenden Neutrons und für die verschiedenen spaltbaren Kerne unterschiedlich, wie Abb. 3.5 zeigt. Die Abhängigkeit der Neutronenausbeute von der Energie des absorbierten Neutrons kann vereinfachend als linear angenähert werden:

$$\nu(E_n) = \nu_0 + a \cdot E_n \tag{3.7}$$

Zahlenwerte für ν_0 und a sind in Tab. 3.4 angegeben.

Die Abhängigkeit der Spaltneutronenausbeute für den Energiebereich von 0 bis 1 MeV ist für die mit thermischen Neutronen spaltbaren Atomkerne U-233, U-235 und Pu-239 in Abb. 3.5 und für bis zu 14 MeV unter Hinzunahme von U238 und Th232 in Abb. 3.6 dargestellt. Bei U-235 liegt die Neutronenausbeute für thermische Neutronen bei etwa $\nu = 2.43$.

3.4.2 Verzögerte Neutronen

Während über 99 % der Neutronen unmittelbar während der Spaltung als prompte Neutronen ausgestoßen werden, gibt es einen geringen Anteil, der mit einer gewissen Verzögerungszeit emittiert wird. Die Verzögerung wird durch einen vorausgehenden β^--Zerfall

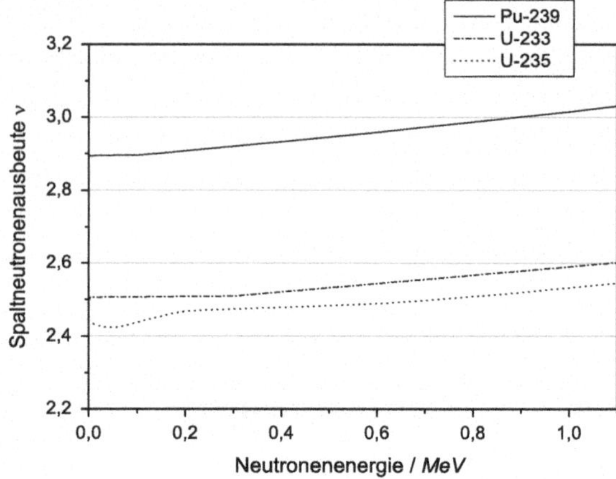

Abb. 3.5 Spaltneutronenausbeute für U-233, U-235 und Pu-230 für E < 1 MeV (Chadwick et al. 2011)

Tab. 3.4 Lineare Abhängigkeiten der Spaltneutronenausbeute von der Neutronenenergie (Bethge et al. 2001)

	ν_0	a (MeV^{-1})
U - 233	2.49	0.131
U - 235	2.41	0.136
Pu - 239	2.9	0.127

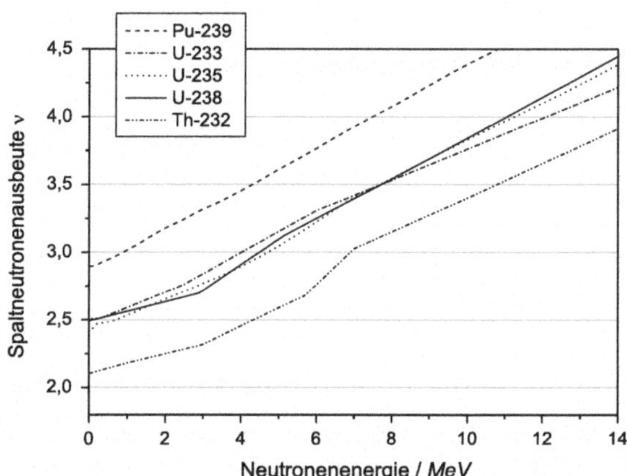

Abb. 3.6 Spaltneutronenausbeute für bis zu 14 MeV Neutronenenergie (Chadwick et al. 2011)

bewirkt. Wenn der neu entstehende Kern noch so viel Anregungsenergie hat, dass diese die Bindungsenergie des Neutrons überschreitet, so kann er nicht nur durch Emission von γ-Strahlung, sondern auch durch Ausstoß eines Neutrons in den Grundzustand übergehen. Dies wird am Beispiel von Br-87 in Abb. 3.7 gezeigt.

Die Halbwertszeit des β^--Zerfalls ist in der Regel umso kürzer, je größer der Neutronenüberschuss ist. In Tab. 3.5 sind eine Reihe von Spaltprodukten mit signifikantem Anteil des β^--n-Zerfalls aufgeführt. Im Allgemeinen unterteilt man die verzögerten Neutronen nach

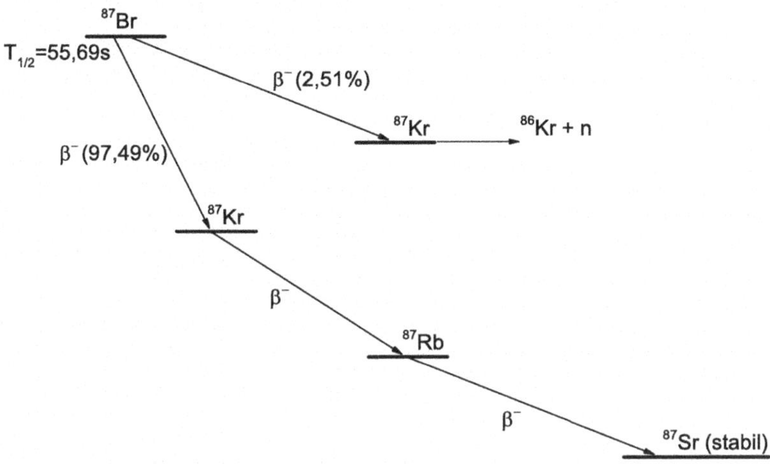

Abb. 3.7 Entstehung von verzögerten Neutronen aus Br-87

Tab. 3.5 Wichtige Spaltprodukte mit β^--n-Zerfall (Chadwick et al. 2011)

Isotop	Halbwertszeit (s)	Zerfall via β^--n (%)	Kumulative Spaltausbeute (%)			
			U-233	U-235	Pu-239	Pu-241
As-85	2.021	59.40	0.10630	0.21880	0.01441	0.04399
Br-87	55.69	2.51	2.05656	2.03451	0.69081	0.62470
Br-88	16.29	6.40	1.28200	1.77961	0.50770	0.55910
Br-89	4.4	13.80	0.61565	1.08538	0.34855	0.41706
Br-90	1.91	25.20	0.22596	0.56426	0.21453	0.25858
Br-93	0.102	68.00	0.00831	0.00309	0.00659	0.00541
Rb-93	5.84	1.39	1.99790	3.55085	1.42420	1.70628
Rb-94	2.702	10.01	0.61430	1.64866	0.72696	1.18431
Y-98	0.548	0.33	0.88540	1.91790	1.51515	1.97465
Sb-135	1.68	17.60	0.03776	0.14580	0.06678	0.21821
Te-136	17.63	1.30	0.72030	1.33890	0.50829	1.70406
I-137	24.5	6.97	1.64111	3.06799	2.42628	4.02249
I-138	6.23	5.50	0.61400	1.48638	1.28274	2.22853
I-139	2.28	10.00	0.21770	0.77756	0.31955	0.90609
I-140	0.86	9.30	0.02267	0.15366	0.05959	0.20997
Cs-144	0.994	3.20	0.10290	0.42350	0.15837	0.66697

der Halbwertszeit $T_{1/2}$ der Mutterkerne, aus denen die Neutronenemitter durch β^--Zerfall entstehen, gestaffelt in 6 Gruppen.

In den Tab. 3.6 und 3.7 (Stacey 2007) sind für die 6 Gruppen genauere Werte für die gemittelten Halbwertszeiten, die Zerfallskonstanten λ_i die Bruchteile β_i und die Ausbeuten

Tab. 3.6 Daten der verzögerten Neutronen für die thermische Spaltung

	Gruppe i	$T_{i,1/2}$ in s	λ_i in s^{-1}	Ausbeute $\nu\beta_i$	Bruchteil β_i
U-233	1	55.012	0.0126	0.000574	0.000224
	2	20.568	0.0337	0.001994	0.000777
	3	4.987	0.1390	0.001681	0.000655
	4	2.133	0.3250	0.001854	0.000723
	5	0.613	1.1300	0.000340	0.000133
	6	0.277	2.5000	0.000227	0.000088
Summe		–	–	$\nu\beta = 0.00667$	$\beta = 0.0026$
U-235	1	55.899	0.0124	0.000550	0.000221
	2	22.726	0.0305	0.003653	0.001467
	3	6.245	0.1110	0.003269	0.001313
	4	2.303	0.3010	0.006589	0.002647
	5	0.608	1.1400	0.001918	0.000771
	6	0.230	3.0100	0.000701	0.000281
Summe		–	–	$\nu\beta = 0.01668$	$\beta = 0.0067$
Pu-239	1	54.152	0.0128	0.000226	0.000077
	2	23.028	0.0301	0.001922	0.000656
	3	5.590	0.1240	0.001361	0.000464
	4	2.133	0.3250	0.002103	0.000717
	5	0.619	1.1200	0.000555	0.000189
	6	0.258	2.6900	0.000284	0.000097
Summe		–	–	$\nu\beta = 0.00645$	$\beta = 0.0022$
Pu-241	1	54.152	0.0128	0.000054	0.000157
	2	23.338	0.0297	0.003595	0.001237
	3	5.590	0.1240	0.002716	0.000934
	4	1.969	0.3520	0.006123	0.002106
	5	0.431	1.6100	0.002857	0.000983
	6	0.200	3.4700	0.000251	0.000086
Summe		–	–	$\nu\beta = 0.0157$	$\beta = 0.0054$

β_i ν unter Berücksichtigung der unterschiedlichen Ausbeuten bei der Spaltung von U-233, U-235 und Pu-239 mit thermischen Neutronen (Tab. 3.6) und bei der Spaltung von Th-233, U-235, U-238 und Pu-239 mit prompten Neutronen (Tab. 3.7) angegeben.

Für reaktorkinetische Rechnungen kann man vielfach schon eine brauchbare Genauigkeit mit einer Zusammenfassung zu einer oder zwei Gruppen mit einer entsprechend gemittelten Halbwertszeit erreichen. Die verzögerten Neutronen haben für die Reaktorkinetik eine sehr große Bedeutung, denn obwohl ihr Anteil nur wenige Promille beträgt, bestimmen sie die mittlere Lebensdauer der Neutronen. Die prompten Neutronen haben

Tab. 3.7 Daten der verzögerten Neutronen für die Spaltung mit prompten Neutronen

	Gruppe i	$T_{i,1/2}$ in s	λ_i in s^-1	Ausbeute $\nu\beta_i$	Bruchteil β_i
Th-232	1	55.899	0.0124	0.001805	0.000690
	2	20.753	0.0334	0.007965	0.003045
	3	5.728	0.1210	0.008231	0.003147
	4	2.159	0.3210	0.023683	0.009054
	5	0.573	1.1200	0.009133	0.003492
	6	0.211	3.2900	0.002283	0.000873
Summe		–	–	$\nu\beta = 0.0531$	$\beta = 0.0203$
U-233	1	55.452	0.0125	0.000702	0.000250
	2	19.254	0.0360	0.001520	0.000541
	3	5.023	0.1380	0.001769	0.000629
	4	2.180	0.3180	0.002390	0.000850
	5	0.568	1.2200	0.000636	0.000226
	6	0.220	3.1500	0.000300	0.000107
Summe		–	–	$\nu\beta = 0.00731$	$\beta = 0.0026$
U-235	1	54.579	0.0127	0.000636	0.000243
	2	21.866	0.0317	0.003563	0.001363
	3	6.027	0.1150	0.003145	0.001203
	4	2.229	0.3110	0.006809	0.002605
	5	0.495	1.1400	0.002141	0.000819
	6	0.179	3.8700	0.000435	0.000166
Summe		–	–	$\nu\beta = 0.01673$	$\beta = 0.0064$
U-238	1	52.511	0.0132	0.000598	0.000213
	2	21.593	0.0321	0.006302	0.002247
	3	4.987	0.1390	0.007452	0.002657
	4	1.936	0.3580	0.017848	0.006363
	5	0.492	1.4100	0.010350	0.003690
	6	0.172	4.0200	0.003450	0.001230
Summe		–	–	$\nu\beta = 0.046$	$\beta = 0.0164$
Pu-239	1	53.732	0.0129	0.002394	0.000076
	2	22.288	0.0311	0.017640	0.000560
	3	5.173	0.1340	0.013608	0.000432
	4	2.094	0.3310	0.020664	0.000656
	5	0.550	1.2600	0.006489	0.000206
	6	0.216	3.2100	0.002205	0.000070
Summe		–	–	$\nu\beta = 0.063$	$\beta = 0.002$

(Fortsetzung)

Tab. 3.7 (Fortsetzung)

	Gruppe i	$T_{i,1/2}$ in s	λ_i in s^{-1}	Ausbeute $\nu\beta_i$	Bruchteil β_i
Pu-240	1	53.732	0.0129	0.000252	0.000081
	2	22.145	0.0313	0.002457	0.000792
	3	5.134	0.1350	0.001728	0.000557
	4	2.082	0.3330	0.003150	0.001015
	5	0.510	1.3600	0.001152	0.000371
	6	0.172	4.0400	0.000261	0.000084
Summe		–	–	$\nu\beta = 0.009$	$\beta = 0.0029$

etwa eine Lebensdauer $\overline{l_P}$ von weniger als 10^{-5} s. Natürlich können die verzögerten Neutronen nach ihrer Emission auch nicht länger existieren als die prompten. Für die Bestimmung der Lebensdauer einer Neutronengeneration für die Reaktorkinetik ist aber die Zeit wirksam, die zwischen auslösendem Ereignis in Form der Kernspaltung und dem Ende des freien Neutronenlebens durch Absorption vergeht.

Die effektive Lebensdauer verzögerter Neutronen ist also im Wesentlichen ihre Verweilzeit im Mutterkern, bevor sie bei den β^--Übergängen ermittelt werden.

Nach dem Zerfallsgesetz (Kap. 2.2) lässt sich zwischen der mittleren Lebensdauer τ eines radioaktiven Nuklides und der Zerfallskonstante folgende Beziehung herleiten:

$$\tau = \frac{1}{N_0} \cdot \int_0^\infty t \cdot \lambda \cdot N(t) \mathrm{d}t = \int_0^\infty t \cdot \lambda \cdot e^{-\lambda \cdot t} \mathrm{d}t = \frac{1}{\lambda} \tag{3.8}$$

Die gewichtete mittlere Lebensdauer $\overline{l_v}$ der verzögerten Neutronen ergibt sich aus der Ausbeute β_i und der Zerfallskonstanten λ_i der entsprechenden Gruppen der Mutterkerne der Neutronenemitter.

$$l_v = \frac{1}{\beta} \sum_i \beta_i \tau_i = \frac{1}{\beta} \sum_i \frac{\beta_i}{\lambda_i}. \tag{3.9}$$

Da $\overline{l_v}$ durch die Halbwertszeiten der verschiedenen β^--Zerfälle bestimmt ist, kommt es wesentlich auf die β-Werte an, die sich sowohl von Spaltkern zu Spaltkern unterscheiden, als auch von der Energie der die Spaltung auslösenden Neutronen abhängen. Für die thermische Spaltung von U-235 erhält man nach (3.9) für die mittlere Lebensdauer $\overline{l_v}$ der verzögerten Neutronen mit den Werten aus Tab. 3.6 eine Zeit von ungefähr 13s.

Mit dem Anteil β der verzögerten Neutronen an der Gesamtzahl der entstehenden Neutronen ergibt sich die mittlere Lebensdauer $\overline{l}$ aller Neutronen zu

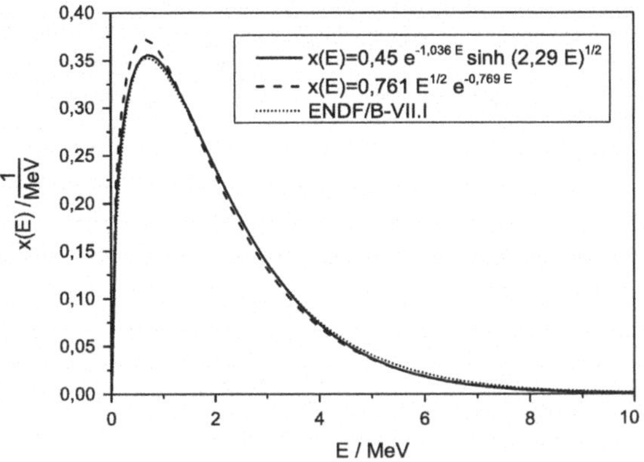

Abb. 3.8 Energiespektrum der prompten Neutronen bei der thermischen Spaltung (Chadwick et al. 2011)

$$\bar{l} - (1 - \beta)\overline{l_P} + \beta\overline{l_v}. \tag{3.10}$$

Der erste Term $(1 - \beta)\overline{l_P}$ ist von der Größenordnung 10^{-5}, während der zweite Term $\beta\overline{l_v}$ von der Größenordnung 10^{-2} ist, also tausendmal größer. Der Einfluss der prompten Neutronen auf die mittlere Lebensdauer der Neutronen ist deshalb vernachlässigbar.

Der Vollständigkeit wegen sei vermerkt, dass in D_2O-Reaktoren die Gammastrahlung kurzlebiger Spaltprodukte verzögerte Photoneutronen durch die Kernreaktion $D(\gamma, n)H$ freisetzt. Hierdurch wird die mittlere Lebensdauer der Neutronen in diesen Reaktoren zusätzlich erhöht.

3.4.3 Energiespektrum der Spaltneutronen

Die nach der Spaltung aus den Spaltprodukten prompt freiwerdenden Neutronen haben keine einheitliche Energie, sie verteilt sich stattdessen auf einen Energiebereich, der typischerweise von 0–10 MeV betrachtet wird, eigentlich aber bis zu 30 MeV reicht. Die Energieverteilung der Spaltneutronen wird durch die normierte Verteilungsfunktion $\chi_P(E)$ beschrieben.

Dieser Verlauf lässt sich in guter Näherung durch eine Maxwell-Verteilung gemäß (3.11) darstellen, welche nur von einem einzigen Parameter $k \cdot T$ abhängt. Der Verlauf dieser Verteilungsfunktion in Abhängigkeit von der Energie E ist in Abb. 3.8 als durchgezogene Linie dargestellt.

$$\chi_P(E) = \frac{2}{\sqrt{\pi}(k \cdot T)^{3/2}} \sqrt{E} e^{-E/(k \cdot T)}. \tag{3.11}$$

$k \cdot T$ wäre dabei als eine fiktive, von der inneren Kerntemperatur abhängige Energiegröße zu verstehen. Es ist kein Zufall, dass das Spaltneutronenspektrum einer Maxwell-Verteilung

Tab. 3.8 Charakteristische Daten der verschiedener Spaltneutronenspektren für (3.11)

Spaltbares Nuklid	E_n MeV	$k \cdot T$ MeV	E_w MeV	$\overline{E}$ MeV
^{232}Th	14.0	1.53	0.76	2.30
^{233}U	therm.	1.36	0.68	2.04
	14.0	1.53	0.76	2.30
^{235}U	therm.	1.30	0.65	1.95
	3.9	1.38	0.69	2.07
	14.1	1.37	0.68	2.06
^{238}U	2.09	1.29	0.64	1.94
	4.91	1.42	0.71	2.13
	14.1	1.48	0.74	2.22
^{239}Pu	therm.	1.39	0.70	2.08
	3.9	1.42	0.71	2.13
	14.0	1.58	0.79	2.37
^{240}Pu	sf	1.19	0.60	1.78
^{241}Pu	therm.	1.34	0.67	2.01

gleicht, da die kinetische Energie der Neutronen im Kern eine der Wärmebewegung ähnliche Verteilung aufweist. Der Parameter $k \cdot T$ wird zur Anpassung an den experimentellen Verlauf des Neutronenspektrums benutzt. Er steht mit der mittleren Energie $\overline{E}$ der Spaltneutronen in folgendem Zusammenhang:

$$\overline{E} = \frac{3}{2} k \cdot T. \tag{3.12}$$

Für die thermische Spaltung von U-235 erhält man für $k \cdot T = 1.3\,\text{MeV}$ eine mittlere Energie $\overline{E}$ der Spaltneutronen von 1.95 MeV. Wie in Abb. 3.8 zu sehen, beträgt dagegen die wahrscheinlichste Neutronenenergie E_w als Maximum der Maxwell-Verteilung 0.65 MeV.

Alle gemessenen Spektren der thermischen Spaltung von U-233, Pu-239 und Pu-241 und der schnellen Spaltung von U-233, U-235, U-238 und Pu-239 ähneln dem Spektrum von U-235 in Abb. 3.8. Der Anpassungsparameter $k \cdot T$ und die mittlere Energie E der prompten Neutronen der Maxwell-Verteilung (3.11) sind in Tab. 3.8 (Jaeger und Hübner 1974) angegeben.

Für die thermische Spaltung von U-235 kann auch die empirische Verteilungsfunktion nach (Watt 1952) (3.13) angesetzt werden:

$$\chi_P(E) = 0.453 e^{-1.036 E} \sinh \sqrt{2.29 E}. \tag{3.13}$$

Für numerische Berechnungen werden heutzutage direkt Werte aus Datenbanken wie (Chadwick et al. 2011) herausgezogen. Für genauere Betrachtungen muss darüber hinaus die abweichende Energieverteilung der verzögerten Neutronen berücksichtigt werden.

Literatur

Bethge, K., Walter, G., Wiedemann, B.: Kernphysik Eine Einführung. Springer (2001)

Carjan, N., Rizea, M.: Phys. Rev. C. **82**, 1–7 (2010)

Chadwick, M.B., Herman, M., Obloinský, P., Dunn, M.E., Danon, Y., Kahler, A.C., Smith, D.L., Pritychenko, B., Arbanas, G., Arcilla, R., Brewer, R., Brown, D.A., Capote, R., Carlson, A.D., Cho, Y.S., Derrien, H., Gruber, K., Hale, G.M., Hobilit, S., Holloway, S., Johnson, T.D., Kawano, T., Kiedrowski, B.C., Kim, H., Kunieda, S., Larson, N.M., Leal, L., Lestone, J.P., Little, R.C., McCutchan, E.A., MacFarlane, R.E., MacInnes, M., Mattoon, C.M., McKnight, R.D., Mughabghab, S.F., Nobre, G.P.A., Palmiotti, G., Palumbo, A.; Pigni, M.T.; Pronyaev, V.G.; Sayer, R.O.; Sozogni, A.A.; Summers, N.C.; Talou, P.; Thompson, I.J.; Trkov, A.; Vogt, R.L.; Marck, S.C. van der; Wallner, A.; White, M.C.; Wiarda, D.; Young, P.G.: ENDF/B-VII.I Nuclear data for science and technology: cross sections, covariances, fission product yields and decay data. Nucl. Data Sheets **112**, (12), 2887–2996 (2011). http://www.sciencedirect.com/science/article/pii/S009037521100113X. Special Issue on ENDF/B-VII.1 Library

Choppin, G.R., Liljenzin, J.-O., Rydberg, J.: Radiochemistry and Nuclear Chemistry. Butterworth-Heinemann (2002)

Jaeger, G., Hübner, W.: Dosimetrie und Strahlenschutz. Thieme, Stuttgart (1974)

Smidt, D.: Reaktortechnik, Bd. 1. 2. Auflage. Braun, Karlsruhe (1976)

Stacey, W.M.: Nuclear Reactor Physics. Wiley-VCH (2007)

Watt, B.E.: Phys. Rev. **87**, 1037 (1952)

Way, K.; Wigner, E.-P.: Radiation from fission produkts. Phys. Rev. **70**, 115 (1946)

Neutronenreaktionen 4

Aufgrund ihrer Bedeutung für die Auslösung der Kernspaltung kommt der Beschreibung der Wechselwirkung von Neutronen mit Materie in der Kerntechnik eine zentrale Rolle zu. Im folgenden Kapitel sollen die entsprechenden Mechanismen und Modellvorstellungen hierzu vermittelt werden. Die dabei dargestellten Grafiken zu nuklearen Daten dienen vor allem der exemplarischen Veranschaulichung. Für umfassende eigene Berechnungen stellen im Internet verfügbare Datenbanken wie die „Evaluated Nuclear Data Files" (ENDF) für den interessierten Leser die Quelle der Wahl dar.

4.1 Wechselwirkung von Neutronen mit Materie

Wir wollen die Zusammenhänge der Wechselwirkungen von Neutronen mit Materie herleiten, in dem wir die Abschwächung eines Neutronenstrahls beim Durchgang durch Materie betrachten. Zunächst aber müssen wir Größen einführen, mit denen die Intensität eines Neutronenstrahlfeldes beschrieben werden kann.

4.1.1 Neutronenstrom und Neutronenflussdichte

Zur Herleitung eines Modells zur Beschreibung der Wechselwirkung von Neutronen mit Materie betrachten wir als einfachen eindimensionalen Fall die Abschwächung eines Neutronenstrahls durch ein inkrementelles Materiestück. Er kann auch ausgedrückt werden als die Neutronenzahldichte in einem Volumenelement n''', multipliziert mit der einheitlichen Geschwindigkeit der Neutronen v. Dieser einfache Fall ist in Abb. 4.1 dargestellt.

Wenn nun jedes Neutron einen unterschiedlichen Geschwindigkeitsvektor $\vec{v}_i$ aufweist, so ist die Neutronenstromdichte die Neutronenzahldichte multipliziert mit der

A. Ziegler und H.-J. Allelein (Hrsg.), *Reaktortechnik*,
DOI: 10.1007/978-3-642-33846-5_4, © Springer-Verlag Berlin Heidelberg 2013

Vektorsumme aller Geschwindigkeiten und damit:

$$\vec{j} = n''' \cdot \sum \vec{v}_i, \tag{4.1}$$

Es ist unmittelbar einsichtig, dass der Betrag des Neutronenstromes gleich null ist, wenn kein Nettotransport von Neutronen stattfindet. Die Intensität eines ungerichteten Neutronenfeldes wird daher stattdessen über die Neutronenflussdichte Φ charakterisiert. Diese kann aufgefasst werden als die gesamte, von allen Neutronen je cm^3 und s zurückgelegte Bahnlänge. Man kann sie sich auch vorstellen als einen Neutronenstrom durch eine Fläche von 1 cm^2, wobei diese Fläche aber immer senkrecht zur Geschwindigkeit des Neutrons zu denken ist.

Die Neutronenflussdichte hat die gleiche Einheit wie die Neutronenstromdichte, nämlich Neutronen pro cm^2 und s. Allerdings ist die Neutronenflussdichte die skalare Summe aller Geschwindigkeiten und damit selbst ein Skalar. Sie kann nie negativ sein.

Wenn alle Neutronen den gleichen Geschwindigkeitsbeitrag aufweisen, berechnet sich die Neutronenflussdichte nach:

$$\Phi = n''' \cdot v \tag{4.2}$$

Die Beträge von Neutronenfluss Φ und Neutronenstrom j sind nur dann gleich, wenn wie bei dem eingangs verwendeten Beispiel die Geschwindigkeitsvektoren aller Neutronen identisch sind.

4.1.2 Schwächung eines Neutronenstrahles

Wir betrachten wiederum einen Strahl von Neutronen mit identischem Geschwindigkeitsvektor, der die ursprüngliche Stromdichte j_0 aufweist und dann beim Durchgang durch eine Materie der Dicke d abgeschwächt wird.

Beim Durchgang des Neutronenstrahles durch Materie wird ein Teil der Neutronen in jeder Schichtdicke dx einen Stoß ausführen (Abb. 4.1).

Unabhängig davon, ob das Neutron absorbiert oder nur gestreut wird, scheidet es damit aus dem geradlinig durchgehenden Strahl aus. Dessen Strahldichte entlang des Weges sei $j(x)$.

Dann gilt die Bilanz mit dem Verlustterm Q_V:

$$j(x) \cdot A = Q_V + j(x + \mathrm{d}x) \tag{4.3}$$

Wir wollen jetzt untersuchen, von welchen Einflussgrößen der Verlustterm abhängig ist. Es ist unmittelbar einsichtig, dass dieser proportional mit dem Neutronenstrom $j(x)$ und der Fläche A des Materieelementes zusammenhängt. Da die Neutronen mit den Atomkernen der Materie wechselwirken, stellt die Kernzahldichte N''' eine weitere Größe dar, die proportional in den Verlustterm eingeht. N''' lässt sich aus der Avogadroschen Zahl N_A, der

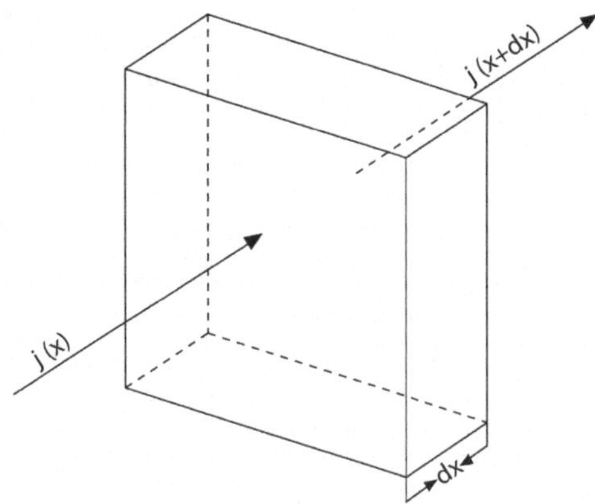

Abb. 4.1 Schwächung eines Neutronenstrahls

molaren Masse M und der Dichte ρ errechnen:

$$N''' = \frac{N_A \cdot \rho}{M} \tag{4.4}$$

mit $N_A = 6.022 \cdot 10^{23}\ \text{mol}^{-1}$.

Mit den bisher eingeführten Größen ist noch nicht berücksichtigt, dass die Kerne verschiedener Nuklide in unterschiedlichem Maße mit Neutronen wechselwirken können. Wir definieren daher einen weiteren Proportionalitätsfaktor σ, der diesen Effekt widerspiegelt und erhalten damit für den Verlustterm:

$$Q_V = j(x) \cdot A \cdot N''' \cdot \sigma \tag{4.5}$$

Durch Einsetzen von (4.5) in (4.3) und anschließender Taylorentwicklung erhält man:

$$\frac{\mathrm{d}j}{\mathrm{d}x} = -\sigma \cdot N''' \cdot j \tag{4.6}$$

mit der Lösung

$$j(x) = j_0 \cdot e^{-\sigma \cdot N''' \cdot x} \tag{4.7}$$

4.1.3 Wirkungsquerschnitt

Der im vorigen Kapitel eingeführte Proportionalitätsfaktor σ mit der Einheit cm^2 ist keine fiktive Größe, sondern kann als Anführungsstriche unten. Es wurde versucht, dies im Text mit Hilfe einer Volltextsuche zu vereinheitlichen. „Trefferfläche" eines einzelnen Atomkernes für die Wechselwirkung mit einem Neutron verstanden werden; der Fachterminus lautet *Wirkungsquerschnitt*.

Für eine erste Abschätzung der Größenordnung des Wirkungsquerschnittes für eine Interaktion zwischen Neutron und Kern kann der aus dem Kernradius (vgl. (2.6),

Abschn. 2.1.4) zu bestimmende Kernquerschnitt πR^2 herangezogen werden. Da dieser sehr kleine Werte annimmt, verwendet man für den Wirkungsquerschnitt die Maßeinheit Barn (b)

$$1b = 10^{-24}\ \text{cm}^2. \tag{4.8}$$

Reale Werte für σ können wesentlich größer, aber auch sehr viel kleiner als $1b$ sein. Um den Bezug von σ auf einen einzelnen Kern zu kennzeichnen, wird er auch als mikroskopischer Wirkungsquerschnitt bezeichnet.

4.2 Wirkungsquerschnitte für Einzelprozesse

Der in Abschn. 4.1.3 eingeführte Wirkungsquerschnitt σ, der auch als totaler Stoßquerschnitt bezeichnet wird, beschreibt die Wahrscheinlichkeit für einen Stoß überhaupt. Als Folgereaktion können nach dem Stoß aber verschiedene Prozesse ablaufen. Beim Neutronenstoß gibt es folgende Möglichkeiten (die zugehörigen Wirkungsquerschnitte sind beigefügt) (Abb. 4.2):

Der Wirkungsquerschnitt für den Einzelprozess ist das Produkt aus σ und der relativen Wahrscheinlichkeit für den speziellen Folgeprozess. Da die Summe der Wahrscheinlichkeiten für alle Möglichkeiten eins ergibt, muss gelten

$$\sigma = \sigma_S + \sigma_A \tag{4.9}$$

$$\sigma_S = \sigma_e + \sigma_i \tag{4.10}$$

$$\sigma_A = \sigma_f + \sigma_c + (\sigma_{2n}). \tag{4.11}$$

Wird ein Neutron von dem Kern eingefangen, so wird dessen Bindungsenergie freigesetzt. Zusammen mit der kinetischen Energie des Neutrons führt dies dazu, dass sich der Kern nach der Absorption in einem angeregten Zustand befindet. Wenn direkt im Anschluss das Neutron mit geringerer Energie wieder emittiert wird, spricht man von einer inelastischen Streuung; der Kern kehrt anschließend durch Emission von Gamma-Strahlung (vgl. Abschn. 2.2.3) wieder in den Grundzustand zurück.

Wie in Kap. 3 beschrieben, kann die durch den Neutroneneinfang in den Kern eingebrachte Energie bei bestimmten Nukliden eine Spaltung auslösen. Eine bei nahezu jedem Nuklid vorkommende Reaktion ist die Absorption eines Neutrons mit anschließender

Abb. 4.2 Wirkungsquerschnitt für verschiedene Einzelprozesse

Stoß σ
- Streuung σ_S —
  - elastisch σ_e (n, n)
  - inelastisch σ_i (n, n′)
- Absorption σ_A —
  - Spaltung σ_f (n, f)
  - Einfang σ_c (n, γ), (n, α), (n, p), ...
  - 2n-Emission σ_{2n} (n, 2n)

Energieabfuhr in Form von γ-Strahlung aus dem angeregten Kern. Daneben kann teilweise auch ein α-Teilchen oder ein Proton freigesetzt werden. Beispiele für solche Reaktionen sind $^{10}\mathrm{B}\ (n, \alpha)^{7}\mathrm{Li}$ oder $^{16}\mathrm{O}\ (n, p)^{16}\mathrm{N}$.

Unter dem Einfangquerschnitt σ_c sind alle Reaktionen zusammengefasst, bei denen ein Neutron absorbiert und keines wieder emittiert wird. Die gezielte Angabe von Wirkungsquerschnitten für diese Einzelprozesse erfolgt in Form von σ_γ, σ_α bzw. σ_p.

Ist die kinetische Energie des absorbierten Neutrons groß genug, so kann neben dessen Re-Emission auch die Energie für die Lösung der Bindung weiterer Neutronen aufgebracht werden. Diese $(n, 2n)$ bzw. $(n, 3n)$ Reaktionen treten dementsprechend erst oberhalb einer gewissen Schwellenenergie auf.

Tabelle 4.1 gibt für verschiedene im Reaktor eingesetzte Materialien den gemessenen mikroskopischen Streu-, Absorptions- und Spaltquerschnitt für thermische Neutronen wieder. Unter thermischen Neutronen versteht man Neutronen, die im Gleichgewichtszustand mit der Umgebung in Bezug auf die Wärmebewegung der Atome sind. Die bei Raumtemperatur von $T = 293\,\mathrm{K}$ gemessenen Wirkungsquerschnitte sind gültig für thermische Neutronen einer wahrscheinlichsten Geschwindigkeit von $v = 2200\,\mathrm{m/s}$ bzw. einer wahrscheinlichsten Energie $E_n = 0.0253\,\mathrm{eV}$.

Korrekturvorschriften der Wirkungsquerschnitte für thermische Neutronen unter Einbeziehung der Wärmebewegung der korrespondierenden Atome bei höheren Temperaturen sind in Abschn. 4.4.4 dargestellt. Weitere Wirkungsquerschnitte finden sich im nächsten Abschnitt.

4.3 Reaktionswahrscheinlichkeit

In Abschn. 4.1 haben wir wesentliche Kenngrößen der Wechselwirkung von Neutronen mit Materie anhand der Schwächung eines Neutronenstrahls hergeleitet. Um die Vorgänge in einem Kernreaktor beschreiben zu können, ist es aber auch essentiell, die durch Neutronen ausgelösten Reaktionen quantitativ zu erfassen. Zentrale Größe hierbei ist die Reaktionsrate R''', die die Anzahl der Kernreaktionen pro cm^3 und s angibt.

4.3.1 Makroskopischer Wirkungsquerschnitt

Ausgehend von dem mikroskopischen Wirkungsquerschnitt σ kann die gesamte Stoßfläche in einem Volumenelement bestimmt werden, wenn dieses mit der Anzahl der Kerne pro Volumen und damit der Kernzahldichte N''' multipliziert wird.

Man erhält die Größe

$$\Sigma = N''' \cdot \sigma \tag{4.12}$$

Tab. 4.1 Wirkungsquerschnitte für verschiedene Materialien im Reaktor

		Anmerkung	Dichte σ	Wirkungsquerschnitte σ für $E_n = 0.025$ eV		
				σ_s	σ_a	σ_f
			g/cm^3		b	
Spaltstoffe	^{233}U		18.7	12.2	577	531
	^{235}U		18.7	15.1	684	585
	^{238}U	auch als Brutstoff	18.7	9.3	2.68	
	Natururan	99.27 % ^{238}U + 0.73 % ^{235}U	18.7	9.34	7.62	4.24
	UO_2	Natururan	10.8	17.3	7.62	4.24
	UO_2	angereichert 2.5 % ^{235}U	10.8	17.4	19.7	14.6
	UO_2	angereichert 3.0 % ^{235}U	10.8	17.4	23.1	17.5
	^{239}Pu		19.7	7.99	1019	748
	^{241}Pu		19.7	11.3	1375	1012
	^{232}Th	als Brutstoff	11.7	13	7.4	
Moderator	C	als reiner Grafit	1.60	4.94	0.004	
	Be		1.84	6.5	0.01	
und	D_2O	0.25 % Anteil H_2O {flüssig	1.10	12.573	0.003	
	H_2O		1.00	64.1	0.66	
Kühlmittel	He	{gasförmig		0.864	0.007	
	CO_2			12.9	0.004	
	Na	flüssig	0.97	3.39	0.53	

(Fortsetzung)

Tab. 4.1 (Fortsetzung)

		Anmerkung	Dichte σ	Wirkungsquerschnitte σ für $E_n = 0.025$ eV		
				σ_s	σ_a	σ_f
			g/cm^3	b		
Absorbermaterial	B	Regelstäbe	2.45	4.51	765	
	^{10}B			2.29	3844	
	^{11}B			5.06	0.006	
	Cd	Regelstäbe	8.65	7.6	2444	
	^{135}Xe	Neutronengift } Spaltprodukte		299480	2664953	
	^{149}Sm	Neutronengift } Spaltprodukte		186	40511	
Strukturmaterial	Al	für Brennelemente	2.70	1.45	0.24	
	Cr		6.92	3.5	3.11	
	Mn		7.42	2.12	13.3	
	Fe		7.86	11.4	2.56	
	Co		8.71	6.03	37.2	
	Ni		8.75	17.8	4.09	
	Zr	Brennstabhülle	6.44	6.21	0.218	
	Nb		8.40	6.36	1.16	
	Mo		10.2	5.73	2.53	
	O	als Bestandteil chem. Verbindung		3.97	0.0002	
	^{1}H			30.08	0.33	
	^{2}H			4.24	0.001	

Sie besitzt die Einheit $cm^2/cm^3 = cm^{-1}$ und wird als „makroskopischer Wirkungsquerschnitt“ bezeichnet. Anschaulich ausgedrückt gibt Σ an, wie viele Wechselwirkungen des Neutrons pro cm zurückgelegter Bahnlänge stattfinden. Demnach ist, wie in (4.13) ausgedrückt, der Kehrwert von Σ die mittlere freie Weglänge λ des Neutrons.

$$\lambda = \frac{1}{\Sigma} \tag{4.13}$$

Betrachtet man nur absorbierende Stöße mit dem Absorptionsquerschnitt σ_A, so erhält man die mittlere Bahnlänge λ_A, die ein Neutron insgesamt zurücklegt.

$$\lambda_A = \frac{1}{\Sigma_A} \tag{4.14}$$

Dividiert man diese durch seine Geschwindigkeit v, so ergibt sich die mittlere Lebensdauer $\bar{l}$ eines Neutrons.

$$\bar{l} = \frac{\lambda_A}{v} = \frac{1}{\Sigma_A \cdot v} \tag{4.15}$$

Hat man mehrere Atomsorten i in einem cm^3, so ist der makroskopische Querschnitt zu errechnen nach der Formel

$$\Sigma = \sum_i N_i \sigma_i = \sum_i \Sigma_i . \tag{4.16}$$

Die Indizierung der mikroskopischen Wirkungsquerschnitte für verschiedene Einzelreaktionen wird auf das daraus berechnete Σ übertragen (beispielsweise Σ_f, Σ_A etc.).

4.3.2 Reaktionsrate

Multipliziert man den makroskopischen Wirkungsquerschnitt mit der Geschwindigkeit eines Neutrons, so erhält man die Kollisionsrate c, die angibt, wie viele Kerne im Mittel pro Sekunde von diesem getroffen werden:

$$c = v \cdot \Sigma = v \cdot \sigma \cdot N''' \tag{4.17}$$

Wenn man nun wiederum die Stoßrate eines Neutrons mit der Neutronendichte n''' multipliziert, dann gibt der so gewonnene Wert für die Anzahl der Stöße pro cm^3 die Reaktionsrate R''' wieder.

$$R''' = N''' \cdot \sigma \cdot v \cdot n''' = \Sigma \cdot v \cdot n''' = \Sigma \cdot \Phi \tag{4.18}$$

Sie kann auch direkt aus dem makroskopischen Wirkungsquerschnitt und dem Neutronenfluss erhalten werden und besitzt die Einheit $1/(cm^3 \cdot s)$.

Durch Einsetzen der Wirkungsquerschnitte für Einzelprozesse lassen sich die zugehörigen Reaktionsraten wie z. B. die Anzahl der pro s und cm^3 im Kernreaktor stattfindenden Spaltungen berechnen.

4.4 Energieabhängigkeit der Wirkungsquerschnitte

Wenn Neutronen und Atomkerne ausschließlich als massive Kugeln angesehen werden könnten, dann wäre der Wirkungsquerschnitt von der kinetischen Energie des Neutrons unabhängig. Dies gilt in der Tat zumindest näherungsweise für σ_e, solange keine Konkurrenz mit anderen Reaktionen besteht. Faktisch müssen die Wirkungsquerschnitte für verschiedene Reaktionen aber immer als Funktion der Energie E des Neutrons vor dem Stoß betrachtet werden.

Die Funktionsdarstellung $\sigma(E)$ bedeutet, dass zu jeder Neutronenenergie ein messbarer Wert des Wirkungsquerschnitts gehört. Man erhält dann die Reaktionsrate aller Neutronen im Energiebereich zwischen E und $E + \mathrm{d}E$ in der Form

$$R(E)\,\mathrm{d}E = N\sigma(E)\Phi(E)\,\mathrm{d}E. \tag{4.19}$$

In den meisten Fällen ist bei stark absorbierenden Stoffen der Streuquerschnitt im Vergleich zum Absorptionsquerschnitt so klein, dass der totale Querschnitt fast gleich dem Absorptionsquerschnitt gesetzt werden kann. Nur bei sehr schwach absorbierenden Stoffen, von denen einige als Moderator verwendet werden, überwiegt der Streuquerschnitt.

Bei der Energieabhängigkeit der Querschnitte kann man drei Bereiche unterscheiden, wie es anhand des Wirkungsquerschnitts von U-235 in Abb. 4.3 zu sehen ist.

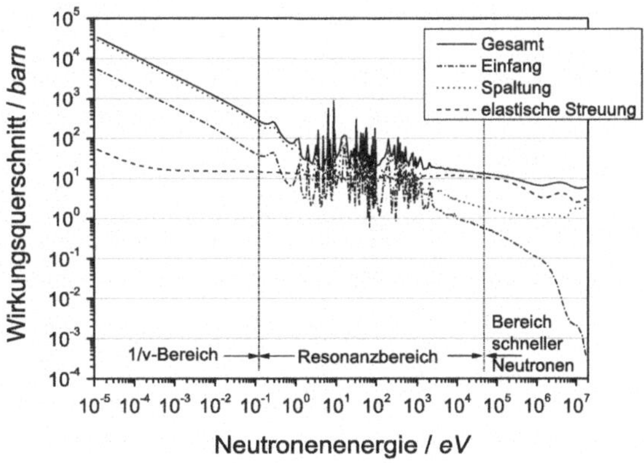

Abb. 4.3 Energieabhängigkeit der Wirkungsquerschnitte des U-235 (Daten (Chadwick et al. 2011))

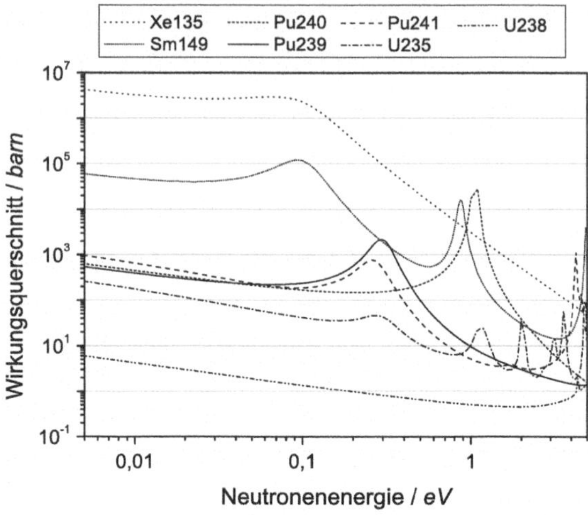

Abb. 4.4 Absorptionswirkungs-querschnitte σ_A für verschiedene Nuklide (Daten (Chadwick et al. 2011))

4.4.1 $1/v$-Bereich

Bei niedrigen Neutronenenergien bis zu einigen eV zeigt der Absorptionsquerschnitt im Wesentlichen einen $1/v$-Verlauf. Das lässt sich dadurch erklären, dass die Absorptionswahrscheinlichkeit um so größer ist, je länger das Neutron im Kernbereich verweilt, also je kleiner die Geschwindigkeit ist. Einige Beispiele für die Absorptionswirkungsquerschnitte für Spalt- und Brutstoffe sowie stark absorbierende Spaltprodukte bei niedrigen Energien sind in Abb. 4.4 dargestellt.

4.4.2 Resonanzbereich

Der Resonanzbereich erstreckt sich von einigen eV bis etwa 10–100 keV.

Wie schon in Abschn. 4.2 angesprochen, wird ein Atomkern durch die Absorption eines Neutrons in einen angeregten Zustand versetzt. Außerdem wurde in Abschn. 2.1.6 dargestellt, dass der Kern, analog zur Elektronenhülle eines Atoms, diskrete Energieniveaus annimmt. Wenn nun die Summe der Bindungsenergie des Neutrons und dessen der Relativgeschwindigkeit entsprechende kinetische Energie der Energie eines solchen Anregungsniveaus entspricht, steigt die Wahrscheinlichkeit und damit der Wirkungsquerschnitt für eine Absorption stark an (vgl. Stacey (2007)). Auch steigt die Dichte möglicher angeregter Kernzustände mit zunehmender Energie an. Dementsprechend beginnt der Resonanzbereich in der Darstellung des Wirkungsquerschnittes als Funktion der Neutronenenergie mit einzelnen hohen, aber weit auseinanderliegenden Resonanzlinien, die zu höheren Energien hin immer dichter liegen und schließlich messtechnisch nicht mehr aufgelöst werden können. Die niedrigen Resonanzlinien sind dem $1/v$-Verlauf überlagert.

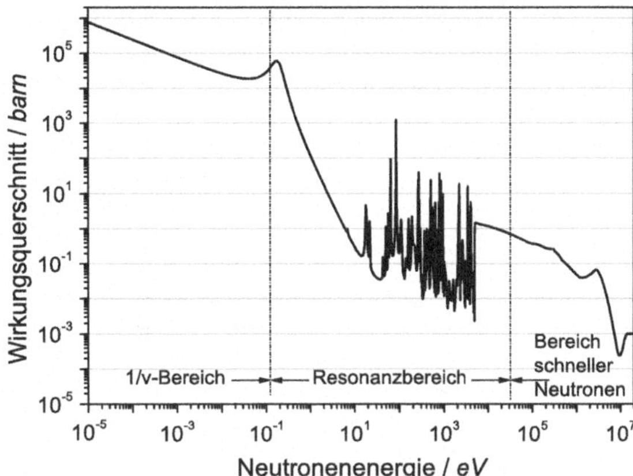

Abb. 4.5 Energieabhängigkeit des Absorptions-Wirkungsquerschnittes des Cd-113 (Daten (Chadwick et al. 2011))

Dadurch können sich auch bei vergleichsweise niedrigen Energien Abweichungen vom $1/v$-Verlauf ergeben (vgl. auch Abschn. 4.4.4).

Ein besonders interessantes Beispiel dafür ist der Wirkungsquerschnitt für Cadmium, Abb. 4.5. Mit einer breiten Resonanz bei etwa 0.2 eV. Ein etwa 1 mm dickes Cadmium-Blech schwächt einen Strom thermischer Neutronen um ca. 3 Zehnerpotenzen ab, während epithermische Neutronen nur zu einem geringen Bruchteil absorbiert werden. Man benutzt diesen Effekt, um thermische und epithermische Neutronen messtechnisch zu diskriminieren.

4.4.3 Schneller Bereich

Oberhalb des Resonanzbereiches fallen die Wirkungsquerschnitte mit steigender Energie in der Regel allmählich ab und nähern sich in ihrer Summe dem Wert für den geometrischen Kernquerschnitt (vgl. Abschn. 2.1.4) an. Die Resonanzstruktur ist nicht nur aus messtechnischen Gründen nicht mehr zu erkennen, sondern weil die der Resonanzen größer werden als ihre Abstände zueinander.

Oberhalb einer Neutronenenergie von 10 keV tritt zusätzlich inelastische Streuung auf, bei der das stoßende Neutron vom Kern absorbiert wird und nach einer gewissen Zeit aus dem angeregten Zwischenkern ein oder mehrere Teilchen, hauptsächlich Neutronen, wieder emittiert werden. Der Wirkungsquerschnitt für inelastische Streuung (n, n') bzw. $(n, 2n)$ des U-238 ist in Abb. 4.6 dargestellt. Bei der inelastischen Streuung wird ein Teil der Anregungsenergie den wieder aus dem Zwischenkern ausgestoßenen Neutronen als kinetische Energie mitgegeben, während die verbleibende Anregungsenergie durch γ-Strahlung abgebaut wird. Wie bereits in Kap. 3 beschrieben, tritt die Kernspaltung für Nuklide wie das U-238 erst bei hohen Neutronenenergien in signifikantem Maße auf; der entsprechende Wirkungsquerschittsverlauf ist in Abb. 4.7 dargestellt.

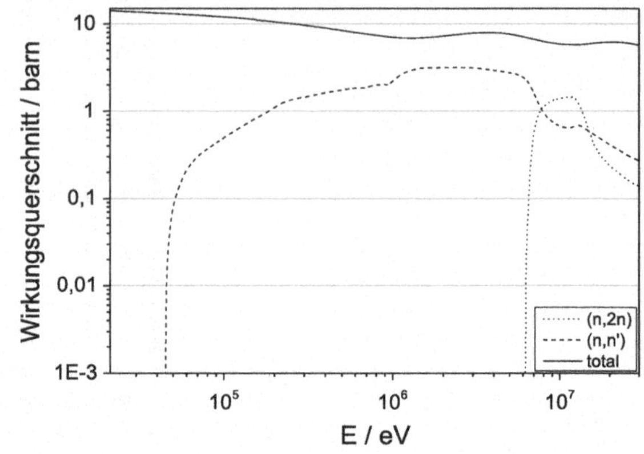

Abb. 4.6 Wirkungsquerschnitte für U-238 für schnelle Neutronen (Daten (Chadwick et al. 2011))

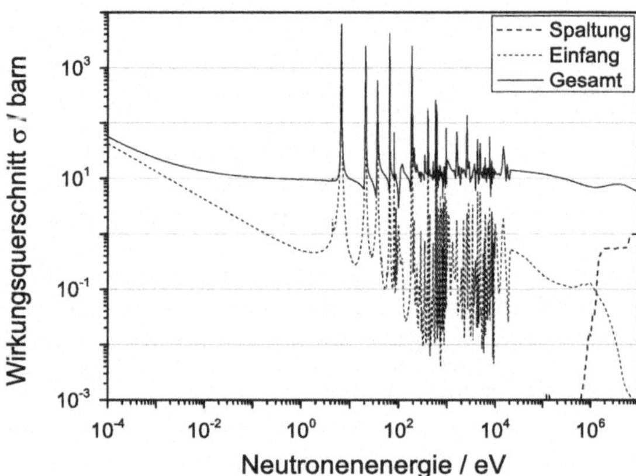

Abb. 4.7 Einfang- und Spaltwirkungsquerschnitt des U-238 (Daten (Chadwick et al. 2011))

Eine umfassende Quelle für Wirkungsquerschnitte stellen, wie eingangs bereits erwähnt, elektronische Datenbanken wie ENDF dar.

4.4.4 Korrektur der thermischen Wirkungsquerschnitte

Im thermischen Bereich kommen die Neutronen nach einigen Stößen ins Energiegleichgewicht mit der thermischen Bewegung der Atome und nehmen nahezu die gleiche Energieverteilung der Umgebungsatome an. Diese lässt sich durch die aus der kinetischen Gastheorie abgeleitete Maxwell (M)-Verteilung beschreiben. Für die Neutronendichte $n'''_M(E)$ bzw. die Neutronenflussdichte $\Phi_M(E)$ hat sie die Form

$$n'''_M(E) = n'''_{th} \frac{2\pi}{(\pi k T_n)^{\frac{3}{2}}} \sqrt{E} \exp\left(-\frac{E}{kT_n}\right) \tag{4.20}$$

$$\Phi_M(E) = \Phi_{th} \frac{1}{(kT_n)^2} \sqrt{E} \exp\left(-\frac{E}{kT_n}\right) \tag{4.21}$$

$$\left(k = 1.38065 \cdot 10^{-23} \frac{\mathrm{J}}{\mathrm{K}} \quad \text{Boltzmannsche Konstante}\right).$$

n'''_{th} bzw. Φ_{th} entspricht der Gesamtzahl der thermischen Neutronen. Das Integral der nachfolgenden Verteilungsfunktion ist also auf eins normiert. Man kann $n'''_M(v)$ und $\Phi_M(v)$ auch darstellen als Funktion der Geschwindigkeit und erhält dann folgende Form:

$$n'''_M(v) = n'''_{th} 4\pi \left(\frac{m}{2\pi kT_n}\right)^{\frac{3}{2}} v^2 \exp\left(-\frac{mv^2}{2kT_n}\right) \tag{4.22}$$

$$\Phi_M(v) = \Phi_{th} \frac{m^2}{2(kT_n)^2} v^3 \exp\left(-\frac{mv^2}{2kT_n}\right) \tag{4.23}$$

$$(m \mathrel{\widehat{=}} \text{Masse des Neutrons}).$$

T_n bedeutet die Neutronentemperatur, die in grober Näherung gleich der Temperatur des Moderators gesetzt werden kann. Tatsächlich liegt sie deutlich höher, da das Gleichgewicht während der relativ kurzen Lebensdauer der Neutronen nicht erreicht wird.

$n'''(E)$ und $n'''(v)$ haben ihr Maximum nicht an gleicher Stelle. Für die wahrscheinlichste (w) Energie gilt

$$E_w = \frac{kT_n}{2}, \tag{4.24}$$

während man für die wahrscheinlichste Geschwindigkeit den Wert

$$v_w = \sqrt{\frac{2kT_n}{m}} \text{ entsprechend } \frac{mv_w^2}{2} = kT_n = 2E_w \tag{4.25}$$

findet. Für den Mittelwert der Energie erhält man durch Integration

$$\overline{E} = \frac{3}{2} kT_n = 3E_w, \tag{4.26}$$

und für den Mittelwert der Geschwindigkeit

$$\overline{v} = \sqrt{\frac{8kT_n}{\pi m}} = \frac{2}{\sqrt{\pi}} v_w. \tag{4.27}$$

In der Regel behandelt man die thermischen Neutronen so, als ob sie einheitliche Geschwindigkeit hätten. Die Wirkungsquerschnitte für die einzelnen Reaktionen der Neutronen mit den Atomen im thermischen Bereich müssen dann so gewählt werden, dass man mit

$$R'''_{th} = n'''_{th} \overline{v}_{th} N''' \overline{\sigma}_{th} = \Phi_{th} \overline{\Sigma}_{th} \tag{4.28}$$

die richtigen Reaktionsraten erhält. Die thermische Flussdichte Φ_{th} und die Neutronendichte n'''_{th} entsprechen dem Integral über das gesamte Maxwell-Spektrum Φ_M bzw. n'''_M der Gl. (4.20)–(4.23).

$$\Phi_{th} = \int_0^\infty \Phi_M(E)\,\mathrm{d}E = \int_0^\infty \Phi_M(v)\,\mathrm{d}v = \int_0^\infty n'''_M(v)\,v\mathrm{d}v \tag{4.29}$$

$$n'''_{th} = \int_0^\infty n'''_M(E)\,\mathrm{d}E = \int_0^\infty n'''_M(v)\,\mathrm{d}v. \tag{4.30}$$

Für die Reaktionsrate in jedem Energieintervall gilt bekanntlich (4.9) $R(E)\mathrm{d}E = N\sigma(E)vn(E)$. Für den ganzen thermischen Bereich erhält man sie durch das Integral

$$R'''_{th} = N''' \int_0^\infty \sigma(E)\,vn'''_M(E)\,\mathrm{d}E. \tag{4.31}$$

Die richtige Vorschrift für die Berechnung der Mittelwerte $\overline{v}_{th}$ und $\overline{\sigma}_{th}$ kann man ablesen, wenn man (4.31) folgendermaßen erweitert:

$$R'''_{th} = N''' \frac{\int_0^\infty \sigma(E)\,\Phi_M(E)\,\mathrm{d}E}{\int_0^\infty \Phi_M(E)\,\mathrm{d}E} \frac{\int_0^\infty vn'''_M(E)\,\mathrm{d}E}{\int_0^\infty n'''_M(E)\,\mathrm{d}E} \int_0^\infty n'''_M(E)\,\mathrm{d}E \tag{4.32}$$

$$R'''_{th} = N''' \cdot \overline{\sigma}_{th} \cdot \overline{v}_{th} \cdot n'''_M. \tag{4.33}$$

Die mittlere Geschwindigkeit der thermischen Neutronen v_{th} ist mit der Neutronendichte als Gewichtsfaktor zu mitteln.

$$v_{th} = \frac{1}{n'''_{th}} \int_0^\infty n'''_M(E)v\mathrm{d}E = \frac{\int_0^\infty n'''_M(v)v\mathrm{d}v}{\int_0^\infty n'''_M(v)\mathrm{d}v} \tag{4.34}$$

v_{th} ist demnach identisch mit dem Mittelwert $\overline{v}$ nach (4.27). Der Wirkungsquerschnitt ist dagegen mit der Neutronenflussdichte als Gewichtsfaktor zu mitteln.

$$\overline{\sigma}_{th} = \frac{\int_0^\infty \sigma(E)\Phi_M(E)\mathrm{d}E}{\int_0^\infty \Phi_M(E)\mathrm{d}E} = \frac{1}{\Phi_{th}} \int_0^\infty \sigma(E)\Phi_M(E)\mathrm{d}E. \tag{4.35}$$

Da meistens für den Wirkungsquerschnitt im thermischen Bereich eine $\frac{1}{v}$-Verteilung vorliegt, setzen wir

$$\sigma(v) = \frac{1}{v} \cdot C. \tag{4.36}$$

Hierbei ist C eine für die folgende Herleitung eingeführte Proportionalitätskonstante. Für den mittleren Wirkungsquerschnitt erhalten wir dann aus (4.35) mit (4.28), (4.29) und (4.36)

$$\overline{\sigma}_{th} = \frac{1}{\Phi_{th}} \int_0^\infty n_M'''(v) v \frac{C}{v} \mathrm{d}v \tag{4.37}$$

$$\overline{\sigma_{th}} = \frac{C}{\Phi_{th}} \int_0^\infty n_M'''(v) \mathrm{d}v \tag{4.38}$$

oder

$$\overline{\sigma_{th}} = C \frac{n_{th}'''}{\Phi_{th}} = \frac{C}{v_{th}} = \frac{C}{\overline{v}} = \sigma\left(\overline{v}\right) \tag{4.39}$$

Als mittlerer thermischer Wirkungsquerschnitt ist also der Wirkungsquerschnitt für die mittlere Geschwindigkeit einzusetzen. In vielen Übersichtsdarstellungen wie der Karlsruher Nuklidkarte (Maggill et al. 2006) sind jedoch die thermischen Wirkungsquerschnitte für die wahrscheinlichste Geschwindigkeit v_w angegeben, die der Energie kT_0 entspricht, wobei T_0 die Raumtemperatur ist. Sie müssen nach (4.27) mit dem Faktor $\sqrt{\frac{\pi}{2}}$ multipliziert werden wegen der Beziehung

$$\overline{\sigma}_{th} = \sigma(\overline{v}) = \frac{C}{\overline{v}} = \frac{\sqrt{\pi}}{2}\frac{C}{v_w} = \frac{\sqrt{\pi}}{2}\sigma\left(v_w\right). \tag{4.40}$$

Hat das moderierende Medium nicht die Raumtemperatur T_0, sondern die Temperatur T, so gilt mit (4.25):

$$\sigma\left(v_w\right)_T = \frac{C}{\left(v_w\right)_T} = C\sqrt{\frac{m}{2kT_0}}\sqrt{\frac{T_0}{T}} = \sigma\left(v_w\right)_{T_0}\sqrt{\frac{T_0}{T}} \tag{4.41}$$

Der für Raumtemperatur T_0 angegebene Wirkungsquerschnitt ist mit dem Faktor $\sqrt{\frac{T_0}{T}}$ zur Korrektur für die Temperaturabweichung zu multiplizieren.

Schließlich ist noch zu berücksichtigen, dass die Neutronen nicht vollständig mit dem Atomgitter im Gleichgewicht stehen. Während ständig Neutronen mit höherer Geschwindigkeit nachgeliefert werden, ist die Absorption bei niedrigen Geschwindigkeiten am stärksten. Das führt zu einer sogenannten Aushärtung des Spektrums, d. h. zu einer Verschiebung der Verteilung zu höheren Energien hin, die einer scheinbar erhöhten Neutronentemperatur T_n entspricht.

Die Neutronentemperatur kann aus der Moderatortemperatur T näherungsweise berechnet werden nach der Formel (Emendörfer und Höcker 1982; Duderstadt und Hamilton 1976)

$$T_n = T\left(1 + c_T \frac{\Sigma_A(kT)}{\xi\,\Sigma_s}\right) \tag{4.42}$$

$$\frac{\Sigma_A(kT)}{\xi\,\Sigma_s} < 0.1$$

Die Konstante c_T wird entweder aus Messungen oder durch Rechnung bestimmt. Für reine Wasserstoffbremsung beträgt sie ungefähr 1, für Kohlenstoff gilt $c \simeq 4$ (Emendörfer und Höcker 1982). Für geläufige leichtwassermoderierte Reaktoren liegt die Konstante c_T zwischen 1.2 und 1.8 (Duderstadt und Hamilton 1976).

Für die Abweichung der Wirkungsquerschnitte von der bisher unterstellten $\frac{1}{v}$-Verteilung sind außerdem g-Faktoren (auch Westcott-Faktoren genannt) für verschiedene Neutronentemperaturen als Korrektur berechnet worden (Westcott 1962; Smith 1959) Diese sind auszugsweise für einzelne Isotope in Tab. 4.1 wiedergegeben. Damit erhält man die gesamte Korrektur für die Absorptions- und Spaltquerschnitte im thermischen Bereich, ausgehend von den im Allgemeinen angegebenen Wirkungsquerschnitten für die wahrscheinlichste Geschwindigkeit bei Raumtemperatur entsprechend der Energie $kT_0 = 0.0253\,\text{eV}$ in der Form:

$$\overline{\sigma}_A\left(T_n\right) = \frac{\sqrt{\pi}}{2} g_a\left(T_n\right) \sqrt{\frac{T_0}{T_n}} \sigma_a\left(kT_0\right) \tag{4.43}$$

$$\overline{\sigma}_{f,th}\left(T_n\right) = \frac{\sqrt{\pi}}{2} g_f\left(T_n\right) \sqrt{\frac{T_n}{T_0}} \sigma_f\left(kT_0\right) \tag{4.44}$$

T_n Neutronentemperatur; T_0 Raumtemperatur (293 K)

Wie man sieht, liegen die g-Faktoren für Uran relativ nahe bei 1, weil im thermischen Bereich die Abweichung vom $\frac{1}{v}$-Verlauf gering ist. Bei Isotopen mit ausgeprägten Resonanzlinien in der Nähe des thermischen Bereichs erreichen die g-Faktoren jedoch zum Teil Werte über 3, die keineswegs vernachlässigbar sind.

Die hier hergeleitete Methode zur Berechnung mittlerer thermischer Wirkungsquerschnitte ist insbesondere für überschlagsweise Handrechnungen von Bedeutung. Bei den in Kap. 6 sowie 7.6 vorgestellten Ansätzen für die Berechnung mit Computer-Codes erfolgt die Berücksichtigung der Neutronenenergien entweder über Mittelungen anhand des konkret berechneten Spektrums oder über eine stochastische Betrachtung von Neutronen-Einzelschicksalen.

Tab. 4.2 g-Faktoren zur Korrektur der thermischen Wirkungsquerschnitte verschiedener Isotope

T_n °C		20	100	200	400	600	800	1000
Cd	g_a	1.3203	1.5990	1.9631	2.5589	2.9031	3.0455	3.0599
In	g_a	1.0192	1.0350	1.0558	1.1011	1.1522	1.2123	1.2915
Xe-135	g_a	1.1581	1.2103	1.2360	1.1864	1.0914	0.9887	0.8858
Sm-149	g_a	1.6170	1.8874	2.0903	2.1854	2.0852	1.9246	1.7568
U-233	g_a	0.9983	0.9972	0.9973	1.0010	1.0072	1.0146	1.0226
	g_f	1.0003	1.0011	1.0025	1.0068	1.0128	1.0201	1.0284
U-235	g_a	0.9780	0.9610	0.9457	0.9294	0.9229	0.9182	0.9118
	g_f	0.9759	0.9581	0.9411	0.9208	0.9108	0.9036	0.8956
U-238	g_a	1.0017	1.0031	1.0049	1.0085	1.0122	1.0159	1.0198
Pu-239	g_a	1.0723	1.1611	1.3388	1.8905	2.5321	3.1006	3.5353
	g_f	1.0487	1.1150	1.2528	1.6904	2.2037	2.6595	3.0079

4.5 Differentieller Wirkungsquerschnitt

Bei den bisherigen Ausführungen wurde der Wirkungsquerschnitt lediglich als ein von der Neutronenenergie abhängiger, diskreter Wert behandelt. Wenn man aber die Streuung von Neutronen untersucht, erhält man für die Energie und Winkel nach dem Stoß eine stetige Verteilungsfunktion, die die Einführung differentieller Wirkungsquerschnitte erforderlich macht.

4.5.1 Differentieller Streuquerschnitt der Energieverteilung

Die Wahrscheinlichkeit, dass das Neutron nach dem Stoß in den Energiebereich zwischen E' und $E' + \mathrm{d}E'$ fällt, wäre

$$\sigma_e(E)w(E \to E')\mathrm{d}E' = \sigma(E \to E')\mathrm{d}E' \tag{4.45}$$

$w(E \to E')\mathrm{d}E'$ ist definiert durch das Verhältnis der Anzahl der mit der Energie E vor dem Stoß in den Energiebereich $\mathrm{d}E'$ bei E' gebremsten Neutronen (Duderstadt und Hamilton 1976).

In (4.29) ist $\sigma(E \to E')$ eine Verteilungsfunktion, die klar von der Energieabhängigkeit des Wirkungsquerschnitts $\sigma(E)$, die eine Wertzuordnungsfunktion darstellt, zu unterscheiden ist. Die Energieverteilung nach dem elastischen Stoß wird beim Bremsvorgang behandelt, und die Verteilungsfunktion wird dort quantitativ abgeleitet. Analoge Beziehungen können für die Streuung in einen Raumwinkelbereich aufgestellt werden.

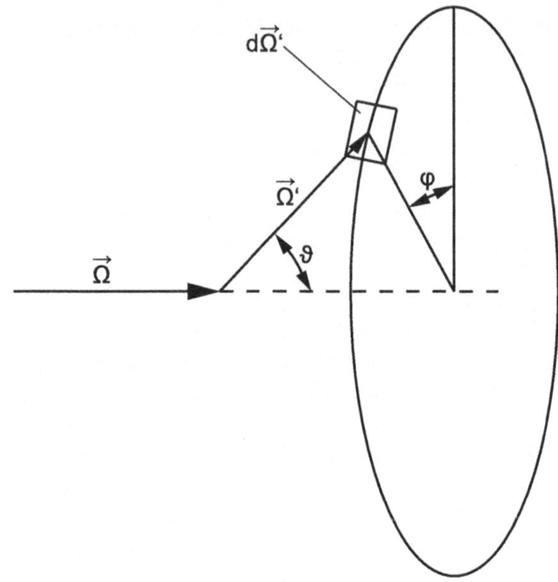

Abb. 4.8 Flugrichtung der Neutronen vor und nach dem Stoß im Laborsystem

4.5.2 Isotrope Streuung

Für die Betrachtungen über die Änderung der Flugrichtung der Neutronen nach einem elastischen Stoß wird häufig der Einheitsvektor $\vec{\Omega}$ in Richtung der Neutronengeschwindigkeit $\vec{v}$ benutzt.

$$\vec{\Omega} = \frac{\vec{v}}{|\vec{v}|}. \tag{4.46}$$

Demgemäß kann nach Abb. 4.8 der Raumbereich $d\vec{\Omega}$ als Oberflächenelement auf der Einheitskugel festgelegt werden zu

$$d\vec{\Omega} = \sin\vartheta d\vartheta d\varphi \tag{4.47}$$

Der differentielle Wirkungsquerschnitt $\sigma(\vec{\Omega} \to \vec{\Omega}')$, multipliziert mit $d\vec{\Omega}'$, gibt die Wahrscheinlichkeit an, dass eine Streuung in den Winkelbereich zwischen $\vec{\Omega}'$ und $\vec{\Omega}'+d\vec{\Omega}'$ fällt. Definitionsgemäß muss das Integral über die Oberfläche 4π der Einheitskugel gleich dem Streuquerschnitt σ_e sein.

$$\int_{4\pi} \sigma(\vec{\Omega} \to \vec{\Omega}')d\vec{\Omega}' = \sigma_e. \tag{4.48}$$

Für isotrope Streuung mit $\sigma(\vec{\Omega} \to \vec{\Omega}') = \text{const.}$ würde gelten

$$\sigma(\vec{\Omega} \to \vec{\Omega}') = \frac{\sigma_e}{4\pi}. \tag{4.49}$$

Dies ist also die Wahrscheinlichkeit der isotropen Streuung in einem Einheitswinkel $1/4\pi$. Hängt $\sigma(\vec{\Omega} \rightarrow \vec{\Omega}') = \sigma(\vartheta, \varphi)$ nur vom Streuwinkel zur Ursprungsrichtung ϑ, aber nicht von φ ab, so kann man nach Separation von $\sigma(\vartheta, \varphi) = \sigma(\vartheta) \cdot \sigma(\varphi)$ über φ integrieren und erhält mit (4.31)

$$\int\limits_{\varphi=0}^{2\pi} \sigma(\vec{\Omega} \rightarrow \vec{\Omega}')\mathrm{d}\vec{\Omega}' = \sigma(\vartheta) \sin\vartheta \mathrm{d}\vartheta \int\limits_{\varphi=0}^{2\pi} \sigma(\varphi)\mathrm{d}\varphi = \sigma(\vartheta) \sin\vartheta \mathrm{d}\vartheta, \tag{4.50}$$

da das Integral über der Verteilungsfunktion

$$\int\limits_{\varphi=0}^{2\pi} \sigma(\varphi)\, \mathrm{d}\varphi = 1 \tag{4.51}$$

gesetzt werden kann.

Mit der Substitution $\mu = \cos\vartheta$ bzw. $\mathrm{d}\mu = -\sin\vartheta \mathrm{d}\vartheta$ folgt schließlich für die rotationssymmetrische Streuung

$$\int\limits_{\varphi=0}^{2\pi} \sigma(\vec{\Omega} \rightarrow \vec{\Omega}')\mathrm{d}\vec{\Omega}' = |-\sigma(\mu)\mathrm{d}\mu| = \sigma(\mu)\mathrm{d}\mu \tag{4.52}$$

und für den differentiellen Wirkungsquerschnitt der isotropen Streuung

$$\frac{\mathrm{d}\sigma_e}{\vec{\Omega}'} = \sigma(\vec{\Omega} \rightarrow \vec{\Omega}') = \sigma(\cos\vartheta) = \sigma(\mu) = \text{const.} \tag{4.53}$$

Isotrope Streuung liegt also nicht dann vor, wenn in jeden Winkelbereich, $\mathrm{d}\vartheta$ die gleiche Anzahl von Neutronen fliegt, sondern wenn die Neutronen gleichmäßig auf alle Bereiche $\mathrm{d}\mu = d(\cos\vartheta)$ verteilt werden.

Abbildung 4.9 verdeutlicht, dass gleiches $\mathrm{d}\mu$ jeweils gleich hohe Kugelabschnitte markiert, und diese haben nach einem Satz der Geometrie immer gleiche Oberflächen. Die in Abschn. 4.4 dargestellten Abhängigkeiten der mikroskopischen Wirkungsquerschnitte σ von der Neutronenenergie E stellen Wertzuordnungsfunktionen dar, durch die jeder Energie ein bestimmter Wert für den Wirkungsquerschnitt zugeordnet wird. Zu jedem Wert E gehört somit ein Funktionswert $\sigma(E)$. Im Gegensatz zur Wertzuordnungsfunktion beschreibt eine Verteilungsfunktion eine Verteilung von Teilchen, Ereignissen, Wahrscheinlichkeiten u. ä. über eine unabhängige Variable im gesamten möglichen Bereich.

So ist zum Beispiel die Maxwell-Verteilung der Spaltneutronen $\chi(E)$, (3.9), eine Verteilungsfunktion über der unabhängigen Variablen E im Bereich zwischen der Energie $E = 0$ bis $E = \infty$. Der Anteil im Intervall $\mathrm{d}E$ wird beschrieben durch $\chi(E)\mathrm{d}E$. Gemäß ihrer Definition kann bei der Integration der Verteilungsfunktion über ein bestimmtes Intervall

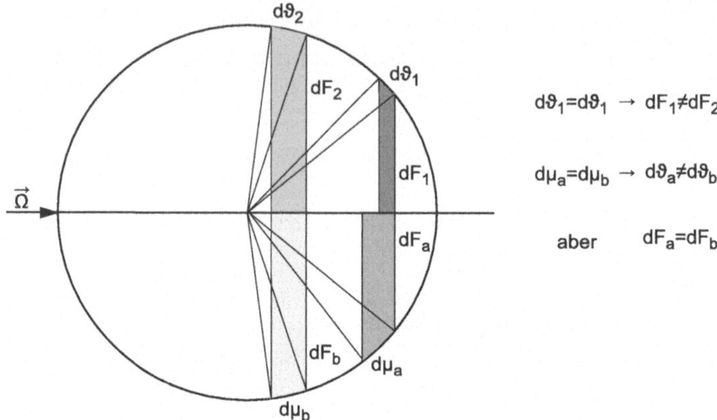

Abb. 4.9 Isotrope Streuung in den Bereichen du

$\Delta E = E_2 - E_1$ mit $E_2 > E_1$ das Integral nur positiv sein, da dieses einem Anteil an der Gesamtzahl der möglichen Ereignisse oder Wahrscheinlichkeiten entspricht.

Das spezielle Ereignis, dessen Wahrscheinlichkeit wir durch einen Wirkungsquerschnitt beschrieben haben, war ein Stoß und eine bestimmte Folgereaktion. Die Folgereaktion kann entweder einen bestimmten Zustand bewirken, z. B. die Spaltung, oder auch eine Verteilung über ein Spektrum von Zuständen, z. B. die Streuung mit einer resultierenden Energieverteilung der Neutronen über ein bestimmtes Intervall.

4.6 Bremsung von Neutronen

Bei der elastischen Streuung an Atomkernen übertragen Neutronen einen Teil ihrer kinetischen Energie und werden dadurch abgebremst. Dies geschieht, wenn es zu hoher Absorption kommt, so lange, bis sich die mittlere Geschwindigkeit der Neutronen im Gleichgewicht mit den thermischen Schwingungen der umgebenden Atome befindet – man spricht dann von thermischen Neutronen. Bei den heute überwiegend eingesetzten Reaktionskonzepten ist eine möglichst schnelle Abbremsung der Neutronen durch einen sogenannten Moderator wie Wasser oder Grafit erwünscht, weil aufgrund der starken Bremswirkung durch inelastische Stöße zu Uranatomen viele Neutronen in den Resonanzbereich des U-238 gelangen, bevor sie Gelegenheit zu einer schnellen Spaltung bekommen und dann absorbiert werden. Deshalb wird durch einen Moderator dafür gesorgt, dass der Resonanzbereich schnell und möglichst ohne Stöße mit Uranatomen durchlaufen wird.

Ein guter Moderator ist dadurch gekennzeichnet, dass er einen möglichst großen Energieverlust pro Stoß bewirkt, aber nur einen geringen Absorptionsquerschnitt hat. Da bei der elastischen Streuung der Neutronen keine inneren Energiezustände der gestoßenen Kerne angeregt werden, können die Gesetze der Klassischen Mechanik bei der Behandlung der Energieverluste der Neutronen durch Moderation herangezogen werden.

4.6.1 Der Bremsstoß

Der elastische Stoß eines Neutrons mit einem Atomkern kann wie der reibungsfreie Stoß zweier Kugeln behandelt werden (Abb. 4.10). Zur vollständigen Beschreibung benötigt man den Energiesatz

$$\frac{1}{2}m_n v^2 + \frac{1}{2}m_A v^2 = \frac{1}{2}m_n v'^2 + \frac{1}{2}m_A v'^2 \tag{4.54}$$

und den Impulssatz

$$m_n \vec{v} + m_A \vec{v}' + m_A \vec{v}'. \tag{4.55}$$

m_n und m_A seien die Massen, v, v' und V, V' seien die Geschwindigkeiten des Neutrons bzw. des Atomkerns vor und nach dem Stoß. Nimmt man an, dass der gestoßene Atomkern sich vor dem Stoß in Ruhe befindet, weil seine Geschwindigkeit infolge der Wärmebewegung gegenüber der Geschwindigkeit des stoßenden Neutrons vernachlässigbar ist, so erhält man aus (4.54) und (4.55) für das Verhältnis der kinetischen Energie E' des Neutrons nach dem Stoß zur Energie E vor dem Stoß folgenden Ausdruck:

$$E' = E \cdot \left(\frac{A^2 + 1}{(1 + A)^2} + \frac{2 \cdot A}{(1 + A)^2} \cdot \cos \vartheta \right) \tag{4.56}$$

Hierin bedeuten:

$A = \frac{m_A}{m_n}$ Massenzahl des gestoßenen Kerns,
$\cos \vartheta$ Kosinus des Streuwinkels zur ursprünglichen Richtung.

Die Geschwindigkeit des Neutrons nach dem Stoß ist also eine Funktion des Streuwinkels ϑ. Durch Einführen von

$$\alpha = \left(\frac{A - 1}{A + 1} \right)^2 . \tag{4.57}$$

erhält man aus (4.56):

$$E' = E \cdot \frac{1}{2} \left((1 + \alpha) + (1 - \alpha) \cdot \cos \vartheta \right) . \tag{4.58}$$

Beim zentralen Stoß hat man den größtmöglichen Energieverlust, und die kleinste Energie, die das Neutron nach dem Stoß haben kann, ist

$$E'_{min} = \alpha E. \tag{4.59}$$

Den kleinsten Energieverlust erhält man für den streifenden Stoß mit $\vartheta = 0$. Durch Einsetzen in (4.58) bekommt man, wie zu erwarten, $E' = E$, also keinen Energieverlust.

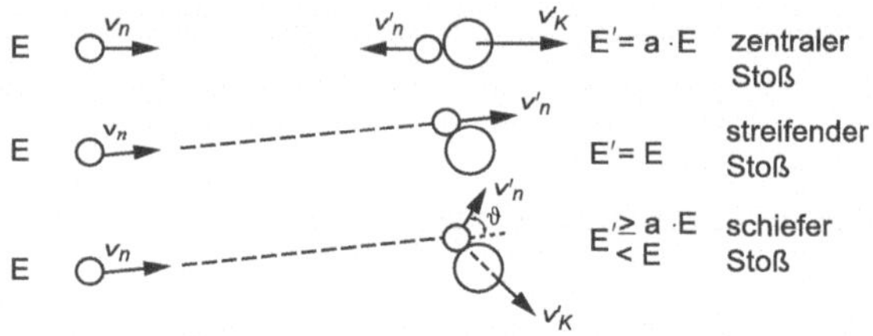

Abb. 4.10 Schematische Darstellung verschiedener Stoßmöglichkeiten

4.6.2 Energieverteilung nach dem Stoß

Für die Beschreibung des Verhaltens von Neutronen ist natürlich nicht der einzelne Stoß, sondern die Stoßstatistik maßgeblich. Die bisherige Betrachtung zeigt, dass die Energie der Neutronen nach dem Stoß mit einem Kern der Massenzahl A zwischen αE und E liegt, wenn E ihre kinetische Energie vor dem Stoß war.

Soll jetzt die Häufigkeit, mit der eine bestimmte Energie nach dem Stoß auftritt, angegeben werden, so muss zunächst die Verteilungsfunktion für den Streuwinkel ϑ bekannt sein. Im Anhang A.1 findet sich die Herleitung. Es gilt nun unter Berücksichtigung, dass die Streuung isotrop verläuft, also dass alle Streuwinkel beim Stoß gleichwahrscheinlich sind, folgende Beziehung:

$$w(\cos\,\vartheta)\,\mathrm{d}(\cos\,\vartheta) = \frac{1}{2}\cdot\mathrm{d}(\cos\,\vartheta) \tag{4.60}$$

Anstatt des Streuwinkels ϑ wird in der Literatur und bei Publikationen häufig μ angegeben, wobei $\mu = \cos\vartheta$ ist. Wird die Gl. (4.60) (Energieverlust beim Stoß) nach cos ϑ aufgelöst und danach differenziert, so erhält man

$$\frac{\mathrm{d}(\cos\,\vartheta)}{\mathrm{d}E'} = \frac{2}{(1-\alpha)\cdot E} \tag{4.61}$$

Die Wahrscheinlichkeit, ein Neutron nach dem Stoß mit einer Energie zwischen E und $E + \mathrm{dE}$ anzutreffen, wird durch die Gleichung

$$w(E \to E')\,\mathrm{d}E' = w(\cos\,\vartheta)\,\frac{\mathrm{d}(\cos\,\vartheta)}{\mathrm{d}E'}\,\mathrm{d}E' \tag{4.62}$$

beschrieben. Werden jetzt (4.60) und (4.61) in (4.62) eingesetzt, so folgt für die isotrope Streuung im Schwerpunktsystem die Energieverteilung

$$w(E \to E')\,\mathrm{d}E' = \begin{cases} \frac{\mathrm{d}E'}{(1-\alpha)\cdot E} & : \alpha\cdot E \le E' \le E \\ 0 & : \text{sonst} \end{cases} \tag{4.63}$$

Bei isotroper Streuung im Schwerpunktsystem ist damit die Übergangswahrscheinlichkeit unabhängig von der Endenergie. Jede Energie im Intervall $[\alpha\cdot E;\, E]$ wird mit gleicher Wahrscheinlichkeit auftreten. Die Verteilung ist auf 1 normiert.

$$\int_{\alpha\cdot E}^{E} w(E \to E')\,\mathrm{d}E' = \frac{1}{(1-\alpha)\cdot E}\int_{\alpha\cdot E}^{E} \mathrm{d}E' = 1 \tag{4.64}$$

Im Mittel verliert ein Neutron bei einem elastischen Stoß die Energie

$$\overline{\Delta E'} = \int_{\alpha\cdot E}^{E} (E - E')\cdot w(E \to E')\mathrm{d}E' = E\cdot\frac{1-\alpha}{2} \tag{4.65}$$

Der mittlere relative Energieverlust beim Stoß

$$\frac{\overline{\Delta E'}}{E} = \frac{1-\alpha}{2} \tag{4.66}$$

ist also konstant. Er ist sehr groß für leichte Kerne, sehr klein für schwere Kerne. Die mittlere Energie $\overline{E'}$ der elastisch gestreuten Neutronen kann aus der Beziehung

$$\overline{E'} = \int_{\alpha\cdot E}^{E} E'\cdot w(E \to E')\,\mathrm{d}E' \tag{4.67}$$

ermittelt werden. Das Resultat ist

$$\overline{E'} = E\cdot\frac{1+\alpha}{2} \tag{4.68}$$

Die mittlere Energie der gestreuten Neutronen liegt also mitten zwischen $\alpha\cdot E$ und E.

4.6.3 Lethargie

Der Energieverlust eines Neutrons beim Stoß ist bei sonst gleichen Stoßparametern immer proportional zu seiner Energie vor dem Stoß. Es liegt deshalb nahe, für die Energie E einen logarithmischen Maßstab einzuführen. Man bezeichnet die in logarithmischem Maßstab gemessene kinetische Energie des Neutrons als Lethargie:

$$u = -\ln\frac{E}{E_0} = \ln\frac{E_0}{E}, \tag{4.69}$$

wobei E_0 irgendeine Bezugsenergie sein kann.

Setzt man E_0 gleich der Anfangsenergie, so ist im ganzen Energiebereich $E \le E_0$ die Lethargie stets positiv, und sie wächst wegen

$$\frac{\mathrm{d}u}{\mathrm{d}E} = -\frac{1}{E} \tag{4.70}$$

mit abnehmender Energie monoton und stetig an. Wählt man zur Beschreibung des Bremsstoßes im Lethargiemaßstab die Energie E vor dem Stoß als Bezugsenergie und setzt

$$u = \ln \frac{E}{E'} \text{ bzw. } E' = Ee^{-u} \tag{4.71}$$

in die oben abgeleiteten Formeln ein, so erhält man für die Wahrscheinlichkeitsverteilung der Lethargie nach dem Stoß

$$w(u)\,\mathrm{d}u = w(E')\,\frac{\mathrm{d}E'}{\mathrm{d}u}\mathrm{d}u \tag{4.72}$$

$$= \frac{E'}{E(1-\alpha)}\mathrm{d}u. \tag{4.73}$$

Das Minuszeichen entfällt, wenn man die positive Richtung in Richtung fallender Energie wählt. Im Übrigen hat das Vorzeichen für die Wahrscheinlichkeit keine Bedeutung, weil diese nicht negativ sein kann. Für die Lethargieverteilung findet man

$$w(u) = \frac{1}{1-\alpha}\mathrm{e}^{-\mathrm{u}}. \tag{4.74}$$

4.6.4 Mittlerer Energieverlust pro Stoß

Da die Neutronen nach dem Stoß gleichmäßig über den Energiebereich zwischen αE und E verteilt sind, ist der mittlere Energieverlust je Stoß gegeben durch $(1-\alpha)\cdot E/2$, also ein konstanter Bruchteil der Energie vor dem Stoß. Der Energieverlust eines Neutrons je Stoß ist dem Betrage nach jedoch nicht konstant, sondern um so größer, je höher seine Energie vor dem Stoß war. Die Beschreibung des Energieverlustes pro Stoß über ein weites Energiespektrum lässt sich deshalb vorteilhaft im Lethargiemaßstab durchführen, denn in diesem logarithmischen Maßstab ist die mittlere Lethargiezunahme ein konstanter Betrag, den wir im folgenden mit ξ bezeichnen wollen.

Die Lethargiezunahme beim Stoß ist nach der in (4.71) getroffenen Festlegung gleich u. Die maximal mögliche Zunahme ist $u_{max} = \ln\left(\frac{E}{E'}\right)_{max} = \ln\left(\frac{1}{\alpha}\right) = -\ln\alpha$. Den Mittelwert von u erhalten wir durch Multiplikation mit der normierten Verteilungsfunktion (4.74) und Integration von null bis $-\ln\alpha$.

$$\xi = \int_0^{-\ln\alpha} u\,w(u)\,\mathrm{d}u. \tag{4.75}$$

Durch Einsetzen von $w(u)$ geht dieses Integral über in

$$\xi = \frac{1}{1-\alpha} \int\limits_{0}^{-\ln\alpha} u\, e^{-u}\, \mathrm{d}u \tag{4.76}$$

Drückt man α nach (4.57) durch die Massenzahl A aus, so erhält man

$$\xi = 1 + \frac{(A-1)^2}{2A} \ln \frac{A-1}{A+1}. \tag{4.77}$$

Für größere Massenzahlen A stellt die einfache Formel

$$\xi = \frac{2}{A + 2/3} \quad \text{fr } A > 2 \tag{4.78}$$

eine gute Näherung dar. Man nennt ξ das mittlere logarithmische Energiedekrement. Der Zusammenhang zwischen der Neutronenenergie E, der Lethargie u und der mittleren Lethargiezunahme ξ ist in Abb. (4.11) dargestellt.

Die Energie in Abhängigkeit von der Lethargie wird durch die Exponentialfunktion (4.71) beschrieben. Für die mittlere Lethargiezunahme ξ pro Stoß ergeben sich bei hohen Neutronenenergien große Energieverluste, die mit zunehmender Lethargie immer kleiner werden. Die Lethargiezunahme nach n Stößen

$$\Delta u_n = \ln \frac{E}{E_n} = \sum_{i=1}^{n} \ln \frac{E_i - 1}{E_i} = \sum_{i=1}^{n} \Delta u_i \tag{4.79}$$

ist die Summe aller Lethargiezunahmen Δu_i bei den einzelnen Stößen, die bei einer großen Zahl n von Stößen in den Mittelwert

$$\Delta u_n = n\xi \tag{4.80}$$

übergeht. Die Zahl der Stöße, die ein Neutron im Mittel benötigt, um ein Lethargieintervall Δu zu durchlaufen, ist also

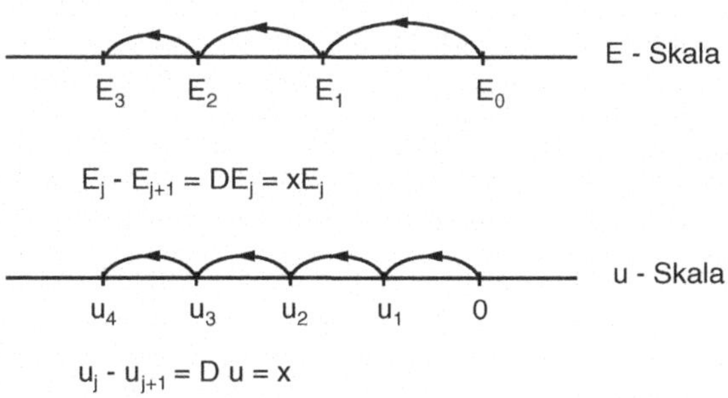

Abb. 4.11 Energie- und Lethargieskalen im Vergleich

E - Skala

E_3 E_2 E_1 E_0

$E_j - E_{j+1} = DE_j = xE_j$

u - Skala

u_4 u_3 u_2 u_1 0

$u_j - u_{j+1} = D\,u = x$

Tab. 4.3 Mittlere Lethargiezunahme ξ und Anzahl n der Stöße für $\Delta u = 18,2$ einiger Isotope

Isotop	α	ξ	n
H-1	0	1	18
D-2	0.1111	0.725	25
He-4	0.36	0.425	43
Be-9	0.64	0.209	88
C-12	0.7160	0.158	115
O-16	0.7785	0.120	152
Na-23	0.8403	0.084	216
U-238	0.9833	0.008	2167

$$n = \frac{\Delta u}{\xi}. \tag{4.81}$$

Mithilfe der Beziehungen (4.77) und (4.81) lassen sich erste Aussagen über geeignete Moderatorstoffe machen. Da mit möglichst wenigen Stößen die Neutronen abgebremst werden sollen, kommen als Moderatoren nur Atome mit großem ξ-Wert, d. h. mit einer geringen Massenzahl A infrage. Der zu überwindende Energiebereich von im Mittel 2 MeV bis herunter zu thermischen Energien von 0.0253 eV entspricht einem Lethargieintervall von $\Delta u = 18.2$.

Für dieses Lethargieintervall sind in Tab. 4.3 α, ξ und die notwendige Zahl n an Stößen für verschiedene Isotope angegeben. Im Vergleich zu den leichten Isotopen kann die Neutronenbremsung im Brennstoff selber vernachlässigt werden. Neben Wasserstoff und Deuterium wäre Helium ein guter Moderator, scheidet aber wegen der zu geringen Dichte aus, da Helium bei den in Reaktoren herrschenden Temperaturen nur gasförmig eingesetzt werden kann. Wasserstoff und Deuterium können dagegen in der chemischen Verbindung mit Sauerstoff als H_2O bzw. D_2O nicht nur zur Moderation, sondern auch gleichzeitig zur Kühlung des Reaktors verwendet werden.

Die Eigenschaften eines Moderators werden aber nicht nur durch die mittlere Lethargiezunahme je Stoß charakterisiert, sondern für die Neutronenökonomie ist ebenso von Bedeutung, dass der Streuquerschnitt möglichst groß und der Absorptionsquerschnitt möglichst klein ist. Deshalb wird die Güte eines Moderators im wesentlichen beschrieben durch das Bremsvermögen $\xi \sum_s$ und das Bremsverhältnis $\xi \sum_s / \sum_a$.

Betrachtet man die verschiedenen Stoffe in Tab. 4.4 unter diesem Gesichtspunkt, so stellt man fest, dass leichtes Wasser das beste Bremsvermögen aufweist, aber aufgrund der hohen Absorption des Wasserstoffs das schlechteste Bremsverhältnis besitzt. Schweres Wasser ist der beste Moderator, gefolgt von Grafit und Beryllium.

Während das logarithmische Energiedekrement für einen reinen Stoff energieunabhängig ist, gilt dies nicht mehr für ein Isotopengemisch.

$$\overline{\xi} = \frac{\sum_{i=1}^{n} \xi_i \Sigma_{si}(E)}{\sum_{i=1}^{n} \Sigma_{si}(E)} \tag{4.82}$$

Tab. 4.4 Eigenschaften der Moderatoren nach (Choppin et al. 2002)

Moderator	ρ g/cm^3	$\xi\,\Sigma_S$ cm^{-1}	$\xi\,\Sigma_S/\Sigma_A$
H_2O	1.00	1.50	68
D_2O	1.10	0.18	4095
Be	1.85	0.15	160
C	1.67	0.06	211

variiert für ein Gemisch aus n Isotopen wegen der unterschiedlichen Energieabhängigkeit der Streuquerschnitte etwas über den Energiebereich.

4.6.5 Bremszeit

Die Spaltneutronen werden innerhalb einer charakteristischen Zeit von 10^{-14} s freigesetzt.

Die Abbremsung von Spaltenergie auf thermische Energie vollzieht sich durch Stöße innerhalb der Bremszeit t_B.

Der Energieverlust pro Zeiteinheit kann in einem kontinuierlichen Modell formuliert werden durch den Ansatz

$$-\frac{\mathrm{d}E}{\mathrm{d}t} = v \cdot \xi \cdot \Sigma_S \cdot E \tag{4.83}$$

Die Neutronengeschwindigkeit ergibt sich aus $E = \frac{m}{2} \cdot v^2$.

Die Umstellung der Differentialgleichung führt auf das Integral

$$t_B = -\int\limits_{E=E_0}^{E_{th}} \frac{\mathrm{d}E}{\sqrt{\frac{2E}{m}} \cdot \xi \cdot \Sigma_S \cdot E} (nn) \tag{4.84}$$

$$(nn) \tag{4.85}$$

$$= -\frac{1}{\sqrt{\frac{2}{m}} \cdot \xi \cdot \Sigma_S} \cdot \int\limits_{E=E_0}^{E_{th}} E^{-3/2}\,\mathrm{d}E \tag{4.86}$$

wobei die Grenzen $E_0 = 2\,\mathrm{MeV}$ und $E_{th} = 0.0253\,\mathrm{eV}$ betragen.

Wird das Integral gelöst, so folgt

$$t_B = -\frac{1}{\sqrt{\frac{2}{m}} \cdot \xi \cdot \Sigma_S} \cdot \left(-2 \cdot E^{-1/2}\right)_{E_0}^{E_{th}} (nn) \tag{4.87}$$

$$(nn) \tag{4.88}$$

Tab. 4.5 Bremsvermögen und Bremszeiten in verschiedenen Medien bei thermischer Energie (0.0253 eV)

Moderator	$\xi \Sigma_S$ (cm^{-1})	t_B (s)
H_2O	1.36	$6.68 \cdot 10^{-6}$
D_2O	0.18	$5.05 \cdot 10^{-5}$
C	0.06	$1.52 \cdot 10^{-4}$

$$= \frac{\sqrt{2m}}{\xi \cdot \Sigma_S} \left(\frac{1}{\sqrt{E_{th}}} - \frac{1}{\sqrt{E_0}} \right) (nn) \tag{4.89}$$

$$(nn) \tag{4.90}$$

$$\approx \frac{2}{v_{th} \cdot \xi \cdot \Sigma_S} \qquad \text{da } E_0 \gg E_{th} \tag{4.91}$$

Damit ist die Bremszeit wesentlich durch das Produkt $\xi \cdot \Sigma_S$, auch Bremsvermögen genannt, bestimmt. Ein Beispiel hierzu wird in Anhang A.2 gerechnet. Typische Werte für t_B gehen aus Tab. 4.5 hervor.

4.6.6 Stoßdichte und Bremsdichte

Die Zahl der Stöße pro cm^3, die auf ein Einheitsintervall der Energie oder Lethargie entfallen, wird als Stoßdichte $F(E)$ bzw. $F(u)$ bezeichnet. Da zum Durchlaufen gleicher Lethargieintervalle im Mittel immer die gleiche Zahl von Stößen erforderlich ist, muss die Stoßdichte im Lethargiemaßstab, falls keine Absorption vorliegt, konstant sein.

$$F(u) = \text{const.} \quad \text{(ohne Absorption)} \tag{4.92}$$

$F(u)\,du$ ist die Anzahl der Stöße im Intervall du. Wählen wir das Intervall $du = \xi$, so macht jedes Neutron im Mittel in diesem Intervall genau einen Stoß. Die Zahl der Stöße im Intervall ξ muss also gleich der Zahl der Neutronen sein, die den Lethargiewert u überschreiten bzw. die Energieschwelle E unterschreiten. Für die so definierte Bremsdichte gilt:

$$q(u) = F(u)\xi = q(E) \quad \text{(keine Verteilungsfunktion!)}. \tag{4.93}$$

Falls keine Absorption stattfindet, ist die Bremsdichte in einem unendlichen Reaktor konstant und gleich der Zahl der pro s und cm^3 erzeugten Neutronen q_0. Wir können dann den Wert von $F(u)$ bestimmen und erhalten

$$F(E)\,dE = (-)F(u)\frac{du}{dE}\,dE \tag{4.94}$$

unmittelbar, dass sie umgekehrt proportional zur Energie sein muss:

$$F(E) = \frac{q(E)}{\xi E}. \tag{4.95}$$

Durch Einsetzen von $F(E)$ nach (4.95) erhalten wir für das Energiespektrum der Neutronen bei Moderation:

$$\Phi(E) = \frac{q(E)}{\xi E \Sigma_S(E)}. \tag{4.96}$$

Findet in einem Medium keine Absorption statt, so durchwandern alle Neutronen mehr oder weniger schnell den ganzen Energiebereich, und ihre Zahl bleibt unverändert. Dann ist die Bremsdichte konstant und gleich der Quelldichte q_0. Das Energiespektrum hat dann einen $1/E$-Verlauf. Dieser stellt sich allerdings erst nach einigen Stößen ein. Findet aber in einem Energiebereich Absorption statt, so muss die Bremsdichte unterhalb dieses Bereiches kleiner sein als oberhalb.

4.7 Resonanzabsorption

Für die Darstellung der Absorptionswahrscheinlichkeit eines Neutrons, und damit des mikroskopischen Wirkungsquerschnittes in Abhängigkeit von der Energie in der Umgebung einer Resonanzlinie, gibt es verschiedene Ansätze, von denen der nach der Breit-Wigner-Einniveauformel im Folgenden behandelt wird (Cacuci 2010). Für eine Reaktion x (z. B. γ für Absorption, f für Spaltung) wird demnach der Wirkungsquerschnitt in der Umgebung einer Einzelresonanz nach (4.97) berechnet:

$$\sigma\left(E_{sp}\right) = \sigma_0 \cdot \frac{\Gamma_x}{\Gamma} \cdot \sqrt{\frac{E_0}{E_{sp}}} \cdot \frac{\Gamma^2}{\Gamma^2 + 4(E_{sp} - E_0)^2} \tag{4.97}$$

Hierbei ist E_0 die Energie des Resonanzmaximums, Γ die Halbwertsbreite des Gesamtwirkungsquerschnittsverlaufes bei der Resonanz, Γ_x die Halbwertsbreite für die Reaktion x und σ_0 den maximalen Wirkungsquerschnitt bei E_0. Die in Gl. (4.97) einzusetzende Energie E_{sp} entspricht der tatsächlichen kinetischen Energie des Neutrons im Schwerpunktsystem aus Neutron und Atomkern. Das bedeutet, dass die Bewegung des Atomkerns v.a. durch thermische Schwingungen in die Betrachtungen mit einbezogen werden muss. Wir sehen zunächst einmal vereinfachend den Kern als stationär an, was einer Temperatur von 0 K entspricht, und werden die Temperaturabhängigkeit der Resonanzabsorption im weiteren Verlauf dieses Unterkapitels diskutieren.

Die wichtigsten Größen zur Charakterisierung einer Resonanz sind zur Veranschaulichung in Abb. 4.12 dargestellt. Dabei ist die durchgezogene Linie die isoliert betrachtete Resonanz, die sich bei niedriger Neutronenenergie dem $1/v$-Verlauf (punktierte Linie) überlagert (gestrichelte Linie). σ_0 kann nach (4.98) bestimmt werden:

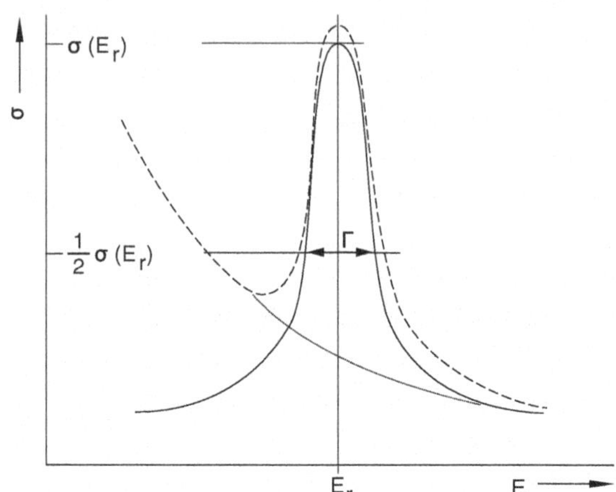

Abb. 4.12 Charakteristische Größen einer Einzelresonanz

$$\sigma_0 = 4\,\pi\,\lambda\!\!\!^{-}{}_0^2\,g\,\frac{\Gamma_n(E_0)}{\Gamma} \tag{4.98}$$

Die Energie E_0 ist dabei in der reduzierten de Broglie Wellenlänge des Neutrons $\lambda\!\!\!^{-}{}_0$ gemäß (4.99) enthalten. Der Statistikfaktor g wird anhand des Spins des Kerns vor (I) und nach (J) der Aufnahme des Neutrons über (4.100) berechnet.

$$\lambda\!\!\!^{-}{}_0 = \frac{\hbar}{\sqrt{2\,m_n\,E_0}} \tag{4.99}$$

$$g = \frac{2\,J+1}{2(2\,I+1)} \tag{4.100}$$

Die notwendigen Parameter zur Charakterisierung der bedeutendsten, diskreten Resonanzen von U-238 im unteren Energiebereich sind beispielhaft in Tab. 4.6 aufgeführt; sie können für die meisten Nuklide (Chadwick et al. 2011) entnommen werden.

Bei höheren Energien werden die Abstände zwischen den Resonanzen geringer, während die Halbwertsbreiten zunehmen, sodass es zu Überlappungen kommt und die Breit-Wigner-Einniveauformel nicht mehr anwendbar ist.

Wie bereits angedeutet, hat die thermische Bewegung der Atomkerne einen Einfluss auf die Resonanzen, da sich hieraus unterschiedliche Relativgeschwindigkeiten des Neutrons ergeben. Diese lassen sich näherungsweise anhand der kinetischen Gastheorie statistisch beschreiben. In Konsequenz führen höhere Temperaturen zu einer Verbreiterung der Resonanzen bei gleichzeitig sinkender Höhe ihres Maximums. Dies wird als nuklearer Dopplereffekt bezeichnet. Er führt in einem Reaktor, der parasitär absorbierende Nuklide mit ausgeprägten Resonanzen wie U-238 oder Th-232 enthält, zu einem mit steigender Brennstofftemperatur zunehmendem Neutronenverlust, was von entscheidender Bedeutung für eine selbsttätige Leistungsbegrenzung ist. Die Resonanzverbreiterung durch

Tab. 4.6 Resonanzparameter der ersten 10 Resonanzen von U-238

E_0 (eV)	I	J	Γ (eV)	Γ_n (eV)	Γ_γ (eV)	σ_0 (b)
6.6735	0	0.5	0.024476	0.001476	0.023	23530
20.8715	0	0.5	0.032958	0.010094	0.022864	38210
36.6821	0	0.5	0.056548	0.033546	0.023002	42111
66.0312	0	0.5	0.047486	0.024178	0.023308	20079
80.7474	0	0.5	0.025261	0.001874	0.023387	2392
102.5586	0	0.5	0.094852	0.070771	0.024082	18944
116.8923	0	0.5	0.04763	0.025354	0.022276	11858
145.6649	0	0.5	0.02471	0.000886	0.023825	641
165.3167	0	0.5	0.027564	0.00319	0.024374	1823
189.6804	0	0.5	0.193764	0.170185	0.02358	12057
208.525	0	0.5	0.072717	0.049882	0.022835	8566
237.3985	0	0.5	0.051626	0.026448	0.025178	5619

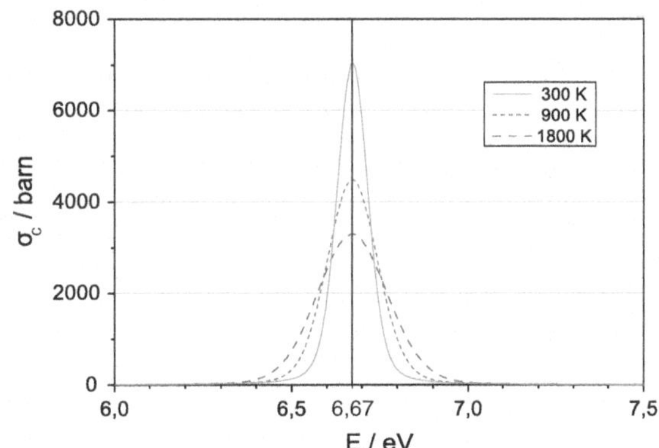

Abb. 4.13 Resonanzverbreiterung des U-238 mit steigender Temperatur (Daten (Chadwick et al. 2006)

den Dopplereffekt wird in Abb. 4.13 am Beispiel des U-238 illustriert. Die entsprechenden Zahlenwerte wurden mit dem Programm NJOY aus ENDF-Rohdaten generiert. Für Methoden zur analytischen Beschreibung des nuklearen Dopplereffektes sei auf Werke wie (Stacey 2007) und (Cacuci 2010) verwiesen.

Im Folgenden soll gezeigt werden, wie die Resonanzabsorption in einem moderierten System, in dem also eine Neutronenbremsung durch elastische Streuung stattfindet, vereinfacht beschrieben werden kann.

Ziel ist dabei die Bestimmung der Wahrscheinlichkeit p, dass ein Neutron durch den Resonanzbereich hindurch abgebremst wird ohne absorbiert zu werden, die deshalb auch Resonanzwahrscheinlichkeit heißt. Sie nimmt eine wesentliche Rolle bei der Bewertung der Neutronenökonomie eines Reaktors ein, auf die im Kap. 5 eingegangen wird.

Abb. 4.14 Skizze zur Resonanzabsorption von Neutronen

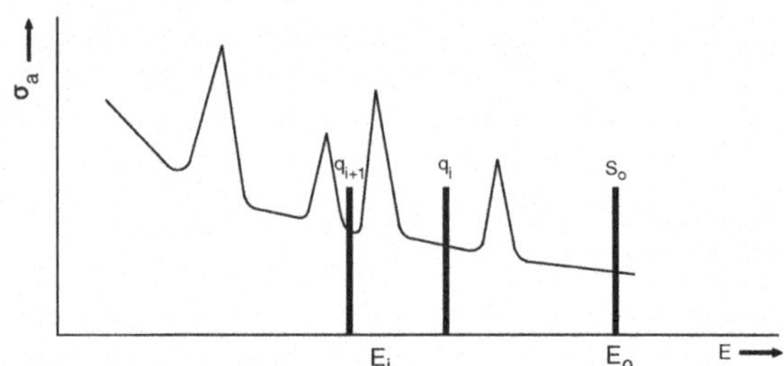

Die Betrachtungen sollen gelten für eine unendlich ausgedehnte Mischung von Moderator und Absorber. Greifen wir uns nach Abb. 4.14 eine einzelne Resonanzlinie bei der Energie E_i mit der Breite ΔE_i heraus und nehmen wir an, dass die Bremsdichte vor der Resonanz die Größe q_i haben soll, so erhält man für die Verluste durch Resonanzeinfang

$$q_i - q_{i+1} = \int\limits_{\Delta E_i} \Sigma_A(E)\Phi(E)\mathrm{d}E. \tag{4.101}$$

Die Wahrscheinlichkeit für Absorption im Energiebereich ΔE_i beträgt

$$a(\Delta E_i) = \frac{q_i - q_{i+1}}{q_i} = \frac{1}{q_i} \int\limits_{\Delta E_i} \Sigma_A(E)\Phi(E)\mathrm{d}E. \tag{4.102}$$

Die Resonanzentkommwahrscheinlichkeit für ΔE_i ergibt sich somit zu

$$p_i = 1 - a(\Delta E_i) = 1 - \frac{1}{q_i} \int\limits_{\Delta E_i} \Sigma_A(E)\Phi(E)\mathrm{d}E. \tag{4.103}$$

Für die Stoßdichte mit Absorption muss analog zu (4.96) die Wahrscheinlichkeit für Absorption mitberücksichtigt werden:

$$F(E) = \Phi(E) \cdot (\Sigma_s(E) + \Sigma_A(E)) = \Phi(E)\Sigma(E). \tag{4.104}$$

Die für die Absorption korrigierte Flussdichte wird dann dargestellt durch

$$\Phi(E) = \frac{q_i}{\overline{\xi}(E)\Sigma(E)E}. \tag{4.105}$$

Wendet man (4.105) auf (4.103) an, so erhält man für die Resonanzentkommwahrscheinlichkeit

$$p_i = 1 - \int\limits_{\Delta E_i} \frac{\Sigma_A(E)}{\overline{\xi}(E)\Sigma(E)} \frac{\mathrm{d}E}{E}. \tag{4.106}$$

Hat man n aufeinanderfolgende Resonanzen, so wird die Bremsdichte bei jeder Resonanzlinie um den entsprechenden Faktor geschwächt, und die Durchgangswahrscheinlichkeit ergibt sich zu

$$p_n = \prod_{i=1}^{n} p_i = \prod_{i=1}^{n} \left(1 - \int\limits_{\Delta E_i} \frac{\Sigma_A(E)}{\overline{\xi}\Sigma} \frac{\mathrm{d}E}{E} \right). \tag{4.107}$$

Durch Logarithmieren kann man das Produkt in eine Summe überführen.

$$\ln p_n = \sum_{i=1}^{n} \ln \left(1 - \int\limits_{\Delta E_1} \frac{\Sigma_A}{\overline{\xi}\Sigma} \frac{\mathrm{d}E}{E} \right). \tag{4.108}$$

Da es sehr viele Resonanzlinien gibt, von denen jede Einzelne nur einen geringen Teil der Neutronen absorbiert, ist der zweite Term in der Klammer immer sehr klein gegen eins, sodass von der Näherung $\ln x \simeq x - 1$ für $x - 1 \ll 1$ Gebrauch gemacht werden kann.

$$\ln \left(1 - \int\limits_{\Delta E_1} \frac{\Sigma_A}{\overline{\xi}\Sigma} \frac{\mathrm{d}E}{E} \right) \simeq - \int\limits_{\Delta E_1} \frac{\Sigma_A}{\overline{\xi}\Sigma} \frac{\mathrm{d}E}{E} \tag{4.109}$$

für

$$\int\limits_{\Delta E_1} \frac{\Sigma_A}{\overline{\xi}\Sigma} \frac{\mathrm{d}E}{E} \ll 1.$$

Da (4.109) auch für die Intervalle zwischen den Resonanzlinien gilt, kann man die Summe in (4.108) in ein Integral überführen:

$$\ln p = \sum_{i=1}^{n} \left(- \int\limits_{\Delta E_1} \frac{\Sigma_A}{\overline{\xi}\Sigma} \frac{\mathrm{d}E}{E} \right) = - \int\limits_{E_1}^{E_2} \frac{\Sigma_A}{\overline{\xi}\Sigma} \frac{\mathrm{d}E}{E}. \tag{4.110}$$

Für die Entkommwahrscheinlichkeit der Neutronen im Resonanzgebiet zwischen E_1 und E_2 erhält man letztlich aus (4.110):

$$p\,(E) = \exp \left[- \int\limits_{E_1}^{E_2} \frac{\Sigma_A\,(E)}{\overline{\xi}\,(E)\,\Sigma\,(E)} \frac{\mathrm{d}E}{E} \right]. \tag{4.111}$$

Da der Streuquerschnitt Σ_s in der Regel nur sehr wenig von der Energie abhängt, kann man ihn praktisch konstant setzen und somit auch das gemittelte logarithmische Energiedekrement $\overline{\xi}$. Die zu betrachtende Resonanzabsorption findet hauptsächlich an Nukliden statt, die dem Brennstoff (Index B) zugerechnet werden, sodass der Absorptionsquerschnitt durch $\Sigma_A = \Sigma_{A,B} = N_B \sigma_{A,B}$ festliegt. Setzt man außerdem für eine gesamtheitliche

Betrachtung des Resonanzbereiches dessen obere Grenze mit E_0 und die untere mit E_{th} fest, so erhält man für (4.111)

$$p = \exp\left[-\frac{N_B'''}{\xi \Sigma_s}\int_{E_{th}}^{E_0} \left(\sigma_{A,B}\right)_{\text{eff}} \frac{\mathrm{d}E}{E}\right] \tag{4.112}$$

mit

$$\left(\sigma_{A,B}\right)_{\text{eff}} = \sigma_{A,B}\frac{\Sigma_s}{\Sigma_s + \Sigma_A} = \frac{\sigma_{A,B}}{1 + \frac{N_B'''\sigma_{A,B}}{\Sigma_s}}. \tag{4.113}$$

Das Integral in (4.112) nennt man das Resonanzintegral

$$I = \int_{E_{th}}^{E_0} \left(\sigma_{A,B}\right)_{\text{eff}} \frac{\mathrm{d}E}{E} \tag{4.114}$$

Bei der Moderation ist praktisch immer $\Sigma_s > \Sigma_A$, sodass das Resonanzintegral nur schwach abhängig von der Moderatorkonzentration und etwa gleich dem Wert bei reinem Brennstoff wird. Bei homogenen Anordnungen kann das Resonanzintegral als einfache Funktion des Verhältnisses $\frac{\Sigma_s}{N_B}$ angegeben werden.

Mithilfe des Resonanzintegrals erhält die Wahrscheinlichkeit p, dass ein Neutron bei seiner Ablenkung nicht durch Resonanzabsorption verloren geht, die Darstellung

$$p = \exp\left(-\frac{N_B'''}{\xi \Sigma_s} I\right). \tag{4.115}$$

Außerdem kann man anhand des Resonanzintegrals vereinfachend einen mittleren Wirkungsquerschnitt für den Resonanzbereich $\Sigma_{A,r}$ angeben (Glasstone und Edlund 1952):

$$\Sigma_{A,r} = \Sigma_{A,r} \cdot N_B''' = \frac{I}{\ln(\frac{E_1}{E_2})} \tag{4.116}$$

Der Ausdruck im Nenner ist dabei die Lethargiebreite des Resonanzbereiches. Beispielsweise wurde bei den in der Nuklidinformationssoftware JANIS angegebenen Resonanzintegralen für die Berechnung ein Energiebereich von 0.5 eV–100 keV angesetzt.

Literatur

Cacuci, Dan G. (Hrsg.): Handbook of Nuclear Engineering. Springer, New York (2010)

Chadwick, M.B., Herman, M., Obloinský, P., Dunn, M.E., Danon, Y., Kahler, A.C., Smith, D.L., Pritychenko, B., Arbanas, G., Arcilla, R., Brewer, R., Brown, D.A., Capote, R., Carlson, A.D., Cho, Y.S., Derrien, H., Gruber, K., Hale, G.M., Hobilit, S., Holloway, S., Johnson, T.D., Kawano, T., Kiedrowski, B.C., Kim, H., Kunieda, S., Larson, N.M., Leal, L., Lestone, J.P., Little, R.C., McCutchan, E.A., MacFarlane, R.E., MacInnes, M., Mattoon, C.M., McKnight, R.D., Mughabghab, S.F., Nobre, G.P.A., Palmiotti, G., Palumbo, A., Pigni, M.T., Pronyaev, V.G., Sayer, R.O., Sozogni, A.A., Summers, N.C., Talou, P., Thompson, I.J., Trkov, A., Vogt, R.L., Marck, S.C. van der, Wallner, A., White, M.C., Wiarda, D., Young, P.G.: ENDF/B-VII.I Nuclear data for science and technology: cross sections, covariances, fission product yields and decay data. Nucl. Data Sheets **112**(12), 2887–2996. (2011). http://www.sciencedirect.com/science/article/pii/S009037521100113X. Special Issue on ENDF/B-VII.1 Library

Chadwick, M.B., Oblozinsky, P., Herman, M., Greene, N.M., McKnight, R.D., Smith, D.L., Young, P.G., MacFarlane, R.E., Hale, G.M., Frankle, S.C., Kahler, A.C., Kawano, T., Little, R.C., Madland, D.G., Moller, P., Mosteller, R.D., Page, P.R., Talou, P., Trellue, H., White, M.C., Wilson, W.B., Arcilla, R., Dunford, C.L., Mughabghab, S.F., Pritychenko, B., Rochman, D., Sonzogni, A.A., Lubitz, C.R., Trumbull, T.H., Weinman, J.P., Brown, D.A., Cullen, D.E., Heinrichs, D.P., McNabb, D.P., Derrien, H., Dunn, M.E., Larson, N.M., Leal, L.C., Carlson, A.D., Block, R.C., Briggs, J.B., Cheng, E.T., Huria, H.C., Zerkle, M.L., Kozier, K.S., Courcelle, A., Pronyaev, V., Marck, S.C. van der: ENDF/B-VII.0: Next generation evaluated nuclear data library for nuclear science and technology. Nucl. Data Sheets **107**(12), 2931–3060. (2006) http://www.sciencedirect.com/science/article/pii/S0090375206000871. Evaluated nuclear data file ENDF/B-VII.0. ISSN 0090–3752

Choppin, G.R., Liljenzin, J.-O., Rydberg, J.: Radiochemistry and Nuclear Chemistry. Butterworth-Heinemann, Woburn (2002)

Duderstadt, J.J., Hamilton, L.J.: Nuclear Reactor Analysis. Wiley & Sons, New York (1976)

Smith, E.C., et al.: Phys. Rev. **115**, 1693 (1959)

Emendörfer, D., Höcker, K.H.: Theorie der Kernreaktoren, Teil I, II. Bibliographies Institut: Mannheim (Teil I: 2. Aufl. 1982; Teil II: 1969 (1982))

Glasstone, S., Edlund, M.C.: The Elements of Nuclear Reaktor Theory. D. Van Nostrand Company, Cambridge (1952)

Magill, J., Pfennig, G., Galy, J.: Karlsruher Nuklidkarte, 7. Aufl. (2006)

Stacey, W.M.: Nuclear Reactor Physics. Wiley (2007)

Westcott, C.H.: Effective cross-section values for well-moderated thermal reactor spectra/atomic energy commissionreport AECL-1101. Forschungsbericht (1962)

5 Unendlich ausgedehnter Reaktor

Die Tatsache, dass die Kernspaltung einerseits durch ein Neutron ausgelöst werden kann und andererseits bei jeder Spaltung neue Neutronen entstehen, macht es grundsätzlich möglich, eine sich selbst erhaltende Kettenreaktion in Gang zu setzen. Mechanismen, die dies verhindern, sind Neutronenverluste sowohl durch parasitäre Absorption im Inneren des Reaktors und als auch durch Leckage aus dem Reaktor in die Umgebung. Wir wollen uns zuerst auf den ersten Aspekt konzentrieren und untersuchen, unter welchen Bedingungen eine unendlich ausgedehnte Spaltstoffanordnung eine Kettenreaktion aufrecht zu erhalten vermag.

5.1 Kettenreaktionen

Für eine sich selbst erhaltende Kettenreaktion muss nur eine einzige Bedingung erfüllt sein, nämlich, dass für jedes verlorene Neutron im Durchschnitt wieder ein Neutron erzeugt wird. Man nennt das die kritische Bedingung.

Denken wir uns zunächst eine unendliche Anordnung Uran, in der diese Kettenreaktion in Gang kommen soll. Wir wissen, dass bei jeder Spaltung im Durchschnitt etwa $\nu = 2.5$ Neutronen erzeugt werden. Um die Erfüllung der kritischen Bedingung zu überprüfen, müssen wir fragen, durch welche Effekte Neutronen verloren gehen und wie viele. Auf jeden Fall wird für jede Spaltung ein Neutron verbraucht, das die nächste Spaltung wieder auslöst. Da nicht jedes im U-235 absorbierte Neutron eine Spaltung auslöst, sondern ein Teil auch zu einer (n, γ)-Reaktion führt, müssen wir einen gewissen Anteil für den sogenannten Neutroneneinfang in Rechnung setzen. Ferner kann U-238, das ja den größten Mengenanteil ausmacht, nur mit schnellen Neutronen gespalten werden. Die meisten von U-238 absorbierten Neutronen werden eingefangen, ohne eine Spaltung hervorzurufen, was einen weiteren Neutronenverlust verursacht.

A. Ziegler und H.-J. Allelein (Hrsg.), *Reaktortechnik*,
DOI: 10.1007/978-3-642-33846-5_5, © Springer-Verlag Berlin Heidelberg 2013

Zur quantitativen Beschreibung benötigen wir Begriffe, die geeignet sind, die Wahrscheinlichkeitsverteilung der verschiedenen Möglichkeiten zu beschreiben. Das Einzelschicksal der Neutronen ist hier nicht von Bedeutung. Wir gehen zunächst von der Vorstellung aus, dass wir eine unendliche Anordnung, also keinen Leckverlust haben, und dass zum Zeitpunkt $t = 0$ eine Anzahl n Neutronen pro cm^3 vorhanden seien. Die Wahrscheinlichkeit dafür, dass ein Neutron pro s eine Spaltung auslöst, bezeichnen wir mit w_f (f für fission). Dann ist $w_f \cdot n$ die Zahl der Spaltungen pro s und cm^3, die von diesen Neutronen ausgelöst werden. Die Zahl der aus diesen Spaltungen pro Zeiteinheit erzeugten Neutronen ist entsprechend $\nu w_f n$. Die Wahrscheinlichkeit, dass ein Neutron im Uran eingefangen wird, bezeichnen wir mit w_c (c für capture) und erhalten für die Gesamtzahl der eingefangenen Neutronen $w_c \cdot n$.

Die Änderung der Anzahl der Neutronen pro Zeiteinheit $\mathrm{d}n/\mathrm{d}t$ können wir nun durch eine Bilanz zwischen Erzeugung und Verlust ausdrücken. Wir erhalten

$$\frac{\mathrm{d}n}{\mathrm{d}t} = \nu w_f n - w_f n - w_c n. \tag{5.1}$$

Die Differentialgleichung (5.1) hat die einfache Form

$$\frac{\mathrm{d}n}{\mathrm{d}t} = \alpha \cdot n \tag{5.2}$$

mit

$$\alpha = \nu w_f - w_f - w_c. \tag{5.3}$$

Aus der Lösung dieser Gleichung

$$n(t) = n_0 \mathrm{e}^{\alpha t} \tag{5.4}$$

liest man ab, dass die Zahl der Neutronen nach kurzer Zeit auf null absinkt, wenn α negativ ist, dagegen unbegrenzt ansteigt, wenn α positiv ist. Einen stationären Zustand erhält man nur, wenn $\alpha = 0$ ist. In diesem Fall bleibt die Zahl der Neutronen und damit auch die Zahl der Spaltungen pro Zeiteinheit konstant, und die Kettenreaktion erhält sich selbst (siehe Abb. 5.1b). Die kritische Bedingung lautet also

$$\nu w_f - w_f - w_c = 0 \tag{5.5}$$

Für positive Werte von α bezeichnet man einen Reaktor als „überkritisch“, für negative als „unterkritisch“. Eine überkritische Kettenreaktion hat eine exponentielle Neutronenvermehrung zur Folge (siehe Abb. 5.1a).

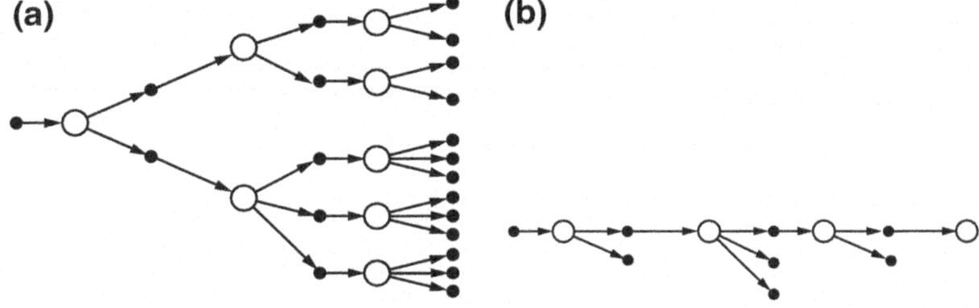

Abb. 5.1 Prinzipien von Kettenreaktionen **a** überkritischer Reaktor **b** kritischer Reaktor

5.2 Multiplikation in homogenen Medien

Die Erfüllung der kritischen Bedingung bedeutet ein Gleichgewicht in der Bilanz zwischen Entstehungs- und Vernichtungsrate, genauso wie in der Bevölkerungsstatistik zwischen Geburten- und Sterberate. Die kritische Bedingung in der Formulierung von (5.5) stellt zunächst nur eine mathematische Beziehung zwischen den dort definierten Wahrscheinlichkeiten dar. Um daraus eine physikalische Aussage zu machen, müssen die eingeführten Wahrscheinlichkeiten auf messbare oder berechenbare Größen zurückgeführt werden. Mithilfe der durch Messung und Berechnungen bekannten Wirkungsquerschnitte können wir nun die Reaktionswahrscheinlichkeiten berechnen. Die in Abschn. 5.1 eingeführten Reaktionswahrscheinlichkeiten w_f, w_c und w_A waren so definiert, dass $w \cdot n$ die Reaktionsrate ergeben sollte. w entspricht also der Stoßwahrscheinlichkeit $w = N\sigma v = \Sigma v$, wobei natürlich für w_f, w_c bzw. w_a jeweils σ_f, σ_c bzw. σ_A einzusetzen ist.

Die kritische Bedingung (5.5) erhält damit die Form

$$\nu\Sigma_f - \Sigma_f - \Sigma_c = 0. \tag{5.6}$$

Beachtet man, dass $\Sigma_f + \Sigma_c = \Sigma_A$ ist und bezieht man die Zahl der durch Spaltung erzeugten Neutronen ν nicht auf die Zahl der Spaltungen, sondern auf die Zahl der insgesamt im Kernbrennstoff absorbierten Neutronen durch Einführung des sogenannten Regenerationsfaktors

$$\eta = \frac{\Sigma_f}{\Sigma_A}\nu, \tag{5.7}$$

so erhält man die kritische Gleichung in der Form

$$(\eta - 1)\,\Sigma_A = 0 \rightarrow \eta = 1. \tag{5.8}$$

Die Gleichung beschreibt die einfache Aussage, dass die Anordnung kritisch ist, wenn ebenso viele Neutronen erzeugt wie absorbiert werden. Wir können mit diesem Kriterium z. B. prüfen, ob eine unendlich große Anordnung von Natururan kritisch werden kann.

Die Größen η und Σ_A sind nur von den Materialeigenschaften des Natururans abhängig und deshalb fest vorgegebene Werte. Nur wenn $\eta \geq 1$ wäre, könnte eine Kettenreaktion in Gang kommen. Das bedeutet, dass

$$\nu \Sigma_f \geq \Sigma_A \tag{5.9}$$

sein müsste. Drückt man Σ_A durch die Summe der beiden Anteile für U-235 und U-238 aus % (Index 5 bzw. 8) , so erhält man

$$\nu N_{U-235} \cdot \sigma_{f,U-235} \geq N_{U-235} \cdot \sigma_{A,U-235} + N_{U-238} \cdot \sigma_{A,U-238} \tag{5.10}$$

Mit dem Anreicherungsfaktor $a = N_{U-235}/(N_{U-235} + N_{U-238})$ ergibt sich

$$\nu \cdot a \cdot \sigma_{f,U-235} \geq a \cdot \sigma_{A,U-235} + (1-a) \cdot \sigma_{A,U-238} \tag{5.11}$$

Es müsste die Bedingung erfüllt sein

$$\nu \geq \frac{\sigma_{A,U-235}}{\sigma_{f,U-235}} + \frac{1-a}{a}\frac{\sigma_{A,U-238}}{\sigma_{f,U-235}} \tag{5.12}$$

$\frac{\sigma_{A,U-235}}{\sigma_{f,U-235}} = 1 + \frac{\sigma_{c,U-235}}{\sigma_{f,U-235}}$ ist auf jeden Fall größer als eins.

Da der Faktor $(1-a)/a$ bei Natururan mit $a = 0.0073$ etwa 140 beträgt, müsste $\sigma_{A,U-238}/\sigma_{f,U-235} = 1/140$ sein, um diesen Term auf die Größenordnung 1 zu bringen, denn ν beträgt ja nur ungefähr 2.5. Tatsächlich ist die Absorption des U-238 besonders im Resonanzgebiet sehr hoch, sodass das Verhältnis $\sigma_{A,U-238}/\sigma_{f,U-235}$ durchweg größer als 0.01 ist und im Resonanzgebiet sogar den Wert 0.2 erreicht. Die rechte Seite von (5.12) wird damit auf jeden Fall größer als 2.5, d. h., dass η wesentlich kleiner als 1 ist. Man kann also auch durch Anhäufung einer unendlich großen Menge Natururan keinen kritischen Reaktor erhalten.

Offensichtlich kann man aber (5.12) erfüllen, wenn man a vergrößert, d. h. wenn man U-235 höher anreichert. Die Herausforderung bei der analytischen Betrachtung besteht trotz der Einfachheit von (5.12) darin, geeignete energiegemittelte Wirkungsquerschnitte anzugeben, insbesondere, da das Neutronenspektrum sich mit steigender Anreicherung verändert. Eine unendliche Urananordnung ist bei einer Anreicherung von ca. 5 % U-235 kritisch (Tuttle 2012). Für reines U-235 beträgt η für thermische Neutronen ungefähr 2.

Die kritische Bedingung war unter sehr vereinfachten Bedingungen untersucht worden. Dabei wurde zunächst unterstellt, dass die Anordnung nur aus Uran bestehen sollte. In einer solchen Anordnung kann man zwar Kritikalität erreichen, aber kaum Wärme abführen. Ein Leistungsreaktor muss zumindest noch Kühlkanäle, bestehend aus Kühlmittel und Strukturmaterial, enthalten. Dazu kommt bei den thermischen Reaktoren noch eine Bremssubstanz, der sogenannte Moderator, der auch mit dem Kühlmittel identisch sein kann.

Wenn auch die Verhältnisse in einem wirklichen Reaktor sehr viel komplizierter sind, so war dieses vereinfachte Modell doch geeignet, das Wesentliche zu zeigen, nämlich, dass in einer Reaktoranordnung verschiedene konkurrierende, neutronenerzeugende und neutronenverzehrende Prozesse ablaufen. In den folgenden Unterkapiteln soll das Modell nun dahin gehend erweitert werden, dass die Auswirkungen von anderen Materialien als Kernbrennstoff auf die Neutronenbilanz untersucht werden.

5.3 Generationszyklus

Bei genauem Studium der Neutronenreaktionen in einer Uran-Anordnung stellt man fest, dass man das Schicksal der Neutronen durch die verschiedenen Energiebereiche, die sie während ihrer Existenz durchlaufen, verfolgen muss. Die kritische Bedingung kann nicht mehr durch die Bilanz gleichzeitig ablaufender Prozesse beschrieben werden, sondern durch die Forderung, dass nach Durchlaufen eines Generationszyklus der Neutronen wieder genauso viele Neutronen entstanden sind, wie am Anfang vorhanden waren.

In einer Natururan-Anordnung ohne Moderator zeigt sich, dass eine Kettenreaktion mit schnellen Neutronen nicht möglich ist, weil die Neutronen schon bei den ersten Stößen ihre Energie durch inelastische Streuung an U-238 verlieren. Würden die Neutronen sofort abgebremst auf bis zu sehr niedrige Geschwindigkeiten, so wären die Reaktionsbedingungen wieder relativ günstig, weil der Wirkungsquerschnitt für die Spaltung des U-235 im Vergleich zu dem für eine Absorption in U-235 und U-238 dann sehr hoch ist. Leider erreichen die Neutronen aber nicht sofort diese niedrigen Energien, sondern sie werden vorher im mittleren Energiebereich teilweise absorbiert, wo die erwähnten Resonanzen eine sehr hohe Absorptionswahrscheinlichkeit bewirken. Dort findet der wesentliche Einfang durch U-238 statt.

Man kann diesen Effekt durch Moderation der Neutronen stark vermindern. Durch das Abbremsen der Neutronen in einem sehr schwach absorbierenden Medium kann man erreichen, dass die meisten Neutronen in den Bereich thermischer Energien gelangen, ohne im Resonanzbereich auf ein Uranatom zu treffen. Der überwiegende Teil der Reaktionen läuft dann im thermischen Energiebereich ab, wo die Reaktionsverhältnisse günstiger sind, und man spricht deshalb von thermischen Reaktoren. Thermisch bedeutet, dass die Neutronen die Geschwindigkeit haben, die der Wärmebewegung der Atome entspricht und mit diesen durch wechselseitigen Energieaustausch praktisch im thermischen Gleichgewicht stehen.

Bei einem moderierten System ist zu berücksichtigen, dass die Vorgänge aus der Sicht einer Neutronengeneration nacheinander ablaufen, und man kann die Wahrscheinlichkeiten für jeden Prozessschritt durch Faktoren beschreiben, die miteinander multipliziert werden. Nach jedem Prozessschritt hat man wieder eine definierte Neutronenzahl für den nächsten Schritt zur Verfügung. Diese Zahl, bezogen auf die vor dem Prozessschritt verfügbaren Neutronen, ergibt den zugehörigen Wahrscheinlichkeitsfaktor.

Zur Betrachtung der Neutronenmultiplikation in einer unendlichen Anordnung von Uran und Moderator beginnen wir mit einer Anzahl von Neutronen, die anfangs vorhanden sind und verfolgen die Schicksale der Neutronen von ihrer Entstehung an über eine Generation.

5.4 Vier-Faktoren-Formel

Eine Anzahl n_0 von schnellen Neutronen, die bei der Spaltung entstanden ist, wird zunächst durch schnelle Spaltungen, vor allem in U-238, um einen Faktor ε vermehrt. Die Neutronenvermehrung durch schnelle Spaltung beträgt meistens nur einige Prozent.

Im weiteren Verlauf werden die Neutronen durch inelastische und elastische Stöße abgebremst. Trotz der Moderation werden sie besonders bei mittleren Energien im Bereich der Resonanzabsorption des U-238 noch stark absorbiert. Ihre Zahl wird dabei vor allem durch die Resonanzabsorption um den Faktor $p < 1$ vermindert. Die Anzahl der Neutronen n_{th}, die innerhalb der Anordnung niedrige, sogenannte thermische Energien erreichen, ist dann

$$n_{th} = \varepsilon p n_0. \tag{5.13}$$

Diese Neutronen diffundieren nun längere Zeit im Energieaustausch mit der thermischen Schwingungsenergie der Gitteratome der Anordnung. Dabei werden sie letztendlich restlos absorbiert.

Nur ein Bruchteil f der verbliebenen Neutronen wird im Brennstoff Uran absorbiert, der Rest im Moderator bzw. Kühlmittel und Strukturmaterial, die zur technischen Realisierung eines Reaktors natürlich notwendig sind. Wie wir wissen, führen aber nicht alle im Brennstoff absorbierten Neutronen zu einer Spaltung, sondern ein Teil wird auch eingefangen. Der Bruchteil derjenigen Neutronen, die nach Absorption im Brennstoff eine Spaltung auslösen können, wird durch das Verhältnis der Wirkungsquerschnitte des Brennstoffs ausgedrückt:

$$\frac{\Sigma_{f,B}}{\Sigma_{A,B}} = \frac{\Sigma_{f,B}}{\Sigma_{f,B} + \Sigma_{c,B}} \tag{5.14}$$

Da pro Spaltung im Durchschnitt ν neue Neutronen entstehen, ist die Anzahl η der neu entstehenden Neutronen für jedes im Brennstoff absorbierte Neutron, der sogenannte Regenerationsfaktor

$$\eta = \frac{\Sigma_{f,B}}{\Sigma_{A,B}} \nu. \tag{5.15}$$

Die Anzahl der als erste Generation entstandenen neuen Neutronen n_1 können wir nun mithilfe der Wahrscheinlichkeitsfaktoren ausdrücken durch n_{th} bzw. durch n_0

$$n_1 = f \eta n_{th} = f \eta \varepsilon p n_0. \tag{5.16}$$

Die n_1 neuen Neutronen sind wieder Spaltneutronen wie n_0, und das Spiel kann sich in der nächsten Generation wiederholen. Die Zahl der Neutronen ist also von Generation zu Generation mit einem Faktor

$$k_\infty = f \eta \varepsilon p \tag{5.17}$$

zu multiplizieren, der größer, kleiner oder gleich 1 sein kann. Man nennt ihn den Multiplikationsfaktor k_∞ der Anordnung. Ist er kleiner als 1, so stirbt die Neutronenbevölkerung sehr schnell aus. Ist er größer als 1, so wird sie unbegrenzt anwachsen. Nur, wenn der Multiplikationsfaktor $k_\infty = 1$ ist, stellt sich ein stationärer Zustand ein. Die kritische Bedingung ist dann erfüllt.

Die in (5.17) enthaltenen Faktoren sind folgendermaßen definiert und benannt:

Thermische Nutzung (thermal utilization)

$$f = \frac{\text{Anzahl der im Brennstoff absorbierten thermischen Neutronen}}{\text{Anzahl der in der Anordnung absorbierten thermischen Neutronen}}$$

Regenerationsfaktor (neutron yield)

$$\eta = \frac{\text{Anzahl der durch thermische Spaltungen erzeugten Neutronen}}{\text{Anzahl der im Brennstoff absorbierten thermischen Neutronen}}$$

Schnellspaltfaktor (fast fission factor)

$$\varepsilon = \frac{\text{Anzahl der insgesamt durch Spaltung erzeugten Neutronen}}{\text{Anzahl der durch thermische Spaltung erzeugten Neutronen}}$$

Bremsnutzung oder Resonanzentkommwahrscheinlichkeit (resonance escape probability)

$$p = \frac{\text{Anzahl der in der Anordnung absorbierten thermischen Neutronen}}{\text{Anzahl der insgesamt durch Spaltung erzeugten Neutronen}}$$

Jeder Ausdruck kommt in diesen Definitionen genau einmal im Zähler und einmal im Nenner vor, sodass sich bei Multiplikation aller vier Faktoren alle herausheben, wie es ja auch bei einer Kettenreaktion sein muss.

Die Faktoren f, η, ε und p sind nur von den Materialeigenschaften der Anordnung abhängig.

Die Darstellung von k_∞ gemäß 5.17 ist bekannt als die Vier-Faktoren-Formel. Auch wenn reale Reaktoren natürlich immer eine endliche Ausdehnung haben und damit zusätzlich noch die Neutronenleckage zu berücksichtigen ist, stellt k_∞ eine zentrale Größe zur Charakterisierung des neutronischen Geschehens in einem Reaktor dar. Der Generationenzyklus der Neutronen im Reaktor ist anhand der Vier-Faktoren in Abb. 5.2 grafisch dargestellt.

5.5 Reaktivität

Für die i – te Generation gilt nach (5.16)

$$n_i = n_{i-1} k \tag{5.18}$$

Für die m – te Generation entsprechend

$$n_m = n_0 k^m \tag{5.19}$$

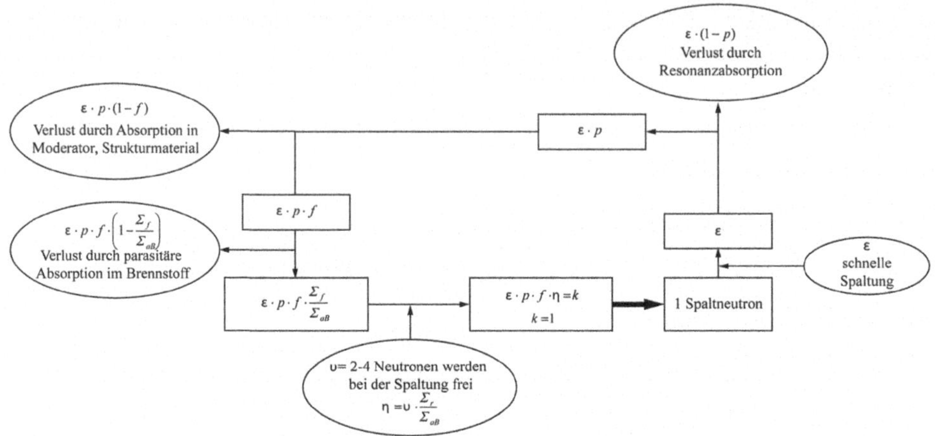

Abb. 5.2 Zur Ableitung des Multiplikationsfaktors k_∞ für ein unendlich ausgedehntes Medium

Bezeichnen wir die mittlere Lebensdauer einer Generation, auch mittlere Lebensdauer der Neutronen genannt, mit $\bar{l}$, so ist die Zeit, die bis zur m-ten Generation vergeht

$$t = m\bar{l} \tag{5.20}$$

Setzt man $m = t/\bar{l}$ in (5.19) ein, so erhält man einen Ausdruck für n als Funktion der Zeit

$$n(t) = n_0 k^{t/\bar{l}} \qquad n(t) = n_0 \exp\left(\frac{\ln k}{\bar{l}} t\right) \tag{5.21}$$

Da der Multiplikationsfaktor bei Anwendungen zur friedlichen Nutzung der Kernenergie ganz nahe bei eins liegt, kann man in guter Näherung

$$\ln k \approx \frac{k-1}{k} = \rho \tag{5.22}$$

setzen und erhält für (5.21)

$$n(t) = n_0 \exp\left(\frac{\rho}{\bar{l}} t\right) \tag{5.23}$$

Den relativen Neutronenüberschuss pro Generation ρ bezeichnet man als Reaktivität. Der Zusammenhang gemäß Gl. 5.23 kann auch auf andere zur Neutronenzahl proportionale Größen wie die Neutronenzahldichte n''' und die Neutronenflussdichte Φ angewendet werden.

Im Falle der anfangs betrachteten unendlichen Anordnung, die nur aus Uran bestehen sollte, ist natürlich $f = 1$. Schnelle Spaltung und Resonanzabsorption wurden nicht besonders berücksichtigt, d. h. ε und p sind ebenfalls gleich eins gesetzt worden. Der Regenerationsfaktor η wäre da also gleichzusetzen mit k_∞. Berücksichtigen wir noch, dass die mittlere Lebensdauer gleich dem reziproken Produkt aus Neutronengeschwindigkeit v und makroskopischem Absorptionswirkungsquerschnitt Σ_A ist, so können wir nach (4.20)

$$\frac{1}{v\Sigma_A} = \bar{l}$$

setzen und erhalten für α in (5.4) für die unendliche Anordnung

$$\alpha = v\Sigma_A(\eta - 1) = \frac{k_\infty - 1}{\bar{l}} \simeq \frac{\rho}{\bar{l}} \tag{5.24}$$

Während k der Multiplikationsfaktor pro Generation ist, stellt $\rho/\bar{l}$ den Neutronenzuwachs pro Zeiteinheit dar.

5.6 Homogene und heterogene Anordnungen

Grundsätzlich kann man den Moderator homogen mit dem Brennstoff vermischen oder beide heterogen anordnen. Die Resonanzabsorption durch U-238 kann man jedoch stark vermindern, indem man statt der homogenen Mischung eine heterogene Anordnung von Brennstoff und Moderator wählt, was bei Verwendung von nicht angereichertem Brennstoff notwendig ist. Für einen Natururanreaktor wird der Brennstoff in zylindrischen Stäben oder Brennstabbündeln zusammengefasst, die in einem Abstand von etlichen cm angeordnet werden. Der Zwischenraum ist ausgefüllt mit Graphit oder Schwerem Wasser als Moderator. Die meisten Neutronen werden dabei im Bereich des reinen Moderators abgebremst, ohne im Energiebereich der Resonanzabsorption das Uran zu berühren. Dadurch wird der p-Faktor im Vergleich zu einer homogenen Anordnung mit gleichen Moderator-Uran-Verhältnis verbessert. Solche heterogenen Anordnungen sind natürlich methodisch anders zu behandeln als homogene. Dabei muss man unterscheiden, ob die mit gleichem Material erfüllten Bereiche größer oder kleiner sind als die freie Weglänge der Neutronen. Hat man Anordnungen mit Homogenitätsbereichen, die kleiner sind als die freie Weglänge, so nennt man sie quasihomogen. Solche quasihomogenen Anordnungen liegen bei Leichtwasser-Reaktoren vor, die praktisch die wichtigsten sind. Dort werden die einzelnen Brennstäbe von etwa 1 cm Durchmesser in einem relativ engen Gitter angeordnet. Da die freie Weglänge der Neutronen mit Ausnahme von Energien in der Nähe von Resonanzlinien viel größer ist als die Durchmesser und die Abstände der Brennstäbe, begegnet ein Neutron den verschiedenen Atomen mit der gleichen Wahrscheinlichkeit, wie wenn sie homogen gemischt wären. Das bedeutet, dass man die Anordnung theoretisch wie ein homogenes Gemisch behandeln darf. Nur in den Energiebereichen, wo die Absorptionswahrscheinlichkeit sehr groß und die freie Weglänge kleiner als die Homogenitätsbereiche wird, was bei starken Resonanzen auftritt, ist diese Betrachtung nicht mehr richtig. Für die Resonanzabsorption muss deshalb eine Korrektur vorgenommen werden. Eine weitere Ausnahme stellen Stäbe dar, die zur Abbrandkompensation das abbrennbare Neutronengift Gadolinium enthalten, das eine hohe thermischen Absorption aufweist .

Schwieriger liegt der Fall, wenn die Homogenitätsbereiche mit der freien Weglänge vergleichbar sind, was bei den echt heterogenen Reaktoren mit Graphit und Schwerem Wasser der Fall ist. Dann wird eine gemischte Methode angewandt. Die Einzelzelle, aus einem Brennstoff- und einem Moderatorvolumen bestehend, wird heterogen, der ganze Reaktor jedoch homogen berechnet.

Bei einer homogenen Mischung befinden sich am gleichen Ort immer Brennstoff und Moderator im gleichen Verhältnis, und für die verschiedenen Reaktionswahrscheinlichkeiten ist der gleiche Neutronenfluss einzusetzen. Bildet man das Verhältnis der Reaktionswahrscheinlichkeiten, so fällt der Neutronenfluss heraus.

Bei einer heterogenen Anordnung befinden sich Brennstoff und Moderator definitionsgemäß nicht am gleichen Ort. Deshalb ist im Allgemeinen der Neutronenfluss im Brennstoff verschieden von dem im Moderator. Das Verhältnis der Neutronenflüsse ist also nicht gleich eins und hebt sich im Verhältnis der Reaktionswahrscheinlichkeiten nicht heraus.

5.7 Berechnung der Vier Faktoren

Ein wesentlicher Sinn der Einführung der Vier-Faktoren-Formel besteht neben der Veranschaulichung der verschiedenen für die Neutronenbilanz im Reaktor wichtigen Aspekte darin, über das Produkt einfach zu bestimmender Größen eine Aussage über die Kritikalität des beschriebenen Systems treffen zu können. Hierzu soll im Folgenden beschrieben werden, wie die einzelnen Faktoren mit guter Näherung abgeschätzt werden können.

Als ein Beispiel sei hier eine Abschätzung für einen fiktiven, homogenen Reaktor bestehend aus Wasser und reinem Uran mit einer Anreicherung von 1.02 % dargestellt. Die Kernzahldichten der einzelnen Nuklide seien $N'''_{H-1} = 6.69111 \cdot 10^{22}$ 1/cm^3, $N'''_{O-16} = 3.3455 \cdot 10^{22}$ 1/cm^3, $N'''_{U-235} = 1.12 \cdot 10^{20}$ 1/cm^3 und $N'''_{U-238} = 1.078 \cdot 10^{22}$ 1/cm^3. Die entsprechenden Wirkungsquerschnitte sind im Anhang dieses Buches tabelliert. Anhand von (5.25) erhält man dann für η den Wert 1.488. Die thermische Nutzung f wird mittels (5.30) zu 0.823 bestimmt und der Wert für p beträgt gemäß der Abschätzung nach (5.43) 0.817. Aus (5.41) und (5.40) erhält man schließlich für ϵ 1.0118. Nach dieser einfachen Handrechnung erhält man aus diesen vier Faktoren für das Produkt k_∞ einen Wert von 1.014, während mit dem Monte-Carlo Programm Serpent (s. Kap. 6.3) exakt 1.0 berechnet wurde.

Heutzutage sind derartige Berechnungen mit wesentlich größerer Genauigkeit mit diesen oder anderen Computer-Codes (s. auch Kap. 6 und 7) möglich. Dennoch haben die dargestellten Berechnungsmöglichkeiten, wie anhand des Beispiels gezeigt wurde, nach wie vor ihren Wert für schnelle Abschätzungsrechnungen und für die Plausibilitätskontrolle numerisch gewonnener Ergebnisse.

5.7.1 Berechnung von η

Für die Berechnung von η gilt (5.15) für heterogene und homogene Anordnungen gleichermaßen, denn sie enthält nur das Verhältnis der Reaktionsraten im Brennstoff, sodass die Neutronenflussdichte auch bei heterogener Anordnung herausfällt. Verwendet man als Brennstoff das Uran nicht in seiner reinen metallischen Form, sondern kommt der Brennstoff in der chemischen Verbindung als Urandioxid UO_2 oder Urancarbid UC zum Einsatz, so müssten in dem Absorptionsquerschnitt $\Sigma_{A,B}$ des Brennstoffs die Wirkungsquerschnitte für Sauerstoff bzw. Kohlenstoff mitberücksichtigt werden. Diese sind jedoch gegenüber dem Absorptionsquerschnitt für Uran vernachlässigbar klein (s. Tab. 4.1) und haben keinen nennenswerten Einfluss auf den Regenerationsfaktor η. Für thermische Neutronen erhält man aus (5.15), da $\sigma_{f,U-238} \approx 0$ ist, folgende Beziehung für den Regenerationsfaktor:

$$\eta = \frac{a\overline{\sigma}_{f,U-235}}{a\overline{\sigma}_{A,U-235} + (1-a)\overline{\sigma}_{A,U-238}} \cdot \nu \,. \tag{5.25}$$

In (5.25) sind die über den thermischen Energiebereich gemittelten Wirkungsquerschnitte einzusetzen. Abbildung 5.3 gibt den Verlauf des Regenerationsfaktors η in Abhängigkeit vom Anreicherungsgrad a nach (5.25) für reines Uran wieder. Schon mit 3 % Anreicherung des U-235 erreicht man einen Wert für η von über 1.8, der nicht mehr weit von $\eta = 2.07$ für reines U-235 entfernt liegt. Zur Erreichung eines optimalen Regenerationsfaktors ist es deshalb bei einem thermischen Reaktor, der nur mit Uran betrieben werden soll, nicht notwendig, das Uran auf mehr als wenige Prozent U-235 anzureichern. Daneben kann aber auch mit zunehmender Anreicherung die thermische Nutzung f gesteigert werden.

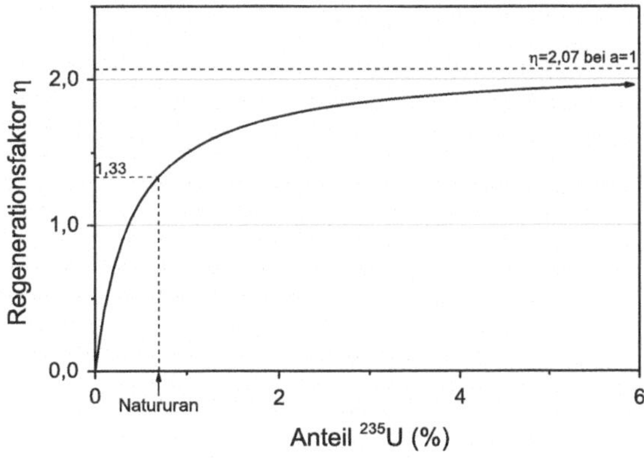

Abb. 5.3 Regenerationsfaktor η für Uran im thermischen Bereich bei 20 °C in Abhängigkeit vom Anreicherungsgrad a des U-235 in einem Isotopengemisch aus U-235 und U-238

5.7.2 Berechnung von f

Auch die thermische Nutzung f lässt sich mithilfe der Wirkungsquerschnitte leicht berechnen. Definitionsgemäß ist die Anzahl der im Brennstoff absorbierten thermischen Neutronen durch die Anzahl der insgesamt in der Anordnung absorbierten thermischen Neutronen zu dividieren. Die Zahl der im Brennstoff absorbierten Neutronen ist

$$R_B = \Sigma_{A,B}\overline{\Phi}_B V_B \tag{5.26}$$

mit

$$\begin{aligned} \Sigma_{A,B} &= N'''_{U-235} \cdot \overline{\sigma}_{A,U-235} + N'''_{U-238} \cdot \overline{\sigma}_{A,U-238} + \sum_i N'''_i \cdot \overline{\sigma}_{A,i} \\ &\rho_B \cdot N_A \cdot \left(\frac{a \cdot \overline{\sigma}_{A,U-235}}{M_{U-235}} + \frac{(1-a) \cdot \overline{\sigma}_{A,U-238}}{M_{U-238}} \right) + \sum_i N'''_i \cdot \overline{\sigma}_{A,i}, \end{aligned} \tag{5.27}$$

wobei der Index i bei den entsprechenden Brennstoffvarianten weitere z. B. Sauerstoff- und Kohlenstoffnuklide kennzeichnet, wenn man sie nicht vernachlässigen will. V_B bedeutet das im Reaktor vom Brennstoff eingenommene Volumen. Die Zahl der insgesamt im Reaktorkern (Index C für Core) absorbierten Neutronen ist

$$R_C = \Sigma_{A,B}\overline{\Phi}_B V_B + \Sigma_{A,M}\overline{\Phi}_M V_M + \Sigma_{A,K}\overline{\Phi}_K V_K + \Sigma_{A,S}\overline{\Phi}_S V_S \tag{5.28}$$

Dabei ist berücksichtigt, dass sich im Reaktorkern außer Brennstoff (B) noch Moderator (M), Kühlmittel (K) und Strukturmaterial (S) befinden. Für f erhalten wir damit den Ausdruck

$$\begin{aligned} f = \frac{R_B}{R_C} &= \frac{\Sigma_{A,B}\overline{\Phi}_B V_B}{\Sigma_{A,B}\overline{\Phi}_B V_B + \Sigma_{A,M}\Phi_M V_M + \Sigma_{A,K}\overline{\Phi}_K V_K + \Sigma_{A,S}\overline{\Phi}_S V_S} \\ &= \frac{\Sigma_{A,B}}{\Sigma_{A,B} + \Sigma_{A,M}\frac{\overline{\Phi}_M V_M}{\overline{\Phi}_B V_B} + \Sigma_{A,K}\frac{\overline{\Phi}_K V_K}{\overline{\Phi}_B V_B} + \Sigma_{A,S}\frac{\overline{\Phi}_S V_S}{\overline{\Phi}_B V_B}} \end{aligned} \tag{5.29}$$

Für die Neutronenflussdichten sind jeweils die Mittelwerte in den entsprechenden Volumenbereichen einzusetzen. Bei einer homogenen Anordnung ist natürlich die Flussdichte für alle Materialanteile in jedem Volumenelement gleich und sie hebt sich heraus. Das eingenommene Volumen ist identisch. Man erhält für die thermische Nutzung einer homogenen bzw. quasihomogenen Anordnung den einfachen Ausdruck

$$f = \frac{\Sigma_{A,B}}{\Sigma_{A,B} + \Sigma_{A,M} + \Sigma_{A,K} + \Sigma_{A,S}} = \frac{\Sigma_{A,B}}{\Sigma_A} \tag{5.30}$$

Bei einer echt homogenen Anordnung würde Kühlmittel und Strukturmaterial im Allgemeinen entfallen. Im heterogenen Fall sind jedoch die Verhältnisse

$$\varphi_M = \frac{\overline{\Phi}_M V_M}{\overline{\Phi}_B V_B} \quad \varphi_K = \frac{\overline{\Phi}_K V_K}{\overline{\Phi}_B V_B} \quad \varphi_S = \frac{\overline{\Phi}_S V_S}{\overline{\Phi}_B V_B}$$

auszurechnen und in die Formel

$$f = \frac{\Sigma_{A,B}}{\Sigma_{A,B} + \Sigma_{A,M}\varphi_M + \Sigma_{A,K}\varphi_K + \Sigma_{A,S}\varphi_S} \tag{5.31}$$

einzusetzen. Dazu ist die Kenntnis der Flussdichteverteilung erforderlich, die noch zu berechnen ist. Aus (5.31) ergibt sich, dass der thermische Nutzfaktor f mit zunehmenden φ_M abnimmt. Das zugehörige Flussdichteverhältnis wird deshalb als „Nachteilfaktor" bezeichnet.

Da im thermischen Energiebereich der Absorptionsquerschnitt für U-235 größer als der von U-238 ist, ist anhand von (5.27) und (5.29) ersichtlich, dass eine größere Anreicherung die Werte für $\Sigma_{A,0}$ und damit für f erhöht.

5.7.3 Berechnung von ε

Nach der in (5.4) eingeführten Definition gilt für den Schnellspaltfaktor

$$\varepsilon = \frac{\text{Anzahl der insgesamt durch Spaltung erzeugten Neutronen}}{\text{Anzahl der durch thermische Spaltung erzeugten Neutronen}}$$

Geht man davon aus, dass bei einem mit Uran betriebenen Reaktor Spaltungen des U-238 nur mit schnellen Neutronen möglich sind, kann der Schnellspaltfaktor ε durch folgende Integrale definiert und berechnet werden:

$$\varepsilon = \frac{\int_0^\infty \Phi(E)\Sigma_{f,U}(E)\nu(E)\mathrm{d}E}{\int_0^{E_{th}} \Phi(E)\Sigma_{f,5}(E)\nu(E)\mathrm{d}E}. \tag{5.32}$$

In (5.32) sind Zähler und Nenner in ihrer Bedeutung identisch mit der Definition des Schnellspaltfaktors, wobei das Integral im Zähler sich über den gesamten Energiebereich erstrecken muss, während das Integral im Nenner nur für den thermischen Bereich gilt. Eine numerische Lösung von (5.32) für eine unendlich ausgedehnte homogene Mischung von Uran und Wasser als Moderator, die auch auf quasihomogene Verhältnisse übertragen werden kann, ist von Lamarsh (Lamarsh 1966) durchgeführt worden. Es ist üblich, den Schnellspaltfaktor in Abhängigkeit vom Moderator-Uran-Volumenverhältnis darzustellen, und es gilt näherungsweise für ε nach (Lamarsh 1966):

$$\varepsilon = \frac{1 + 0.987\left(V_U/V_{H_2O}\right)}{1 + 0.805\left(V_U/V_{H_2O}\right)}. \tag{5.33}$$

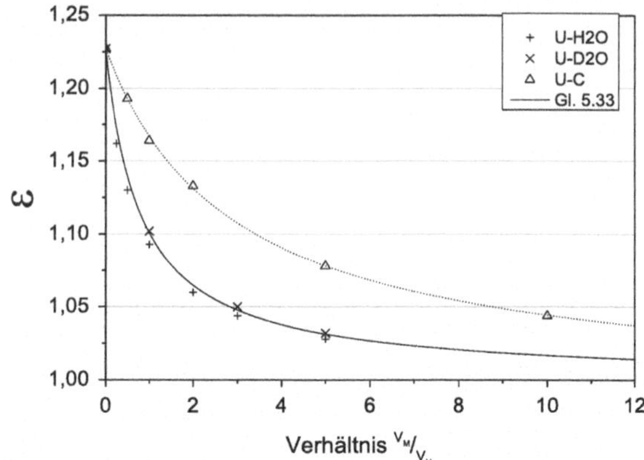

Abb. 5.4 Schnellspaltfaktor ε in Abhängigkeit vom Moderator-Uran-Verhältnis für homogene Anordnungen [Daten (ANL-5800 1963)]

Der Verlauf der Funktion (5.33) ist in Abb. 5.4 als durchgezogene Linie zu sehen. Außerdem sind in dieser Abbildung für verschiedene Moderator-Uran-Verhältnisse die nach (ANL-5800 1963) berechneten Schnellspaltfaktoren für C, D_2O und H_2O als Moderatoren eingetragen. Alle Berechnungen haben als Ergebnis für eine homogene unendliche Anordnung gemeinsam, dass ε für reines Uran maximal 1.227 beträgt.

Im Folgenden, auf der Grundlage von (Glasstone und Edlund 1952), soll eine einfache Beziehung für ε hergeleitet werden:

Eine schnelle Spaltung von U-238 ist nur möglich, wenn die kinetische Energie der Neutronen noch über 1 MeV liegt, darunter ist der Spaltquerschnitt vernachlässigbar gering. Zur Berechnung von ε geht man davon aus, dass eine schnelle Spaltung nur möglich ist, wenn kein bremsender Stoß des Neutrons vorausgegangen ist. Sowohl ein inelastischer Streustoß an einem schweren Kern als auch ein elastischer Stoß an einem Moderatorkern vermindern die Energie so sehr, dass das Neutron für eine schnelle Spaltung ausscheidet. Dagegen gilt ein elastischer Stoß mit einem schweren Atom als kaum energievermindernd.

σ, σ_f, σ_e und σ_i seien die Wirkungsquerschnitte des nur mit schnellen Neutronen spaltbaren Brennstoffs. P (Probability) sei die Wahrscheinlichkeit für einen Stoß mit einem Urankern. Die im folgenden genannten Neutronenzahlen sind immer auf ein anfangs vorhandenes Neutron bezogen, also durch Division durch die Anzahl der Anfangsneutronen normiert.

Die Zahl der beim ersten Stoß unter die Energieschwelle für schnelle Spaltung gebremsten Neutronen ist die Summe der ersten Stöße im Moderator $1 - P$ und der inelastischen Stöße $P \cdot \sigma_i/\sigma$, also gleich

$$1 - P + P\frac{\sigma_i}{\sigma}. \tag{5.34}$$

Die nach dem ersten Stoß noch vorhandenen schnellen Neutronen sind die, welche nur einen elastischen Stoß mit Uran ausgeführt haben, $P \cdot \sigma_e/\sigma$, und die durch schnelle Spaltung erzeugten neuen Neutronen $\nu_s \cdot P \cdot \sigma_f/\sigma$. Die Zahl der vorhandenen schnellen Neutronen nach dem ersten Stoß ist demnach

$$P = \frac{\nu_s \sigma_f + \sigma_e}{\sigma} \equiv P\zeta. \tag{5.35}$$

Diese $P\zeta$ Neutronen führen einen zweiten schnellen Stoß aus und dabei werden wiederum

$$P\zeta\left(1 - P + P\frac{\sigma_i}{\sigma}\right) \tag{5.36}$$

Neutronen zu tieferen Energien moderiert. Die Reihe setzt sich für den dritten und weitere Stöße fort, und man erhält durch Aufsummieren die Zahl aller zu tieferen Energien gelangenden Neutronen, bezogen auf die Zahl der durch thermische Spaltung entstandenen:

$$\varepsilon = \left(1 - P + P\frac{\sigma_i}{\sigma}\right)\left[1 + P\zeta + (P\zeta)^2 + \ldots\right] \tag{5.37}$$

$$\varepsilon = \left[1 - P\left(1 - \frac{\sigma_i}{\sigma}\right)\right]\frac{1}{1 - P\zeta} \tag{5.38}$$

Durch Einsetzen von $P\zeta$ erhält man

$$\varepsilon = 1 + \frac{\left[\sigma_f\left(\nu_s - 1\right) - \sigma_c\right]P}{\sigma - \left(\nu_s\sigma_f + \sigma_e\right)P} \tag{5.39}$$

Mit über das Spaltneutronenspektrum gemittelten Werten für die Wirkungsquerschnitte und die Spaltneutronenausbeute erhält man aus (5.39):

$$\varepsilon \approx 1 + \frac{0,0549P}{1 - 0,72P}. \tag{5.40}$$

Für die Berechnung von ε nach (5.40) benötigt man nur noch die Stoßwahrscheinlichkeit P eines schnellen Neutrons mit einem Urankern. Für eine homogene Anordnung ergibt sich die Stoßwahrscheinlichkeit einfach zu

$$P_{hom} = \frac{\Sigma_B}{\Sigma_B + \Sigma_M}, \tag{5.41}$$

wobei Σ_B bzw. Σ_M die schnellen makroskopischen Stoßquerschnitte für Uran bzw. Moderator sind. P_{hom} und damit ε nimmt selbstverständlich auch hier mit steigendem Uran-Moderator-Verhältnis zu. Für $P = 1$, also reines Uran, liefert (5.40) eine maximale Größe für den Schnellspaltfaktor von $\varepsilon_{max} = 1.196$. Wegen der vereinfachenden Annahmen liegt ε_{max} nach (5.40) leicht unterhalb des Wertes für $\varepsilon_{max} = 1.227$, der auf umfangreicheren Rechnungen unter Berücksichtigung des Neutronenspektrums beruht.

Bei der heterogenen Anordnung ist die Wahrscheinlichkeit P_{het} für den ersten Stoß im Uran natürlich von der Geometrie der einzelnen Zelle abhängig. Für Brennstoffanordnungen in Form von Kugeln, Zylindern oder Platten sind die Stoßwahrscheinlichkeiten P_{het} berechnet worden, und die Daten nach (ANL-5800 1963) in Tab. 5.1 auszugsweise wiedergegeben. Diese Wahrscheinlichkeiten gelten jedoch nur für einzelne Brennstoffzonen oder Zellen, die nicht durch schnelle Neutronen oberhalb der Spaltschwelle des U-238

Tab. 5.1 Stoßwahrscheinlichkeit P_{het} für Brennstoff-Körper mit homogener Neutronenquelle

a	P_{het}		
	Platte	Zylinder	Kugel
0.00	0.0000	0.0000	0.0000
0.02	0.0831	0.0256	0.0148
0.04	0.1390	0.0497	0.0294
0.06	0.1849	0.0725	0.0436
0.08	0.2246	0.0942	0.0575
0.10	0.2597	0.1150	0.0712
0.15	0.3335	0.1632	0.1040
0.20	0.3932	0.2070	0.1352
0.25	0.4432	0.2469	0.1649
0.30	0.4859	0.2835	0.1931
0.35	0.5229	0.3172	0.2199
0.40	0.5554	0.3484	0.2454
0.45	0.5841	0.3772	0.2696
0.50	0.6097	0.4040	0.2927
0.60	0.6533	0.4522	0.3357
0.70	0.6890	0.4943	0.3748
0.80	0.7187	0.5313	0.4104
0.90	0.7437	0.5639	0.4430
1.00	0.7651	0.5928	0.4728
1.50	0.8363	0.6984	0.5890
2.00	0.8757	0.7636	0.6676
2.50	0.9002	0.8068	0.7230
3.00	0.9167	0.8371	0.7636
4.00	0.9375	0.8765	0.8183
5.00	0.9500	0.9008	0.8530

a in $\frac{1}{\Sigma}$ $\begin{cases} \text{halbe Platterndicke} \\ \text{Radius (Zylinder/Kugel)} \end{cases}$

miteinander in Wechselwirkung stehen, also nur für weitmaschige Brennstoffgitter thermischer heterogener Reaktoren. Außerdem wird von einer homogenen Verteilung der Spaltneutronenquelle innerhalb des Brennstabs ausgegangen, was bei großen zusammenhängenden Brennstoffvolumina aufgrund der thermischen Flussabsenkung nicht der Fall ist. Bei der Betrachtung solcher Geometrien sind die auf der Grundlage von Tab. 5.1 gewonnenen Ergebnisse nur von eingeschränktem Wert.

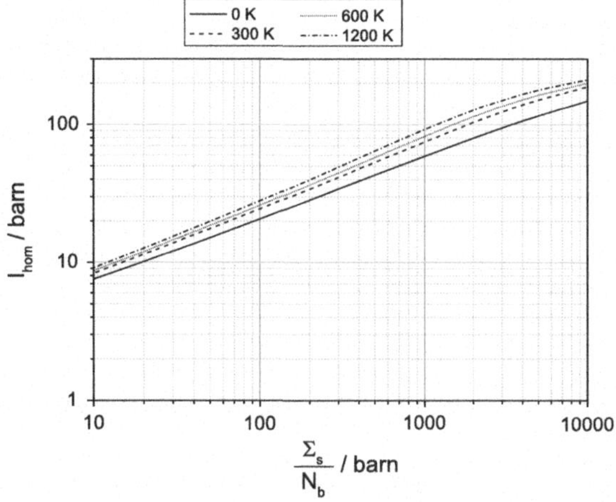

Abb. 5.5 Werte für das Resonanzintegral des U-238 [Daten aus (ANL-5800 1963)]

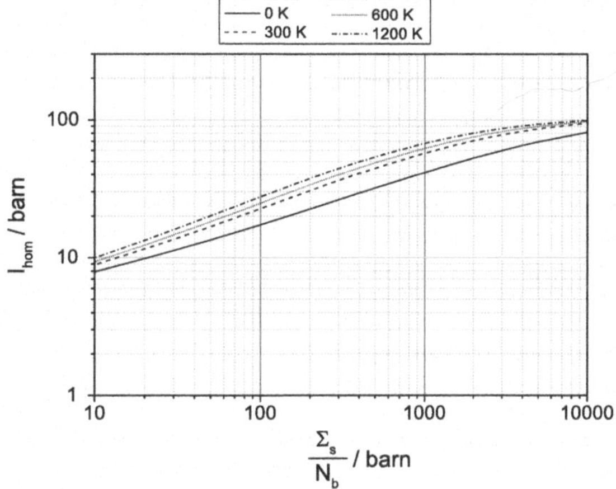

Abb. 5.6 Werte für das Resonanzintegral des Th-232 [Daten aus (ANL-5800 1963)]

Bei engen Brennstoffgittern, wie sie in leichtwassermoderierten Reaktoren verwirklicht werden, können schnelle Neutronen von einer Brennstoffzone zur nächstbenachbarten gelangen, sodass derartige engmaschige Gitter als homogene Anordnungen behandelt werden können.

5.7.4 Berechnung von p in homogener Anordnung

Eine erste Abschätzung der Resonanzintegrale für eine homogene Anordnung ist anhand von Abb. 5.5 und 5.6, die mit Daten aus (ANL-5800 1963) gewonnen wurde, möglich.

Für das Resonanzintegral des U-238 kann auch die empirische Formel (5.42) nach (Fassbender 1967) genutzt werden.

$$I_{hom} = 3.8 \left(\frac{\Sigma_s}{N_B} \right)^{0.42} \quad \text{in } b \tag{5.42}$$

I_{hom} erhält man, wenn Σ_s in cm^{-1} und N_B in cm^{-3} eingesetzt werden. Für den p-Faktor der homogenen Anordnung ergibt sich damit beim U-238:

$$p_{hom} = \exp\left[-\frac{N_B}{\xi \Sigma_s} I_{hom} \right] = \exp\left[-\frac{3.8}{\xi} \left(\frac{\Sigma_s}{N_B} \right)^{-0.58} \right] \tag{5.43}$$

5.7.5 Berechnung von p in heterogener Anordnung

Eine Erhöhung des p-Faktors lässt sich durch Trennung von Spaltstoff und Moderator in einer heterogenen Anordnung herbeiführen. Verursacht wird dies dadurch, dass ein wesentlicher Anteil der Neutronen im Moderator auf Energien unterhalb des Resonanzbereiches abgebremst wird, ohne zwischenzeitlich mit dem Brennstoff in Berührung zu kommen, also auch nicht absorbiert zu werden. Zum anderen kommt der Selbstabschirmungseffekt des Brennstoffs hinzu.

Im Bereich hoher Resonanzlinien ist die freie Weglänge der Neutronen $\lambda = \frac{1}{\Sigma}$ sehr kurz, meist nur Bruchteile eines Millimeters. Der Brennstoff ist bei heterogenen Anordnungen in einzelnen Brennelementsäulen konzentriert, die mehrere cm Durchmesser haben. Da Neutronen mit Energien im Bereich der Resonanzen vom Moderator her in den Brennstoff eindringen, werden sie bereits in einer dünnen Schicht an der Oberfläche absorbiert und können so nicht in das Innere des Brennstoffs gelangen. Durch Messung der Pu-239-Konzentrationsverteilung über den Querschnitt findet man diese Überlegung bestätigt (Hellstrand 1957). Pu-239 entsteht ja durch Neutronenabsorption in U-238. Aus diesem Grunde kann man für einzelne Brennstäbe den effektiven Resonanzabsorptionsquerschnitt in einen Volumen- und einen Oberflächenterm aufspalten.

$$\left(\sigma_{A,B}\right)_{eff} = a(E) + b(E)\,\frac{S}{M} \tag{5.44}$$

Die Werte für den Volumenterm $a(E)$ und den Koeffizienten $b(E)$ des Oberflächenterms hängen kaum von der Brennelementgeometrie ab. Diese wird durch den Faktor $\frac{S}{M}$ berücksichtigt, wobei S die Oberfläche und M die Masse der Brennelementsäule ist.

Für die angenäherte Berechnung der Funktionen $a(E)$ und $b(E)$ erhält man theoretisch nach (Glasstone und Edlund 1952) die folgenden Ausdrücke, wobei die Energieabhängigkeit der Wirkungsquerschnitte nicht besonders hervorgehoben ist:

$$a(E) = \frac{\Sigma_s}{\Sigma_s + \Sigma_{A,U}} \sigma_{A,B} = \frac{\frac{\Sigma_s}{N_B}}{\frac{\Sigma_s}{N_B} + \sigma_{A,B}} \sigma_{A,B} \tag{5.45}$$

$$b(E) = \frac{\rho_B}{4N_B}\left(\frac{\Sigma_{A,B}}{\Sigma_s + \Sigma_{A,B}}\right)^2 = \frac{\rho_B}{4N_B}\left(\frac{\sigma_{A,B}}{\frac{\Sigma_s}{N-B} + \sigma_{A,B}}\right)^2 \tag{5.46}$$

$(\rho_B = \text{Dichte des Brennstoffs})$.

Man sieht, dass der Streuquerschnitt pro Brennstoff-Atom $\frac{\Sigma_s}{N_B}$ darin der wesentliche Parameter ist. $a(E)$ nimmt mit zunehmendem Wert dieses Parameters zu, während $b(E)$ abnimmt. Physikalisch bedeutet das, dass die Neutronenflussdichteabsenkung im Brennstoff mit zunehmendem $\frac{\Sigma_s}{N_U}$ geringer wird und der Oberflächenterm deshalb allmählich verschwindet, während der Volumenterm sich dem homogenen Wert annähert.

Die Werte der Integrale

$$\int_{E_{th}}^{E_0} a(E)\,\frac{\mathrm{d}E}{E} \quad \text{und} \quad \int_{E_{th}}^{E_0} b(E)\,\frac{\mathrm{d}E}{E} \tag{5.47}$$

lassen sich experimentell bestimmen. Die Messergebnisse lassen sich durch eine lineare Abhängigkeit von $\frac{S}{M}$ darstellen. Aber ebenso lassen sie sich auch durch eine von der Theorie nahegelegte Darstellung der Form

$$I_{het} = A + B\sqrt{\frac{S}{M}} \quad \text{in } b \tag{5.48}$$

annähern.

Die Konstante A und B des Resonanzintegrals sind für einige Brennstoffvarianten in Tab. 5.2 angegeben (Emendörfer und Höcker 1982) und man erhält das Resonanzintegral in b, wenn S in cm^2 und M in g in (5.48) eingesetzt werden.

In der Beziehung (4.115) für die Resonanzentkommwahrscheinlichkeit ist bei heterogenen Anordnungen zusätzlich noch zu berücksichtigen, dass Brennstoff und Moderator verschiedene Volumen V_B und V_M einnehmen, in denen auch verschiedene mittlere Neutronenflussdichten $\overline{\Phi}_B$ und $\overline{\Phi}_M$ vorliegen. Anstelle des Ausdrucks $\frac{N_B}{\xi\Sigma_s}$ ist deshalb im heterogenen System

$$\frac{N_B V_B \overline{\Phi}_B}{\xi\,\Sigma_s V_M \overline{\Phi}_M}$$

einzusetzen.

Tab. 5.2 Konstanten des Resonanzintegrals für (5.48) bei einer Brennstofftemperatur von 300 K

Brennstoff	A	B
^{238}U-Metall	2.95	25.8
$^{238}UO_2$	4.15	26.6
^{232}Th-Metall	3.2	16.1
$^{232}ThO_2$	4.9	15.6

Damit erhält man für p den Ausdruck

$$p_{het} = \exp\left(-\frac{N_B V_B \overline{\Phi}_B}{\overline{\xi}\,\Sigma_s V_M \overline{\Phi}_M} I_{het}\right). \tag{5.49}$$

Das Verhältnis $\frac{\overline{\Phi}_B}{\overline{\Phi}_M}$ ist mithilfe der Transport- oder Diffusionstheorie zu berechnen und einzusetzen.

5.7.6 Berechnung von p in quasihomogener Anordnung

In engen Brennstabgittern, die mit Ausnahme der Resonanzabsorption quasihomogen behandelt werden können, kann man für die Berechnung des Resonanzintegrals die Formel für die heterogene Anordnung verwenden, jedoch muss für die Berücksichtigung der gegenseitigen Abschirmung der Stäbe vor den einstreuenden Neutronen die sogenannte Dancoff-Ginsburg-Korrektur C, bzw. der „Dancoff factor", (Dresner 1960; Dancoff 1944) eingeführt werden. Der Oberflächenanteil des effektiven Wirkungsquerschnitts $(\sigma_{A,B})_{eff}$ in (7.19) wird dadurch vermindert. Das Resonanzintegral für einen Brennstoffstab in einem engen Gitter aus Brennstäben lautet dann

$$I = A + B\sqrt{\frac{S\,(1 - 1C)}{M}} \tag{5.50}$$

Die Korrektur C ist abhängig vom Radius R_B und vom Abstand s der Stäbe zueinander. Tabelle 5.3 (Emendörfer und Höcker 1982) gibt den Korrekturfaktor C für ein unendlich ausgedehntes, quadratisch angeordnetes Stabgitter wieder.

Eine vollständige Tabellierung auch für hexagonale Stabgitteranordnungen ist von Carlvik (Carlvik 1966) vorgenommen worden.

Das Resonanzintegral wird durch die Dancoff-Korrektur in seinem Wert verringert, wodurch als Folge der p-Faktor ansteigt. Den wesentlicheren Einfluss auf den p-Faktor in quasi-homogenen und heterogenen Anordnungen hat aber das Volumenverhältnis von Moderator zu Brennstoff. Je größer dieses Verhältnis gewählt wird, desto höher kann die Resonanzentkommwahrscheinlichkeit werden.

Über die Berechnung des Resonanzintegrals gibt es insbesondere aus den ersten Jahrzehnten der kerntechnischen Forschung eine breite Literatur. Das Problem ist so schwierig, weil sowohl die Wirkungsquerschnitte wegen der Resonanzen als auch die Neutronenflussdichte aufgrund der starken lokalen selbstabschirmenden Absorption sich rasch ändern. In der Praxis ist heutzutage die Berechnung des Resonanzintegrals in Verbindung mit der Mehrgruppen-Diffusionstheorie in der dargestellten Form überflüssig; statt dessen wird es für einzelne Energiegruppen direkt aus den Wirkungsquerschnitt-Rohdaten generiert. Für Simulationen auf der Grundlage von Monte-Carlo-Verfahren wird das Resonanzintegral nicht mehr benötigt.

Tab. 5.3 Dancoff-Ginsburg-Korrektur C für ein unendlich ausgedehntes quadratisches Stabgitter

$\Sigma \cdot s$	R_B/s							
	0.2	0.25	0.3	0.35	0.4	0.45	0.48	0.5
0.25	0.579	0.655	0.721	0.779	0.834	0.866	0.916	0.937
0.5	0.381	0.466	0.548	0.628	0.710	0.793	0.845	0.882
0.75	0.268	0.347	0.429	0.517	0.612	0.716	0.784	0.834
1	0.197	0.266	0.343	0.431	0.533	0.650	0.731	0.792
1.25	0.149	0.208	0.279	0.364	0.468	0.594	0.684	0.754
1.5	0.155	0.166	0.230	0.310	0.413	0.544	0.642	0.721
1.75	0.90	0.134	0.191	0.266	0.367	0.501	0.605	0.691
2	0.071	0.109	0.160	0.230	0.328	0.463	0.572	0.664
3	0.030	0.051	0.083	0.134	0.216	0.348	0.468	0.580
4	0.014	0.025	0.046	0.083	0.148	0.270	0.395	0.521
5	0.006	0.013	0.026	0.052	0.105	0.216	0.341	0.477
6	0.003	0.007	0.015	0.034	0.076	0.175	0.299	0.444

R_B Brennstabradius; s Abstand der Stäbe; Σ totaler Wirkungsquerschnitt

Literatur

Carlvik, I.: Dancoff correction in square and hexagonal lattices. In: Aktiebolaget Atomenergie, Stockholm AE-257 (1966)

Dancoff, S.M., Ginsburg, M.: Surface resonance absorption in a close-packed lattice, Bd. CP-2157 (1944)

Dresner, L.: Resonance Absorption in Nuclear Reactors. Pergamon Press (1960)

Emendörfer, D., Höcker, K.H.: Theorie der Kernreaktoren, Teil I, II. Bibliographies Institut, Mannheim (1982) (Teil I: Aufl. 2, 1982 Teil II: 1969).

Fassbender, J.: Einführung in die Reaktorphysik. Thiemig-Verlag (1967)

Glasstone, S., Edlund, M.C.: The Elements of Nuclear Reaktor Theory. D. Van Nostrand Company (1952)

Hellstrand, E.: Measurements of the effective resonance integral in Uranium metal and oxide in different geometries. J. Appl. Phys. **28**, 1493 (1957)

Lamarsh, J.R.: Introduction to Nuclear Reactor Theory. Addison-Wesely, Don Mills (1966)

Reactor Physics Constants. United States Atomic Energy Comission (1963)

Tuttle, R.J.: The Fourth Source: Effects of Natural Nuclear Reactors. Universal Publishers (2012)

Neutronentransport

6

Eine reine Bilanzierung unter vereinfachenden Randbedingungen wie in Kap. 5 kann natürlich nicht alle Aspekte des Verhaltens von Neutronen in Materie beschreiben. Wie im Folgenden gezeigt werden wird, sind bei einer gesamtheitlichen Betrachtung Abhängigkeiten nach Zeit, Ort, Bewegungsrichtung und Energie der Neutronen zu berücksichtigen. Das so beschriebene Problem ist in allen praktisch relevanten Fällen nicht analytisch lösbar. In der Praxis bedient man sich heutzutage daher meistens der, im Vergleich zu der Pionierzeit der Kerntechnik unermesslich hohen, Rechenleistung moderner EDV-Anlagen, um durch das stochastische „Durchspielen" von Neutroneneinzelschicksalen eine makroskopische Lösung zu erhalten. Diese sogenannte Monte-Carlo Methode wird im Zuge dieses Kapitels eingehender vorgestellt werden. Trotz dieses übermächtigen Werkzeuges ist es nach wie vor wichtig, die theoretischen Grundlagen des Neutronentransportes zu verstehen und anhand von Vereinfachungen auch analytische Lösungen gewinnen zu können – sowohl um die Funktionsweise der Computercodes nachvollziehen zu können, als auch, um ihre Ergebnisse an Hand einfacher Handrechnungen verifizieren zu können, was aufgrund der erheblichen Fehlermöglichkeiten bei der Erstellung von Eingabedatensätzen immer eine gute wissenschaftliche Praxis darstellt.

6.1 Bewegung der Neutronen

In den vorangegangenen Kapiteln haben wir uns mit den vier Faktoren beschäftigt, die zur Berechnung des Multiplikationsfaktors k_∞ dienen. Dabei sind wir immer davon ausgegangen, dass die Zahl der Neutronen in einem Volumenelement nur durch Reaktionen mit den Atomkernen verändert wird. Wir haben dabei nicht beachtet, dass auch Neutronen während ihrer Diffusionsbewegung von einem Volumenelement zum anderen wechseln. Solange die Zahl der einströmenden und der ausströmenden Neutronen sich ausgleicht,

A. Ziegler und H.-J. Allelein (Hrsg.), *Reaktortechnik*,

DOI: 10.1007/978-3-642-33846-5_6,

d. h., solange kein Nettostrom fließt, ist unsere Betrachtungsweise richtig, denn wenn auch nicht jedes einzelne Neutron im Volumenelement verbleibt, so bleibt doch die Anzahl unverändert. Diese Voraussetzung ist in einer unendlichen homogenen Anordnung erfüllt, denn dort ist jedes Volumenelement gleichwertig. Die Gleichwertigkeit ist jedoch schon in einer unendlichen heterogenen Anordnung nicht mehr gegeben, denn durch die räumliche Trennung von Brennstoff und Moderator ergeben sich unterschiedliche Neutronenflussdichten in den einzelnen Zonen, was dazu führt, dass der thermische Nutzfaktor f und die Resonanzentkommwahrscheinlichkeit p nur bei Kenntnis der Flussdichteverteilung zu bestimmen sind.

Ist die zu untersuchende Anordnung, sei sie homogen oder heterogen, von endlicher Größe, was in der Realität ja immer der Fall ist, so ergibt sich durch das Herausdiffundieren der Neutronen nach außen über die Berandung hinweg ein gerichteter Nettostrom an Neutronen. Ein solcher fließt immer aus Bereichen höherer Neutronendichte nach Orten niedriger Neutronendichte. Die Neutronenflussdichteverteilung eines Reaktors kann mithilfe der Transporttheorie oder in guter Näherung mit der daraus abgeleiteten Diffusionstheorie berechnet werden. Die Kenntnis der Flussdichteverteilung $\Phi(\vec{r}, E, t)$ ist erforderlich, um die in einem Reaktor sich einstellende Leistungsdichteverteilung $\dot{q}'''(\vec{r}, t)$ zu bestimmen, da ja die freigesetzte Wärmeleistung je Volumeneinheit sich aus der bei der Spaltung freiwerdenden Energie E_f, multipliziert mit der Gesamtzahl der Spaltungen je Volumeneinheit,zusammensetzt:

$$\dot{q}''' (\vec{r}, t) = E_f \int_0^\infty \Sigma_f (\vec{r}, E) \, \Phi (\vec{r}, E, t) \, \mathrm{d}E. \tag{6.1}$$

Ferner liefert die Lösung der Transport- bzw. Diffusionsgleichung einen Ansatz für die Wahrscheinlichkeit, dass ein Neutron durch Leckage aus dem Reaktor verloren geht, sodass die kritische Bedingung für einen endlichen Reaktor formuliert werden kann. Schließlich ist die Kenntnis der Neutronenflussverteilung noch notwendig zur Berechnung verschiedener Reaktivitätseinflüsse.

Die Neutronen beschreiben in dem Atomgitter eines festen Körpers oder in flüssigen und gasförmigen Medien einen Zick-Zack-Weg, an dessen Eckpunkten jeweils ein Stoß mit einem Atomkern stattfindet. Die Länge der freien Flugstrecke von einem Stoß bis zum nächsten wird als freie Weglänge bezeichnet. Die Endposition, die ein Neutron schließlich erreicht, kann nicht vorausgesagt werden, sondern gehorcht dem Zufall und kann nur mithilfe der Statistik beschrieben werden („Random walk“). Die Neutronen in ihrer Vielzahl werden durch die Stoßprozesse umverteilt, und die dadurch bedingte Wanderung durch die Materie nennt man Diffusion. Die Diffusion der Neutronen unterscheidet sich von der der Gase dadurch, dass Wechselwirkungen der Neutronen untereinander wegen ihrer äußerst geringen Eintrittswahrscheinlichkeit nicht berücksichtigt zu werden brauchen. Deshalb gibt es in der noch aufzustellenden Transportgleichung für Neutronen keine quadratischen Glieder der Neutronendichte.

Ein wesentliches Charakteristikum der allgemeinen Transporttheorie ist die Berücksichtigung der Flugrichtungen der Neutronen und damit der Richtungsabhängigkeit der Streuung der Neutronen an den Atomen. Die Neutronen ändern während des Diffusionsvorganges nicht nur ihren Ort, sondern auch ihre vektorielle Geschwindigkeit, und es ist zur vollständigen Beschreibung des Zustandes eines Neutrons die Angabe des Ortes $\vec{r}$ der Geschwindigkeit $\vec{v}$ und der Zeit t erforderlich. Dementsprechend ist auch die Neutronendichteverteilung $n'''(\vec{r}, \vec{v}, t)$ eine zeitabhängige Funktion im Phasenraum, also eine Funktion von sieben unabhängigen Variablen. Die Neutronenflussverteilung erhält man nach (4.2) durch Multiplikation der Neutronendichteverteilung mit der skalaren Geschwindigkeit v der Neutronen.

$$\Phi\left(\vec{r}, \vec{v}, t\right) = v\, n'''\left(\vec{r}, \vec{v}, t\right). \tag{6.2}$$

Günstiger für die mathematische Behandlung ist die Verwendung der Variablen E und $\vec{\Omega}$ anstelle der Komponenten von $\vec{v}$.

$$\Phi\left(\vec{r}, E, \vec{\Omega}, t\right) \quad \text{oder} \quad \Phi\left(\vec{r}, u, \vec{\Omega}, t\right). \tag{6.3}$$

In der Darstellung gemäß (6.3) wird die Geschwindigkeitsabhängigkeit der Neutronenflussdichte durch die gleichen Variablen beschrieben, die auch in der Beschreibung des Stoßes auftreten, nämlich die Energie E und der Richtungsvektor $\vec{\Omega}$ der wie in Abschn. 4.5.2 als Einheitsvektor in Richtung der Geschwindigkeit $\vec{v} = v\vec{\Omega}$ definiert ist. In sphärischen Koordinaten hat er die Komponenten.

$$\vec{\Omega} = \frac{\vec{v}}{|\vec{v}|} = \frac{1}{|\vec{v}|} \cdot \begin{bmatrix} v_x \\ v_y \\ v_z \end{bmatrix} = \begin{bmatrix} \sin\vartheta\cos\varphi \\ \sin\vartheta\sin\varphi \\ \cos\vartheta \end{bmatrix} = \begin{bmatrix} \sqrt{1-\mu^2}\cos\varphi \\ \sqrt{1-\mu^2}\sin\varphi \\ \mu \end{bmatrix}. \tag{6.4}$$

Der differentielle Raumwinkelbereich $\mathrm{d}\vec{\Omega}$ ist als Oberflächenelement der Einheitskugel zu verstehen:

$$\mathrm{d}\vec{\Omega} = \sin\vartheta\ \mathrm{d}\vartheta\ \mathrm{d}\varphi = -\mathrm{d}\left(\cos\vartheta\right)\mathrm{d}\varphi = -\mathrm{d}\mu\mathrm{d}\varphi. \tag{6.5}$$

Die Neutronendichteverteilung bzw. die Flussdichteverteilung wird dargestellt im Phasenraum. Der Phasenraum ist ein rein mathematischer Begriff, der verschiedene Zustände eines physikalischen Systems topologisch beschreibt. Dabei werden die unterschiedlichen Zustände durch Punkte im Phasenraum beschrieben, deren Koordinaten durch die Zahl der Freiheitsgrade festliegen. Das differentielle Volumen des Phasenraumes schreiben wir in der Form

$$\mathrm{d}q = \mathrm{d}E\mathrm{d}\vec{\Omega}\mathrm{d}V. \tag{6.6}$$

Man versteht dann unter

$$n'''\left(\vec{r}, E, \vec{\Omega}, t\right)\mathrm{d}q = \frac{1}{v}\Phi\left(\vec{r}, E, \vec{\Omega}, t\right)\mathrm{d}q \tag{6.7}$$

die Zahl der Neutronen, die sich im Volumenelement dV am Ort $\vec{r}$, im Energiebereich dE bei E und in Flugrichtung d$\vec{\Omega}$ bei $\vec{\Omega}$ befinden.

Ziel der Transporttheorie ist letztlich die Berechnung der Verteilungsfunktion $\Phi(\vec{r}, E, t)$ in einer Anordnung bestimmter Materialzusammensetzung und vorgegebener Geometrie. Sie ist zur Berechnung der Reaktionsraten, insbesondere der in (6.1) definierten Leistungsdichte, erforderlich. Man erhält sie durch Integration der richtungsabhängigen Flussdichteverteilung über $\vec{\Omega}$:

$$\Phi(\vec{r}, E, t) = \int_{4\pi} \Phi\left(\vec{r}, E, \vec{\Omega}, t\right) \mathrm{d}\vec{\Omega}. \tag{6.8}$$

Eine weitere wichtige Größe der Transporttheorie zur Beschreibung des Neutronenstromes ist die vektorielle Flussdichte oder auch Stromdichte $\vec{J}$. Die richtungsabhängige Stromdichte erhält man aus der Multiplikation der Neutronenflussdichte $\Phi(\vec{r}, E, \vec{\Omega}, t)$ mit dem Richtungsvektor $\vec{\Omega}$

$$\vec{J}\left(\vec{r}, E, \vec{\Omega}, t\right) = \vec{\Omega}\Phi\left(\vec{r}, E, \vec{\Omega}, t\right). \tag{6.9}$$

Durch Integration über alle gerichteten Ströme $\vec{\Omega}\,\Phi$ ergibt sich der Gesamtstrom

$$\vec{J}(\vec{r}, E, t) = \int_{4\pi} \vec{\Omega}\Phi\left(\vec{r}, E, \vec{\Omega}, t\right) \mathrm{d}\vec{\Omega}. \tag{6.10}$$

6.2 Allgemeine Transportgleichung

In der allgemeinen Transporttheorie wird zur Berechnung der Neutronenverteilung eine Bilanzgleichung für ein Phasenraumvolumen dq aufgestellt, in der die einzelnen Terme durch die makroskopischen Wirkungsquerschnitte ausgedrückt werden. Als Ergebnis erhält man eine Integro-Differentialgleichung zweiter Ordnung, die sogenannte Boltzmann-Gleichung.

Die Bilanz im Phasenraum ergibt sich dadurch, dass die zeitliche Änderung der Neutronendichte gleich der Differenz aus Neutronengewinn und -verlust eines Volumenelements im Phasenraum sein muss:

$$\frac{\partial n\left(\vec{r}, E, \vec{\Omega}, t\right)}{\partial t} \mathrm{d}q = \frac{1}{v} \frac{\partial \Phi\left(\vec{r}, E, \vec{\Omega}, t\right)}{\partial t} \mathrm{d}q = \text{Gewinne - Verluste}. \tag{6.11}$$

Gewinne:

Die Gewinne an Neutronen im Phasenelement $\mathrm{d}E\,\mathrm{d}\vec{\Omega}\,\mathrm{d}V$ setzen sich zusammen aus der Einstreuung von Neutronen und aus Neutronenquellen (z. B. Entstehung von Neutronen aus der Kernspaltung). Die Zahl der in das Energie- und Richtungselement $\mathrm{d}E\mathrm{d}\vec{\Omega}$ eingestreuten Neutronen lässt sich darstellen als Integral über alle Stöße, die von E' nach E und von $\vec{\Omega}'$ nach $\vec{\Omega}$ führen. Die Wahrscheinlichkeit dafür bezeichnen wir mit $\Sigma_S(\vec{r}, E' \rightarrow E, \vec{\Omega}' \rightarrow \vec{\Omega})$. Die Neutronenquellen im Phasenelement $\mathrm{d}q$ sollen durch $S(\vec{r}, E, \vec{\Omega}, t)$ gekennzeichnet werden. Der räumliche Zustrom in das Volumenelement $\mathrm{d}V$ wird zusammen mit den ausströmenden Neutronen durch den Divergenzterm unter „Verluste" erfasst. Die Gewinne an Neutronen im Phasenelement betragen somit:

$$\text{Gewinne} = \mathrm{d}q \int\limits_{E'} \int\limits_{\vec{\Omega}'} \Phi\left(\vec{r}, E, \vec{\Omega}, t\right) \Sigma_S\left(\vec{r}, E' \rightarrow E, \vec{\Omega}' \rightarrow \vec{\Omega}\right) \mathrm{d}\Omega' \mathrm{d}E' + S\left(\vec{r}, E, \vec{\Omega}, t\right) \mathrm{d}q. \tag{6.12}$$

Verluste:

Zwei Effekte tragen zum Verlust an Neutronen im Phasenelement bei. Zum einen wird durch die Differenz zwischen ein- und ausströmenden Neutronen die Zahl der Neutronen verringert. Diese Verringerung wird beschrieben durch die Divergenz des Stromes in Richtung $\vec{\Omega}$, dessen Energie und Richtung sich nicht verändert.

$$\mathrm{div}\vec{J}\left(\vec{r}, E, \vec{\Omega}, t\right) \mathrm{d}q = \mathrm{div}\left(\vec{\Omega}\Phi\left(\vec{r}, E, \vec{\Omega}, t\right)\right) \mathrm{d}q. \tag{6.13}$$

Zum anderen gehen alle Neutronen, die im Volumenelement $\mathrm{d}V$ einen Stoß ausführen, aus dem Phasenelement $\mathrm{d}q$ verloren, da jeder Stoß entweder Richtung und Geschwindigkeit des Neutrons verändert, also wieder aus dem Intervall $\mathrm{d}E\,\mathrm{d}\vec{\Omega}$ herausführt, oder das Neutron durch Absorption im Intervall $\mathrm{d}V$ verschwinden lässt. Dieser Anteil an den Verlusten wird durch die gesamte Zahl der Stöße im Phasenelement $\Sigma\,\Phi\,\mathrm{d}q$ beschrieben. Die gesamten Verluste ergeben sich zu:

$$\text{Verluste} = \mathrm{div}\left(\vec{\Omega}\,\Phi\left(\vec{r}, E, \vec{\Omega}, t\right)\right) \mathrm{d}q + \Sigma\left(\vec{r}, E\right) \Phi\left(\vec{r}, E, \vec{\Omega}, t\right) \mathrm{d}q. \tag{6.14}$$

Durch Einsetzen von (6.12) und (6.14) in (6.11) erhält man die Transportgleichung in der allgemeinsten Form:

$$\begin{aligned} \frac{1}{v}\frac{\partial\Phi\left(\vec{r}, E, \vec{\Omega}, t\right)}{\partial t} = &-\mathrm{div}\left(\vec{\Omega}\,\Phi\left(\vec{r}, E, \vec{\Omega}, t\right)\right) - \Sigma\left(\vec{r}, E\right) \Phi\left(\vec{r}, E, \vec{\Omega}, t\right) \\ &+ \int\limits_{E'} \int\limits_{\vec{\Omega}'} \Phi\left(\vec{r}, E', \vec{\Omega}', t\right) \Sigma_S\left(\vec{r}, E' \rightarrow E, \vec{\Omega}' \rightarrow \vec{\Omega}\right) \mathrm{d}\vec{\Omega}' \mathrm{d}E' \\ &+ S\left(\vec{r}, E, \vec{\Omega}, t\right). \end{aligned} \tag{6.15}$$

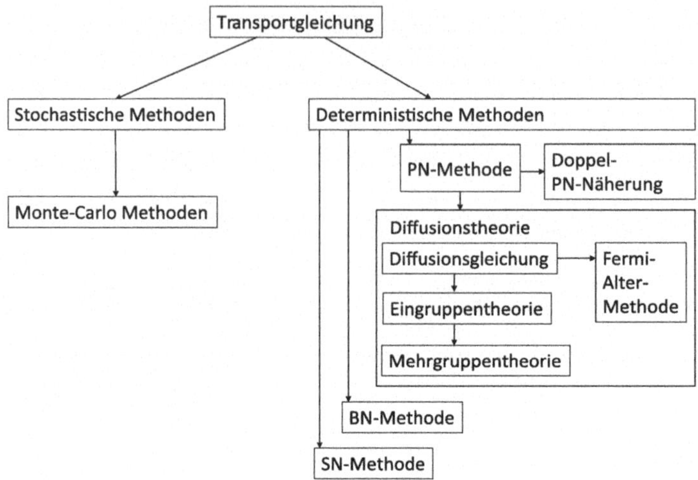

Abb. 6.1 Näherungsmethoden der Transporttheorie

Diese Gleichung ist nicht in voller Allgemeinheit lösbar. Nur für spezielle Annahmen gibt es eine Reihe von Fällen mit analytischen Lösungen. Es gibt jedoch verschiedene Näherungsmethoden. Die Transportgleichung (6.15) ist eine Integro-Differentialgleichung. Sie enthält Integrale über E und $\vec{\Omega}$ sowie Differentiale nach $\vec{r}$ und t. Die verschiedenen Methoden der Transporttheorie unterscheiden sich vor allem in der Behandlung der Variablenabhängigkeit. Einen groben Überblick über die verschiedenen Methoden zur Lösung der allgemeinen Transportgleichung gibt Abb. 6.1 (Ganapol 2008).

Ohne auf alle Methoden der Transporttheorie im Einzelnen einzugehen, soll in den Abschn. 6.4.1 bis 6.3 der prinzipielle Unterschied des Lösungsweges bei den verschiedenen Verfahren aufgezeigt werden. Etwas eingehender werden dort die Monte-Carlo-Methode sowie die sogenannte P_N-Näherung dargestellt. Im Übrigen muss an dieser Stelle auf eine breite Literatur zur Transporttheorie verwiesen werden, aus der hier insbesondere das Werk von Lewis und Miller (Lewis und Miller 1993) sowie übergeordnet zur vertiefenden Betrachtung der Reaktorphysik das von Stacey (Stacey 2007) empfohlen seien.

Je nach Problemstellung ist die Verwendung der einen oder anderen Näherungsmethode zur Ermittlung der Neutronenflussdichteverteilung vorteilhaft. Fast allen Näherungsmethoden ist zu eigen, dass die Lösung letztlich nur numerisch erfolgen kann. Aufgrund der enormen Weiterentwicklung in der Computertechnik ist hierbei heutzutage eine sehr detaillierte Ortsauflösung möglich, was vor wenigen Jahrzehnten noch völlig undenkbar gewesen wäre.

Die wichtigsten Näherungsmethoden, um zu einer Lösung der Transportgleichung zu gelangen, sind die P_N-, die Doppel-P_N-, die B_N und die S_N-Methode. Tabelle 6.1 gibt nach (Stacey 2007) einen Überblick über die Art der Näherung, die Anwendbarkeit und die Einsatzfülle wieder. Während bei der P_N-, der Doppel-P_N-und der B_N-Methode die

Tab. 6.1 Näherungen der Transportgleichung und deren Anwendungen

Verfahren	Art der Näherung	Anwendbarkeit	Verwendung
P_N-Methode	Fluss, Streuterm und Quell- term werden bezüglich ihrer Winkelabhängigkeit nach Legendre-Polynomen entwickelt. Nach dem 1., 3., ... , N-ten Term wird abgebrochen.	Mangelhaft an Grenzen zum Vakuum oder zu sehr starken Absorbern, gut zur Bestimmung der Flussverteilung.	P_1-oder P_3-Näherung: Berechnung von Flussverteilungen im Großen. Höhere P_N-Näherungen: Zellrechnungen.
Doppel-P_N-Näherung	Getrennte Entwicklung für zwei Winkelbereiche $\mu < 0$ und $\mu > 0$, im Übrigen analog den P_N-Näherungen.	An speziellen Grenzflächen (zwei ebene Schichten), dort mit geringem Aufwand hohe Genauigkeit erreichbar.	Grenzflächen bei ebener Geometrie, speziell Abschirmrechnungen.
B_N-Methode	Nur Streuterm und Quellterm werden entwickelt, Fluss wird exakt behandelt. Fourier-Transformation bezüglich Ort und Laplace-Transformation bezüglich Zeit erforderlich.	Direkt nur für unendlich ausgedehnte Medien oder endlich homogene Medien anwendbar.	Spektrumsrechnungen, speziell bei quasihomogenen Anordnungen.
S_N-Methode	Ersetzen des Winkelintegrals durch numerische Integration mit N + 1 Stützstellen.	Wie P_N-Methoden, zusätzlich auch an Grenzflächen	Randbedingungen von Regelstäben, Giftpositionen und anderen Absorbern, Berechnung von Abschirmfaktoren.

Winkelabhängigkeit der verschiedenen Größen der Transportgleichung durch Entwicklung nach Legendre-Polynomen und Abbruch nach dem N-ten Glied dargestellt wird, ist die S_N-Methode ein Spezialfall der diskreten Ordinatenmethode. Bei dieser Methode werden die Ortskoordinaten, die Streuwinkel und die Neutronenenergie diskretisiert, d. h. -in viele diskrete Intervalle zerlegt, sodass die Differentiale und Integrale in der Transportgleichung durch Differenzen bzw. Summen ersetzt werden können. Als Ergebnis ist schließlich ein gekoppeltes System von Differenzengleichungen zu lösen. In der S_N-Methode wird nur die Winkelabhängigkeit des Streuintegrals in (6.15) durch numerische Integration über N Bereiche mit $N + 1$ Stützstellen eliminiert.

6.3 Monte-Carlo

Im Gegensatz zu den analytischen bzw. halbanalytischen Näherungsverfahren zur Lösung der Transportgleichung ist die Monte-Carlo-Methode (Lux und Koblinger 1991) eine rein statistische Methode. Dabei wird mit jedem Neutron ein Zufallsspiel gespielt, und dessen Einzelschicksal von der Freisetzung durch Spaltung bis zur Absorption mithilfe von Zufallszahlen im Rahmen der physikalischen Gesetzmäßigkeiten und deren bekannter Wahrscheinlichkeiten beschrieben.

Ein Neutron wird z. B. an einem beliebigen Ort $\vec{r}'$ mit einer durch Zufall bestimmten Anfangsgeschwindigkeit $\vec{v}'$ geboren. Die Anfangsgeschwindigkeit wird ihrem Betrag $|\vec{v}' \sim E'|$ nach durch den Gültigkeitsbereich des Spaltspektrums $\chi\,(E)$ (Abb. 3.8) begrenzt und ist in der Wahrscheinlichkeit der Flugrichtung $\vec{\Omega}'$ festgelegt aufgrund der Isotropie der Neutronenemission bei der Spaltung. Mit der Wahrscheinlichkeit w_s, dass das Neutron zwischen r und $r + \mathrm{d}r$ einen Stoß ausführt (6.16) lässt sich eine weitere Zufallszahl ermitteln, mit der die Flugstrecke $|\vec{r}' - \vec{r}|$ des Neutrons bis zum Stoß bestimmt werden kann.

$$w_{(s)}(r)\mathrm{d}r = \mathrm{e}^{-\Sigma \cdot r} \cdot \Sigma \cdot \mathrm{d}r \tag{6.16}$$

Das weitere Schicksal des Neutrons hängt jetzt von den vorgegebenen Reaktionswahrscheinlichkeiten ab, wobei die Wahl zwischen den bekannten Möglichkeiten der elastischen oder inelastischen Streuung, der Absorption mit nachfolgender Spaltung oder dem Einfang durch Zufallszahlen entschieden wird. Wird das Neutron absorbiert – die Wahrscheinlichkeit dafür beträgt $\frac{\Sigma_A(E)}{\Sigma(E)}$ – so ist sein Schicksal damit besiegelt. Liegt dagegen Streuung vor – deren Wahrscheinlichkeit ist $1 - \frac{\Sigma_A(E)}{\Sigma(E)}$ – so ergibt sich bei elastischer Streuung eine neue Energie des Neutrons nach dem Stoß, die nur in den Grenzen nach (4.63) liegen kann und eine neue Flugrichtung, die mithilfe einer weiteren Zufallszahl durch die Verteilung des Streuwinkels festgelegt wird. Die Möglichkeit der inelastischen Streuung muss ebenso berücksichtigt werden. Verfolgt man auf diese Art und Weise ein Neutronenleben, so erhält man einen Zick-Zack-Weg bis zur Absorption oder den Verlust durch Ausströmen.

Der Ort, das Alter und die Geschwindigkeit des Neutrons bei seinem Lebensende werden registriert.

Um hinreichend genaue und zuverlässige Ergebnisse zu erhalten, muss dieses Spiel für viele Quellpunkte mit einer großen Zahl von Neutronen durchgespielt werden. Man erhält dann eine statistisch ermittelte Verteilungsfunktion, die mit der Quelldichte multipliziert und anschließend über den Phasenraum integriert, die Flussdichteverteilung ergibt.

Die Monte-Carlo-Methode stellt mit ihrer Implementierung in Codes wie MCNP (Monte-Carlo N-Particle Transport) und SERPENT (Akronym ohne Code-bezogene Bedeutung) den bedeutendsten Ansatz zur Berechnung des neutronischen Geschehens in einem Kernreaktor dar. Da die statistischen Spiele zum Verhalten von Neutronen aus verschiedenen Quellorten unabhängig voneinander sind, ist es besonders einfach, derartige Rechnungen auf parallele Prozessoren zu verteilen und so auch sehr komplexe Geometrien innerhalb vertretbarer Rechenzeiten darstellen zu können.

Die Qualität von mit der Monte-Carlo-Methode gewonnenen Lösungen hängt davon ab, inwieweit durch ausreichend oft erfolgtes „Durchspielen" an jeder Stelle des simulierten Volumens stochastische Schwankungen ausreichend ausgeglichen sind. Eine Herausforderung ergibt sich damit für die Fälle, in denen sehr starke Unterschiede des Neutronenflusses existieren. Zur Bestimmung des Multiplikationsfaktors k_{eff} eines Reaktors werden N-Neutronenhistorien über j-Generationen verfolgt. Nach jeder Generation wird die Quellen-Verteilung der Neutronen an die zuvor bestimmte Verteilung der Spaltereignisse angepasst. Aus der Anzahl der durch Spaltung erzeugten Neutronen einer Generation $n_{f,j}$ kann dann jeweils der Multiplikationsfaktor k bestimmt werden (6.17), der, von statistischen Schwankungen abgesehen, in dem Maße gegen den realen Wert konvergiert, wie sich die simulierte Neutronenquellverteilung der Realität annähert (Lewis und Miller 1993).

$$k_j = \frac{n_{f,j}}{n_{f,j-1}} \tag{6.17}$$

6.4 Vereinfachungen der Transportgleichung

Von den in Kap. 6.2 beschriebenen Näherungsmethoden der Transporttheorie sollen im Folgenden die für einfache analytische Rechnungen besonders relevanten Ansätze detaillierter beschrieben werden.

6.4.1 P_N-Näherung der Transportgleichung

Wegen ihrer Bedeutung soll die P_N-Näherung der allgemeinen Transportgleichung (6.15) in ihren wesentlichen Zügen erläutert werden. Von den sieben unabhängigen Variablen wird die Richtungsabhängigkeit $\vec{\Omega}$ nach Kugelfunktionen entwickelt. Bei der Streuung der Neutronen kann unterstellt werden, dass azimutale Symmetrie bezüglich der Richtung vor dem Stoß vorliegt. Die polare Winkelabhängigkeit kann durch die Entwicklung der in der Transportgleichung auftretenden Verteilungsfunktionen nach Legendre-Polynomen (Stacey 2007; Lewis und Miller 1993) ausgedrückt werden. Mithilfe eines Additionstheorems der Kugelfunktionen kann die auf die Stoßrichtung bezogene Verteilung auf eine Koordinatenrichtung transformiert werden. Durch Integration über alle Streuwinkel und Anwendung der Orthogonalitätsbeziehungen der Legendre-Polynome zerfällt die Transportgleichung in unendlich viele Differentialgleichungen für die Entwicklungskoeffizienten der Flussdichteverteilung, die man sukzessiv lösen kann. Wenn man die ersten N Gleichungen davon verwendet, spricht man von der P_N-Näherung.

Die Energieabhängigkeit kann durch Aufteilung in L diskrete Energieintervalle ΔE_g mit gemittelten Werten für die energieabhängigen Terme im g-ten Bereich erfasst werden. Es entsteht so ein System von Differentialgleichungen erster Ordnung für jedes Energieintervall, wobei die mit m indizierten Größen die Entwicklungskoeffizienten nach Legendre-Polynomen darstellen:

$$\begin{aligned} \frac{1}{v}\frac{\partial}{\partial t}\Phi_{mg}(x,t) &= S_{mg}(x,t) - \left[\Sigma_g(x) - \Sigma_{s,mg}(x)\right]\Phi_{mg}(x,t) \\ &\quad - \frac{m}{2m+1}\frac{\partial}{\partial x}\Phi_{m+1,g}(x,t) \qquad (6.18) \\ m &= 0,1,2,\ldots,N \qquad g = 1,2,3,\ldots,L\,. \end{aligned}$$

Die Lösung des Differentialgleichungssystems liefert unter Berücksichtigung entsprechender Anfangs- und Randbedingungen die Momente der Flussdichte $\Phi_{mg}(x,t)$. Die polare Verteilung der Flussdichte ist dann gegeben durch (6.19):

$$\Phi_g(x,\mu,t) = \sum_{m=0}^{N} \Phi_{mg}(x,t)\,P_N(\mu)\,. \qquad (6.19)$$

In (Meghreblian und Holmes 1960) sind Beispiele für die Winkelabhängigkeit der Flussdichte an einer Grenzschicht zwischen streuendem und absorbierendem Medium angeführt für die P_1- und die P_3-Näherung der stationären Transportgleichung. Diese sind in Abb. 6.2 für den totalen relativen Fluss und in Abb. 6.3 für die Winkelabhängigkeit wiedergegeben.

Für das Beispiel wird in dem gesamten Volumen eine gleichmäßig verteilte, isotrope Quelle monoenergetischer Neutronen angenommen. Durch eine Reduzierung der Betrachtung auf eine Energiegruppe wird der Einfluss von Streuprozessen auf die Neutronenenergie vernachlässigt. Als weitere Annahmen für die Stoffwerte in Absorbern (A) und Streuern (S) liegt zu Grunde:

$$\begin{aligned} \overline{N}_0^{(S)} &= 0.5 \\ \overline{N}_0^{(A)} &= 0 \end{aligned}$$

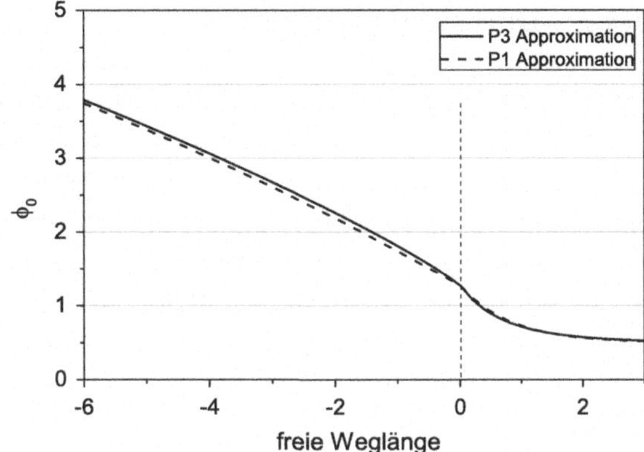

Abb. 6.2 Gesamter Neutronenfluss an der Grenzschicht zwischen streuendem und absorbierendem Medium

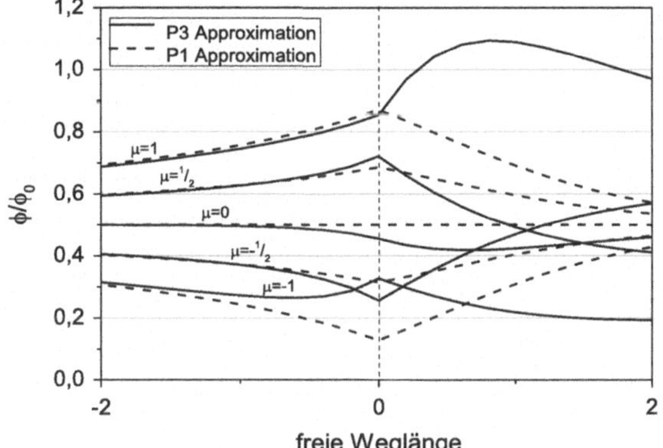

Abb. 6.3 Streuwinkelabhängige Flussdichte an der Grenzschicht

$$
\begin{aligned}
\Sigma_A^{(S)} &= 0.002\,\Sigma_t^{(S)} \\
\Sigma_S^{(S)} &= 0.998\,\Sigma_t^{(S)} \\
\frac{S_0}{\Sigma_A^{(S)}} &= 10 \\
\Sigma_A^{(A)} = \Sigma_S^{(A)} &= 0.5\,\Sigma_t^{(A)} \\
\frac{S_0}{\Sigma_A^{(A)}} &= 0.5
\end{aligned}
$$

Als P_1-Näherung erhält man die Diffusionsgleichung. Dabei findet man vor allem auch eine Berechnungsvorschrift für den Diffusionskoeffizienten mit Berücksichtigung der Korrekturen für Vorwärtsstreuung und Absorption.

6.4.2 Diffusionsgleichung

Bei der Lösung der Transportgleichung nach der P_N-Methode ergibt sich die Diffusionsgleichung als die P_1-Näherung. Sie lässt sich aber auch direkt aus der allgemeinen Transportgleichung unter Reduzierung der Variablen durch Integration ableiten, wobei dann die Bedeutung der einzelnen Terme der Diffusionsgleichung unmittelbar erkennbar ist. Betrachtet man nur Neutronen in einem begrenzten Energieintervall, z. B. thermische Neutronen oder in der Mehrgruppentheorie Neutronen einer Energiegruppe, so kann man diese monoenergetisch behandeln. Die Energieabhängigkeit wird damit unterdrückt, und die Transportgleichung (6.15) vereinfacht sich zu der Form

$$\begin{aligned}\frac{1}{v}\frac{\partial \Phi\left(\vec{r}, \vec{\Omega}, t\right)}{\partial t} &= S(\vec{r}, \Omega) + \int\limits_{\vec{\Omega}'} \Phi\left(\vec{r}, \vec{\Omega}, t\right) \Sigma_S\left(\vec{r}, \vec{\Omega}' \to \vec{\Omega}\right) \mathrm{d}\vec{\Omega}' \\ &\quad - \vec{\Omega}' \text{ grad } \Phi\left(\vec{r}, \vec{\Omega}, t\right) - \Sigma \vec{r} \Phi\left(\vec{r}, \vec{\Omega}, t\right) \end{aligned} \tag{6.20}$$

Die Neutronenquelle wurde dabei zeitunabhängig angenommen. Durch Integration über alle Richtungen $\vec{\Omega}$ erhält man nach (6.8) die gesamte Flussdichte $\Phi\,(\vec{r}, t)$, und die Integration über alle gerichteten Ströme $\vec{\Omega}\Phi$ ergibt mit (6.13) und (6.10)

$$\int\limits_{\vec{\Omega}} \text{grad } \Phi\left(\vec{r}, \vec{\Omega}, t\right) \mathrm{d}\vec{\Omega} = \int\limits_{\vec{\Omega}} \operatorname{div} \vec{J}\left(\vec{r}, \vec{\Omega}, t\right) \mathrm{d}\vec{\Omega} = \operatorname{div} \vec{J}\,(\vec{r}, t). \tag{6.21}$$

Für den Streuterm in (6.20) erhält man nach Integration über alle Richtungen $\vec{\Omega}$ die Gesamtzahl der streuenden Stöße $\Sigma_S \Phi$ und für den letzten Term die Gesamtzahl aller Stöße $\Sigma\Phi$, sodass die Differenz die Zahl der absorbierten Neutronen ist. (6.20) schreibt sich nach durchgeführter Integration über $\vec{\Omega}$ jetzt

$$\frac{1}{v}\frac{\Phi\,(\vec{r}, t)}{\partial t} = -\operatorname{div} \vec{J}\,(\vec{r}, t) - \Sigma_A\,(\vec{r})\;\Phi(\vec{r}, t) + S\,(\vec{r}). \tag{6.22}$$

Das ist die sogenannte Diffusionsgleichung. Da sie aber noch zwei unbekannte Funktionen, nämlich Φ und $\vec{J}$ enthält, können wir diese Gleichung erst lösen, wenn wir noch eine weitere Beziehung zwischen $\vec{J}$ und Φ gefunden haben.

6.4.3 Das Ficksche Gesetz

Für die Herleitung eines Zusammenhangs zwischen $\vec{J}$ und Φ die sich an der Vorgehensweise nach (Ragheb 2012) orientiert treffen wir zunächst einige vereinfachende Annahmen: Das Medium sei unendlich ausgedehnt, frei von Neutronenquellen und Absorption.

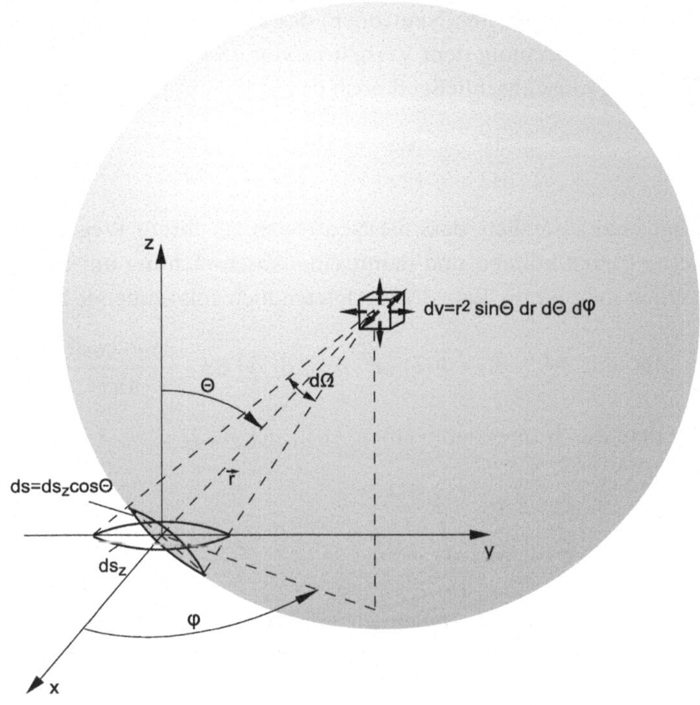

Abb. 6.4 Herleitung des Fickschen Gesetzes: Das Volumenelement dV als Quelle für gestreute Neutronen

Berechnung des Neutronenstromes

Es soll nun der Neutronenstrom $\vec{J}$ im Ursprung des in Abb. 6.4 dargestellten Koordinatensystems bestimmt werden. Dieser setzt sich gemäß (6.23) aus Einzelkomponenten zusammen:

$$\vec{J} = J_x \cdot \vec{e}_x + J_y \cdot \vec{e}_y + J_z \cdot \vec{e}_z \tag{6.23}$$

Wir reduzieren unsere Betrachtungen auf die Komponente J_x, die die Fläche ds_z in Abb. 6.4 durchströmt und sich aus einem positiven und negativen Betrag zusammensetzt (6.24).

$$J_x = J_x^- J_x^- \tag{6.24}$$

Jedes Neutron, dass die x-y Ebene abwärts durchquert, ist zuvor oberhalb von ihr durch eine Kollision gestreut worden. Wir betrachten hierfür das Volumenelement $\mathrm{d}V$ gemäß (6.25):

$$\mathrm{d}V = r^2 \ \sin\theta \ \mathrm{d}r \ \mathrm{d}\theta \ \mathrm{d}\phi \tag{6.25}$$

Die Rate der in ihr stattfindenden Stöße ist gegeben durch (6.26):

$$\Sigma_S \cdot \Phi(\vec{r}) \cdot \mathrm{d}V = \Sigma_S \cdot \Phi(\vec{r}) \cdot r^2 \ \sin\theta \ \mathrm{d}r \ \mathrm{d}\theta \ \mathrm{d}\phi \tag{6.26}$$

Der Anteil $\frac{d\Omega}{\Omega}$ der so gestreuten Neutronen, dessen Flugrichtung zur Fläche dS führt, entspricht bei isotroper Streuung dem Verhältnis von dS und der Kugeloberfläche $4\pi r^2$. Für unsere Herleitung muss anschließend noch dS auf dS_Z projiziert werden (6.27):

$$\frac{d\Omega}{\Omega} = \frac{dS}{4\pi r^2} = \frac{dS_Z \cdot \cos(\theta)}{4\pi r^2} \tag{6.27}$$

Berücksichtigt man zusätzlich, dass die Neutronen auf ihrem Weg von dV nach dS_Z auf weitere Kerne treffen können und damit eine Abschwächung um den Faktor $e^{-\Sigma_A \cdot r}$ stattfindet, so erhält man für die Rate $d\dot{N}$ der letztendlich ankommende Neutronen:

$$d\dot{N} = e^{-\Sigma_A \cdot r} \cdot \Sigma_S \cdot \Phi(\vec{r}) \cdot r^2 \sin\theta \, dr \, d\theta \, d\phi \cdot \frac{dS_Z \cdot \cos(\theta)}{4\pi r^2} \tag{6.28}$$

Damit erhält man durch Integrieren einen Ausdruck für J_z^-:

$$J_Z^- - \frac{\int d\dot{N}}{dS_Z} = \frac{\Sigma_S}{4\pi} \cdot \int_0^\infty \int_0^{\pi/2} \int_0^{2\pi} e^{-\Sigma_A \cdot r} \Phi(\vec{r}) \cdot r^2 \sin\theta \, dr \, d\theta d\phi \tag{6.29}$$

Den ortsabhängigen Fluss $\Phi(\vec{r})$ stellen wir nun durch eine Taylorentwicklung dar, die wir nach dem linearen Glied abbrechen und erhalten:

$$\Phi(\vec{r}) = \Phi_0 + x \cdot \frac{\partial \Phi}{\partial x}|_0 + y \cdot \frac{\partial \Phi}{\partial y}|_0 + z \cdot \frac{\partial \Phi}{\partial z}|_0 \tag{6.30}$$

Drücken wir x, y und z in Polarkoordinaten aus, so wird (6.30) zu:

$$\begin{aligned} \Phi(\vec{r}) = &\Phi_0 + r \sin(\theta) \cdot \cos(\phi) \cdot \frac{\partial \Phi}{\partial x}|_0 + r \sin(\theta) \cdot \sin(\phi) \cdot \frac{\partial \Phi}{\partial y}|_0 \\ &+ r \cos(\theta) \cdot \frac{\partial \Phi}{\partial z}|_0 \end{aligned} \tag{6.31}$$

Einsetzen von (6.31) in (6.28) führt zu:

$$\begin{aligned} J_z^- = &\frac{\Sigma_S}{4\pi} \int_0^\infty \int_0^{\pi/2} \int_0^{2\pi} e^{-\Sigma_A \cdot r} \left[\Phi_0 + r \sin(\theta) \cdot \cos(\phi) \cdot \frac{\partial \Phi}{\partial x}|_0 \right. \\ &\left. + r \sin(\theta) \cdot \sin(\phi) \cdot \frac{\partial \Phi}{\partial y}|_0 + r \cos(\theta) \cdot \frac{\partial \Phi}{\partial z}|_0 \right] \sin(\theta) \cdot \cos(\theta) \, dr \, d\theta \, d\phi \end{aligned} \tag{6.32}$$

Da die Interpolation der Terme, die cos (ϕ) und sin (ϕ) enthalten, null ergibt, vereinfacht sich (6.32) zu:

$$J_z^- = \frac{\Sigma_S}{4\pi} \int_0^\infty \int_0^{\pi/2} \int_0^{2\pi} e^{-\Sigma_A \cdot r} \left[\Phi_0 + r \cos(\theta) \cdot \frac{\partial \Phi}{\partial z}|_0 \right] \sin(\theta) \cdot \cos(\theta) \, dr \, d\theta \, d\phi \tag{6.33}$$

Durch Ausführen der Integration erhalten wir:

$$
\begin{aligned}
J_z^- &= \frac{\Sigma_S}{4\pi} \cdot \left(\Phi_0 \cdot 2\pi \cdot \frac{1}{\Sigma}\frac{1}{2} + \frac{\partial \Phi}{\partial z}|_0 \cdot 2\pi \cdot \frac{1}{\Sigma^2}\frac{1}{3} \right) \\
&= \frac{1}{4}\frac{\Sigma_S}{\Sigma} \cdot \Phi_0 + \frac{1}{6}\frac{\Sigma_S}{\Sigma^2} \cdot \frac{\partial \Phi}{\partial z}|_0
\end{aligned}
\tag{6.34}
$$

Zusammen mit dem analog erhaltenen Ausdruck für J_z^+

$$
J_z^+ = \frac{1}{4}\frac{\Sigma_S}{\Sigma} \cdot \Phi_0 - \frac{1}{6}\frac{\Sigma_S}{\Sigma^2} \cdot \frac{\partial \Phi}{\partial z}|_0 \tag{6.35}
$$

erhält man durch Einsetzen in (6.24):

$$
J_z = -\frac{1}{3}\frac{\Sigma_S}{\Sigma} \cdot \frac{\partial \Phi}{\partial z}|_0 \tag{6.36}
$$

Wir übertragen die durchgeführte Herleitung nun auf alle drei Dimensionen, beziehen den Flussgradienten nicht mehr nur auf den Ursprung 0 (der ja willkürlich gewählt war) und erhalten durch Einsetzen in (6.23):

$$
\vec{J}(\vec{r}) = -\frac{1}{3}\frac{\Sigma_S}{\Sigma^2} \cdot \frac{\partial \Phi}{\partial x} \cdot \vec{e}_x + \frac{\partial \Phi}{\partial y} \cdot \vec{e}_y + \frac{\partial \Phi}{\partial z} \cdot \vec{e}_z \tag{6.37}
$$

$$
= -\frac{1}{3}\frac{\Sigma_S}{\Sigma^2} \text{ grad } \Phi(\vec{r}) \tag{6.38}
$$

Die Diffusionskonstante

Die gefundene Beziehung (6.37)

$$
\vec{J} = -D \text{ grad } \Phi \tag{6.39}
$$

ist bekannt als das Ficksche Gesetz, das für alle Diffusionsvorgänge gilt.

Der Neutronenstrom ist proportional zu grad Φ, und von höheren zu niedrigeren Neutronendichten fließt ein Nettostrom, was durch das negative Vorzeichen beschrieben wird. Die Abhängigkeit von $\vec{r}$ und t wird im folgenden zur Vereinfachung der Schreibweise weggelassen. Der Koeffizient

$$
D = \frac{\Sigma_S}{3\Sigma^2} \tag{6.40}
$$

wird als Diffusionskonstante genannt. Bei schwacher Absorption ($\Sigma_A \ll \Sigma$) kann man

$$
D \cong \frac{1}{3\Sigma} = \frac{\lambda}{3} \tag{6.41}
$$

setzen.

Da bei der Ableitung des Fickschen Gesetzes in (6.30) eine lineare Näherung eingesetzt wurde, ist zur genaueren Berechnung der Diffusionskonstante eine Korrektur für die Vorwärtsstreuung und die Absorption notwendig. Die Korrektur von λ für die Vorwärtsstreuung erhalten wir aus der Betrachtung des Streustoßes in Kap. 4.6.2. Da die Winkelverteilung im Schwerpunktsystem isotrop ist, ergibt sich für das Laborsystem eine Vorwärtsstreuung, die zu einer effektiven Verlängerung der mittleren freien Weglänge führt.

Bezeichnen wir die Wegstrecke, die ein Neutron bis zum nächsten Stoß zurücklegt, mit s, so ist seine Vorwärtskomponente $s \cos \vartheta = s\mu$. Um den Mittelwert der Vorwärtsstreuung zu berechnen, müssen die Beiträge über alle Weglängen und alle Richtungen, mit der zugehörigen Wahrscheinlichkeit multipliziert, integriert werden. Die Wahrscheinlichkeit, dass ein Neutron eine freie Weglänge s erreicht und in ds beendet ist

$$w(s)\,\mathrm{d}s = \Sigma \exp(-\Sigma s)\,\mathrm{d}s. \tag{6.42}$$

Die Wahrscheinlichkeit, dass es in Richtung Θ gestreut wird, lässt sich beschreiben durch

$$w(\cos\Theta)\,\mathrm{d}(\cos\Theta) = \frac{1}{2}\mathrm{d}(\cos\Theta). \tag{6.43}$$

Mit μ als Funktion von $\cos\Theta$ erhält man für den Mittelwert der Vorwärtsstreuung

$$\overline{x} = \int_0^\infty s w(s)\,\mathrm{d}s \int_{-1}^{1} \mu(\cos\Theta)\, w(\cos\Theta)\,\mathrm{d}(\cos\Theta). \tag{6.44}$$

Einsetzen von (6.42) und (6.43) ergibt

$$\overline{x} = \int_0^\infty s\Sigma \exp(-\Sigma s)\,\mathrm{d}s \int_{-1}^{1} \frac{1}{2}\mu(\cos\Theta)\,\mathrm{d}(\cos\Theta), \tag{6.45}$$

und man erhält für den mittleren Beitrag der Vorwärtsstreuung

$$\overline{x} = \frac{1}{\Sigma}\overline{\mu} = \lambda\overline{\mu}. \tag{6.46}$$

Die Beziehung zwischen dem Cosinus des Streuwinkels im Laborsystem $\mu = \cos\vartheta$ und dem Cosinus des Streuwinkels im Schwerpunktsystem $\cos\Theta$, die man für die Berechnung von $\overline{\mu}$ braucht, lässt sich leicht aus Abb. 6.5 ablesen:

$$v' \cos\vartheta = v_s + v'_* \cos\Theta. \tag{6.47}$$

Durch Einsetzen von $\frac{v'}{v}$ nach (6.16) sowie $\frac{v_s}{v}$ und $\frac{v'_*}{v}$ nach (6.15) findet man unmittelbar

$$\mu = \frac{1 + A\cos\Theta}{\sqrt{1 + A^2 + 2A\cos\Theta}}. \tag{6.48}$$

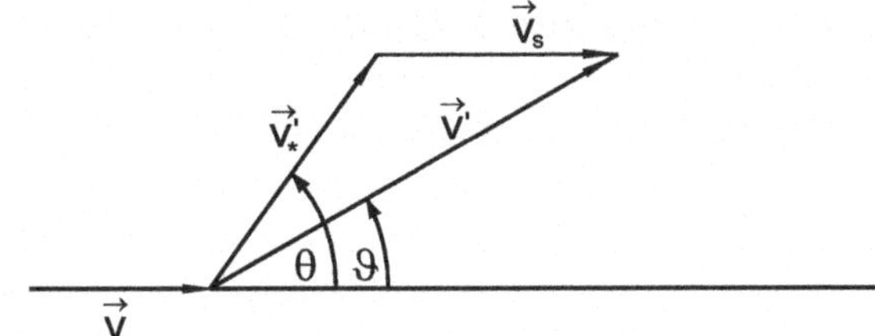

Abb. 6.5 Streuwinkel im Labor- und Schwerpunktsystem

Durch Einsetzen in (6.45) erhält man nach Integration die einfache Beziehung

$$\overline{\mu} = \frac{2}{3A}. \tag{6.49}$$

Die freie Weglänge wird demnach jedes Mal um den Betrag $\lambda\overline{\mu}$ verlängert, falls der Stoß kein absorbierender, sondern ein streuender Stoß war. Die Wahrscheinlichkeit dafür ist $\frac{\Sigma_S}{\Sigma}$. Die freie Weglänge wird also bei jedem Stoß effektiv um den Faktor $1 + \frac{\Sigma_S}{\Sigma}\overline{\mu}$ verlängert. Berücksichtigt man, dass auch der Zuwachs bei jedem weiteren Stoß immer wieder mit diesem Faktor multipliziert wird, so erhält man für die sogenannte Transportweglänge

$$\lambda_t = \lambda\left[1 + \frac{\Sigma_S}{\Sigma}\overline{\mu} + \left(\frac{\Sigma_S}{\Sigma}\overline{\mu}\right)^2 + \left(\frac{\Sigma_S}{\Sigma}\overline{\mu}\right)^3 + \cdots + \left(\frac{\Sigma_S}{\Sigma}\overline{\mu}\right)^n\right]. \tag{6.50}$$

Da die in der Potenzreihe (6.50) auftretende Größe $\frac{\Sigma_S}{\Sigma}\overline{\mu} < 1$ ist, lässt sich schon nach einigen Stößen die Transportweglänge λ_t hinreichend genau durch die unendliche Summe darstellen:

$$\lambda_t = \frac{\lambda}{1 - \frac{\Sigma_S}{\Sigma}\overline{\mu}}. \tag{6.51}$$

Mit t (4.17) und $\Sigma = \Sigma_A + \Sigma_S$ erhält man daraus für die Transportweglänge

$$\lambda_t = \frac{1}{\Sigma_A + \Sigma_S(1 - \overline{\mu})} = \frac{1}{\Sigma_t}. \tag{6.52}$$

Σ_t nennt man den Transportquerschnitt. Als verbesserter Wert für die Diffusionskonstante ergibt sich damit

$$D = \frac{\lambda_t}{3} = \frac{1}{3\Sigma_t} \cong \frac{1}{3\Sigma(1 - \overline{\mu})}. \tag{6.53}$$

Die letzte Form stellt bei schwacher Absorption eine ausreichend gute Näherung dar. Einen genaueren Ausdruck, der auch die Absorption berücksichtigt, wird in (Meghreblian und Holmes 1960) hergeleitet:

$$D = \frac{1}{3\Sigma(1 - \overline{\mu})\left(1 - \frac{4}{5}\frac{\Sigma_A}{\Sigma} + \frac{\Sigma_A}{\Sigma}\frac{\overline{\mu}}{1-\overline{\mu}} + \cdots\right)} \tag{6.54}$$

6.4.4 Lösung der Diffusionsgleichung

Mithilfe des Ausdrucks für den Neutronenstrom können wir nun die Neutronenbilanz über ein Volumenelement aufstellen. Sie ist zu betrachten wie die Bevölkerungsdichte eines abgegrenzten Gebietes. Die Neutronen können dort geboren werden oder sterben, sie können einwandern oder auswandern. Die zeitliche Änderung der Neutronendichte ist gleich der Differenz zwischen ein- und ausströmenden Neutronen plus Zahl der entstehenden minus Zahl der absorbierten Neutronen.

Die Differenz zwischen ein- und ausströmenden Neutronen wird beschrieben durch $-\operatorname{div}\vec{J}$. Die Zahl der absorbierten Neutronen wird gegeben durch $\Sigma_A\Phi$. Für die entstehenden Neutronen schreiben wir zunächst einen Quellterm S, der sowohl eine eingebrachte Neutronenquelle als auch eine Spaltneutronen-Erzeugung darstellen kann. Die Bilanzgleichung lautet dann

$$\frac{\partial n}{\partial t} = -\operatorname{div}\vec{J} - \Sigma_A\Phi + S. \tag{6.55}$$

Das ist dieselbe Beziehung (6.22), die wir schon durch Integration der allgemeinen Transportgleichung über $\vec{\Omega}$ gefunden hatten. Jetzt kennen wir aber die zusätzliche Beziehung zwischen $\vec{J}$ und Φ in Form des Fickschen Gesetzes und können damit $\vec{J}$ eliminieren.

Durch Einsetzen von (6.39) erhalten wir eine Differentialgleichung zweiter Ordnung für Φ, wenn wir außerdem noch n durch $\frac{\Phi}{v}$ ausdrücken:

$$\frac{1}{v}\frac{\partial\Phi}{\partial t} = \operatorname{div}\left(D \text{ grad } \Phi\right) - \Sigma_A\Phi + S. \tag{6.56}$$

Wenn D, wie z. B. in einem homogenen Medium, ortsunabhängig ist, erhält man die übliche Form

$$\frac{1}{v}\frac{\partial\Phi}{\partial t} = D\Delta\Phi - \Sigma_A\Phi + S. \tag{6.57}$$

Hierbei ist Δ der Laplace-Operator div grad.

Aus der Ableitung der Diffusionsgleichung, bei der die Richtungsabhängigkeit der Neutronen unberücksichtigt bleibt, ist klar, dass sie in der Nähe von Oberflächen oder stark absorbierenden Medien, wo eine rapide Änderung des Neutronenflusses vorliegt, ungenau sein muss. Außerdem stellt auch das Ficksche Gesetz nur eine lineare Näherung dar. Trotzdem ist sie viel genauer und allgemeiner anwendbar als man zunächst erwartet, weil feine Inhomogenitäten als quasihomogen zu betrachten sind und weil im Reaktor trotz großer Absorptionsquerschnitte Quell- und Verlustterm ausgeglichen sind.

6.4.5 Grenzbedingungen

Die Diffusionsgleichung ist eine Differentialgleichung. Als solche beschreibt sie noch nicht einen bestimmten physikalischen Zustand, sondern alle mit den Eigenschaften des Mediums verträglichen physikalischen Zustände. Um die tatsächliche Lösung in einer gegebenen Anordnung zu ermitteln, müssen die freien Konstanten durch Anfangs-, Regularitäts- und Randbedingungen bestimmt werden.

Die Anfangsbedingungen bestimmen den zeitlichen Verlauf und ergeben sich in der Regel aus der Vorgeschichte.

Regularitätsbedingungen ergeben sich aus der physikalischen Bedeutung des Neutronenflusses. Er kann an keiner Stelle negativ sein. Im ganzen Bereich der Anordnung muss also gelten $\Phi \geq 0$. Ferner darf er auch nirgends gegen unendlich gehen. Weitere Regularitätsbedingungen können sich z. B. aus der Symmetrie der Anordnung ergeben. Für Symmetrieebenen bzw. Symmetriepunkte muss gelten grad $\Phi = 0$, d. h., auch der Strom muss dort verschwinden $\vec{J} = 0$.

Als Randbedingung an der Trennfläche zwischen zwei Medien gilt, dass sowohl die Flussdichten als auch die Stromdichten an der Trennfläche stetig sind.

Dies kann für schwache Absorption gezeigt werden durch Addition bzw. Subtraktion der gerichteten Teilströme auf beiden Seiten (Abb. 6.6), für die gelten muss

$$J_{+A} = J_{+B} \tag{6.58}$$

$$J_{-A} = J_{-B}. \tag{6.59}$$

Durch Einsetzen der entsprechenden Ausdrücke nach (6.35) für den stationären Fall mit $\Sigma_S = \Sigma$ erhält man

$$\frac{\Phi_A}{4} + \frac{1}{6\Sigma_A}\frac{\partial \Phi_A}{\partial x} = \frac{\Phi_B}{4} + \frac{1}{6\Sigma_B}\frac{\partial \Phi_B}{\partial x} \tag{6.60}$$

$$\frac{\Phi_A}{4} - \frac{1}{6\Sigma_A}\frac{\partial \Phi_A}{\partial x} = \frac{\Phi_B}{4} - \frac{1}{6\Sigma_B}\frac{\partial \Phi_B}{\partial x}. \tag{6.61}$$

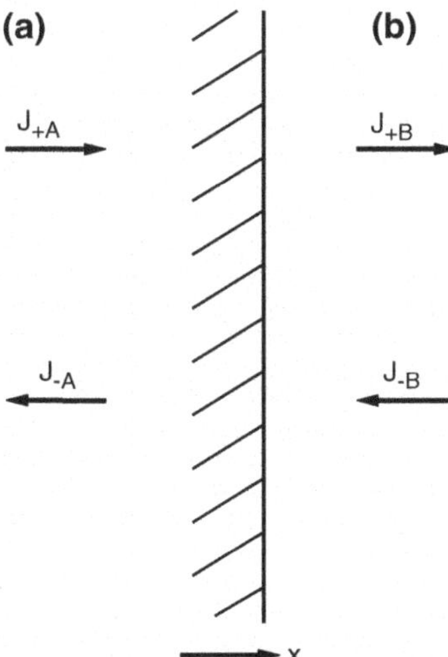

Abb. 6.6 Neutronenstrom an einer Grenzfläche

Die Addition beider Gleichungen ergibt als Bedingung für die Flussdichte

$$\Phi_A = \Phi_B. \tag{6.62}$$

Die Subtraktion führt zu der Forderung für die Ströme

$$D_A \frac{\partial \Phi_A}{\partial x} = D_B \frac{\partial \Phi_B}{\partial x} \rightarrow J_A = J_B. \tag{6.63}$$

An einer Grenzfläche zwischen zwei Medien muss also sowohl der Neutronenfluss als auch die Neutronenstromdichte auf beiden Seiten gleich, d. h., stetig sein.

An einer Außenfläche der Anordnung muss der Rückstrom der Neutronen null gesetzt werden, da die Luft außerhalb praktisch als Vakuum anzusehen ist. Für den einwärts gerichteten Neutronenstrom J_- müsste also, wenn Φ_0 die Flussdichte an der Oberfläche ist, gelten

$$J_- = \frac{\Phi_0}{4} + \frac{\lambda_t}{6} \frac{\partial \Phi_0}{\partial x} = 0. \tag{6.64}$$

Flussdichte und Gradient der Flussdichte stehen also an der Oberfläche immer in einem festen Verhältnis:

$$\Phi_0 = -\frac{2}{3} \lambda_t \frac{\partial \Phi_0}{\partial x}. \tag{6.65}$$

Extrapoliert man die Flussdichte nach Abb. 6.7 geradlinig nach außen, so muss man im Abstand

$$d = \frac{\Phi_0}{\left| \frac{\partial \Phi_0}{\partial x} \right|} = \frac{2}{3} \lambda_t \tag{6.66}$$

den Wert null erreichen. Der Wert d wird auch als Extrapolationslänge bezeichnet.

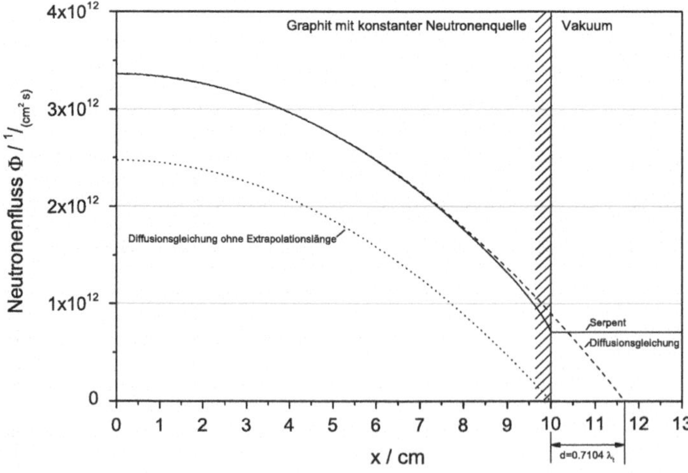

Abb. 6.7 Neutronenflussdichte an einer ebenen Grenzfläche

Die Tatsache, dass aus dem Vakuum keine Rückstreuung stattfindet, wird durch die Diffusionstheorie mit (6.64) nur unvollkommen berücksichtigt, sodass der Flussabfall im Randgebiet unterschätzt wird. Eine genauere, transporttheoretische Betrachtung führt mit (6.67) zu einem gegenüber (6.66) leicht modifizierten Wert für die Extrapolationslänge. λ_t ist die in (6.52) eingeführte mittlere Transportweglänge.

$$d = 0{,}7104\lambda_t. \tag{6.67}$$

In Abb. 6.7 wird für eine in zwei Dimensionen unendliche Graphitplatte mit konstanter Neutronenquelle der mit dem Monte-Carlo-Code Serpent ermittelte Flussverlauf und die auf der Diffusionsgleichung basierende, analytische Lösung (einmal mit und einmal ohne Extrapolationslänge) dargestellt. Es wird deutlich, dass die Einführung der Extrapolationslänge zwar im Randbereich keine exakte Übereinstimmung mit der korrekten Lösung zur Folge hat, aber eine Unkorrektheit des berechneten Flusses im Inneren des Mediums vermieden werden kann.

Ist die Grenzfläche gekrümmt, verändert sich die Extrapolationslänge in Abhängigkeit vom Krümmungsradius R. Für große Radien muss sich d natürlich asymptotisch dem Wert für ebene Grenzflächen nähern. Die in (ANL-5800 (1963)) dargestellte Abhängigkeit der extrapolierten Lösung von Krümmungsradius für Kugel und Zylinder kann durch einen Ansatz nach (6.68) ausgerechnet werden:

$$\frac{d}{\lambda_t} = a_1 + \frac{1}{a_2 + a_3\frac{R}{\lambda_t} + a_4\frac{R}{\lambda_t}^2} \tag{6.68}$$

Die gewonnenen Werte für die Konstanten sind in Tab. 6.2 angegeben:

Der entsprechende Verlauf ist in Abb. 6.8 dargestellt.

Ist das Diffusionsmedium gleichzeitig ein Neutronenabsorber, so hat dies ebenfalls einen Einfluss auf die Extrapolationslänge.

Der korrigierte Ausdruck aus der Transporttheorie für ein Diffusionsmedium mit $0 < \Sigma_A < \Sigma_S$ (Kerntechnik1958) lautet

$$d = 0{,}\,7104\lambda_t\sqrt{\frac{\Sigma}{\Sigma_S}}. \tag{6.69}$$

Wenn $x = x_0$ die Koordinate des Randes ist, so gilt als Randbedingung, dass die Flussdichte nicht bei x_0, sondern bei $x = x_0 + d$ null werden muss, wobei für d üblicherweise

Tab. 6.2 Korrekturwerte

	a_1	a_2	a_3	a_4
Kugel	0.7104	1.6053	1.1236	0.108
Zylinder	0.7104	1.6053	2.6987	0.1075

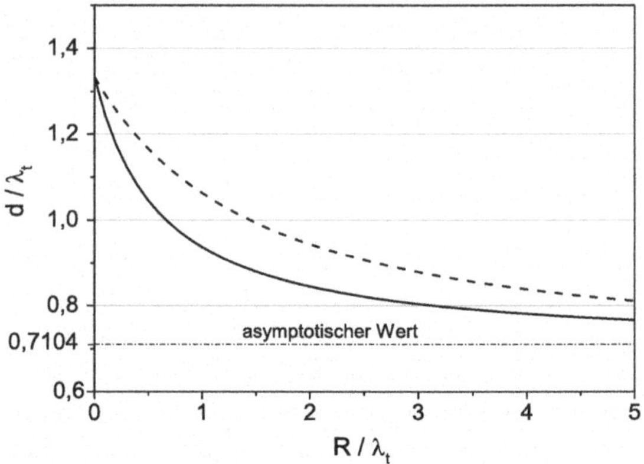

Abb. 6.8 Extrapolationsstrecke für zylindrische (ausgezogen) und kugelförmige (gestrichelt) Oberflächenabsorber als Funktion des Radius R (Daten aus ANL-5800 1963)

die Beziehungen aus der Transporttheorie benutzt werden. Die Randbedingungen an einer Grenzfläche zum Vakuum oder schwarzen Körper lauten also:

$$\Phi\ (x_0 + d) = 0. \tag{6.70}$$

6.4.6 Fermi-Alter-Theorie

Betrachtet man Neutronen, die zum Zeitpunkt $t = 0$ von einer Quelle kommen, z. B. durch Spaltung mit einer Energie von 2 MeV freigesetzt werden und in einem Medium ohne Absorption kontinuierlich gebremst werden und diffundieren, so kann man ihre Lethargie u mit dem Alter der Neutronen t_A in Beziehung bringen. Das einzelne Neutron erfährt bei jedem Stoß einen Lethargiezuwachs, der zwischen 0 und $\ln\alpha$ liegt. Die Stöße sind über die Zeit t_A bzw. die Weglänge s statistisch verteilt. In dem Diagramm, wo die Lethargie über dem von einem Neutron zurückgelegten Weg aufgetragen ist, beschreibt also jedes Neutron eine Treppenlinie mit einer Stufenhöhe $\leq \ln\alpha$. Die mittlere Stufenhöhe ist gleich dem mittleren Energieverlust pro Stoß ξ. Der Abstand von Stufe zu Stufe ist jeweils gleich der freien Weglänge. Der mittlere Abstand zwischen zwei Stößen ist gleich der mittleren freien Weglänge λ_S.

Dabei kann $\Sigma_S = \frac{1}{\lambda_S}$ als konstant vorausgesetzt werden. Damit ergibt sich für die mittlere Steigung aller Treppenlinien, die durch eine Gerade dargestellt wird,

$$\frac{\mathrm{d}u}{\mathrm{d}s} = \frac{\mathrm{d}u}{\mathrm{d}t_A} = \frac{\xi}{\lambda_S} = \xi\,\Sigma_S \tag{6.71}$$

$\xi\,\Sigma_S$ ist der mittlere Lethargiezuwachs pro cm Weglänge.

Vernachlässigt man den Effekt von Einzelstößen und setzt stattdessen für ein großes Neutronenkollektiv eine kontinuierliche Abbremsung an, so lässt diese als Gerade (s. auch Abb. 6.9)

$$u = \xi\,\Sigma_S s \tag{6.72}$$

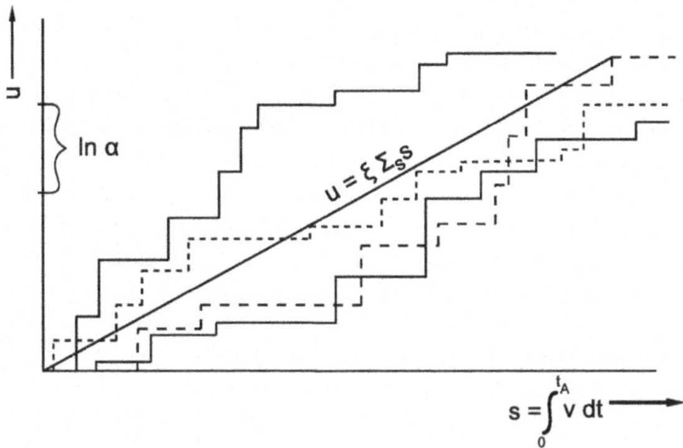

Abb. 6.9 Lethargie-Weg-Diagramm der Neutronen

darstellen, auf der sie dann einen kontinuierlichen Lethargiezuwachs der Größe

$$du = \xi \Sigma_S v \mathrm{d}t_A. \tag{6.73}$$

erfahren.

Diese Gleichung stellt eine feste Beziehung zwischen der Lethargie bzw. Energie und dem Alter t_A der Neutronen her. Für Neutronen gleichen Alters t_A gilt die Diffusionsgleichung (6.57) ohne Absorptions- und Quellterm:

$$D\Delta\Phi(\vec{r}, t_A) = \frac{1}{v}\frac{\partial\Phi(\vec{r}, t_A)}{\partial t_A}. \tag{6.74}$$

Nach (4.96) gilt für die Bremsdichte im Lethargiemaßstab

$$q(\vec{r}, u) = \xi \Sigma_S \Phi(\vec{r}, u). \tag{6.75}$$

Durch Einsetzen in (6.74) erhält man die Differentialgleichung

$$D\Delta q(\vec{r}, t_A) = \frac{1}{v}\frac{\partial q}{\partial u}\cdot\frac{du}{\mathrm{d}t_A}, \tag{6.76}$$

die unter Verwendung von (6.73) übergeht in die Differentialgleichung

$$\Delta q = \frac{\xi \Sigma_S}{D}\frac{\partial q}{\partial u}. \tag{6.77}$$

Führt man eine neue Variable τ ein, indem man setzt

$$\mathrm{d}\tau = \frac{D}{\xi \Sigma_S} du, \tag{6.78}$$

so geht (6.77) über in die sogenannte Fermi-Alter-Gleichung.

$$\Delta q = \frac{\partial q}{\partial \tau}. \tag{6.79}$$

Für die Variable τ erhält man durch Integration von (6.78)

$$\tau\,(u) = \int_0^u \frac{D}{\xi\,\Sigma_S} \mathrm{d}u = \int_0^{t_A} Dv\,\mathrm{d}t_A = \overline{D}s \tag{6.80}$$

beziehungsweise

$$\tau\,(E) = \int_E^{E_0} \frac{D}{\xi\,\Sigma_S} \frac{\mathrm{d}E}{E}. \tag{6.81}$$

τ nennt man das Fermi-Alter. Es charakterisiert nicht nur das Alter der Neutronen, sondern gleichzeitig auch ihren Energiezustand während der Moderation. Aus (6.80) erkennt man, dass das Fermi-Alter τ in cm^2 angegeben wird. Es wird demnach auch interpretiert als proportional zum Quadrat des mittleren Abstandes eines abgebremsten Neutrons zu dessen Entstehungsort durch Spaltung. τ ist insofern auch abhängig von den Materialeigenschaften, die die Diffusionskonstante, den Streuquerschnitt und den mittleren Energieverlust pro Stoß festschreiben. Das Fermi-Alter τ_{th} von Neutronen, die auf thermische Energien abgebremst wurden, ist eine wichtige Größe für die Berechnung der Leckage schneller Neutronen aus einem endlichen System, die in Kap. 7.2 behandelt werden wird. Gemessene Werte τ_{th} für die Bremsung der Neutronen von 2 MeV auf thermische 0,025 eV betragen für H_2O 27, 5 cm^2, für D_2O 125 cm^2 und für Graphit 364 cm^2 (Goldstein et al. 1961).

Literatur

Riezler, W., Finkelberg, W.: Kerntechnik – Physik, Technologie, Reaktoren. Teubner Verlag, Stuttgart (1958)

Reactor Physics Constants. United States Atomic Energy Comission (1963)

Ganapol, B.D.: Analytical Benchmarks for Nuclear Engineering Applications. Case Studies in Neutron Transport Theory. Organisation for Economic Co-operation and Development (2008)

Goldstein, H., Sullivan, J.C., Coveyon, R.R., Kinney, W.E., Bate, R.R.: Calculation of neutron age in H_2O and other materials. In: ORNL-2639 (1961)

Lewis, E.E., Miller, W.F.: Computational Methods of Neutron Transport. American Nuclear Society (1993)

Lux, I., Koblinger, L.: Monte Carlo Particle Transport Methods Neutron and Photon Calculations. CRC Press, Boca Raton (1991)

Meghreblian, R., Holmes, D. (Hrsg.): Reactor Analysis. McGraw-Hill (1960)

Ragheb, M.: Neutron Diffusion Theory. Vorlesungsunterlagen zu „Nuclear Power Engineering". University of Illinois (2012)

Stacey, W.M.: Nuclear Reactor Physics. Wiley-VCH (2007)

Diffusionsgleichung für den endlichen Reaktor 7

Von den Ansätzen zur Beschreibung des Neutronentransportes ist die im vorigen Kapitel vorgestellte Diffusionstheorie sicherlich einer der am weitesten vereinfachenden. Gerade deshalb ist sie aber gut für einfache analytische Abschätzungen geeignet und soll im Folgenden angewendet werden, um die Neutronenbilanz eines endlich ausgedehnten Reaktors zu betrachten, bei dem zusätzlich zu den in Kap. 5 behandelten Aspekten zusätzlich noch die Leckageverluste zu berücksichtigen sind.

7.1 Multiplikationsfaktor für ein endlich ausgedehntes System

In Kap. 5 war ein unendlich ausgedehntes Medium diskutiert und dafür ein Multiplikationsfaktor k_∞ bestimmt worden. Hierbei war das neutronenphysikalische Geschehen unbeeinflusst von den Abmessungen des Systems. Tatsächlich wird es bei Verwendung von endlichen Reaktorsystemen zum Ausfluss von Neutronen aus dem Reaktor kommen. Dieser Ausfluss tritt zum einen während des Abbremsvorganges, d. h. für schnelle und epithermische Neutronen, auf, zum anderen werden auch Neutronen, die schon auf thermische Energien abgebremst sind, bei der anschließenden Neutronendiffusion im thermischen Energiebereich aus dem System durch Leckage verlorengehen. Diese beiden Effekte werden durch 2 Faktoren beschrieben:

Schneller Verbleibfaktor w_s:

$$w_s = \frac{\text{Anzahl der im Reaktor verbliebenen schnellen Neutronen}}{\text{Anzahl der schnellen Spaltneutronen}} \tag{7.1}$$

Thermischer Verbleibfaktor w_{th}:

$$w_{th} = \frac{\text{Anzahl der im Reaktor absorbierten thermischen Neutronen}}{\text{Anzahl der thermisch gewordenen Neutronen}} \tag{7.2}$$

A. Ziegler und H.-J. Allelein (Hrsg.), *Reaktortechnik*,
DOI: 10.1007/978-3-642-33846-5_7, © Springer-Verlag Berlin Heidelberg 2013

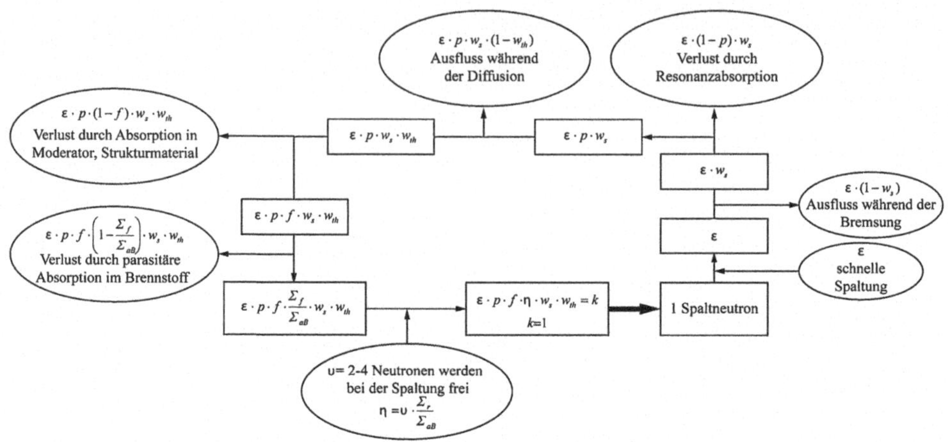

Abb. 7.1 Zur Ableitung des Multiplikationsfaktors k für ein endlich ausgedehntes Medium (Ausflüsse im schnellen und thermischen Energiebereich überlagern sich den Effekten)

Der Multiplikationsfaktor wird damit erweitert zu

$$k = k_\infty \cdot w_s \cdot w_{th} = \varepsilon \cdot p \cdot f \cdot \eta \cdot w_s \cdot w_{th} \tag{7.3}$$

Um einen kritischen Reaktor zu realisieren, muss wiederum $k = 1$ sein. Abbildung 7.1 zeigt als Erweiterung von Abb. 5.2 die Zusammenhänge bei einem endlich ausgedehnten System.

Die Gleichung für den Multiplikationsfaktor für ein endlich ausgedehntes System kann auch in der Form

$$k = \frac{R_p}{R_a + R_L} \tag{7.4}$$

geschrieben werden. Hierbei bedeuten

R_p = Rate der insgesamt im Reaktor produzierten Neutronen
R_a = Zahl der insgesamt im Reaktor absorbierten Neutronen
R_L = Zahl der durch Leckage verlorengegangenen Neutronen

k_∞ hängt von den inneren Eigenschaften des Reaktors (Materialien, Zusammensetzung, Geometrie der Brennelemente) ab, der Faktor $w_s \cdot w_{th}$ macht, wie später noch näher gezeigt wird, eine Aussage über die notwendige Größe des Reaktors, um eine kritische Konfiguration zu erreichen.

7.2 Konzept einer kritischen Anordnung

Im Folgenden werden die Bedingungen dafür diskutiert, dass eine Anordnung bei endlichen Abmessungen kritisch ist. Die stoffliche Zusammensetzung und die innere Anordnung von Spaltstoffen, Brutstoffen, Moderatoren, Strukturmaterialien und Spaltprodukten seien vorgegeben, womit dann die Größe k_∞ festgelegt ist. Bei einer endlichen Anordnung fließen Neutronen über die Ränder aus dem System aus, sodass ein Wert $k_\infty > 1$ gewählt werden muss, um für das System mit endlichen Abmessungen $k = 1$ zu realisieren.

Der Einfachheit halber werde ein thermischer Reaktor mit einer Neutronengruppe im thermischen Energiebereich betrachtet. Hierzu müssen geeignete Mittelwerte für Stoffgrößen im thermischen Bereich definiert werden. Quellneutronen, die durch Spaltung als schnelle Neutronen entstehen, werden in geeigneter Form als Quelle formuliert.

Die in Kap. 6 aufgestellte Diffusionsgleichung (6.57)

$$\frac{\partial n}{\partial t} = D \cdot \Delta\Phi - \Sigma_A \cdot \Phi + Q$$

wird in die Form

$$\frac{1}{\overline{v}_{th}} \cdot \frac{\partial \Phi_{th}}{\partial t} = \overline{D}_{th} \cdot \Delta\Phi_{th} - \overline{\Sigma}_{A_{th}} \cdot \Phi_{th} + Q_{th} \tag{7.5}$$

gebracht.

Die thermische Neutronenquelle wird durch Abbremsung von Spaltneutronen gebildet, sodass man sie gemäß (7.6) ausrücken kann.

$$Q_{th} = k_\infty \overline{\Sigma}_{A_{th}} \cdot \Phi_{th} = \varepsilon \cdot p \cdot \nu \cdot \overline{\Sigma}_f \cdot \Phi_{th} \tag{7.6}$$

Mithilfe der Mittelwertbildung im thermischen Energiebereich wurde erreicht, dass die thermische Flussdichte $\Phi(\vec{r}, t)$ nur noch von Ort und Zeit abhängt. Die Diffusionsgleichung lautet damit

$$\frac{1}{\overline{v}_{th}} \cdot \frac{\partial \phi_{th}}{\partial t} = \overline{D}_{th} \cdot \Delta\Phi_{th} - \overline{\Sigma}_{A_{th}} \cdot \Phi_{th} + k_\infty \cdot \overline{\Sigma}_{A_{th}} \cdot \Phi_{th} \tag{7.7}$$

Wird mit $L_{D,th}$ die thermische Diffusionslänge bzw. mit $L^2_{D,th}$ das Quadrat der Diffusionslänge

$$L^2_{D,th} = \frac{\overline{D}_{th}}{\overline{\Sigma}_{A_{th}}} \tag{7.8}$$

bezeichnet, so ergibt sich:

$$\frac{1}{\overline{D}_{th} \cdot \overline{v}_{th}} \cdot \frac{\partial \Phi_{th}}{\partial t} = \Delta\Phi_{th} + \frac{k_\infty - 1}{L^2_{D,th}} \cdot \Phi_{th} \tag{7.9}$$

Führt man als rein stoffabhängige Konstante B_m

$$B_m^2 = (k_\infty - 1) \cdot \frac{\overline{\Sigma}_{A_{th}}}{\overline{D}_{th}} = (k_\infty - 1) \cdot \frac{1}{L_{D,th}^2} \tag{7.10}$$

das sog. materielle Buckling ein, so erhält man die Diffusionsgleichung in der endgültigen Form

$$\frac{1}{\overline{\overline{D}}_{th} \cdot \overline{v}_{th}} \cdot \frac{\partial \Phi_{th}}{\partial t} = \Delta \Phi_{th} + B_m^2 \cdot \Phi_{th} \tag{7.11}$$

Die thermische Neutronenflussdichte Φ_{th} kann nun durch einen Produktansatz angenähert werden

$$\Phi_{th}(\vec{r}, t) = F(\vec{r}) \cdot T(t) \tag{7.12}$$

Damit folgt aus der Diffusionsgleichung

$$\frac{1}{\overline{\overline{D}}_{th} \cdot \overline{v}_{th}} \cdot \frac{\mathrm{d}}{\mathrm{d}t}(F \cdot T) = \Delta(F \cdot T) + B_m^2 \cdot F \cdot T \tag{7.13}$$

Wird diese Gleichung mit $\frac{1}{F \cdot T}$ multipliziert, so erhält man:

$$\frac{1}{\overline{\overline{D}}_{th} \cdot \overline{v}_{th}} \cdot \frac{1}{T} \cdot \frac{\mathrm{d}T}{\mathrm{d}t} = \frac{1}{F} \cdot \Delta F + B_m^2 \tag{7.14}$$

Während die materielle Flusswölbung B_m^2 eine konstante Größe darstellt, ist die linke Seite dieser Gleichung ausschließlich zeitabhängig, wohingegen der erste Term der rechten Seite ausschließlich ortsabhängig ist. Dies führt direkt zu der Forderung, dass bei zeitlich unabhängigem also konstantem Neutronenfluss die Ortsabhängigkeit sich ebenfalls nicht verändern darf. Daher wird die geometrische Flusswölbung (geometrisches Buckling B_g^2) mit

$$\frac{\Delta F}{F} = -B_g^2 \tag{7.15}$$

$$\Rightarrow \Delta F + B_g^2 \cdot F = 0 \tag{7.16}$$

eingeführt. Für ein kritisches System, d. h. wenn $\frac{\partial \Phi_{th}}{\partial t} = 0$ bzw. $\frac{\mathrm{d}T}{\mathrm{d}t} = 0$ gilt, folgt:

$$B_g^2 = B_m^2 \tag{7.17}$$

Ist der Reaktor überkritisch, so ist $\frac{\partial \Phi}{\partial t} > 0$ bzw. $\frac{\mathrm{d}T}{\mathrm{d}t} > 0$ und folglich

$$B_m^2 > B_g^2 \tag{7.18}$$

Ist der Reaktor dagegen unterkritisch, so ist $\frac{\partial \Phi}{\partial t} < 0$ bzw. $\frac{\mathrm{d}T}{\mathrm{d}t} < 0$ und somit

$$B_m^2 < B_g^2 \tag{7.19}$$

Für einen kritischen Reaktor lässt sich aus der Gleichung für die materielle Flusswölbung mit $B_m^2 = B_g^2 = B^2$ die Kritikalitätsbedingung bei Berücksichtigung nur einer Energiegruppe für die Neutronen gewinnen:

$$B^2 = (k_\infty - 1) \cdot \frac{1}{L_{D,th}^2} \tag{7.20}$$

$$\Rightarrow B^2 \cdot L_{D,th}^2 = k_\infty - 1 \tag{7.21}$$

$$\Rightarrow 1 + B^2 \cdot L_{D,th}^2 = k_\infty \tag{7.22}$$

$$\Rightarrow 1 = k_\infty \cdot \frac{1}{1 + B^2 \cdot L_{D,th}^2} = k_\infty \cdot w_{th} \tag{7.23}$$

Mit $B_m^2 = B$ ergibt sich aus (7.11) für einen Reaktor mit $\frac{\partial \Phi}{\partial t} = 0$ die kritische Gleichung:

$$\Delta\Phi + B^2\Phi = 0 \tag{7.24}$$

Wir müssen für die 6-Faktoren-Formel nunmehr noch die schnelle Verbleibswahrscheinlichkeit bestimmen. Diese sei definiert als der Quotient der Bremsdichte für thermische Neutronen und Spaltneutronen.

$$w_s = \frac{q_{th}}{q_{Spalt}} \tag{7.25}$$

Hierzu gehen wir von der Fermi-Alter-Gleichung aus und berücksichtigen dabei die Abhängigkeit der Bremsdichte von Ort $\vec{r}$ und Fermi-Alter τ:

$$\Delta q(\vec{r}, \tau) = \frac{\partial q}{\partial \tau} \tag{7.26}$$

Analog zur Lösung der Diffusionsgleichung für ein kritisches System drücken wir $q(\vec{r}, \tau)$ nun durch eine Produktmatrix (7.27) aus:

$$q(\vec{r}, \tau) = R(\vec{r}) \cdot T(\tau) \tag{7.27}$$

Durch einsetzten in (7.26) und Trennung von orts- und zeitabhängigen Variablen erhält man:

$$\frac{\Delta R}{R} = \frac{1}{T} \cdot \frac{\mathrm{d}T}{\mathrm{d}\tau} \tag{7.28}$$

Setzt man (7.28) wiederum gleich mit einer Konstanten $C = -B^2$, dann erhält man die Differentialgleichungen:

$$\Delta R \cdot B^2 \cdot R = 0 \tag{7.29}$$

$$\frac{\mathrm{d}T}{\mathrm{d}\tau} = -B^2 \cdot T \tag{7.30}$$

Ein Vergleich von (7.29) mit (7.16) zeigt, dass die hier eingefügte Größe B dem geometrischen Buckling entspricht. Die Lösung von (7.30) führt zu:

$$T(\tau) = T_0 \cdot e^{-B^2\tau} \tag{7.31}$$

Für die Spaltneutronen mit $\tau = 0$ und somit $T(\tau) = T_0$ gilt:

$$R(\vec{r}) \cdot T_0 = q_{Spalt}(\vec{r}, \tau = 0) \tag{7.32}$$

und damit für die Bremsdichte als Funktion von $\vec{r}$ und τ:

$$q(\vec{r}, \tau) = q_{Spalt}(\vec{r}, \tau = 0) \cdot e^{-B^2\tau} \tag{7.33}$$

Durch einsetzen von (7.33) mit $\tau = 0$ für schnelle und $\tau = \tau_{th}$ für thermische Neutronen in (7.25) erhält man für die schnelle Verbleibswahrscheinlichkeit:

$$w_s = e^{-B^2\tau_{th}} \tag{7.34}$$

Für große Reaktoren, bei denen w_s nahe 1 ist, lässt sich (7.34) mit guter Näherung vereinfachen zu:

$$w_s = \frac{1}{1 + B^2 \cdot \tau_{th}} \tag{7.35}$$

Damit erhält man als Kritikalitätsbedingung aus der 6-Faktoren-Formel

$$\begin{aligned} 1 = k_\infty \cdot w_{th} \cdot w_s &= k_\infty \cdot \frac{1}{1 + B^2 \cdot L_{th}^2} \cdot e^{-B^2 \cdot \tau_{th}} \\ &= k_\infty \cdot \frac{1}{1 + B^2 \cdot L_D^2} \cdot \frac{1}{1 + B^2 \cdot \tau_{th}} \qquad (7.36) \\ &\approx k_\infty \cdot \frac{1}{1 + B^2 \cdot M^2} \qquad (7.37) \end{aligned}$$

Hierbei stellt $M^2 = L_0^2 + \tau_{th}$ das „mittlere Wanderungsquadrat" dar. Damit gibt M die gesamte mittlere Wegstrecke an, die Neutronen von ihrer Freisetzung bis zur Absorption zurücklegen.

Insgesamt sind die physikalischen Eigenschaften des multiplizierenden Mediums damit in der Größe k_∞, die Abmessungen des Systems über die Größe B^2 in w_{th} und w_s enthalten. Die Größe B^2 für einen gerade kritischen Reaktor wird durch Lösung der Reaktorgleichung für spezielle Reaktorgeometrien bestimmt.

Die Kritikalitätsbedingung nach (7.36) kann im Rahmen von Abschätzungen genutzt werden, um zwei verschiedene Arten von Problemen zu lösen:

- Wenn anhand der materiellen Zusammensetzung sowie der inneren Struktur des Reaktors die Größen k_∞, L_D, L_B bekannt sind, kann das materielle Buckling B_m^2 bestimmt werden. Aus der Bedingung für Kritikalität $B_m^2 = B_g^2$ folgen dann die Reaktorabmessungen, wenn die Geometrie (z. B. Zylinder) festgelegt ist und wenn eine Aussage über das H/D-Verhältnis (z. B. ~ 1) gemacht worden ist.

- Wenn dagegen die Reaktorabmessungen H, D vorgegeben sind, kann der Wert des geometrischen Bucklings ermittelt werden. Aus der Bedingung $B_m^2 = B_g^2$ können dann die Werte k_∞, L_D, L_B bestimmt werden, wenn zusätzliche Festlegungen z. B. hinsichtlich des Brennelementdesigns getroffen wurden. Eine wesentliche Größe, die im Zusammenhang mit k_∞ dann bestimmt werden kann ist z. B. die Spaltstoffanreicherung.

7.3 Kritische Abmessungen eines endlichen Systems

In einem endlichen Reaktor wird der Ausfluss von Neutronen umso größer sein, je kleiner der Reaktor ist. Dies lässt sich sehr einfach damit erklären, dass Produktion und Absorption der Neutronen vom Volumen (r^3) abhängen, ihre Leckage dagegen nur von der Oberfläche (r^2).

In der in Abschn. 7.2 entwickelten kritischen Gleichung verblieb das Buckling B als zunächst unbekannte Größe, die von der Geometrie des Reaktors abhängt. Wir wollen im Folgenden für verschiedene Reaktorformen Ausdrücke für das Buckling herleiten, auf deren Grundlage die kritischen Abmessungen bestimmt werden können.

7.3.1 Kugelförmige Reaktoren

Die Behandlung eines kugelförmigen Reaktors ist gut geeignet, um die Vorgehensweise bei der Ermittlung der Abmessungen eines kritischen Reaktorsystems darzulegen.

Ausgehend von der kritischen Gl. (7.24)

$$\Delta\Phi + B^2 \cdot \Phi = 0$$

mit dem Laplaceoperator in Kugelkoordinaten

$$\Delta\Phi = \frac{\partial^2\Phi}{\partial r^2} + \frac{2}{r} \cdot \frac{\partial\Phi}{\partial r} = \frac{1}{r^2} \cdot \frac{\partial}{\partial r}\left(r^2 \cdot \frac{\partial\Phi}{\partial r}\right) \tag{7.38}$$

gewinnt man mithilfe des Ansatzes

$$\Phi = \frac{U}{r} \tag{7.39}$$

die Differentialgleichung

$$\frac{d^2U}{dr^2} + B^2 \cdot U = 0 \tag{7.40}$$

Die Lösung lautet

$$U(r) = C_1 \cdot \sin Br + C_2 \cdot \cos Br \tag{7.41}$$

bzw.

$$\Phi(r) = C_1 \cdot \frac{\sin Br}{r} + C_2 \cdot \frac{\cos Br}{r} \tag{7.42}$$

Die Neutronenflussdichte Φ muss im gesamten Definitionsbereich endlich bleiben. Insbesondere muss der Gradient des Neutronenflusses in Kernmitte gleich Null sein. Dies ist nur durch die Forderung $C_2 = 0$ erfüllbar.

Außerdem muss der Fluss am Rand des Reaktors ($r = R$), strenggenommen am extrapolierten Rand des Reaktors ($r = R + d$) verschwinden. Die Forderung $\Phi(r \approx R) = 0$ führt dann auf die Beziehung

$$B = \frac{\pi}{R} \qquad \text{bzw.} \quad B^2 = \left(\frac{\pi}{R}\right)^2 \tag{7.43}$$

für die Flusswölbung. B^2 und die Größe des Reaktors sind damit umgekehrt proportional.

Wichtig ist der Hinweis, dass im Zusammenhang mit der Kritikalität keine Aussage über die Konstante C_1 gemacht wird, d. h. die Höhe des Neutronenflusses ist zunächst unbestimmt. Da die Neutronenflussdichte über die Gleichung

$$P = E_f \cdot \overline{\Phi} \cdot \overline{\Sigma}_f \cdot V \tag{7.44}$$

mit der Reaktorleistung korreliert ist, wird die Konstante C_1 letztlich über die Reaktorleistung festgelegt. Anders ausgedrückt ist Kritikalität bei einem Reaktor bei jedem Wert der Leistung realisierbar. Über die kritische Gleichung ist damit bei vorgegebenem Wert von k_∞ die Größe eines kritischen kugelförmigen Reaktors festgelegt.

Die Lösung für die Neutronenflussdichte lautet also

$$\Phi(r) = C_1 \cdot \frac{\sin\left(\frac{\pi r}{R}\right)}{r} \tag{7.45}$$

Sie ist symmetrisch und erreicht ihren Maximalwert in $r = 0$.

Ein einfaches Anwendungsbeispiel für die hier dargestellten Zusammenhänge ist die Bestimmung des kritischen Radius einer Spaltstoffkugel. Es wird ein realistisches Nuklidgemisch von 93.56 % U-235, 5.41 % U-238 und 1.03 % U-234 angenommen. Da es keinen Moderator gibt und auch die inelastische Streuung gegenüber der Spaltung keine dominierende Rolle einnimmt, kann die Energieverteilung der Neutronen näherungsweise dem Spaltneutronenspektrum gleichgesetzt werden. Damit reduziert sich die „Vier-Faktoren-Formel" auf den Regenerationsfaktor η, für den man an Hand der entsprechend gemittelten Wirkungsquerschnitte aus dem Anhang den Wert 2.46 erhält. Die Berechnung des kritischen Radius einer beispielhaften Spaltstoffkugel aus U-235 wird in Anhang A.3 detailliert beschrieben. Der so gewonnene, kritischen Radius von 7.62 cm entspricht bei einer Dichte von 18.75 g/cm^3 einer kritischen Masse von 34.7 kg. Dem steht als Ergebnis einer Serpent-Rechnung ein kritischer Radius von 8.75 cm und eine kritische Masse von 52.6 kg gegenüber.

7.3.2 Reaktoren mit Quaderform

Für ein quaderförmiges System mit den Kantenlängen a, b, c wird die Diffusionsgleichung durch einen Produktansatz gelöst, um die kritische Bedingung zu bestimmen.

$$\Delta\Phi + B^2 \cdot \Phi = 0$$

$$\Rightarrow \frac{\partial^2\Phi}{\partial x^2} + \frac{\partial^2\Phi}{\partial y^2} + \frac{\partial^2\Phi}{\partial z^2} + B^2 \cdot \Phi = 0 \tag{7.46}$$

Der Koordinatennullpunkt wird im Zentrum des Reaktors gewählt. Es kann nun angesetzt werden

$$\Phi(x, y, z) = X(x) \cdot Y(y) \cdot Z(z) \tag{7.47}$$

sowie

$$B^2 = \alpha_x^2 + \alpha_y^2 + \alpha_z^2 \tag{7.48}$$

Man erhält über

$$\frac{\partial^2(X \cdot Y \cdot Z)}{\partial x^2} + \frac{\partial^2(X \cdot Y \cdot Z)}{\partial y^2} + \frac{\partial^2(X \cdot Y \cdot Z)}{\partial z^2} + B^2 \cdot X \cdot Y \cdot Z = 0 \tag{7.49}$$

$$\Rightarrow \frac{1}{X} \cdot \frac{\partial^2}{\partial x^2} X + \frac{1}{Y} \cdot \frac{\partial^2}{\partial y^2} Y + \frac{1}{Z} \cdot \frac{\partial^2}{\partial z^2} Z + B^2 = 0 \tag{7.50}$$

drei Differentialgleichungen

$$\frac{d^2X}{dx^2} + \alpha_x^2 \cdot X = 0 \tag{7.51}$$

$$\frac{d^2Y}{dy^2} + \alpha_y^2 \cdot Y = 0 \tag{7.52}$$

$$\frac{d^2Z}{dz^2} + \alpha_z^2 \cdot Z = 0 \tag{7.53}$$

An den Reaktorrändern $x = \pm\frac{a}{2}, y = \pm\frac{b}{2}, z = \pm\frac{c}{2}$ muss der Fluss verschwinden. Für den x-Anteil der Lösung findet man

$$X(x) = C_1 \cdot \cos(\alpha_x \cdot x) + C_2 \cdot \sin(\alpha_x \cdot x) \tag{7.54}$$

Da der Fluss symmetrisch ist, muss der *sin*-Anteil der Lösung verschwinden, d. h. es gilt

$$X(x) = C_1 \cdot \cos(\alpha_x \cdot x) \tag{7.55}$$

Aus der Randbedingung $X(x = \pm\frac{a}{2})$ folgt

$$0 = C_1 \cdot \cos\left(\alpha_x \cdot \frac{a}{2}\right) \Rightarrow \alpha_x = \frac{\pi}{a} \tag{7.56}$$

oder

$$X(x) = C_1 \cdot \cos\left(\frac{\pi \cdot x}{a}\right) \tag{7.57}$$

Dementsprechend werden die anderen Gleichungen $(Y(y), Z(z))$ gelöst. Die Flussfunktion gewinnt damit die Gestalt

$$\Phi(x, y, z) = C_1 \cdot \cos\left(\frac{\pi \cdot x}{a}\right) \cdot \cos\left(\frac{\pi \cdot y}{b}\right) \cdot \cos\left(\frac{\pi \cdot z}{c}\right) \tag{7.58}$$

Die Flusswölbung wird zu

$$B^2 = \left(\frac{\pi}{a}\right)^2 + \left(\frac{\pi}{b}\right)^2 + \left(\frac{\pi}{c}\right)^2 \tag{7.59}$$

ermittelt.

Auch hier bleibt die Flusshöhe zunächst unbestimmt. Die Konstante C_1 muss also wiederum über die Leistung des Systems bestimmt werden.

7.3.3 Reaktoren mit Zylinderform

Für ein zylindrisches Reaktorsystem, welches meist in der Reaktortechnik Verwendung findet, gelten folgende Betrachtungen (Abb. 7.2).

Die Reaktorgleichung lautet

$$\Delta\Phi + B^2 \cdot \Phi = 0$$

$$\frac{\partial^2 \Phi}{\partial r^2} + \frac{1}{r} \cdot \frac{\partial \Phi}{\partial r} + \frac{\partial^2 \Phi}{\partial z^2} + B^2 \cdot \Phi = 0 \tag{7.60}$$

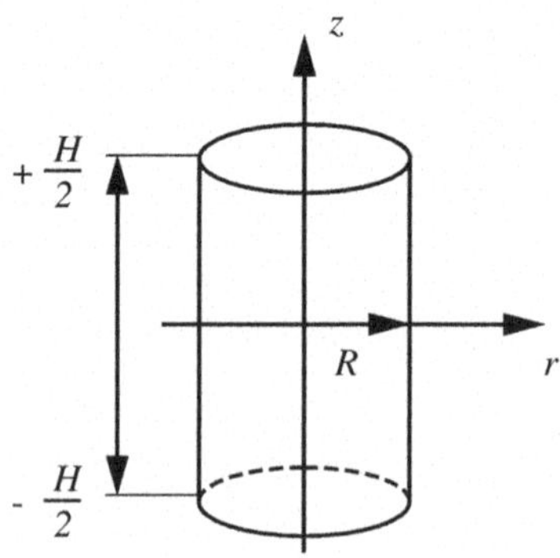

Abb. 7.2 Zylindrischer Reaktor

Der Fluss muss an den Grenzen $r = R$ bzw. $z = \pm\frac{H}{2}$ verschwinden.
Durch einen Produktansatz

$$\Phi(r,z) = F(r) \cdot G(z) \tag{7.61}$$

kann die Diffusionsgleichung nach Division durch $F \cdot G$ in

$$\frac{1}{F} \cdot \frac{\mathrm{d}^2}{\mathrm{d}r^2} F + \frac{1}{r} \cdot \frac{1}{F} \cdot \frac{\mathrm{d}}{\mathrm{d}r} F + \frac{1}{G} \cdot \frac{\mathrm{d}^2}{\mathrm{d}z^2} G + B^2 = 0 \tag{7.62}$$

überführt werden. B^2 wird durch einen Ausdruck $B^2 = \alpha^2 + \beta^2$ ersetzt, wonach eine Separation in zwei Differentialgleichungen erfolgt.

$$\frac{1}{F} \cdot \frac{\mathrm{d}^2}{\mathrm{d}r^2} F + \frac{1}{r} \cdot \frac{1}{F} \cdot \frac{\mathrm{d}}{\mathrm{d}r} F = -\alpha^2 \tag{7.63}$$

$$\frac{1}{G} \cdot \frac{\mathrm{d}^2}{\mathrm{d}z^2} G = -\beta^2 \tag{7.64}$$

Die Differentialgleichung für die z-Koordinate lässt sich durch einen Ansatz

$$G(z) = C_1 \cdot \cos(\beta \cdot z) + C_2 \cdot \sin(\beta \cdot z) \tag{7.65}$$

lösen. Aus Symmetrieüberlegungen folgt, dass $C_2 = 0$ sein muss. Da $G(z) = 0$ für $z = \pm\frac{H}{2}$ zu fordern ist, folgt

$$\beta \cdot \frac{H}{2} = \frac{\pi}{2} \Rightarrow \beta = \frac{\pi}{H} \tag{7.66}$$

und als Lösung für den z-Anteil des Flusses

$$G(z) = C_1 \cdot \cos\left(\frac{\pi z}{H}\right) \tag{7.67}$$

Die Differentialgleichung für die r-Koordinate wird nach Multiplikation mit F und r^2 zu

$$r^2 \cdot \frac{\mathrm{d}^2}{\mathrm{d}r^2} F + r \cdot \frac{\mathrm{d}}{\mathrm{d}r} F + r^2 \cdot \alpha^2 \cdot F \tag{7.68}$$

und durch die Transformation $x = \alpha \cdot r$ mit $\frac{\mathrm{d}x}{\mathrm{d}r} = \alpha$ mit den daraus folgenden Umwandlungen

$$r \cdot \frac{\mathrm{d}F}{\mathrm{d}r} = r \cdot \frac{\mathrm{d}F}{\mathrm{d}x} \cdot \frac{\mathrm{d}x}{\mathrm{d}r} = r \cdot \alpha \cdot \frac{\mathrm{d}F}{\mathrm{d}x} = x \cdot \frac{\mathrm{d}F}{\mathrm{d}x} \tag{7.69}$$

und

$$\begin{aligned} r^2 \cdot \frac{\mathrm{d}^2 F}{\mathrm{d}r^2} &= r^2 \cdot \frac{\mathrm{d}}{\mathrm{d}r}\left(\frac{\mathrm{d}F}{\mathrm{d}r}\right) = r^2 \cdot \frac{\mathrm{d}}{\mathrm{d}r}\left(\alpha \cdot \frac{\mathrm{d}F}{\mathrm{d}x}\right) \\ &= r^2 \cdot \left(\frac{\mathrm{d}F}{\mathrm{d}x} \cdot \frac{\mathrm{d}\alpha}{\mathrm{d}r} + \alpha \cdot \frac{\mathrm{d}}{\mathrm{d}r} \cdot \frac{\mathrm{d}F}{\mathrm{d}x}\right) \\ &= r^2 \cdot \left(0 + \alpha^2 \cdot \frac{\mathrm{d}}{\mathrm{d}x} \cdot \frac{\mathrm{d}F}{\mathrm{d}x}\right) = x^2 \cdot \frac{\mathrm{d}^2 F}{\mathrm{d}x^2} \end{aligned} \tag{7.70}$$

in eine sogenannte Besselsche Differentialgleichung 0–ter Ordnung überführt.

$$x^2 \cdot \frac{\mathrm{d}^2 F}{\mathrm{d}x^2} + x \cdot \frac{\mathrm{d}F}{\mathrm{d}x} + x^2 \cdot F = 0 \tag{7.71}$$

Sie besitzt die Lösung

$$F(x) = C_3 \cdot J_0(x) + C_4 \cdot Y_0(x) \tag{7.72}$$

Diese Funktionen sind in Abb. 7.3 dargestellt.

Die Abbildung zeigt, dass nur $J_0(x)$ die Bedingung, im Reaktorbereich endlich positiv zu sein, erfüllt und eine Nullstelle bei $\alpha = 2.405/\mathrm{R}$ hat.

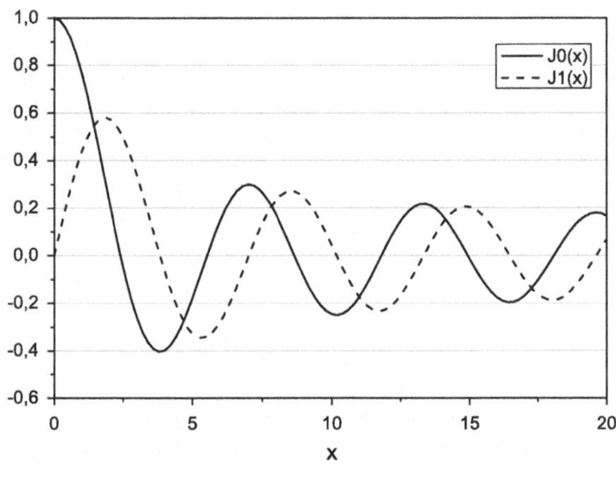

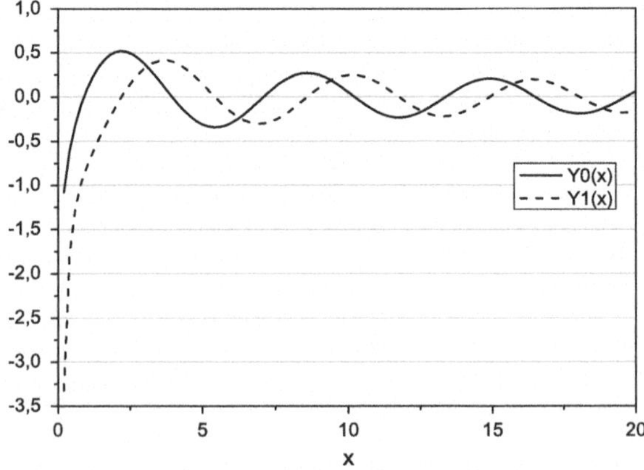

Abb. 7.3 Verlauf der Besselfunktionen der 0–ten und 1–ten Ordnung

Für die Funktion $F(r)$ gewinnt man damit

$$F(r) = C_3 \cdot J_0\left(\frac{2.405}{R} \cdot r\right) \tag{7.73}$$

Für den gesamten Flussverlauf erhält man mit $C = C_1 \cdot C_3$ schließlich

$$\Phi(r, z) = C \cdot \cos\left(\frac{\pi z}{H}\right) \cdot J_0\left(\frac{2.405 \cdot r}{R}\right) \tag{7.74}$$

Aus $B^2 = \alpha^2 + \beta^2$ folgt dann als kritische Bedingung für den Zylinderreaktor

$$B^2 = \left(\frac{\pi}{H}\right)^2 + \left(\frac{2.405}{R}\right)^2 \tag{7.75}$$

7.4 Neutronenphysikalische Optimierung von Reaktoren

Eine Standardaufgabe in der Reaktorphysik ist die Frage, welche Verhältnisse der Abmessungen des Reaktorkerns gewählt werden müssen, um ein minimales Kernvolumen und damit bei vorgegebener materieller Zusammensetzung einen minimalen Spaltstoffeinsatz zu erreichen.

Am einfachsten ist dies bei kugelförmigen Systemen berechenbar, da hier als einzige geometrische Variable der Radius r existiert.

Unter Berücksichtigung des Zusammenhangs $B_m = B = \pi/R$ lässt sich das Volumen des kritischen Reaktors wie folgt berechnen:

$$V = \frac{4}{3} \cdot \pi \cdot R^3 = \frac{4}{3} \cdot \pi \cdot \frac{\pi^3}{B_m^3} = \frac{130}{B_m^3} \tag{7.76}$$

Dabei ist B_m eine geometrieabhängige Größe, die durch Umstellen von (7.36) erhalten werden kann.

$$B_m = \sqrt{\frac{k_\infty - 1}{M^2}} \tag{7.77}$$

Bei einem quaderförmigen System muss zunächst das Verhältnis der einzelnen Kantenlängen festgelegt werden. Minimale Neutronenleckage erhält man, wenn die Oberfläche bezogen auf das Volumen möglichst klein gewählt wird. Dies lässt sich durch einen Würfel ($a = b = c$) realisieren.

Die Flusswölbung ist dann

$$B^2 = 3 \cdot \left(\frac{\pi}{a}\right)^2 \tag{7.78}$$

Hieraus folgt für das kritische Volumen des Quaders

$$a = \sqrt{3} \cdot \frac{\pi}{B} \tag{7.79}$$

$$\Rightarrow V = a^3 = \left(\sqrt{3} \cdot \frac{\pi}{B_m}\right)^3 = \frac{161}{B_m^3} \tag{7.80}$$

Die Berechnung des geeigneten Volumen/Oberflächenverhältnisses ist bei einer zylindrischen Anordnung am aufwendigsten.

Es wird ein Reaktor der Höhe H und mit dem Radius R betrachtet. Die Zielgröße bei diesem Optimierungsproblem sei das Volumen $V = \pi R^2 H$, die Variable sei H. Für ein kritisches System gilt die Bedingung

$$B^2 = \left(\frac{\pi}{H}\right)^2 + \left(\frac{2.405}{R}\right)^2 \tag{7.81}$$

Das Volumen kann damit als Funktion von H und B_m^2 durch die Beziehung

$$V = \pi \cdot R^2 \cdot H = \frac{\pi H \cdot (2.405)^2}{B_m^2 - \left(\frac{\pi}{H}\right)^2} \tag{7.82}$$

beschrieben werden. Die notwendige Bedingung für ein minimales Volumen $\frac{\partial V}{\partial H} = 0$ führt auf

$$H = \frac{\sqrt{3}\pi}{B_m} \tag{7.83}$$

Die hinreichende Bedingung $\frac{\partial^2 V}{\partial H^2} > 0$ ist erfüllt.

Man findet

$$R = \sqrt{\frac{3}{2}} \cdot \frac{2.405}{B_m} \tag{7.84}$$

und

$$V = \frac{148}{B_m^3}. \tag{7.85}$$

Das für die Auslegung wichtige Verhältnis R/H folgt zu

$$\frac{R}{H} = \frac{2.405}{\sqrt{2} \cdot \pi} = 0.55 \tag{7.86}$$

Neutronenphysikalisch optimal ausgelegte Reaktorkerne weisen damit ein H/D-Verhältnis (D = Kerndurchmesser) von

$$\frac{H}{D} \approx 0.9 \tag{7.87}$$

auf. Abweichend hiervon kann bei neuen Reaktorkonzepten die passive Abfuhr der Nachwärme aus dem Reaktor zur bestimmenden Größe werden. In diesen Fällen wird ein großes H/D-Verhältnis angestrebt.

Tab. 7.1 Optimale Kerndimensionen und Kernvolumina

Kernformen	optimale Abmessungen	minimales Volumen
Kubus	$a = b = c = \frac{\sqrt{3}\pi}{B}$	$161/B_m^3$
Zylinder	$H = \frac{\sqrt{3}\pi}{B}, R = \frac{2.405}{B}\sqrt{\frac{3}{2}}$	$148/B_m^3$
Kugel	$R = \frac{\pi}{B}$	$130/B_m^3$

Tabelle 7.1 fasst die aus Sicht der Neutronenphysik optimalen Kerndimensionen noch einmal zusammen.

Neutronenphysikalisch am günstigsten, aber auch technisch am schwierigsten zu realisieren wären demnach kugelförmige Reaktoren.

7.5 Heterogene Reaktoren

Alle heutigen Leistungsreaktoren sind heterogen aufgebaut. Mit Ausnahme der Natururan-Reaktoren können jedoch alle anderen Reaktoren, deren Kern aus dichtgepackten Brennstäben besteht, als quasihomogen betrachtet werden, sodass die bisherigen Ansätze zu homogenen Reaktoren mit guter Näherung verwendet werden können (vgl. Kap. 5.6).

In Abb. 7.4 sind die anhand einer Serpent-Rechnung gewonnenen Flussverläufe verschiedener Energiebereiche für den Brennstab eines Druckwasserreaktors dargestellt. Insgesamt ist erkennbar, dass der Kernbrennstoff eine Quelle für schnelle und eine Senke für epithermische und thermische Neutronen darstellt. Der Einfluss auf den Neutronenfluss ist lediglich im engen Energiebereich um eine Einzelresonanz stark ausgeprägt, insgesamt aber quantitativ nur von geringer Bedeutung, sodass der oben genannte Ansatz, derartige Reaktoren nach den Ansätzen für homogene bzw. quasihomogene System zu berechnen, gerechtfertigt ist.

Mit Natururan als Brennstoff wird aber weder ein homogener noch ein quasihomogener Reaktor kritisch. Es gibt keinen Moderator, der dies möglich macht. Selbst mit dem besten Moderator D_2O kommt man nur knapp an $k_\infty = 1$ heran. Schuld daran ist hauptsächlich der zu kleine p-Faktor infolge der Resonanzabsorption. Durch Zusammenballung des Brennstoffs in einzelnen Brennelementsäulen mit ausreichendem Moderatorvolumen dazwischen kann man jedoch eine Verminderung der Resonanzabsorption bewirken, und der $p-$Faktor wird merklich größer. Allerdings wird der $f-$Faktor etwas kleiner, denn im Brennstoffvolumen wird die Neutronenflussdichte durch starke Absorption herabgedrückt, und diese Flussdepression wirkt sich nachteilig aus, da die Absorption im Moderator entsprechend stärker ins Gewicht fällt.

Alles in allem kann man aber für k_∞ mit Natururan und D_2O Werte bis etwa 1.2 und mit Graphit bis etwa 1.1 erreichen. Natururan-Reaktoren müssen jedenfalls immer heterogen aufgebaute Reaktoren sein. Wegen der relativ kleinen Werte von k_∞ braucht man zur

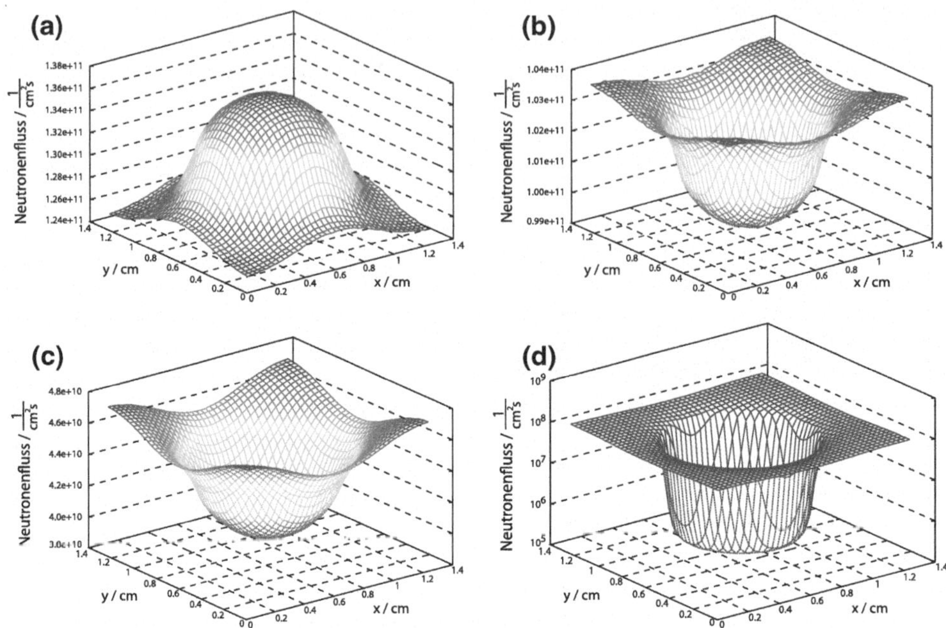

Abb. 7.4 Mit Serpent berechneter Flussverlauf in einem DWR-Brennstab und Umgebung **a** schneller Fluss ($100\,\text{keV} < \Phi < 20\,\text{MeV}$), **b** epithermischer Fluss ($2\,\text{eV} < \Phi < 100\,\text{keV}$), **c** thermischer Fluss ($1 \cdot 10^{-5}\,\text{eV} < \Phi < 2\,\text{eV}$), **d** Fluss bei der 6.67 eV Resonanz des U-238 ($6.58\,\text{eV} < \Phi < 6.76\,\text{eV}$)

Erfüllung der kritischen Bedingung ein großes Volumen für Natururan-Reaktoren, um die Leckverluste gering zu halten.

7.5.1 Berechnung des Neutronenflusses in der Einheitszelle

Bei Natururan-Reaktoren liegt der Abstand der Brennelementkanäle voneinander zwischen 20–30 cm. In den Brennelementkanälen befinden sich entweder einzelne metallische Brennstäbe von etwa 25 mm Durchmesser bei Graphit als Moderator oder Brennelemente, die aus Bündeln von Stäben mit Uranoxid bestehen, bei D_2O als Moderator. Das Kühlmittel im Brennelementkanal muss in diesem Fall, homogen mit den anderen Materialien des Brennelements vermischt, als Brennstoffbereich betrachtet werden.

Das aus parallelen Brennelementkanälen bestehende Reaktorgitter wird in quadratische oder bei Dreiecksanordnungen der Brennstäbe in hexagonale Einheitszellen aufgeteilt. Die einzelne Zelle kann für die mathematische Behandlung durch eine zylindrische Zelle gleichen Volumens, die sogenannte Seitz-Wigner-Zelle (Abb. 7.5) ersetzt werden. Der Einfachheit halber wollen wir hier eventuell vorhandene Kühlkanalrohre nicht berücksichtigen, sodass sich die Zelle nur aus zwei Bereichen, nämlich der Brennstoffsäule und dem

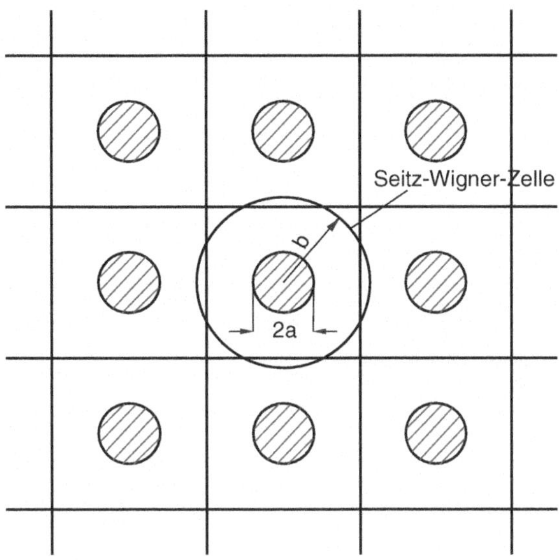

Abb. 7.5 Seitz-Wigner-Einheitszelle eines quadratischen Brennstoffgitters

Moderator aufbaut. Die aneinander grenzenden Zonen aus Brennstoff und Moderator sind in sich homogen. Weitgehend in Übereinstimmung mit den physikalischen Gegebenheiten wird vorausgesetzt, dass die Bremsdichte q_{th} im Moderator konstant und im Brennstoff null ist. Diese Annahme ist einigermaßen richtig, solange der Abstand der einzelnen Brennstoffsäulen nicht größer als etwa drei Bremslängen ist, was in der Regel zutrifft. Als Bremslänge bezeichnet man $\sqrt{\tau_{th}}$. Die Zelle wird unendlich lang angenommen, sodass die Flussdichte in der Zelle nur noch von der radialen Koordinate r abhängt. Wegen der ins Unendliche fortgesetzten Symmetrie findet am äußeren Rand der Einheitszelle kein Nettoaustausch von Neutronen statt.

Mit diesen Voraussetzungen können wir die Diffusionstheorie auf eine zylindrische Zelle mit zwei Bereichen anwenden. Der Index B kennzeichnet den Brennstoffbereich, M den Moderatorbereich. Weiterhin gilt

a = Radius des mit Brennstoff erfüllten Zylinders,
b = äußerer Radius des Moderatorbereichs .

Die Diffusionsgleichungen für thermische Neutronen haben für beide Bereiche die Form

$$D_B \Delta \Phi_B - \Sigma_{A,B} \Phi_B = 0 \tag{7.88}$$

$$D_M \Delta \Phi_M - \Sigma_{A,M} \Phi_M + q_{th} = 0. \tag{7.89}$$

Nach Division beider Gleichungen durch D_B bzw. D_M erhält man sie in der Form

$$\Delta \Phi_b - \kappa_B^2 \Phi_B = 0 \tag{7.90}$$

$$\Delta \Phi_M - \kappa_M^2 \Phi_M \frac{q_{th}}{D_M} = 0 \tag{7.91}$$

mit den Abkürzungen

$$\kappa_B^2 = \frac{\Sigma_{A,B}}{D_B} = \frac{1}{L_B^2} \tag{7.92}$$

$$\kappa_M^2 = \frac{\Sigma_{A,M}}{D_M} = \frac{1}{L_M^2}, \tag{7.93}$$

die gleich dem reziproken Wert der Diffusionslängen zum Quadrat im Brennstoff und Moderator sind. Wegen der unendlichen Länge ist die Flussdichte nur eine Funktion von r, nicht von z. Schreibt man den Laplace-Operator in Zylinderkoordinaten, so reduzieren sich die Gleichungen zu

$$\frac{\mathrm{d}^2\Phi_B}{\mathrm{d}r^2} + \frac{1}{r}\frac{\mathrm{d}\Phi_B}{\mathrm{d}r} - \kappa_B^2\Phi_B = 0 \tag{7.94}$$

$$\frac{\mathrm{d}^2\Phi_M}{\mathrm{d}r^2} + \frac{1}{r}\frac{\mathrm{d}\Phi_M}{\mathrm{d}r} - \kappa_M^2\Phi_M + \frac{q_{th}}{D_M} = 0. \tag{7.95}$$

(7.94) ist die Differentialgleichung der modifizierten Bessel-Funktion erster Ordnung. Sie hat, da κ_B^2 positiv ist, die beiden unabhängigen Lösungen $I_0(\kappa_B r)$ und $K_0(\kappa_B r)$. Letztere ist aber singulär für $r = 0$ und widerspricht sowohl den Regularitätsbedingungen als auch der unten aufgeführten Randbedingung *d)* Sie kommt deshalb nicht infrage. Die Lösung von (7.94) lautet daher

$$\Phi_B(r) = A\, I_0(\kappa_B r)\,. \tag{7.96}$$

Diese Gleichung beschreibt allgemein die Neutronenflussdichte in der Brennstoffsäule der Einheitszelle.

(7.95) ist inhomogen. Die Lösung für die Neutronenflussdichte im Moderator ist die allgemeine Lösung der homogenen Gleichung plus einer partikulären der inhomogenen. Durch Einsetzen in (7.95) sieht man, dass $\frac{q_{th}}{\Sigma_{A,M}}$ eine solche partikuläre Lösung ist. Damit erhält man für die Flussdichte im Moderator

$$\Phi_M(r) = A'\, I_0(\kappa_M r) + C'\, K_0(\kappa_M r)\, \frac{q_{th}}{\Sigma_{A,M}}. \tag{7.97}$$

An den Bereichsgrenzen müssen die Lösungen folgende Randbedingungen erfüllen:

$$a)\quad \Phi_B(a) = \Phi_M(a) \tag{7.98}$$

$$b)\quad D_B\frac{\mathrm{d}\Phi_B(a)}{\mathrm{d}r} = D_M\frac{\mathrm{d}\Phi_M(a)}{\mathrm{d}r} \tag{7.99}$$

$$c)\quad \frac{\mathrm{d}\Phi_M(b)}{\mathrm{d}r} = 0 \tag{7.100}$$

$$d)\quad \frac{\mathrm{d}\Phi_B(o)}{\mathrm{d}r} = 0 \tag{7.101}$$

Die Konstanten A, A' und C' sind aus den Randbedingungen *a*), *b*) und *c*) zu bestimmen. Die Randbedingung *d*) wurde schon für die Auswahl der Lösung (7.96) verwendet und wird durch diese erfüllt. Beim Einsetzen der Lösungen (7.96) und (7.97) in die Randbedingungen *b*) und *c*) sind die Ableitungen der Bessel-Funktionen zu bilden. Dabei wird Gebrauch gemacht von der für die Bessel-Funktionen geltenden Identität $I_0' = I_1(x)$ und $K_0' = -K_1(x)$. Die Randbedingung *c*) verlangt, dass der Strom am Rande der Zelle verschwindet. Durch Einsetzen von (7.97) in (7.100) erhalten wir die Gleichung

$$\kappa_M \left[A' I_1(\kappa_M b) - C' K_1(\kappa_M b)\right] = 0, \tag{7.102}$$

mit deren Hilfe wir C' und A' durch eine neue Konstante C ausdrücken können:

$$\frac{C'}{I_1(\kappa_M b)} = \frac{A'}{K_1(\kappa_M b)} = C, \tag{7.103}$$

womit sich (7.97) schreiben lässt in der Form

$$\Phi_M(r) = C\left[I_0(\kappa_M r) K_0(\kappa_M b) + K_0(\kappa_M r) I_1(\kappa_M b)\right] + \frac{q_{th}}{\Sigma_{aM}}. \tag{7.104}$$

Die beiden verbleibenden Konstanten A und C sind aus den Anschlussbedingungen *a*) und *b*) für die Flussdichte und den Strom bei $r = a$ durch Einsetzen von (7.96) und (7.104) zu bestimmen.

$$AI_0(\kappa_B a) = C\left[I_0(\kappa_M a) K_1(\kappa_M b) + K_0(\kappa_M a) I_1(\kappa_M b)\right] + \frac{q_{th}}{\Sigma_{aM}}. \tag{7.105}$$

$$A\kappa_B D_B I_1(\kappa_B a) = C\kappa_M D_M\left[I_1(\kappa_M a) K_1(\kappa_M b) - K_1(\kappa_M a) I_1(\kappa_M b)\right]. \tag{7.106}$$

Aus diesen beiden Gleichungen erhält man die noch unbekannten Konstanten A und C, wobei man durch Eliminieren von C für A folgenden Ausdruck findet:

$$\frac{1}{A} = \frac{\Sigma_{aM}(\kappa_B a)}{q_{th}}\left\{\frac{I_0(\kappa_B a)}{I_1(\kappa_B a)} - \frac{\kappa_B D_B\left[I_0(\kappa_M a) K_1(\kappa_M b) + K_0(\kappa_M a) I_1(\kappa_M b)\right]}{\kappa_M D_M\left[I_1(\kappa_M a) K_1(\kappa_M b) - K_1(\kappa_M a) I_1(\kappa_M b)\right]}\right\} \tag{7.107}$$

Beide Konstanten A und C können bestimmt und in die Lösungen für die Flussdichteverteilung eingeführt werden, um die endgültige Darstellung in Abb. 7.6 zu erhalten. Da eine Diffusionsgleichung inhomogen ist, gibt es keine freie Konstante, sondern die Leistung des Reaktors wird durch die Bremsdichte q_{th} bestimmt. Den qualitativen Verlauf der Flussdichte zeigt Abb. 7.6. Wie zu erwarten, findet eine Absenkung der thermischen Neutronenflussdichte im Brennstoff statt.

Die Flussabsenkung im Brennstoff vermindert den f –Faktor im Vergleich zum homogenen Reaktor für das gleiche Moderator-Brennstoff-Verhältnis. Das Verhältnis der mittleren Neutronenflussdichten im Brennstoff $\overline{\Phi}_B$ zu $\overline{\Phi}_M$ des Moderators bezeichnet man als thermischen Nachteilfaktor, für den gilt

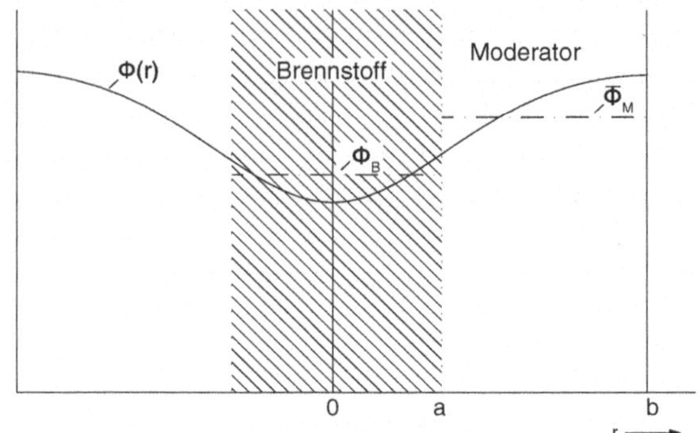

Abb. 7.6 Neutronenflussdichteverteilung in der Einheitszelle im thermischen Bereich

$$\frac{\overline{\Phi}_B}{\overline{\Phi}_M} < 1. \tag{7.108}$$

Die mittlere Flussdichte erhält man durch Integration über die jeweiligen Volumina:

$$\overline{\Phi}_B = \frac{1}{V_B} \int\limits_{V_B} \Phi_B(r)\, \mathrm{d}V_B = \frac{2A}{\kappa_B a} I_1(\kappa_B a) \tag{7.109}$$

$$\overline{\Phi}_M = \frac{1}{V_M} \int\limits_{V_M} \Phi_M(r)\, \mathrm{d}V_M. \tag{7.110}$$

Mit den bekannten Flussdichteverhältnissen ist man jetzt in der Lage, den Multiplikationsfaktor k_∞ zu berechnen. Der Regenerationsfaktor η (5.15) ist unabhängig von der Neutronenflussdichte. Ebenso kann der Schnellspaltfaktor ε nach (z. B. 5.40) in erster Näherung ohne Kenntnis der Flussdichteverteilung ermittelt werden. Bei der Berechnung der thermischen Nutzung ergab sich jedoch die Notwendigkeit, das Verhältnis

$$\varphi_M = \frac{\overline{\Phi}_M V_M}{\overline{\Phi}_B V_B}$$

auszurechnen und in (5.31) einzusetzen. Man kann jedoch unter Umgehung der Mittelung der Neutronenflussdichteverteilungen den $f-$Faktor direkt aus den Flussdichteverteilungen (7.94) und (7.104) berechnen.

Der thermische Nutzfaktor f ist ja definiert als das Verhältnis der im Brennstoff absorbierten thermischen Neutronen zur Gesamtzahl der absorbierten thermischen Neutronen.

Die Zahl der im Brennstoff je Längeneinheit und Sekunde absorbierten Neutronen ist

$$\Sigma_{A,B} \int\limits_{V_B} \Phi_B(r)\, \mathrm{d}V_B = 2\pi\, \Sigma_{A,B} A \int\limits_0^a I_0(\kappa_B r)\, r \mathrm{d}V = \frac{2\pi\, a \Sigma_{A,B}}{\kappa_B} A I_1(\kappa_B a). \tag{7.111}$$

Dabei wurde von der für Bessel-Funktionen geltenden Identität

$$\int_0^x I_0(x)\,x\mathrm{d}x = xI_1(x) \tag{7.112}$$

Gebrauch gemacht. Die Gesamtzahl der in der Zelle je Längeneinheit und Sekunde absorbierten thermischen Neutronen muss gleich der Zahl der in der Zelle moderierten Neutronen

$$V_M q_{th} = \pi\left(b^2 - a^2\right) q_{th} \tag{7.113}$$

sein. Das Verhältnis von (7.113) zu (7.111) ergibt den reziproken Ausdruck für die thermische Nutzung

$$\frac{1}{f} = \frac{\pi\left(b^2 - a^2\right) q_{th}\kappa_B}{2\pi a \Sigma_{A,B} I_1(\kappa_B a)}\frac{1}{A}. \tag{7.114}$$

Für $\frac{1}{A}$ können wir den Ausdruck (7.107) einsetzen und erhalten

$$\frac{1}{f} = \frac{V_M \Sigma_{A,M}}{V_B \Sigma_{A,B}} F(\kappa_B a) + E(\kappa_M a, \kappa_M b) \tag{7.115}$$

mit den Abkürzungen

$$F(\kappa_B a) = \frac{\kappa_B a I_0(\kappa_B a)}{2I_1(\kappa_B a)} \tag{7.116}$$

und

$$E(\kappa_M a, \kappa_M b) = \frac{\kappa_M\left(b^2 - a^2\right)}{2a}\left[\frac{I_0(\kappa_M a) K_1(\kappa_M b) + K_0(\kappa_M a) I_1(\kappa_M b)}{I_1(\kappa_M b) K_1(\kappa_M a) - K_1(\kappa_M b) I_1(\kappa_M a)}\right] \tag{7.117}$$

Auch bei der Berechnung des p–Faktors in Abschn 5.7.4 waren wir für heterogene Anordnungen auf die Neutronenflussdichteverhältnisse von Brennstoff und Moderator angewiesen, denn die Resonanzentkommwahrscheinlichkeit ist nach (5.49) zu berechnen:

$$p_{het} = \exp\left(-\frac{N_B V_B \overline{\Phi}_B}{\xi \Sigma_{sM} V_M \overline{\Phi}_M} I_{het}\right).$$

Das effektive Resonanzintegral I_{het} erhält man aus (5.48). Das Flussdichteverhältnis $\frac{\overline{\Phi}_B}{\overline{\Phi}_M}$ muss jetzt allerdings für den Resonanzbereich bestimmt werden. In den Diffusionsgleichungen für das Resonanzgebiet sind deshalb die Wirkungsquerschnitte für diesen Energiebereich einzusetzen. Die daraus resultierenden, für das Resonanzgebiet geltenden κ-Werte, die in den Diffusionsgleichungen (7.88) und (7.89) einzusetzen sind, enthält Tab. 7.2 (Glasstone und Edlund 1952). Auch im Resonanzgebiet werden die Neutronenquellen ausschließlich auf den Moderatorbereich beschränkt.

Tab. 7.2 Gemessene κ-Werte für den Resonanzbereich von Brennstoff und Moderator

Brennstoff	κ_{Br} cm^{-1}	Moderator	κ_{Mr} cm^{-1}	$\Sigma_{A,Mr}$ cm^{-1}
Uranmetall	0.42	H_2O	0.583	0.241
Uranoxid U_3O_3	0.37	D_2O	0.155	0.0313
		Be	0.237	0.0276
		BeO	0.138	0.0150
		C	0.1075	0.0108

Zur Berechnung des $p-$Faktors in einer heterogenen Anordnung betrachten wir den Exponenten von (5.49), der die Form hat

$$-\ln p_{het} = \frac{N_B V_B \overline{\Phi}_B}{\overline{\xi}\,\Sigma_{S,M} V_M \overline{\Phi}_M} \int_{E_1}^{E_2} \left(\sigma_{A,B}\right)_{eff} \frac{\mathrm{d}E}{E}. \tag{7.118}$$

Als mittleren effektiven makroskopischen Absorptionsquerschnitt $\overline{\Sigma}_{A,B}$ erhalten wir nach der üblichen Mittelungsvorschrift

$$\overline{\Sigma}_{A,B} = \frac{N_B \int_{E_1}^{E_2} \left(\sigma_{A,B}\right)_{eff} \frac{\mathrm{d}E}{E}}{\ln \frac{E_2}{E_1}} \tag{7.119}$$

Andererseits ist

$$\Sigma_{RM} = \frac{\overline{\xi}\,\Sigma_{S,M}}{\ln \frac{E_2}{E_1}} \tag{7.120}$$

der sogenannten „removal"-Querschnitt, denn $\Sigma_{R,M}\overline{\Phi}_M$ gibt die Zahl der Neutronen, die aus dem Energiebereich von E_1 bis E_2 in den thermischen Energiebereich moderiert und nicht im Resonanzbereich absorbiert werden.

Schreiben wir (7.118) mithilfe der in (7.119) und (7.120) definierten Größen um, so erhalten wir den Ausdruck

$$-\ln p_{het} = \frac{V_B \overline{\Phi}_B \overline{\Sigma}_{A,B}}{V_M \overline{\Phi}_M \Sigma_{RM}} = \frac{f_r}{1-f_r}, \tag{7.121}$$

der das Verhältnis der im Resonanzbereich absorbierten Neutronen zu den nicht absorbierten Neutronen angibt.

Wir definieren nun nach (Glasstone und Edlund 1961) einen f-Faktor für das Resonanzgebiet, den wir als Resonanznutzung f_r beschreiben können:

$$f_r = \frac{\text{Zahl der im Brennstoff absorbierten Resonanzneutronen}}{\text{Zahl der erzeugten Resonanzneutronen}}$$

Hierbei seien mit Resonanzneutronen die Neutronen im epithermischen Energiebereich bezeichnet, die durch Moderation schneller Neutronen entstehen und für die die beiden wesentlichen Senke-Terme einerseits die (Resonanz) Absorption im Brennstoff und andererseits die Moderation zu thermischen Neutronen darstellen.

Der Faktor $\frac{1}{f_r}$ kann völlig analog zu der Berechnung von $\frac{1}{f}$ nach (7.115) ermittelt werden. In den Funktionen F und E müssen lediglich die $\kappa-$Werte des Resonanzgebietes eingesetzt werden. Für den $p-$Faktor einer heterogenen Anordnung erhalten wir also mit (7.121) den einfachen Ausdruck

$$p_{het} = \exp\left(-\frac{f_r}{1-f_r}\right) \tag{7.122}$$

Es scheint so, als ob das Resonanzintegral dabei nicht mehr benötigt würde. Das ist aber ein Irrtum, denn es wird benötigt zur Berechnung von $\overline{\Sigma}_{A,B}$, das in κ_B eingeht.

Die grundsätzliche Vorgehensweise bei der Berechnung von k_∞ eines heterogenen Reaktors soll noch einmal am Beispiel eines Natururan-Graphit-Reaktors dargestellt werden: Die notwendigen Wirkungsquerschnitte sind im Anhang dieses Buches tabelliert. Hieraus erhält man den Regenerationsfaktor η unmittelbar aus (5.25). Auf der Grundlage einer angenommenen Dichte für Brennstoff von 19.16 g/cm^3 und Moderator von 1.8 g/cm^3 sowie dem natürlichen U-235 Anteil von 0.72 % können die makroskopischen Wirkungsquerschnitte bestimmt werden. Für die Berechnung der thermischen Nutzung f zunächst nach (6.53) wird die jeweilige Diffusionskonstante und nach (7.92) bzw. (7.93) der reziproke Wert der Diffusionslänge zum Quadrat für Brennstoff und Moderator ermittelt. Damit sind zusammen mit den makroskopischen Wirkungsquerschnitten und der Geometrie der Einheitszelle alle Größen bekannt, um aus (7.115) in Verbindung mit (7.116) und (7.117) den Wert für f zu gewinnen.

Die Resonanzentkommwahrscheinlichkeit p wird nach (7.122) bestimmt, wobei f_r analog zur thermischen Nutzung aus (7.115), (7.116) und (7.117) berechnet wird. Für den Resonanzbereich sind die Werte für κ und die $\Sigma_{A,Mr}$ in Tab. 7.2 aufgeführt, für den mittleren Absorptionswirkungsquerschnitt im Brennstoff $\Sigma_{A,Br}$ kann (4.116) herangezogen werden. Für die gegebene Brennstoffgeometrie kann das heterogene Resonanzintegral I_{het} nach (5.48) in Verbindung mit Tab. 5.2 berechnet werden.

Der Schnellspaltfaktor ϵ kann mit Gl. (5.40) abgeschätzt werden, wobei die Stoßwahrscheinlichkeit für die heterogene Anordnung P_{het} gemäß Tab. 5.1 gewonnen werden kann.

In Abb. 7.7 ist der Verlauf von k_∞ bei verschiedenen Brennstabdurchmessern für ein Natururan-Graphit-Gitter in a) auf der Grundlage der oben vorgestellten Handrechnung und in b) gemäß einer Berechnung mit dem Monte-Carlo-Code Serpent dargestellt. Insgesamt kann an Hand des Grades der Übereinstimmung noch einmal unterstrichen werden, dass die hier vorgestellten Abschätzungen auf der Grundlage von mittlerweile ein halbes Jahrhundert alten Korrelationen nach wie vor ihren Nutzen für erste, orientierende Rechnungen und Plausibilitätskontrollen von computergenerierten Ergebnissen haben. Die mit steigendem Brennstabdurchmesser zunehmende Diskrepanz lässt sich dadurch erklären, dass bei den Daten in Tab. 5.1 eine im Brennstab konstante Neutronenquelle angenommen

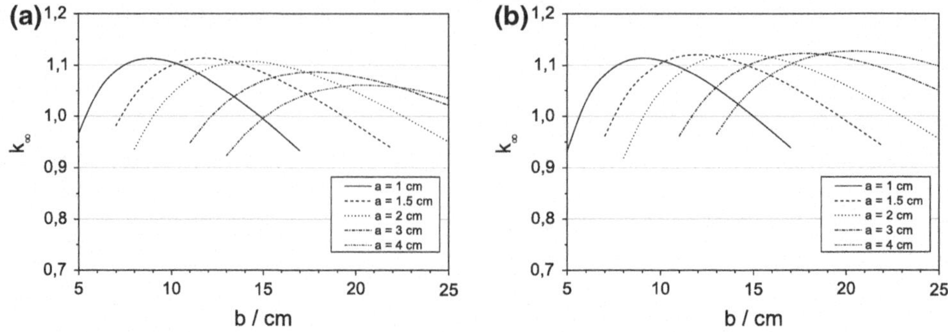

Abb. 7.7 Multiplikationsfaktor k_∞ für heterogene Natururan-Graphit Gitter. **a** Berechnung mit Serpent **b** Handrechnung

wurde, was aufgrund der thermischen Flussabsenkung im Uran nicht realistisch ist und zu einer Überschätzung des Schnellspaltfaktors führt.

7.5.2 Berechnung des heterogenen Reaktors

Zur Ermittlung der Neutronenflussdichteverteilung, der Leckverluste und der kritischen Größe wird der ganze Reaktor wie eine homogene Anordnung behandelt. Das ist berechtigt, weil die mittlere Diffusionslänge $\overline{L}$ doch merklich größer ist als der Durchmesser einer Zelle. Die Flussdichteverteilung $\Phi(\vec{r})$ im Reaktor kann man auffassen als eine glatte homogene Verteilung $\Phi_h(\vec{r})$, die durch eine mit dem Gitterabstand periodische Verteilung über die einzelne Zelle $\varphi_i(\vec{r})$ moduliert ist, Abb. 7.8.

$$\Phi\left(\vec{r}\right) = \Phi_h\left(\vec{r}\right) \varphi\left(\vec{r} - \vec{r}_i\right) \tag{7.123}$$

Die Flussdichteverteilungen über den Querschnitt der Zelle, die von (7.96) und (7.104) bis auf den konstanten Faktor q_{th} beschrieben werden, können für den Randwert auf eins normiert werden. Die Verteilungsfunktion in jeder Zelle ist dann definiert durch

$$\varphi_i\left(\vec{r} - \vec{r}_i\right) = \frac{\Phi\left(\vec{r}\right)}{\Phi_h\left(\vec{r}\right)} \text{ für } \vec{r} - \vec{r}_i \leq b, \tag{7.124}$$

wobei $\vec{r}_i$ jeweils der zu $\vec{r}$ nächstgelegene Mittelpunkt einer Brennelementsäule ist. Die makroskopische Verteilung $\Phi_h(\vec{r})$ wird durch die Diffusionsgleichung

$$\overline{D}\Delta\Phi_h\left(\vec{r}\right) - \overline{\Sigma}_A\Phi_h\left(\vec{r}\right) k_\infty \overline{\Sigma}_A \exp\left(-B^2\tau\right) \Phi_h\left(\vec{r}\right) = 0 \tag{7.125}$$

beschrieben, deren Lösung für homogene Anordnungen in Abschn. 7.2 behandelt wurde.

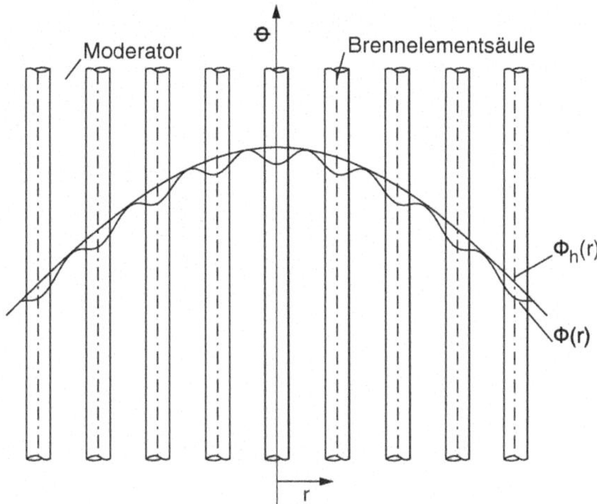

Abb. 7.8 Neutronenflussdichteverteilung in einem heterogenen Reaktor

Dabei sind die mittleren Wirkungsquerschnitte der als homogene Mischung aus Brennstoff, Moderator, Kühlmittel und Strukturmaterialien gedachten Anordnung einzusetzen. Diese müssen so berechnet werden, dass die sich daraus ergebenden Reaktionsraten mit denen der Zellrechnungen übereinstimmen, d. h., sie müssen mit den lokalen Flussdichten als Gewichtsfunktion gemittelt werden:

$$\overline{\Sigma} = \frac{\int\limits_{V_Z} \Sigma(\vec{r})\,\Phi(\vec{r})\,\mathrm{d}V_Z}{\int \Phi(\vec{r})\,\mathrm{d}V_Z}. \tag{7.126}$$

Wenn wir nur Brennstoff und Moderator berücksichtigen, beträgt der mittlere Absorptionsquerschnitt

$$\overline{\Sigma}_A = \frac{\Sigma_{A,B} V_B \overline{\Phi}_B + \Sigma_{A,M} V_M \overline{\Phi}_M}{V_B \overline{\Phi}_B + V_M \overline{\Phi}_M} \tag{7.127}$$

$$\overline{\Sigma}_A = \frac{\Sigma_{A,B} + \Sigma_{aM}\varphi_M}{1 + \varphi_M} \tag{7.128}$$

$\overline{\Phi}_M$ ist aus der Zellrechnung bekannt. Ebenso kann der mittlere Transportquerschnitt der Einheitszelle berechnet werden:

$$\overline{\Sigma}_A = \frac{\Sigma_{A,B} + \Sigma_{A,M}\overline{\Phi}_M}{1 + \overline{\Phi}_M} \tag{7.129}$$

Damit ist auch die mittlere Diffusionskonstante des homogenisierten Reaktors bestimmbar:

$$\overline{D} = \frac{1}{3\overline{\Sigma}_{tr}}. \tag{7.130}$$

Für das Fermi-Alter τ in (7.125) sollte man erwarten, dass es etwas größer ist als in reinem Moderator, da der Brennstoff nur geringfügig durch elastische Stöße moderiert. Das wird aber kompensiert durch die inelastische Streuung im Brennstoff, sodass praktisch das Fermi-Alter für den reinen Moderator ansetzen kann. Bei mit Natururan betriebenen heterogenen Reaktoren handelt es sich um Reaktoren mit sehr großem Volumen, denn k_∞ ist nur wenig größer als 1 und daher B^2 sehr klein. Deshalb kann man die Verbleibfaktoren in der kritischen Bedingung durch Weglassen der Glieder höherer Ordnung in B^2 vereinfachen.

Die kritische Bedingung hat dann für große Reaktoren die Form gemäß (7.37)

$$\frac{k_\infty}{1 + M^2 B^2} = 1.$$

7.6 Multigruppenrechnung

Bei der bisher behandelten Eingruppen-bzw. monoenergetiscben Diffusionstheorie wird nur das Verhalten der thermischen Neutronen durch eine energieunabhängige Diffusionsgleichung beschrieben. Die Beiträge der anderen Energiebereiche zum Multiplikationsprozess werden durch die Faktoren ε und p berücksichtigt. Diese Methode gibt verhältnismäßig gute Resultate für die Berechnung des Multiplikationsfaktors k_∞ eines multiplizierenden Mediums. Auch die Neutronenflussverteilung wird für einen nackten Reaktor mit guter Näherung berechnet bis auf den Bereich in Randnähe.

Meistens hat man es jedoch mit einer Problemstellung zu tun, bei der es nicht mehr genügt, die Energieabhängigkeit der Neutronenreaktionen mit der Materie nur durch Korrekturfaktoren zu berücksichtigen. Besteht z. B. ein thermischer Reaktor aus einem Kern und einem Neutronenreflektor, so ergeben sich sowohl für die Neutronenflussverteilung als auch für die Leckverluste ziemlich große Fehler bei Anwendung der monoenergetischen Diffusionsgleichung, da der Rückstrom thermischer Neutronen durch Moderation und Rückstreuung schneller Neutronen im Reflektor nicht berücksichtigt werden kann. Eine wesentliche Verbesserung erhält man schon, wenn der Energiebereich in einen thermischen und einen schnellen Bereich aufgeteilt wird und für die Gruppe der schnellen Neutronen eine weitere Diffusionsgleichung eingeführt wird. Bei genaueren Rechnungen wird man im Allgemeinen mehr als zwei Energiebereiche einführen:

Dies stellt eine wichtige Stoßrichtung bei der Entwicklung moderner, genauer Codes dar (Druska et al. 2009).

Für Reaktoren mit schnellen Neutronen wie beim Schnellen Brüter, wo die Reaktionen in einem weiten Energiebereich bis herunter zu einigen eV ablaufen, benötigt man ohnehin eine große Anzahl von Gruppen, um ausreichende Genauigkeit zu erzielen, da die streuenden Schwermetallkerne über sehr viele Energieniveaus verfügen, in welche Neutronen inelastisch gestreut werden können. Um zu einer allgemeinen Formulierung der Gruppendiffusionsgleichung zu gelangen, ist es notwendig, den gesamten interessierenden Energiebereich in mehrere Gruppen zu unterteilen. Der Energiebereich erstreckt sich im allgemeinen von der oberen Grenze des Spaltspektrums bei 30 MeV (wobei die

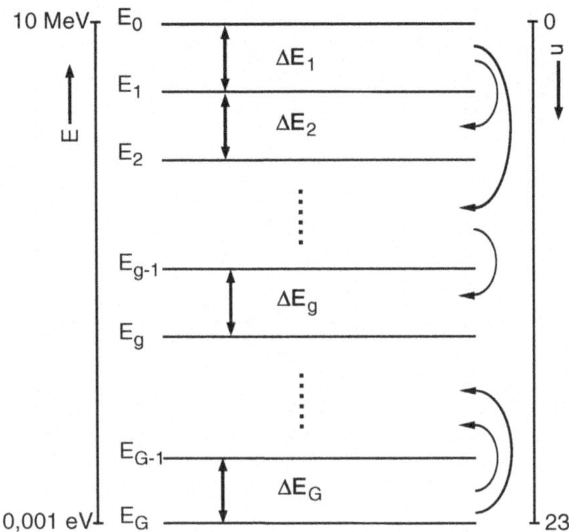

Abb. 7.9 Einteilung der Energiegruppen

Spaltneutronenausbeuten oberhalb von 10 MeV sehr gering sind, sodass Spaltneutronen vielfach nur bis zu 10 MeV berücksichtigt werden) bis zur unteren Grenze des thermischen Spektrums.

In der Regel werden die G Energiegruppen gemäß Abb. 7.9 in aufsteigender Numerierung gezählt mit abnehmender Energie bzw. zunehmender Lethargie, beginnend bei der oberen Grenze E_0.

Für die Wahl der Energiegrenzen zwischen den einzelnen Gruppen spielen verschiedene Gesichtspunkte eine Rolle. Zunächst sollen die einzelnen Bereiche in ihrer inneren physikalischen Struktur möglichst gleichmäßig sein. Man wird z. B. einen Bereich mit Resonanzlinien trennen von einem Bereich mit glattem Verlauf der Wirkungsquerschnitte. Ebenso wird man den schellen Bereich vom Resonanzbereich trennen. Auch die Energie, oberhalb welcher zusätzlich zur elastischen auch noch inelastische Streuung der Neutronen möglich ist, wird man als Bereichsgrenze wählen. Vielfach spielen auch Grenzen eine Rolle, die durch die Messtechnik gegeben sind, z. B. die Cadmium-Absorptionsgrenze zwischen thermischen und epithermischem Spektrum. Auch eine Einteilung derart, dass Neutronen durch Moderation nur aus der nächsthöheren Energiegruppe kommen können, trägt zur Vereinfachung der Rechnung bei. In diesem Fall muss für das Lethargieintervall eines Bereichs g gelten $\ln\left(\frac{1}{\alpha}\right) < \Delta u_g$. Eine Aufwärtsstreuung von Neutronen in Gruppen höherer Energien findet nur im thermischen Energiebereich statt und braucht dann nicht berücksichtigt zu werden, wenn die letzte Energiegruppe G den gesamten thermischen Bereich umfasst. Lediglich für Hochtemperaturreaktoren, wo die Maxwell-Verteilung bis ins Resonanzgebiet reicht, rechnet man zuweilen mit 30 oder mehr Energiegruppen im thermischen Spektrum.

Das Neutronenspektrum des beispielhaften, homogenen Leichtwasserreaktors, der bereits für die Rechnung in Abschn. 5.7 herangezogen worden war, ist in Abb. 7.10

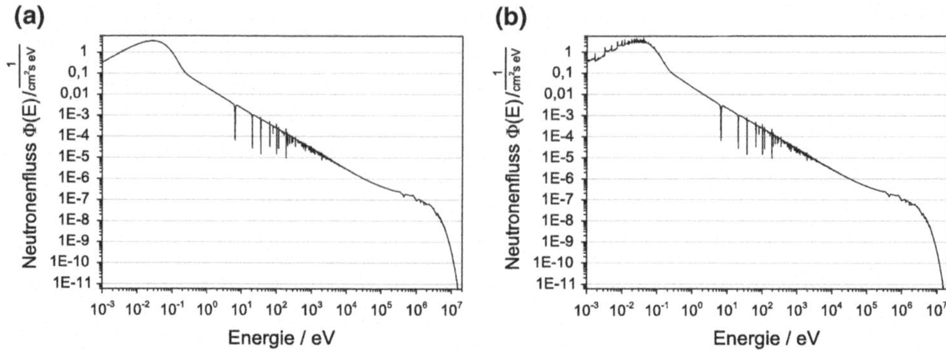

Abb. 7.10 Mit Serpent berechnete Energieverteilung des Neutronenflusses für einen homogenen Beispielreaktor **a** ohne thermische Streumatrix, **b** mit thermischer Streumatrix

dargestellt. Es wurde mit dem Monte-Carlo Code Serpent gewonnen, bei dem wie in Abschn. 6.3 beschrieben die Summe stochastischer Neutroneneinzelschicksale verfolgt wird, sodass für die eigentliche Simulation eine – wie in den folgenden Kapiteln für Berechnungen auf der Grundlage der Diffusionsgleichung beschriebene – Aufteilung in diskrete Energiegruppen für Neutronen nicht erfolgen muss. Die Auswertung erfolgt über eine Vielzahl virtueller „Detektoren", die jeweils die Anzahl der in einem bestimmten Energieband vorliegenden, simulierten Neutronen über die Simulationshistorie addieren. In der Abbildung wurde das Integral von $\Phi(E)$ über den gesamten Energiebereich zu 1 normiert. Die deutlich erkennbaren Fluktuationen sind im schnellen Bereich auf inelastische Streuprozesse, im epithermischen Bereich auf die Resonanzabsorption und im thermischen Bereich auf Wechselwirkungen der Neutronen mit dem gesamten Wassermolekül zurückzuführen. Der letztgenannte Effekt ist dadurch bedingt, dass die Neutronenenergie im thermischen Bereich deutlich niedriger ist als die chemische Bindungsenergie, sodass als Kollisionspartner dienende Kern im Gesamtgefüge der chemischen Verbindung betrachtet werden muss und damit durch Molekülschwingungsfrequenzen bedingte Resonanzen auftreten. Dies wird für die Berechnungen mit Computer-Codes durch thermische Streumatrizen quantifiziert; der Einfluss der Berücksichtigung dieses Effektes wird an Hand der Deaktivierung der thermischen Streubibliothek in Abb. 7.10a) gegenüber b) ersichtlich.

7.6.1 Bestimmung der Mehrgruppenkonstanten

Durch die Einteilung des gesamten Energiebereichs in mehrere Gruppen müssen für jede Gruppe zur Aufstellung der Diffusionsgleichungen die Diffusionskonstanten, Wirkungsquerschnitte und Neutronengeschwindigkeiten als sogenannte Gruppenkonstanten ermittelt werden. Die energieabhängige Neutronenflussdichte $\Phi(\vec{r}, E, t)$ wird für jede Gruppe g durch die Definition

$$\Phi_g\,(\vec{r},t)\int\limits_{E_g}^{E_{g-1}}\Phi(\vec{r},E,t)\,\mathrm{d}E \tag{7.131}$$

beschrieben. Die Diffusionskonstante D_g wird so definiert, dass der gesamte Neutronenstrom nach (6.39) innerhalb des Energieintervalls ΔE_g gegeben wird durch

$$D_g\ \mathrm{grad}\ \Phi(\vec{r},E,t)\,\mathrm{d}E. \tag{7.132}$$

Mit (7.151) erhält man dann

$$D_g=\frac{\int\limits_{E_g}^{E_{g-1}} D\,(E)\ \ \mathrm{grad}\ \Phi\,(\vec{r},E,t)\,\mathrm{d}E}{\int\limits_{E_g}^{E_{g-1}}\ \mathrm{grad}\ \Phi\,(\vec{r},E,t)\,\mathrm{d}E.} \tag{7.133}$$

Diese Mittelungsvorschrift würde verlangen, dass Bereiche mit großem Gradienten der Flussdichte stärker eingehen als die mit flacherem Verlauf. Da man aber die Gradienten zu Beginn der Rechnung ja noch nicht kennt, ersetzt man sie durch die Flussdichte selbst und definiert

$$D_g=\frac{\int\limits_{E_g}^{E_{g-1}}\lambda_t\,(E)\,\Phi(E)\,\mathrm{d}E}{3\int\limits_{E_g}^{E_{g-1}}\Phi(E)\,\mathrm{d}E}. \tag{7.134}$$

Das führt zu keinem nennenswerten Fehler, weil es bei der Mittlung mehr auf die energetische als auf die räumliche Verteilung ankommt, und weil man annehmen darf, dass in der Gruppe mit der größten Flussdichte auch die größten Gradienten auftreten.

Für die Gruppengeschwindigkeit v_g der Neutronen gilt $v_g n_g = \Phi_g$. Daraus ergibt sich

$$\frac{1}{v_g}=\frac{1}{\Phi_g(\vec{r},t)\int\limits_{E_g}^{E_{g-1}}\frac{1}{v}\Phi(\vec{r},E,t)\,\mathrm{d}E}. \tag{7.135}$$

Ebenso kann der Absorptionsquerschnitt gemittelt werden:

$$\Sigma_{Ag}=\frac{1}{\Phi_g\,(\vec{r},t)}\int\limits_{E_g}^{E_{g-1}}\Sigma_A\,(E)\,\Phi(E)\,\mathrm{d}E. \tag{7.136}$$

Bei den Streuquerschnitten ist in der Multigruppendiffusionstheorie aber zu berücksichtigen, dass durch die Streuung und damit Abbremsung der Neutronen diese den Energiebereich ΔE_g verlassen und in tiefer liegende Intervalle hineingestreut werden können. Eine Aufwärtsstreuung ist nur im thermischen Bereich möglich. In den Gleichungen sind die Bremsquerschnitte einzusetzen. Diese errechnen sich aus den Querschnitten für elastische und inelastische Streuung. Der Bremsquerschnitt Σ_m mit der Flussdichte multipliziert ergibt die Zahl der Neutronen, die pro cm^3 und s das Energieintervall verlassen. Multipliziert man diesen Wert mit der Wahrscheinlichkeit, dass diese Neutronen aus dem Energieintervall ΔE_g in das Intervall ΔE_g, gelangen, so erhält man Werte einer sogenannten Streumatrix $\Sigma_{gg'}$:

$$\Sigma_{gg'} = \Sigma_{mg} w \left(\Delta E_g \rightarrow \Delta E_{g'} \right). \tag{7.137}$$

Eine wichtige Gruppenkonstante ist noch die Zahl der Neutronen, die mit der Energie zwischen E_{g-1} und E_g im Reaktor durch Spaltung oder von unabhängigen Neutronenquellen erzeugt werden. Die Neutronenquellen in der Gruppe g betragen

$$S_g = \chi_g \sum_{g'=1}^{G} \nu_{g'} \Sigma_{fg'} \Phi_{g'} + S_g^*. \tag{7.138}$$

χ_g erhält man aus dem Spaltneutronenspektrum zu

$$\chi_g = \int_{E_g}^{E_{g-1}} \chi(E)\, \mathrm{d}E \tag{7.139}$$

und gibt den durch Spaltung in dem Bereich ΔE_g erzeugten Anteil an Neutronen an. Das Produkt aus Spaltneutronenausbeute und Spaltquerschnitt ergibt sich für die g-te Gruppe zu

$$\nu_g \Sigma_{fg} = \frac{1}{\Phi_g} \int_{E_g}^{E_{g-1}} \nu(E)\, \Sigma_f(E) \Phi(\vec{r}, E, t) \mathrm{d}E. \tag{7.140}$$

In der Praxis erfolgt die Gewinnung von Gruppenkonstanten heute auf der Grundlage von Rohdaten wie den ENDF; der gängigste Code hierfür ist NJOY (MacFarlane und Kahler 2010), der vom Los Alamos National Laboratory entwickelt wurde. Darüber hinaus existieren auch fertig prozessierte Multigruppen-Bibliotheken wie etwa die WIMS-D-Library (IAEA 2007).

7.6.2 Mehrgruppendiffusionsgleichung

Analog zur Aufstellung der monoenergetischen Diffusionsgleichung in Abschn. 7.2 können die Multigruppendiffusionsgleichungen für G Energiegruppen aufgestellt werden. Bei der Bilanzierung der Neutronengewinne und -verluste über ein Volumenelement müssen zusätzlich die Einstreuung aus den höheren Energiegruppen und die Ausstreuung in niedere Gruppen berücksichtigt werden, die durch die Summenterme in der Gleichung ausgedrückt werden:

$$\frac{1}{v_g} \cdot \frac{\partial \Phi_g}{\partial t} = \underbrace{S_g + \sum_{g'=1}^{g-1} \Sigma_{g'g} \Phi_{g'}}_{\text{Gewinne}} + \underbrace{\nabla D_g \nabla \Phi_g - \sum_{g'=g+1}^{G} \Sigma_{gg'} \Phi_g - \Sigma_{Ag} \Phi_g}_{\text{Verluste}} . \tag{7.141}$$

Die beiden letzten Terme werden in der Regel zusammengefasst zum sogenannten „removal“-Querschnitt

$$\Sigma_{Rg} = \Sigma_{Ag} + \sum_{g'=g+1}^{G} \Sigma_{gg'} . \tag{7.142}$$

Durch Umschreiben erhält man unter Berücksichtigung der Gruppenkonstanten und Vernachlässigung unabhängiger Neutronenquellen

$$\frac{1}{v_g} \frac{\partial \Phi_g}{\partial t} - \nabla D_g \nabla \Phi_g + \Sigma_{Rg} \Phi_g = \sum_{g'=1}^{g-1} \Sigma_{g'g} \Phi_{g'} + \chi_g \sum_{g'=1}^{G} \nu_{g'} \Sigma_{fg'} \Phi_{g'} \tag{7.143}$$

$$g = 1, 2, 3 \ldots G$$

Dieses Gleichungssystem (7.143) lässt sich auch in Matrizenschreibweise darstellen:

$$\begin{bmatrix} \frac{1}{v_1} & 0 & 0 & \\ 0 & \frac{1}{v_2} & 0 & \\ 0 & 0 & \frac{1}{v_3} & \cdots \\ \vdots & \vdots & \vdots & \end{bmatrix} \cdot \frac{\partial}{\partial t} \begin{bmatrix} \Phi_1 \\ \Phi_2 \\ \Phi_3 \\ \vdots \end{bmatrix}$$

$$+ \begin{bmatrix} -\nabla D_1 \nabla + \Sigma_{R1} & 0 & 0 & \cdots \\ -\Sigma_{12} & -\nabla D_2 \nabla + \Sigma_{R2} & 0 & \cdots \\ -\Sigma_{13} & -\Sigma_{23} & -\nabla D_3 \nabla + \Sigma_{R3} & \cdots \\ \vdots & \vdots & \vdots & \end{bmatrix} \cdot \begin{bmatrix} \Phi_1 \\ \Phi_2 \\ \Phi_3 \\ \vdots \end{bmatrix}$$

$$= \begin{bmatrix} \chi_1 \nu_1 \Sigma_{f1} & \chi_1 \nu_2 \Sigma_{f2} & \chi_1 \nu_3 \Sigma_{f3} & \cdots \\ \chi_2 \nu_1 \Sigma_{f1} & \chi_2 \nu_2 \Sigma_{f2} & \chi_2 \nu_3 \Sigma_{f3} & \cdots \\ \chi_3 \nu_1 \Sigma_{f1} & \chi_3 \nu_2 \Sigma_{f2} & \chi_3 \nu_3 \Sigma_{f3} & \cdots \\ \vdots & \vdots & \vdots & \end{bmatrix} \cdot \begin{bmatrix} \Phi_1 \\ \Phi_2 \\ \Phi_3 \\ \vdots \end{bmatrix} \tag{7.144}$$

Oder kompakt formuliert:

$$\left[v^{-1}\right]\frac{\partial}{\partial t}\{\Phi\} + [M]\{\Phi\} = [F]\{\Phi\}. \tag{7.145}$$

(7.145) ist ein System, bestehend aus G gekoppelten partiellen Differentialgleichungen zur Bestimmung der orts- und zeitabhängigen Neutronenflussdichteverteilung $\Phi_g(\vec{r}, t)$. Soll sich der Reaktor im stationären Zustand befinden, so muss $\frac{\partial}{\partial t}\{\Phi\}$ gleich null sein. Abgesehen von der trivialen Lösung $\{\Phi\} = 0$ existiert eine Lösung für die stationäre Neutronenflussdichteverteilung nur dann, wenn die Koeffizientendeterminante des Differentialgleichungssystems gleich null ist.

$$det|[M] - [F]| = 0. \tag{7.146}$$

Dies ist immer dann der Fall, wenn die Neutronenproduktion gleich dem Verlust an Neutronen durch Leckage und Absorption ist. Die Determinante wird erst berechenbar, wenn der div grad-Operator auf einen Lösungsvektor angewandt wird. Da es sich um ein Eigenwertproblem handelt, muss man unterstellen, dass jede Lösungsfunktion als Linearkombination der Eigenfunktionen darstellbar ist. Für jede Eigenfunktion geht der div grad-Operator in einen konkreten Eigenwert über, der durch die Reaktordimensionen bestimmt ist. Betrachtet man die Materialzusammensetzung als festgelegt, so stellt (7.146) die kritische Bedingung zur Bestimmung der Eigenwerte und damit der Dimension des Reaktors dar. Ist aber die Größe des Reaktors ebenfalls vorgegeben, so ist (7.146) im Allgemeinen nicht erfüllt. Man kann sie aber erfüllen, indem man formal die Spaltneutronenausbeute ν_g durch einen Korrekturfaktor ε so lange verändert, bis eine Lösung für den stationären Fall erhältlich ist. Die stationäre Multigruppendiffusionsgleichung schreibt sich dann zunächst unter Berücksichtigung der Korrektur

$$[M]\{\Phi\} - \varepsilon[F]\{\Phi\} = 0. \tag{7.147}$$

Für (7.147) existiert jetzt eine nichttriviale Lösung, wenn analog zu (7.146) die Koeffizientendeterminante des Gleichungssystems (7.147) verschwindet.

$$det|[M] - \varepsilon[F]| = 0. \tag{7.148}$$

Dies ist aber nichts anderes als eine Gleichung zur Bestimmung des Lösungsparameters ϵ des Differentialgleichungssystems (7.147).

Der Bedeutung der Matrizen entsprechend (Oldekop 1975) beschreibt in (7.147) der erste Term die Neutronenverluste des gesamten Reaktorkerns durch Leckage R_L und Absorption R_A, die man nach Integration über das Kernvolumen und Summation über alle Energiegruppen erhält, da die Streuung der Neutronen zwischen den Energiegruppen die Anzahl der gesamten Neutronen im Reaktor unverändert lässt. Der zweite Term beschreibt die Neutronenproduktion ε R_p im Reaktor. Auch dies ergibt sich nach Integration und Summation der entsprechenden Terme:

$$R_L + R_A - \varepsilon R_p = 0 \tag{7.149}$$

oder

$$\varepsilon = \frac{R_L + R_A}{R_p} = \frac{1}{k}. \tag{7.150}$$

Der Lösungsparameter ε des Differentialgleichungssystems ist also gleich dem reziproken Multiplikationsfaktor k_{eff}. Im stationären, kritischen Zustand des Reaktors gilt ja k = 1, also auch $\varepsilon = 1$, sodass (7.147) in (7.145) für den zeitunabhängigen Fall übergeht.

Zur Aufstellung der Gruppendiffusionsgleichungen, deren Lösung die energieabhängige Neutronenflussdichteverteilung in einem Reaktor beschreibt, benötigt man die Gruppenkonstanten. Ihre Berechnung setzt aber schon die Kenntnis des Energiespektrums voraus, was jedoch erst das Ziel der Gruppendiffusionsrechnung ist.

Man teilt deshalb die Aufgabe im allgemeinen in drei Teile (Abb. 7.11). Zunächst bemüht man sich, das Energiespektrum der Neutronen für eine Anordnung gegebener Materialzusammensetzung möglichst genau zu erhalten. Dabei kommt es nicht so sehr auf die Leckverluste und die räumliche Verteilung der Flussdichte an, sondern auf die Energieabhängigkeit. Man rechnet deshalb für eine unendliche ausgedehnte Anordnung mit einer großen Anzahl von Energiegruppen. Da wegen der unendlichen Ausdehnung die Ableitungen div grad verschwinden, gehen die Differentialgleichungen in ein System linearer algebraischer Gleichungen über, das auch für eine große Gruppenzahl noch mit vertretbarem Aufwand lösbar ist. Als Resultat dieser Rechnung erhält man eine feinstufige Energieverteilung, die innerhalb der einzelnen Gruppen konstant ist. Wegen der Kleinheit der Energieintervalle kann für die Gruppenkonstanten dann der lineare Mittelwert eingesetzt werden. Man kann auch ein geschätztes Spektrum als Gewichtsfunktion verwenden, z. B. bei thermischen Reaktoren im Moderationsbereich nach (4.96) $\Phi(E) \sim 1/E$.

Nachdem man das Energiespektrum Φ(E) auf diese Weise ermittelt hat, „kondensiert" man – so heißt der Fachausdruck – auf wenige Gruppen, für die mithilfe des nun bekannten Spektrums zunächst die Gruppenkonstanten bestimmt und dann eine Mehrgruppendiffusionsrechnung zur Ermittlung auch der räumlichen Neutronenflussdichteverteilungen und der Ausströmverluste durchgeführt wird. Aus der konvergierenden Lösung ergibt sich dann der effektive Multiplikationsfaktor k_{eff}. Gegebenenfalls werden weitere Iterationsschritte zur Verbesserung Spektrumsrechnung durchgeführt; hierbei wird dann statt der Annahme einer unendlichen Anordnung mit einer Bucklingrückkopplung gerechnet.

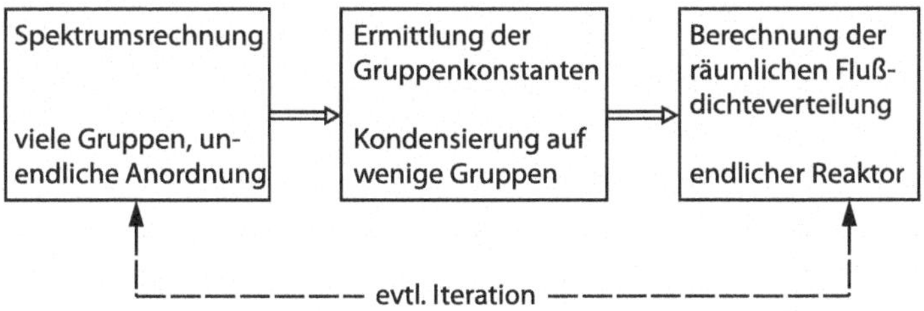

Abb. 7.11 Vorgehen bei der Multigruppenrechnung

In der Regel werden die Multigruppendiffusionsgleichungen numerisch gelöst, da man für eine ausreichende Genauigkeit mehrere Energiegruppen und mehrere Zonen unterschiedlicher Materialzusammensetzung benötigt. Eine analytische Lösung soll im folgenden Abschnitt zumindest ansatzweise durchgeführt werden, um die Bedeutung eines Reflektors zu illustrieren.

7.7 Thermischer Reaktor mit Reflektor

Im Folgenden sollen die Multigruppendiffusionsgleichungen für einen Reaktor mit zwei Energiegruppen und einem umgebenden Reflektor aufgestellt werden. Hierbei geht es vor allem um die grundsätzliche Vorgehensweise und die Darstellung der Auswirkung des Reflektors auf die Neutronenflussverteilung. Aus Gründen der Übersichtlichkeit sei für den Lösungsweg auf Anhang A.4 verwiesen.

Betrachtet wird ein homogener bzw. quasihomogener Reaktor, der von einem Reflektor aus Moderatormaterial umgeben ist. Wie schon in den einleitenden Bemerkungen zur Multigruppendiffusionstheorie erwähnt worden ist, treten bei der monoenergetischen Behandlung dieses Problems Fehler bei der Bestimmung der Leckverluste auf, die durch Berücksichtigung einer zusätzlichen schnellen Energiegruppe vermindert werden können. Man teilt deshalb den Energiebereich in eine schnelle Gruppe 1 und eine thermische Gruppe 2 ein und wählt die Grenzen so, dass eine Aufwärtsstreuung aus der thermischen Gruppe in die schnelle Gruppe nicht mehr zu berücksichtigen ist. Ferner wird angenommen, dass alle Spaltneutronen in der schnellen Gruppe 1 freigesetzt werden, sodass mit (7.138) gilt:

$$\chi_1 = \int_{E_1}^{E_0} \chi(E)\mathrm{d}E = 1 \quad \text{und} \quad \chi_2 = 0. \tag{7.151}$$

Außerdem finden die Kernspaltungen natürlich nur im Kernbereich statt und nicht im Reflektor. Der Kernbereich soll mit dem Index c (core) und der Reflektorbereich mit dem Index r gekennzeichnet werden. Für beide Bereiche sollen die Gruppendiffusionskonstanten D_{1c}, D_{2c}, D_{1r} und D_{2r} vom Ort unabhängig und dementsprechend für die jeweilige Zone konstant sein. Man erhält zunächst formal durch Anwendung von (7.144) für den stationären Fall folgende vier Diffusionsgleichungen:

$\underline{g = 1:}$

Core: $$D_{1c}\Delta\Phi_{1c} - \Sigma_{R1c}\Phi_{1c} + \nu_1\Sigma_{f1c}\Phi_{1c} + \nu_2\Sigma_{f2c}\Phi_{2c} = 0 \tag{7.152}$$

Reflektor: $$D_{1r}\Delta\Phi_{1r} - \Sigma_{R1r}\Phi_{1r} = 0 \tag{7.153}$$

g = 2:

Core: $D_{2c}\Delta\Phi_{2c} - \Sigma_{R2c}\Phi_{2c} + \Sigma_{12,c}\Phi_{1c} = 0$ (7.154)

Reflektor: $D_{2r}\Delta\Phi_{2r} - \Sigma_{R2r}\Phi_{2r} + \Sigma_{12,r}\Phi_{1r} = 0$ (7.155)

Betrachten wir zunächst (7.152). Der Removal-Querschnitt Σ_{R1c} setzt sich nach (7.142) für die schnelle Gruppe 1 additiv zusammen aus dem Absorptionsquerschnitt Σ_{A1c} und dem Streuquerschnitt $\Sigma_{12,c}$ Durch Neuformulierung der letzten zwei Terme in (7.152) können wir diese für eine analytische Lösung zugänglicher machen. $\nu_2\ \Sigma_{f2c}\ \Phi_{2c}$ ist gleich dem Anteil an schnellen Spaltneutronen aus thermischer Spaltung. Diese Zahl ist aber gleich der insgesamt absorbierten thermischen Neutronen $\Sigma_{a2c}\ \Phi_{2c}$, multipliziert mit dem thermischen Nutzfaktor f und dem Regenerationsfaktor η:

$$\nu_2 \Sigma_{f2c}\Phi_{2c} = \eta f\, \Sigma_{a2c}\Phi_{2c} \tag{7.156}$$

Der Anteil der Spaltneutronen aus schnellen Spaltungen $\nu_1\ \Sigma_{f1c}\ \Phi_{1c}$ wird ja bekanntlich berücksichtigt durch den Schnellspaltfaktor ϵ. Es gilt somit

$$\nu_1 \Sigma_{f1c}\Phi_{1c} + \nu_2 \Sigma_{f2c}\Phi_{2c} = \varepsilon\eta f\, \Sigma_{a2c}\Phi_{2c} \tag{7.157}$$

Die Absorption von schnellen Neutronen in der Gruppe 1 $\Sigma_{a1c}\ \Phi_{1c}$ kann jetzt noch durch den p-Faktor berücksichtigt werden, sodass $k_\infty\ \Sigma_{a2c}\ \Phi_{2c}$ die Quelle schneller Neutronen abzüglich Resonanzverlust darstellt. (7.152) schreibt sich dann

$$D_{1c}\Delta\Phi_{1c} - \Sigma_{12,c}\Phi_{1c} + k_\infty \Sigma_{a2c}\Phi_{2c} = 0 \tag{7.158}$$

Für die thermische Gruppe erhält man für den Core-Bereich unter Berücksichtigung von (7.142) die Gleichung

$$D_{2c}\Delta\Phi_{2c} - \Sigma_{a2c}\Phi_{2c} + \Sigma_{12,c}\Phi_{1c} = 0 \tag{7.159}$$

(7.153) und (7.155) für den Reflektor schreiben sich nach Ausschreiben des Removal-Querschnitts und Vernachlässigung der Absorption im schnellen Bereich

$$D_{1r}\Delta\Phi_{1r} - \Sigma_{12,r}\Phi_{1r} = 0 \tag{7.160}$$

$$D_{2r}\Delta\Phi_{2r} - \Sigma_{a2r}\Phi_{2r} + \Sigma_{12,r}\Phi_{1r} = 0 \tag{7.161}$$

Selbstverständlich gelten für die Lösungen der vier Gl. (7.158)–(7.161) die bekannten Rand-, Anschluss- und Regularitätsbeziehungen.

Die so letztendlich zu gewinnende räumliche Flussdichteverteilung hat prinzipiell die in Abb. 7.12 dargestellte Form. Der hier dargestellte Verlauf wurde mit einer Serpent-Rechnung für einen plattenförmigen, leichtwassermoderierten, homogenen Reaktor mit einem Wasserreflektor gewonnen.

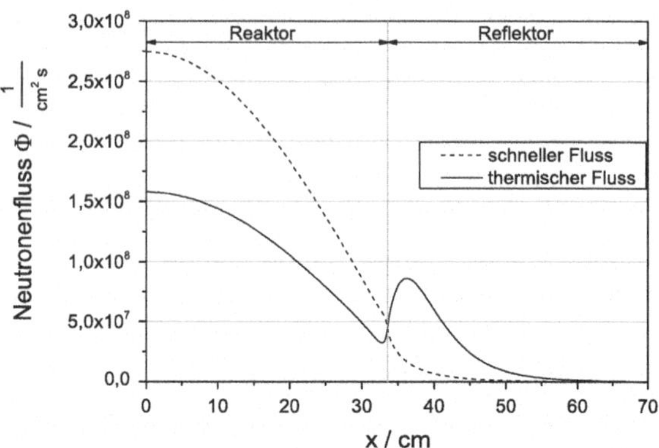

Abb. 7.12 Schnelle und thermische Neutronenflussdichteverteilung im reflektierten Reaktor

Der schnelle Fluss hat im Kernbereich eine positive, im Reflektor eine negative Wölbung, weil dort keine Quellen vorhanden sind. Der thermische Fluss hat aber sowohl im Kern als auch im Reflektor Gebiete positiver und negativer Wölbung, je nachdem, ob der Quellterm oder der Absorptionsterm überwiegt. Besonders bemerkenswert ist die starke Aufwölbung im Reflektor in der Nähe des Kernrandes, die durch die eindiffundierten schnellen Neutronen, die eine Quelle für thermische Neutronen darstellen, zustande kommt. Der nach innen abfallende Gradient bewirkt den einwärts gerichteten Neutronenstrom, also die Rückstreuung des Reflektors.

Ein einfacher Ausdruck für das Reflexionsvermögen ist die Albedo A. Die Definition ist

$$A = \frac{\text{Zahl der in den Kernbereich zurückkehrenden Neutronen}}{\text{Zahl der in den Reflektor eindringenden Neutronen}}$$

Die Albedo erreicht den Maximalwert bei unendlich dicker Reflektorschicht. Das Maximum hat man aber praktisch schon erreicht, wenn die Reflektordicke a_r etwa der dreifachen Diffusionslänge L_r des Reflektors entspricht. Tabelle 7.3 (Fratscher und Felke 1971) gibt einige Albedowerte für verschiedene Moderatoren wieder.

Durch die Verwendung eines Reflektors werden die Leckverluste des Reaktors vermindert. Dadurch verringert sich das notwendige Kernvolumen, sodass die kritische Größe eines reflektierten Reaktors kleiner ist als die eines unreflektierten bei ansonsten gleicher Materialzusammensetzung. Man bezeichnet die Hälfte der Differenz in der geometrischen

Tab. 7.3 Albedo einiger Reflektormaterialien

Moderator	$a_r = \infty$	Albedo A	
		$a_r = 0.4$ m	$n = \frac{0.4\text{m}}{L_r}$
H_2O	0.821	0.821	14
D_2O	0.987	0.919	0.4
Be	0.889	0.881	1.7
C	0.930	0.892	0.8

Ausdehnung als Reflektorersparnis oder Reflektorgewinn δ. Eine analytische Abschätzung der Reflektorersparnis ist möglich bei einer Eingruppendiffusionsrechnung. In (Glasstone und Edlund 1952) werden Ausführlich für die verschiedenen Reaktorgeometrien die sich daraus ergebenden Reflektorgewinne behandelt. Demnach wird die Albedo für einen Reflektor der Dicke a_r (in einer Plattengeometrie) nach (7.162) und für einen Reflektor des Radius R_r nach (7.163) berechnet:

$$A = \frac{1 - 2D_r\kappa_r \coth(\kappa_r a_r)}{1 + 2D_r\kappa_r \coth(\kappa_r a_r)} \tag{7.162}$$

$$A = \frac{1 - 2D_r(\kappa_r + \frac{1}{R_r})}{1 + 2D_r(\kappa_r + \frac{1}{R_r})} \tag{7.163}$$

Dabei stellt κ_r analog zu (7.92) den reziproken Wert der Diffusionslänge im Reflektor dar; D_r ist die entsprechende Diffusionskonstante. Die Reflektorersparnis ergibt sich daraus, dass man über Gl. (7.164) eine neue Extrapolationslänge d_r erhält, die größer ist als der entsprechende Wert d ohne Reflektor.

$$d_r = d \cdot \frac{1 + A}{1 - A} \tag{7.164}$$

In (Fassbender 1967) wird eine Faustformel zur Abschätzung der Reflektorersparnis für Reaktoren, bei denen Moderator- und Reflektormaterial identisch sind, angegeben, die besagt, dass

a) wenn $a_r \ll L_r$ ist, die Reflektorersparnis ungefähr gleich der Reflektordicke a_r ist, und dass
b) wenn a_r mehrere Diffusionslängen L_r beträgt, die Reflektorersparnis ungefähr die Diffusionslänge ergibt.

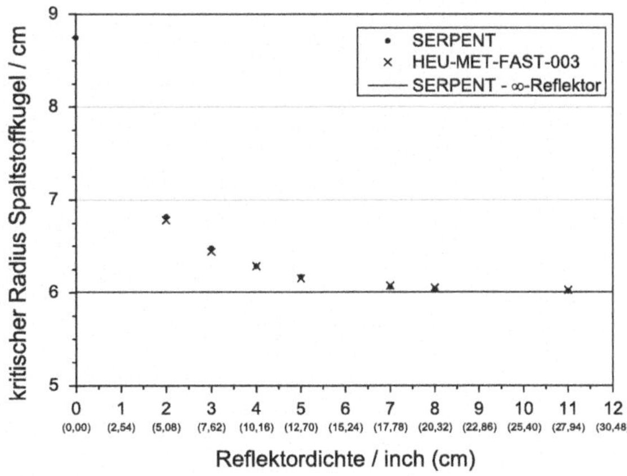

Abb. 7.13 Kritische Radien einer hoch angereicherten Urankugel mit Reflektor

Ein weiterer positiver Effekt des Reflektors ist, dass die mittlere thermische Flussdichte am Kernrand angehoben und damit vergleichmäßigt wird. Der Formfaktor der Leistungsdichte, das ist das Verhältnis der maximalen zur mittleren Neutronenflussdichte, wird dadurch vermindert, was eine gleichmäßigere Belastung aller Brennelemente zulässt. Insbesondere bei Leichtwasserreaktoren erfüllt der Reflektor darüber hinaus die Funktion, das Material des Reaktordruckbehälters gegen schnelle Neutronen abzuschirmen und damit seiner Schädigung entgegenzuwirken. Auf diesen Aspekt wird im Detail in Kap. 13 eingegangen werden.

Auch bei schnellen Systemen kann durch den Einsatz eines Reflektors eine erhebliche Verbesserung der Neutronenökonomie erzielt werden. Für das in Abschn. 7.3.1 beschriebene Nuklidgemisch von hoch angereichertem Uran sind in Abb. 7.13 die mit Serpent berechneten, kritischen Radien zusammen mit den experimentellen Ergebnissen gemäß (HEU-MET-FAST-003 1995) als Funktion der Natururan-Reflektordicke dargestellt.

Bemerkenswert ist neben der guten Übereinstimmung von Simulation und Experiment die deutliche Reduktion der kritischen Masse, die von 52,6 kg im unreflektierten Fall mit zunehmender Reflektordicke auf bis zu 17 kg abnimmt.

Literatur

Druska, C., Kasselmann, St., Lauer, A.: Investigations of space-dependent safety-related parameters of a PBMR-like HTR in transient operating conditions applying a multi-group diffusion code. Nucl. Eng. Des. **239**(3), 508–520 (2009)

Fassbender, J.: Einführung in die Reaktorphysik. Thiemig-Verlag (1967)

Fratscher, W., Felke, H.: Einführung in die Kernenergetik. VEB Deutscher Verlag für Grundstoffindustrie (1971)

Glasstone, S., Edlund, M.C.: The Elements of Nuclear Reaktor Theory. D. Van Nostrand Company (1952)

Glasstone, S., Edlund, M.C.: Kernreaktortheorie. Springer-Verlag, Wien (1961)

HEU-MET-FAST-003: Reflected Oralloy Spherical Assemblies. Los Alamos National Laboratory, veröffentlicht unter NEA/NSC/DOC(95)03/II, Bd. II (1995)

IAEA: WIMS-D Library Update / IAEA. Forschungsbericht (2007)

MacFarlane, R.E., Kahler, A. C.: Methods for processing ENDF/B-VII with NJOY. Nucl. Data Sheets **111**, 2739–2890 (2010)

Oldekop, W.: Einführung in die Kernreaktor- und Kernkraftwerkstechnik, Teil I, II. Thiemig, München (1975)

Reaktordynamik

8

Bisher hatten wir die zeitlichen Abhängigkeiten des Reaktorverhaltens vernachlässigt. Diese Einschränkung soll nun im Zuge dieses Kapitels zur Reaktordynamik aufgehoben werden. Allerdings liegt der Fokus hierbei nur auf der grundsätzlichen Betrachtung der Neutronik – andere dynamische Aspekte der Mechanik, Thermofluiddynamik und des Gesamtanlagenverhaltens werden ansatzweise in späteren Kapiteln behandelt, sind aber ansonsten eher spezielle, anlagenspezifische Fragestellungen, die nicht Gegenstand eines einführenden Lehrbuches sein können.

8.1 Charakterisierung der relevanten Phänomene

Man unterscheidet im Reaktorbetrieb langfristige, mittelfristige und kurzfristige Änderungen. Alle diese Effekte führen zu einer Beeinflussung der Reaktivität ρ.

$$\rho = \frac{k_{eff} - 1}{k_{eff}} = \frac{\delta k}{k_{eff}} \tag{8.1}$$

Die Größe

$$\delta k = k_{eff} - 1 \tag{8.2}$$

wird als Überschussreaktivität eines Reaktors bezeichnet. Für einen nahezu stationär arbeitenden Reaktor gilt

$$\rho = \delta k \quad \text{bei} \quad k_{eff} = 1 \tag{8.3}$$

In der Reaktordynamik erfolgt eine Verknüpfung der Wirkungen von Reaktivität, Neutronenfluss, Leistungsdichte, Temperaturverteilung, Wärmekapazität, Wärmeübertragung sowie schließlich der verzögerten Neutronen. Wir werden an dieser Stelle nicht alle

A. Ziegler und H.-J. Allelein (Hrsg.), *Reaktortechnik*,

DOI: 10.1007/978-3-642-33846-5_8,

Wechselwirkungen untereinander, sondern immer deren Bedeutung für das neutronische Geschehen im Reaktor betrachten. Alle diese Größen sind zeitlich veränderlich, sie können durch äußere Eingriffe teilweise verändert werden. Im einzelnen wird die Reaktivität durch folgende Ereignisse beeinflusst:

- langfristige Änderungen (charakteristische Zeiten: 1 Jahr)
  - Brennstoffabbrand
  - Aufbau höherer Isotope
  - Spaltproduktaufbau
  - Abbrand von Neutronengiften
- mittelfristige Änderungen (charakteristische Zeiten: Stunden bis Wochen)
  - Bildung und Abbau starker Spaltproduktabsorber
  - zerfallende höhere Isotope
- kurzfristige Änderungen (charakteristische Zeiten: $0.1 \cdots 100\,\mathrm{s}$)
  - Wirkung verzögerter Neutronen
  - Temperaturänderungen des Brennstoffs, Moderators, Kühlmittels
  - Dichteänderungen
  - Stabbewegungen
  - Kühlmittelverlust

8.2 Punktkinetische Gleichungen

Im Kap. 5 hatten wir die Bedeutung der verzögerten Neutronen im Hinblick auf die Reaktorperiode und damit die Regelbarkeit des Reaktors diskutiert. Die dabei durchgeführte Mittelung der Lebensdauer der Neutronen stellt aber eine große Vereinfachung dar, durch die insbesondere auf kurzen Zeitskalen Abweichungen von der Realität auftreten. Wir wollen deshalb die Auswirkungen verzögerter Neutronen etwas genauer analysieren.

8.2.1 Kinetik der verzögerten Neutronen

Für ein unendlich ausgedehntes multiplizierendes Medium kann die Änderung der Neutronenzahl n durch die Bilanzgleichung

$$\frac{\mathrm{d}n}{\mathrm{d}t} = k_\infty \cdot (1-\beta) \cdot \Phi_{th} \cdot \overline{\Sigma}_a + \sum_{i=1}^{6} \lambda_i \cdot N_i - \Phi_{th} \cdot \overline{\Sigma}_a \tag{8.4}$$

beschrieben werden. Der erste Term beschreibt die Quelle der prompten Neutronen, die durch Spaltung entstehen, während der zweite Term die Bildung durch radioaktiven

Zerfall aus den Isotopen, die verzögerte Neutronen aussenden, entspricht. Der dritte Term beschreibt Neutronenverluste durch Absorption.

Für die Bilanzierung der verzögerten Neutronen können 6 Bilanzgleichungen für die Änderung der Kernzahldichten der radioaktiven Isotope N_i, die Ausgangsprodukt der verzögerten Neutronen sind, herangezogen werden.

$$\frac{\mathrm{d}N_i}{\mathrm{d}t} = k_\infty \cdot \beta_i \cdot \Phi_{th} \cdot \overline{\Sigma}_a - \lambda_i \cdot N_i, \quad i = 1, \ldots, 6 \tag{8.5}$$

Der erste Term auf der rechten Seite kennzeichnet auch hier die Entstehung durch Spaltung, der zweite Term beschreibt den radioaktiven Zerfall. Neutronenzahl n, Kernanzahl N und Neutronenfluss Φ werden hier als nicht volumenbezogen betrachtet.

Unter Benutzung der Gleichungen

$$\Phi_{th} = n \cdot v_{th}, \qquad \rho = \frac{k_\infty - 1}{k_\infty} \approx \delta k, \quad l_p = \frac{1}{\overline{\Sigma}_a \cdot v_{th}} \tag{8.6}$$

können der erste und der dritte Term der (8.4) verknüpft und umgeformt werden:

$$k_\infty \cdot (1 - \beta) \cdot \Phi_{th} \cdot \overline{\Sigma}_a - \Phi_{th} \cdot \overline{\Sigma}_a = \frac{k_\infty}{l_p} \cdot (\rho - \beta) \cdot n \tag{8.7}$$

Gleichermaßen gilt:

$$k_\infty \cdot \beta_i \cdot n \cdot v_{th} \cdot \overline{\Sigma}_a = \frac{k_\infty \cdot \beta_i}{l_p} \cdot n \tag{8.8}$$

Damit erhält man die kinetischen Gleichungen in der Form

$$\frac{\mathrm{d}n}{\mathrm{d}t} = k_\infty \cdot \frac{\rho - \beta}{l_p} \cdot n + \sum_{i=1}^{6} \lambda_i \cdot N_i \tag{8.9}$$

$$\frac{\mathrm{d}N_i}{\mathrm{d}t} = k_\infty \cdot \frac{\beta_i}{l_p} \cdot n - \lambda_i \cdot N_i, \quad i = 1, \ldots, 6 \tag{8.10}$$

Dieses System von 7 gekoppelten linearen Differentialgleichungen 1.Ordnung kann bei Vorliegen der Randbedingungen z. B. $n(0) = n_0, N_i(0) = N_i^0$ sowie bei Vorgabe von Reaktivitätsänderungen $\rho(t)$ gelöst werden.

Ein endlicher Reaktor kann mit diesen Gleichungen näherungsweise ebenfalls beschrieben werden, wenn man k_∞ durch k_{eff} ersetzt und die Verkürzung der Neutronenlebensdauer durch Leckage berücksichtigt:

$$l = \frac{l_n}{1 + L^2 B^2} \tag{8.11}$$

Es sei hier bereits darauf hingewiesen, dass die kinetischen Gleichungen für einen realen endlichen Reaktor komplizierter zu formulieren sind. Insbesondere werden

Rückkopplungseffekte z. B. durch Temperatureinflüsse einzubeziehen sein. Die ausführlichen Gleichungen, die natürlich auch räumliche Abhängigkeiten berücksichtigen, werden heute mit aufwendigen Rechenmethoden behandelt und gelöst.

8.2.2 Einfache Lösung der punktkinetischen Gleichungen

Bei Berücksichtigung von nur einer Gruppe von verzögerten Neutronen genügt eine einfache Lösung der punktkinetischen Gleichungen, die hier benutzt werden sollen, um einfache Zusammenhänge zu verdeutlichen.

Es gelten die Beziehungen

$$\beta = \sum_{i=1}^{6} \beta_i, \quad \lambda = \frac{1}{l_v} \tag{8.12}$$

sodass ein System von zwei gekoppelten Differentialgleichungen

$$\frac{\mathrm{d}n}{\mathrm{d}t} = \frac{k_\infty}{l_p} \cdot (\rho - \beta) \cdot n + \lambda \cdot N \tag{8.13}$$

$$\frac{\mathrm{d}N}{\mathrm{d}t} = \frac{k_\infty}{l_p} \cdot \beta \cdot n - \lambda \cdot N \tag{8.14}$$

angesetzt werden kann. Die vollständige Lösung dieses Gleichungssystems wird im Anhang A.5 dargestellt. Sie führt zu folgender Gleichung (mit $n = n_0$ für $t = 0$):

$$n(t) = n_0 \cdot \left(\frac{\beta}{\beta - \rho} \cdot e^{\frac{\lambda \cdot \rho}{\beta - \rho} \cdot t} - \frac{\rho}{\beta - \rho} \cdot e^{-\frac{\beta - \rho}{l_p} \cdot t} \right) \tag{8.15}$$

Diese Gleichung beschreibt das zeitabhängige Verhalten des Reaktors in den meisten Fällen sehr gut; lediglich für den prompt kleinen Reaktor mit $\rho \approx \beta$ ist sie als Resultat der bei der Herleitung getroffenen Vereinfachungen nicht anwendbar. Die vollständige Lösung lautet:

$$A = \frac{4 \cdot \lambda \cdot \rho \cdot l_p}{(\lambda \cdot l_p + \beta - \rho)^2}$$

$$B = \frac{\lambda \cdot l_p + \beta - \rho}{2 l_p} \cdot (-1 - \sqrt{1 + A})$$

$$C = \frac{\lambda \cdot l_p + \beta - \rho}{2 l_p} \cdot (-1 + \sqrt{1 + A})$$

$$D = \frac{\frac{n_0}{\lambda} \cdot (C + \lambda) - n_0}{\frac{C + \lambda}{B + \lambda} - 1}$$

$$n(t) = (n_0 - D) \cdot e^{C \cdot t} + D \cdot e^{B \cdot t}$$

Eine Diskussion dieser Lösung für verschiedene Fälle einer Reaktivitätsänderung ρ führt auf folgende Fälle:

$\rho = 0$: Die Gleichung reduziert sich auf $n(t) = n_0$, d. h. der Reaktor arbeitet stationär. Neutronenzahl, Fluss und Leistung bleiben konstant.

$\rho < 0$: Durch eine negative zugeführte Reaktivität ρ stellt sich ein absinkender Fluss ein.

$\rho > 0, \rho < \beta$: Durch eine positive zugeführte Reaktivität ρ, die kleiner als der Anteil der verzögerten Neutronen β ist, steigt der Fluss an, die verzögerten Neutronen haben maßgeblichen Einfluss auf die Geschwindigkeit der Leistungssteigerung. Man bezeichnet diesen Fall als den eines verzögert überkritischen Reaktors.

$\rho > 0, \rho > \beta$: Dieser Fall eines prompt überkritischen Reaktors führt auf ein exponentielles Anwachsen des Flusses und der Leistung (qualitativ: $n(t) \sim n_0 \cdot e^{+C \cdot t}$). Die Leistung der verzögerten Neutronen tritt gegenüber derjenigen der prompten völlig in den Hintergrund.

Abbildung 8.1 zeigt die geschilderten Fälle für zugeführte Reaktivitäten von $\rho = 0$, $\rho = -0.003$, $\rho = +0.001$ und $\rho = +0.01$ ($\rho > \beta$). Grundlage der Kurven ist die Gl. (8.15).

In Abb. 8.1a erkennt man deutlich, dass der prompt kritische Reaktor seine Leistung innerhalb von Sekundenbruchteilen vervielfacht. Ein solches System, bei dem $\rho > \beta$ eingestellt werden könnte, ist unbedingt zu vermeiden.

Die beiden anderen Fälle für $\rho \neq 0$ scheinen in Abb. 8.1a gegen einen konstanten Wert zu streben. Eine logarithmische Betrachtung der Zeitachse (Abb. 8.1b) zeigt, dass auch diese Fälle in einen exponentielle Verlauf übergehen. Dies geschieht allerdings in einem zeitlich wesentlich größeren Rahmen, sodass eine Regelung des Systems problemlos möglich ist.

Hier sind die Rückkopplungseffekte durch den Temperaturanstieg bei Leistungssteigerung nicht berücksichtigt. Diese Effekte wirken im Brennstoff unmittelbar und im Moderator zeitlich verzögert.

Diese Temperaturrückwirkungen führen schließlich zu einer Begrenzung des Flusses und somit der Leistung, sind aber nur in wenigen Ausnahmefällen geeignet, ein prompt kritisch gefahrenes System zu beherrschen.

8.3 Reaktivitätseffekte durch Temperaturänderung

Die in Abschn. 5.5 eingeführte Reaktivität $\rho = \delta k$ kann durch die verschiedensten Einflüsse geändert werden. So können durch Stabbewegungen oder durch Änderung des Kühlmittelzustandes, besonders durch Temperaturänderungen im Reaktor Änderungen der Reaktivität erfolgen.

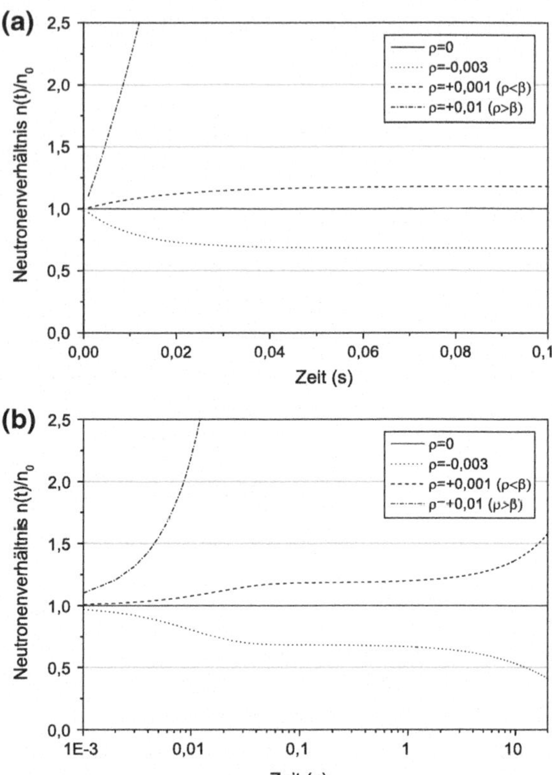

Abb. 8.1 Neutronenvermehrung nach (8.15) in einem unendlich großen Reaktor bei Zufuhr von unterschiedlichen Reaktivitäten ρ (theoretisches Modell ohne Temperaturrückkopplung)

Ausgehend vom Multiplikationsfaktor für ein endliches Reaktorsystem

$$k_{eff} = \varepsilon \cdot p \cdot f \cdot \eta \cdot w_s \cdot w_{th} \tag{8.16}$$

können durch Temperaturänderung Änderungen von k_{eff} hervorgerufen werden. Durch Bildung des totalen Differentials erhält man

$$\frac{1}{k_{eff}} \cdot \frac{\mathrm{d}k_{eff}}{\mathrm{d}T} = \frac{1}{\varepsilon} \cdot \frac{\mathrm{d}\varepsilon}{\mathrm{d}T} + \frac{1}{p} \cdot \frac{\mathrm{d}p}{\mathrm{d}T} + \frac{1}{f} \cdot \frac{\mathrm{d}f}{\mathrm{d}T} + \frac{1}{\eta} \cdot \frac{\mathrm{d}\eta}{\mathrm{d}T} + \frac{1}{w_s} \cdot \frac{\mathrm{d}w_s}{\mathrm{d}T} + \frac{1}{w_{th}} \cdot \frac{\mathrm{d}w_{th}}{\mathrm{d}T} \tag{8.17}$$

Auch Änderungen der Reaktionsraten in Abhängigkeit von der Temperatur können so bestimmt werden:

$$R = \phi \cdot \sigma \cdot N_V \tag{8.18}$$

$$\frac{1}{R} \cdot \frac{\mathrm{d}R}{\mathrm{d}T} = \frac{1}{\sigma} \cdot \frac{\mathrm{d}\sigma}{\mathrm{d}T} + \frac{1}{N_V} \cdot \frac{\mathrm{d}N_V}{\mathrm{d}T} + \frac{1}{\phi} \cdot \frac{\mathrm{d}\phi}{\mathrm{d}T} \tag{8.19}$$

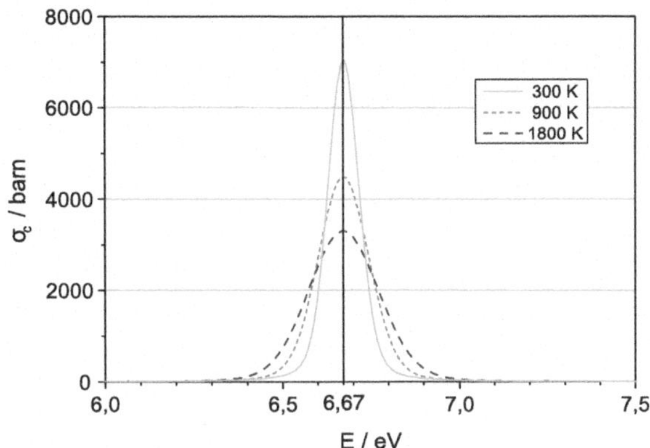

Abb. 8.2 Verbreiterung der Einfangsresonanz bei 6.67 eV für ^{238}U durch Temperaturerhöhung (Daten (Chadwick et al. 2006))

Von besonderer Relevanz ist der Einfluss der Brennstofftemperatur auf die Reaktivität. Die Moderatortemperatur ist ebenfalls von erheblicher Bedeutung.

Bei Leistungserhöhung im Reaktor ohne entsprechende Steigerung der Wärmeabfuhr bzw. bei Verringerung der Wärmeabfuhr bei gleichbleibender Leistung wird die Brennstofftemperatur erhöht. Dadurch steigt die Resonanzabsorption in den Brutstoffen U-238 und Th-232 an. Ursache ist eine Verbreiterung der Resonanzstellen aufgrund der zunehmenden thermischen Bewegung der absorbierenden Kerne (siehe Abb. 8.2).

Durch Vergrößerung der parasitären Absorption von Neutronen wird eine negative Reaktivitätsänderung $-\rho_B$ bewirkt. Dies führt zu einer Reduktion der Zahl der für Spaltungen verfügbaren Neutronen. Es kommt dadurch zu einer Absenkung der Reaktivität des Reaktorkerns. Der gesamte Vorgang bewirkt eine Selbststabilisierung des Reaktors bei Temperaturerhöhung. Dieser inhärente Selbstregelmechanismus ist wesentlich für die Sicherheit von Reaktoren.

Der hier geschilderte Brennstofftemperatureffekt kann formal durch folgende Beziehungen dargestellt werden:

$$\rho_B = \int_{T_{B_1}}^{T_{B_2}} \Gamma_B(T_B)\mathrm{d}T_B \approx \Gamma_B \cdot (T_{B_2} - T_{B_1}) = \Gamma_B \cdot \Delta T_B \tag{8.20}$$

mit

$$\Gamma_B = \frac{\partial \rho_B}{\partial T_B} \tag{8.21}$$

als zugehörigem Brennstofftemperaturkoeffizienten.

Dieser Effekt reduziert die Resonanzentkommwahrscheinlichkeit (bzw. Bremsnutzung) p (siehe (8.16) für k_{eff}), der Brennstofftemperaturkoeffizient wirkt also stets negativ (Größenordnung 10^{-5}/K).

Eine genaue Berechnung dieses Temperaturkoeffizienten erfolgt heute mit aufwendigen Rechenprogrammen, bei denen die Kritikalität des Reaktors für verschiedene Temperaturen bestimmt wird. Durch die hier geschilderte Resonanzabsorption in den Brutstoffen erfolgt eine Rückkopplung im Reaktivitätsgeschehen und damit in der Leistungsproduktion.

Es sei hier darauf hingewiesen, dass auch Spaltresonanzen bekannt sind (z. B. Pu-239 dicht oberhalb des thermischen Energiebereichs), sodass unter bestimmten Bedingungen infolge von Temperaturerhöhungen auch Reaktivitätserhöhungen des Reaktorkerns auftreten können. Derartige Kernauslegungen müssen unbedingt vermieden werden.

Der Moderatoreffekt der Reaktivität ρ_M tritt bei einer Veränderung der mittleren Moderatortemperatur auf, er wird durch

$$\rho_M = \int_{T_{M_1}}^{T_{M_2}} \Gamma_M(T_M)\mathrm{d}T_M \approx \Gamma_M \cdot (T_{M_2} - T_{M_1}) = \Gamma_M \cdot \Delta T_M \tag{8.22}$$

beschrieben. Der Moderatorkoeffizient folgt aus

$$\Gamma_M = \frac{\partial \rho_M}{\partial T_M} \tag{8.23}$$

Die folgenden Faktoren der Kritikalitätsgleichung (8.16) werden vom Moderatoreffekt beeinflusst:

- Resonanzentkommwahrscheinlichkeit oder Bremsnutzung p:
  Mit zunehmender Temperatur nimmt die Dichte und damit auch der makroskopische Streuwirkungsquerschnitt des Moderators ab. Die Verweilzeit der Neutronen in den Resonanzbereichen wird größer, die Resonanzabsorption steigt, die Bremsnutzung p sinkt. Der Temperaturkoeffizient von p ist also negativ.
- Thermische Nutzung f:

  $$f = \frac{\Sigma_{A,B}}{\Sigma_{A,B} + \Sigma_{A,M}} \tag{8.24}$$

  mit den Absorptionswirkungsquerschnitten $\Sigma_{A,B}$ für den Brennstoff und $\Sigma_{A,M}$ für den Moderator.
  Der Nenner von (8.24) enthält zwei Absorptionsterme und nimmt daher bei Temperaturerhöhung stärker ab, als der Zähler. Dies bedeutet, dass f zunimmt.
  Der Temperaturkoeffizient von f ist also positiv.
- Verbleibwahrscheinlichkeiten w_s und w_{th}:

  $$w_s \cdot w_{th} = \frac{1}{1 + B^2 \cdot L_B^2} \cdot \frac{1}{1 + B^2 \cdot L_D^2} \approx \frac{1}{1 + B^2 \cdot M^2} \tag{8.25}$$

  mit L_B als Brems- und L_D als Diffusionslänge, der Flusswölbung B^2 und dem Quadrat der Wanderungslänge M^2.

Mit zunehmender Temperatur wachsen Brems- und Diffusionslänge (und damit auch die Wanderungslänge) durch Abnahme der Dichte sowie des Absorptionsquerschnitts an. Die Leckage steigt. Der Temperaturkoeffizient von $w_s \cdot w_{th}$ ist also negativ.

Bei Wasserreaktoren ist ρ_M auch noch von der Borsäurekonzentration im Kühlmittel abhängig und ändert sich dadurch im Laufe des Reaktorbetriebes erheblich.

Wird bei einer Reaktivitätsänderung die Rückkopplung durch Temperaturkoeffizienten berücksichtigt, so muss der Wert ρ in (8.13) durch

$$\rho_{ges} = \rho_{St} - \rho_B - \rho_M \tag{8.26}$$

$$= \rho_{St} - \sum \Gamma \cdot \Delta T \tag{8.27}$$

ersetzt werden (Index *St* für Steuerstäbe).

Lösungen dieses Gleichungssystems sind nur mittels umfangreicher Rechenprogramme möglich.

8.4 Mittel- und langfristige Effekte

Gemäß der Untergliederung in Abschn. 8.1 sind der Einfluss verzögerter Neutronen und die Rückwirkung von Temperaturänderungen den kurzfristigen Effekten zuzurechnen. Dem gegenüber spielen der im Folgenden behandelte Abbrand des Kernbrennstoffes und der Aufbau von Spalt- und Aktivierungsprodukten in Zeitskalen von Stunden bis Jahren eine wichtige Rolle.

8.4.1 Brennstoffabbrand

Der Spaltstoff Uran-235 wird im Reaktor im Laufe der Betriebszeit im Wesentlichen durch Spaltung umgewandelt oder abgebrannt. Spaltstoffe weisen im Verhältnis zu anderen im Reaktor eingesetzten Stoffen relativ große Absorptionsquerschnitte auf. Sie werden im Reaktor bei dem dort herrschenden Neutronenfluss entsprechen der Reaktionsrate

$$R_f = \int \phi(E) \cdot \sigma_f(E) \cdot N_f''' \mathrm{d}E \tag{8.28}$$

relativ schnell umgewandelt.

In modernen Leichtwasserreaktoren sind die Absorptionsquerschnitte so hoch, dass im Laufe von rund 4 Jahren (mittlere Einsatzdauer von Brennelementen) der Spaltstoff fast vollständig umgesetzt wird.

Ein Teil des Brutstoffs (U-238, Th-232) wird während der Einsatzzeit in Spaltstoff (U-233, Pu-239, Pu-241) umgewandelt und im Reaktor mit einer Reaktionsrate entsprechend (8.28) in situ abgebrannt.

Speziell für den U-235–Abbrand gilt:

$$
{}^{235}_{92}U \begin{array}{l} \overset{\sigma_f}{\nearrow} \\ \underset{\sigma_{c,U\text{-}235}}{\searrow}\ {}^{236}_{92}U \underset{\sigma_{c,U\text{-}236}}{\longrightarrow} {}^{237}_{92}U \end{array} \tag{8.29}
$$

$$
\frac{\mathrm{d}N'''_{U\text{-}235}}{\mathrm{d}t} = -\phi \cdot \sigma_a \cdot N'''_{U\text{-}235} \tag{8.30}
$$

$$
\phi \cdot \sigma_A = \phi \cdot (\sigma_f + \sigma_{c,U\text{-}235}) \tag{8.31}
$$

$$
\frac{\mathrm{d}N'''_{U\text{-}236}}{\mathrm{d}t} = \phi \cdot \sigma_{c,U\text{-}235} \cdot N'''_{U\text{-}235} - \phi \cdot \sigma_{c,U\text{-}236} \cdot N'''_{U\text{-}236} \tag{8.32}
$$

Die Lösung für den zeitlichen Verlauf der Anzahl der U-235–Kerne lautet

$$
N'''_{U\text{-}235}(t) = N'''_{U\text{-}235}(0) \cdot e^{-\phi \cdot \sigma_A \cdot t} \tag{8.33}
$$

wenn mit $N'''_{U\text{-}235}(0)$ die Anzahl der Kerne zu Beginn des Abbrandes für $t = 0$ bezeichnet wird. Nur der Anteil

$$
\eta = \frac{\phi \cdot \sigma_f}{\phi \cdot \sigma_A} = \frac{\phi \cdot \sigma_f}{\phi \cdot \sigma_f + \phi \cdot \sigma_c} \tag{8.34}
$$

mit η als Neutronenausbeute wird zur Spaltung ausgenutzt.

Für die Beurteilung des Brennstoffabbrandes werden in der Reaktortechnik bestimmte Definitionen verwendet:

$$
B = \frac{E_f}{\rho_B} \cdot \int_0^{\tau} \phi(t) \cdot \Sigma_f(t)\mathrm{d}t = \frac{E_f}{\rho_B} \cdot \phi \cdot \Sigma_f \cdot \tau \tag{8.35}
$$

B ist der Brennstoffabbrand in (MWd/t Schwermetall), ρ_B die Brennstoffdichte, E_f die mittlere Spaltenergie (200 MeV), τ kennzeichnet die Einsatzzeit des Brennstoffes.

Weitere wichtige Bezeichnungen für den Abbrand sind die Größen *FIMA* und *FIFA*.

FIMA bedeutet **F**issions per **I**nitial **M**etal **A**toms und gibt die Zahl der Spaltungen pro anfänglich vorhandener Schwermetallatome an.

$$
FIMA = \frac{\phi \cdot \Sigma_f \cdot \tau}{N'''_{SM}} = \frac{\phi \cdot \Sigma_f \cdot \tau \cdot M}{\rho \cdot N_A} = \frac{B \cdot M}{E_f \cdot N_A} \tag{8.36}
$$

B wird wiederum in MWd/tSM ausgedrückt, *FIMA* ist dann eine dimensionslose Zahl. *FIFA* charakterisiert die Zahl der Spaltungen pro anfänglich vorhandener Spaltstoffatome, d. h. **F**issions per **I**nitial **F**issionable **A**toms.

Zwischen den Größen *FIFA* und *FIMA* besteht die Beziehung

$$FIFA = FIMA \cdot \frac{N'''_{SM}}{N'''_f} = FIMA \cdot \frac{1}{a_0/100} \tag{8.37}$$

mit a_0 als Anfangsanreicherung (in %).

Für einen Druckwasserreaktor typische Werte sind:

$$a_0 = 4.4\,\%,\ B = 55000\,\text{MWd/tSM},\ FIMA = 0.0587,\ FIFA = 1.33$$

Es werden also für jedes eingesetzte Spaltstoffatom 1.33 Spaltungen durchgeführt, d. h. durch gleichzeitig zur Spaltung ablaufende Brutprozesse wird neuer Brennstoff gebildet, der mit mehr als 30 % zur Gesamtbilanz beiträgt.

Die heute erreichbaren Abbrände sind von einer Reihe technischer Parameter des Brennstoffs abhängig. Neben der Anreicherung sind Größen wie Plutoniumaufbau, Optimierung des Brennstoffkreislaufs, Kritikalität, Korrosion und mechanische Beanspruchung der Hüllrohre sowie Versprödung dieser Materialien begrenzende Faktoren bei der Wahl der Höhe des Abbrandes. Druck- und Siedewasserreaktoren erreichen heute im Mittel Werte von über 50000 MWd/tSM, für schnelle Reaktoren sind rund 70000 MWd/tSM und für Hochtemperaturreaktoren bis zu 80000 MWd/tSM charakteristisch.

Eine für den Reaktorbetrieb wesentliche Größe ist auch der jährliche Spaltstoffbedarf. Ausgehend von der thermischen Jahresarbeit A_{th} eines Reaktors

$$A_{th} = \int_0^{1a} P_{th}dt = P_{th} \cdot T = \frac{P_{el} \cdot T}{\eta/100} \tag{8.38}$$

folgt die jährliche Nachlademenge $\dot{m}_B$ zu

$$\dot{m}_B = \frac{A_{th}}{B} = \frac{P_{el} \cdot T}{\eta/100} \cdot \frac{1}{B} \tag{8.39}$$

η ist hierbei der Nettowirkungsgrad des Kraftwerkes [%], T sind die Volllaststunden pro Jahr [h/a], P_{el} ist die elektrische Nettoleistung [MW], $\dot{m}_B$ die Nachlademenge an Schwermetall [t/a].

Typische Zahlenwerte für einen Druckwasserreaktor sind:

$P_{el} = 1350\,\text{MW}$, $T = 8160\,\text{h/a}$ (dies entspricht 340 Volllasttagen), $\eta = 35\,\%$, $B = 55000\,\text{MWd/t}$ sowie $\dot{m}_B = 24\,\text{t/a}$.

8.4.2 Aufbau höherer Isotope

Im Reaktor werden nicht nur Spaltstoffe bei gleichzeitiger Energiegewinnung gespalten, sondern es kommt bei Einsatz von U-238 oder Th-232 zum Aufbau höherer Isotope durch sukzessiven Neutroneneinfang, z. B.:

$$^{238}U + n \rightarrow ^{239}U \xrightarrow{\beta^-} {}^{239}Np \xrightarrow{\beta^-} {}^{239}Pu \tag{8.40}$$

$$^{239}Pu + n \rightarrow ^{240}Pu \tag{8.41}$$

Ketten, die die Verhältnisse beim U-238 bzw. Th-232 sind in Abb. 8.3 wiedergegeben. Es entstehen also durch Umwandlung z. B. beim U-238 nacheinander Np-239, Pu-239, Pu-240, Pu-241, Pu-242, Am-241 sowie Am-243, Cm-244 und Cm-245.

Zum Teil sind es β^--Zerfälle, zum Teil (n, γ) -Reaktionen, die zur Bildung dieser höheren Isotope führen. Abbildung 8.4 zeigt die Verläufe der Plutoniumkonzentrationen im LWR in Abhängigkeit vom Brennstoffabbrand. Die absolute Zunahme der Pu-Masse ist in Abb. 8.5 dargestellt. Während zu Beginn der Einsatzzeit eines Brennelementes das entstehende Plutonium fast ausschließlich aus spaltbarem Pu-239 besteht, werden mit der Zeit weitere Plutoniumisotope aufgebaut. Den größten Anteil hat das thermisch nicht spaltbare Pu-240.

8.4.3 Aufbau von Spaltprodukten

Durch Kernspaltung werden im Reaktor ständig Spaltprodukte erzeugt. Ein großer Teil der Spaltprodukte wandelt sich relativ schnell durch radioaktiven Zerfall in stabile oder langlebige radioaktive Stoffe um. Einige Spaltprodukte entstehen auch direkt als stabile

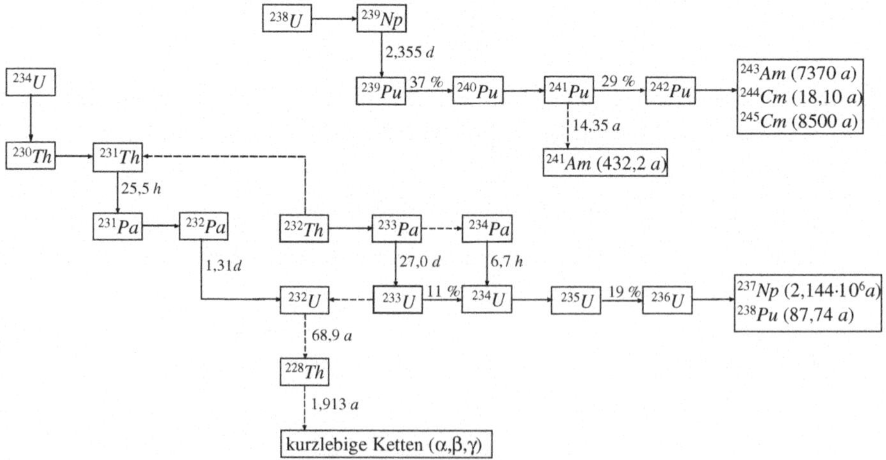

Abb. 8.3 Ketten für die Umwandlung von Uran-238 und Thorium-232

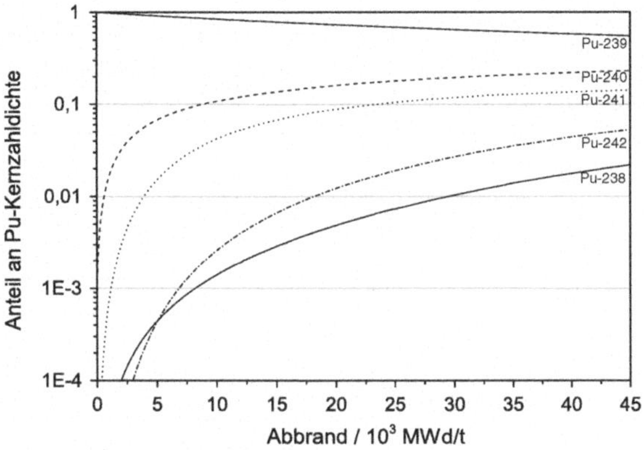

Abb. 8.4 Isotopenzusammensetzung des Plutoniums in Abhängigkeit vom Abbrand

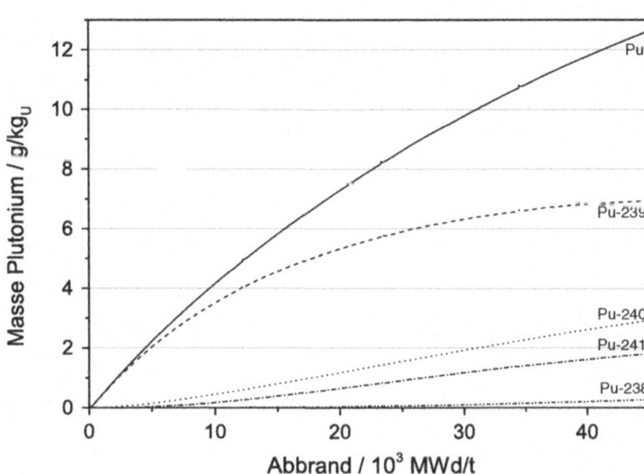

Abb. 8.5 Zunahme der Pu-Masse in Abhängigkeit vom Abbrand

Nuklide. Spaltprodukte weisen auch Absorptionsquerschnitte für Neutronen auf. Bis auf die Isotope Xe-135 und Sm-149 sind die Werte in thermischen Reaktoren allerdings im Vergleich zu den Spaltquerschnitten niedrig. Die Bilanzgleichung für die Spaltproduktkonzentration wird durch die folgenden in zwei Gruppen unterteilte Terme vollständig beschrieben:

- **Entstehung**
  - Erzeugung durch direkte Spaltung
  - Erzeugung durch β^--Zerfall des Vorgängernuklids
  - Erzeugung durch n-Zerfall des Vorgängernuklids verzögerter Neutronen
  - Erzeugung durch Neutroneneinfang
- **Verluste**
  - Verlust durch Absorption
  - Verlust durch β^--Zerfall
  - Verlust durch n-Zerfall als Vorgängernuklid verzögerter Neutronen
  - Verlust durch Leckage
  - Verlust durch Entnahme

Für die zeitliche Änderung der Kernzahl der Nuklide gilt Gl. (8.42). Hierbei wird der für die Reaktordynamik sehr wichtige, aber für die Spaltproduktbilanz untergeordnete Anteil der verzögerten Neutronen nicht berücksichtigt.

$$\frac{dN'''_{A,N}}{dt} = +\underbrace{\sum_k \gamma_{A,N} \cdot \int_0^\infty \phi \cdot \sigma_{f_k} \cdot N'''_k dE}_{\text{Spaltung}} + \underbrace{\int_0^\infty \phi \cdot \sigma_{A-1,N-1} \cdot N'''_{A-1,N-1}}_{\text{Neutroneneinfang eines VN}}$$
$$+ \underbrace{\lambda_{A,N+1} \cdot N'''_{A,N+1}}_{\beta^-\text{-Zerfall eines VN}} - \underbrace{\lambda_{A,N} \cdot N'''_{A,N}}_{\beta^-\text{-Zerfall}} - \underbrace{\int_0^\infty \phi \cdot \sigma_{A,N} \cdot N'''_{A,N} dE}_{\text{Neutroneneinfang}}$$
$$- \text{Leckage} - \text{Entnahme} \tag{8.42}$$

mit den Indizes A für die Massenzahl und N für die Neutronenzahl. VN bedeutet Vorgängernuklid für den jeweiligen Prozess.

Der erste Term auf der rechten Seite trägt der Spaltproduktentstehung durch Spaltung in k Spaltstoffen (meistens U-233, U-235, Pu-239 und Pu-241) Rechnung, der zweite Term rührt vom Neutroneneinfang im Isotop $(A-1, N-1)$ her, der dritte Quellterm ist auf β^--Zerfälle der Isotope $(A, N+1)$ zurückzuführen. Als Senken treten der radioaktive Zerfall sowie die Absorption im Isotop in Erscheinung. Weiterhin sind Leckagen und schließlich die Beseitigung der Spaltprodukte aus dem Reaktorkern durch Entladen der Brennelemente noch hinzuzufügen.

Insgesamt sind heute mehrere hundert Spaltproduktnuklide bekannt und können in Bilanzgleichungen berücksichtigt werden. Viele Spaltprodukte sind allerding so kurzlebig, dass deren Halbwertszeit im Verhältnis zu der Lebensdauer der Brennelemente sehr kurz ist.

Die Spaltprodukte sind im Rahmen der Kernbilanzierung wichtig, da insbesondere durch stark absorbierende Spaltprodukte (Xe-135 und Sm-149) eine Vergiftung des Spaltstoffs bewirkt wird. Für die Reaktorsicherheit sind die Spaltprodukte von ausschlaggebender Bedeutung, da sie die Quelle der Nachzerfallswärme sind und da sie ein gewaltiges radiologisches Potential im Reaktor darstellen. Das Spaltproduktinventar in den Brennelementen nimmt nach Entnahme der Brennelemente aus dem Reaktor stark ab, wie Abb. 8.6 zeigt.

In den Bestimmungsgleichungen entfallen dann die Quellterme. Nach hinreichend langer Zeit (rund 30 Jahre) dominieren die Spaltprodukte Cs-137 und Sr-90, auch Aktinide haben noch eine gewisse Bedeutung. Diese Daten haben für die Zwischenlagerung, eine eventuelle Konditionierung sowie für die Auslegung der Endlagergebinde und des gesamten Endlagers Bedeutung.

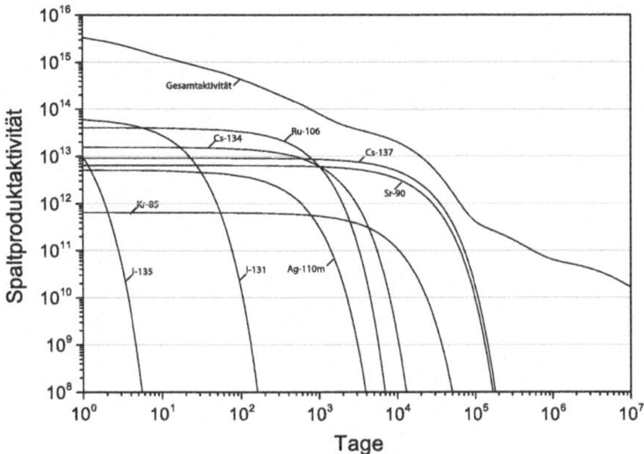

Abb. 8.6 Verlauf der Spaltproduktaktivität eines DWR Brennstabes nach der Entnahme aus dem Reaktor

8.4.4 Spaltproduktvergiftung

Xe-135 ist ein besonders wichtiges Spaltprodukt im Hinblick auf die Neutronenbilanz in thermischen Reaktoren. Der Absorptionsquerschnitt für thermische Neutronen beträgt rund $2.65 \cdot 10^6$ barn (siehe Abb. 8.7), die Spaltausbeute für U-235 liegt bei 0.3 %. Da das Isotop zudem mit mit einer Halbwertszeit von $T_{1/2} = 6.61$ h durch β^--Zerfall aus dem Spaltprodukt I-135 entsteht (Spaltausbeute $\gamma = 6.1$ % bei U-235) und mit einer Halbwertszeit von $T_{1/2} = 9.1$ h durch β^--Zerfall in Cs-135 zerfällt, wird die Neutronenbilanz bei Flussänderung stark geändert.

Ausgehend von der Umwandlungskette

$$^{135}_{51}Sb \xrightarrow[1.7\,\text{s}]{\beta^-} {}^{135}_{52}Te \xrightarrow[18\,\text{s}]{\beta^-} {}^{135}_{53}I \xrightarrow[6.61\,\text{h}]{\beta^-} {}^{135}_{54}Xe \xrightarrow[9.1\,\text{h}]{\beta^-} {}^{135}_{55}Cs \xrightarrow[2 \cdot 10^6\,\text{a}]{\beta^-} {}^{135}_{56}Ba \tag{8.43}$$

können die folgenden Differentialgleichungen für die Zeitabhängigkeit der I-135- und der Xe-135-Konzentrationen formuliert werden.

Die Isobarenausbeuten der Spaltprodukte Sb-135 und Te-135 werden wegen deren kurzer Halbwertszeit direkt dem I-135 zugeschlagen. Differentialgleichungen für Antimon und Tellur müssen daher nicht aufgestellt werden.

$$\frac{dN_I'''}{dt} = \gamma_I \cdot \phi \cdot \Sigma_f - \lambda_I \cdot N_I''' \tag{8.44}$$

$$\frac{dN_{Xe}'''}{dt} = \lambda_I \cdot N_I''' + \gamma_{Xe} \cdot \phi \cdot \Sigma_f - \lambda_{Xe} \cdot N_{Xe}''' - \phi \cdot \sigma_{a_{Xe}} \cdot N_{Xe}''' \tag{8.45}$$

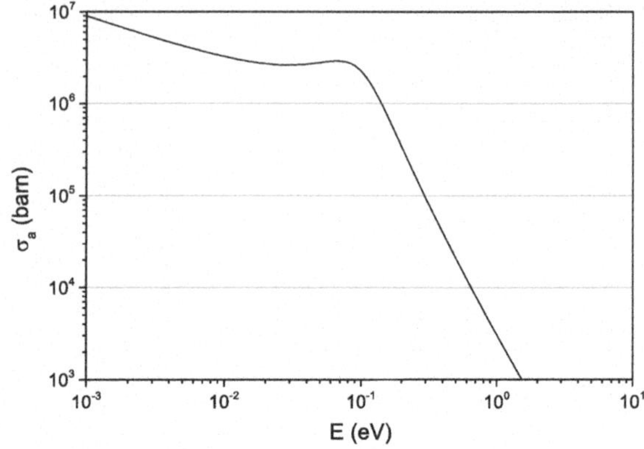

Abb. 8.7 Wirkungsquerschnitt für die parasitäre Absorption von Neutronen in Xe-135

Die Größen haben folgende Bedeutung:

N''' : Kernzahldichte
γ_I : Spaltausbeute für Iod
γ_{Xe} : Spaltausbeute für Xenon
Σ_f : makroskopischer Spaltquerschnitt
ϕ : thermische Neutronenflussdichte
λ_I : Zerfallskonstante für Iod
λ_{Xe} : Zerfallskonstante für Xenon
$\sigma_{a,Xe}$: Absorptionsquerschnitt von Xenon

Für den stationären Zustand $\left(\frac{dN_{V,i}}{dt} = 0\right)$ erhält man folgende Beziehungen:

$$N_I''' = \frac{\gamma_I \cdot \phi \cdot \Sigma_f}{\lambda_I} \tag{8.46}$$

$$N_{Xe}''' = \frac{(\gamma_I + \gamma_{Xe}) \cdot \phi \cdot \Sigma_f}{\lambda_{Xe} + \phi \cdot \sigma_{A_{Xe}}} \tag{8.47}$$

Mit der Größe V wird die stationäre Xenonvergiftung V, also das Verhältnis der Absorption im Neutronengift Xenon zum Spaltwirkungsquerschnitt, eingeführt:

$$V = \frac{\sigma_{A_{Xe}} \cdot N_{Xe}'''}{\Sigma_f} = \frac{(\gamma_J + \gamma_{Xe}) \cdot \phi}{\frac{\lambda_{Xe}}{\sigma_{A_{Xe}}} + \phi} \tag{8.48}$$

Die Abhängigkeit $V(\phi)$ ist in Abb. 8.8 dargestellt. Die Bedeutung der Xenonvergiftung für die Neutronenbilanz im Reaktor kann mit folgender Betrachtung erläutert werden. Im Wesentlichen wird durch das stark absorbierende Nuklid Xe-135 die thermische Nutzung f beeinflusst. Die Größen k_0 bzw. f_0 gelten für den Reaktor ohne Xe-135, k bzw. f gelten für den Reaktor mit Xe-135. Die Änderung in der Reaktivität kann dann durch

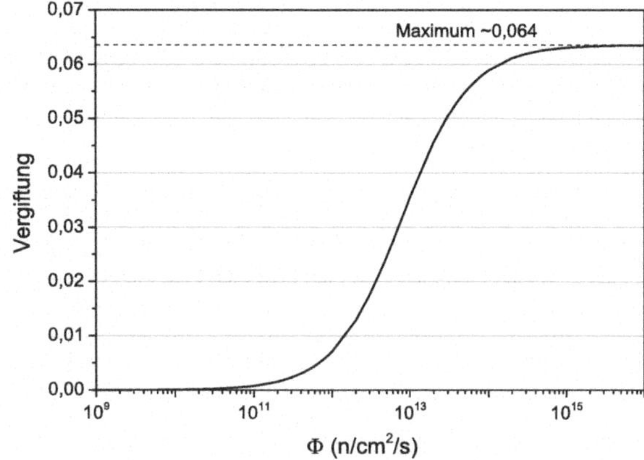

Abb. 8.8 Xenonvergiftung in Abhängigkeit von der Neutronenflussdichte

$$\rho = \frac{k - k_0}{k} = \frac{f - f_0}{f} \tag{8.49}$$

bestimmt werden. Aufbauend auf den bekannten Definitionen

$$f = \frac{\Sigma_{A_B}}{\Sigma_{A_B} + \Sigma_{A_M} + \Sigma_{A_{Xe}}} \tag{8.50}$$

$$f_0 = \frac{\Sigma_{A_B}}{\Sigma_{A_B} + \Sigma_{A_M}} \tag{8.51}$$

$$\eta = \nu \cdot \frac{\Sigma_f}{\Sigma_{A_B}} \tag{8.52}$$

(Index B: Brennstoff, M: Moderator, Xe: Xenon) und η als Neutronenausbeute sowie ν als Spaltneutronenausbeute folgt für die Reaktivität ρ:

$$\begin{aligned} \rho &= -f_0 \cdot \frac{\Sigma_{A_{Xe}}}{\Sigma_{A_B}} = -f_0 \cdot \frac{\sigma_{A_{Xe}} \cdot N'''_{Xe}}{\Sigma_{A_B}} = -f_0 \cdot \frac{\eta}{\nu} \cdot V \\ &= -f_0 \cdot \frac{\eta}{\nu} \cdot \frac{(\gamma_I + \gamma_{Xe}) \cdot \phi}{\frac{\lambda_{Xe}}{\sigma_{A_{Xe}}} + \phi} = -f_0 \cdot \frac{\eta}{\nu} \cdot \frac{(\gamma_I + \gamma_{Xe})}{\frac{\lambda_{Xe}}{\sigma_{A_{Xe}}} \cdot \frac{1}{\phi} + 1} \end{aligned} \tag{8.53}$$

Der Maximalwert für ρ wird für $\phi \to \infty$ erreicht, wie das folgende Zahlenbeispiel zeigt:

$$\rho_{max} = \rho(\phi \to \infty) = -f_0 \cdot \frac{\eta}{\nu} \cdot (\gamma_I + \gamma_{Xe}) \tag{8.54}$$

Das Einsetzen der Werte $\nu = 2.44$, $\eta = 1.32$, $(\gamma_I + \gamma_{Xe}) = 0.064$ und $f_0 = 0.9$ führt dann auf $\rho = -3.1\,\%$ als maximale Xenonreaktivität. Nach einer Reaktorabschaltung gilt $\phi = 0$. Die Differentialgleichungen reduzieren sich auf:

$$\frac{\mathrm{d}N_I'''}{\mathrm{d}t} = -\lambda_I \cdot N_I''' \tag{8.55}$$

$$\frac{\mathrm{d}N_{Xe}'''}{\mathrm{d}t} = \lambda_I \cdot N_I''' - \lambda_{Xe} \cdot N_{Xe}''' \tag{8.56}$$

mit den Anfangsbedingungen für $t = 0$ (aus (8.46) und (8.47)):

$$N_I'''(0) = \frac{\gamma_I \cdot \phi \cdot \Sigma_f}{\lambda_I} \tag{8.57}$$

$$N_{Xe}'''(0) = \frac{(\gamma_I + \gamma_{Xe}) \cdot \phi \cdot \Sigma_f}{\lambda_{Xe} + \phi \cdot \sigma_{A_{Xe}}} \tag{8.58}$$

Die Lösungen der Differentialgleichungen unter Beachtung der Anfangsbedingungen lauten:

$$N_I'''(t) = \frac{\gamma_I \cdot \phi \cdot \Sigma_f}{\lambda_I} \cdot e^{-\lambda_I \cdot t} \tag{8.59}$$

$$N_{Xe}'''(t) = \frac{(\gamma_I + \gamma_{Xe}) \cdot \phi \cdot \Sigma_f}{\lambda_{Xe} + \phi \cdot \sigma_{A_{Xe}}} \cdot e^{-\lambda_{Xe} \cdot t} + \frac{\gamma_I \cdot \phi \cdot \Sigma_f}{\lambda_{Xe} - \lambda_I} \cdot \left(e^{-\lambda_I \cdot t} - e^{-\lambda_{Xe} \cdot t}\right) \tag{8.60}$$

Nach dem Abschalten eines Reaktors steigt die Xenonvergiftung zunächst an, da die Produktion von Xenon durch Iod-Zerfall noch anhält, während kein Xenon mehr durch Absorption von Neutronen verschwindet. Das Maximum des Xenonberges tritt nach rund 11 Stunden auf, wie Abb. 8.9 zeigt. Dieser Xenonberg kann nur überfahren werden, d. h. der Reaktor kann nur wieder angefahren werden, wenn eine Überschussreaktivität entsprechend der maximalen Vergiftung im Kern installiert ist.

Der zeitliche Verlauf der Vergiftung lässt sich nach Einsetzen der Gl. (8.60) wie folgt beschreiben:

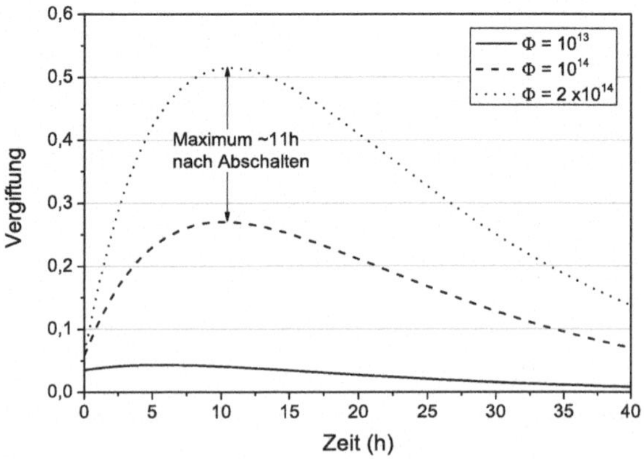

Abb. 8.9 Zeitlicher Verlauf der Xenonvergiftung in Abhängigkeit von der Neutronenflussdichte

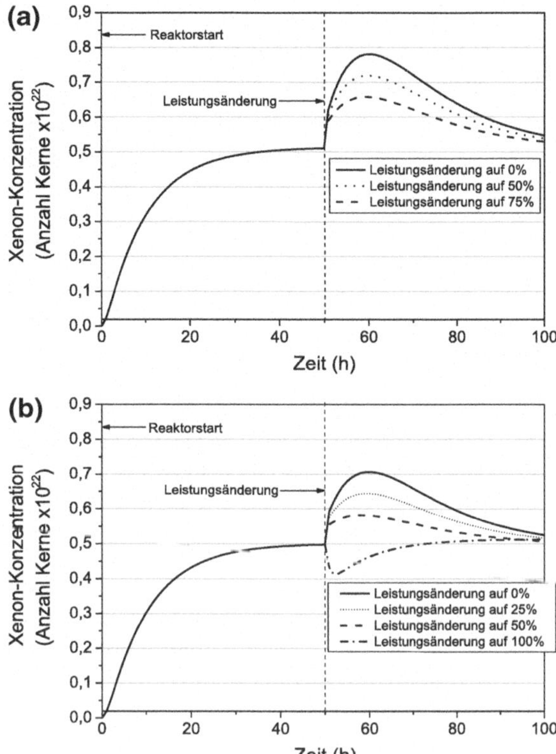

Abb. 8.10 Zeitlicher Verlauf der Änderung der Xenonreaktivität nach Flussänderung (Leistungsänderung) **a** Reaktorleistung = 100 %, **b** Reaktorleistung = 75 %

$$V = \frac{\sigma_{A_{Xe}} \cdot N'''_{Xe}}{\Sigma_f}$$
$$= \phi \cdot \sigma_{A_{Xe}} \cdot \left(\frac{\gamma_I + \gamma_{Xe}}{\lambda_{Xe} + \phi \cdot \sigma_{A_{Xe}}} \cdot e^{-\lambda_{Xe} \cdot t} + \frac{\gamma_I}{\lambda_{Xe} - \lambda_I} \cdot \left(e^{-\lambda_I \cdot t} - e^{-\lambda_{Xe} \cdot t} \right) \right) \quad (8.61)$$

Nach einer Leistungssteigerung oder beim Anfahren, d. h., wenn ϕ gestiegen ist bzw. wenn $\phi > 0$ ist, wird Xenon verstärkt abgebrannt.

Abbildung 8.10 zeigt den Verlauf der Xenonreaktivität nach einer angenommenen Flussänderung.

Xenonreaktivitäten, die sich im Laufe der Betriebszeit ändern, werden durch Verfahren von Regelstäben kompensiert. Ergänzend sei darauf hingewiesen, dass in thermischen Reaktoren mit großen Abmessungen räumliche Xenonschwingungen auftreten können.

Ein Reaktor wird auf konstante mittlere Leistung geregelt. Wegen der Proportionalität der Xenonkonzentration zum Fluss wird aus Iod in Reaktorbereichen höheren Flusses mehr Xenon aufgebaut. Wegen der höheren Neutronenabsorption sinken Fluss und Leistung in diesen Gebieten ab. Damit die Gesamtleistung des Reaktors konstant und gleich bleibt, wird in anderen Bereichen durch Verfahren von Stäben der Fluss angehoben und dort mehr Xenon nachgeliefert.

Die Flusserhöhung wandert damit und es kommt zu räumlichen Schwingungen der Xenonkonzentration. Die Periode derartiger Schwingungen, die axial, radial und azimutal auftreten können, beträgt 1 bis 2 Tage. Eine Regelung dieser Effekte ist allerdings leicht möglich.

Literatur

Chadwick, M.B., Oblozinsky, P., Herman, M., Greene, N.M., McKnight, R.D., Smith, D.L., Young, P.G., MacFarlane, R.E., Hale, G.M., Frankle, S.C., Kahler, A.C., Kawano, T., Little, R.C., Madland, D.G., Moller, P., Mosteller, R.D., Page, P.R., Talou, P., Trellue, H., White, M.C., Wilson, W.B., Arcilla, R., Dunford, C.L., Mughabghab, S.F., Pritychenko, B., Rochman, D., Sonzogni, A.A., Lubitz, C.R., Trumbull, T.H., Weinman, J.P., Brown, D.A., Cullen, D.E., Heinrichs, D.P., McNabb, D.P., Derrien, H., Dunn, M.E., Larson, N.M., Leal, L.C., Carlson, A.D., Block, R.C., Briggs, J.B., Cheng, E.T., Huria, H.C., Zerkle, M.L., Kozier, K.S., Courcelle, A., Pronyaev, V., Marck, S.C. van der: ENDF/B-VII.0: Next generation evaluated nuclear data library for nuclear science and technology. Nucl. Data Sheets **107**(12), 2931–3060 (2006). http://www.sciencedirect.com/science/article/pii/S0090375206000871. Evaluated nuclear data file ENDF/B-VII.0. ISSN 0090-3752

Reaktorwärmetechnik 9

In den bisherigen Kapiteln wurde allein das neutronenphysikalische Geschehen in einem Reaktor betrachtet. In der nun folgenden, zweiten Hälfte des Buches wird dargestellt, auf welchen technischen Grundlagen die praktische Nutzung der Kernenergie beruht. Entsprechend dem Titel dieses Buches „Reaktortechnik" beschränken sich die Betrachtungen auf die nuklearspezifischen technischen Aspekte; konventionelle Komponenten wie Turbine und Generator bleiben ausgespart. Im folgenden Kapitel wird zunächst dargestellt, wie die durch Kernspaltungen freiwerdende Wärme an das Kühlmittel weitergegeben wird, um dadurch technisch nutzbar gemacht zu werden. Als Voraussetzung für ein Verständnis der Ausführungen über die Aspekte der Wärmeübertragung ist eine generelle Einführung in die Designfragen eines Reaktors sowie eine Betrachtung der Brennelemente vorausgestellt.

9.1 Grundsätzliche Fragen des technischen Reaktordesigns

Als Ergebnis der Reaktorphysik folgende Erkenntnisse zusammenfassen. Die Anordnung muss spaltbaren Brennstoff, eventuell Moderator und aus konstruktiven Gründen Strukturmaterial in geeigneter Zusammensetzung enthalten. Hierzu kommt bei allen Leistungsreaktoren noch das Kühlmittel um die erzeugte Wärme abzuführen. Für jedes dieser Grundelemente gibt es verschiedene Alternativen, deren Anzahl allerdings sehr eingeschränkt ist. Somit ergeben sich folgende Möglichkeiten:

9.1.1 Brennstoffvarianten

Mit Natururan, das nur 0.72 Gew.-% U-235 als Spaltstoff enthält, kann ein Reaktor nur funktionieren, wenn er als thermischer heterogener Reaktor gebaut wird. Auch kann ein

A. Ziegler und H.-J. Allelein (Hrsg.), *Reaktortechnik*,
DOI: 10.1007/978-3-642-33846-5_9, © Springer-Verlag Berlin Heidelberg 2013

Multiplikationsfaktor größer als Eins nur mit den besten Moderatoren erreicht werden, nämlich Deuterium (D_2O), Graphit und Beryllium bzw. Berylliumoxid. Be ist nur für Experimente interessant, für große Reaktoren scheidet es wegen seiner hohen Kosten, ungünstigen Werkstoffeigenschaften und chemischen Toxizität aus.

Mit schwach angereichertem Uran (bis maximal 5 %) kann man auch thermische Reaktoren unter Verwendung weniger guter Moderatoren bauen, z. B. normalem Wasser, organischen Flüssigkeiten oder Zirkonhydrid. Diese könnten bezüglich der neutronenphysikalischen Eigenschaften homogen sein. Aus technischen Gründen wird der Brennstoff jedoch in Stäben oder Kugeln zusammengefasst, man spricht deshalb von quasi-homogenen Reaktoren. Echt-homogene Leistungsreaktoren, bei denen der Brennstoff als Nitrat- oder Sulfatlösung vorlag, sind nur kurze Zeit erprobt, dann aber wegen zu großer technischer Schwierigkeiten fallen gelassen worden.

Schließlich gibt es außer dem in der Natur vorkommenden U-235 noch drei weitere ausreichend stabile und mit thermischen Neutronen spaltbare Atomkerne, die künstlich erzeugt werden können. U-233 entsteht aus Th-232 und Pu-239 aus U-238 durch einfachen Neutroneneinfang, Pu-241 durch zweimaligen Neutroneneinfang (ohne Spaltung) von Pu-239. Sie alle können an Stelle von bzw. in Ergänzung zu schwach angereichertem Uran in thermischen Reaktoren eingesetzt werden. Höhere Spaltstoffanreicherungen werden notwendig, wenn man, um ein schnelles Neutronenspektrum zu erzielen, auf einen Moderator verzichtet. Dies ist insbesondere bei schnellen Brutreaktoren (vgl. Abschn. 12.2) der Fall.

Der Brennstoff kann im Reaktor in Form von Metall, Oxid, Carbid oder Nitrid zum Einsatz kommen. Metallischer Brennstoff wird heute wegen seiner mangelhaften Strahlungsstabilität nicht mehr verwendet. In den meisten Reaktoren wird Uran als UO_2-Keramik eingesetzt. Nur in Hochtemperaturreaktoren verwendet man Urancarbid zur Herstellung von sogenannten „coated particles". An der Entwicklung von Urancarbid- und Urannitrid-Elementen für Schnelle Brüter wird seit langer Zeit gearbeitet, allerdings bisher ohne durchschlagenden Erfolg.

9.1.2 Moderatoren

Von den infrage kommenden Moderatoren wurden schon schweres Wasser und Graphit genannt, die hauptsächlich in Natururanreaktoren zum Einsatz kommen. Der am weitaus häufigsten benutzte Moderator ist jedoch leichtes Wasser, das gleichzeitig die Funktion des Kühlmittels übernimmt. Grundsätzlich können auch organische Flüssigkeiten, v.a. Öle, die sich aus den neutronenphysikalisch günstigen Elementen Kohlenstoff und Wasserstoff zusammensetzen, als Moderator verwendet werden. Der organisch moderierte Reaktor ist nicht über das Versuchsstadium hinausgekommen, hauptsächlich wegen der Verharzung der organischen Flüssigkeiten unter Bestrahlung.

9.1.3 Kühlmittel

Soweit der Moderator nicht gleichzeitig als Kühlmittel dienen kann, kommen geeignete Flüssigkeiten oder Gase dafür zur Anwendung. Als Flüssigkeit kommen leichtes und schweres Wasser zum Einsatz. Eine Nutzung von organischen Flüssigkeiten scheidet aus den o. g. Gründen aus. Von den Gasen wird CO_2 bis etwa 680 °C angewandt, für Temperaturen darüber, z. B. im Hochtemperaturreaktor, nur noch Helium. Bei Wasserreaktoren ergibt sich eine weitere Differenzierungsmöglichkeit aus der Frage, ob im Reaktor Dampf entsteht oder das Kühlmittel ohne Nettodampfproduktion erhitzt wird, um die Wärme an einen Sekundärkreis abzugeben. In schnellen Reaktoren, bei denen keine moderierenden Kühlmittel wie Wasser zulässig sind, können Flüssigmetalle wie Quecksilber (keine technische Bedeutung), Natrium (ggf. zusammen mit Kalium) und Blei (ggf. zusammen mit Bismut) verwendet werden.

9.1.4 Brennstoffhülle

Die Wahl des Hüllmaterials für den Brennstoff ist sowohl von den Temperaturniveaus als auch vom Kühlmittel abhängig. Der einzusetzende Werkstoff muss mit beiden verträglich sein. Außerdem sollte die parasitäre Absorption von Neutronen möglichst gering sein. Bei wassergekühlten Reaktoren wird durchgängig die Zirkoniumlegierung Zircaloy verwendet. Dieser zeichnet sich durch einen geringen Absorptionsquerschnitt, sowie gute mechanische und chemische Beständigkeit aus. Voraussetzung ist allerdings, dass das eingesetzte Zirkonium mit hoher Reinheit von chemisch sehr ähnlichem Hafnium befreit wurde, das ein starkes Neutronengift ist. Bei gasgekühlten Graphitreaktoren wurde früher die Magnesiumlegierung Magnox für Temperaturen bis 300 °C eingesetzt. Für höhere Temperaturen wird austenitischer Stahl bzw. Graphit verwendet. Austenitischer Stahl kommt auch in Schnellen Brutreaktoren durchweg zum Einsatz.

9.1.5 Leistungsreaktortypen

Damit sind die wesentlichen Alternativen für die vier wichtigsten Bestandteile des Reaktorkerns Brennstoff, Moderator, Kühlmittel und Brennstoffhülle, die somit den Reaktortyp charakterisieren, genannt.

Eine Übersicht über die weltweit betriebenen Reaktortypen ist in Tab. 9.1 dargestellt. Es wird deutlich, dass sich aus der Fülle theoretischer Designmöglichkeiten der Leichtwasserreaktor als klar dominierendes Konzept herausgestellt hat. Dementsprechend erfolgt auch die Schwerpunktsetzung in den folgenden Kapiteln. Ausgewählte andere Reaktortypen werden in Kap. 12 kurz beschrieben, Abb. 9.1.

Tab. 9.1 Kernkraftwerksblöcke in Betrieb, unterteilt nach Reaktortypen (International Atomic Energy Agency 2012)

Reaktortyp	Anzahl	Nettoleistung (MW_{el})
DWR	272	250,318
SWR	84	77,737
D_2O-DWR	47	23,140
GGR	15	10,219
RBMK	15	10,219
SNR	2	580
Summe	435	370,049

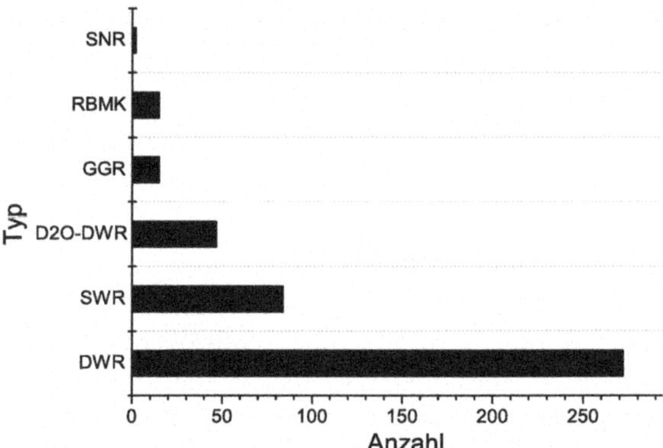

Abb. 9.1 Kernkraftwerksblöcke in Betrieb, unterteilt nach Reaktortypen (International Atomic Energy Agency 2012)

9.2 Brennelemente

Als Brennelemente bezeichnet man die zu einer handhabbaren Einheit zusammengefassten brennstoffhaltigen Einzelelemente. Bei den meisten Reaktoren sind es Stabbündel einer bestimmten Anzahl von Brennstäben. Die bisherige Analyse zeigt, dass die Brennelemente ganz bestimmten physikalischen und technischen Forderungen genügen müssen, die vor allem die Werkstoffauswahl und die Konstruktion betreffen. Die physikalische Bedingung der Kritikalität des Reaktors verlangt eine bestimmte Größe des Kerns bei einer vorgegebenen Materialzusammensetzung und schränkt damit die zulässigen Werkstoffe wie auch die konstruktive Gestaltung ein, die auch den Volumenanteil von Kühlmittel bzw. Moderator bestimmt. Besondere Forderungen für die Materialbeanspruchung leiten sich aus den thermohydraulischen Bedingungen ab. Die einzelnen Forderungen sind unter folgenden Gesichtspunkten zusammenzufassen:

Physikalische Forderungen zur Erfüllung der kritischen Bedingung:

- Der Brennstoff muss eine bestimmte Spaltstoffkonzentration aufweisen.
- Moderator und Strukturmaterial dürfen nur möglichst wenige Neutronen absorbieren.
- Moderator und Brennstoff müssen in einem geeigneten Verhältnis zueinander stehen.

Wäerkstofftechnische Forderungen zur Gewährleistung der Wärmeabfuhr:

- Der Kühlkanalquerschnitt muss für den erforderlichen Kühlmitteldurchsatz und einen optimalen Wärmeübergang richtig bemessen sein.
- Die kritische Heizflächenbelastung darf nirgends überschritten werden.
- Die Zentraltemperatur im Brennstoff soll unter dem Schmelzpunkt bleiben.
- Die Hüllrohrtemperatur muss unter dem zulässigen Wert bleiben.

Werkstofftechnische Forderungen zur Gewährleistung ausreichender Standzeiten:

- Der Brennstoff darf nur begrenzte Formänderungen erfahren.
- Die Umhüllung muss die auftretenden Belastungen ertragen ohne zu versagen.
- Der Hüllrohrwerkstoff muss mit Brennstoff und Kühlmittel auf lange Zeit verträglich sein.

Bedingungen für die Sicherheit:

- Die Brennstabhülle muss auch bei maximalem Spaltgasdruck dicht bleiben.
- Die Brennelemente dürfen sich nicht nennenswert verformen, damit die Struktur gleichmäßig kühlbar bleibt.
- Die Brennstäbe müssen bei Kühlmittelverluststörfällen den bis zum Einsetzen der Notkühlung unvermeidlichen Temperaturanstieg überstehen.

Wirtschaftliche Forderungen:

- Die Leistungsdichte soll möglichst hoch sein.
- Die Kühlmitteltemperatur soll möglichst hoch sein.
- Die Brennelemente sollen möglichst hohen Abbrand erreichen.

Diese lange Liste von Forderungen könnte noch durch manche Details ergänzt werden. Sie vermittelt aber schon einen Eindruck, welche Probleme mit der Brennelementkonstruktion und dem Kernaufbau verbunden sind. Entsprechend dem herausragendem Bedarf an Leichtwasserreaktoren sollen die hierfür heutzutage verwendeten Brennelemente im Folgendem vertiefend behandelt werden.

9.2.1 Brennstabauslegung

Bei fast allen Reaktorkonzepten mit Ausnahme weniger Typen werden zylindrische Brennstäbe als Grundelemente für den Aufbau der Brennelemente verwendet. Sie stellen in der Regel die wärmetechnisch und konstruktiv günstigste Form dar. Die meisten Brennstäbe erstrecken sich ohne Unterbrechung über die volle Länge des Reaktorkerns.

Jeder UO_2-Brennstab besteht aus einem Hüllrohr, das mit gesinterten UO_2-Tabletten gefüllt ist. UO_2 ist chemisch sehr stabil, aber keine stöchiometrisch stark definierte Verbindung. Das Verhältnis O:U wird meistens etwas unter 2 gewählt. UO_2 ist im ganzen Temperaturbereich sowohl mit der Hülle als auch mit den verschiedenen Kühlmitteln verträglich.

Eine ausgesprochene Phasenumwandlung ist nicht bekannt, aber bei Temperaturen zwischen 1200 und 1500 °C beginnt das Kornwachstum. Man nutzt diesen Effekt aus, um bei der Bestrahlungsnachuntersuchung die Temperaturverteilung im Brennstoff nachträglich festzustellen. Der Schmelzpunkt liegt bei etwa 2800 °C. Bei hochbelasteten Brennelementen tritt eine geschmolzene Mittelzone auf, ohne jedoch schon unmittelbar den Brennstab zu gefährden. Nach längerer Betriebszeit bei hoher Leistungsdichte bildet sich in der Mittelachse unter Umständen ein Hohlraum, dessen Enstehung sich durch Wanderung kleiner Blasen nach innen im plastischen Bereich erklären lässt.

Brennstäbe mit Zircaloy-Hüllrohren, die in allen wassergekühlten Reaktoren zum Einsatz kommen, können als ausgereift angesehen werden. Korrosion und die Wasserstoffaufnahme von außen sind im Normalbetrieb sehr unterkritisch. Frühere Fabrikationsmängel wie Reste von Feuchte oder organische Stoffe im Hühlrohrinneren, die zu Brennstabdefekten führen, sind heute überwunden.

Ebenso wird auch die UO_2-Verdichtung während des Reaktoreinsatzes beherrscht. Schäden durch Fretting-Korrosion (Reibung) treten nur in Einzelfällen auf. Auch das Zusammenwirken von Brennstäben und Abstandhaltern bringt in der Regel keine Komplikationen. Fälle von Stabverbiegungen sind auch in jüngerer Zeit noch aufgetreten, stellen aber kein grundsätzliches Problem von LWR-Brennelementen dar.

In den letzten Jahren stand das Verhalten der Brennstäbe bei schnellen Laständerungen im Mittelpunkt der Entwicklung. Ferner wurden vor allem im Hinblick auf die Verwendung von Plutonium Brennelemente mit Uran-Plutonium-Mischoxid eingehend untersucht. Sie können ebenfalls eine erfolgreiche Erfahrungsbilanz aufweisen.

Als wichtigste Gesichtspunkte für das Abbrandverhalten des Brennstabs sind die Formänderung des Brennstoffs und die Beanspruchung des Hüllrohrs, vor allem durch den Aufbau des Spaltgasinnendrucks, sowie die Einwirkung der Spaltprodukte zu berücksichtigen.

9.2.2 Formänderungen des Brennstoffs

Für Formänderungen des Brennstoffs gibt es verschiedene Ursachen, die sich unterschiedlich auswirken. Die Wärmedehnung des UO_2 beim Aufheizen ist für die Auslegung von geringer Bedeutung, da das Hüllrohr ebenfalls eine Wärmedehnung erfährt. Die in der Mittelachse wegen der höheren Temperaturen stärkere axiale Dehnung des Brennstoffs wird durch das sogenannte „dishing" der einzelnen Tabletten aufgefangen. Dies ist eine tellerförmige Vertiefung, die an einer oder an beiden Stirnflächen der Tabletten schon beim Pressen der Grünlinge eingedrückt wird. Nachteilige Folgen hat die Wärmedehnung nur, wenn der Temperaturanstieg bei schneller Leistungserhöhung zu rasch abläuft. Dabei hat der Brennstoff nicht genügend Zeit, sich zu konditionieren, d. h., die entstehenden Druckspannungen durch Kriechen abzubauen. Um dies zu vermeiden, werden von den Betreibern bestimmte Schonprogramme beim ersten Hochfahren eingehalten, die sich meist über mehrere Tage erstrecken. Erfahrungen haben gezeigt, dass bei bis zu 5 % Leistungserhöhung pro

Stunde keine Brennelementschäden ausgelöst worden sind (Stehle 1977). Bei höherer Änderungsgeschwindigkeit entstehen Risse von spröder Beschaffenheit bei Zugspannungen im Hüllrohr, unterstützt durch aggressive Wirkungen von Spaltprodukten.

Am Anfang der Einsatzzeit erfährt der Brennstoff Formänderungen durch Nachsintern bei über 300 °C, wodurch zunächst der Durchmesser der Pellets reduziert wird. Die Verdichtung des UO_2 ist durch das relative Porenvolumen und das Porengrößenspektrum bestimmt. Je feiner die Poren, desto größer die Verdichtungsrate. Der gute Kenntnisstand darüber erlaubt die kontrollierte Herstellbarkeit von Brennstofftabletten jeder verlangten Verdichtungsstabilität. Nach längerem Einsatz tritt ein Schwellen infolge der Anhäufung von Spaltprodukten ein, wodurch der Durchmesser kontinuierlich vergrößert wird. In dem spröden Oxid führen Temperaturdifferenzen von 60 K schon zu Spannungsrissen, die bevorzugt radial verlaufen, Abb. 9.2 (Keller und Möllinger 1978), und zu der sogenannten „relocation". Darunter versteht man die Verlagerung der Bruchstücke, die zu einem deutlich nachweisbaren Spaltschluss zwischen Pellets und Hüllrohr führt und damit den Wärmeübergang erheblich verbessert.

Bei genügend hoher Stabbelastung bildet sich schließlich in der Mitte der Tabletten ein Hohlraum, der als Zentralkanal die ganze Länge der Brennstoffsäule durchziehen kann, Abb. 9.3 (Keller und Möllinger 1978). Er entsteht durch die Wanderung von Spaltgasblasen unter der Wirkung der starken radialen Temperaturgradienten. Experimente haben gezeigt, dass das Hüllrohr selbst dann noch unbeschädigt bleibt, wenn die zentrale Zone bei 2800 °C aufschmilzt, weil flüssiger Brennstoff das Hüllrohr nicht erreichen kann. Allerdings besteht dann die Gefahr einer erheblichen Brennstoffverlagerung durch herabfließendes flüssiges UO_2. Für den Normalbetrieb von Kernkraftwerken ist dies aber nicht relevant. Das Schmelzen ist mit einer Volumenzunahme von 10 % verbunden. Die Thermomechanik des Brennstoffs ist von besonderer Bedeutung für das Brennstabverhalten bei transienten Betriebsabläufen mit Leistungsexkursionen sowie bei Kühlmittelverluststörfällen.

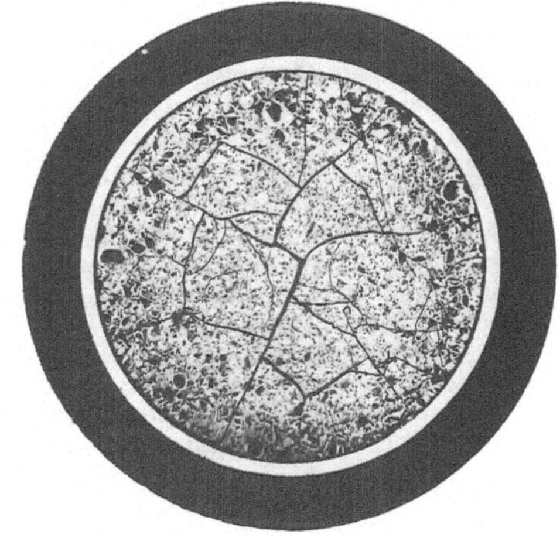

Abb. 9.2 Rissstruktur einer bestrahlten UO_2-Tablette (Keller und Möllinger 1978)

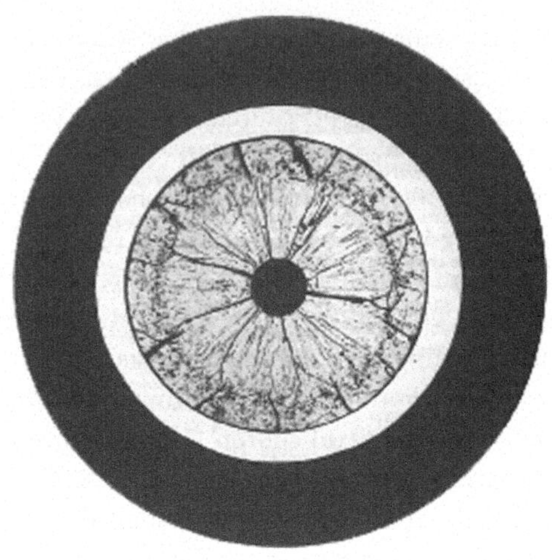

Abb. 9.3 UO_2-Brennstabquerschnitt nach Bildung des Zentralkanals (Keller und Möllinger 1978)

9.2.3 Formänderungen des Hüllrohrs

Das Hüllrohr steht wegen des hohen Kühlmitteldrucks im Betrieb unter Druckspannung. Bei der verhältnismäßig hohen Temperatur ist daher eine Durchmesserveränderung durch Kriechen zu erwarten. Um diesen Effekt zu mindern, wird in der Regel ein Vordruck von etwa 20–30 bar durch Einfüllen von Helium eingestellt. Dadurch wird gleichzeitig auch die Wärmeleitfähigkeit im Spalt verbessert. In Abb. 9.4 ist die Durchmesserreduktion für Stäbe mit und ohne Vordruck gezeigt (Stehle 1977). Die geringere Durchmesserabnahme bei Siedewasserreaktoren erklärt sich durch den niedrigeren Außendruck des Kühlmittels (72 bar). Im Übrigen bewirkt die Bestrahlung mit schnellen Neutronen, wie bei den meisten Werkstoffen, eine Dehnung, die bis zu 10 % betragen kann, was zu einem Längenwachstum der Stäbe führt.

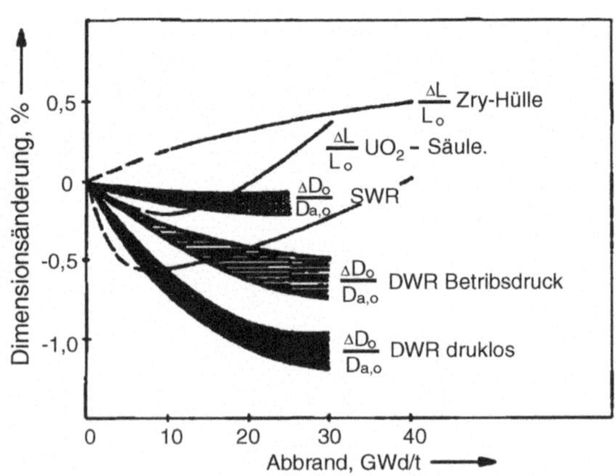

Abb. 9.4 Dimensionsänderungen von LWR-Brennstäben in Abhängigkeit vom Abbrand (Stehle 1977)

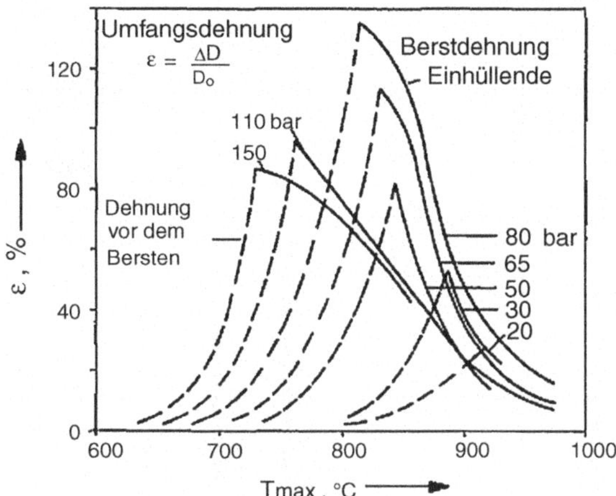

Abb. 9.5 Umfangsdehnung- und Berstverhalten von Zircaloy-Hüllrohren (Stehle 1977)

Von entscheidender Bedeutung für die Kühlbarkeit des Kerns beim Kühlmittelverluststörfall, wo Hüllrohrtemperaturen bis zu 1400 K erreicht werden können, ist das Dehn- und Berstverhalten der Hüllrohre, das heute aufgrund von sehr eingehenden Versuchen relativ genau vorausberechnet werden kann. Abbildung 9.5 (Stehle 1977) zeigt, dass unter Umständen Dehnungen über 100 % erreicht werden können, bevor das Hüllrohr birst. Ein Dehnungsminimum liegt vor, wenn die Rohre im Temperaturbereich des α-β-Phasenübergangs des Zircaloy zum Bersten kommen.

Auch die über 950 K einsetzende Oxidation der Hüllrohre im Wasserdampf kann in guter Übereinstimmung mit Experimenten berechnet werden. Sie hat natürlich nur für Störfälle mit Versagen der Notkühlung Bedeutung.

9.2.4 Spaltprodukte

Bei der Spaltung entstehen über 30 verschiedene Elemente mit nennenswerter Ausbeute. Während die Abb. 3.2 die Verteilung der Spaltprodukte über die Massenzahl wiedergibt, zeigt Abb. 9.6 (Keller und Möllinger 1978) für einen speziellen Fall die Ausbeute der chemischen Elemente. Mehr als die Hälfte entfallen auf Zirkon, Molybdän und die Seltenen Erden. Weitere 30 % machen die Spaltgase Krypton und Xenon aus. Brennstäbe mit hohem Abbrand enthalten die häufigsten festen Spaltelemente in so großer Menge, dass diese in Schliffbildern zu sehen sind, sofern sie separate Phasen bilden, Abb. 9.7 (Keller und Möllinger 1978).

Entsprechend ihren chemischen Eigenschaften ist das Verhalten der Spaltprodukte unterschiedlich. Y, Zr und die Seltenerdmetalle bleiben in der UO_2-Matrix gelöst. Ba, Sr, Zr, Cs und Rb bilden oxidische Phasen im Brennstoff, die deutlich erkennbar sind. Tc, Ru, Rh, Pd und Mo bilden metallische Ausscheidungen, die sich häufig als kleine Kügelchen in

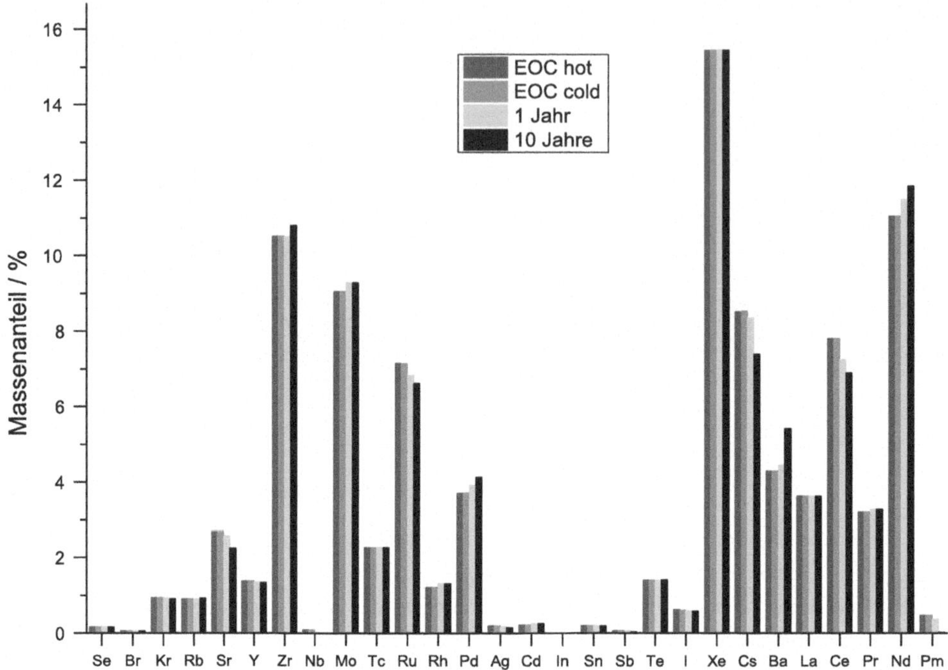

Abb. 9.6 Spaltproduktausbeute der thermischen Spaltung des U-235

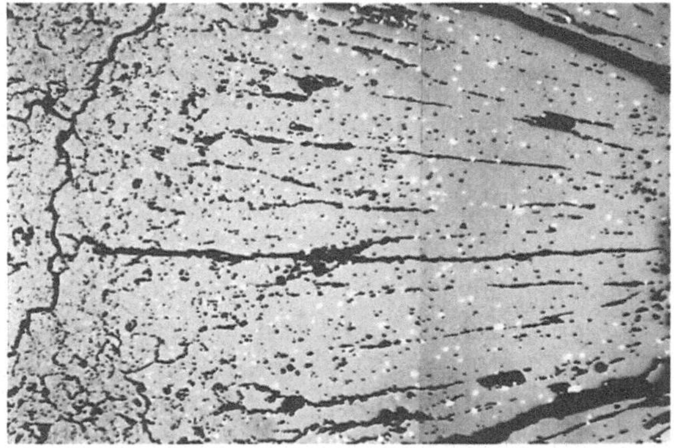

Abb. 9.7 Metallausscheidungen in hochabgebranntem Mischoxid-Brennstoff (Keller und Möllinger 1978)

Hohlräumen ablagern, Abb. 9.8. Während Edelmetalle eine geringere Wanderungstendenz zeigen, wandern leichtflüchtige Spaltprodukte, besonders Cs, in Richtung des Temperaturgradienten und reichern sich in der Stabhülle und an den Stabenden an. Die Wanderung ist durch einen wiederholten Verdampfungs- und Kondensationsprozess zu erklären. Viele der

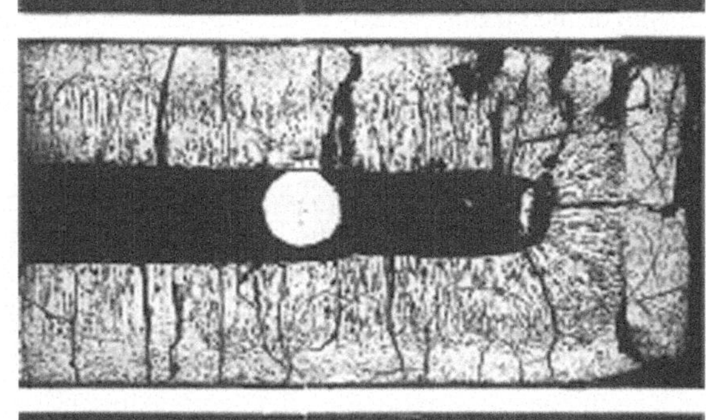

Abb. 9.8 Edelmetallkügelchen im Zentralkanal eines hochabgebrannten Mischoxid-Brennstabs (Keller und Möllinger 1978)

bisher beobachteten Defekte durch Innenkorrosion werden mit durch die Cs-Anreicherung verursacht.

Zum Brennstoffschwellen tragen sowohl die festen als auch die gasförmigen Spaltprodukte bei. Man kann etwa mit einer Volumenzunahme von 0,5–0,6 % rechnen, wenn 1 % der Schwermetallatome gespalten wird (Keller und Möllinger 1978). Die Spaltgasfreisetzung wird sowohl von den Eigenschaften des Brennstoffs, insbesondere der Porosität als auch von der Brennstofftemperatur bestimmt. Bis 1000 °C kann man mit weniger als 1 % Freisetzung rechnen. Bei 1300 °C steigt sie auf etwa 10 % und bei 1600 °C auf 60 % an. In diesem Temperaturbereich geschieht die Freisetzung durch Diffusion und Wanderung zu den Korngrenzen. Oberhalb von 1800 °C setzt eine nahezu vollständige Freisetzung durch Wanderung zum Zentralkanal ein. Im theoretischen Modell wird unterstellt, dass die Spaltgase zunächst Sättigungskonzentration im UO_2-Gitter erreichen, die, wie Abb. 9.9 zeigt, vom Abbrand und der Temperatur abhängig ist. Danach wird die Austrittsgeschwindigkeit

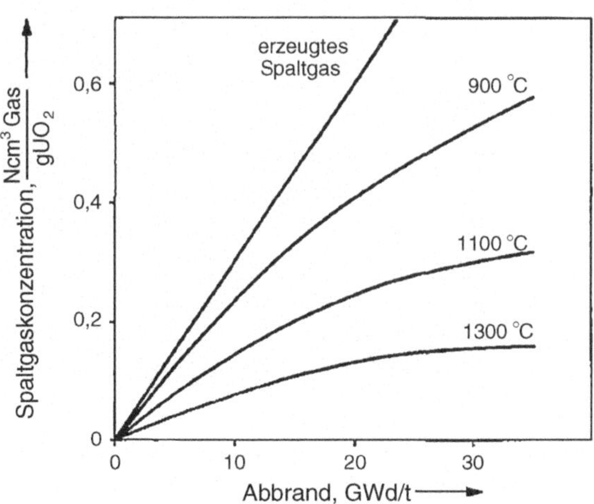

Abb. 9.9 Spaltgassättigungskonzentration im UO_2-Gitter in Abhängigkeit von Abbrand und Temperatur (Hering 1977)

proportional zu der Gaskonzentration an den Korngrenzen angenommen. Die Diffusionskonstante hängt von Temperatur, Abbrand und offener Porosität ab.

Die Temperaturabhängigkeit ist auch die Ursache einer beobachteten Instabilität im Brennstabverhalten. Wenn Bedingungen für hohe Freisetzungsraten und stärkeres Nachsintern bestehen, wird einerseits der Spalt deutlich vergrößert und andererseits das Helium stark durch Spaltgase verdünnt. Die Wärmeleitung der Spaltgase ist wesentlich schlechter als die des Heliums, sodass es zu einer weiteren Temperaturerhöhung und dadurch verstärkten Spaltgasfreisetzung kommt. Das thermomechanische Verhalten ist unter diesen Umständen sehr ungünstig und führt häufig zum vorzeitigen Versagen. Durch diesen Effekt erklärt sich auch das Paradoxon, dass der Spaltgasinnendruck am Ende der Lebensdauer höher ist bei Stäben ohne Heliumvordruck als bei denen mit Heliumvordruck.

Von besonderem Interesse ist auch die Umverteilung von Plutonium, die über 1700 °C beobachtet wird (Keller und Möllinger 1978). Zwei Mechanismen sind für die Umverteilung bestimmend: die Thermodiffusion und die Verdampfungskondensation. Bei der Thermodiffusion wird Plutonium zum heißen Zentrum des Brennstabs hin transportiert. Unter normalen Betriebsbedingungen ist die durch Thermodiffusion umgelagerte Plutoniummenge relativ klein. Die Umverteilung durch Verdampfungskondensation ist eng an die Porenwanderung gebunden und von dem stöchiometrischen Verhältnis Sauerstoff zu Metallatomen abhängig. Ist dieses Verhältnis gleich 2, so entsteht UO_3 mit höherem Dampfdruck, und es kommt zu einem bevorzugten Transport von Uran zu kalten Brennstoffbereichen bzw. des Plutoniums zum heißen Stabzentrum. Durch eine Plutoniumanreicherung in der Stabmitte kann eine Erhöhung der Zentraltemperatur bis zu 100 K auftreten. Bei $\frac{O}{M} < 1.97$ werden niedrige Plutoniumoxide bevorzugt verdampft, und diese wandern in die kalten Bereiche an der Oberfläche, Abb. 9.10.

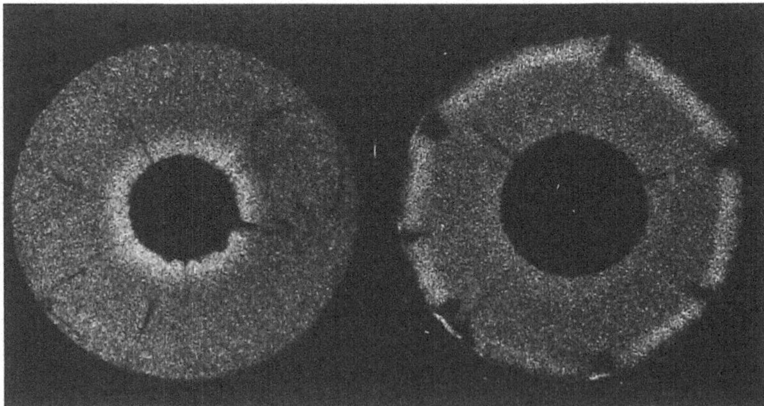

Abb. 9.10 α-Autoradiographien von Brennstabquerschnitten in stöchiometrischem (*links*) und unterstöchiometrischem (*rechts*) Brennstoff (Keller und Möllinger 1978)

9.2.5 Abbrandverhalten des Brennstabs

Ein Mindestspalt zwischen Brennstofftabletten und Hüllrohr ist aus fertigungstechnischen Gründen notwendig, um das Einfüllen der Tabletten zu ermöglichen. Die Tabletten sind nach dem Sintern stark verformt und müssen zentrierungsfrei auf den Nenndurchmesser geschliffen werden. Die Hüllrohre haben eine unvermeidliche Ovalität, deren Toleranz aber in engen Grenzen spezifiziert wird. Man ist bestrebt, den Spalt möglichst eng zu halten, um eine frühzeitige Stützwirkung des Hüllrohrs zu erreichen. Für die Spaltgasaufnahme hat der Spalt nur untergeordnete Bedeutung, da am Ende eines jeden Stabs eine Spaltgaskammer von einigen Zentimetern Länge vorgesehen wird.

Im Zusammenwirken von Brennstoff, Spaltgasdruck und Hüllrohr kommt das in Abb. 9.11 (Wunderlich et al. 1977) gezeigte Verhalten zustande. Während sich der Hüllrohrdurchmesser durch Kriechen kontinuierlich vermindert (durchgezogene Linie), schrumpft der Brennstoff zunächst noch stärker durch das Nachsintern (untere gestrichelte Linie), und der Spalt vergrößert sich. Durch Relocation wird der Fertigungsspalt allerdings schon sehr frühzeitig vermindert (obere gestrichelte Linie).

Nach Ablauf der Phase a kommt der Brennstoff rundum zum Anliegen, übt aber während der Phase b noch keinen nennenswerten Druck auf das Hüllrohr aus, da die inneren Risse im Brennstoff noch nicht geschlossen sind. Durch weiteres Kriechen des Hüllrohrs und Schwellen des Brennstoffs wird der Zustand der Volumenpressung am Ende der Phase b

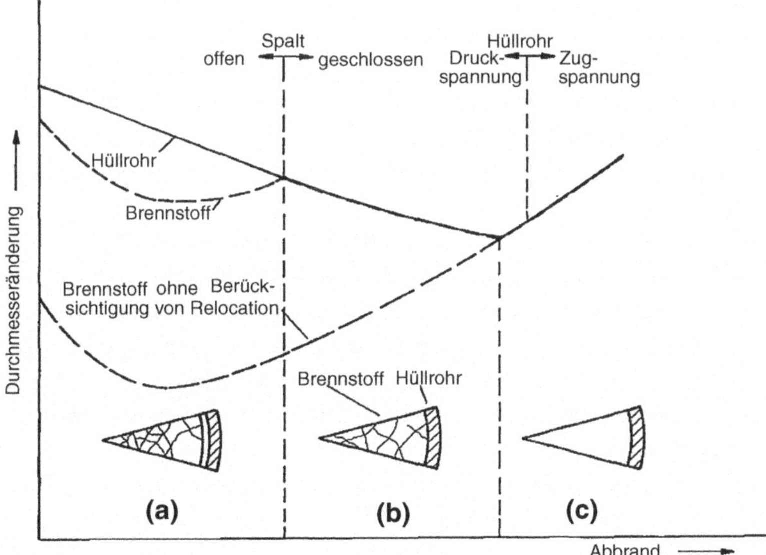

Abb. 9.11 Brennstoff- und Hüllrohrdurchmesserverlauf während des Abbrand (Wunderlich et al. 1977)

erreicht, und von nun an muss das Hüllrohr die weitere Schwellung des Brennstoffs voll aufnehmen. In der Phase c dehnt es sich zunächst noch unter Abbau der vorhandenen Druckspannung, dann elastisch unter Zugspannung und erreicht sehr bald die Grenze der elastischen Dehnung.

Im weiteren Verlauf unterliegt es einer plastischen Dehnung, die irgendwann zum Versagen führen müsste. Es gehört zur Kunst der Brennstabauslegung, die Standzeit der Brennelemente so festzulegen, dass dieser Punkt gerade nicht erreicht wird. Dieses Verhalten ist aufgrund zahlloser Versuche einigermaßen gut vorausberechenbar, vorausgesetzt, dass die Brennelemente keinen zu schnellen Temperaturänderungen, was gleichbedeutend ist mit raschen Lastwechseln, unterworfen werden. Erfahrungsgemäß wird die Lebensdauer dadurch stark verkürzt. Die zulässigen Laständerungsgeschwindigkeiten werden deshalb genau spezifiziert.

9.2.6 Brennstabauslegung

Der wesentliche Gesichtspunkt bei der sicherheitstechnischen Auslegung von Kernkraftwerken ist die Begrenzung der Freisetzung von Radioaktivität. Dabei bilden die Brennstäbe mit ihren gasdicht verschweißten Hüllrohren im Normalbetrieb die wichtigste Barriere.

Vorrangiges Ziel bei der Auslegung der Brennstäbe ist es, eine radioaktive Verunreinigung des Kühlmittels durch Spaltprodukte während der gesamten Einsatzzeit (4–5 Zyklen) der Brennelemente zu verhindern.

Wegen der hohen Anzahl von Brennstäben im Reaktorkern ($\approx$ 58.000 beim DWR) kann aus statistischen Gründen nicht ausgeschlossen werden, dass durch zufällige Ursachen eine geringe Anzahl defekter Brennstäbe auftritt. Ein Ausschluss von einzelnen Brennstabdefekten ist auch nicht notwendig, da die Anlage so ausgelegt ist, dass bei einer kleinen Anzahl defekter Brennstäbe keine Überschreitung der zulässigen Abgaberaten radioaktiver Spaltprodukte an die Umgebung eintritt.

Im Betrieb ist der Brennstab bestimmten Belastungen unterworfen. Damit er dabei seine mechanische Integrität behält, müssen diese Belastungen begrenzt werden. Zum Nachweis der Integrität in der Auslegung werden Auslegungsgrenzen definiert. Die Auslegungsgrenzen des Brennstabes sind bestimmt durch die maximalen Temperaturen, Drücke und Dehnungen, denen der Brennstab während der gesamten Einsatzzeit, d. h. im bestimmungsgemäßen Betrieb und im Störfall, ausgesetzt ist. Die Brennstabbeanspruchungen wurden bereits umfassend dargestellt.

In Bestrahlungsversuchen wurde wiederholt gezeigt, dass Brennstäbe auch mit geschmolzenem Brennstoff über längere Zeiträume ohne Beschädigungen der Hüllrohre betrieben werden können. Trotzdem wird die Auslegungsgrenze für die Brennstabtemperatur so gewählt, dass auch unter den ungünstigsten Betriebsbedingungen, einschließlich der maximal möglichen Überlast, an der Stelle der höchsten Leistungserzeugung der Schmelzpunkt des Brennstoffs nicht überschritten wird.

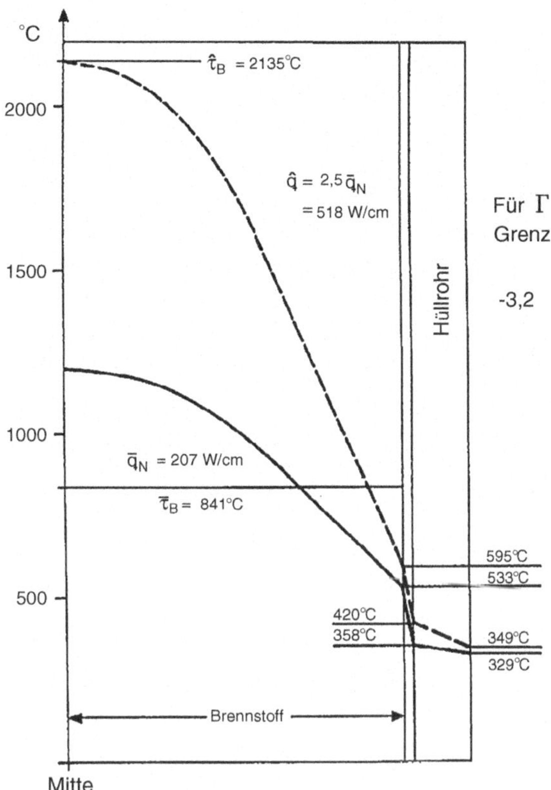

Abb. 9.12 Radiale Temperaturverteilung im Pellet

Ein Beispiel für die radiale Temperaturverteilung im Brennstab zeigt die Abb. 9.12. Die unter konservativen Annahmen gerechneten Zentraltemperaturen liegen deutlich unter der Schmelztemperatur von UO_2 ($T_s > 2800\,°C$). Weiterhin ist der gemittelte Temperaturverlauf in den Brennstäben über dem halben Brennstabdurchmesser aufgetragen. Bei einem Mittelwert von ca. 671 °C im Nennbetriebszustand variiert die Temperatur radial vom Brennstoffrand bis zur Brennstabmitte zwischen 454 °C und 930 °C (Normalkanal).

Um auch auf die lokalen Unterschiede hinzuweisen, die im Leistungsbetrieb aufgrund der räumlichen Leistungsdichteverteilung zu stark unterschiedlichen Belastungen der Brennstäbe führen, ist zum Vergleich auch das Temperaturprofil für die auslegungsgemäß im Betrieb nicht zu überschreitende heißeste Stelle aufgetragen (Heißkanal). Der Brennstab wird bei der Fertigung mit Helium gefüllt, 22.5 bar (absolut) beträgt der Fülldruck bei Raumtemperatur. Zu Beginn der Einsatzzeit erhöht sich infolge des Temperaturanstieges beim Leistungsbetrieb und der unterschiedlichen Wärmedehnung des Hüllrohres und des Brennstoffes dieser Wert auf ca. 40–60 bar. Dieser Innendruck nimmt durch die Spaltgasfreisetzung während der Einsatzzeit zu. Jedoch muss am Ende der Einsatzzeit gewährleistet sein, dass durch den Endinnendruck (EOL-Druck) der Spalt zwischen Brennstoff und Hüllrohr nicht zunimmt, d. h. die radiale Dehngeschwindigkeit des Hüllrohrs durch den maximalen Endinnendruck muss kleiner sein als die durch das Brennstoffschwellen verursachte Pelletdurchmesserzunahme. Ist dies nicht der Fall, d. h. öffnet sich der Spalt, dann ergibt dies aufgrund des verminderten Wärmedurchgangskoeffizienten durch den Spalt zwischen Brennstoff und Hüllrohr erhöhte Brennstofftemperaturen und dadurch eine erhöhte Spaltgasfreisetzung. Dies führt zu einem höheren Brennstabinnendruck und damit zu einer vermehrten Vergrößerung des Spaltes.

Wird ein heute übliches Einfüllspiel zwischen Brennstoff und Hüllrohr zugrunde gelegt, so ergibt sich bei Nennleistung des Reaktors unter Berücksichtigung der elastischen Stauchung des Hüllrohres und der Wärmedehnung des Pellets ein Betriebsspiel im warmen Zustand. Das Hüllrohr steht infolge der Differenz zwischen dem Kühlmitteldruck und dem Innendruck des Brennstabes unter Druckspannung und kriecht auf den Brennstoff auf. Nach dem Aufliegen des Hüllrohres auf dem Brennstoff wird das Hüllrohr durch das Brennstoffschwellen langsam gedehnt, wobei das Hüllrohr abbrandabhängig bis über die Ausgangslage hinaus gedehnt werden kann. Die tangentiale Verformung des Hüllrohres setzt sich damit aus einer Kriechstauchung und einem anschließenden Kriechen unter Zugspannung zusammen. Zu der tangentialen Dehnung des Hüllrohres addiert sich eine axiale Dehnung, da angenommen wird, dass das Hüllrohr nach dem Anliegen der Tabletten (harter Kontakt) durch das Schwellen und die Wärmedehnung axial gedehnt wird. Daneben kann es auch durch Leistungserhöhungen zu einer Wechselwirkung zwischen Brennstoff und Hüllrohr kommen. Hinsichtlich der Auslegung der Brennstäbe wird die Wechselwirkung in folgender Weise unterteilt:

- „Schnelle“ Leistungserhöhungen
  Bei Leistungserhöhungen kann es, aufgrund der Wärmedehnung des Brennstoffs, in Abhängigkeit vom Abbrandzustand und der Größe der Leistungserhöhung bzw. der erreichten Endleistung zu einer Dehnung des Hüllrohres kommen. Für diesen Fall wird als Auslegungsgrenze eine tangentiale Gesamtdehnung $\varepsilon_{t.ges.}$ (elastisch und plastisch) von 1.0 % verwendet.
  Schnelle Leistungsrampen können auch zu einer chemisch-mechanischen Wechselwirkung (bekannt auch unter dem Begriff PCI) führen.
  PCI-Schäden können für die Brennstäbe jedoch aufgrund eines speziellen PCI-Moduls in der Reaktorleistungsbegrenzung (RELEB) ausgeschlossen werden.
- Langzeitwechselwirkung durch Brennstoffschwellen
  Aufgrund der stattfindenden Spannungsrelaxation bei niedrigem Spannungsniveau wird das Hüllrohr auf Kriechduktilität beansprucht. Zircaloy zeigt unter Bestrahlung eine sehr hohe Kriechduktilität.
  Als Auslegungskriterium wird eine zulässige plastische Vergleichsdehnung $\varepsilon_{pl.Ver.}$ für das Hüllrohr im bestrahlten Zustand im Zugbereich zugrunde gelegt. Für Dehnungen von bis zu 10 % konnte bei Hüllrohren keine Lokalisierung der Verformung oder gar ein Defekt beobachtet werden. Die Grenze der plastischen Vergleichsdehnung ist auch einzuhalten, wenn das Hüllrohr nicht durch den Brennstoff, sondern durch den Innendruck

gedehnt wird, falls dieser über dem Kühlmitteldruck liegen sollte. Je nach individueller Genehmigungssituation der Anlage liegt der Grenzwert der plastischen Vergleichsdehnung zwischen 2.5 und 3.5 %.

Zircaloy-Hüllrohre zeigen im Reaktorbetrieb eine langsame Korrosion. Sie führt zu einer Reduktion der Wanddicke des Hüllrohres und verschlechtert den Wärmeübergang an das Kühlmittel. An Hochleistungsbrennstäben wurde beobachtet, dass sich bei sehr hohen Schichtdicken, die an sich fest haftende Korrosionsschicht auflockert (Abhebungen und Abplatzungen). Es können sich dann Dampfpolster innerhalb der Schicht bilden, die den Wärmeübergang zusätzlich verschlechtern. Die Korrosionsschichten zehren, bezogen auf ihre Gesamtdicke, zu 2/3 das Grundmaterial auf.

Ein Teil des bei der Korrosion entstehenden Wasserstoffes wird von den Zircaloy-Hüllrohren aufgenommen. Diese Aufnahme darf bestimmte Werte nicht überschreiten, da der Wasserstoff bei zu großen Gehalten zu einer Duktilitätsminderung der Hüllrohre führen kann (H_2-Versprödung). Die dabei erlaubte, über die Wanddicke gemittelte Wasserstoffaufnahme darf am Ende der Einsatzzeit die Auslegungsgrenze nicht überschreiten.

Die Hüllrohre der Brennstäbe stehen im Allgemeinen durch die Druckdifferenz zwischen dem Kühlmitteldruck und dem Innendruck der Stäbe unter einem äußeren Überdruck. Ein unter äußerem Überdruck stehendes Hüllrohr kann momentan elastisch deformiert werden oder, wenn die Spannungen die Streckgrenze überschreiten, eine plastische Verformung erleiden.

Neben der Spannungsbelastung durch die Druckdifferenz zwischen Kühlmitteldruck und Brennstabinnendruck tritt im Hüllrohr eine Reihe weiterer Spannungen auf, die in ihrer Gesamtheit begrenzt werden muss. Aus den Einzelspannungen in tangentialer, radialer und axialer Richtung werden schließlich nach der Gestaltänderungsenergie-Hypothese die Vergleichsspannungen berechnet. Für die Betrachtung der dynamischen Beanspruchungen der Brennstäbe werden die Biegespannungen der durch die Strömungskräfte angeregten Biegeschwingungen berücksichtigt. Die übrigen auftretenden dynamischen Beanspruchungen (Druckschwankungen, Wärmespannungen usw.) können wegen der kleinen Spannungsamplituden bzw. der geringen Zahl der Lastwechsel vernachlässigt werden. Der Nachweis, dass die angegebenen Auslegungsgrenzen eingehalten werden, wird mit einer Reihe von konservativen Auslegungsrechnungen geführt.

9.2.7 Brennelementeinsatz im Reaktor

Nur die Erstbeladung des Reaktorkerns besteht ausschließlich aus neuen Brennelementen. Sie müssen mit abgestufter Anreicherung gewählt werden. Später wird bei jedem Brennelementwechsel eine Teilladung des Reaktors-bei Leichtwasserreaktoren in der Regel ein Drittel bis ein Viertel aller Elemente- durch neue Brennelemente ersetzt. Die verbleibenden Brennelemente werden nach einem speziellen Plan umgesetzt, um eine möglichst günstige Leistungsdichteverteilung, die notwendige Reaktivitätserhöhung und den gewünschten

Endabbrandzustand aller Elemente zu erreichen. Die Optimierung des Umsetzplans beim Brennelementwechsel wird durch die drei genannten Zielsetzungen wesentlich bestimmt. Während der Einsatzzeit im Reaktor treten durch die Einwirkung der Neutronen verschiedene Veränderungen des Brennstoffs ein:

- Der Spaltstoff wird verbraucht und die Anfangskonzentration wird allmählich abgebaut.
- Neuer Spaltstoff wird durch Erzeugung von Pu-239 und Pu-241 bzw. U-233 aufgebaut.
- Außerdem werden auch nichtspaltbare Transurane erzeugt.
- Spaltprodukte sammeln sich im Brennstoff an.

Mit diesen stofflichen Veränderungen sind folgende Phänomene verbunden:

- Ein allmählicher Reaktivitätsverlust tritt ein durch den Abbau der Spaltstoffkonzentration und die zunehmende Absorption der Spaltprodukte.
- Die Nachwärmeleistung steigt ständig an durch die zunehmende Konzentration der Spaltprodukte.
- Die Radioaktivität des Brennstoffs nimmt ebenfalls ständig zu.
- Die Spaltgasfreisetzung bewirkt ein Ansteigen des Drucks in den Brennstabhüllrohren.
- Ein zunehmendes Brennstoffschwellen wird durch die Ansammlung der Spaltprodukte verursacht.

Die einzelnen Effekte haben sowohl für das Brennelementverhalten als auch für den Reaktorbetrieb große Bedeutung. Auf die verschiedenen Aspekte des Reaktorbetriebes wird in Kap. 14 eingegangen werden.

9.2.8 Spaltprodukte

Spaltprodukte haben trotz ihrer hohen Anfangsgeschwindigkeit nur eine sehr kurze Reichweite von wenigen hundertstel Millimetern. Sie bleiben also zunächst praktisch am Ort ihrer Entstehung und setzen auch dort ihre Wärme frei. Im Laufe der Einsatzzeit des Brennstoffs sind allerdings, abhängig von der unterschiedlichen Beweglichkeit der einzelnen Elemente, verschiedene Transportvorgänge zu beobachten.

Die obengenannten, für die Reaktortechnik bedeutenden fünf Effekte der Spaltprodukte, werden jeweils nach anderen Methoden theoretisch behandelt, da die verschiedenen Isotope zu den aufgezählten Wirkungen nicht alle in gleichem Maße beitragen.

9.3 Leistungsdichteverteilung

Die Neutronenflussdichteverteilung in einem Reaktorkern ist im Wesentlichen durch die Anordnung vorgegeben und kann mithilfe der Reaktortheorie berechnet werden, wobei allerdings schon eine Festlegung über die Brennstoffanordnung getroffen werden muss. Ist für diese Anordnung, durch die ja auch $\Sigma_f(\vec{r}, E)$ vorgegeben ist, die Flussdichteverteilung $\Phi(\vec{r}, E, t)$ bekannt, so kann man an Hand der Energie pro Spaltung $E_{sp,B}$, die Leistungsdichteverteilung $\dot{q}'''(\vec{r}, t)$ berechnen.

$$\dot{q}'''(\vec{r}, t) = E_{sp,B} \int_0^{E_0} \Sigma_f(\vec{r}, E)\Phi(\vec{r}, E, t)dE. \tag{9.1}$$

Vielfach ist die Flussdichteverteilung auch als Ergebnis einer Mehrgruppenrechnung bekannt. Dann wird das Integral durch die entsprechende Summe über alle Gruppen ersetzt.

$$\dot{q}'''(\vec{r}, t) = E_{sp,B} \sum_i \overline{\Sigma}_{f,i}(\vec{r})\overline{\Phi}_i(\vec{r}, t). \tag{9.2}$$

Die räumliche Verteilung der Leistungsdichte wird durch das Produkt $\Sigma_f \cdot \Phi$ bestimmt, während ihre zeitliche Abhängigkeit proportional zum Neutronenfluss ist. Die Energie pro Spaltung ε ist praktisch für den ganzen Energiebereich konstant, variiert jedoch etwas für die verschiedenen Spaltstoffe. Wie in Tab. 3.3 dargestellt wurde, wird allerdings nur ein Teil der Energie dort frei, wo die Spaltungen stattfinden. Es ist nur der von den Spaltprodukten übernommene Anteil und ein wesentlicher Teil der Energie der prompten β-Strahlung. Ein Teil der prompten γ-Strahlung und die von den Neutronen übernommene Energie wird in der nächsten Umgebung des Spaltortes in Wärme verwandelt.

Der größte Teil davon wird aber im Strukturmaterial und im Moderator frei, also noch innerhalb des Kernvolumens. Dieser Anteil hat für das Wärmetransportproblem vom Brennstoff zum Kühlmittel jedoch keine Bedeutung, ist allerdings für die Wärmebilanz des Kühlmittels zu beachten. Für die unmittelbar im Brennstoff freiwerdende Energie pro Spaltung gilt etwa

$$E_{sp,B} \simeq 180\text{MeV} = 288 \cdot 10^{-13}\text{Ws}.$$

9.4 Temperaturfeld im Brennstoff

Durch die freigesetzte Wärme stellt sich im Reaktor ein Temperaturfeld ein, das so lange ansteigt bzw. abfällt, bis die Wärmeableitung mit der Wärmeerzeugung ins Gleichgewicht kommt. Die Wärmeabfuhr geschieht teils durch Wärmeleitung, teils durch Wärmetransport mithilfe eines strömenden Kühlmittels. Wärmeübertragung durch Wärmeleitung erfordert Temperaturgradienten, und die dadurch bedingten Temperaturdifferenzen sind um so größer, je größer die Wärmestromdichte, je schlechter die Wärmeleitfähigkeit des Materials und je länger der Weg bis zur Wärmesenke ist. Wärmesenken für den Brennstoff sind die kühlmittelbenetzten Flächen. Da hohe Temperaturen im Brennstoff aus werkstofftechnischen Gründen immer unerwünscht sind, sollte die Wärmeleitung auf möglichst kurze

Wege beschränkt bleiben. Der Brennstoff sollte deshalb, soweit konstruktive und wirtschaftliche Gesichtspunkte dies zulassen, möglichst fein aufgeteilt sein und an Kühlflächen anliegen.

Eine Möglichkeit ist die Einbettung von Kühlrohren in den Brennstoff. Dieses Konzept wurde bei den ersten russischen Druckröhrenreaktoren vom Belojarsk-Typ (Wenzel 1965; Klimov 1975) realisiert. Eine andere Variante dieses Konzepts findet sich beim amerikanischen Hochtemperaturreaktor mit Blockelementen (Habush und Walker 1974). Dort wird der Graphitblock von Kühlkanälen durchzogen, zwischen denen sich der Brennstoff in zylindrischen Bohrungen befindet.

Naheliegender ist es aber, dem Brennstoff selbst Platten-, Stab- oder Kugelform zu geben und ihn vom Kühlmittel umströmen zu lassen. Alle genannten drei Brennelementvarianten existieren, die weitaus meisten Reaktoren besitzen jedoch Gitter aus zylindrischen Stäben. Lediglich beim deutschen Hochtemperaturreaktor haben die Brennelemente Kugelform (Harder und Oehme 1971). Plattenförmige Brennelemente kommen nur in Forschungsreaktoren sowie bei U-Boot-Antrieben zur Anwendung.

Für dic Berechnung des Temperaturfeldes im Brennstoff wird zunächst offen gelassen, welche geometrische Form der Brennstoff hat. Bei Wärmeleitung gilt für die Wärmestromdichte $\dot{q}''(\vec{r}, t)$ die Fourier'sche Gleichung

$$\dot{q}'' = -\lambda \operatorname{grad} T, \tag{9.3}$$

die dem Fick'schen Gesetz analog ist.

$T(\vec{r}, t)$ ist das Temperaturfeld im Brennstoff, $\lambda(T)$ ist die Wärmeleitfähigkeit des Brennstoffs, die im Allgemeinen nicht konstant ist, da sie in der Regel von der Temperatur und damit indirekt auch vom Ort abhängt.

Für die Wärmebilanz eines Volumenelements erhält man somit

$$\nabla(\lambda \nabla T(\vec{r}, t)) + \dot{q}'''(\vec{r}, t) = c_p \cdot \rho \frac{\partial T(r, t)}{\partial t} \tag{9.4}$$

c_p = spezifische Wärme des Brennstoffs,
ρ = Dichte des Brennstoffs.

Der Laplace-Operator lässt sich für die drei zur Diskussion stehenden geometrischen Formen Kugel, Rundstab und Platte in einer für alle drei Formen gültigen Formulierung schreiben. (9.4) erhält damit für den stationären Fall, der weiterhin nur betrachtet wird, die Form

$$\frac{1}{r^m} \frac{\mathrm{d}}{\mathrm{d}r} (\lambda r^m \frac{\mathrm{d}T(r)}{\mathrm{d}r}) + \dot{q}'''(r) = 0 \tag{9.5}$$

$$\text{Platte} : m = 0$$
$$\text{Zylinder} : m = 1$$
$$\text{Kugel} : m = 2$$

r ist dabei der Radius bei Kugel- oder Zylinderkoordinaten, bzw. die halbe Dicke bei Plattenform. Die Temperaturgradienten senkrecht zu dieser Koordinate sind so klein, dass sie Null gesetzt werden können. Die Integration der Gleichung führt zu

$$\lambda r^m \frac{\mathrm{d}T}{\mathrm{d}r} = -\int_0^r \dot{q}'''(r) r^m \mathrm{d}r. \tag{9.6}$$

Obwohl die Leistungsdichte in der Regel in den moderatornahen Bereichen des Brennstoffs etwas erhöht ist, kann man sie in guter Näherung über den Querschnitt einer Brennelementeinheit konstant annehmen.

(9.6) lässt sich für $\dot{q}'''(r) = \dot{q}''' = const$ integrieren und ergibt die Stromdichte

$$\lambda \frac{\mathrm{d}T}{\mathrm{d}r} = -\frac{\dot{q}''' r}{m+1}. \tag{9.7}$$

Nach nochmaliger Integration dieser Gleichung erhält man eine Beziehung für das sogenannte Leitfähigkeitsintegral

$$\int_{T(r)}^{T_0} \lambda \, \mathrm{d}T = \frac{\dot{q}''' r^2}{2(m+1)}. \tag{9.8}$$

Das Leitfähigkeitsintegral ist nur von den Materialeigenschaften abhängig. Abbildung 9.13 (Müller 1972) zeigt die Temperaturabhängigkeit der Wärmeleitfähigkeit für UO_2.

Unter der Annahme konstanter Wärmeleitfähigkeit λ kann man über die Temperatur integrieren und erhält in allen drei Fällen eine parabolische Temperaturverteilung

$$T(r) = T_0 - \frac{\dot{q}'''}{2\lambda(m+1)} r^2. \tag{9.9}$$

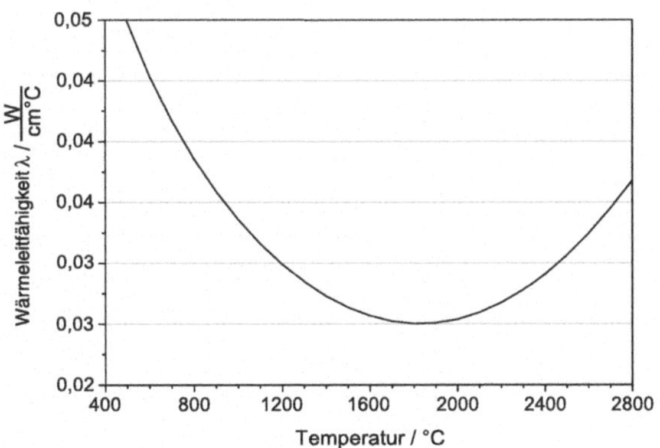

Abb. 9.13 Wärmeleitfähigkeit des UO_2 in Abhängigkeit von der Temperatur (Müller 1972)

Für vorgegebene Temperaturgrenzen ist das Leitfähigkeitsintegral eine Konstante und bestimmt die dabei mögliche Leistungsdichte. Die Temperatur an der Oberfläche T_1 wird durch das Kühlmittel, die Zentraltemperatur T_0 durch Werkstoffeigenschaften des Brennstoffs festgelegt.

Mit der Randtemperatur T_1 für $r = R$ und der maximal zulässigen Zentraltemperatur T_0 für $r = 0$ erhält man für die maximale Leistungsdichte

$$\dot{q}'''_{max} = \frac{2(m+1)}{R^2} \int_{T_1}^{T_0} \lambda \mathrm{d}T. \tag{9.10}$$

Für eine Platte der Dicke 2R, bzw. einen Zylinder oder eine Kugel mit dem Durchmesser 2R, verhalten sich die maximalen Leistungsdichten für gleiche Zentraltemperatur zueinander wie 1:2:3. Vom Gesichtspunkt der Leistungsdichte hätte also die Kugel einen wesentlichen Vorteil.

Wird nach der Wärmestromdichte an der Oberfläche gefragt, so müssen die benetzten Kühlflächen betrachtet werden. Für die Kühlfläche – in Abb. 9.14 schraffiert – pro Volumeneinheit ergibt sich $(m+1)/R$, also auch das Verhältnis 1:2:3, wie sich anhand von (9.11) leicht nachprüfen lässt.

$$\frac{2F}{2FR} = \frac{1}{R} \quad : \quad \frac{2\pi RH}{\pi R^2 H} = \frac{2}{R} \quad : \quad \frac{4\pi R^2}{4/3\pi R^3} = \frac{3}{R} = \frac{m+1}{R} \quad \textit{allgemein} \tag{9.11}$$

$$1 \quad : \quad 2 \quad : \quad 3$$

Berechnet man bei gleichem Leitfähigkeitsintegral für die drei geometrischen Formen die Wärmestromdichte an der Oberfläche, so erhält man bei gleicher Abmessung R immer den gleichen Wert.

$$\dot{q}''(R) = \frac{R}{m+1} \frac{2(m+1)}{R^2} \int_{T_1}^{T_0} \lambda \mathrm{d}T = \frac{2}{R} \int_{T_1}^{T_0} \lambda \mathrm{d}T. \tag{9.12}$$

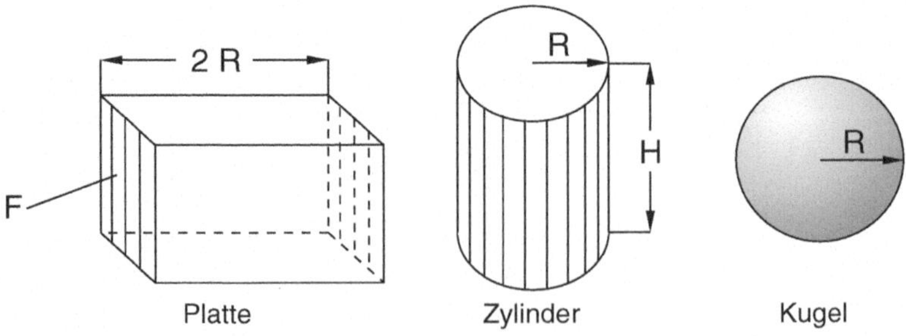

Abb. 9.14 Brennstabgeometrie

Erweist sich also bei der Auslegung nicht die Zentraltemperatur als begrenzender Faktor, sondern die Wärmestromdichte an der Oberfläche, so kann man R vergrößern, denn die Wärmestromdichte an der Oberfläche nimmt umgekehrt proportional zu R ab. Das kommt besonders bei Gaskühlung zum Tragen. Um bei begrenzter Wärmestromdichte an der Oberfläche dennoch eine möglichst hohe Leistungsdichte zu erzielen, ist die Kugelform vorteilhaft, denn für das Verhältnis der maximalen Leistungsdichte $\dot{q}'''_{max}$ zur Oberflächenstromdichte $q(R)$ erhält man $(m + l)/R$. Bei Kühlmitteln mit gutem Wärmeübergang ist die Zentraltemperatur begrenzend, und die Kugelform kommt aus konstruktiven Gründen dann nicht infrage.

Berechnet man für den zylindrischen Stab die maximale Wärmeleistung pro cm Stablänge, so muss man (9.12) mit 2π R multiplizieren und erhält für die sogenannte spezifische Stableistung $\dot{q}'$

$$\dot{q}' = 4\pi \int_{T_1}^{T_0} \lambda \mathrm{d}T. \tag{9.13}$$

Dieser Wert ist unabhängig von dem Stabdurchmesser und stellt eine wichtige Größe für die Auslegung dar. Mit ihrer Hilfe kann man für eine gegebene Leistungsgröße sofort die insgesamt benötigte Stablänge errechnen, wenn man das Verhältnis der maximalen Leistungsdichte im Reaktor zur mittleren Leistungsdichte, den sogenannten Formfaktor, kennt. Die insgesamt benötigte Stablänge ist also gleich der Gesamtleistung, dividiert durch den Formfaktor und die maximal zulässige spezifische Stableistung.

Als Ergebnis der wärmetechnischen Berechnung des Brennstoffs ist zusammenfassend Folgendes festzuhalten:

1. Die Temperatur hat im Zentrum des Brennstoffs ein Maximum und fällt etwa als Parabel mit Scheitel in der Mitte nach außen ab. Das gilt in gleicher Weise für Platte, Zylinder und Kugel.
2. Die maximal erreichbare Leistungsdichte bei vorgegebener Abmessung und festgesetzter Zentraltemperatur ist nur durch das Leitfähigkeitsintegral bestimmt.
3. Die maximale Leistungsdichte von Platte, Zylinder und Kugel verhält sich bei gleicher Dimension wie 1:2:3.
4. Die maximale Wärmestromdichte an der Oberfläche hat unabhängig von der Geometrie bei gleicher Dimension den gleichen Wert. Sie ist jedoch proportional zu $1/R$.
5. Die maximale Leistung pro cm Stablänge, die sogenannte spezifische Stableistung, ist unabhängig vom Durchmesser und nur durch das Leitfähigkeitsintegral bestimmt.

Die etwas ungewöhnliche Temperaturabhängigkeit der Wärmeleitfähigkeit des UO_2 (Abb. 9.13) lässt sich auf unterschiedliche Leitungsmechanismen in den verschiedenen Temperaturbereichen zurückführen (Müller 1972). Im Bereich unter 1200 °C wird der

Wärmetransport nur durch Photonen, das heißt durch Stoßprozesse zwischen den Atomen, bewirkt. Dafür gilt eine Beziehung der Form

$$\lambda_{Photonen} = \frac{1}{A + BT}. \tag{9.14}$$

Im Bereich über 1200 °C überwiegt der durch elektrische Ladungsträger, die das Material auch zu einem elektrischen Halbleiter machen. Für die Wärmeleitfähigkeit kann man theoretisch die folgende Beziehung ableiten:

$$\lambda_{Halbleiter} = 2\left(\frac{k}{e}\right)^2 \sigma_e\, T \left[1 + \frac{2\sigma_n \sigma_p}{\sigma_e^2}\left(2 + \frac{E_0}{kT}\right)^2\right]. \tag{9.15}$$

σ_e = elektrische Leitfähigkeit,
σ_n = elektrische Leitfähigkeit durch Elektronen,
σ_p = elektrische Leitfähigkeit durch Löcher,
E_0 = Aktivierungsenergie des Materials,
k = Boltzmann – Konstante,
e = elektrische Ladungseinheit.

Ein weiterer Beitrag zur Wärmeleitung kann durch Strahlung geleistet werden. Dafür würde gelten:

$$\lambda_{Strahlung} = \frac{16}{3}\frac{\sigma\, n^2 T^2}{\kappa} \tag{9.16}$$

σ = Strahlungskonstante,
κ = Absorptionskoeffizient,
n = Brechungsindex.

Strahlung trägt aber zur Wärmeleitung in UO_2 wenig bei. Zur Berechnung der Temperaturabhängigkeit kann man eine Reihenentwicklung mit empirischen Konstanten verwenden (Müller 1972).

$$\lambda(T) = 0.115 - 0.114 \cdot 10^{-3} T + 0.044 \cdot 10^{-6} T^2 - 0.005 \cdot 10^{-9} T^3. \tag{9.17}$$

Eine bessere Darstellung der Messdaten erhält man aus der Theorie (ohne Strahlungsanteil) mit angepassten Konstanten in W/(cm K).

$$\lambda(T) = \frac{1}{5 + 0.0195\, T} + \exp\left(-\frac{13.34 \cdot 10^3}{T}\right) \left(0.64 + 0.10 \cdot 10^{-3} T + \frac{2.14 \cdot 10^{-3}}{T}\right). \tag{9.18}$$

9.5 Wärmeübertragung im Spalt zwischen Brennstoff und Hülle

Der Wärmeübergang im Spalt ist schwer theoretisch zu ermitteln, da die physikalischen Voraussetzungen undefiniert sind. Für die Fertigung wird ein definierter Spalt mit einer gewissen Toleranz vorgegeben. Die Fertigungsschwankungen werden in dem später noch zu besprechenden Heißkanalfaktor berücksichtigt. Man muss aber mit einem einseitigen Anliegen der Brennstofftabletten und mit einer Ovalität der Hüllrohre rechnen. Anfangs können wir zunächst von dem Mittelwert des tolerierten Spalts ausgehen. Dieser besteht jedoch nur zu Beginn, denn im Betrieb kriecht oder dehnt sich sowohl der Brennstoff als auch die Hülle. Außerdem weiß man, dass die Brennstofftabletten, auch Pellets genannt, schon nach kurzer Betriebszeit Sprünge aufzeigen, die bevorzugt radial verlaufen. Die einzelnen Teilstücke werden natürlich auseinandergeschoben und legen sich durch das Schwellen bei fortschreitendem Abbrand sogar unter Druck an die Hülle an. Ferner nimmt der Gasdruck im Spalt durch die fortschreitende Spaltgasfreisetzung ständig zu. Die Heliumfüllung mit einem gewissen Vordruck bei der Fertigung hat nicht nur Bedeutung für die Stützung der Hülle gegen den Außendruck, sondern auch für die Verbesserung der Wärmeleitung.

Beim Wärmeübergang im Spalt wirken Wärmeleitung, Konvektion und Strahlung zusammen. Welcher Anteil überwiegt, hängt von den physikalischen Gegebenheiten ab. Konvektion spielt nur bei großer Spaltbreite eine nennenswerte Rolle.

Wärmeleitung überwiegt vor allem bei hohem Gasdruck und bei direktem Kontakt zwischen Pellet und Hüllrohr. Der Wärmeübergang durch Strahlung muss nur bei niedrigem Gasdruck und hoher Temperatur berücksichtigt werden, Abb. (9.15).

Wenn es bei der Berechnung des Temperatursprungs zwischen Brennstoff und Hülle hauptsächlich auf eine Abschätzung nach der ungünstigsten Seite ankommt, genügt es, der Berechnung den idealen Spalt zugrunde zu legen. Bei einer Spaltbreite δ_{Sp}, normalerweise 20–40 % des Anfangsspalts, gilt für den durch Wärmeleitung übertragenen Wärmestrom

$$\dot{q}''_{\lambda} = \frac{\lambda_{Sp}}{\delta_{Sp}}(T_1 - T_2) = k_{\lambda}(T_1 - T_2), \tag{9.19}$$

wobei wegen der kleinen Spaltbreite von weniger als 0.1 *mm* eine ebene Geometrie angenommen werden darf. k_{λ} ist die Wärmedurchgangszahl des Spalts für Wärmeleitung.

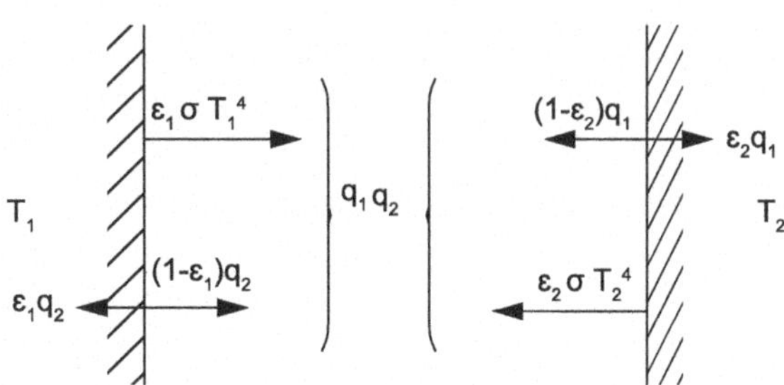

Abb. 9.15 Wärmestrom durch Strahlungsaustausch

Auch der Konvektionsanteil kann durch eine effektive Wärmedurchgangszahl beschrieben werden.

Die Wärmeübertragung durch Strahlung folgt dem Stephan-Boltzmann'schen Emissionsgesetz

$$E_{Str} = \varepsilon\, \sigma\, T^4 \tag{9.20}$$

mit dem Emissionsvermögen ε, das für einen schwarzen Körper den Wert Eins hat, und der Stephan-Boltzmann'schen Konstanten

$$\sigma = 5.77 \cdot 10^{-12} \mathrm{W/(cm^2K^4)}.$$

Für die Strahlungsleistungsdichte q_1 von der Innenwand nach außen und q_2 von der äußeren Wand nach innen hat man die beiden Anteile für die Emission von der Wand und die Reflexion der auftreffenden Strahlung auf jeder Seite zu addieren. Den effektiven Wärmestrom von der heißen zur kälteren Wand erhält man als Differenz der beiden Wärmeströme.

Wärmestrahlung vom Brennstoff zur Hülle:

$$\dot{q}_1'' = \varepsilon_1\, \sigma\, T_1^4 + (1 - \varepsilon_1)\dot{q}_2''. \tag{9.21}$$

Wärmestrahlung von der Wand zum Brennstoff:

$$\dot{q}_2'' = \varepsilon_2\, \sigma\, T_2^4 + (1 - \varepsilon_2)\dot{q}_1''. \tag{9.22}$$

Indem man die erste Gleichung durch ε_1, die zweite durch ε_2 dividiert und von der ersten subtrahiert, erhält man

$$\dot{q}_{Str}'' = \dot{q}_1'' - \dot{q}_2'' = \frac{\sigma\left(T_1^4 - T_2^4\right)}{\frac{1}{\varepsilon_1} + \frac{1}{\varepsilon_2} - 1}. \tag{9.23}$$

Definiert man wieder eine Wärmeübergangszahl für die Strahlung durch die Gleichung

$$\dot{q}_{Str}'' = k_{Str}(T_1 - T_2), \tag{9.24}$$

dann ergibt sich für die Wärmedurchgangszahl k_{Str} der Wert

$$k_{Str} = \frac{\sigma\left(T_1^2 + T_2^2\right)(T_1 + T_2)}{\frac{1}{\varepsilon_1} + \frac{1}{\varepsilon_2} - 1} \tag{9.25}$$

Für die gesamte Wärmedurchgangszahl kann man schreiben

$$k_{Sp} = k_\lambda + k_{Str} \tag{9.26}$$

wobei der Anteil durch Konvektion in k_λ einbezogen wurde. Mit der Wärmestromdichte q_1 an der Oberfläche des Brennstoffs erhält man dann für die Temperaturdifferenz zwischen Brennstoff und Hülle

$$T_1 - T_2 = \frac{q_1}{k_{Sp}}. \tag{9.27}$$

Der Strahlungsanteil macht dabei meistens nur wenige Prozente aus. Bei einem zylindrischen Brennelement mit UO_2-Pellets hat man etwa mit Werten $k_{Sp} = 0.5–1.0\,\text{W/(cm}^2\text{K)}$ zu rechnen (Green 1954). Es gilt die Faustformel, dass der Temperatursprung im Spalt ungefähr der Wärmestromdichte in W/cm^2 entspricht.

9.6 Temperaturverlauf in der Brennstoffhülle

Obwohl in der Brennstoffhülle Wärme durch Absorption von β- und γ-Strahlung sowie von Neutronen freigesetzt wird, nimmt man an, dass sich dort keine Wärmequellen befinden. Der Anteil ist so verschwindend klein im Verhältnis zu der vom Brennstoff abgegebenen Wärme, dass er ohne nennenswerten Fehler vernachlässigt werden kann. Mit dieser Festlegung lautet die Wärmeleitungsgleichung

$$\frac{1}{r^m}\frac{\mathrm{d}}{\mathrm{d}r}\left(\lambda r^m \frac{\mathrm{d}T}{\mathrm{d}r}\right) = 0. \tag{9.28}$$

Die Integration von (9.28) ergibt auf der rechten Seite eine Konstante, die sich ableitet, wenn die Wärmestromdichte an der inneren Oberfläche bei $r = R_2$ durch den bekannten Wert $\dot{q}_2''$ ersetzt wird:

$$r^m \lambda_H dT = -R_2^m \dot{q}_2'' dr. \tag{9.29}$$

Durch nochmalige Integration, wobei die Wärmeleitfähigkeit der Hülle λ_H konstant gesetzt werden kann, ergibt sich

$$T_2 - T_3 = R_2^m \frac{\dot{q}_2''}{\lambda_H} \int_{R_2}^{R_3} \frac{dr}{r^m} = \frac{\dot{q}_2''}{\lambda_H}. \begin{cases} (R_3 - R_2) & f\ddot{u}r\ m = 0 \text{ (Platte)} \\ R_2 ln(R_3/R_2) & f\ddot{u}r\ m = 1 \text{ (Zylinder)} \\ R_2^2 \left(\frac{1}{R_2} - \frac{1}{R_3}\right) & f\ddot{u}r\ m = 2 \text{ (Kugel).} \end{cases} \tag{9.30}$$

In den meisten Fällen ist die Hülle so dünn, dass man sie als ebene Schicht behandeln kann. Mit $\delta_H = R_3 - R_2$ kann man für einen Brennstab schreiben

$$(T_2 - T_3) = \dot{q}_2'' \frac{\delta_H}{\lambda_H} = \frac{\dot{q}_2''}{k_H}. \tag{9.31}$$

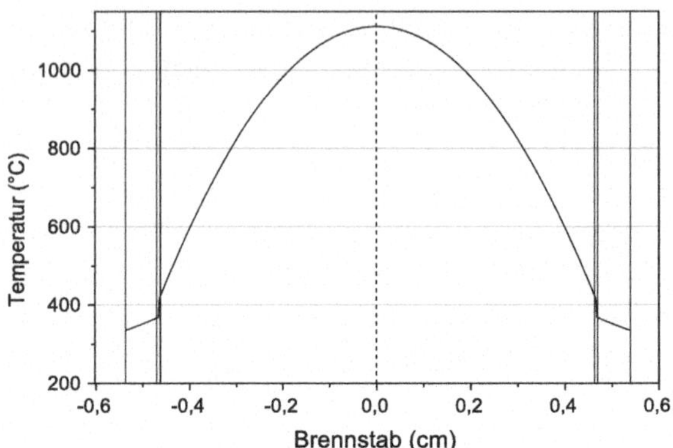

Abb. 9.16 Radiales Temperaturprofil im Brennstab

Durch Addition von (9.27) und (9.31) ergibt sich für die Temperaturdifferenz zwischen Brennstoffoberfläche und äußerer Brennstaboberfläche, wobei $\dot{q}_1''/\dot{q}_2''$ praktisch gleich 1 gesetzt werden kann,

$$(T_1 - T_3) = \dot{q}_2'' \left(\frac{1}{k_{SP}} + \frac{1}{k_H} \right). \tag{9.32}$$

Die Temperaturdifferenz wird im Wesentlichen nur durch die kleinere der beiden Wärmeübergangszahlen bestimmt. Die Temperaturverteilung über den Stabquerschnitt hat etwa den in Abb. 9.16 dargestellten Verlauf. Sie ist unabhängig von den Wärmeübergangsverhältnissen zum Kühlmittel, durch die lediglich die Randtemperatur T_3 bestimmt wird. Der Wärmeübergang von der Staboberfläche zum Kühlmittel, der eine eingehende Betrachtung der Strömungsbedingungen und der Eigenschaften des Kühlmittels verlangt, wird im nachfolgenden Abschnitt behandelt.

9.7 Axiale Temperaturverteilung

Das den Reaktorkern durchströmende Kühlmittel wird ungleichmäßig aufgewärmt entsprechend der lokal aufgenommenen Wärme. Durch Lösung der Enthalpiebilanzgleichung kann die Temperaturerhöhung entlang des Strömungsweges berechnet werden, wenn man das Geschwindigkeitsfeld kennt. Wird bei einem engen Stabgitter zunächst jede Strömungsrichtung zugelassen, so stellt die Berechnung des Geschwindigkeitsfeldes wegen der anisotropen Charakteristik des Strömungswiderstandes ein schwieriges Problem dar, dem hier aber nicht weiter nachgegangen wird.

In allen bisher gebauten Leistungsreaktoren mit Ausnahme des Kugelhaufenreaktors strömt das Kühlmittel parallel zu den Brennstäben, und zwischen den durch die Konturen der Stäbe gebildeten Kühlkanälen gibt es nur relativ wenig Austausch. Unter diesen Voraussetzungen kann man ohne Kenntnis des Wärmeübergangs vom Brennstab zum Kühlmittel zunächst die axiale Verteilung der mittleren Kühlmitteltemperatur berechnen, denn sie ist im stationären Betrieb nicht vom Wärmeübergang, sondern nur von der Leistung des Stabs abhängig. Die Mittelung ist über den Querschnitt des Kühlkanals zu erstrecken. Man kann unterstellen, dass die axiale Wärmeleitung im Vergleich zur radialen vernachlässigbar ist. Diese könnten nur auftreten, wenn sich in axialer Richtung die Neutronenflussdichte oder die Spaltstoffkonzentration im Brennstab abrupt ändern würde, was nur am Ende des Brennstabs auftritt. Bei vernachlässigbarer axialer Wärmeleitung muss die gesamte, in einem Abschnitt des Brennstabs erzeugte Wärme in diesem Abschnitt auch dem Kühlmittel zugeführt werden. Der Rechnung wird die Vorstellung zugrunde gelegt, dass man den ganzen Reaktorkern in Einzelkanäle für die einzelnen Brennstäbe unterteilen könnte, in denen das Kühlmittel genau parallel an den Brennstäben entlangströmt.

Die Temperatur entlang eines solchen Kühlkanals wird dann durch drei Größen bestimmt: durch die Eintrittstemperatur des Kühlmittels T_e, den Massendurchsatz pro Kühlkanal $\dot{m}_K$ und die Leistungsverteilung über die Länge des Brennstabs

$$\dot{q}'(z) = 2\pi R_1 \dot{q}_1''(z) = \pi R_1^2 \dot{q}'''(z). \tag{9.33}$$

Letztere ist vorgegeben durch die Neutronenflussdichteverteilung und hat in einem homogenen Reaktorkern der Höhe H die Verteilung

$$\dot{q}'(z) = \pi\, R_1^2\, E_{sp,B}\, \Sigma_f\, \Phi_0 \cos\frac{\pi z}{H^*} = \dot{q}_0' \cdot \cos\frac{\pi z}{H^*}; \tag{9.34}$$

$$H^* = H + 2\delta_R; \quad a_R = Reflektorersparnis.$$

Im Allgemeinen ist die axiale Leistungsverteilung allerdings durch verschiedene Einflüsse stark verzerrt und wird dann durch eine andere Funktion beschrieben.

Die vom Brennstab im Abschnitt dz pro Sekunde abgegebene Wärme wird vom Kühlmittel aufgenommen und erwärmt das pro Sekunde an der Stelle z durch den Querschnitt A_K vorbeiströmende Kühlmittel. Die Wärmebilanzgleichung

$$c_p\, \rho_K\, A_K \frac{\partial T}{\partial t} + \dot{m}_K\, c_p \frac{\partial T}{\partial z} = \dot{q}'(z) \tag{9.35}$$

wird hier auf den stationären Fall beschränkt:

$$\dot{m}_K\, c_p\, dT = \dot{q}'(z) dz. \tag{9.36}$$

Den Temperaturverlauf des Kühlmittels entlang des Kanals erhält man durch Integration

$$T_K(z) - T_e = \int_{-H/2}^{z} \frac{\dot{q}'(z)}{\dot{m}_K c_p} dz. \tag{9.37}$$

Unter den oben getroffenen Annahmen, also ohne Querströmung, ist der Massendurchsatz $\dot{m}_K$ konstant. Dagegen ändert sich die spezifische Wärme c_p mit der Temperatur. Die Integration kann deshalb nur stückweise durchgeführt werden.

Setzt man $c_p = const$, so lässt sich (9.37) integrieren, und man erhält durch Einsetzen von (9.34)

$$T_K(z) - T_e = \frac{\dot{q}'(0)}{\dot{m}_K c_p} \int_{-H/2}^{z} \cos \frac{\pi z}{H^*} dz. \tag{9.38}$$

Die axiale Temperaturverteilung wird in diesem Falle beschrieben durch die Funktion

$$T_K(z) = T_e + \frac{q_{St}(0) H^*}{\dot{m}_K c_p} \left[\sin \frac{\pi z}{H^*} + \sin \frac{\pi H}{2H^*} \right]. \tag{9.39}$$

Für die Austrittstemperatur T_a bei $z = H/2$ findet man

$$T_a = T_e + \frac{\dot{q}'(0) H^*}{\dot{m}_K c_p \pi} 2 \sin \frac{\pi H}{2H^*} = T_e + \frac{\dot{Q}_{St}}{\dot{m}_K c_p}, \tag{9.40}$$

wobei

$$\dot{Q}_{St} = \frac{\dot{Q}_{St,0} H^*}{\pi} 2 \sin \frac{\pi H}{2H^*} \tag{9.41}$$

die gesamte Leistung darstellt, die von dem Stab abgeführt wird. Dabei ist es zweckmäßig, die Wärmebeiträge durch γ-Strahlung und Neutronenbremsung sowie den im Reaktorkern freiwerdenden Anteil der Pumpenleistung durch einen Faktor > 1 in $\dot{Q}_{St}$ zu berücksichtigen, da die dadurch bedingte Erhöhung der Aufwärmspanne bis zu 5 % betragen Brennstabanordnung findet man kann.

Der axiale Temperaturverlauf der Hüllrohroberfläche baut sich auf dem Temperaturverlauf des Kühlmittels entlang des Kühlkanals auf. Die Temperatur der Hüllrohroberfläche $T_3(z)$ wird durch die vor allem von der Geschwindigkeit des Kühlmittels abhängige Wärmeübergangszahl $\alpha(z)$ bestimmt, deren Berechnung noch zu behandeln ist. Durch Einsetzen von $\dot{q}_3''(z)$ in die Definitionsgleichung für $\alpha(z)$

$$\dot{q}_3''(z) = \alpha(z)[T_3(z) - T_K(z)] \tag{9.42}$$

findet man für den axialen Verlauf der Hüllrohrwandtemperatur außen

$$T_3(z) = T_K(z) + \frac{\dot{q}_3''(z)}{\alpha(z)} \tag{9.43}$$

und nach Einsetzen von (9.39), (9.33) und (9.34) für den speziellen Fall einer Cosinusverteilung der Leistungsdichte

$$T_3(z) = T_e + \frac{\dot{q}_0' H^*}{\dot{m}_K c_p \pi} \left[\sin \frac{\pi z}{H^*} + \sin \frac{\pi H}{2H^*} \right] + \frac{\dot{q}_0'}{\alpha(z) 2\pi R_1} \cos \frac{\pi z}{H^*}. \tag{9.44}$$

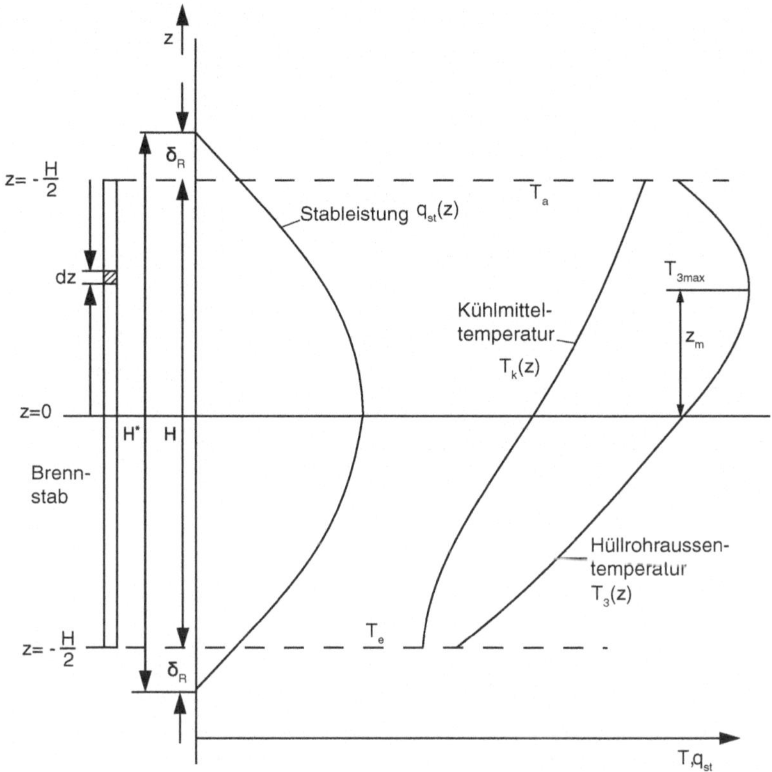

Abb. 9.17 Axiales Temperaturprofil im Unterkanal

Wenn α unabhängig von z ist, was für flüssige Kühlmittel ohne Phasenänderung praktisch gilt, hat die Hüllrohraußentemperatur ein Maximum bei z_m. Die Lage dieses Maximums wird bestimmt durch die Gleichung

$$\cot \frac{\pi z_m}{H^*} = \frac{\dot{m}_K c_p}{2R_1 \alpha H} \rightarrow z_m = \frac{H^*}{\pi} arccot \frac{\dot{m}_K c_p}{2R_1 \alpha H^*}. \tag{9.45}$$

z_m liegt im Allgemeinen etwa bei 2/3 der Kernhöhe, wie in Abb. 9.17 zu erkennen ist. Es hängt von dem Verhältnis $c_p \dot{m}_K / \alpha$ ab. Ist dieses sehr groß, so liegt das Maximum knapp oberhalb der Reaktormitte. Ist α sehr groß, wie z. B. bei Natrium, so rückt das Maximum ans Ende des Kühlkanals.

Durch Addition der nach (9.31) errechneten Temperaturdifferenz über die Wanddicke der Hülle zu $T_3(z)$ erhält man den Temperaturverlauf für die Innenseite der Hülle $T_2(z)$. Addiert man dazu noch die nach (9.27) errechnete Temperaturdifferenz über den Spalt, so ergibt sich der Temperaturverlauf an der Pelletoberfläche $T_1(z)$.

Um die Temperatur im Innern des Brennstoffs zu erhalten, ist zu $T_l(z)$ noch die Temperaturdifferenz $T(r,z) - T_l(z)$ nach (9.9) zu addieren.

$$T(r,z) - T_1(z) = T_0 - \frac{\dot{q}'''(z)}{4\lambda} r^2 - T_0 + \frac{\dot{q}'''(z)}{4\lambda} R_1^2 = \frac{\dot{q}'''(z)}{4\lambda}(R_1^2 - r^2). \tag{9.46}$$

Man erhält schließlich für den Brennstabunterkanal

$$T(r,z) = T_K(z) + \frac{\dot{q}_3''(z)}{\alpha(z)} + \frac{\dot{q}_2''(z)}{k_H} + \frac{\dot{q}_1''(z)}{k_{Sp}} + \frac{\dot{q}'''(z)}{4\lambda}(R_1^2 - r^2). \tag{9.47}$$

Alle zu $T_K(z)$ addierten Terme enthalten die lokale Wärmestromdichte, die proportional zur lokalen Stableistung ist. Bezeichnet man den radialen Temperaturverlauf über den ganzen Kühlkanalquerschnitt in der Mitte des Reaktors mit $T(r,0)$, so lässt sich das gesamte Temperaturfeld eines Kühlkanals beschreiben durch die Darstellung

$$T(r,z) - T_K(z) + [T(r,0) - T_K(0)]\frac{\dot{q}'''(z)}{\dot{q}_0'''}. \tag{9.48}$$

Die Höhe des Temperaturprofils, das sich auf der lokalen Kühlmitteltemperatur aufbaut, ist also proportional zur lokalen Leistungsdichte.

Aus (9.38) erkennt man, dass die Kühlmittelaufwärmung über die Eintrittstemperatur ebenfalls mit dem zur Leistungsdichte proportionalen Faktor $\dot{q}_0'$ multipliziert ist. Bildet man über den ganzen Reaktorkern, d. h. über die Summe aller Kühlkanäle, gemittelte Werte der Kühlmittel-, Brennstoff- oder Hüllrohrtemperatur, so ist die Differenz zur Eintrittstemperatur des Kühlmittels jeweils proportional zur Leistung. Davon macht man beim sogenannten punktkinetischen Modell zur Vereinfachung der Berechnung der Temperaturrückwirkung auf die Reaktivität in der Reaktordynamik Gebrauch.

9.8 Wärmeübergang an der Brennelementoberfläche

Das als Kühlmittel dienende Fluid ist entweder als Flüssigkeit, als Gas oder als Zweiphasengemisch zu beschreiben.

Die Wärmeübergangszahl α einer von einem Kühlmittel benetzten Wand hängt von einer großen Zahl von Parametern ab, zunächst von den Stoffwerten des Kühlmittels, die in der Dichte ρ, der Zähigkeit η, der Wärmeleitfähigkeit λ und der spezifischen Wärme c_p zum Ausdruck kommen. Ferner gehen außer der Geschwindigkeit des Kühlmittels v die besonderen Verhältnisse des Kühlkanals ein, insbesondere der hydraulische Durchmesser d_h, die Länge des Kühlkanals L und eventuell noch die Rauigkeit der Wand. Bei Phasenänderung des Kühlmittels und Zweiphasenströmung wird das Problem des Wärmeübergangs noch komplexer. Dabei ist besonders die sich ausbildende Phasenverteilung zu beachten.

Im Folgenden werden die für Leichtwasserreaktoren (LWR) charakteristischen Verhältnisse näher untersucht. Die Grundlagen der ähnlichkeitstheoretischen Betrachtung gelten natürlich auch für andere Reaktorkonzepte, für Detailfragen sei hier auf (Waermeatlas 2006; StrKTA) beziehungsweise weitere Fachliteratur verwiesen.

Eine Zusammenstellung von Korrelationen für den Wärmeübergang ohne und mit Sieden im LWR befinden sich in Anhang A.6.1 respektive A.6.2.

9.8.1 Wärmeübergang ohne Sieden

Beim Wärmeübergang an der benetzten Wand wirken Wärmeleitfähigkeit und Konvektion zusammen. Die Wärmeübertragung wird stark durch die Geschwindigkeit und den Turbulenzgrad des Kühlmittels bestimmt. Sie ist deshalb eng mit der Ausbildung der Grenzschicht an der Wand verbunden. Man kann, wie die Ähnlichkeitstheorie zeigt, die Beschreibung der Grenzschichtphänomene durch Definition von dimensionslosen Kennzahlen auf eine Form bringen, bei der für die Darstellung der Wärme- und Strömungsgesetze weniger unabhängige Variablen benötigt werden.

Eine kennzeichnende Größe für den Strömungszustand ist die Reynoldszahl

$$Re = \frac{\rho \cdot v \cdot d_h}{\eta} \tag{9.49}$$

mit ρ als Dichte des Fluids, v als Geschwindigkeit und η als dynamische Zähigkeit. Die Reynoldszahl ist wie alle Kennzahlen dimensionslos und beschreibt das Verhältnis von Trägheitskräften zu Zähigkeitskräften.

Der hydraulische Durchmesser d_h des Strömungskanals ist bei Strömungen in Rohren identisch mit dem Rohrdurchmesser, bei Brennstabanordnungen, wie sie in Leichtwasserreaktoren vorliegen, wird ein äquivalenter hydraulischer Durchmesser gemäß der Beziehung

$$d_h = 4 \cdot \frac{A}{U} \tag{9.50}$$

berechnet. A ist die charakteristische Strömungsfläche der jeweiligen Anordnung, U ist der benetzte Umfang. Abbildung 9.18 zeigt die Ermittlung von d_h für wichtige Brennstabanordnungen.

Für den Fall der quadratförmigen Brennstabanordnung findet man

$$d_h = d\left(\frac{4}{\pi} \cdot \left(\frac{s}{d}\right)^2 - 1\right) \tag{9.51}$$

während sich für die Dreiecksanordnung

$$d_h = d \cdot \left(\frac{2}{\pi}\sqrt{3} \cdot \left(\frac{s}{d}\right)^2 - 1\right) \tag{9.52}$$

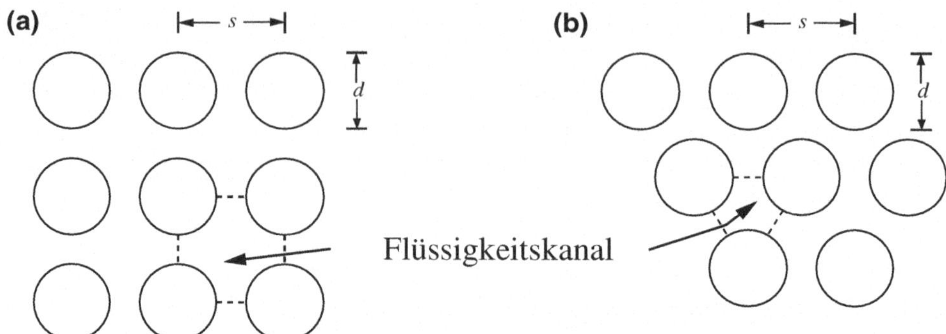

Abb. 9.18 Kühlkanalanordnungen bzw. Brennstabanordnungen bei Leichtwasserreaktoren (**a**) quadratförmige Gitteranordnung, (**b**) Dreiecksanordnung

ergibt. Die Reynoldszahl hat eine große Bedeutung bei der Abgrenzung von laminarer und turbulenter Strömung. Bei $Re = 2300$ erfolgt der Übergang von laminarer zu turbulenter Strömung. Die Strömung im Kern von wassergekühlten Reaktoren ist hochturbulent. Für den konvektiven Wärmeübergang α gilt

$$\alpha = Nu \cdot \frac{\lambda}{d_h} \tag{9.53}$$

mit der dimensionslosen Kenngröße Nusseltzahl Nu und der Wärmeleitfähigkeit λ des Fluids. Eine weitere wichtige Kennzahl bei der Beschreibung des Wärmeübergangs durch Ähnlichkeitsbeziehungen ist die dimensionslose Prandtlzahl Pr. Es gilt

$$Pr = \frac{\eta \cdot c_p}{\lambda} \tag{9.54}$$

mit c_p als spezifische Wärmekapazität des Fluids. Die Prandtlzahl beschreibt das Verhältnis der durch innere Reibung erzeugten Wärme zu der abgeführten Wärme in einer Strömung.

In der Praxis wird die Wärmeübergangszahl α gemäß 9.53 aus der Nusseltzahl berechnet, die wiederum an einer von dem Anwendungsfall abhängigen Korrelation entnommen wird. Viele empirische Relationen der Nusseltzahl für die unterschiedlichen geometrischen Verhältnisse sind ermittelt worden. Ein Ansatz ist z. B.:

$$Nu = C_1 \cdot Pr^{C_2} \cdot Re^{C_3} \tag{9.55}$$

In Tab. 9.2 sind einige Beispiele hierfür angegeben:

Tab. 9.2 Faktoren zur Berechnung der Nusseltzahl

	C_1	C_2	C_3
Rohrströmung	0.023	0.4	0.8
längs angeströmte Platte	0.0296	0.43	0.8
quer angeströmtes Rohrbündel	0.287	0.36	0.6

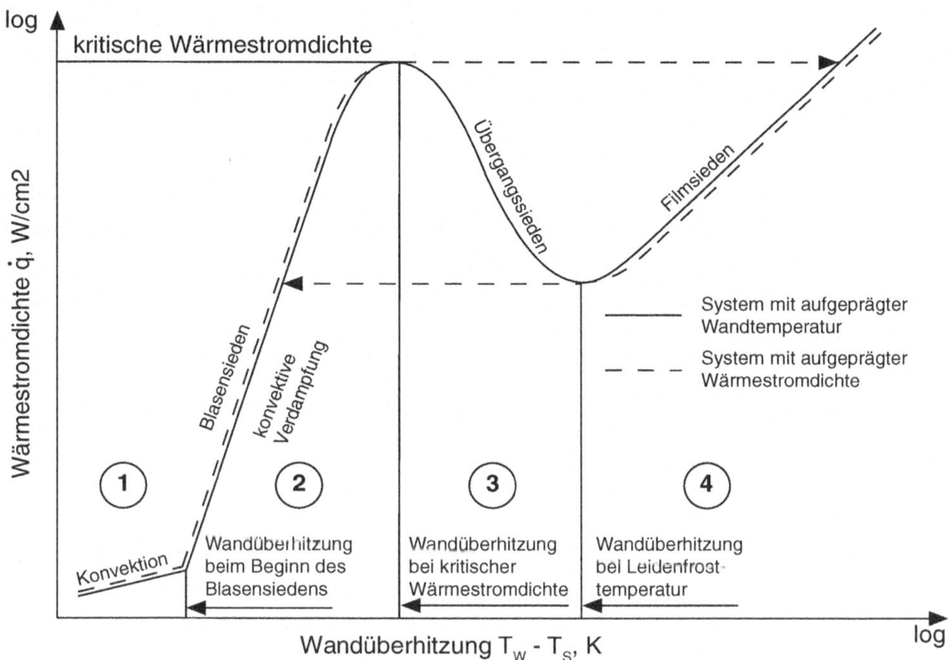

Abb. 9.19 Wärmestromdichte in Abhängigkeit von der Differenz zwischen Wandtemperatur und Fluidtemperatur (Sättigung) bei Verdampfungsprozessen (Waermeatlas 2006)

9.8.2 Wärmeübergang beim Sieden

Wenn eine Phasenänderung im Bereich des Reaktorkerns auftritt, etwa beim Siedewasserreaktor durch Verdampfen des Kühlmittels im Bereich der Brennelemente, gelten besondere Gesetzmäßigkeiten. Diese Verhältnisse seien mit Hinweis auf Abb. 9.19 erläutert.

Die Zufuhr der thermischen Energie aus Spaltungen an das zu verdampfende Fluid erfolgt über die Brennelementhüllrohre. Je nach Überhitzungszustand der Hüllrohrwand gegenüber der dem Druck entsprechenden Sättigungstemperatur stellen sich dabei unterschiedliche Wärmeübertragungsmechanismen ein, die wiederum starken Einfluss auf die maximal übertragbare Wärmestromdichte haben. Es sei darauf hingewiesen, dass in einem Reaktorkern die Wärmestromdichte die aufgeprägte Größe ist, aus der sich dann die entsprechende Temperaturverteilung ergibt.

Zu Siedebeginn bei kleinen Wandüberhitzungen wird die Wärme zunächst durch freie Konvektion übertragen. Bei steigender Temperaturdifferenz verstärkt sich die Konvektionsströmung, sodass es zu einem besseren Wärmeübergang und somit zu einem leichten Anstieg der Siedekennlinie kommt (Bereich 1).

Es gilt näherungsweise für die Wärmestromdichte

$$\dot{q}'' = \alpha \cdot (T_W - T_{Fl}) \tag{9.56}$$

An Unebenheiten der Heizoberfläche entstehen im weiteren Verlauf erste Dampfblasen. Wenn diese durch fortschreitende Wärmezufuhr anwachsen und sich bei einer kritischen Größe schließlich ablösen, kennzeichnet dies den Beginn des Blasensiedens. Durch zunehmende Bildung von Blasen, deren Ablösung von der Wand und instationärem Nachströmen kälteren Kühlmittels hin zur Wand, stellt sich eine zusätzliche Strömung ein. Wenn das von der Heizfläche weiter entfernte Kühlmittel kälter ist, kommt es zu keiner Netto-Dampfproduktion, da die Blasen rekondensieren, sobald sie mit dem kälteren Kühlmittel in Kontakt kommen.

Aufgrund der deutlichen Verbesserung des Wärmeübergangs gegenüber der reinen Konvektionsströmung werden Druckwasserreaktoren mit Teilen des Kern in diesem Bereich betrieben.

Zwischen Wärmestromdichte und Temperaturdifferenz gilt folgende empirische Relation

$$\dot{q}'' \approx (T_W - T_{Fl})^4 \cdot \left(45 \cdot e^{p/62}\right)^4 \tag{9.57}$$

mit p als Druck des verdampfenden Fluids.

Die weitere Vermehrung von Blasen beim Zuwachs der Überhitzung fördert einen starken Anstieg der übertragenen Wärmemenge. Kurz vor ihrem Maximum flacht die Wärmestromdichte etwas ab, weil sich die Blasen hier bereits gegenseitig behindern und teilweise auch kurzzeitig zu geschlossenen Dampfpolstern an der Heizfläche koalieren und den Wärmeübergang dadurch stark vermindern.

Steigen Temperaturdifferenzen und Wärmestromdichten weiter an, so wird am Ende dieses Bereichs ein kritischer Punkt $\dot{q}''_{krit.}$, der sogenannte DNB–Punkt (Departure from Nucleate Boiling) erreicht. Dieser Punkt darf in einem Reaktorkern nicht überschritten werden.

Der Sicherheitsfaktor gegen burn out heißt DNB-Faktor. Die kritische Heizflächenbelastung ist stark vom Druck abhängig und hat ihr Optimum etwa bei einem Drittel des kritischen Drucks (Abb. 9.20) für Wasser, also bei etwa 70 *bar*.

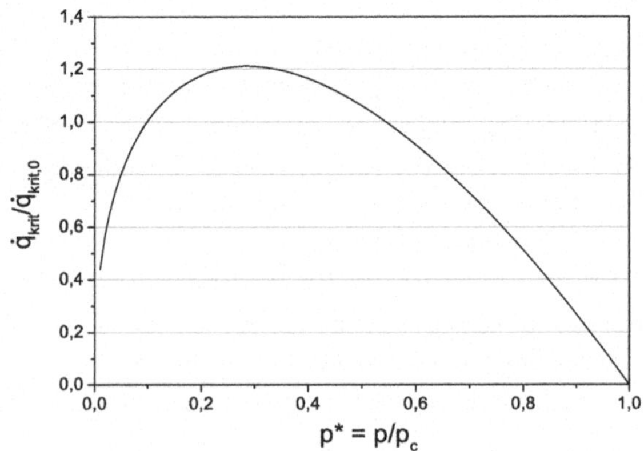

Abb. 9.20 Druckabhängigkeit der maximalen Wärmestromdichte beim Blasensieden von Wasser nach (Waermeatlas 2006)

Die optimale kritische Heizflächenbelastung liegt ungefähr dreimal höher als bei Normaldruck. Deshalb ist dieser Druck hinsichtlich der Wärmeübertragung optimal für Siedewasserreaktoren (El-Wakil 1962).

Bei noch weitersteigenden $(T_W - T_{Fl})$-Werten kommt es zur partiellen Filmverdampfung, in dem durch den isolierenden Dampffilm eine starke Reduktion der Wärmeübergangszahlen eintritt. Wärme kann in diesem Bereich fast ausschließlich durch Wärmestrahlung übertragen werden.

Soll die Wärmestromdichte der abfallenden Kurve folgen, so müsste die Heizleistung dem schlechter werdenden Wärmeübergang entsprechend reduziert werden. Dies ist in einem Reaktor nicht möglich. Wird also der DNB-Punkt überschritten, springt die Temperaturdifferenz $(T_W - T_{Fl})$ zur Aufrechterhaltung des Wärmestroms entsprechend der oberen gestrichelten Linie auf die Kurve ganz nach rechts. Dort herrscht vollständige Filmverdampfung vor. Dabei können so hohe Wandtemperaturen auftreten, dass es zur Zerstörung der Heizfläche kommen kann.

Technische Auslegungen bewegen sich im Bereich 2. Mit geringen Temperaturdifferenzen (einige °K) lassen sich Wärmeflüsse in Höhe von rund 10^6 W/m^2 realisieren.

Die beschriebenen Zusammenhänge der Nukiyama-Kurve gelten zunächst einmal nur für Behältersieden. Betrachtet man die Vorgänge beim Sieden in einem durchströmten Kühlkanal, wie bei einem Brennelement zwischen den einzelnen Brennstäben, so ergeben sich weitere Gesichtspunkte, wie dem Erscheinungsbild der Strömung, die die Vorgänge noch detaillierter beschreiben. In Abb. 9.21 ist dieses Verhalten am Beispiel eines Strömungskanals in einem Siedewasserreaktor dargestellt.

Nach einer einphasigen Wasserströmung und lokaler Bildung kleiner Dampfblasen werden diese im weiteren Verlauf größer und ergeben schließlich die sogenannte Pfropfenströmung. Da durch unterschiedliche Reibungskräfte die Geschwindigkeiten in der Mitte des Kühlkanals höher als an den Wänden sind, kumuliert sich der Dampf immer weiter in der Kanalmitte. Die Verteilung des Dampfblasengehalts über dem Kanalradius entspricht daher zunehmend dem in Abb. 9.21b gezeigten Verlauf. Es bildet sich eine Ringströmung aus. Die Flüssigkeit strömt entlang der beheizten Wände im Kühlkanal nach oben. Die darauf übertragene Wärmemenge aus den Brennstäben wird zur Phasengrenze zwischen Wasser und Dampf transportiert. Hier wird weiteres Wasser verdampft. Mit zunehmender Dampfmasse im Kühlkanal muss die Strömungsgeschwindigkeit weiter zunehmen, da das Gesamtvolumen durch die Dampfphase zunimmt. Durch hohe Geschwindigkeiten und daraus resultierenden Scherkräften werden nun Flüssigkeitstropfen im Dampf mitgerissen. Über Wärmeleitung vom heißen Dampf an diese Tropfen vollziehen auch diese nach und nach den Phasenwechsel.

Im weiteren Verlauf des Kühlkanals wird der benetzende Wasserfilm immer dünner, bis es schließlich zum Abriss desselbigen kommt und die Heizfläche nur noch von Dampf umgeben ist. Dieser Punkt wird auch als Dryout bezeichnet und entspricht dem im vorigen Abschnitt benannten Punkt der kritischen Wärmestromdichte mit einem rapiden Anstieg der Wandtemperatur. Im Post-Dryout-Bereich verdampfen die restlichen Wassertropfen

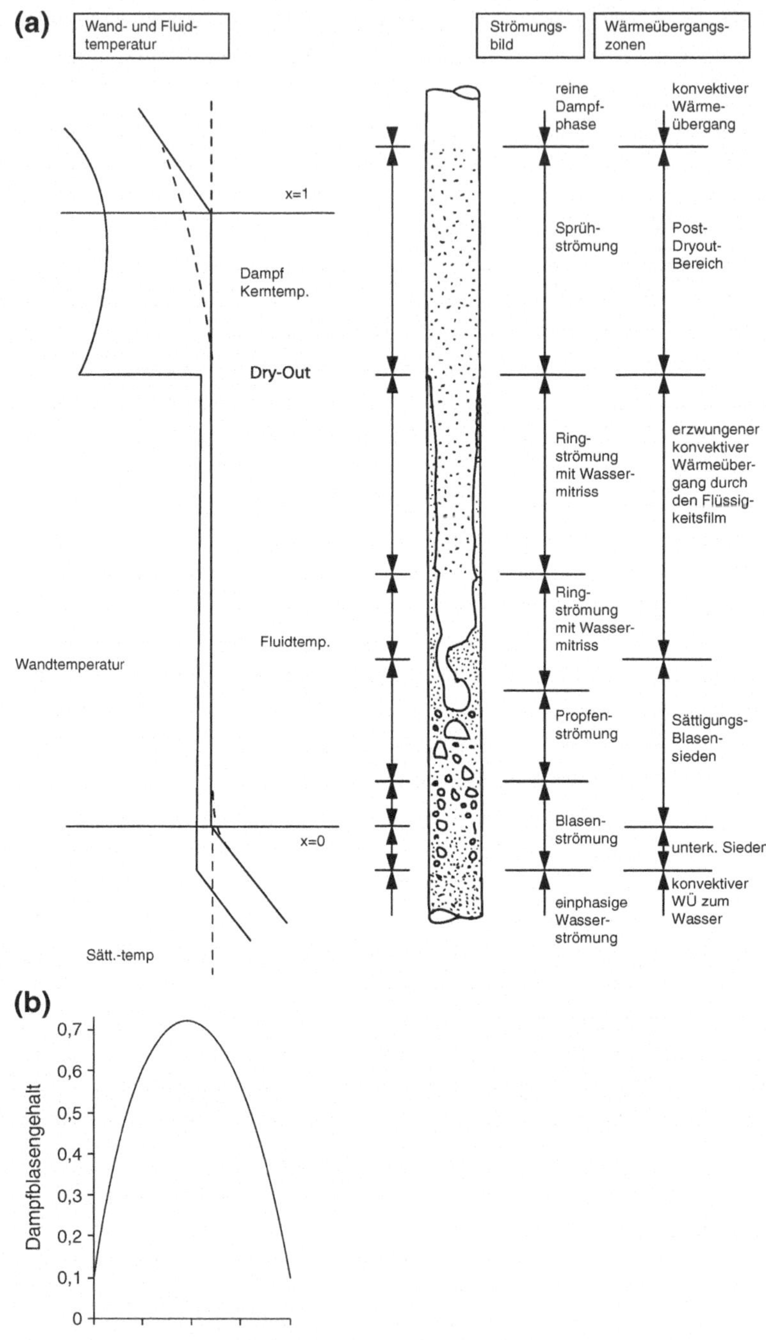

Abb. 9.21 Strömungssieden im SWR (Collier und Thome 1996)

durch Wärmeleitung von der Wand durch den Dampf an die Tropfen bis der Dampfmassenanteil $x = 1$ ist.

In einem Druckwasserreaktor liegen andere Strömungsverhältnisse vor. Hier findet man eine höhere Wärmestromdichte und auch einen größeren Kühlmitteldurchsatz vor. Auf den Druck von ca. 155 *bar* ist der Reaktor so ausgelegt, dass das Kühlmittel im Durchschnitt immer flüssig bleibt. Durch diese Randbedingungen tritt nur sehr wenig und lokales Blasensieden auf, das in diesem geringen Maße, wie bereits beschrieben, zu einer Verbesserung des Wärmeübergangs führt. Würde man hier die Leistung erhöhen und dadurch die Blasendichte vergrößern, ergäbe sich im Kühlkanal eine inverse Ringströmung. Das flüssige Kühlmittel strömt dabei in der Mitte des Kühlkanals und an den Wänden bilden sich immer mehr und größere Blasen, bis es schließlich zum Zusammenschluss zu einem geschlossenen Dampffilm käme. Dieser kritische Zustand beim Druckwasserreaktor trägt die Bezeichnung „Departure from nucleate Boiling".

Die Abb. 9.22 und 9.23 zeigen einen direkten Vergleich des Strömungsverhaltens in Druck- und Siedewasserreaktor.

In Zweiphasengebieten müssen die unterschiedlichen Eigenschaften von Dampf und Flüssigkeit bei der Beschreibung der Wärmeübergangsphänomene berücksichtigt werden. Dies geschieht mithilfe der Begriffe Dampfgehalt bzw. Dampfanteil x und spezifisches Volumen im Nassdampfgebiet v.

$$x = \frac{m_D}{m_{Fl} + m_D} = \frac{\text{Dampfmasse in der Mischung}}{\text{Gesamtmasse der Mischung}} \tag{9.58}$$

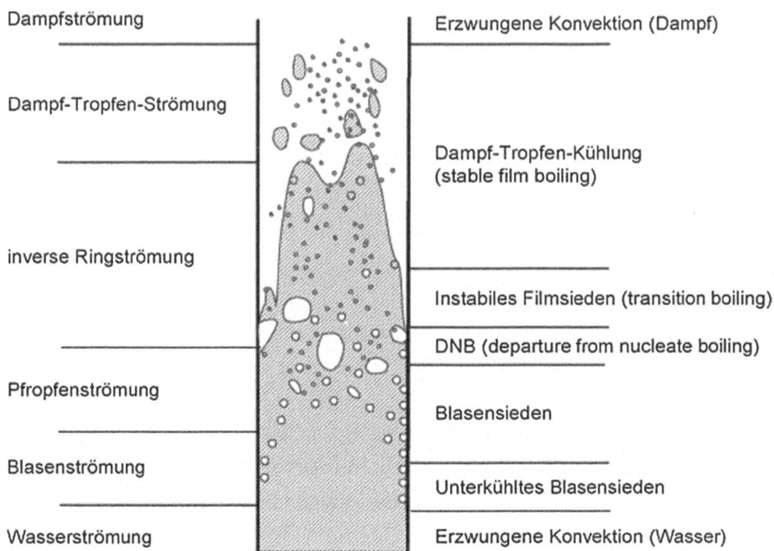

Abb. 9.22 Wärmeübertragung und Strömungsformen bei hoher Massenstromdichte/Heizflächenbelastung – Druckwasserreaktor (*Quelle* TU München)

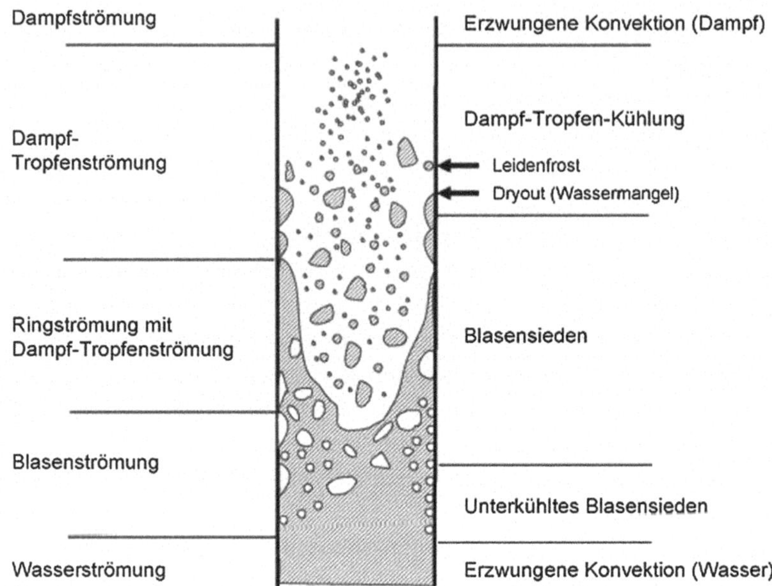

Abb. 9.23 Wärmeübertragung und Strömungsformen bei niedriger Massenstromdichte/Heizflächenbelastung – Siedewasserreaktor (*Quelle* TU München)

mit m_D als Masse des Dampfes und m_{Fl} als Masse der Flüssigkeit,

$$v = \frac{V}{m} = x \cdot v'' + (1 - x) \cdot v' = v' + x \cdot (v'' - v') \tag{9.59}$$

Die Größen $v'' = (V/m)_D$ und $v' = (V/m)_{Fl}$ sind die spezifischen Volumen des Dampfes und der Flüssigkeit.

Entsprechend erhält man für die Enthalpie h einer Mischung aus Flüssigkeit und Dampf

$$h = x \cdot h_D + (1 - x) \cdot h_{Fl} \tag{9.60}$$

Für gesättigten Dampf gilt dann

$$h_D(T_S) = h_{fl}(T_S) + r \tag{9.61}$$

mit r als Verdampfungswärme.

Die Werte v', v'', h' und h'' liegen auf der Sättigungskurve, auch Siedelinie bzw. Taulinie genannt. Für jeden Siededruck oder jede Siedetemperatur sind sie eindeutig vorgegeben und z. B. für Wasser aus Tabellen für siedendes Wasser und Sattdampf ablesbar.

Für die Wärmeübergangszahl α in einer Dampf–Flüssigkeitsmischung kann man folgende Beziehung ansetzen:

$$\alpha = x \cdot \alpha_D + (1 - x) \cdot \alpha_{Fl} \tag{9.62}$$

9.9 Druckverlust im Reaktorkern

Wenn auch die geometrischen Abmessungen der Brennstäbe und ihrer Abstände zunächst durch neutronenphysikalische und fertigungstechnische Gesichtspunkte bestimmt werden, so ist der resultierende Druckverlust doch für die Festlegung des Kühlmitteldurchsatzes und der Pumpenleistung von großer Bedeutung.

Wie auch bei anderen Aspekten des Strömungsverhaltens muss betont werden, dass die im folgenden aufgeführten Korrelationen zwar für eine größenordnungsmäßige Abschätzung hilfreich sind; für genauere Angaben heutzutage CFD-Simulationen durchgeführt werden.

Der Druckabfall auf einer kurzen Weglänge dz setzt sich aus drei Anteilen zusammen: dem Reibungsverlust, dem Beschleunigungsverlust und dem Druckabfall mit der statischen Höhe.

$$\left(\frac{\mathrm{d}p}{\mathrm{d}z}\right)_{total} = \left(\frac{\mathrm{d}p}{\mathrm{d}z}\right)_{Reib} + \left(\frac{\mathrm{d}p}{\mathrm{d}z}\right)_{Beschl} + \left(\frac{\mathrm{d}p}{\mathrm{d}z}\right)_{grav}. \tag{9.63}$$

Für den Druckabfall durch die statische Höhe erhält man bei senkrechter Strömung einfach $(\mathrm{d}p/\mathrm{d}z)_{grav} = \overline{\rho}g$ mit der gemittelten Dichte $\overline{\rho}$. Für die beiden ersten Terme gilt bei turbulenter Strömung eine quadratische Abhängigkeit von der Geschwindigkeit. Sie werden im Allgemeinen zusammengefasst mithilfe eines Widerstandsbeiwerts ζ beschrieben, der definiert ist durch die Formel

$$\Delta p = \zeta \frac{\rho}{2} v^2. \tag{9.64}$$

Für den ganzen Kühlkanal setzt sich der Widerstandsbeiwert aus den Beiträgen für das Stabbündel ζ_{St}, für n Abstandhalter ζ_{AH} und für den Druckverlust am Eintritt ζ_e und am Austritt ζ_a zusammen.

$$\zeta = \zeta_{St} + n\zeta_{AH} + \zeta_e + \zeta_a. \tag{9.65}$$

Für eine Parallelströmung durch glatte Bündelabschnitte der Länge L ist ζ analog zur Rohrströmung durch Einsetzen des hydraulischen Durchmessers in die Gleichung

$$\zeta_{St} = \xi_{St} \frac{L}{d_h} \tag{9.66}$$

zu berechnen ist. ξ_{St} muss durch Messungen oder empirische Beziehungen bestimmt werden.

Speziell für Stabbündel werden die folgenden von Blasius (Blasius 1913) bzw. Nikuradse (Nikuradse 1932) angegebenen Beziehungen verwendet:

$$\xi_{St} = 0.316 Re^{-0.25}, \qquad f\ddot{u}r\ Re < 10^5 (Blasius), \tag{9.67}$$

$$\xi_{St} = 0.0032 + 0.221 Re^{-0.237}, \qquad f\ddot{u}r\ Re \geq 10^5 (Nikuradse). \tag{9.68}$$

Der größere Teil des Druckabfalls wird in der Regel durch die Abstandhalter verursacht. Messungen haben gezeigt (Rehme 1970), dass der Druckabfall zum überwiegenden Teil durch die Querschnittsverengung bewirkt wird. Die mehr oder weniger strömungsgünstige Formgebung der Abstandshalter hat dabei eine geringere Bedeutung. Drückt man die relative Querschnittsversperrung $\varepsilon = A_{AH}/A_B$ durch das Verhältnis des projizierten Strömungsquerschnitts eines Abstandshalters A_{AH} zu dem Strömungsquerschnitt des Bündels A_B aus, so kann man den Widerstandsbeiwert ζ_{AH} ausdrücken durch

$$\zeta_{AH} = \xi_{AH}\varepsilon^2 \qquad mit \quad \xi_{AH} = 6...7 \quad für \quad Re > 5 \cdot 10^4. \tag{9.69}$$

Diese Formel ist für eine erste Abschätzung geeignet. Für eine genauere Bestimmung sind jedoch Messungen an den im Bündel eingebauten Abstandhaltern notwendig. Abbildung 9.24 zeigt den Druckabfall über die Länge des Brennelements und macht deutlich, dass er zum größten Teil durch die Abstandshalter verursacht wird.

Der Druckabfall am Ein- und Austritt kann näherungsweise mit einer Formel für eine plötzliche Veränderung des Strömungsquerschnitts von A_1 auf A_2 nach Kays und London (Kays und London 1958) berechnet werden. Der Ansatz

$$p_1 + \frac{\rho}{2}v_1^2 = p_2 + \frac{\rho}{2}v_2^2 + K\frac{\rho}{2}v_1^2 \tag{9.70}$$

mit dem Borda-Carnot-Koeffizienten

$$K = \left(1 - \frac{A_1}{A_2}\right)^2 = (1-\sigma)^2 \tag{9.71}$$

ergibt als Widerstandsbeiwert für die Eintrittsverluste

$$\zeta = c_{E1} - 2c_{M1}\,\sigma\,(c_{E2} - 2c_{M2})\sigma^2, \tag{9.72}$$

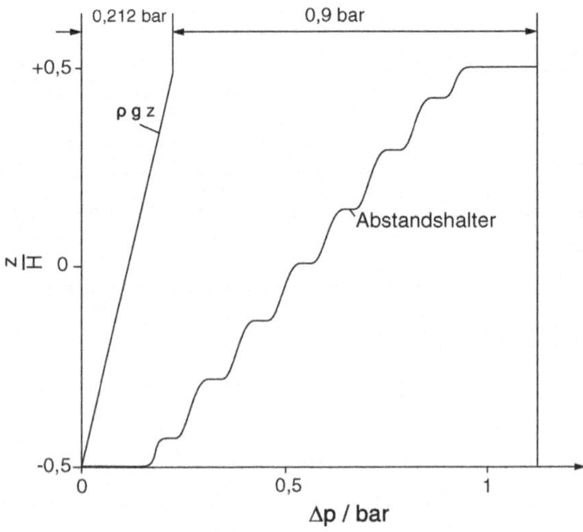

Abb. 9.24 Druckabfall im Brennelement eines Druckwasserreaktors (Oldekop und Thiemig 1975)

wobei die c-Werte durch Integration über das Strömungsprofil in den jeweiligen Querschnitten zu berechnen sind.

$$c_M = \frac{1}{A\overline{v}^2}\int_0^A v^2 dA (Impulskorrektur), \tag{9.73}$$

$$c_E = \frac{1}{A\overline{v}^3}\int_0^A v^3 dA (Energiekorrektur). \tag{9.74}$$

Zur Berechnung von ζ_a nach der gleichen Formel ist nur das Querschnittsverhältnis σ am Austritt einzusetzen. Für die Berechnung des Druckverlustes nach (9.64) ist bei allen Widerstandsbeiwerten die Geschwindigkeit im glatten Bündel zu verwenden.

Ungleich schwieriger ist die Berechnung des Druckabfalls bei einer Zweiphasenströmung. Wegen der Siedeinstabilität in parallelen Kanälen hat sie aber gerade beim Siedewasserreaktor besondere Bedeutung. In der einschlägigen Literatur werden im Wesentlichen drei Modelle vorgeschlagen, die je nach Strömungsbild mehr oder weniger gut anwendbar sind. Das homogene Modell, bei dem das Fluid als eine homogene Mischung betrachtet wird, gibt gute Ergebnisse, wenn die dispergierte Phase einen relativ kleinen Volumenanteil einnimmt. Beim Schlupfmodell (Carlvik 1966) wird der Druckabfall zu dem für die einzelnen, voneinander unabhängigen Phasen berechneten Druckabfall in Beziehung gesetzt. Der Druckabfall der Zweiphasenströmung wird aus dem der reinen Phase durch Anwendung eines Multiplikators ermittelt. Bei dem Drift-Strömungsmodell wird das Verhalten der Zweiphasenströmung im Wesentlichen aus der Differenzgeschwindigkeit der beiden Phasen bestimmt.

Von den vielen in der Literatur angegebenen Beziehungen werden im Folgenden einige, die für die Reaktorberechnung benutzt werden, aufgeführt.

Eine gängige Methode ist die Berechnung des Druckabfalls im Vergleich zu einer Einphasenströmung (Index L_0) unter Verwendung eines Multiplikators. Es wird dann definiert

$$\left(\frac{dp}{dz}\right)_{Reib} = \left(\frac{dp}{dz}\right)_{L_0,Reib} \Phi_{L_0}^2 \tag{9.75}$$

mit dem Multiplikator für die laminare Strömung

$$\Phi_{L_0}^2 = \left[1 + x\left(\frac{\rho_f}{\rho_d} - 1\right)\right]\left[1 + x\left(\frac{\eta_f}{\eta_d} - 1\right)\right]^{-1} \tag{9.76}$$

und für die turbulente Strömung

$$\Phi_{L_0}^2 = \left[1 + x\left(\frac{\rho_f}{\rho_d} - 1\right)\right]\left[1 + x\left(\frac{\eta_f}{\eta_d} - 1\right)\right]^{-0.25} \tag{9.77}$$

Nach dem Schlupfmodell werden beide Phasen als getrennt strömend betrachtet und jede als Bezugsströmung für den Druckabfall der Zweiphasenströmung benutzt.

$$\frac{\mathrm{d}p}{\mathrm{d}z} = \left(\frac{\mathrm{d}p}{\mathrm{d}z}\right)_d \Phi_d^2, \tag{9.78}$$

$$\frac{\mathrm{d}p}{\mathrm{d}z} = \left(\frac{\mathrm{d}p}{\mathrm{d}z}\right)_f \Phi_f^2. \tag{9.79}$$

Das Verhältnis

$$\chi^2 = \Phi_d^2/\Phi_f^2 = \left(\frac{\mathrm{d}p}{\mathrm{d}z}\right)_f \Big/ \left(\frac{\mathrm{d}p}{\mathrm{d}z}\right)_d \tag{9.80}$$

wird als „Martinelli-Nelson-Parameter" bezeichnet. Bei Kenntnis der Strömungsform, wobei zu beachten ist, dass sowohl der Dampfstrom als auch der Flüssigkeitsstrom unabhängig voneinander laminar oder turbulent sein können, lässt sich zum Beispiel χ_{t^2} berechnen. Der Druckabfall ergibt sich für senkrechte Strömungskanäle in der Form

$$\delta p = \frac{\xi}{2d_h\rho_f}\left(\frac{\dot{m}}{A}\right)^2 \overline{\Phi}_{L_0}^2 + \left(\frac{G}{F}\right)^2 r + \overline{\rho}gh \tag{9.81}$$

mit

$$\overline{\Phi}_{L_0}^2 = \frac{1}{x}\int_0^x \Phi_{L_0}^2 \mathrm{d}x \tag{9.82}$$

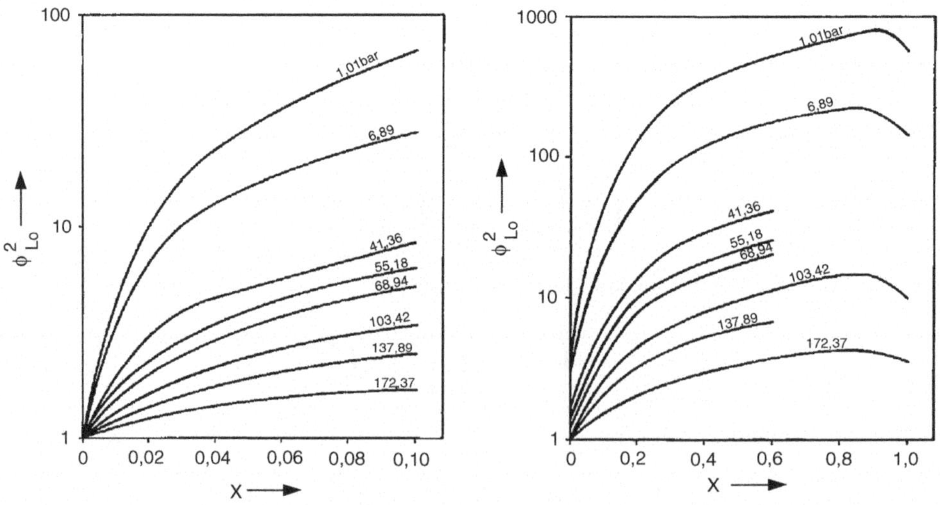

Abb. 9.25 Martinelli-Nelson-Multiplikator Φ_{L0}^2 in Abhängigkeit vom Dampfgehalt und Druck des Zweiphasengemischs (Martinelli und Nelson 1948)

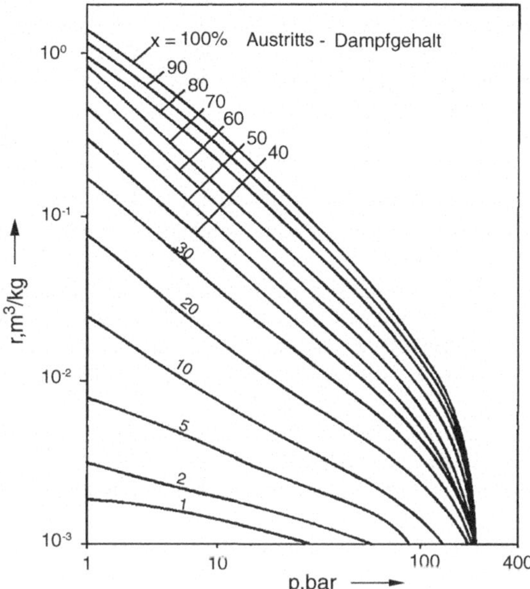

Abb. 9.26 Martinelli-Nelson-Multiplikator r in Abhängigkeit vom Dampfgehalt und Druck des Zweiphasengemischs (Martinelli und Nelson 1948)

$$r = \frac{x^2}{\alpha^* \rho_d} + \frac{1}{\rho_f}\left[\frac{(1-x)^2}{1-\alpha^*} - 1\right] \quad (\alpha^* = \mathit{Dampfvolumenanteil}) \tag{9.83}$$

$$\overline{\rho}h = \int_0^L [\alpha^* \rho_a + (1-\alpha^*)\rho_f]\,dz. \tag{9.84}$$

Der Martinelli-Nelson-Multiplikator $\Phi^2_{L_0}$ und r sind aus den von Martinelli und Nelson (Martinelli und Nelson 1948) angegebenen Diagrammen (Abb. 9.25 und 9.26) zu entnehmen.

Literatur

Blasius, H.: Das Ähnlichkeitsgesetz bei Reibungsvorgängen in Flüssigkeiten. Forsch. Arb. Ing. **131** (1913)

Carlvik, I.: Dancoff correction in square and hexagonal lattices. In: Aktiebolaget Atomenergie, Stockholm AE-257 (1966)

Collier, John G., Thome, J. R.: Convective Boiling and Condensation. 3.Aufl. Clarendon Press (1996) (Oxford Engineering Science Series). http://books.google.ca/books?id=B-1mFnS6UV4C. ISBN 9780198562962

El-Wakil: Nuclear Power Engineering. McGraw-Hill, New York (1962)

Green, A.E.S: Coulomb radius constant from nuclear masses. Phys. Rev. **95**, 1006 (1954)

Habush, A.L., Walker, R.F.: Fort St. Vrain nuclear generating station - construction and testing experience. Nucl. Eng. Des. 16–26 (1974)
Harder, H., Oehme, H.: Das 300-MW-Thorium-Hochtemperatur-Kernkraftwerk (THTR). Atomwirtschaft 238–245 (1971)
Hering, W.: Ein neues Spaltgas-Freisetzungsmodell auf physikalischer Basis. Reaktortagung DAtF **1977**, 473–476 (1977)
International Atomic Energy Agency (IAEA): Operational & long-term shutdown reactors (2012). http://www.iaea.org/PRIS/WorldStatistics/OperationalReactorsByType.aspx. Stichtag. Zugegriffen: 26. Sept 2012
Kays, W.M., London, A.L.: Compact Heat Exchangers. National Press, Palo Alto (1958)
Keller, C., Möllinger, H. (Hrsg.): Kernbrennstoffkreislauf I. Allgemeine Aspekte, Versorgung von Kernkraftwerken. Hüthig, Heidelberg (1978)
Klimov, A.N.: Nuclear Physics and Nuclear Reactors. MIR Publisher, Moscow (1975) (Engl. übersetzung d. russ. Originals)
Martinelli, R.C., Nelson, D.B.: Prediction of pressure drops during forced circulation boiling of water. Trans. Am. Soc. Mech. Eng. **70**, 695–702 (1948)
Müller, E.-M.: Untersuchung der Unsicherheit der Wärmeleitfähigkeit von UO_2 in Abhängigkeit von der Temperatur. Atomwirt **17**, 37 (1972)
Nikuradse, J.: Gesetzmäßigkeit der turbulenten Strömung in glatten Rohren. Forsch. Arb. Ing. **356** (1932)
Oldekop, W.: Einführung in die Kernreaktor- und Kernkraftwerkstechnik I, II. Thiemig (1975)
Rehme, K.: Widerstandsbeiwerte von Gitterabstandshaltern für Reaktorbrennelemente. Atomkernenergie **15**, 127–130 (1970)
StrKTA: Sicherheitstechnische Regeln
Stehle, H.: LWR-Brennelemente: Erfahrungsstand und aktuelle Aufgaben. Reaktortagung DAtF **1977**, 465–468 (1977)
VDI-Wärmeatlas - Berechnungsunterlagen für Druckverlust: Wärme- und Stoffübergang. Gesellschaft Verfahrenstechnik und Chemieingenieurwesen, 10. Aufl. Springer, Berlin (2006)
Wenzel, P.: Graphitmoderierte wassergekühlte Druckröhrenreaktoren. Kernenerg **8**, 449–465 (1965)
Wunderlich, F., Distler, I., Fuchs, H.-P., Hering, W.: Ein Interference-Modell zur Beurteilung des Rampenverhaltens von LWRBrennstäben. Reaktortagung DAtF 469–472 (1977)

Moderne Leichtwasserreaktoren 10

Leichtwasserreaktoren werden als Druck- und als Siedewasserreaktoren gebaut, wobei der Druckwasserreaktortyp die weitaus am häufigsten ausgeführte Bauart ist. Eine vollständige Darstellung aller realisierten Konzepte ist im Rahmen eines Lehrbuchs weder sinnvoll noch möglich. Stattdessen werden Druck- und Siedewasserreaktor exemplarisch anhand von modernen deutschen Referenzanlagen erläutert. Diese sind für den DWR die Konvoi-Anlage und für den SWR die Baulinie 72. Die Beschreibung der Grundlagen der in den Anlagen verwendeten Messtechnik erfolgt, um Redundanzen zu vermeiden, in einem anschließenden, gemeinsamen Unterkapitel.

10.1 Druckwasserreaktor (Typ Konvoi)

Der Name Druckwasserreaktor bringt zum Ausdruck, dass bei diesem Typ das Wasser unter so hohem Druck gehalten wird, dass es auch bei der höchsten Temperatur im Kreislauf noch nicht zum Sieden kommt. Da die maximale Betriebstemperatur etwa 320 °C beträgt, bedeutet das einen Betriebsdruck von ungefähr 155–160 bar für das gesamte Primärsystem. Bei einem relativ hohen Primärdurchsatz beträgt die Aufwärmspanne über dem Reaktorkern nur etwa 30 K. Die Wärmeübertragung auf den Dampf-Wasser-Kreislauf der Turbinenanlage wird in der Regel je nach Leistungsgröße auf zwei bis vier Hauptkreisläufe verteilt, von denen jeder bis zu 1000 MW Wärme übertragen kann.

Die Konvoi-DWR basieren auf den zuvor in Deutschland von der Kraftwerks-Union (KWU) gebauten DWR der 1300 MW-Klasse. Um Bau und vor allem Genehmigungsfaktoren zu vereinfachen, weisen die Konvoi-Anlagen eine weitgehend einheitliche Bauweise auf, die nur minimal an den jeweiligen Standort angepasst werden muss. Eigentlich für eine Serienproduktion vorgesehen, wurden in Deutschland aber nur die drei Anlagen Emsland, Neckarwestheim 2 und Isar 2 realisiert, von denen die Erstgenannte hier als Referenzanlage herangezogen wird (Kraftwerks-Union 1979).

A. Ziegler und H.-J. Allelein (Hrsg.), *Reaktortechnik*,
DOI: 10.1007/978-3-642-33846-5_10, © Springer-Verlag Berlin Heidelberg 2013

Beim Druckwasserreaktor ist der Reaktor Teil eines geschlossenen Kreislaufes. Dieser besteht beim Konvoi aus vier gleichartigen Hauptkreisläufen oder „Loops“. Er wird auf so hohem Druck gehalten, dass bei Normalbetrieb keine Dampfentwicklung im Reaktorkern auftreten kann. Die Umschließung des Primärkreislaufs muss den Überdruck gegen die Umgebung aufnehmen und stellt zugleich eine Barriere für die Radioaktivität des Primärkreislaufs dar. Daraus resultiert ihre außerordentliche Bedeutung für die Sicherheit.

Jeder Hauptkreislauf besteht aus einer Förderpumpe, einem Dampferzeuger und den verbindenden Rohrleitungen mit der zugehörigen Instrumentierung. In den Hauptkühlmittelleitungen kommen keine Armaturen zur Anwendung. An der heißen Leitung eines Kreislaufs ist der Druckhalter angeschlossen, der die Funktion hat, den Druck während des Betriebs konstant zu halten und das bei Temperaturschwankungen veränderliche Wasservolumen aufzunehmen. Auf dem Druckhalter befinden sich die Sicherheitsventile.

10.1.1 Brennelemente

Im Konvoi kommen 193 Brennelemente im Reaktor zum Einsatz, die in einer 18×18-24 – Positionsmatrix 300 Brennstäbe je BE aufnehmen und dabei eine thermische Leistung von $3850\,MW$ erzeugen. Diese Wärmeleistung wird von der Gesamtheit der Brennstäbe im Reaktor mit einer Heizfläche übertragen, die etwa der Größe eines Fußballfeldes entspricht. Die übrigen 24 Positionen des Brennelementes werden durch die Führungsrohre ausgefüllt, die für die Aufnahme der Steuerelemente (SE), Kerninstrumentierungslanzen (KI–Lanzen), Drosselkörper (DK) und anfänglich für Neutronenquellen (NQ) vorgesehen sind. Bei MOX–BE sind darüber hinaus in der Mitte des Brennelementes auf 4 Positionen Brennstäbe durch Wasserstäbe ersetzt, um eine homogene radiale Leistungsverteilung über dem Brennelement zu erzielen. Diesen BE–Typ bezeichnet man mit 18×18-24-4.

Ein Brennelement im Konvoi–Reaktor hat eine Gesamtmasse von ca. 830 kg, in der bereits die Brennstoffmasse von ca. 600 kg($\approx$ 530 kg Schwermetall) enthalten ist. Die Abmaße ($B \times H \times L$) eines Brennelementes betragen ca. $0.23\text{m} \times 0.23\text{m} \times 4.8\text{m}$.

Das Steuerelement wird vom Brennelement aufgenommen, sodass beide eine Einheit bilden. Dies ergibt eine formgerechte Führung für die Steuerstäbe und bewirkt eine hohe Abschaltsicherheit. Jedes Brennelement kann aufgrund seines quadratischen Querschnitts in $90°$–Schritten um die Längsachse gedreht eingesetzt werden und wird entweder mit einem Steuerelement oder einem Drosselkörper bestückt. Drosselkörper werden eingesetzt, um eine gleichmäßige Durchströmung des Kerns zu gewährleisten.

Die Brennstäbe sind über die gesamte Länge ungeteilt. Ihr aktiver Bereich wird ausschließlich von gesinterten Brennstofftabletten gebildet, die durch das Hüllrohr vom Kühlmittel gasdicht getrennt sind.

Im Bedarfsfall können Brennstäbe ausgetauscht werden. Zu diesem Zweck können der Brennelementkopf oder –fuß, die mit den Führungsrohren nur verschraubt sind, entfernt werden.

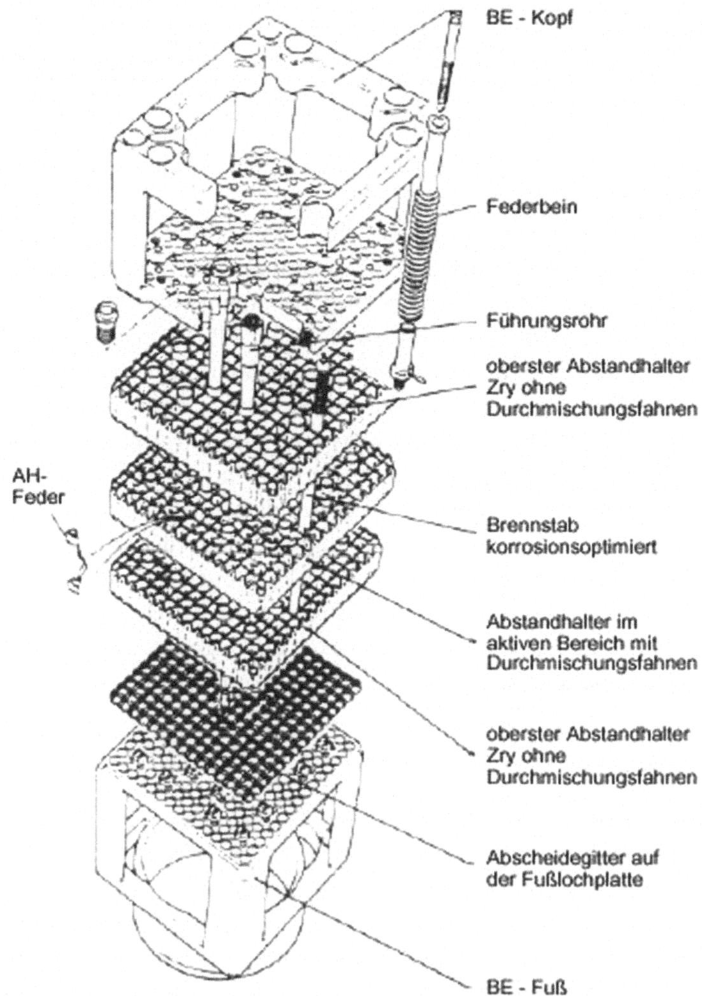

Abb. 10.1 Brennelement-Skelett

Skelett

Das Skelett eines Brennelementes besteht aus 9 Abstandhaltern, 24 Führungsrohren, dem Brennelementkopf und -fuß (Abb. 10.1).

Die Abstandhalter werden mit den Führungsrohren durch Punktschweißen direkt oder über AH-Hülsen verbunden. Die Verbindung des BE-Kopfes zu den Führungsrohren ist eine lösbare Schraubverbindung, die die Demontage des BE-Kopfes für Inspektionen, Reparaturen oder den Austausch von Brennstäben ermöglicht. Die Verbindung wird mittels Schrauben und Führungsrohr-Hülsen hergestellt. Die FR-Hülsen aus Zry-4 sind mit Innengewinde versehen und werden mit dem Führungsrohr punktverschweißt. Das obere quadratisch bearbeitete Hülsenende wird von einer entsprechenden Ausfräsung an der Unterseite der Kopfplatte aufgenommen, sodass das Führungsrohr gegen Verdrehung beim Anziehen der Schraube gesichert ist. Die Schrauben aus austenitischem Stahl verbinden die Kopfplatte mit den FR-Hülsen. Nach dem Anziehen werden die Schrauben gegen Lösen gesichert, indem ein Sicherungsbund am Schraubenkopf formschlüssig in die angrenzenden Strömungslanglöcher der Kopfplatte gedrückt wird.

Die lösbare Schraubverbindung zwischen BE-Fuß und Führungsrohr ermöglicht das Abnehmen des BE-Fußes für Inspektionen, Reparaturen oder den Austausch von Brennstäben von der Fußseite des Brennelements. Die Verbindung wird mittels der in die unteren Führungsrohrenden eingeschraubten FR-Stopfen und FR-Muttern hergestellt. Die FR-Stopfen besitzen mit Gewinde versehene Bolzen, die in Bohrungen der Fußplatte eingeführt werden. Ein Vierkantansatz an den FR-Stopfen passt in die entsprechenden Ausfräsungen an der Oberseite der Fußplatte und sichert das Führungsrohr gegen Verdrehungen beim Anziehen oder Lösen der FR-Mutter. Durch die FR-Muttern wird der BE-Fuß mit den FR-Stopfen verschraubt. Die Muttern werden nach dem Anziehen durch Eindrücken des Sicherungsbundes in die angrenzenden Strömungsbohrungen der Fußplatte gesichert.

Das Skelett hält die Brennstäbe in definierten Positionen, nimmt die äußeren Kräfte bei der Montage der Brennelemente und beim Brennelementwechsel auf und gewährleistet auch unter Störfallbedingungen die Abschaltbarkeit des Reaktors (ungehinderte Bewegung der Steuerstäbe) und die Nachkühlbarkeit des Reaktorkerns.

Abstandhalter

Die Abstandhalter bestehen aus dünnwandigen Blechstreifen (Inconel bzw. Zry-4), die durch Stanzen und Prägen in die erforderliche Form gebracht werden. Entsprechend der Gitteranordnung der Brennstäbe werden die Blechstreifen wie Kammleisten ineinander gesteckt und je nach Material längs ihrer Kreuzungslinien bei Temperaturen um 1000 °C unter Vakuum hartgelötet bzw. an den Kreuzungspunkten verschweißt. Auf 24 der 324 AH-Positionen ist der Abstandhalter so ausgebildet, dass an diesen Stellen die Führungsrohre mit den Stegen der FR-Zelle direkt oder über Hülsen widerstandspressverschweißt sind. Je nach Ausführung hat ein Abstandhalter eine Masse von bis zu 1.6 kg (Abb. 10.2).

Die Aufgaben des Abstandhalters lassen sich wie folgt zusammenfassen:

- Bildung der BE-Skelettstruktur
- Äquidistante Lagerung der Brennstäbe
- Schwingungssichere Lagerung (Fretting) der Brennstäbe während der gesamten Lebensdauer
- Erhöhung der kritischen Wärmestromdichte durch Turbulenzerhöhung und Unterkanaldurchmischung des Kühlmittels mithilfe von Durchmischungsfahnen (split vanes) bzw. gebogenen Kanälen
- Ermöglichen von geordneten Axialbewegungen durch Führen der Brennstäbe in der Federeinspannung

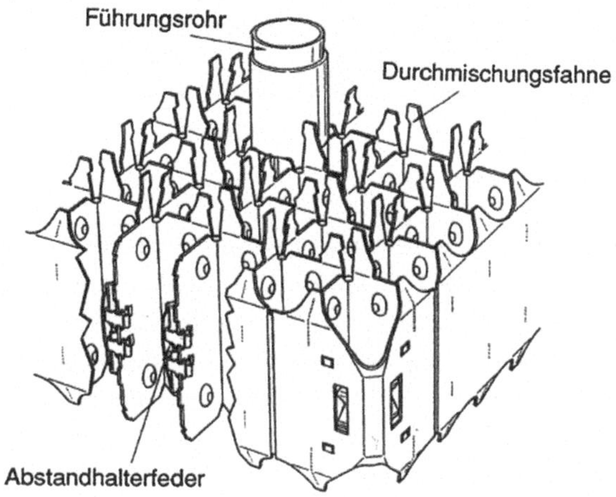

Abb. 10.2 Ausschnitt aus einem Abstandhalter

In den Inconel–AII erfolgt das Fixieren der Brennstäbe in den Abstandhaltermaschen durch zwei übereinanderliegende Noppen und durch 2 federnde Blechstege. Sowohl die Noppen als auch die als Feder wirkenden Stege werden beim Stanzen der Blechstreifen mitgefertigt. Zwei Federn und vier Noppen bilden eine 6–Punkt–Lagerung. Die Abstandhalter aus Inconel haben den Vorteil hoher Festigkeit und geringer Relaxation unter Neutronenbestrahlung. Gleichzeitig haben sie jedoch durch einen um mehr als 20-fach größeren Absorptionsquerschnitt für thermische Neutronen gegenüber Zircaloy–4 einen gravierenden Nachteil durch ihre neutronenverzehrende Wirkung. Inc.718 ist eine Legierung, die u. a. ca. 1.0 % Kobalt und über 50 % Nickel aufweist. Beide Elemente lassen sich durch Neutroneneinfang aktivieren. Co–59 über die Wechselwirkung mit thermischen und Ni–60 mit schnellen Neutronen. Es entsteht daraus das Isotop Co–60, ein harter γ–Strahler mit einer Halbwertszeitvon 5.2 Jahren, der einen erheblichen Beitrag zur Kühlmittelaktivität liefert. Um diese Strahlenexposition zu vermeiden, werden die Abstandhalter in der aktiven Zone daher bevorzugt aus Zircaloy–4 gefertigt.

Zur Verbesserung der Wärmeabfuhr von den Brennstäben an das Kühlmittel, was gleichzeitig eine Erhöhung der kritischen Wärmestromdichte bedeutet, werden diese Abstandhalter im aktiven Bereich mit Durchmischungsfahnen ausgerüstet; sie entfallen beim untersten und obersten Abstandhalter. Diese Durchmischungsfahnen erlauben durch Erhöhung der Turbulenz und Steigerung der Quervermischung in den Unterkanälen einen Anstieg der Brennelementleistung um bis zu 10 % ohne thermische Überlastungen der BS–Hüllrohre befürchten zu müssen.

Die Brennstäbe werden vor der Montage des BE–Kopfes und des BE–Fußes in das Skelett eingezogen. Diesen Vorgang nennt man Assemblieren. Die Brennstäbe werden in den Abstandhalterzellen zwischen Noppen und Federn allein durch Klemmwirkung gehalten. Die Einspannkräfte sind so bemessen, dass Reibkorrosionseffekte (AH–Fretting) verhindert und Stabschwingungen gedämpft werden sowie axiale Dehnungen der Brennstäbe relativ zum Skelett, hervorgerufen durch thermische Ausdehnung und strahleninduziertes Wachstum, leicht möglich sind.

Führungsrohre

Die Führungsrohre bilden zusammen mit den Abstandhaltern sowie BE-Kopf und -fuß das BE-Skelett. Die Führungsrohre verleihen dem Brennelement durch ihre feste Einspannung in den BE-Endstücken, nicht zuletzt auch wegen ihrer Wandstärke von über 0.6 mm eine große Biegesteifigkeit. Sie haben die Aufgabe, die Steuerstäbe zu führen und bei einem Stabeinwurf bzw. bei Reaktorschnellabschaltung (RESA) auf dem letzen Teil ihres Fallweges hydraulisch abzubremsen. Dazu ist ihr unterer Teil im Innendurchmesser reduziert und als hydraulischer Stoßdämpfer ausgebildet (Abb. 10.3). Führungsteil und Stoßdämpferteil

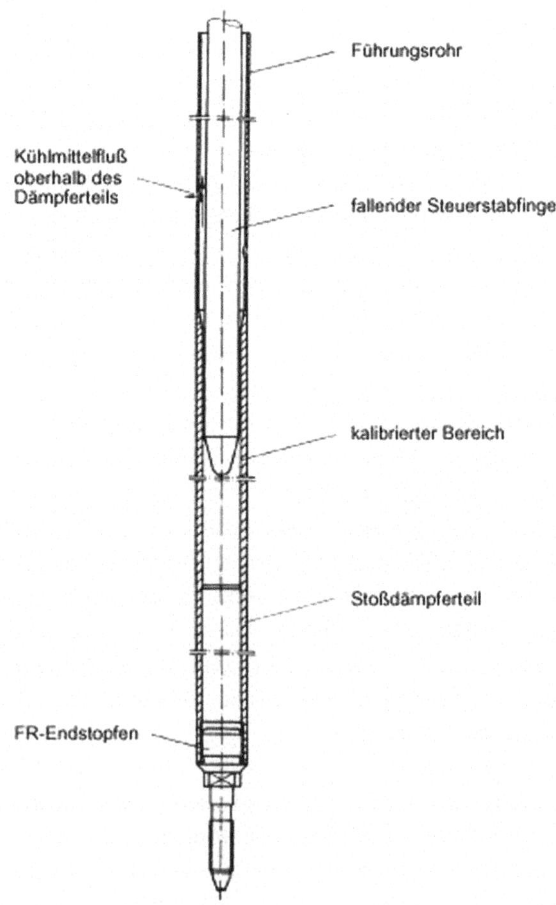

Abb. 10.3 Führungsrohr mit Stoßdämpfer

bilden zusammen das Führungsrohr. Die beiden Teile können durch WIG-Schweißung miteinander verbunden werden. Diese sicherheitsbedeutsame Schweißverbindung wird in der Fertigung zu 100 % visuell innen und außen geprüft und deren Qualität durch metallographische Untersuchungen und Korrosionstests sichergestellt.

Oberhalb des hydraulischen Stoßdämpfers befinden sich Bohrungen im Führungsrohr, durch die Kühlmittel in das Führungsrohr zur Kühlung der Steuerstäbe, Neutronenquellenstäbe bzw. Instrumentierungssonden strömt. Das Stoßdämpferteil selbst ist durch einen Stopfen mittels einer Schraubverbindung nach unten verschlossen.

Die Führungsrohre bestehen aus Zircaloy und werden genauso wie die BS-Hüllrohre nach dem Kaltpilgerverfahren hergestellt. Mit Pilgern bezeichnet man das Kaltwalzverfahren, bei dem jeweils die Vorstufe des späteren Rohres mithilfe einer Anordnung von Pilgerdorn und -backen in mehreren Schritten kaltverformt wird. Da Zirkon und seine Legierungen aufgrund ihrer hexagonalen Kristallgitterstruktur zu den schwer verformbaren metallischen Werkstoffen gehören, musste zur Herstellung der Hüllrohre eine äußerst präzise arbeitende Hochleistungsanlage entwickelt werden.

Im Zusammenhang mit aufgetretenen BE-Verbiegungen wurden bereits frühzeitig umfangreiche Untersuchungen und Versuchsprogramme zum Thema Wachsen und Kriechen von Führungsrohren vorgenommen. Es wurde dabei festgestellt, dass neben den betrieblichen Prozessparametern Kühlmitteltemperatur und Neutronenfluss, die Kaltverformung und die Wärmebehandlung sowie die Materialzusammensetzung, die wesentlichen Einflussparameter für die dimensionelle Stabilität der Führungsrohre im betrieblichen Einsatz darstellen. Mit dem Wissen um das Prinzip des Wachstums von Zircaloy, muss eine möglichst regellose Kristallverteilung im Führungsrohr angestrebt werden, um das FR-Wachstum zu minimieren. Diese regellose Textur kann durch Glühung im β-Gebiet mit anschließender, schneller Abkühlung eingestellt werden. Eine Kaltverformung als letzter Fertigungsschritt bewirkt darüber hinaus, dass durch das Einbringen von Eigenspannungen dem Wachstum noch zusätzlich entgegengewirkt wird.

Da den Führungsrohren in ihrer Funktion im Zusammenwirken mit den Steuerelementen eine besondere, sicherheitstechnische Bedeutung zukommt, sind die Auslegungsanforderungen entsprechend hoch.

Brennelementkopf

Der Brennelementkopf ist eine geschweißte Konstruktion aus Ti/Nb-stabilisiertem austenitischen Stahl, die aus einem Kopfrahmen, vier Winkeln und einer Lochplatte besteht (Abb. 10.4). Der Kopfrahmen ist so ausgebildet, dass die Klinken des Brennelement-Greifers zum Anschlagen des Brennelementes unter den Rahmen greifen können. Über Zentrierbohrungen im Rahmen des Brennelementkopfes wird mit den zugehörigen Bolzen der Gitterplatte des oberen Kerngerüstes die Position des Brennelementes gegenüber dem oberen Kerngerüst fixiert.

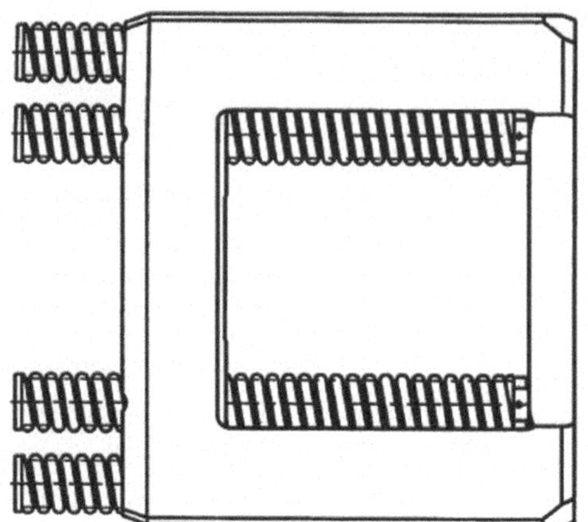
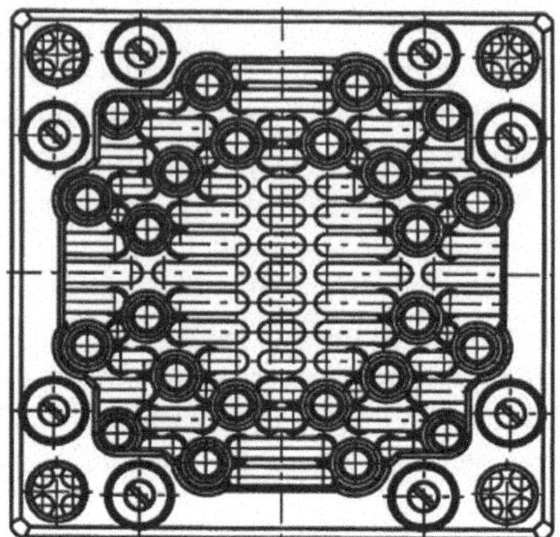

Abb. 10.4 Brennelementkopf

Um die Dehnung der Brennelemente während des Betriebes zu ermöglichen, ist zwischen dem Brennelementkopf und der Gitterplatte des oberen Kerngerüstes ein definierter Abstand vorhanden. Die BE-Niederhalterung, die sich im Kopf des Brennelementes befindet, verhindert ein „Aufschwimmen“ der Brennelemente infolge der Strömungskräfte und des statischen Auftriebs. Die BE-Niederhalterung besteht aus 8 Federbeinen, in denen sich jeweils eine Schraubenfeder aus Inconel X750 befindet. Auf der Oberseite des Kopfrahmens ist die BE-Nummer eingraviert. Sie dient gleichzeitig als Drehorientierungsmerkmal, da das Brennelement auch jeweils um 90° gedreht eingesetzt werden kann. Die dadurch bedingte Flexibilität bei der Optimierung der Kernanordnung ermöglicht eine Schonung der Brennelemente durch Einstellung einer flachen Leistungsdichteverteilung in jedem Abbrandzyklus. Dies ist insbesondere hinsichtlich der Problematik von Abbrandgradient-induzierten BE-Verbiegungen von besonderer Bedeutung.

Brennelementfuß

Der Brennelementfuß besteht, ähnlich wie der Brennelementkopf, aus einem Rahmen, der über vier Winkel mit einer Fußplatte verbunden ist. Als zusätzliches Bauteil beinhaltet der BE-Fuß ein Zentrierrohr, das seine Funktion bei der Handhabung im Vorzentrieren während des Absetzens des Brennelementes im BE-Lagerbecken oder Reaktor erfüllt.

Zentrierbohrungen im Fußrahmen gewährleisten zusammen mit den Zentrierstiften im Rost des unteren Kerngerüstes die Einhaltung der exakten Lage des Brennelementes gegenüber dem unteren Rost. Die Bohrungen in der Fußplatte verteilen das einströmende Kühlmittel in die einzelnen Unterkanäle des Brennelementes. Außerdem wird ein Eindringen eventuell im Kühlkreislauf vorhandener Fremdkörper in die Brennelemente über die

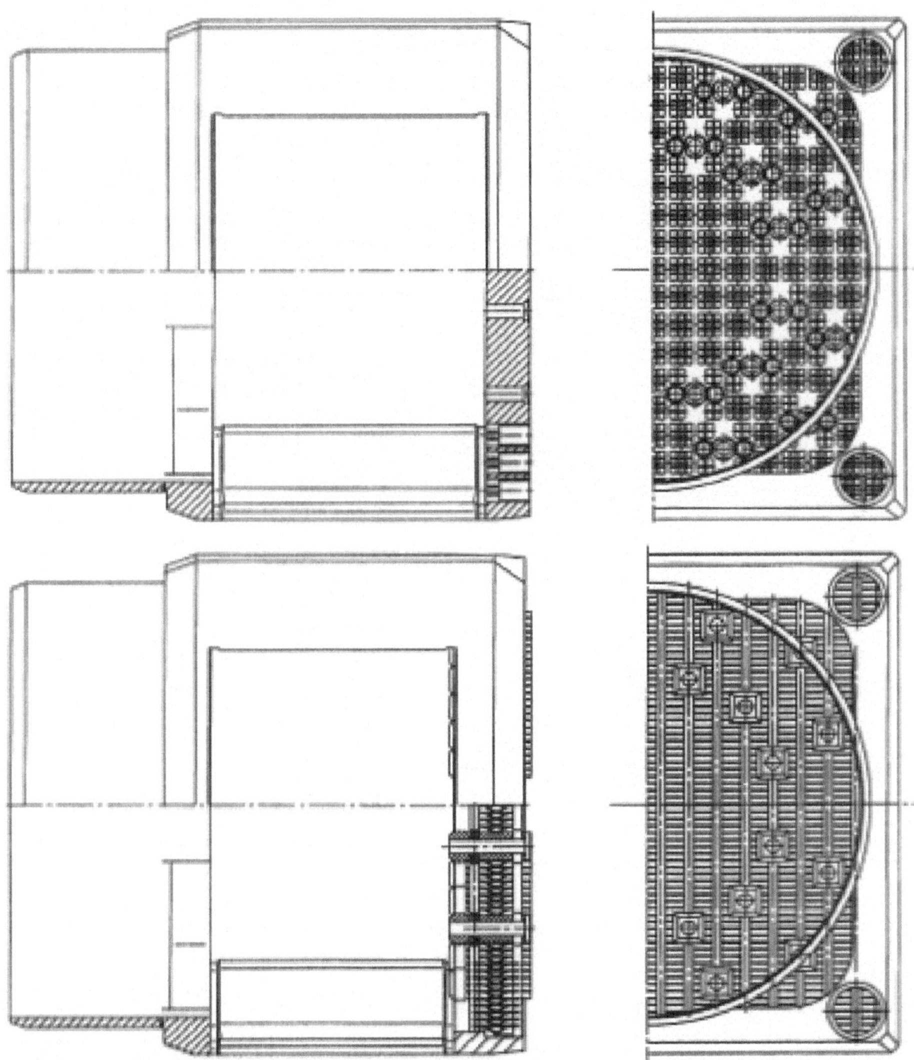

Abb. 10.5 Brennelementfuß mit verschiedenen Fremdkörperabscheidern

Siebfunktion der Kühlmittelbohrungen erschwert. Im Laufe der Zeit haben sich effektivere Abscheideinrichtungen im BE-Fuß etabliert. Zu nennen sind hier der „Integrierte Fremdkörperabscheider IDF" mit quadratischen Strömungsöffnungen von 3.5 mm Kantenlänge und der sog. „FUELGUARD" mit seinen gebogenen, 2.5 mm breiten Lamellenkanälen, der besonders längere Fremdkörper, wie Drähte oder Stifte sicher herausfiltert (Abb. 10.5). Genau wie der Kopf, so wird auch der BE-Fuß aus Ti/Nb-stabilisiertem austenitischen Stahl gefertigt.

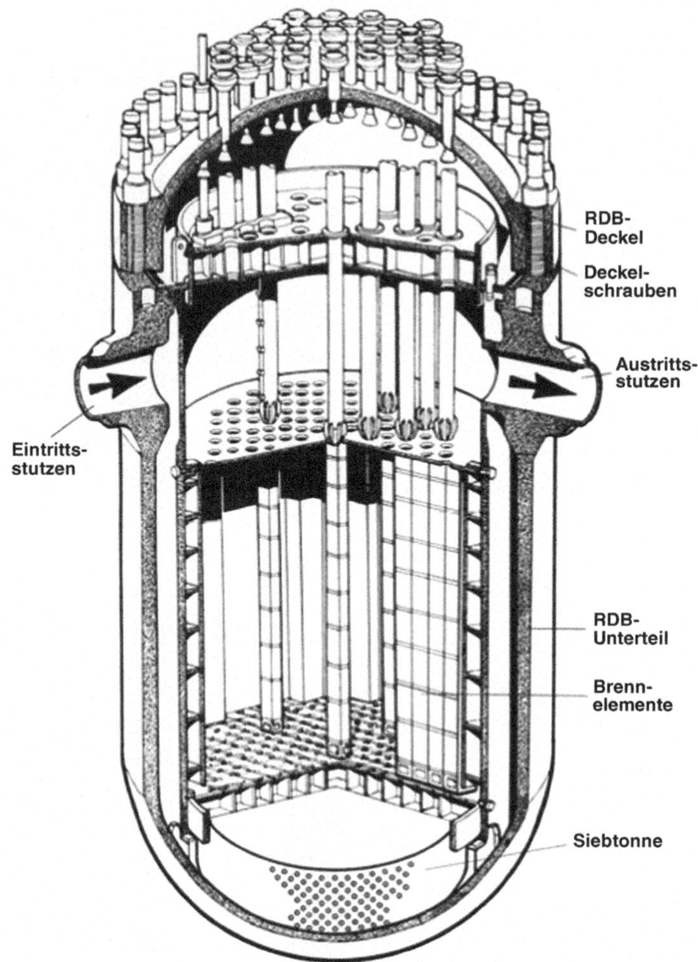

Abb. 10.6 Druckbehälter mit Einbauten eines Konvoi-Druckwasserreaktors. *Quelle* Areva

10.1.2 Reaktoraufbau

Reaktorkernaufbau

Als Reaktorkern wird die Brennelementanordnung mit ihrer Umschließung und allen innerhalb dieses Volumens vorhandenen Anlageteilen verstanden. Dieses sogenannte Core bildet zusammen mit den umgebenden Strukturen einschließlich Druckbehälter den Reaktor (Abb. 10.6).

Die wesentlichen Bestandteile des Reaktorkerns sind, abgesehen vom Kühlmittel, die Brennelemente mit Strukturteilen, Regelorgane, Messeinrichtungen, Kernbehälter und

Kerneinbauten, die insbesondere zur Strömungsführung und Kernabstützung dienen. Der konstruktive Aufbau des Reaktorkerns ist außerordentlich einfach, da er im Wesentlichen keine anderen Teile enthält als die Brennelemente selbst, die das Kernvolumen eng gepackt ausfüllen. Die Regelorgane sind, wie bei der Beschreibung schon erwähnt, mit den Brennelementen integriert. Jedes Brennelement kann einen Fingerabsorberstab aufnehmen, aber nur etwa ein Drittel der Brennelemente ist mit einem Absorberstab besetzt. Die 16 bzw. 20 Absorberfinger sind oben durch eine Spinne verbunden, welche mit dem unteren Ende der Antriebsstange, die vom Regelstabantrieb bewegt wird, verkuppelt ist. Die Führungsrohre der einzelnen Finger sind im unteren Teil als Stoßdämpfer ausgebildet. Der Innendurchmesser ist dort an mehreren Stellen bis auf eine enge Toleranz reduziert, um eine Falldämpfung zu bewirken. Die Fallenergie wird durch das Auspressen des Wassers durch die engen Spalte aufgezehrt.

Die Führungsrohre der absorberfreien Elemente werden zum Teil für die Einrichtungen zur Flussdichtemessung benutzt, die in Abschn. 10.3.2 detaillierter beschrieben werden.

Der Reaktorkern wird getragen von der unteren Bodenplatte, die zusammen mit einem zylindrischen Mantel, der den Reaktorkern umschließt, den sogenannten Kernbehälter bildet. Über einem Flansch am oberen Rand des Behälters wird das Gewicht oberhalb der Hauptstutzen auf die Druckbehälterwand abgetragen. Der zylindrische Teil ist besonders dickwandig ausgeführt, weil er gleichzeitig die Funktion eines thermischen Schildes übernimmt. Früher wurde der thermische Schild als freistehender Zylinder zwischen Kernbehälter und Druckbehälter angeordnet. Durch die Einwirkung starker Strömungskräfte wurde er aber in vielen Fällen zu Schwingungen angeregt, die eine Zerstörung der Auflagerpratzen zur Folge hatten.

Um dies zu vermeiden, wird heute der Kernbehälter selbst als thermischer Schild ausgebildet. Die Funktion des thermischen Schildes ist die Absorption von Neutronen und γ-Strahlung, um den Druckbehälter vor Materialschädigung und übermäßiger Erwärmung zu schützen. Der Boden des Kernbehälters ist mit Öffnungen zur Aufnahme der Brennelemente versehen. Um die erforderliche Tragfähigkeit und Steifigkeit zu erreichen, wird er als geschweißter Tragrost ausgebildet. Zur Vergleichmäßigung der Strömung ist eine gelochte Stauplatte auf der Unterseite und zusätzlich eine Siebtonne in der Bodenkalotte des Reaktordruckbehälters vorgelagert.

In dem zylindrischen Teil des Kernbehälters oberhalb des Reaktorkerns befinden sich die Ausströmöffnungen für das Kühlmittel, die genau vor den Austrittsstutzen des Druckbehälters angebracht sind. An dieser Stelle durchdringen die Austrittsleitungen den Zwischenraum zwischen Kern- und Druckbehälterwand, der mit den Eintrittsstutzen in Verbindung steht, und in dem das eintretende Kühlmittel in die untere Kammer geleitet wird. Der dichte Abschluss wird durch eine einfache Pressdichtung bewerkstelligt. Im kalten Zustand ist das Spiel in dem Dichtspalt ausreichend, um den Kernbehälter von oben einzufahren. Bei Erwärmung dehnt sich der austenitische Kernbehälter mehr als der ferritische Druckbehälter, sodass bei Betriebstemperatur ein fester Presssitz zustande kommt.

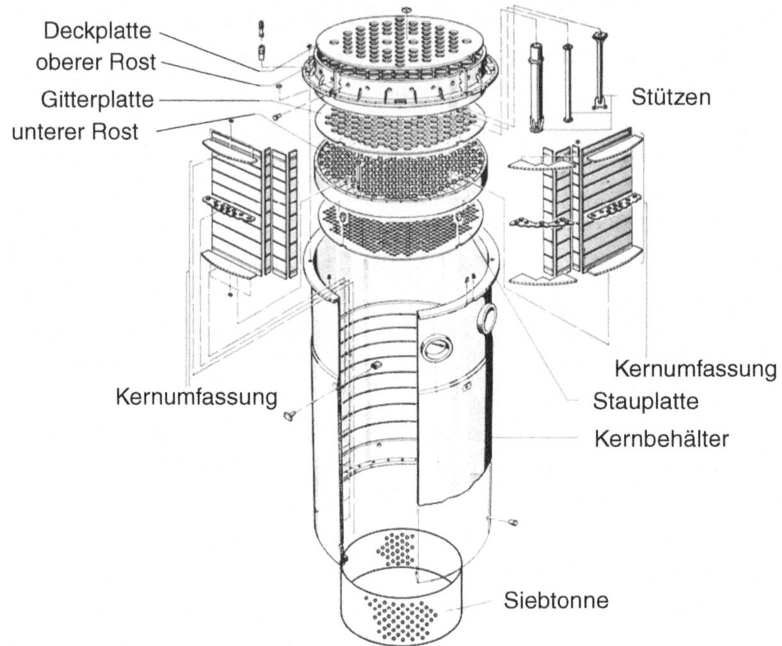

Abb. 10.7 Explosionszeichnung der RDB-Einbauten. *Quelle* Areva

In Kernhöhe trägt der Kernbehälter innen die Kernumfassung. Wegen der quadratischen Form der Brennelemente ist die äußere Kontur des Reaktorkerns nicht rund. Die Kernumfassung ist ein Blechmantel, der die äußere Kernkontur eng umschließt. Durch horizontale Formbleche in den freien Zipfeln wird er gestützt und gleichzeitig die Durchströmung dieses Volumens auf ein Minimum reduziert. Die Einbauten des Reaktordruckbehälters sind in den Abb. 10.7 und 10.8 illustriert.

Reaktordruckbehälter

Die Auslegung des Reaktorkerns fordert Druck-, Temperatur- und Strömungsbedingungen, die von den normalen Bedingungen im Raum weit abweichen, ganz abgesehen von der radioaktiven Strahlung. Daher muss er durch einen Behälter, in dem diese Bedingungen aufrechterhalten werden können, von seiner Umgebung abgetrennt sein. Während die Obergrenze der Temperatur durch die Werkstoffeigenschaften der Hüllrohre bestimmt wird, ergibt sich der Betriebsdruck durch die Forderung, dass das Kühlmittel im Normalbetrieb nirgends zum Sieden kommen soll. Durch einen angemessenen Sicherheitszuschlag wird dann der Auslegungsdruck festgelegt. Kühlmitteldurchsatz und Aufwärmspanne ergeben sich aus der Reaktoroptimierung.

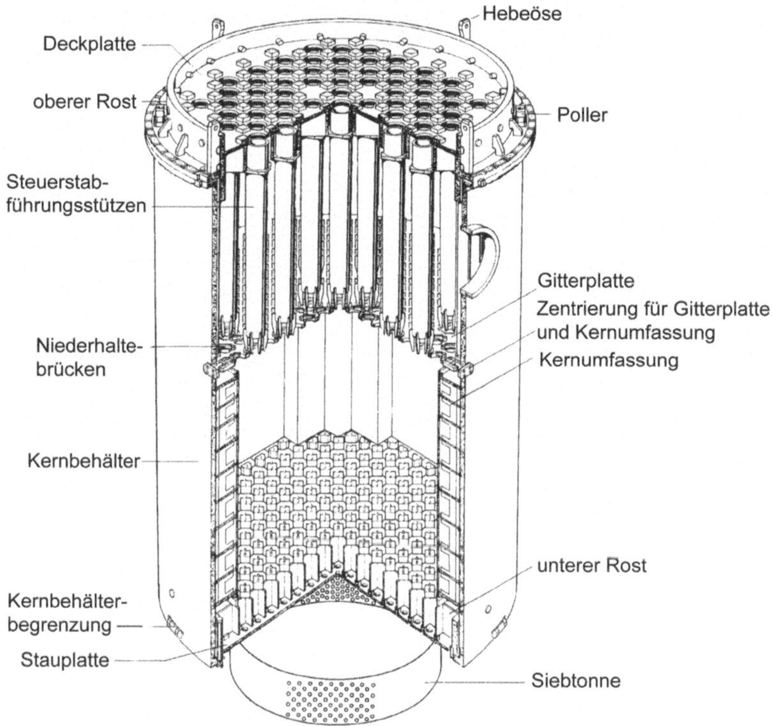

Abb. 10.8 RDB-Einbauten. *Quelle* Areva

Der Reaktordruckbehälter ist für einen Genehmigungsdruck von 175 bar bei einem Betriebsdruck von 157 bar ausgelegt. Er besteht aus dem Unterteil, das aus einem zylindrischen Mantel, einem Flanschring mit Kühlmittelstutzen und dem unteren Kugelboden gebildet wird, und dem Deckel, der mit Regelstabstutzen und sonstigen Zuleitungen versehen ist (Abb. 10.9). Der Behälter wird vollständig in der Werkstatt gefertigt.

Der untere Halbkugelboden wird aus einer Kugelkalotte und einem aus mehreren Kümpelteilen zusammengeschweißten Segmentring zusammengesetzt. Der Übergang zur dickeren Zylinderwand wird teilweise in die Zylinderwand hineingelegt.

Der Zylindermantel wird aus geschmiedeten Ringen ohne Längsnaht zusammengeschweißt. Der Flansch des Unterteils wird durch einen dicken Schmiedering mit bearbeiteter Innen- und Außenkontur gebildet. An diesem Flanschring sitzen außen in gleicher Höhe acht Kühlmittelstutzen und die Tragpratzen. Am Innenrand der vier Kühlmittelaustrittsstutzen sind kurze Ringe vorgeschweißt, die den dichten Anschluss an die Austrittsstutzen des Kernbehälters herstellen. Auf der Innenseite des Flanschrings befindet sich eine Ringleiste für die Abstützung des Kerngerüsts. Der Flanschring besitzt etwa in der Wandmitte axiale Gewindebohrungen zur Aufnahme der Flanschschrauben. Er ist mit seiner vergrößerten Wandstärke so weit nach unten gezogen, dass er auch die notwendige

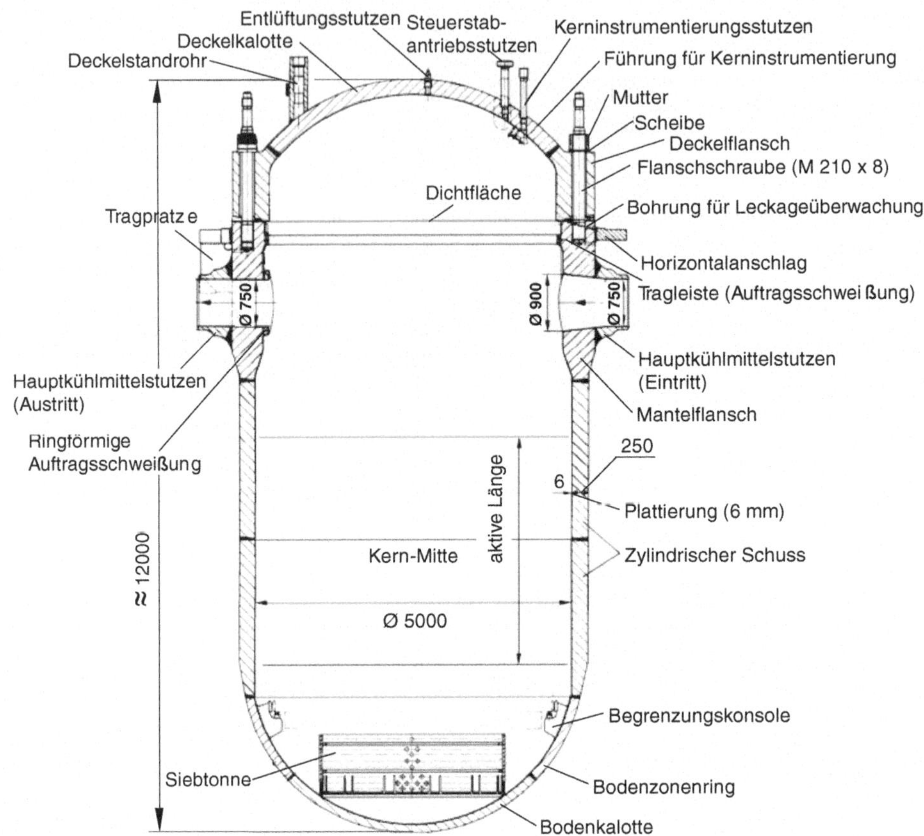

Abb. 10.9 Reaktordruckbehälter. *Quelle* Areva

Verstärkung für die Stutzenausschnitte und die Pratzenkräfte abgibt. Die Rohrstutzen, an die bei der Montage die Hauptkühlmittelleitungen angeschweißt werden, bestehen aus bearbeiteten Schmiedestücken, die auf die Zylinderwand aufgesetzt sind.

Der Deckel des Druckbehälters wird zusammengesetzt aus dem geschmiedeten Flanschring, dem Kugelzonenring und der Kugelkalotte. Letztere nimmt die Stutzen für die Steuerstabantriebe auf, die in quadratischer Teilung stehen. Die Wandstärke ist für die Austrittsverstärkung ausreichend bemessen, sodass die Stutzen einfach in die Deckelbohrungen mit Gewinde eingeschraubt werden können. An ihrem unteren Ende werden die Stutzen mit der entsprechend verdickten Plattierung am Innenrand der Deckelbohrung verschweißt.

Die Abdichtung des Reaktordruckbehälters zwischen den Flanschflächen des Deckels und des Behälterunterteils übernehmen zwei konzentrisch angeordnete O-Ringe.

Alle Innenflächen des Reaktordruckbehälters, die mit dem Kühlmittel in Berührung kommen, werden austenitisch plattiert. Die einzelnen Schüsse werden vor dem

Zusammenschweißen auf der Innenseite ebenfalls durch Auftragsschweißung austenitisch plattiert. Als Verfahren für die Auftragsschweißung hat sich die Bandniederschweißung durchgesetzt, bei der man mit einer Plattierungsunterlage eine rein austenitische Schicht von etwa 7 mm Stärke erzielt, wie es gefordert wird. Die Mischzone ist nur wenige Millimeter dick. Die einzelnen plattierten Segmente werden dann durch die Unterpulverschweißung verbunden und spannungsfrei geglüht. Nach gründlicher Überprüfung der Schweißnähte wird die fehlende Plattierung eventuell durch Handschweißung ergänzt. Die plattierten Oberflächen werden nur da bearbeitet, wo es für eine Passung bzw. für die Werkstoffprüfung notwendig ist, d. h., vor allem im Bereich der Schweißnähte.

Unterhalb der Hauptkühlmittelstutzen hat der Reaktordruckbehälter keine Durchbrüche, die bei Leckage die Flutbarkeit des Kerns in Frage stellen könnten. Alle Einbauten können von oben mithilfe des Krans eingesetzt werden. Der Deckel wird mit hydraulisch vorgespannten Bolzen verschraubt. Zum Spannen und Lösen der Muttern ist eine spezielle hydraulische Spannvorrichtung vorgesehen, die mit dem Kran aufgesetzt werden kann.

Der Druckbehälter bildet den Festpunkt der Reaktorkühlkreisläufe. Die Tragpratzen stützen das Gewicht des Reaktors auf die Tragkonstruktion ab und übernehmen die Reaktionskräfte der anschließenden Rohrleitungen. Die Pratzen sind in ihrem Auflager radial geführt, um ungehinderte Wärmedehnung in zentrierter Lage zu ermöglichen.

Kernbehälter

Der Kernbehälter hängt mit seinem Einhängeflansch an der Tragleiste des Druckbehälterflanschrings. Er wird durch vier starke Passstücke im Einhängeflansch zentriert. Dieser liegt dicht auf der Tragleiste auf und weist nur einige kalibrierte Schlitze auf, die eine dosierte Nebenströmung des eintretenden Kühlmittels in den Dom zwischen Druckbehälterdeckel und Deckplatte des oberen Kerngerüsts einlassen, um den Deckel zu kühlen.

Oberes Kerngerüst

Über dem Reaktorkern, im Bereich der Kühlmittelstutzen, sitzt das bei geöffnetem Druckbehälter herausnehmbare obere Kerngerüst. Es sorgt für die Fixierung und Niederhaltung der Brennelemente und nimmt die Steuerstabführungen auf. Beim Brennelementwechsel wird das obere Kerngerüst als eine Einheit aus dem geöffneten und gefluteten Reaktordruckbehälter herausgehoben und unter Wasser abgestellt. Die Steuerstabantriebsstangen werden vorher von den ganz in die Brennelemente eingefahrenen Fingerabsorberstäben entkuppelt und können mit dem oberen Kerngerüst herausgenommen werden. Das obere Kerngerüst sitzt mit seinem Einhängeflansch auf dem Flansch des Kernbehälters und wird ebenfalls durch vier Passstücke zentriert.

Das Kerngerüst besteht im Wesentlichen aus einem biegesteifen oberen Rost, der mit der verhältnismäßig dünnen und vielfach gebohrten unteren Gitterplatte durch über den ganzen Querschnitt verteilte Stützrohre verbunden ist. Die untere Gitterplatte drückt auf die gefederten Bolzen der Brennelemente und fixiert sie in ihrer Lage. Jeder Steuerstabführungseinsatz besteht aus vier Leisten und einer Anzahl von passend ausgefrästen Führungsplatten. Im unten offenen Teil werden die einzelnen Fingerstäbe in geschlitzten Rohren geführt, in deren Schlitz die Befestigungsstege jedes Stabs gleiten. In Stutzenhöhe ist die Steuerstabführung durch Mantelbleche gegen die Querströmung abgedeckt.

Die Zentrierhaube am oberen Ende des Steuerstabführungseinsatzes schließt ihn im Dom des Druckbehälters gegen die verlängerten Steuerstabstutzen dicht ab. Der Steuerstabführungseinsatz wird mit der Deckplatte verschraubt und die unterste Führungsplatte auf der Gitterplatte durch vier Stifte zentriert, um ein genaues Fluchten der Führungsrohre des Einsatzes mit den Führungsrohren im Brennelement sicherzustellen.

Bei allen Schraubverbindungen muss auf dehnungsgünstige Ausbildung und auf formschlüssige, nichtrissempfindliche Schraubensicherungen geachtet werden.

Als Werkstoff werden für alle Innenteile vollaustenitische Cr-Ni-Stähle der 18/9-Klasse in Form von gewalzten Blechen, Stangen und Schmiedeteilen verwendet. An einigen Stellen kommen auch Nickellegierungen zur Anwendung. Wegen der Aktivierung durch Neutronen werden kobaltarme Legierungen eingesetzt; eine Ausnahme stellen lediglich Schweißzusätze zur Verbindung von Komponenten aus Inconel 600 mit dem RDB dar, bei denen dieses Metall ein unverzichtbarer Legierungsbestandteil ist.

Kühlmittelführung

Das Kühlmittel tritt durch vier Eintrittsstutzen in den Druckbehälter ein und strömt im Ringspalt zwischen Kernbehälter und Druckbehälterwand nach unten in die Eintrittskammer im Kugelboden. Durch die Stauplatte und den unteren Gitterrost des Kernbehälters tritt es in die Brennelemente ein und durchströmt den Reaktorkern von unten nach oben. In der Austrittskammer strömt es durch die freien Querschnitte zwischen den Strukturen des oberen Kerngerüsts zu den Austrittsstutzen und verlässt ohne weitere Berührung der Druckbehälterwand den Behälter. Durch Führung des eintretenden Kühlmittels entlang der gesamten Innenoberfläche des Druckbehälterunterteils können sich nur geringe Temperaturunterschiede in der Behälterwand ausbilden. Bei Erwärmung und besonders bei Abkühlung darf normalerweise eine Änderungsgeschwindigkeit von 30 °C/h nicht überschritten werden, um übermäßige Wärmespannungen zu vermeiden.

Regelstabantrieb

Der Aufbau der Fingerregelstäbe, wie sie im Druckwasserreaktor ausschließlich zur Anwendung kommen, wurde schon im Zusammenhang mit den Brennelementen beschrieben. Oben sind die 16 bzw. 20 Absorberstäbe durch eine Spinne an einem zentralen Rohr befestigt, das durch eine lösbare Kupplung mit der Regelstabantriebsstange verbunden wird.

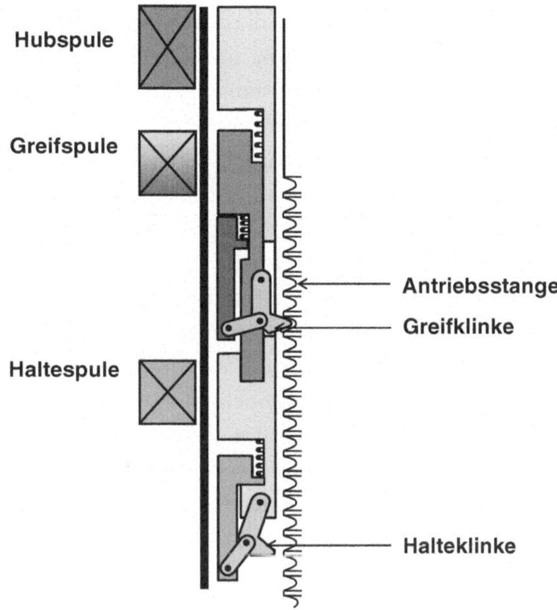

Abb. 10.10 Regelstabantrieb eines Druckwasserreaktors. *Quelle* Areva

Die Aufgabe der Regelstabantriebe besteht darin, die Absorberstäbe in ihrer gesamten Länge ein- oder auszufahren oder in einer bestimmten Einfahrtiefe im Kern festzuhalten. Bei der Schnellabschaltung müssen die Absorberstäbe durch den Antrieb freigegeben, möglichst schnell durch Schwerkraft in den Kern einfallen.

Die Regelstabantriebe werden an den dafür vorgesehenen Stutzen im Reaktordruckbehälterdeckel angeflanscht. Abbildung 10.10 zeigt einen Schnitt durch den Antriebsteil. Die wesentlichen Komponenten des Regelstabantriebs sind der Druckkörper, die Klinkeneinheiten mit Arbeitsspulen, die gerillte Antriebsstange und die Stellungsanzeigespule.

Der Druckkörper nimmt im unteren Teil als Klinkendruckrohr die Klinkeneinheit und im oberen Teil als Stellungsanzeigerohr die Antriebsstange auf. Der Druckkörper gehört somit zum Druckbehälter und muss daher nach den für Reaktordruckbehälter geltenden Regeln ausgelegt und gefertigt werden. Er besteht im Magnetspulenbereich abwechselnd aus magnetischen und nichtmagnetischen miteinander verschweißten Ringen. Wesentliches Merkmal des Steuerstabantriebs ist, dass keine beweglichen Durchführungen durch die Druckbehälterwand notwendig sind, da die Arbeits- und Stellungsanzeigespulen einschließlich der Blechverkleidung über den Druckkörper geschoben werden.

Die mit dem Steuerstab im Reaktorkern verbundene Antriebsstange wird durch die Klinkeneinheit bewegt, die aus dem Hubanker, dem Greifanker, dem Halteanker und den Hub- und Halteklinken besteht. Die Spulenanker lassen abwechselnd zwei Klinkengruppen in die Rillen der Antriebsstange eingreifen, wobei der Hubanker die Antriebsstange jeweils einen Schritt mitnehmen kann. Die Antriebsstange ist ein Rohr mit außen eingearbeiteten Rillen mit 10 mm Teilung und einer mechanischen Kupplung am unteren Ende. Sie besteht aus zwei federnden Klauen, die durch Einschieben eines zentralen Bolzens gespreizt werden können und die Verbindung mit dem Steuerelement herstellen. Die Kupplung kann von oben mit einer Betätigungsstange gelöst werden, die durch das Antriebsrohr geführt wird. Beim Abheben des Reaktordruckbehälterdeckels gleitet die Antriebsstange aus dem Antrieb und bleibt im oberen Kerngerüst stehen. Das Abkuppeln kann mithilfe eines Werkzeugs durchgeführt werden. Beim Ausbau des oberen Kerngerüsts verbleiben die Steuerelemente voll eingefahren im Kern. Während des Reaktorbetriebs ist die Antriebsstange immer mit dem Steuerelement verbunden.

Die Hub-, Greif- und Haltespule befinden sich außerhalb des Druckkörpers und sind mit der Stellungsanzeigespule zu einer Baueinheit zusammengefasst, an deren oberem Ende sich die Steckverbindungen für die Versorgung der Spulen mit Gleichstrom und für die Signalleitung der Stellungsanzeige befinden. Der Regelstabantrieb funktioniert folgendermaßen:

Durch einen Taktgenerator werden die Spulen mit Gleichstrom in einer bestimmten Folge von Unterbrechungen versorgt, sodass durch die entsprechenden Bewegungen der zugehörigen Anker das Steuerelement über die Antriebsstange auf- bzw. abbewegt werden kann. Im Ruhezustand wird das Steuerelement durch die stromführende Greifspule über den Greifanker gehalten. Der Ablauf beim Hochfahren aus dieser Position sieht folgende Schritte vor:

1. Einschalten der Hubspule : Die Antriebsstange wird um die Rillenteilung 10 mm angehoben.
2. Einschalten der Haltespule : Die Halteklinken kommen in Eingriff, durch leichtes Anheben übernehmen sie die Last von den Hubklinken.
3. Ausschalten der Greifspule : Die Hubklinken werden zurückgezogen.
4. Ausschalten der Hubspule : Der Hubanker fällt in die Ausgangsstellung zurück.
5. Einschalten der Greifspule : Die Hubklinken kommen in Eingriff.
6. Ausschalten der Haltespule : Die Halteklinken werden zurückgezogen.

Dieser Zyklus wird bei jedem Schritt wiederholt. Das Einfahren des Steuerelements in den Kern geschieht durch die umgekehrte Folge der Arbeitsschritte. Die Elementstellung im Kern wird einmal über ein digitales Schrittzählwerk und dann auch über die kontinuierliche Anzeige der Stellungsanzeigespule erfasst. In der Ruhestellung steht, wie schon erwähnt, nur die Greifspule unter Strom. Bei einer Reaktorschnellabschaltung wird der Stromfluss unterbrochen, der Greifanker fällt ab, sodass die Hubklinken zurückgezogen werden, und das Steuerelement fällt frei in den Kern. Dieses Arbeitsstromprinzip ermöglicht es auch, dass bei Ausfall der Stromversorgung die Steuerstäbe immer automatisch in den Kern einfallen. Am Ende des Fallwegs werden sie durch die hydraulischen Stoßdämpfer im unteren Teil der Führungsrohre abgebremst.

10.1.3 Hauptförderpumpen

Für die Anforderungen der Reaktortechnik mussten Pumpen entwickelt werden, die in vielerlei Hinsicht neuartig waren. Vorher gab es sowohl Förderpumpen mit ähnlich großem Durchsatz als auch Pumpen mit der gleichen Förderhöhe bzw. hohen Überdruck des Fluids. Das Ungewöhnliche bei den Hauptkühlmittelpumpen für Druckwasserreaktoren war, dass sie gleichzeitig für hohen Druck, großen Durchsatz und verhältnismäßig große Förderhöhe bei extremen Dichtheitsforderungen gebaut werden mussten. Die in der Konvoi-Anlage eingesetzten Hauptkühlmittelpumpen haben einen Auslegungsdruck von 175 bar, einen Durchsatz bis zu 6.32 m^3/s und eine Förderhöhe bis zu 89.6 m.

Die Hauptkühlmittelpumpen für Konvoi-Anlagen der Firma KSB sind vertikale, einstufige Kreiselpumpen mit halbaxialem Laufrad (Abb. 10.11). Dieses ist auf der Welle fliegend gelagert. Die Pumpenwelle wird radial direkt oberhalb des Laufrads durch ein wassergeschmiertes Gleitlager geführt. Am oberen Teil der Welle sitzt ein ölgeschmiertes, in beiden Richtungen wirkendes Axiallager zwischen zwei ölgeschmierten radialen Gleitlagern. Das Öl wird über ein Ölversorgungssystem, bestehend aus Ölbehälter, Kühler, Filter und Pumpe, zu den Bedarfsstellen gefördert.

Im mittleren Teil der Welle, zwischen den beiden Lagern, befindet sich die Dichtung, die zur Wartung nach Herausnahme eines Ausbaustücks der Welle ohne Demontage der Pumpe ausgebaut werden kann. Bei neueren Pumpen wird diese Maßnahme wegen der durch Erfahrung bestätigten Zuverlässigkeit der Dichtungen allerdings meist nicht mehr für notwendig gehalten. Die Dichtung besteht aus drei Stufen, der Hochdruckdichtung, der Niederdruckdichtung und der Stillstanddichtung. In der Hochdruckdichtung wird der Systemdruck bis auf einen Rückstau von wenigen bar abgebaut. Sie ist als berührungsfreie Spaltringdichtung mit kontrollierter Leckage zum Teil zweistufig ausgelegt. Die Leckmenge dieser Dichtung beträgt nur einige hundert Liter pro Stunde.

Die nachgeschaltete Niederdruckdichtung ist als Gleitringdichtung ausgeführt und kann bei Versagen der Hochdruckdichtung den vollen Druck übernehmen. Im Stillstand wird die Pumpe durch eine weitere Gleitringdichtung bzw. Rückschlagdichtung gegen den vollen Systemdruck abgedichtet, wobei die übrigen Dichtungen nicht am Druckabbau beteiligt zu sein brauchen.

Zur Kühlung und Schmierung des unteren Lagers und der Hochdruckwellendichtung wird gereinigtes, kaltes Sperrwasser vor der Hochdruckdichtung eingespeist. Ein Teil fließt durch das Gleitlager in das Pumpengehäuse ab, der andere Teil als kontrollierte Leckage durch die Hochdruckwellendichtung. Das Leckwasser wird im Raum zwischen Hoch- und Niederdruckdichtung gesammelt, gekühlt und im Volumenregelsystem wieder auf Sperrwasserdruck gebracht. Bei Sperrwasserausfall wird zur Lager- und Dichtungskühlung Hauptkühlmittel aus der Pumpe entnommen und über einen Hochdruckkühler und einen Zyklonabscheider zur Rückhaltung eventueller Verunreinigungen vor der Dichtung eingespeist.

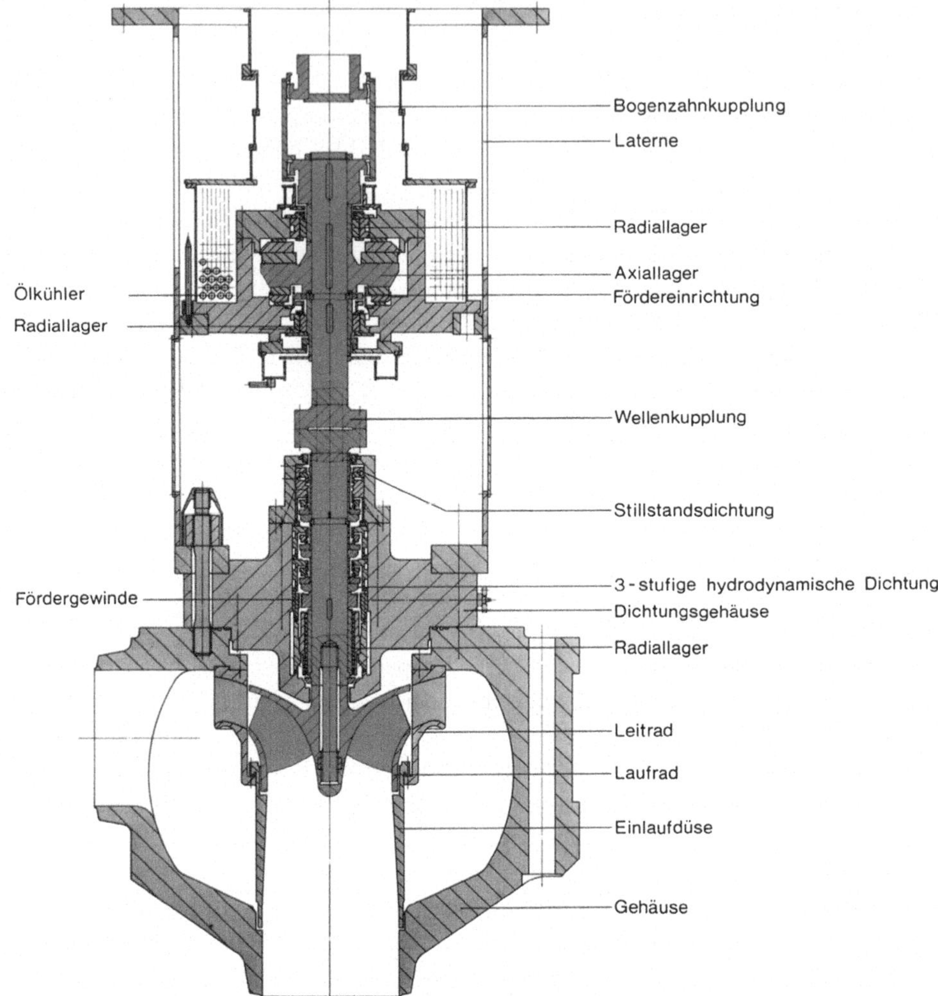

Abb. 10.11 Konvoi-Hauptkühlmittelpumpe der Firma KSB. *Quelle* Areva

Das geschmiedete Pumpengehäuse ist fest in die Rohrleitung eingeschweißt. Welle und Laufrad sind zusammen mit den Lagern und Dichtungen auf dem Gehäusedeckel aufgebaut und können nach Lösen der Flanschverbindung nach oben aus dem Gehäuse herausgezogen werden. Sämtliche Teile der Pumpe, die mit dem Kühlmittel in Berührung kommen, sind aus rostfreiem Stahl hergestellt bzw. austenitisch plattiert.

Die Pumpenwelle wird über eine Bogenzahnkupplung von einem Hochspannungsasynchronmotor angetrieben. Zur Erhöhung des Trägheitsmoments ist ein Schwungrad auf die Welle aufgesetzt, damit durch den verlangsamten Auslauf der Pumpe auch bei Ausfall

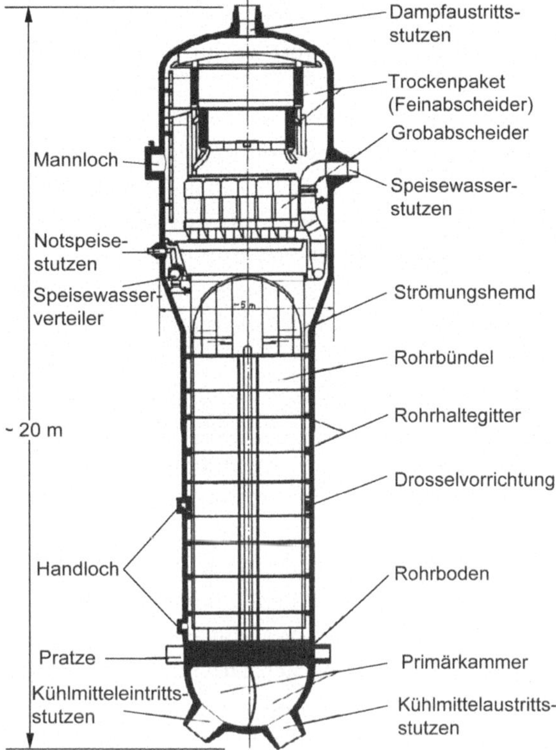

Abb. 10.12 U-Rohr-Dampferzeuger. *Quelle* Areva

der Stromversorgung die Nachkühlung sichergestellt ist. Der Motor stützt sich über eine Laterne auf dem Pumpengehäuse ab, das seinerseits an Pratzen in Pendelstützen aufgehängt ist, um die Wärmedehnungen der relativ kurzen Hauptleitungen aufnehmen zu können.

10.1.4 Dampferzeuger

Der U-Rohr-Dampferzeuger der Konvoi-Reaktoren (Abb. 10.12) besteht im Wesentlichen aus einem waagerechten Rohrboden mit darauf stehendem U-Rohrbündel, einer halbkugelförmigen, durch eine Trennwand unterteilten primärseitigen Sammelkammer unter dem Rohrboden und einem zylindrischen Behälter auf dem Rohrboden, der das Rohrbündel umgibt und sich darüber zu einem Dampfdom erweitert, der die Wasserabscheider und Dampftrockner enthält.

Die Hauptkühlmittelleitungen sind an Ein- und Austrittsstutzen der beiden Sammelkammern angeschlossen. Das Reaktorkühlmittel strömt von der Eintrittskammer durch die U-Rohre in die Austrittskammer und gibt die Wärme an das die Wärmetauscherrohre umgebende Sekundärwasser ab. Dieses wird vorgewärmt über einen seitlichen

Eintrittsstutzen und einen anschließenden Ringverteiler eingespeist. In der Vorwärmstrecke wird das Wasser durch Schikanen im Kreuzstrom zu den Rohren hin- und hergeführt und kommt dann unter Naturumlauf zum Sieden. Der Führungsmantel um das Rohrbündel schließt oben mit einem Wasserabscheider ab. Zwischen Führungsmantel und Behälterwand strömt das rücklaufende Wasser wieder nach unten, wobei das Speisewasser aus dem Ringverteiler zugemischt wird. Der bis auf etwa 0.25 % Restnässe getrocknete Dampf wird über einen Austrittsstutzen am Dampfdom abgeleitet. Für primärseitige und sekundärseitige Abschlämmung und für die Wasserstandsmessung der Sekundärseite sind verschiedene kleine Stutzen mit Schweißanschlüssen vorgesehen. Zur Aufhängung des Dampferzeugers an Pendelstangen sind am Umfang des Rohrbodens zwei Konsolen angeschweißt.

Sowohl die Primärsammelkammern als auch der Dampfdom sind mit Mannlöchern ausgestattet, um Zugang für Reparaturen, vor allem zum Verstopfen undichter Wärmetauscherrohre, zu haben. Außerdem sind im Behältermantel über dem Rohrboden mehrere Handlöcher vorgesehen, die eine Besichtigung des Rohrbündels und des Rohrbodens ermöglichen.

Der Dampferzeugerbehälter und der Rohrboden werden aus den ferritischen Druckbehälterstählen 20MnMoNi55 oder 22NiMoCr37 hergestellt. Alle mit Primärwasser in Berührung kommenden Wandungen werden deshalb mit einer austenitischen Schweißplattierung aus Inconel versehen. Dies sind primärseitig der Rohrboden und die Sammelkammer. Die Trennwand der Sammelkammer besteht aus nichtrostendem Stahl. Die Dampferzeugerrohrbündel (s. Abb. 10.13), die auch mit dem Sekundärwasser in Berührung kommen, werden aus Incoloy 800 hergestellt, das unempfindlich gegen Spannungsrisskorrosion ist. Bei früher hergestellten Dampferzeugern mit austenitischen Rohren hat man häufig die Erfahrung gemacht, dass durch die aus dem Flusswasser in das Sekundärwasser gelangenden Halogenionen Spannungsrisskorrosion ausgelöst wurde, die zu Leckagen führte.

Abb. 10.13 Dampferzeugerheizrohre. *Quelle* Areva

10.1.5 Druckhalter

Der Druckhalter dient dazu, den zur Unterdrückung des Siedens im Primärkühlmittel erforderlichen Druck zu erzeugen, die bei Laständerungen des Reaktors durch Änderung der Systemtemperatur hervorgerufenen Volumenschwankungen des Kühlmittels auszugleichen und die Druckabweichungen vom Sollwert zu begrenzen.

Der Druckhalter ist ein stehendes Druckgefäß, bestehend aus einem zylindrischen Mantel mit Halbkugelboden oben und unten (Abb. 10.14). Im unteren Boden befinden sich die Stutzen für die Druckhalterheizung. Jeder Stutzen ist durch einen Deckel mit einem Bündel von eingeschweißten Heizstäben, die nach oben in den Behälter ragen, verschlossen. Die Volumenausgleichsleitung, die den Druckhalter mit einer heißen Hauptkühlmittelrohrleitung verbindet, mündet durch einen Stutzen etwas oberhalb der Heizstäbe ein. An die Volumenausgleichsleitung schließt ein Krümmer an, der die Strömung nach unten

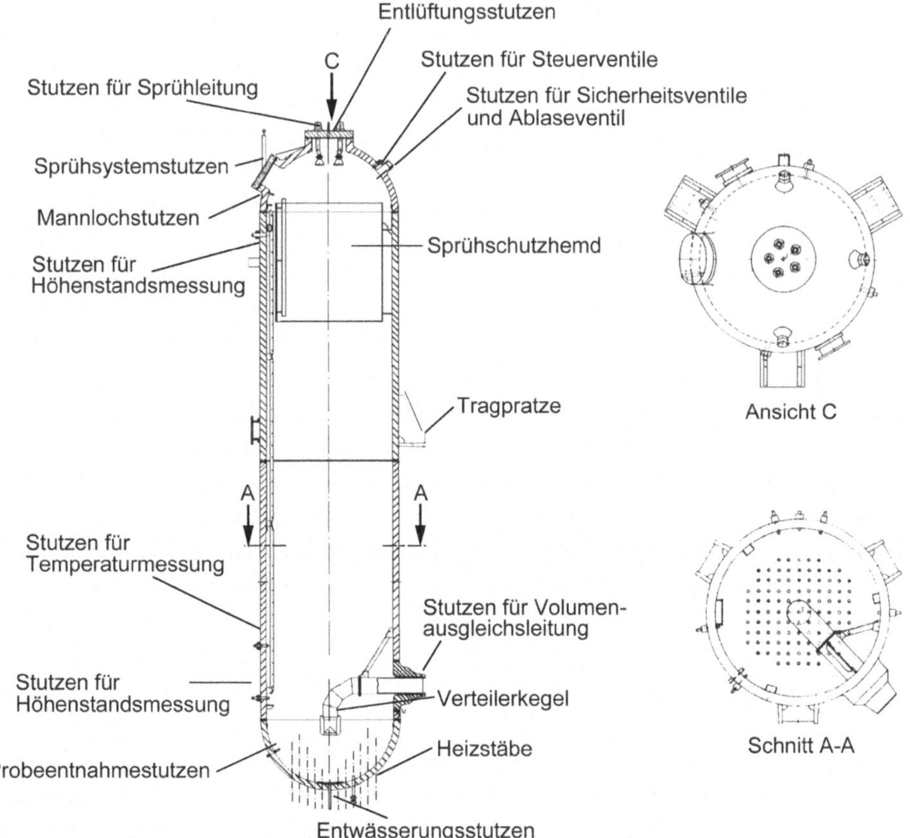

Abb. 10.14 Druckhalter. *Quelle* Areva

umlenkt. Durch diese Anordnung werden die Heizstäbe gegen Trockenfahren und Überhitzung geschützt. Ferner wird das eintretende kältere Wasser gleich in den Bereich der Heizstäbe gebracht. Etwa in der Höhe des Volumenausgleichsstutzens ist auch ein Mannloch vorgesehen.

Im oberen Boden befinden sich Stutzen für die Abblase- und Sicherheitsventile sowie in der Mitte der Stutzen für das Sprühsystem. In den Deckel dieses mittleren Stutzens sind die Anschlüsse für mehrere Sprühleitungen eingeschweißt, an die Verteilerkästen mit Sprühdüsen angeschlossen sind. Der obere Teil des Behälters wird durch ein Schutzhemd vor Thermoschocks durch kaltes Sprühwasser geschützt. Die Stutzen der Sprühleitungen und der Volumenausgleichsleitungen sind mit Wärmefallen ausgerüstet.

Der Druckhalter ist etwa zur Hälfte mit Wasser auf Siedetemperatur gefüllt. Darüber befindet sich ein Dampfpolster. Der Druck wird mithilfe der elektrischen Heizung oder der Sprüh- und Abblaseeinrichtungen geregelt. Bei Abfallen des Drucks wird durch stufenweises Einschalten der elektrischen Heizung Wasser verdampft, um den Druck wieder auf seinen Sollwert zu bringen. Bei Ansteigen des Drucks wird durch Einsprühen von kälterem Wasser in den Dampfraum Dampf kondensiert und so der Druck wieder gesenkt. Das Sprühwasser wird der Hauptkühlmittelleitung hinter der Pumpe entnommen. Kann der Druckanstieg auf diese Weise nicht abgefangen werden, so wird durch Öffnen der Abblaseventile Dampf in den Abblasebehälter abgelassen, wo er in einer kalten Wasservorlage kondensiert wird.

Einen unzulässig hohen Druckanstieg im Primärkreis über den Berechnungsdruck, der nur bei Annahme mehrerer gleichzeitiger Störungen denkbar ist, verhindern die am Druckhalter angebrachten Sicherheitsventile. Zum Abblasen werden hilfsgesteuerte Ventile benutzt, deren magnetbetätigte Steuerventile durch elektrische Impulse geöffnet werden. Die Sicherheitsventile haben je zwei absperrbare Hilfssteuerungen, die, den Vorschriften entsprechend, plombierte Spindelblockierungen besitzen, sodass nur eine der beiden Leitungen geschlossen werden kann. Zur Erhöhung der Dichtkraft sind die federbelasteten Sicherheitsventile mit einer magnetischen Zusatzbelastung ausgerüstet.

Die Einschaltung der Heizung bzw. die stufenweise Auslösung der Sprüh-Abblase- und Sicherheitsventile bei den verschiedenen Druckstufen zeigt das in Abb. 10.15 gezeigte Schema. Ferner sind auch die verschiedenen Signale, die bei starkem Druckabfall ansprechen und die Reaktorschnellabschaltung bzw. Notkühlung auslösen, eingetragen.

10.1.6 Rohrleitungen

Der gesamte Primärkreislauf muss als ein geschlossener Druckbehälter betrachtet werden, von dessen Integrität die Sicherheit des Reaktors wesentlich abhängt. Daher muss für die Rohrleitungen die gleiche Sorgfalt bei der Berechnung, Materialauswahl, Werkstoffprüfung und Bauüberwachung angewandt werden wie für den Reaktordruckbehälter und die übrigen Primärkreiskomponenten.

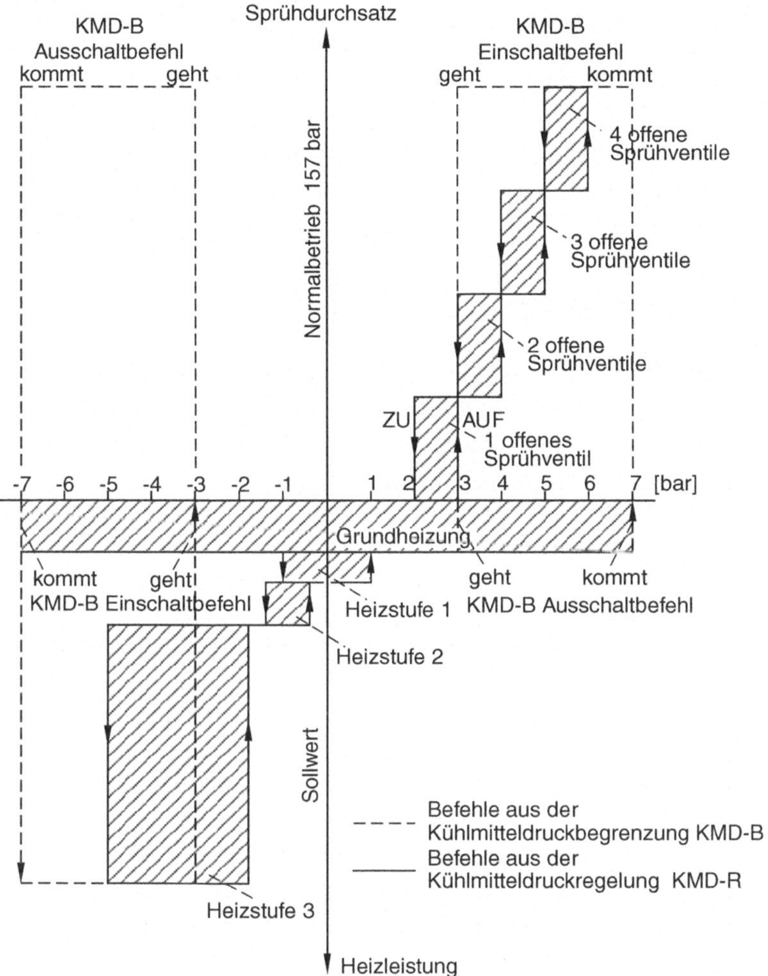

Abb. 10.15 Druckskala des Druckhalters. *Quelle* Areva

Die Rohrleitungen werden, wie der Reaktordruckbehälter, aus nahtlosen Erzeugnisformen zusammengeschweißt. Innen werden sie mit Chrom-Nickel-Stahl schweißplattiert. Die Verbindungsnähte werden nach Fertigstellung der ferritischen Schweißung von innen maschinell 4-lagig gegenplattiert (s. auch Abb. 13.13). In die Rohrleitung hineinragende Messsonden, z. B. Temperaturmessfühler, müssen strömungsgünstig geformt und robust genug ausgeführt werden, um den Strömungskräften standzuhalten, denn die Strömungsgeschwindigkeit kann bis zu 10 m/s betragen.

Die Wärmedehnung darf auf keinen Fall behindert werden. Deshalb muss der Spielraum der beweglich aufgehängten Komponenten unter Betriebstemperaturen sehr sorgfältig überprüft und eingestellt werden. Die Wärmeisolierungen müssen wenigstens an allen

Schweißnähten und hochbeanspruchten Stellen abnehmbar sein, um Inspektionen und Wiederholungsprüfungen mit Ultraschall in möglichst kurzer Zeit durchführen zu können. Die Lasten der Primärkreiskomponenten werden über die Abstützkonstruktionen des Reaktordruckbehälters, der Dampferzeuger, der Hauptkühlmittelpumpen, des Druckhalters und des Abblasebehälters abgetragen. Die RDB-Abstützung ist der zentrale Festpunkt des Primärkreises; die Hauptkühlmittelleitungen besitzen keine eigenen Abstützungen.

10.1.7 Kreislaufauslegung

Für die strömungstechnische Auslegung der Primärkreisläufe werden die Bedingungen in erster Linie durch die Verhältnisse im Reaktorkern vorgegeben. So ist der erforderliche Durchsatz und der daraus resultierende Druckverlust weitgehend durch die neutronenphysikalisch bedingte Struktur des Reaktorkerns festgelegt. Der Durchsatz kann noch in gewissen Grenzen unter gleichzeitiger Variation der Aufwärmspanne optimiert werden, wobei Pumpenleistung und Primärkreiskosten gegenüber thermischem Wirkungsgrad der Anlage abzuwägen sind. Der Druckverlust in Dampferzeuger und Rohrleitungen sollte möglichst nicht größer sein als der über den Reaktorkern. Ihn wesentlich kleiner zu machen bedeutet aber einen großen technischen Aufwand ohne nennenswerten Gewinn. Er wird also in der Regel etwa von gleicher Größenordnung sein. Dabei nimmt man eine relativ hohe Strömungsgeschwindigkeit in den Rohrleitungen in Kauf, da sonst vor allem die Stutzen an den Behältern zu große Durchmesser haben müssten und konstruktive Schwierigkeiten bereiten würden. Eine Verengung im Wanddurchbruch des Reaktorbehälters ist vorteilhaft, da sie gleichzeitig im Falle eines Rohrbruchs als Strömungsbegrenzer wirkt. Der Druckverlauf im Primärkreis einer Konvoi-Anlage ist in Abb. 10.16 dargestellt.

Der gesamte Primärkreislauf ist im Betrieb wegen der radioaktiven Strahlung, insbesondere wegen der harten γ-Strahlung von N-16 mit 7 s Halbwertszeit nicht zugänglich.

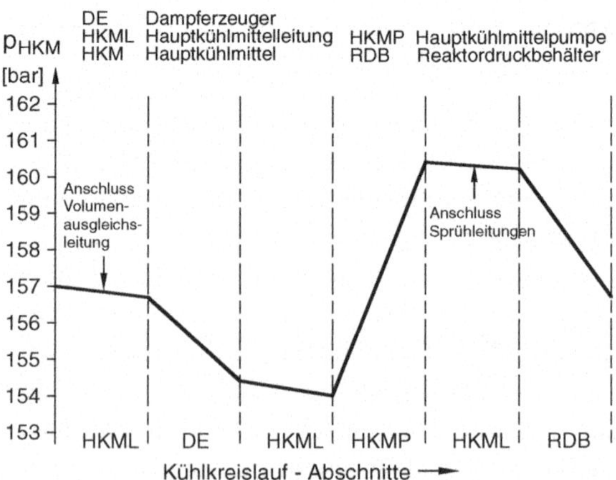

Abb. 10.16 Druckverlauf im Primärkreis einer Konvoi-Anlage. *Quelle* Areva

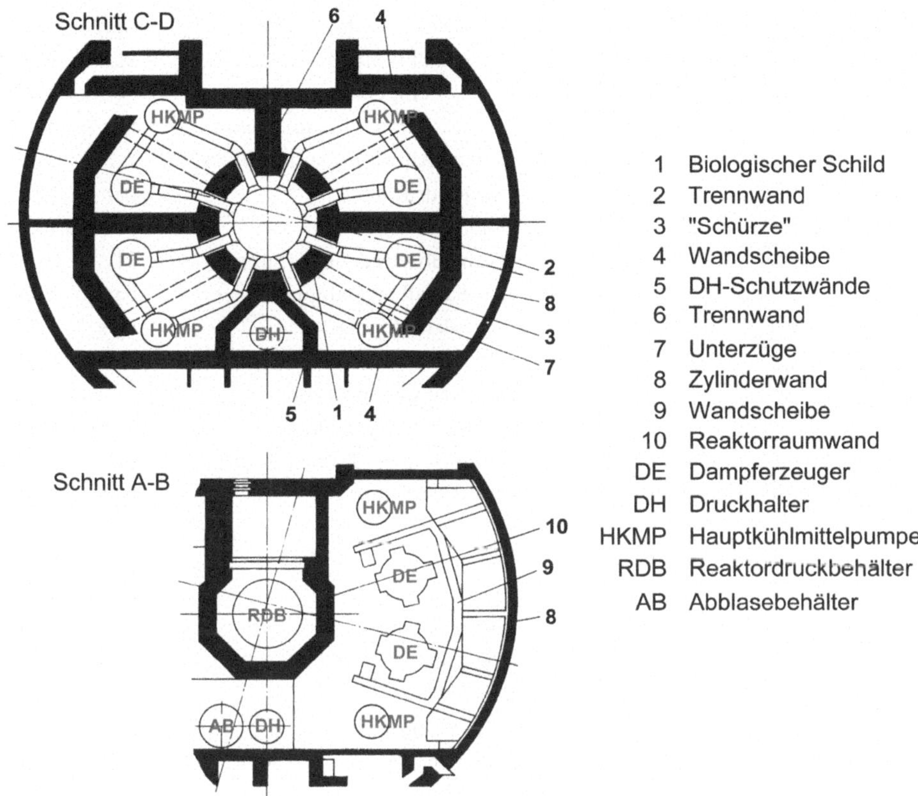

Abb. 10.17 Bauliche Primärkreis-Schutzeinrichtungen. *Quelle* Areva

Er muss von einer Betonabschirmung umgeben sein (s. Abb. 10.17). Darüber hinaus muss damit gerechnet werden, dass sich vor allem in Totwasserbereichen radioaktive Korrosions- und Spaltprodukte absetzen, die die Zugänglichkeit auch nach längerer Abschaltung erheblich erschweren. Es ist deshalb wichtig, zu allen wesentlichen Teilen einen möglichst freien Zugang zu schaffen, der auch mit schwerem Atemgerät passiert werden kann.

Die wichtigsten Daten des Primärkühlsystems und der Komponenten sind in Tab. 10.1 für eine typische Konvoi-Anlage dargestellt.

10.2 Siedewasserreaktor

Der Kernaufbau des Siedewasserreaktors weist im Vergleich eine Reihe von konstruktiven Unterschieden zum Druckwasserreaktor auf, die sich aus der Zulassung der Verdampfung des Kühlmittels im Kern ergeben. Die Brennelemente unterscheiden sich im Wesentlichen

Tab. 10.1 Technische Daten des Druckwasserreaktors

Wärmeleistung des Reaktors	MW	3765
Gesamtkühlmitteldurchsatz	kg/s	18800
Eintrittstemperatur am Reaktor	°C	291.3
Austrittstemperatur am Reaktor	°C	326.1
mittlere Aufwärmspanne im Reaktor	°C	34.8
Betriebsdruck	bar	157
Dampferzeuger	Anzahl	4
Wärmeübertragung je Dampferzeuger	MW	945.5
Druckabfall im Dampferzeuger	bar	2,15
Frischdampfmenge	kg/s	513
Frischdampfdruck am Austritt	bar	63,5
Frischdampftemperatur	°C	279.25
Speisewassertemperatur	°C	218
Abmessung der Rohre (D · s)	mm	22 · 1.2
Kühlmittelpumpen	Anzahl	4
Nenndurchsatz	m^3/s	6.32
Förderhöhe	m	89.6
Sperrwassermenge	t/h	1,5
Motorleistung	kW	7350
Drehzahl	min^{-1}	1500
Druckhalter		
freies Volumen	m^3	65
Betriebstemperatur	°C	346
Betriebsdruck	bar	157
installierte Heizleistung	kW	2000
Primärrohrleitung		
Innendurchmesser	mm	750
Wanddicke	mm	52

durch die Umschließung mit einem kastenförmigen Blechmantel, der für jedes Brennelement einen abgeschlossenen Strömungskanal bildet.

Die SWR der Baulinie 72 (KUA 1974) mit einer elektrischen Nettoleistung von 1284 MW stellen eine Weiterentwicklung der Bauline 69 dar – wesentliches Unterscheidungskriterium ist die Bauform des Sicherheitsbehälters, der bei den älteren Anlagen eine kugelförmige Stahl- und den neueren eine zylinderförmige Spannbetonkonstruktion ist. Von den SWR der Baulinie 72 existieren zwei Anlagen in Form der Schwesterblöcke Gundremmingen B und C. Mit ihrem Bau wurde im Jahre 1976 begonnen, seit 1984 speisen sie Strom in das deutsche Netz ein.

Bei jedem modernen Siedewasserreaktor wird der im Reaktor erzeugte Dampf direkt in die Turbine geleitet. Dies stellt gegenüber dem Druckwasserreaktor zunächst einmal eine Vereinfachung dar, weil man insbesondere auf die Dampferzeuger als Großkomponenten verzichten kann. Andererseits ergeben sich eine Reihe SWR spezifischer Herausforderungen, nicht zuletzt aufgrund der Tatsache, dass der aktivierte Dampf es aus Strahlenschutzgründen erforderlich macht, das Maschinenhaus dem Kontrollbereich zuzuordnen.

10.2.1 Brennelemente

Bei Siedewasserreaktoren kann der Brennstabdurchmesser wegen der geringeren Wärmebelastung etwas größer gewählt werden als bei Druckwasserreaktoren. In der Praxis ist man von einer Anordnung von 8 × 8 Brennstäben und einem Außendurchmesser von 12.5 mm aus der Anfangsphase des Betriebs der SWR-72 Anlagen zum 10 × 10 Brennelement übergegangen, dessen aktuelle Bauform das Atrium 10 XP der Firma Areva darstellt .

Das Stabbündel in einem Brennelement (Abb. 10.18) wird am unteren Ende durch einen Fuß, am oberen Ende durch ein Kopfstück zusammengehalten. In diesem sind die Endstopfenzapfen der Brennstäbe axial gleitend geführt. Zur axialen Vergleichmäßigung des Neutronenspektrums enthält das Brennelement einen leicht exzentrisch angeordneten Wasserkanal. Dieser ist fest mit Kopf- und Fußstück sowie den Abstandhaltern verbunden und ist somit die tragende Struktur des Brennelements. Damit kann gegenüber älteren Modellen auf die Verwendung von einigen Brennstäben als Tragstäbe verzichtet werden. Das Brennstabbündel jedes Brennelements ist von einem abziehbaren Kasten umgeben, der den Strömungskanal für das Kühlmittel bildet und die Abstandshalter seitlich stützt. Folgende Werkstoffe werden beim Brennelement für Siedewasserreaktoren verwendet:

Brennstoff	: UO2, gesintert in Tablettenform,
Hüllrohre	: Zircaloy-2,
Endstopfen	: Zirkaloy-2,
Brennelementkasten	: Zircaloy-4,
Abstandshalter	: Zircaloy-2,
Federn	: Inconel X 750,
Fuß- und Kopfstücke	: Feingussteile aus Edelstahl (X10CrNiNb 18/9).

Da bei Siedewasserreaktoren keine im Kühlmittel gelöste Borsäure zur Abbrandkompensation eingesetzt werden kann, erfolgt diese zum einen über die Steuerstäbe, zum anderen über abbrennbare Neutronengifte. Hierfür hat sich natürliches Gadolinium bewährt, das in Form seines Oxids Gd_2O_3 in die Brennstäbe eingebracht wird.

Vier Brennelemente, die sich um einen kreuzförmigen Regelstab gruppieren, gehören zu einer Einheit. Wegen der Flussdichteüberhöhung im Wasserspalt zwischen den Elementen, insbesondere im Führungsschlitz des Absorberstabs, wird für einige Randstäbe jedes Elements eine niedrigere Anreicherung gewählt.

Die Staffelung der Anreicherung ist in Abb. 10.19 angegeben. Darüber hinaus ist man heute bestrebt, die sich durch die Dampfproduktion ergebenden axialen neutronenphysi-

Abb. 10.18 modernes SWR-Brennelement. *Quelle* Areva

kalischen Unterschiede zu kompensieren. Hierfür werden teillange Brennstäbe sowie eine axiale Variation von Brennstoffanreicherung und Gadoliniumzugabe eingesetzt.

10.2.2 Reaktoraufbau

Reaktorkernaufbau

Der Reaktorkern des Siedewasserreaktors besteht im Wesentlichen aus den Brennelementen und den Steuerstäben. Weitere Kernbauteile sind Neutronenquelle und Neutronenflussmesssonden. Der Reaktorkern ist aus Kernzellen aufgebaut. Jede Kernzelle besteht,

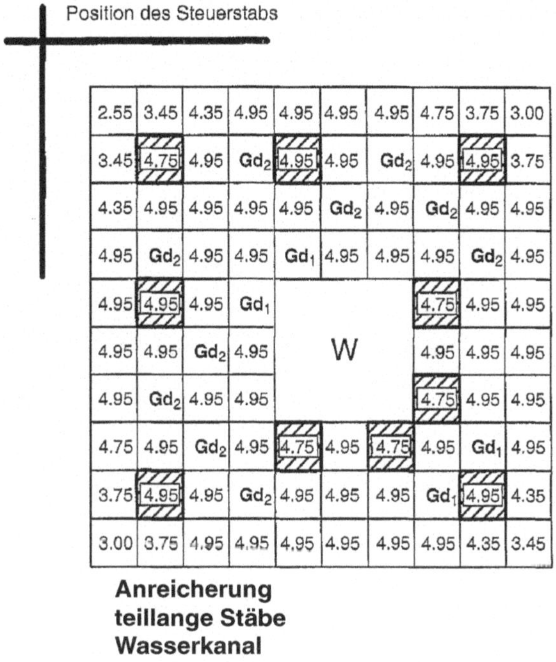

Abb. 10.19 Staffelung der Anreicherungen in einem SWR-Brennelement. *Quelle* Areva

Position des Steuerstabs

2.55	3.45	4.35	4.95	4.95	4.95	4.95	4.75	3.75	3.00
3.45	4.75	4.95	Gd_2	4.95	4.95	Gd_2	4.95	4.95	3.75
4.35	4.95	4.95	4.95	4.95	Gd_2	4.95	Gd_2	4.95	4.95
4.95	Gd_2	4.95	4.95	Gd_1	4.95	4.95	4.95	Gd_2	4.95
4.95	4.95	4.95	Gd_1				4.75	4.95	4.95
4.95	4.95	Gd_2	4.95		W		4.95	4.95	4.95
4.95	Gd_2	4.95	4.95				4.75	4.95	4.95
4.75	4.95	Gd_2	4.95	4.75	4.95	4.75	4.95	Gd_1	4.95
3.75	4.95	4.95	Gd_2	4.95	4.95	4.95	Gd_1	4.95	4.35
3.00	3.75	4.95	4.95	4.95	4.95	4.95	4.95	4.35	3.45

Anreicherung
teillange Stäbe
Wasserkanal

wie in Abb. 10.20 für Brennelemente älterer Bauart zu sehen ist, aus einem kreuzförmigen Steuerstab und vier quadratischen Brennelementen. Die Anzahl der Kernzellen wird durch die Reaktorgröße bestimmt. Die Steuerstäbe sind in einem quadratischen Gitter mit einem Abstand von 305 mm angeordnet. Jede Kernzelle setzt sich in den Einbauten (Abb. 10.21) unterhalb des Reaktorkerns als tragende Einheit fort.

Das Gehäuserohr des Steuerstabantriebs, das mit dem unteren Boden des Druckbehälters verschweißt ist, trägt die Kernzelle. Auf das Gehäuserohr ist das Steuerstabführungsrohr aufgesetzt und mittels eines Bajonettrings verriegelt. Dieses nimmt den kreuzförmigen Steuerstab in seiner ganzen Länge auf, wenn er aus dem Reaktorkern nach unten ausgefahren ist.

Das Kopfstück des Steuerstabführungsrohrs hat vier Auflagersitze mit seitlichen Einströmöffnungen für die vier zugehörigen Brennelemente, deren Gewicht unmittelbar über das Führungsrohr auf den Boden des Druckbehälters abgetragen wird. Die mit dem Kernmantel verschweißte Gitterplatte in Höhe des Brennelementfußes übernimmt also nicht das Kerngewicht, sondern dient nur zur seitlichen Führung der Brennelemente.

Beim Aufsetzen des Brennelements auf das Kopfstück des Führungsrohrs wird durch einen konischen Sitz eine dichte Verbindung zwischen dem Brennelement und dem Einströmkanal im Kopfstück des Steuerstabführungsrohrs hergestellt. In diesem Einströmkanal befindet sich für jedes Brennelement eine Drosselblende, um die gewünschte Aufteilung des Kühlmittelstroms auf die einzelnen Brennelemente zu erzielen. Der Durchsatz durch die verschiedenen Brennelemente wird durch diese Drosselung möglichst der radialen Leistungsdichteverteilung angepasst.

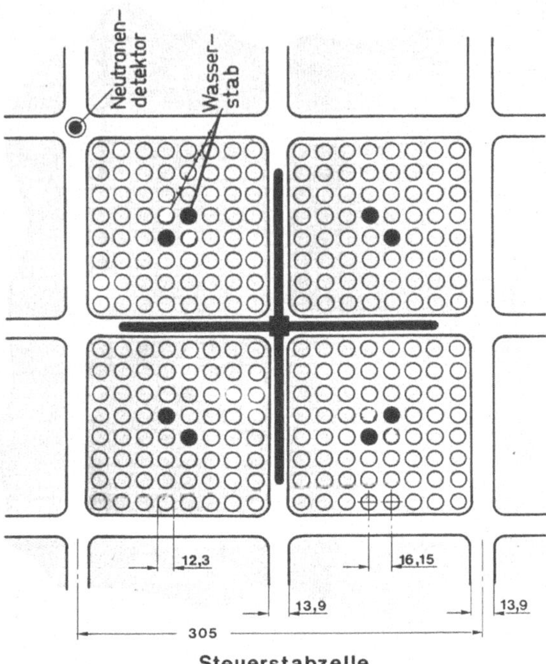

Abb. 10.20 Steuerstabzelle. *Quelle* Areva

Das vom Kernmantel getragene obere Kerngitter besteht aus vertikalen Stegen, die für jede Kernzelle eine Masche bilden. Die vier auf das Steuerstabführungsrohr aufgesetzten Brennelemente einer Kernzelle sind an ihrem Kopfende durch das obere Kerngitter über seitlich angebrachte Federn geführt. Die einander zugewandten Kastenwände der Brennelemente bilden den kreuzförmigen Führungskanal für den kreuzförmigen Steuerstab, dessen Weite durch Distanzstücke am Kopfende der Brennelemente offen gehalten wird. Für die Niederhaltung der Brennelemente genügt das eigene Gewicht. Eine Verriegelung ist nicht erforderlich.

Der in Abb. 10.22 und 10.23 gezeigte kreuzförmige Absorberstab besteht aus 84 Edelstahlröhrchen, die mit dem Neutronenabsorber gefüllt sind, und den Strukturteilen zur Halterung dieser Röhrchen. Das tragende Teil bildet der Steuerstabrahmen. Dieser besteht aus einem kreuzförmigen Kopf und Fußstück mit der Blattweite des Steuerstabs, die durch den kreuzförmig profilierten zentralen Verbindungsstab zusammengehalten werden. An das Fußstück schließt sich unten ein Verbindungsrohr mit den vier Rollenarmen und der Bajonettkupplung an. Ein kugeliger Dichtsitz unterhalb der Rollenarme verschließt die Bohrung des Steuerstabantriebsgehäuses bei Demontage des Antriebs bzw. bei einem Bruch des äußeren Druckrohrs des Antriebs.

Als Neutronenabsorber findet Borcarbid B_4C Verwendung, das in die Edelstahlröhrchen einvibriert wird. Die Borcarbidröhrchen werden unter Heliumdruck an beiden Enden mit

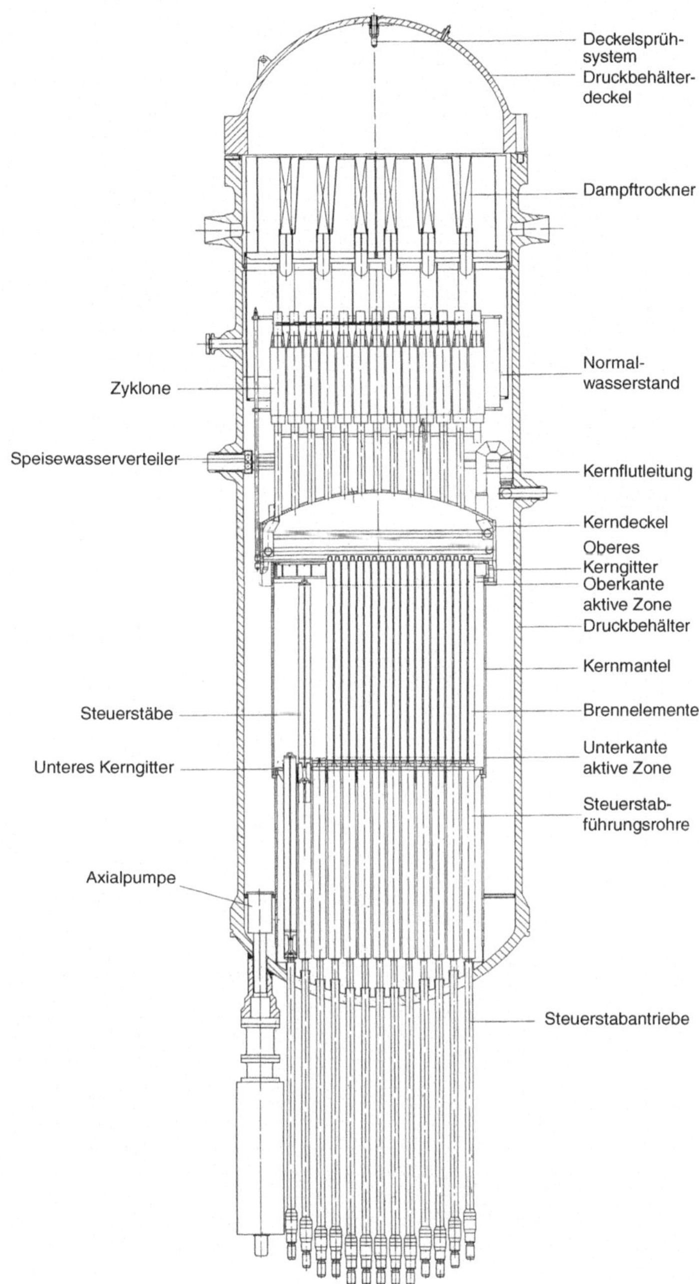

Abb. 10.21 Siedewasserreaktor mit Einbauten (KUA 1974)

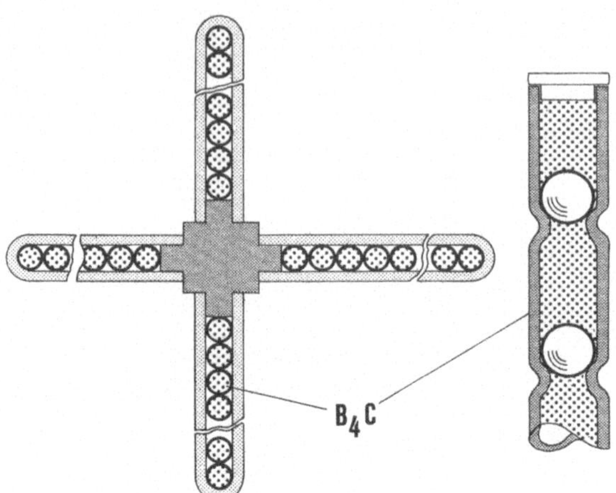

Abb. 10.22 SWR-Absorberstab. *Quelle* Areva

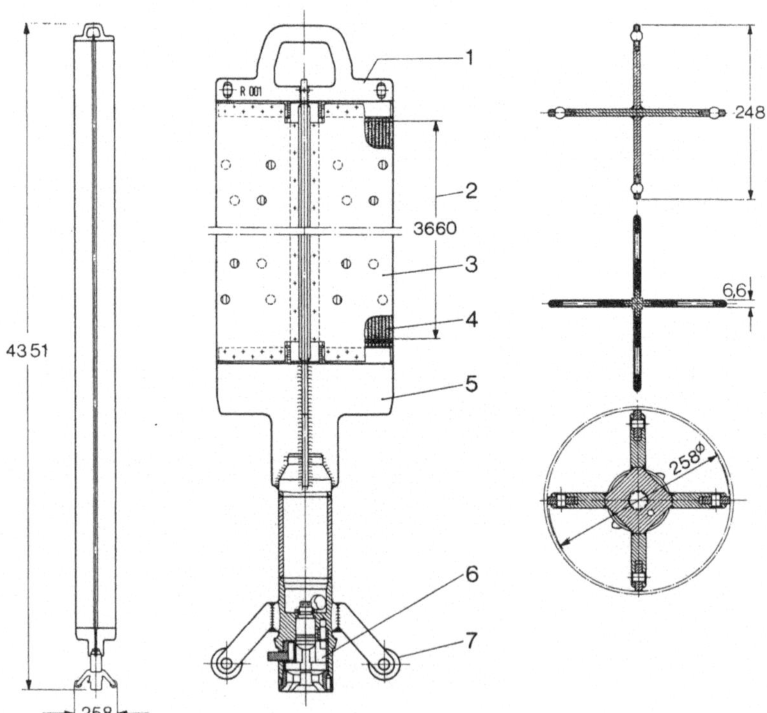

Abb. 10.23 SWR-Absorberstab. *1.* Kopfstück mit Führungsrollen, *2.* Absorber-Länge, *3.* Mantelblech, *4.* Stahlröhrchen mit Borcarbid, *5.* Fußstück, *6.* Kupplung, *7.* Führungsrolle (KUA 1974)

Endstopfen dichtgeschweißt. In jedem Röhrchen sind in regelmäßigen Abständen Stahlkugeln eingefüllt, auf die das Hüllrohr aufgepresst wird, um die Verschiebung der Borcarbidsäule und einen Absorberverlust bei einem Schaden der Hülle zu verhindern. Das B_4C hat eine Dichte von 1.76 g/cm^3, was etwa 70 % der theoretischen Dichte entspricht. Das freie Volumen ist notwendig zur Aufnahme des in Folge der Neutronenabsorption entstehenden Heliums, das einen Druck bis zu 800 bar aufbauen kann.

Die Borcarbidröhrchen werden in den Steuerstabrahmen zwischen Fuß und Kopfstück lose eingelegt. U-förmige Hüllbleche werden über jedes der vier Blätter gestülpt und an dem Rahmen durch Punktschweißung befestigt. Die Hüllbleche sind mit Löchern versehen, um die Kühlung der Borcarbidröhrchen zu ermöglichen. Am Kopfstück des Steuerstabs ist in jedem Blatt eine Führungsrolle eingebaut, mit der das Oberteil des Steuerstabs an der Außenwand der Brennelementkästen geführt wird.

Zum sicheren Anfahren des Reaktors muss dessen Unterkritikalität bekannt sein, um zu verhindern, dass durch zu schnelles Ziehen von Steuerstäben der Reaktor unbeabsichtigt prompt-kritisch gemacht wird. Wenn der unterkritische Reaktor nicht genügend Neutronen erzeugt, werden Neutronenquellen verwendet. Diese werden an Kreuzpunkten zwischen je vier Brennelementzellen angeordnet. Jede Neutronenquelle besteht aus einem Rohr, in das Antimon-Beryllium Mischpellets eingeschweißt sind. Die vom Antimonisotop Sb-124 ausgesandten γ-Strahlen bewirken durch eine (γ,n)-Reaktion in Beryllium die Aussendung von Neutronen. Die Aktivierung des Antimons durch Neutroneneinfang wird während des Reaktorbetriebs ständig erneuert. Die Halbwertzeit von Sb-124 beträgt 60 Tage. Auch nach längeren Stillstandzeiten des Reaktors ist noch eine genügend große Neutronenausbeute vorhanden. Für das erste Anfahren der Anlage, bei dem das Antimon noch nicht aktiviert war, enthielt die Neutronenquelle zusätzlich noch eine Kapsel mit Cf-252, das eine Halbwertszeit von 2.6 Jahren aufweist und durch Spontanspaltung Neutronen emittiert.

Zur Messung der Neutronenflussdichte kommt auf jede vierte Kernzelle eine Messlanze mit vier über die Kernhöhe verteilten Messsonden. Die Positionen werden so gewählt, dass bei Übereinanderlegung der vier Quadranten jede Kernzelle mindestens einmal erfasst wird. Bei dem Reaktor der Baulinie 72 sind vier Messzellen für den Anfahr-, vier für den Übergangs- und vierundvierzig für den Leistungsbetrieb vorgesehen. Die Messstellen sind an Kreuzpunkten zwischen den Kernzellen angeordnet. Dort werden Lanzen von 20 mm Durchmesser mit den eingebauten Messsonden eingesetzt. Die Lanzen werden unterhalb des unteren Kerngitters in Führungsrohren gehalten und stecken unterhalb des Reaktors in Gehäuserohren, die in den Boden des Druckgefäßes eingeschweißt sind. Diese Gehäuserohre reichen bis hinab zu den Gehäuseflanschen der Steuerstabantriebe, wo sie in einem Spezialflansch enden, durch den die Kabel und das Eichrohr der Messlanze druckdicht durchgeführt werden. Die Lanzen können bei geöffnetem und geflutetem Reaktor mit einem Spezialwerkzeug von oben eingesetzt und ausgebaut werden. Um die Anzeige der Messkammern in regelmäßigen Abständen zu überprüfen, kann eine Eichsonde automatisch von unten in die Messlanze gefahren werden.

Reaktordruckbehälter

Beim Siedewasserreaktor enthält der Reaktordruckbehälter über den Reaktorkerneinbauten noch den Wasserabscheider und den Dampftrockner. Vor allem aus diesem Grunde werden die Absorberstäbe von unten in den Reaktorkern eingefahren. Deshalb ist unter dem Reaktorkern ein Ausziehraum von der Höhe des Reaktorkerns notwendig, um die Absorberstäbe aufzunehmen. Die Regelstabstutzen mit den Antrieben befinden sich am unteren Kugelboden des Druckbehälters. Das bringt es mit sich, dass das Druckgefäß eine Gesamthöhe von 22.7 m hat (Abb. 10.24). Da die Leistungsdichte des Kerns geringer ist als beim Druckwasserreaktor, ist ein lichter Durchmesser von 6.62 m erforderlich. Wegen des geringen Betriebsdrucks von 70.6 bar (Auslegungsdruck 87.3 bar, am Boden wegen des zusätzlichen hydrostatischen Druckes 89.2 bar), ist das Gewicht des Druckbehälters trotzdem nicht wesentlich schwerer als das bei Druckwasserreaktoren, rund 785 t mit Deckel. Wegen seiner Größe kann man den Druckbehälter nicht mehr im Werk fertig zusammenschweißen, sondern er muss in mehreren Teilen (Oberteil mit Flansch, Mittelteil sowie Unterteil mit Boden) zur Baustelle transportiert werden, wo die letzten Verbindungsschweißnähte auszuführen sind. Die einzelnen Schüsse des zylindrischen Teils des Druckbehälters werden im Werk längsnahtgeschweißt hergestellt und anschließend wärmebehandelt. Der Behälter ist aus 22NiMoCr37 gefertigt und abgesehen vom Deckel zusätzlich mit austenitischem Cr-Ni-Stahl plattiert.

Einbauten

Die Beanspruchung der Druckbehältereinbauten durch stationäre Druck- und Strömungskräfte ist gering. Für die Dimensionierung müssen vielmehr insbesondere die Belastungen bei einem Kühlmittelverluststörfall beherrscht werden, um die Integrität des Kerns zu erhalten.

Als Werkstoff für die Druckbehältereinbauten kommen stabilisierte austenitische Cr-Ni-Stähle zum Einsatz. Alle Einbauten sind so angeordnet, dass eine schnelle Neutronendosis von 10^{20} Neutronen/cm^2 nicht überschritten wird. Eine Ausnahme stellt der mittlere Kernmantelschuss mit max. $5 \cdot 10^{21}$ Neutronen/cm^2 dar.

Der Kernmantel hat neben der Führung des Kühlmittelstroms die Aufgabe, das untere und obere Kerngitter sowie den Dampf-Wasser-Abscheider zu tragen. Er besteht aus mehreren miteinander verschweißten zylindrischen Schüssen und wird am unteren Ende direkt mit dem Druckbehälterboden verschweißt.

Über die sogenannte Rückströmraumabdeckung, eine horizontale Ringscheibe, die den Rückströmraum in Saug- und Druckseite unterteilt, stützt sich der Kernmantel gegen den zylindrischen Teil des Druckbehälters ab. Entsprechende Bohrungen in der Rückströmraumabdeckung nehmen die Zwangsumlaufpumpen auf.

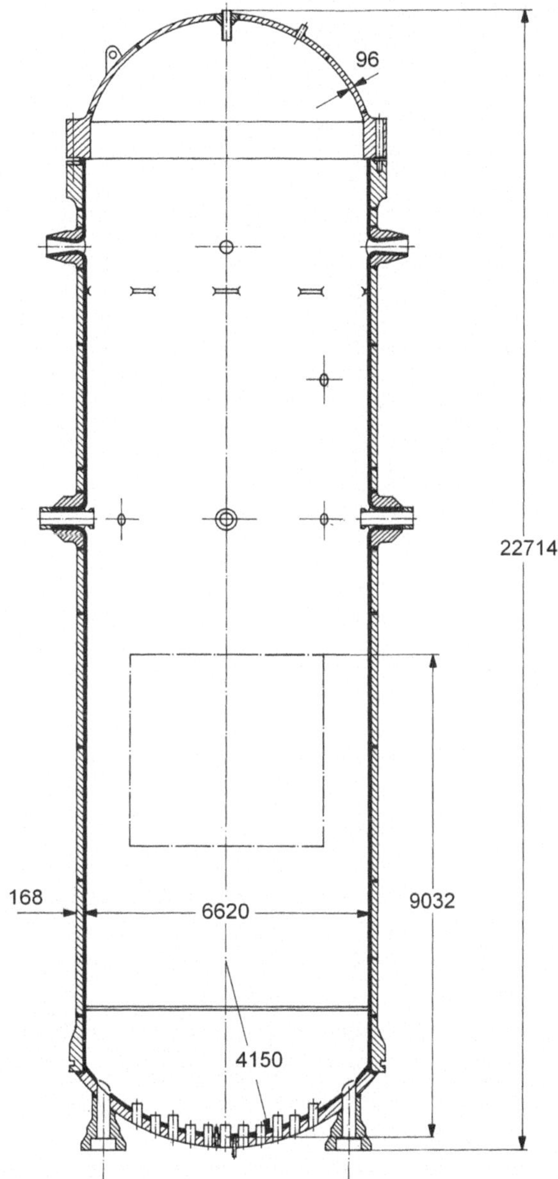

Abb. 10.24 Reaktordruckbehälter des SWR-72 (KUA 1974)

Das untere Kerngitter hat abgesehen von der Unterstützung der Neutronenquellen und der Randbrennelemente keine tragende Funktion, sondern dient vor allem zur seitlichen Führung der Steuerstabführungsrohre (siehe Abb. 10.25) und der Kernflussmesslanzen. Die Gitterplatte mit den Bohrungen für die Aufnahme der zu führenden Rohre wird mit dem unteren Konsolenring des Kernmantels verschraubt.

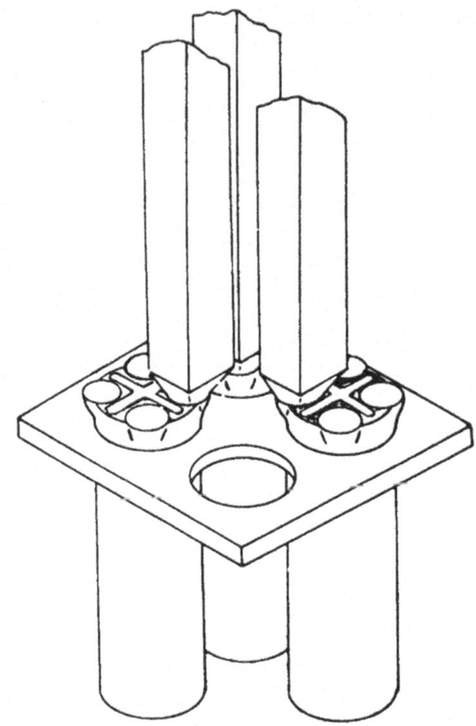

Abb. 10.25 Steuerstabführungsrohr. *Quelle* Areva

Das obere Kerngitter dient zur genauen Führung und Fixierung der Brennelemente. Das Gitter besteht aus zwei Platten, die mit Stegen verschweißt sind. In den für Neutronenquellen und Messlanzen festgelegten Kreuzungspunkten sind Ausnehmungen für eine federnde Verriegelung angebracht. Das obere Gitter wird auf den oberen Konsolenring des Kernmantels aufgesetzt und mit diesem verschraubt.

Die Steuerstabführungsrohre tragen am unteren Ende ein Fußstück mit einem Bajonettverschluss, der das Führungsrohr mit dem Gehäuserohr des Steuerstabantriebs verbindet. Ein Stift im unteren Kerngitter und eine Nase am Kopfstück des Führungsrohrs sichern dieses gegen Verdrehung.

Der Dampf-Wasser-Abscheider besteht aus Zyklonen, die der Kerndeckel trägt. Der nach oben gewölbte Deckel mit einer zylindrischen Unterstützungszarge wird mit dem Kernmantel mittels Hammerkopfschrauben verbunden. Die auf dem Deckel angeschweißten Standrohre werden in zwei Ebenen untereinander und mit den umlaufenden Führungsringen verspannt. Das in den Standrohren aufsteigende Dampf-Wasser-Gemisch wird durch Drallschaufeln in Rotation versetzt, sodass sich Dampf und Wasser trennen. Das Wasser fließt außen nach unten ab, während der Dampf nach oben zum Dampftrockner abströmt.

Der Dampftrockner hat die Aufgabe, die Feuchte des austretenden Nassdampfes bis auf maximal 0.02 Gew.-% zu reduzieren. Durch mäanderförmige Führung des Dampfstroms zwischen Fang- und Prallblechen wird durch Zentrifugalkraft und Oberflächenhaftung das Wasser abgeschieden. Es wird in Kästen unterhalb der Trocknersegmente gesammelt und über Fallrohre in den Rückströmraum abgeleitet. Der Dampftrockner wird über drei Federpakete gegen Konsolen abgestützt, die mit dem Druckbehälterdeckel verschweißt sind.

Der Speisewasserverteiler besteht aus einem gleichmäßig mit Düsen besetzten Verteilerring mit vier Anschlussrohren. Das Anschlussrohr erfüllt gleichzeitig die Funktion eines Thermoschutzrohrs und stellt sicher, dass das unterkühlte Speisewasser nicht in direkten Kontakt zum Druckbehälterstutzen kommt.

Kühlmittelführung

Das von den Pumpen aus dem ringförmigen Fallraum angesaugte Wasser wird in die Eintrittskammer, die durch den freien Raum zwischen den Absorberführungen gebildet wird, gepumpt. Von dort aus tritt es durch die mit Drosselblenden versehenen Eintrittsöffnungen am Kopf der Regelstabführungsrohre in die Brennelemente ein und durchströmt den Reaktorkern. Dabei kommt es zum Sieden und es tritt als Dampf-Wasser-Gemisch mit maximal 20 % Dampfgehalt aus dem Kern aus. In den Dampf-Wasser-Separatoren wird das Wasser größtenteils abgeschieden und gelangt wieder in den ringförmigen Fallraum zwischen Reaktorkern und Druckgefäß. Dort wird es mit dem zugeführten Speisewasser vermischt und kommt etwas unterkühlt zu den Axialpumpen. Der nach oben abströmende Dampf passiert die darüber angeordneten Dampftrockner, wo das restliche Wasser fast vollständig abgeschieden wird. Die Beschränkung der Dampfnässe auf weniger als 0.02 % ist nicht nur wichtig für die Vermeidung von Erosion in der Turbine, sondern auch wegen der Reinigung des Dampfes von mitgeführter Radioaktivität, denn nur durch Wassertröpfchen werden gelöste und feste Stoffe in die Dampfphase mitgerissen. Der Frischdampf wird unmittelbar über die Dampfturbinen-Regelventile dem Hochdruckteil der Turbine zugeführt.

Eine Siedewasserkühlung mit Naturumlauf ist ohne Probleme bis zu einer begrenzten Leistung möglich, darüber hinaus ist jedoch eine forcierte Kühlmittelumwälzung erforderlich. Für einen stabilen Betrieb ist es erforderlich, den Kühlmitteldurchsatz durch die Kanäle mit geringerer Leistungserzeugung zu drosseln. Dazu müssen aber getrennte Kühlkanäle vorhanden sein, die durch Umschließung der Brennelemente mit einem kastenförmigen Blechmantel geschaffen werden. Bei gleichem Massendurchsatz pro Element steigt der Druckabfall mit zunehmendem Dampfgehalt erheblich an. Das würde ohne Drosselung dazu führen, dass der Kühlmitteldurchsatz von den Kanälen mit hoher Leistung zu den Kanälen mit geringerer Leistung verdrängt würde. Der verminderte Durchsatz würde in den Hochleistungskanälen wiederum zu einer weiteren Erhöhung des Dampfgehalts und damit einem instabilen Verhalten führen. Durch die Drosselung am Kühlmitteleintritt wird bei ansteigendem Durchsatz ein Teil des Druckgefälles verbraucht, bei abfallendem Durchsatz dagegen für das Brennelement verfügbar gemacht, was eine Stabilisierung bewirkt.

Steuerstabantrieb

Beim Siedewasserreaktor haben die Steuerstäbe die Aufgabe, die Reaktorleistung und die Leistungsverteilung im Reaktorkern über den gesamten Abbrandzyklus einzustellen, den Regelbereich der Durchsatzregelung zu verstellen und den Reaktor bei Störfällen schnell abzuschalten. Der Steuerstabantrieb benötigt zur Erfüllung dieser Aufgaben einen Mechanismus zur relativ langsamen Verstellung der Eintauchtiefe des Steuerstabs, zur zuverlässigen Arretierung und zur schnellen Einwärtsbewegung.

Jeder der 193 Steuerstäbe des Siedewasserreaktors besitzt einen eigenen Antrieb, dessen Gehäuse am Boden des Reaktordruckbehälters in einem Stutzen eingeschweißt ist.

Mithilfe des Steuerstabantriebs kann jeder Steuerstab für sich mechanisch in den Kern ein oder ausgefahren oder hydraulisch aus jeder Position zur Reaktorschnellabschaltung eingeschossen werden. In Abb. 10.26 ist schematisch der Aufbau eines Steuerstabantriebs dargestellt. Die wesentlichen Baugruppen des Antriebs sind das Gehäuserohr, der Antriebsmotor mit Gewindespindel und Gewindemutter, der Hohlkolben mit Steuerstabkupplung, die mechanische und hydraulische Ausfahrsicherung sowie ein Bremsfederpaket.

Das langsame Verfahren des Steuerstabs im Kern wird durch das Auf- und Abbewegen einer Kugelumlaufmutter hervorgerufen, deren vertikale Bewegung durch die elektromotorisch über ein Stellgetriebe angetriebene Spindel bewirkt wird. Gegen Verdrehen ist die Spindelmutter über eine Rolle, die in einer Längsnut der Zahnstange läuft, gesichert und über drei Rollen im Antriebsführungsrohr fixiert. Die Verbindung zwischen Steuerstab und Gewindemutter wird durch einen Hohlkolben hergestellt, der über die Spindel gestülpt sich auf der Mutter abstützt, wobei die Spindel über drei Rollen im Spindelkopf in dazugehörigen Nuten des Hohlkolbens geführt wird. Am oberen Ende des Hohlkolbens wird über eine gelenkige Kupplung der Steuerstab angekuppelt. Ebenso wie die Gewindemutter ist der Hohlkolben gegen Verdrehen durch zwei Rollen, die in Längsnuten der beiden gegenläufigen Führungsleisten laufen, gesichert. Um ein Zurückfallen des Steuerstabs zu verhindern, ist eine mechanische Ausfahrsicherung vorgesehen. Diese Ausfahrsicherung besteht aus zwei Zahnklauen im unteren Teil des Hohlkolbens, die in Rastnuten der Zahnstangen eingreifen. Während des langsamen Verfahrens des Hohlkolbens werden die Zahnklauen gegen eine Feder durch eine Anlaufschräge der Mutter im Hohlkolbenbund zurückgehalten. Bei der Trennung von Hohlkolben und Mutter werden die Zahnklauen freigegeben und können in die Zahnstangen eingreifen.

Bei einer Reaktorschnellabschaltung wird der Steuerstab mit dem Hohlkolben hydraulisch in den Kern eingeschossen, indem aus Druckbehältern Wasser mit ca. 160 bar durch die Schnellabschaltleitung unter den Hohlkolben gedrückt wird, sodass dieser sich nach oben bewegt. Am Ende des Beschleunigungswegs wird der Hohlkolben durch ein Tel-

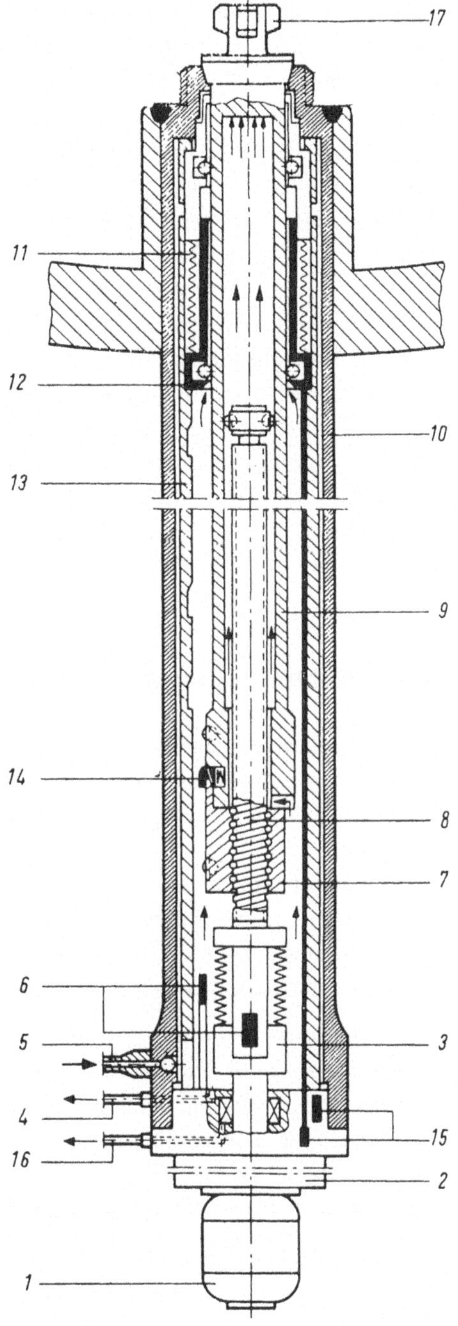

Abb. 10.26 Steuerstabantrieb.
1. Antriebsmotor,
2. Stellungsanzeige mit Endschaltern,
3. Antriebswelle,
4. Abschlämmleitung,
5. Schnellabschaltleitung,
6. Trennschalter,
7. Gewindemutter,
8. Gewindespindel,
9. Hohlkolben,
10. Gehäuserohr,
11. Tellerfedersäule,
12. Drosselbuchse,
13. Zahnstange,
14. Zahnklaue,
15. Scram-Endschalter,
16. Leckwasserleitung,
17. Steuerstabkupplung (KUA 1974)

lerfederpaket abgebremst. Die Beendigung der Schnellabschaltung wird durch die Bewegung der Bremsfedern über einen Magnetschalter gemeldet. Dieser wird durch einen Dauermagneten, der durch ein Gestänge mit dem Federpaket verbunden ist, dann betätigt, wenn das Federpaket durch Aufschlag des Hohlkolbens zusammengedrückt und damit der Dauermagnet auf die Höhe des Magnetschalters gebracht worden ist. Noch vor Beendigung des Schnellabschaltvorgangs wird die Gewindeumlaufmutter nachgefahren, um in der obersten Position die Abstützung des Hohlkolbens zu übernehmen. Bis dahin steht der Druck noch an. Außerdem wird der Stab durch zwei Zahnklauen, die in die Zahnstange einrasten, gegen Rückfallen gesichert.

Ob der Hohlkolben mit Steuerstab bei Normalbetrieb oder nach der Schnellabschaltung auf der Gewindemutter aufsitzt, kann mithilfe eines Trennschalters am unteren Ende der Gewindespindel kontrolliert werden. Beim Trennschalter wird das Prinzip der Federwaage ausgenutzt. Sitzt der Hohlkolben mit Steuerstab auf der Mutter auf, wird eine Feder bis zum Anschlag zusammengedrückt und über die Bewegung ein Magnetschalter mit Reedkontakt betätigt. Bei Gewichtsentlastung, z. B. durch Verklemmen des Steuerstabs, hebt sich die Spindel um einige Millimeter und der Magnetschalter wird geöffnet, wodurch beim Ausfahren der Antriebsmotor sofort abgestellt wird.

10.2.3 Kühlmittelumwälzpumpen

Der im Reaktor erzeugte Dampf wird nach Passieren des Wasserabscheiders und des Dampftrockners direkt zur Turbine geleitet. Das vorgewärmte Speisewasser wird wieder in den Reaktorbehälter eingespeist. Das nicht verdampfte Kühlmittel wird im Reaktor intern umgewälzt.

Die von unten in den Reaktordruckbehälter eingebauten Pumpen sind vertikale, einstufige Propellerpumpen mit nachgeschaltetem Leitrad, Abb. 10.27. Der Motor ist unterhalb der Pumpe angeordnet, das Laufzeug wird direkt von oben in das Reaktordruckgefäß eingebaut und die drehzahlgeregelten Axialpumpen bestehen aus sechs Baugruppen:

- Hydraulik mit Lauf- und Leitrad,
- Lagertragrohr mit dem Radiallager und der Pumpenwelle,
- Wellenabdichtung mit Dichtungsgehäuse,
- Axial- und Radiallagerpartie und Bogenzahnkupplung,
- elektrischer Antrieb,
- Hilfssysteme für Öl, Sperr- und Kühlwasserversorgung.

Die Hydraulik, bestehend aus Lauf- und Leitrad, ist in dem Ringraum zwischen Kernmantel und Reaktordruckgefäßwand am Reaktordruckgefäßboden angeordnet. Die Trennung zwischen Saug- und Druckseite der Pumpen wird durch die Ringraumabdeckung erreicht. Das Kühlmittel strömt der Axialpumpe von oben aus dem Ringraum zu und wird nach unten in die Einlaufkammer des Reaktors gefördert.

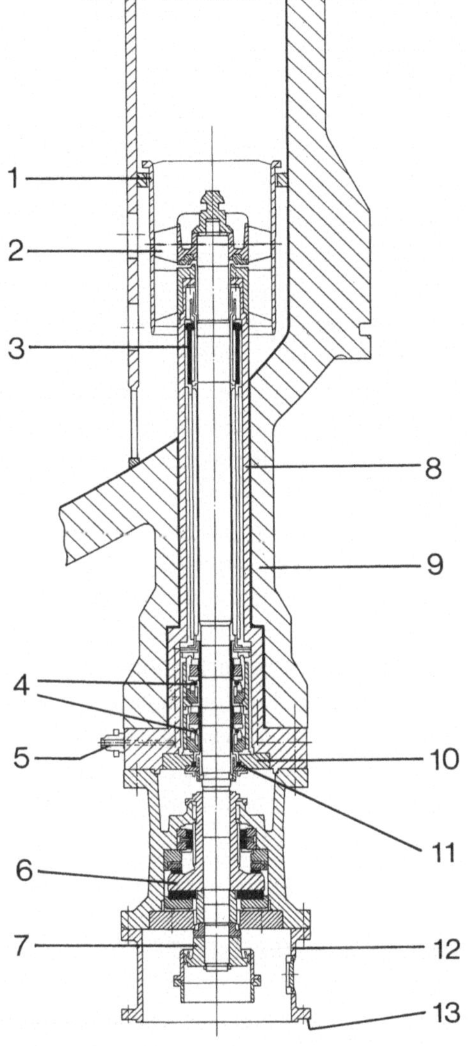

Abb. 10.27 Interne Axialpumpe.
1. Einlaufrohr mit Leitrad,
2. Laufrad,
3. oberes Radiallager,
4. hydrodynamische Dichtungen,
5. Dichtungssperrwasser,
6. kombiniertes Axial-Radiallager,
7. Bogenzahnkupplung,
8. Lagertragrohr,
9. Pumpenstutzen,
10. Dichtungsgehäuse,
11. Rückschlagdichtung,
12. Kupplungslaterne,
13. Motorflansch
(KUA 1974)

Das Lagertragrohr ist über den angesetzten Flansch mit dem Pumpenstutzen verbunden. Es ragt in den Reaktordruckbehälter hinein und trägt am oberen Ende das angeschraubte Leitrad. Das hydrodynamische Radiallager ist so angeordnet, dass es nach unten ausbaubar ist. Es wird durch Montagehülsen, die gleichzeitig der Wärmedämmung dienen, in seiner Lage gehalten. Die Wärmespannungen im Pumpenstutzen werden dadurch reduziert. Zur Kühlung des oberen Radiallagers wird ein Teilstrom des Dichtungssperrwassers verwendet. Trotz der verschieden großen Wärmedehnung des hochlegierten CrNi-Stahls des Lagertragrohrs und des schwachlegierten plattierten C-Stahls des Druckgefäßes darf weder zu großes Spiel im kalten Zustand noch zu hohe Wärmespannung bei Betriebstemperatur auftreten. Die Abdichtung des auf den Reaktordruckgefäßflansch aufgesetzten Dichtungsgehäuses erfolgt durch eine Spiralasbestdichtung. Wie üblich hat man noch eine zweite Dichtung mit einer Leckageüberwachung zwischen den beiden Dichtungen.

Bei niedrigem Speisewasserstrom und relativ hoher Pumpendrehzahl besteht die Gefahr der Kavitation. Um solche Betriebszustände zu vermindern, wird der Speisewasserstrom kontinuierlich überwacht, mit der Pumpendrehzahl verglichen und gegebenenfalls reduziert. Der Ausfall einer Speisewasserpumpe führt noch nicht zur Kavitation, da die kalorische Zulaufhöhe noch hinreichend ist.

Für die Wartung und Montage der Pumpe ist wichtig, dass der Motor mit Kupplungslaterne abgebaut werden kann, selbst wenn der Reaktor unter Druck und Temperatur steht. Um die unteren ölgeschmierten Lager auszubauen, muss der Reaktor drucklos gemacht und die Pumpe auf Dichtsitz abgesenkt werden. Dann lässt sich auch die Dichtung, sowie das wassergeschmierte Lager, komplett ausbauen. Nur wenn das Laufrad mit Welle und oberer Dichtungspartie ausgebaut werden soll, muss der Reaktor geöffnet werden, da diese Teile nach oben herausgezogen werden. Vorher muss der Pumpenstutzen durch eine Kappe dicht verschlossen werden. Auch der mit dem Tragrohr ausziehbare Teil erhält eine Schutzkappe. Die einzelnen Teile können von einer im Steuerstabraum installierten Hubvorrichtung aufgenommen und weggefahren werden.

Obwohl eine ausreichende axiale Fixierung von Welle und Lagertragrohr gegeben ist, wird zusätzlich eine Sicherung gegen Bruch des Pumpenstutzens oder einer tragenden Schraubenverbindung durch eine Auffangvorrichtung vorgesehen, die ein Wegfliegen des Pumpenkörpers und des Motors verhindern soll. Die Vorrichtung setzt unterhalb des obersten Motorflansches an und überträgt die Kräfte über vier mit Tellerfederpaketen versehene Zuganker auf die Abschirmplatte. Das Absinken des abgebrochenen Teils wird dadurch auf etwa 40 mm begrenzt.

10.2.4 Dampfkreislauf

Obwohl die Turbinenanlage sowie Vorwärmer und Speisepumpen zum Kühlkreislauf gehören, sollen sie hier nicht ausführlich behandelt werden. Neben einer kurzen Beschreibung sollen nur die Besonderheiten erwähnt werden, die durch die direkte Verbindung mit dem Reaktor bedingt sind.

Obwohl die spezifische Radioaktivität des Primärwassers beim Ausdampfen etwa um den Faktor 10^{-4} vermindert wird, führt der Dampf, hauptsächlich durch die mitgerissenen Wassertröpfchen, noch so viel Radioaktivität mit sich, dass auf die Abdichtung der gesamten Dampfkraftanlage besonders geachtet werden muss.

Die N-16-Aktivität, deren Halbwertszeit nur 7 s beträgt, klingt weitgehend während der Verweilzeit von etwa 1.5 min im Hotwell des Kondensators ab. Die Turbine muss jedoch, hauptsächlich wegen N-16, durch versetzbare Betonwände abgeschirmt werden. Die Dampfleitungen werden abgeschirmt geführt.

Aus dem Hotwell wird das anfallende Kondensat durch die Hauptkondensatpumpen über einen Verteiler durch die Kondensatoren der Dampfstrahlluftsauger, der Wrasenkühler und der Abgasanlage sowie dem Nachkühler der Wasserreinigung in die Kondensatreinigungsanlage gefördert.

10.2.5 Abschlussarmaturen

Bei einem Siedewasserreaktor mit direktem Kreislauf müssen die Primärdampfleitungen ebenso wie die Speisewasserleitungen die Containmentwand durchdringen. Für solche Leitungen wird generell eine doppelte Abschaltarmatur gefordert, von denen im Allgemeinen eine innerhalb und eine außerhalb des Containments anzubringen ist. Bei einem Störfall, bei dem die Sicherheitshülle mit Druck beaufschlagt wird, müssen diese Armaturen automatisch zugefahren werden.

In den Speisewasserleitungen ist das Problem verhältnismäßig einfach durch Rückschlagklappen zu lösen. In den Hauptdampfleitungen sind aber schnellwirkende und zuverlässige Abschlussventile nötig. Die Zuverlässigkeit bezieht sich vor allem auf die Unabhängigkeit von einer äußeren Energieversorgung. Um dies zu erreichen, haben die Ventile eine im offenen Zustand gespannte Feder, die durch einen pneumatischen Kolben gehalten wird. Das dazugehörige Steuerventil steht unter Arbeitsstrom. Bei Druckverlust oder Stromausfall schließen sich die Ventile „fail safe". Das Schließen der Ventile wird zusätzlich für den Fall eines Federbruchs oder Versagens der Steuerventile noch durch Druckluft aus einem Speicherbehälter unterstützt. Jedes Ventil hat eine unabhängige Positionsanzeige, die ein Signal in das Reaktorschutzsystem gibt, wodurch der Reaktor abgeschaltet wird, wenn das Ventil schließt.

Das Schließen der Abschlussventile wird ausgelöst bei zu niedrigem Wasserstand im Reaktorbehälter, bei zu hoher Radioaktivität im Dampfkreislauf, bei einem Bruch einer Hauptdampfleitung und bei zu niedrigem Druck am Turbineneintritt. Um den Druckstoß in der Rohrleitung im zulässigen Rahmen zu halten, muss eine Mindestschließzeit der Ventile eingehalten werden.

10.2.6 Druckentlastungssystem

Die Sicherheitsventile des Dampfkreislaufs können natürlich nicht wie sonst üblich ins Freie abblasen, sondern der Dampf muss, wie beim Primärkreislauf des Druckwasserreaktors, in einer Wasservorlage kondensiert werden. Wegen des größeren Wasserinhalts des Kreislaufs muss man für die Wasservorlage ein sehr viel größeres Volumen bereitstellen. Außerdem ist es naheliegend, das Kondensationsbecken auch für die Nachkühlung und Druckentlastung des Reaktors zu verwenden. Es ist deshalb nicht mit einem Kondensationsbehälter wie beim Druckwasserreaktor getan, sondern die Kondensationskammer nimmt einen wesentlichen

Teil des Sicherheitsbehälters ein, in dem ja außer dem Reaktordruckbehälter keine größeren Komponenten mehr unterzubringen sind. Aus Wirtschaftlichkeitsgründen besteht die Tendenz, den Sicherheitsbehälter möglichst klein zu machen. Dieser Absicht kommt das Prinzip der Druckunterdrückung im Störfall entgegen. Dabei wird der bei einem Leck des Primärsystems austretende Dampf durch eine Anzahl von Rohren aus der Druckkammer, die alle primär druckführenden Anlagenteile umschließt, in das Kondensationsbecken geleitet und dort kondensiert. Das Luftvolumen der Kondensationskammer nimmt die mitgerissene und erwärmte Luft auf. Zusätzlich wird das mehrere tausend Kubikmeter fassende Kondensationsbecken auch zur Aufnahme der Nachwärme, wenn der Kondensator nicht verfügbar ist, vor allem im heißen Bereitschaftsbetrieb (hot standby), herangezogen. Das Kondensationsbecken kann damit vier Funktionen erfüllen: die Kondensation des Dampfes aus den Sicherheitsventilen, die Druckentlastung des Systems, die Nachwärmeaufnahme und die Druckunterdrückung im Störfall.

Die drei erstgenannten Funktionen werden durch kombinierte Sicherheits- und Abblaseventile bewerkstelligt. Von jeder der vier Dampfleitungen sind zwei Abblaseleitungen abgezweigt, die unter dem Wasserspiegel des Kondensationsbeckens in einer Verteilerdüse enden und je durch ein Sicherheits- und Abblaseventil abgesperrt sind.

Die Kondensationskammer ist innerhalb des zylindrischen Sicherheitsbehälters aus Beton als ringförmiges Wasserbecken auf der Fundamentsohle des Gebäudes ausgeführt (vgl. Abb. 10.28).

10.2.7 Kreislaufauslegung

Der Betriebsdruck des Siedewasserreaktors wird hauptsächlich durch das Optimum der kritischen Heizflächenbelastung bestimmt, das im Bereich von etwa 70 bar liegt. Ein höherer Druck würde bei den großen Druckbehälter- und Rohrdimensionen trotz der Verbesserung des Wirkungsgrades keinen Gewinn bringen. Der Reaktorkerndurchsatz bestimmt die Qualität der austretenden Zweiphasenströmung und den mittleren Dampfgehalt im Reaktorkernvolumen. Da dieser über den Void-Koeffizienten stark auf die Reaktivität rückwirkt, kann man die Reaktivität über den Kühlmitteldurchsatz regeln. Das wird durch Drehzahlregelung der Pumpen getan. Den Massendampfgehalt am Kernaustritt hält man aus Stabilitätsgründen im Allgemeinen unter 20 %.

Die Führung der Hauptdampfleitungen stellt ein relativ schwieriges Problem dar, weil die Wärmedehnung kompensiert werden muss. Legt man an die Abschlussventile in der Nähe der Durchführung durch die Sicherheitshülle einen Festpunkt, so benötigt man längere Schleifen für die Kompensation im Inneren der Druckkammer, wo der Raum sehr beengt ist. Bei neueren Anlagen führt man deshalb die Rohre auf kürzestem Wege bis zur Sicherheitshülle und verlegt die Kompensation nach außen. Selbstverständlich darf die Sicherheitshülle nicht starr mit der Rohrleitung verbunden werden, sondern muss sich frei dehnen können. Sie wird deshalb über zwei Wellkompensatoren mit der

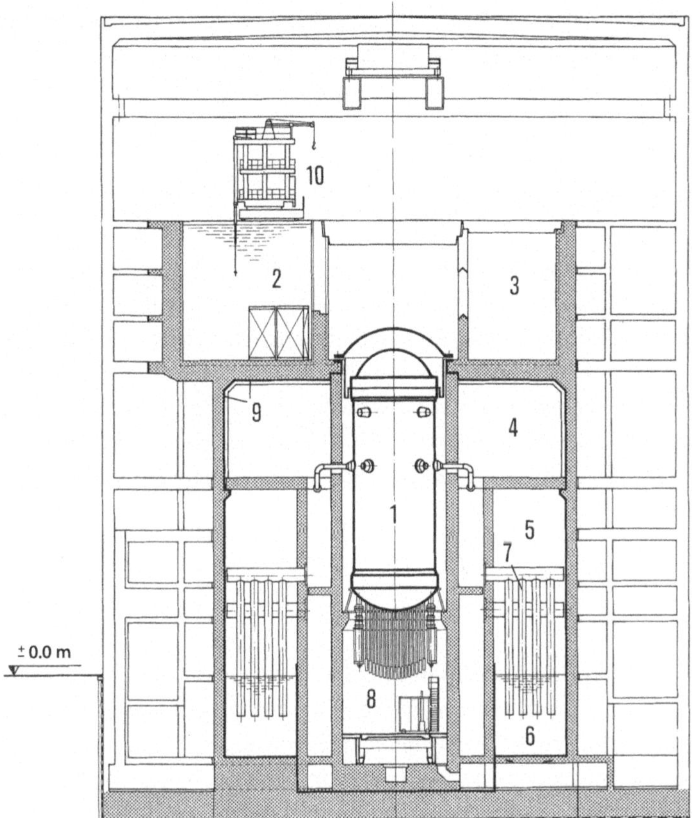

Abb. 10.28 Druckabbausystem des SWR-72. *1.* Reaktordruckbehälter, *2.* Brennelementlagerbecken, *3.* Absetzbecken, *4.* Druckkammer, *5.* Kondensationskammer (Luftbereich), *6.* Kondensationskammer (Wasserbereich), *7.* Kondensationsrohre, *8.* Steuerstabantriebsraum, *9.* Dichthaut, *10.* Brennelementwechselmaschine (KUA 1974)

Rohrleitung dicht verbunden. Die gleichen Überlegungen gelten auch für die abzweigenden Druckentlastungsleitungen sowie die anderen Leitungen unter Primärdruck. Dort sind aber die Forderungen wegen der kleineren Rohrdurchmesser leichter zu erfüllen.

10.3 Reaktormesstechnik

Die Steuerung und Regelung des Reaktors erfordert eine möglichst gute Kenntnis des Reaktorzustands und seiner Betriebsdaten. Dazu ist die Messung verschiedener Größen notwendig. Ein Teil der Messeinrichtungen sind konventioneller Art wie z. B. die für Druck,

Temperatur und Durchsatz, wobei allerdings die besonderen Einsatzbedingungen im Reaktor einige Sondermaßnahmen verlangen. Weniger konventionell ist die Strahlungsmesstechnik, die im Folgenden daher an erster Stelle behandelt werden soll.

10.3.1 Ionisierende Strahlung

Der Nachweis ionisierender Strahlung ist nicht nur für die Erfassung von Betriebsparametern eines Kernreaktors von Bedeutung, sondern auch die zentrale Aufgabe in der Strahlenschutzmesstechnik. Eine umfassende Behandlung des zweiten Einsatzfeldes würde den Rahmen dieses Kapitels sprengen – dennoch soll hier zumindest ein Überblick über die grundsätzlichen Funktionsweisen der verschiedenen Ansätze zum Nachweis ionisierender Strahlung gegeben werden (Choppin et al. 2002), bevor im nächsten Unterkapitel dann ihre konkreten Anwendungen für die Bestimmung des Neutronenflusses der Leistungsreaktoren vorgestellt werden.

Grundlagen

Da die Aussendung ionisierender Strahlung und die ihr zu Grunde liegenden Prozesse statistische Vorgänge sind, ist die Anzahl der den Detektor erreichenden Teilchen oder Photonen nicht konstant, sondern Schwankungen unterworfen. Hinzu kommt, dass insbesondere hochenergetische γ-Strahlung und Neutronen mit einer gewissen Wahrscheinlichkeit den Detektor passieren können, ohne mit ihm zu wechselwirken. Die tatsächlich gemessene Anzahl von Impulsen N liegt gemäß einer Gauß-Funktion um die korrekte Anzahl von Impulsen $\overline{N}$ verteilt.

$$p(N) = \sqrt{\frac{1}{2\pi \cdot \overline{N}}} \cdot e^{-\frac{(N-\overline{N})^2}{2\overline{N}}} \tag{10.1}$$

Damit gilt für die Standardabweichung:

$$\sigma = \sqrt{\overline{N}} \tag{10.2}$$

Es wird deutlich, dass der gemessene Wert umso genauer mit der Realität übereinstimmt, je länger die Messzeit und damit desto größer die Anzahl der gemessenen Ereignisse ist. Darüber hinaus muss von der gemessenen Ereignisrate $N \pm \sigma$ noch der durch Hintergrundstrahlung bedingte Nulleffekt $N_0 \pm \sigma_0$ abgezogen werden. Somit gilt für die korrekte Zählrate:

$$N_{korr} = (N - N_0) \pm \sqrt{\sigma^2 + \sigma_0^2} \tag{10.3}$$

In dem Detektor setzt die ionisierende Strahlung Ladungsträger frei, die gegebenenfalls vervielfacht und dann an die Nachweiselektronik abgeführt werden. Während der Wanderung der Ladungsträger im Detektor kann ein zweiter Impuls nicht vom ersten unterschieden werden; man spricht von einer Totzeit. Bei nicht paralysierbaren Systemen ist die Dauer der Totzeit unabhängig von zwischenzeitlich zusätzlich erzeugter Ionisation, während sie sich bei paralysierbaren Systemen dadurch verlängert. Der Zusammenhang zwischen korrekter R_{korr} und beobachteter R_{beob} Zählrate sowie der Totzeit t_r ist für beide Systeme in (10.4) und (10.5) dargestellt

$$\text{nicht paralysierbar} \quad R_{korr} = \frac{R_{beob}}{1 - R_{beob} \cdot t_r} \tag{10.4}$$

$$\text{paralysierbar} \quad R_{beob} = R_{korr} \cdot e^{-R_{korr} \cdot t_r} \tag{10.5}$$

Bei einem nicht paralysierbaren System nähert sich die Zählrate mit steigender Strahlungsintensität asymptotisch einem Maximum an, während sie bei einem paralysierbaren System nach Erreichen eines Maximalwertes wieder abfällt. Durch eine zählratenabhängige innere Koinzidenzkorrektur kann der Messbereich der entsprechenden Messgeräte in einem gewissen Maße erweitert werden.

Gasgefüllte Detektoren

Bei diesen Detektoren findet durch die Strahlung eine Ionisation von Gasatomen statt. Dadurch entsteht ein kurzzeitiger Stromimpuls, der beim in einem dem Detektor nachgeschalteten Widerstand zu einem Spannungsabfall führt, der dann von der Auswerteelektronik als Impuls registriert werden kann. In allen Gasdetektoren ist ein elektrisches Feld angelegt, welches eine Trennung positiver und negativer Ladungsträger bewirkt. Bei höheren Spannungen kann die Beschleunigung der freigesetzten Elektronen sekundäre Ionisationen hervorrufen, was durch den Gasmultiplikationsfaktor a ausgedrückt wird. Dabei ist a eine Funktion der angelegten Spannung; der Zusammenhang ist in Abb. 10.29 dargestellt.

Region I ist messtechnisch uninteressant; es findet eine Rekombination der Ladungsträger statt, bevor sie getrennt werden können. In Region II ist der Faktor $a = 1$; in diesem Spannungsbereich werden Ionisationskammern betrieben. In Region III findet eine Ladungsträgermultiplikation im Gas statt. Da die Impulshöhe zu der von der Strahlung an das Gas abgegebenen Energiemenge proportional ist, werden die hier eingesetzten Messgeräte Proportionalzähler genannt. Region IV wird für Geiger-Müller Zählrohre verwendet. Hier ist der Gasmultiplikationsfaktor sehr hoch ($a \geq 10^6$) und die Impulshöhe ist von dem ursprünglichen Maß der Ionisation unabhängig. Bei noch höheren Spannungen kommt es zu einer kontinuierlichen Entladung.

Ionisationskammern

Eine Ionisationskammer besteht aus einem gasgefüllten Gefäß mit zwei Elektroden. Als Zählgas wird beispielsweise Argon verwendet. Ionisationskammern können bei niedrigen

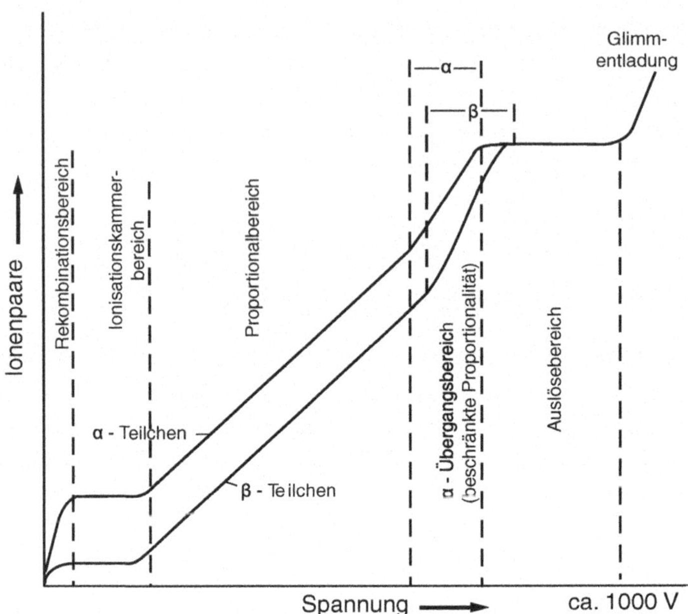

Abb. 10.29 Gebildete Ionenpaare in einem Gasdetektor als Funktion der Spannung [nach (Choppin et al. 2002)]

Zählraten zur Bestimmung von Einzelimpulsen und in stärkeren Strahlungsfeldern für die Messung der Dosisleistung eingesetzt werden. Der Vorteil bei letzterer Anwendung im Vergleich zu anderen Gasdetektoren ist, dass keine Totzeit oder Paralysierbarkeit berücksichtigt werden muss. Allerdings erfordern empfindliche Ionisationskammern eine sorgfältige Konstruktion der Kammer um Leckageströme zu minimieren, sowie eine hochwertige Auswerteelektronik zur Messung der geringen Spannungen.

Proportionalzähler

Bei Proportionalzählern werden Gasmultiplikationsfaktoren von 10^3–10^5 erreicht. Die sekundäre Ionisation erfolgt durch beschleunigte Elektronen; nachdem diese die Anode erreicht haben, kann der Detektor einen weiteren Impuls registrieren. Dies führt zu einer sehr kurzen Totzeit von 0.2–0.5 μs.

Aufgrund der Proportionalität zwischen primärer Ionisation und Impulshöhe kann mit dem Proportionalzähler auch die Energie der absorbierten Strahlung bestimmt werden. Allerdings führt neben statistisch bedingter Unterschiede bei der Ionisation auch die Anforderung, dass die gesamte Energie des Teilchens oder Photons im Inneren des Detektors abgegeben werden muss zu einer gewissen Einschränkung der Einsatzmöglichkeiten.

Sinnvoll ist der Einsatz von Proportionalzählern deshalb vor allem für die Charakterisierung von Alpha- und Betastrahlung. Wenn nicht nur ein Impuls an sich, sondern auch die insgesamt im Detektor abgegebene Energie bestimmt werden soll, reicht es nicht aus, dass die Elektronen die Anode erreicht haben, sondern es muss gewartet werden, bis die wesentlich langsameren positiven Ionen ihre Ladung an der Kathode abgegeben haben. In diesem Fall liegt das zeitliche Auflösevermögen in der Größenordnung von 100 μs.

Als Zählgas wird in der Regel ein Edelgas verwendet, dem eine geringe Menge eines mehratomigen Gases zugegeben wurde. Hierdurch verringert sich die Abhängigkeit des Faktors a von der anliegenden Spannung. Beispiele für die Zusammensetzung sind 90 % Ar und 10 % CH_4 oder 96 % He und 4 % i-C_4H_{10}.

Geiger-Müller-Zählrohre

Aufgrund der hohen Multiplikation der Ladungsträger generieren GM-Zählrohre Impulshöhen im Bereich von 0.1–1 V, was die Verwendung einfacher und kostengünstiger Auswerteelektronik ermöglicht.

Beim GM-Zählrohr verursachen die primär freigesetzten Elektronen auf ihrem Weg zur Anode zunächst wie beim Proportionalzähler sekundäre Ionisation. Zusätzlich haben sie aber eine so hohe Energie, dass bei ihrem Aufschlag auf die Anode Photonen freigesetzt werden, die wiederum im Gas über den Fotoeffekt weitere Ladungsträger produzieren. Diese Elektronenlawinen kommen erst zum Stillstand, wenn die (im Vergleich zu den schnellen Elektronen quasistationären) positiven Ionen das elektrische Feld so stark abschirmen, dass die Elektronen nicht mehr ausreichend beschleunigt werden. Anschließend wandern die positiven Ionen zur Kathode, wo sie ohne entsprechende Gegenmaßnahmen ebenfalls Photonen erzeugen würden, die zu einem erneuten Ansprechen des Detektors führen würden. Um dies zu verhindern, enthält das Gasgemisch im GM-Zählrohr ein Löschgas. Hierfür werden entweder organische Substanzen wie z. B. Ethanol-Dampf verwendet, die durch die positiven Edelgasionen zersetzt werden und sie auf diesem Wege neutralisieren. Alternativ können Halogene (Chlor, Brom) zugesetzt werden, die die bei dem Aufschlag der positiven Ionen freigesetzten Photonen absorbieren ohne eine erneute Elektronenlawine auszulösen.

Der Vorteil halogengefüllter GM-Zählrohre liegt darin, dass sich das Löschgas nicht zersetzt und sie deshalb eine nahezu unbeschränkte Lebensdauer aufweisen. Dies ist bei den organischen Löschgasen nicht der Fall, die nach ca. 10^9 Entladungen verbraucht sind. Da erst nach abgeschlossener Elimination der langsamen positiven Ionen eine erneute Auslösung möglich ist, kann ein GM-Zählrohr nur alle ca. 100 μs einen Impuls aufnehmen. Dies hat zur Folge, dass bereits ab 10.000 cpm Koinzidenzkorrekturen erforderlich sind; bei noch stärkeren Strahlenfeldern muss die Paralysierbarkeit des GM-Zählrohres beachtet werden.

Einsatzmöglichkeiten für gasgefüllte Detektoren

Generell sind gasgefüllte Detektoren sehr gut zum Nachweis von Alpha- und Beta-Strahlung geeignet. Wenn die Probe nicht direkt in den Detektor eingebracht wird muss allerdings durch ein ausreichend dünnes Fenster sichergestellt sein, dass die Teilchen nicht vor Eintritt in den Detektor absorbiert werden. Für den Nachweis von Neutronen verwendet man als Zählgas vorzugsweise Bortrifluorid, da Bor-10 ein sehr guter Neutronenabsorber ist und die Reaktionsprodukte Lithium-7 und Helium-4 so hochenergetische Ionen sind, dass sie eine sichere Auslösung des Detektors gewährleisten. Alternativ hierzu können Proportionalzähler auch als Spaltkammer konstruiert werden; hierbei ist eine der Elektroden mit einer dünnen Schicht Uran-235 überzogen, bei dessen Spaltung durch Neutronenstrahlung hochionisierte Spaltprodukte entstehen, die im Detektor einen charakteristischen Impuls auslösen. Die Nachweiswahrscheinlichkeit für γ-Strahlung ist vergleichsweise niedrig; trotzdem können gasgefüllte Detektoren auch hierfür eingesetzt werden. Bei GM-Zählrohren ist zu beachten, dass aus dem Impuls keine Rückschlüsse auf das Ausmaß der Ionisation durch das auslösende Ereignis gezogen werden können. Wenn man sie zur Bestimmung der Ortsdosisleistung in γ-Strahlungsfeldern einsetzen will, muss man dem Zählrohr einen Energiekompensationsfilter vorschalten, der durch Sekundärelektronenproduktion die Nachweiswahrscheinlichkeiten für unterschiedlich energetische γ-Strahlung so modifiziert, dass die Impulsrate proportional zur Ortsdosisleistung ist.

Szintillationsdetektoren

Bestimmte Substanzen senden bei der Absorption ionisierender Strahlung Lichtblitze aus. Diese können zum Nachweis und – mit begrenztem Auflösungsvermögen – zur Bestimmung der Energie dieser Strahlung genutzt werden. Voraussetzung hierfür ist, dass das Detektormaterial transparent für die von ihm erzeugte Strahlung ist. Bei Gasen und organischen Substanzen ist dies der Fall, aber anorganischen Kristallen müssen in Form gezielter Verunreinigungen Aktivatoren zugegeben werden, die die Wellenlänge des erzeugten Lichtes verschieben.

Zur Verstärkung des schwachen Lichtimpulses werden Fotomultiplier eingesetzt. Das Licht aus dem Szintillator setzt in der Fotokathode aus Cs_3Sb Elektronen frei. Diese werden in einem System aus 10–14 Elektroden (Dynoden) beschleunigt. An jeder Dynode erzeugen die Elektronen bei ihrem Aufprall mehrere Sekundärelektronen, sodass es über jede Stufe zu einer Elektronenmultiplikation kommt und letztendlich bei einer Gesamtspannung von 1000–2000 V ein Verstärkungsfaktor von 10^6 erreicht wird. Das so generierte elektrische Signal kann anschließend sowohl im Bezug auf Impulsdiskrimination als auch Impulsintensität weiterverarbeitet werden. Die prinzipielle Funktionsweise eines Fotomultipliers wird in Abb. 10.30 verdeutlicht.

Für diese Detektoren kommen gasförmige, flüssige und feste Szintillatoren zum Einsatz.

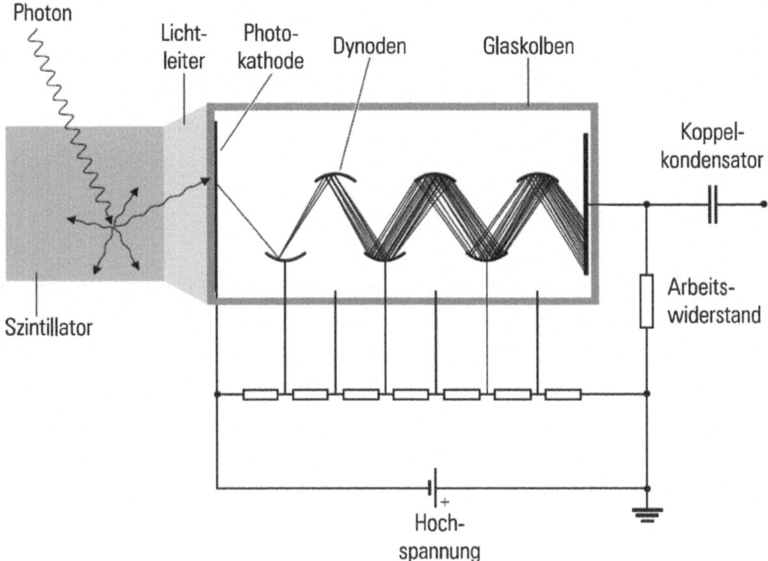

Abb. 10.30 Szintillationsdetektor (Grupen 2008)

Gasszintillationszähler

Als Szintillatonsgase können bei entsprechender Reinheit Stickstoff, Helium, Argon, Krypton und Xenon verwendet werden. Abgesehen vom Stickstoff liegt das emittierte Licht hierbei im UV-Bereich, sodass entweder ein UV-empfindlicher Fotomultiplier oder Stickstoff zur Verschiebung der Wellenlänge verwendet werden müssen. Aufgrund der geringen Absorption von γ-Strahlung und der geringen Lichtausbeute im Vergleich zu anderen Szintillationsdetektoren beschränken sich die Anwendungen auf den Nachweis von Alpha-Strahlung.

Flüssigkeitsszintillationszähler

Die Flüssigszintillation hat eine besondere Bedeutung für den Nachweis von niederenergetischer Beta-Strahlung und damit insbesondere der Radionuklide H-3 und C-14. Die Probe wird direkt in einem „Szintillations-Cocktail" aufgelöst und die Lichtstrahlung mit Fotomultipliern gemessen. Allerdings kann das Probenmaterial negative Auswirkungen auf die Lichtausbeute haben. Dieser Effekt wird als „Quenchen" bezeichnet und betrifft zum einen die Umwandlung der Ionisations- in Lichtenergie durch chemische Reaktionen (chemisches Quenchen) als auch durch unerwünschte Spektralverschiebungen (Farb-Quenchen). Der eigentliche Szintillator ist meistens ein fester aromatischer Kohlenwasserstoff, der in einem Lösungsmittel wie Toluol oder Xylol gelöst ist. Der Detektorwirkungsgrad liegt bei der Flüssigszintillation nahe 100 %; die Energieauflösung ist hoch genug, um beispielsweise zwischen H-3 ($E_{\beta,max} = 18\,\text{keV}$) und C-14 ($E_{\beta,max} = 160\,\text{keV}$) unterscheiden zu können. Außerdem ist es möglich, anhand der Dauer des Lichtimpulses zwischen α- und β-Strahlung zu differenzieren.

Feststoffszintillationszähler

Für den Nachweis von Alpha-Strahlung wird hier ZnS(Ag) und für Beta-Strahlung Anthracen oder Stilben als Szintillator verwendet. Eine herausragende Bedeutung haben Feststoffszintillationszähler jedoch für den Nachweis von Gamma-Strahlung, da sie eine hohe Nachweiswahrscheinlichkeit mit hoher Zuverlässigkeit, einem hervorragenden zeitlichen Auflösungsvermögen und der Möglichkeit einer Energiebestimmung verbinden. Hierfür werden Kristalle aus NaI(Tl) oder CsI(Tl) verwendet. Für genaue gammaspektrometrische Untersuchungen kommen allerdings aufgrund der deutlich besseren Energieauflösung Halbleiterdetektoren auf der Basis von Reinstgermanium zum Einsatz.

Dosimetrie

Ziel der Dosimetrie ist es, die innerhalb einer Zeit empfangene Energiedosis bzw. Neutronenfluenz zu bestimmen. Eine Möglichkeit hierfür besteht darin, die bereits in beschriebenen Echtzeitverfahren ermittelten Werte über die Zeit zu integrieren. Daneben gibt es aber auch direkte Verfahren, die im Folgenden kurz vorgestellt werden.

Chemische Verfahren

Bei der chemischen Dosimetrie werden die durch ionisierende Strahlung verursachten chemischen Reaktionen zur Quantifizierung der Dosis herangezogen.

Ein besonders einfaches Beispiel hierfür ist die Zersetzung von Chloroform, bei der HCl freigesetzt wird und durch eine Änderung des pH-Wertes nachgewiesen werden kann. Der Messbereich ist allerdings mit 10^2–10^5 Gray sehr hoch.

Bei der Fricke-Dosimetrie führt die Einwirkung von ionisierender Strahlung dazu, dass Fe^{2+} Ionen zu Fe^{3+} Ionen oxidiert werden. Diese können dann spektrometrisch durch die Absorption von Licht mit einer Wellenlänge von 304 nm nachgewiesen werden. Alternativ ist durch Zugabe von NaSCN ebenfalls eine quantitative Bestimmung über die Rotfärbung durch Bildung des Rhodanid-Komplexes möglich. Das Fricke-Dosimeter ist für Dosen zwischen 1 und 100 *Gray* einsetzbar.

Ein empfindlicherer chemischer Nachweis ist mit fotografischen Filmen möglich. Hierbei wird in Silberbromidkristallen durch Einwirkung ionisierender Strahlung elementares Silber erzeugt. Die nach der Bestrahlung vorliegenden Mengen sind noch zu gering, um sichtbar zu werden. Bei der Entwicklung des Filmes wird eine reduzierende Substanz (z. B. Hydrochinon) hinzugegeben. In Kristallen, in denen bereits elementares Silber vorhanden ist, bewirkt dieses eine autokatalytische Reduktion der Ag^{+} Ionen zu weiterem Silber, bis der gesamte Kristall geschwärzt ist. In Kristallen, in denen es bei der Bestrahlung zu keiner Reaktion gekommen ist, bleibt das Silberbromid dagegen erhalten.

Die mikroskopische Zunahme der Anzahl von geschwärzten Kristallen führt makroskopisch zu einer stärkeren Verdunkelung des Films, aus der deshalb auf die empfangene Dosis geschlossen werden kann. Eine Herausforderung ist hierbei allerdings, dass die Reaktionsrate im fotografischen Film nicht proportional mit der Energie der γ-Strahlung ansteigt.

Thermolumineszenz

Thermolumineszenz Dosimeter (TLD) bestehen aus kristallinem Lithium- oder Calciumfluorid, das mit Fremdatomen wie Magnesium oder Titan dotiert wurde. Diese führen zu Fehlstellen in den Kristallen, in denen bei der Bestrahlung freigesetzte Elektronen gefangen werden. Werden die Kristalle anschließend auf über 150 °C erhitzt, können die Elektronen wieder frei rekombinieren, was die Aussendung von Licht zur Folge hat. Durch Messung der Lichtintensität nach Verstärkung mit einem Fotomultiplier kann über den Aufheizvorgang die sogenannte Glühkurve aufgetragen werden. Die im Kristall absorbierte Strahlendosis ist proportional zu der Zahl der beim Aufheizen emittierten Photonen. Die Fluoridkristalle können entweder in massiver Form oder in einer Kunststoffmatrix zu Dosimetern verarbeitet werden. Aufgrund ihrer geringen Größe sind sie für viele Spezialanwendungen, z. B. in Form von Ringen für die Messung der Hand-Dosis, die einzig praktikable Lösung. Ein Nachteil der TLD ist allerdings, dass mit dem Auslesen die in Form von Elektronenfehlstellen gespeicherte Information gelöscht wird.

Verlust elektrostatischer Aufladung

Als vereinfachte, mobile Variante der Ionisationskammer kann ausgenutzt werden, dass die Ionisation des Gases im Inneren des Dosimeters zu einer Verringerung einer vorher eingebrachten statischen Aufladung führt. Eine einfache, wenn auch heutzutage kaum noch gebräuchliche Anwendung ist das Stabdosiometer, bei dem der aktuelle Ladezustand und damit die erhaltene Dosis durch ein Beobachtungsfenster anhand der Auslenkung einer an der inneren Elektrode befestigten Quarzfaser abgelesen werden kann.

Aktivierung

Wenn durch Absorption von Neutronen eine Umwandlung stabiler in radioaktive Nuklide erfolgt, spricht man von einer Aktivierung. Da sowohl Wirkungsquerschnitte als auch

Kernzahldichten und Halbwertszeiten bekannt sind, lässt sich anhand einer nach der Bestrahlung durchgeführten Messung der Aktivität einer Probe der Neutronenfluss am Ort der Bestrahlung bestimmen. Typischerweise werden aktivierbare Materialien direkt an verschiedenen Positionen in den Reaktor eingebracht, um so auch Informationen über die räumliche Flussverteilung zu gewinnen.

Spektroskopie

Ziel der spektrometrischen Untersuchung von ionisierender Strahlung ist die Ermittlung der Energie von einzelnen Partikeln oder Photonen, wodurch in der Regel die emittierenden Radionuklide bestimmt und hinsichtlich ihrer Aktivität quantifiziert werden sollen. Hierfür ist es erforderlich, dass die Strahlung ihre gesamte Energie in den Detektor abgibt, weshalb als Material im Wesentlichen Feststoffe in Frage kommen. Aufgrund ihrer herausragenden Bedeutung sollen in diesem Kapitel ausschließlich Halbleiterdetektoren behandelt werden. Wegen der unterschiedlichen Anforderungen an den Detektor wird darüber hinaus eine Unterteilung in Alpha- und Gamma-Spektrometrie vorgenommen.

Funktionsweise der Halbleiterdetektoren

Halbleiter sind Materialien wie Silicium oder Germanium, deren elektrische Leitfähigkeit zwischen der von Metallen und Isolatoren liegt. Ein reiner Siliciumkristall zwischen zwei Elektroden verhält sich fast wie ein Nichtleiter: Fast alle Elektronen sind als Valenzelektronen an spezifische Siliciumatome gebunden. Dabei beträgt die Bindungsenergie 1.115 eV (0.75 eV für Germanium). Wird diese Energie für ein Elektron aufgebracht, so wird es auf ein Energieband gehoben, auf dem es nicht an bestimmte Atome gebunden ist und entlang dessen es sich schnell durch den Kristall bewegen kann („Leitungsband"). Bei Raumtemperatur sind gemäß der Maxwell-Verteilung einige Elektronen energiereich genug, um ins Leitungsband gehoben zu werden, wodurch die geringe intrinsische Leitfähigkeit von reinem Silicium erklärt werden kann. Das Anheben des Energieniveaus der Elektronen kann durch ionisierende Strahlung erfolgen. Hierbei entstehen Elektron-Loch-Paare; um zu verhindern, dass diese wieder rekombinieren, muss ein starkes Raumladungsfeld aufgebracht werden.

Um die elektrischen Eigenschaften eines Halbleiters zu verändern, können geringe Mengen an gezielten Verunreinigungen eingebracht werden. Hierfür werden Elemente verwendet die abweichend von den 4 Valenzelektronen des Siliciums/Germaniums 5 (z. B. Phosphor) oder 3 Valenzelektronen haben. Wenn eine geringe Menge Phosphor in reines Silicium eingebracht wird, entsteht im Kristallgitter ein Elektronennüberschuss, der dazu führt, dass diese zusätzlichen Elektronen mit lediglich 0.04 eV in das Leitungsband gehoben werden können. Solchermaßen dotiertes Silicium wird als n-leitendes Silicium (n → negativ → Elektronenüberschuss) bezeichnet. Das Zufügen von Indium hat einen spiegelbildlichen Effekt zur Folge. Der Kristall weist nun einen Mangel an Elektronen auf. Dies führt zur Bildung weiterer Energiebänder, von denen das Niedrigste lediglich 0.06 eV über dem Valenzband liegt. Dadurch wird wiederum die Leitfähigkeit des Kristalls/Siliciums? drastisch erhöht; man spricht hier von p-leitendem (p → positiv → Elektronenmangel) Silicium.

Wenn man nun einen reinen Halbleiter durch Diffusionsvorgänge von der einen Seite p und von der anderen Seite n dotiert, bildet sich an der Schnittstelle zwischen beiden Dotierungen eine Verarmungszone aus, in der alle Löcher mit Elektronen gefüllt sind und das Leitungsband elektronenfrei ist. Das resultierende elektronische Bauteil wird als Diode bezeichnet; sie ist dadurch gekennzeichnet, dass sie Elektrizität nur in eine Richtung leitet: Schließt man den Pluspol einer Spannungsquelle an die p-Zone und den Minuspol an die n-Zone an, so wirken durch die anliegende Spannung auf Löcher und freie Elektronen Kräfte, die sie durch die Verarmungszone führen, die damit eliminiert wird. Schließt man die Diode allerdings in die entgegengesetzte- oder Sperrrichtung an, so wird die Verarmungszone durch das elektrische Feld sogar noch erweitert und es fließt kein Strom.

Eine in Sperrrichtung betriebene Diode kann mit einem geladenen Kondensator verglichen werden: In der Verarmungszone herrscht ein starkes elektrisches Feld, welches durch Ionisation entstandene Ladungsträger rasch trennt. Diese Ladungsträger verursachen einen geringen Strom, der analog zum Prinzip gasgefüllter Detektoren für ionisierende Strahlung als messbarer Impuls registriert werden kann.

Alpha-Spektroskopie

Da Alpha-Teilchen mit diskreten, von den nuklearen Energieniveaus abhängigen Energien emittiert werden, können sie zur Radionuklididentifikation herangezogen werden. Zur Messung werden Oberflächensperrschichtdetektoren eingesetzt: Sie bestehen aus einer dünnen p-n–dotierten Siliciumplatte, auf die an der Ober- und Unterseite Elektroden aufgedampft sind (Oberseite: Gold, Unterseite: Aluminium). Durch Betreiben der Diode in Sperrrichtung erhält man eine Verarmungszone, die tief genug ist, um die gesamte, bei der Absorption eines Alpha-Teilchens freiwerdende Ionisationsenergie aufzunehmen.

Ein typischer Oberflächensperrschichtdetektor hat eine effektive Oberfläche von 300 cm^2, eine 300 μm dicke Sperrschicht und eine Arbeitsspannung von 100 V. Der Energieverlust eines 6 MeV Alpha-Teilchens vor Erreichen der Sperrschicht beträgt im Detektor weniger als 6 keV. Allerdings ist es zwingend erforderlich, zwischen Probe und Detektor ein Vakuum zu erzeugen, weil ansonsten der Energieverlust in der Luft die Ergebnisse massiv verfälschen würde. Die einschlagenden Partikel verursachen Kristallschäden, die die Lebensdauer des Detektors beschränken. Sie beträgt für Alpha-Teilchen ca. 10^9 Partikel/cm^2.

Gamma-Spektroskopie

Da die Wahrscheinlichkeit einer Interaktion von γ-Strahlung mit Materie so gering ist, muss die Verarmungszone für die Gamma Spektroskopie viel größer als bei einem Oberflächensperrschichtdetektor sein. Um entsprechend ausgedehnte Verarmungszonen in Germaniumkristallen erzeugen zu können, wurden früher Lithium-gedriftete Detektoren (Ge(Li)) verwendet. Bei ihnen wurde das Germanium an einer Seite mit Lithium dotiert, welches anschließend unter dem Einfluss eines elektrischen Feldes in den Kristall eindringt und dort lokale p-Typ–Verunreinigungen neutralisiert. Dies ist möglich, weil Lithium aufgrund seiner geringen Atomgröße Zwischengitterplätze einnehmen kann. Für die Erhaltung dieses Zustandes ist es allerdings erforderlich, dass die Detektoren kontinuierlich mit flüssigem Stickstoff gekühlt werden. Für niedrigere Photonenenergien als 60 keV, wie sie beispielsweise bei der Röntgen-Spektroskopie auftreten, werden auch heute noch Si(Li) Detektoren eingesetzt.

Mit dem Aufkommen von billigem hochreinem Germanium entfiel die Notwendigkeit für Lithium-gedriftete Germaniumdetektoren. Reinstgermaniumdetektoren haben eine Reinheit von $1{:}10^3$ und müssen lediglich im Betrieb mit flüssigem Stickstoff gekühlt werden. Je nach dominierender Verunreinigung werden sie entweder als p-Typ oder n-Typ bezeichnet. p-Typ Detektoren weisen eine untere Messbereichsgrenze von 100 keV auf, während sie beim n-Typ bei geeignet dünner und transparenter Umhüllung lediglich 6 keV beträgt. Andererseits ist beim n-Typ die Nachweiswahrscheinlichkeit im übrigen Messbereich etwas geringer. Um die Einflüsse der natürlichen Radioaktivität zu minimieren, sollte der Detektor für eine gammaspektroskopische Messung von einer starken Bleiburg umschlossen sein.

10.3.2 Neutronenfluss

Um die genannten Strahlungsdetektoren für die Messung der Neutronenflussdichte einzusetzen, muss man dafür sorgen, dass durch eine Neutronenreaktion geladene Teilchen erzeugt werden, die in den Detektor gelangen. Die hierfür verwendeten, verschiedenen Ansätze (Schrüfer 1974) werden im Folgenden kurz vorgestellt, bevor abschließend die Konzepte für die Neutronenflussinstrumentierung der beiden Referenzanlagen beschrieben werden (Kraftwerks-Union 1979; KUA 1974; Möller 2006).

Spaltkammer

In einer Spaltkammer wird U-235 als dünne Schicht auf die Elektrodenoberfläche aufgetragen. Da die Spaltprodukte stark ionisieren, erhält man mit einer Spaltkammer hohe Ladungsimpulse, die in einem Zählgerät verarbeitet werden können. Bei hoher Impulsrate, oder wenn aus anderen Gründen ein Impulsbetrieb unzweckmäßig ist, kann man die

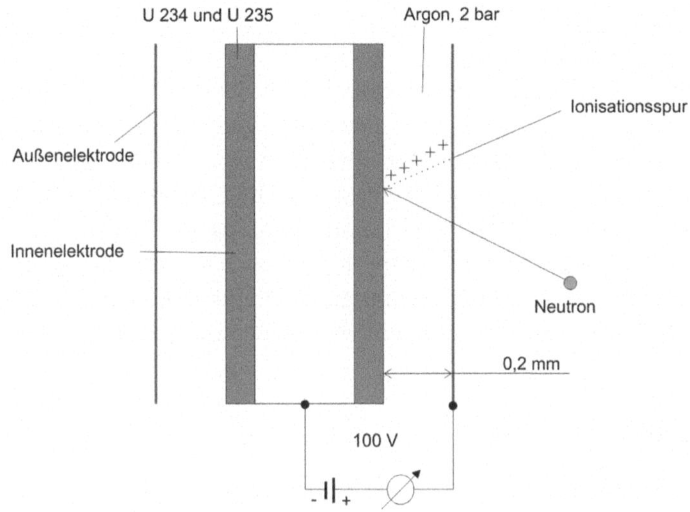

Abb. 10.31 Funktionsweise einer Spaltkammer (Möller 2006)

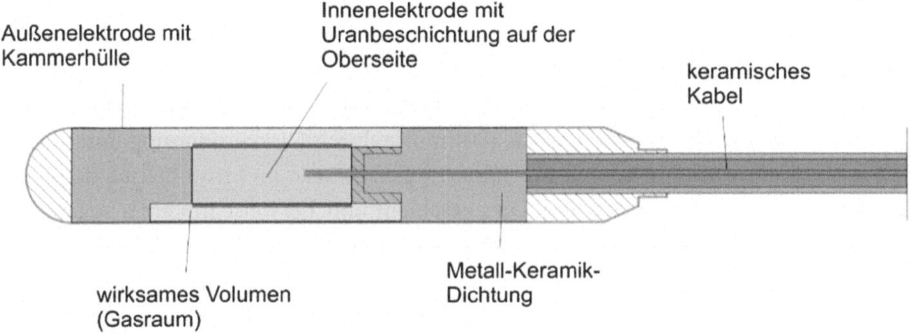

Abb. 10.32 Aufbau einer Spaltkammer (Möller 2006)

Kammer auch im Strombetrieb verwenden. Wegen der Höhe der Neutronenimpulse im Vergleich zu den γ-Impulsen kann man leicht gegen γ-Strahlung durch eine Ansprechschwelle diskriminieren. Da U-235 ein α-Strahler ist, zeigt die Spaltkammer einen Nulleffekt, der mit der absoluten Menge an Spaltstoff in der Kammer zunimmt. Die Spaltstoffmenge sollte daher durch konstruktive Maßnahmen klein gehalten werden. Außerdem kann man aber noch eine Verminderung der α-Empfindlichkeit erreichen, wenn man den Effekt ausnutzt, dass Spaltprodukte am Anfang ihrer sehr kurzen Bahn die stärkste Ionisierung bewirken, während α-Teilchen am Ende der Bahn die höchste spezifische Ionendichte erzeugen. Wählt man das aktive Volumen kleiner als die Reichweite der α-Teilchen, so bleiben die α-Impulse bzw. der Nulleffektstrom relativ klein. Funktionsweise und Aufbau sind an Hand von Abb. 10.31 und 10.32 dargestellt.

BF_3-Zählrohre

In BF_3-Zählrohren wird bevorzugt B-10 verwendet. Es hat neben einem großen Wirkungsquerschnitt noch den Vorzug, dass dieser einem $1/v$-Verlauf folgt und deshalb besonders auf thermische Neutronen anspricht. Bortrifluorid weist als Füllgas die für Proportionalzählrohre notwendigen Löscheigenschaften auf. Allerdings arbeiten diese Zählrohre nur bis zu Dosisleistungen von etwa 1 Gy/h zufriedenstellend, da sich bei höheren Dosisleistungen die Dissoziation des Füllgases und mangelhafte Löscheigenschaften störend bemerkbar machen. BF_3-Zählrohre werden wegen ihrer großen Empfindlichkeit ebenfalls im Anfahrbereich des Reaktors sowie für Strahlenschutzmessgeräte verwendet.

Bor-Ionisationskammer

Die im vorigen Unterkapitel genannten Nachteile von BF_3-Zählrohren für hohe Neutronenflüsse werden bei borbeschichteten Ionisationskammern vermieden. Das Grundprinzip ist dabei ähnlich wie bei Spaltkammern; allerdings wird hier die Gasionisation durch die bei der Neutronenabsorption von Bor-10 freigesetzten α-Teilchen verursacht. In einem Reaktor wächst die γ-Flussdichte mit zunehmender Betriebszeit durch die Ansammlung von Spaltprodukten und die Neutronenaktivierung ständig an. Während des Leistungsbetriebs kommt noch die prompte γ-Strahlung hinzu. Während man für den Nullleistungsbereich Zählrohre verwendet, bei denen man die γ-Impulse durch Diskriminierung unterdrücken kann, muss man im Anfahrbereich mit Ionisationskammern im Strombetrieb den Signalanteil der γ-Strahlung kompensieren. Dies geschieht üblicherweise mit einer sogenannten Vergleichskammer: Zur Neutronenmessung wird eine mit einer Bor-10-Schicht belegte Ionisationskammer eingesetzt. Diese ist für Neutronen- und γ-Strahlung empfindlich. Zusätzlich wird eine zweite Kammer ohne Borbelag in engster Nähe dazu vorgesehen, die nur für γ-Strahlung empfindlich ist. Der Strom wird vom Strom der borhaltigen Kammer subtrahiert. Das kann z. B. dadurch erreicht werden, dass man beide Kammern konzentrisch mit einer gemeinsamen Elektrode baut. Der genaue Abgleich kann durch Änderung der Kammerspannung oder des aktiven Volumens erfolgen, in einem Fall spricht man von elektrischer, im anderen von mechanischer Kompensation. Ein Bespiel für den Aufbau einer γ-kompensierten Ionisationskammer mit elektrischer Kompensation ist in Abb. 10.33 gegeben.

Im Leistungsbetrieb überwiegt das Neutronensignal gegenüber dem γ-Untergrund deutlich, sodass hier unkompensierte Ionisationskammern eingesetzt werden können.

Protonen-Rückstoßzählrohre

Zur Messung der schneller Neutronen kann man sich der Rückstoßprotonen bedienen, die durch elastische Streuung der Neutronen in einem wasserstoffhaltigen Material

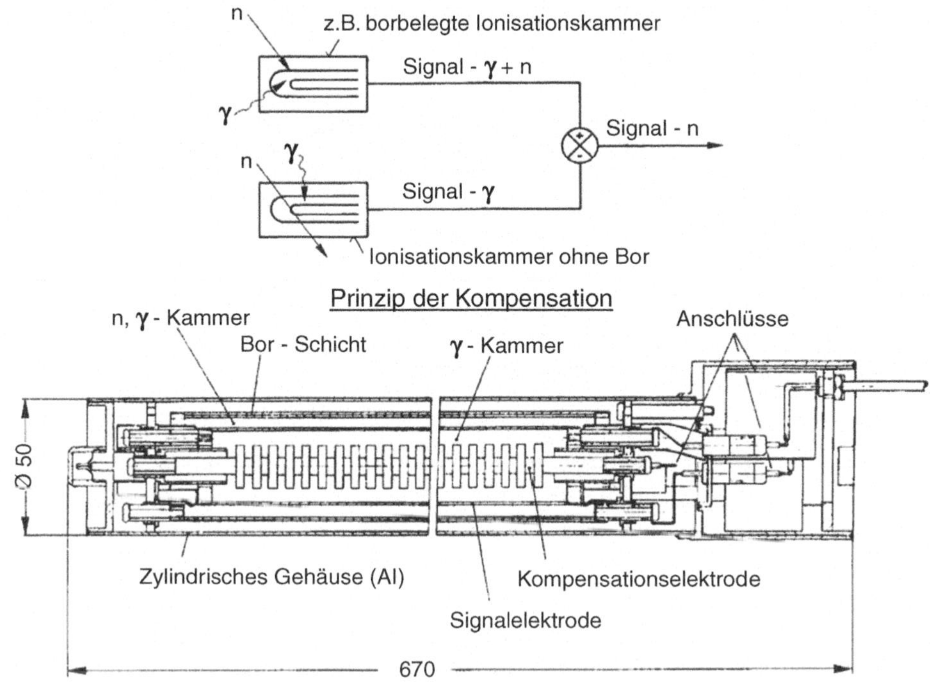

Abb. 10.33 γ-kompensierte Ionisationskammer. *Quelle* Areva

freigesetzt werden. Hierzu wird ein Proportionalzählrohr mit einer entsprechenden Auskleidung versehen; die Protonen lösen dann nachweisbare Gas-Ionisation aus.

SPN-Detektoren

Die Abkürzung „Self-powered Neutron"-(SPN) Detektoren sind bei hohen Neutronenflüssen einsetzbar. Ihre namensgebende Besonderheit ist, dass sie ein Signal liefern, ohne dass an den Detektor eine Spannung angelegt werden muss. Ein SPN-Detektor besteht aus einem neutronenabsorbierenden Emitter und einer Hülle. Durch die Wechselwirkung der durch (n, γ) Reaktionen im Emitter freigesetzten γ-Strahlung mit dem Emittermaterial werden Compton-Elektronen freigesetzt, die aus dem Emitter austreten und in der Hülle absorbiert werden. Dies stellt als prompte Reaktion auf den zu messenden Neutronenfluss einen Strom von Ladungsträgern dar, der über elektrische Anschlüsse des Detektors gemessen werden kann. Zusätzlich trägt die β-Strahlung des entstandenen Aktivierungsproduktes zu diesem Effekt bei. Ist dessen Halbwertszeit relativ kurz, so führt dies z. B. bei Detektoren auf Basis von Rhodium oder Vanadium zu einem verzögerten Ansprechen. Bei einer längeren Halbwertszeit wie beim Co-60 ist die entsprechende Aktivität anfangs viel geringer,

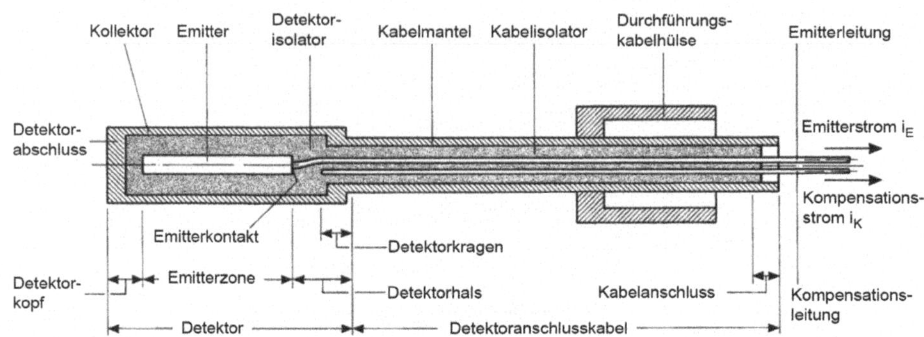

Abb. 10.34 SPN-Detektor mit Anschlusskabel. *Quelle* Areva

nimmt aber im Laufe der Einsatzzeit zu; die entsprechende Stromkomponente muss dann kompensiert werden. In einem zusätzlichen externen γ-Strahlungsfeld werden zwar zusätzlich weitere Elektronen freigesetzt, da dies aber sowohl in der Hülle als auch dem Emitter geschieht, kompensieren sich die resultierenden Ströme weitgehend. Durch Wechselwirkung der Strahlung mit der Anschlussleitung werden weitere, sog. Kabelströme verursacht. Um deren Einfluss auf das Messergebnis bestimmen bzw. eliminieren zu können, werden SPN-Detektoren mit einer zusätzlichen, sog. Kompensationsleitung versehen. Ein solcher Detektor mit integriertem Anschlusskabel ist in Abb. 10.34 dargestellt.

Neutronenflussinstrumentierung eines modernen DWR

Die Messung des Neutronenflusses erfolgt beim Konvoi-Reaktor (TUEV 1984) über mehrere verschiedene Systeme. Im Folgenden wird auf grundsätzlichen Aufbau und Funktion eingegangen werden; die Beschreibung des Einsatzes in der betrieblichen Praxis erfolgt in Kap. 14.

Außenmesssystem

Das Außenmesssystem stellt unter anderem Informationen bereit für das Anfahren des Reaktors, Regelung und Begrenzung der Reaktorleistung sowie für das Reaktorschutzsystem. Seine Detektoren befinden sich außerhalb des Reaktordruckbehälters auf der Innenseite des biologischen Schildes in Messkammerführungsrohren, in die sie mittels Gliederzügen von betrieblich begehbaren Bereichen eingelassen werden können (s. Abb. 10.35). Es wird zwischen dem Impuls-, Mittel- und Leistungsbereich unterschieden; die Zuordnung ist in Abb. 10.36 dargestellt.

Im Impulsbereich kommen BF_3 Zählrohre zum Einsatz. Um Strahlenschäden zu vermeiden werden diese oberhalb von 3 % der Reaktornennleistung um mehrere Meter

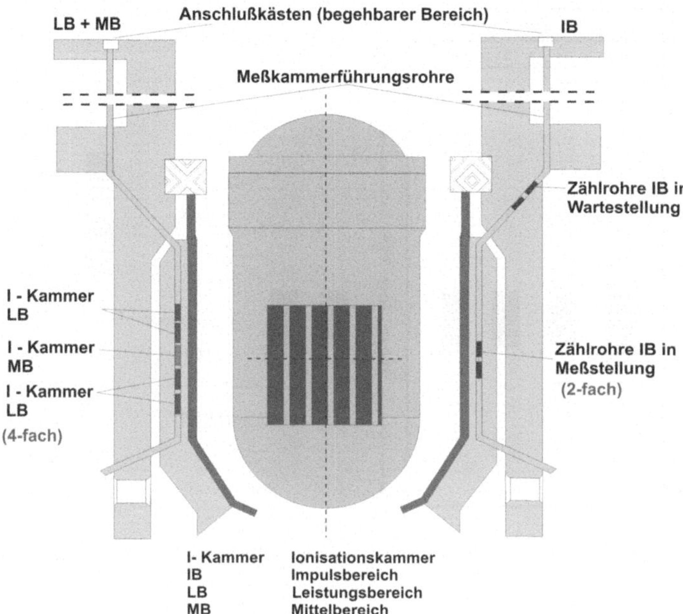

Abb. 10.35 Anordnung der Neutronenflussaußeninstrumentierung (Möller 2006)

an einen Ort mit niedrigerer Neutronendosis gezogen. Für den Mittelbereich werden gammakompensierte, borbeschichtete Ionisationskammern verwendet. Für die Leistungsbereichsdetektoren (ebenfalls borbeschichtete Ionisationskammern) ist aus den oben genannten Gründen keine Gammakompensation erforderlich. Der grundsätzliche Aufbau der Gliederzüge des Außenmesssystems ist in Abb. 10.37 dargestellt.

Innenmesssystem

Der Neutronenfluss im Inneren des Kerns wird durch das Leistungsverteilungsdetektorsystem (LVD-System) in Echtzeit messtechnisch erfasst. Hierfür kommen SPN-Detektoren mit Cobalt-Emitter zum Einsatz. Das LVD-System besteht aus insgesamt 48 Detektoren, von denen jeweils 6 axial über die Kernhöhe verteilt in einer Messlanze montiert sind. Die insgesamt 8 Lanzen sind an Jochen oberhalb des Kerns befestigt und ragen jeweils in ein leeres Steuerstabführungsrohr des unter ihnen befindlichen Brennelements hinein. Weiterer Bestandteil des Innenmesssystems sind Thermoelemente zur Messung der Kernaustrittstemperatur des Kühlmittels. Das LVD-System wird für die Bestimmung der räumlichen Leistungsdichteverteilung verwendet, muss aber hierfür regelmäßig kalibriert werden. Hierzu wird das Kugelmesssystem verwendet. Die Positionierung dieser Systeme im DWR-Kern ist in Abb. 10.38 dargestellt.

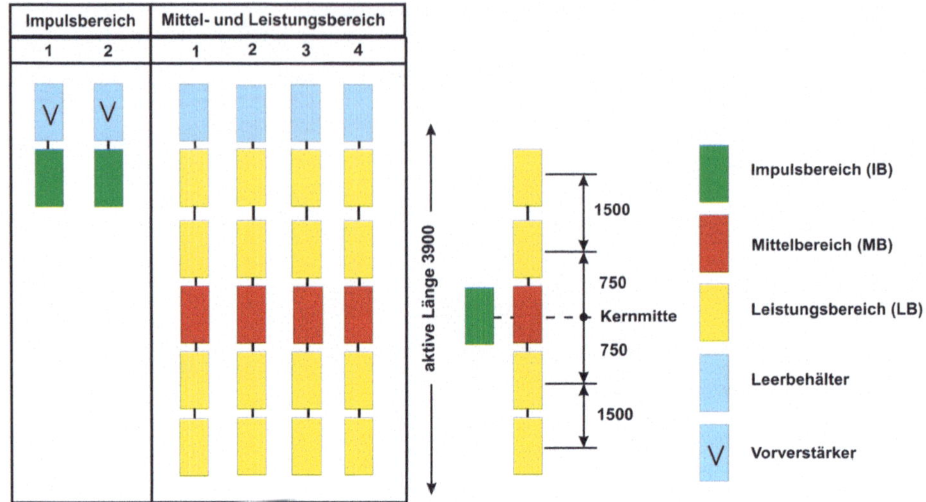

Abb. 10.36 Einteilung der Messbereiche der Neutronenflussinstrumentierung. *Quelle* Areva

Abb. 10.37 Aufbau der Gliederzüge der Neutronenflussaußeninstrumentierung (Möller 2006)

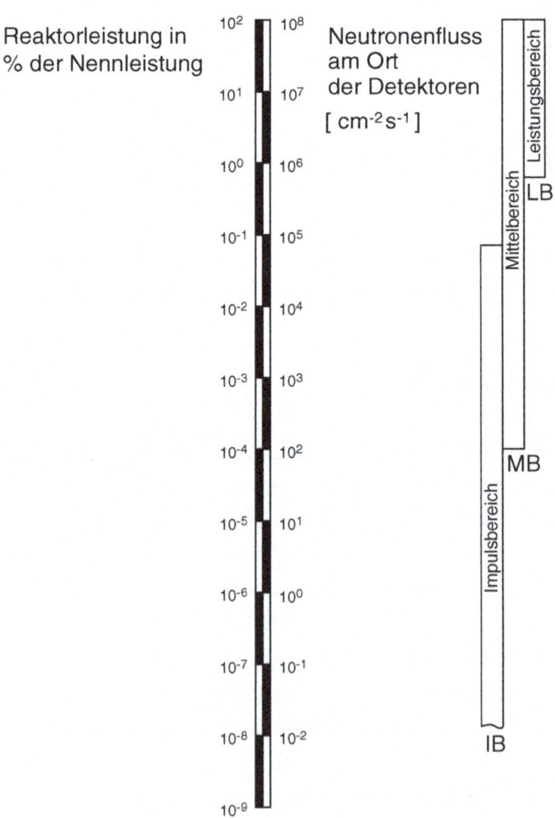

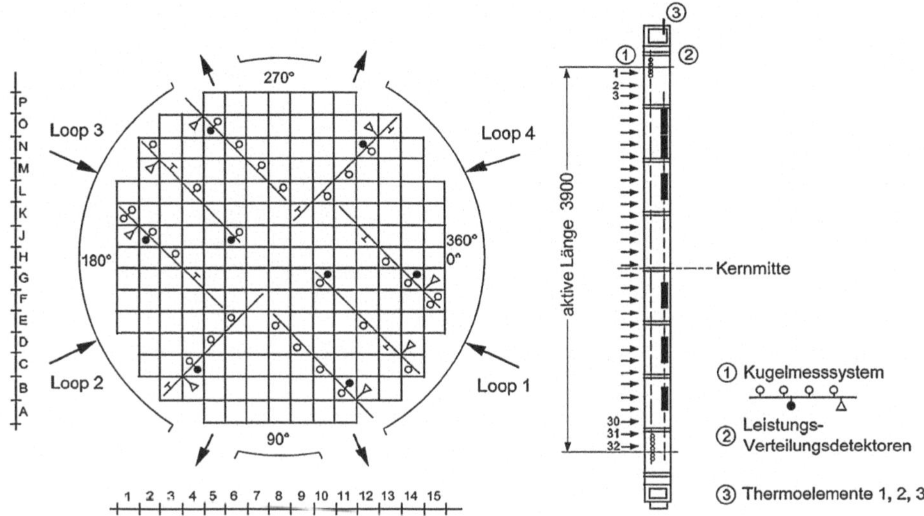

Abb. 10.38 LVD- und Kugelmesssystem. *Quelle* Areva

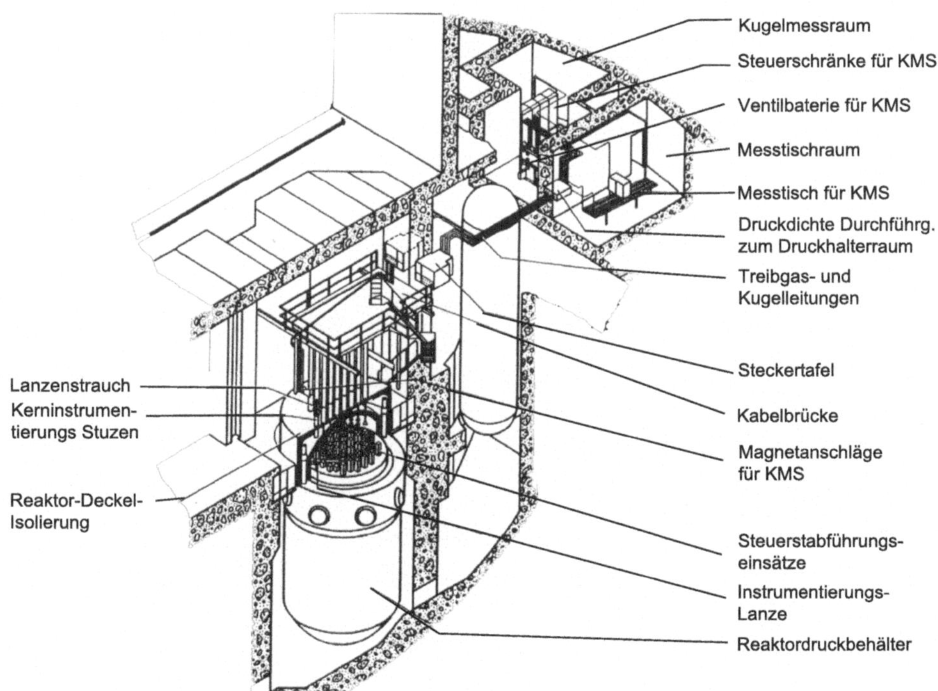

Abb. 10.39 Räumliche Anordnung des Kugelmesssystems. *Quelle* Areva

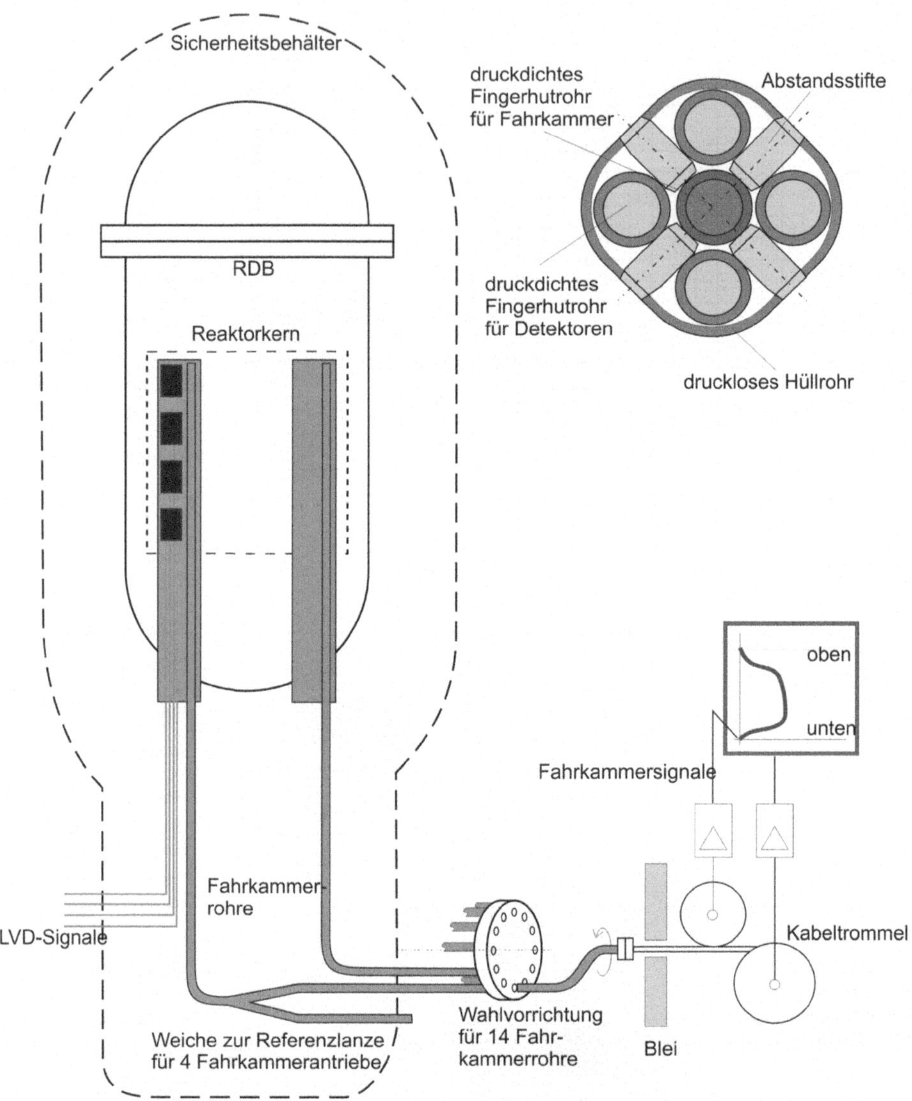

Abb. 10.40 Aufbau des Fahrkammersystems (Möller 2006)

Kugelmesssystem

Das Kugelmesssystem wird neben der Kalibrierung des LVD-Systems auch für eine genauere Abbildung der dreidimensionalen Leistungsdichteverteilung, z. B. für die Beurteilung des Zustands der Brennelemente, eingesetzt. Es besteht aber keine direkte Verbindung zu den Regelungs-, Begrenzungs- und Schutzsystemen des Reaktors.

Die Kugeln haben einen Durchmesser von ca. 1.7 mm und bestehen aus einer Vanadium-Eisen-Legierung. Eine der Reaktorkernhöhe entsprechende Säule aus diesen Kugeln wird pneumatisch in die Rohrsonden eingespült und im Neutronenfeld des Reaktors aktiviert. Nach einer Bestrahlungszeit von wenigen Minuten werden sie wieder pneumatisch aus dem Reaktor hinausbefördert in eine Messstrecke, wo sie an einer oder mehreren Zählkammern vorbeigeführt werden. Die Messung wird für die Abklingzeit korrigiert und registriert. Sie ergibt unmittelbar die axiale Flussdichteverteilung in dem betreffenden Kanal. Die räumliche Anordnung des Kugelmesssystems ist in Abb. 10.39 dargestellt.

Neutronenflussinstrumentierung eines modernen SWR

Im Gegensatz zu den Konvoi-Anlagen wird die Neutronenflussmessung beim SWR-72 (KUA 1974) nur im Kern durchgeführt. Es kommen hierfür Spaltkammern zum Einsatz, wobei wiederum zwischen verschiedenen Betriebsbereichen unterschieden wird. Im Impuls- und Übergangsbereich werden 4 bzw. 3 Detektoren eingesetzt, die bei höherer Leistung aus dem Kern gefahren werden, um einen unnötigen Abbrand des U-235 zu vermeiden. Im Leistungsbereich wird die Reaktorleistung anhand von ausgewählten 48 Detektoren (verteilt auf 3 Messkanäle) des Systems zur Messung der Leistungsverteilung bestimmt. Dieses besteht aus 44 fest im Kern installierten Messlanzen mit je 4 Leistungsverteilungs-Detektoren (LVD), die gleichmäßig über die Kernhöhe verteilt sind.

Da sich die Korrelation aus Messwerten der LVD und lokaler Leistungsdichte durch Faktoren wie Abbrand des Spaltstoffes sowohl in den Spaltkammern, als auch im Kernbrennstoff verändert, müssen die LVD regelmäßig nachkalibriert werden. Hierfür kommt das Fahrkammersystem zum Einsatz, das aus Miniatur-Ionisationskammern besteht, die in ein zentrales Führungsrohr der LVD-Lanzen eingefahren werden können (Abb. 10.40).

Literatur

Choppin, G.R., Liljenzin, J.-O., Rydberg, J.: Radiochemistry and Nuclear Chemistry. Butterworth-Heinemann (2002)

Grupen, C.: Grundkurs Strahlenschutz. Praxiswissen für den Umgang mit radioaktiven Stoffen. Vieweg-Verlag (2008). http://www.springer.com/physics/particle+and+nuclear+physics/book/978-3-540-75848-8. (– Ursprünglich erschienen bei Vieweg-Verlag, 2000 4, überarb. u. erg. Aufl. 2008, XVIII, 399 S. 322 Abb. Mit vielen Übungsaufgaben mit Lösungen und einer Übungsklausur)

Sicherheitsbericht Kernkraftwerk, RWE-Bayernwerk (KRB II) Grundremmingen. Doppelblockanlage mit Siedewasserreaktor, therm. Leistung 2×3840 MW/Kraftwerk Union Aktiengesellschaft: Forschungsbericht. Rheinisch-Westfällisches Elektrizitätswerk, Aktiengesellschaft Essen, Bayernwerk Aktiengesellschaft München (1974)

Kraftwerks-Union: Sicherheitsbericht des Kernkraftwerk Emsland (KKE). Bd. 1. Revision des Sicherheitsberichtes, Juni 1979

Möller, U.: Instrumentierung. Bd. 01/2008. Kraftwerksschule e.V. (2006)

Schrüfer, E., Fischer, K.-H.: Strahlung und Strahlungsmesstechnik in Kernkraftwerken [mit 263 Tab.]. Elitera-Verlag: Berlin (1974)

Sicherheitsgutachten zur 2. TG Errichtung der maschinen-, elektro- und leittechnischen Systeme Kernrkraftwerk Emsland/Technischer Überwachungs-Verein Hannover e.V. Hannover, Aug 1984 Bd. 2. – Forschungsbericht. erstellt im Auftrage des Niedersächsischen Ministers für Bundesangelegenheiten

Entwicklungen im Rahmen der Generation III+ 11

Ist die Kategorisierung von Reaktorkonzepten schon schwierig bei denen, die der Generation 2 bzw. der Generation 3 zuzuordnen sind, so ist die Unterscheidung zwischen Generation 3 und Generation 3+ ungleich schwieriger, weil selbst die Zeit, in der das Konzept entwickelt und der Öffentlichkeit vorgestellt worden ist, kaum eine eindeutige Zuordnung erlaubt.

Aus diesem Grund wird in diesem Kapitel darauf verzichtet, Konzepte detailliert darzustellen. Vielmehr werden sogenannte „Passive Komponenten", die in modifizierten Formen immer wieder genutzt werden, hinsichtlich ihrer grundsätzlichen Funktionalität vorgestellt.

11.1 Passive Sicherheitseigenschaften

Eine wesentliche Herausforderung in der Reaktorsicherheit ist die Gewährleistung der Abfuhr der Nachzerfallsleistung. Auch wenn es daneben noch andere, wesentliche Schutzziele gibt, die erreicht werden müssen, so wird oftmals doch die Anwendung passiver Sicherheitseigenschaften implizit im Hinblick auf das obengenannte Ziel diskutiert.

Eine allgemein akzeptierte Definition der Passivität besagt, dass ein Sicherheitssystem nur einige wenige Mechanismen nutzen darf, dazu zählen :

- natürliche Kräfte: Gravitation, Naturumlauf (Verdampfung–Kondensation)
- gespeicherte Energie: Federn, vorgespannte Fluide, Batterien, ...
- Ventile und Rückschlagventile, die zur Einleitung von Systemfunktionen einmalig betätigt werden.

Neben der Restriktion der zu verwendenden Mechanismen dürfen passive Systeme die folgenden Bauteile nicht enthalten:

- rotierende Maschinen wie Pumpen und Turbinen
- mehrfach betätigbare bzw. regelbare Ventile.

A. Ziegler und H.-J. Allelein (Hrsg.), *Reaktortechnik*,

DOI: 10.1007/978-3-642-33846-5_11,

Darüber hinaus wird für Eingriffe des Personals festgehalten, dass bei passiven Systemen

- kein Operatoreingriff innerhalb der ersten 72 Stunden nach Störfalleintritt notwendig ist.

Jedoch ist zu erwähnen, dass ein Operatoreingriff definitionsgemäß auch nicht unterbunden wird.

11.2 Prinzip der räumlichen Trennung

Bei einigen Konzepten wird auch verstärkt die konsequente Umsetzung der räumlichen Trennung der verschiedenen Stränge für die Notkühlung realisiert. Grundsätzlich gilt auch für passive Systeme, dass diese nicht gemeinsam verursachten Ausfällen zum Opfer fallen dürfen. Daher wird das Prinzip der räumlichen Trennung als Grundvoraussetzung für alle mehrfach vorhandenen, sicherheitsrelevanten Systeme hier kurz erläutert (s. auch Abb. 11.1).

Nach der KTA-Regel 3707 ist die sogenannte räumliche Trennung wie folgt definiert: „Die redundanten Stränge von Notstromanlagen sind räumlich so voneinander getrennt anzuordnen oder gegeneinander derart zu schützen, dass versagenauslösende Ereignisse in einem Strang nicht auf andere Stränge übergreifen können und ein einzelnes anlageninternes versagenauslösendes Ereignis nicht zum Ausfall von mehr als einem Strang führt." Neben baulichen Maßnahmen wird so Vorsorge getroffen, dass z. B. bei Einwirkungen von außen wie beispielsweise. Überflutung die Nachwärme durch intakt gebliebene Systeme

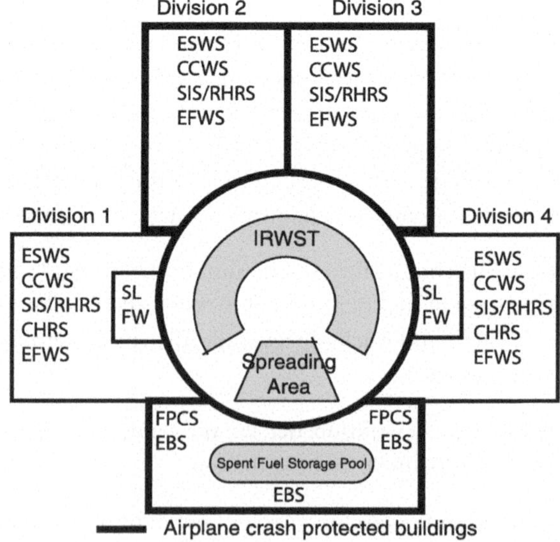

Abb. 11.1 Räumliche Trennung beim EPR (Agency 2006). *EFWS* Emergency Feedwater Systems, *ESWS* Essential Service water System, *CCWS* Component Cooling Water System, *SIS* Safety Injection System, *EBS* Emergency Boration System, *FPCS* Fuel Pool Cooling System, *CHRS* Containment Heat Removal System, *RHRS* Residual Heat Removal System, Valve compartments: Steam lines penetrations (SL) Feedwater lines penetrations (FW)

sicher abgeführt werden kann. Die räumliche Trennung umfasst auch die Entkopplung der elektrischen Sicherheitseinrichtungen. Durch eine konsequente Trennung von Betriebs- und Sicherheitssystemen wird verhindert, dass sich Fehler in Betriebssystemen auf die Funktionstüchtigkeit der Sicherheitssysteme auswirken können.

Aktuell (August 2012) wird die Verletzung des Prinzips der räumlichen Trennung bei dem Schweizer Kernkraftwerk Mühleberg öffentlich diskutiert. Die 11 m unter dem Boden befindlichen, nicht voneinander getrennten Notkühlpumpen könnten durch Leckagen aus dem höher liegenden Brennelementlagerbecken ihre Funktionstüchtigkeit verlieren und so die Notkühlung des Reaktorkerns gefährdet werden. Auch beim tschechischen Kernkraftwerk Temelin ist das Prinzip verletzt: Die hochbeanspruchten, parallel geführten Rohrleitungen auf der 28 m-Bühne sind nicht gegeneinander abgeschirmt, um ein Folgeversagen zu verhindern.

In deutschen Druckwasserreaktoren ist die Überflutung des Reaktorgebäude-Ringraums ein aktuelles Thema. Neben der teilweisen räumlichen Trennung redundanter Stränge von Sicherheitssystemen und anderen Vorsorgemaßnahmen sind jedoch auch hoch komplexe administrative und aktive Maßnahmen erforderlich, um die Auswirkungen einer Überflutung zu begrenzen.

11.3 Passive Primärkreiskühlung

Ein wesentliches Schutzziel für ein Kernkraftwerk ist die sichere Gewährleistung der Abfuhr der durch den Zerfall der radioaktiven Spaltprodukte auch nach Beendigung der nuklearen Kettenreaktion freigesetzten Wärme. Um eine thermische Zerstörung des Reaktorkerns (Kernschmelzen) zu verhindern, muss dieser bei Leichtwasserreaktoren immer komplett mit Wasser bedeckt sein. Die Wärmeabfuhr erfolgt dann durch Zwangskonvektion oder Sieden, wobei im letzteren Fall das verdampfte Wasser ersetzt werden muss. Hierfür vorgesehenen Konzepte passiver Systeme werden im Folgenden beschrieben.

11.3.1 Kerena Notkondensator

Die Aufgabe der Notkondensatoren ist die Wärmeabfuhr aus dem RDB im Falle eines Störfalls, beispielsweise eines Ausfalls der Kühlmittelpumpen. Die Kondensatoren bestehen aus 104 Wärmetauscherrohren von 10 m Länge, die leicht ansteigend angeordnet sind und deren Enden an jeweils eine Sammelkammer angeschlossen sind. Der Innendurchmesser der Rohre beträgt 38.7 mm bei einer Wandstärke von 2.9 mm. Als Material dient austhenitischer Stahl. Da das Kerena Konzept bis heute weiterentwickelt wurde, ist darauf hinzuweisen, dass es sich bei den Angaben zum Kondensatoraufbau um den Status von 1998 handelt. Abbildung 11.2 zeigt die Funktionsweise des Notkondensators.

Die obere Sammelkammer sammelt den Dampf aus dem RDB, wohingegen die untere Sammelkammer das Kondensat aus allen Wärmetauscherrohren sammelt. Der Kerena

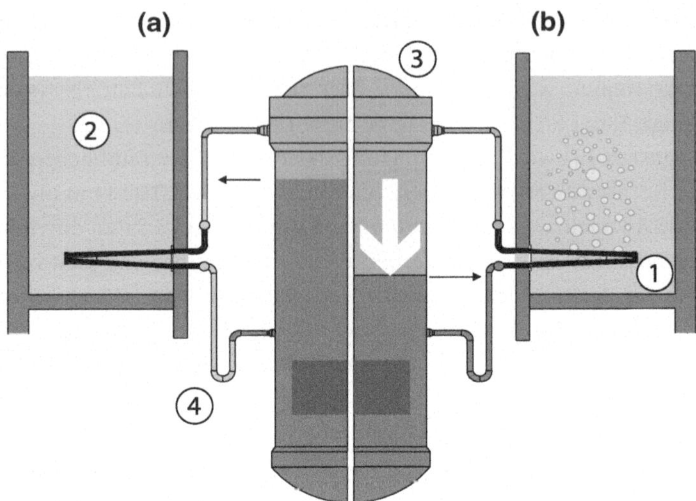

Abb. 11.2 Funktion des Notkondensators des Kerena (Areva 2003). *1.* Notkondensator, *2.* Kernflutungsbecken, *3.* Reaktordruckbehälter, *4.* Antizirkulationskreislauf/Siphon.
a. Zustand während des Leistungsbetriebs:
- Wärmetauscherrohre mit Wasser gefüllt
- Wärmeaustausch durch Siphon unterbunden

b. Zustand während der Notkühlung:
- RDB Wasserstand unterhalb der Kondensatorrohre
- Wärmetauscherrohre mit Dampf gefüllt
- Kondensation von Dampf im Wärmetauscher

besitzt vier unabhängige Notkondensatorkreisläufe, die für 75 bar ausgelegt sind und damit den Druckzuständen während des Betriebs standhalten. Jeder Kreislauf für sich ist für eine Wärmeabfuhr von bis zu 66 MW ausgelegt.

Während des Leistungsbetriebs sind die Rohre, solange der Wasserspiegel im RDB höher liegt als die Wärmetauscherrohre, mit Wasser gefüllt. Der Siphon des Antizirkulationskreislaufs unterbindet eine Zirkulation des Kühlmittels innerhalb der Zuleitung zum Notkondensator und somit eine Wärmeabgabe vom Kondensator in die Flutbehälter. Während eines Störfalls kommt es zur Absenkung des Wasserspiegels und die Rohre füllen sich mit Dampf. Die noch weiter entstehende Wärme heizt Kühlmittel auf, sodass Dampf in die Anschlussrohre zu den Notkondensatoren gepresst wird. Die Notkondensatoren befinden sich in den Kernflutungsbecken, wo das Kühlwasser für eine Wärmeabfuhr an den Kondensatorrohren sorgt. Die Kondensatoren sind oberhalb des Reaktorkerns gelegen, sodass sich durch die Aufheizung im Kern und die Abkühlung im Notkondensator eine Naturzirkulation einstellt.

Das System wirkt unabhängig von aktiver Kühlmittelförderung durch Pumpen. Ein weiterer Vorteil passiver Notkondensatoren ist, dass keine Leittechnik nötig ist, um ihre Funktion zu aktivieren. Die Notkondensatoren nehmen allein bei Abfall des Wasserstands im RDB ihre Funktion auf.

11.3.2 AP1000 Passives System zur Nachwärmeabfuhr

Zur passiven Wärmeabfuhr aus dem Reaktorkern besitzt das Notkühlsystem des AP1000 einen Nachwärmetauscher (passive residual heat removal heat exchanger, PRHRHX). Dieser befindet sich im IRWST des AP1000 und ist an einen der Primärkreise angeschlossen. Waagerechte Rohrbündel bilden die Wärmetauscherfläche des Apparates, der die entstehende Nachwärme zu 100 % abführen kann. Der Wärmetauscher wird im Falle von Störfällen durch Nichtverfügbarkeit der Dampferzeuger aktiviert, die durch Speisewasserpumpenausfälle oder Lecks in den Speisewasser- bzw. Dampfleitungen bedingt sind. Als Wärmesenke dient der Wasservorrat des IRWST. Das Volumen ist so ausgelegt, dass die Nachwärmeabfuhr nach einer Stunde zum Kochen des Kühlwassers im IRWST führt. Der aufsteigende Dampf wird wiederum durch das Containmentkühlsystem kondensiert und in den IRWST zurückgeführt. So ist die langzeitige Nachwärmeabfuhr aus dem Containment gesichert (Abb. 11.3).

11.3.3 ESBWR Isolation Condenser

Um Nachwärme aus dem Reaktor abführen zu können, wenn keine anderen Kühlkreisläufe zur Verfügung stehen, sind beim ESBWR passiv wirkende Kondensatoren (isolation condensers, IC) vorgesehen. Diese verhindern, dass der Dampfdruck im RDB bis zu einem Versagen ansteigen könnte. Es sind vier eigenständige Kreisläufe vorhanden, die jeder an einen eigenen IC angeschlossen und für hohen Druck ausgelegt sind, da eine direkte Verbindung zum RDB besteht. Die ICs sind in extra dafür vorgesehenen Wasserbecken über dem Containment untergebracht. Ihre Funktion nehmen die passiven ICs auf, wenn das Ventil in der Kondensatrückführung zum RDB durch ein entsprechendes Signal geöffnet wird. Das Signal für die Öffnung des Ventils erfolgt bei hohem RDB–Druck, Schließung des Ventils der Hauptdampfleitung oder einem niedrigen Wasserstand im RDB oder direkt durch das Bedienpersonal. Die Funktion wird nicht passiv initiiert, wie beim Kerena. Wenn das Ventil des IC Kreislaufes geöffnet wird, strömt Dampf aus dem oberen Teil des RDB in die Zuführung zum IC (siehe Abb. 11.4). Eine Dampfsammelkammer verteilt den Dampfstrom auf die einzelnen Kondensatorrohre, in denen durch Kondensation und Abkühlung das Dampfgemisch nach unten sinkt. Das Kondensat wird in der unterhalb gelegenen Kondensatsammelkammer gesammelt und in den RDB zurückgeführt.

Das Wasserbecken der ICs ist zugleich mit den Wasserreservoirs für die Gebäudekühlung verbunden. Durch Abgabe der Nachwärme über die ICs an das Kühlwasser im Becken beginnt dieses nach einiger Zeit, abhängig von der Masse und Temperatur des Wasser vor der Wärmeeinspeisung, zu kochen und zu verdampfen. Da die Becken nicht im Containment liegen und daher nicht für erhöhte Drücke ausgelegt sind, sind die Atmosphären der Becken für die ICs und Containmentkühler über Entlüftungsstrecken mit der Umgebungsatmosphäre verbunden. Der Wasservorrat ist so bemessen, dass die Wärme durch Verdampfung der Wasservorlage für 72 Stunden gesichert ist. Bis zu diesem Zeitpunkt ist

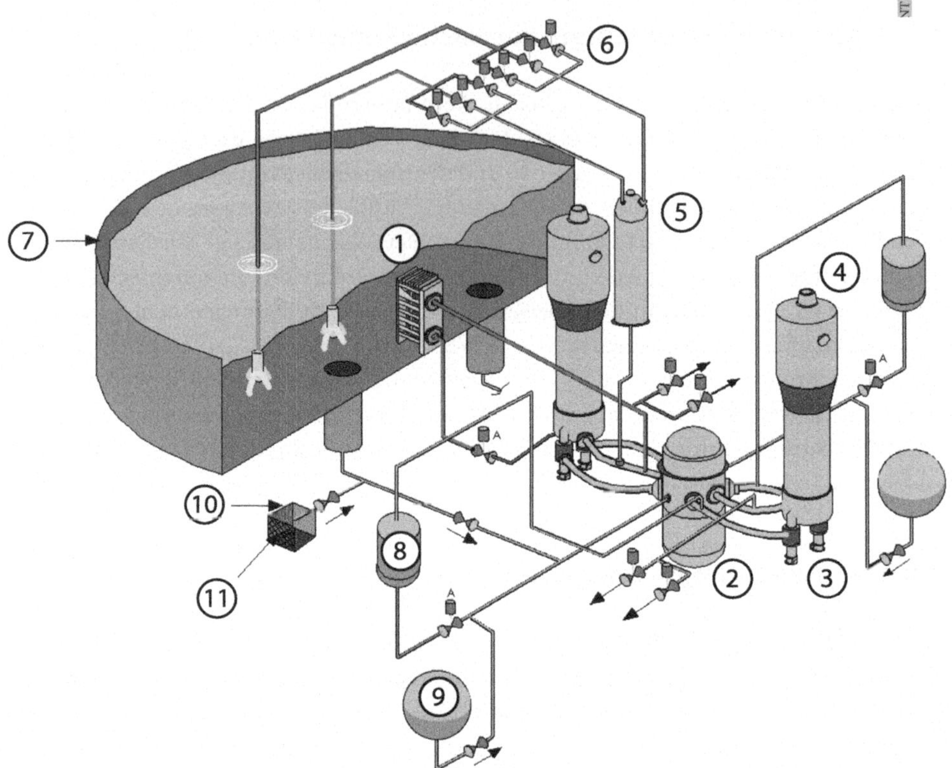

Abb. 11.3 Der Primärkreis des AP1000 und der PRHRHX und weitere vorgesehene Notkühlsysteme (Cummins et al. 2003). *1.* Passiver Nachwärmetauscher (passive residual heat removal heat exchanger, PRHRHX), *2.* Reaktordruckbehälter, *3.* Hauptkühlmittelpumpen, *4.* Dampferzeuger, *5.* Druckhalter, *6.* Abblaseventile, *7.* Flutbecken (in–containment refueling water storage tank, IRWST), *8.* Druckspeicher zur Hochdruckeinspeisung (core makeup tank, CMT, 170 *bar*), *9.* Druckspeicher zur Mitteldruckeinspeisung (50 *bar*, accumulator, ACC), *10.* Sumpfeinspeisung, *11.* Sumpfsieb

kein Eingriff durch das Personal erforderlich. Nach 72 Stunden muss die aktive Kühlung wieder verfügbar sein oder die Wasservorlage von außen erneuert werden.

11.4 Passive Containmentkühlsysteme

Wenn bei postulierten Störfällen alle aktiven Kühlsysteme ausfallen, erfolgt die Nachwärmeabfuhr zunächst in das Containment. Sie muss von dort in die Umgebung abgeführt werden, um einerseits einen unzulässigen Druckanstieg im Containment zu verhindern und andererseits durch Kondensation von Dampf Kühlwasser für die Bespeisung des Kerns zu regenerieren.

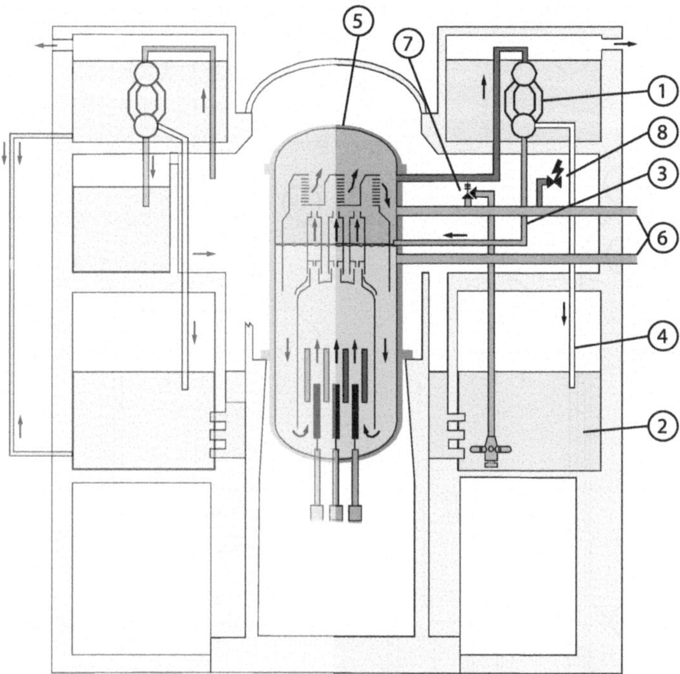

Abb. 11.4 ESBWR Isolation Condenser (Hinds und Maslak 2006). *1.* Nachwärmetauscher (isolation condenser, IC), *2.* Kondensationskammer, *3.* Kondensatrückführung, *4.* Einleitung für nichtkondensiertes Gas/Dampfgemisch, *5.* Reaktordruckbehälter, *6.* Speisewasser- und Dampfleitung, *7.* Abblaseventil, *8.* Druckentlastungsventil

11.4.1 AP1000 Containmentkühlsystem

Das passive Containmentkühlsystem des AP1000 wirkt als ultimative Wärmesenke des Kraftwerks. Im Gegensatz zu Containmentkühlsystemen mit extra Kühlern stellt der Sicherheitsbehälter des AP1000 selbst die Wärmetauscherfläche dar. Während eines Störfallablaufes mit Dampffreisetzung, sei es durch Leckagen oder Verdampfung des Wasservorrats im IRWST, entstehen zirkulierende Luftströmungen innerhalb des Containments, wie in Abb. 11.5 dargestellt, sodass Dampf zur stählernen Containmentwand transportiert wird und dort kondensiert. Die Zirkulationsbewegungen und Kondensationsvorgänge verstärken den Wärmeübergang an die Containmentwand zusätzlich zur großen Oberfläche des Containments. Das Kondensat wird im IRWST gesammelt und dem Kühlkreislauf wieder zugeführt.

Die Wärme wird durch Wärmeleitung an die Außenwand abgeführt und dort von der Luftströmung aufgenommen, die im Ringraum zwischen Containment und Reaktor-

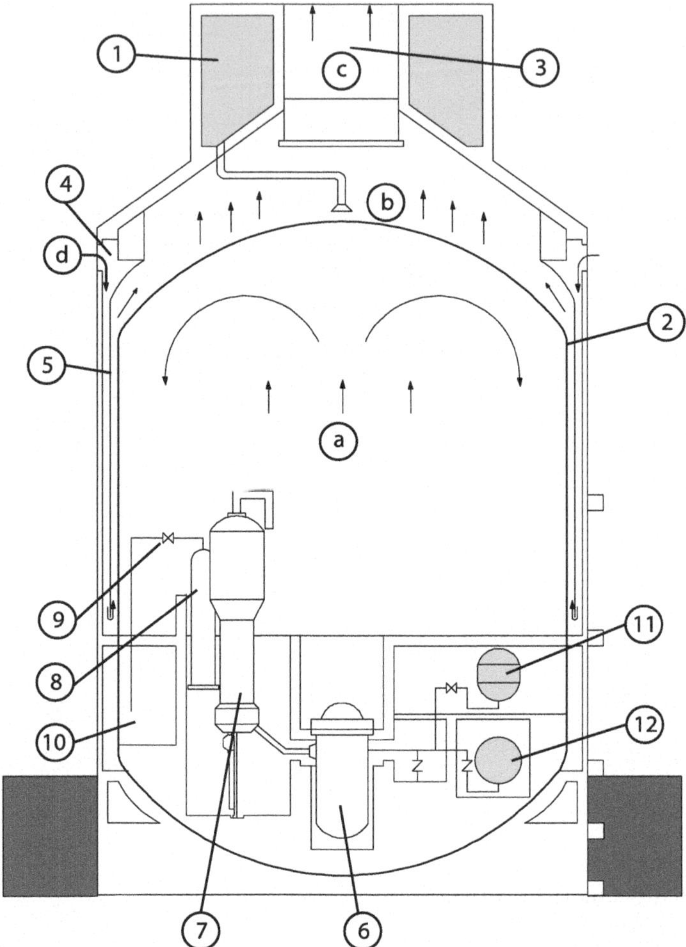

Abb. 11.5 Funktion des passiven Containmentkühlsystems des AP1000 (Saiu und Frogheri 2005). *1.* Wassertank zur Kühlung der Containmentaußenhaut, *2.* Stahlcontainment, *3.* Kamin (Luftauslass), *4.* Lufteinlassöffnungen, *5.* Luftführungsblech, *6.* Reaktordruckbehälter, *7.* Dampferzeuger, *8.* Druckhalter, *9.* Abblaseventile, *10.* Flutbecken (in-containment refueling water storage tank, IRWST), *11.* Druckspeicher zur Hochdruckeinspeisung (core makeup tank, CMT, 170 bar), *12.* Druckspeicher zur Mitteldruckeinspeisung (50 bar, accumulator, ACC), **a** Natürliche Konvektion im Innern und Kondensationsvorgänge an der Innenseite, **b** Wasserfilmverdampfung auf der Außenseite, **c** Naturzug/Kamineffekt im Ringraum, **d** Luftansaugung

schutzgebäude herrscht. Der Ringraum ist so aufgebaut, dass Luft im oberen Teil durch Lüftungsöffnungen einströmen kann und durch Leitbleche nach unten geführt wird. Die Leitbleche enden auf Höhe der innerhalb des Containments gelegenen Betriebsplattform. Dort beginnt die Wärmeabfuhr durch die Containmentwand und erwärmt die Luft, die aufsteigt und entlang der Containmentwand weiter erhitzt wird. Durch einen Kamin im Dach des Reaktorschutzgebäudes entweicht die Luft nach außen. Die äußerliche Wärmeabfuhr an die durch den Kamineffekt hervorgerufene Luftströmung wird zusätzlich durch eine Wasserbenetzung der Containmentaußenwand verstärkt. Die Verdampfung des Wassers entzieht zusätzlich Wärmeenergie.

Das Containmentkühlsystem ist so ausgelegt, dass bei Kühlmittelverluststörfällen der starke Druckanstieg innerhalb von 5 Stunden auf 40 % des Auslegungsdrucks zurückgeht. Auch bei Ausfall der äußerlichen Kühlung, soll das Kühlsystem den Druckanstieg soweit bremsen, dass innerhalb von 24 Stunden der Auslegungsdruck nicht erreicht wird, wobei die Abflussventile der Wassertanks dreifach redundant und diversitär ausgeführt sind.

11.4.2 Kerena Gebäudekondensator

Die Gebäudekondensatoren bestehen aus Rohrbündeln in einem leicht geneigten Winkel und sind an ein Speicherbecken außerhalb des Containments und oberhalb des RDBs angeschlossen (siehe Abb. 11.6).

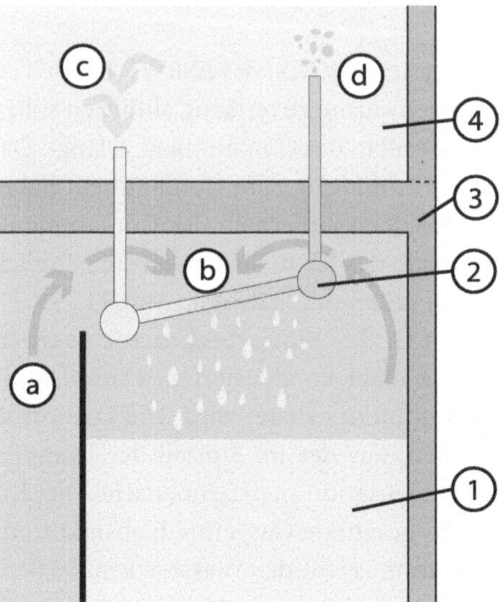

Abb. 11.6 Funktion des Gebäudekondensators des Kerena (Areva 2003; Stosic et al. 2007). *1.* Kernflutungsbecken, *2.* Gebäudekondensator, *3.* Containment, *4.* Speicherbecken, **a.** Naturkonvektion von Gas/Dampfgemisch zum Kondensator, **b.** Kondensation des Dampfes und Wärmeübertragung an Kondensatorkühlmittel, **c.** Naturzirkulation durch die Kondensatorrohre, **d.** Vermischung und Kondensation von Dampfblasen im Speicherbecken

Der Ausführungsstatus der Kondensatoren von 1998 sieht pro Kondensator 124 Kreisrippenrohre mit einer Länge von 4 m, einem Durchmesser von 32 mm bei einer Wandstärke von 3 mm vor. Der Winkel unter dem die Rohre angebracht werden beträgt 12°. Die vier Gebäudekondensatoren sind so ausgelegt, dass die Nachwärmeleistung, über die der Reaktorkern noch nach 8 Stunden nach der Abschaltung der Kettenreaktion verfügt, abgeführt werden kann. Ein Gebäudekondensator ist für eine Wärmeabfuhr von ca. 4.8 MW vorgesehen. Der Dampf im Containment, der entweder aufgrund von Lecks in den Dampfleitungen oder durch Wärmeabfuhr durch die Notkondensatoren in die Kernflutungsbecken im Containment vorhanden ist, wird an den Kondensatorrohren kondensiert. Innerhalb der Kondensatorrohre erwärmt sich das Kühlwasser aus den Speicherbecken und steigt im Rohr aufwärts, sodass sich eine Naturzirkulation im Kondensator ausbildet. Im Containment bildet sich eine Naturzirkulation, da das am Kondensatorrohr abgekühlte Gasgemisch herabsinkt und warmes Gas–Dampf–Gemisch aufsteigt. Das Kondensat tropft von den Kondensatorrohren ab und wird im Kernflutungsbecken gesammelt, über dem die Kondensatoren angebracht sind. Die Kühlfunktion der Gebäudekondensatoren muss nicht separat aktiviert werden, sondern steht im gesamten Betrieb des Kerena zur Verfügung.

11.4.3 ESBWR Containmentkühlsystem

Auch beim Containmentkühlsystem (PCCS) des ESBWR handelt es sich um ein passiv wirkendes System, welches die Nachwärme zuverlässig abführen soll, die in Form von Dampf bei einem Kühlmittelverluststörfall in das Containment gelangt. Das System sieht sechs fast drucklose Kreisläufe vor, die Verbindung zum Containment haben. Die angeschlossenen Kondensatoren befinden sich jedoch außerhalb des Containments in den Wasserbecken der Isolation Condenser oberhalb des RDB. Sie weisen eine ähnliche Bauweise wie die ICs auf und werden von oben nach unten durchströmt (Abb. 11.7).

Die Kondensatleitung führt in das Wasserbecken zur passiven Kernflutung (GDCS), während die Gasmischung aus nicht kondensiertem Dampf und nicht kondensierbaren Gasen in die Kondensationskammern geleitet wird. Die Dampfzuleitung ist mit der Containmentatmosphäre verbunden, aus der im Störfall der Dampf durch die Leitung zum Kondensator aufsteigt. Die Kondensation an den Innenseiten der Kondensationsrohre sorgt für eine Abkühlung, sodass das gesättigte Gasgemisch absinkt und sich eine Naturzirkulation einstellt. Wie bereits erwähnt, reicht der Wasservorrat in den Kondensatoren für die ICs und die PCCS zur Nachwärmeabfuhr für 72 Stunden. Der Unterschied dieser Kondensatorkonfiguration zum Kerena ist die Platzierung direkt im eigenen Wasserbecken, während die Gebäudekondensatoren des Kerena innerhalb des Containments liegen. Beim Kerena liegen die Notkondensatoren in Becken unterhalb der Gebäudekondensatoren, so dass der entstehende Dampf aus dem Notkondensatorbecken sofort wieder kondensiert werden kann.

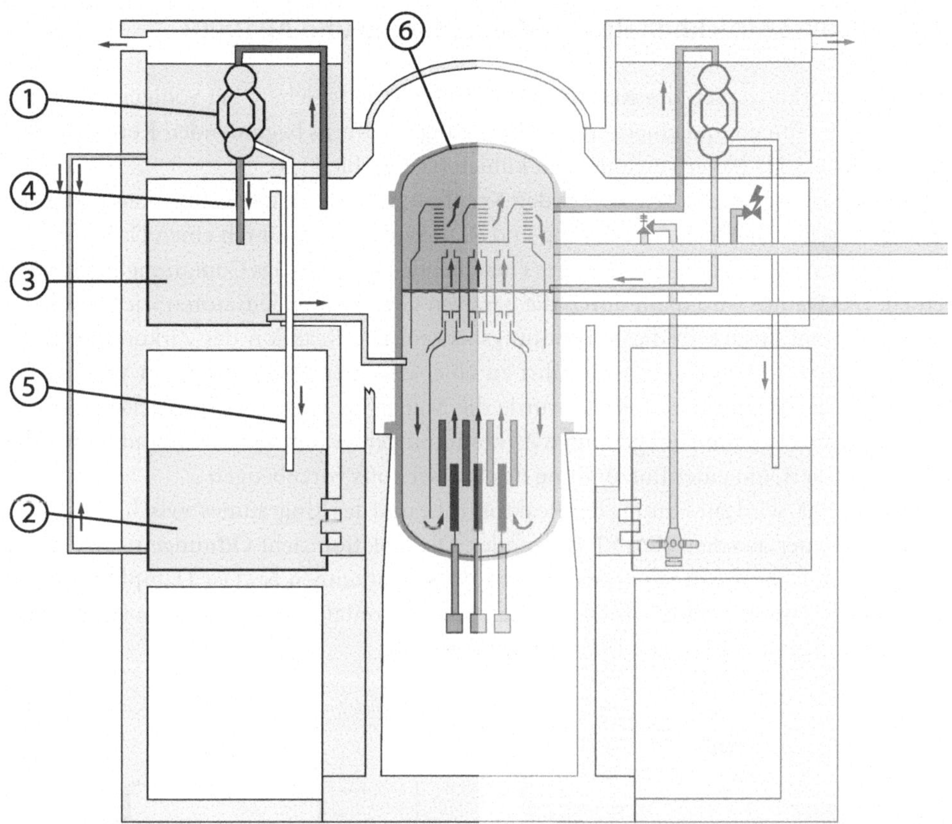

Abb. 11.7 ESBWR Containmentkühlsystem (Hinds und Maslak 2006). *1.* Containmentkühler, *2.* Kondensationskammer, *3.* Flutbecken, *4.* Kondensatrückführung, *5.* Einleitung für nichtkondensiertes Gas/Dampfgemisch, *6.* Reaktordruckbehälter

11.5 Sonstige Beispiele neuartiger passiver Systeme

Bei Reaktoren der Generation III+ wurden neben den genannten Konzepten weitere passive Systeme eingeführt. Besonders hervorzuheben sind die verschiedenen Ansätze, um das nach einem unterstellten Versagen aller Kühlmöglichkeiten gebildete, geschmolzene Kernmaterial aufzufangen, um eine unkontrollierte Wechselwirkung mit dem Fundamentbeton zu unterbinden. Hierbei wird abhängig davon, ob der Reaktordruckbehälter penetriert wird, zwischen der sog. „in-vessel-" und „ex-vessel-retention" unterschieden. Darüber hinaus soll auch der für den Kerena-Reaktor vorgesehene passive, druckgesteuerte Pulsgeber in seiner grundsätzlichen Funktion und sicherheitstechnischen Bedeutung erläutert werden.

11.5.1 Reaktordruckbehälterkühlung (Kerena und AP1000)

In den Reaktorkonzepten des Kerena und AP1000 ist vorgesehen, bei völligem Versagen der Kühlmaßnahmen und einer mit der Freilegung des Kerns beginnenden Kernschmelze, den Reaktordruckbehälter von außen zu kühlen (siehe Abb. 11.8).

Dazu wird beim Kerena Wasser aus den Kernflutungsbecken in die Druckkammer geleitet, dass zwischen die Reaktorisolierung und RDB Wand fließt. Durch einen Dampfauslass oberhalb der Wasseroberfläche kann der entstehende Dampf in das Containment entlassen werden. Der Dampf wird dann durch die passiven Gebäudekondensatoren wieder verflüssigt und gelangt zurück in die Kernflutungsbecken. Die Reaktion des Zirkonium in der Kernschmelze mit dem Kühlwasser führt zu einer enormen Produktion von Wasserstoff. Bei der Druckauslegung des Kerena wurde die Menge an Wasserstoff berücksichtigt, die bei der völligen Oxidation des gesamten Zirkoniuminventars entsteht. Das Containment ist zudem inertisiert, um einer Entzündung des Wasserstoffs vorzubeugen .

Beim AP1000 wird zur Flutung der Reaktorgrube und des Ringraumes zwischen Isolation und RDB Wasser aus dem IRWST verwendet. Die Isolation sieht Öffnungen zur Flutung wie auch zum Dampfaustrag vor, wie in Abb. 11.8 zu erkennen ist. Der Dampf, der in das Containment entlassen wird, wird durch das passive Containmentkühlsystem kondensiert und das Kondensat wird in den IRWST zurückgeführt.

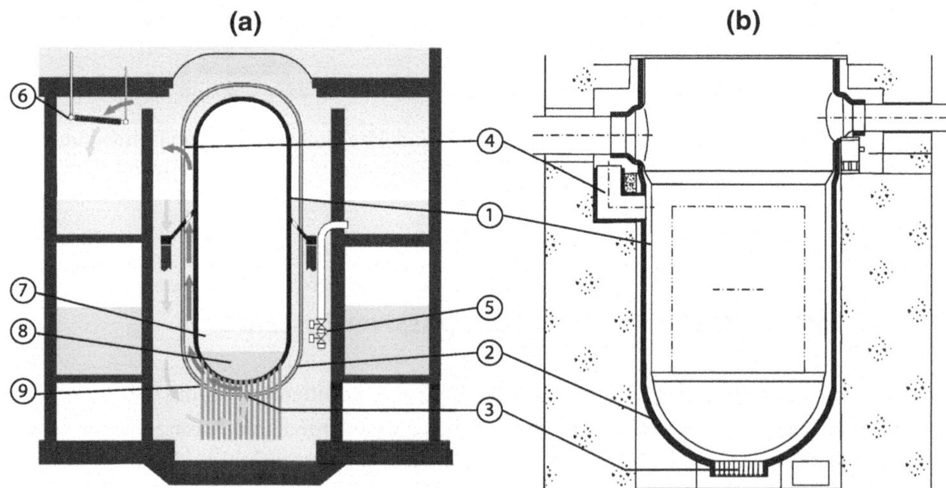

Abb. 11.8 Reaktordruckbehälterkühlung von Kerena (Stosic et al. 2007;) im Vergleich zum AP1000 (Saiu und Frogheri 2005). a. Kerena, b. AP 1000, *1.* Reaktordruckbehälterwand, *2.* Isolierung, *3.* Wassereinlass, *4.* Dampfauslass, *5.* Drywell-Flutventile, *6.* Gebäudekondensator, *7.* Kernschmelze (metallische Phase), *8.* Kernschmelze (oxidische Phase), *9.* Führungsspalte für Steuerstäbe in der Isolierung

11.5.2 EPR Kernfänger

Bereits zu Beginn der EPR Entwicklung wurde eine externe Lösung bei Kernschmelzunfällen angestrebt, da die große Leistungsdichte des EPR-Kerns zu vielen Unsicherheiten in der Beurteilung der Wirksamkeit einer äußeren RDB Kühlung geführt hätte. Mit der Entwicklung und Installation eines Kernfängers sollten einige entscheidende Unfallauswirkungen limitiert werden. Da das Corium nach Durchschmelzen des RDB in Wechselwirkung mit den Betonstrukturen tritt, kann es zu Schädigungen des Containments kommen. Das Corium kann:

- tragende Strukturen beschädigen und schwächen
- den unteren Stahlliner beschädigen und so die Integrität des Containments schädigen
- das Fundament als Langzeitwirkung erhitzen und deformieren
- durch z. B. Beton-Schmelze-Wechselwirkungen andauernde Freisetzung von nicht kondensierbaren Gasen verursachen und somit einen Druckanstieg im Containment fördern.

Der Kernfänger bietet der Kernschmelze eine große Ausbreitungsfläche, um die Oberfläche weitestgehend zu vergrößern und eine Kühlung zu vereinfachen. Eine passive Flutung ist durch ein großes, im Containment befindliches, offenes Flutbecken (IRWST) gewährleistet.

Da der Kernfänger dem RDB vorgelagert ist, um Beschädigungen und negative Unfalleinflüsse während des RDB-Versagens zu minimieren, kann die Reaktorgrube sehr robust aufgebaut werden (siehe Abb. 11.9 und 11.10). Die Reaktorgrube ist mit einer 50 cm dicken

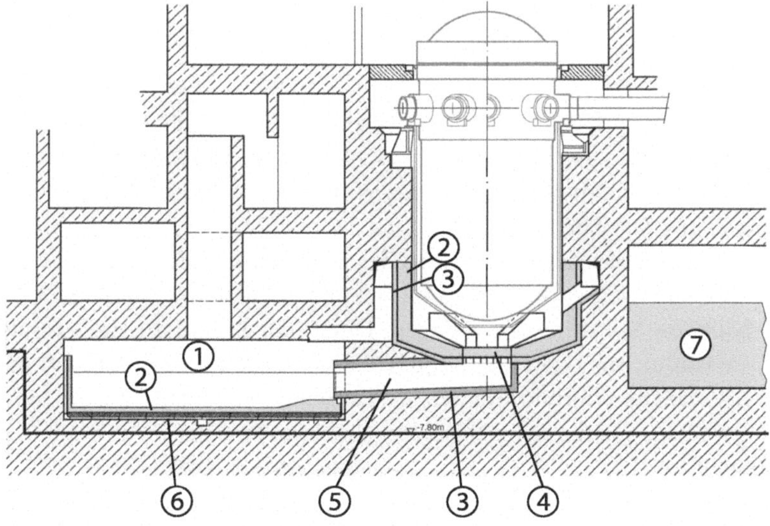

Abb. 11.9 Seitliches Schema des Kernfängers des EPR (Fischer 2004). *1.* Kernfänger, *2.* Opfermaterial, *3.* Schutzschicht, *4.* Verschluss aus Opfermaterial, *5.* Schmelzeabflusskanal, *6.* Kühlmittelkanal, *7.* Flutbecken (IRWST)

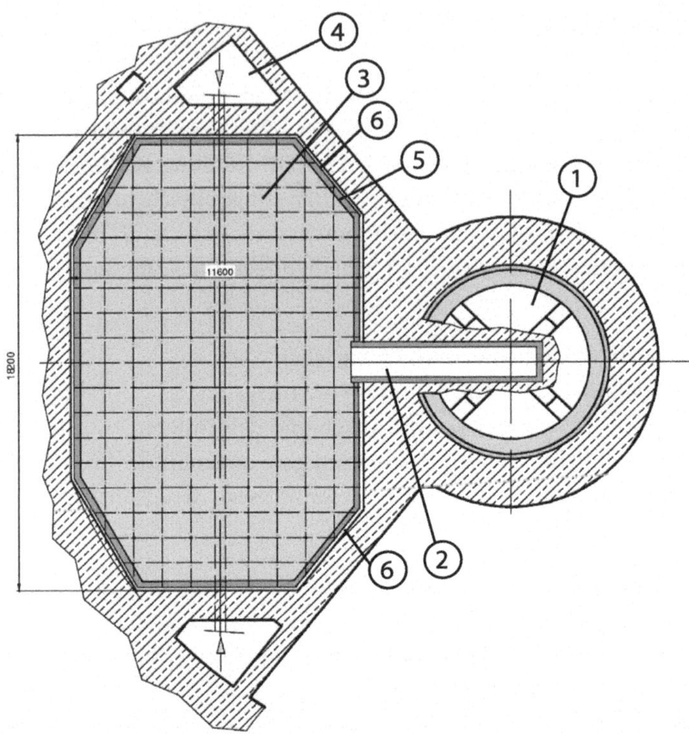

Abb. 11.10 Draufsicht auf den Kernfänger des EPR (Fischer 2004). *1.*Reaktorgrube, *2.* Schmelzeabflusskanal, *3.* Corecatcher Ausbreitungsfläche (170 m^2), *4.* Raum für Flutvorrichtung, *5.* Seitenwände, *6.* Spalt

Opferbetonschicht ausgekleidet und weist nur einen Ausgang auf, der jedoch auch durch einen Verschlussstopfen aus Opferbeton verschlossen ist. Durch diese Konfiguration ist sichergestellt, dass das Corium nach einer Kernschmelze gesammelt wird, bevor es zu einer Ausbreitung in den Kernfänger kommt.

Nach Durchschmelzen des Opferbetons des Verschlussstopfens trifft das Corium auf eine Stahlplatte von 4 cm Dicke. Dieses sogenannte Tor hat eine Fläche von 2.4 m^2 und wird innerhalb von 5–40 Minuten versagen. Durch die Sammlung des Coriums ist ein Coriummassenstrom von 1–10 t/s durch das Tor vorausgesagt und resultiert in der Ausbreitung des kompletten Coriuminventars im Kernfänger innerhalb weniger Minuten. Das Ausbreitungsverhalten coriumähnlicher Schmelzen wurde experimentell durch die Firma Siempelkamp untersucht.

Der Kernfänger ist eine flache Anordnung von gusseisernen Elementen in Verbindung mit einer 10 cm dicken Schicht Opferbeton, die zusammengesetzt eine Fläche von 170 m^2 aufweisen. Unter den Elementen sind Kühlrippen angebracht, die nach Öffnen der Ventile zum IRWST von Wasser gekühlt werden. Nachdem der Wasserspalt unter dem Kernfänger gefüllt ist, steigt das Kühlwasser aus dem IRWST im Spalt zwischen Seitenwänden und Betonumfassung auf, um anschließend den Rand zu überfluten und die Schmelze direkt zu kühlen. Der Flutungsprozess bis zum Überfluten der Wände dauert entsprechend einer postulierten Ausflussrate aus dem IRWST von 100 kg/s etwa 5 Minuten. Die gusseisernen, berippten Elemente sollen in der Lage sein, ohne Opfer- und Schutzschichten einer Wärmestromdichte von bis zu 80 kW/m^2 standhalten zu können und die Wärme an das Kühlwasser abzuführen. Der Opferbeton soll bewirken, dass die gusseisernen Elemente vollkommen mit Kühlwasser umgeben sind, bis die Schmelze komplett ausgebreitet ist und das Corium in direkten Kontakt tritt.

Der durch Kühlung entstehende Dampf verlässt die Kernfängerkammer durch einen Auslasskamin in das Containment, wodurch der Druck im Containment ansteigt. Das aktive Containment–Kühlsystem des EPR kann zusätzlich Kühlwasser aus dem IRWST zum Kernfänger pumpen und so den Wasserspiegel weiter anheben (siehe Abb. 11.11).

Der Kreislauf ist geschlossen, wenn der Wasserspiegel das Ende des Auslasskamins erreicht und das Kühlwasser zurück zum IRWST strömt. Die aktive Kühlung führt dazu, dass das Kühlmittel unterkühlt bleibt und die Nachwärme durch die Wasserzirkulation abgeführt wird. Somit entsteht kein Dampf, der in das Containment entlassen wird, und der Druckanstieg kann in Grenzen gehalten werden. Das zusätzliche Sprühsystem im Containment kondensiert vorhandenen Dampf und senkt den Druck weiter. Bei Nichtverfügbarkeit des aktiven Kühlsystems kann es zu druckbedingtem Containmentversagen und folglich zu Leckagen kommen.

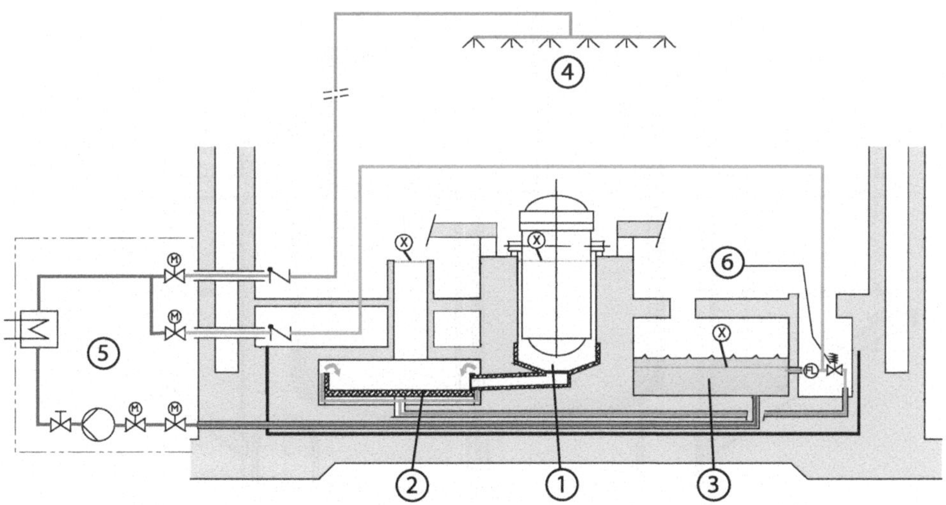

Abb. 11.11 Kühlsysteme des Kernfängers und Containments des EPR (Fischer 2004). *1.* Reaktorgrube *2.* Kernfänger *3.* Flutbecken (IRWST) *4.* Containmentsprüheinrichtung *5.* Containmentkühlsystem *6.* Passives Flutvorrichtung (2-fach redundant) x: Wasserstand nach Kernfängerüberflutung

11.5.3 WWER-1000 Kernfänger

Der Kernfänger des WWER-1000 ist die erste derartige Einrichtung, die mit der Anlage Tianwan in China für einen Leichtwasserreaktor implementiert wurde. Er ist in Abb. 11.12 schematisch dargestellt.

Nach Durchschmelzen des Reaktordruckbehälters gelangt das Corium durch eine Öffnung im Boden der Reaktorzelle in den Kernfänger und trifft dort zunächst auf eine spezielle Opferschicht. Diese besteht aus einem Gemisch aus Al_2O_3, Fe_2O_3 und Stahl und hat die Aufgabe, das Corium ohne Freisetzung von Gasen abzukühlen und sich mit ihm zu vermischen. Die Wärmeabfuhr erfolgt primär über eine in einer wassergefüllten Wanne gekühlte Wärmetauscherfläche, an die die Opferschicht mit ihrer Außenseite anliegt. Daneben geht von dem heißen Corium natürlich auch Wärmestrahlung aus, was im Hinblick auf die thermische Belastung der umliegenden Strukturen aber eher unerwünscht ist. Nicht zuletzt deshalb ist es vorgesehen, 30 Minuten nach Eintritt des Coriums in den Kernfänger, diesen mit Wasser zu fluten. Dies erfolgt – ebenso wie das Nachfüllen von in der umgebenden Wanne verdampften Wassers – durch manuelle Operatorschalthandlungen.

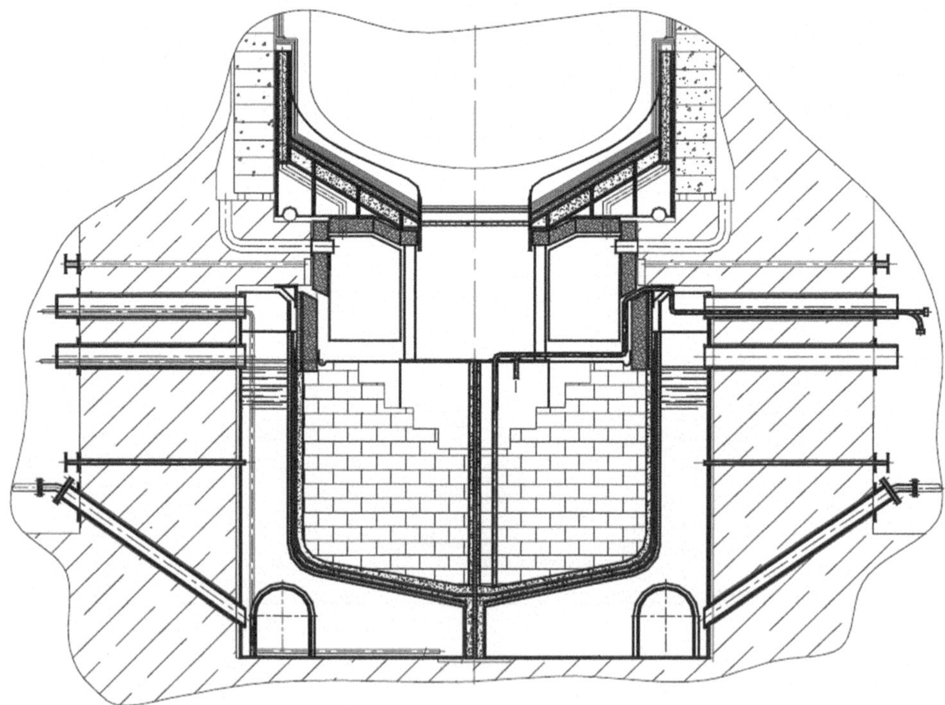

Abb. 11.12 Querschnitt durch den Kernfänger des WWER-1000 in Tianwan (Kukhtevich et al. 2001)

11.5.4 Kerena Passive druckgesteuerte Pulsgeber

Eine ganze Anzahl an sicherheitstechnischen Abläufen bei Störfällen werden bei Kerena durch die passiven, druckgesteuerten Pulsgeber (engl.: passive pressure pulse transmitter) initiiert. Die Pulsgeber aktivieren im Falle eines Abfalls des Kühlwasserspiegels eine Reaktorschnellabschaltung, die Containmentisolation von den Hauptdampfleitungen und die automatische Druckentlastung des RDB über Steuerventile. Diese Ventile werden durch ein Ansteigen des Druckes im Anschlussrohr bis auf 6 bar geschlossen. Das Anschlussrohr ist mit der Sekundärseite eines kleinen Wärmetauschers verbunden, wie in Abb. 11.13 zu sehen ist.

Die Primärseite ist mit Kühlmittel aus dem RDB gefüllt. Ist die Primärleitung mit Kühlmittel gefüllt, steht das System im Gleichgewicht und über den kleinen Wärmetauscher wird keine Wärme abgeführt. Sinkt der Wasserspiegel im RDB ab, so strömt Dampf in den Wärmetauscher und wird dort kondensiert, wodurch das Wasser im Sekundärteil zu verdampfen beginnt. Das Dampfpolster erhöht den Druck, bis beim Erreichen von 6 bar der Pulsgeber aktiviert wird.

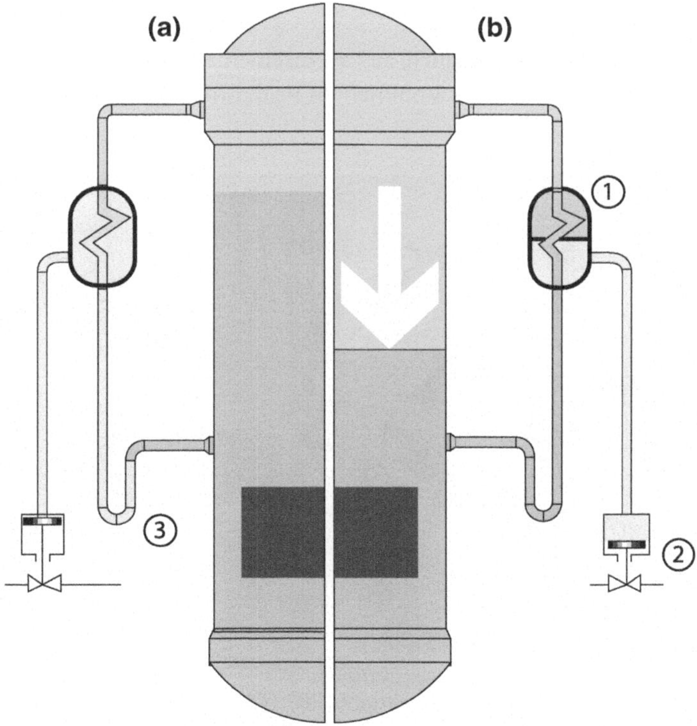

Abb. 11.13 Funktion des passiven, druckgesteuerten Pulsgebers des Kerena (Areva 2003). *1*. Passiver, druckgesteuerter Pulsgeber im ausgelösten Zustand (Dampfpolster) *2*. Steuerventil *3*. Siphon. **a.** Zustand bei Normalbetrieb, **b.** Auslösung des passiven Pulsgebers durch fallenden Wasserstand

11.6 Beispiele fortschrittlicher westlicher Reaktorkonzepte

Ohne auf konstruktive Details einzugehen, sollen im Folgenden die wichtigsten Vertreter von Reaktorkonzepten der Generation III+, bei denen auch ein Großteil der in den vorangegangenen Unterkapiteln beschriebenen passiven Sicherheitskonzepte angewendet wird, in einer Kurzübersicht mit ihren wesentlichen Anlagendaten dargestellt werden.

11.6.1 Europäischer Druckwasserreaktor (EPR)

Der zurzeit wohl bekannteste Vertreter der dritten Reaktorgeneration in Westeuropa ist der EPR. Dieser maßgeblich in Deutschland und Frankreich entwickelte Reaktor wird bereits in Finnland (Olkiluoto), wie auch Frankreich (Flamanville) gebaut, weitere Verträge zum Bau wurden mit der Volksrepublik China geschlossen. Der EPR stellt eine Weiterentwicklung des französischen N4 und des deutschen Konvoi-Systems dar und basiert auf der Druckwasserreaktortechnologie. Wie bei den Vorgängern baut auch der EPR auf eine 4-fache Redundanz der meisten Sicherheitssysteme. Die räumliche Trennung ist dabei konsequent umgesetzt. Abbildung 11.14 zeigt einen Querschnitt des EPR mit den Sicherheitsanlagen und dem konventionellen Kraftwerksteil.

Der Primärkreislauf besteht folglich aus 4 einzelnen Kreisläufen mit 4 Dampferzeugern. Im Design des EPR wurde das Volumen im Reaktordruckbehälter (RDB) und in den

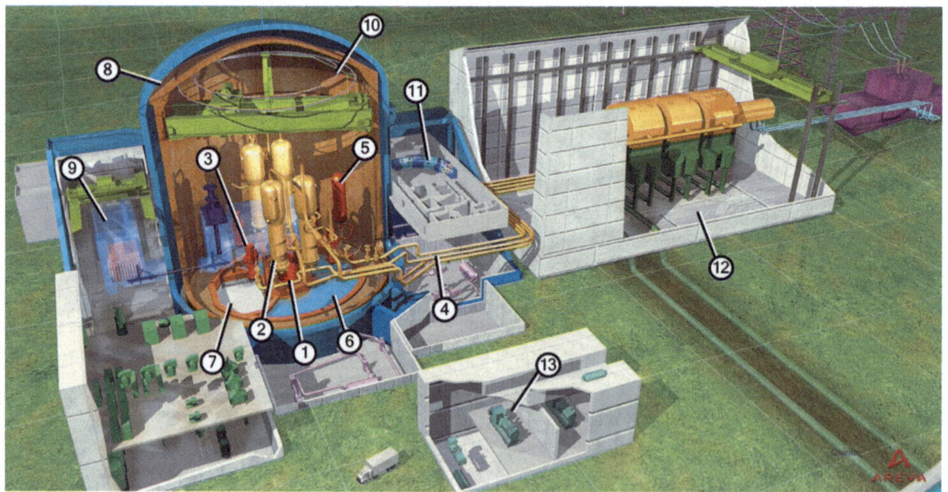

Abb. 11.14 Europäischer Druckwasserreaktor (EPR) (*Quelle* Areva). *1.* Reaktordruckbehälter, *2.* Dampferzeuger, *3.* Hauptkühlmittelpumpen, *4.* Frischdampf- und Speisewasserleitungen, *5.* Druckhalter, *6.* Flutbecken, *7.* Corecatcher, *8.* Doppelschaliges Containment, *9.* Nasslager, *10.* Containment sprühsystem, *11.* Hauptkontrollraum, *12.* Maschinenhaus, *13.* Notstromdiesel

Dampferzeugern (DE) erhöht, um bei postulierten Kühlmittelverluststörfällen die Karenzzeit bis zum Zeitpunkt der Kernfreilegung zu erhöhen (>30 min). Auch die Wasservorlage auf der Sekundärseite wurde erhöht, um für Handlungen und Entscheidungen während eines Störfalls Zeit zu schaffen.

Das Sicherheitssystem beinhaltet als wesentliche Neuerungen im Vergleich zu deutschen Druckwasserreaktoren ein Sprühsystem zum Druckabbau bei schweren Störfällen und einen Wasserpool (IRWST) zur Versorgung des Sprühsystems. Dieser befindet sich im Containment und dient auch als Wasservorrat zur Kernkühlung und zur passiven Kühlung von Kernschmelzmaterial, das sich nach einem Kernschmelzunfall im eigens für den EPR entwickelten Kernfänger sammelt. Aus dem am Boden befindlichen IRWST wird im Notfall mit dem Niederdruckeinspeisesystem Wasser in den RDB gepumpt und das Sprühsystem versorgt. Das aus einer angenommenen Leckstelle als Dampf oder Wasser austretende Kühlmittel wird wiederum im IRWST gesammelt.

Der RDB des EPR ist für 60 Jahre ausgelegt ohne eine Neutronenfluenz von 10^{19} cm^{-2} zu übersteigen. Dies ist auch dadurch bedingt, dass die Neutronenflussrate schneller Neutronen im Randbereich des RDB durch spezielle Neutronenreflektoren aus Edelstahl durch Reflexion herab gesetzt wird. Dadurch steigt die Neutronenflussdichte im Randbereich des Kerns wieder an und das Temperaturprofil wird weiter homogenisiert. Außerdem wird so eine bessere Neutronenausbeute durch geringere Leckage erreicht, sodass der Brennstoff besser ausgenutzt wird. Der EPR erreicht damit einen höheren Abbrand, wodurch die Brennstoffkosten gesenkt werden.

Das den Primärkreis umgebende Containment ist doppelschalig ausgeführt, um Auswirkungen durch Flugzeugabstürze entgegenzuwirken. Die Leittechnik des EPR wird vollständig digital ausgelegt, um die Schnittstelle zwischen Betriebspersonal und Kraftwerk zu verbessern und so Benutzerfehlern vorzubeugen. Die Tab. 11.1 zeigt die Eckdaten des EPR.

Tab. 11.1 Eckdaten eines EPR

Parameter	Wert
Leistung, thermisch	4500 MW_{th}
Leistung, elektrisch	1600 MW_{el}
Anzahl der Kreisläufe	4
Kühlmassenstrom pro Kreislauf	8 t/s
Reaktorkühlmitteltemperatur ein/aus	296 °C/327 °C
Betriebsdruck	155 bar
Anzahl Brennelemente	241
lineare Stableistung	156 W/cm
Abbrand	>70 000 MWd/t
Dampfmassenstrom (ges.)	2.6 t/s
Sattdampftemperatur	293 °C
Betriebsdruck sekundär	78 bar

11.6.2 AP1000

Der Entwurf des AP1000 ist eine Weiterentwicklung des AP600, einem Druckwasserreaktor mittlerer Leistung mit einem passiven Sicherheitsansatz. Es wurde versucht den Umfang der Änderungen auf ein Minimum zu reduzieren, um die Vorteile einer für den AP600 abgeschlossenen Entwicklungsphase zu nutzen. Damit soll sich eine Lizensierung des Systems als einfacher gestalten, da die Basis durch ein bereits von den Behörden begutachtetes System gegeben ist. Der amerikanische Druckwasserreaktor des Typs AP1000 stellt ein Doppel-Kreislauf-System mit zwei Dampferzeugern dar. Er besitzt eine thermische Leistung von 3400 MW_{th} und ist bei einem Wirkungsgrad von 33 % in der Lage 1117 MW_{el} in das Stromnetz einzuspeisen. Einen Überblick über die Anlage zeigt Abb. 11.15.

Das AP1000 Konzept setzt vor allem auf Vereinfachung des Kraftwerksdesigns durch Verringerung der Komponenten und modulare Bauweise. Bauzeit und -kosten sowie Instandhaltungskosten sollen dadurch gesenkt und die Verfügbarkeit und Handhabung verbessert werden, um so die Wirtschaftlichkeit zu erhöhen. Auch kann eine hohe Wirt-

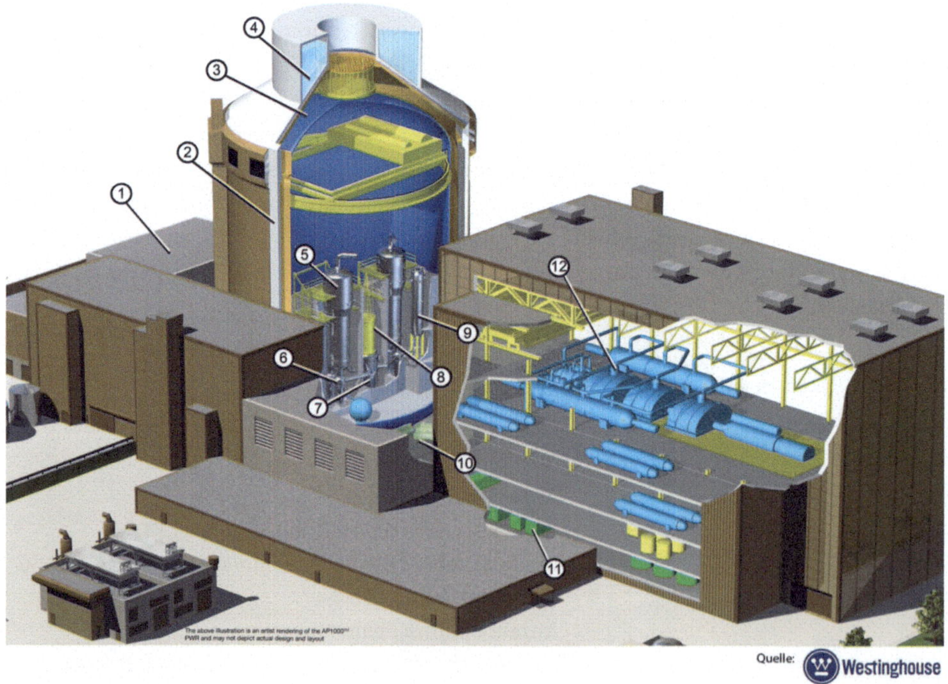

Abb. 11.15 Advanced Passive Plant (AP1000) (Westinghouse 2007). *1.* Brennstoffhandhabung, *2.* Reaktorschutzgebäude, *3.* Stahl-Containment, *4.* Wassertank zur passiven Kühlung, *5.* Dampferzeuger (2), *6.* Kühlpumpen, *7.* Reaktordruckbehälter, *8.* Reaktorkern Peripheriegeräte, *9.* Druckhalter, *10.* Hauptkontrollraum, *11.* Speisewasserpumpen, *12.* Maschinenhaus

Tab. 11.2 Eckdaten eines AP1000

Parameter	Wert
Leistung, thermisch	3400 MW_{th}
Leistung, elektrisch	1117 MW_{el}
Anzahl der Kreisläufe	2 Heißstränge, 4 Kaltstränge, 2 Dampferzeuger
Kühlmassenstrom pro Kreislauf	9.5 t/s (68 100 m^3/h)
Reaktorkühlmitteltemperatur ein/aus	281 °C/321 °C
Betriebsdruck	155 bar
Anzahl Brennelemente	157
lineare Stableistung	187 W/cm
Abbrand	>60 000 MWd/t
Dampfmassenstrom (ges.)	1.9 t/s
Sattdampftemperatur	273 °C
Betriebsdruck sekundär	58 bar

schaftlichkeit durch bessere Brennstoffausnutzung erreicht werden. Ein langer Betrieb ohne Neubeladung von 18 Monaten und einem hohen Abbrand von 60000 MWd/t reduziert die Stillstandszeiten und -kosten.

Passive Systeme zur Abfuhr der Nachwärme aus dem Reaktordruckbehälter sowie dem Containment bilden ein zentrales Merkmal des AP1000. Ein großer Wasserpool innerhalb des Containments (IRWST) sorgt für eine passive Flutung des Reaktors im Störfall und beinhaltet einen passiven Kühler zur Nachwärmeabfuhr. Die Nachwärme wird dann direkt über den Sicherheitsbehälter an die Umgebung abgeführt. Die Funktion der passiven Systeme wurde bereits durch Experimente für den AP600 bestätigt. Die Eckdaten des AP1000 zeigt Tab. 11.2.

11.6.3 KERENA

Die Entwicklung des Siedewasserreaktors Kerena geht auf eine Zusammenarbeit verschiedener deutscher Energieversorger mit Siemens als Entwicklung in den 90er-Jahren zurück. Im Zuge des Zusammenschlusses von Siemens und Framatome wurde das Konzept verändert und von einer Reaktorleistung von vormals 1000 MW_{el} auf 1250 MW_{el} angehoben. Um die Unternehmensidentität von Areva zu stärken, wurde der SWR-1000 (Name in den 90er-Jahren unter Siemens bis 2009) in KERENA umbenannt.

Durch zwei Speisewasserleitungen gelangt das Kühlmittel zum Reaktor. Drei Dampfleitungen sorgen für die Dampfabfuhr aus dem Reaktordruckbehälter zur Turbine. Der Kerena hat eine thermische Leistung von 3370 MW_{th}.

Das Ziel der Entwicklungsarbeit lag in der Ausarbeitung passiver Systeme, um aktive Systeme des vorherigen Designs zu ersetzen. Aus sicherheitstechnischen Gesichtspunkten sollen die passiven Systeme verschiedenste Auslegungsstörfälle zuverlässiger bewältigten und eine geringere Wahrscheinlichkeit für auslegungsüberschreitende Störfälle und Kernbeschädigungen erreichen. Außerdem sollen die Systeme so ausgelegt sein, dass Auswirkungen von Kernschmelzunfällen auf die Anlage beschränkt bleiben. Jedoch wurde beim Design des Kerena auch versucht, eine möglichst hohe Wirtschaftlichkeit zu erreichen. Dies soll durch höhere Verfügbarkeit und geringere Investitionskosten erreicht werden.

Im Gegensatz zu derzeit in Betrieb befindlichen Siedewasserreaktoren sind beim Kerena große Wasservorlagen eingeplant, sowohl im Primärkreis und RDB selbst als auch in Wasserpools inner- und außerhalb des Reaktorcontainments (siehe Abb. 11.16). Diese sollen die Reaktionszeiten zur Aufnahme von Gegenmaßnahmen deutlich vergrößern.

Passiv wirkende Kühler sorgen für eine Nachwärmeabfuhr bei Unfallabläufen sowohl aus dem RDB (Notkondensatoren) als auch aus dem Containment (Gebäudekondensatoren), im Falle von Kühlmittelverluststörfällen. Die passiven Systeme schließen eine Kühlung des RDB von außen mit ein. Dadurch kann im Falle einer Kernschmelze, das Corium im RDB gekühlt werden, ohne dass das Reaktordruckgefäß versagt. Auch spezielle Pulsgeber zum

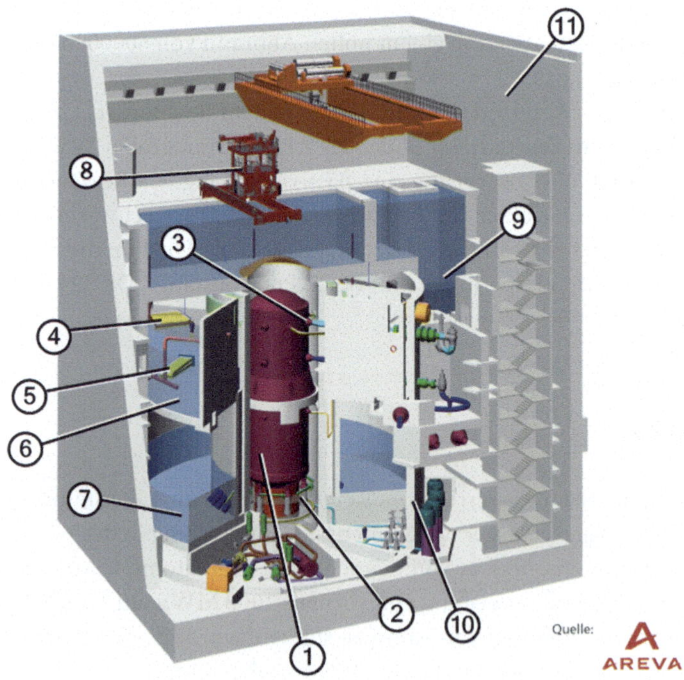

Abb. 11.16 Kerena (KERENA) (Areva 2003). *1.* Reaktordruckbehälter, *2.* Kühlmittelumwälzpumpen, *3.* Heißdampf- und Speisewasserleitungen, *4.* Gebäudekondensatoren, *5.* Notkondensatoren, *6.* Kernflutungsbecken, *7.* Kondensationskammer, *8.* Brennelementhandhabung, *9.* Nasslager, *10.* Sicherheitsbehälter, *11.* Reaktorschutzgebäude

Tab. 11.3 Eckdaten eines Kerena

Parameter	Wert
Leistung, thermisch	3370 MW_{th}
Leistung, elektrisch	1254 MW_{el}
Anzahl der Kreisläufe	-
Kühlmassenstrom (ges.)	13.2 t/s
Reaktorkühlmitteltemperatur ein/aus	220 °C/290 °C
Betriebsdruck	75 bar
Anzahl Brennelemente	664
lineare Stableistung	127 W/cm
Abbrand	>43 000 MWd/t
Dampfmassenstrom (ges.)	1.9 t/s
Sattdampftemperatur	290 °C
Betriebsdruck sekundär	75 bar

Auslösen einer Reaktorschnellabschaltung, der Containmentisolierung oder automatischer Druckentlastung des RDBs sind als passive Systeme vorgesehen. Einige Eckdaten des Kerena zeigt Tab. 11.3.

Literatur

Agency, International Atomic E. (Hrsg.): Advanced Nuclear Plant Design Options to Cope with External Events. International Atomic Energy Agency (2006)

AP1000: Simple Safe Innovative. Westinghouse Electric Company (2007)

Cummins, W.E., Corletti, M.M., Schulz, T.L.: Westinghouse AP1000 advanced passive plant. In: Proceedings of ICAPP '03, May 4–7, Cordoba, Spain, International Congress on Advances in Nuclear Power Plants (2003)

Fischer, M.: The severe accident mitigation concept and the design measures for core melt retention of the European Pressurized Reactor (EPR). Nucl. Eng. Des. **230**, 169–180 (2004)

Hinds, D., Maslak, C.: Next-generation nuclear energy: The ESBWR. Nucl. News **49**, 35–40 (2006)

IAEA CRP Systems Description Report: Natural Circulation Phenomena, Modeling and Reliability of Passive Systems That Utilize Natural Circulation. online

Kukhtevich, I.V., Bezlepkin, V.V., Leontiev, Yu. G., Strizhov, V., Proklov, V.B.: Severe accident management measures for Tianwan NPP with WWER-1000. In: Workshop on the implementation of severe accident management measures – OECD-SAMI Paul Scherrer Institut, Villigen-PSI, Switzerland, S. 10–13, Sept 2001

Saiu, G., Frogheri, M.L.: AP1000 Nuclear Power Plant Overview. ANSALDO Energia S.p.A (2005)

Stosic, Z.V., Brettschuh, W., Stoll, U.: Boiling water reactor with innovative safety concept: the generation III+ SWR-1000. Nucl. Eng. Des. **238**, 1863–1901 (2007)

SWR 1000 – An Advanced Boiling Water Reactor with Passive Safety Features. Areva NP GmbH (2003)

Weitere Reaktorkonzepte 12

Gemäß ihrer überragenden Bedeutung für die Nutzung der Kernenergie in Deutschland, aber auch weltweit wurden in den vorangegangenen Kapiteln Leichtwasserreaktorkonzepte intensiv behandelt. Wie zu Beginn von Kap. 9 erläutert, existieren aber viele verschiedene Ansatzmöglichkeiten für die Realisierung von Reaktoren. Auf die in Energiewirtschaft und Forschung wichtigsten Konzepte soll im folgenden Kapitel eingegangen werden. Diese sind der schwerwassermoderierte Druckröhrenreaktor kanadischen Designs, der schnelle natriumgekühlte Reaktor, der Hochtemperaturreaktor sowie die verschiedenen Pläne für Reaktoren der 4. Generation. Nicht berücksichtigt hingegen sind die russischen WWER -(Druckwasser-) und RBMK- (graphitmoderierte Druckröhren-) Reaktoren, auf die bei der Behandlung von Fragen der Reaktorsicherheit eingegangen werden wird. Ebenfalls nicht betrachtet werden die britischen, graphitmoderierten AGR (advanced gas-cooled reactor) Anlagen, die sich zwar derzeit noch in Betrieb befinden, aber als Konzept für die zukünftige Nutzung der Kernenergie keine Rolle mehr spielen.

12.1 Schwerwassermoderierter Druckröhrenreaktor

Der schwerwassermoderierte Druckröhrenreaktor ist ein kanadisches Design, das unter dem Akronym CANDU (CANada Deuterium Uranium) bekannt ist. CANDU-Reaktoren benutzen schweres Wasser sowohl für die Moderation als auch für die Kühlung. Die Brennelemente befinden sich in Druckröhren, die jeweils einzeln gekühlt werden. Wegen der Verwendung von schwerem Wasser lässt sich der CANDU-Reaktor ohne Urananreicherung, also mit Natururan, betreiben. Allerdings werden heutzutage auch Brennstoffe mit leichter Anreicherung verwendet. Die Dampfzustände sind ähnlich wie bei Leichtwasserreaktoren. Dieser Reaktortyp ist im Wesentlichen in Kanada realisiert und dort die Basis für die Nutzung der Kernenergie, er wurde aber auch an andere Länder wie Indien, China, Südkorea und Bulgarien exportiert.

A. Ziegler und H.-J. Allelein (Hrsg.), *Reaktortechnik*,
DOI: 10.1007/978-3-642-33846-5_12,

12.1.1 Grundlagen

CANDU-Reaktoren (IAEA 2002) sind in ihrer ursprünglichen Bauweise durch die Verwendung von schwerem Wasser als Moderator sowie als Kühlmittel charakterisiert. Der Moderator befindet sich drucklos in einem großen Behälter, Kalandria genannt. Diese ist von einer Vielzahl an koaxialen Rohrkanälen durchzogen, welche zur Förderung des Kühlmittels Druckrohre enthalten. Der Spalt zwischen innerem (Druck-) und äußerem (Kalandria-) Rohr ist mit CO_2 gefüllt und dient als thermische Isolation zwischen dem heißen Kühlmittel und dem kalten Moderator. In das Schwerwasser in der Kalandria wird nicht nur durch Wärmeverluste aus den Rohrkanälen, sondern auch durch die Moderation der Neutronen und Absorption von Gammastrahlung Wärme eingetragen, die ca. 4 % der thermischen Reaktorleistung beträgt und durch eine zusätzliche Kühlung abgeführt wird.

Der Brennstoff wird in Form von Brennelementbündeln in den Reaktor eingebracht (siehe Abb. 12.1). Die Bündel bestehen aus 37 Brennstäben, die auf konzentrischen Kreisen angeordnet sind und durch die beiden Endplatten und einen Abstandshalter zusammengehalten werden. Je nach thermischer Leistung liegt eine Anzahl von Brennelementbündeln (12 beim CANDU-6) lose hintereinander im Druckrohr. Als Brennstoff kann wegen der Verwendung von schwerem Wasser als Moderator, welches praktisch keine parasitäre Neutronenabsorption aufweist, Natururan eingesetzt werden, das in Form von gesinterten UO_2 Pellets in die Zircalloy Hüllrohre eingebracht wird, die anschließend gasdicht verschweißt werden. Damit benötigt dieser Reaktortyp keine Einrichtungen zur Spaltstoffanreicherung. Die Brennelemente sind ca. 0.5 m lang, haben einen Durchmesser von 10 cm und eine Masse von ca. 24 kg. Der Abbrand ist aufgrund der Verwendung von Natururan geringer als bei Leichtwasserreaktoren und liegt typischerweise bei 7500 MWd/t.

Die einzelnen Druckröhren können vom Rest des Primärkreises abgetrennt werden, sodass ein kontinuierlicher Wechsel der Brennelemente möglich ist. Hierfür stehen zwei Wechselmaschinen zur Verfügung. Diese werden druckdicht aufgesetzt. Nach Lösen der Kühlkanalverschlüsse werden die frischen Brennelemente aus der damit beladenen Wechselmaschine in das Druckrohr geschoben und die abgebrannten Brennelementbündel in die leere Wechselmaschine ausgeschoben. Dieser Prozess ist voll automatisiert und wird von der Kraftwerkswarte aus kontrolliert. Durch die Möglichkeit der kontinuierlichen Beladung ist es, anders als bei DWR und SWR, nicht erforderlich, eine große Überschussreaktivität zur Abbrandkompensation vorzuhalten.

Abb. 12.1 Brennelement eines CANDU-Reaktors (Meneley und Ruan 1998c)

Das in den Druckröhren aufgewärmte Schwerwasser wird, wie beim Druckwasserreaktor bekannt, durch einen Dampferzeuger mit U-förmigen Rohren hindurch geleitet und nach Abkühlung über eine Kühlmittelpumpe zurück in die Druckröhren gepumpt (siehe Abb. 12.1). Im Dampferzeuger wird Sattdampf bei etwas geringerem Druck-/Temperaturniveau als bei typischen DWR erzeugt, sodass der Gesamtwirkungsgrad der Stromerzeugung etwas niedriger bei ca. 30 % liegt. Die Prozessführung auf der Sekundärseite entspricht der des Druckwasserreaktors.

Die Regelung erfolgt, neben dem oben beschriebenen kontinuierlichen Brennelementwechsel, durch Verfahren von Steuerstäben in die Kalandria, durch Befüllen abgetrennter Leichtwasserkompartments im Moderatortank sowie durch Zugabe von Neutronengiften zum Moderator.

12.1.2 Referenzanlage CANDU-6

Grundkonzept

Der CANDU-6 (AECL 2007) weist eine elektrische Nettoleistung von ca. 660 MW auf. Es wurden bisher 11 Anlagen gebaut, der größere Teil davon außerhalb von Kanada. In seinem Grundaufbau entspricht er dem unter Abschn. 12.1.1 beschriebenen Konzept, sodass im Folgenden der Schwerpunkt auf konstruktive Details gelegt wird.

Kernaufbau

Der Kern des CANDU-6 wird aus 380 in einem Gitterabstand von 28.6 cm angeordneten Rohrkanälen gebildet, die horizontal durch die Schwerwassergefüllte Kalandria verlaufen. Druck- und Kalandriarohre sind aus Zircalloy gefertigt und auf CANDU übliche Weise durch einen wärmeisolierenden Gasspalt voneinander getrennt.

Die Kalandria hat einen Durchmesser von 7.6 m und ist aus austenitischem Stahl mit einer Wandstärke von 28.6 mm gefertigt. Insgesamt enthalten Kalandria und das angeschlossene Moderatorsystem 265 t Schwerwasser. Weitere 192 t werden für die Füllung des Primärkreises benötigt, sodass für einen CANDU-6 ingesamt 457 t Schwerwasser bereitgestellt werden müssen. Die Kalandria wiederum befindet sich in einer quaderförmigen Betonzelle („calandria vault"), die zur Abschirmung mit Leichtwasser gefüllt ist. Eine Gesamtansicht des CANDU-6 Reaktors ist in Abb. 12.2 dargestellt.

Regelung und Abschaltung des Reaktors erfolgen über separate Systeme (Pasanen 1980):

Die Grobeinstellung der Reaktivität erfolgt durch das quasi-kontinuierliche Be- und Entladen von Kernbrennstoff. Dieses wird typischerweise in Inkrementen von 8 Brennelementen durchgeführt, sodass eine zusätzliche Feinregelung erforderlich ist. Sie erfolgt über das Zonenkontrollsystem, das aus 6 vertikal durch die Kalandria verlaufenden Rohren besteht, in denen insgesamt 14 einzeln ansteuerbare Volumina mit Leichtwasser gefüllt werden können. Damit ist es auch möglich, die räumliche Flussverteilung innerhalb des Reaktors zu kontrollieren und die Ausbildung von Xenon-Schwingungen zu verhindern.

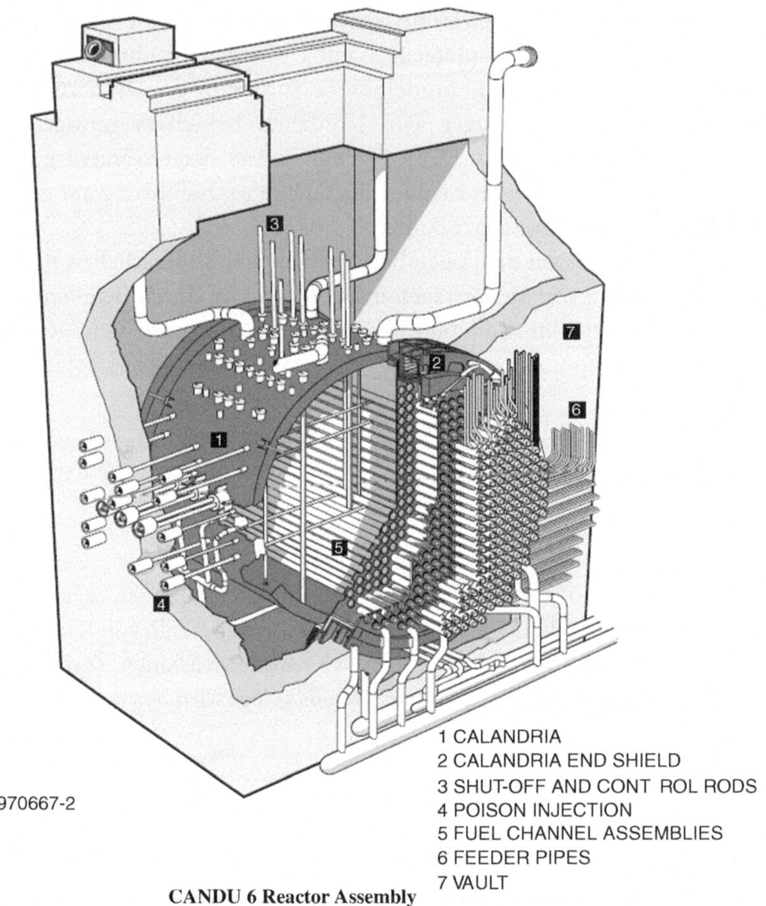

Abb. 12.2 Gesamtansicht eines CANDU-Reaktors (Snook und Safa 2001)

Für schnelle, betriebliche Leistungsabsenkungen, für die die Leichtwasserzufuhr des Zonenkontrollsystems nicht schnell genug ist, können bis zu vier Steuerstäbe in den Kern eingefahren bzw. einfallen gelassen werden.

In bestimmten Situationen ist es erforderlich, dem Reaktor zusätzlich Reaktivität zuzuführen. Dies ist der Fall, wenn die Belademaschinen für länger als eine Woche ausfallen oder wenn nach einer Leistungsreduktion die Vergiftung durch Xenon-135 temporär stark zunimmt (vgl. Kap. 8). Hierfür ist ein System aus 21 Edelstahlstäben vorgesehen, die im Normalbetrieb in den Reaktor eingefahren sind und im Anforderungsfall herausgefahren werden können.

Ein weiteres Regelsystem stellt die Injektion eines gelösten Neutronenabsorbers in die Kalandria dar. Dazu wird zur Kompensation der Überschussreaktivität eines komplett frisch

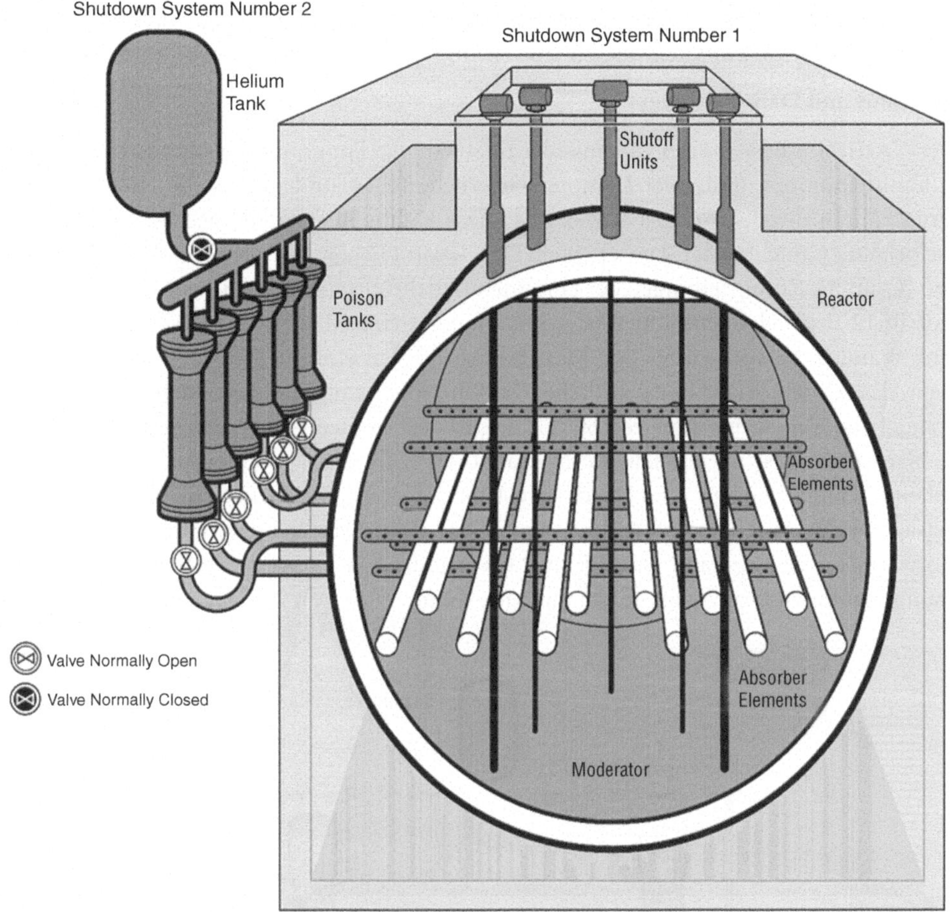

Abb. 12.3 Abschaltsystem des CANDU (Meneley und Ruan 1998a)

beladenen Kerns Bor und zur Sicherstellung einer dauerhaften Kaltabschaltung auch nach Zerfall des Xenon-135 Gadolinium verwendet. Es ist möglich, das Schwerwasser durch Ionenaustauscher wieder von diesen Neutronengiften zu befreien, allerdings ist es im zweiten Fall am einfachsten, beim Wiederanfahren der Anlage das Gadolinium in der gleichen Rate durch Neutroneneinfang abzubauen, wie sich die betriebliche Xenonvergiftung wieder einstellt.

Für die sicherheitsrelevante Schnellabschaltung existieren zwei diversitäre und von der betrieblichen Regelung völlig unabhängige Systeme (s. Abb. 12.3):

Zum einen befinden sich 28 mit Cadmiumblech versehene Abschaltstäbe über elektromagnetische Kupplungen gehalten über dem Reaktor und fallen im Anforderungsfall komplett ein, wobei die Erdbeschleunigung zusätzlich noch durch vorgespannte Federn unterstützt wird.

Zum anderen kann, durch ein Helium-Gaspolster angetrieben, eine hochkonzentrierte Gadolinium-Lösung direkt in die Kalandria eingespritzt werden.

Kreislauf und Dampferzeuger

Der CANDU-6 besitzt zwei voneinander unabhängige Loops, die jeweils aus zwei Hauptkühlmittelpumpen und zwei Dampferzeugern bestehen und jeweils die Hälfte der 380 Druckröhren durchströmen (s. Abb. 12.4). Das Kühlmittel verteilt sich aus einem Sammelbehälter („inlet header") unter einem Druck von 112 bar und mit einer Temperatur von 260 °C auf die Zufuhrleitungen der einzelnen Druckröhren. Jede Druckröhre aus Zircalloy enthält 12 Brennelementbündel, ist 6.3 m lang, hat einen Durchmesser von 104 mm und eine Wandstärke von 4 mm. Der Massenstrom in den einzelnen Röhren wird so eingestellt, dass Unterschiede in der örtlichen Leistungsdichte im Hinblick auf eine gewünschte einheitliche Aufwärmspanne von 50 °C kompensiert werden; er beträgt maximal 28 kg/s.

Nach dem Austritt aus dem Kern gelangt das Kühlmittel in einen weiteren Sammelbehälter (outlet header). Der Druckverlust im bisher beschriebenen Teil des Kreislaufes beträgt 13 bar. Anschließend strömt es in den U-Rohr Dampferzeuger mit abgetrenntem Vorwärmer, der insgesamt eine Wärmetauscherfläche von 3200 m^2 besitzt. Der erzeugte Dampf hat einen Druck von 46 bar und eine Temperatur von 260 °C. Anschließend wird

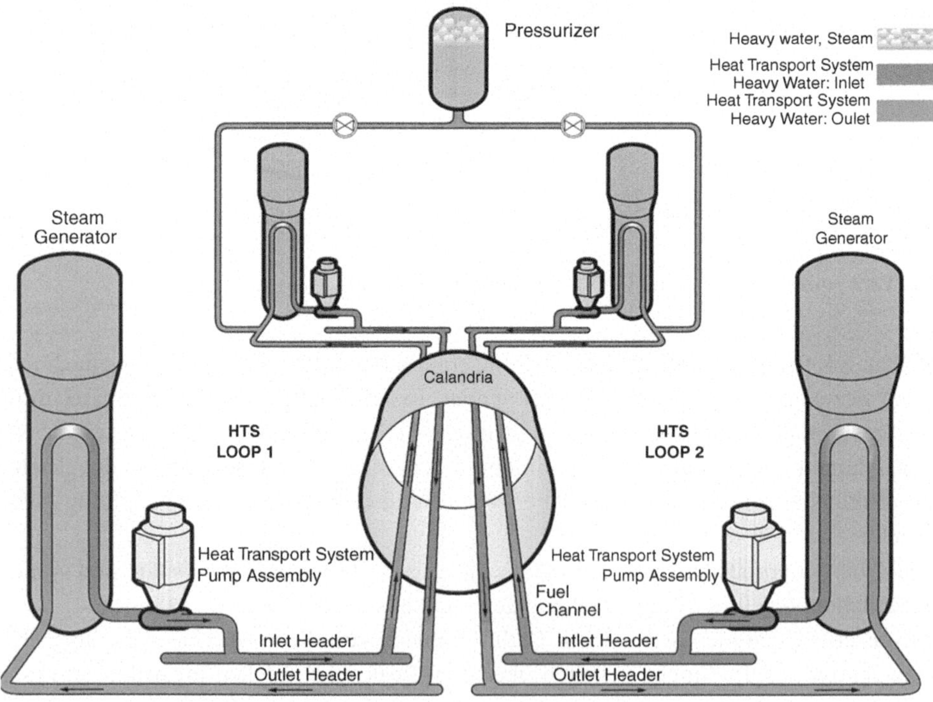

Abb. 12.4 Primärkreis des CANDU-6 (Meneley und Ruan 1998b)

der Kühlmittelvolumenstrom von 2.23 m^3/s durch die Hauptkühlmittelpumpe mit 6.7 MW Leistung in den zweiten inlet header des Loops gefördert, von wo aus der Kern in nunmehr entgegengesetzter Richtung durchströmt wird.

Sicherheitseigenschaften

Der größte Teil der Bremsstöße (typischerweise 97.5 %) findet im kalten Schwerwasser in der Kalandria statt und ist somit von der Thermohydraulik des Primärkreises entkoppelt. Im Wesentlichen stellt der Brennstoff eine Quelle für schnelle und eine Senke für thermische, und der kalte Moderator eine Senke für schnelle und eine Quelle für thermische Neutronen dar. Die Anwesenheit von moderierendem Kühlmittel zwischen den Brennstäben in der Druckröhre führt zu einem höheren epitermischen Neutronenfluss in der Brennstoffzone, der mit einer größeren Resonanzabsorptionsrate und damit einer Senkung der Reaktivität einhergeht. Eine Abnahme der mittleren Kühlmitteldichte führt somit zu einer positiven Reaktivitätszufuhr – der CANDU-6 weist einen positiven Void-Koeffizienten auf. Eine komplette Entleerung der Druckröhren eines vormals gerade kritischen, frisch beladenen CANDU-6 steigert k auf einen Wert von 1.0163 (Whitlock et al. 1995). Damit würde der Reaktor prompt überkritisch. Insbesondere bei Kühlmittelverluststörfällen muss die Abschaltung sehr schnell erfolgen, um Schäden am Kern zu verhindern. Bei einem unterstellten Versagen der Abschaltsysteme würde der Leistungsanstieg erst dann begrenzt werden, wenn nach thermischer Zerstörung von Brennelementen und Druckröhren das Schwerwasser in der Kalandria im Kontakt mit dem heißen Material zu sieden beginnt.

Im Bezug auf einen Ausfall der Nachwärmeabfuhr besitzt der CANDU-6 relativ große Sicherheitsreserven. Bei intaktem Primärkreis ist die Kühlung des Brennstoffes auch bei Ausfall aller Pumpen durch Naturkonvektion gewährleistet, solange die Wärme in den Dampferzeugern abgeführt werden kann. Bei einer Überhitzung des Kernbrennstoffes kommt es zu einer Verformung der Druckröhre, die dadurch in Kontakt zu der umhüllenden Kalandriaröhre kommt, durch den die Wärme dann an das umgebende Schwerwasser abgeführt wird. Sollte es langanhaltend nicht möglich sein, das Wasser in der Kalandria zu kühlen oder zu ergänzen, bilden Kernbrennstoff und Strukturmaterialien eine Schmelze, die aber auf dem Boden der Kalandria zum Stillstand kommt, da dieser durch das umgebende Leichtwasser in der Reaktorzelle gekühlt wird (Mathew et al. 2004). Bei diesen Szenarien ist allerdings zu beachten, dass durch die Zirkon-Wasserreaktion in großen Mengen Wasserstoff gebildet wird, der explosionsfähige Gemische in dem vorgespannten Betoncontainment bilden kann und deshalb beispielsweise durch passive autokatalytische Rekombinatoren abgebaut werden sollte.

12.1.3 Weiterentwicklung zum Advanced CANDU Reactor

Der Advanced CANDU Reacor-1000 (ACR-1000) (ACR-1000 2010; AECL 2007) baut auf dem grundsätzlichen Design des CANDU-6 auf, in einigen Aspekten gibt es aber wesentliche Unterschiede: Die thermische Reaktorleistung ist auf 3187 MW und damit die elektrische Nettoleistung auf 1085 MW erhöht.

Bei nahezu gleichem Kalandriadurchmesser von 7.5 m ist die Anzahl der Druckröhren stark auf 520 gesteigert und dementsprechend der Gitterabstand auf 24 cm gesenkt. Als Kühlmittel dient nunmehr Leichtwasser, sodass der Schwerwasserbedarf nur noch für die Füllung der Kalandria besteht und mit 250 t deutlich geringer ist als für den CANDU-6. Allerdings ist eine Verwendung von Natururan mit diesem Reaktor nicht mehr möglich; es ist Brennstoff mit einer Anreicherung von 2.4 %, mit dem dann auch ein gesteigerter Abbrand von ca. 20000 MWd/t erzielt werden kann.

Die Brennelemente sind nunmehr aus 43 Stäben zusammengesetzt, von denen der zentral angeordnete keinen Brennstoff, sondern Neutronenabsorber enthält. Hierdurch wird in Kombination mit der Verwendung von Leichtwasser als Kühlmittel und Kernkonfiguration erreicht, dass der ACR-1000 einen negativen Voidkoeffizienten besitzt.

12.2 Schneller Natriumgekühlter Reaktor

Wesentliche Motivation von Reaktoren mit schnellem Neutronenspektrum war die Möglichkeit einer besseren Ausnutzung der weltweiten Uranvorräte, auf die im Folgenden eingegangen werden wird. Im 20. Jahrhundert wurden in zahlreichen Ländern Pilotanlagen errichtet; in Folge sinkender Uranpreise in der 1980er Jahren und unter dem dämpfenden Einfluss, den die Reaktorkatastrophe von Tschernobyl insgesamt auf die Weiterentwicklung der Kerntechnik hatte, wurde dieses Konzept nur noch mit geringer Energie verfolgt.

Im Zuge einer intensiveren Auseinandersetzung mit der Problematik der Endlagerung radioaktiver Stoffe aus dem Betrieb von Kernkraftwerken stellt in den letzten Jahren die Möglichkeit, langlebige Aktinide durch hochenergetische Neutronen in kurzlebige Spaltprodukte umzuwandeln eine neue Motivation für schnelle Reaktorsysteme dar (s.a. Kap. 16).

12.2.1 Grundlagen

Motivation

Bei jeder Kernspaltung wird zunächst ein Spaltstoffkern verbraucht. In Kombination mit der Endlichkeit der irdischen Uranvorräte (für eine quantitative Betrachtung s. Kap. 16) ergibt sich daraus, dass die Energiegewinnung aus Kernspaltung nicht unbegrenzt möglich ist. Daher ist es im Sinne einer Ressourcenschonung vorteilhaft, nicht nur das natürlich vorkommende U-235, sondern auch andere Nuklide energetisch nutzbar zu machen. Wie bereits in Abschn. 3.1 gezeigt, kann durch Absorption von Neutronen durch U-238 oder Th-232 neuer Spaltstoff in Form von Pu-239 bzw. U-233 gebildet werden.

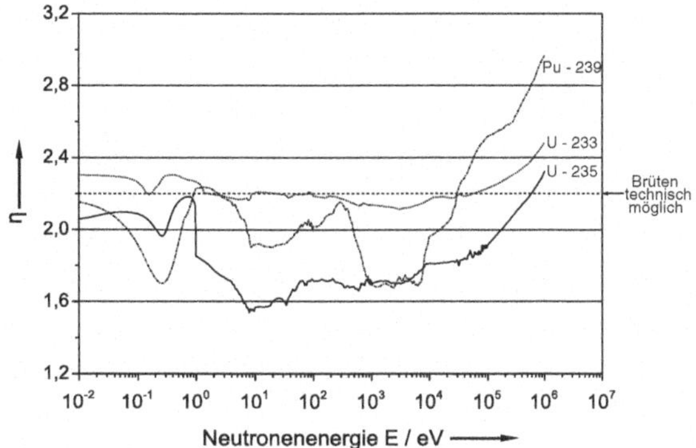

Abb. 12.5 Energieabhängige Neutronenausbeute je Spaltung von U-233, U-235 und Pu-239 (im Resonanzbereich geglättet) (Chadwick et al. 2011)

Im Zusammenhang mit diesen Betrachtungen führt man die Konversationsrate CR als das Verhältnis von neu gebildetem und verbrauchtem Spaltstoff ein. Für Werte von CR > 1 spricht man von einem echten Brüter, der mehr Spaltstoff produziert als er verbraucht. Die mittlere Konversionsrate beträgt bei Leichtwasserreaktoren etwa 0.6. Selbst wenn man das aus der Aufarbeitung rückgewonnene Uran wieder zur Anreicherung zurückführt und das gewonnene Plutonium in Brennelementen einsetzt, erreicht man damit bestenfalls eine Nutzung von etwa 2 % des Natururans. In Abb. 12.5 ist die Neutronenausbeute η als Funktion der Neutronenenergie dargestellt.

Damit CR > 1 werden kann, muss zusätzlich zum für die Spaltung verbrauchten Neutron mindestens ein zweites Neutron für den Brutprozess zur Verfügung stehen. Da aber parasitäre Neutronenabsorption im Reaktor unvermeidlich ist, ist für η ein Wert deutlich über 2 notwendig.

Im thermischen Bereich kann allenfalls für U-233 in graphitmoderierten Reaktoren eine Brutrate über 1 erreicht werden. Voraussetzung hierfür sind ein geringer Brennstoffabbrand und eine niedrigere Neutronenflussdichte, da ansonsten zu viele Neutronen durch parasitäre Absorption an Spaltprodukten sowie an Pa-233 verloren gehen. Erst im schnellen Energiebereich oberhalb 10^4 eV erreicht η Werte über 2.4, wobei von den drei betrachteten Isotopen das Pu-239 das geeignetste für den Brütereinsatz ist. Schnelle Brutreaktoren bieten deshalb theoretisch die Möglichkeit, nicht nur das U-235 als Spaltstoff zu nutzen, sondern auch das gesamte U-238 in Plutonium zu verwandeln und als Spaltstoff einzusetzen. Praktisch muss man jedoch die Verluste bei der mehrfachen Wiederaufbereitung sowie durch (n, γ)-Absorption und radioaktiven Zerfall berücksichtigen. Trotzdem erhofft man sich im Vergleich zu Leichtwasserreaktoren eine 60-fach bessere Ausnutzung der Natururanvorräte (Waltar und Pavel 2012).

Grundkonzept

Im Hinblick auf das angestrebte Neutronenspektrum sind im schnellen Brutreaktor alle Materialien unerwünscht, die eine schnelle Abbremsung der Neutronen bewirken und gerade aufgrund dieser Eigenschaft in thermischen Reaktoren als Moderator eingesetzt werden. Aus diesem Grund ist eine Verwendung von Wasser als Kühlmittel ausgeschlossen. Da, um den Spaltstoffeinsatz zu minimieren, ein möglichst kompakter Kern mit hoher Leistungsdichte angestrebt wird, muss aber eine sehr gute Wärmeabfuhr gewährleistet sein. Dies lässt sich mit einer Flüssigmetallkühlung realisieren. Hierbei wurde insbesondere Natrium als geeignetes Kühlmittel identifiziert, das in einem Temperaturbereich von 97.8 bis 882.9 °C flüssig ist, eine hohe Wärmeleitfähigkeit und -kapazität aufweist und nicht korrosiv auf die im Primärkreis verwendeten Materialien wirkt. Nachteilig ist hingegen die ausgeprägte Reaktionsfreudigkeit im Kontakt mit Luft und Wasser, aus der sich spezifische Herausforderungen für die Sicherheit derartiger Anlagen ergeben.

Natrium wird auch durch Neutronenabsorption aktiviert, und das entstehende Na-24 mit 15 h Halbwertszeit weist eine sehr harte Gammastrahlung auf. Um bei der im Fall einer Wasser-Natrium-Leckage im Dampferzeuger auftretenden Explosion kein radioaktives Natrium freizusetzen und die Integrität des Primärkreises nicht zu gefährden, werden Primär- und Wasser/Dampfkreislauf durch einen Natrium-Zwischenkreislauf getrennt.

Bei allen bisher gebauten Brutreaktoren besteht der zylindrische Reaktorkern aus einer Spaltzone und einer um die Spaltzone herum aufgebauten Brutzone. Im Kern eines Schnellen Brutreaktors muss man versuchen, die dichtestmögliche Packung des Brennstoffs zu erreichen. Für das Kühlmittel Natrium, das mit den Neutronen durch Bremsstöße und parasitäre Absorption unerwünscht wechselwirkt, soll nur so viel Volumen zur Verfügung gestellt werden, wie für die Kühlung unbedingt notwendig ist. Aus diesem Grunde wählt man eine Dreiecksanordnung für die Brennstäbe, die zu sechseckigen Brennelementen führt.

Aus konstruktiven Gründen benötigt man einen Mindestabstand zwischen den Stäben. Vergleicht man den Kühlkanalquerschnitt einer Dreiecksanordnung mit dem einer quadratischen Anordnung der Stäbe bei gleichem Stabdurchmesser und Stababstand, so sieht man, dass er etwa 20 % kleiner ist. Dadurch wird die Neutronenökonomie und damit die Brutrate deutlich erhöht.

Auch wenn es im Hinblick auf die Neutronik vorteilhaft wäre, Uran bzw. Plutonium in metallischer Form in die Brennstäbe einzubringen, ist dies aufgrund des starken Schwellen im Laufe des Abbrands verworfen worden und es wird oxidischer Brennstoff in Brennstäben aus Stahl verwendet.

Während der prinzipielle Aufbau der Brennelemente den bei Leichtwasserreaktoren gleicht, unterscheidet er sich neben der Stabanordnung auch im Stabdurchmesser. Die aus wirtschaftlichen Gründen geforderte hohe Leistungsdichte verlangt einen im Vergleich zu LWR geringeren Brennstabdurchmesser von typischerweise 6 mm. Im Brutmantel, auch Blanket genannt, wo man dickere Stäbe und noch kleinere Abstände haben möchte, verwendet man Wendelrippen von etwa 1 mm Rippenhöhe, mit denen die Brennstäbe schraubenförmig umgeben sind.

Für die Realisierung von schnellen natriumgekühltem Brütern existieren zwei Varianten: Bei der Loop-Bauweise stellt der Reaktortank mit Deckel und Einbauten, die den Reaktorkern umschließen, eine Einheit dar. Bei der Pool-Bauweise sind die Pumpen und

Wärmetauscher in den Tank mit eingebaut, sodass der gesamte Primärkreislauf sich im Natriumtank befindet. In den Abschn. 12.2.2 und 12.2.3 werden beide Ansätze an Hand der Referenzanlagen SNR-300 (Loop) und -beschränkt auf den Primärkreislauf als wesentliches Unterscheidungsmerkmal - Super Phénix (Pool) dargestellt.

Sicherheitseigenschaften

Der Void-Koeffizient ist bei einem natriumgekühlten Schnellen Reaktor grundsätzlich positiv, d. h. bei Verringerung der Natriumdichte durch Gasblasen steigt die Reaktivität stark an, bei großem Void unter Umständen sogar über den promptkritischen Wert. Der dadurch ausgelösten, rasanten Leistungsexkursion kann man nur durch den stets negativen Doppler-Effekt entgegenwirken, der durch die stark zunehmende Absorption bei Temperaturerhöhung des Brennstoffs bewirkt wird. Deshalb darf der Void-Koeffizient nur so groß zugelassen werden, wie er durch den Doppler-Effekt noch sicher beherrscht werden kann. Durch das Verhältnis von Durchmesser zu Höhe kann man den Void-Koeffizienten beeinflussen, da nur die zentralen Kernbereiche einen positiven, die oberflächennahen Bereiche jedoch einen negativen Reaktvitätsbeitrag leisten. Dementsprechend erhält man für einen sehr flachen oder sehr schlanken Kern kleinere Void-Koeffizienten als für das bezüglich der Kritikalität optimale Durchmesser/Höhen-Verhältnis. Allerdings wird auch der Doppler-Koeffizient dadurch etwas vermindert (Smidt 1979), jedoch nicht in gleichem Maße wie der Void-Koeffizient. Mit Rücksicht auf die Pumpleistung kommt ein schlanker Kern nicht in Frage, sondern ein flacher sogenannter „Pfannkuchenkern".

Im Gegensatz zu Leichtwasserreaktoren kann der Kern eines Schnellen Brutreaktors auch in völliger Abwesenheit von Kühlmittel kritisch werden. Eine weitere Gefahr ergibt sich daraus, dass bei Ausfall aller Kühlsysteme und einem daraus resultierenden Schmelzen des Kerns dieser eine neutronenphysikalisch günstigere Geometrie einnehmen kann. Die daraus resultierende, prompt überkritische Leistungsexkursion [Bethe-Tait-Störfall (Bethe und Tait 1956)] wird letztendlich dadurch begrenzt, dass durch die freigesetzte Energie Kernbrennstoff verdampft und im Zuge einer explosionsartigen Zerlegung die Konfiguration wieder unterkritisch wird.

12.2.2 Referenzanlage Loop-Typ: SNR-300

Der SNR-300 (KUE 1969; Butz 1982) mit einer elektrischen Nettoleistung von 295 MW wurde von 1972–1985 in Kalkar am Niederrhein errichtet, jedoch wurde ihm die Betriebsgenehmigung durch das Land Nordrhein-Westfalen verweigert, bis das Projekt 1991 aufgegeben wurde. Seit 1995 wurde die Anlage sukzessive in einen Freizeitpark umgewandelt.

Kernaufbau

Der Reaktorkern hat zwei radiale Zonen mit verschiedener Spaltstoffanreicherung und daran radial nach außen anschließend die Brutzone aus abgereichertem Uran. Die Brennstäbe der Spaltzone enthalten nur im 950 mm hohen Kernbereich Spaltstoff, darüber und

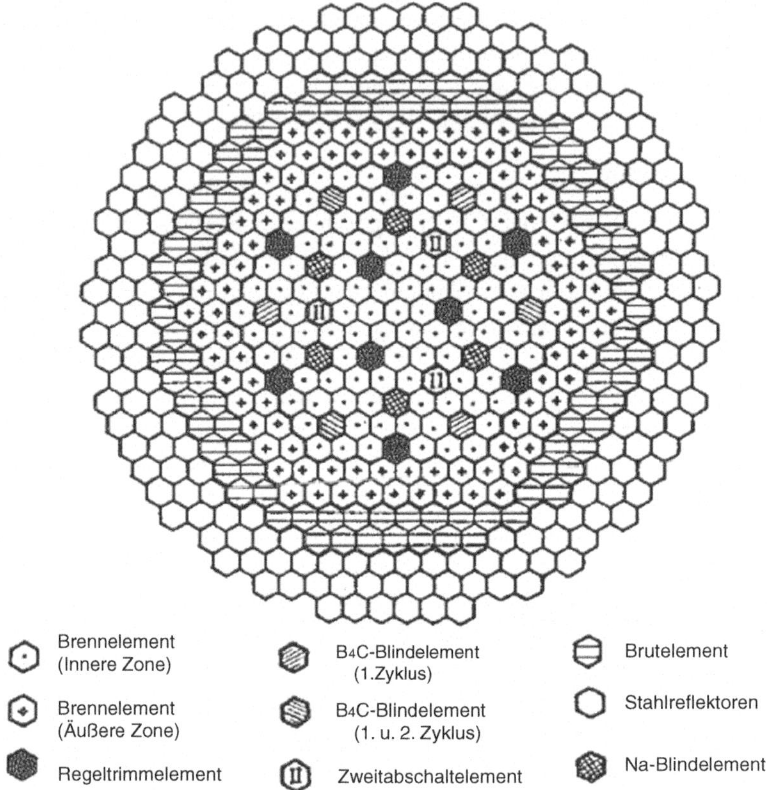

Abb. 12.6 Querschnitt durch den Reaktorkern des SNR-300

darunter auf einer Länge von 400 mm Brutstoff, der den oberen und unteren Brutmantel bildet. Nach unten schließt sich noch eine 550 mm lange Spaltgaskammer an. Bei natriumgekühlten Schnellen Brütern reicht das Eigengewicht der Brennelemente nicht aus, um sie gegen den Strömungsdruck niederzuhalten, sodass sie eine Niederhaltung benötigen.

Beim SNR-300 enthält die Spaltzone insgesamt 169 Positionen, von denen 151 mit Brennelementen besetzt sind. 18 Positionen enthalten Absorberstäbe. Im Brutmantel sind 330 Positionen für Brutelemente gleicher Außenabmessungen vorgesehen (Abb. 12.6). Jedes Brutelement besteht aus 91 Brutstäben mit 9.5 mm Durchmesser, die abgereichertes Uran enthalten. Zur Führung der Absorber sind die sechseckigen Absorberelemente innen mit runden Führungsrohren versehen. Für die 12 Trimm-Regelstäbe werden Tantalabsorber in Rohrform verwendet, während die sechs Abschaltstäbe aus Borcarbid hergestellt werden.

Brenn- und Brutelemente sowie die Führungsrohre der Absorber stehen in der Gitterplatte und werden in besonderen Fußhalterungen zentriert. Um auch das Kopfende der Elemente in definierter Lage zu halten, werden in Höhe der oberen und unteren Kernkante Distanzstücke angebracht, an denen sich die Elemente bei Betriebstemperatur gegenseitig

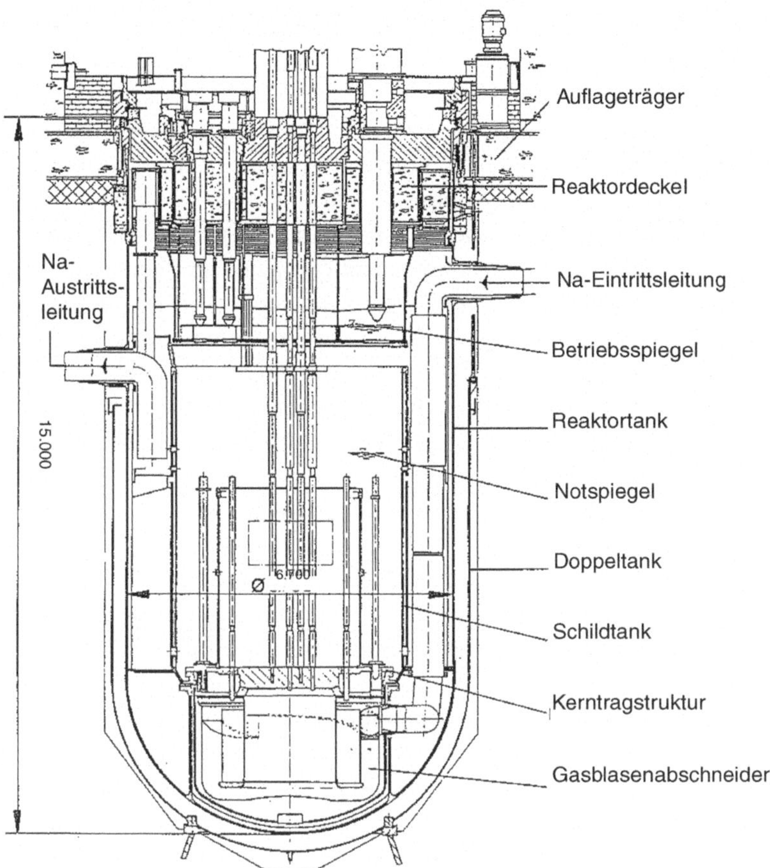

Abb. 12.7 Reaktoraufbau des SNR-300

abstützen. Im Beladezustand bei etwa 200 °C befinden sich die Brennelementköpfe in einer reproduzierbaren Lage, sodass sie von der Lademaschine auch unter Natrium gefunden werden können. Die gegenseitige Abstützung ist dann gelockert, weil der äußere Spannring aus ferritischem Werkstoff mit geringerer Wärmedehnung besteht.

Kreislauf und Dampferzeuger

Der Reaktorkern einschließlich Halterung und Gitterplatte ist in einem Reaktortank, einem zylindrischen Behälter von etwa 6.70 m Durchmesser und 14.50 m Höhe angeordnet (Abb. 12.7), der außerdem die zur Strömungsführung erforderlichen Einbauten sowie thermischen Schild und Schockbleche zum Schutz der Tankwand enthält. Die Wandstärke beträgt 25–40 mm. Der Reaktortank enthält eine Natriumfüllung mit freier Oberfläche und dient als gemeinsames Ausdehnungsgefäß für die Primärkreisläufe.

Aufgrund des geschlossenen Eintrittsplenums unterhalb der Gittertragplatte wird der Reaktortank selbst nicht druckbelastet. Alle Rohrleitungen sind oberhalb des für die

Wärmeabfuhr erforderlichen Mindestfüllstands (Notspiegel) am Tank angeschlossen. Er ist von einem zweiten Tank zur Begrenzung der Kühlmittelleckage beim Bruch des inneren Tanks sowie zur Abschirmung und Wärmeisolierung umgeben. Nach oben wird der Tank durch den Reaktordrehdeckel, ein System von drei drehbaren Deckeln, verschlossen. Durch die exzentrische Anordnung der beiden inneren Deckel kann eine Umsetzmaschine über jede Position des Kerns und Auswechselpositionen außerhalb des Kerns gebracht werden, sodass die Brennelemente ohne Abheben des Deckels umgesetzt werden können. Der Deckel trägt die Absorberstäbe sowie die Kerninstrumentierung und übernimmt die Abschirmung und Wärmedämmung nach oben. Der Deckel wird durch Anblasen der Oberfläche mit Stickstoff gekühlt. Die Abdichtung gegen die Reaktoratmosphäre erfolgt im oberen Bereich des Deckels durch doppelt ausgeführte Dichtungen mit Sperrgasbeaufschlagung. Die eintretenden Kühlmittelleitungen werden zwischen Kernbehälter und Tank nach unten geführt, wo sie in das Eintrittsplenum mit einer Schrägstellung zum Radius einmünden. Dadurch wird in der äußeren Kammer des Eintrittsplenums eine rotierende Strömung angetrieben, die bewirken soll, dass etwa mitgerissene Gasblasen auf der Innenseite aufsteigen. Von da können sie in die Vorkammer des radialen Brutmantels gelangen, aber nicht in die Kernzone, wo sie wegen des positiven Void-Koeffizienten gefährlich werden könnten. Der Natriumstrom für die Kernzone wird an der Außenseite der Kammer nach unten abgezogen und in die innere Kammer des Plenums umgeleitet. Die Vorkammer des Brutmantels wird durch Einströmdrosseln auf herabgesetztem Druck gehalten, damit nur noch ein kleinerer Druckabfall durch die Drosselblenden im Fuß der Brutelemente abgebaut werden muss. Die Drosselblenden sind erforderlich, um den Natriumstrom dem Leistungsprofil anzupassen. Der Boden des Eintrittsplenums ist so konstruiert, dass er als erste Auffangwanne für geschmolzenen Brennstoff wirkt, falls es einmal durch einen schweren Unfall zum Brennstoffschmelzen kommen sollte. Eine zweite, besonders gekühlte Auffangwanne, der sogenannte „core catcher", ist unter dem Reaktortank vorgesehen.

Das nach Durchströmen des Kerns heiße Natrium gelangt aus dem Austrittsplenum oberhalb des Reaktorkerns durch Öffnungen in den Zwischenraum zwischen Kernbehälter und Tank. Von dort tritt es in die Austrittsrohrleitungen ein, deren Einströmöffnungen so tief nach unten gezogen sind, dass sie unterhalb des Notspiegels liegen. In dem Zwischenraum befinden sich außerdem noch Tauchkühler, die als Notkühlsystem dienen, wenn die Hauptkreisläufe versagen sollten.

Der Drehdeckel ist eine schwere und komplizierte Konstruktion. Der große Drehdeckel sitzt konzentrisch über dem Reaktortank und trägt an einer starken Aufhängung eine in das Natrium eingetauchte Prallplatte zum Dämpfen von Stoßwellen bei einem unterstellten Kernzerlegungsstörfall. Der mittlere Drehdeckel hat etwas mehr als den halben Durchmesser und sitzt exzentrisch, sodass er gerade noch den Kernbereich überdeckt. Auf ihm sind die Regelorgane montiert, deren Führungsgestänge bis zur Oberkante des Kerns hinunterragen. Am unteren Ende ist die sogenannte Niederhalteplatte montiert, die aber diese Funktion nur bei Versagen der hydraulischen Niederhaltung der Brennelemente ausübt. Sie dient vor allem als Träger für die Kerninstrumentierung. Der kleinste Drehdeckel, der wiederum exzentrisch neben dem Kernbereich des mittleren Deckels sitzt, enthält die Zugangsöffnungen auf denen die Brennelementwechsel und Umsetzmaschine aufgesetzt wird. Natürlich kann sie auch für andere Zwecke als Zugangsöffnung dienen. Die drei drehbaren Deckel laufen auf Rollenlagern und werden dabei durch aufblasbare Dichtungen, die an teflonbeschichteten Flächen gleiten, abgedichtet, während des Reaktorbetriebs werden die Drehdeckel abgesenkt auf eine doppelte Anpreßdichtung mit Sperrgas im Zwischenraum.

Das Hauptkühlsystem besteht aus drei Primär- und drei Sekundärkreisläufen. Das im Reaktor von 377 auf 546 °C aufgewärmte Natrium wird über eine im heißen Strang jedes Primärkreislaufs angeordnete Umwälzpumpe zum Wärmetauscher gefördert. Es gibt dort im Gegenstrom seine Wärme an den Sekundärkreislauf ab und strömt zum Reaktortank zurück. An Ein- und Austrittsseite des Reaktortanks sind Armaturen angeordnet, die eine Absperrung der Kreisläufe ermöglichen. Der Kreislauf steht etwa unter 8 bar Betriebsdruck auf der Druckseite der Pumpe. Das Natrium des Sekundärsystems wird in den Zwischenwärmetauschern von 340 auf 525 °C aufgewärmt. Eine Pumpe im kalten Strang jedes Sekundärkreislaufs wälzt das Kühlmittel um, das die im Zwischenwärmetauscher aufgenommene Wärme an das Wasser-Dampf-System abgibt. Hierbei durchströmt das Natrium jedes Kreislaufs zunächst drei Überhitzer und anschließend drei Verdampfer, die parallel geschaltet sind. Alle Apparate sind Geradrohrwärmetauscher. Schnell schließende Armaturen an der Natrium- und Wasserseite ermöglichen eine Separierung einzelner Stränge im Falle einer Leckage. Sämtliche Systeme, die aktiviertes Primärnatrium enthalten, sind innerhalb des Containments in abgeschirmten, inertisierten Zellen angeordnet. Die Zellen für die Hauptkreisläufe sind so gestaltet, dass sich bei einem Bruch an irgendeiner Stelle der Reaktortank nicht unter den für die Notkühlung erforderlichen Notspiegel entleeren kann, wobei man auch die Heberwirkung geschlossener Rohrleitungen berücksichtigen muss. Tief liegende Teile der Kreisläufe sind von engen Wannen bis zur Höhe des Notspiegels umgeben.

Alle Natrium führenden Komponenten und Rohrleitungen sind mit einer elektrischen Begleitheizung ausgerüstet. Um eine vollständige Dichtheit der Natriumanlagen zu erreichen, werden ausschließlich Schweißverbindungen oder, wo nötig, Flanschverbindungen mit Schweißringlippendichtungen vorgesehen.

Die Rohrleitungen sind in der Regel nur für einen relativ geringen Druck auszulegen. Wegen der großen Temperaturänderungen erfordert der Dehnungsausgleich zwischen Festpunkten eine raumaufwendige Rohrführung. Besonders zu erwähnen ist noch die unter der Isolierung angebrachte elektrische Heizung in Form eines um die Rohre gewickelten Drahts. Die Heizleistung ist gering. Sie muss zur Deckung der Isolationsverluste genügen, um das Natrium auf etwa 200 °C zu halten.

An wichtigen Rohrleitungen werden zum Teil Leckdetektoren eingesetzt. Sie bestehen z. B. aus einer in der Wärmeisolierung unter dem Rohr eingebauten Doppelleitung aus blanken Drähten, auf die Keramikperlen zur Isolation aufgefädelt sind. Bei austretendem Natrium gibt es einen Kurzschluss, der sich bei angelegter Spannung durch einen Strom bemerkbar macht.

12.2.3 Referenzanlage Pool-Typ: Super Phénix

Mit dem Bau des Super-Phénix mit einer elektrischen Nettoleistung von 1200 MW bei Creys-Malville in Frankreich wurde 1977 begonnen; Erstkritikalität wurde 1985 und die erste Netzsynchronisation 1986 erreicht. Aufgrund technischer Probleme war die durchschnittliche Verfügbarkeit mit 9.2 % gering; 1998 wurde die Anlage außer Betrieb genommen.

Kernaufbau

Bei dem Super-Phénix befindet sich der gesamte Primärkreislauf zusammen mit dem Reaktor in einem natriumgefüllten Tank (D'Onghia et al. 1978). Der Reaktorkern hat einen ähnlichen Aufbau wie der beschriebene SNR-300. Die Brennelemente bestehen aus 271 Stäben in einem hexagonalen Rohr. Die Stäbe sind unten an einem Gitter befestigt und werden durch Drähte von 1.2 mm Durchmesser, die um die Stäbe gewendelt sind, auf Abstand gehalten. Jeder Stab enthält unten eine Spaltgaskammer, im Bereich des unteren axialen Blankets (300 mm) ebenso wie im gleichhohen oberen axialen Blanket, abgereichertes Uran, dazwischen in der Kernzone Plutonium-Uran-Mischoxidpellets, die innen hohl sind.

Eine oben angeordnete Feder hält die ganze Pelletsäule in ihrer Position. Der Stab hat einen äußeren Durchmesser von 8.5 mm und eine Gesamtlänge von 2700 mm. Die maximale spezifische Stableistung ist auf 480 W/cm festgelegt. Die höchstzulässige Temperatur der Hüllrohre, die aus rostfreiem Stahl bestehen, ist auf 700 °C begrenzt. Im radialen Blanket haben die Stäbe 15.8 mm Durchmesser. Abbildung 12.8 zeigt einen Querschnitt durch den Kern mit Angabe der Positionen für Kontrollstäbe, Messkammern und Reserveelemente. 193 Brennelemente in der inneren und 171 in der äußeren Zone mit unterschiedlicher Anreicherung stellen die aktive Kernzone dar. Sie ist von 233 Brutelementen radial umgeben. Eine doppelte Reihe von 198 Reflektorelementen aus Stahl umschließt den Brutmantel und dient sowohl zur Verminderung der Leckverluste als auch zur Abschirmung.

Um die Neutronendosis und die γ-Bestrahlung der umgebenden Strukturen ausreichend zu reduzieren, ist der Kern von einer dicken Schicht mit 1076 Stahlelementen umgeben. Dadurch wird die mögliche neutronenindizierte Aktivierung des Sekundärnatriums in den im Pool sich befindenden Zwischenwärmetauschern vermieden. Von den 21 Kontrollelementen sind 6 in der inneren und 15 zwischen innerer und äußerer Kernzone angeordnet. Weitere drei Abschaltorgane in der Brutzone haben eine Back-up-Sicherheitsfunktion. Alle Elemente haben die gleiche Schlüsselweite von 173 mm, das gleiche Kopfstück, den gleichen Fuß und eine Gesamtlänge von 5400 mm. Um möglichst in allen Kanälen die gleiche Aufwärmspanne zu erreichen, wird der Kühlmitteldurchsatz in jedem Element durch die Drosselblenden im Fuß angepasst. Es gibt elf Zonen mit unterschiedlichem Durchsatz, sechs im Kernbereich, drei im radialen Blanket und zwei für die Kontrollelemente. Unterschiedliche Verriegelungen in den Fußpassstücken verhindern Verwechselungen beim Beladen.

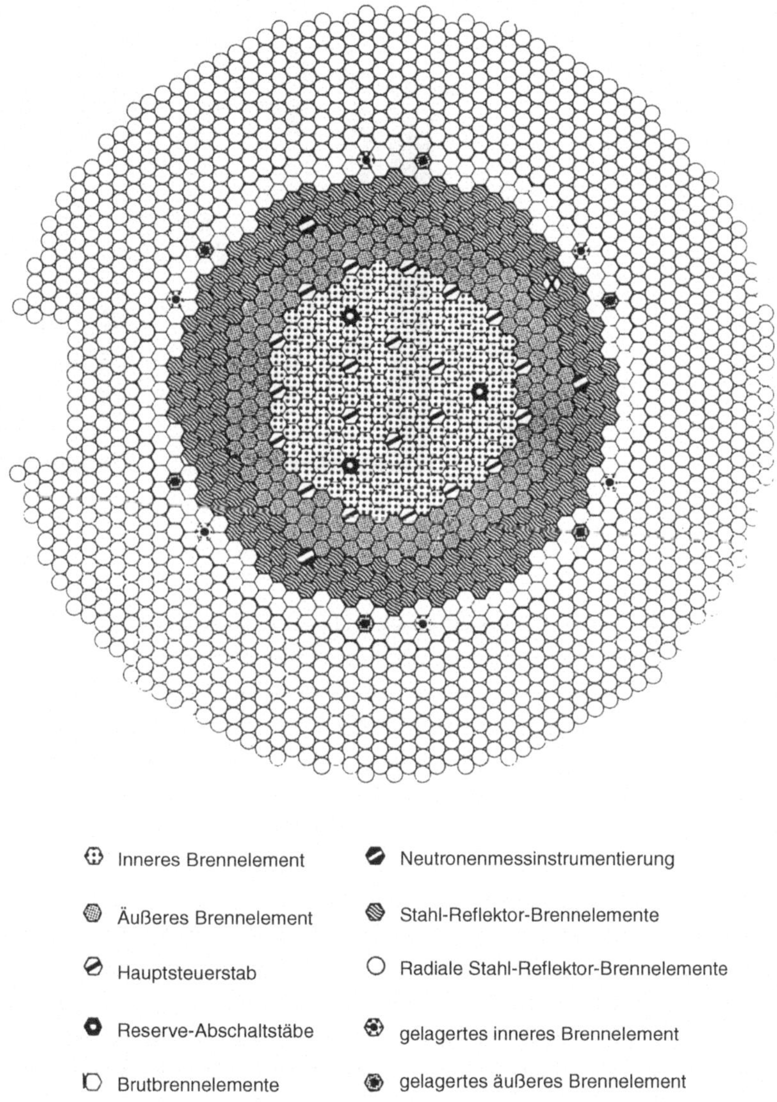

Abb. 12.8 Kernquerschnitt des Super-Phénix (D'Onghia et al. 1978)

Die Aufwärtskraft wird durch eine hydraulische Niederhaltung kompensiert. Der Abstand zwischen den Elementoberflächen beträgt 6 mm und wird durch Abstandsstücke etwa in Höhe der Kernoberkante auf 0.4 mm bei Nullleistung reduziert. Im Leistungsbetrieb schließt sich dieser Spalt durch die unterschiedliche Wärmedehnung der Elementkästen und der Kernumfassung. Eine weitere Erwärmung bei Transienten führt zur Ausdehnung des Kerns und bewirkt einen stark negativen Reaktivitätskoeffizienten.

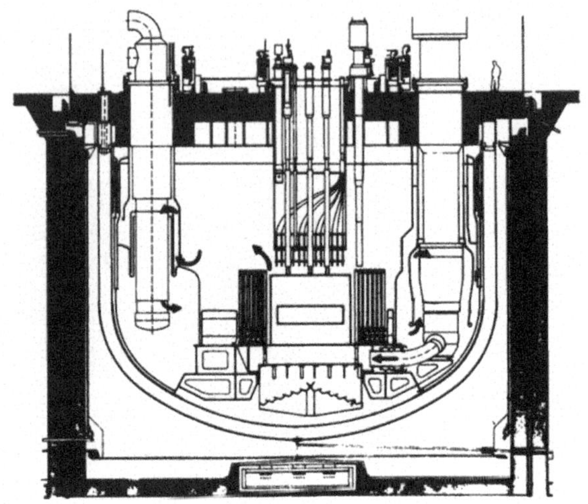

Abb. 12.9 Reaktortank mit Einbauten des Super-Phénix (Waltar et al. 2011)

Primärkreislauf

Der Natriumpool beim Super-Phénix (D'Onghia et al. 1978) (Abb. 12.9) ist unterteilt in ein heißes und ein kaltes Plenum, durch die ringförmige Reaktortragstruktur und eine diese umgebende torusförmige sowie eine konusförmige Struktur. Die torusförmige Trennwand übernimmt die Druckdifferenz zwischen beiden Räumen, während die konusförmige strukturellen Schutz gegen Thermoschock bietet. Das heiße Natrium strömt mit 545 °C aus den Reaktorelementen in das obere heiße Plenum und tritt in die acht Wärmetauscher ein. Das auf 395 °C abgekühlte Natrium tritt in das kalte Plenum aus, von wo es von vier Primärpumpen angesaugt wird, die es in die Verteilerkammer unter der Reaktortragplatte fördern. Der größte Teil durchströmt die Reaktorelemente, ein kleinerer Teil gelangt durch eine kontrollierte Undichtheit der Fußstücke in die darunterliegende Kammer und strömt von dort hinter einen Wärmeschutzmantel entlang der Tankwand, die dadurch auf etwas tieferer Temperatur gehalten wird, in das kalte Plenum. Die feste Abdeckung und Abschirmung nach oben ist eine ringförmige Stahlbetonplatte, die den Natriumtank trägt. Ferner sind daran die Pumpen, die Wärmetauscher und zwei interne Reinigungsvorrichtungen aufgehängt. Im mittleren Teil trägt die Platte zwei rotierende Blöcke, deren Funktion mit der beim SNR beschriebenen übereinstimmt. Der den Reaktortank umschließende Sicherheitstank ist unten aufgestützt. Die Abdeckplatte wird getragen von einem vorgespannten Betonzylinder, der auf der Innenseite mit Kühlrohren belegt ist. Die Unterseite der Abdeckplatte und der rotierenden Blöcke wird durch eine metallische Wärmeisolierung geschützt, die sich im Argonschutzgas befindet. Eine schräg angeordnete Schleuse ermöglicht das Ausschleusen der Brennelemente, die beim Brennelementwechsel zunächst auf inneren Positionen abgestellt werden.

12.3 Hochtemperaturreaktor

Hochtemperaturreaktoren (HTR) zeichnen sich durch eine hohe Kühlmittelaustrittstemperatur von 700 bis 950 °C aus, die neben einem gesteigerten Wirkungsgrad für die Erzeugung von Elektrizität auch die Möglichkeit für eine direkte Prozesswärmenutzung eröffnet. Prototypische Anlagen wurden im 20. Jahrhundert in den USA, Großbritannien, Japan, China und der Bundesrepublik Deutschland errichtet; derzeit ist aber kein HTR-Leistungsreaktor mehr in Betrieb. Im 21. Jahrhundert haben mehrere Staaten den Neubau von HTR in Erwägung gezogen, am weitesten gediehen ist das entsprechende Projekt in China.

12.3.1 Grundlagen

Charakteristisch für den HTR ist der Einsatz von Graphit als Moderator und Strukturmaterial für den Reaktorkern sowie von Helium als Kühlmittel.

Wie in Kap. 9.1 dargelegt ist Graphit aufgrund des sehr geringen Absorptionswirkungsquerschnittes für Neutronen und die geringe Atommasse des Kohlenstoffes ein ausgezeichneter Moderator. Er weist bei Atmosphärendruck keinen Schmelzpunkt auf, sondern sublimiert bei über 3700 °C. Aufgrund dieser Materialeigenschaft ist der HTR in der Vergangenheit als „nicht-schmelzbarer Reaktor" bezeichnet worden. Diese Aussage ist zwar streng genommen nicht falsch, aber insofern irreführend, dass für den radiologischen Quellterm eines schweren Störfalls das Ausmaß der Freisetzung von Radionukliden aus dem Brennstoff entscheidend ist, das schon bei Temperaturen weit unterhalb des Sublimationspunktes von Graphit das Ausmaß eines Kernschmelzunfalls bei einem Leichtwasserreaktor erreicht. Nichtsdestotrotz weist ein geeignet ausgelegter HTR wesentliche passive Sicherheitseigenschaften auf, auf die im weiteren Verlauf des Kapitels etwas detaillierter eingegangen werden wird.

Helium zeichnet sich dadurch aus, dass es chemisch und neutronenphysikalisch effektiv inert ist und darüber hinaus im Vergleich zu anderen Gasen mit Ausnahme von Wasserstoff eine hohe Wärmeleitfähigkeit und -kapazität aufweist.

Der Brennstoff eines HTR liegt nicht wie bei anderen Reaktortypen als massives Pellet vor, sondern ist in Form kleiner ($d < 1$ mm) beschichteter Partikel (coated particles) in die Graphitmoderatormatrix eingebettet. Der innere Aufbau eines solchen, modernen coated particles ist in Abb. 12.10 dargestellt:

Bei einem solchen TRISO (Tristructural-isotropic) coated particle ist die Beschichtung aus insgesamt drei verschiedenen, isotropen Materialien zusammengesetzt. Der Kern aus Urandioxid ($d = 500\,\mu$m) ist zunächst mit einer porösen Kohlenstoffschicht ($s = 95\,\mu$m) umgeben, die die Aufgabe hat, gasförmige Spaltprodukte aufzunehmen, und so ein Überdruckversagen der coated particles zu verhindern. Der Einschluss der Spaltprodukte wird durch zwei Lagen Pyrokohlenstoff ($s = 40\,\mu$m) mit einer dazwischenliegenden Schicht Siliciumcarbid ($s = 35\,\mu$m) gewährleistet.

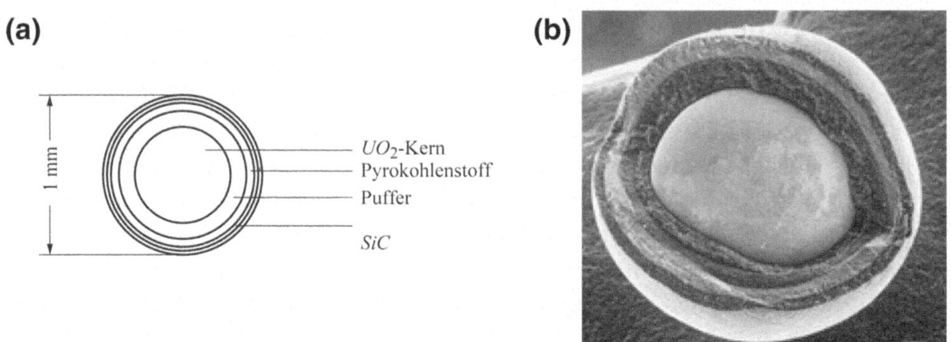

Abb. 12.10 Coated particle für HTR: **a** Skizze **b** REM Aufnahme

Im Normalbetrieb kommt es zu einer geringen Freisetzung von Spaltprodukten in das Kühlmittel, weil einerseits der Matrixgraphit eine nicht völlig eliminierbare Urankontamination aufweist und andererseits ein geringer Anteil (bei modernen Verfahren $10^{(-5)}$) der Partikel herstellungsbedingte Defekte aufweist. Demgegenüber ist der Spaltproduktaustritt aus intakten coated particles durch Diffusion und den Recoil-Effekt (Austritt aus dem Partikel aufgrund der kinetischen Energie des Spaltproduktkerns) unter Normalbetriebsbedingungen von untergeordneter Bedeutung.

Als obere Grenze für die maximale Störfalltemperatur von HTR-Brennstoff mit TRISO Partikeln wird üblicherweise ein Wert von 1600 °C angegeben. Mit weiter zunehmender Temperatur steigt die Freisetzung von Spaltprodukten immer stärker an (wobei immer noch erhebliche Unterschiede zwischen verschiedenen Elementen bestehen), bis sie bei 2000 °C–2300 °C als praktisch vollständig angesehen werden muss (Kugeler und Schulten 1989; IAEA-TECDOC-978 1997). In der Vergangenheit wurden auch BISO (Bistructural-isotropic) coated particles ohne Siliciumcarbidschicht hergestellt und verwendet, die jedoch bei hohen Temperaturen ein deutlich geringeres Rückhaltevermögen für bestimmte Spaltprodukte wie Cäsium aufweisen und für die es deshalb heute keine Verwendung mehr gibt.

Neben der Verwendung von reinem, niedrig angereichertem UO2 wurde in HTR auch ein Gemisch aus etwa 90 % Th-232 als Brutmaterial und ca. 10 % auf 93 % mit U-235 angereichertes Uran eingesetzt bzw. vorgesehen. Man will durch Konversion des Th-232 zum thermisch spaltbaren U-233 das Th-232 als Brennstoff nutzbar machen. Dieser Konversionsprozess bietet sich deshalb bei Hochtemperaturreaktoren an, weil zum einen der Reaktorkern nur aus Brennstoff und Moderator und keinem weiteren neutronenabsorbierenden Strukturmaterialien besteht, zum anderen der Kern in der Regel so groß ist, dass die Leckverluste an Neutronen niedrig gehalten werden können, sodass bezüglich der Neutronenökonomie günstige Verhältnisse herrschen. Zum anderen besitzt das U-233 von allen thermisch spaltbaren Isotopen die größte Neutronenergiebigkeit bei der Spaltung im thermischen Energiebereich. Insgesamt kann somit nicht nur Uran, sondern auch Thorium als Kernbrennstoff nutzbar gemacht werden. Solchen Überlegungen steht allerdings das Bestreben entgegen, zum Schutz vor der Weiterverbreitung von Kernwaffen (Proliferation) auf die zivile Nutzung von waffenfähigem, hochangereichertem Uran zu verzichten.

Für die Realisierung von HTR-Brennelementen existieren zwei verschiedene Konzepte:

Prismatische Brennelemente

Bei einem HTR mit blockförmigen Brennelementen werden coated carticles zusammen mit Matrixgraphit zu zylinderförmigen „Compacts" gesintert, die wiederum in einen Graphitblock eingelassen werden. Eine Vielzahl solcher Brennelemente wird im Inneren des Reaktordruckbehälters über- und nebeneinander angeordnet, und bilden so den Reaktorkern. Durch entsprechende Bohrungen ist es einfach möglich, definierte Kanäle für die Durchströmung mit Kühlmittel bereitzustellen und Steuerstäbe direkt in den Kern einzufahren. Der Brennelementwechsel erfordert ein Öffnen des Reaktordruckbehälters und erfolgt somit diskontinuierlich. Damit muss zur Abbrandkompensation zu Beginn des Zyklus eine erhebliche Überschussreaktivität vorhanden sein. Darüber hinaus wurden bei dem DRAGON-Reaktor in Großbritannien stabförmige Brennelemente aus Graphit die wiederum coated particles enthielten, eingesetzt. Dieses Konzept wurde jedoch nicht weiterverfolgt.

Kugelförmige Brennelemente

Im Gegensatz zu den u. a. in den USA und Japan eingesetzten, prismatischen Brennelementen stellen kugelförmige HTR-Brennelemente eine spezifisch deutsche Entwicklung dar. Sie weisen einen Durchmesser von 6 cm auf und bestehen aus einem carbonisierten Gemisch aus Graphitpulver und organischem Binder, in das abgesehen von den äußersten 5 mm coated particles eingebettet sind. Der Reaktorkern wird durch eine ungeordnete Kugelschüttung gebildet, die nicht der dichtesten Packung entspricht, sondern ein Leervolumen von etwa 39 % aufweist, das die Strömungskanäle für das Kühlgas bildet. Vorteilhaft ist hierbei, dass betrieblich laufend Brennelemente entnommen und ergänzt werden können. Damit ist es nicht erforderlich, über die Doppler- und Xenonkompensation hinaus Reaktivitätsreseven vorzuhalten, sodass mögliche nukleare Transienten begrenzt sind. Das Verfahren von Steuerstäben direkt in die Kugelschüttung verursachte in der Vergangenheit beim deutschen THTR-300 erheblichen Kugelbruch mit entsprechender Radionuklidfreisetzung in das Primärkühlmittel. Bei allen nachfolgenden Konzepten werden die Absorberelemente deshalb stattdessen in den Seitenreflektor eingefahren. Eine Instrumentierung des Kernes innerhalb der Kugelschüttung ist nicht möglich.

Um eine ausreichende Wärmeabfuhr zu erreichen, ist ein erhöhter Druck zu wählen. Die Verbesserung der Leistungsdichte ist gegen den erhöhten Aufwand für die Primärkreiswandung abzuwägen und führt zur Festlegung eines optimalen Drucks, der je nach Konzept zwischen 40 und 70 bar gewählt wird. Der Heliumeinsatz und der Heliumverlust gehen ebenfalls in die Überlegungen mit ein. Die Leistungsdichte ist mit 2–6 MW/m^3 um mehr als eine Größenordnung niedriger als bei Leichtwasserreaktoren.

Die HTR-Forschung steht nicht am Anfang. So wurde bereits der erste Hochtemperaturreaktor mit kugelförmigen Brennelementen, der AVR (Arbeitsgemeinschaft Versuchsreaktor, 50 MW_{th}) in Jülich, über 20 Jahre lang sehr erfolgreich betrieben. Es konnte eine hohe Anlagenverfügbarkeit erreicht werden, das Funktionsprinzip des Kugelhaufenreaktors wurde sehr überzeugend demonstriert. Insbesondere konnten Sicherheitsexperimente durchgeführt werden, die das sichere Verhalten von HTR-Anlagen auch bei extremen Störfallsituationen belegen. So wurde der komplette Ausfall der Abschaltanlage und der Wärmeabfuhr mit dem Kühlgas simuliert und dabei gezeigt, dass der Reaktor sich selbst abschaltet und die Nachwärmeabfuhr vollständig passiv abführt.

Die Nachfolgeanlage THTR-300 (750 MW_{th}, 300 MW_{el}) wurde als Prototyp über einen Zeitraum von 3 Jahren betrieben. Um gegenüber der kleinen Versuchsanlage deutlich mehr Leistung erzeugen zu können, wurde der Reaktorkern wesentlich größer dimensioniert. Damit war allerdings die inhärente Eigenschaft, die Abfuhr der Nachzerfallswärme ohne aktive Kühlung zu gewährleisten, nicht mehr möglich. Jedoch wurde beim THTR-300 ein absolut berstsicheres Konzept eines Reaktordruckbehälters realisiert. Hierzu wurde ein vorgespannter großvolumiger Spannbetonbehälter gebaut, in den auch die Dampferzeuger und Gebläse integriert waren. Alle Spannungen, die durch den Innendruck entstehen, wurden durch radiale und axiale Spannkabel, die in Panzerrohren im Beton geführt wurden, aufgenommen. Bei Überdruck versagt nur eine oder wenige Litzen eines dieser Spannkabel. Durch den dabei entstehenden Spalt entweicht dann der Überdruck, anschließend ziehen die intakt gebliebenen Kabel die Öffnung wieder zusammen. Als Materialien für den Druckbehälter können neben Beton Stahlguss oder Sphäroguss Verwendung finden.

12.3.2 Referenzanlage HTR-Modul

Der HTR-Modul mit einer thermischen Reaktorleistung von 200 MW wurde in den 1980er-Jahren von der Firma Siemens-Interatom entwickelt. Obwohl in Deutschland nie ein solcher Reaktor errichtet wurde, kann das Konzept als weitestgehend ausgereift angesehen werden und ist auch heute noch eine der wichtigsten Referenzanlagen für einen HTR mit kugelförmigen Brennelementen (SIA 1988).

Grundkonzept

Die sich aus den Sicherheitseigenschaften ergebende Begrenzung der thermischen Leistung auf 200 MW stellt eine wirtschaftliche Herausforderung dar. Deshalb war es vorgesehen, mehrere Reaktoren modular zu einer Gesamtanlage mit der angestrebten Leistung zusammenzufassen. Die im weiteren Verlauf des Unterkapitels beschriebene 2-Block Ausführung stellt die am besten dokumentierte Standardkonfiguration dar, es wurden aber auch Anlagen mit bis zu 8 Modulen diskutiert. Die Reaktoranlage befindet sich innerhalb einer Primärzelle, die aus Beton besteht. Dieser Gesamtkomplex ist in einem Reaktorschutzgebäude, welches gemäß heutiger Standards gegen Einwirkungen von außen ausgelegt ist, angeordnet.

Kernaufbau

Der Kern des HTR-Modul mit einem Durchmesser von 3 Metern und einer Höhe von 9.5 Metern wird durch die Kugelschüttung aus 375000 Brennelementen gebildet. Er ist frei von Steuerstäben und wird von oben nach unten im Gleichstrom mit den Brennelementen von Helium bei einem Systemdruck von 60 bar durchströmt. Er ist axial und radial durch Graphitreflektoren beschränkt, an die sich zur Abschirmung borierter Kohlestein anschließt. Der Seitenreflektor wird durch symmetrisch angeordnete Bohrungen von Kaltgas mit 250 °C durchströmt und dadurch gekühlt. Damit ist sichergestellt, dass der stählerne Kernbehälter, der die graphitischen Strukturelemente aufnimmt, keinen unzulässigen Temperaturen ausgesetzt wird. Die Brennelementkugeln werden kontinuierlich von oben zugegeben und durch ein zentrales Kugelabzugsrohr aus dem Reaktor entnommen.

Regelung und Heißabschaltung des HTR-Modul erfolgen über sechs von oben in den Seitenreflektor einfahrende Steuerstäbe. Für die Kaltabschaltung und als diversitäres System für die Reaktorschnellabschaltung können 18 im Seitenreflektor angeordnete Bohrungen mit Absorberkugeln (Borcarbid) von 1 cm Durchmesser gefüllt werden. Die Vorratsbehälter dieses Kleinkugelabschaltsystems (KLAK) sind wie die Steuerstabantriebe im oberen Gasplenum des Reaktordruckbehälters angeordnet. Bei Ausfall der Stromversorgung fallen die Haltekräfte für die Steuerstäbe und der Verschlussmechanismus des KLAK weg und lösen damit sicherheitsgerichtet eine Abschaltung des Reaktors durch Einfall von Steuerstäben und Kleinkugelabschaltelementen aus.

Die Komponenten des Regel- und Abschaltsystems oberhalb des Kerns sind im Inneren des Reaktordruckbehälters angeordnet, sodass dessen Deckel keine entsprechenden Durchdringungen aufweist.

Kreislauf und Dampferzeuger

Der Primärkreiseinschluss des HTR-Modul wird durch den Reaktordruckbehälter und den über einen Verbindungsdruckbehälter angeschlossenen Dampferzeugerdruckbehälter gebildet (s. Abb. 12.11).

Das Helium wird beim Durchgang durch die Kugelschüttung von 250 °C auf im Mittel 700 °C erhitzt. Anschließend strömt das Gas durch Bohrungen im graphitischen Bodenreflektor in einen Sammelraum und von dort durch die Heißgasleitung des Verbindungsdruckbehälters in den Dampferzeuger. Die Heißgasleitung hat einen Innendurchmesser von 0.75 m und besteht aus einer Grundstruktur aus Stahl, die nach innen mit einer Metallfolienisolierung überzogen ist und von außen durch die Kaltgasströmung gekühlt wird.

Die Heizfläche des Dampferzeugers wird durch 300 evolventenförmig verlaufende Rohre gebildet, die in eine Vorwärm-, Verdampfer- und Überhitzerstufe unterteilt werden können. Das so von 700 °C auf 240 °C abgekühlte Gas strömt anschließend entlang der Innenwand des Dampferzeugerdruckbehälters in das Gebläse mit einer Leistung von 4 MW, das bei Volllast einen Kühlmittelmassenstrom von ca. 85 kg/s gegen die Druckverluste des Primärkreises von 1.5 bar fördert. Aus dem Gebläsepuffer strömt das Gas durch den äußeren Teil

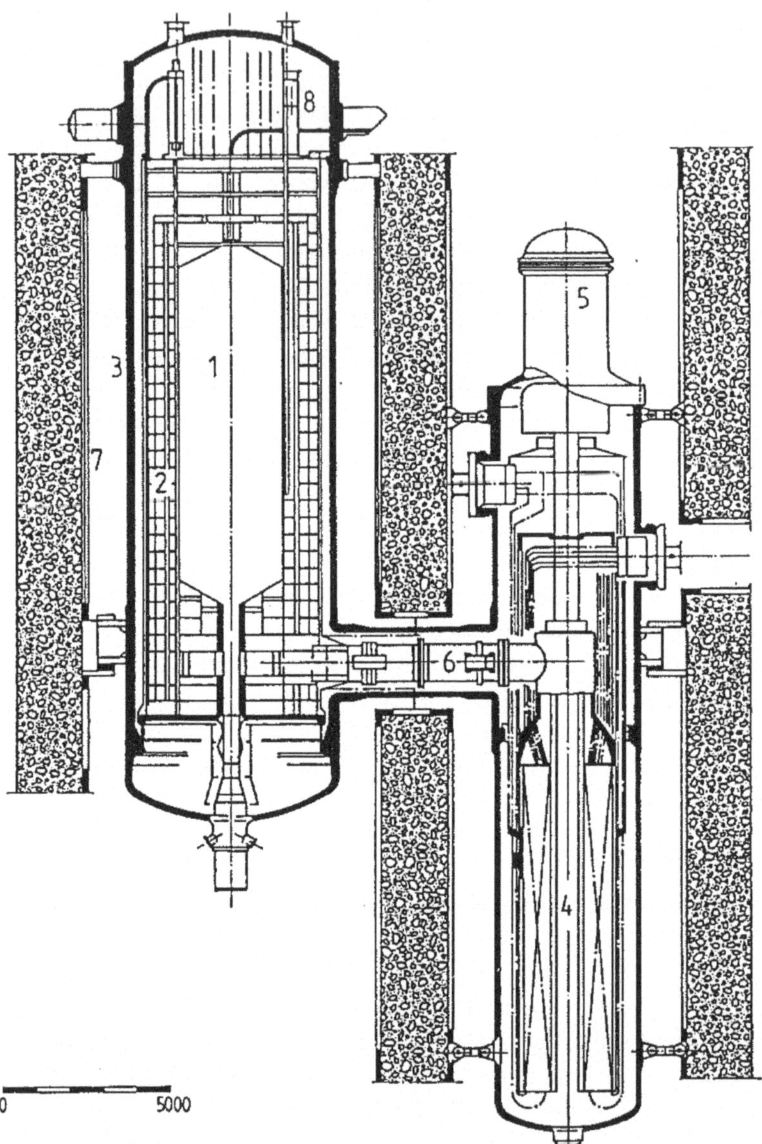

Abb. 12.11 Primärkreis des HTR-Modul (Kugeler und Schulten 1989)

der Koaxialleitung im Verbindungsdruckbehälter in den unteren Sammelraum des Reaktordruckbehälters und von dort durch die Seitenreflektorbohrungen über mehrere weitere Sammelräume in das freie Volumen oberhalb der Kugelschüttung. Durch die geodätisch tiefere Anordnung des Dampferzeugers gegenüber dem Kern ist bei Dampferzeugerheizrohrlecks gewährleistet, dass kein Einbruch flüssigen Wassers erfolgen kann.

Der Kernbehälter liegt etwas oberhalb des Verbindungsdruckbehälters auf einer Dichtfläche an der Innenseite des Reaktordruckbehälters auf. Das aus dem oberen Gasplenum des Reaktordruckbehälters und dem Gasspalt zwischen Kernbehälter und Reaktordruckbehälter gebildete Volumen ist über zwei Druckausgleichsleitungen mit dem Primärkreislauf verbunden. Die innere Druckausgleichleitung ist im Normalbetrieb mit Berstscheiben verschlossen und dient dazu, bei einem Verlust von Primärhelium den Aufbau großer Druckdifferenzen zwischen dem oberen Glasplenum und den betrieblich durchströmten Volumina zu verhindern. Die äußere Druckausgleichsleitung verbindet den Gasspalt mit dem Gebläsepuffer des Dampferzeugerdruckbehälters und ist im Normalbetrieb geöffnet. Durch die damit aufgebaute Druckstaffelung wird für Leckagen und Bypassströmungen sichergestellt, dass die Strömung immer von Kalt- zu Heißgas verläuft und damit die metallischen Bauteile vor unzulässigen thermischen Belastungen geschützt werden.

Sicherheitseigenschaften

Die Abfuhr der Nachwärme erfolgt betrieblich mithilfe des bereits erwähnten Heliumbetriebskreislaufs. Bei Versagen der Kühlung wird die Wärme per radialer Wärmeleitung und -strahlung sowie ein Flächenkühlsystem an der inneren Betonzelle vollständig abgeführt. Versagt der Flächenkühler, so wird die Nachwärme von den Betonstrukturen der inneren Betonzelle aufgenommen. Die Lage des RDB im Reaktorgebäude ist in Abb. 12.12 dargestellt.

Der HTR-Modul ist so ausgelegt, dass auch bei Ausfall aller Wärmeabfuhrsysteme und Druckentlastung des Primärkreises die Nachzerfallsleistung allein durch Wärmeleitung und Konvektion an ein Flächenkühlsystem an der inneren Betonzelle vollständig abgeführt wird. Versagt der Flächenkühler, so wird die Nachwärme von den Betonstrukturen der inneren Betonzelle aufgenommen. Dabei wird eine Brennstofftemperatur von 1600 °C an keiner Stelle überschritten. Ermöglicht wird dies durch die hohe Wärmekapazität und -leitfähigkeit des Graphits, die geringe Kernleistungsdichte sowie das neutronenphysikalisch unvorteilhaft hohe Länge-zu-Durchmesser-Verhältnis des Kerns.

Im Rahmen des Genehmigungsverfahrens postulierte nukleare Transienten beispielsweise durch Steuerstabauswurf oder erdbebenbedingte Verdichtung der Kugelschüttung werden durch den negativen Temperaturkoeffizienten der Reaktivität abgefangen, ohne dass unzulässige Brennstofftemperaturen erreicht werden.

Für das Anlagenkonzept werden für Reaktor- Dampferzeuger- und Verbindungsdruckbehälter sowie große Anschlüsse wie das Brennelementabzugsrohr Nachweise zum Bruchausschluss geführt, sodass als Auslegungsstörfall lediglich der Bruch einer DN-65 Leitung unterstellt werden muss. Dieser führt zu einer schnellen Druckentlastung des Primärkeises. Aufgrund der nicht ausreichend gegebenen Druckfestigkeit des Reaktorgebäudes müssen diese Schwallgase in die Umgebung entlassen werden. Da hierbei in geringem Maße auch kontaminierter Graphitstaub freigesetzt wird, ist in der jüngeren

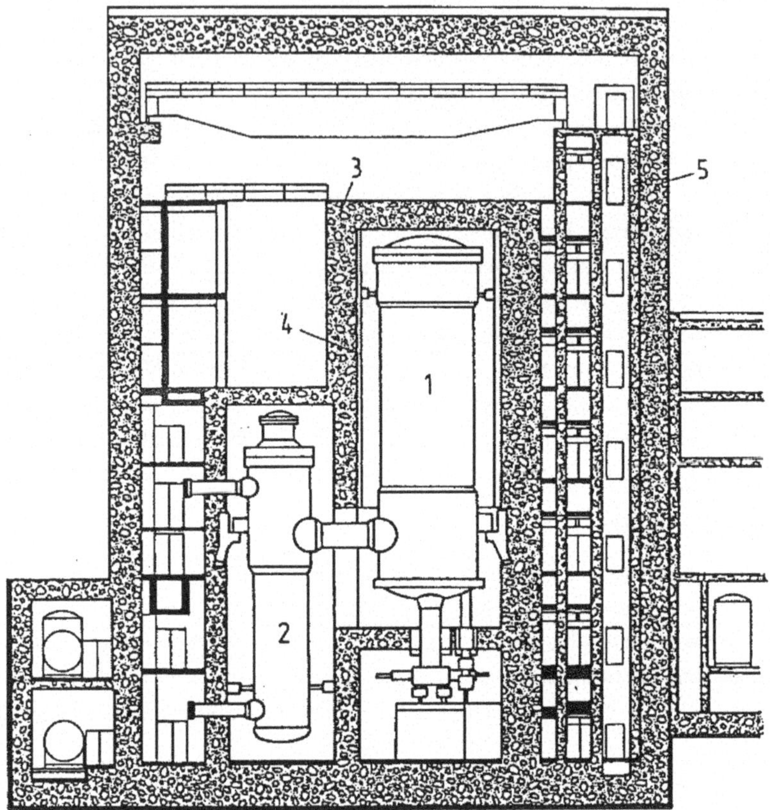

Abb. 12.12 Gebäude des HTR-Modul (Kugeler und Schulten 1989)

Vergangenheit für dieses Szenario bei auf dem HTR-Modul basierenden Anlagen der Einbau von Filtern für die Druckentlastung vorgeschlagen worden.

Zu den auslegungsüberschreitenden Ereignissen zählt der Bruch des Verbindungsdruckbehälters, der unter anderem eine Korrosion des heißen Reaktorgraphits durch eindringende Luft nach sich zieht und Gegenstand aktueller Reaktorsicherheitsforschung ist.

12.4 Generation IV

Mit dem Ziel, gegenüber den evolutionär weiterentwickelten Reaktoren der 3. Generation eine revolutionär neuartige Generation von Reaktorkonzeption zur Einsatzreife zu bringen, wurde Anfang des 21. Jahrhunderts das Generation-IV-International-Forum (GIF) initiiert (GIF-002-00 2002). Die in diesem Rahmen vorgeschlagenen Konzepte werden im Folgenden kurz vorgestellt; die Beurteilung der Frage, in welchem Maße diese tatsächlich gegenüber bestehender Technik Neuigkeitswert besitzen, soll dabei dem Leser überlassen bleiben.

12.4.1 Übersicht

Wesentliche, vom GIF definierte Zielsetzungen für die Entwicklung der nächsten Reaktorgeneration sind:

- Nachhaltige Kernenergienutzung
- Wettbewerbsfähige Kernenergiesysteme
- Sichere und zuverlässige Systeme
- Proliferationsbarrieren und physischer Objektschutz

Auf die einzelnen Aspekte soll im Folgenden kurz eingegangen werden.

Nachhaltige Kernenergienutzung

Für den Begriff der „Nachhaltigkeit" gibt es verschiedene Definitionen; in diesem Zusammenhang wird er dahin gehend verwendet, dass die neuen Reaktorkonzepte die Energierohstoffressourcen möglichst schonen und die Belastung durch radioaktive Abfälle minimieren sollen. Der trivialste Ansatz hierfür ist die Steigerung des thermischen Wirkungsgrads der Anlagen, wodurch sowohl der Spaltstoffeinsatz als auch die Abfallmenge pro produzierter Kilowattstunde reduziert werden. Darüber hinaus wird darauf abgezielt, einerseits durch die Erzeugung neuen Spaltstoffes aus Brutstoffen (U-238, Th-232) die Reichweite der Ressourcen zusätzlich zu erhöhen und andererseits durch die Vernichtung langlebiger Aktiniden (Plutonium und minore Aktiniden) die Langzeitproblematik der radioaktiven Abfälle zu entschärfen.

Wirtschaftlichkeit

Ziel für die Generation IV Reaktoren ist es, unter Einbeziehung des gesamten Lebenszyklus gegenüber anderen Technologien zur Energiebreitstellung (primär Elektrizitätserzeugung, im Rahmen von Generation IV soll aber auch die Auskoppelung von Prozesswärme als Einsatzfeld erschlossen werden) einen Kostenvorteil aufzuweisen. Darüber hinaus sollen auch die finanziellen Risiken ein für konventionelle Technologien übliches Niveau nicht überschreiten. Diese Forderung bezieht sich in diesem Zusammenhang nur auf die reinen Projektrisiken der Errichtung der Anlage; Sicherheit und Zuverlässigkeit des Betriebes stellen eine eigenständige Zielsetzung dar.

Sicherheit und Zuverlässigkeit

Wesentliche geforderte Eigenschaft der neuen Reaktorkonzepte ist es, dass der radiologische Quellterm aller denkbaren Ereignisse so gering ist, dass auf externe Katastrophenschutzmaßnahmen verzichtet werden kann und die Auswirkungen damit effektiv auf das Anlagengelände beschränkt bleiben. Weitere, allgemeiner gefasste Ziele sind eine (probabilistisch bestimmte) sehr geringe Kernschadenshäufigkeit, sowie ganz pauschal eine „exzellente Sicherheit und Verfügbarkeit".

Proliferationsresistenz und physische Sicherheit

Die Entwendung von spaltbarem Material mit dem Ziel, dieses zur Waffenproduktion zu verwenden, kann niemals gänzlich ausgeschlossen werden, insbesondere dann nicht, wenn der verantwortliche Akteur der Nationalstaat ist, in dem die Anlage betrieben wird. Es ist das Ziel, Reaktoren der Generation IV so zu konzipieren, dass der Missbrauch von Kernbrennstoff für derartige Zwecke soweit erschwert wird, dass er als im Vergleich zu anderen technologischen Herangehensweisen für die Gewinnung waffenfähigen Spaltstoffes nicht lohnenswert ist. Im gleichen Sinne wird kein totaler, sondern ein „verbesserter" Schutz gegen terroristische Einwirkungen gefordert.

Im Rahmen der Generation IV Roadmap wurden sechs Konzepte identifiziert, deren Entwicklung vorangetrieben werden soll. Diese sind:

- Schneller natriumgekühlter Reaktor (Sodium-Cooled Fast Reactor, SFR)
- Schneller bleigekühlter Reaktor (Lead-Cooled Fast Reactor, LFR)
- Schneller gasgekühlter Reaktor (Gas-Cooled Fast Reactor)
- Höchsttemperaturreaktor (Very-High-Temperature Reactor, VHTR)
- Überkritischer Leichtwasserreaktor (Supercritical-Water-Cooled Reactor, SCWR)
- Salzschmelzenreaktor (Molten Salt Reactor, MSR)

Diese Konzepte werden, unterteilt in schnelle und thermische Systeme, im Folgenden kurz beschrieben.

12.4.2 Schnelle Reaktorkonzepte

Schneller natriumgekühlter Reaktor (SFR)

Der schnelle natriumgekühlte Reaktor wurde bereits in Abschn. 12.2 beschrieben, weshalb er an dieser Stelle nicht mehr vertieft behandelt wird. Im Rahmen von Generation IV werden sowohl Pool-, als auch Loop-Konzepte in Erwägung gezogen.

Hierbei soll ein fortgeschrittenes Sicherheitskonzept des SFR entwickelt werden, das wie in (Saito et al. 2000) vorgestellt, passive Sicherheitselemente beinhaltet. Vorschläge dazu sind durch Vergrößerung der Neutronenleckage im Störfall die Reaktivität im Reaktor zu verringern. Dafür wird ein Natriumreflektor am Rand des Reaktorkerns vorgesehen. Dieser besteht aus natriumgefüllten, oben abgeschlossenen Kanälen, sodass bei Ablass des Natriums erhöhte Leckage auftritt. Ein gewisser Natriumfüllstand wird durch den vorherrschenden Pumpendruck gewährleistet. Passiv aktiviert wird der Natriumablass durch einen Druckabfall beim Ausfall der Pumpen, wodurch das Natrium durch ein darüber liegendes Gaspolster aus dem Kanal gedrückt wird.

Außerdem ist eine passive Auslösung von Absorberstäben in der Entwicklung. Diese basieren darauf, dass ferromagnetische Materialien ab einer bestimmten Temperatur, der

Tab. 12.1 Vergleich verschiedener SFR Konzepte

Designparameter	JSFR	Kalimer 600	SMFR
Elektr. Leistung (MW_{el})	1500	600	50
Therm. Leistung (MW_{th})	3570	1525	125
Wirkungsgrad (%)	42	42	38
Kühlmitteleintrittstemp. (°C)	395	370	355
Kühlmittelaustrittstemp. (°C)	550	545	510
Dampftemperatur (°C)	503	495	480
Dampfdruck (MPa)	16.7	16.5	20
Zeit zw. Revisionen (a)	1.5–2.2	1.5	30
Kerndurchmesser (m)	5.1	3.5	1.75
Kernhöhe (m)	1.0	0.8	1.0
Brennstoff	MOX	Metalllegierung	Metalllegierung
	(enthält TRU)	(U-TRU-10 %Zr)	(U-TRU-10 %Zr)
Plutoniumanreicherung (Pu/HM) (%)	13.8	24.9	15
Abbrand (GWd/t)	150	79	87
Konversionsfaktor	1.0–1.2	1.0	1.0

sogenannten Curie–Temperatur, paramagnetisch werden und sich damit die durch ein extern aufgeprägtes Magnetfeld ausgeübte Kraft sehr stark verringert. Wird nun die Haltekraft der Absorberstäbe am oberen Ende von Elektromagneten auf eine ferromagnetische Legierung übertragen, so geht sie nicht nur bei Ausfall der Energiezufuhr, sondern auch bei Erreichen einer entsprechenden Kühlmitteltemperatur verloren, wodurch die Stäbe in den Kern einfallen.

Weit fortgeschrittene Projekte sind der Japanese sodium cooled fast reactor (JSFR), KALIMER 600 und der small modular fast reactor (SMFR) deren Eckdaten aus Tab. 12.1 ersichtlich sind (Babelot et al. 2006). Der JSFR ist ein großer monolithischer Reaktor. Es wurde ein passives Abschaltsystem vorgesehen und der Reaktor wurde auf passive Kühlmittelzirkulation zur Nachwärmeabfuhr ausgelegt. Durch diese Auslegung und der entsprechenden Anpassung des Kühlmittelmassenstroms sind beim JSFR nur zwei Kreisläufe vorgesehen. Dadurch werden zusätzlich die Investitionskosten verringert und die Wirtschaftlichkeit verbessert. Außerdem sind die Primärkreispumpen direkt in die Zwischenwärmetauscher integriert. Dem Natriumproblem wird mit doppelwandigen Rohren begegnet. So sind alle Kühlmittelleitungen sowie auch die Dampferzeugerheizrohre doppelwandig ausgeführt. Durch spezielle Hüllrohrmaterialien können die Abbrände des oxidischen Uran–Plutonium Brennstoffs auf 90–110 GWd/t gesteigert werden.

Der SMFR (Chang et al. 2007) soll mit einer geringen Leistung von 50 MW_{el} gerade in kleinen Stromnetzen oder strukturschwachen Gebieten in Entwicklungsländern Anwendung finden. Einsatzgebiete sind neben der Stromproduktion die gleichzeitige Wasserstoffproduktion und Meerwasserentsalzung durch Bereitstellung von Prozesswärme. Eine gute, auslegungsbedingte Neutronenökonomie macht bei diesem Konzept einen durchgängigen Betrieb von 30 Jahren möglich ohne neuen metallischen Brennstoff nachzufüllen. Dadurch sinkt das Proliferationsriskio durch den Verbleib und die Zerstrahlung des Plutoniums und minorer Aktinide im Reaktor und die wegfallende externe Handhabung.

Im Gegensatz zu den obengenannten Konzepten ist der SMFR als Pool-Konzept ausgelegt. Dabei ist ein Zwischenkühlkreislauf mit Natrium vorgesehen, der wiederum an einen CO_2-Kreislauf gekoppelt ist. Dieser wird wegen seiner guten Kompressibilitätseigenschaften oberhalb des kritischen Punktes mit kritischen Gaszuständen gefahren. Grund ist die Tatsache, dass in diesem Bereich die Dichte des CO_2 sich wie eine Flüssigkeit verhält und somit die Kompressionsarbeit sehr viel geringer ist als bei herkömmlichem Gas oder Dampf.

Für eine passive Reaktorabschaltung im Störfall sorgt die thermische Ausdehnung der Kernmaterialien durch die Aufheizung. Diese Ausdehnung bewirkt einen negativen Reaktivitätskoeffizienten, der zur Abschaltung führt.

Auch das Kalimer-600-Konzept ist eine Pool-Variante, jedoch mit 600 MW_{el}. Auch in diesem Konzept ist die Nachwärmeabfuhr passiv ausgelegt. Im Kalimer-Konzept sollen einige der oben dargelegten passiven Abschaltmechanismen verwirklicht werden. Ein an den Zwischenkühlkreislauf angeschlossener Dampfturbinenkreislauf ist für die Energiewandlung vorgesehen.

Schneller bleigekühlter Reaktor (LFR)

In der Vergangenheit wurden bereits einige Erfahrungen mit bleigekühlten Reaktoren in der ehemaligen Sowjetunion gemacht. Vor allem im Bereich der nukleargetriebenen U-Boote wurde eine Vielzahl von kleinen bleigekühlten Reaktoren gebaut. Im Gen-IV-Programm werden vor allem zwei Forschungswege verfolgt. Zum einen soll ein modulares Konzept mit einer Leistung von ca. 20 MW_{el} entstehen und daneben ein großes Konzept von bis zu 600 MW_{el}. Den Systemen entsprechende Eckdaten sind der Tab. 12.2 zu entnehmen (Cinotti et al. 2006).

Bei diesem Reaktortyp wird flüssiges Blei oder eine Blei-Bismut-Mischung als Kühlmittel aufgrund einer geringen Neigung zur parasitären Neutronenabsorption eingesetzt. Der Vorteil von Blei bzw. Blei-Bismut-Legierungen gegenüber Natrium besteht im höher gelegenen Siedepunkt ($T_s(Pb) = 1750°C$), was zu einem größeren Sicherheitspuffer führt. Außerdem kann so eine höhere Betriebstemperatur erreicht werden, die zum Beispiel die Bereitstellung von Prozessdampf ermöglicht oder für eine Wasserstoffproduktion von Vorteil ist. Ein hoher Primärkreisdruck ist außerdem nicht nötig und vereinfacht die Auslegung der Komponenten. Hinzu kommt, dass Sicherheitsaspekte bezüglich der Reaktivität des Kühlmittels mit Wasser oder Sauerstoff, wie es bei Natrium der Fall ist, bei Blei/Blei-Bismut-Legierungen vernachlässigt werden können, da diese nicht mit solchen Stoffen reagieren. Dieser Vorteil schlägt sich auch in der Auslegung der angeschlossenen Kreisläufe nieder; so ist beim LFR kein Zwischenkühlkreislauf nötig um extreme chemische Reaktionen bei Wassereintrag durch ein Dampferzeugerheizrohrleck vom Kern fernzuhalten.

Ein Nachteil der Nutzung von Blei besteht in seiner Korrosivität und der damit einhergehende Materialangriff von Reaktorkomponenten und Kühlmittelleitungen. Die maximale

Tab. 12.2 Vergleich der LFR Systeme ELSY und SSTAR

Designparameter	SSTAR	ELSY
Leistung (MW_{el})	19.8	600
Konversionsrate	~ 1	~ 1
Thermischer Wirkungsgrad (%)	44	42
Primärkühlmittel	Blei	Blei
Primärkühlmittelumlauf (in Betrieb)	Natürliche Zirkulation	Erzwungen (Pumpen)
Primäre Kühlung zur direkten Wärmeabfuhr	Natürliche Luftzirkulation	Natürliche Luftzirkulation
Kerneintrittstemperatur (°C)	420	400
Kernaustrittstemperatur (°C)	567	480
Brennstoff	Nitride	MOX (Nitride)
Brennstoff-Cladding	Si-verstärkter ferritisch/martensitischer Rostfreier Stahl	T91 (aluminiert)
Maximale Hüllentemperatur (°C)	650	550
Brennstabdurchmesser (mm)	25	10.5
Höhe/Durchmesser aktiver Kern (m)	0.976/1.22	0.9/4.32
Arbeitsmedium	überkritisches CO_2 bei 20 MPa, 552 °C	überhitzer Dampf bei 18 MPa, 450 °C
primäres/sekundäres Wärmetauschersystem	4 *Pb*-CO_2-Wärmetauscher	8 *PB*-H_2O-Dampferzeuger
Primärpumpen	4	8
Direkte Wärmeabfuhr	Reaktorbehälter	Reaktorbehälter
	Luftkühlungssystem + mehrere direkte Reaktorkühlsysteme	Luftkühlungssystem + 4 direkte Reaktorkühlsysteme + 4 Sekundärkreislauf-Kühlungssysteme

Kühlmitteltemperatur ist zur Begrenzung der Korrosion beschränkt. Außerdem muss eine geringe Kühlmittelgeschwindigkeit gewählt werden, um die Korrosion nicht weiter zu verstärken. Damit sind nur niedrigere Kernleistungsdichten erreichbar und das Reaktorvolumen nimmt zu. Außerdem besitzt Blei einen hohen Schmelzpunkt, der eine größere Gefahr der Kühlmittelerstarrung birgt.

Blei-Bismut Legierungen weisen einen niedrigeren Schmelzpunkt auf als Blei und entschärfen so das Problem der Kühlmittelerstarrung. Jedoch sind Blei-Bismut-Legierungen korrosiver. Außerdem stellt die Aktivierung des Kühlmittels durch Neutronenstrahlung und die Entstehung von radioaktivem Polonium aus Bismut durch n, γ-Reaktionen einen Nachteil dar.

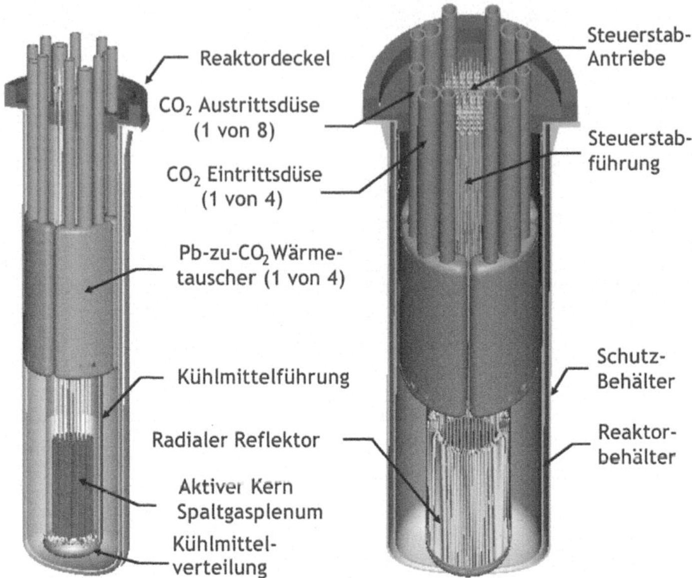

Abb. 12.13 Prinzipschaubild vom Primärkreis und Reaktorbehälter des SSTAR nach Bild in (Sagayama 2011)

Als Reaktor mit schnellem Neutronenspektrum kann auch der LFR sowohl als Brüter als auch zur Aktiniden-Verbrennung genutzt werden. Die Fähigkeit Brennstoff zu erbrüten führt beim SSTAR Konzept zu einer durchgehenden Betriebszeit des Kerns von 20–30 Jahren. Der SSTAR ist ein transportabler Kleinreaktor im Pool-Layout mit einer Leistung von $20MW_{el}$, dessen Kühlung auf passiver Bleizirkulation beruht. In Abb. 12.13 sind die Hauptelemente des Primärkreises und Reaktorbehälters dargestellt. Einsatzgebiete finden sich vor allem in strukturschwachen Regionen, wie auch bei anderen modularen Kleinreaktoren. Die Transportierfähigkeit und die lange Betriebszeit sollen dies begünstigen. Für die Energiekonversion ist ein überkritischer CO_2-Brayton Kreislauf vorgesehen.

Wie bei schnellen Brütern nicht zu vermeiden ist der negative Temperaturkoeffizient der Reaktivität auch hier schwächer ausgeprägt. Es können jedoch inhärent sichere thermostrukturelle Maßnahmen ergriffen werden um bei einem starken Temperaturanstieg passiv auf den Neutronenhaushalt einzuwirken. Ähnlich wie beim SFR sorgt eine thermische Ausdehnung der Kerneinbauten durch verstärkte Neutronenleckage für einen negativen Einfluss auf die Neutronenbilanz. Diese Maßnahmen sind bereits im sowjetischen Reaktorkonzept BREST vorgesehen.

Das ELSY Projekt (**E**uropean **L**ead-cooled **Sy**stem), das Ende des Jahres 2006 gestartet ist, hat zum Ziel einen Prototyp mit einer Leistung von $600\,MW_{el}$ zu bauen, um die Wettbewerbsfähigkeit und Sicherheit bei gleichzeitiger technischer Vereinfachung zu zeigen. Im Jahr 2000 wurden die Aktivitäten zu ELSY eingestellt; das Konzept wird jedoch als

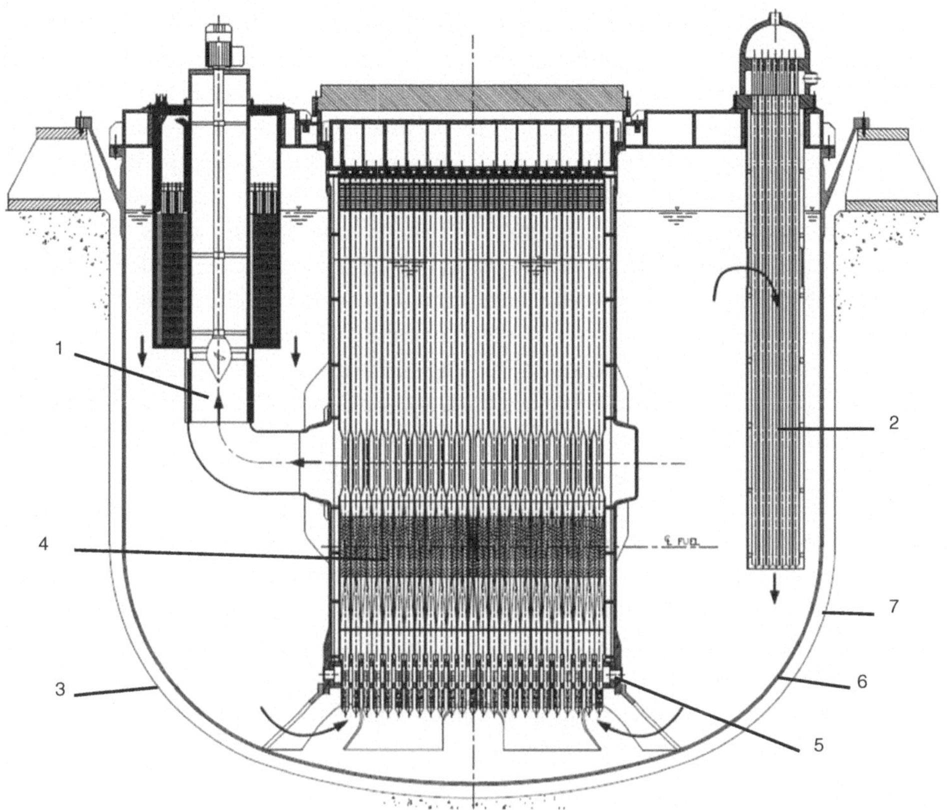

Abb. 12.14 Aufbau des Reaktorbehälters mit Einbauten des ELSY Reaktors (Alemberti 2012). *1.* Primärpumpe, *2.* Dampferzeuger, *3.* Nachwärmeabfuhr, *4.* Reaktorkern, *5.* Innerer Behälter, *6.* Reaktorbehälter, *7.* Sicherheitsbehälter

ELFR (European Lead Fast Reactor) weiterentwickelt (Sagayama 2011). Als Großkraftwerk konzipiert wird der ELFR aktiv mit reinem Blei gekühlt, um Probleme mit erhöhter Korrosivität und Aktivierung eines Blei-Bismut-Gemisches im Vergleich zu Blei zu umgehen. Die aktive Kühlung ermöglicht eine kompaktere Bauweise des Reaktorbehälters und vermindert mechanische Lasten auf die Wandungen des Reaktorbehälters, die im Fall einer passiven Kühlung im Normalbetrieb durch den enormen Kühlmittelvorrat hervorgerufen würden. Zur Nachwärmeabfuhr reicht die natürliche Zirkulation von Blei im Notfall jedoch aus.

In Abb. 12.14 ist der Aufbau des Reaktorbehälters mit Einbauten des ELSY Reaktors zu sehen. Es ist vorgesehen alle Primärkreiskomponenten im Reaktorbehälter, der als Pool ausgelegt ist, unterzubringen. Dazu wird ein innerer Behälter beabsichtigt, der den Kern enthält. Kühlmittelpumpen und Dampferzeuger sind in den Pool eingetaucht. Dabei bilden ein Dampferzeuger und eine Pumpe eine Einheit. Die Pumpe jeder Einheit, die mittig im Dampferzeuger angeordnet ist, ist durch eine ellenbogenförmige Leitung an den inneren

Behälter angeschlossen. Heißes Blei wird von der Pumpe aus dem Kern angesaugt und von innen nach außen durch die Dampferzeuger gepumpt. Außerhalb der Einheit befindet sich das abgekühlte Blei, das durch die Zirkulation von unten in den inneren Behälter strömt und somit den Kern von unten her durchströmt. Im Normalbetrieb hat der Bleispiegel im Kanal der Axialpumpe einen höheren Stand, als der Bleispiegel des abgekühlten Bleis im Pool. Der Bleispiegel des abgekühlten Bleis außerhalb des inneren Behälters ist wiederum höher, als der Bleispiegel des heißen Bleis im inneren Behälter oberhalb des Kerns. Der dadurch vorgehaltene geodätische Druckunterschied hilft nach einem möglichen Ausfall der aktiven Kühlung die Naturzirkulation schneller anzuregen, da das Blei durch sein eigenes Gewicht durch die Dampferzeuger und danach in den inneren Behälter gedrückt wird.

Als Brennstoff sind Uran–Nitride in der engeren Auswahl. Diese haben den Vorteil höherer Dichten und Wärmeleitfähigkeit im Gegensatz zu oxidischen Brennstoffen. Sie haben aber einen höheren Schmelzpunkt als metallische Brennstoffe.

Die größte Herausforderung eines bleigekühlten Systems besteht in der Korrosivität des Kühlmittels. Die Forschungsanstrengungen gehen somit dahin auf der einen Seite den gesamten Primärkreislauf im Reaktorbehälter unterzubringen, auf der anderen Seite jedoch so wenige Komponenten wie möglich der korrosiven Umgebung auszusetzen. Die Brennelementhandhabung wird im Gasraum oberhalb des Bleispiegels vorgesehen, um keine mechanischen Apparate der Korrosivität auszusetzen. Zudem sind die Brennelemente außerhalb des Bleis befestigt, um die Halterungen zu schützen. Unter diesem Gesichtspunkt ist die Entwicklung der Dampferzeuger/Pumpen-Einheit am schwierigsten. Diese Bauteile werden jedoch als einzeln austauschbar geplant.

Schneller gasgekühlter Reaktor (GFR)

Zwar wurden bis heute keine schnellen gasgekühlten Reaktorkonzepte verwirklicht, jedoch bestand bereits in den 1960er-Jahren weltweit großes Interesse an dieser Technik bis die Forschungsanstrengungen wahrscheinlich zugunsten anderer Projekte eingestellt wurden. Erst mit der Gründung des GIF wurde die GFR Entwicklung wieder aufgegriffen (von Rooijen 2009).

Wie bei allen schnellen Brütern ist ein Kühlmittel mit besonders geringer Absorptions- und Moderationsneigung unabdinglich. Für den GFR ist Helium als Kühlmittel vorgeschlagen worden. Obwohl Helium, gegenüber metallischen Kühlmitteln wie Natrium, aus sehr leichten Atomen besteht, ist die Absorption und Moderation wegen der geringen Dichte entsprechend klein. Helium als Kühlmittel hat im Gegensatz zu Natrium einige Vorteile:

- Keine chemische Reaktion mit Wasser, kein Zwischenkühlkreislauf nötig,
- vernachlässigbare Aktivierung,
- Transparenz des Kühlmittels vereinfacht Inspektion und Brennelementhandhabung,
- kein Phasenwechsel bei Aufheizung im Reaktorkern,
- kein positiver Void-Effekt, wie er bei natriumgekühlten Systemen vorkommt,
- härteres Neutronenspektrum möglich.

Tab. 12.3 Eckdaten des GFR2400

Designparameter	Referenzwert
Thermische Reaktorleistung (MW_{th})	2400
Kühlkreisläufe	3
Druck (bar)	70
Kernein-/-austrittstemperatur (°C)	400/850
Wirkungsgrad (incl. Brayton-Kreislauf, %)	48
Hauptkühlmittelumwälzleistung (MW)	14.4
Energiedichte ($MW\,m^{-3}$)	100
Maximaltemperatur des Kerns (°C)	1260
Anzahl BE-Unteranordnungen	246
BE-Material	SiC/SiCf
Druckbehälter:	
Durchmesser (m)	7.3
Höhe (m)	20
Wandstärke (m)	0.2

Neben diesen Vorteilen gibt es natürlich auch Nachteile gegenüber der Verwendung von Natrium:

- Aufgrund der geringen Dichte ist eine sehr viel größere Umwälzleistung nötig,
- sehr hoher Systemdruck (70 bar) notwendig,
- Aufrauung der Brennelementoberflächen nötig, um Wärmeübergang zu verbessern, dies führt zu einem größeren Druckverlust im Kern,
- hoher Kühlmittelstrom kann starke Schwingungen verursachen,
- erschwerte Nachwärmeabfuhr, besonders im Falle eines Druckentlastungsstörfalls,
- geringere thermische Trägheit führt zu kleineren Karenzzeiten bei Störfällen.

Das zurzeit verfolgte Projekt stellt ein gasgekühlter schneller Reaktor mit einer Leistung von 2400 MW_{th} dar. Tabelle 12.3 sind die Eckdaten des GFR2400 zu entnehmen (Dumaz et al. 2007).

Drei Helium Kreisläufe mit je 800 MW_{th} sorgen für die Wärmeabfuhr aus dem Reaktordruckbehälter und sind an einen Zwischenkühler angeschlossen. Die Zwischenkühler sind oberhalb des Reaktorkerns angeordnet, um die natürliche Zirkulation im Kühlmittel zu verstärken und so die Umwälzleistung einzuschränken. Über den IHX (intermediate heat exchanger, Zwischenkühler) wird die Wärme an den sekundären Kreislauf abgegeben, der als Arbeitsfluid eine Helium-Stickstoff- oder andere Edelgas-Mischung nutzt. Außerdem ist nach diesem Brayton-Kreislauf mit Gasturbine noch der Anschluss eines Dampfturbinenkreislaufs denkbar, wodurch ein Gesamtwirkungsgrad von 48 % erreicht werden soll. Abbildung 12.15 zeigt den Aufbau des Primärkreises und des Reaktorgebäudes mit Containment.

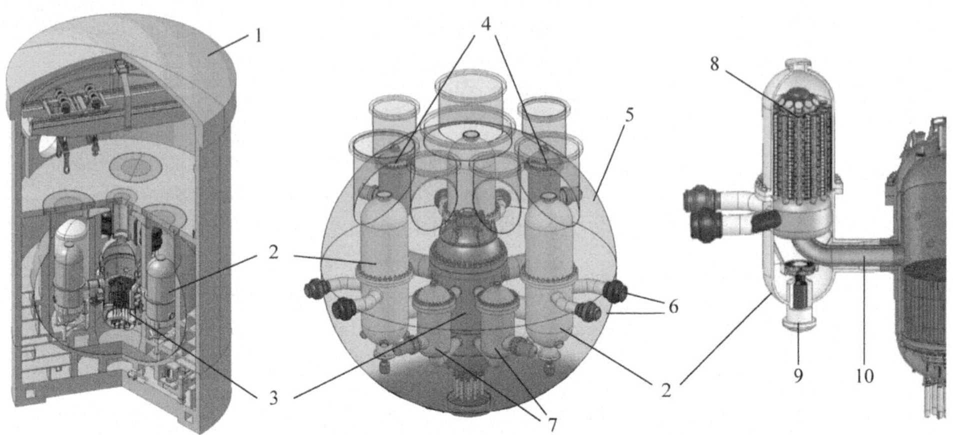

Abb. 12.15 Der Primärkreis des GFR2400 und das Reaktorgebäude. *1.* Reaktorgebäude, *2.* Zwischenwärmetauscher (IHX), *3.* Reaktordruckbehälter, *4.* Hochdrucknachwärmeabfuhr, *5.* Sicherheitsbehälter, *6.* Sekundärkreisanschlüsse, *7.* Niederdrucknachwärmeabfuhr, *8.* Wärmetauschermodule, *9.* Primärgebläse, *10.* Koaxialleitung für Kühlmittelein- und austritt (Dumaz et al. 2007; Sagayama 2011; von Rooijen 2009)

Um einen Gasturbinenkreislauf betreiben zu können, liegen die Austrittstemperaturen sehr hoch. Das Kühlmittel verlässt den RDB mit 850 °C und wird mit 400 °C wieder zum Reaktorkern geführt. Aufgrund der hohen Temperaturen werden koaxiale Kühlmittelleitungen eingeplant. Ein innerer Reaktorkernbehälter, an den die Heißgasstränge angeschlossen sind, schützt damit den Reaktordruckbehälter vor zu hohen Temperaturen.

Auch bedingt durch die hohen Kühlmitteltemperaturen können keine üblichen metallischen Werkstoffe für die Brennelemente genutzt werden. Es kommen daher keramische Werkstoffe (SiC, SiCf) zum Einsatz. Dabei wurde ein neuartiges Brennelementdesign entwickelt. Keramische Platten mit einer Wabenstruktur enthalten die Brennstofftabletten in jeder einzelnen Wabe. Die Plattenform soll den Druckverlust im Reaktorkern verringern. Die Einbettung der Brennstofftabletten in einzelne Zellen soll den Austritt großer Mengen von Spaltprodukten bei einem postulierten Unfall verringern, da die Integrität vieler Einzelzellen trotzdem gewahrt bleibt. Eine metallische Verkleidung soll den Austritt von Spaltprodukten während des Betriebs verhindern. Der beim Einlegen der kreisrunden Brennstofftabletten in eine Wabe entstehende Freiraum wird im Betrieb Spaltgase aufnehmen. Der Brennstoff selbst besteht aus Uran–Plutonium–Carbid, da eine höhere Packung der Schwermetallatome möglich ist. In sechseckigen Unteranordnungen sind 27 Brennstoffplatten rautenförmig angeordnet, wie in Abb. 12.16 gezeigt wird. 246 dieser Unteranordnungen sind zum Reaktorkern zusammengesetzt. Für die Regelung sorgen 24 Steuerstäbe. Da der Kühlmitteldruck zur Nachwärmeabfuhr auch bei abgefahrenem Reaktor beibehalten werden muss, ist ein internes Brennstoffhandhabungssystem entwickelt worden, um den Reaktorkern beladen zu können.

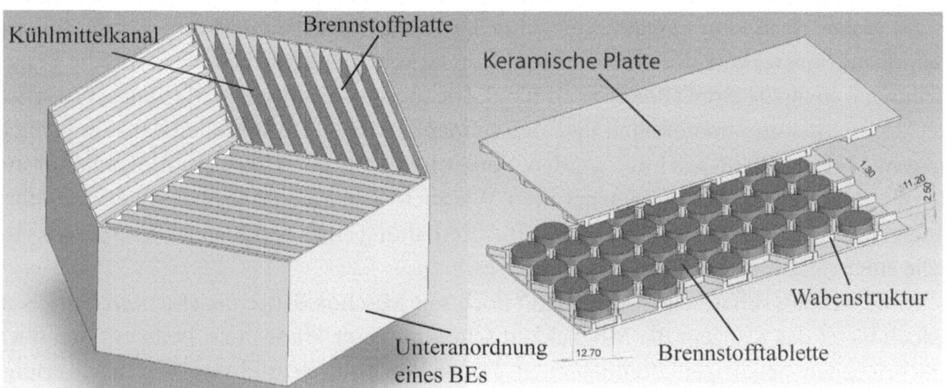

Abb. 12.16 Brennstoffplatten und Anordnung im Brennelement (Dumaz et al. 2007)

Zur Nachwärmeabfuhr verfügt der GFR über drei weitere Heliumkreisläufe mit eigenen Zwischenkühlern, die jeweils die Nachwärme zu 100 % abführen können. Sowohl natürliche Zirkulation als auch aktive Pumpen sorgen für die Umwälzung des Kühlmittels in den Nachwärmeabfuhrsystemen. Auf der Sekundärseite der Zwischenkühler des Nachwärmeabfuhrsystems ist ein Wasserkreislauf geplant.

Für eine vollkommen passive Wärmeabfuhr aus dem Reaktorkern muss ein sehr hoher Druck auch im Störfall gewährleistet sein. Daher ist die Beherrschung von Kühlmittelverluststörfällen ein wichtiges Kriterium zum erfolgreichen Betrieb eines gasgekühlten schnellen Reaktors. Für rein natürliche Zirkulation muss ein Systemdruck von mindestens 30 bar vorliegen. Bei Kühlmittelverluststörfällen wäre ein solcher Druck im Containment und damit auch im Primärkreis nur durch extrem starke vorgespannte Betonstrukturen für das Containment erreichbar.

Aus Kostengründen wurde jedoch für den GFR2400 eine solche Strategie verworfen. Bei totaler Druckentlastung auf Umgebungsdruck würde wiederum eine sehr große Gebläseleistung (>1 MW) nötig sein, um die Kühlung des Kerns aufrecht erhalten zu können. Daher wird für das GFR Konzept eine Lösung favorisiert, die einen angemessenen Druck während eines Kühlmittelverluststörfalls aufrecht erhalten kann. Es ist ein kleines Stahlcontainment vorgesehen, das den Druckabfall nach einem solchen Störfall auf 10–5 bar begrenzt. Dadurch kann die Gebläseleistung auf 15–25 kW reduziert werden. Zur Aufbringung dieser Leistung können Batterien oder andere semi-passive Systeme genutzt werden. Durch die Abnahme der Nachzerfallswärme könnte eine Kühlung durch Naturumlauf bereits nach 24 Stunden einsetzen.

Eine weitere Idee zur passiven Wärmeabfuhr besteht darin das durch die Nachzerfallswärme aufgeheizte Kühlmittel in entsprechend ausgelegten Turbinen zu entspannen, um mit der gewonnenen Rotationsenergie die Gebläse anzutreiben, die wiederum die Kühlmittelzirkulation sicherstellen.

Da bisher noch kein gasgekühlter schneller Reaktor praktisch erprobt wurde, soll ein Demonstrationsreaktor mit einer Leistung von 80 MW_{th} entsprechende technische Fragestellungen ab 2020 klären (Poette et al. 2009). Die meisten technischen Merkmale bezüglich Reaktorarchitektur, -materialien und -komponenten des GFR2400 sollen dabei in verkleinertem Maßstab berücksichtigt werden. Außerdem wird der Demonstrationsreaktor auf den gleichen Sicherheitssystemen beruhen. Wie auch der GFR2400 besitzt ALLEGRO daher einen kleinen Sicherheitsbehälter zur Aufrechterhaltung eines geeigneten Systemdrucks im Falle einer Dekompression des Primärkreises.

In der Anfangsphase wird ALLEGRO noch mit Mischoxid-Brennelementen betrieben, jedoch bietet das Konzept die Möglichkeit schon in dieser Phase erste Tests mit den oben beschriebenen neuartigen Brennelement aus SiC/SiCf durchzuführen. Erst nach erfolgreichem Test wird der gesamte Reaktorkern mit keramischen Brennelementen ausgestattet, um den Hochtemperaturbetrieb zu ermöglichen. Der Einsatz der Brennelemente soll Aufschluss über die Auswirkungen von starker Neutronenstrahlung und Temperaturen auf die keramischen Werkstoffe liefern. Der Betrieb dient auch der weiteren Werkstoffqualifizierung. Proben können innerhalb des Reaktors bestrahlt und einer entsprechend hohen Temperatur, wie im späteren Betriebsfall, ausgesetzt werden. Dadurch lassen sich wichtige Informationen über das Materialverhalten unter extremen radiologischen und thermischen Bedingungen sammeln. Durch zusätzliche Anschlüsse an den Zwischenkühlern können verschiedene Hochtemperaturkomponenten, wie z. B. Turbinen, oder Prozesse wie H_2-Erzeugung, getestet und validiert werden, jedoch wird der sekundäre Kreislauf bei ALLEGRO mit Wasser betrieben.

Eine weitere Aufgabe der Demonstrationsanlage ist das Testen der Systeme der Brennelementhandhabung. Es sind drei Stutzen vorgesehen, die der Ent- und Beladung des Reaktors dienen werden. Der erste Stutzen nimmt einen ferngesteuerten Greifarm mit mehreren Gliedern auf, welcher die Brennelemente entnehmen kann. Durch den zweiten Stutzen werden die Brennelemente aus dem Reaktordruckbehälter entfernt. Zur Behebung von mechanischen Problemen des Hauptarms oder Problemen bei der Brennelemententnahme, kann durch den dritten Stutzen ein zusätzlicher Hilfsarm eingeführt werden.

12.4.3 Thermische Reaktorkonzepte

Höchsttemperaturreaktor (VHTR)

Bereits in der Vergangenheit wurden mehrere Demonstrationsanlagen des HTR realisiert; eine Darstellung dieser Technologie erfolgte bereits in Abschn. 12.3. Von den existierenden, ausgereiften Konzepten kann insbesondere im Bezug auf den HTR-Modul konstatiert werden, dass er in wesentlichen Bereichen die im Rahmen von Generation IV gesteckten Ziele bereits erfüllt, auch wenn er nicht als Reaktor der 4. Generation bezeichnet wird.

Im Rahmen des Generation IV Programms soll mit der Weiterentwicklung zum Höchsttemperaturreaktor lediglich die Kernaustrittstemperatur auf 1000 °C gesteigert werden, wobei sowohl Konzepte mit block-, als auch kugelförmigen Brennelementen verfolgt werden. Aufgrund der möglichen bzw. angestrebten hohen Betriebstemperaturen ist für den VHTR eine kombinierte Strom- und Wasserstoffproduktion favorisiert. Jedoch ist ein Reaktor dieses Typs gerade wegen der Möglichkeit zur Bereitstellung von Prozesswärme auch für die chemische und petrochemische Industrie sowie die Stahlindustrie interessant (Sagayama 2011).

Bei der Herstellung von Wasserstoff können unterschiedliche Verfahren zum Einsatz kommen. Im thermo-chemischen Prozess des Schwefelsäure-Iod-Verfahrens entsteht durch Ablauf der folgenden drei verschiedenen Reaktionen Wasserstoff:

$$\begin{aligned}
&I \;: 2 \cdot H_2SO_4 \longrightarrow 2 \cdot SO_2 + 2 \cdot H_2O + O_2 && \text{(bei 830°C)}\\
&II \;: I_2 + SO_2 + \cdot H_2O \longrightarrow 2 \cdot HI + H_2SO_4 && \text{(bei 120°C)}\\
&III : 2 \cdot HI \longrightarrow I_2 + H_2 && \text{(bei 320°C)}
\end{aligned}$$

Die endothermen Reaktionen müssen bei hohen Temperaturen stattfinden, sodass extern Prozesswärme zu geführt werden muss. Diese wird durch den Reaktor bereitgestellt. Die übrig bleibenden Schwefel- und Iod- Verbindungen können in den Prozess zurückgeführt werden.

Ein anderes Verfahren stellt die Hochtemperatur-Elektrolyse dar. Dabei wird in Hochtemperatur-Elektrolyseuren durch den Einsatz von Strom Wasser in Sauerstoff und Wasserstoff zerlegt. Der Wirkungsgrad eines Elektrolyseurs wird durch den Bedarf an elektrischer Energie zur Herstellung eines Normkubikmeters Wasserstoff definiert. Mit zunehmender Reaktionstemperatur sinkt dieser Energiebedarf. Daher erscheint es sinnvoll, sowohl elektrische Energie als auch Prozesswärme für die Elektrolyse einzusetzen. Beide Arten von Energieformen können dabei gleichzeitig vom VHTR bereitgestellt werden.

Überkritischer Leichtwasserreaktor (SCWR)

Im Gegensatz zu den übrigen thermischen Reaktoren des Gen-IV-Programms ist der SCWR leichtwassermoderiert. Das Konzept nutzt Wasser zur Moderation und auch zur Kühlung des Reaktorkerns, wie der Großteil der heute in Betrieb befindlichen Reaktoren. Das Kühlmittel des SCWR steht jedoch unter einem so hohen Druck, dass es einen überkritischen Zustand annimmt. In diesem Zustand gibt es keine Unterschiede mehr zwischen flüssigem und gasförmigem Wasser. Durch die Verwendung des überkritischen Wassers können höhere Austrittstemperaturen erreicht werden, ohne die Nachteile eines Phasenübergangs bei der Erwärmung im Reaktorkern berücksichtigen zu müssen. Durch den einphasigen Betrieb wird vermieden, dass lokal nicht kontinuierliche Wärmeübergänge auftreten, die sich in einer Siedekrise, also der Entstehung von isolierenden Dampfpolstern um die Brennstäbe, äußern und zu starker Heizflächenbelastung führen können.

Durch die höhere Temperaturdifferenz besitzt der SCWR einen höheren Wirkungsgrad ($\approx$44 %) als herkömmliche thermische Reaktoren. Außerdem lässt sich der Primärkreis wesentlich kompakter bauen, da durch die höhere erreichte Temperaturdifferenz ein wesentlich kleinerer Kühlmittelstrom notwendig ist. Damit verringern sich auch die

Tab. 12.4 Eckdaten des HPLWR-Konzepts (Fischer et al. 2009; Schulenberg et al. 2011)

Designparameter	Referenzwert
Elektrische Bruttoleistung (MW)	1000
Eintrittstemperatur (°C)	280
Austrittsdruck (bar)	250
Austrittstemperatur (°C)	500
Massenstrom (kg/s)	1179
Aktive Reaktorkernhöhe (m)	4.2
Anzahl Brennstoffaggregate	156
Position der Steuerstäbe	oben
Durchmesser Druckbehälter, innen (m)	4,47
Auslegungsdruck (bar)	287,5
Auslegungstemperatur (°C)	350
Wandstärke des Druckbehälters (mm)	450
Material des Druckbehälters	20MnMoNi55

Baugrößen zum Beispiel der Hauptkühlmittelpumpen. Dieses kleinere Kühlmittelinventar kann sich im Falle eines Kühlmittelverluststörfalls jedoch auch negativ auswirken, da sich die Karenzzeiten bis zur nötigen Nachfüllung von Kühlmittel verkürzen (Torgerson et al. 2006).

Für den SCWR ist ein direkter Kreislauf vorgesehen, weshalb das heiße Fluid direkt auf eine Hochtemperaturturbine geleitet wird und damit dem Aufbau eines Siedewasserreaktors ähnelt. Gegenüber dem Siedewasserreaktor fehlen allerdings die Kerneinbauten für die Wasser-/Dampfseparation, da sie nicht benötigt werden. Die kompakte Bauweise mit direktem Kreislauf führt zu einer wesentlichen Kostenreduzierung. Neben der Auslegung des Kerns für ein thermisches Neutronenspektrum ist auch eine schnelle Variante im Gespräch. Diese hätte den Vorteil höherer Abbrände durch bessere Brennstoffausnutzung und könnte zum Abfallmanagment durch Transmutation minorer Aktinide beitragen. Neben diesen Auslegungsvarianten wird auch an einem Druckröhrenkonzept ähnlich dem der Candu-Reaktoren gearbeitet.

Für die europäische Variante eines Reaktors mit überkritischen Dampfzuständen, dem High Perfomance Light Water Reactor (HPLWR) sind in Tab. 12.4 einige Eckdaten des Konzepts genannt.

Der HPLWR ist ein „Once-Through"-Konzept. Dies bedeutet, dass der Kühlmittelstrom nur einmal durch den Reaktorbehälter geführt wird. Weitere Konzepte sehen eine mehrmalige Erhitzung nach dem Durchlauf einzelner Turbinenstufen vor. Der HPLWR erreicht hohe Temperaturen durch eine mehrfache Umlenkung des Kühlmittelstromes im Reaktorkern selbst. Die Umlenkung sorgt dafür, dass Temperaturspitzen vermieden werden. Das Konzept des HPLWR ist eng an zukünftigen Siedewasserreaktoren orientiert. Wie das Schema in Abb. 12.17 zeigt, können auch passive Kühlungselemente vorgesehen werden. Diese sollen den Kern aber auch das Containment im Notfall kühlen, um Schäden am Kern zu verhindern.

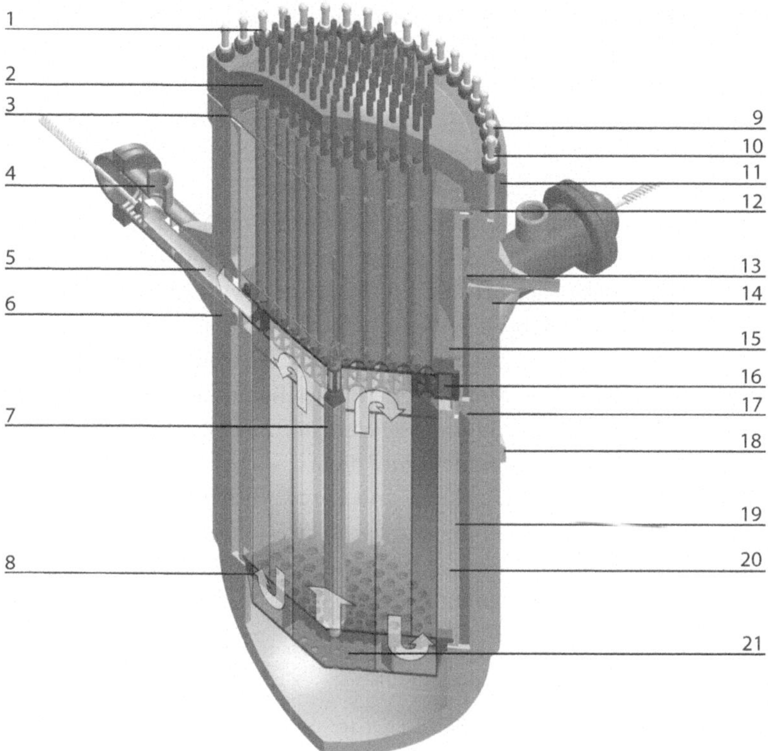

Abb. 12.17 HPLWR Konzept (Fischer et al. 2009). *1.* Steuerstabdurchführung *2.* Deckenplatte *3.* Vorspannfeder *4.* Abfuhrkanal *5.* Heißkanal *6.* Austrittsflansch *7.* Brennelement *8.* untere Kernplatte *9.* Schraubenbolzen *10.* Mutter *11.* Reaktordeckel *12.* Dichtungsring *13.* Rückflussbegrenzer *14.* Eintrittsflansch *15.* Steuerstableiter *16.* Dampfkanal *17.* Dampfkanalhalter *18.* Druckbehälterhalter *19.* Kernrohr *20.* Stahlreflektor *21.* unterer Mischraum

Auch wenn der Umgang mit Leichtwasserreaktoren von großer Erfahrung profitiert, sind für den Einsatz von überkritischem Wasser viele Fragen offen. So besteht noch großer Forschungsbedarf im Bereich der Werkstoffe. Bisherige Reaktordruckbehälterstähle sind Temperaturen um 320 °C ausgesetzt. Für den Aufbau eines RDB für einen SCWR ist daher angedacht, die Innenseiten nur mit den für den SCWR typischen Einlasstemperaturen zu beaufschlagen. Dies wird dadurch erreicht, dass Ein- und Auslass in Form einer koaxialen Leitung aus dem RDB herausgeführt werden. Im Innern wird das Kühlwasser durch einen Ringraum nach unten geführt und umgeleitet, um von unten her den Kern zu durchströmen. So gelingt es, das RDB-Material nicht Temperaturen von 500 °C auszusetzen und es können gebräuchliche ferritische Stähle genutzt werden. Für die konventionellen Bauteile erscheinen die Erfahrungen mit konventionellen Kraftwerken mit überkritischen Dampfzuständen ausreichend.

Probleme ergeben sich bei den gebräuchlichen Materialien für Kerneinbauten und Brennelemente. Da sich überkritisches Wasser korrosiver verhält, können die gewöhnlich verwandten Materialen, wie z. B. Zirkaloy für die Brennelemente, keine Verwendung finden. Hier scheinen austenitische Stähle vielversprechend. Dabei muss auf die Legierungsbestandteile geachtet werden. So weist ein Cr-Ni-Stahl zu geringe Festigkeiten auf. Zusätzlich ist Nickel ein starker Neutronenabsorber.

Die erhöhte Korrosivität des Kühlmittels bei überkritischen Zuständen erfordert ein außerordentlich reines Kühlmittel. Im konventionellen Kraftwerk mit überkritischen Dampfzuständen wird daher der pH-Wert durch Zugabe von Ammoniak erhöht, um die Löslichkeit von anderen Stoffen zu senken. Jedoch wäre dabei zu untersuchen, welche Auswirkungen Ammoniak im Kern hat oder wie es auf Bestrahlung reagiert.

Zur korrosiven Belastung der Materialien kommt die Strahlungsbelastung durch Neutronen und eine mögliche Versprödung der Werkstoffe bei Auslegung des Kerns auf ein schnelles Neutronenspektrum. Außerdem sind die Auswirkungen der Neutronenstrahlung auf das überkritische Medium weitgehend unbekannt. Bisher wurde noch kein Prototyp eines SCWR gebaut. Eine Fertigstellung eines solchen Reaktors ist erst nach 2020 geplant. Bis dahin müssen noch viele der oben genannten Fragen, gerade in Bezug auf die Materialwahl, aber auch Kühlmittelverhalten im Reaktor bei überkritischen Zuständen, geklärt werden.

Salzschmelzenreaktor (MSR)

Das Grundkonzept des MSR (Molten Salt Reactor) sieht im Gegensatz zu sämtlichen bisher vorgestellten Systemen einen in flüssigem Trägermedium gelösten Brennstoff vor (siehe Abb. 12.18). Das Trägermedium im MSR wird neben der Aufnahme des Brennstoffs gleichzeitig für die Wärmeaufnahme genutzt und muss daher eine hohe Wärmeleitfähigkeit und -kapazität besitzen. Wie auch in den anderen thermischen Systemen ist es notwendig, dass das Trägermedium eine geringe parasitäre Absorption aufweist. Salzschmelzen bieten diese Eigenschaften (GIF-002-00 2002).

Es wurden bereits in den 1950er- und 60er- Jahren große Forschungsanstrengungen in der Entwicklung eines Salzschmelzenreaktors betrieben (Bettis et al. 1957; Rosenthal et al. 1972). Nach einem Versuchsreaktor zur Klärung der möglichen Adaptierung des Konzeptes für Flugzeugantriebe 1954, startete das Oak Ridge National Laboratory (ORNL, USA) das „Molten Salt Reactor Experiment (MSRE)" im Jahr 1964. Auch wenn die Idee für einen Flugzeugreaktor aus Sicherheitsgründen verworfen wurde, so konnten jedoch wertvolle und vielversprechende Daten, wie z. B. die Salzschmelzenstabilität bei Strahlungseinwirkung beim Betrieb des Versuchsreaktors gesammelt werden. Der MSRE mit 8 MW_{th} wurde erfolgreich über vier Jahre ohne Zwischenfälle betrieben. Verschiedene Brennstofffluoride wurden getestet, zum Einsatz einer Th-232/U-233–Fluorid Mischung kam es jedoch nicht mehr. Mit dieser Art Brennstoff sollte das Projekt „Molten Salt Breeder Reactor (MSBR)" betrieben werden. Dies war ein Reaktor (1000 MW_{el}), der ab 1969 entwickelt wurde. Die Forschung im Bereich der Salzschmelzenreaktoren wurde 1976 zugunsten Schneller Brutreaktoren mit Natriumkühlung und U-238/Pu-239–Brennstoff eingestellt.

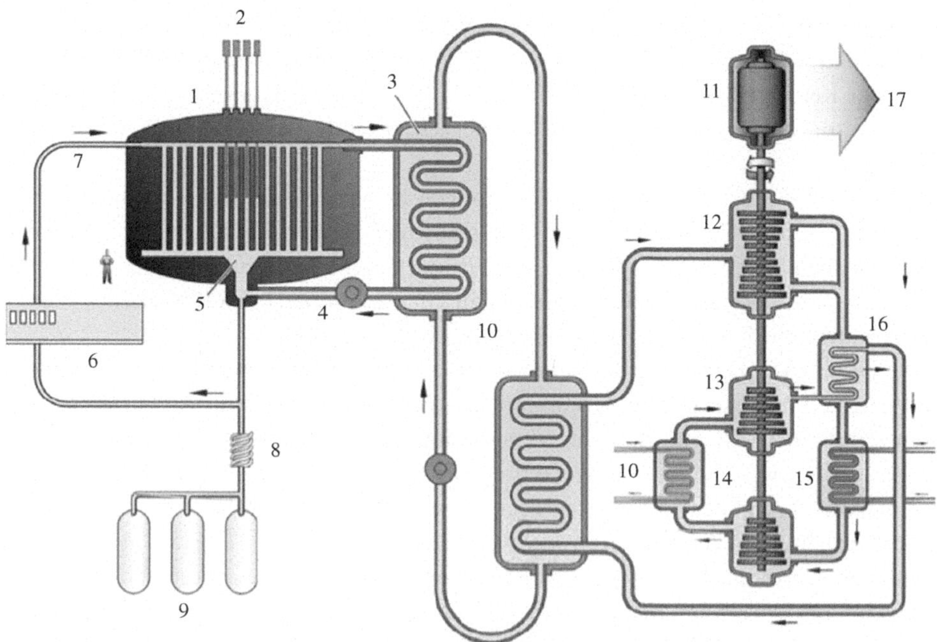

Abb. 12.18 Prinzipskizze eines MSR-Konzepts (GIF-002-00 2002). *1.* Reaktor, *2.* Steuerstäbe, *3.* Fluoridsalzschmelze als Kühlmittel, *4.* Pumpe, *5.* Fluoridsalzschmelze als Brennstoff, *6.* Chemische Aufbereitungsanlage, *7.* Gereinigte Salzschmelze, *8.* Freezeplug, *9.* Notfallauffangbehälter, *10.* Wärmetauscher, *11.* Generator, *12.* Turbine, *13.* Kompressor, *14.* Zwischenkühler, *15.* Vorkühler, *16.* Rekuperator, *17.* Elektrische Energie

Erst im Jahr 2000 wurde das MSBR-Konzept durch das französische CNRS (Centre national de la recherche scientifique) wieder aufgegriffen (Mathieu 2005).

Der entscheidende Unterschied in der Verwendung von Salzschmelzen als Brennstoffträger zu herkömmlichen Systemen ist die Möglichkeit, Brennstoff kontinuierlich zuzuführen und gasförmige Spaltprodukte während des Betriebs abtrennen zu können. Die homogene Verteilung des Brennstoffes sorgt dabei für eine homogene Neutronenfluss- und Temperaturverteilung im Kern.

Als Trägersalze kommen Lithium oder Beryllium-Fluoride in Frage, da in ihnen eine hohe Löslichkeit von Uran-, Plutonium und Thorium-Fluoriden besteht. Aufgrund des hohen Siedepunkts und der großen Wärmekapazität liegt das Fluoridsalz im MSR nahezu bei Umgebungsdruck vor.

Salzschmelzenreaktoren bieten aber noch weitere Vorteile gegenüber Reaktoren mit herkömmlichen Kühlmitteln und Festbrennstoffen. So gibt es einige Sicherheitsfragen bei konventionellen Reaktoren, die systembedingt beim MSR nicht gestellt werden müssen:

Da der Brennstoff in flüssiger Form vorliegt, gibt es beim MSR definitionsgemäß keinen Kernschmelzunfall. Darüber hinaus ist volle passive Sicherheit durch ein einfaches

Ablassen der Brennstoffschmelze in passiv gekühlte Behälter gegeben. Größere Leistungssprünge sind nicht möglich, da nur so viel Spaltmaterial im Kern vorhanden ist, wie zum Erhalt der Kettenreaktion benötigt wird. Die Überschussreaktivität ist praktisch null, da keine Spaltprodukte die Neutronenbilanz negativ beeinflussen (Stichwort Xenon-Berg, Abbrand).

Gegenüber Festbrennstoffen und den nötigen Strukturmaterialien für die Brennelemente, sind Fluorid-Salzschmelzen auf Strukturveränderungen durch Bestrahlung weniger anfällig. Jedoch findet eine Produktion von Tritium durch den Neutroneneinfang von Li-7 statt. Probleme durch potentiell extreme chemische Reaktionen beim Kontakt mit Wasser, wie bei Natriumbrütern, bestehen bei Fluorid-Schmelzen nicht.

Die besondere Darbietung des Brennstoffs in flüssiger Form bietet auch wirtschaftliche Vorteile. Im Gegensatz zu herkömmlichen Festbrennstoffen mit begrenzten erreichbaren Abbränden, z. B. aufgrund der Versprödung der BE-Struktur-materialien während des Betriebs, ermöglicht die homogene Brennstoffverteilung in der Schmelze einen unbeschränkten Abbrand des eingesetzten Brennstoffes. Die kontinuierliche Brennstoffzufuhr und die gleichzeitige Abtrennung von Spaltprodukten mit zum Teil starken parasitären Eigenschaften ermöglichen eine sehr gute Neutronenbilanz. So ist ein wesentlich geringeres Brennstoffinventar für den Betrieb eines MSR nötig.

Die kontinuierliche Beladung führt außerdem zu weit längeren Betriebsintervallen zwischen nötigen Revisionen, wodurch die Kraftwerksverfügbarkeit steigt. Wie auch bei anderen Konzepten ist eine wesentlich höhere Austrittstemperatur als bei heutigen Leichtwasserreaktoren realisierbar. Das höhere Temperaturniveau steigert zum einen den Wirkungsgrad und ermöglicht zum anderen eine breitere Einsetzbarkeit des Systems, bspw. zur Prozesswärmebereitstellung für die Wasserstoffproduktion.

Ein Problem, dass sich beim Betrieb eines Reaktors mit flüssigem Brennstoff stellt, ist die hohe Radioaktivität im Primärkreis. Daher sind Arbeiten im Bereich des Primärkreises nicht möglich. Inspektionsmethoden müssen daher noch entwickelt werden. Eine Kontamination ist bei einem Primärkreisleck nicht zu verhindern, jedoch ist die Freisetzung begrenzt, da während des Betriebs der größte Teil der Spaltprodukte abgetrennt wird. Hinzu kommt, dass sowohl Lithiumfluorid als auch Berylliumfluorid hoch giftig sind. Jedoch besteht wegen des geringen Betriebsdrucks eine niedrige Wahrscheinlichkeit für Leckagen und auch im Falle eines Lecks ein geringer Massenfluss. Austretendes Fluoridsalz ist im Falle thermischer Reaktoren unterkritisch und wird durch Drainageverbindungen in spezielle Tanks abgeführt, wo das Salz zu Kristallen aushärtet.

Auch bei der Fluoridschmelze an sich muss beachtet werden, dass beim Einsatz von Lithium radioaktives Tritium durch Neutroneneinfang produziert wird. Dem Problem wurde bereits Rechnung getragen, in dem eine Anreicherung von Li-7 zu 99.99 % zur Verwendung im Fluoridsalz vorgenommen werden soll. Da die Wirkungsquerschnitte der Absorption bei Li-7 um Zehnerpotenzen niedriger liegen als bei Li-6, ist die Tritiumproduktion entsprechend gering. Dennoch muss das gebildete Tritium entfernt werden.

Das in Japan favorisierte Programm Thorims–NES geht davon aus, dass ein Leistungsbetrieb mit gleichzeitiger Brütung von Thorium schwer zu erreichen ist. Daher sind Leistungsbetrieb und Brutvorgang von einander separiert. Der AMSB (Accelerator Molten Salt Breeder) soll den Brennstoff für die späteren Leistungsreaktoren erbrüten. Es handelt sich dabei um eine unterkritische Anordnung, die durch Spallation eine Vielzahl schneller Neutronen produziert, die in einem Zielblanket aus flüssiger Salzschmelze mit gelöstem Thoriumfluorid absorbiert werden. Die Energie für diesen Prozess sollen Kleinstreaktoren der MSR–Bauweise liefern.

Zur Einführung eines reinen Thoriumbrennstoffkreislaufes bedarf es vieler Brüter, da nur so eine entsprechende Menge U-233 hergestellt werden kann. Bei der Beurteilung des Wachstums energetischer Systeme wird von einer Dopplungszeit gesprochen. Bei Brüterkonzepten, sei es schnelle oder thermische, ist diese Zeit zur Verdopplung der vorhandenen Kapazität durch die Herstellung der Brennstoffe Pu und U-233 begrenzt. Ein Argument für die Einführung eines Thoriumbrennstoffkreislaufes ist die sehr viel kürzere Dopplungszeit im Gegensatz zu einer Schnellen–Brüter–Industrie.

Der Thorium/Uran-233 Brennstoffkreislauf bietet einige Vorteile gegenüber der Verwendung von U-235 oder Pu-239. Thorium hat die Eigenschaft Neutronen im thermischen Spektrum einzufangen und U-233 zu bilden. Der Aufbau des U-233 geschieht nach folgender Reaktion:

$$^{232}Th + n \longrightarrow {}^{233}Th \underset{22min}{\overset{\beta^-}{\longrightarrow}} {}^{233}Pa \underset{27d}{\overset{\beta^-}{\longrightarrow}} {}^{233}U$$

Die Möglichkeit des thermischen Brütens ist allein durch die hohe Neutronenausbeute bei der Spaltung von U-233 gegeben. Unter den spaltbaren Isotopen ist es im thermischen Energiebereich die höchste Ausbeute. Der Einfang eines Neutrons in U-233 ist dabei relativ unproblematisch, da bei weiterem Neutroneneinfang spaltbares U-235 gebildet wird. Durch die Zunahme des totalen Wirkungsquerschnitts von Thorium mit der Neutronenenergie ist ein Th-232/U-233–Brennstoffkreislauf gerade für Reaktoren mit leicht schnellerem Spektrum wie dem MSR geeignet.

Ein entscheidender Vorteil in der Nutzung von Thorium als Brutstoff liegt in der enormen Vergrößerung der kernenergetischen Ressourcen, da Thorium 3–4 mal häufiger in der Erdkruste vorhanden ist als Uran. Außerdem besteht eine geringere Abfallproblematik insofern, als dass sehr viel weniger langlebige Transurane wie Americium, Curium oder Pu-242 anfallen. Eine gewisse Proliferationsresistenz besteht darin, dass die starke Radioaktivität von gebildetem U-232 eine Handhabung nur mit hochspezialisierter Technik möglich macht, eine Entwendung mit terroristischem Hintergrund insofern ausgeschlossen scheint. U-232 entsteht durch n, $2n$-Reaktionen aus Th-233 und U-233.

Im Gen-IV-Programm zum Salzschmelzenreaktor wurden zwei weitere Projekte vorgeschlagen (Renault et al. 2009). Im einen Fall handelt es sich um einen schnellen Brüter als Alternative zu schnellen natriumgekühlten Brütern. Sicherheitstechnische Vorteile wären ein stark negativer Temperatur- und Void-Koeffizient, die die Sicherheit des MSFR entscheidend im Gegensatz zu anderen Brüterkonzepten verbessern.

Das Konzept wird weitestgehend in Frankreich ausgearbeitet. Es handelt sich um einen Reaktor mit einer Leistung von 2500 MW_{th} und einer Betriebstemperatur von 630 °C, wodurch ein Wirkungsgrad von 40 % erreicht werden soll. Ein Thorium/Uran–233 Brennstoffkreislauf soll im Unterschied zum japanischen Vorschlag nur durch ein Reaktorkonzept verwirklicht werden. Zu diesem Zweck besitzt der TMSR (Thorium MSR) Brutblankets mit einer thoriumhaltigen Salzschmelze und einer Nettoproduktion von U-233 (Merle-Lucottea et al. 2008).

Das zweite Konzept sieht einen Kugelhaufenreaktor mit Salzschmelzenkühlung vor. Dabei ermöglichen die besseren wärmetechnischen Eigenschaften von Salzschmelzen im Vergleich zu Helium eine höhere Leistungsdichte, wodurch Reaktorgrößen von bis zu 4000 MW_{th} möglich sein sollen. Auch in den USA wird dieses Konzept im Rahmen des Next Generation Nuclear Plant-Project untersucht (Ingersoll et al. 2007).

Literatur

A Technology Roadmap for Generation IV Nuclear Energy Systems/U.S. DOE Nuclear Energy Research Advisory Committee, Generation IV International Forum. Forschungsbericht (2002)

ACR-1000 Technical Summary/AECL. Forschungsbericht (2007)

ACR-1000 Technical Description Summary/AECL, EACL. Forschungsbericht (2010)

Alemberti, A.: ELFR - The European Lead Fast Reactor Design, Safety Approach and Safety Characteristics. In: Technical Meeting on "impact of Fukushima Event on Current and Future Fast Reactor Designs", Helmholtz-Zentrum Dresden - Rossendorf Dresden. 19–23 March 2012, Germany

Babelot, J., Fiorini, G.L., Abram, T., Hill, R., Hahn, D., Ichimiya, M., Lennox, T., Mizuno, T.: Sodium cooled Fast Reactor. In: Goethem, G. van, Manolatos, P., Hugon, M., Bhatnagar, V., Casalta, S., Deffrennes, M., (Hrsg.) FISA 2006 - EU Research and Training in Reactor Systems, Commission of the European Communities, pp. 226–247 (2006).http://bookshop.europa.eu. ISBN: 92-79-01214-2

Bethe, H.A., Tait, J.H.: An estimate of the order of magnitude of the explosion when the core of a fast reactor collapses. UKAEA RHM **56**, 113 (1956)

Bettis, E.S. et al.: The Aircraft reactor experiment – design and construction. Nucl. Sci. Eng. **2**, 804–825 (1957)

Butz, H.-P., et al. (Hrsg.): Risikoorientierte Analyse zum SNR-300. Gesellschaft für Reaktorsicherheit, Köln (1982)

Chadwick, M.B., Herman, M., Obloinský, P., Dunn, M.E., Danon, Y., Kahler, A.C., Smith, D.L., Pritychenko, B., Arbanas, G., Arcilla, R., Brewer, R., Brown, D.A., Capote, R., Carlson, A.D., Cho, Y.S., Derrien, H., Gruber, K., Hale, G.M., Hobilit, S., Holloway, S., Johnson, T.D., Kawano, T., Kiedrowski, B.C., Kim, H., Kunieda, S., Larson, N.M., Leal, L., Lestone, J.P., Little, R.C., McCutchan, E.A., MacFarlane, R.E., MacInnes, M., Mattoon, C.M., McKnight, R.D., Mughabghab, S.F., Nobre, G.P.A., Palmiotti G., Palumbo, A., Pigni, M.T., Pronyaev, V.G., Sayer, R.O., Sozogni, A.A., Summers, N.C., Talou, P., Thompson, I.J., Trkov, A., Vogt, R.L., Marck, S.C. van der, Wallner, A., White, M.C., Wiarda, D., Young, P.G.: ENDF/B-VII.I nuclear data for science and technology: cross sections, covariances, fission product yields and decay data. Nucl. Data Sheets **112**(12),

2887–2996 (2011).http://www.sciencedirect.com/science/article/pii/S009037521100113X. Special Issue on ENDF/B-VII.1 Library

Chang, Y.I., Konomura, M.: Lo Pinto, P.: A case for small modular fast reactor. J. Nucl. Sci. Technol. **44**(3), 264–269 (2007)

Cinotti, L., Aït Abderrahim, H., Benamati, G., Fazio, C., Knebel, J., Locatelli, G., Monti, S., Smith, C.F., Suh, K.: Lead-cooled fast reactor - LFR. In: Goethem, G. van, Manolatos, P., Hugon, M., Bhatnagar, V., Casalta, S., Deffrennes, M.(Hrsg.) FISA 2006, Commission of the European Communities, S. 248–269 (2006). ISBN: 92-79-01214-2

D'Onghia, B., Grignon, F., Journet, J., Marmonier, P., Recrosio, A., Rousseau, J.: Creys-Malville nuclear power station 5-Core and assemblies. Nucl. Eng. Int. **23**(272), 54–59 (1978)

Dumaz, P., Allègre, P., Bassi, C., Cadiou, T., Conti, A., Garnier, J.C., Malo, J.Y., Tosello, A.: Gas-cooled fast reactors - status of CEA preliminary design studies. Nucl. Eng. Des. **237**, 1618–1627 (2007)

EC6® Enhanced CANDU 6® Technical Summary/candu. Forschungsbericht (2012)

Fischer, K., Schulenberg, T., Laurien, E.: Design of a supercritical water-cooled reactor with a three-pass core arrangement. Nucl. Eng. Des. **239**, 800–812 (2009)

Fuel performance and fission product behaviour in gas cooled reactors. International Atomic Energy Agency. Forschungsbericht (1997)

Heavy Water Reactors: Status and Projected Development. International Atomic Energy Agency (407). Forschungsbericht (2002)

Ingersoll, D.T., Forsberg, C.W., MacDonald, P.E.: Trade Studies for the Liquid-Salt-Cooled Very High-Temperature Reactor:Fiscal Year 2006 Progress Report. Oak Ridge National Laboratory. Forschungsbericht (2007)

Kugeler, K., Schulten, R.: Hochtemperaturreaktortechnik. Springer-Verlag (1989)

Mathew, P.M., Nitheanandan, T., Bushby, S.J.: Severe ore Damage Accident Progression within a CANDU 6 Calandria Vessel. AECL Chalk River Laboratories. Reactor Safety Division, Forschungsbericht (2004)

Mathieu, L.: Cycle Thorium et Réacteurs àSel Fondu Exploration du champ des Paramètres et des Contraintes définissant le "Thorium Molten Salt Reactor", l'Ecole Doctorale de Mé canique et Energé tique, Dissertation (2005)

Meneley, D.A., Ruan, Y.Q.: Introduction to CANDU 6 - Part 3 Moderator, HTS, Heavy Water, Overheads for a course presented at Xi'an Jiaotong University, 1998–09-22 to 25. Online available underhttps://canteach.candu.org/Pages/ImageLibrary.aspx - SI 33000 Primary Heat Transport System/CANDU6 Heat Transport System. Bill Garland (1998a). https://canteach.candu.org/Image

Meneley, D.A., Ruan, Y.Q.: Introduction to CANDU 6 - Part 5 Special Safety Systems Overheads for a course presented at Xi'an Jiaotong University, 1998–09-22 to 25. Online available underhttps://canteach.candu.org/Pages/ImageLibrary.aspx - SI 31000 Reactor/CANDU6 Safety Shutdown Systems. Bill Garland (1998b). https://canteach.candu.org/Image

Meneley, D.A., Ruan, Y.Q.: Introduction to CANDU 6- Part 1 Comparison of PHWR and PWR Overheads for a course presented at Xi'an Jiaotong University, 1998–09-22 to 25. Online available underhttps://canteach.candu.org/Pages/ImageLibrary.aspx - SI 37000 Fuel/CANDU Fuel Bundle - 37 Element. Bill Garland (1998c). https://canteach.candu.org/Image

Merle-Lucottea, E., Heuer, D., Allibert, M., Doligeza, X., Ghetta, V., Le Brun, C.: Optimization and simplification of the concept of non-moderated Thorium Molten Salt Reactor. In: International Conference on the Physics of Reactors "Nuclear Power: A Sustainable Resource" PHYSOR 2008, Interlaken: Suisse (2008)

Pasanen, A.A.: Fundamentals of CANDU reactor nuclear design. In: Lecture Series A (1980)

Poette, C., Malo, JY., Brun-Magaud, V., Morin, F., Dor, I., Mathieu, B., Duhamel, H., Stainsby, R., Mikityuk, K.: GFR demonstrator ALLEGRO design status. In: Proceedings of ICAPP '09 Tokyo, Japan, May 10–14 (2009)

Renault, C., Hron, M., Konings, R., Holcomb, D.E.: The Molten Salt Reactor (MSR) in Generation IV: overview and perspectives. In: GIF Symposium - Paris (France), 9–10 Sept 2009

Rooijen, W.F.G. von: Gas-cooled fast reactor: a historical overview and future outlook. Sci. Technol. Nucl. Install. 1-11 (2009)

Rosenthal, M.W. et al.: The deveolopment status of molten-salt breeder reactors, Oak Ridge National Laboratory ORNL-4812 (1972)

Sagayama, Y.: GIF Annual Report 2011 - The Generation IV International Forum/OECD Nuclear Energy Agency for the Generation IV International Forum, Aufl. 5. Forschungsbericht (2011)

Saito, Y., Takahashi, K., Aoyama, G., Goto, T., Ozawa, K., Tokoi, H.: A high temperature sodium test facility for development of passive safety devices in FBRs. J. Nuc. Sci. Technol. (Tokyo, Japan) **37**(1), 66–74 (2000)

Schulenberg, T. et al.: Design und analysis of a thermal core for a high performance light water reactor. Nucl. Eng. Des. **241**, 4420–4426 (2011)

Sicherheitsbericht: 300-MW-Kernkraftwerk Kalkar mit Schnellem natriumgekühlten Reaktor SNR-300/Kraftwerk Union Erlangen. Forschungsbericht (1969)

Sicherheitsbericht: Hochtemperaturreaktor-Modul-Kraftwerksanlage/Siemens Interatom. Forschungsbericht (1988)

Smidt, D.: Reaktor-Sicherheitstechnik. Springer-Verlag, Berlin (1979)

Snook, W., Safa, M.: CANDU 6 Reactor Assembly Online available under https://canteach.candu.org/Pages/ImageLibrary.aspx - SI 31000 Reactor/CANDU 6 Reactor Assembly. Bill Garland (2001). https://canteach.candu.org/Image

Torgerson, D.F.: Shalaby, Basma A.; Pang, Simon: CANDU technology for Generation III+ and IV reactors. Nucl. Eng. Des. **236**, 1565–1572 (2006)

Waltar, A.E., Todd, D.R.: Tsvetkov. Fast Spectrum Reactors. Springer, New York, P.V. (2011)

Walter, A.E., Pavel, V.T. (Hrsg.): Fast Spectrum Reactors. Springer (2012)

Whitlock, J.J., Garland, W.J., Milgram, M.S.: Effects contributing to positive coolant void reactivity in CANDU CANDU. ANS Annual Meeting, In (1995)

Werkstoff- und Integritätskonzept für druckführende Komponenten 13

Der Betrieb eines Kernkraftwerkes erfordert die dauerhafte Gewährleistung der Anlagensicherheit zum Ausschluss katastrophaler Unfallfolgen. Wichtige Eigenschaftsmerkmale für den Betreiber sind darüber hinaus Wirtschaftlichkeit und Verfügbarkeitsgesichtspunkte. Bereits in der Planungs- und Errichtungsphase von nuklearen Kraftwerksanlagen werden maßgebliche Entscheidungen für die vorgesehene Lebensdauer einer Komponente oder der Gesamtanlage getroffen. Einen wesentlichen Beitrag hierzu leistet ein ausgewogenes, auf die systemtechnischen Belange sowie auf die betriebs- und/oder störfallbedingten Belastungen der Komponenten abgestimmtes Werkstoffkonzept und eine darauf angepasste Herstellungstechnologie.

Nachfolgend werden zunächst einige Entwicklungsschritte zu diesem Thema und die Grundzüge des kerntechnischen Regelwerkes zusammenfassend dargestellt. Darauf aufbauend werden am Beispiel ausgewählter Komponenten des Primärkreiseslaufes von den zuletzt in Deutschland in Betrieb genommenen DWR-Anlagen der Baulinie Konvoi sowie von sicherheitstechnisch wichtigen Bauteilen in SWR-Anlagen die spezifischen Merkmale des deutschen Werkstoff- und Integritätskonzepts zusammen mit den bis heute getroffenen Maßnahmen vorgestellt und bewertet.

13.1 Sicherheitstechnische Anforderungen; Weiterentwicklung

Mit der friedlichen Nutzung der Kernenergie in Deutschland zu Beginn der 1960er-Jahre wurde als zentraler Sicherheitsgrundsatz die Gewährleistung des sicheren Einschlusses radioaktiver Stoffe über die gesamte Betriebszeit definiert. Heute liegt ein geschlossenes kerntechnisches Regelwerk vor, das dem Stand von Wissenschaft und Technik entspricht. Hierzu gehört auch ein darauf abgestimmtes Werkstoffkonzept, das den hohen sicherheitstechnischen Anforderungen für druckführende Strukturbauteile Rechnung trägt. Eng damit

A. Ziegler und H.-J. Allelein (Hrsg.), *Reaktortechnik*,
DOI: 10.1007/978-3-642-33846-5_13, © Springer-Verlag Berlin Heidelberg 2013

verknüpft war die Einführung der Basissicherheit mit objektivierbaren Design-, Werkstoff-, und Herstellungsanforderungen, sodass bei nachgewiesener Beschaffenheit, Eigenschaft und Güte eines Bauteils ein katastrophales Versagen aufgrund herstellungsbedingter Mängel ausgeschlossen werden kann. Hierzu gehört auch eine Analyse des strukturmechanischen Verhaltens für die unterschiedlichsten Betriebs- und Störfalllasten. Ein wesentlicher Beitrag zur Anlagesicherheit im Leistungsbetrieb wird mit dem geschlossenen Integritätskonzept erreicht, hierbei fließen auch zentrale Elemente des Alterungsmanagements mit ein.

13.1.1 Regulatorische Anforderungen für wichtige Komponenten

Die Gewährleistung der Komponentenintegrität sicherheitstechnisch wichtiger, druckführender Komponenten ist eng verknüpft mit den regulatorischen Anforderungen von Beginn der Kernenergienutzung zu Beginn der 1960er-Jahre in Deutschland bis heute. Die hierzu entwickelten regulatorischen Vorgaben bestehen aus einer hierarchisch aufgebauten Grundstruktur gemäß Abb. 13.1, beginnend mit den heute noch gültigen Festlegungen im Atomgesetz zum kontinuierlichen Nachweis der erforderlichen Vorsorge gegen Schäden (AtG 1959), den (Störfallleitlinien 1983), den Sicherheitskriterien in Kernkraftwerken (SicherheitKKW 1977) sowie den RSK-Leitlinien (RSK: Reaktorsicherheitskommission) mit der Rahmenspezifikation Basissicherheit (RSK 1979). Zwischenzeitlich liegt ein

- **Atomgesetz**
  - erforderliche Vorsorge gegen Schäden
- **Störfallleitlinien**
  - Anforderungen an die Störfallauslegung
- **Sicherheitskriterien für Kernkraftwerke**
  - Grundsätze der Vorsorge gegen Schäden
- **RSK-Leitlinie, Rahmenspezifikation Basissicherheit**
  - Erforderliche Qualität
  - Absicherung von Unsicherheiten in Bezug auf Integrität und Funktion der Komponente
  - anzusetzende Versagensannahmen
- **Regelwerke**

- KTA 1401	- Allgemeine Forderungen an die Qualitätssicherung
- KTA 3201 / 3211.1-3	- Qualität nach Auslegung und Herstellung
- KTA 3201 / 3211.4	- Absicherung der Qualität im Betrieb
- KTA 2301	- Alterungsmanagement in KKW
- KTA 3206 (Entwurf)	- Nachweise zum Bruchausschluss für druckführende Komponenten in KKW

Abb. 13.1 Regulatorische Anforderungen für Kernkraftwerke und für deren sicherheitstechnisch wichtige Komponenten

strukturiertes, in sich geschlossenes kerntechnisches Regelwerk des kerntechnischen Ausschusses (KTA) (StRKTA) vor, das mehr als 100 Fachregeln umfasst. Dieses Regelwerk entspricht dem heutigen Stand von Wissenschaft und Technik und ist auch Grundlage des diesbezüglichen Werkstoff- und Integritätskonzepts für Leichtwasser-Reaktoren. Die Erfüllung der vorgenannten Anforderungen gehört zu den elementaren Voraussetzungen für den Betrieb von Kernkraftwerken in Deutschland.

Die Weiterentwicklung des kerntechnischen Regelwerks ist in der Neufassung der Sicherheitsanforderungen an Kernkraftwerke (2011) fortgeschrieben. Nach mehreren Beratungsdurchläufen und einer Erprobungsphase von zwei Jahren steht dieses Regelwerk vor seiner Verabschiedung. In dieser Neufassung sind die wesentlichen Elemente des seit vielen Jahren für die bestehenden Anlagen praktizierten Werkstoff- und Integritätskonzeptes, insbesondere für druckführende Komponenten, enthalten. Die Einführung ist für Herbst 2012 geplant.

13.1.2 Entwicklung und Einführung der Basissicherheit

Zu Beginn der Kernenergie-Nutzung war mit der damaligen Sicherheitsphilosophie auf Basis probabilistischer Methoden ein Versagen durckführender Komponenten nicht gänzlich auszuschließen. Noch bis Ende der 1970er-Jahre war das diesbezügliche Versagenspostulat mit einer 2-fachen Bruchannahme der Ausflussöffnung der größten Rohrleitung eines Druckwasserreaktors – den Hauptkühlmittelleitungen – verbunden. Hieraus resultierte ein postuliertes, sog. LOCA (Loss of Coolant Accident)-Ereignis, dessen Unfallfolgen auf die Gesamtanlage zu beherrschen war. Auswirkungen auf die Umgebung waren nicht zulässig.

Der Ausbau der Kernenergie-Nutzung Mitte der 1970er-Jahre war auch begleitet mit breit angelegten F&E-Projekten auf dem Gebiet der Reaktorsicherheitsforschung zur Begrenzung von Schadensfolgen (Kussmaul 1970; Wellinger et al. 1972; Sturm und Stoppler 1985). Die frühzeitigen Forschungsaktivitäten konzentrierten sich daher auf eingehende, sicherheitstechnische Betrachtungen zum Festigkeits- und Bruchverhalten druckführender Bauteile (Wellinger et al. 1972; Kussmaul 1972). Ein zentraler Punkt betraf hierbei die Erforschung des Versagensverhaltens druckführender, hochenergetischer Systeme. Die Zielsetzung bestand in der Vermeidung katastrophaler Brüche (Kussmaul 1978; Kastner et al. 1983). Es wurden hierbei Grundlagen geschaffen, um im Schadensfall ein kontrolliertes Versagen in Form eines Leck-vor-Bruch-Verhaltens herbeizuführen. Parallel hierzu wurde in Deutschland die Entwicklung der Herstellungstechnologie in Verbindung mit einer Optimierung des Designs und der Strukturwerkstoffe weiter vorangetrieben, womit eine weitere Verbesserung des Qualitätszustandes von Nuklearkomponenten verbunden war (Kussmaul 1985; Rösler und Debray 1985; Kussmaul et al. 1977).

Ein Meilenstein in der Sicherheitsphilosophie war Ende der 1970er-Jahre die Einführung der Basissicherheit mit der – ohne Heranziehung probabilistischer Methoden – auf rein deterministischem Weg ein spontaner Bruch von druckführenden Komponenten auszuschließen ist und damit eine verlässlichere Vorhersage des Bauteilverhaltens erreicht wird (Kussmaul 1984). Mit diesem Entwicklungsschritt war eine kontinuierliche werkstofftechnische und sicherheitstechnische Weiterentwicklung einhergehend mit einer Optimierung der Herstellungs- und Verarbeitungstechnologie der betreffenden Kraftwerkskomponenten verbunden. Hierbei wurden gesamtheitlich objektivierbare Design-, Werkstoff-, und Herstellungsanforderungen festgelegt, sodass mit nachgewiesener Beschaffenheit, Eigenschaft und Güte eines Bauteils ein katastrophales Versagen aufgrund herstellungsbedingter Mängel ausgeschlossen werden konnte.

Die Basissicherheit wird durch folgende Eigenschaftsmerkmale charakterisiert (Kussmaul 1984):

Design

- Niedriges Spannungsniveau durch Einsatz von Grundkörpern mit einfacher, glatter Gestalt und Vermeidung geometrischer Diskontinuitäten (Vermeidung von Kerbspannungen)
- Verdickung des Grundkörpers im Bereich von Stutzenausschnitten, d. h. Gestaltung monolithischer Strukturen (Behälter und Rohrleitungen)
- Reduzierung der Anzahl von Schweißnähten durch ein „integrales Design"
- Vermeidung von Längsnähten (Behälter und Rohrleitungen)
- Anordnung von Schweißnähten in Bereiche mit niedrigem Spannungsniveau
- Gute Zugänglichkeit von Schweißnähten für zukünftige Wiederkehrende Prüfungen (optimierte Prüfbarkeit).

Werkstoffe und Herstellungstechnologie

- Vergrößerung der Ingotmasse von Vormaterialien für dickwandige Bauteile von 220 t bis auf 570 t
- Verbesserung des Reinheitsgrades der Ingotschmelzen und Begrenzung des Gehaltes an Spurenelementen
- Weiterentwicklung und Optimierung schmelzmetallurgischer Maßnahmen (z. B. Absenkung von S, P, Si sowie Einführung der Vakuum-Kohlenstoff-Desoxidation (VCD)) zur Herstellung seigerungsarmer, massiver Ingot-Gussblöcke mit Optimierung des Erstarrungsablaufes einschließlich. Entgasung zur Vermeidung wasserstoffinduzierter Flockenrisse (sog. Flakes) (Fruehan 1997)
- Entwicklung fortschrittlicher Schmiedetechnologien für nahtlose, dickwandige Erzeugnisformen
- Erzeugung eines homogenen Mikrogefüges (Verringerung der Anisotropie, Seigerungsarmut) mit Gewährleistung der spezifizierten mechanisch-technologischen Eigenschaften, insbesondere der Zähigkeit über dem Querschnitt
- Einführung neuer Rohrbiegetechnologien einschließlich des Induktivbiegeverfahrens zur Herstellung nahtloser Rohrbögen anstelle von Schalenbögen

- Einführung von Engspaltschweißungen zur Begrenzung des Kornwachstums in der Wärmeeinflusszone (WEZ) mit Verringerung des Grobkornvolumens und des makroskopischen Schweißschrumpfes.

Diese Basissicherheitsanforderungen sind umfassend so in das kerntechnische Regelwerk eingeflossen und waren erstmals im Anhang der Rahmenspezifikation zur 2. Ausgabe der RSK-Leitlinien (01/79) (RSK 1979), danach in der 3. Ausgabe der RSK-Leitlinien (10/81) (RSK 1981) enthalten. Weitere Detailfestlegungen sind in der KTA 3201.2 (KTA3201 2010, Teil 2) zu entnehmen. In Kurzform sind die Basissicherheitsmerkmale durch die nachfolgenden sechs Schlüsselelemente festgeschrieben (RSK 1979; RSK 1981):

- Hochwertige Werkstoffeigenschaften, insbesondere Zähigkeit (z. B. Kerbschlagzähigkeit in der Hochlage $\geq$100 J)
- Konservative Begrenzung der Spannungen (Begrenzung der primären Spannungen)
- Vermeidung von Spannungsspitzen durch optimale Konstruktion
- Gewährleistung der Anwendung optimaler Herstellungs- und Prüftechnologien
- Kenntnis und Beurteilung ggf. vorliegender Fehlerzustände und
- Berücksichtigung des Betriebsmediums.

Die Basissicherheit wurde erstmals in Deutschland für Vorkonvoi-Anlagen seit Ende der 1970er-Jahre und später für Konvoi-Anlagen sowie für Nachrüstungen in DWR- und SWR-Anlagen konsequent umgesetzt. Am Beispiel der entfallenen Anzahl von Schweißnähten im Bereich der Hauptkühlmittelleitungen (Innendurchmesser = 750 mm, nominelle Wanddicke im zylindrischen Geradrohrabschnitt = 52 mm) für eine 1300 MWe-DWR-Anlage mit 4 Kühlmittelkreisläufen wird deutlich, welche grundsätzlichen Qualitätsverbesserungen mit der Basissicherheit realisiert wurden. So waren hierfür in Vorgängeranlagen 237 Schweißnähte (Umfangs-, Längs-, Stutzen- sowie Stutzenverstärkungs-Schweißungen) erforderlich. In Vorkonvoi- und Konvoi-Anlagen finden sich dagegen nur noch 60 Rundnähte in Niedrigspannungsgebieten. Somit wurde die Gesamtzahl der Schweißnähte auf nur noch etwa ein Viertel reduziert. Gleiches gilt für die Ausführung von Druckbehältern. So bestand der Druckhalter früher aus 24 Blech-Erzeugnisformen, die mit 8 Rund- und 22 Längsnähten miteinander verschweißt waren. Demgegenüber besteht in den neueren Anlagen der Druckhalter nur noch aus 4 nahtlosen Schmiedestücken (2 Schmiederinge, 2 geschmiedete Kalotten), die mit 3 Rundnähten miteinander verschweißt sind.

Mit der Basissicherheit als Grundlage wurde daraus das sog. Basissicherheitskonzept entwickelt. Mit dessen Umsetzung ist ein spontanes Komponentenversagen faktisch nicht mehr zu unterstellen, sodass unter allen betrieblichen und störfallbedingten Belastungen die Inanspruchnahme des Bruchausschlusses kreditiert werden darf (Kussmaul 1984). Es gilt somit das „Leck-vor-Bruch (LvB)-Kriterium", gleichbedeutend mit dem Ausschluss wanddurchdringender, überkritischer Risse, insbesondere an Schweißnähten. Hierzu sind aber neben den 3 Grundelementen (Konstruktion, Werkstoff, Herstellung) nach dem „Prinzip der Qualität durch Produktion" (Basissicherheit) darüber hinaus im

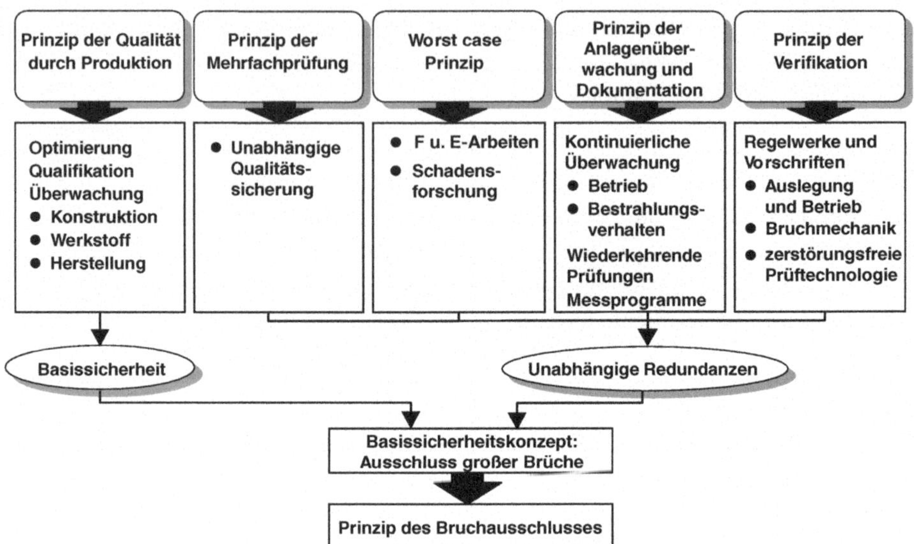

Abb. 13.2 Grundzüge des Basissicherheitskonzepts (schematisch) (Kussmaul 1984)

Basissicherheitskonzept die nachfolgend aufgeführten, sog. „unabhängigen Redundanzen" im Sinne komplementärer Bausteine einzuhalten (s. Abb. 13.2):

- Prinzip der Mehrfachprüfung
- Worst-Case-Prinzip
- Prinzip der Anlagenüberwachung und Dokumentation sowie
- Prinzip der Verifikation.

Mit diesen begleitenden Absicherungselementen wird dem sehr unwahrscheinlichen Fall Rechnung getragen, dass bezüglich der Auslegung oder aus der Herstellung doch noch unentdeckte Design- und/oder Herstellungsmängel vorliegen, die durch diese Maßnahmen kompensiert oder aufgedeckt werden könnten. In der Praxis erfolgt eine sinnvolle Abwägung und unterschiedliche Gewichtung dieser unabhängigen Redundanzen um den anforderungsgerechten Qualitätszustand nachzuweisen und abzusichern.

Von besonderer Bedeutung sind hierbei die beiden Elemente „kontinuierliche Anlagenüberwachung" und die „Verifikation", mit denen sichergestellt wird, dass im Langzeitbetrieb z. B. Besonderheiten bezüglich Komponentenauslegung, Abweichungen von den spezifizierten Betriebslasten sowie Alterungseinflüsse rechtzeitig erkannt werden. Hierzu gehören insbesondere auch die Ergebnisbewertungen aus wiederkehrenden Prüfungen (s. Kap. 15.4).

Die zentrale Anwendung für den Bruchausschluss (Anwendung des Basissicherheitskonzeptes) sind in deutschen DWR-Anlagen die Hauptkühlmittelleitungen. Später erfolgte nach Beratung durch die Reaktorsicherheitskommission (RSK) die Ausweitung auf deren

Anschlussleitungen einschl. Mischnähte, auf die hochenergetischen Frischdampf- und Speisewasserleitungen sowie auf sicherheitstechnisch wichtige austenitische Rohrleitungen mit Nennweiten $\geq$ DN 50 bis zur Erstabsperrung des Primärkreises. Die letztgenannten Festlegungen wurden in der Folgezeit mit Weiterentwicklung des Kenntnisstandes zum Traglast- und Versagensverhalten mit vorgeschädigten austenitischen und ferritischen Rohrleitungsbauteilen experimentell untermauert (MPA/VGB6.6 1998; MPA/VGB3.4 2002)

Die zentrale Anwendung für den Bruchausschluss sind in SWR-Anlagen die ferritischen Frischdampf- und Speisewasserleitungen innerhalb des Reaktorgebäudes, die hiermit kommunizierenden Hilfsdampf-, Zudampf-, Druckentlastungs-, Nachkühl- sowie Turbinen-Hochdruckeinspeiseleitungen.

Wenn die Voraussetzungen zur Inanspruchnahme des Bruchausschlusses vorliegen, ist die Zulässigkeit eines Leckpostulats mit einer reduzierten Leckgröße durch einen unterkritischen Riss mit der Lecköffnung 0.1F (10 % der freien Rohrquerschnittsfläche) statt 2F (doppelendige freie Rohrleitungsquerschnittsfläche) gegeben. Dieses Leck-vor-Bruch-Verhalten führt somit nur zu unterkritischen Leckagen, ehe kritische Rissgrößen erreicht werden können. Die daraus resultierenden Folgen des 0.1F-Lecks sind diesbezüglich abzusichern. Der Nutzen für die Anlagen besteht zum einen im Entfall von Ausschlagsicherungen für Rohrleitungen, was die Zugänglichkeit für wiederkehrende Prüfungen erleichtert und gleichzeitig zu einer Verringerung der Strahlenbelastung des Personals führt. Darüber hinaus werden die ins Gebäude abzutragenden Störfalllasten reduziert, dies begrenzt die Massen und die Ausmaße von Unterstützungskonstruktionen.

Von besonderer Bedeutung sind die begrenzten Auswirkungen von Schadensfolgen, die mit dem 0.1F-Postulat besser beherrschbar sind und damit zu einem geringeren Ausmaß von Folgeschäden innerhalb der Anlage führen. Insgesamt leistet das Basissicherheitskonzept einen wichtigen Beitrag zur Ausgewogenheit der Anlagensicherheit.

13.1.3 Analyse des strukturmechanischen Verhaltens

Entsprechend der sicherheitstechnischen Aufgabenstellung für die druckführenden Komponenten des Primärkreises für die unterschiedlichsten Betriebs- und Störfalllasten eine Auslegung und Analyse ihres strukturmechanischen Verhaltens gemäß KTA 3201.2 (KTA3201 2010, Teil 2) vorzunehmen. Diese Regel ist anzuwenden auf Auslegung, Konstruktion und Berechnung von Primärkreiskomponenten aus metallischen Werkstoffen, die bis zu Auslegungstemperaturen von 673 K (400 °C) betrieben werden. Hierbei wird vorausgesetzt, dass die Anforderungen an Werkstoffe und Erzeugnisformen (KTA 3201.1 2008, Teil 1) an die Herstellung (KTA 3201.3 2007, Teil 3) und an die wiederkehrenden Prüfungen und Betriebsüberwachung (KTA3201.4 2011, Teil 4) gewährleistet sind.

Nachfolgend werden in gestraffter Form die Grundlagen zu den in (KTA 3201.2 2010, Teil 2) enthaltenen Abschnitten 3 (Lastfallklassen und Beanspruchungsstufen),

4 (mechanische und thermische Belastungen) sowie 7 (allgemeine Analyse des mechanischen Verhaltens) dargestellt.

Zu Beginn der strukturmechanischen Analyse werden im ersten Schritt vom Systemhersteller die zum Zeitpunkt der Errichtung bekannten, maßgeblichen Lastfälle spezifiziert. Durch Einhaltung der vorgegebenen Auslegungskriterien wird sichergestellt, dass hierbei übergeordnet folgende Gesichtspunkte berücksichtigt werden:

- Ausschluss großer plastischer Deformationen und plastischer Instabilität
- Ausschluss von Struktur-Instabilitäten (Knicken, Beulen)
- Ausschluss fortschreitender Deformation durch zyklische Belastung (Ratcheting)
- Ausschluss eines Komponentenversagens infolge Ermüdungsbeanspruchung.

Alle strukturmechanischen Analysen setzen voraus, dass ein riss- und fehlerfreier Qualitätszustand entsprechend den Anforderungen der Basissicherheit (Kussmaul 1984) vorliegt.

Für die Auslegung von Primärkreiskomponenten gemäß KTA 3201.2 (KTA3201 2010, Teil 2) erfolgt zunächst eine Einteilung in Lastfallklassen und Beanspruchungsstufen, die aus Ereignissen der Gesamtanlage resultieren. Für die Lastfallklassen des Primärkreises werden folgende Unterscheidungen getroffen:

- Auslegungsfälle (AF)
- Normale Betriebsfälle (NB)
- Anomale Betriebsfälle (AB)
- Prüffälle (PF)
- Notfälle (NF)
- Schadensfälle (SF).

Für die darauf aufbauende Spannungsabsicherung werden zunächst die maßgeblichen Betriebsstufen 0, A, B, P, C und D festgelegt, die den o.g. Lastfällen zugeordnet sind. Zur Spannungsanalyse erfolgt eine geeignete Spannungskategorisierung und -begrenzung. Dabei ist in Verbindung mit den spezifizierten Werkstoffeigenschaften nachzuweisen, dass die übergeordneten Auslegungskriterien eingehalten werden. Die mechanischen Spannungen sind in Abhängigkeit von ihrer erzeugenden Ursache bezüglich der Auswirkung auf das Festigkeitsverhalten des Bauteils zuzuordnen und werden dementsprechend in unterschiedlicher Weise wie folgt begrenzt:

- **Primäre Spannungen P ($\mathbf{P}_m$, $\mathbf{P}_b$, $\mathbf{P}_l$)** – sind solche Spannungen, die das Gleichgewicht mit den äußeren Kraft(Last)größen herstellen
- **Sekundäre Spannungen Q bzw. $\mathbf{P}_e$** – sind solche Spannungen die z. B. durch Zwängungen infolge geometrischer Unstetigkeiten (Q) oder aufgrund von Dehnungsbehinderungen (P_e) entstehen
- **Spannungsspitzen (F)** – sind solche Spannungen die den primären und sekundären Spannungen überlagert sind und durch Kerbwirkung an Spannungskonzentrationsstellen entstehen. Sie haben keine merkliche Verformung zur Folge sind aber maßgeblich für das Ermüdungsverhalten.

Tabelle 13.1 zeigt in stark vereinfachter Form die Zuordnung zwischen den vorgenannten Kenngrößen und deren wechselseitige Abhängigkeiten.

Der aus den Beanspruchungen resultierende mehrachsige Spannungszustand wird auf eine einachsig gedachte Vergleichsspannung nach den entsprechenden Festigkeitshypothesen von v. Mises

$$\sigma_{Vv.Mises} = \sqrt{\sigma_x^2 + \sigma_y^2 + \sigma_z^2 - (\sigma_x \cdot \sigma_y + \sigma_x \cdot \sigma_z + \sigma_y \cdot \sigma_z) + 3 \cdot (\tau_{xy}^2 + \tau_{xz}^2 + \tau_{yz}^2)} \tag{13.1}$$

oder nach Tresca

$$\sigma_{VTresca} = \sigma_{max} - \sigma_{min} \tag{13.2}$$

zurückgeführt.

Im Rahmen der mechanischen Analyse muss nachgewiesen werden, dass die Komponenten allen Belastungen nach den Betriebsstufen gemäß Tab. 13.1 standhalten. Diese Art der Absicherung wird als Mehrstufenkonzept bezeichnet. Jeder Lastfall und jede Spannungskategorie ist gesondert zu betrachten und diesbezüglich mit einer der beiden vorgenannten Vergleichsspannungen abzusichern.

Die derart ermittelten Vergleichspannungen sowie die Vergleichspannungsschwingbreiten sind in Abhängigkeit der spezifizierten Werkstoffeigenschaften mit dem zulässigen Spannungswert entsprechend der jeweiligen Betriebsstufe zu begrenzen.

Die maßgebliche Bemessungsgröße ist der sog. Spannungsvergleichswert S_m, der für jeden Werkstofftyp spezifisch festgelegt wird und sich aus den Mindestwerten der Werkstoffkennwerte aus dem genormten, einachsigen Zugversuch ergibt.

Für ferritische Werkstoffe gilt:

$$S_m = min\left\{\frac{R_{p0,2T}}{1,5}, \frac{R_{mT}}{2,7}, \frac{R_{mRT}}{3}\right\} \tag{13.3}$$

Für austenitische Werkstoffe gilt:

$$S_m = min\left\{\frac{R_{p0,2RT}}{1,5}, \frac{R_{p0,2T}}{1,1}, \frac{R_{mT}}{2,7}, \frac{R_{mRT}}{3}\right\} \tag{13.4}$$

Hierbei bedeuten:

$\mathbf{R}_{p0,2T}$ = 0.2 %-Dehngrenze bei Auslegungstemperatur
$\mathbf{R}_{mT}$ = Zugfestigkeit bei Auslegungstemperatur
$\mathbf{R}_{mRT}$ = Zugfestigkeit bei Raumtemperatur
$\mathbf{R}_{p0,2RT}$ = 0.2 %-Dehngrenze bei Raumtemperatur.

Die Berechungsvorgaben zur Begrenzung der Vergleichsspannungen und der Vergleichsspannungsschwingbreiten sind beispielhaft für ferritische Werkstoffe in vereinfachter Form in Tab. 13.2 wiedergegeben. Weitere Detailfestlegungen sind der KTA 3201.2 (KTA3201 2010, Teil 2) zu entnehmen.

Tab. 13.1 Absicherung der Spannungskategorien für typische Belastungsfälle mit Zuordnung zu den jeweiligen Betriebsstufen in den jeweiligen Lastfallklassen für Primärkreiskomponenten (ferritische oder austenitische Stähle)

Lastfallklassen	Betriebsstufen	abzusichernde Spannungskategorien[a]		einwirkende Belastungen
Auslegungsfälle (AF)	0[b]	primäre Spannungen	P_m	Auslegungsdruck[c] bei Auslegungstemperatur
			P_l	
			$P_m(P_l) + P_b$	
Normale Betriebsfälle (NB) bzw. Anormale Betriebsfälle (AB)	A, B[d]	primäre Spannungen	P_m	Innendruck[c] + mechanische Lasten
			P_l	
			$P_m(P_l) + P_b$	
		primäre plus sekundäre Spannungen	P_e	Innendruck[c] + mechanische Lasten + behinderte Wärmedehnungen
			$P_m(P_l) + P_b + P_e + Q$	Innendruck[c] + mechanische Lasten + behinderte Wärmedehnungen + transiente Belastungen + Spannungsspitzen
		primäre plus sekundäre plus Spannungsspitzen	$P_m(P_l) + P_b + P_e + Q + F$	

(Fortsetzung)

Tab. 13.1 (Fortsetzung)

Prüffälle (PF)	P	primäre Spannungen	P_m	Prüfdruck[c] bei
			P_l	Auslegungstemperatur +
			$P_m(P_l) + P_b$	transiente Belastungen[f]
Notfälle (NF) bzw.	C, D [e]	primäre Spannungen	P_m	Innendruck[c] + mechanische
Schadensfälle (SF)			P_l	Lasten + schwingende
			$P_m(P_l) + P_b$	dynamische Belastungen[g]

[a] $\mathbf{P}_m$ = allgemeine primäre Membranspannung, $\mathbf{P}_l$ = lokale primäre Membranspannung, $\mathbf{P}_b$ = primäre Biegespannung, $\mathbf{P}_e$ = sekundäre Spannung infolge behinderter Wärmedehnung, **Q** = sekundäre Biegespannung, **F** = Spannungsspitze an einer Spannungskonzentrationsstelle

[b] gemäß KTA 3201.2 (KTA 3201 2010, Teil 2): Auslegungsstufe

[c] Innendruck bei der maßgeblichen Temperatur für die betriebliche Belastung plus Eigengewicht plus sonstige Lasten

[d] für die Betriebsstufe B sind die zulässigen Spannungen um Faktor 1.1 größer als für die Betriebsstufe A (s. Tab. 13.2 KTA3201.2) (KTA3201 2010, Teil 2)

[e] für die Betriebsstufe D sind die zulässigen Spannungen größer als für die Betriebsstufe C (s. Tab. 13.2 KTA3201.2) (KTA3201 2010, Teil 2)

[f] Druck, Temperatur, mechanische Lasten einschl. anomale Belastungen (statisch und dynamisch)

[g] Bemessungserdbeben, Einwirkungen von innen und von außen (schwingende und dynamische Belastungen)

Tab. 13.2 Zulässige Werte für Vergleichsspannungen und Vergleichsspannungsschwingbreiten aus den jeweiligen Spannungskategorien für ferritische Werkstoffe gemäß KTA 3201.2 (KTA3201 2010, Teil 2) (vereinfachte Darstellung)

Spannungskategorie \ zulässige Spannungen				Auslegungs-stufe	Betriebsstufen				
				(Stufe 0)	Stufe A	Stufe B	Stufe P	Stufe C	Stufe D
Primär- + Sekundär- + Spitzen-spannungen	Primär- + Sekundär-spannungen	Primär-spannungen	P_m	S_m	S_m	$1 \cdot 1S_m$	$0.9 \cdot R_{p0,2T}$	$R_{p0,2T}$	$0.7 \cdot R_{mT}$
			P_1	$1.5 \cdot S_m$	$1.5 \cdot S_m$	$1.65 \cdot 1S_m$	$1.35 \cdot R_{p0,2T}$	$1.5 \cdot R_{p0,2T}$	R_{mT}
			$P_m(P_l) + P_b$	$1.5 \cdot S_m$	$1.5 \cdot S_m$	$1.65 \cdot 1S_m$	$1.35 \cdot R_{p0,2T}$	$1.5 \cdot R_{p0,2T}$	R_{mT}
		P_e		-	$3 \cdot S_m$	$3 \cdot S_m$	-	-	-
		$P_m(P_l) + P_b + P_e + Q$		-	$3 \cdot S_m$	$3 \cdot S_m$	-	-	-
	$P_m(P_l) + P_b + P_e + Q + F$			-	$D \leq 1$[a]	$D \leq 1$[a]	-	-	-

[a] Ermüdungsanalyse nach KTA 3201.2 (KTA 3201 2010, Teil 2)

Ein wichtiges Element zur Absicherung der Komponentenintegrität ist der Nachweis der Ermüdungsfestigkeit. Die möglichen Folgen aus diesem Schädigungsmechanismus sind bereits im Rahmen der Auslegung und Herstellung abzusichern und es wird bereits während der Inbetriebsetzung (IBS) überprüft, ob unzulässige mechanische Schwingungen auftreten. Eine ausreichende Ermüdungsfestigkeit muss über die gesamte Betriebszeit sichergestellt werden.

Bewertungsgrundlage zum Nachweis ausreichender Ermüdungsfestigkeit sind die Ermüdungskurven (Design-Kurven) gemäß KTA 3201.2 (KTA3201 2010, Teil 2). Zur Auswahl stehen unterschiedliche Nachweisverfahren, die je nach Größe der maßgeblichen Vergleichsspannungsschwingbreiten mit unterschiedlicher Nachweistiefe (vereinfachter Nachweis der Sicherheit gegen Ermüdung, elastische Ermüdungsanalyse, vereinfachte elastisch-plastische Ermüdungsanalyse, allgemeine elastisch-plastische Ermüdungsanalyse unter Berücksichtigung des realen thermozyklischen Werkstoffverhaltens) mit unterschiedlicher Nachweistiefe zu erfolgen hat. Der Ermüdungsnachweis ist erbracht, wenn ein Ermüdungsgrad $D \leq 1$ nachgewiesen werden kann. Weitere Detailfestlegungen einschließlich zum Mediumseinfluss sind der KTA 3201.2 (KTA3201 2010, Teil 2) zu entnehmen.

13.1.4 Integritätskonzept

Der Betrieb eines Kernkraftwerkes erfordert über die gesamte Betriebszeit die Gewährleistung des sicheren Einschlusses radioaktiver Stoffe und die Einhaltung der übergeordneten Schutzziele für sicherheitstechnisch wichtige Komponenten. Von besonderer Bedeutung sind hierbei ein hochwertiger Qualitätszustand mit nachgewiesenen Eigenschaftsmerkmalen von Komponenten der Druckführenden Umschließung (DfU) sowie von druckführenden Komponenten zur Not- und Nachkühlung und zur Störfallbeherrschung (sog. Äußere Systeme).

Dementsprechend wurde im kerntechnischen Regelwerk gemäß (KTA3201.2 2010) und (KTA3211.2 2011) die nachfolgende, gemäß der sicherheitstechnischen Bedeutung abgestufte Klassifizierung K1 bzw. K2 von druck- und aktivitätsführenden Systemen vorgenommen:

- Klasse 1 (K1) Druckführende Komponenten für den Primärkreis (druckführende Umschließung – DfU)
- Klasse 2 (K2) Druck- und aktivitätsführende Komponenten für die Not- und Nachkühlsysteme und zur Störfallbeherrschung (Äußeren Systeme).

Die sicherheitstechnisch wichtigen passiven Komponenten der Klasse 1 (K1) sind entsprechend den Grundsätzen der Basissicherheit nach dem Prinzip der Qualitätserzeugung durch Produktion (Konstruktion, Werkstoffe, Herstellung) ausgelegt und gefertigt, sodass ein Leck-vor-Bruch-Verhalten gegeben ist und damit ein Versagen aufgrund herstellungsbedingter Mängel ausgeschlossen werden kann (Kussmaul 1984). Im nachfolgenden

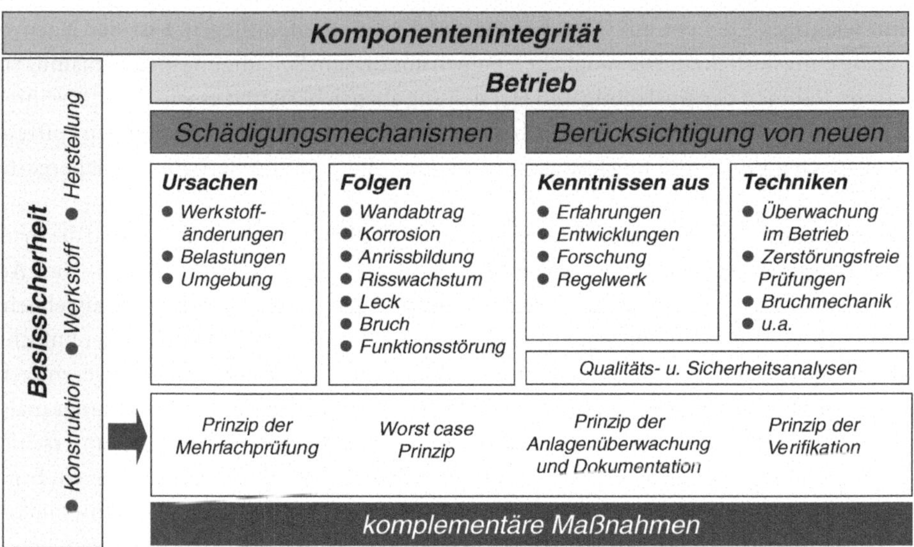

Abb. 13.3 Grundzüge des Integritätskonzepts für druckführende Komponenten der Klasse 1 (K1) mit betriebsbegleitend durchzuführenden komplementären Maßnahmen (Bartonicek et al. 1995, 2002; Hoffmann et al. 2007)

Leistungsbetrieb ist für K1-Komponenten das Integritätskonzept anzuwenden. Es stellt die Umsetzung des Basissicherheitskonzeptes dar (s. Abschn. 13.1.2), konkretisiert die erforderlichen Maßnahmen und ist auf die Belange eines jahrzehntelangen Leitungsbetriebes unter den spezifischen Betriebsbedingungen zugeschnitten (Bartonicek et al. 1995, 2002; Hoffmann et al. 2007; Ilg et al. 2011; MPA/VGB 2009).

Die Komponentenintegrität zur Einhaltung der Schutzziele ist während der gesamten Betriebszeit zu gewährleisten, sodass die übergeordneten sicherheitstechnischen gestellten Anforderungen jederzeit erfüllt werden. Da die Herstellungsqualität durch zeit- und betriebsbedingte Alterungsprozesse (einschl. der technologischen Alterung) möglicherweise beeinträchtigt ist oder nicht mehr den heutigen Anforderungen entspricht, ist durch Inanspruchnahme der vier komplementären Maßnahmen (sog. Redundanzen gemäß (Kussmaul 1984)) betriebsbegleitend der aktuelle Qualitätszustand nachzuweisen (s. Abb. 13.3). Die diesbezüglichen Detailfestlegungen sind in KTA 3201.4 (KTA3201 2011), Teil 4) und KTA 3206 (KTA3206 2008) geregelt. Die Gewichtung und Anwendungsintensität dieser Redundanzen kann fallbezogen mit abgestuftem Tiefgang festgelegt werden, wenn bei gesamtheitlicher Bewertung ein objektiver Qualitätszustand nachgewiesen werden kann. Von besonderer Bedeutung ist hierbei das Prinzip der Anlagenüberwachung und Dokumentation, gefolgt vom Prinzip der Verifikation (wiederkehrende Prüfungen, abdeckendes Lastkollektiv, begleitende Qualitäts- und Sicherheitsanalysen einschl. Bruchmechanik) sowie dem Worst-case-Prinzip und dem Prinzip der Mehrfachprüfung.

Zu einem dauerhaft sicheren Betrieb gehören:

- die Identifizierung möglicher Schädigungsmechanismen
- die vorsorgliche Berücksichtigung der Wechselwirkung zwischen Ursachen und Folgen möglicher Schädigungsmechanismen, die vom Anlagenkonzept zu beherrschen sind
- die Berücksichtigung des Betriebsmediums
- die Berücksichtigung neuer Erkenntnisse aus Forschungs- und Entwicklungsprogrammen
- die Umsetzung des Erfahrungsrückflusses aus anderen Anlagen sowie
- die Weiterentwicklung bestehender Regelwerke.

Schlüsselelemente des Integritätskonzepts gemäß KTA 3201.4 (KTA3201 2010, Teil 4) sind die Bewertung der IST-Qualität zum jeweiligen Prüfzeitpunkt zusammen mit einer Komponentenabsicherung durch analytische Nachweise für den weiteren Leistungsbetrieb.

Für die Bewertung des aktuellen Qualitätszustandes ist insbesondere der Befund aus zerstörungsfreien Prüfungen (ZfP) im Rahmen der wiederkehrenden Prüfungen (WKP) von Bedeutung. Zur Aufgabe der WKP gehört der Nachweis, ob zwischen zwei Prüfzyklen Veränderungen von Anzeigen aufgetreten sind. Wird ein verändertes Anzeigenbild festgestellt, so ist die Veränderung auf betriebsbedingtes Fehlerwachstum zurückzuführen, d. h. es liegt offenbar ein aktiver Schädigungsmechanismus vor. Dieser ist zu identifizieren und der dadurch entstandene Fehler zu bewerten.

Solange aber durch die bisherigen zerstörungsfreien Prüfungen nur Anzeigen unterhalb der Bewertungsgrenze festgestellt wurden, ist kein aktiver Schädigungsmechanismus zu unterstellen. Für betriebsbegleitende sicherheitstechnische und bruchmechanische Analysen ist daraus eine anlagen- und komponentenspezifische, einhüllende Fehlergröße gemäß KTA 3206 (KTA3206 2008) zu postulieren. Die hierfür relevanten mechanischen Belastungen ergeben sich einerseits aus den betrieblich abdeckenden Belastungen, die durch die bisherige Betriebsüberwachung erfasst und verifiziert wurden, andererseits aus den postulierten Störfallbelastungen nach jeweiligem Kenntnisstand. Diese Belastungen dienen zusammen mit den abdeckend ermittelten Fehlergrößen als Eingangsgrößen für begleitende struktur- und bruchmechanische Analysen (KTA3206 2008). Die Abtragbarkeit unter allen betrieblichen sowie Störfallbelastungen (s. Abschn. 15.4.2) ist ein wesentlicher Bestandteil im Rahmen eines komponentenspezifischen Integritätsnachweises (Hoffmann et al. 2007; Ilg et al. 2011; MPA/VGB 2009).

Durch die Erprobung während der Inbetriebsetzung (IBS) sowie durch die Betriebsüberwachung insbesondere im Hinblick auf thermische Transienten wird fortwährend im Betrieb nachgewiesen und kontrolliert, ob relevante und/oder nicht spezifizierte Belastungen auftreten. Hierzu sind Ergebnisbewertungen aus wiederkehrenden Prüfungen und aus der Instandhaltung mit heranzuziehen.

Eine weitere Einflussgröße, die einen Beitrag zum Schädigungsmechanismus liefern kann, ist der Umgebungsparameter Medium (Wasserchemie des Reaktorkreislaufes), der im Betrieb kontinuierlich überwacht wird. Zur Vermeidung systematischer Rissbildungen durch Korrosionseinflüsse wird eine für die eingesetzten Werkstoffe verträgliche Wasserchemie spezifiziert und angewandt. Maßgeblich sind hierzu die Anforderungen gemäß VGB-Richtlinie für das Wasser in Kernkraftwerken (VGB-R401J 2006).

Für die Bewertung des aktuellen Qualitätszustandes sind auch die Erweiterung des Kenntnisstandes sowie die Entwicklung der Nachweisverfahren hinsichtlich möglicher betrieblicher Schädigungsmechanismen (Ursachen, Folgen) zu berücksichtigen. Hier sind die Betriebserfahrungen aus eigenen sowie Erkenntnisse aus ausländischen Anlagen von Bedeutung. Gegebenenfalls ist der Einfluss der hierfür maßgeblichen Schädigungsmechanismen komponentenbezogen nachzubewerten.

Zur Absicherung der Komponentenqualität im zukünftigen Leistungsbetrieb wird somit zum vorgegebenen Zeitpunkt der aktuelle Qualitätszustand bestimmt und dieser hinsichtlich der spezifizierten Qualitätsanforderungen bewertet. Grundlage hierfür ist die KTA 3201.4 (KTA3201 2011, Teil 4). Im Einzelnen sind hierzu folgende Maßnahmen erforderlich:

- Erfassung potentieller betrieblicher Schädigungsmechanismen (mechanische und thermische Belastungen sowie Wasserchemie)
- Überwachung und Bewertung der Ursachen von unterstellten betrieblichen Schädigungsmechanismen einschl. deren Folgen
- Festlegung zukünftiger Überwachungsmaßnahmen
- Strukturmechanische Bewertung aus Lasteinwirkungen/Beanspruchungen (Spannungs- und Ermüdungsanalysen, bruchmechanische Analysen mit der aus WKP abgeleiteten postulierten Fehlergrößen)
- Berücksichtigung des aktuellen Kenntnisstandes (Betriebserfahrungen aus Fremdanlagen, Erkenntnisse aus F&E-Programmen).

Durch die Summe der in den vorstehenden Abschnitten beschriebenen Einzelelemente wird die Komponentenqualität umfassend abgesichert (s. Abschn. 15.4). Diese Vorgehensweise entspricht dem geschlossenen Integritätskonzept in deutschen SWR- und DWR-Anlagen (Hoffmann et al. 2007; Ilg et al. 2011) und ist Grundlage für das seit einiger Zeit eingeführte Alterungsmanagement gemäß KTA 1403 (KTA1403 2010). Die hier beschriebene Vorgehensweise ist seit Jahren in deutschen Leistungsreaktoren etabliert und hat sich bewährt (Ilg et al. 2006). Ihre Umsetzung liefert einen wichtigen Beitrag zur Anlagensicherheit.

13.1.5 Sicherheitstechnische Einstufung von Systemen

Für alle Systeme, die nicht den Klassen K1 bzw. K2 zugeordnet wurden, erfolgte vom Anlagenlieferanten eine weiter fortgeführte, nachfolgend näher beschriebene Klassifizierung K3–K5, die im Rahmen der atomrechtlichen Aufsichtsverfahren mit den jeweils hinzugezogenen Gutachtern abzustimmen waren:

- Klasse 3 (K3) Aktivitätsführende Komponenten, die nicht unmittelbar zur Störfallbeherrschung erforderlich sind
- Klasse 4 (K4) Aktivitätsführende Komponenten in Hilfs- und Nebenanlagen mit nachrangiger sicherheitstechnischer Bedeutung
- Klasse 5 (K5) Komponenten mit geringer sicherheitstechnischer Bedeutung, die nicht oder nur temporär mit aktivitätsführenden Stoffen beaufschlagt werden.

Die Einstufungskriterien für die vorstehenden Systemklassen K3–K5 orientieren sich an der sicherheitstechnischen Bedeutung, dem Aktivitätsinventar und der Nutzungsdauer der jeweiligen Systeme.

13.2 Druckführende Komponenten mit höchsten Anforderungen

Entsprechend den sicherheitstechnischen Anforderungen an die Komponentenintegrität sind druckführenden Komponenten des Primärkreises der Sicherheitsklasse K1 zugeordnet, für die die höchsten Sicherheitsanforderungen gelten. Hierzu gehören die vollumfängliche Berücksichtigung der Bassissicherheit (s. Abschn. 13.1.2) mit den spezifischen Merkmalseigenschaften (Konstruktion, Werkstoffe, Herstellung) in Verbindung mit strukturmechanischen Analysen (s. Abschn. 13.1.3) und dem Integitätskonzept (s. Abschn. 13.1.4).

13.2.1 Betrachtungsumfang für eine 1300 MWe DWR-Anlage

Basierend auf den hohen Qualitätsanforderungen des deutschen kerntechnischen Regelwerkes für Komponenten der druckführenden Umschließung (DfU) – umfassend beschrieben mit den Basissicherheitsanforderungen (Kussmaul 1984) – müssen vom Anlagenlieferanten bereits während der Basic-Design-Phase für die betreffenden Komponenten weitreichende Konzeptentscheidungen getroffen werden. Dies betrifft:

- die Werkstoffauswahl entsprechend den Basissicherheitsanforderungen
- Festlegung regelwerkskonformer Konstruktions- und Auslegungsmerkmale
- Gewährleistung optimierter Herstellungstechnologien sowie
- eine übergreifende Qualitätssicherung im Zuge der Herstellung und Errichtung.

Ferner ist zu beachten, dass die Gesamtlebensdauer der Anlage oder einzelner Komponenten durch eine qualifizierte Betriebsführung, insbesondere durch

- eine transientenarme Betriebsweise
- ein zustandsorientiertes Instandhaltungsmanagement
- ein umfängliches Betriebsüberwachungsprogramm der relevanten Anlagenparameter sowie
- ein begleitendes Alterungsmanagement (KTA1403 2010; Ilg et al. 2006)

maßgeblich mitbestimmt wird.

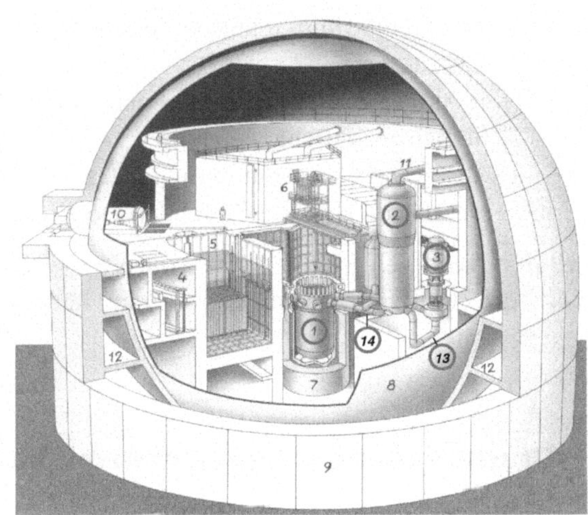

Abb. 13.4 Komponentenanordnung des Primärkreises einschließlich Dampferzeuger einer 1300 MWe DWR-Anlage (Baureihe Konvoi) in einer räumlichen Schnittbildzeichnung des Reaktorgebäudes; aus (Ilg et al. 2008), *Quelle* Areva

Abbildung 13.4 zeigt in einem räumlichen Schnittbild des Reaktorgebäudes einer 1300 MWe Konvoi-Anlage (Bauart Siemens/KWU) das Innere des Sicherheitsbehälters (12). Aus Übersichtsgründen ist die prinzipielle Anordnung von Komponenten des Primärkreises (druckführende Umschließung (DfU)) nur für einen der vier Kreislaufloops dargestellt.

Zum Geltungsbereich der DfU gehören der Reaktordruckbehälter (RDB) (1), die Dampferzeugerheizrohre (2) mit der vom Kühlmittel durchströmten Primärkalotte, die Hauptkühlmittelleitungen (13) mit dem Stutzenanschluss (14) für die Volumenausgleichsleitung (Surgeline) zum Druckhalter sowie die Gehäuse der Hauptkühlmittelpumpen (3). Weitere hier nicht sichtbare Komponenten der DfU betreffen die verbindenden Rohrleitungen, abgehend von den Hauptkühlmittelleitungen jeweils bis zur ersten Absperrarmatur. Zu erwähnen ist ferner, dass für die Sekundärmäntel der Dampferzeuger dieselben sicherheitstechnischen Anforderungen gelten, wie für die DfU.

Die ausgewogene Umsetzung aller Einzelelemente gemäß deutschem Basissicherheitskonzept und der kontrollierte Anlagenbetrieb gewährleisten somit die Integrität der Komponenten über die gesamte Anlagenlebensdauer.

13.3 Das Werkstoffkonzept in deutschen Leichtwasser-Reaktoren

Die ständige Weiterentwicklung des Werkstoffkonzepts einschließlich der Herstellungs- und Verarbeitungstechnologie seit Beginn der friedlichen Kernenergienutzung hat nach

Einführung der Basissicherheit zu Beginn der 1980er-Jahre einen technisch-wissenschaftlichen Stand erreicht, der in den diesbezüglichen Fachregeln der Reihe KTA 3201 sowie KTA 3211 niedergelegt ist. Das Werkstoffkonzept und dessen Umsetzung auf sicherheitsrelevante Bauteile deutscher Druck- und Siedewasserreaktoren werden nachfolgend vorgestellt.

13.3.1 Grundzüge des deutschen Werkstoffkonzepts

Das Grundschema für die Werkstoffauswahl druckführender Komponenten ist in Abb. 13.5 wiedergegeben (Ilg et al. 2008). Es ist prinzipiell für DWR- und SWR-Anlagen anwendbar und orientiert sich zunächst an den diesbezüglichen Auslegungsbedingungen (Druck, Temperatur). Gemessen an den Betriebsparametern in Verbrennungskraftwerken liegen in DWR- und SWR-Anlagen in Bezug auf thermisch aktivierte Schädigungsmechanismen moderate Randbedingungen vor. So sind bei einer maximalen Auslegungstemperatur von 350 °C bei einem zugehörigen Druck von maximal 155 bar keine Kriechbeanspruchungen und auch keine Materialabzehrungen z. B. durch Hochtemperaturkorrosion zu erwarten.

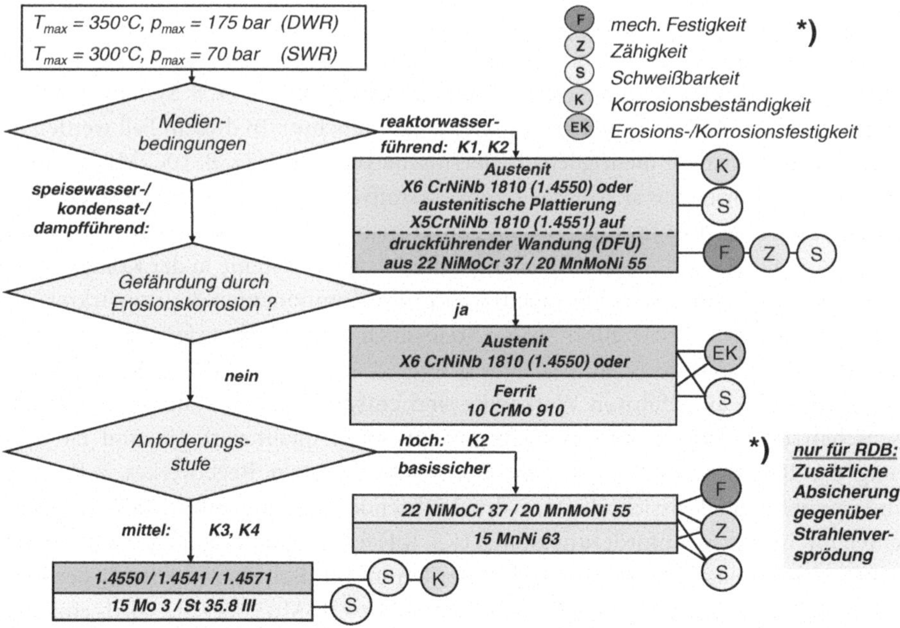

Abb. 13.5 Grundschema mit Kriterien zur Werkstoffauswahl druckführender Komponenten im Wasser-Dampfkreislauf eines Druckwasser (DWR)- bzw. Siedewasserreaktors (SWR) (Ilg et al. 2008)

Die maßgeblichen, in Abb. 13.5 vermerkten Auslegungsbedingungen für die Werkstoffauswahl betreffen zunächst die mechanische Festigkeit, die Zähigkeit, die Schweißbarkeit, die Korrosionsbeständigkeit sowie die Beständigkeit gegenüber Erosions-Korrosion. Der Einfluss der Strahlenversprödung betrifft ausschließlich den Reaktordruckbehälter, dessen Erzeugnisformen im kernnahen Bereich eine hinreichend gute Strahlenresistenz besitzen müssen. Ein übergeordnetes Auswahlkriterium zur Werkstoffwahl sind zunächst die vorliegenden Medienbedingungen, die reaktorwasser-, speisewasser-, kondensat-, oder dampfführend sein können. Für reaktorwasserführende, druckführende Komponenten der Komponentenklasse K1 und K2 werden grundsätzlich austenitische Strukturwerkstoffe ausgewählt oder aber die druckführende Wandung erfordert einen höherfesten Werkstoff (dann in der Regel aus dem Reaktorbaustahl 22NiMoCr37 oder 20MnMoNi55 mit bainitischem Gefüge), sodass diese auf der mediumberührten Innenseite mit einer austenitischen Schweißplattierung versehen wird.

Die Werkstoffauswahl für reaktorwasserführende Komponenten aus austenitischen Struktur- oder Plattierungswerkstoffen hat radiologische Gründe, da diese Werkstoffgruppe eine sehr gute Beständigkeit gegenüber gleichförmiger und abtragender Korrosion besitzt. Somit ist für den späteren Leistungsbetrieb Vorsorge getroffen, um den Eintrag radiologisch wirksamer Korrosionsprodukte aus dem Primärkreis in die Not- und Nachkühlsysteme so gering wie möglich zu halten (s. Abschn. 13.4.1).

Für nicht reaktorwasserführende Systeme richtet sich die weitere Werkstoffauswahl danach, ob eine Gefährdung durch Erosions-Korrosion gegeben ist (z. B. Systeme mit hohen Strömungsgeschwindigkeiten und/oder hoher Dampffeuchte). In diesem Fall werden austenitische Werkstoffe oder niedrig legierte ferritische Werkstoffe (z. B. 10CrMo910) ausgewählt. Andernfalls orientiert sich die weitere Werkstoffwahl nach der sicherheitstechnischen Einstufung der Komponente entsprechend den Vorgaben des kerntechnischen Regelwerks gemäß KTA 3211. Hierbei werden für sogenannten Äußere Systeme in der Komponentenklasse K2 (Basissicherheitsanforderungen) wie für die Komponenten des Primärkreises die Werkstoffe 22NiMoCr37 bzw. 20MnMoNi55 oder auch der niederfeste ferritisch-perlitische Werkstoff 15MnNi63 verwendet.

Die in Abb. 13.5 aufgeführten Werkstoffe sind entsprechend dem heutigen Stand von Wissenschaft und Technik umfassend begutachtet und qualifiziert, sie sind nach Einführung der Basissicherheit Bestandteil des kerntechnischen Regelwerkes, z. B. gemäß Rahmenspezifikation Basissicherheit von druckführenden Komponenten (RSK 1979). Komponenten mit mittleren Anforderungsstufen (K3, K4) finden hauptsächlich in Systemen für Hilfs- und Nebenanlagen Anwendung. Dort werden austenitische bzw. ferritisch-perlitische Werkstoffe der Typen wie z. B. 1.4550, 1.4541, 1.4571 bzw. 15Mo3 oder St35.8-III eingesetzt.

Diese Vorgaben an die Werkstoffauswahl berücksichtigen die langjährigen Betriebserfahrungen und die heutigen Anforderungen an die Bauteilqualität unter Beachtung derzeitiger Auslegungs-, Konstruktions- und Fertigungsgesichtspunkte.

System / Qualitätsmerkmale	Reaktordruck-Behälter (RDB)	Sonst. Primärkreis	Kerneinbauten	Nukleare Hilfs- u. Nebenanlagen	Dampferzeugerheizrohre	Sicherheitsbehälter	Wasserdampfkreislauf	Brennelemente, Steuerelemente
Zähigkeit, Festigkeit	+	+	+	+	+	+	+	+
Herstellung großer Teile, Durchvergütbarkeit, Seigerungen	+	+						
Schweißbarkeit	+	+	+	+	+	+	+	+
Korrosionsbeständigkeit	+	+	+	+	+			+
Strahlungsbeständigkeit	+		+					+
Absorptionsquerschnitt für thermische Neutronen	+							+
Werkstoff	20 MnMoNi 55, 22 NiMoCr 37 austenitisch plattiert		X 10 CrNiNb 189 G - X 5 CrNiNb 189		Incoloy 800	15 MnNi 63	WStE26-36 C 22,8 St 35,8 15Mo3 GS-C25	Zircaloy-4 M5 AgIn15Cd5

Abb. 13.6 Komponentenspezifische Werkstoffeigenschaften zur Anwendung in DWR-Anlagen der jüngsten Generation; (Ilg et al. 2008), *Quelle* Areva

Abbildung 13.6 gibt am Beispiel deutscher DWR-Anlagen der jüngsten Generation einen Überblick über die hierfür ausgewählten Werkstoffe, deren Qualitätsmerkmale in Abhängigkeit der komponentenspezifischen Anforderungen gezielt eingestellt wurden. Es entspricht der Umsetzung des strukturierten Grobkonzeptes gemäß Abb. 13.5. Die komponentenspezifische Werkstoffwahl wurde entsprechend der jeweiligen sicherheitstechnischen Bedeutung mit spezifizierten Qualitätsmerkmalen (z. B. Zähigkeit, Festigkeit, Herstellbarkeit, Schweißbarkeit, Korrosionsbeständigkeit, Strahlenbeständigkeit,...) getroffen oder richtet sich nach spezifischen Sonderanforderungen, wie dies z. B. für den Einsatz als Dampferzeuger-Heizrohre aus Incoloy 800 oder für Kernbauteile (Brennelementhüllrohre, Steuerelemente) der Fall ist.

Für den Geltungsbereich sicherheitstechnisch relevanter Anlagenbauteile, z. B. des Primärkreises, erfolgte in Deutschland die Werkstoffauswahl unter Beachtung strenger Maßstäbe hinsichtlich Qualifikation und Betriebsbewährung, die voll umfänglich den Anforderungen der Basissicherheit entsprechen. Gegen Ende der 1970er-Jahre wurde auch für die konventionellen Teile des Speisewasser-/Dampfkreislaufes die große Palette der nach allgemeinem Regelwerk zulässigen Werkstoffe auf einige wenige eingeschränkt (RSK 1979). Hierbei standen Fertigungs- und Betriebserfahrungen, Alterungsbeständigkeit, sichere Verarbeitbarkeit sowie bei Komponenten mit hohem Energiegehalt (Speisewasserbehälter, Hochdruck-Apparate der Vorwärmstrecke) die verbesserten Zähigkeits- und Verarbeitungseigenschaften im Vordergrund.

13.4 Beispielhafte Darstellung komponentenspezifischer Details

Die Anlagensicherheit eines Kernkraftwerkes wird maßgeblich von der Auslegung, der konstruktiven Ausführung, der Werkstoffauswahl, der Herstellungstechnologie und vom Qualitätsstand sicherheitstechnisch wichtiger Strukturbauteile mitbestimmt. Nachfolgend werden exemplarisch die komponentenspezifischen Details für die druckführende Umschließung (DfU) des Primärkreises einer DWR-Anlage Baulinie Konvoi (Siemens/KWU) sowie für sicherheitstechnisch wichtige Bauteile einer deutschen SWR-Anlage dargestellt.

13.4.1 DWR-Anlage Baulinie Konvoi (Siemens/KWU)

Die nachfolgend aufgeführten vier Beispiele betreffen:

- den Reaktordruckbehälter (RDB) einschl. Ausführungsdetails für den RDB-Deckel
- die Dampferzeuger(DE)-Heizrohre
- die Hauptkühlmittelleitungen (HKL) sowie
- die Stutzenausführungen für die Not- und Nachkühlsysteme mit Anschluss an die HKL (Mischnähte).

Diese Komponenten gehören zur Druckführenden Umschließung (DfU) des Primärkreises. Ihre typischen Ausführungsmerkmale werden in den nächsten Teilabschnitten in übersichtlicher Form dargestellt und können als repräsentativ für die Gesamtanlage angesehen werden. Die wesentlichen übergeordneten werkstoff- und sicherheitstechnischen Anforderungen sind in Abschn. 13.1 dargestellt. Darüber hinaus werden die für die Baulinie Konvoi vorgenommenen Werkstoffmodifikationen und Konzepte zur Begrenzung des Aktivitätsaufbaus zusammengefasst.

Reaktordruckbehälter (RDB) einschl. Ausführungsdetails RDB-Deckel

Die maßgeblichen fertigungstechnologischen Entwicklungsschritte für den RDB im Rahmen des heute noch gültigen Sicherheitskonzepts waren bestimmt durch den Grundsatz, die Zahl der Schweißnähte zur reduzieren und dabei gänzlich auf Längsnähte zu verzichten. Dies zog ein Entwicklungsprogramm für die Herstellung großer Schmiedeteile aus den bainitisch umgewandelten Reaktorbaustählen 22NiMoCr37 bzw. 20MnMoNi55 für Primärkreiskomponenten – insbesondere für den RDB – nach sich, für die folgende Einzelaspekte zu beachten waren (Erve et al. 1988, 1989):

- Technologische Beherrschung optimierter Ingot-Schmelzen mit einer Blockmasse bis zu 570 t
- Entwicklung der Schmiedetechnologie für nahtlose, dickwandige Erzeugnisformen sowie
- Erzeugung eines homogenen Mikrogefüges mit Gewährleistung der mechanisch-technologischen Eigenschaften über dem Querschnitt.

Zu erwähnen sind hierbei die seinerzeitigen Fortschritte bezüglich der schmelzmetallurgischen Maßnahmen (z. B. Absenkung von S, P, Si sowie Einführung Vakuum-Kohlenstoff-Desoxidation (VCD), Optimierung des Erstarrungsablaufes einschl. Entgasung zur Vermeidung wasserstoffinduzierter Flockenrisse (sog. Flakes) (Fruehan 1997). Damit standen seigerungsarme, großmassige Ingot-Gussblöcke in Form optimierter Schmelzen als Vormaterialien für diverse Komponenten des Primärkreises zur Verfügung (Hochstein et al. 1980; Rösler und Debray 1985; Kussmaul et al. 1977). Dies ging einher mit der fortschreitenden Entwicklung der Schmiedetechnik mit den entsprechenden Einrichtungen bei den Herstellern mit immer größeren Schmiederingen in spezifikationsgerechter Qualität. Aus derartigen Vormaterialien konnten z. B. Flansche und zylindrische Schüsse mit einem Durchmesser bis zu ca. 8.4 m und einer Wanddicke von 500–800 mm hergestellt werden (Rösler und Debray 1985). Eine besondere Herausforderung war die Herstellung des nahtlosen Mantelflanschringes mit den 8 durchdringenden Stutzenöffnungen für die Hauptkühlmittelleitungen (maximale Design-Wanddicke = 533 mm), dessen Ingotmasse 400 t betrug. Die weiteren Entwicklungsdetails für den RDB einer 1300 MWe Anlage von der ersten Generation bis zur Konvoi-Ausführung sind in Abb. 13.7 wiedergegeben. Darin wird deutlich, dass im Zuge der Errichtung der 1300 MWe Konvoi-Baureihe

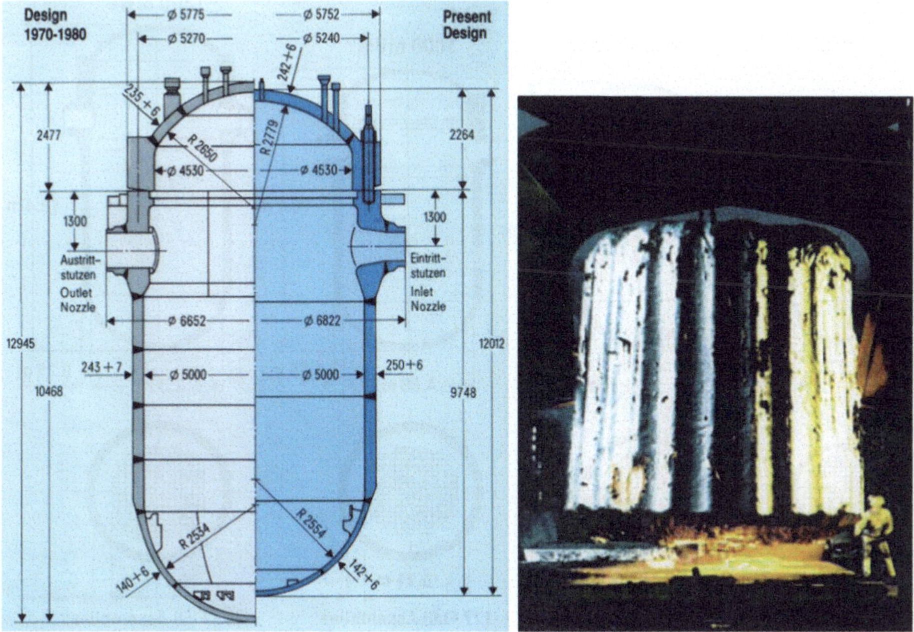

Abb. 13.7 Designentwicklung des Reaktordruckbehälters einer 1300 MWe Anlage von der ersten Generation (22NiMoCr37) bis zum Konvoi (20MnMoNi55) (links); Schmiedeblock mit einer Ingotmasse von 570 t (rechts); aus (Ilg et al. 2008), *Quelle* Areva

die Zahl der Schweißnähte des RDB gegenüber der Erstanlage deutlich verringert werden konnte. So liegt im Bereich des Kerns mit maximaler Neutronenstrahlung nur noch eine Rundnaht vor.

Der rechts abgebildete 570 t Schmiedeblock wurde für den Deckel- bzw. Mantelflansch des Kernkraftwerkes Atucha 2 gefertigt und ist heute noch der größte Schmiedeblock, der jemals aus dieser Werkstoffgüte eines Reaktorbaustahls vom Typ 20MnMoNi55 abgegossen wurde. Im rechten unteren Bildabschnitt ist eine Person zu erkennen, die den Eindruck für die Größe des Schmiedeblockes vermittelt.

Ein für das zukünftige Betriebsverhalten des RDB maßgebliches konstruktives Merkmal ist der sogenannte Wasserspalt. Er ist definiert als Abstand zwischen den äußersten Brennelement-Reihen und der Innenfaser des RDB. Diese Größe bestimmt maßgeblich die akkumulierte Fluenz im Corenahtbereich des RDB.

In Abb. 13.8 sind die bisherigen Entwicklungsschritte von Konstruktion und Kerngeometrie kommerzieller DWR-Anlagen in Deutschland beginnend von der ersten Generation bis zum Konvoi vergleichend gegenübergestellt. Für das erste in Deutschland errichtete kommerzielle DWR-Kernkraftwerk KWO (Obrigheim) betrug der Wasserspalt 0.33 m, bei der Baureihe Konvoi wuchs dieser Wert auf 0.775 m an.

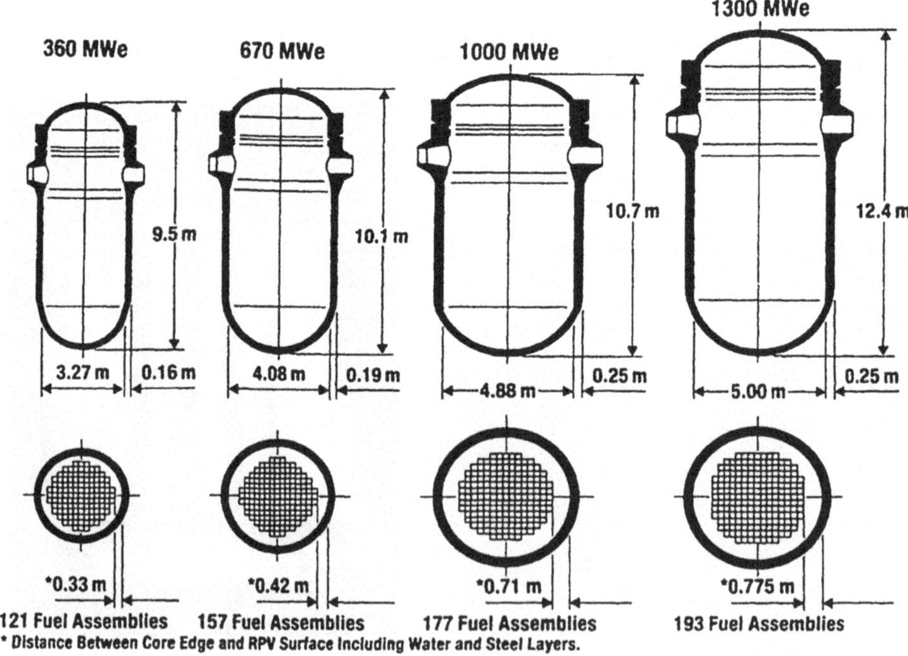

Abb. 13.8 Bisherige Entwicklungsschritte von Konstruktion und Kerngeometrie von Reaktordruckbehältern der bisherigen Generationen deutscher DWR-Anlagen; aus (Ilg et al. 2008), *Quelle* Areva

Mit dieser weltweit einmalig konservativen Festlegung des Wasserspaltes wurde vom Anlagenhersteller vorausschauend eine Begrenzung der Neutronenfluenz im Sinne eines möglichst moderaten Einflusses der Wechselwirkung zwischen Neutronen und RDB-Strukturmaterialien im Bereich der Core-Rundnaht erreicht. Somit konnte eine Auslegungsfluenz von $5 \cdot 10^{18} cm^{-2}$ für 32 Volllastjahre definiert werden, die noch um einen Faktor 2 kleiner ist, als der im kerntechnischen Regelwerk vorgegebene Wert von $10^{19} cm^{-2}$ (RSK 1981). Diese Maßnahme stellte somit unter Berücksichtigung der zum Zeitpunkt der Konstruktion der Komponenten noch nicht vollständig optimierten Werkstoffeigenschaften massiver Schmiedestücke einen wichtigen Beitrag zur Gewährleistung der Langzeitintegrität dar.

Ein Vergleich zwischen der bei der Auslegungsrechnung ermittelten Neutronenfluenz und der nach bisheriger Beladestrategie tatsächlich erreichten Fluenz eines modernen 1300 MWe Reaktors ist in Abb. 13.9 gezeigt (Ilg 2007). Die gestrichelte Kurve gilt für eine Auslegungslebensdauer von 32 Volllastjahren, mit einer Auslegungsfluenz von $5 \cdot 10^{18} cm^{-2}$ (E >1 MeV). Die heutige so genannte Low-Leakage-Beladung des Reaktorkerns – man spricht auch von einer In-In-Out-Beladung –unterschreitet die Auslegungsfluenz deutlich.

Extrapoliert man den Ist-Fluenz-Verlauf auf den vorgenannten Auslegungswert, so lassen sich daraus – unter der Annahme gleicher Beladestrategien wie in den letzten Betriebsjahren – in grober Näherung mehr als 100 Reaktor-Betriebsjahre abschätzen. Allerdings ist hierzu einschränkend festzustellen, dass die konzeptionelle Alterung der Gesamtanlage

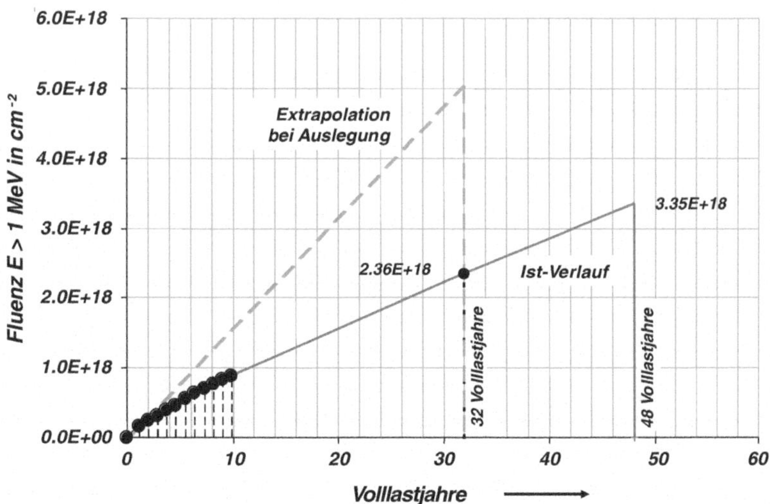

Abb. 13.9 Vergleich der Auslegungsfluenz bis zu 32 Volllastjahren mit dem tatsächlichen Fluenzverlauf bei heutiger Low-Leakage-Beladung des Reaktorkerns einer 1300 MWe DWR-Anlage (Baureihe Konvoi); aus(Ilg 2007), *Quelle* Areva

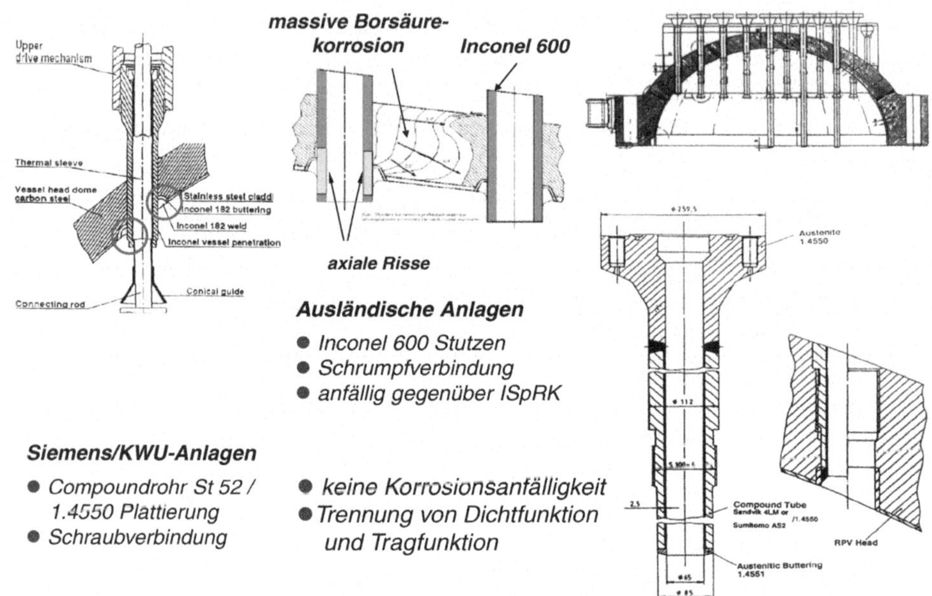

Abb. 13.10 Gegenüberstellung von Design und Werkstoffauswahl der RDB-Deckeldurchführungen für Steuerstabantriebe in ausländischen und deutschen DWR-Anlagen; aus (Ilg et al. 2008), *Quelle* Areva – Fallbeispiel mit betrieblicher Rissbildung im Inconel-Rohr mit nachfolgender Leckage und extensiver Borsäurekorrosion (obere Bildfolge links) (Davis Besse 2001)

oder viel nahe liegender, politisch motivierte Ausstiegsbeschlüsse Anlass für eine vorzeitige Beendigung des Leistungsbetriebs sein können.

Ein besonderes Designmerkmal ist die Ausführung der RDB-Deckeldurchführung für die Steuerstabantriebsstangen. In ausländischen Anlagen bestehen die Durchdringungsstutzen durch den RDB-Deckel aus der Nickellegierung Inconel 600 (s. Abb. 13.10, linke Bildfolge oben). Diese durchgesteckten Inconelrohre sind über Kehlnähte mit der Plattierung des ferritischen RDB-Deckels verschweißt. Die weltweit vorliegenden Betriebserfahrungen zeigen, dass dieser hochlegierte Ni-Basiswerkstoff Inconel 600 (s. auch Abb. 13.11) in Verbindung mit der hier vorliegenden konstruktiven Ausführung systematisch anfällig gegen interkristalline Spannungsrisskorrosion (iSpRK) ist (USNRC 2001). Aus den dabei entstandenen Axialrissen kam es in einem Fall zu einer Primärleckage, mit nachfolgender extensiver Borsäurekorrosion, die den ferritischen Deckelwerkstoff im Umgebungsbereich des Stutzens voluminös aufzehrte (Davis Besse 2001) (s. Abb. 13.10 Mitte, oben). Ein Leck konnte nur durch die noch verbliebene, als nicht tragend angenommene korrosionsbeständige RDB-Deckelplattierung vermieden werden. Vorsorglich wurde daher in ausländischen Anlagen (Frankreich, Schweiz, USA) ein Deckelaustauschprogramm initiiert.

Bei Siemens/KWU-Anlagen besteht das Deckeldurchdringungsrohr dagegen aus einem artgleichen ferritischem Grundwerkstoff (so genanntes Compoundrohr), das innen

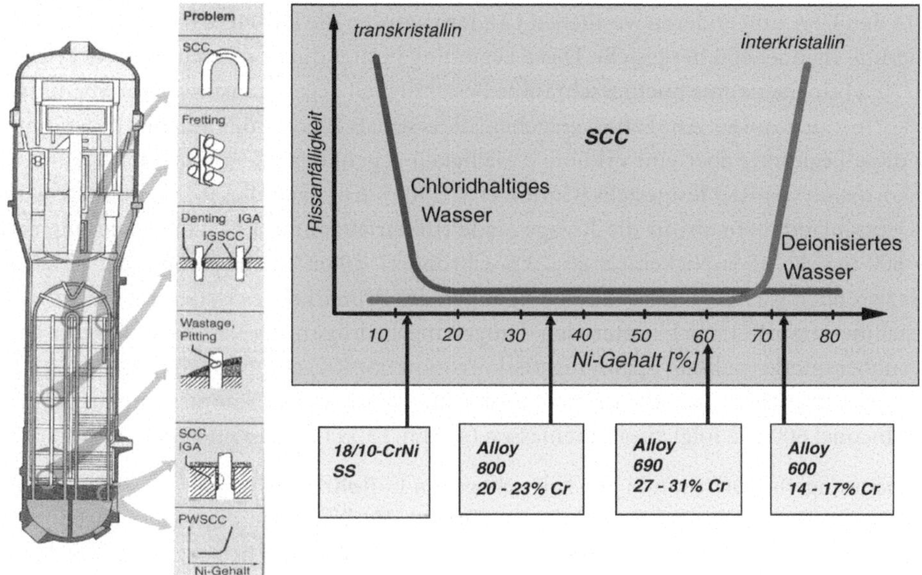

Abb. 13.11 Schädigungsmechanismen in Dampferzeuger-Heizrohren mit austenitischen Stählen und Ni-Basislegierungen im Hochtemperaturwasser unter den spezifischen primärwasser- bzw. sekundärseitigen Umgebungs- und/oder Spaltbedingungen; aus (Ilg et al. 2008), *Quelle* Areva

austenitisch plattiert ist. Es ist über ein Gewinde (S 100 × 4 mm) in den RDB-Deckel verschraubt und über eine innere Dichtnaht mit der Plattierung verschweißt (s. Abb. 13.10, rechte Bildfolge unten). Das besondere Merkmal dieser Durchsteckverbindung ist die Trennung von Dicht- und Tragfunktion. Die artgleiche Werkstoffwahl vermeidet gänzlich Bimetallspannungen zwischen Inconel 600 und dem ferritischen RDB-Deckelwerkstoff wie in ausländischen Anlagen. Die vorliegende Konstruktion ist daher auch unter Langzeitgesichtspunkten als korrosionsbeständig anzusehen und hat sich im jahrzehntelangen Anlagenbetrieb bewährt.

Dampferzeuger(DE)-Heizrohre

Eine besondere sicherheitstechnische Bedeutung besitzen die Dampferzeuger(DE)-Heizrohre, die als Barriere zwischen dem Primär- und Sekundärkreis dienen. Jeder Dampferzeuger besitzt etwa 4000 U-förmige Rohre ($D_a = 22\,\text{mm} \times 1.2\,\text{mm}$) mit einer Gesamtlänge von ca. 85 km und einer Oberfläche von ca. 5.400 m^2. Da im Betrieb der Übertritt von radioaktivem Wasser in den Sekundärkreis vermieden werden muss, werden an die Dichtheit dieser Rohre einschließlich an die Einschweißungen zum Rohrboden höchste Anforderungen gestellt. Hauptkriterium für die Werkstoffauswahl ist daher die Gewährleistung der Korrosionsbeständigkeit sowohl gegen das primärseitige als auch gegen das sekundärseitige Medium.

In den USA und anderen westlichen Ländern wurden die DE-Heizrohre aus der Nickellegierung Inconel 600 hergestellt. Diese Legierung besitzt durch ihren hohen Nickelgehalt (ca. 70 %) einerseits eine uneingeschränkte Beständigkeit gegen transkristalline Spannungsrisskorrosion (tSpRK). Aus Laborversuchen, die erstmals 1966 veröffentlicht wurden, wurde für diese Legierung aber eine erhöhte Anfälligkeit gegenüber interkristalliner Spannungsrisskorrosion (iSpRK) festgestellt (Coriou et al. 1966). Auf Basis dieser Erkenntnisse wurde in Deutschland erstmals für die Anlage Stade (Inbetriebnahme 1972) die Legierung Incoloy 800 (ca. 32–35 % Nickel, ca. 20–23 % Chrom, C <0.03 %) ausgewählt, die unter den reduzierenden wasserchemischen Bedingungen des Primärkreises weder gegenüber transkristalliner (tSpRK) noch unter den Umgebungsbedingungen des Sekundärkreislaufes gegenüber interkristalliner Spannungsrisskorrosion (iSpRK) empfindlich ist (s. Abb. 13.11). Demgegenüber lassen sich die weltweit beobachteten Schadensphänomene mit dem Werkstoff Inconel 600 wie folgt zusammenfassen (s. Abb. 13.11) (Kilian und Roth 2002):

- Spannungsrisskorrosion in den kalt gebogenen U-Rohrbereichen
- Fretting (Reibverschleiß) zwischen den Gitterabstützungen und den Heizrohren
- Denting (Rohreinschnürung)/iSpRK-Angriffe im Rohr-Durchsteckbereich der Gitterplatten
- Wastage-Korrosion (lochfraßähnlicher Angriff) unter den Umgebungsbedingungen des Rohrbodens
- iSpRK-Angriff im Spaltbereich zwischen Rohr/Rohrboden
- Primärwasserseitige iSpRK.

Die Betriebserfahrungen mit Dampferzeugern der Bauart Siemens/KWU (86 Dampferzeuger in 26 DWR-Anlagen) sprechen für sich. Von den insgesamt ca. 370.000 Heizrohren, sind bis 2012 weniger als 30 Leckagen aufgetreten. Ca. 2.000 Heizrohre mussten mit eingeschweißten Stopfen verschlossen werden. Hierbei wird unterschieden zwischen drei Generationen:

- 1. Generation: Phosphatfahrweise bei Betriebsbeginn mit späterer Umstellung auf AVT-Fahrweise (All Volatile Treatment – Alkalisierung der Sekundärwasserchemie mit Hydrazin (N_2H_2)/Ammoniak)
- 2. Generation: Verbessertes Rohrhaltedesign mit späterer Umstellung auf AVT-Fahrweise
- 3. Generation: Hoch-AVT-Fahrweise zu Betriebsbeginn.

Diese außerordentlich günstigen Betriebserfahrungen der Bauart Siemens/KWU-Dampferzeuger – insbesondere mit Anlagen der 3. Generation – sind letztlich ein eindrucksvoller Beleg für die ausgewogene Kombination von Konstruktion, Werkstoffwahl und Herstellungstechnologie unter den kontrollierten wasserchemischen Randbedingungen und der Wirksamkeit der Primär- und Sekundärwasserchemie.

Unter Beibehaltung der bisher praktizierten Fahrweise einschließlich der Wasserchemie sowie der Maßnahmen aus Erkenntnissen wiederkehrender Prüfungen ist sichergestellt, dass die Langzeitintegrität der Dampferzeuger-Heizrohre über mehrere Jahrzehnte gewährleistet ist.

Hauptkühlmittelleitungen (HKL)

Die Ausführung der Hauptkühlmittelleitungen (HKL), als 4-strängige Kreisläufe (Innendurchmesser = 750 mm) zwischen RDB und den Dampferzeugern, ist ein hervorragendes Beispiel für die Umsetzung der Basissicherheitsgrundsätze (Kussmaul 1984) in den Konvoi-Anlagen. Diese bestehen aus nahtlosen, geschmiedeten Rohren (Wanddicke = 52 mm) und Bögen (Wanddicke = 57 mm) aus dem bainitischem Reaktorbaustahl 20MnMoNi55, die mit einer 5 mm dicken austenitischen Innenplattierung ausgestattet sind. Vervollständigt werden die Loops durch die Hauptkühlmittelpumpen, wobei bei den Vorkonvoi- und Konvoi-Anlagen Schmiedegehäuse mit komplexer Geometrie (Saug- und Druckstutzen sind an den Gehäusedruckkörper angeschmiedet) die Gussgehäuse der früheren Anlagen ersetzten.

Im Bereich der zylindrischen Geradrohre sind die Stutzen der Volumenausgleichsleitung (Surgeline) und die Stutzen zur Einbindung der Not- und Nachkühlleitungen als integrale Bestandteile der HKL-Schmiedeformstücke ausgeführt (s. Abb. 13.12). Diese Konstruktion verlagert die Schweißnahtposition für die daran anschließenden austenitischen Rohrenden in Niedrigspannungsgebiete außerhalb der Wanddurchdringung der HKL-Zylinderschale und entspricht somit voll den Basissicherheitsgrundsätzen. Zudem wird die Prüfaussage für zukünftige durchzuführende wiederkehrende Prüfungen verbessert, gleichzeitig reduziert sich aber auch der betriebliche Überwachungsaufwand für wiederkehrende Prüfungen

Abb. 13.12 Integrierte Stutzenausführung im zylindrischen Geradrohrbereich der Hauptkühlmittelleitungen aus dem bainitischen Reaktorbaustahl 20MnMoNi55 zur Einbindung der Not- und Nachkühlsysteme; aus (Ilg et al. 2008), *Quelle* Areva

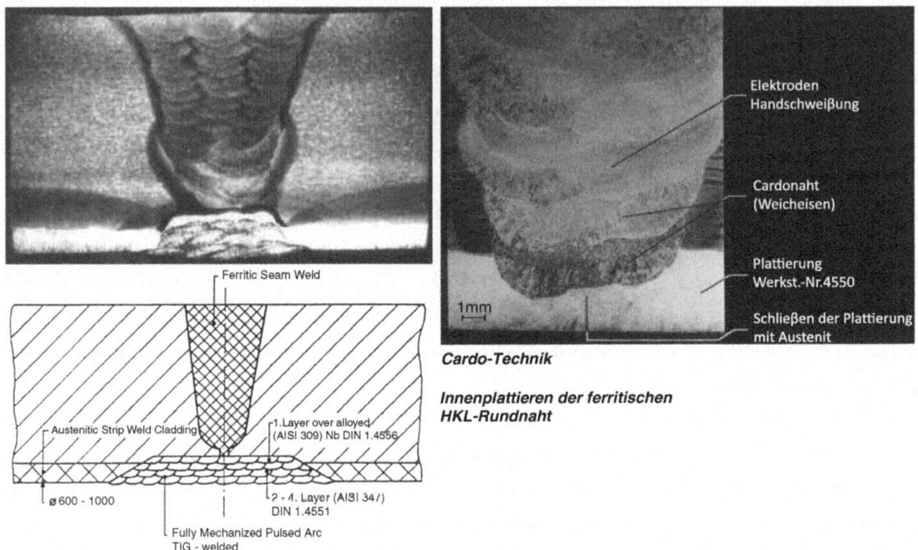

Abb. 13.13 Weiterentwicklung der sogenannten Cardo-Technik für Rundnähte der Hauptkühlmittelleitungen mit Herstellung der ferritischen Verbindungsnaht und nachfolgender austenitischer Innenplattierung in 4-lagiger Ausführung; aus (Ilg et al. 2008), *Quelle* Areva

ausschließlich auf den Bereich der daran anschließenden Rohrleitungsschweißnähte. Diese wurden nach dem Herstellen der Verbindungsschweißungen rohreben beschliffen, sodass durchgängig ein kerbfreier Zustand vorliegt.

In diesem Zusammenhang wurde auch die bisherige, sog. Cardo-Technik zur Herstellung der Rundnähte der Hauptkühlmittelleitung weiterentwickelt. Für die neueren DWR-Anlagen erfolgte nach dem Schweißen der ferritischen Verbindungsschweißnaht das Innenplattieren der ferritischen HKL-Rundnaht mit einem austenitischen Chrom-Nickel-Stahl in 4-lagiger Ausführung (s. Abb. 13.13, unteres Teilbild links).

Die an diesem Fallbeispiel dargestellte Verzahnung zwischen Konstruktion, Werkstoffwahl und Herstellungstechnologie ist ein exzellentes Beispiel für die Umsetzung des Basissicherheitskonzepts als wichtiger Beitrag zur Anlagensicherheit und Verfügbarkeit und Gewährleistung der Langzeitintegrität.

Stutzenausführungen für die Not- und Nachkühlsysteme an die Hauptkühlmittelleitungen (Mischnähte)

Entsprechend dem deutschen Werkstoffkonzept bestehen die Komponenten der Druckführenden Umschließung (DfU) aus ferritischen Werkstoffen. Die Komponenten der Not- und Nachkühlsysteme und Hilfsanlagen sind durchgängig aus dem austenitischen Werkstoff 1.4550 (X10CrNiNb1810) gefertigt. Dies erfordert in den Übergangsbereichen Ferrit/Austenit darauf angepasste Mischnaht-Schweißverbindungen, die den werkstofftech-

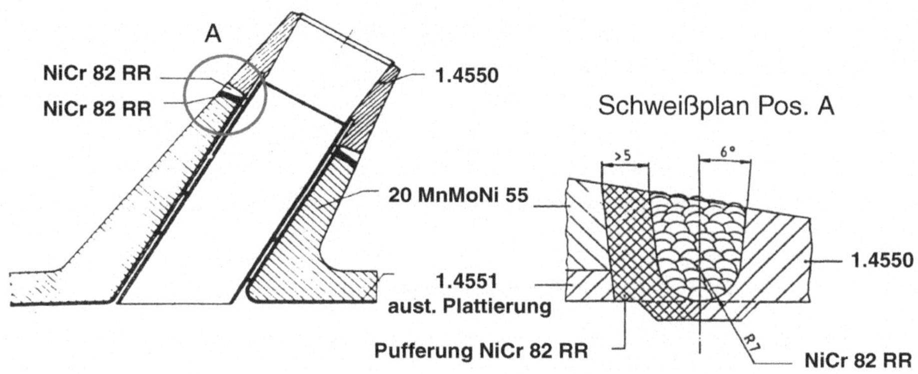

Abb. 13.14 Konstruktive Ausführung von Mischnähten Ferrit/Austenit (20MnMoNi55/1.4550) am Beispiel eines Nachkühlstutzens mit zugehörigem Schweißnahtaufbau für eine DWR-Anlage; aus (Ilg et al. 2008), *Quelle* Areva

nischen Anforderungen und den hohen Qualitätsansprüchen in der Kerntechnik Rechnung tragen. Typische Anwendungsbereiche von Mischverbindungen in DWR-Anlagen sind:

- die Volumenausgleichsleitung (VAL) zwischen Hauptkühlmittelleitung und Druckhalter
- die Not- und Nachkühlstutzen an die Hauptkühlmittelleitung
- die Sprühleitungen sowie
- die Stutzen des Volumenregelsystems.

Abbildung 13.14 zeigt den typischen konstruktiven Aufbau einer Mischnahtschweißverbindung 20MnMoNi55/1.4550 mit einer Schweißplanskizze einschl. zugehörigem Schweißzusatzwerkstoff sowie der Schweißnahtpufferung und Ausführung der Verbindungsnaht. Nach Fertigstellung der Mischnaht erfolgte eine rohrebene, mechanische Bearbeitung der Wurzel- und Decklage.

Alle Mischnähte wurden als Werksnähte unter optimalen Fertigungsbedingungen nach den Grundsätzen der Basissicherheit hergestellt. Aufgrund des deutschen Werkstoffkonzepts ist die maximale Nennweite mit Anschluss an die Not- und Nachkühlleitungen auf maximal DN 300 beschränkt. Damit entfallen die Anschlüsse an die Großkomponenten, die in ausländischen Anlagen entsprechend des dort gültigen Anlagenkonzepts mit Nennweite DN 750 ausgeführt sind.

In der Regel wurden als Schweißzusatzwerkstoffe in DWR-Anlagen (sowohl für die Pufferung als auch für die Verbindungsschweißung des austentischen Stutzenanschlusses) der Ni-Basiswerkstoff Inconel 82 (NiCr82RR) eingesetzt.

Die bisherigen Betriebserfahrungen mit Mischnähten und den Ergebnissen aus wiederkehrenden Prüfungen einschließlich der durch ausländische Befunde veranlassten Sonderprüfungen (Ilg 2009) sind ausgezeichnet. Es gibt für deutsche Anlagen im Gegensatz zu den in USA festgestellten systematischen Rissbefunden an Mischnähten durchgängig keinerlei Hinweise auf betriebsbedingte Rissbildungen.

Zusammenfassend ist festzustellen, dass bzgl. der Mischnahtausführung zwischen deutschen und ausländischen Anlagen offenbar erhebliche Unterschiede bezüglich Herstellungsqualität und Werkstoffkonzept bestehen. Auf Basis der vorliegenden Erkenntnisse unter Beibehaltung des zerstörungsfreien Prüfkonzepts ist gewährleistet, dass in deutschen DWR- Anlagen im Langzeitbetrieb keine Einschränkungen und/oder Abminderungen in Bezug auf die Komponentenintegrität vorliegen. Diese Aussagen gelten auch für deutsche SWR-Anlagen.

Werkstoffauswahl zur Begrenzung des Aktivitätsaufbaus

Die Oberflächenkontamination primärwasserführender Komponenten von Leichtwasserreaktoren mit Korrosionsprodukten führt im Leistungsbetrieb zu einem Aktivitätsaufbau der mit dem Reaktordruckbehälter kommunizierenden Systemkreisläufe. Maßgeblich hierfür sind die Radionuklide Co-58 und Co-60, die gemäß

$$\text{Ni-58}(n,p):\ {}^{58}_{28}\text{Ni} + {}^{1}_{0}n \rightarrow {}^{58}_{27}\text{Co} + {}^{1}_{1}p + \beta^{+}\quad (\text{Halbwertszeit} = 70.8d) \tag{13.5}$$

$$\text{Co-59}(n,\gamma):\ {}^{59}_{27}\text{Co} + {}^{1}_{0}n \rightarrow {}^{60}_{27}\text{Co} + \gamma\quad (\text{Halbwertszeit} = 5.3a) \tag{13.6}$$

über eine Neutronen-Wechselwirkung aus Ni-58 und Co-59 entstehen (Wood 1987). Die beiden Radionuklide Co-58 und Co-60 sind Hauptverursacher für die Strahlenbelastung des Personals.

Das natürliche Isotop Ni-58 ist Bestandteil aller austenitischer Strukturwerkstoffe und Nickellegierungen. Das natürliche Isotop Co-59 ist Begleitelement mit geringer Konzentration in den verwendeten Strukturbauteilen z. B. RDB-Plattierung, RDB-Einbauten, Dampferzeugerheizrohre, Kernbauteile/Brennelemente sowie Rohrleitungen. Daneben wird Co als Hauptlegierungselement für verschleißfeste Werkstoffe in Form von Hartmetallpanzerungen (z. B. Stellite) reibbeanspruchter Funktionsflächen in Armaturen, Steuerstabantrieben, RDB-Einbauten und sonstigen Funktionselementen eingesetzt. Radiologisch besonders wirksam sind Co-Quellen aus dem unmittelbaren Strahlenfeld des Reaktorkerns. Hierbei gelangt durch Mobilisierung und/oder Abrieb sowie durch Korrosionsprozesse bereits aktiviertes Co in den Primärkreis und in die Not- und Nachkühlsysteme und lagert sich dort auf den Oberflächen ab. Zwar beträgt im Bereich des unmittelbaren Strahlenfeldes die medienberührte Oberfläche mit Co-haltigen Funktionsflächen aus Stellit für eine ältere DWR-Anlage weniger als ca. 1.5 m^2, dennoch ist aufgrund des hohen Co-Gehaltes von Stellit (ca. 63 Gew.-%) aus diesen Teilen der Aktivitätsaufbau in Bezug auf die Gesamtanlage aber signifikant (Wood 1987; Erve 1990; Rühle und Riess 1989).

Der Anlagenhersteller Siemens/KWU hat daher bereits zu Beginn der 1980er-Jahre im Zuge der Errichtung von Vorkonvoi- bzw. Konvoi-Anlagen eine systematische Bestandsaufnahme der wesentlichen Aktivitätsquellen vorgenommen und daraus zielgerichtete Konzepte zur Aktivitätsreduzierung entwickelt. Hierzu gehörten:

- die komponentenspezifische Identifizierung der wesentlichen Co-Quellen
- die Qualifizierung Co-freier Substitutionswerkstoffe

- Anhebung des pH-Wertes im Primärwasser sowie
- Zn-Dosierung in den Primärkreis.

Im ersten Schritt erfolgte eine Substituierung Co-haltiger Hartmetallpanzerungen für die nachfolgend im Kernbereich eingesetzten Komponenten, wie Zentrierstifte für Steuerstab-Führungsrohre, Bolzen für die obere Gitterplattenzentrierung, Niederhalteplatten sowie Flanschzentrierungen für das obere Kerngerüst. Hierfür wurde eine Chromkarbidbeschichtung (Cr_3C_2) sowie C-, Si-, Mn- und Cr-reiche, austenitische Hartmetalllegierungen (z. B. Fox Antinit DUR 300, Everit 50, Cenium Z 20) ausgewählt. Allein mit diesen Maßnahmen konnte die Oberfläche der kernnahen, radiologisch besonders wirksamen Co-Panzerungen von ehemals ca. 1.5 m^2 auf einen praktisch vernachlässigbaren Wert von nur noch ca. 0.04 m^2 reduziert werden.

Daneben wurde für alle Strukturwerkstoffe im Neutronenfeld ein Co-Gehalt $\leq$1000 ppm spezifiziert. Außerhalb des Kernbereiches (Steuerstabführungsseinsätze, Edelstahlplattierungen für RDB, Druckhalter, HKL, HKP) sowie für die medienbeaufschlagten Komponenten der Hilfs- und Nebenanlagen betrug dieser Spezifikationswert $\leq$2000 ppm. Wegen der großen Oberfläche der Dampferzeugerheizrohre von über 16.000 m^2 wurde hierfür ein niedrigerer Spezifikationswert $\leq$1000 ppm angesetzt.

Einen weiteren Beitrag zur Co-Reduktion erfolgte während der ersten Betriebsjahre der Vorkonvoi- bzw. Konvoi-Anlagen durch Umstellung der Brennelemente auf Zirkaloy-Abstandhalter (ca. 565 m^2) und Zirkaloy-Führungsrohre (ca. 1400 m^2) sowie weiterer Werkstoffoptimierungen (z. B. Sb-freie Lager bzw. Substitution stellitierter Wellenschutzhülsen für Hauptkühlmittelpumpen).

Neben den vorgenannten werkstofftechnischen Maßnahmen erfolgte die Anhebung des pH-Wertes des Primärkühlwassers von 6.8 auf 7.4. Diese Alkalisierung bewirkt eine geringere flächenhafte Korrosionsrate der benetzten Strukturwerkstoffe und führt damit in den betreffenden Anlagen zu einem messbaren Rückgang der aktivierten Korrosionsprodukte wie z. B. Co-58, Cr-51 und Fe-59.

Ergänzend hierzu wurde Mitte der 1990er-Jahre die Zn-Dosierung eingeführt. Zn besitzt die Eigenschaft sich in die Kristallmatrix des Spinellgitters der Passivschicht einzulagern und dabei die Gitterlücken der Metallmatrix zu besetzen (Mailand und Almazouzi 2003) und verhindert damit auch die Ablagerung Co-haltiger Korrosionsprodukte auf den Brennelementen. Diese Maßnahme wird in Verbindung mit einer zielgerichteten, vorgelagerten Oberflächendekontamination gerade für ältere DWR-Anlagen als wirksame Maßnahme zur Aktivitätsreduzierung angesehen.

Die radiologische Wirksamkeit der in den vorgenannten Anlagen umgesetzten Maßnahmen zur Aktivitätsreduzierung wird eindrucksvoll durch die Reduktion der Strahlenbelastung dokumentiert. Abbildung 13.15 zeigt hierzu im Vergleich die Messwerte der Dosisleistung im Bereich des Primärkreises zwischen Kernkraftwerken älterer Generationen und Anlagen, in denen dieses Konzept entsprechend umgesetzt wurde (in der Gesamtoberfläche Co-haltiger Panzerungen von ca. 5.5 m^2 gemäß Abb. 13.15 ist der Flächenanteil der kernnahen Panzerungen von ca. 1.5 m^2 mit enthalten). Damit einhergehend verringerte

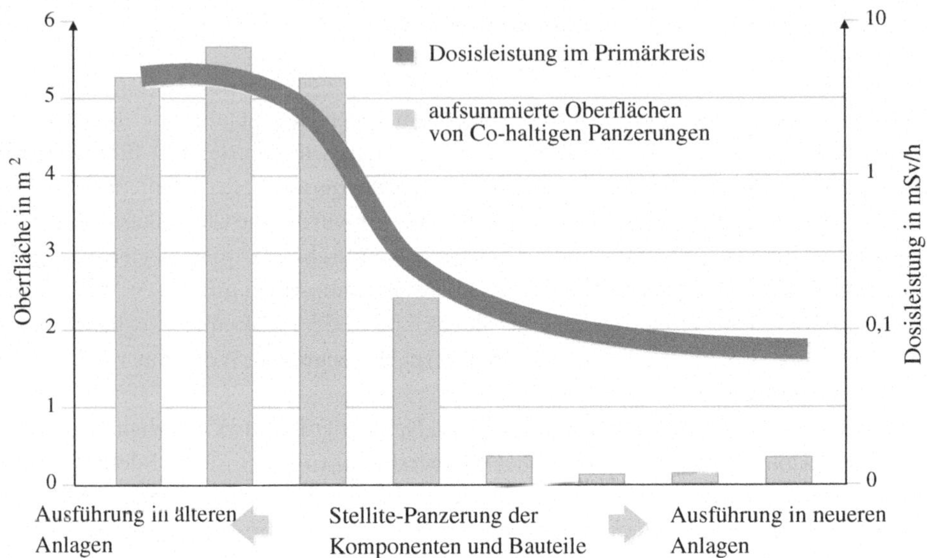

Abb. 13.15 Aufsummierte Oberflächen von Panzerungen aus Stellit und Dosisleistung im Bereich des Primärkreises im Vergleich von DWR-Anlagen älterer Generation mit Vorkonvoi/Konvoi-Anlagen; aus (Ilg et al. 2008), *Quelle* Areva

sich die Jahreskollektivdosis für das Revisions- und Betriebspersonal in den letzen Jahren in Abhängigkeit der spezifischen Tätigkeiten von ehemals deutlich mehr als ca. 1000 mSv (ältere DWR-Anlage) auf weniger als ca. 100–130 mSv (Konvoi-Anlage).

13.4.2 Deutsche SWR-Anlagen

Der Siedewasserreaktor ist ein Einkreislauf-Reaktorsystem, mit dem die Dampferzeugung innerhalb des Reaktordruckgefäßes erfolgt. Ein Schnittbild durch das Reaktorgebäude einer modernen deutschen SWR-Anlage zeigt Abb. 13.16, links. Der ehemalige Systemhersteller AEG hat weltweit erstmals Ende der 1960er Jahre hierfür das Prinzip der internen Zwangsumwälzpumpen (ZUP) eingeführt (s. Abb. 13.16, rechts). Dieses Konzept ist in allen deutschen SWR-Anlagen – außer in der ersten kommerziellen Anlage Würgassen – realisiert. Damit wird eine vereinfachte Systemtechnik erreicht. Der sicherheitstechnische Gewinn mit einer Ausführung als interne Zwangsumwälzpumpen besteht in den entbehrlichen externen Umwälzschleifen, die zum Geltungsbereich der Druckführenden Umschließung (DfU) gehören. Das Konzept der internen Zwangsumwälzpumpen findet sich in allen heutigen so genannten „Advanced Boiling Water Reactor“-Konzepten ausländischer Hersteller.

Nachfolgend werden drei Beispiele für Komponenten mit hohen Sicherheitsanforderungen in deutschen SWR-Anlagen näher betrachtet. Im Vordergrund stehen hierbei die Betriebserfahrungen mit dem Werkstoff- und Herstellungskonzept zum Zeitpunkt der

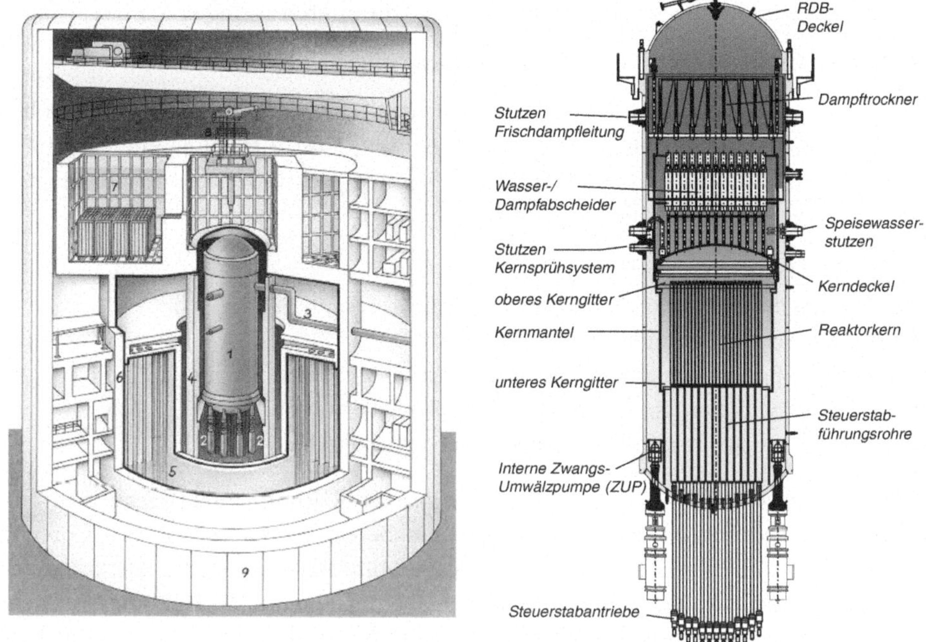

Abb. 13.16 Schnittbild durch das Reaktorgebäude einer modernen deutschen SWR-Anlage mit internen Zwangsumwälzpumpen (*links*) sowie Schnittbildzeichung des Reaktordruckbehälters mit Einbauten und Anordnung des Reaktorkerns (*rechts*); aus (Ilg et al. 2008), *Quelle* Areva

Errichtung sowie Erkenntnissen aus Schadensfällen und daraus abgeleiteten Abhilfemaßnahmen.

Diese betreffen:

- den Kernmantel
- austenitische Rohrleitungssysteme sowie
- ferritische Rohrleitungssysteme

Kernmantel

Der Kernmantel (s. Abb. 13.16) hat die Aufgabe, die geometrische Anordnung der Brennelemente des Reaktorkerns sicherzustellen und im Falle von auslegungsüberschreitenden Ereignissen die Schutzziele „sichere Abschaltbarkeit" sowie die „Nachkühlbarkeit des Reaktorkerns" zu gewährleisten.

Zum Errichtungszeitpunkt der ersten deutschen SWR-Anlagen zu Beginn der 1970er-Jahre wurden vom Hersteller hinsichtlich des Werkstoff- und Herstellungskonzepts folgende Festlegungen getroffen:

Grundwerkstoff für die wichtigsten Strukturbauteile des Kernbehälters:

- 1.4550 (X5CrNiNb1810) mit niedrigem Kohlenstoffgehalt

Der erstmals für diese Komponente vorgesehene Einsatz eines niedrig gekohlten, Nb-stabilisierten austenitischen Stahles wurde als Vorsorgemaßnahme gegenüber Werkstoffsensibilisierung zu Vermeidung von Spannungsrisskorrosion gewählt. Für die Fertigung waren folgende Festlegungen getroffen:

- Optimierte Herstellungstechnologie
- Begrenzung der Kaltverformung der Erzeugnisformen
- Optimierte Schweißtechnik
- Blechebenes Beschleifen aller Rund- und Längsnähte (werkstoffschonend)
- Glühung der vorgefertigten Baugruppen im Herstellerwerk (560–580 °C/4h)
- Umfassende zerstörungsfreie Prüfungen aller Schweißnähte.

Die weltweit gewonnenen Betriebserfahrungen mit SWR-Kernmänteln ergaben in zahlreichen ausländischen Anlagen Rissbildungen im Bereich von Flansch- und Corenähten. Erstmals wurde dies in der Schweizer Anlage Mühleberg (Hersteller GE) festgestellt (NUREG1544 1996). Ähnliche Rissbildungen ergaben sich danach auch für die erste deutsche SWR-Anlage Würgassen (Wachter 1995). Weltweit (z. B. USA (NUREG1544 1996), Japan, Schweden) waren verschiedene Ausführungen mit den austenitischen Werkstoffen AISI 304, AISI 304 L sowie AISI 316 L betroffen und dies bereits nach relativ kurzen Betriebszeiten von 7–10 Jahren.

Aufgrund der in ausländischen Anlagen bekannt gewordenen Rissbildungen wurden alle Kernmäntel in deutschen SWR-Anlagen in einem umfangreichen Sonderprüfprogramm einer eingehenden zerstörungsfreien Prüfung unterzogen (GRS1994 1994). Hierbei wurden auch solche Schweißnähte geprüft, die unter schwierigen Zugänglichkeitsbedingungen, zum Teil mit U-Boot Technik, inspiziert werden mussten. Als gemeinsames Ergebnis der übrigen sechs in Deutschland in Betrieb befindlichen SWR-Anlagen war festzustellen, dass in keinem weiteren Fall Rissbildungen wie in Würgassen bzw. in ausländischen Anlagen beobachtet wurden (Widera 2001).

Zur Erweiterung des Kenntnisstandes über die Natur der in ausländischen Anlagen aufgetretenen Rissbildungen wurde in einem Begleitprogramm der deutschen EVU am baugleichen SWR-Kernbehälter des nach dem Warmprobebetrieb stillgelegten Gemeinschafts-Kernkraftwerkes Tullnerfeld (GKT) eine gezielte Sonderprüfung im Bereich der anfälligen Rundnähte durch Eigenspannungsmessungen durchgeführt.

Abbildung 13.17 zeigt die innere Ansicht aus dem oberen Flanschnahtbereich der Schweißnaht H3 (linkes Teilbild). Die gestrichelte Linie in einem Abstand von ca. 90 mm von der oberen Flanschbezugsebene entspricht der Mitte der oberen Rundnaht. Die Schweißnaht der blecheben beschliffenen Innenoberfläche des Kernmantels konnte vor Ort nur durch Anätzen festgestellt werden. Zur weiteren Charakterisierung des beschliffenen

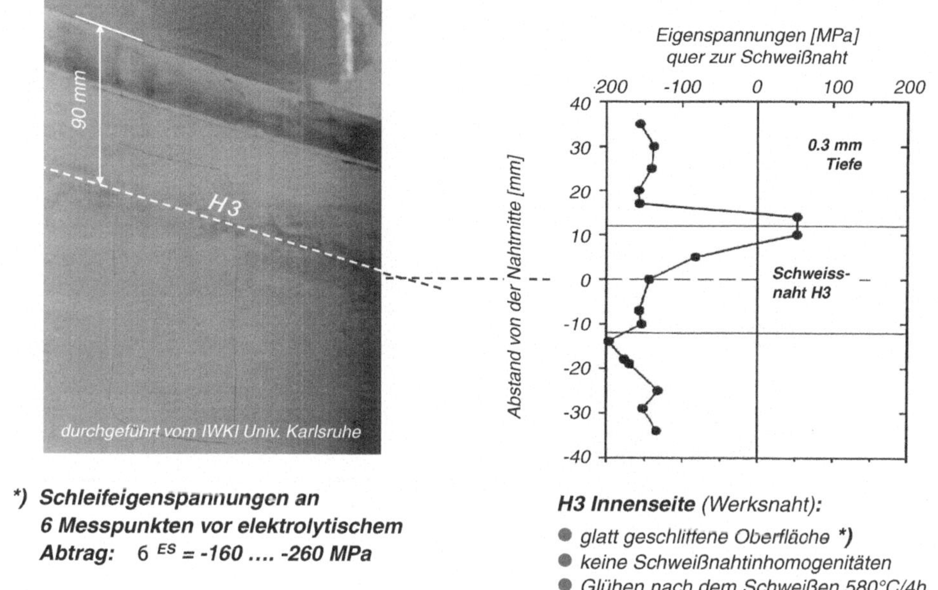

Abb. 13.17 Innere Ansicht des Kernmantels Tullnerfeld im Bereich der oberen Flanschnaht H3 und Ergebnis röntgenographischer Eigenspannungsmessungen im Schweißnahtbereich (Eigenmann 1997)

Oberflächenzustandes erfolgten im Umgebungsbereich der Schweißnahtoberfläche Eigenspannungsanalysen mit einem mobilen Röntgendiffraktometer (Eigenmann 1997). Hierbei ergaben sich folgende bemerkenswerte Resultate:

An 6 Messpunkten im unbehandelten Original Oberflächenzustand nach Warmpobebetrieb wurden mit einer Orientierung quer zur Schweißnaht axiale Druckeigenspannungen zwischen −160 bis −260 MPa gemessen. Diese Ergebnisse bestätigen die im Zuge der Fertigung vorgenommene werkstoffschonende Schleif-Finishbearbeitung, deren Zustandekommen an Hand der grundlegenden Arbeiten im Zusammenhang mit derartigen Oberflächenbearbeitungen erklärt werden kann (Scholtes 1990).

Der vorliegende Oberflächenzustand besitzt im Umgebungsbereich der Schweißnaht H3 somit eine kleinst mögliche Kaltverfestigung und ist frei von Oberflächenkerben. Dieser Zustand ist unter dem Gesichtspunkt einer möglichen Rissinitiierung als günstig anzusehen.

Zur Feststellung des durch den Schweißprozess beeinflussten Eigenspannungszustandes wurde im Bereich der Schweißnaht H3 einschließlich der Nebennahtbereiche ein großflächiger elektrolytischer Materialabtrag bis in eine Tiefe von ca. 0.3 mm vorgenommen. Anschließend erfolgten Eigenspannungsmessungen quer zur Schweißnaht (Axialeigenspannungen), in einem Intervall ± 35 mm bezogen auf die Schweißnahtmitte. Die in Abb. 13.17 (rechtes Teilbild) eingeblendete Verteilung der Eigenspannungen zeigt, dass in weiten Bereichen Druckeigenspannungen zwischen −100 bis −200 MPa vorliegen (Eigenmann 1997). Ausgenommen davon sind 2 Messpunkte, die im Übergangsbereich zur

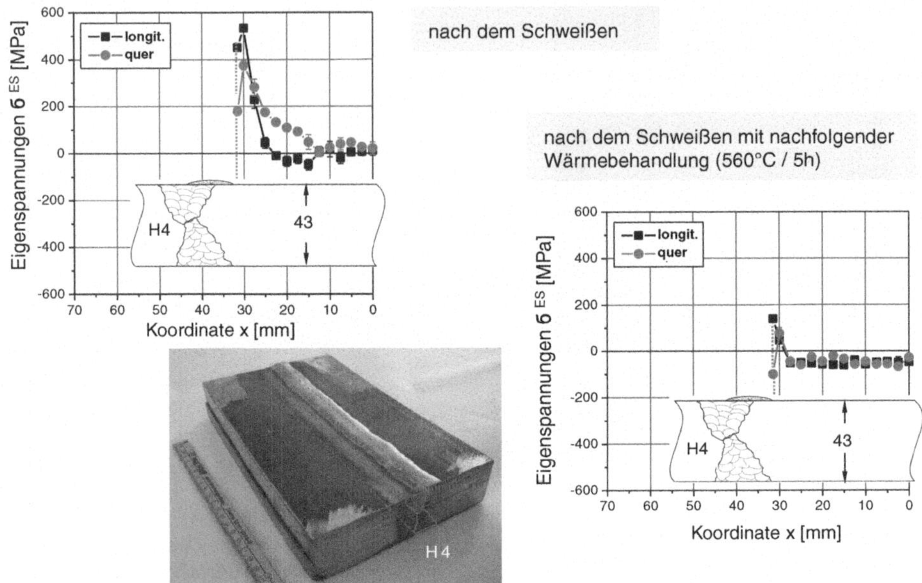

Abb. 13.18 Eigenspannungsmessungen an einem aus dem Kernkraftwerk Tullnerfeld entnommenen Kernmantelteilstück mit Original-Schweißnaht H4 mit nachträglicher asymmetrischer UP-Auftragschweißraupe vor und nach Wärmebehandlung (Scholtes und Zinn 2011)

Schmelzlinie geringfügige Zugeigenspannung von 50 MPa ergaben, die in Bezug auf die Rissinitiierung als unkritisch angesehen werden.

Zum weiteren Verständnis hinsichtlich des Einflusses der Wärmebehandlung dickwandiger austenitischer Schweißnähte auf die Eigenspannungsausbildung wurden an einer aus dem Kernmantel-Rundnahtbereich H4 des Kernkraftwerks Tullnerfeld entnommenen Materialprobe zielführende Untersuchungen vorgenommnen. Asymmetrisch zur vorliegenden Verbindungsschweißnaht H4 wurde auf der beschliffenen Decklage eine industrielle Unterpulver (UP)-Auftragsschweißraupe hergestellt (s. Abb. 13.18, unten). Damit sollte der typische Ausgangszustand ungeglühter, unbeschliffener Schweißnähte simuliert werden, wie er häufig in ausländischen SWR-Anlagen zu Betriebsbeginn vorliegt.

Abbildung 13.18, oben links, zeigt die gewonnenen Ergebnisse mit einem zweiachsigen Eigenspannungszustand im ungeglühten Zustand nach dem Schweißen der UP-Auftragsschweißraupe sowie nach Wärmebehandlung 560 °C/5h (Scholtes und Zinn 2011). Bemerkenswert sind die hohen Schweißeigenspannungen im Bereich der Oberflächenschicht des ungeglühten Zustandes (Längseigenspannungen: ca. 535 MPa, Quereigenspannungen: ca. 395 MPa), die um ca. einen Faktor 2–2.5 über der 0.2 %-Dehngrenze des austenitischen Werkstoffes liegen. Das Zugeigenspannungsmaximum liegt im Nebennahtbereich der Wärmeeinflusszone der UP-Auftragsschweißraupe. Infolge Wärmebehandlung bauen sich die Schweißeigenspannungen auf ein erheblich niedrigeres Eigenspannungsniveau ab (s. Abb. 13.18, unten) und liegen nunmehr deutlich unterhalb der 0.2 %-Dehngrenze des austenitschen Grundwerkstoffes.

Diese Ergebnisse erklären möglicherweise auch die insgesamt guten Betriebserfahrungen mit geglühten Kernmänteln in deutschen SWR-Anlagen (Widera 2001). Die moderaten Schweißeigenspannungen in den Verbindungsnähten dieser Anlagen, deren Baugruppen im Herstellerwerk eine Wärmebehandlung erfahren haben, sind offenbar im Hinblick auf eine betriebliche Rissinitiierung als günstig einzustufen. Demgegenüber sind die bisherigen Rissbefunde in ausländischen SWR-Anlagen – einschließlich in der Anlage Würgassen – stets im ungeglühten Nebennahtbereich aufgetreten (Backfisch 2000).

Insgesamt liegt mit den vorgenommenen fertigungstechnischen Bedingungen (niedrig gekohlter, Nb-stabilisierter, austenitischer Stahl, qualifizierter Herstellungsprozess für Erzeugnisformen einschl. Schweißen, Schleifen und Glühen) ein günstiger Werkstoffzustand im Hinblick auf den zukünftigen Leistungsbetrieb vor, was durch den bisherigen Betrieb bestätigt wird.

Austenitische Rohrleitungen

Weltweit sind in austenitischen Rohrleitungssystemen von Siedewasserreaktoren Rissbildungen bekannt geworden (Clarke et al. 1978; Andresen et al. 1999; Yamashita 2007). Die meisten dieser Schadensfälle betreffen den unstabilisierten austenitischen Werkstoff vom Typ AISI 304 bzw. 304L, der in Einzelfällen unter der typischen SWR-Wasserchemie mit oxidierenden Bedingungen nicht uneingeschränkt korrosionsbeständig ist. Als primäre Schadensursache wurde hierbei eine Werkstoffsensibilisierung festgestellt, die durch den Schweißprozess im Zuge der Herstellung eingebracht wurde. Daneben wurden auch andere herstellungsbedingte Parameter als schadensauslösend identifiziert. Hierzu gehörten auch Reparaturen sowie Kaltverformung des Grundwerkstoffes und/oder eine unsachgemäße Schleifbehandlung der medienberührten Oberfläche.

Auch in Deutschland wurden Rissbildungen an austenitischen Rohrleitungen festgestellt (s. Abb. 13.19). Die erstmals in 1993 aufgedeckten Befunde betrafen hauptsächlich die saugseitigen Rohrleitungen zweier Rohrleitungssysteme (Lagerdruckwassersystem (TD), Reaktorreinigungssystem (TC)) im typischen Nennweitenbereich DN 150–DN 250 (Wanddicke 8 mm bzw. 10 mm) (Wachter und Brümmer 1997; Erve et al. 1994; Ilg 2005). Die betroffenen Rohrleitungen waren nicht absperrbar mit dem RDB verbunden und bestanden aus dem in Deutschland meist in SWR-Anlagen verwendeten titanstabilisierten Austenit vom Typ 1.4541 (X10CrNiTi189).

In einem Sonderprüfprogramm in allen 6 SWR-Anlagen wurden über 3000 austenitische Schweißnähte zerstörungsfrei untersucht. Hierbei wurden 88 Schweißnähte als rissbehaftet identifiziert, die meist innerhalb des Containments lagen. Aus der Schadensstatistik wurden folgende Schlussfolgerungen abgeleitet:

- Betroffen waren ausschließlich Rohrleitungen $\geq$ DN150 entsprechend einer Wanddicke von mindestens 10 mm
- Es lagen Befunde sowohl in Schweißnähten von Geradrohren als auch mit Rohrbögen vor
- Werksnähte und Baustellennähte waren gleichermaßen betroffen

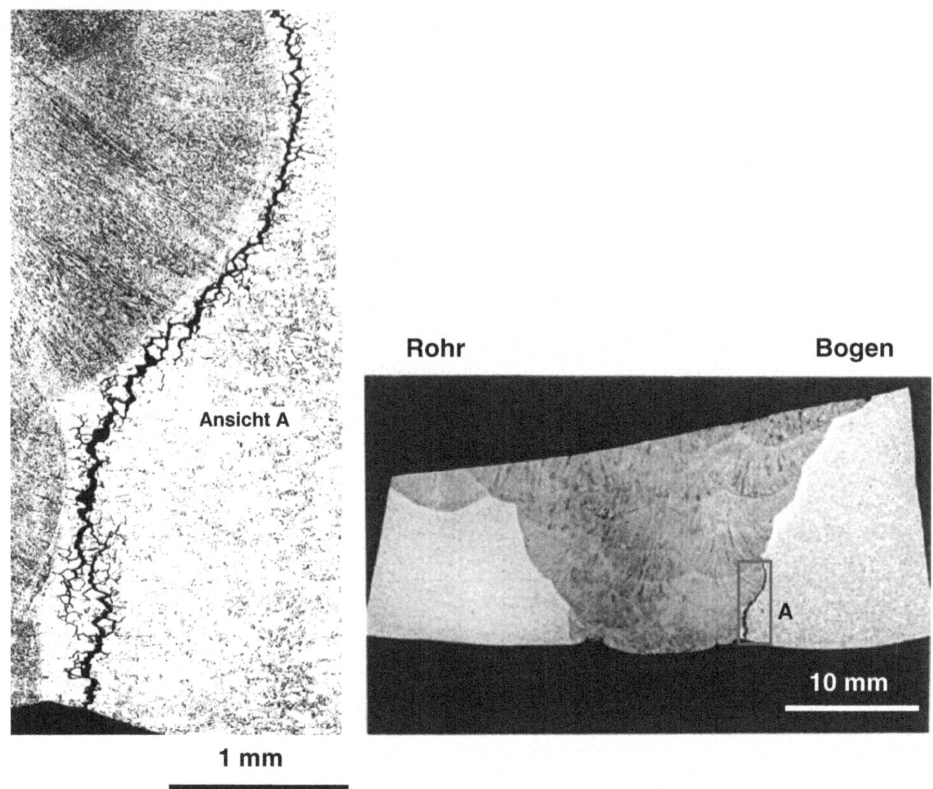

Abb. 13.19 Rissbildungen infolge interkristalliner Spannungsrisskorrosion (iSpRK) im Nebennahtbereich einer austenitischen Rohr-Bogen Schweißverbindung (Reparaturnaht; $D_i = 248\,mm \times 10.25\,mm$) aus dem Werkstoff 1.4541 in einer SWR-Anlage; rechts: Makroschliff mit Nebennahtriss, links: Interkristalliner Rissverlauf in der Wärmeeinflusszone (WEZ) im Ausschnitt A in einem Abstand von ca. 200 ... 300 μm neben der Schmelzlinie. *Quelle* MPA Stuttgart

- Rohrleitungsstränge mit Betriebstemperaturen T < ca. 200 °C waren befundfrei
- Die Rissanfälligkeit nahm mit zunehmenden Abstand vom Reaktordruckbehälter ab
- Nur in einem einzigen Fall trat eine Leckage in Form weniger Tropfen auf.

Zur Klärung der Schadensursache wurde ein breit angelegtes Untersuchungsprogramm initiiert, das grundlegende Arbeiten zur Werkstoffcharakterisierung und zum Sensibilisierungsverhalten beinhaltete (Kilian 1995), begleitet von Laborversuchen zur Anrissbildung und zum Rissfortschritt (Erve et al. 1997). Als Ergebnis intensiver Begleituntersuchungen sowie von F & E-Arbeiten konnte als Schadensursache eine lokalisierte Schweißnahtsensibilisierung durch den Herstellungsprozess identifiziert werden (Erve et al. 1994, 1997; Ilg 2005). Mit begünstigt wurde die Sensibilisierung im Zuge der Herstellung durch einen erhöhten Kohlenstoffgehalt und ein relativ niedriges Stabilisierungsverhältnis Ti/C

(Erve et al. 1997). In Übereinstimmung mit Befunden in ausländischen SWR-Anlagen ergaben sich in einigen Fällen auch Rissbildungen, für die keine Sensibilisierung nachgewiesen werden konnte (Kilian).

Die ingenieurmäßige Bewertung der relevanten Einflussgrößen wurde durch komplementäre Analysen mit der Methode der Neuronalen Netze bestätigt (Kilian et al. 2005). Als Abhilfemaßnahme wurde die vollständige Erneuerung der betroffenen austenitschen Rohrleitungen realisiert. Hierbei wurde ein niedrig gekohlter, Nb-stabilisierter Austenit vom Typ 1.4550 ausgewählt. Dieser hat sich in begleitenden Untersuchungen zur Feststellung des Korrosionsverhaltens als günstigste Variante herausgestellt. Im Zuge der Erneuerung der betroffenen Rohrleitungen wurden folgende Maßnahmen realisiert (Erve et al. 1989):

- Einsatz des niedrig gekohlten, Nb-stabilisierten, austenitischen Werkstoffes 1.4550 ($C \leq 0.03\,\%$; $Nb/C \geq 10$)
- Reproduzierbare Schweißnahtvorbereitung (z. B. Vermeidung von Kantenversatz)
- Weitgehende Vermeidung von Kaltverformung im Zuge der Schweißnahtvorbereitung
- Gleichmäßige Ausbildung der Wurzelqualität
- Vermeidung von Wurzelfehlern (Schrumpfkerben, große Wurzeldurchhänge)
- Kontrolle der Temperaturführung mit Begrenzung des Wärmeeintrags beim Schweißen
- Hohe Fertigungssicherheit (Vermeidung von Reparaturen)
- Fallweise Engspaltschweißen (Begrenzung des Schweißnahtvolumens)
- Fallweise werkstoffschonendes Innenbeschleifen der Wurzel.

Durch den kompletten Entfall des Lagerdruckwassersystems im Zuge der Umstellung auf hydrodynamische Gleitlager und der Verwendung von induktiven Bögen konnte die Zahl der Schweißnähte innerhalb des Sicherheitsbehälters um mehr als 75 % reduziert werden. Nach einer Betriebszeit von fast zwei Jahrzehnten wurden zwischenzeitlich alle Schweißnähte in den betroffenen SWR-Anlagen einer zerstörungsfreien Prüfung unterzogen. In allen Fällen wurde ein anzeigenfreier Zustand bestätigt. Dies ist ein Beleg für die Richtigkeit und Wirksamkeit des getroffenen Umrüstkonzepts.

Ferritische Rohrleitungen

Ende der 1970er-Jahre sind in ferritischen Rohrleitungssystemen deutscher SWR-Anlagen erstmals korrosionsgestützte Rissbildungen bekannt geworden, die in Einzelfällen zu Leckagen führten. Ein Großteil der Schäden konzentrierte sich dabei auf Rundnähte des mittelfesten Feinkornbaustahls vom Typ 17MnMoV64 (WB35) (MPA 1985). Dieses Schadensphänomen wird seit Anfang der 1980er-Jahre mit dem Begriff „Dehnungsinduzierte Risskorrosion" umschrieben (Hickling 1982). Hauptsächlich betroffen von diesen DRK-Rissbildungen waren Systeme mit stagnierenden Medienbedingungen (Frischdampfsysteme, Kondensatsysteme), aber auch in einigen Fällen Speisewassersysteme. Schadensauslösend waren in der Regel transiente Beanspruchungen (z. B. bei Anfahrvorgängen mit relativ geringen Lastwechselzahlen) in Verbindung mit einem systembedingt hohen Sauerstoffgehalt (Hickling 1982; Ford 1982b; Hickling und Blind 1986; Lenz und Wieling 1984,

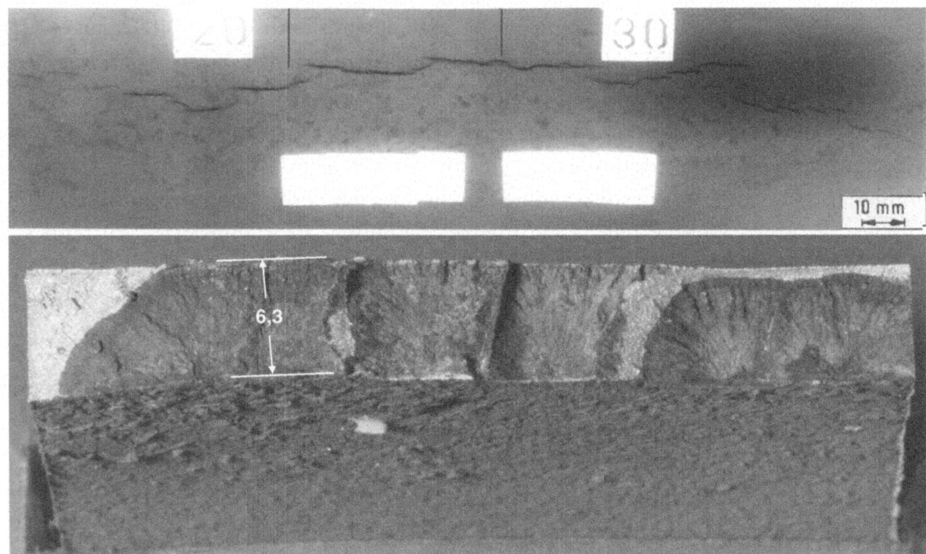

Abb. 13.20 Fotographische Wiedergabe des Durchstrahlungsfilmes mit Rissanzeigen sowie Punktanzeigen infolge Korrosionsgrübchen (oben) mit Ansicht der freigelegten Oberfläche (unten). Rissbildung infolge dehnungsinduzierter Risskorrosion (DRK) im Grundwerkstoff eines Rohrabschnittes ($D_a = 273\,\text{mm} \times 6.3\,\text{mm}$) einer SWR-Anlage aus 17 MnMoV 64 (WB 35) (BMUSR2501 2007)

1988). Während langsam zunehmender Dehnung ϵ mit kleinen Dehnraten $d\epsilon/dt$ kommt es dabei zu lokalisierten Fließprozessen an Spannungskonzentrationsstellen (z. B. Kantenversatz, Wurzelkerben, Korrosionsgrübchen). Hierbei reißt die spröde Schutzschicht ein, nachfolgend findet Rissinitiierung durch anodische Metallauflösung unter simultan wirksamer Dehnrate statt. Bei derart stetig anhaltenden Bedingungen setzt nachfolgend Risswachstum ein (Hickling 1982; Lenz und Wieling 1988; Ford 1984, 1982a) .

Abbildung 13.20 zeigt beispielhaft die fotographische Wiedergabe des Durchstrahlungsfilmes und die Ansicht der freigelegten Oberfläche einer Rissbildung im Grundwerkstoff eines Rohrabschnittes ($D_a = 273\,\text{mm} \times 6.3\,\text{mm}$) aus dem Feinkornbaustahl 17MnMoV64 (WB 35) einer SWR-Anlage, die mit stagnierendem Frischdampf beaufschlagt war. Die diesbezügliche Schadensuntersuchung durch MPA Stuttgart ergab, dass die vorliegenden Rissbildungen dem Schadensmechanismus der sogenannten dehnungsinduzierten Risskorrosion (DRK) zuzuordnen ist (BMUSR2501 2007).

Nach einer umfassenden Bestandsaufnahme dieses Schadensphänomens aus allen deutschen SWR-Anlagen wurde ein umfangreiches Nachrüstprogramm realisiert, das in Ergänzung zu den bereits umgerüsteten Rohrleitungssystemen aus den Jahren 1980/1981 zahlreiche Sicherheitssysteme betraf, die dem Geltungsbereich der Druckführenden Umschließung (DfU) zuzuordnen sind.

Aus begleitenden F&E-Arbeiten im Zusammenhang mit diesem Rissbildungsphänomen und darauf aufbauenden Überlegungen wurde ein in sich geschlossenes Konzept zur

Beherrschung der DRK-Problematik abgeleitet (Erve et al. 1986; Ilg et al. 1990). Diese Vorgehensweise beinhaltete zunächst die Identifizierung der betroffenen Rohrleitungssysteme mit nachfolgenden Umrüstmaßnahmen der betroffenen Bereiche einschließlich Einleitung geeigneter betrieblicher und verfahrenstechnischer Optimierungsmaßnahmen. Im Rahmen der Umsetzung des Gesamtkonzeptes wurden folgende Auslegungs- und Ausführungsgrundsätze realisiert:

- Konsequente Umsetzung der Basissicherheit für Rohrleitungssysteme innerhalb der DfU (Geltungsbereich KTA 3201)
- Einsatz niederfeste Stähle (15MnNi63, 15Mo3, St35.8 III, C22.8) für Rohrleitungen der Äußeren Systeme im Geltungsbereich der KTA 3211.

Hierbei wurde Wert gelegt auf:

- Umfassende Spannungsanalysen für die relevanten Lastfälle
- Vermeidung von Spannungsspitzen (Minimierung Kantenversatz, gute Wurzelqualitäten, Maßnahmen zur Vermeidung von Schweißnahtfehlern, fallweise Innenbeschleifen)
- Optimierte Unterstützungskonstruktionen (z. B. Integrale Rohrleitungsformstücke)
- Positives Gefälle zur Vermeidung von Kondensatansammlungen, fallweise Einsatz exzentrischer Reduzierungen
- Zusätzliche Entwässerungen bzw. größere Entwässerungsstutzen
- Verwendung induktiv gebogener Rohrleitungspools, dadurch Minimierung von Schweißnähten.

Begleitet wurden diese Nachrüstmaßnahmen durch Optimierung verfahrenstechnischer und/oder betriebstechnischer Maßnahmen, die darauf abzielten, den Sauerstoffgehalt in den Systemen, insbesondere beim Anfahren der Anlage zu reduzieren (Erve et al. 1986; Ilg et al. 1990). Beispielhaft gehörten hierzu:

- Evakuieren dampfführender Systeme
- Spülen mit Frischdampf
- Vorwärmen mit Frischdampf
- Kreislaufbetrieb im Bereich von Rohrleitungssystemen des Maschinenhauses vor Bespeisen des Reaktors (Entgasen)
- Einführung von Schleppdampfströmung (gleichzeitige Ableitung von Dampf und Kondensat zu Vermeidung von Sauerstoffanreicherungen).

Die in den deutschen SWR-Anlagen seit der 1980er-Jahre vorgenommenen Nachrüstungen ferritischer Rohrleitungssysteme nach den Grundsätzen der Basissicherheit haben sich nach einer Betriebzeit von mehr als 3 Jahrzehnten voll umfänglich bewährt. In diesen ausgetauschten Systembereichen mit einem Betrachtungsumfang aus 6 deutschen SWR-Anlagen innerhalb der DfU (Speisewasser-, Frischdampf-, Hilfsdampf-, Druckentlastungs-, Kernsprüh- und Abfahrkühlleitungen) lag früher eine Anfälligkeit gegen DRK vor.

Von den 1164 betreffenden Schweißnähten wurden zwischenzeitlich über 800 Stück mindestens einmal wiederkehrend geprüft. Als bemerkenswertes Ergebnis ist festzustellen, dass bis heute kein einziger Befund vorliegt, der auf eine betriebliche Rissbildung zurückgeführt werden kann (Hoffmann et al. 2007; Ilg et al. 2011). Dies ist ein überzeugender Beleg für die in deutschen SWR-Anlagen durchgeführten Umrüstmaßnahmen und einer kontrollierten Betriebsweise.

Literatur

Andresen, P.L., Gott, K., Nelson, J.L.: Stress corrosion cracking of sensitized type 304 sainless steel in 288°C Water: a five laboratory round robin. In: Proceedings of the 9th International Conference on Environmental Degradation of Materials in Nuclear Power Plants - Water Reactors, S. 423–433, Newport Beach (1999)

Atomgesetz. - Die hier belegten Aussagen sind in nachfolgenden Fassungen des Atomgesetzes erhalten geblieben (1959)

Backfisch, W.: Statusbericht zu den RDB-Einbauten der SWR-Anlage KKP1. Gutachten des TÜV Energietechnik Baden-Württemberg, In (2000)

Bartonicek, J., Hienstorfer, F., Schöckle, F.: Integritätsnachweis für Rohrleitungen im Rahmen der Nachbewertung äußerer Systeme bei GKNI. In: 21. MPA-Seminar, S. 39.1-39.23 (1995)

Bartonicek, J., Kohlpaintner, W., Widera, M., Roos, E., Herter, K.-H., Otremba, F.: Gesamtkonzept zum Integritätsnachweis. Ergebnisse aus MPA/VGB-Forschungsvorhaben, Stuttgart, Vortragsveranstaltung zur Gewährleistung von Sicherheit und Verfügbarkeit von Leichtwasserreaktoren - Vortrag 2.1 (2002)

BMU-Vorhaben SR 2501, technischer Bericht MPA Stuttgart. Zentrale Untersuchung und Auswertung von Herstellungsfehlern und Betriebsschäden im Hinblick auf druckführende Anlagenteile von Kernkraftwerken (2007)

Circumferential cracking of reactor pressure vessel head penetration nozzels. US NRC, Bulletin 2001-01 (2001)

Clarke, W.L., Cowan, R.L., Walker, W.L.: Intergranular corrosion of stainless alloys. In: ASTM STP 656, S. 99–132 (1978)

Coriou, H., et al.: Sensitivity to stress corrosion and intergranular attack of high nickel austenitic alloys. In: Corrosion NACE 22, S. 280–290 (1966)

Davis Besse reactor vessel head degradation. http://www.nrc.gov/reactors/operating/ops-experience/vessel-head-degradation.html (2001)

Eigenmann, B.: Untersuchungsbericht über röntgenographische und mechanische Eigenspannungsanalysen an einem Teilstück des Kernmantels des Kernkraftwerks Tullnerfeld im Bereich der Schweißnaht H4. Universität Karlsruhe (TH), Karlsruhe, Institut für Werkstoffkunde I (1997)

Erve, M., et al.: Maßnahmen zur Vermeidung von dehnungsinduzierter Risskorrosion in ferritischen Rohrleitungssystemen von Siedewasserreaktoren. Nucl. Eng. Des. **96**, 217–224 (1986)

Erve, M., Papuschek, F., Fischer, K., Eidorn, Ch.: State of the art in the manufacture of heavy forcing for reactor components in the federal republic of Germany. Nucl. Eng. Des. **108**, 487–495 (1988)

Erve, M., Tenckhoff, E., Weiß, E.: Werkstoffkonzept - Basis für Qualität und Zuverlässigkeit von Großanlagen. S. 283–300. VDI-Berichte (1989)

Erve, M.: Replacement of Co-containing alloys in primary circuit components. Man Rem Seminar, Berlin (1990)

Erve, M., Wesseling, U., Kilian, R., Hardt, R., Brümmer, G., Maier, V., Ilg, U.: Rissbildung in Rohrleitungen aus stabilisierten austenitischen Stählen von SWR-Anlagen - Schadensbefunde und Schadensursache. In: 20. MPA-Seminar, Universität Stuttgart (1994)

Erve, M., Wesseling, U., Kilian, R., Hardt, R., Brümmer, G., Maier, V., Ilg, U.: Cracking in stabilized austenitic stainless steel piping of German boiling water reactors - characteristic features an root cause. Nucl. Eng. Des. **171**, 113–123 (1997)

Ford, F.P.: Effect of oxygen/temperature combinations on the stress corrosion susceptibility of SA 333-Gr6 carbon steel in BWR quality water/EPRI-Forschungsbericht No NP 2589 (1982a)

Ford, F.P.: Mechanisms of environmental cracking in systems peculiar to the power generation industry/EPRI-Forschungsbericht No NP 2406 (1982b)

Ford, F.P.: Current understanding of the mechanisms of stress corrosion on corrosion fatigue. In: ASTM STP 821, S. 32–51 (1984)

Fruehan, R.J.: A review of hydrogen flaking and its prevention. Trans. of AIME S. 61–69 (1997)

GRS-Weiterleitungsnachricht 11/94. Befunde zu Ereignissen in in- und ausländischen Anlagen (1994)

Hickling, J.: Dehnungsinduzierte Risskorrosion: Spannungsrisskorrosion oder Schwingungsrisskorrosion? Der Maschinenschaden **55**, 95–105 (1982)

Hickling, J., Blind, D.: Strain induced corrosion cracking of low-alloy steels in LWR systems - case histories and identification of conditions leading to susceptibility. Nucl. Eng. Des. **91**, 305–330 (1986)

Hochstein, F., Austel, W., Maidorn, C.: Herstellung von Schmiedestücken aus schweren und schwersten Rohblöcken mittels verbesserter Technologien. In: Materialprüfung 22 Nr. 1, S. 40–44 (1980)

Hoffmann, H., Ilg, U., König, G., Mayinger, W., Nagel, G., Schümann, D., Widera, M.: Das Integritätskonzept für Rohrleitungen sowie Leck- und Bruchpostulate in deutschen Kernkraftwerken. VGB PowerTech **7**, 78–91 (2007)

Ilg, U., Berg, H., Rühle, W., Wolf, H.: Realisierung von Maßnahmen zur Vermeidung von dehnungsinduzierter Risskorrosion in ferritischen Rohrleitungssystemen eines Siedewasserreaktors. In: 16. MPA-Seminar, Stuttgart (1990)

Ilg, U.: Failure analysis of austenic stainless steel piping in boiling water reactors - root cause and remedies. Power Plant Chem. **7**, 261–270 (2005)

Ilg, U., König, G., Schöckle, F., Kirchhof, H.-J.: Einführung des operativen Alterungsmanagements für mechanische Komponenten an den Standorten Neckarwestheim (GKN) und Philippsburg KKP). In: 32. MPA-Seminar, Stuttgart (2006)

Ilg, U.: Fortschritte in Überwachungsprogrammen für Reaktordruckbehälter. Internationale Z. Kernenerg. 29–36 (2007)

Ilg, U., König, G., Erve, M.: Das Werkstoffkonzept in deutschen Leichtwasserreaktoren - Beitrag zur Anlagensicherheit, Wirtschaftlichkeit und Schadensvorsorge. atw **53**, 766–781 (2008)

Ilg, U.: Qualitätsstatus von Mischnähten in deutschen DWR- und SWR-Anlagen. RSK-Ausschuss Druckführende Komponenten und Werkstoffe, Bonn (2009)

Ilg, U., Nagel, G., König, G., Schümann, D., Mayinger, W., Widera, M.: Integrity concept for piping systems with corresponding leak and break postulates in German nuclear power plants. Proceedings of ASME Pressure Vessels and Piping Conference, Baltimore (2011)

Kastner, W., Lochner, H., Rippel, R., Bartholomé, G., Keim, E., Gerscha, A.: Untersuchungen zur instabilen Rissausbreitung und zum Rissstoppverhalten. In: BMFT-Vorhaben 150 320, KWU-Abschlussbericht R 914/83/018 (1983)

Kilian, R., Brümmer, G., Ilg, U., Maier, V.: Characterization of sensitization and stress corrosion cracking behavior of stabilized stainless steels under BWR conditions. In: Proceedings of 7th International Symposium on Environmental Degradation of Materials in Nuclear Power Systems - Water Reactors. Breckenridge CO., NACE, S. 529–540 (1995)

Kilian, R., Roth, A.: Corrosion behaviour of reactor coolant system materials in nuclear power plants. Werkstoffe Korros. **53**, 727–739 (2002)

Kilian, R., Hoffmann, H., Ilg, U., Küster, K., Nowak, E., Wesseling, U., Widera, M.: German experience with intergranular cracking in austenitic piping in BWRs and assessment of parameters affecting the in-service IGSCC behavior using an artificial neural network. In: Proceedings of the 12th International Conference on Environmental Degradation of Materials in Nuclear Power Systems - Water Reactors, S. 803–810 (2005)

Kilian, R., persönliche Mitteilung KTA 1403, Alterungsmanagement in Kernkraftwerken (2010)

KTA 3201, Komponenten des Primärkreises von Leichtwasserreaktoren. Teil 1: Werkstoffe und Erzeugnisformen, Fassung 06/1998

KTA 3201, Komponenten des Primärkreises von Leichtwasserreaktoren. Teil 2: Auslegung, Konstruktion und Berechnung, Fassung 06/1996 (Entwurf 11/2010)

KTA 3201, Komponenten des Primärkreises von Leichtwasserreaktoren. Teil 3: Herstellung, Fassung 11/2007

KTA 3201, Komponenten des Primärkreises von Leichtwasserreaktoren. Teil 4: Wiederkehrende Prüfung und Betriebsüberwachung, Fassung 11/2010

KTA 3206, Nachweise zum Bruchausschluss für druckführende Komponenten in Kernkraftwerken. Regelentwurfsvorlage (2012)

KTA 3211, Druck- und aktivitätsführende Komponenten außerhalb des Primärkreises. Teil 1, Werkstoffe, Fassung 06/2000. Teil 2, Auslegung, Konstruktion und Berechnung, Fassung 06/1992 (Entwurf 11/2010). Teil 3, Herstellung, Fassung 11/2003. Teil 4, Wiederkehrende Prüfungen und Betriebsüberwachung, Fassung 06/1996 (Entwurf 11/2011)

Kussmaul, K.: Widerstandsfähigkeit von Schweißkonstruktionen im Druckbehälter- und Rohrleitungsbau unter besonderer Berücksichtigung von Fehlern in Schweißverbindungen. In: Schweißen und Schneiden 22 Nr. 12, S. 509–514 (1970)

Kussmaul, K.: Verfügbarkeits- und Sicherheitsaspekte bei geschweißten Bauteilen großerer Wanddicke für Energieerzeugungsanlagen. Der Maschinenschaden **45**(6), 231–242 (1972)

Kussmaul, K., Ewald, J., Maier, G., Schellhammer, W.: Enhancement of the quality of the reactor pressure vessel used in light water power plants by advanced material fabrication and testing technologies. In: 4th International Conference on Structural Mechanics in Reactor Technology, Bd. G. San Francisco (1977)

Kussmaul, K.: Die Gewährleistung der Umschließung - Grundlagen und Nachweis der Berstsicherheit von Reaktordruckbehältern für LWR-Kernkraftwerke. Atomwirtsch. Atomtech. **7**(8), 354–361 (1978)

Kussmaul, K.: German basis safety concept rules out possibility of catastrophic failure. Nucl. Eng. Int. **12**, 41–46 (1984)

Kussmaul, K.: Fortschritte und Entwicklungstendenzen beim Einsatz hochzäher und hochfester Werkstoffe. In: VGB-Ehrenkolloqium „Werkstofftechnik und Betriebserfahrungen", S. 7–24. Mannheim (1985)

Lenz, E., Wieling, N.: Einflussgrößen auf die Rissinitiierung und auf das Risswachstum in niedrig legierten Feinkornbaustählen in Hochtemperaturwasser. In: 20. Sitzung des DVM-AK Bruchvorgänge, S. 127–166 (1988)

Lenz, E., Wieling, N.: Strain induced corrosion cracking in low alloyed steels under LWR conditions - its influence on crack initiation and cyclic crack growth rate. In: Proceedings of 9th International Congress on Material Corrosion, Bd. 3, S. 178–184 (1984)

Mailand, I., Almazouzi, A.: Untersuchung des Kobalteinbaus in die Oxidschichten von austenitischem Stahl unter SWR-Bedingungen mit und ohne Einfluss von Zink. VGB PowerTech S. 108–111 (2003)

MPA-Bericht 940 279: Betriebliche Rißbildungen in ferritischen Rohrleitungen von Leichtwasserreaktoren mit Schwerpunkt auf Kernkraftwerken mit Siedewasserreaktoren (1985)

MPA/VGB-Forschungsvorhaben 6.6, Untersuchungen zum Tragverhalten von austenitischen Rohren kleinerer Nennweite DN50/DN80. Abschlussbericht MPA Stuttgart (1998)

MPA/VGB-Forschungsvorhaben 3.4, Untersuchungen zum Tragverhalten von ferritischen Rohren kleinerer Nennweite DN50/DN80. Abschlussbericht MPA Stuttgart (2002)

MPA/VGB-Forschungsvorhaben SA-AT 29/05, Integritätskonzept für druckführende Komponenten - Nutzungspapier. rev. 1 (2009)

NUREG-Report No. 1544, Intergranular Stress Corrosion Cracking of BWR Core Shrouds and Other Internal Components (1996)

Rösler, U., Debray, W.: Meilensteine der Werkstofftechnik auf dem Weg der kerntechnischen Entwicklung. VGB-Ehrenkolloqium, „Werkstofftechnik und Betriebserfahrungen", Mannheim, S. 24–38 (1985)

RSK-Leitlinien für Druckwasserreaktoren Kap. 4.1. vom 24.01.1979. mit Anhang Kap. 4.2 Rahmenspezifikation Basissicherheit 2. Ausgabe (1979)

RSK-Leitlinien für Druckwasserreaktoren Kapitel 4.1 vom 14.10.1981 - 3. Ausgabe (1981)

Rühle, W., Riess, R.: Overview of activity built up in the latest west German PWRs. Waterchemistry on Nuclear Reactor Systems 5. BNES, London (1989)

Scholtes, B.: Eigenspannungen in mechanischer randschicht-verformten Werkstoffzuständen - Ursachen, Ermittlung und Bewertung, DGM-Informationsgesellschaft (1990)

Scholtes, B., Zinn, W.: Eigenspannungsmessungen an einer austenitischen Schweißnaht mit asymmetrische gelegter UP-Auftragsschweißung vor und nach Glühbehandlung bei 560°C/5h. Untersuchungsbericht Institut für Werkstofftechnik - metallische Werkstoffe (2011)

Sicherheitstechnische Regeln des kerntechnischen Ausschusses (KTA): Sicherheitskriterien für Kernkraftwerke (1977)

Sicherheitsanforderungen an Kernkraftwerke. Entwurf (2011)

Stöerfallleitlinien (1983)

Sturm, D., Stoppler, W.: Forschungsvorhaben, „Phänomenologische Behälterberstversuche - Versuche zum Traglast- und Bruchverhalten von Rohren mit Längsfehlern (BV I)". Forderkennzeichen 1500 279 BMFT, Abschlussbericht Phase I. Stuttgart (1985)

Technischer Bericht zum BMU-Vorhaben SR 2501. Zentrale Untersuchung und Auswertung von Herstellungsfehlern und Betriebsschäden im Hinblick auf druckführende Anlagenteile von Kernkraftwerken. MPA Stuttgart (2007)

VGB-R 401 J, Richtlinie für das Wasser in Kernkraftwerken mit Leichtwasserreaktoren (2006)

Wachter, O.: Erfahrungen mit den austenitischen Werkstoffen 1.4541 und 1.4550 in deutschen SWR-Anlagen. In: VGB-Konferenz, „Chemie im Kraftwerk 1995", Essen (1995)

Wachter, O., Brümmer, G.: Experiences with austenitic steels in boiling water reactors. Nucl. Eng. Des. **168**, 35–52 (1997)

Wellinger, K., Krägeloh, E., Kussmaul, K., Sturm, D.: Die Bruchgefahr bei Reaktordruckbehältern und Rohrleitungen. In: Nuclear Engineering and Design 20 (1972) - SMiRT-1 Konferenz, S. 215–235 Berlin (1971)

Widera, M.: Results on the BWR RPV internals management program of the German NPP Gundremmingen units B and C. In: 10th International Conference on Environmental Degradation of Materials in Nuclear Power Plants - Water Reactors, Lake Tahoe (2001)

Wood, C.-J.: Recent developments in LWR radiation field control. Prog. Nucl. Energy **19**(3), 241–266 (1987)

Yamashita, H.: SCC of low-grade stainless steel and evaluation method in Japanese BWRs. INPO-IPAC Meeting. Saint Lazare, In (2007)

Betrieb

14

Für den Betrieb eines Kernkraftwerkes sind grundsätzlich alle in den bisherigen Kapiteln behandelten theoretischen und technischen Zusammenhänge von Bedeutung. Im folgenden Kapitel erfolgt nun eine vertiefende Betrachtung im Hinblick auf die Brennelementeinsatzplanung und -handhabung, das Anfahren des Reaktors sowie die Spezialfälle des Lastfolge- und Streckbetriebs.

Die in den Beschreibungen aufgeführten Sachverhalte basieren einerseits stark auf Betriebserfahrungen, andererseits werden die wesentlichen technischen Zusammenhänge unter Einbeziehung der einschlägigen Schulungsunterlagen des Anlagenherstellers dargestellt. Insoweit ist es erklärlich, dass zu diesen Kapiteln keine gesonderten Literaturzitate existieren. Für den interessierten Leser sei für vertiefende Informationen u. a. auf (Michaelis und Salander 1995; Kindleben 1985; Smidt 1979; Sauter 1982) verwiesen.

14.1 Brennelement-Einsatzplanung

Wenn von Brennelementeinsatzplanung die Rede ist, können damit verschiedene Planungsaspekte gemeint sein, die allesamt darauf abzielen, einen Reaktor mit Brennstoff zu versorgen, um ihn im Leistungsbetrieb zu betreiben. Der Begriff „Brennelementeinsatzplanung" legt hierbei jedoch noch nicht eindeutig fest, welche Planungsaufgaben damit genau gemeint sind.

Wenn ein Kernreaktor über viele Jahre hinweg betrieben werden soll, sind hierfür Planungsleistungen erforderlich, die eine sehr unterschiedliche zeitliche Reichweite abdecken müssen. Dies ist dadurch zu erklären, dass – mit Ausnahme des ersten Betriebszyklus – die Beladung eines Reaktors immer eine Mischung aus frischen und teilabgebrannten Brennelementen darstellt; das bedeutet, dass teilabgebrannte Brennelemente eines gerade abgelaufenen Zyklus, die zukünftig wieder eingesetzt werden sollen, einen Teil der Anfangskonfiguration des Folgezyklus darstellen. Insoweit hängen die Zyklen

A. Ziegler und H.-J. Allelein (Hrsg.), *Reaktortechnik*,

DOI: 10.1007/978-3-642-33846-5_14,

unmittelbar miteinander zusammen und voneinander ab. Bis zu seinem Zielabbrand verbleibt ein Brennelement üblicherweise etwa 4–5 Jahre im Reaktor.

In diesem Sinne muss die Brennelementeinsatzplanung sowohl die kurzfristigen als auch die lange im Voraus zu planenden Einsatzrandbedingungen für den Betrieb eines Reaktors berücksichtigen. Die Besonderheit dieser Planungen besteht darin, dass die langfristigen und kurzfristigen Einsatzrandbedingungen in Abhängigkeit voneinander zu betrachten sind. Folgende Aspekte müssen von einer Brennelementeinsatzplanung berücksichtigt werden.

- Die langfristige Brennelementeinsatzplanung betrachtet die Ökonomie und den Verlauf eines repräsentativen Einzelzyklus und leitet daraus integral den langfristigen Brennstoffbedarf ab (z. B. für BE-Lieferverträge).
- Die mittelfristige Brennelementeinsatzplanung betreibt die vorausschauende Betrachtung von maximal 5 Zyklen und trifft hierbei Festlegungen, die ggf. Einfluss auf das BE-Design oder die Art bzw. die Anreicherung des Brennstoffes betreffen (z. B. Betriebsbewährung von BE-Strukturelementen, wie Hüllrohrmaterial oder AH-Design).
- Die kurzfristige Brennelementeinsatzplanung, die bisweilen auch als Zyklusplanung bezeichnet wird, beschäftigt sich mit der Vorausberechnung des jeweils nächsten Betriebszyklus.

14.1.1 Beladestrategien

Die Antwort auf die Frage, wie die verfügbaren Positionen im Reaktor mit Brennelementen belegt werden sollen, wird durch eine Vielzahl von Einsatzrandbedingungen beeinflusst. Ungeachtet dessen, haben sich im Laufe der vielen Betriebszyklen, erfahrungsbasierte Grundprinzipien der Beladung etabliert. Hierzu gehört bspw., dass der Reaktor quadrantensymmetrisch beladen wird. Diese Art der Beladung hat für die radiale und azimutale Leistungsdichtesymmetrie hinsichtlich Regelung und Begrenzung, sowie für die Einsatzplanung der folgenden Zyklen, unübersehbare Vorteile. Es ergeben sich auf diese Weise BE-Quartette, innerhalb derer die Brennelemente quasi gleiche Leistungsgeschichten aufweisen und infolgedessen gleiches Reaktivitätspotenzial bzw. vergleichbare Abbrandverteilung und -gradienten im BE.

Ein weiteres Grundprinzip der Beladung wird durch die Art der Anordnung von frischen und teilabgebrannten Brennelementen im Reaktor verwirklicht. Grundsätzlich können frische Brennelemente an jeder Position, d. h. im Außen- oder Innenbereich des Reaktorkerns angeordnet werden. Man unterscheidet hierbei drei Varianten:

- die konventionelle Beladung,
- die low-leakage Beladung und
- die voll-low-leakage Beladung.

Die konventionelle Beladung, die auch out-in-Beladung genannt wird, setzt den Großteil der frischen Brennelemente auf Außenpositionen des Reaktors und stellt damit sicher, dass die Leistungsdichte und das DNB-Verhältnis im Reaktorinneren innerhalb der zulässigen Grenzen verbleiben. Der Nachteil einer solchen Beladestrategie ist der große Verlust an Neutronen im Randbereich des Reaktors (schlechte Neutronenökonomie) und die damit verursachte hohe Fluenz schneller Neutronen auf die Reaktordruckbehälterwand, die zu einer akzelerierten Materialversprödung führt und entsprechend berücksichtigt werden muss.

Die low-leakage Beladung verteilt die frischen Brennelemente gleichmäßig auf Außen- und Innenpositionen im Reaktor und kompensiert den anfänglichen Reaktivitätsüberschuss mit einer entsprechend hohen Borkonzentration zu BOC (begin of cycle). Insoweit stellt diese Beladevariante einen Kompromiss dar zwischen der konventionellen und einer dritten, der so genannten voll-low-leakage Beladung.

Die voll-low-leakage Beladung sieht vor, dass frische Brennelemente ausschließlich auf innen liegenden Positionen angeordnet werden. Um dort eine zu große anfängliche Überschussreaktivität zu kompensieren, wird ein Teil der frischen Brennelemente bei diesem Beladekonzept Gd vergiftet ausgeführt, d. h. durch einen abbrennbaren Neutronenabsorber wird zu Zyklusbeginn die Leistungsdichte im Kerninnenbereich reduziert. Nach ca. 200 Volllasttagen (Vlt) ist das Gadolinium hinsichtlich seiner neutronenphysikalischen Wirksamkeit ausgebrannt; zu diesem Zeitpunkt ist die Gesamtreaktivität des Kerns weit genug abgesunken, dass Leistungsdichte und DNB-Verhältnis sicher im zulässigen Bereich gehalten werden können. Eine Kompensation der anfänglichen Überschussreaktivität mit gelöster Borsäure im Kühlmittel kann nicht mit beliebig hohen Borkonzentrationen erfolgen, da andernfalls der Kühlmitteltemperaturkoeffizient Γ_K zu BOC nicht negativ sein würde; gerade dies ist jedoch ein Aspekt der inhärenten Sicherheit des Reaktorbetriebes, der durch das einschlägige Regelwerk gefordert wird.

14.1.2 Randbedingungen

Für eine zyklusspezifische Brennelementeinsatzplanung muss eine Vielzahl von Randbedingungen beachtet werden. Diese Randbedingungen ergeben sich aus den grundsätzlichen Auslegungsdaten des Reaktors, der Brennelemente und den relevanten Daten aus Störfallanalysen sowie individuellen, zyklusspezifischen Vorgaben des Reaktorbetreibers. Im Folgenden sollen diese Randbedingungen näher erläutert werden.

Grundsätzliche Daten zur Kernauslegung

Mit der ursprünglichen Festlegung des Reaktordesigns, hinsichtlich seiner geometrischen Abmessungen und den Betriebsparametern der an den Reaktor angrenzenden Systeme, wie Reaktorkühlkreislauf, Druckhaltesystem und allen zugehörigen Regelungen und Begrenzungen, wurden die wesentlichen Anlagenrandbedingungen fixiert. Die Grundsätzlichkeit dieser Randbedingungen spiegelt sich in der Tatsache wider, dass diese Daten des Reaktors mit der § 7 AtG-Genehmigung zur Errichtung und zum Betrieb der Anlage festgeschrieben wurden. Zu diesen Randbedingungen gehören u. a. die folgenden Festlegungen:

- thermische Reaktorleistung
- Systemdruck im Primärkreis
- thermische und thermohydraulische Parameter
- Anzahl der Brennelemente
- Anzahl der Steuerelemente
- Incore-Instrumentierung.

Für die thermohydraulische und neutronenphysikalische Auslegung eines Kerns ist das Wissen um den mechanischen Aufbau und die verwendeten Materialien der zum Einsatz vorgesehenen Brennelemente eine wichtige Randbedingung. Geometrie und Aufbau der Brennelemente beeinflussen maßgeblich deren thermohydraulisches Verhalten im Reaktor hinsichtlich sicherer Niederhaltung und DNB-Verhältnis. In unmittelbarem Zusammenhang hierzu steht auch das neutronische Verhalten der Brennelemente, das zusätzlich zu den geometrischen Daten durch die neutronenphysikalischen Eigenschaften des Strukturmaterials mitbestimmt wird. Aus diesem Grunde wird über die eigentlichen Brennelementdaten hinaus, besonderes Augenmerk auf die Daten der sonstigen BE-Strukturteile gelegt. So hat bspw. der mechanische Aufbau der Abstandhalter, zusammen mit den neutronenphysikalischen Eigenschaften des AH-Materials (z. B. Zirkaloy-4), einen merklichen Einfluss auf die axiale Neutronenflussverteilung am Brennelement, was insbesondere auch Zykluslänge und Leistungsverteilungsüberwachung beeinflusst.

Daten aus Störfallanalysen

Im Rahmen des atomrechtlichen Genehmigungsverfahrens wurden diverse Störfallanalysen durchgeführt. Die Ergebnisse dieser Analysen haben daraufhin in übergeordneten Genehmigungsunterlagen, die den zulässigen Rahmen für den Betrieb des Reaktorkerns festlegen, Eingang gefunden.

Diese Genehmigungsunterlagen sind:

- Sicherheitstechnische Rahmenbedingungen für Auslegung und Betrieb des Reaktorkerns
- Nachweisstand für sicherheitstechnische Parameter.

Für jeden Folgezyklus muss die Einhaltung der Vorgaben aus diesen Unterlagen durch Berechnung im Voraus nachgewiesen werden. Zu den Nachweisbereichen gehören Thermohydraulik, Neutronik und Thermomechanik der Brennelemente. Folglich gehören hierzu u. a. die folgenden Vorgaben:

- *Maximal zulässige Leistungsdichte* (Regelung, Begrenzung, Reaktorschutz)
- *Thermohydraulik* (sichere Niederhaltung der BE und DNB-Konzept)
- *Abschaltreaktivität* (Nettobankwirksamkeit, stuck-rod-Konzept)
- *Frischdampfleitungsleck* (repräsentative Unterkühlungstransiente)
- *Notkühlung* (Heißstab- und Schadensumfangsanalyse)

- *Hüllrohrkorrosion* (Ausschluss eines systematischen Hüllrohrversagens)
- *Reaktivitätskoeffizienten*
  Für die Reaktivitätskoeffizienten werden – zur Einhaltung von Grenzwerten im Zusammenhang mit Reaktivitätsstörungen – Bereiche definiert, innerhalb derer die neue Kernkonfiguration mit ihren Reaktivitätskoeffizienten liegen muss, um nicht weitergehende Nachweise erbringen zu müssen. Die folgenden Reaktivitätskoeffizienten sind hierbei zu betrachten:
  - Kühlmitteltemperaturkoeffizient Γ_K
  - Brennstofftemperaturkoeffizient Γ_F
  - Spektralkoeffizient Γ_{TS}
  - Voidreaktivität ρ_{Void}
  - Borwirksamkeit Γ_C
- *Nachzerfallsleistung*
  Die Nachzerfallsleistung im BE-Becken darf bei verschiedenen Betriebsfällen nicht zu unzulässig hohen Beckenwassertemperaturen führen. Die Wärmeabfuhrkapazität des BE-Beckens muss eine Autarkiezeit von > 10 h nach Störfalleintritt (EVA) gewährleisten. Die Temperatur des BE-Beckenwassers darf im bestimmungsgemäßen Betrieb einen Wert von 60 °C nicht überschreiten (hier: KTA 3303).

Individuelle zyklusspezifische Randbedingungen

Neben den Vorgaben aus den oben genannten Transienten- und Störfallanalysen gibt es darüber hinaus individuelle zyklusspezifische Randbedingungen, die der Betreiber selbst vorgibt. Hierzu gehören u. a.:

- *Zykluslänge*
  Da ein Kraftwerk immer im Verbund mit den übrigen Kraftwerken in einem Unternehmen bzw. im Versorgungsnetz zu betrachten ist, müssen Betriebs- und Stillstandszeiten langfristig geplant werden. Dies sowohl, um den Zukauf für nicht erzeugte Strommengen frühzeitig zu planen, als auch um das erforderliche Revisionspersonal für das eigene Kernkraftwerk – in Einklang mit den Revisionszeiten der anderen Kernkraftwerke – in ausreichendem Umfang zur Verfügung zu haben. Aus diesem Grunde werden An- und Abfahrtermine langfristig festgelegt und die Kernbeladung für die hierfür erforderliche Zykluslänge inkl. Streckbetrieb vorgenommen.
- *Nachlademenge*
  Aus der vorgegebenen Zykluslänge ergibt sich zwangsläufig die erforderliche Nachlademenge (= Anzahl von frischen Brennelementen).
- *Bor-10-Anreicherung*
  Natürliches Bor ist ein Gemisch aus den Bor-Isotopen B10 und B11. Das für die Kompensation der Überschussreaktivität benötigte B10 liegt in diesem Gemisch mit einem Anteil von 19.9 Atom-% vor. Durch Zugabe von isotopenreinem B10 kann dessen Anteil entsprechend angehoben werden. Damit ist es möglich, unzulässig hohe Borkonzentrationen zu BOC zu vermeiden.

- *Schadensumfangsanalyse*
  Der Schadensumfang im LOCA (Loss of Coolant Accident)–Fall darf nach deutschem Regelwerk die 10 %-Grenze nicht überschreiten. Als eine maßgebliche Randbedingung bei der Analyse gilt die zum Zeitpunkt des Störfalleintritts maximal mögliche Brennstableistung; sie hat die Qualität einer Zustandsbegrenzung.
- *MOX-Einsatz*
  Der Einsatz von MOX-BE muss in der Einsatzplanung besonders berücksichtigt werden, da das abbrandabhängige Reaktivitätsverhalten von MOX-BE einen anderen Verlauf annimmt als der von reaktivitätsäquivalenten Uran-BE. Überhaupt muss das neutronenphysikalische Verhalten von MOX-BE einer besonderen Betrachtung unterzogen werden; insbesondere Bor- und Steuerstabwirksamkeiten sind reduziert und müssen ggf. in besonderen Versuchen nachgewiesen werden.
- *Einsatz von BE verschiedener Hersteller*
  Der Einsatz von BE verschiedener Hersteller erfordert immer eine Kompatibilitätsüberprüfung. Hierzu zählen u. a.:
  - AH-Abgleitverhalten und AH-Eckenkompatibilität
  - Lateralkompatibilität (infolge AH-Wachstum)
  - Vergleich der Druckverluste über das BE (Thermohydraulik, Niederhaltung)
  - Handhabung.

14.1.3 Brennelement-Einsatz

Die Auswahl der Brennelemente für den jeweiligen Folgezyklus wird unter Einhaltung der vorgennanten Randbedingungen durch das Angebot der frischen, also unbestrahlten sowie der teilabgebrannten Brennelemente bestimmt. Nach Maßgabe der vorhergegangenen Zyklen ist hierbei in Abhängigkeit der individuellen Leistungsgeschichten der teilabgebrannten Brennelemente deren Reaktivitätspotential ein maßgebliches Entscheidungsmerkmal für einen Wiedereinsatz.

Brennelementauswahl

Unter Beachtung aller zuvor beschriebenen Randbedingungen wird eine Brennelementauswahl vorgenommen. Die BE werden hinsichtlich ihrer wesentlichen Merkmale klassifiziert. Hierzu gehören die folgenden Angaben:

- Region (Kennung der Nachlieferung, der Anreicherung und des Gd-Gehaltes)
- Standzeit
- BE-Nummer
- Anzahl
- Anreicherung
- Abbrand zu verschiedenen Zykluszeitpunkten (BOC, MOC, EOC)
- Gd-Gehalt
- Schwermetallmasse
- Einsatzhistorie.

Beladeplan

Im Beladeplan wird schließlich die Verteilung der BE im Reaktor ausgewiesen. Darüber hinaus werden noch weitere Festlegungen getroffen, nämlich die Drehung der Brennelemente und die Zuordnung der Steuerelemente auf D- und L-Bank-Positionen. Der Reaktorkern setzt sich somit zusammen aus:

- Brennelementen
- Steuerelementen
- Drosselkörpern (Typ I, II und III)
- Instrumentierungslanzen mit Leistungsverteilungsdetektoren (LVD) und Kugelmesssonden (KMS).

Durch den einem Kreis nachempfundenen Kernquerschnitt existieren zu jeder Kernposition, mit Ausnahme der zentralen Position, drei homologe Positionen. Infolgedessen werden Brennelemente bei der Einsatzplanung immer als Quartette betrachtet, die über gleiche Abbrände und Abbrandgradienten, hervorgerufen durch gleiche Leistungsgeschichten, verfügen. Solche Brennelementquartette werden auch in den Folgezyklen jeweils wieder auf homologen Positionen eingesetzt. Diese Vorgehensweise stellt sicher, dass azimutale Leistungsunterschiede im Laufe eines Zyklus gering bleiben.

Das Wissen um die genaue Verteilung der BE im Kern ist weiterhin wichtig im Zusammenhang mit der Festlegung eines Inspektionsprogrammes der Kernbauteile während des BE-Wechsels. Werden bei den Inspektionen Schäden an Kernbauteilen festgestellt, die nicht ausschließen lassen, dass z. B. auch benachbarte BE mit betroffen sein können, so müssen auch diese untersucht werden. Da angenommen wird, dass auf homologen Positionen aus Sicht der Thermohydraulik vergleichbare Verhältnisse vorliegen, werden z. B. bei Auffälligkeiten an Abstandhaltern durch Kontakt mit benachbarten BE, häufig auch BE auf Homologenpositionen mit kontrolliert.

14.1.4 Ergebnisse

Im Folgenden werden einige wesentliche Ergebnisse der durchgeführten reaktorphysikalischen Rechnungen exemplarisch dargestellt.

Leistungen und Abbrände

Bei der Betrachtung eines Zyklusverlaufes haben sich die folgenden repräsentativen Zykluszeitpunkte etabliert. Als *BOC* (begin of cycle) wird der Zeitpunkt nach 6 Volllasttagen (Vlt) bezeichnet. Die thermische Reaktorleistung beträgt hierbei 100 %, die Xenon-Vergiftung befindet sich im Gleichgewicht und der Zyklusabbrand liegt bei etwa 0.2 MWd/kgSM.

Der Zeitpunkt des Gadolinium-Ausbrandes wird als *MOC* (middle of cycle) bezeichnet und erfolgt nach ca. 190–240 Vlt. Der Zyklusabbrand beträgt dann ca. 8 MWd/kgSM.

Am Ende des Zyklus werden zwei Zeitpunkte unterschieden. Als EOC_{nat} (end of cycle, natural) wird das natürliche Zyklusende festgelegt. Eine weitere Reduzierung der Borkonzentration ($c_B \approx 2$–5 ppm) ist – mit vertretbarem Aufwand – nicht mehr möglich. Der Reaktor bleibt weiter kritisch, indem er seine Temperatur absenkt und dadurch den Reaktivitätsverlust kompensiert, den er durch die Abnahme der Nukliddichte an spaltbaren Isotopen eingebüßt hat. Mit Abnahme der Kühlmitteltemperatur sinkt die thermische Reaktorleistung. Diese Betriebsweise wird Streckbetrieb genannt. Zum Zeitpunkt am Ende des Streckbetriebes, der als *EOC* bezeichnet wird, wird bei einem Jahreszyklus ein Zyklusabbrand von ca. 12.7 MWd/kgSM erreicht. Je nach Länge der Streckbetriebsphase kann die thermische Reaktorleistung am Ende des Zyklus durchaus nur noch 80 % betragen.

Für die vorgenannten Zykluszeitpunkte werden schließlich, getrennt nach den Brennstabtypen Uran, Uran-Gd und MOX, die Brennelemente (einschließlich ihrer Position im Reaktor) mit den höchsten Werten für Abbrand, Heißkanalfaktor (Stablängenleistung) sowie niedrigstem DNB-Verhältnis ausgewiesen. Hervorgerufen durch die radiale Leistungsdichteumverteilung im Laufe eines Zyklus verändern die Max.- bzw. Min.-Werte ihre Position im Reaktor.

LOCA-Schadensumfang

Für den Kühlmittelverluststörfall muss nachgewiesen werden, dass nicht mehr als 10 % der im Reaktor befindlichen Brennstäbe defekt werden. Für diesen Nachweis haben sich verschiedene Methoden etabliert. Ausgehend von der individuellen Leistungsgeschichte und der aktuellen Stableistung bei Eintritt des Störfalles wird unter Berücksichtigung der thermohydraulischen Randbedingungen für jeden Brennstab überprüft, ob er im Verlauf des LOCA-Ereignisses seine Schadensgrenze überschreitet oder nicht. Zusätzlich wird zur Verschärfung der Randbedingungen unterstellt, dass die Leistungsdichteverteilung eine axiale Leistungsdichteüberhöhung in der oberen Kernhälfte (peak oben) aufweist, die gerade den LOCA-Grenzwert erreicht. Ausgehend von diesem Kernzustand wird dann die Transientenrechnung für jeden Brennstab im Kern durchgeführt. Dabei werden in einer parallelen Rechnung die thermohydraulischen Parameter Kühlmitteldruck, Ausströmraten, Kerndurchsätze und Wärmeübergangszahlen am Brennstab ermittelt und der Transientenrechnung zur Weiterverarbeitung übergeben. Als Ergebnis erhält man schließlich eine Darstellung, in der zu den verschiedenen Zykluszeitpunkten die lokale BS-Leistung [W/cm] über dem BS-Abbrand [MWd/kgSM] aufgetragen wird. Die defekten Brennstäbe zeigen sich schließlich oberhalb einer mit steigendem Abbrand fallenden Funktion (sog. Schadensgrenzkurve). Abschließend werden die defekten Brennstäbe auf die Gesamtzahl der Brennstäbe im Kern bezogen und somit die Schadensrate bestimmt.

Relative Leistungsdichteverteilungen

Wie bei der Betrachtung der Abbrände, werden auch bei der relativen Leistungsdichteverteilung die Zykluszeitpunkte BOC, MOC und EOC bewertet. Bezogen auf die jeweiligen mittleren Leistungen im Reaktor, werden die relativen Leistungsdichteverteilungen ausgewiesen für:

- F_{BE}: relative Leistungsdichte bezogen auf das Brennelement
- F_{xy}: relative Leistungsdichte bezogen auf den Brennstab
- F_{xyz}: relative Leistungsdichte bezogen lokal auf den Brennstab.

Die Werte für F_{BE} liegen üblicherweise zwischen 1.5 und 1.4; für F_{xy} zwischen 1.7 und 1.6; für F_{xyz} zwischen 2.1 und 1.7 (jeweils für BOC $\rightarrow$ EOC).

Es fällt auf, dass die hohen Leistungsdichten zum Zyklusbeginn im Kerninneren auftreten und sich im Verlaufe des Zyklus radial nach außen umverteilen. Dieses dynamische Verhalten der Leistungsdichte im Reaktor während eines Zyklus wird noch einmal besonders deutlich, wenn man die Brennelemente auf den Außenpositionen betrachtet, die zu EOC deutlich mehr zur Reaktorleistung beitragen als zu BOC. Als eine Konsequenz aus dieser radialen Leistungsdichteumverteilung ergibt sich, dass die SE-Wirksamkeiten im Zyklus stark abhängig sind von der Reaktorposition.

Korrosion der Brennstäbe

Ziel der Brennstabauslegung ist es, im bestimmungsgemäßen Betrieb Brennstabschäden aus vorhersehbaren Ursachen zu vermeiden. Eine solche mögliche Ursache ist die wasserseitige Hüllrohrkorrosion. Es ist daher der Nachweis zu führen, dass durch Hüllrohrkorrosion kein Brennstabschaden zu erwarten ist. In kernweiten Korrosionsrechnungen werden maximale umfangsgemittelte Oxidschichtdicken ermittelt. Als maßgeblich für die Berechnung hat sich die axiale Position in ca. 85 % der aktiven Höhe erwiesen. An dieser Position ist die höchste Hüllrohrtemperatur und damit die Korrosionsneigung am größten. Dies wird durch Messungen der Korrosionsschichtdicke bestätigt.

Für jeden Hüllrohrtyp ist aus einer Vielzahl von Messungen das individuelle Korrosionsverhalten bekannt. Dieses Verhalten wird durch einen Fittingfaktor im HR-Korrosionsmodell berücksichtigt. Mithilfe dieses Korrosionsmodells werden Vorausrechnungen (für EOC) für die zu erwartende HR-Korrosion durchgeführt. Die Ergebnisse dieser Vorausrechnung werden dann, unter Verwendung der korrosionsschichtdickenabhängigen Defektwahrscheinlichkeit, zur erwarteten Defekthäufigkeit weiterverwendet. Mathematisch ergibt sich die folgende Beziehung:

$$\int H(s)D(s)\mathrm{d}s < 1 \tag{14.1}$$

mit

H(s) : Häufigkeit von Brennstäben mit der Schichtdicke s;
D(s) : Defektwahrscheinlichkeit von Brennstäben mit der Schichtdicke s.
Das heißt: Das Produkt der Häufigkeit von Brennstäben mit der Schichtdicke s und der zugehörigen Defektwahrscheinlichkeit, summiert über alle vorkommenden Schichtdicken (also unter Berücksichtigung aller Brennstäbe im Kern), muss stets < 1 sein.

DNB-Verhältnisse

Unter dem DNB-Verhältnis (departure from nucleate boiling) versteht man den Sicherheitsabstand zum Zustand des Filmsiedens. Es wird definiert durch:

$$DNB = \frac{q'_{krit.}}{q'_{vorh.}} \tag{14.2}$$

Eine ausreichende Sicherheit gegen Filmsieden ist gewährleistet, wenn ein minimales DNB-Verhältnis (DNBR) nicht unterschritten wird. Für den stationären Volllastzustand werden darüber hinaus Zuschläge auf diesen Wert vorgenommen, die angenommene Mess- und Kalibrierfehler in der Leistungsdichteverteilung und einen Vorhalt für den Ausfall aller Hauptkühlmittelpumpen berücksichtigen. Daraus ergibt sich ein mindestens einzuhaltendes DNBR, bei dem keine betrieblichen Einschränkungen zu besorgen sind.

Der im Betrieb tatsächlich vorhandene Abstand zum Grenzwert gewährleistet eine hinreichende Betriebsflexibilität für Lastwechselvorgänge. Der Verlauf des minimalen DNB-Verhältnisses im Kern als Funktion der Volllasttage zeigt darüber hinaus Folgendes:

- Mit zunehmender Zyklusdauer werden lokale Leistungsspitzen, die zu niedrigen DNBR führen, abgebaut (d. h. die Sicherheit gegen Filmsieden steigt).
- Der Gd-Ausbrand zwischen dem 190. und 240. Vlt macht sich durch eine Abnahme des DNBR bemerkbar.
- Zu EOC ist der DNBR üblicherweise am größten.
- Auch beim DNBR wird die radiale Leistungsumverteilung von innen nach außen im Zyklusverlauf deutlich. Die führenden DNBR-Brennelemente befinden sich zu EOC weiter außen als zu BOC.

Das DNBR ist eine Rechengröße, die zum Schutz der Integrität der Hüllrohre direkt im Reaktorschutz verarbeitet wird und als Auslösekriterium für eine Reaktorschnellabschaltung (RESA) herangezogen wird.

Fluenzabschätzung für RDB und RDB-Einbauten

Die den Kern umgebenden RDB-Einbauten und die RDB-Wand selbst sind im Betrieb dem schnellen Neutronenfluss ausgesetzt. Durch Versetzungen innerhalb der Metallgitterstruktur (sog. Frenkel-Defekte), die durch schnelle Neutronen verursacht werden, verspröden die verwendeten Stähle. Sie verlieren ihre Zähigkeit und neigen dann zu einer reduzierten Bruchdehnung und Kerbschlagarbeit. Da die Versprödung des RDB der wesentliche lebensdauerbegrenzende Faktor für die Betriebszeit der druckführenden Umschließung einer Reaktoranlage darstellt, muss auf diesen Aspekt besonderes Augenmerk gelegt werden. Durch voreilende Bestrahlungsproben, die sich in besonderen Bestrahlungskanälen an der Kernbehälteraußenseite befinden, werden in festgelegten zeitlichen Abständen Materialproben entnommen und ausgewertet. Diese Proben eilen mit einem Faktor von etwa sechs bis acht, bezogen auf die RDB-Wand, voraus.

Für jeden Zyklus wird daher der zu erwartende Fluenzzuwachs für den Reaktordruckbehälter und dessen Einbauten unter Berücksichtigung der voraussichtlichen Abbrandzuwächse ausgewählter Randbrennelemente abgeschätzt.

Die Berechnung wird für die Innenseiten der Kernumfassung, des Kernbehälters und des RDB durchgeführt. Die ermittelten maximalen Fluenzzuwächse werden schließlich zu den bereits vorhandenen Fluenzen addiert und mit den jeweiligen Auslegungsfluenzen verglichen.

Nachzerfallsleistung

Nach dem Entladen des Reaktorkerns muss die Abfuhr der Nachzerfallsleistung aller im BE-Becken befindlichen Brennelemente gewährleistet werden. Je nach Verfügbarkeit der zugehörigen Kühlstränge des Beckenkühlsystems dürfen dabei bestimmte Beckenwassertemperaturen nicht überschritten werden. Maßgabe für die entsprechend einzuhaltenden Grenzwerte sind die Vorgaben der KTA 3303.

Für den Normalbetrieb fordert die KTA die Einhaltung von maximal 45 °C Beckenwassertemperatur, bei anomalem Systemzustand, wie z. B. bei Ausfall der Eigenbedarfsversorgung, ist die Grenztemperatur mit 60 °C festgelegt und für die Störfallsituation dürfen bis zu 80 °C im Beckenwasser erreicht werden.

Für jeden BE-Wechsel werden daher die Nachzerfallsleistungen aller Brennelemente im Nasslager unter Berücksichtigung ihrer individuellen Leistungsgeschichten berechnet. Dabei wird die Absenkung der Reaktorleistung im Streckbetrieb nicht berücksichtigt, sodass konservativ höhere Nachzerfallsleistungen ermittelt werden. Der Vergleich der abführbaren Wärmeleistung mit der Nachzerfallsleistung muss zeigen, dass die zulässigen Beckenwassertemperaturen nicht überschritten werden. Für den Fall „Ausfall der Beckenkühlung nach Wiederanfahren infolge EVA“ darf ein mittlerer Aufheizgradient von 3.5 K/h im BE-Becken nicht überschritten werden, da ansonsten der maximal zulässige Temperaturwert (80 °C) innerhalb von weniger als 10 Stunden erreicht würde, womit die vorgeschriebene 10-Stunden-Autarkie nicht gegeben wäre.

Wirksamkeit von SE-Konfigurationen

Für repräsentative Zykluszeitpunkte werden die Wirksamkeiten von verschiedenen SE-Konfigurationen berechnet. Hierbei werden die Wirksamkeiten der Gesamtbank L+D, von einzelnen D-Bänken sowie von stuck-rod-Konfigurationen überprüft. Unter stuck-rod versteht man, dass bei Reaktorschnellabschaltung, also dem gemeinsamen Einwurf aller Steuerstäbe von L+D-Bank, der wirksamste Steuerstab nicht einfällt und somit nicht zur Reaktivitätsbindung beiträgt (L+D-SR).

Im Folgenden sollen zwei Erkenntnisse hierzu festgehalten werden:

- Mit zunehmender Zyklusdauer nimmt der Reaktivitätshub beim Volllast-Nulllast-Übergang zu. Dies lässt sich im Wesentlichen damit begründen, dass am Ende des Zyklus der Kühlmitteltemperaturkoeffizient Γ_K immer stärker negativ wird und somit eine

Absenkung der mittleren Kühlmitteltemperatur (KMT) zu einem größeren Reaktivitätshub führt als zu Zyklusbeginn. Gleiches gilt tendenziell für den Brennstofftemperaturkoeffizient Γ_F.

- Die Wirksamkeit der Gesamtbank L+D steigt zum Zyklusende hin an. Durch den fortschreitenden Entzug des Bors aus dem Kühlmittel entfällt zusehends die konkurrierende Wirkung der Neutronenabsorption durch die im Kühlmittel gelöste Borsäure, sodass die SE-Wirksamkeit zunimmt. Außerdem muss mit zunehmender Zyklusdauer der thermische Neutronenfluss in dem Maße zunehmen, wie die Spaltnukliddichte abnimmt. Im Sinne eines thermischen Absorbers steigt folglich die Wirksamkeit der Steuerelemente.

Beherrschung des FD-Leitungsbruches

Als konservativ abdeckende Unterkühlungstransiente muss für die Beherrschung des FD-Leitungsbruches nachgewiesen werden, dass keine Brennstabschäden durch die vorübergehende Rekritikalität des Reaktors zu besorgen sind. Dieser Störfall ist der einzige, für den das einschlägige Regelwerk eine vorübergehende Rekritikalität ausdrücklich zulässt. Als Schutzziel wird die Integrität der Brennstäbe gefordert. Zur Einhaltung dieses Schutzziels muss für den Zeitpunkt der Rekritikalität nachgewiesen werden, dass es weder zum Filmsieden an den Hüllrohren noch zum Schmelzen des Brennstoffs kommt. Für den hierfür erforderlichen Nachweis wird die ungünstigste stuck-rod-Konfiguration zu Grunde gelegt. Das Ergebnis der Rechnung zeigt schließlich bei welcher Reaktorleistung (beim Wiederkritischwerden) welche Sicherheit gegen Filmsieden (DNBR) sowie welche maximale Brennstoffzentraltemperatur erreicht wird.

Erforderliche Borkonzentrationen zur Sicherstellung der langfristigen Unterkritikalität

Gemäß KTA 3101.2 sind bei rechnerischem Nachweis der langfristigen Unterkritikalität mit validierten Programmen für den Zustand „Nulllast, kalt, Xe-frei“ folgende Anforderungen einzuhalten:

- $-1\%\ \Delta\rho$ langfristige Unterkritikalität nach Abfahren des Reaktors bei Einwirkungen von außen (EVA). Bei der Analyse dürfen die Steuerelemente berücksichtigt werden.
- $-1\%\ \Delta\rho$ langfristige Unterkritikalität nach Kühlmittelverluststörfall (LOCA); in diesem Fall darf gemäß RSK-LL die Wirksamkeit des Schnellabschaltsystems bei der Langzeitreaktivitätsbilanz nicht berücksichtigt werden.
- $-5\%\ \Delta\rho$ Unterkritikalität bei offenem Primärkreislauf (OPK), z. B. beim BE-Wechsel; auch hierbei dürfen die Steuerelemente nicht berücksichtigt werden.

Erreichbare Borkonzentrationen für die Langzeitreaktivitätsbilanz
Nachdem die für die einzelnen Anlagenzustände erforderlichen Borkonzentrationen ermittelt sind, muss im nächsten Schritt gezeigt werden, dass die verfügbaren Vorräte an boriertem Wasser in den jeweiligen Anlagensystemen zur Einhaltung der Anforderung auskömmlich sind.

Die erreichbaren Borkonzentrationen für die Langzeitreaktivitätsbilanz werden daher nach Anforderungen differenziert betrachtet:

a) Offener Primärkreis zum BE-Wechsel: Bei offenem Primärkreis ergibt sich die Borkonzentration im Kern durch die Borkonzentration in den Flutbecken (JNK-System), Druckspeichern (JNG-System) und im Nasslager.
b) Nach Abfahren des Reaktors infolge Einwirkungen von außen (EVA): Die erreichbare Borkonzentration nach EVA ergibt sich durch Vermischung von Kühlmittel aus verschiedenen Systemen (Zusatzboriersystem JDH, Flutbecken JNK, Druckspeichern JNG) mit unterschiedlichen Ausgangsborkonzentrationen. Nach EVA ist keine Kühlmittelentnahme möglich. Während des Abfahrens kann somit nur Volumenkontraktionsergänzung gefahren werden. Dies geschieht zunächst durch Einspeisen aus dem Zusatzboriersystem, anschließend durch Einspeisen aus den Flutbecken. Mithilfe der verfügbaren Systeminhalte nebst zugehörigen Borkonzentrationen wird schließlich die Mischborkonzentration ermittelt. Dabei werden zu Zyklusanfang und -ende alle Fälle untersucht, die sich durch Kombination von Reparaturfall und Einzelfehler ergeben.
c) Nach Kühlmittelverluststörfall (LOCA): Die bei LOCA maximal anzunehmende Leckgröße ist das 0,1 F-Leck ohne entsprechende Folgeschäden (Genehmigungsstand: „Leck vor Bruch"). Es werden die Mischborkonzentrationen unter folgenden Randbedingungen berechnet:

Borkonzentration	: gleichmäßige Vermischung des Sumpfwassers
Flutbecken	: 2 v 4 Stränge verfügbar (Einzelfehler + Reparatur)
Druckspeicher	: alle Druckspeicher speisen ein
Gesamtbank	: nicht berücksichtigt
Zusatzboriersystem	: nicht berücksichtigt

Der letzte Nachweisschritt besteht schließlich darin zu zeigen, dass in allen zu betrachtenden Fällen, die erreichbare Mischborkonzentration größer ist als die erforderliche. Ist dies der Fall, werden die geforderten Kritikalitätssicherheitsabstände eingehalten.

14.1.5 Reaktivitätskoeffizienten

In der betrieblichen Praxis hat sich zur Bewertung von neutronenphysikalischen Effekten die Einführung und Verwendung von sog. Reaktivitätskoeffizienten bewährt. Durch Reaktivitätskoeffizienten können Änderungen von betrieblichen Parametern, wie z. B. Drücke, Temperaturen, Steuerstabstellungen, Borkonzentrationen hinsichtlich ihrer Wirksamkeit auf die Reaktivität quantifiziert werden. Insbesondere bei instationären Vorgängen, wie Transienten sind sie daher zur Beurteilung der Beherrschbarkeit solcher Ereignisse von besonderer Bedeutung.

Borwirksamkeit Γ_C

Das im natürlichen Bor mit ca. 20 Atom-% enthaltene Bor-Isotop B10 ($\sigma_a = 3.840$ barn) ist für das sehr große Absorptionsvermögen thermischer Neutronen verantwortlich. Der mikroskopische Absorptionsquerschnitt σ_a (B10) zeigt ein typisches 1/v-Verhalten, d. h. mit abnehmender Neutronengeschwindigkeit nimmt σ_a zu.

Die differentielle Reaktivitätswirksamkeit der Borsäure $\Gamma_C = \Delta\rho/\Delta c$ (in pcm/ppm) ist stets negativ und kann in guter Näherung als proportional zur Kühlmitteldichte angesehen werden. Dies ist dadurch erklärbar, dass bei gleicher Borkonzentration (bezogen auf die Masse) mit zunehmender Kühlmitteldichte auch die Teilchendichte N der Absorberkerne (bezogen auf das Volumen) und damit die Reaktionsrate $\Sigma_a \cdot \Phi$ zunimmt. Im kalten Zustand ist die Borwirksamkeit also größer als im heißen Zustand. Für grobe Abschätzungen zur Reaktivität kann Folgendes angegebenen werden:

Eine Borkonzentrationsänderung von 100 ppm im heißen Zustand bewirkt eine Reaktivitätsänderung von ca. 0.9 % $\Delta\rho$, im kalten Zustand dagegen von ca. 1.3 % $\Delta\rho$. Neben Γ_C wird manchmal auch die reziproke Borwirksamkeit $1/\Gamma_C$ verwendet, die in ppm/% $\Delta\rho$ angegeben wird und damit aussagt, um wie viel die Borkonzentration geändert werden muss, um eine Reaktivitätsänderung von 1 % $\Delta\rho$ zu erreichen.

Für den Leistungsbetrieb muss gezeigt werden, dass sich die Borwirksamkeit in dem Rahmen befindet, der durch die vorgeschalteten Störfallanalysen vorgegeben ist. Liegt die Borwirksamkeit innerhalb dieses Rahmens, sind weitergehende Reaktivitätsbetrachtungen nicht erforderlich. Tendenziell kann festgehalten werden, dass die Zunahme des Betrages der Borwirksamkeit im Laufe des Zyklus dadurch erklärt werden kann, dass bei reduziertem Borgehalt einerseits die Selbstabschirmung der Bor-Atome und somit deren konkurrierender Effekt geringer wird, andererseits durch die Zunahme des thermischen Flusses zu EOC der thermische Absorber B10 wirksamer wird.

Brennstoff-Temperaturkoeffizient Γ_F

Die Reaktivitätsauswirkungen einer Brennstofftemperaturänderung beruhen im Wesentlichen auf dem neutronenphysikalischen Effekt der energieabhängigen Änderung der Resonanzabsorptionsquerschnitte σ_a(E) des Uran-Isotops U238 im epithermischen Neutronenspektrum, zusammen mit dem Selbstabschirmungseffekt des Brennstoffs in der heterogenen Struktur des Reaktorkerns.

Bei einer Neutronenenergie von 7 eV zeigt der sonst überwiegend kleine Absorptionsquerschnitt σ_a des U-238 einen scharf ausgeprägten, sehr großen Peak von ca. 7000 barn. Mit zunehmender Brennstofftemperatur, d. h. größerer Variationsbreite der Relativgeschwindigkeit der Neutronen gegenüber der temperaturabhängigen Eigenbewegung der Urankerne, verbreitert sich diese Resonanzabsorptionslinie (Dopplereffekt); es werden zunehmend auch solche Neutronen absorbiert, die nicht mehr exakt der Energie von 7 eV entsprechen. Gleichzeitig verringert sich jedoch mit der Temperaturerhöhung auch die Peakhöhe ($1/\sqrt{T}$), womit die Wahrscheinlichkeit für die Resonanzabsorption im U-238 zurückgeht und sich damit die mittlere freie Weglänge $\lambda = 1/\Sigma_a$ der betrachteten Neutronen im Brennstoff vergrößert. Da diese jedoch bei Neutronenergien in der Nähe des Resonanzpeaks in der Größenordnung von 0.1 mm liegt und sich mit der Brennstofftemperatur nur in dieser Größenordnung ändert, werden bei dem wesentlich größeren Pelletdurchmesser

($d \approx 8\,\mathrm{mm}$) wiederum alle aus dem Moderator kommenden Neutronen im Resonanzenergiebereich bereits am Brennstoffrand im U-238 absorbiert, während die inneren Brennstabzonen von den epithermischen Neutronen weiterhin abgeschirmt bleiben (Selbstabschirmung).

Insgesamt führt also eine Brennstofftemperaturerhöhung zu einer erhöhten Neutronenabsorption in den Resonanzlinien des U-238, wodurch die Reaktivität abnimmt:

Der Brennstofftemperaturkoeffizient der Reaktivität $\Gamma_F = \Delta\rho/\Delta T_F$ ist stets negativ.

Die Zunahme des Betrages des Brennstofftemperaturkoeffizienten Γ_F mit fortschreitendem Zyklus lässt sich dadurch erklären, dass mit steigendem Pu-Gehalt die Resonanzabsorption durch schwere Kerne ansteigt. Außerdem vergrößert sich durch die Abnahme der U235-Kerne das Verhältnis U238/U235, wodurch der Dopplereffekt an Bedeutung gewinnt.

Kühlmitteltemperaturkoeffizient Γ_K

Der Kühlmitteltemperaturkoeffizient $\Gamma_K = \Delta\rho/\Delta T_K$ (in pcm/K) soll im Nennbetriebszustand negativ sein und sich innerhalb vorgegebener Grenzen bewegen. Durch die stetige Abnahme der Borkonzentration im Zyklus wird der Kühlmitteltemperaturkoeffizient immer negativer. Somit ergibt sich die stärkste Reaktivitätsrückwirkung infolge einer Temperaturabsenkung zu EOC. Die reaktorphysikalische Einsatzrechnung ermittelt die vom Zykluszeitpunkt abhängigen Werte des Kühlmitteltemperaturkoeffizienten und prüft, ob diese in den vorgegebenen Grenzen liegen.

Voidreaktivität ρ_{Void} als Funktion der Moderatordichte

Die Voidreaktivität gibt an, welche Reaktivitätsrückwirkung aus einer Abnahme der Moderatordichte erwächst. Mit abnehmender Dichte des Moderators, also bei Zunahme der Kühlmitteltemperatur, wird die Moderation schlechter, d. h. die Reaktivität nimmt ab. Eine Abnahme der Kühlmitteldichte bedeutet jedoch gleichzeitig eine Abnahme der Nukliddichte der B10-Atome; das wiederum bewirkt eine Verschlechterung der Neutronenabsorption und somit einen positiven Reaktivitätsbeitrag. Die beiden hier beschriebenen Effekte sind gegenläufig, jedoch wird die Borkonzentration zu BOC so begrenzt, dass die Überlagerung beider Reaktivitätsrückwirkungen einen negativen Gesamtreaktivitätsbeitrag infolge Temperaturerhöhung des Kühlmittels bewirkt.

Zur Beherrschung des LOCA- und des ATWS-Störfalles (anticipated transients without scram) muss eine mindest erforderliche Voidreaktivität nachgewiesen werden. Zu diesem Zweck wurden jeweils Auslegungskurven ermittelt, die zur Störfallbeherrschung eingehalten werden müssen. Es wird hierbei überprüft, ob die Reaktivitätsrückwirkungen der vorgesehenen Kernbelegung ausreichend groß sind.

Mit der Erteilung einer Betriebsgenehmigung für ein Kernkraftwerk werden im Rahmen der Teilerrichtungsgenehmigungen üblicherweise Auflagen formuliert. Eine dieser Auflagen, die auf den Reaktorkern abstellt, wird voraussichtlich folgenden Wortlaut haben:

„Die Einhaltung der sicherheitstechnischen Auslegungskriterien muss für jeden Folgekern durch Angabe und Begründung der mit der Neubeladung verbundenen Änderungen sowie durch Darlegung ihrer Auswirkungen auf die sicherheits technischen Ausgangsparameter nachgewiesen werden, wobei die durch den Beladeplan, die vorgesehene Fahrweise und die Anlagentechnik vorgegebenen Randbedingungen zu berücksichtigen sind. Hierzu sind der atomrechtlichen Genehmigungs- und Aufsichtsbehörde spätestens 3 Monate vor dem Wiederanfahren der vorgesehene Beladeplan und die jeweils zum Nachweis der sicherheitstechnischen Unbedenklichkeit des Folgekerns gehörenden Unterlagen zur Prüfung vorzulegen."

Diese Auflage regelt den Nachweisumfang und den Zeitpunkt des Einreichens der zugehörigen Unterlagen für einen konkreten Folgezyklus. Das Erfordernis für die Formulierung der obigen Auflage begründet sich durch die Tatsache, dass sich der Reaktorkern und damit die sicherheitstechnischen Eigenschaften von Nachladekernen betriebsbedingt innerhalb gewisser Grenzen voneinander unterscheiden. Diese Unterschiede sind in der Regel jedoch so geringfügig, dass die Nachladekerne in sicherheitstechnischer Hinsicht als unbedenklich und damit als gleichwertig zu betrachten sind. Der Übergang von einer Kernkonfiguration auf die nächste stellt daher keine wesentliche Änderung im Sinne des Atomgesetzes dar. Damit der Sachverständige die sicherheitstechnische Unbedenklichkeit eines Nachladekernes überprüfen kann, müssen ihm detaillierte Nachweisunterlagen vorgelegt werden.

Die jeweiligen Nachweise müssen zyklusspezifisch vor Beginn des Folgezyklus erbracht werden. Die Ergebnisse werden schließlich den Auslegungskriterien der verschiedenen Analysenbereiche gegenübergestellt und deren Einhaltung überprüft. Bestehen aus sicherheitstechnischer Sicht daher keine Bedenken gegen die vorgesehene Beladung des Reaktors für den Folgezyklus, wird der Gutachter diesen Sachstand in seiner Stellungnahme z. B. wie folgt zusammenfassen:

„Die im endgültigen Umsetzplan vorgestellte Kernkonfiguration erfüllt die Anforderungen der sicherheitstechnischen Rahmenbedingungen für die Kernauslegung sowie die Anforderungen des kerntechnischen Regelwerkes und ermöglicht einen sicherheitstechnisch unbedenklichen Betrieb der Anlage."

Ausgehend von dieser Stellungnahme kann die atomrechtliche Aufsichtsbehörde dann die Zustimmung zum Wiederanfahren der Anlage erteilen.

14.2 Handhabung von Brennelementen

Der Betrieb eines Kernkraftwerkes macht es erforderlich, dass in der Anlage Hebezeuge zur Verfügung stehen müssen, die den sicheren Transport von Reaktorkomponenten und Kernbauteilen gewährleisten. Insbesondere die Handhabung von bestrahlten Brennelementen (BE), Steuerelementen (SE), Drosselkörpern (DK) und ggf. Neutronenquellen (NQ) erfordert ein hohes Maß an Sicherheit beim Transport derartiger Komponenten. Die Auslegung von Hebezeugen in Kernkraftwerken ist in der KTA 3902 geregelt. In Kap. 8 dieser KTA sind die besonderen Anforderungen an Brennelement-Wechselanlagen für

Leichtwasserreaktoren hinsichtlich Trag-, Hub- und Fahrwerke sowie für die Lastaufnahmeeinrichtungen und die elektrische Ausrüstung festgeschrieben.

Neben den Anforderungen an die Hebezeuge muss bei der Handhabung von Brennelementen immer auch der Aspekt der Kritikalitätssicherheit berücksichtigt werden. Die hierfür relevanten Vorgaben sind in der KTA 3602 festgelegt.

Bei der Handhabung von bestrahlten Brennelementen oder sonstigen aktivierten Kernbauteilen ist eine ganz wesentliche Randbedingung, dass, zum Zwecke der Kühlung und Abschirmung, alle Bauteilbewegungen ausschließlich unter Wasser erfolgen dürfen. Diese Randbedingung stellt für die konstruktive Gestaltung und die Auslegung der BE-Lademaschine besondere Anforderungen.

Im Folgenden sollen Aufbau und Funktion der BE-Lademaschine näher vorgestellt werden. Darüber hinaus wird gezeigt, wie unter Einsatz einer Fehler verzeihenden Technik, die Bedienung der Maschine durch den Menschen erfolgt.

Die BE-Lademaschine hat im Normalbetrieb der Anlage keine besondere Bedeutung; insoweit ist sie auch nur einfach vorhanden (keine Redundanz). Die wichtigsten Aufgabenstellungen der Lademaschine sind:

- Be- und Entladen des Reaktors (ggf. unter Verwendung von Dummies),
- Umsetzen der BE und deren Einbauten (SE, DK, NQ) im Kern,
- BE-Bewegungen im Nasslager,
- Beladen von CASTOR-Behältern im Behälter-Beladebecken,
- Einlagern von frischen BE, SE und DK,
- BE-Inspektionen,
- BE-Reparaturen.

14.2.1 Aufbau und Funktion der BE-Lademaschine

Die Lademaschine besteht aus einer Brücke und einer Katze, auf der sich die Antriebe, die Steuerung und alle Bedieneinrichtungen befinden. Die Brücke (1) wird aus zwei geschweißten Vollwandträgern gebildet und verfügt dadurch über glatte, gut dekontaminierbare Oberflächen. Die Katze besteht aus drei Funktionsplattformen. Auf der unteren Plattform (2) befinden sich die Bedieneinrichtungen mit der Benutzeroberfläche und den zugehörigen Visualisierungen. Auf dieser Ebene findet die eigentliche Bedienung der Lademaschine statt. Auf der mittleren Plattform (3) stehen die Schaltschränke und das Hilfshubwerk. Über eine Aufstiegsleiter, die gegen unbefugtes Betreten gesichert ist, kann diese Ebene erreicht werden. Die oberste Ebene (4) beherbergt den Hilfshub der Lademaschine einschließlich der Kabelführung in einer Kabelschleppkette und die Druckluftversorgung für die Betätigung der Greifer. Abb. 14.1 zeigt den prinzipiellen Aufbau der Lademaschine.

Der Führungsmast (5) ragt unterhalb der Katze ins BE-Becken. Er ist, wie alle Teile, die mit dem Wasser des BE-Lagerbeckens in Berührung kommen, aus Edelstahl gefertigt.

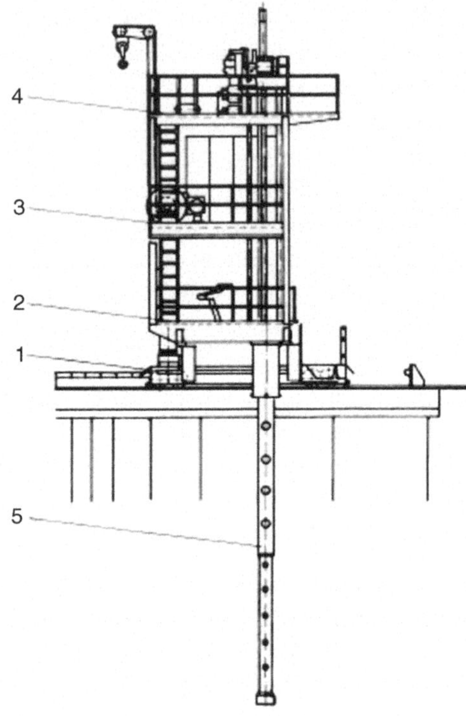

Abb. 14.1 Aufbau der BE-Lademaschine

Im Führungsmast befinden sich teleskopisch gelagert die Zentrierglocke und der Doppelgreifer. Mit der Zentrierglocke wird vor dem Greifen des Brennelementes eine definierte Positionierung des Doppelgreifers sichergestellt. Die acht Zentrierstifte werden bei Handhabungsvorgängen im Reaktor in die Zentrierbohrungen der benachbarten Brennelement-Köpfe eingefahren; im Lagerbecken befinden sich die entsprechenden Zentrierbohrungen in den Stegen der Lagergestelle. Außer der definierten Positionierung der Lademaschine wird somit erreicht, dass die umgebenden Brennelemente beim Hubvorgang sich nicht in die frei werdende Position hinein bewegen. Berührungen mit den Nachbar-BE beim Heben oder Senken eines Brennelementes, die zu Beschädigungen an den Abstandhaltern (AH) führen könnten, werden vermieden. Die Höhenverhältnisse der Lademaschine in ihrer Arbeitsumgebung sind in Abb. 14.2 dargestellt.

Es wird ersichtlich, dass BE-Bewegungen im Reaktor, im Vergleich zu solchen im BE-Becken durch eine wesentlich größere Absetztiefe, einerseits größere Präzision erfordern, andererseits durch die längeren Fahrwege mit höherem Zeitbedarf einhergehen.

Der Anschlagpunkt für die Kernbauteile an der Lademaschine ist als Doppelgreifer ausgeführt. Mit diesem ineinander fahrenden Greifersystem können Brennelemente und Steuerelemente bzw. Drosselkörper einzeln, aber auch gemeinsam verfahren werden. Der BE-Greifer trägt vier Greifklinken, die von innen in das kastenförmige Kopfteil des

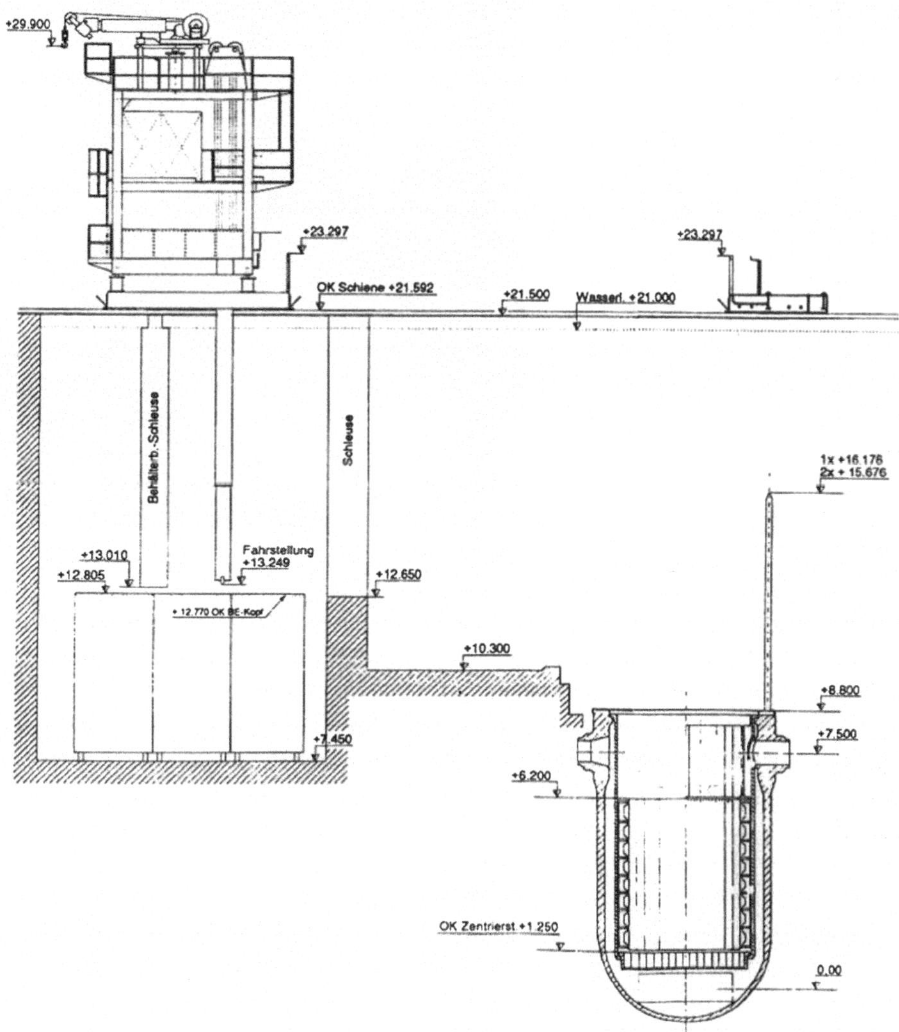

Abb. 14.2 Arbeitsbereich der BE-Lademaschine; Höhenverhältnisse. *Quelle* KKE

Brennelementes eingreifen. Wenn der Greifer offen abgehoben wird, bleibt er geöffnet, bis er wieder auf ein Brennelement aufsetzt. Der geschlossene Greifer wird durch Einrasten der Arretierhebel vor dem Anheben des Brennelementes gesichert.

Der SE-Greifer bewegt sich im Inneren des BE-Greifers und trägt einen Greifkörper mit zwei spreizbaren Greifklinken. Nach dem Aufsetzen des BE-Greifers fährt der SE-Greifer beim weiteren Absenken durch den SE-Führungseinsatz bis er auf der Kupplung des Steuerelementes aufsetzt. Dabei fahren die nach innen geklappten Greifklinken in die

Abb. 14.3 SE-Greifer. *Quelle* Foto KKE

Kupplungskontur der Spinne ein, die mit mehreren eingedrehten Nuten versehen ist. Durch Spreizen der Greifklinken wird das Steuerelement sicher mit dem SE-Greifer verbunden und kann dann in den SE-Führungseinsatz eingezogen werden (Abb. 14.3).

Alle Fahrantriebe sind mit thyristorgesteuerten Motoren ausgestattet, die ein exaktes Positionieren bei Hub- und Fahrbewegungen gewährleisten. Zusätzlich ist jeder Fahrantrieb mit einem mechanischen Handantrieb ausgestattet, um bei Ausfällen einen begonnenen Handhabungsvorgang beenden zu können. Die an den Fahrantrieben montierten Tachomaschinen liefern die Drehzahl-Istwerte, die das Einfallen der Bremsen bei einer Drehzahl nahe Null bewirken. Die Fahrwerkbremsen sind an den Laufrädern angebracht.

Das Hubwerk besteht aus einem Gleichstrommotor mit Stirnradgetriebe, einer Betriebsbremse, die auf die Motorwelle wirkt und einer Zusatzbremse, die an der Bremsscheibe der Hubtrommel angreift. Durch die Verwendung einer Zweiseilhubwinde wird eine große Sicherheit gegen Seilbruch erreicht. Auch das Hubwerk ist mit einem Handantrieb und einer Drehzahlmessung mit gleichen Funktionen wie beim Fahrwerk ausgerüstet. Zusätzlich ist noch eine Differenzdrehzahlüberwachung zum Vergleich der Drehzahlen von Motor und Seiltrommel vorhanden, die im Falle eines Getriebe- oder Wellenbruchs anspricht und die Zusatzbremse auslöst.

Für alle Fahrbewegungen sind aus Sicherheitsgründen Fahrbegrenzungen vorgesehen. Brücken- und Katzfahrt werden durch Endschalter gesichert. Auf der so genannten Einfahrlinie erfolgt die Lademaschinenfahrt zwischen Reaktorraum und BE-Becken durch das geöffnete Trennschütz.

Außer dem Doppelgreifer, der für den Transport von Kernbauteilen ausschließlich unter Wasser vorgesehen ist, verfügt die Lademaschine darüber hinaus über eine weitere Hubeinrichtung. Der teleskopierbare Hilfshub befindet sich auf der obersten

Abb. 14.4 Hilfshub mit kurzem Einfachgreifer. *Quelle* Foto KKE

Lademaschinenebene und kann außerdem auch geschwenkt werden, sodass sein Arbeitsbereich ausreichend groß ist (Abb. 14.4). Er ist für Transportvorgänge geeignet, die das Trockenlager bzw. das Behälter-Beladebecken als Quelle oder Ziel einer BE-Handhabung haben. Durch das Ankoppeln eines kurzen oder langen Einfachgreifers kann der Hilfshub auf die jeweiligen Erfordernisse angepasst werden, d. h. es können BE-Transporte sowohl unter Wasser als auch in Luft durchgeführt werden. Im letzteren Fall selbstverständlich nur bei frischen, unbestrahlten Brennelementen.

Im Mast der Lademaschine befinden sich außerdem verschiedene Absaugröhrchen der Vorsipping-Anlage. Auf diese Weise können Brennstabdefekte, die durch eine Reduzierung des geodätischen Gegendruckes beim Anheben des Brennelementes ggf. Edelgase freisetzen, frühzeitig detektiert werden. Zum Schutz des Bedienpersonals wird eine Edelgasfreisetzung durch ein akustisches Warnsignal angezeigt. So können rechtzeitig die notwendigen Schutzvorkehrungen getroffen werden.

Bei allen Hub- und Senkvorgängen von Brennelementen und Steuerelementen besteht die zusätzliche Option, eine graphische Lastaufzeichnung anzuwählen. Mit dieser Funktion hat der Operator die Möglichkeit, etwaige Schwergängigkeiten frühzeitig zu bemerken und geeignete Maßnahmen zum Schutz des Kernbauteils zu ergreifen. Bei der Auswahl der Brennelemente, die im Rahmen einer Inspektion näher betrachtet werden, spielt die Auswertung der jeweiligen Lastschriebe eine maßgebliche Rolle. Die Auswertung wird auch vom Gutachter vorgenommen; er bestimmt daraufhin die Auswahl von zusätzlich zu inspizierenden Brennelementen oder Steuerelementen.

14.2.2 Bedienung der BE-Lademaschine

Die wichtigste und zeitlich den größten Raum einnehmende Aufgabe der BE-Lademaschine im Betrieb eines Kernkraftwerkes besteht im Be- und Entladen des Reaktors. Diese

Aufgabenstellung steht als eine der ganz wesentlichen Arbeiten, die im Rahmen einer Anlagenrevision mit BE-Wechsel durchgeführt werden muss, oben auf der Prioritätenliste der Lademaschine. Bei gutem Arbeitserfolg dauert eine vollständige Reaktorent- oder -beladung zwischen 40 und 50 Stunden.

Nach einem für den jeweiligen Anwendungsfall in die Lademaschinensteuerung eingegebenen Schrittfolgeplan (SIFO) erfolgt die BE-Handhabung in einer vorher geplanten Reihenfolge. Hierfür werden für jeden Schritt Quell- und Zielort eines BE, SE oder DK festgelegt. Der Lademaschinenfahrer gibt den jeweils nächsten Schritt frei und überwacht die Abläufe. Der eigentliche Handhabungsvorgang mit Heben und Senken des BE-Greifers bzw. der Zentrierglocke sowie das Anfahren der Quell- und Zielkoordinaten erledigt die Lademaschinensteuerung selbstständig. Um Zeit zu sparen, werden Zielkoordinaten zweiachsig angefahren; d. h. ein gleichzeitiges Fahren von Brücke und Katze ist in der Steuerung realisiert. Auch das frühzeitige Positionieren des Lademaschinenmastes auf die Einfahrlinie vor der Durchfahrt vom BE-Becken zum Reaktorraum erfolgt voll automatisch. Auf einem Monitor auf der Lademaschine kann der Handhabungsvorgang in allen Einzelheiten verfolgt werden (Abb. 14.5).

Der gleiche Monitor steht darüber hinaus auch außerhalb des Kontrollbereiches im Büro des Teilbereiches Physik/Brennelemente, um auch hier den Arbeitsfortschritt kontrollieren und ggf. in den Schrittfolgeplan eingreifen zu können. Die Befugnis, um in einen laufenden Schrittfolgeplan eingreifen zu dürfen, wird durch eine Bediener-Levelstruktur festgelegt, die je nach Ausmaß und Bedeutsamkeit des Eingriffes nur von bestimmten, besonders ausgebildeten Mitarbeitern vorgenommen werden darf. Hierfür sind spezielle Schulungen erforderlich, die vor der jährlichen Anlagenrevision erfolgreich wiederholt werden müssen.

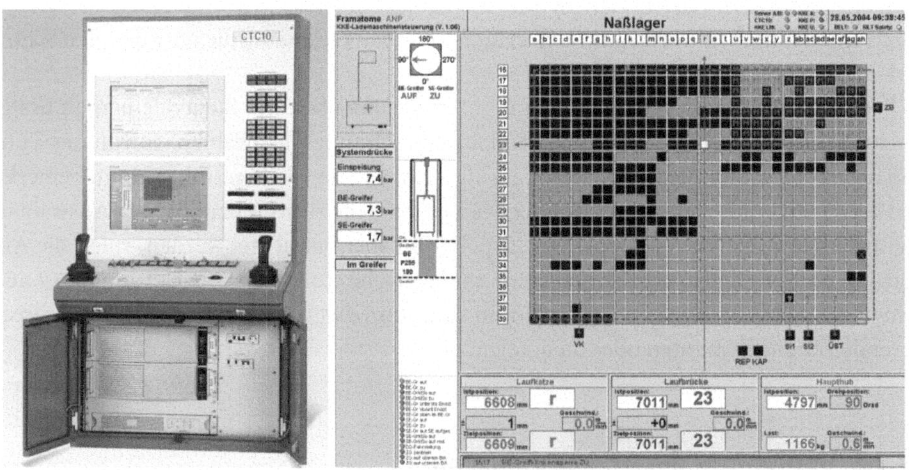

Abb. 14.5 Bedieneinheit und graphische Darstellung der aktuellen Beladesituation. *Quelle* Areva

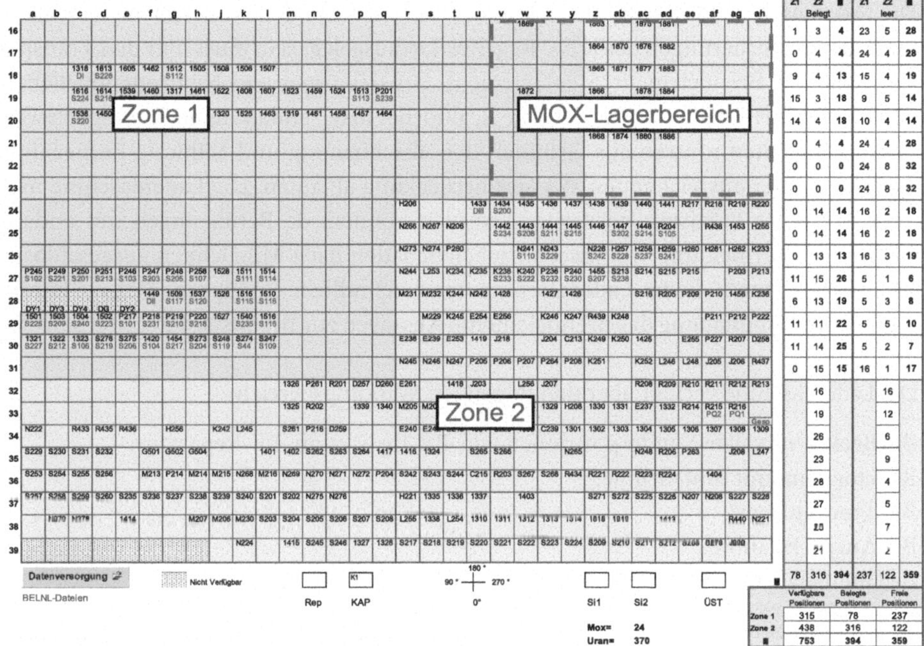

Abb. 14.6 Übersicht BE-Becken mit Zoneneinteilung. *Quelle* KKE

Der Schrittfolgeplan muss sicherstellen, dass einerseits BE nicht versehentlich übereinander positioniert werden (Ausschluss einer mechanischen Beschädigung), andererseits muss er gewährleisten, dass das BE nur auf die Position abgesetzt wird, für die vorher eine entsprechende Kritikalitätsbetrachtung durchgeführt wurde (Einhaltung des Kritikalitätssicherheitsabstandes).

Vielfach werden mittlerweile Brennelemente eingesetzt, die über eine Anfangsanreicherung von bis zu 4,45 Gew.-% U-235 verfügen. Um im BE-Becken auch für solche BE den geforderten Kritikalitätssicherheitsabstand einzuhalten, müssen Lagergestelle im BE-Becken mit einer erhöhten Boranreicherung in den Schachtblechen versehen sein (operative Zone bzw. Zone 1). Brennelemente mit der genannten Anfangsanreicherung dürfen daher bis zum Erreichen eines festgelegten Mindestabbrandes nur in dieser Zone des BE-Beckens abgesetzt werden (Abb. 14.6). Hierfür ist es erforderlich, dass jedes Brennelement, das dieses Erfordernis hat, mit einer geeigneten Zusatzinformation ausgestattet wird, die der Lademaschinensteuerung bekannt sein muss. Aus diesem Grunde erhält jedes Brennelement eine individuelle Charakterisierung, den so genannten Abbrandsperrvermerk, die der Lademaschinensteuerung mit einer Abbrandsperrvermerkdatei (ASPV) mitgeteilt wird. Ein Fehlabsetzen von Brennelementen in der falschen Lagerbeckenzone kann somit ausgeschlossen werden.

Die Lademaschine im Kernkraftwerk ist ein einfach redundant vorhandenes Hebezeug, das nach den Anforderungen des KTA-Regelwerkes ausgelegt sein muss. Für den Transport der Kernbauteile Brennelement, Steuerelement, Drosselkörper und Neutronenquellen, ist es das wichtigste Hilfsmittel, ohne das eine Reaktorbe- bzw. -entladung nicht möglich wäre. All diese Tätigkeiten müssen aus Gründen der Abschirmung und Kühlung immer unter Verwendung einer ausreichenden Wasserüberdeckung ablaufen. Die Lademaschine muss daher mit größter Präzision positioniert werden können, da Berührungen mit anderen Einbauten zur Vermeidung von mechanischen Schäden nach Möglichkeit ausgeschlossen werden sollten. Durch die im Lademaschinenmast befindliche Vorsipping-Anlage können bereits bei der Handhabung der Brennelemente Aussagen zur Brennstabintegrität getroffen werden.

Die Lademaschine verfügt über den folgenden Wirkungsbereich:

- BE-Becken mit allen Sonderpositionen wie, BE-Inspektion, BE-Reparatur,
- Reaktorraum mit Einfahrlinie,
- BE-Trockenlager,
- BE-Auspackstation,
- Behälterbeladebecken (ggf. Kühlstationen beim MOX-Antransport).

Abbildung 14.7 zeigt abschließend einen Ausschnitt des Arbeitsbereiches, der vom Gebäudekran und vom Hilfshub der Lademaschine im Zusammenhang mit dem Antransport und der Einlagerung von MOX-BE bedient werden kann.

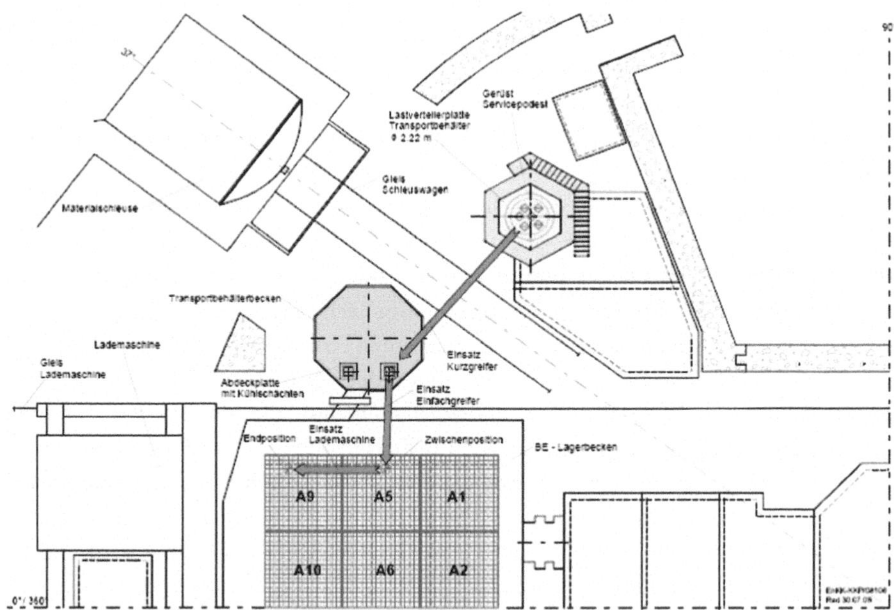

Abb. 14.7 Arbeitsbereich des Hilfshubes; hier: MOX-Antransport. *Quelle* KKE

14.3 Aufbau, Funktion und Fahrkonzept von Steuerelementen

Das kerntechnische Regelwerk (RSK, KTA) fordert, dass zur Kontrolle bzw. zur Unterbrechung der nuklearen Kettenreaktion im Reaktor zwei voneinander unabhängige, diversitäre Einrichtungen zur Verfügung stehen müssen. Diese Einrichtungen sollen geeignet sein, den Reaktor einerseits innerhalb von Sekunden abzuschalten, andererseits diesen auch in einem langfristig unterkritischen Zustand zu halten. Dies bedeutet, dass das eine Abschaltsystem die frei werdende Leistungsreaktivität bei einer Leistungsreduktion aus einem 100 % Lastzustand auf Nulllast, unterkritisch heiß, kompensieren können muss. Das andere System muss den Reaktivitätsrückgewinn aus dem Abkühlvorgang des Kühlmittels und der langsam abnehmenden Reaktivitätsbindung durch den Xenon-Abbau ausgleichen können. Für die zeitlich langsamen Vorgänge hat sich beim DWR etabliert, dem Kühlmittel Neutronen absorbierendes Bor in geeigneter Konzentration zuzumischen. Die kurzfristig erforderlichen Reaktivitätsänderungen werden durch Steuerelemente (SE) bewirkt, die unmittelbar in den Reaktorkern, also den Ort der Kettenreaktion, eingefahren oder eingeworfen werden. Hierfür tauchen die Steuerstäbe eines Steuerelementes, in deren Innerem sich ein fester Neutronenabsorber befindet, in die Führungsrohre des Brennelementes ein. Zu diesem Zweck befinden sich die Steuerelemente im Normalfall oberhalb des Reaktorkerns, nur mit den Spitzen in die Führungsrohre eingetaucht, in ihrer „Parkposition" innerhalb des oberen Kerngerüstes im Reaktordruckbehälter (Abb. 14.8).

Im Reaktor befinden sich auf fest vorgegebenen Positionen 61 SE. Sie bestehen aus jeweils 24 Steuerstäben (SS), die in einer massiven, funkenerodierten Spinne aus Edelstahl zusammengefasst und gemeinsam in die Führungsrohre der Brennelemente eingefahren werden (Abb. 14.9). Unterhalb der Spinne befindet sich eine Druckfeder, deren Aufgabe darin besteht, einen harten Kontakt zwischen BE-Kopf und Spinne im Falle einer Reaktorschnellabschaltung (RESA) zu verhindern. Die Steuerstäbe bestehen aus einem

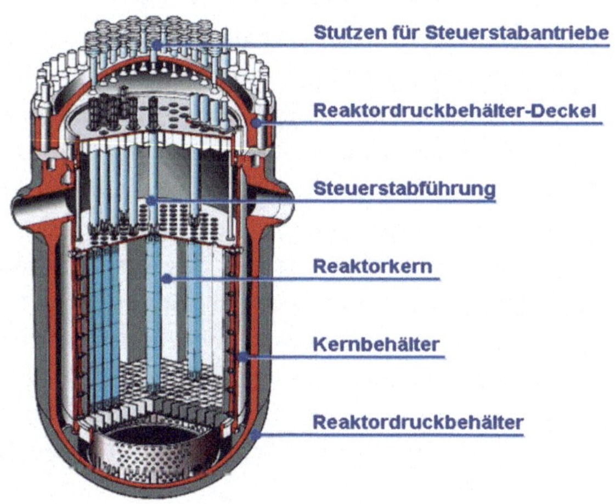

Abb. 14.8 Einbausituation der Steuerelemente im Reaktordruckbehälter. *Quelle* RWE Energie AG

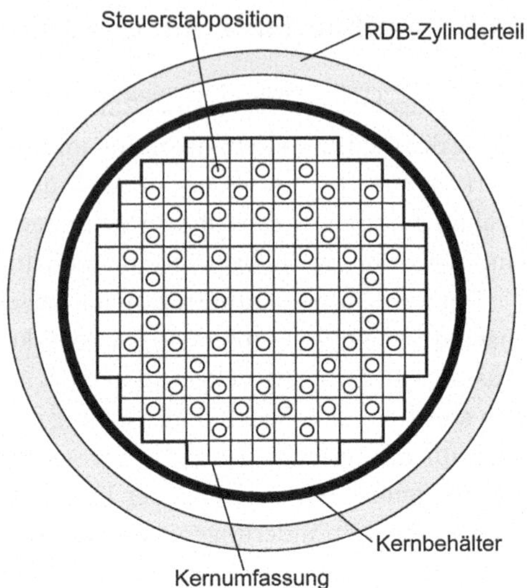

Abb. 14.9 Anordnung der Steuerelemente im Kernquerschnitt. *Quelle* Areva

austenitischen Hüllrohr, in dem sich das eigentliche Absorbermaterial befindet. Der Absorber wird in Stangenform hergestellt und besteht aus einer Silber-Indium-Cadmium-Legierung (Ag80 In15 Cd5).

14.3.1 Mechanischer Aufbau

Jedes Steuerelement besteht aus der Spinne mit eingebauter Feder und 24 an der Spinne befestigten Steuerstäben, welche das Absorbermaterial enthalten (Abb. 14.10).

Die Steuerstäbe werden von den 24 Führungsrohren eines Brennelementes (BE) aufgenommen. Zur Erhöhung der Abschaltsicherheit des Reaktors befinden sich die Spitzen der Steuerstäbe auch im voll aus dem Kern ausgefahrenen Zustand noch in den Führungsrohren. Das ganz oder teilweise ausgefahrene Steuerelement ist auch außerhalb des Brennelementes im oberen Kerngerüst durch einen gegenüber dem Brennelement zentrierten Führungseinsatz fluchtend zur Lage der Führungsrohre im Brennelement geführt. Der Steuerstabweg ist daher eindeutig festgelegt und die Abschaltsicherheit des Reaktors ist auch unter Störfallbedingungen gewährleistet.

Der einzelne Steuerstab enthält das Absorbermaterial in Form von Stangenmaterial auf einer Länge von 3720 mm in einem beidseitig verschweißten Rohr aus austenitischem Stahl.

Bei der Fertigung werden die im Steuerstab verbleibenden Hohlräume unter Atmosphärendruck mit Helium gefüllt, um einen guten Wärmeübergang zwischen Absorber und Hüllrohr zu gewährleisten. Die Verbindung zwischen dem oberen Endstopfen und der Spinne erfolgt über eine schweißgesicherte Verschraubung (Abb. 14.11).

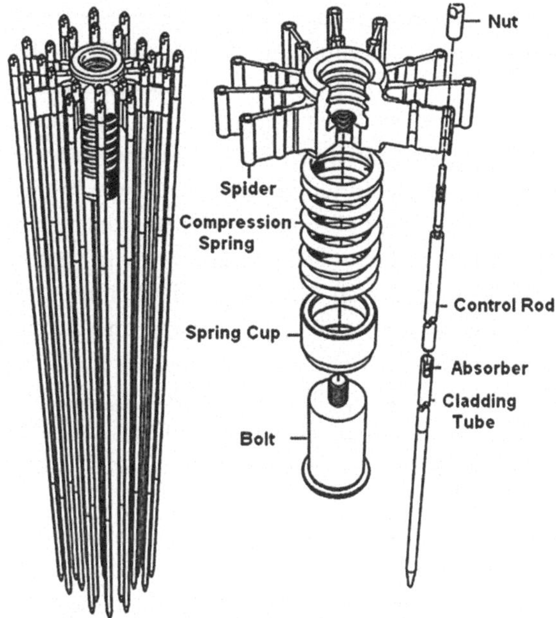

Abb. 14.10 Mechanischer Aufbau eines Steuerelementes. *Quelle* Areva

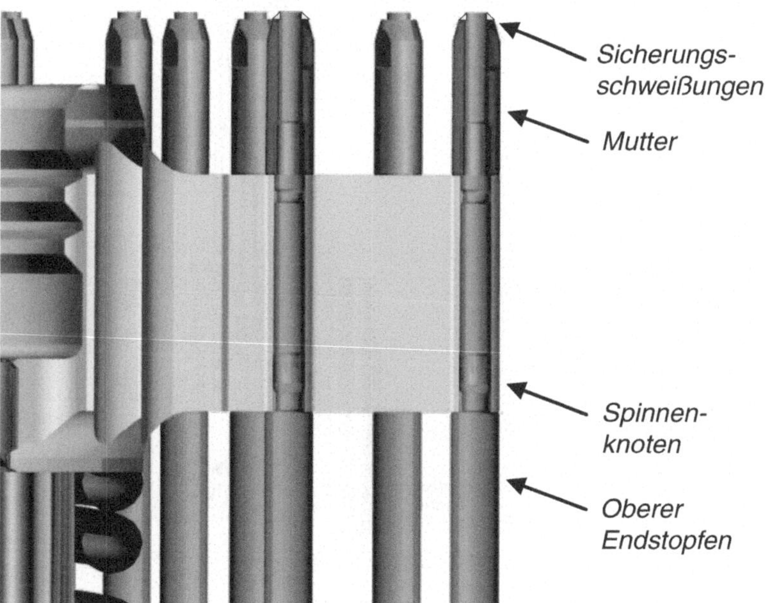

Abb. 14.11 Verbindung zwischen Steuerstab und Spinne. *Quelle* Areva

Damit steht das Absorbermaterial, das von sich aus gute Korrosionsbeständigkeit gegenüber Wasser besitzt, weder in direktem Kontakt mit dem Kühlmittel, noch mit der umgebenden Struktur. Das Absorbermaterial ist also zusätzlich gegen Korrosion und mechanischen Abrieb geschützt, wodurch Verluste an Reaktivitätsbindungswirksamkeit verhindert werden. Für die Leistungsdichteverteilung hat die Aufteilung des Absorbermaterials auf einzelne Steuerstäbe den Vorteil, dass die bei ausgefahrenem Steuerstab entstehenden Wasserspalte (wassergefüllte Führungsrohre) klein gehalten werden. Dadurch wird vermieden, dass in der Umgebung dieser Stellen starke örtliche Neutronenflussspitzen und damit Leistungsüberhöhungen auftreten. Die Kontur der Spinne wird aus einem Schmiederohling durch Drahterosion mithilfe eines Kohledrahtes hergestellt. Eine mechanische Bearbeitung z. B. durch Drehen, Bohren oder Fräsen wird nur für die Aufnahmebohrungen für die Steuerstabfinger und für die Kupplungskontur durchgeführt.

Der Antrieb des Steuerstabes erfolgt über eine Antriebsstange durch oben liegende, elektromagnetische Klinkenschrittheber. Die Antriebsstange ist über eine formschlüssige Kupplung mit dem Steuerstab verbunden (Abb. 14.12).

Beim Schnellabschalten des Reaktors fallen die Steuerstäbe durch Schwerkraft in den Reaktorkern ein und werden vor Erreichen der unteren Endstellung mittels einer Verengung im unteren Teil der Führungsrohre durch die Verdrängung des Wassers hydraulisch

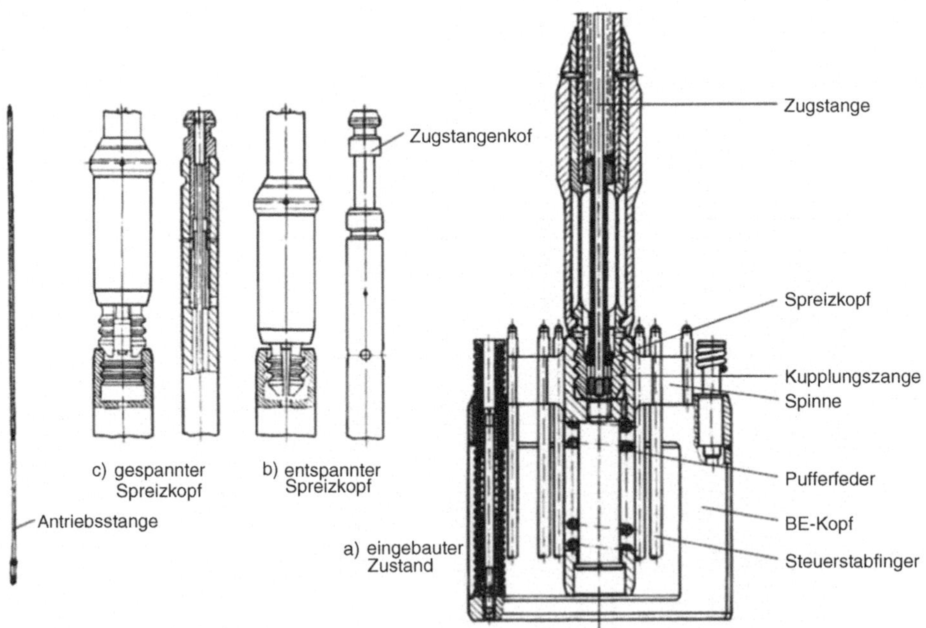

Abb. 14.12 Antriebsstangenkupplung. *Quelle* Areva

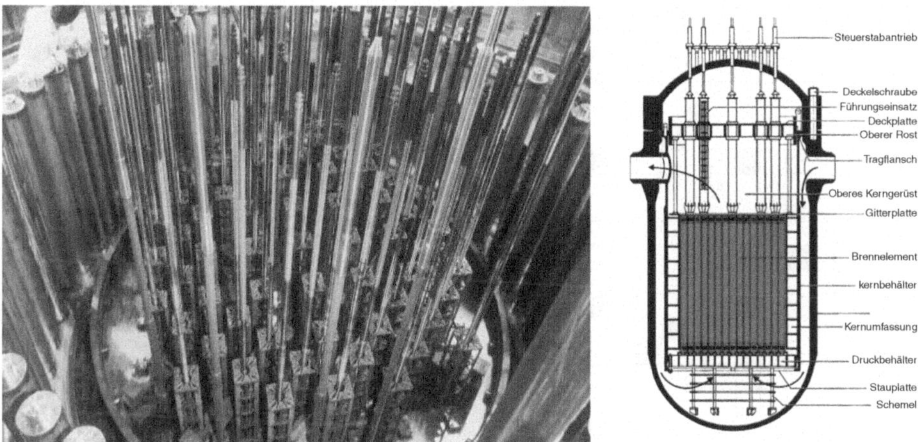

Abb. 14.13 Blick auf das OKG mit Führungseinsätzen und SS-Antriebsstangen. *Quelle* Foto KKE

abgebremst. Die verbleibende Fallenergie wird über die Kopfplatte des BE-Kopfes in das Brennelement eingeleitet.

Die Steuerstäbe können nach dem Entkuppeln der Antriebsstangen und dem Ausbau des oberen Kerngerüstes (OKG) einzeln oder gemeinsam mit den BE entladen und transportiert werden (Abb. 14.13).

14.3.2 Aufgaben der Steuerelemente – Fahrkonzept

Die insgesamt 61 Steuerelemente, die alle über eine einheitliche Ausführung verfügen, werden an fest vorgegebenen Positionen von oben in den Reaktorkern eingefahren. Grundsätzlich sind die Steuerelemente in symmetrischen Vierergruppen, den so genannten Bänken organisiert, die für Regelungs- und Begrenzungsmaßnahmen nur gemeinsam verfahren werden können. Die vier Steuerstäbe einer Bank befinden sich immer auf homologen Positionen der vier Kernquadranten. Der von der Reaktorleistungsbegrenzung (RELEB) als Einwurfstab verwendete zentrale Steuerstab E_0 wird leittechnisch ebenfalls als Bank behandelt (Abb. 14.14).

Das Steuerstabfahrkonzept orientiert sich an den folgenden allgemeinen Forderungen für den Leistungsbetrieb:

- Der Reaktor soll im stationären Konstantlastbetrieb möglichst steuerstabfrei gefahren werden; nur hierdurch ist eine optimale Nutzung des Kernbrennstoffes gegeben (Vermeidung von axialen Abbrandverzügen).

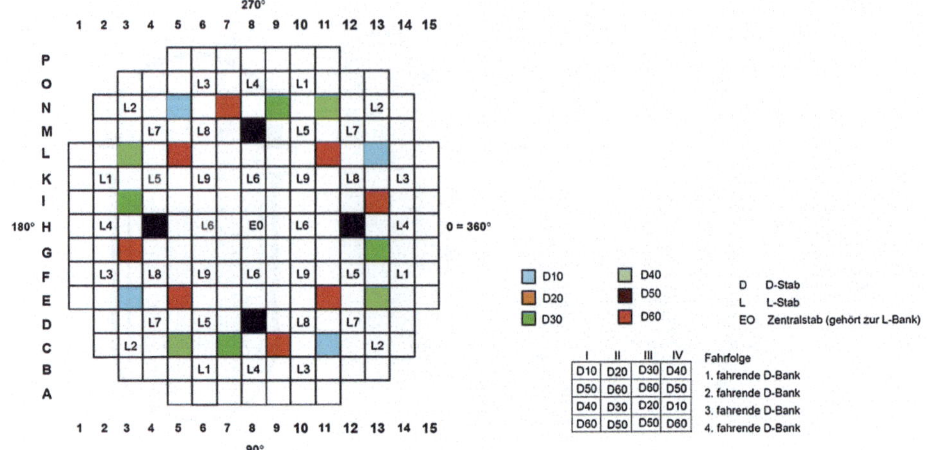

Abb. 14.14 Steuerstab-Bänke und Fahrfolgen. *Quelle* Areva

- Für schnelle Leistungserhöhungen ist eine ausreichende Reaktivitätsreserve zur Kompensation der Leistungsreaktivität (Dopplereffekt) notwendig; dies erfordert eine größere Eintauchtiefe von Steuerstabgruppen bei Teillast.
- Die räumliche Leistungsdichteverteilung (LDV) im Reaktorkern soll durch die Steuerstäbe möglichst wenig beeinflusst werden (Vermeidung von Schieflasten).
- Zur Gewährleistung einer ausreichenden Abschaltsicherheit dürfen die Steuerstäbe nur soweit in den Reaktorkern eintauchen, dass durch ihren Einwurf bei RESA im Bedarfsfall schnell die notwendige Abschaltreaktivität zur Verfügung steht.

Zur Berücksichtigung dieser vier allgemeinen Forderungen werden die Steuerstäbe beim DWR zunächst grundsätzlich in 2 unterschiedliche Gruppen aufgeteilt, in die L-Bänke (9×4 SE) und die D-Bänke (6×4 SE). Der zentrale Einwurfstab E_0 zählt als vollständige Bank und wird der L-Bank zugerechnet.

Die L-Bank hat im Leistungsbetrieb die folgenden Aufgaben:

- Sicherstellung der für RESA erforderlichen Abschaltreaktivität.
- Regelung der axialen LDV.
- Kompensation schneller und großer KMT- oder Leistungstransienten zur Unterstützung der D-Bänke.

Den D-Bänken werden folgende Aufgaben zugewiesen:

- Regelung betrieblich bedingter KMT- bzw. Leistungsschwankungen im Konstantlastbetrieb.
- Kompensation der bei der Regelung der L-Bank-Stellung auftretenden Reaktivitätsänderungen.

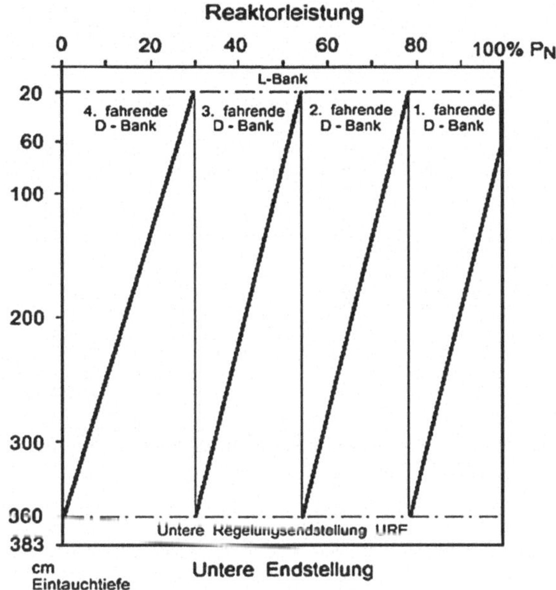

Abb. 14.15 D-Bank-Fahrprinzip. *Quelle* Areva

- Bereitstellung der erforderlichen Reaktivitätsreserven für geregelte Laständerungen im Lastzyklus- oder Lastfolgebetrieb sowie beim An- und Abfahren.
- Ausführung schneller und gezielter Leistungsreduktionen durch Einwurf von Steuerstabpaaren als Folge von Begrenzungsmaßnahmen, vor allem beim Lastabwurf, Hauptkühlmittelpumpen- und Hauptspeisewasserpumpenausfall.

Das D-Bank-Fahrprinzip sieht für Leistungsänderungen so aus, dass beispielsweise beim Abfahren aus dem nahezu steuerstabfreien Volllastbetrieb die D-Bänke einzeln und nacheinander, nämlich in der von den Regelungseinrichtungen festgelegten Fahrfolge in den Reaktorkern eingefahren werden (Abb. 14.15). Unterhalb 30 % Reaktorleistung sind nach der Regelungssollstellung maximal drei D-Bänke vollständig eingefahren. Damit wird gewährleistet, dass der Reaktor durch alleiniges Ziehen der D-Bänke schnell wieder auf die Nennbetriebsleistung gebracht werden kann.

Die D-Bänke dürfen beliebig oberhalb ihrer leistungsabhängigen Kennlinie stehen; dies beeinträchtigt allenfalls die Lastwechselflexibilität. Im Sinne der Abschaltsicherheit dürfen sie jedoch nicht mehr als 120 cm tiefer als ihre leistungsabhängige Sollstellung eintauchen, ohne dass durch die Begrenzungseinrichtungen automatisch aktive Gegenmaßnahmen (Borsäureeinspeisung) eingeleitet werden. Die Eintauchtiefe der L-Bank ist leistungsunabhängig auf maximal 80 cm begrenzt.

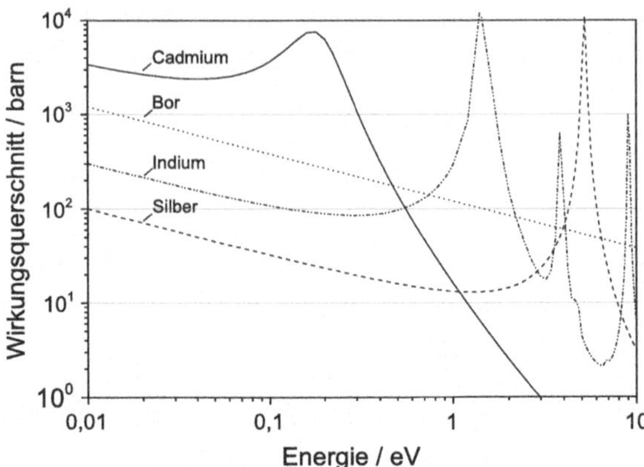

Abb. 14.16 Absorptionsquerschnitte von Silber, Indium, Cadmium und Bor [Daten: (Chadwick et al. 2011)]

14.3.3 Neutronenphysikalische Wirksamkeit

Das Absorbermaterial, welches sich in Form von Stangen in den SS-Hüllrohren befindet, ist – wie bereits oben erwähnt – eine Legierung aus Silber, Indium und Cadmium; die Massenverhältnisse der Legierungselemente betragen Ag/In/Ca = 80/15/5 %. In Abb. 14.16 sind die zugehörigen Absorptionsquerschnitte für den Bereich niedriger Neutronenenergien dargestellt. Ähnlich wie das im Kühlmittel gelöste Bor zeichnen sich die drei Elemente tendenziell durch ein 1/v-Verhalten aus, d. h. sie sind umso wirksamer, je niedriger die Energie der Neutronen ist (thermischer Absorber). Silber, Indium und Cadmium zeigen darüber hinaus im Energiebereich zwischen 0.1 und 10 eV eine ausgeprägte Resonanzstruktur. Insgesamt lässt sich festhalten, dass sowohl das Bor als auch die Steuerelemente besonders für die Absorption von thermischen Neutronen geeignet sind. Insoweit ist dies auch verständlich, da die nukleare Kettenreaktion vorrangig durch die Spaltung von U-235, Pu-239 und Pu-241 aufrechterhalten wird.

Differentielle Reaktivitätswirksamkeit der Gesamt-Bank

Die Messung der Reaktivitätswirksamkeit der L- und D-Bänke erfolgt im kritischen Nulllastbereich. Während die Steuerstäbe schrittweise in den Reaktorkern eingefahren werden, wird der hiermit verbundene Reaktivitätsverlust ständig durch entsprechende Deionateinspeisung kompensiert. Mit der Eintauchtiefe der Steuerstäbe verringert sich also auch die kritische Borkonzentration. Für die Gesamtbank aller 61 Steuerstäbe (L + D) ergibt sich der Verlauf der differentiellen Steuerstabwirksamkeit Γ_S (pcm/cm) abhängig von der Eintauchtiefe in den Reaktorkern (Abb. 14.17).

Die grundsätzliche Aussage dieser Kennlinie ist, dass die wesentliche Reaktivitätswirksamkeit der Steuerstäbe hauptsächlich erst im unteren Kerndrittel bei Eintauchtiefen größer 300 cm erreicht wird. Zum Verständnis dieser Tatsache soll die schematische Darstellung

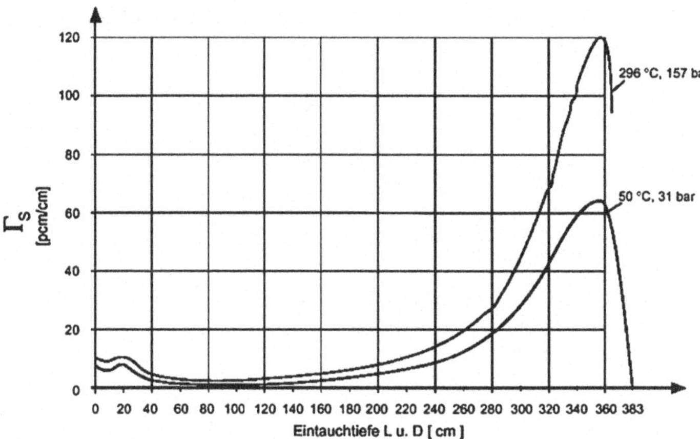

Abb. 14.17 Differentielle Steuerstabwirksamkeit. *Quelle* Areva

der zugehörigen Abb. 14.18 beitragen. Da die Reaktivitätswirksamkeit über die Reaktions rate $\Sigma_a \cdot \Phi$ auch von der räumlichen Verteilung des Neutronenflusses abhängig ist, muss ganz besonders die Steuerstabwirksamkeit in engem Zusammenhang mit der durch die Steuerstäbe verursachten Deformation der Neutronenflussverteilung betrachtet werden.

Im steuerstabfreien Reaktor zeigt die axiale Φ-Verteilung zu Beginn des Zyklus die weitgehend symmetrische Form einer abgeflachten Cosinus-Verteilung. Mit dem Einfahren der Gesamtbank vom oberen Kernrand aus bleibt die axiale Form im steuerstabfreien Teil zunächst weitgehend erhalten; der Reaktor wird praktisch nur geometrisch um den vom Absorber durchdrungenen Teil verkürzt. Diese Aussage gilt näherungsweise für die ganze obere Kernhälfte. Mit teilweise eingefahrener Gesamtbank teilt sich also der Reaktor in eine kritische steuerstabfreie Zone und einen durch die Absorptionseigenschaft der Steuerstäbe stark unterkritischen Bereich mit vernachlässigbarem Neutronenfluss. Mit jedem Schritt zusätzlicher Eintauchtiefe in der oberen Kernhälfte wird die Gesamtreaktivität des Restreaktors im Wesentlichen nur von der Steuerstabspitze beeinflusst.

Mit dem weiteren Einfahren der Steuerstäbe in die untere Kernhälfte ergibt jedoch die zunehmende Verkürzung des Reaktors eine so ungünstige Geometrie (relative Zunahme der Neutronenverluste durch Leckage), dass die Reaktivität jetzt mit jedem Schritt stärker abnimmt. Umgekehrt reicht nun die Neutronenflussverteilung weiter in den von den Steuerstäben durchdrungenen Teil hinein und zwar in die Zonen zwischen den Steuerstäben; der Einflussbereich der Steuerstäbe wird daher auch aus dieser Sicht mit jedem weiteren Schritt Eintauchtiefe größer.

Bei einer Eintauchtiefe von ca. 90 % = 345 cm erreicht die differentielle Gesamtbankwirksamkeit ihr Maximum von etwa 120 pcm/cm (heißer Zustand). Von hier aus beginnt sich zunehmend in den steuerstabfreien Brennelementen wieder die axiale symmetrische Φ-Verteilung über der gesamten Reaktorhöhe aufzubauen; die Gesamtreaktivität des

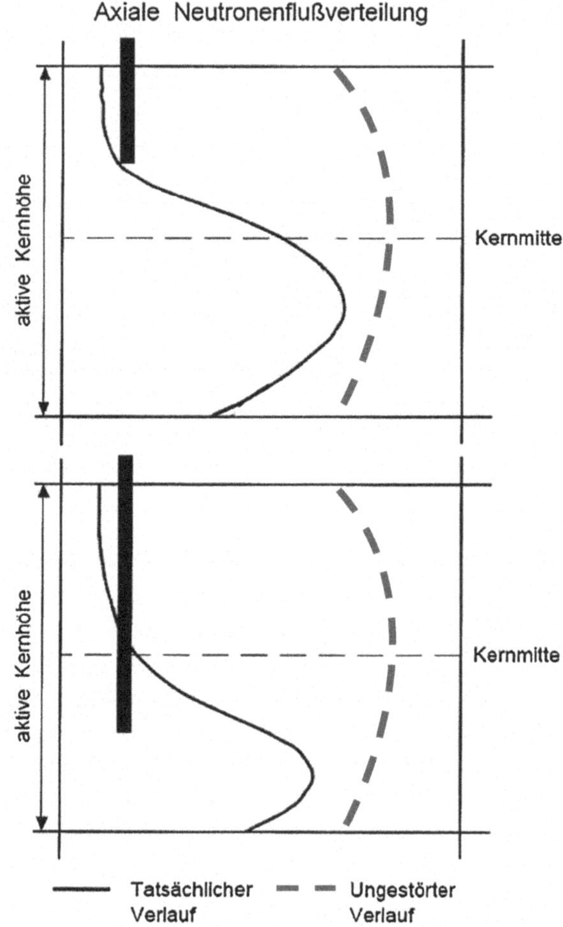

Abb. 14.18 Einfluss der SE-Stellung auf die Neutronenflussverteilung. *Quelle* Areva

Reaktors wird nicht mehr ausschließlich vom sehr flachen steuerstabfreien Restkern bestimmt, sondern immer mehr vom großen, bereits Steuerstab durchdrungenen Bereich. Ein weiteres Einfahren der Steuerstäbe am unteren Kernrand verursacht also sehr schnell immer geringer werdende Reaktivitätsauswirkungen.

Für die vorausgegangene Diskussion ist auch die Tatsache von Bedeutung, dass große Leistungsreaktoren ein Vielfaches der kritischen Masse ausmachen, d. h. kleinere Ausschnitte des großen Kerns trotz erhöhter Leckageverluste noch kritisch gehalten werden können. Im DWR kann eine kritische Anordnung bereits mit vier Brennelementen realisiert werden.

Die hohe differentielle Wirksamkeit der Steuerstäbe in der unteren Kernhälfte erfordert eine Fahrgeschwindigkeitsbegrenzung beim Ziehen der Gesamtbank zum Kritischmachen. Hierdurch wird die Reaktivitätsänderungsrate reduziert und ein im unterkritischen

Bereich zu schnell ansteigender Neutronenfluss (prompter Sprung) mit zu hohen relativen Flussänderungsgeschwindigkeiten (RELFÄG) verhindert. Im Bereich 300–383 cm wird die Ausfahrgeschwindigkeit der Gesamtbank auf ein Viertel, im Bereich 200–300 cm auf die Hälfte reduziert. Im Bereich von weniger als 200 cm Eintauchtiefe kann die Gesamtbank mit voller Geschwindigkeit gezogen werden. Im heißen Zustand ist die Steuerstabwirksamkeit wesentlich größer als im kalten Zustand. Diesen Effekt kann man durch die Änderung der Kühlmitteldichte mit der Temperatur erklären. Das Ansteigen der Temperatur und die entsprechende Verringerung der Dichte führen zu größeren mittleren freien Wegen der Neutronen. Dies wiederum bedeutet, dass mehr Neutronen den Steuerstab erreichen, also steigt die Steuerstabwirksamkeit an. Umgekehrt fällt beim Abkühlen die Steuerstabwirksamkeit, was beim Abfahren insbesondere hinsichtlich der Gesamtreaktivität bei der Betrachtung der langfristigen Unterkritikalität zu beachten ist.

Integrale Reaktivitätswirksamkeit, Nettobank und „Stuck-Rod"

Die über die Kernhöhe integrierte Γ_s-Kurve für die Gesamtbank (L + D) ergibt die integrale Reaktivitätswirksamkeit. Während das Einfahren aller Steuerstäbe vom oberen Kernrand aus erst bei ca. 180 cm Eintauchtiefe eine Reaktivitätsänderung von ca. 1 % $\Delta\rho$ bewirkt, bringt das komplette Einfahren eine Gesamtwirksamkeit von knapp 8 % $\Delta\rho$. Die exakte Reaktivitätswirksamkeit wird durch die individuelle Beladung des Reaktors bestimmt.

In Abb. 14.19 ist die integrale Wirksamkeit aus der Sicht der Abschaltreaktivität aufgetragen, d. h. ein Einwurf aller Steuerstäbe aus der vollständig gezogenen Position (Eintauchtiefe 0) ergibt den vollen negativen Reaktivitätsbeitrag von ca. 8 % $\Delta\rho$. Beim Einwurf aus einer größeren Eintauchtiefe in der oberen Kernhälfte geht nur wenig an Abschaltreaktivität verloren.

Für Sicherheitsbetrachtungen wird die so genannte Nettowirksamkeit herangezogen. Diese resultiert aus der Überlegung, dass für eine notwendige Reaktorschnellabschaltung unterstellt werden muss, dass der wirksamste Steuerstab zufällig stecken bleibt (Stuck-Rod-

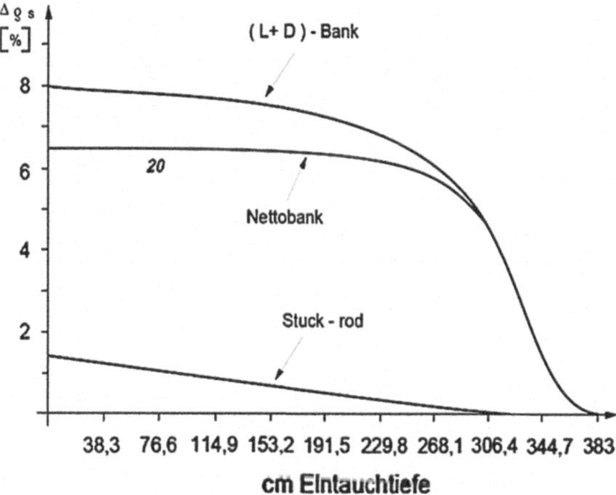

Abb. 14.19 Abschaltwirksamkeit der Gesamtbank. *Quelle* Areva

Konzept infolge Einzelfehler), also nicht einfällt und damit die zur Verfügung stehende Abschaltreaktivität reduziert wird. Es zeigt sich, dass unter dieser Annahme die Abschaltreaktivität der verbleibenden Nettobank um ca. 1.5 % auf nur noch etwa 6.5 % $\Delta\rho$ zurückgeht.

Zur Veranschaulichung dieser zunächst überraschenden Tatsache ist eine genauere Betrachtung der beim Stuck-Rod unterstellten Steuerstabkonfiguration nach RESA erforderlich. Berücksichtigt man, dass nur wenige Brennelemente bei entsprechend reduzierter Borkonzentration ausreichen, einen kritischen Zustand aufrecht zu erhalten, so bleibt nach einem Einwurf der Steuerstäbe unter dem in gezogener Position stecken gebliebenen einzelnen Steuerstab, ein steuerstabfreier Restreaktor aus mindestens ca. 10 BE erhalten, der die Reaktivität des Gesamtsystems bestimmt und somit die Wirksamkeit der (L + D)-Bank erheblich reduzieren kann. Welcher der 61 Steuerstäbe als der wirksamste in der Stuck-Rod-Konfiguration angesehen werden muss, wird wesentlich von der Anreicherung der BE, den eingesetzten abbrennbaren Giften, dem Zykluszeitpunkt und vor allem von den Randbedingungen des verbleibenden steuerstabfreien Restreaktors bestimmt.

In Abb. 14.20 ist die starke Abhängigkeit der Steuerstabwirksamkeit von der Kühlmitteltemperatur am Beispiel der Nettowirksamkeit der Gesamtbank dargestellt. Vom heißen in den kalten Zustand verringert sich $\Delta\rho_N$ um etwa die Hälfte.

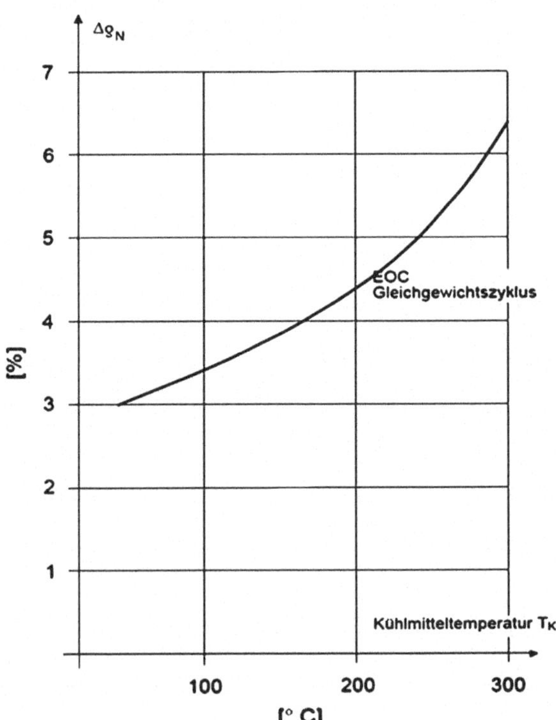

Abb. 14.20 Gesamtbankwirksamkeit in Abhängigkeit der Kühlmitteltemperatur. *Quelle* Areva

Für diesen starken Einfluss der Kühlmitteltemperatur sind vor allem zwei Effekte verantwortlich:

Zum einen bewirkt die bessere Neutronenmoderation im abgekühlten Reflektor eine radiale Umverteilung des Neutronenflusses in die äußere Kernregion, wodurch die Steuerstäbe in der Kerninnenzone mehr an Wirksamkeit verlieren als die der Außenzone hinzugewinnen. Zum anderen verringert sich die mittlere freie Weglänge der thermischen Neutronen im dichteren Kühlmittel der aktiven Kernzone, wodurch sich auch die Wahrscheinlichkeit für eine Absorption in den Steuerstäben verringert. Die verringerte Steuerstabwirksamkeit bei niedrigen Kühlmitteltemperaturen muss bei der Sicherstellung der Unterkritikalität des abgeschalteten Reaktors durch eine entsprechend hohe Borkonzentration berücksichtigt werden. Darüber hinaus ist dieser Verlust an Abschaltreaktivität im Verlauf von Störfällen mit starker KMT-Absenkung (Frischdampfleitungsbruch) zu berücksichtigen.

14.3.4 Auslegung von Steuerelementen

Bei der Auslegung der Steuerelemente wird gezeigt, dass diese Kernbauteile im bestimmungsgemäßen Betrieb über die gesamte Lebensdauer den Belastungen sicher gewachsen sind und bei unterstellten Störfällen den sicherheitstechnischen Anforderungen genügen.

Im Betrieb sind die Steuerelemente einer Vielzahl von Belastungen unterworfen. Damit sie ihre mechanische Integrität behalten, müssen diese Belastungen begrenzt werden. Zum Nachweis der Integrität in der Auslegung werden Auslegungsgrenzen definiert. Bei der Auslegung der Steuerelemente wird grundsätzlich zwischen bestimmungsgemäßem Betrieb und Störfällen unterschieden.

Die Auslegung orientiert sich darüber hinaus an den Anforderungen in neutronenphysikalischer und thermomechanischer Hinsicht (Abb. 14.21).

Bestimmungsgemäßer Betrieb

Im Hüllrohr und im Absorber wird durch γ- und Neutronen-Absorption Wärme erzeugt, die durch das Kühlmittel abgeführt wird. Als Auslegungskriterium gilt, dass die Schmelztemperatur des Absorbermaterials nicht erreicht wird und dass kein Oberflächensieden im Spalt zwischen Führungsrohr und Stab auftreten soll.

Hauptaufgaben der Steuerstäbe sind die Sicherstellung der Abschaltfähigkeit sowie die schnelle Regelung von Leistungsänderungen im Reaktor. Zu diesem Zweck weisen sie einen hohen Einfangquerschnitt für thermische Neutronen auf. Dies gilt besonders für das Cadmium mit $\sigma_{Cd} = 2.450$ barn bzw. $\sigma_{Cd113} = 20.000$ barn. Das Cadmiumisotop Cd-113 ist allerdings nur zu 12 % im natürlichen Cadmium enthalten. Durch Legieren des Cadmiums mit Indium und Silber werden der Schmelzpunkt (800 °C), die Festigkeit und der Einfangquerschnitt für epithermische Neutronen erhöht.

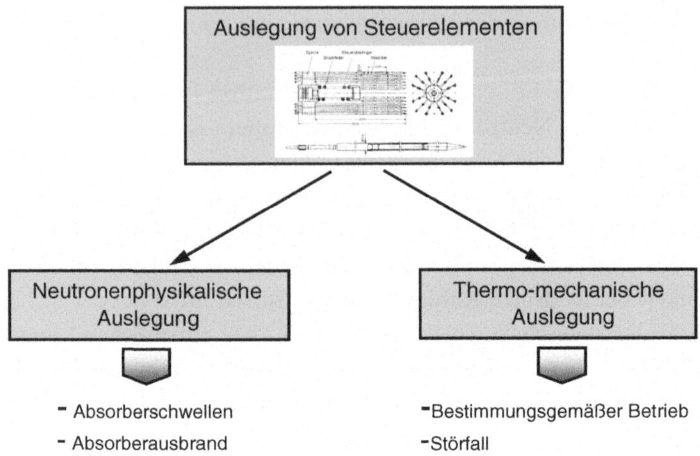

Abb. 14.21 Analysenbereiche für die Auslegung

Die Hüllrohre von Steuerelementen bestehen aus nicht rostendem (austenitischen) Stahl. Praktisch begrenzend ist in solchen Fällen die Anfälligkeit austenitischer Werkstoffe für strahlungsinduzierte Spannungsrisskorrosion.

Die Hüllrohre können durch die schwellenden Materialien gedehnt werden, nachdem das „warme" Einfüllspiel geschlossen ist. Als Auslegungsgrenze werden plastische Vergleichsdehnungen für die Hüllrohre festgelegt. Die Standzeit der Steuerelemente hinsichtlich der Hüllrohrbelastung infolge Absorberschwellen beträgt für die D-Bank nach derzeitigem Kenntnisstand ca. 20 Volllastjahre.

Für die Stoßdämpferfeder der Steuerstäbe wird nachgewiesen, dass der Federweg bzw. deren Federkonstante ausreichend ist, um die Restenergie der Steuerstäbe nach der Abbremsung durch den hydraulischen Stoßdämpfer aufzunehmen, ohne dass es zum harten Aufsetzen der Spinne auf dem BE-Kopf kommt. Außerdem wird gezeigt, dass Spannungsgrenzwerte nicht überschritten werden.

Der Ausbrand der Absorber im Steuerstab, also die Abnahme der neutronenabsorbierenden Nuklide, geht einher mit einem Verlust von integraler Wirksamkeit des SE-Systems. Für diesen Auslegungsaspekt wurden Nachweise geführt, die eine zulässige Standzeit der Steuerelemente von mehr als 50 Volllastjahren, ermittelt haben. Voraussetzung hierfür ist der regelmäßige Wechsel der vier D-Bank-Fahrfolgen.

Störfälle

Bei Störfällen werden die Steuerelemente gegenüber dem bestimmungsgemäßen Betrieb zusätzlichen Belastungen unterworfen. In KMV- bzw. EVA-Störfällen werden Schwingungen des Reaktordruckbehälters und der Kerneinbauten auf die Kernbauteile übertragen. Die zeitweilig verminderte Kühlung im KMV-Störfall führt zu einer erhöhten thermischen

Belastung. Auch Drucktransienten können zu einer zusätzlichen Belastung von Steuerelementen führen.

Steuerelemente dienen als Stellglieder zur Regelung der integralen Reaktorleistung und der Leistungsdichteverteilung. Aus sicherheitstechnischer Sicht müssen die Steuerelemente außerdem den Reaktor aus jedem Betriebszustand in den Zustand unterkritisch heiß abschalten können. Der Zielwert aus dem Regelwerk beträgt hierbei $|\Delta\rho| \geq 1{,}0\,\%$, d. h. die Nettowirksamkeit aller Steuerelemente muss die genannte Abschaltreaktivität sicherstellen. Hierzu werden die Steuerelemente in den Reaktorkern eingeworfen und erreichen innerhalb von ca. 2,5 s ihre untere Endstellung.

Als Kernbauteile mit besonderer sicherheitstechnischer Anforderung unterliegen Steuerelemente nicht nur im Betrieb, sondern bereits in der Fertigung besonderen Qualitätskontrollen. In den Stillstandszeiten des Reaktors müssen im Rahmen von wiederkehrenden Prüfungen ihre einwandfreie Funktion und ihr spezifikationsgerechter Zustand nachgewiesen werden.

Neben den Brennelementen gehören die Steuerelemente zu den wichtigsten Kernbauteilen in einem Reaktor.

14.4 Anfahren eines Reaktors

Das Anfahren eines Reaktors gehört hinsichtlich der Betriebssystematik in die Kategorie des Normalbetriebs eines Kernkraftwerkes (Abb. 14.22) und ist im Zusammenhang mit dem Anfahren der Gesamtanlage und der damit erforderlichen Inbetriebnahme einer Vielzahl von nuklearen und konventionellen Hilfssystemen zu sehen. Der Anfahrvorgang des Reaktors ist in mehrere Phasen eingeteilt und beginnt üblicherweise im Zustand unterkritisch, drucklos, kalt. Ein solcher Anfahrvorgang aus dem Zustand unterkritisch, drucklos, kalt ist immer dann erforderlich, wenn zuvor ein Brennelementwechsel durchgeführt wurde, Reparaturen das Öffnen des Reaktorkühlsystems erforderlich gemacht haben oder der Reaktorkern im Rahmen eines Kurzstillstandes längere Zeit mit dem nuklearen Nachkühlsystem gekühlt wurde.

Was bedeutet der Zustand unterkritisch, drucklos, kalt?

Unterkritisch bedeutet, dass der Reaktorkern mindestens 1 % unterkritisch ist; also $k \leq 0.99$. Die Steuerelemente sind vollständig in den Kern eingefahren und die Borkonzentration im Kühlmittel beträgt nach einem Brennelementwechsel mindestens $c_{BW} = 2.200$ ppm. Im Brennelementwechsel wird sogar eine 5 % ige Unterkritikalität gefordert.

Als *drucklos* wird der Reaktor dann bezeichnet, wenn der Druck im Reaktorkühlsystem dem Atmosphärendruck entspricht.

Kalt bedeutet, dass die Temperaturen im Primär- und Sekundärkreis bei ca. 50 °C liegen. Die Nachzerfallswärme der Brennelemente wird mit dem nuklearen Nachwärmeabfuhrsystem abgeführt; hierfür ist der Betrieb der Nachkühlpumpen erforderlich.

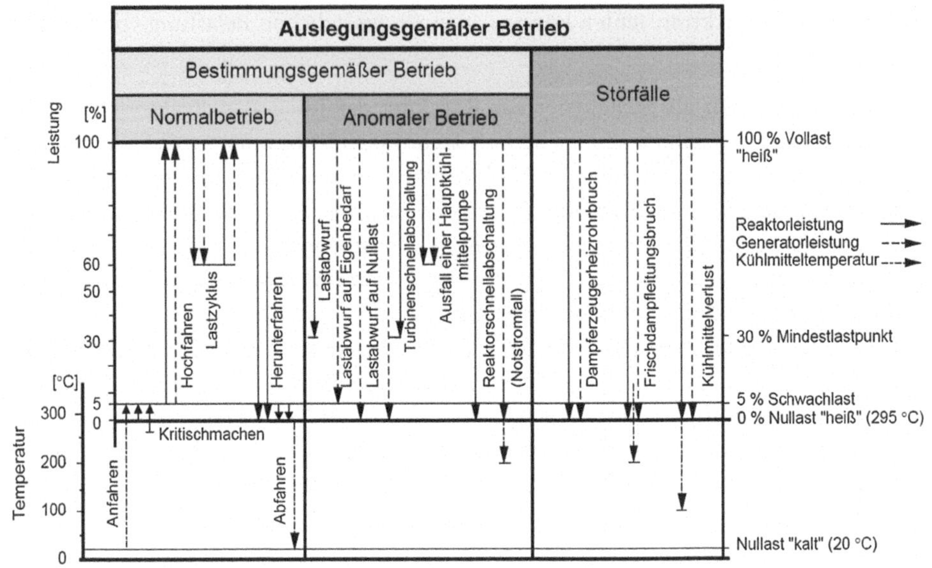

Abb. 14.22 Betriebssystematik Kernkraftwerk. *Quelle* Areva

Im Folgenden sollen vorrangig die Abläufe erläutert werden, die vor und während des Kritischmachens des Reaktors erforderlich werden. Insbesondere werden hierbei auch die Wiederkehrenden Prüfungen (WKP) erwähnt, die notwendig sind, um den Reaktor sicher in den Leistungsbetrieb zu überführen.

14.4.1 Aufheizen des Primärkreises auf $\geq$295 °C

Zum nichtnuklearen Aufheizen der Anlage auf $\geq$295 °C wird ein Teil der Hauptkühlmittelpumpen (HKMP) zusammen mit der Druckhalterheizung und der Nachzerfallswärme der Brennelemente verwendet. Bei dieser Temperatur ist bei modernen Reaktorkernen der Kühlmitteltemperaturkoeffizient sicher negativ (Abb. 14.23).

Ab dann darf der Reaktor kritisch gemacht werden. Diese Festlegung besteht noch aus früheren Zeiten und wurde damals in Hinblick auf den beim frischen Kern in diesem Temperaturbereich zu erwartenden positiven Kühlmitteltemperaturkoeffizienten Γ_K getroffen. Durch den Einsatz von abbrennbaren Giften (Gd_2O_3) in den frischen Brennelementen, die Anhebung der Bor-10-Anreicherung und die Verwendung von MOX-Brennelementen ist die Borkonzentration zu Zyklusbeginn zur Kompensation der anfänglichen Überschussreaktivität bei heutigen Kernen deutlich kleiner als früher (Abb. 14.40). Insoweit ist der Kühlmitteltemperaturkoeffizient auch bei Temperaturen unterhalb von 295 °C bereits negativ (Abb. 14.23).

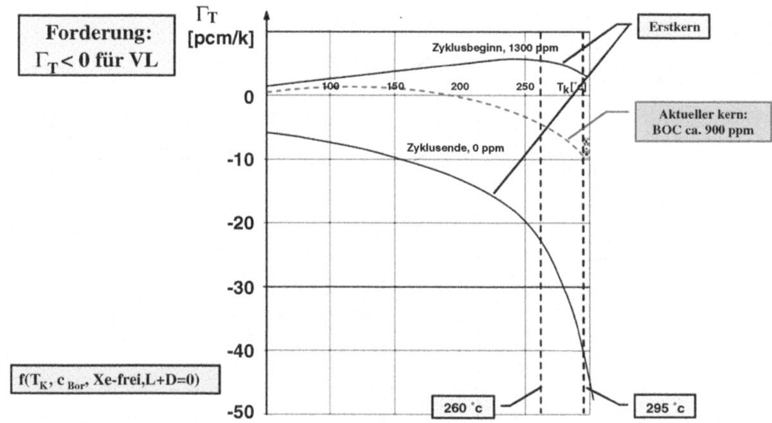

Abb. 14.23 Kühlmitteltemperaturkoeffizient (Nulllast, Xe-frei, L+D=0). *Quelle* Areva

Ungeachtet dessen wird das Kritischmachen des Reaktors unterhalb von 260 °C durch administrative Maßnahmen, die im Betriebshandbuch festgelegt sind, verhindert. Die Aufnahme von Leistung $\geq$12 % P_R bei einer Temperatur <260 °C wird vom Reaktorschutz verhindert.

Werden nach der Dichtheitsprüfung die restlichen HKMP eingeschaltet, so muss vorher überprüft werden, ob alle Auflagen und Bedingungen zum Betrieb der Anlage erfüllt sind. Der Anfahrsollwert der Frischdampfumleitstation (FDU) ist auf „Anfahren" geschaltet.

Da die Überwachung des noch unterkritischen Reaktors und die Annäherung an die Kritikalität mit den Impulsbereichsmesskanälen (IB) des Außenmesssystems erfolgen, werden diese durch Einzelaus- und -einfahren (Bestimmung des Nutz-/Störsignal Verhältnisses vor Ausfahren der Steuerstäbe für die RESA-Funktionsprobe) auf Funktionsfähigkeit überprüft (Abb. 14.24). Das Nutz-/Störsignal-verhältnis muss $\geq$3:1 betragen, um sicherzustellen, dass ein für die Impulsbereichsmesskanäle messtechnisch hinreichend erfassbarer Neutronenfluss beim Erreichen der Kritikalität gegeben ist.

Die Zunahme der Neutronenpopulation im Reaktorkern durch die steigende unterkritische Multiplikation kann so auf dem Schreiber des Impulsbereichs verfolgt werden. Das für die Impulsbereichsmesskanäle ermittelte Nutzsignal wird für die Überwachung der Unterkritikalität als Ausgangszählrate Z_0 festgehalten. Mit abnehmender Unterkritikalität steigt die Zählrate Z an, und das Verhältnis der nun ermittelten Zählrate Z_0/Z wird als Maß für die Annäherung an die Kritikalität verwendet. Folgende Maßnahmen vermindern die Unterkritikalität und bringen eine Annäherung an den kritischen Zustand:

- Ziehen von Steuerstäben,
- Einspeisen von Deionat.

Beide Maßnahmen führen zu einer Erhöhung der aktuellen Zählrate Z in den Impulsbereichskanälen. Das Verhältnis (Z_0/Z) aus der vorher ermittelten Ausgangszählrate Z_0 und

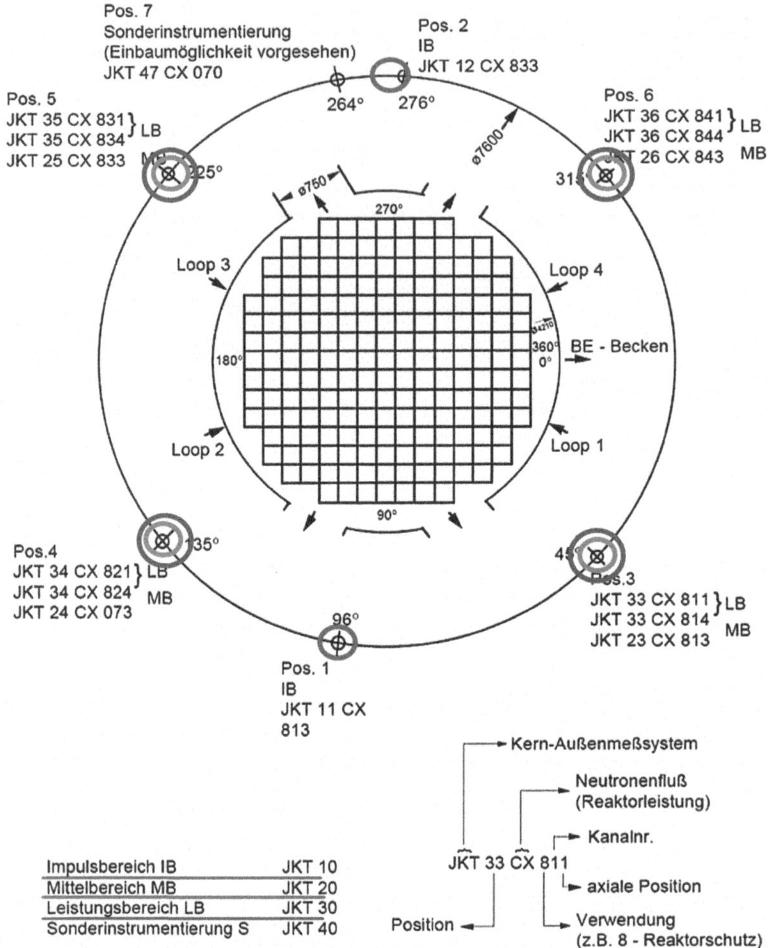

Abb. 14.24 Neutronenflussaußeninstrumentierung. *Quelle* Areva

der aktuellen Zählrate Z strebt mit Annäherung an den kritischen Zustand gegen Null (Abb. 14.25).

Parallel dazu muss die Sekundärseite des Kraftwerks schonend aufgeheizt werden, um sprunghafte Temperaturbelastungen an massiven Großkomponenten wie z. B. Vorwärmern, Wasserabscheidern und Armaturenstationen zu verhindern.

Da im Leistungsbereich von 0–30 %, also vor der Synchronisierung des Turbosatzes mit dem Hochspannungsnetz, die erzeugte Dampfmenge quasi ungenutzt in den Kondensator geleitet werden muss, ist es erforderlich, dass die hierfür benötigten Komponenten entsprechend angewärmt werden. Die FD-Absperrarmaturen sind geöffnet und die FDU, d. h. die Hauptwärmesenke zum Kondensator, steht zur Verfügung. Zur Einleitung von Dampf in die FDU muss das Hauptkühlwassersystem zur Wärmeabfuhr aus dem

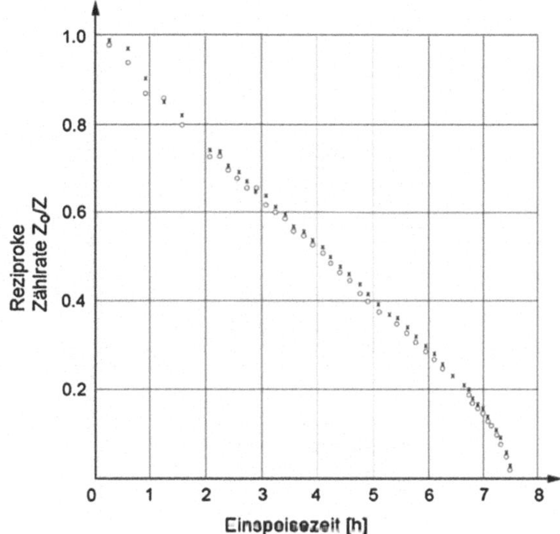

Abb. 14.25 Reziprokes Zählratenverhältnis beim Entborieren. *Quelle* Areva

Kondensator genauso betrieben werden, wie das Hauptkondensatsystem und die Kondensatorevakuierung.

Um das Entborieren nach Beendigung der Revision und BE-Wechsel einleiten zu können, muss die Gesamtbank (L+D) von Hand in die obere Endstellung gezogen werden. Die Deionateinspeisung wird freigegeben, wenn die L-Bank weniger als 80 cm eintaucht und so eine ausreichende Abschaltreaktivität sichergestellt ist.

Beim Anfahren im Zyklus beträgt die Anfahrsollstellung der L-Bank je nach Abbrandzustand des Kerns ca. 20–50 cm Eintauchtiefe. Die D-Bänke, die nicht mit der L-Bank fahren (1., 2. und ggf. 3. fahrende D-Bank), stehen in diesem Fall später für die Leistungserhöhung zur Verfügung.

14.4.2 Erreichen der Kritikalität

Die Borkonzentration im Reaktorkühlkreis wird durch Einspeisen von Deionat verringert; die Zählrate Z der Impulsbereichskanäle steigt und damit fällt das Zählratenverhältnis Z_0/Z kontinuierlich weiter ab.

Das Kritischmachen des Reaktors und der Übergang von Nulllast in den Leistungsbereich werden über den Impuls- und Mittelbereich der Kernaußeninstrumentierung erfasst. Impuls- und Mittelbereich decken überlappend den gesamten Bereich der Reaktorleistung von unterkritisch bis Volllast ab.

Die von Impuls- (IB) und Mittelbereich (MB) angezeigten relativen Flussänderungsgeschwindigkeiten (RELFÄG [%/s]) sind im Nulllastbereich (Neutronenflussanzeige im Mittelbereich $\leq 10^{-8}$ A) ein Maß für die Überkritikalität des Reaktors (Abb. 14.26).

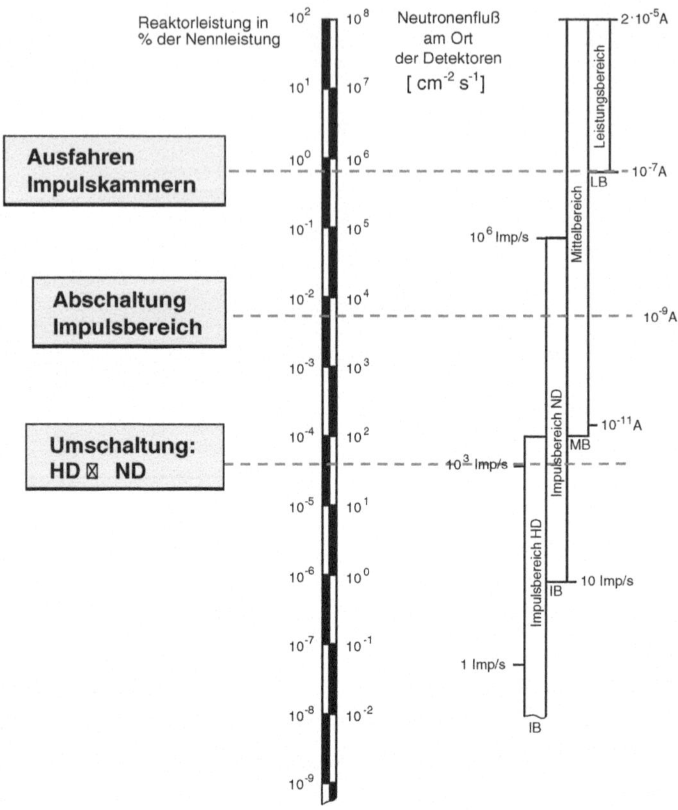

Abb. 14.26 Messbereiche der Außeninstrumentierung. *Quelle* Areva

Erreicht die relative Flussänderungsgeschwindigkeit im Impulsbereichskanal etwa 1.0 %/s, wird die Deionateinspeisung gestoppt. Da der Nachlauf der HD-Förderpumpen noch wirksam bleibt, erhöht sich die RELFÄG zunächst weiter. Erhöht sich die RELFÄG dabei auf mehr als 2 %/s, so ist sie durch Einfahren der L- oder der D-Bank auf $\leq$2 %/s zu halten. Wird die L-Bank eingefahren, so ist darauf zu achten, dass die L-Bank vor Leistungsaufnahme wieder auf ihre Sollstellung gebracht wird. Erreicht die Zählrate der Impulsbereichskanäle $\geq 10^3$ Imp/s, so wird durch Abschalten der Spannungsversorgung der empfindlichen Hochdruck-Zählrohre (HD) automatisch auf die unempfindlichen Niederdruck-Kammern (ND) umgeschaltet.

Erreicht die Anzeige der ND-Kammern $\geq 10^3$ Imp/s, beginnt der Mittelbereich anzuzeigen. Vom Reaktorschutz wird eine ausreichende Überlappung sichergestellt.

Bei Zyklusbeginn entspricht eine relative Flussänderungsgeschwindigkeit von 2 %/s einer Überkritikalität von ca. 130 pcm, was wiederum bei Erreichen des Leistungsbereichs durch eine Reaktorleistung von 7–8 % kompensiert wird (Tab. 14.1).

Tab. 14.1 Zusammenhang RELFÄG/Reaktivität/korrelierte Reaktorleistung (für einen frischen Kern)

RELFÄG [%/s]	1	2	3
$\Delta\rho$ [pcm]	80	130	160
korr. P_R [%]	≈ 5	≈ 8	≈ 11

Bei einer Mittelbereichsanzeige von ca. 10^{-9} A wird die Spannungsversorgung der Impulsbereichskanäle insgesamt abgeschaltet, und bei ca. 10^{-7} A und 3 % Anzeige im Leistungsbereich werden die Impulsbereichsmesskammern aus ihrer Messposition in die Abschirmung (biologisches Schild) herausgezogen (Abb. 14.27).

Bei ca. 10^{-8} A Mittelbereichsanzeige beginnt, bedingt durch die Brennstofferwärmung, die sich aufbauende negative Leistungsreaktivität (Doppler-Effekt) die durch den Deionatüberschuss vorhandene Überkritikalität zu kompensieren. Die Leistungsbereichskanäle beginnen anzuzeigen.

Zur Einleitung einer Kritikalität sind zuvor verschiedene Voraussetzungen zu erfüllen, die kurz aufgeführt werden sollen:

- Die behördliche Freigabe zum Entborieren liegt vor (Wiederanfahrzustimmung).
- Die Bor-10-Anreicherung muss ermittelt werden, um die Borwirksamkeit korrekt voraussagen zu können.
- In allen Systemen, die Kühlmittel beinhalten, muss die Borkonzentration gemessen werden.
- Die Potentiometerstellungen der Kerninnen- und -außeninstrumentierung müssen der neuen Kernbelegung angepasst werden.
- Die DNB-Koeffizienten in der DNB-Rechenschaltung müssen eingestellt werden.
- Der Reaktorschutz und die Reaktorleistungsbegrenzungen sind scharf geschaltet.
- Die Abschaltsysteme stehen uneingeschränkt zur Verfügung (RESA-Funktionskontrolle).
- Die Abschaltwerte in der Begrenzung für die langfristige Unterkritikalität c_H und c_{HK} sind eingestellt.
- Die erwarteten Deionatmengen zum Entborieren sind berechnet und stehen zur Verfügung.

Mit dem Erreichen der Kritikalität wird die Nulllastborkonzentration c_0 mit der zuvor errechneten Borkonzentration aus der Einsatzplanung verglichen und eine mögliche Abweichung bewertet. In diesem Betriebszustand (kritischer Nulllastbereich) werden sodann drei D-Bänke Bor-kompensiert eingefahren und die zugehörige Borkonzentration c_{3D} ermittelt und wiederum gegen den Erwartungswert geprüft.

Nach dieser Prozedur wird *eine* D-Bank kompensiert gegen die einfahrende L-Bank ausgefahren. Die D-Bank wird in die L-Bank gefahren, und die L-Bank erreicht etwa eine Eintauchtiefe von ca. 50 cm. In dieser Gesamtbankstellung kann schließlich durch Ausfahren der beiden verbleibenden D-Bänke die Reaktorleistung gesteigert werden.

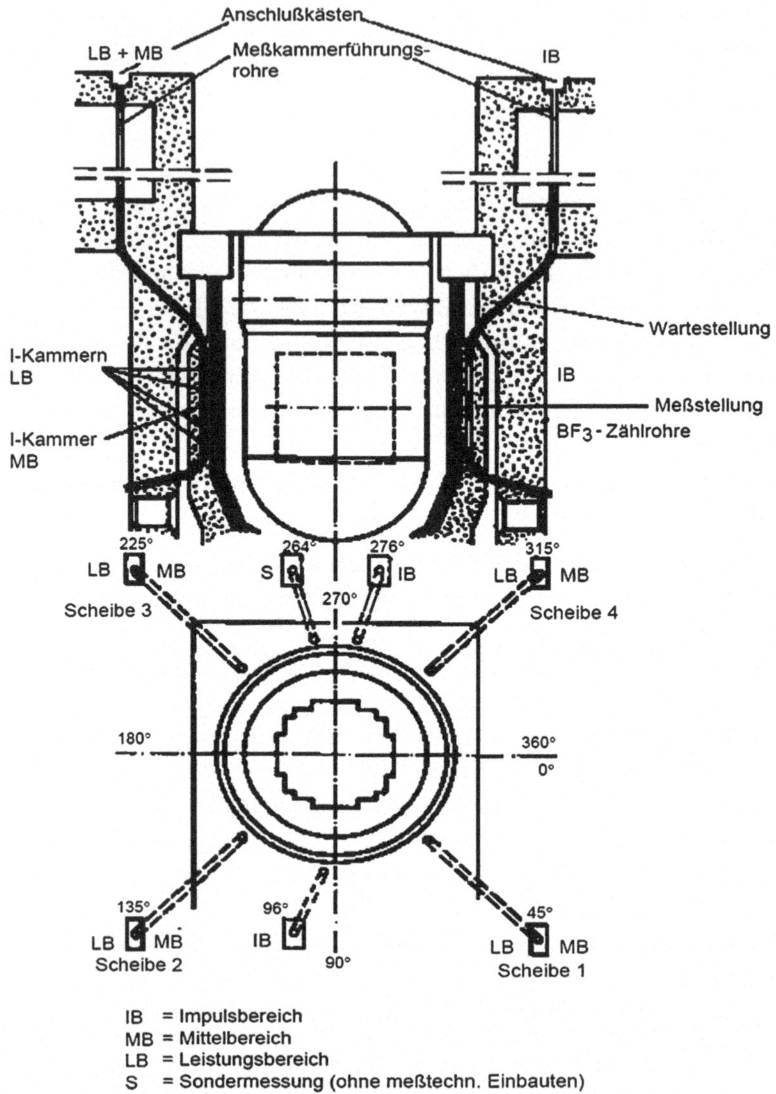

Abb. 14.27 Anordnung der Führungsrohre der IB-, MB- und LB-Messkammern. *Quelle* Areva

14.4.3 Überführen des Reaktors in den Leistungsbetrieb

Ab ca. 3 % Reaktorleistung kann die Neutronenflussregelung in Betrieb genommen werden. Die gewünschte D-Bank-Fahrfolge wird vorgewählt.

Damit der Neutronenflussregelung die D-Bank als Stellglied für die Feinregelung zur Verfügung steht, muss die L-Bank-Stellungsregelung ebenfalls eingeschaltet werden. Am

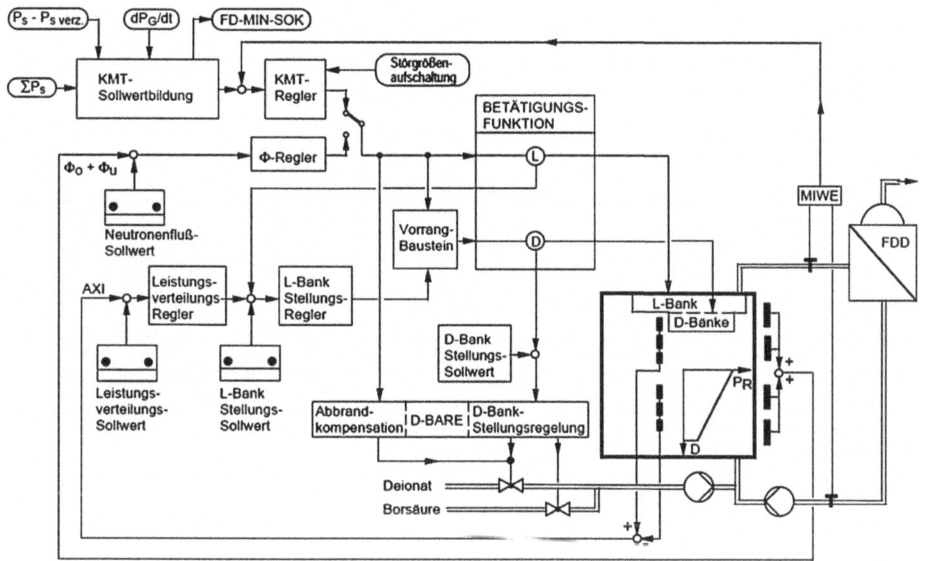

Abb. 14.28 Zusammenspiel der Regelungen am Reaktor. *Quelle* Areva

LV-Regler wird der abbrandabhängige LV-Sollwert eingestellt und der LV-Regler zugeschaltet.

Der Sollwert der Neutronenflussregelung wird dann von Hand so hochgetippt und die Reaktorleistung bis auf ca. 8 % erhöht, dass die Leistungserhöhung nur über D-Bank-Ausfahrschritte erfolgt (Abb. 14.28).

Das weitere (nukleare) Aufheizen erfolgt geregelt durch das automatische Hochfahren des Anfahrsollwertes der FDU. Durch das Starten des Anfahrsollwertes der FDU wird der Frischdampfdruck über die Zeit so erhöht, dass dies einer RKL-Temperaturerhöhung von 50 K/h entspricht.

Da beim nuklearen Aufheizen mit dem Ansteigen der Reaktoreintrittstemperatur auch der Sollwert für die KM-Druckregelung hochgeführt wird, steigt der RKL-Druck rasch auf >131 bar an, und auf dem Hauptleitstand erscheint die Meldung, dass das Betätigen der Anfahrüberbrückung möglich ist. Folgende Bedingungen sind nunmehr erfüllt:

- RKL-Temperatur >260 °C
- Neutronenfluss >3 %
- KM-Druck >131 bar

Der Schlüsselschalter für die Anfahrüberbrückung muss betätigt werden. Ein unbeabsichtigtes Hochfahren des Reaktors über eine Leistung von >12 % soll damit ausgeschlossen werden.

Ist die Anfahrüberbrückung nicht betätigt oder zeigen die Neutronenflussmesskanäle $<3\,\%$ an, so wird bei Erreichen einer thermischen Reaktorleistung von $\geq 12\,\%$ bzw. $\geq$ca. 10^{-6} A auf den temperaturkorrigierten Mittelbereichskanälen RESA ausgelöst.

Mit dem Betätigen der Anfahrüberbrückung sind alle RESA-Ansprechwerte, die nur für das Anfahren des Reaktors relevant sind, überbrückt, d. h. nicht mehr scharf. Bei einem Ansprechen dieser Grenzwerte soll während des Leistungsbetriebs keine die Verfügbarkeit der Anlage beeinträchtigende Abschaltung ausgelöst werden.

Der Sollwert der Neutronenflussregelung wird weiter hochgetippt und die Reaktorleistung in Richtung 30 % hochgefahren (nur D-Bank-Ausfahrschritte). Sind ca. 20 % Reaktorleistung erreicht, und der Turbinenleitrechner zeigt einen ausreichenden Freibetrag, so kann die Turbine durch Hochtippen am Sollwert für den elektrischen Drehzahlregler auf Synchronisierdrehzahl hochgefahren werden. Beim Hochlauf der Turbine sind u. a. zu beobachten:

- Freibetrag Turbinenleitrechner,
- Lager- und Wellenschwingungen,
- Lagertemperaturen,
- Gehäusetemperatur-Differenzen,
- Gehäuse- und Wellendehnungen (Relativdehnung).

Mit dem Anheben der Reaktorleistung mit Hilfe des Neutronenflussreglers steigen die KMT sowie die Reaktoreintritts- und -austrittstemperatur an.

Bei ca. 25 % Reaktorleistung erfolgt der automatische Übergang der Dampferzeugerbespeisung von den Schwachlast- auf die Volllast-Speisewasserregelventile.

Bei ca. 30 % Reaktorleistung kann nun von der Neutronenfluss- auf die KMT-Regelung umgeschaltet werden (Abb. 14.29). Danach erfolgt das Synchronisieren des Turbosatzes mit dem Netz. Hierfür müssen Spannung, Frequenz und Phasenlage zwischen Generator und Netz abgeglichen werden.

Die weitere Leistungserhöhung erfolgt mit eingeschalteter KMT-Regelung über den Generatorleistungssollwert, der nun auf 100 % gestellt wird. Vom Generatorleistungsregler werden nun die Turbinenstellventile weiter geöffnet. Die FDU beginnt im gleichen Maße zu schließen, wie die Generatorleistung steigt.

Ist die FDU ganz geschlossen, beginnt der FD-Druck zu sinken, und da nun mehr Wärme von der Primärseite über die Dampferzeuger auf die Sekundärseite übertragen werden kann als vom Reaktor erzeugt wird, beginnt die KMT zu sinken. Damit kommt die KMT-Regelung zum Eingriff, die nun beginnt, Steuerstäbe auszufahren. So erhöht sich die Reaktorleistung und folgt der geforderten Generatorleistung.

Da mit der Steigerung der Reaktorleistung auch der Xe-Aufbau im Kern beginnt, reichen die zwei verfügbaren D-Bänke nicht aus, um den Reaktor auf Volllast zu fahren. Beide D-Bänke fahren sukzessive in die L-Bank, die ihrerseits jedoch nicht weiter ausgefahren wird, da ihre Aufgabe in der Regelung der axialen Leistungsdichteverteilung besteht. Unter dieser Prämisse kann eine weitere Leistungssteigerung ausschließlich durch Deionateinspeisen erfolgen.

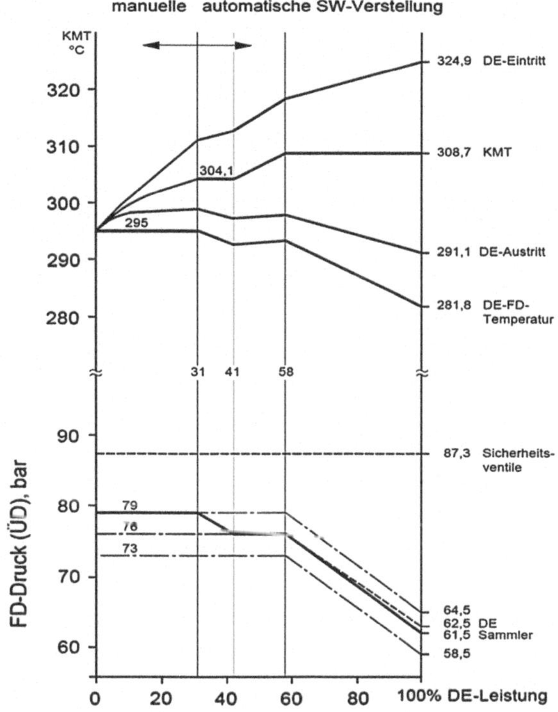

Abb. 14.29 Stationäres Teillastdiagramm. *Quelle* Areva

Mit der Steigerung der Reaktorleistung wächst die Aufwärmspanne über dem Kern (Abb. 14.29). Bei der Leistungssteigerung ist mit Änderung der axialen Leistungsverteilung zu rechnen, die jedoch normalerweise durch die LV-Regelung mithilfe der L-Bank ausgeregelt wird.

Bei Erreichen der Leistungsstufen 30 %, 60 % und 90 % werden erneut die Kerninnen- und -außeninstrumentierung kalibriert und die DNB-Rechenschaltung kontrolliert. Ab ca. 90 % Reaktorleistung kann aufgrund des so genannten gleitenden Ansprechwertes der Leistungsdichte (GLAD-RELEB) eine Leistungssteigerung nur noch mit einem Gradienten von etwa 2 %/h erfolgen. Der Grund für diese Begrenzung liegt in der Tatsache, dass der frische Brennstoff konditioniert werden muss. Beim Anheben der Reaktorleistung wird die Brennstofftemperatur gesteigert; das Pellet erwärmt sich im Inneren stärker als außen, was zur Relocation führt. Das Pellet legt sich von innen an das Hüllrohr des Brennstabs an und bewirkt eine Dehnung, deren Geschwindigkeit so begrenzt werden muss, dass es nicht zu einem spontanen Versagen des Hüllrohrs kommen kann (Abb. 14.30).

Wird etwa 5 Stunden später schließlich die 100 % Leistungsstufe erreicht, wird der Anfahrvorgang durch einen abschließenden Kugelschuss und Kalibrierung der Innen- und Außeninstrumentierung abgeschlossen. Die D-Bankregelung wird zugeschaltet.

Beim Anheben der Reaktorleistung:

> Der Brennstoff erhitzt sich.
> Die Temperatur steigt im Inneren der Brennstäbe schneller als im äußeren Bereich. Pellets legen sich an das Hüllrohr an.
> Die Hülle braucht Zeit, um sich mit dem Brennstoff auszudehnen. (Riss-Prävention)

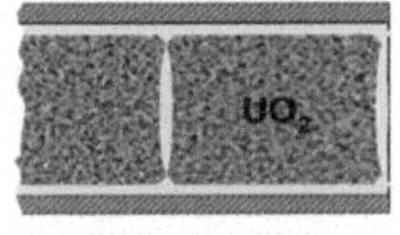

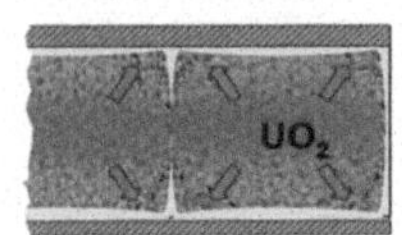

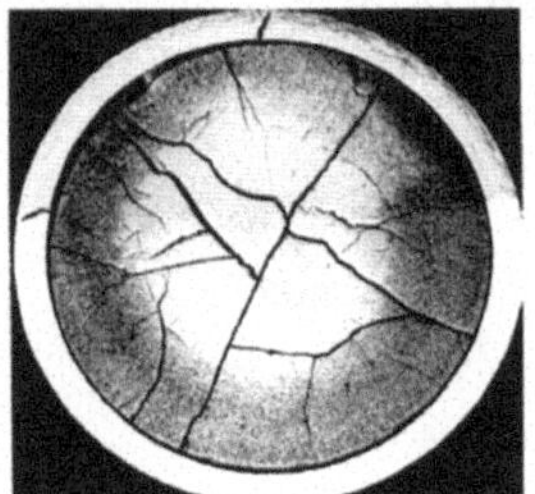

Pellet-Clad-Interaction (PCI), Rissbildung im Hüllrohr

Abb. 14.30 Konditionierung des Brennstoffs bei Leistungssteigerung

14.4.4 Leistungsbetrieb

Nach 6 Volllasttagen bei 100 % Reaktorleistung werden ein weiteres Mal die Neutroneninnen- und -außeninstrumentierung des Reaktors kalibriert. Somit sind sowohl die betriebliche als auch die sicherheitstechnische Überwachung der lokalen und integralen Reaktorleistung gewährleistet. Zu diesem Zeitpunkt hat sich eine stationäre Xe-Konzentration mit einer Wirksamkeit von etwa −2.800 pcm eingestellt (Abb. 14.31). Je nach Kernbeladung kann dieser Xe-Gleichgewichtswert hiervon abweichen.

Im Folgenden werden abschließend noch einige Aspekte des Leistungsbetriebs aus Sicht der Kernüberwachung dargestellt; diese werden im Betriebshandbuch, sowie in untergeordneten Regelungen, wie innerbetrieblichen Anweisungen und Schichtanweisungen, eingehend gewürdigt.

Kerninstrumentierung

Da sich mit dem Abbrand die Nukliddichte der spaltbaren Isotope im Kern ständig verringert, muss sich zur Beibehaltung einer konstanten Reaktorleistung der thermische Neutronenfluss in gleicher Weise erhöhen. Ließe man die einmal eingestellte Kalibrierung unverändert, würde die Inneninstrumentierung eine größere Leistung anzeigen als tatsächlich vorläge. Dies hätte zur Folge, dass mit der Zeit der Reaktor nicht mehr die Leistung erzeugen würde, die von der Sekundärseite abgefordert wird.

Daher wird im stationären Leistungsbetrieb einmal pro Woche eine Kugelmessung zur Ermittlung der tatsächlichen Aktivierungsraten durchgeführt und mit den theoretischen Daten verglichen. Bei Bedarf, d. h. wenn die hierbei festgestellten Abweichungen vorgegebene Grenzen überschreiten, wird eine Anpassung der Potentiometerstellungen vorgenommen.

Tagesintegral

Die Einhaltung der genehmigten Reaktorleistung von z. B. 3.850 MW wird durch folgende Werte dokumentiert:

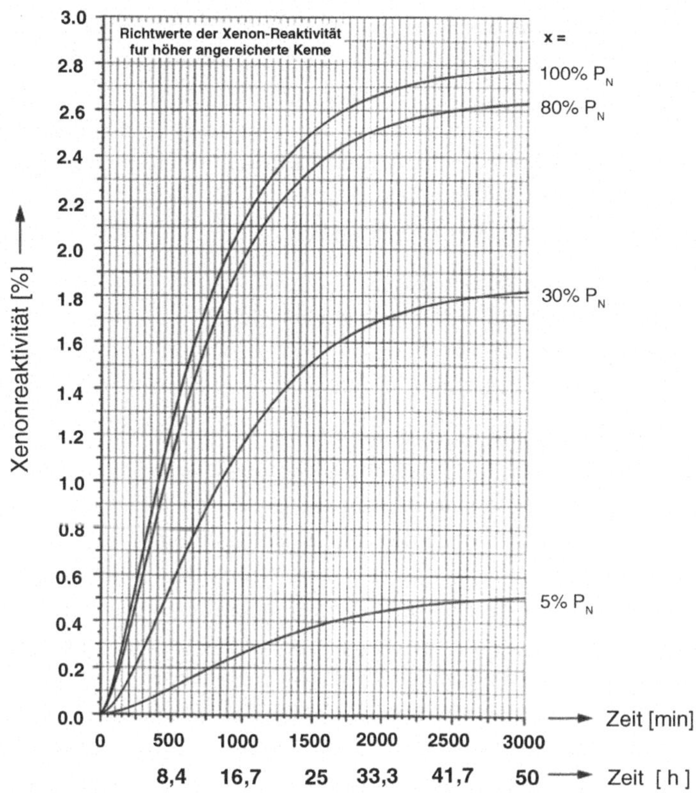

Abb. 14.31 Xe-Gleichgewichtskonzentrationen

- Es wird das Tagesintegral der thermischen Reaktorleistung gebildet; bei Volllast ergibt sich folglich eine thermische Reaktorarbeit von 3.850 MWd.
- Außerdem wird ein gleitendes Stundenintegral gebildet. Überschreitungen müssen gemeldet werden. Zur Erreichung des Tagesintegrals kann die mittlere Kühlmitteltemperatur angepasst werden.

Leistungsänderungen

Leistungsänderungen werden in stetige und sprungförmige eingeteilt.

Stetige Leistungsänderungen zwischen 20 % und 100 % der Nennleistung können folgendermaßen erfolgen (siehe Abschn. 14.5):

- 10 %/min bei Gesamtänderungen von max. 20 % der Nennleistung
- 5 %/min bei Gesamtänderungen von max. 50 % der Nennleistung
- 2 %/min bei Gesamtänderungen von max. 80 % der Nennleistung.

Dabei bleibt zu beachten, dass beim Durchfahren großer Leistungsänderungen Beschränkungen durch den WT-Einfluss der Turbine (Turbinenleitrechner) oder auch durch die Reaktorleistungsbegrenzung wirksam werden können.

Sprungförmige Leistungsänderungen zwischen 40 % und 100 % der Nennleistung dürfen eine Größe von ±10 % nicht überschreiten und müssen einen ausreichenden zeitlichen Abstand (mindestens 5 min.) zueinander einhalten.

Lastwechselvorgänge werden nicht gefahren bei:

- Konditionierung des Brennstoffes (BOC)
- Geringer Borkonzentration (EOC), bzw. Streckbetrieb
- Brennelement-Schäden (gesamter Zyklus)
- WKP an der Kerninstrumentierung

Erläuterungen hierzu finden sich in Abschn. 14.5.

Im Teillastbetrieb muss darauf geachtet werden, dass die einzelnen D-Teilbänke bei längerem Aufenthalt im Teillastzustand nicht im Eintauchtiefenbereich 100–300 cm stehen bleiben, um axiale Deformationen der Leistungsdichte und damit Abbrandverzug der betroffenen Brennelemente zu vermeiden. Bei einer Teillastdauer von mehr als ca. 6 Stunden soll daher eine Anpassung der SE-Fahrweise vorgenommen werden; d. h. die SE werden kompensiert aus dem Kern ausgefahren, mit der Konsequenz, dass eine kurzfristige Leistungssteigerung nur in dem Maße möglich ist, wie der Entboriervorgang wirksam wird. Besonders zum Zyklusende stößt man hierbei an physikalische Grenzen.

Die abbrandabhängige langfristige Strategie zur Optimierung der axialen Leistungsdichteverteilung und damit zur Sollstellung der L-Bank wird folgendermaßen umgesetzt. Da die axiale Leistungsdichteverteilung mit fortschreitendem Kernabbrand die Tendenz zu einem immer deutlicher ausgeprägten Maximum in der unteren Kernhälfte zeigt, wird die L-Bank über den Abbrandzyklus hinweg schrittweise aus dem Reaktor gefahren bis sie zum natürlichen Zyklusende vollständig ausgefahren ist.

Fahrfolgewechsel und Abschaltborkonzentrationen

Regelmäßig nach etwa zwei Volllastwochen soll die Fahrfolge der fahrenden D-Bänke gewechselt werden. Durch diese Maßnahme werden die durch die Volllasteintauchtiefe der regelnden D-Bank verursachten Abbrandverzüge im oberen Bereich der Brennelemente möglichst klein gehalten.

In Abständen von etwa einem Monat werden die abbrandabhängigen Einspeiseborkonzentrationen c_H und c_{HK} in der Stabfahrbegrenzung STAFAB neu eingestellt, um bei einem temporären Stillstand der Anlage eine zu große Borkonzentration zu vermeiden (Abb. 14.32).

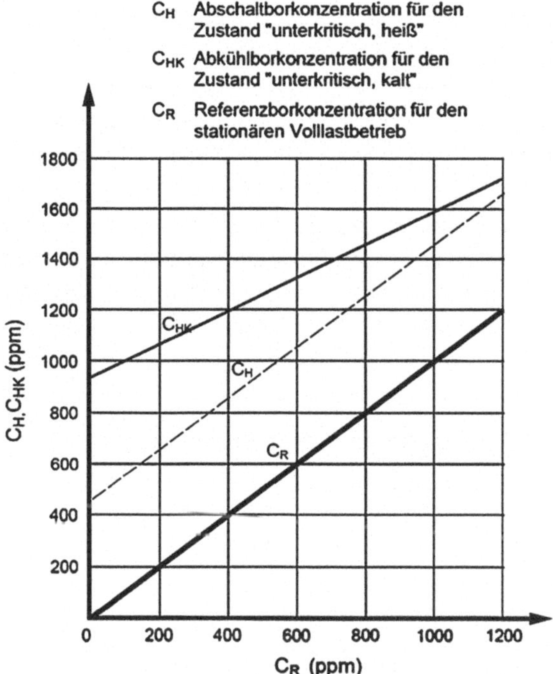

Abb. 14.32 Sicherstellen der Einspeiseborkonzentration. *Quelle* Areva

14.5 Lastfolgebetrieb

Kernkraftwerke werden, zusammen mit Braunkohlekraftwerken, zu den thermischen Grundlastkraftwerken gezählt. Ungeachtet dessen ist ihre Lastwechselfähigkeit schon in der Konzeptphase der Anlagen ein wesentliches Auslegungskriterium, sodass Kernkraftwerke äußerst flexibel auf Lastanforderungen reagieren können. Diese Eigenschaft von Kernkraftwerken, große Laständerungsgeschwindigkeiten über große Leistungsbereiche realisieren zu können, ist insbesondere im Zusammenhang mit den Schwankungen der Stromeinspeisung durch Energieerzeuger des regenerativen Sektors von großer Bedeutung. Kernkraftwerke sind z. B. geeignet, folgende Laständerungsgeschwindigkeiten zu realisieren:

- ca. 10 % der Nennleistung pro Minute bei Leistungsänderungen von max. 20 % der Nennleistung (120 MW/min)
- ca. 5 % der Nennleistung pro Minute bei Leistungsänderungen von max. 50 % der Nennleistung (60 MW/min)
- ca. 2 % der Nennleistung pro Minute bei Leistungsänderungen von max. 80 % der Nennleistung (20 MW/min).

Diese nicht unerheblichen Laständerungsgeschwindigkeiten stellen besondere Anforderungen an die Reaktorregelung, Reaktorbegrenzung und damit auch an die nukleare

Kernüberwachung. Bei allen Lastwechselvorgängen muss die neutronenphysikalische und thermohydraulische Stabilität des Reaktors sichergestellt sein. Bereits bei der Einsatzplanung für einen konkreten Folgezyklus muss der Lastwechselfähigkeit des Reaktorkerns besondere Aufmerksamkeit geschenkt werden. Insbesondere sind bspw. Fragestellungen nach der Wirksamkeit der fahrenden D-Bänke hinsichtlich der Abstände zu den STAFAB-Grenzwerten oder die Margen im DNB vorrangig von Bedeutung. Bevor im Folgenden hierauf näher eingegangen wird, werden zuvor grundsätzliche Prinzipien der Möglichkeiten zur Leistungsregelung im Kernkraftwerk mit Druckwasserreaktor erläutert. Hierbei nimmt das stationäre Teillastdiagramm genauso wie das Fahrkonzept der Steuerstäbe eine zentrale Rolle ein. Diese Themen werden in den Abschn. 14.3 und 14.6 erläutert.

14.5.1 Arten der Leistungsregelung

Grundsätzlich existieren beim DWR zwei Möglichkeiten der Leistungsregelung. Entweder wird der Sollwert der Reaktorleistung vorgegeben; dann kann der Turbogenerator die ihm von der Primärseite übertragene Energie nur in dem Maße an das elektrische Verbundnetz weitergeben, wie sie ihm angeboten wird (Abb. 14.33). Die Generatorleistung folgt also der geregelten Reaktorleistung über die der Turbine angebotene Frischdampfqualität

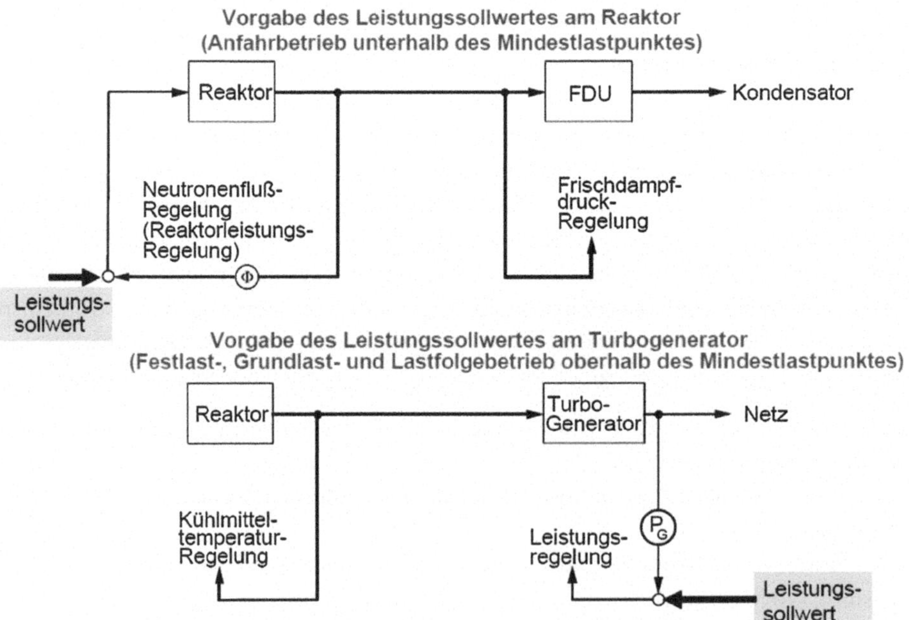

Abb. 14.33 Möglichkeiten der Leistungsregelung beim DWR. *Quelle* Areva

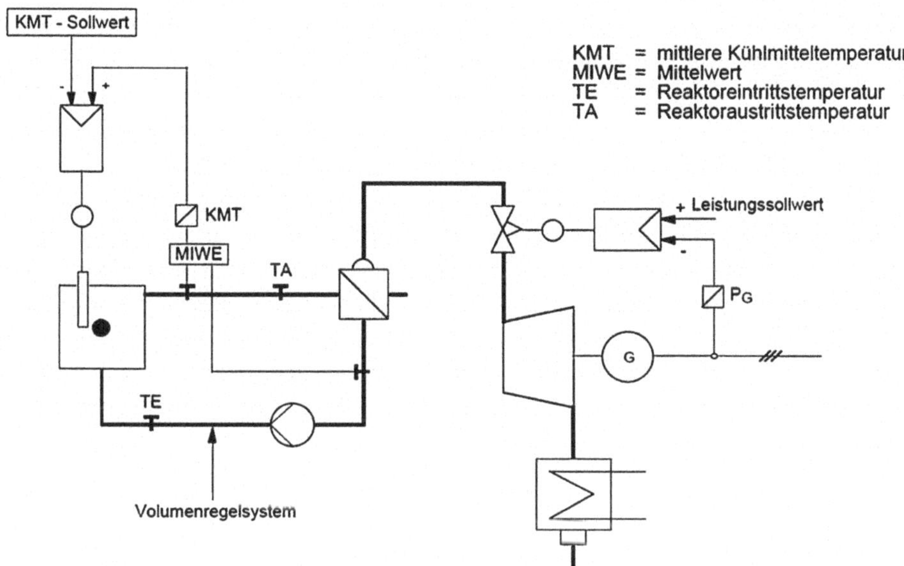

Abb. 14.34 Prinzip Lastfolgebetrieb. *Quelle* Areva

und -menge. Bei dieser Betriebsweise muss der sekundärseitige Frischdampfdruck geregelt werden. Diese Form der Leistungsregelung wird vor allem beim An- und Abfahrvorgang, also unterhalb des Mindestlastpunktes (30 % P_N) realisiert. Zur Regelung der Reaktorleistung werden die Neutronenfluss-Signale des Leistungsbereiches der Kernaußeninstrumentierung verwendet.

Oder als zweite Variante wird der Sollwert der Generatorleistung vorgegeben. Dann muss der Reaktor der Leistungsanforderung der Sekundärseite folgen. Die mittlere Kühlmitteltemperatur im Reaktorkühlsystem, also der Mittelwert von Reaktorein- und -austrittstemperatur, wird hierbei über den Generatorleistungssollwert geführt. Diese Art der Leistungsregelung wird im Normalbetrieb im Leistungsbereich oberhalb des Mindestlastpunktes angewendet und als Lastfolgebetrieb bezeichnet.

Die Abläufe beim Lastfolgebetrieb sollen mittels der Darstellung in Abb. 14.34 näher erläutert werden. Wird der Sollwert für die Generatorwirkleistung P_G vorgegeben, muss der Reaktor den Forderungen der Sekundärseite folgen. Dies geschieht über den Zusammenhang von FD-Druck und -Temperatur mit der primärseitigen Kühlmitteltemperatur, die durch eine Sollwertvorgabe geregelt werden muss. Wird bei dieser Form der Regelung die Generatorleistung beispielsweise durch eine Vergrößerung des FD-Durchsatzes über ein Öffnen der Turbineneinlassventile erhöht, so sinken aufgrund der Sattdampfverhältnisse FD-Druck und -Temperatur ab, was seinerseits eine Abnahme der primärseitigen Kühlmitteltemperatur zur Folge hat. Um diese zu halten, muss die Reaktorleistung durch Ausfahren der Steuerstäbe erhöht werden. Bei Vorgabe des P_G-Sollwertes des Generators muss also zur Regelung der Reaktorleistung die mittlere Kühlmitteltemperatur durch eine

Sollwertvorgabe geführt werden. Diese Art der Leistungsregelung ist beim DWR im Normalbetrieb die übliche und wird neben dem Konstantlastbetrieb im oberen Leistungsbereich auch im Lastfolge- und Lastzyklusbetrieb benutzt. Als Regelgröße wird die mittlere Kühlmitteltemperatur KMT aus den verschiedenen Loop-Ein- und -Austrittssignalen verwendet, wobei der KMT-Sollwert abhängig vom Sollwert für die Generatorleistung geführt wird. Die KMT-Regelung führt bei Laständerungen die Reaktorleistung so nach, dass die KMT-Abweichung von ihrem P_G-abhängig geführten Sollwert stationär innerhalb eines vorgegebenen Totbandes bleibt. Kann die KMT-Regelung bei absinkender Kühlmitteltemperatur die Reaktorleistung durch Ziehen der Steuerstäbe nicht genügend anheben, so werden von der FD-Minimaldruckregelung als diversitäre Einrichtung die Turbinenregelventile eingedrosselt und hierdurch, unabhängig von der P_G-Forderung, der FD-Druck solange gestützt, bis Reaktor- und Generatorleistung wieder in einem tolerierbaren Verhältnis zueinander stehen.

14.5.2 Neutronenphysikalisches Verhalten

Druckwasserreaktoren haben im Leistungsbetrieb die Eigenschaft, Änderungen der Kühlmitteltemperatur, die sich beispielsweise durch veränderte sekundärseitige Lastanforderungen ergeben, selbsttätig durch eine entsprechende Änderung der Reaktorleistung entgegenzuwirken. Das ist z. B. dann der Fall, wenn es zu einer Differenz zwischen erzeugter Leistung im Reaktor und von der Sekundärseite abgenommener Leistung kommt.

Dieses Rückkopplungsverhalten, auf dem das Konzept der Leistungsregelung mithilfe einer KMT-Regelung basiert, beruht auf dem neutronenphysikalischen Effekt des negativen Kühlmitteltemperaturkoeffizienten der Reaktivität Γ_K.

Bei einer Abnahme der KMT gewinnt der Reaktor an Reaktivität $\Delta\rho$, was über die Neutronenkinetik zu einer Erhöhung des Neutronenflusses und damit der Reaktorleistung führt, wodurch seinerseits über die Thermodynamik die KMT-Absenkung gebremst wird. Umgekehrt verliert der Reaktor bei einer KMT-Erhöhung Reaktivität, die Reaktorleistung fällt ab und wirkt einem weiteren KMT-Anstieg entgegen. Dieses Rückkopplungsverhalten zeigt sich gegen Zyklusende am deutlichsten, weil Γ_K mit zunehmendem Kernabbrand stetig negativer, also betragsmäßig immer größer wird. Zu Zyklusbeginn liegt eine höhere Borkonzentration im Kühlmittel vor, sodass das Rückkopplungsverhalten weniger stark ausgeprägt ist.

Der Brennstofftemperaturkoeffizient Γ_B ist in erster Linie auf den Resonanzeinfang von Neutronen im epithermischen Energiebereich durch U-238 (Doppler-Effekt) zurückzuführen; er ist während des gesamten Zyklus negativ. Auch der Brennstofftemperaturkoeffizient wirkt daher Reaktorleistungsänderungen, die stets eine Folge von Änderungen der Brennstofftemperatur sind, immer automatisch entgegen.

Anhand der schematischen Darstellung der Abb. 14.35 soll dieser im Leistungsbetrieb wesentliche Rückkopplungsvorgang nochmals an einem Beispiel verdeutlicht werden. Eine

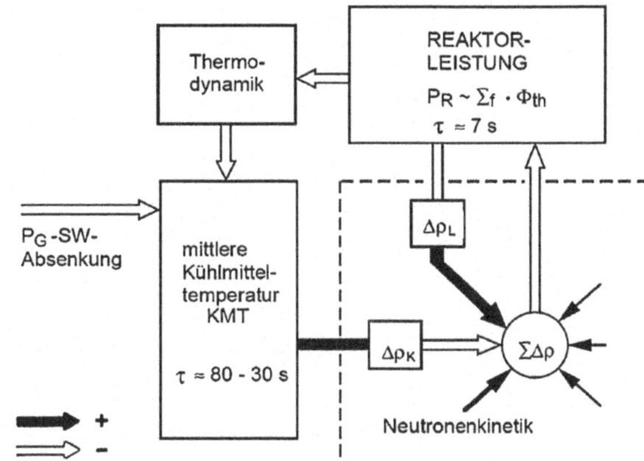

Abb. 14.35 Prinzip der Rückkopplung im Leistungsbetrieb. *Quelle* Areva

Absenkung des Generatorleistungssollwertes wird stets von einer KMT-Erhöhung begleitet, hierdurch nimmt die Reaktivität $\Delta\rho_K$ ab, die Reaktorleistung fällt, bremst die weitere KMT-Steigerung und wird selbst gestützt durch den positiven Beitrag der Leistungsreaktivität $\Delta\rho_L$ aus dem negativen Brennstofftemperaturkoeffizienten. Bei einer Erhöhung des P_G-Sollwertes und entsprechender Abnahme der KMT läuft der beschriebene Vorgang genau umgekehrt ab.

Durch die Rückkopplungseigenschaften des Druckwasserreaktors werden andererseits alle Reaktivitätsstörungen im stationären Leistungsbetrieb auf die Kühlmitteltemperatur übertragen, d. h., durch diese kompensiert, sodass die Reaktorleistung im Mittel unverändert bleibt.

Im stationären Leistungsbetrieb müssen sich alle Reaktivitätseinflüsse im zeitlichen Mittel aufheben, dass die Reaktivität $\rho = 0$ ist. Änderungen eines Reaktivitätsparameters werden bei arbeitender KMT-Regelung zwangsläufig durch einen oder mehrere andere Parameter kompensiert. Der durch die Reaktorleistung verursachte Kernabbrand führt beispielsweise zu einem zeitlich langsam aber ständig voranschreitenden Reaktivitätsverlust. Hierdurch zeigt die Reaktorleistung prompt die Tendenz soweit abzusinken, bis durch den positiven Beitrag der Leistungsreaktivität $\Delta\rho_L$ der negative Effekt des Kernabbrandes kompensiert ist. Mit der Abnahme der Reaktorleistung geht aber über die Thermodynamik wegen der Trägheit der Wärmespeicherungsvorgänge eine zeitlich etwas verzögerte KMT-Reduktion einher. Diese stützt durch ihren positiven Reaktivitätsbeitrag die Reaktorleistung und übernimmt gewissermaßen die Kompensation des Kernabbrandes.

Während hierdurch die Reaktorleistung praktisch konstant gehalten wird, sinkt die KMT während des Betriebes infolge des Kernabbrandes langsam ab.

Weicht die KMT von ihrem Sollwert ab, so werden bei eingeschalteter KMT-Regelung Steuerstäbe gezogen, hierdurch wird prompt die Reaktorleistung und mit deren Hilfe verzögert die KMT wieder angehoben. Die ursprüngliche Kompensation des Kernabbrandes durch eine KMT-Absenkung ist jetzt auf die Steuerstabstellung der D-Bank übertragen worden. Bei eingeschalteter D-Bank-Stellungsregelung wird schließlich die Abbrandkompensation durch Deionateinspeisung an eine Verringerung der Borkonzentration im Kühlmittel des Primärkreises weitergegeben.

14.5.3 Einflussfaktoren auf die Lastwechselflexibilität

Um im Falle von Lastwechselanforderungen die notwendige Flexibilität sicherzustellen, sollen im Folgenden die Parameter, die hierauf Einfluss nehmen, näher betrachtet werden. Hierzu gehören die Fahrweise der Anlage im Teillastbetrieb, die Aufteilung der Steuerstäbe in D- und L-Bänke mit ihren unterschiedlichen Aufgabenstellungen und das Konzept von Reaktorleistungsregelung und -begrenzung.

Gemäß stationärem Teillastdiagramm wird im oberen Leistungsbereich die mittlere Kühlmitteltemperatur konstant gehalten. Mit dieser Fahrweise sind unübersehbare Vorteile verknüpft, denn damit wird erreicht, dass es in diesem Bereich nicht zu Reaktivitätsrückwirkungen infolge des Kühlmitteltemperaturkoeffizienten kommt. Mit den Bewegungen der Steuerstäbe muss somit ausschließlich die Leistungsreaktivität, die eine Folge des neutronenkinetischen Doppler-Effekts ist, kompensiert werden. Aus diesem Grund bleibt der erforderliche Stellbereich für die D-Bänke begrenzt.

Ein weiterer Vorteil besteht darin, dass durch die Konstanz der mittleren Kühlmitteltemperatur selbst schnelle und große Leistungsanstiege nicht zu Änderungen der Speicherwärme im Reaktorkühlsystem führen. Folglich kommt es bei solchen Laständerungen auch nicht zu einem vermehrten Überschwingen der Reaktorleistung über ihren Zielwert oder, wenn die Reaktorregelung der erhöhten Leistungsanforderung nicht schnell genug folgen kann, zu einem Absinken des Frischdampfdruckes. Beides wäre nicht wünschenswert, weil einerseits der Brennstoff in seiner Wechselwirkung mit dem Hüllrohr unnötigerweise belastet und andererseits die Volllastverfügbarkeit der Anlage ggf. eingeschränkt wird. Darüber hinaus wird die erforderliche Größe des Druckhalters infolge Dichte- bzw. Volumenänderungen des Kühlmittels begrenzt.

Neben der Fahrweise gemäß stationärem Teillastdiagramm, hat das Steuerstabfahrkonzept einen bedeutsamen Einfluss auf die Lastwechselflexibilität des Reaktors. Aufgabe der D-Bänke ist es zunächst, die integrale Reaktorleistung gemäß den Anforderungen der Kühlmitteltemperaturregelung so zu beeinflussen, dass dem Turbosatz die erforderliche Frischdampfqualität bzw. -menge bereitgestellt wird. Neben dieser Anforderung muss der Reaktor außerdem so betrieben werden, dass sein neutronenphysikalischer und thermohydraulischer Zustand in den zulässigen Grenzen verbleibt. Diese Forderung zielt ab auf die räumliche Leistungsdichteverteilung (LDV) im Reaktor, die ebenfalls mithilfe der Steuerstäbe, diesmal jedoch der L-Bank, beeinflusst werden kann. Die Leistungsdichteverteilung ändert sich erfahrungsgemäß mit dem aktuellen Betriebszustand und dem Abbrand des Kerns. Ziel ist es, eine möglichst symmetrische Form als optimale Grundform der LDV einzustellen, denn Abweichungen hiervon führen in aller Regel zu einer Erhöhung der lokalen Brennstabbelastung. Um sicherzustellen, dass ein Lastwechselbetrieb mit schnellen Laständerungsgeschwindigkeiten technisch möglich ist, müssen aus Sicht des Steuerstabfahrprogrammes zwei wichtige Voraussetzungen erfüllt sein.

1. Die fahrenden D-Bänke müssen ausreichend hohe Wirksamkeit haben.
2. Die Beeinflussung der integralen Leistung und der LDV in Kern muss unabhängig voneinander erfolgen können.

Diese Anforderungen werden dadurch erfüllt, dass die Gesamtheit aller Steuerstäbe im Reaktor in zwei funktionellen Gruppen betrieben wird. Die gerade fahrende D-Bank besteht jeweils nur aus vier Steuerstäben, die über längere Zeit möglichst ganz oder nur geringfügig in den Kern eintauchen und dabei die axiale LDV nur wenig beeinflussen. Alle anderen Stäbe werden zur L-Bank zusammengefasst. Sie besteht aus wesentlich mehr Steuerstäben und hat infolgedessen eine große Wirksamkeit. Die L-Bank operiert in einem Bereich nahe der Oberkante der aktiven Zone, in der die Brennelemente einen starken Abbrandgradienten besitzen. Die Wirksamkeit der L-Bank ist daher etwa 5-mal so groß, wie die der fahrenden D-Bank.

Ursachen für Abweichungen von der optimalen, cosinusförmigen, axialen LDV sind:

- Temperaturverteilungen infolge veränderlicher Leistungen
- Abbrandverteilungen im Brennstab durch unterschiedliche Leistungsgeschichten
- Teileingetauchte Steuerstäbe
- Xenon-Dynamik.

Deformationen in der Leistungsdichteverteilung führen erfahrungsgemäß lokal zu erhöhten Brennstableistungen, die die vorgegebenen Grenzen nicht überschreiten dürfen. Es wird deutlich, dass es zur Beherrschung solcher Betriebszustände hilfreich ist, dass die Reaktorleistungsregelung und die Regelung der Leistungsdichteverteilung unabhängig voneinander erfolgen können. Die Aufteilung der Steuerstäbe in eine nur schwach wirksame D-Bank und eine stark wirksame L-Bank ermöglicht es, die LDV durch kompensiertes Gegeneinanderfahren der beiden Bänke zu beeinflussen, ohne die integrale Reaktorleistung zu verändern. Voraussetzung für solche Regelungseingriffe ist, dass die Kerninstrumentierung in der Lage ist, die LDV prompt und spurtreu zu erfassen.

Wie sich bei Lastwechseln die LDV einstellt, wird im Wesentlichen beeinflusst durch die Größe der Reaktivitätskoeffizienten; hier sind insbesondere die Folgenden zu nennen:

- Kühlmitteltemperaturkoeffizient
- Brennstofftemperaturkoeffizient
- Voidreaktivität
- Xenon-Konzentration und -Verteilung.

Die Größe des jeweiligen Reaktivitätskoeffizienten wird u. a. bestimmt durch die individuelle Kernbeladung (z. B. Einsatz von MOX-Brennelementen), den Zykluszeitpunkt (Abbrandzustand des Kerns und die Borkonzentration), die B-10-Anreicherung im Kühlmittel und die Leistung des Reaktors.

14.5.4 Einschränkungen der Lastwechselfähigkeit

Nicht alle reaktor- bzw. neutronenphysikalischen Randbedingungen sind für die Durchführung von Lastwechseln geeignet. Tritt eine dieser einschränkenden Bedingungen auf, wird die Anlage für diese Zeit beim Lastverteiler für Lastwechselbetrieb nicht frei gegeben. Hierzu gehören:

- Zeitraum, in der die Brennstoffkonditionierung abläuft
- Geringe Borkonzentration im Kühlmittel ($c_B < 100$ ppm), z. B. im Streckbetrieb
- Vorliegen von Brennstab-Schäden mit Freisetzung von Spaltprodukten oder Eintrag von Schwermetall ins Kühlmittel
- Zeitraum, in dem wiederkehrende Prüfungen (WKP) an der Kerninstrumentierung durchgeführt werden.

Beim erstmaligen Hochfahren des Reaktors im Zyklus oder nach mehrtägigem Teillastbetrieb muss zur Vermeidung von unerwünschten Wechselwirkungen zwischen Brennstoff und Hüllrohr, der Gradient der Leistungsdichtesteigerung stark begrenzt werden. Dieser Vorgang dient der Vermeidung so genannter PCI-Schäden (pellet cladding interaction) und wird als *Brennstoffkonditionierung* bezeichnet; er sollte nicht durch Lastwechselvorgänge unterbrochen werden. Der Mechanismus wird in Abschn. 14.4 näher beschrieben.

Ist es bei Laständerungen im Zusammenhang mit *niedrigen Borkonzentrationen* im Kühlmittel (z. B. im Streckbetrieb) erforderlich, Bor einzuspeisen, um den Zustand teileingetauchter Steuerstäbe über längere Zeiten zu verhindern oder um die Auswirkungen der Xenon-Dynamik zu begrenzen, kann der Bedarf an Deionat, um die Borkonzentration wieder zu reduzieren so groß werden, dass dessen Bereitstellung an logistische Grenzen stößt.

Kommt es während des Betriebs des Reaktors zu *Schäden am Hüllrohr* eines Brennelementes, wird über diesen Defekt Spaltgas ins Kühlmittel freigesetzt. Ein solcher Defekt kann über längere Zeit zu einem Sekundärschaden führen, in dessen Verlauf der Brennstab großflächig geschädigt wird und es zum Austrag von Schwermetall ins Reaktorkühlsystem kommt. Infolgedessen verschärft sich die radiologische Situation im Primärkreis und in den angeschlossenen kühlmittelführenden Systemen. Lastwechselvorgänge würden durch die transienten thermomechanischen Belastungen des Brennstabs diesen Schadensmechanismus forcieren und die Freisetzung von Radioaktivität in den Primärkreis verstärken.

Wiederkehrende Prüfungen an der Kerninstrumentierung werden durchgeführt, um zu bestätigen, dass die Leistungsdichteverteilung im Kern, so wie sie von der Instrumentierung kontinuierlich angezeigt wird, den realen Kernzustand abbildet. Käme es in der Zeit der WKP-Durchführung durch Lastwechselvorgänge zu axialen oder radialen Leistungsdichteumverteilungseffekten, könnte eine solche Funktionskontrolle nicht zuverlässig durchgeführt werden. Die genannten Zwänge zeigen, dass es unter bestimmten Bedingungen nicht sinnvoll ist, größere Leistungsänderungen mit dem Reaktor zu fahren.

Kernkraftwerke werden immer häufiger auch im Lastwechselbetrieb oder zur Frequenzstützung herangezogen. Solche Fahrweisen machen es erforderlich, dass die Anlagen flexibel den jeweiligen Lastanforderungen des Netzes folgen können. Anders als bei konventionellen Kraftwerken, die ihre individuelle Leistung durch Anpassung der Brennstoffzufuhr beeinflussen können, bedeuten Leistungsänderungen in einem Kernreaktor, Eingriffe in die nukleare Kettenreaktion, also den Reaktivitätshaushalt. Das hierfür erforderliche Regelsystem muss einerseits in der Lage sein, die integrale Reaktorleistung anforderungsgemäß zu beeinflussen. Andererseits dürfen solche Eingriffe in den lokalen Neutronenfluss des Reaktors, die räumliche Leistungsdichteverteilung nur in dem zulässigen Rahmen beeinflussen, wie die Nachweisführung zuvor erfolgt ist. Das stationäre Teillastdiagramm, die Aufteilung der Steuerstäbe in D- und L-Bänke mit ihren unterschiedlichen Aufgabenstellungen, die konzeptionelle Trennung von Reaktorleistungsregelung und -begrenzung und nicht zuletzt auch eine geeignete Kerninstrumentierung sind gut aufeinander abgestimmte Instrumente, um dieser Anforderung gerecht zu werden. Insoweit bedeuten Lastwechsel für den Betrieb eines Kernkraftwerkes kein Sicherheitsproblem. Zeiten, in denen ein Lastwechselbetrieb aus reaktor- oder neutronenphysikalischen Gründen nicht möglich bzw. nicht empfehlenswert ist, sind eng begrenzt. Kernkraftwerke mit ihrer Eigenschaft, schnelle und flexible Lastwechsel über große Leistungsbereiche zu realisieren, sind daher ideale Partner im Zusammenwirken mit den regenerativen Energieträgern.

Abschließend wird in Abb. 14.36 gezeigt, welche Lastgradienten ein Druckwasserreaktor der 1.400 MW – Leistungsklasse in der Lage ist, zu fahren.

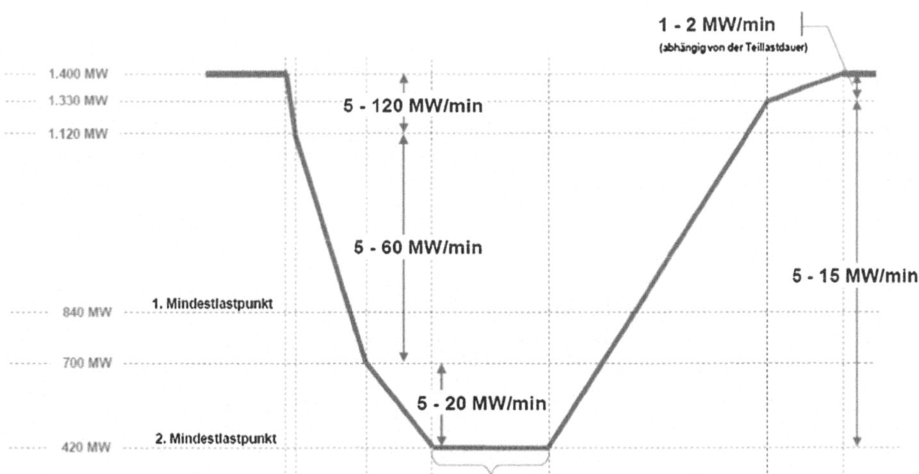

Abb. 14.36 Gradienten der Lastwechselflexibilität

14.6 Streckbetrieb

In einem konventionellen Kraftwerk muss zur Bereitstellung der aktuell gewünschten Leistung immer gerade so viel chemisch gebundene Energie in Form von Gas, Öl oder Kohle in den Prozess eingebracht werden, wie die momentane Erzeugungssituation es erfordert. Anders verhält es sich beim Kernkraftwerk mit Leichtwasserreaktor. Hier muss zu Beginn eines Zyklus so viel Brennstoff, Uran oder Plutonium, in den Reaktor geladen werden, dass der geplanten Zykluslänge ausreichend nukleare Bindungsenergie zur Verfügung steht. Es versteht sich von selbst, dass für eine solche Betriebsweise eine gute Zyklusvorausplanung unabdingbar ist. Leider lässt sich jedoch trotz guter Planung der tatsächliche Lastgang des Kraftwerkes nur näherungsweise voraussagen. Ungeplante Stillstände, Verschiebungen von Revisionszeiten oder auch einfach nur häufiges Teillastfahren, bedingt durch die individuelle Netzanforderung, können dazu führen, dass der Reaktorzyklus anders abläuft als ursprünglich geplant. Daher kann es erforderlich sein, dass die Zykluslänge kurzfristig verändert werden muss, ohne dass hierfür eine entsprechende Anpassung der Beladung vorgenommen werden kann. Es ist daher hilfreich, den Reaktorkern über den Zeitpunkt des natürlichen Zyklusendes hinaus betreiben zu können. Unter anderem zu diesem Zweck kann ein so genannter Streckbetrieb am Ende eines Zyklus gefahren werden. Folgende Erklärung zum Verständnis der Streckbetriebsfahrweise sei gegeben:

Im stationären Leistungsbetrieb eines Druckwasserreaktors wird die verfügbare Überschussreaktivität im Zyklus, die durch den Kernbrennstoff in den Reaktor eingeladen wird, im Wesentlichen durch die Vergiftung des Kühlmittels mit Bor kompensiert. Mit zunehmendem Abbrand wird die Borkonzentration stetig verringert. Das so genannte natürliche Ende EOCnat eines Abbrandzyklus ist erreicht, wenn die Borkonzentration auf einen Minimalwert nahe Null abgesenkt ist und eine weitere Verdünnung durch Einspeisen von Deionat technisch bzw. logistisch nicht sinnvoll ist. Eine Fortsetzung des Leistungsbetriebs auch über das natürliche Zyklusende hinaus ist dadurch möglich, dass die abbrandbedingte Reaktivitätsabnahme zum Ausgleich der Reaktivitätsbilanz durch Leistungsreduktion (= Absenken der Brennstofftemperatur), Absenken der Kühlmitteltemperaturen oder durch eine Kombination beider Parameter kompensiert wird. Diese Betriebsweise wird als Streckbetrieb (= stretch-out) bezeichnet. Sie wird im Leistungsdiagramm ersichtlich (Abb. 14.37).

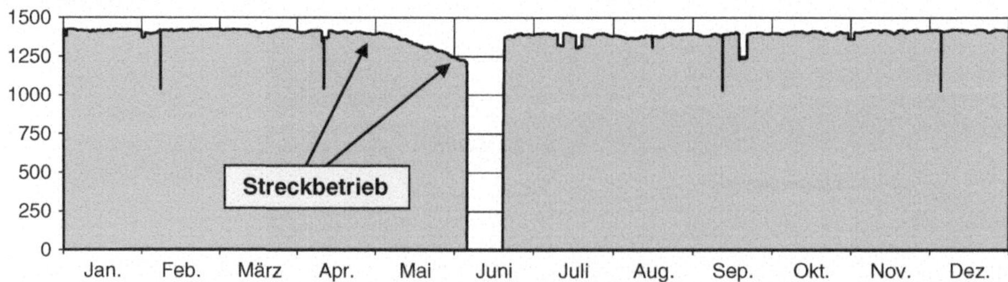

Abb. 14.37 Leistungsdiagramm mit Streckbetrieb. *Quelle* KKE

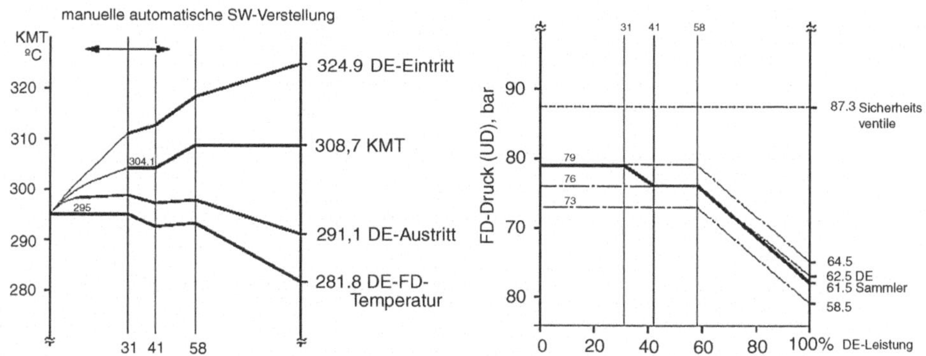

Abb. 14.38 Stationäres Teillastdiagramm. *Quelle* Areva

Der Streckbetrieb hat jedoch auch noch weitere Konsequenzen, die im Folgenden erläutert werden sollen.

14.6.1 Stationäres Teillastdiagramm

Zum besseren Verständnis der möglichen Streckbetriebsfahrweisen ist es unabdingbar, das so genannte stationäre Teillastdiagramm, also das Fahrdiagramm für den Betrieb des Primär- und Sekundärkreislaufes eines Druckwasserreaktors zu erläutern (Abb. 14.38).

Das Regelungskonzept eines Kernkraftwerks mit Druckwasserreaktor basiert auf einem Temperaturregelkreis, bei dem der Sollwert der mittleren Kühlmitteltemperatur abhängig von der Generatorleistung gebildet wird. Abweichungen von dieser Kühlmitteltemperatur werden durch Steuerelementbewegungen ausgeregelt. Die Generatorleistung ist im stationären Normalbetrieb proportional zur Dampferzeugerleistung. Abweichungen von dieser Proportionalität ergeben sich beim Anfahrvorgang, solange die Frischdampfumleitstation (FDU) geöffnet ist und im instationären Betrieb, wenn die sekundärseitig geforderte Generatorleistung nicht der primärseitig erzeugten Reaktorleistung entspricht.

Über die Dampferzeuger sind die primärseitigen Kühlmitteltemperaturen mit der sekundärseitigen Frischdampftemperatur und wegen der Sattdampfbedingungen auch mit dem Frischdampfdruck gekoppelt.

Bei gegebener Dampferzeugerheizrohrfläche ist die von der Primärseite an die Sekundärseite übertragene Wärmemenge proportional zur Temperaturdifferenz des Kühlmittels zwischen Ein- und Austritt. Die Aufwärmspanne des Kühlmittels ΔT (Temperaturdifferenz zwischen DE-Eintritt und -Austritt, bzw. RDB-Austritt und -Eintritt) ist ein Maß für die im Reaktorkern an das Kühlmittel übertragene Reaktorleistung P_R unter der Voraussetzung eines konstanten Durchsatzes der Hauptkühlmittelpumpen. Der primärseitige Kühlmitteldruck wird unabhängig von der Reaktorleistung auf den konstanten Wert von 157 bar geregelt. Dieser Wert liegt ca. 30 bar über dem Sättigungsdruck der höchsten

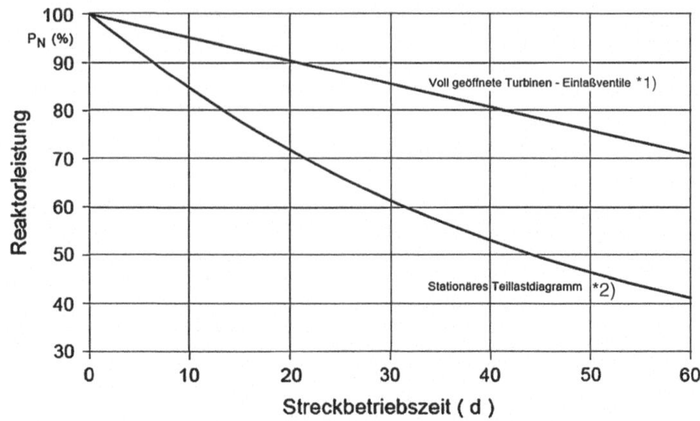

Abb. 14.39 Streckbetriebsfahrweisen. *Quelle* Areva

Kreislauftemperatur, sodass Sieden im Kühlkreislauf unter den Bedingungen des bestimmungsgemäßen Betriebs ausgeschlossen ist.

14.6.2 Streckbetriebsfahrweisen

Kann mit dem Erreichen des natürlichen Zyklusendes EOCnat die Borkonzentration im Kühlmittel nicht weiter reduziert werden, muss zur Aufrechterhaltung des Leistungsbetriebs über diesen Zykluszeitpunkt hinweg, der Reaktivitätsverlust in anderer Weise kompensiert werden. Durch eine Absenkung der Temperaturen im Reaktor erzielt man, bedingt durch die negativen Reaktivitätskoeffizienten des Kühlmittels bzw. des Brennstoffs (Dopplerrückwirkung), einen Reaktivitätshub. Hierfür sind zwei Varianten realisierbar (Abb. 14.39):

Fahrweise mit voll geöffneten Turbineneinlassventilen:

Die Fahrweise mit voll geöffneten Turbineneinlassventilen greift auf sämtliche Reaktivitätsreserven (Kühlmittel- und Brennstofftemperaturkoeffizient) zurück und ist damit hinsichtlich der erzielten Leistungsausnutzung optimal. Bei voll geöffneten Turbineneinlassventilen und vollständig gezogenen Steuerstäben stellt sich aufgrund des Zusammenwirkens von Reaktor und Turbine die durch die Reaktivitätsbilanz und die Turbinenkennlinie bestimmte, maximal mögliche Reaktorleistung ein. Die thermische Reaktorleistung reduziert sich hierbei je nach Beladung des Reaktors (Uran-/MOX-Mischkern oder Uran-Kern) um ca. 0,25–0,5 %/d. Da für das Konstanthalten der mittleren Kühlmitteltemperatur am Reaktor keine Reaktivitätsreserve mehr vorhanden ist, nehmen die mittlere Kühlmitteltemperatur und die Reaktorleistung ab. Bei Druckwasserreaktoren wird die Kühlmittelmasse im Primärsystem während des Leistungsbetriebes annähernd konstant gehalten. Die abnehmende Kühlmitteltemperatur bewirkt daher infolge der Dichtezunahme eine Abnahme des Druckhalterfüllstandes. Der Druckhalterfüllstand wird dabei abhängig von der Kühlmitteltemperatur so gefahren, dass einerseits die Volumenkontraktion des Kühlmittels nach einer möglichen Reaktorschnellabschaltung ausgeglichen werden kann und andererseits, nach Ausfall der sekundärseitigen Dampfabnahme, die Volumenausdehnung des Kühlmittels beim Anstieg des Frischdampfdruckes auf den Ansprechdruck der Druckabsicherungseinrichtungen (Sicherheitsventile, Abblaseventil) aufgenommen werden kann.

Bei einer angenommenen Temperaturabsenkung von ca. 0,35 K/d im Streckbetrieb wird nach ca. drei Wochen der so genannte Nulllastfüllstand im Druckhalter erreicht. Eine weitere Absenkung der Kühlmitteltemperatur ist nur dann möglich, wenn der Druckhalterfüllstand wieder auf seinen Ausgangswert angehoben wird. Parallel dazu muss der Ansprechdruck der sekundärseitigen Einrichtungen zur Begrenzung des Frischdampfdruckes herabgesetzt werden. Darüber hinaus muss eine Vielzahl anderer Reaktorschutzsignale verstellt werden. Diese Fahrweise kann so lange aufrechterhalten werden, bis eine Messbereichsgrenze für Kühlmitteltemperatur oder Kühlmitteldrücke erreicht wird.

Fahrweise nach dem stationären Teillastdiagramm:

Zur Kompensation des Abbrandes wird bei dieser Streckbetriebsart die Reaktorleistung so reduziert, dass die mittlere Kühlmitteltemperatur nach dem stationären Teillastdiagramm gefahren wird. Die Anlagenzustände bewegen sich im genehmigten stationären Teillastdiagramm; die Leistung nimmt mit mehr als ca. 1 % der Nennlast pro Tag ab. Aufgrund des unveränderten Teillastdiagramms sind keine Eingriffe in leittechnische Einrichtungen erforderlich. Für diese Betriebsweise besteht keine verfahrens- und systemtechnische Grenze. Der erzielte Abbrandzuwachs und damit die Leistungsausnutzung sind jedoch geringer als bei der Fahrweise mit voll geöffneten Turbineneinlassventilen. Der Grund für die schlechtere Brennstoffausnutzung dieser Streckbetriebsfahrweise liegt darin, dass hierbei ausschließlich die Dopplerrückwirkung aus dem Brennstoff genutzt wird, nicht jedoch die Reaktivitätsrückwirkung aus dem Kühlmittel.

Die Verlängerung des Betriebszyklus durch eine nachgeschaltete Streckbetriebsphase ist eine bei Druckwasserreaktoren übliche Fahrweise. Die Erfahrung hat dabei gezeigt, dass sich der Reaktor auch mit vollständig gezogener Bank stabil verhält. Zu dieser Stabilität trägt der negative Kühlmitteltemperaturkoeffizient der Reaktivität bei, der am Zyklusende, in Abhängigkeit von der Beladung, seinen größten absoluten Wert annimmt.

Bei der erhöhten Ausnutzung des Kernbrennstoffs im Streckbetrieb ist allerdings zu berücksichtigen, dass sich mit dem Wiedereinsatz von etwa 3/4 aller Brennelemente im Folgezyklus in höheren Standzeiten der erhöhte Abbrand dieser Brennelemente in einer kürzeren Zykluslänge niederschlägt. Der Reaktivitätsverlust macht sich folglich im Folgezyklus bemerkbar. Längere Streckbetriebsphasen müssen also in der BE-Einsatzplanung für den Folgezyklus berücksichtigt werden.

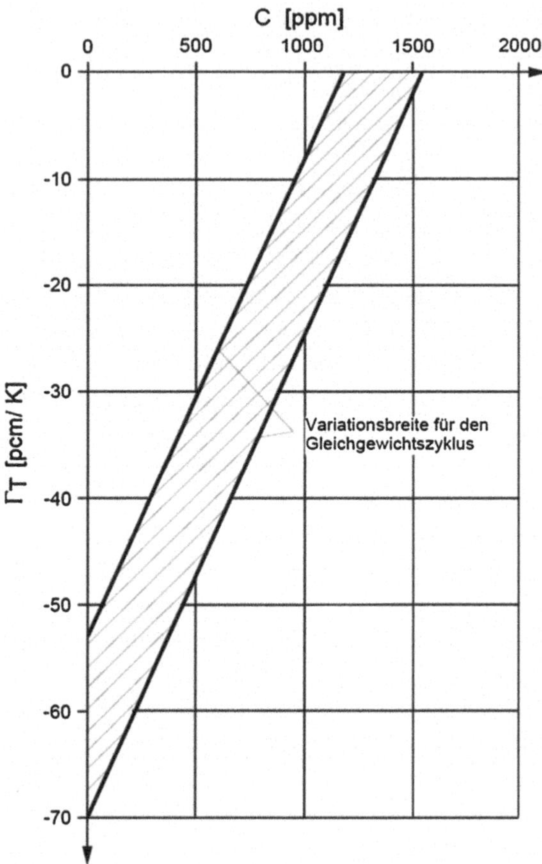

Abb. 14.40 Kühlmitteltemperaturkoeffizient als Funktion der Borkonzentration. *Quelle* Areva

14.6.3 Reaktorphysikalische Auswirkungen des Streckbetriebs

Beiden Streckbetriebfahrweisen ist gemeinsam, dass sich die Kühlmitteltemperaturen im Reaktor so verschieben, dass die Reaktoraustrittstemperatur verringert wird. Dies bewirkt über die Reaktivitätsrückwirkung des Kühlmitteltemperaturkoeffizienten einen Reaktivitätshub und damit eine erhöhte Leistung in der oberen Kernhälfte. Dieser Effekt macht sich deshalb so deutlich bemerkbar, da sich gegen Ende des Zyklus der Kühlmitteltemperaturkoeffizient bezogen auf den Zyklusbeginn betragsmäßig fast verdoppelt hat; er liegt zu EOC etwa bei $\Gamma_T \approx -70$ pcm/K. Der Verlauf des Kühlmitteltemperaturkoeffizienten über dem Zyklus ist in Abb. 14.40 exemplarisch angegeben.

Dieser Effekt wird zusätzlich dadurch noch verstärkt, dass der Kühlmitteltemperaturkoeffizient selbst stark temperaturabhängig ist und insbesondere zu EOC einen diesbezüglich großen Gradienten aufweist (Abb. 14.41). Hinzu kommt dann noch die Wirkung der Mitkopplung aus der Xenon-Dynamik.

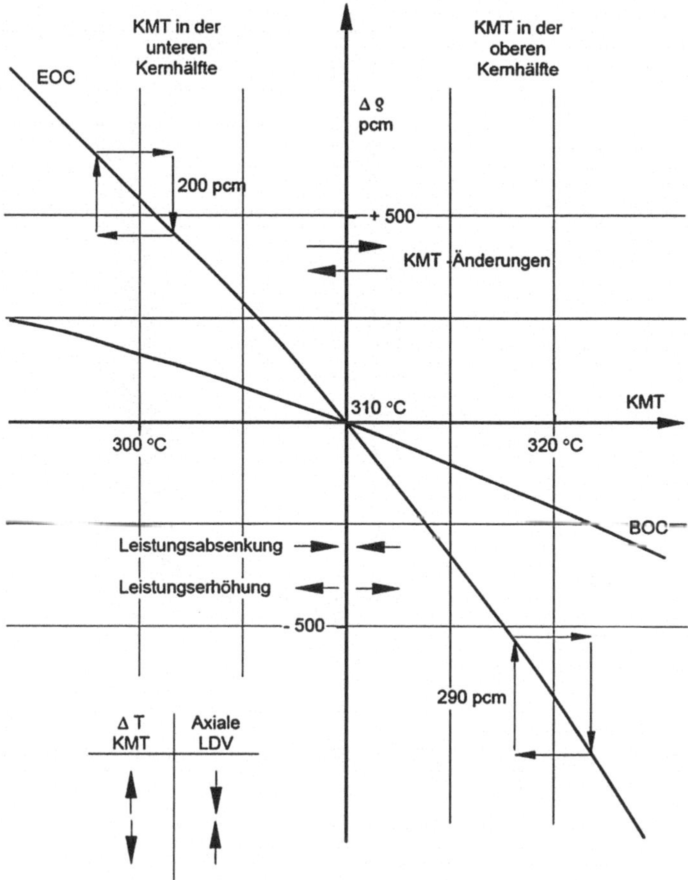

Abb. 14.41 Einfluss des Temperaturkoeffizienten auf die Leistungsdichteverteilung. *Quelle* Areva

Da zum Zyklusende ohne Streckbetrieb eigentlich die Tendenz zum Peak unten gegeben ist, wirkt der Streckbetrieb durch die oben beschriebenen Zusammenhänge einem Abbrandverzug im oberen Teil der Brennelemente entgegen. Insoweit unterstützt die Streckbetriebsfahrweise zusätzlich die wirtschaftliche Ausnutzung des Brennstoffs und reduziert im Folgezyklus für die Brennelemente, die in eine höhere Standzeit wieder eingesetzt werden, zu BOC die Tendenz eines Leistungspeaks in der oberen Kernhälfte, sodass die L-Bank auch zu Beginn des Zyklus nur eine geringe Eintauchtiefe haben muss.

Der Streckbetrieb erlaubt den Weiterbetrieb der Anlage über das natürliche Zyklusende hinaus. Das natürliche Zyklusende ist dadurch gekennzeichnet, dass eine weitere Reduzierung der Borkonzentration im Kühlmittel zur Kompensation des Reaktivitätsverlustes aufgrund des Kernabbrandes nicht mehr möglich ist.

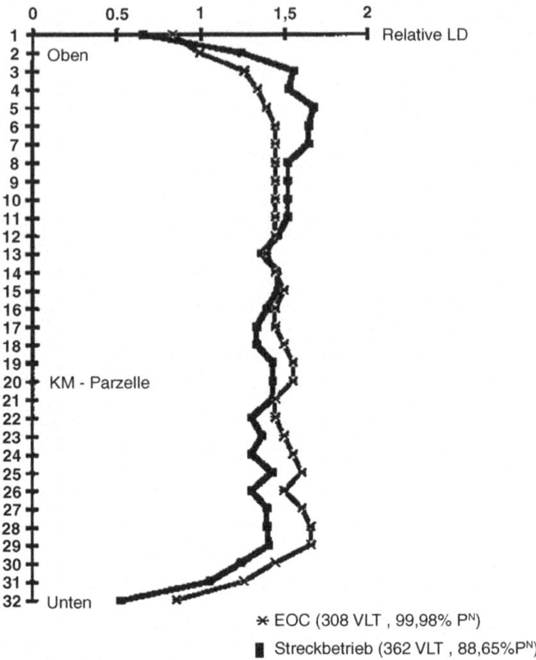

Abb. 14.42 Wirkung des Streckbetriebs auf die axiale Leistungsdichteverteilung. *Quelle* Areva

Zu diesem Zweck können Reaktivitätsreserven durch Absenken von Kühlmitteltemperatur bzw. Brennstofftemperatur (= Leistung) mobilisiert werden.

Die Regelungen zu diesen Fahrweisen sind im Betriebshandbuch des Kraftwerks festgelegt. Durch Kombination der verschiedenen Fahrweisen können Streckbetriebe von bis zu 80 Tagen Dauer realisiert werden. Die Anwendung dieser Fahrweisen erlaubt es dem Reaktorbetreiber, das Ende des Betriebszyklus individuell zu gestalten und an die gegebenen Erfordernisse anzupassen. Der Streckbetrieb muss bei der Zyklusplanung berücksichtigt werden, da er einerseits zu einer besseren Brennstoffausnutzung bei den endgültig entladenen Brennelementen führt, andererseits jedoch Reaktivitätsreserven auch bei solchen Brennelementen aktiviert und somit einen größeren Abbrand bewirkt, die im Folgezyklus wieder eingesetzt werden sollen.

Zu EOCnat stellt sich üblicherweise eine Peak-unten-Verteilung im Kern ein, die in der Folge zu einem Abbrandverzug in der oberen Kernhälfte führt (Abb. 14.42). Der Streckbetrieb läuft dieser Tendenz entgegen und setzt oben mehr Reaktivität frei.

Reaktorphysikalisch bewirkt daher die Absenkung der Kühlmitteltemperaturen eine Vergleichmäßigung des axialen Abbrandprofils. Diese macht sich im Folgezyklus dadurch bemerkbar, dass zur Erzielung einer homogenen axialen Leistungsdichteverteilung eine geringere Eintauchtiefe der L-Bank erforderlich ist. Der Reaktor kann nahezu steuerstabfrei betrieben werden.

Literatur

Chadwick, M.B., Herman, M., Obloinský, P., Dunn, M.E., Danon, Y., Kahler, A.C., Smith, D.L., Pritychenko, B., Arbanas, G., Arcilla, R., Brewer, R., Brown, D.A., Capote, R., Carlson, A.D., Cho, Y.S., Derrien, H., Gruber, K., Hale, G.M., Hobilit, S., Holloway, S., Johnson, T.D., Kawano, T., Kiedrowski, B.C., Kim, H., Kunieda, S., Larson, N.M., Leal, L., Lestone, J.P., Little, R.C., McCutchan, E.A., MacFarlane, R.E., MacInnes, M., Mattoon, C.M., McKnight, R.D., Mughabghab, S.F., Nobre, G.P.A., Palmiotti G., Palumbo, A., Pigni, M.T., Pronyaev, V.G., Sayer, R.O., Sozogni, A.A., Summers, N.C., Talou, P., Thompson, I.J., Trkov, A., Vogt, R.L., Marck, S.C. van der, Wallner, A., White, M.C., Wiarda, D., Young, P.G.: ENDF/B-VII.I Nuclear data for science and technology: cross sections, covariances, fission product yields and decay data. Nucl. Data Sheets **112**(12), 2887–2996 (2011). http://www.sciencedirect.com/science/article/pii/S009037521100113X. Special Issue on ENDF/B-VII.1 Library

Kindleben, G.: Kritikalitätssicherheit. Tüv Rheinland Verlag (1985)

Michaelis, H., Salander, C.: Handbuch Kernenergie: Kompendium der Energiewirtschaft und Energiepolitik. VWEW, Frankfurt am Main (1995)

Sauter, E.: Grundlagen des Strahlenschutzes. Thiemig, München (1982)

Smidt, D.: Reaktor-Sicherheitstechnik. Springer, Berlin (1979)

Betriebsüberwachung druckführender Komponenten

15

In Kap. 13 wurde das Werkstoff- und Integritätskonzept von druckführenden Komponenten in deutschen Leichtwasserreaktoren beschrieben. Die dauerhafte Gewährleistung der Integrität und Funktion dieser Anlagenbauteile von Kernkraftwerken im Langzeitbetrieb ist eine der Grundvoraussetzungen zur Einhaltung der Sicherheit und Zuverlässigkeit der Gesamtanlage. Nach dem Atomgesetz AtG (AtG 1959) und nach den Sicherheitskriterien für Kernkraftwerke (SicherheitKKW 1977) ist es zudem erforderlich, die nach dem Stand von Wissenschaft und Technik erforderliche Vorsorge gegen Schäden im Betrieb ständig aufrecht zu erhalten. Hierauf aufbauend werden im folgenden Kapitel Maßnahmen und Konzepte dargestellt, mit denen die Komponentenintegrität über die vorgesehene Anlagenbetriebszeit gewährleistet werden kann.

15.1 Hintergrund

Sicherheitstechnisch wichtige Strukturen, Systeme und Komponenten (SSC) in Kernkraftwerken müssen jederzeit eine anforderungsgerechte Qualität aufweisen, damit sie ihre Aufgaben (Integrität, Funktion) über die gesamte Betriebsdauer zuverlässig erfüllen können. Die Basis für diese Qualitätsmerkmale wird während der Auslegung und Herstellung gelegt.

Jede technische Anlage unterliegt allerdings physikalisch bedingten Alterungsprozessen. Unter den vorherrschenden Umgebungsbedingungen in Leichtwasserreaktoren können sich strukturelle Zustandsänderungen entwickeln, die zu einer Abminderung des ursprünglichen Qualitätszustands einzelner Anlagenbauteile oder der Gesamtanlage führen können. Daneben sind die technologische und konzeptionelle Alterung zu beachten. Für den Erhalt einer anforderungsgerechten Qualität sicherheitstechnisch wichtiger Komponenten sind dementsprechend die vorgenannten Alterungsphänomene zu beherrschen.

A. Ziegler und H.-J. Allelein (Hrsg.), *Reaktortechnik*,

DOI: 10.1007/978-3-642-33846-5_15,

Vor diesem Hintergrund wurde in den letzen Jahren in deutschen Kernkraftwerken ein strukturiertes Alterungsmanagement (KTA1403 2010) implementiert.

15.1.1 Alterungs-/integritätsrelevante Begriffsdefinitionen

Zum weiteren Verständnis der Thematik erscheint es zunächst sinnvoll, die hierfür maßgeblichen Begriffe zu erläutern:

Alterung

Mit dem Begriff Alterung wird ein physikalischer Alterungsprozess verstanden, der infolge zeitabhängiger oder betriebsbedingter Veränderungen einhergeht, in dem die ursprünglich vorliegenden Eigenschaften verändert werden (KTA1403 2010).

Alterungsmanagement in Kernkraftwerken

Das Alterungsmanagement in Kernkraftwerken umfasst die Gesamtheit aller Maßnahmen zur Beherrschung von Alterungsphänomenen, die die Sicherheit eines Kernkraftwerkes beeinträchtigen können (KTA1403 2010).

Schädigungsmechanismus

Unter Schädigungsmechanismen sind alle physikalischen, chemischen und biologischen Prozesse zu verstehen, die zu einer Beeinträchtigung der Integrität oder Funktion einer Komponente führen können. Ein Schädigungsmechanismus ist relevant, wenn er die erforderlichen funktionalen Merkmale von technischen Einrichtungen innerhalb der Einsatzzeit unzulässig beeinflussen kann (KTA1403 2010) sowie (KTA3206 2012) (teilweise).

Qualität

Qualität einer Komponente ist der Erfüllungsgrad von Merkmalen auf bestehende Anforderungen im Hinblick auf die verlangte Sicherheit. Zur objektiven Bewertung der IST-Qualität müssen überprüfbare Merkmale und Merkmalswerte definiert werden (MPA/VGB 2009; DINENISO9000 2005).

Integrität

Die Integrität ist der Zustand einer Komponente oder Barriere, bei dem die an sie gestellten sicherheitstechnischen Kriterien hinsichtlich Festigkeit, Bruchsicherheit und Dichtheit erfüllt sind (KTA3206 2012).

Integritätskonzept

Das Integritätskonzept ist die Weiterentwicklung des Basissicherheitskonzeptes durch eine Konkretisierung der Maßnahmen und Nachweise zur Sicherstellung der für die Integrität einer Komponente oder eines Systems erforderlichen Qualität über die gesamte Betriebszeit (KTA3206 2012).

15.2 Gruppenklassifizierung; Integritätsabsicherung

Entsprechend der sicherheitstechnischen Bedeutung und Aufgabenerfüllung von Nuklearkomponenten werden die druckführenden Systeme nach festgelegten Sicherheitskriterien klassifiziert. Zur Absicherung im Langzeitbetrieb werden zielgerichtete und darauf angepasste Maßnahmen umgesetzt.

15.2.1 Sicherheitstechnisch orientierte Klassifizierung

Sicherheitstechnisch wichtige mechanische Strukturen, Systeme und Komponenten (SSC) in Kernkraftwerken müssen jederzeit eine anforderungsgerechte Qualität aufweisen, damit sie ihre Aufgaben (Integrität, Funktion) über die gesamte Betriebsdauer zuverlässig erfüllen können. Dementsprechend werden diese in drei Gruppen eingeteilt:

- M1: Komponenten, betrieben nach dem Integritätskonzept,
- M2: Komponenten, betrieben nach dem Konzept der vorbeugenden Instandhaltung,
- M3: Komponenten, betrieben nach dem Konzept Lebensdauermanagement

(Bartonicek 2002; Metzner 2003; Bartonicek et al. 2002; Ilg et al. 2006; Schuler 2010; Schuler und Schöckle 2010).

Abbildung 15.1 zeigt für die vorgenannten Komponenten die einzelnen Stadien der Lebensdauer, die maßgeblich durch unterschiedlichste Alterungsprozesse (physikalisch, technologisch oder konzeptionell) beeinflusst wird (MPA/VGB 2009; Bartonicek 2002; Schuler 2010).

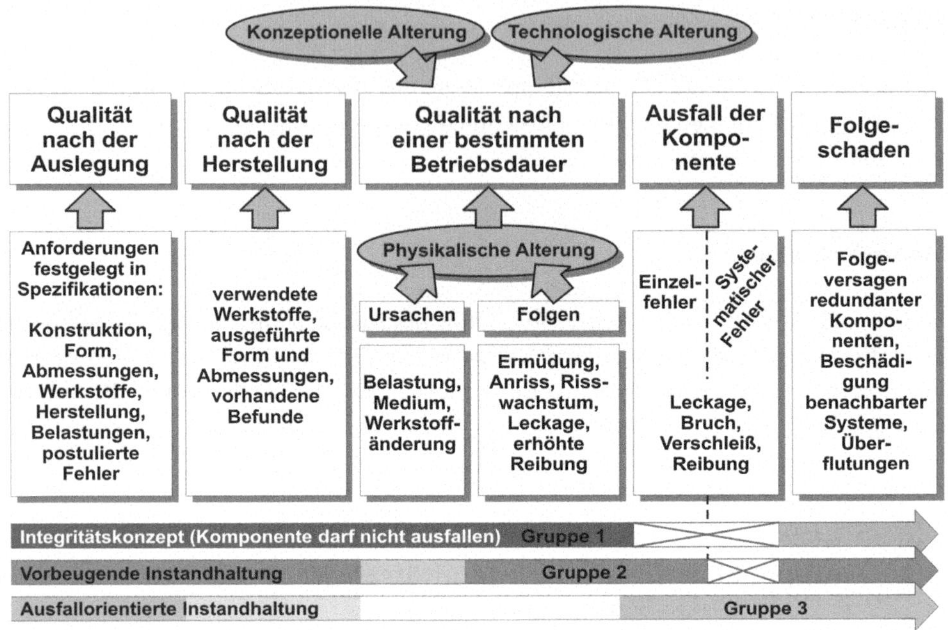

Abb. 15.1 Qualitätsabsicherung und Ausfallkriterien mechanischer Komponenten entsprechend ihrer sicherheitstechnischen Eingruppierung nach Auslegung und Herstellung in den einzelnen Betriebsstadien (MPA/VGB 2009; Bartonicek 2002; Schuler 2010)

Für Komponenten der Gruppe M1 sind die Ursachen von Schädigungsmechanismen im Rahmen der Betriebsüberwachung zu identifizieren und überwachen und es ist aufzuzeigen, dass die erforderliche Qualität über der gesamten Betriebzeit gewährleistet ist. Ein Versagen von M1-Komponenten ist nicht zulässig.

Abgestufte Maßnahmen gelten für Komponenten der Gruppe M2 für die systematische Fehler auszuschließen sind. Für M2-Komponenten sind die Folgen möglicher Schädigungsmechanismen zu beherrschen und im Falle von Befunden ist der spezifikationsgemäße Zustand wiederherzustellen. Komponenten der Gruppe M3 sind verfügbarkeitsrelevant, bei festgestellten Befunden wird das betreffende Bauteil wieder instand gesetzt oder erneuert.

15.2.2 Vorgehensweise zur Integritätsabsicherung

Abbildung 15.2 zeigt für die Komponentengruppe M1 die prinzipielle Vorgehensweise mit den wesentlichen betrieblichen Maßnahmen zur Integritätsabsicherung zur Gewährleistung eines zuverlässigen Langzeitbetriebs.

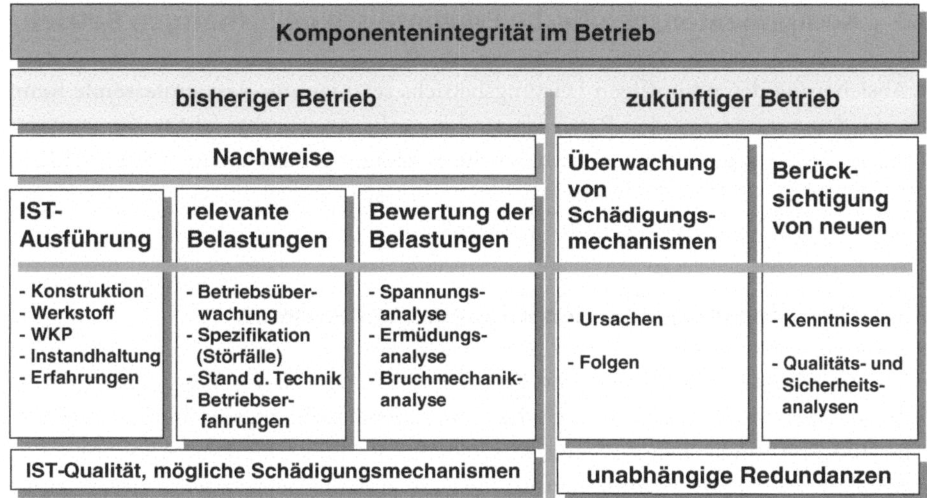

Abb. 15.2 Vorausschauende Absicherung der Komponentenintegrität auf Basis der bisherigen Betriebserfahrungen mit Überwachung der Schädigungsmechanismen unter Berücksichtigung neuer Erkenntnisse einschl. Qualitäts- und Sicherheitsanalysen (Bartonicek et al. 2002; Bartonicek und Zaiss 1999)

Basis zukunftsgerichteter Maßnahmen für M1-Komponenten sind Ergebnis- und Nachweisbewertungen aus dem bisherigen Anlagenbetrieb, die für den zukünftigen Betrieb vorausschauend zu berücksichtigen sind. Hierzu gehören die IST-Ausführung sowie die relevanten Belastungen und deren Bewertung mit den in Abb. 15.2 aufgeführten Detailmerkmalen.

Für den zukünftigen Leistungsbetrieb ist hierbei insbesondere die Identifizierung eines komponentenspezifischen Schädigungsmechanismus relevant, der für den Qualitätserhalt von Bedeutung ist. Hierzu gehören insbesondere die Überwachung der relevanten Einflussgrößen im Hinblick auf mögliche Schädigungsmechanismen und die vorsorgliche Berücksichtigung deren Wechselwirkung zwischen Ursachen und Folgen, die zu beherrschen sind. Im Rahmen von wiederkehrenden Prüfungen ist zu zeigen, dass ein zu unterstellender Schädigungsmechanismus unwirksam ist und daraus keine Folgen in Form einer unzulässigen Qualitätsabminderung festzustellen sind.

Darüber hinaus sind ständig neue Erkenntnisse zum Anlagenverhalten umzusetzen und ggf. ergänzende Sicherheitsanalysen durchzuführen (→ unabhängige Redundanzen, im Sinne komplementärer Maßnahmen). Die vorgenannten Grundsätze sind Schlüsselelemente zum Alterungsmanagement für Komponenten der Gruppe M1, die nach dem Integritätskonzept betrieben werden (KTA1403 2010; KTA3201 2010).

15.3 Komponentenspezifische Erkenntnisse im bisherigen Betrieb

Die Absicherung des zukünftigen Leistungsbetriebs setzt voraus, dass umfassende Kenntnisse aus den zurückliegenden Betriebsperioden vorliegen. Hierbei ist für Komponenten der Gruppe M1 nachzuweisen, dass mögliche Schädigungsmechanismen auszuschließen sind. Daher ist deren Ursache zu überwachen und es ist zu zeigen, dass keine Folgen aus zu postulierenden Schädigungsmechanismen resultieren.

15.3.1 Ursachen möglicher Schädigungsmechanismen

Zur dauerhaften Gewährleistung der Komponentenintegrität im Leistungsbetrieb von Leichtwasserreaktoren müssen die Ursachen möglicher Schädigungsmechanismen (mechanische und thermische Belastungen, wasserchemische Einwirkungen, Änderungen von Werkstoffeigenschaften) identifiziert und über die gesamte Betriebszeit abgesichert werden. Als relevante Schädigungsmechanismen sind die aus der Anlagenpraxis nationaler und internationaler Nuklearanlagen bis heute bekannt gewordenen Ereignisse mit in Betracht zu ziehen.

In der nachfolgenden Tab. 15.1 sind die abzusichernden, komponentenspezifischen Schädigungsmechanismen für M1-Komponenten beispielhaft für DWR-Anlagen zusammen mit den betrieblichen Absicherungsmaßnahmen aufgelistet.

Der Reaktordruckbehälter unterliegt im kernnahen Bereich einer ständig wirksamen Neutronenbestrahlung, die zu einer Veränderung des Werkstoffzustandes im Bereich der zylindrischen Druckbehälterwandung einschl. der dort liegenden Behälterrundnaht führt (Seeger 1958). Zur Absicherung wird hierzu ein Sprödbruch-Überwachungsprogramm mit begleitendem analytischen Sprödbruch-Sicherheitsnachweis durchgeführt (s. Abschn. 15.5).

Ein weiterer zu unterstellender Schädigungsmechanismus sind die betrieblich wirksamen mechanischen und thermischen Beanspruchungen. Während die quasistatischen mechanischen Beanspruchungen im Leistungsbetrieb vorwiegend durch die globale betriebliche Instrumentierung verfolgt werden, lassen sich die Auswirkungen thermischen Beanspruchungen durch lokale Instrumentierungen (Thermoelementmessungen am Umfang von Rohrleitungen an exponierten Spannungsstellen, Verschiebemessungen) aufzeichnen. Damit können sowohl die spezifizierten als auch nicht spezifizierbare Belastungen (z. B. durch transiente Lastpfade beim An- und Abfahren der Anlage oder infolge unentdeckter Leckagen von Armaturen mit schleichender Kaltwassereinspeisung) erfasst werden.

Aufgrund der vorgenannten Ereignisse ergeben sich ganz unterschiedliche thermohydraulische Randbedingungen (z. B. Kolbenströmungen, thermische Schichtungen, Kaltwasserwirbel) mit zeitlich veränderlichen thermischen Belastungen. Die dadurch resultierenden lokalen oder globalen Thermospannungen können bei hinreichend großen Zyklen und hohen Dehnungsschwingbreiten thermische Ermüdungsschäden nach sich ziehen. Zur Erfassung derartiger Beanspruchungen ist eine lokale Überwachung mit zeitnaher Auswertung und Bewertung notwendig, um ggf. rechtzeitig erforderliche Maßnahmen (Änderung der

Tab. 15.1 Mögliche betriebliche Schädigungsmechanismen für M1-Komponenten und deren betriebliche Absicherung

Komponenten	abzusichernde betriebliche Schädigungsmechanismen gegenüber	Absicherungs-maßnahmen
Reaktordruck-behälter	Neutronenversprödung im Corenahtbereich	Bestrahlungsüber-wachungsprogramm
	mechanische und thermische Belastungen	globale und lokale Betriebsüberwachung
Hauptkühlmittel-leitungen (HKL)	mechanische und thermische Belastungen	globale und lokale Betriebsüberwachung
Volumenaus-gleichsleitung		
Druckhalter (DH)	interdendritische Spannungskorrosion von Mischnähten	zerstörungsfreie wiederkehrende Prüfungen (WKP)
Volumenregel-system		
Sprüh- und Abblaseleitungen		
Hauptkühlmittel-pumpengehäuse einschl. HKL–Schweißnähte	mechanische Schwingungen infolge Anregung durch die Hauptkühlmittel-pumpenwellen	Schwingungs-überwachungssystem (SÜS)
Erstabsperr-armaturen des Primärkreises	unspezifische Alterungs-phänomene	Vorbeugende Inspektion einschl. Sichtprüfungen des Gehäuses und der Einbauteile sowie Erneuerung von Verschleißteilen

Fahrweise bzw. der Konstruktion) treffen zu können. Relevante dynamische und schwingende Beanspruchungen werden auf Basis der Konstruktion, der Ergebnisbewertung aus der Inbetriebnahme und durch Festlegungen der Fahrweise ausgeschlossen.

Abbildung 15.3 zeigt ein Rissfeld im inneren Grundrohrbereich eines T-Stückes, dessen Entstehungsursache auf thermisch bedingte Schichtungen durch Kaltwassereinspeisung zurückzuführen ist.

In ausländischen Anlagen wurden im Schweißnahtbereich von Mischnähten häufigkorrosionsgestützte Rissbildungen festgestellt, die dem Schädigungsmechanismus der „interdendritischen Spannungsrisskorrosion (iSpRK)“ zuzuordnen waren (GRS2001 2001; Gonzalez und Lupold 2006). Derartige Schweißverbindungen sind in ausländischen Anlagen in der Regel mit dem Ni-Basis-Schweißzusatz Inconel 182 (ca. 15 % Cr), in Deutschland aus Inconel 82 (ca. 18 % Cr) ausgeführt. Sie dienen zum Anschluss austenitischer Rohrleitungssysteme an Komponenten aus dem bainitischen Reaktorbaustahl vom Typ 22NiMoCr37 (entsprechend ASTM A 508 cl. 2).

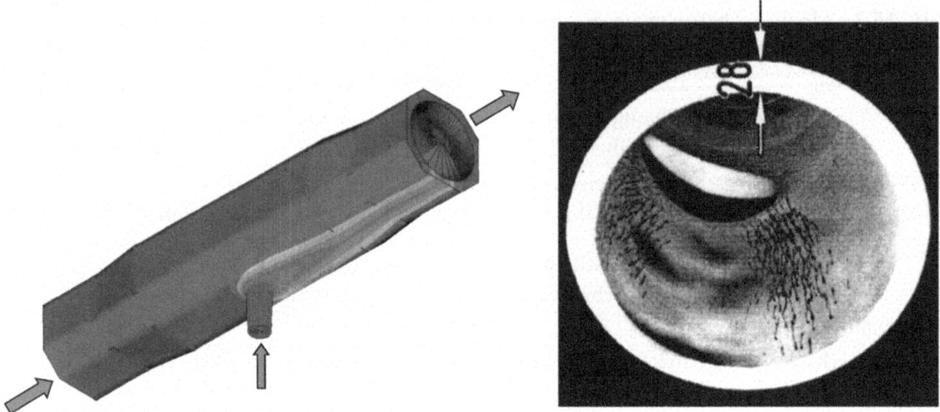

Abb. 15.3 Rissfeld im inneren Grundrohrbereich eines T-Stückes durch thermisch bedinge Schichtungen infolge Kaltwassereinspeisung, aus (König und Schöckle 2010)

Im Gegensatz zu den Betriebserfahrungen mit Mischnähten in ausländischen Anlagen ergaben sich in deutschen Anlagen dagegen keine betriebsbedingten Rissbildungen (Ilg 2009). Trotzdem werden diese Mischnähte in deutschen Anlagen vor dem Hintergrund neuer Erkenntnisse entsprechend dem Absicherungskonzept gemäß Abb. 15.2 im Hinblick auf diesen Schädigungsmechanismus vorsorglich wiederkehrend geprüft.

Eine genau spezifizierte Wasserchemie ist erforderlich, um Korrosion als möglichen Schädigungsmechanismus ausschließen bzw. zumindest in engen Grenzen zu halten. Die Spezifikation des Reaktorkühlmittels im Dauerbetrieb ist in der VGB-Richtlinie VGB R 401 J für das Wasser in Kernkraftwerken (VGB-R401J 2006) enthalten.

Ein Auszug der darin spezifizierten Wasserchemie für das Reaktorkühlmittel eines Druckwasserreaktors im Dauerbetrieb ist in Tab. 15.2 wiedergegeben. Der Normalbetriebswert ist charakterisiert durch eine reduzierende Fahrweise, die durch Zugabe von

Tab. 15.2 Spezifikation des Reaktorkühlmittels für DWR-Anlagen im Dauerbetrieb (VGB-R401J 2006)

Kontrollparameter [mg/kg]	Normal-betriebswert	Action Level 1	Action Level 2	Action Level 3
Lithium	> 0.2 < 2.2			
Wasserstoff	> 1.5 <4	< 1.5	<1 > 4	< 0.5 > 5
Sauerstoff	< 0.005			
Chlorid	< 0.01	> 0.1	> 0.2	> 1.0
Sulfat	< 0.01	> 0.1	> 0.2	> 1.0

Wasserstoff bis maximal 4 mg/kg erreicht wird. Anzustreben ist ein optimaler Bereich zwischen 1.5 und 2.5 mg/kg. Im Hinblick auf einen möglichen Schädigungsmechanismus infolge rissbildender Korrosion sind insbesondere Chlorid- und Sulfatgehalte zu beachten, die mit < 0.01 mg/kg spezifiziert sind. Im Falle von Abweichungen von den Normalbetriebswerten sind sog. Action-Levels 1–3 definiert. Hierbei ist durch geeignete Maßnahmen in vorgegebenen Zeiten die Primärwasserchemie wieder auf Normalbetriebwerte zurückzuführen. Andernfalls muss die Anlage abgefahren werden.

15.3.2 Folgen möglicher Schädigungsmechanismen

Die Überwachung der Folgen möglicher Schädigungsmechanismen ist eine zentrale Aufgabe im Rahmen des geschlossenen Integritätskonzepts als redundante Maßnahme im Sinne einer komplementären Komponentenabsicherung gemäß Abb. 15.2. Von besonderer Bedeutung sind die bisherigen Ergebnisse aus wiederkehrenden zerstörungsfreien Prüfungen (ZfP), deren Prüfvorgaben in KTA 3201.4 (KTA 3201 2010, Teil 4) festgelegt sind. Ergänzend hierzu werden weitere betriebliche Überwachungsmaßnahmen (z. B. Sichtprüfungen, Druckprüfungen Funktionsprüfungen, vorbeugende Inspektionen, Schwingungsüberwachungen, Überwachungen auf lose Teile sowie Leckageüberwachungen) durchgeführt. Aus der gesamtheitlichen Ergebnisbewertung dieser Prüfungen lassen sich Rückschlüsse ableiten, ob möglicherweise Alterungsprozesse stattgefunden haben. Damit kann nachgewiesen werden, ob ein anforderungsgerechter Qualitätszustand der betreffenden Komponente oder des System vorliegt.

15.4 Prinzipielle Vorgehensweise zur Integritätsabsicherung

Eine wichtige Säule der Maßnahmen zur Feststellung der Ursachen möglicher Schädigungsmechanismen im Rahmen der Integritätsabsicherung im zukünftigen Leistungsbetrieb ist die Überwachung der mechanischen und thermischen Belastungen. Darüber hinaus ist die Überwachung der Wasserchemie im Hinblick auf mögliche korrosive Schädigungen von Bedeutung.

15.4.1 Ursachenüberwachung von Schädigungsmechanismen

Die Überwachung der Ursachen von möglichen betrieblichen Schädigungsmechanismen konzentriert sich insbesondere auf die mechanischen und thermischen Belastungen sowie auf die Überwachung der Wasserchemie, die wie folgt abgesichert werden:

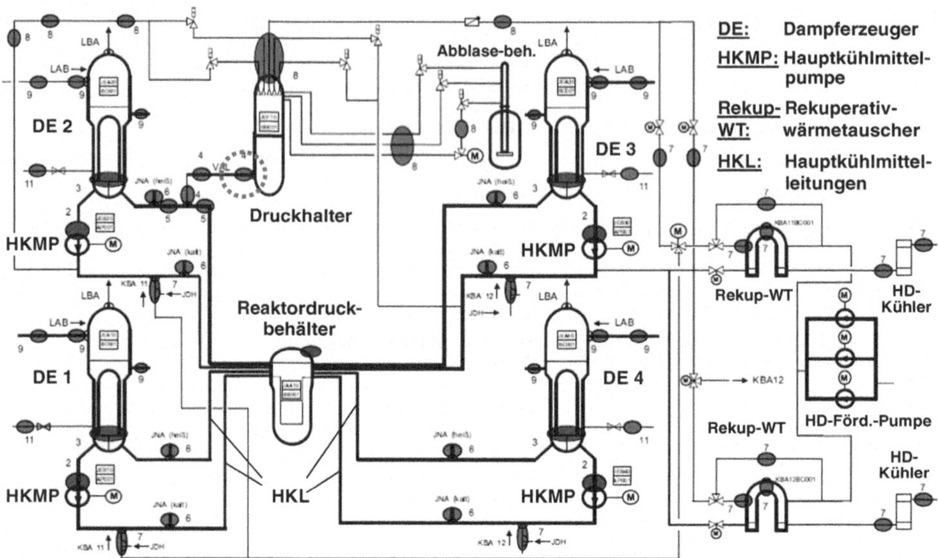

Abb. 15.4 Globale und lokale Betriebsinstrumentierungen von Primärkreiskomponenten einschl. von peripheren Systemen einer 1300 MWe DWR-Anlage mit 4 Reaktorkreisläufen (Loops), Baureihe Konvoi; *Quelle* EnBW

Überwachung der Belastungen

Die mechanischen und thermischen Belastungen werden durch Lastfallzählung zusammen mit einer kontinuierlichen Überwachung der mechanischen und thermischen Belastungen aufgezeichnet.

Durch Lastfallzählung werden den spezifizierten Lastfällen die tatsächlich durchfahrene Lastfälle gegenübergestellt und aufsummiert und zeitnah bewertet.

Die quasistatischen mechanischen und thermischen Belastungen werden kontinuierlich überwacht. Am Primärkreis und an den peripheren Sicherheitssystemen sind zur Betriebsinstrumentierung sowohl globale als auch lokale Messeinrichtungen appliziert. In Abb. 15.4 sind die Messorte für eine 1300 MWe DWR-Anlage mit 4 Reaktorkreisläufen (Loops) der Baureihe Konvoi beispielhaft wiedergegeben. Die installierten Aufnehmer für globale Messgrößen (Druck, Temperatur, Massendurchsätze, ...) finden sich am Reaktordruckbehälter (RDB), auf der Primärseite der vier Dampferzeuger, und im Bereich der vier Hauptkühlmittelpumpen. Alle übrigen Messstellen sind lokal.

Beispielhaft für eine lokale Messebene sind in Abb. 15.5 für die Volumenausgleichsleitung mit 7 am Umfang applizierten Thermoelementen (Position: unmittelbar am Druckhalter, s. eingekreister Bereich in Abb. 15.4) die über dem Querschnitt zeitlich sich ändernden Temperaturverteilungen beim planmäßigen Abfahren eines 1300 MWe -Reaktors zur Jahresrevision aufgezeichnet. Am Umfangsbereich zwischen der 6:00 und 5:00 Uhr-Position ist eine Kaltwasserstrahne nachweisbar, deren Übergangsbereich etwa in die 4:00 Uhr-Position

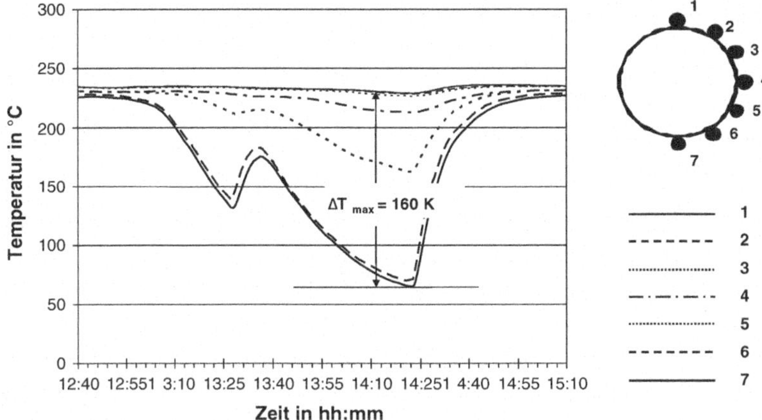

Abb. 15.5 Thermische Schichtungen im Querschnittsbereich (Messebene) der Volumenausgleichsleitung ((VAL), s. eingekreister Bereich in Abb. 15.4) beim planmäßigen Abfahren eines 1300 MWe-Reaktors zur Jahresrevision; *Quelle* EnBW

fällt. Der maximale Temperaturdifferenz $\Delta T = 160$ K tritt ca. 100 min nach Beginn der Temperaturaufzeichnungen auf und führt im betreffenden Rohrleitungsquerschnitt auf lokalisierte Thermospannungen, die einen inkrementellen Beitrag zur thermischen Ermüdung liefert. Die aufgezeichneten Messdaten werden zusammen mit den Lastfallzahldaten zeitnah ausgewertet und auf Zulässigkeit überprüft.

Überwachung der Wasserqualität

Die Überwachung der Wasserqualität ist schon seit Inbetriebnahme der Anlage elementarer Bestandteil der betrieblichen Überwachungsmaßnahmen.

Während des Leistungsbetriebs werden aus Probe-Entnahmestellen am Hauptkühlmittel-Kreislauf Wasserproben zur chemischen Analyse entnommen und kontinuierlich überwacht. Die Ergebnisse werden regelmäßig an Hand der spezifizierten Werte gemäß VGB-Richtlinie VGB-R 401 J für das Wasser in Kernkraftwerken (VGB-R401J 2006) ausgewertet, (s. Tab. 15.2).

15.4.2 Folgenüberwachung von Schädigungsmechanismen

Zur zukünftigen Überwachung möglicher Folgen betrieblich zu unterstellender Schädigungsmechanismen wird unterschieden zwischen

- zerstörungsfreie Prüfungen einschl. Sichtprüfungen,
- Druckprüfungen und
- Funktionsprüfungen.

Ergänzend werden Betriebsüberwachungsmaßnahmen in Form von

- vorbeugenden Inspektionen von Erstabsperrarmaturen des Primärkreises,
- Schwingungsüberwachungen,
- Überwachungen auf lose Teile sowie
- Leckageüberwachungen

durchgeführt. Die jeweils anzuwendenden Prüftechniken und das jeweiligen Prüfintervall (Prüfzyklus) sind in der KTA3201.4 (KTA3201 2010, Teil 4) geregelt.

Für druckführende Komponenten der Gruppe M1 mit den höchsten Sicherheitsanforderungen ist somit im Rahmen der Betriebsüberwachung dauerhaft nachzuweisen, dass keine alterungsrelevante Schädigungsmechanismen vorliegen, sodass keine Abminderung der erforderlichen Qualität eintritt. Die Integrität und Funktion ist damit über die gesamte Betriebszeit gewährleistet. Darüber hinaus sind fallweise begleitende Sicherheitsanalysen vorzunehmen (s. Abb. 15.2).

Zerstörungsfreie Prüfungen

Ein Hauptinstrument zur Erfassung von möglichen Folgen von betrieblichen Schädigungsmechanismen stellen die zerstörungsfreien Prüfungen (ZfP) dar.

Der Prüfumfang erstreckt sich dabei auf alle druckführenden Komponenten mit einer Nennweite >DN 50. Primäre Prüforte sind Schweißnähte und deren Umgebungsbereiche, die in repräsentativen Prüflosen zusammengefasst werden.

Als Prüfverfahren kommen hierfür

- Oberflächenrissprüfungen (PT – penetration test)
- Ultraschallprüfungen (UT – ultrasonic test)
- Durchstrahlungsprüfungen (RT – radiographic test) und
- Wirbelstromprüfungen (ET – eddy current test)

zur Anwendung. Als Prüfintervall im Rahmen des geschlossenen Integritätskonzepts sind nach dem KTA-Regelwerk 3201.4 (KTA 3201 2010, Teil 4) 5 Jahre festgelegt.

Für Komponenten, die nach den Basissicherheitsgrundsätzen gefertigt sind, ergeben sich in der Regel anzeigenfreie Prüfbefunde.

Von besonderer Bedeutung zur Beurteilung in Hinblick möglicher Oberflächen- und Volumenfehler ist die Ultraschallprüftechnik. Sie eignet sich insbesondere für dickwandige Bauteile. Abbildung 15.6 zeigt für die Ultraschallprüfung in qualitativer Weise die Zuordnung zwischen Anzeigen und Fehlern in Anlehnung an KTA 3201.4 (KTA3201 2010, Teil 4). Die Fehlerbewertung erfolgt über eine vergleichende Echohöhe (Anzeige), wie an einem Justierkörper z. B. mit einer künstlich eingebrachten Fehlstelle oder einem Prüfkörper mit realem Fehler. Als Registrierschwelle (registrierpflichtige Anzeige) wird eine

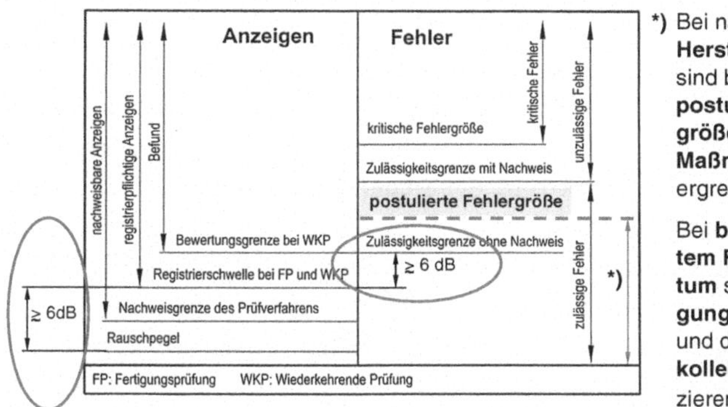

*) Bei nachgewiesenem **Herstellungsfehler** sind bis zu einer **postulierten Fehlergröße keine** weiteren **Maßnahmen** zu ergreifen.

Bei **betriebsbedingtem Fehlerwachstum** sind der **Schädigungsmechanismus** und das **Belastungskollektiv** zu identifizieren.

Abb. 15.6 Bewertung von Anzeigen aus zerstörungsfreien Prüfungen (ZfP) und daraus abgeleitet diesbezügliche korrespondierende Fehlergrößen in Anlehnung an KTA 3201.4 (KTA3201 2010, Teil 4) mit Ergänzungen

Anzeigenechohöhe definiert, die ca. 6 dB über dem Rauschpegel liegt. Eine Anzeige ist registrierpflichtig, wenn deren Fehlerechoamplitude die Registrierschwelle überschreitet (KTA3201 2010, Teil 4). Sofern diese unterhalb der Registrierschwelle liegt, ist sie ohne weitere Nachweise zulässig, sie könnte sogar aus der Herstellung stammen.

Falls ZfP-Anzeigen festgestellt werden, die größer sind als die nach Herstellungsspezifikation zulässig, d. h. die Bewertungsgrenze überschreiten, ist nachzuweisen, ob zwischen zwei Prüfzyklen Veränderungen von Anzeigen aufgetreten sind. Wird ein verändertes Anzeigenbild festgestellt, so ist die Veränderung auf betriebsbedingtes Fehlerwachstum zurückzuführen, d. h. es liegt offenbar ein aktiver Schädigungsmechanismus vor. Dieser ist zu identifizieren und der dadurch entstandene Fehler zu bewerten.

Solange aber durch die bisherigen und zukünftigen zerstörungsfreien Prüfungen nur Anzeigen unterhalb der Bewertungsgrenze festgestellt wurden, ist kein aktiver Schädigungsmechanismus zu unterstellen.

Die Grenzen der Ultraschallprüfung bestehen in der Quantifizierung des Anzeigenbildes im Hinblick auf „wahre" Fehlergrößen, insbesondere auf Risstiefen. Zur Integritätsabsicherung von Fehlergrößen, die oberhalb der Bewertungsgrenze liegen, ist nachzuweisen, dass diese nicht auf betriebliches Risswachstum zurückzuführen sind.

Sichtprüfungen

In regelmäßigen Prüfintervallen sind entsprechend KTA 3201.4 (KTA3201 2010, Teil 4) integrale Sichtprüfung an Komponenten zur Beurteilung deren Beschaffenheit der sowie im Hinblick auf mögliche Beschädigungen durchzuführen. Durch diese Prüfungen wird auch der Nachweis der ordnungsgemäßen Funktion der Halterungen erbracht.

Druckprüfungen

Druckprüfungen werden zum Nachweis der Integrität der drucktragenden Wandungen des Primärkreises durchgeführt. Die Druckprüfungen bei DWR-Anlagen erstrecken sich auf Reaktordruckbehälter einschl. Druckrohre der Steuerelementantriebe, Hauptkühlmittelleitungen mit Volumenausgleichsleitung, Primärseite der Dampferzeuger, Hauptkühlmittelpumpen, Druckhalter und alle abgehenden Rohrleitungen bis einschließlich der jeweiligen ersten Absperrarmatur des Primärkreises.

Diese Druckprüfungen werden mit dem 1.3 fachen Auslegungsdruck (für DWR-Anlagen: 227.5 bar) ausgeführt. Das Prüfintervall beträgt der KTA 3201.4 (KTA3201 2010, Teil 4) 8 Brennelement-Wechsel (8 Jahre).

Funktionsprüfungen

Funktionsprüfungen dienen zur Sicherstellung der ordnungsgemäßen Funktion der Armaturen sowie zur Prüfung der Sicherheitseinrichtungen gegen Drucküberschreitung des Primärkreises. Darüber hinaus wird der Einstelldruck von Steuerventilen geprüft.

Vorbeugende Inspektion von Erstabsperrarmaturen des Primärkreises

Eine vorbeugende Inspektion von sicherheitstechnisch wichtigen Erstabsperrarmaturen des Primärkreises dient zur Beseitigung von Gebrauchsspuren aus zurückliegenden Betriebsperioden. Hierbei finden auch gezielte Sichtprüfungen der inneren Oberflächen der Gehäuse, der Einbauteile sowie der Befestigungselemente sowie Dicht- und Auflageflächen statt. Im Zuge der Remontage werden Verschleißteile (Dichtungen, Lagerbüchsen, etc.) mit erneuert.

Schwingungsüberwachung (SÜS)

Das Schwingungs-Überwachungs-Systems (SÜS) ist ein System zur Schadensfrüherkennung und hat die Aufgabe, Veränderungen im Schwingungsverhalten der Komponenten des Reaktorkühlsystems und der Hauptkühlmittelpumpen zu erfassen und anzuzeigen. Diese Überwachung konzentriert sich auf die Hauptkomponenten des Reaktorkühlkreislaufs:

- Reaktordruckbehälter
- Kernbehälter
- Oberes Kerngerüst
- Siebtonne
- Dampferzeuger (nicht Einbauten)
- Hauptkühlmittelpumpen und
- Hauptkühlmittelleitungen.

Derartige Prüfungen finden in der Regel in Anlehnung an DIN 25475-2 (2009) im Anschluss an den Brennelement-Wechsel, eine weitere etwa in der Mitte des Betriebszyklus und die letzte vor einem neuen Brennelement-Wechsel statt. Der Vergleich von Referenz- und aktuellen Betriebsspektren zeigt, ob sich das Schwingungsverhalten des Reaktorkühlsystems geändert hat.

Überwachung auf lose Teile; Körperschallüberwachung (KÜS)

In allen Kernkraftwerken in Deutschland ist entsprechend den Anforderungen DIN 25475-1 (2004) ein kontinuierlich messendes Körperschallüberwachungs-System (KÜS) installiert, das auch den Anforderungen der KTA 3201.4 (KTA 3201 2010, Teil 4) entspricht. Die Schallemissionsorte und aufgenommenen Geräuschmuster lassen Rückschlüsse auf die Art und Ursache einer möglichen Schädigung zu. Darüber hinaus ist das KÜS-System als geeignete Zusatzmaßnahme zur Überwachung und für Hinweise auf betriebliche Anomalien anzusehen.

Leckageüberwachungssystem (LÜS)

Entsprechend den RSK-Leitlinien (RSK = Reaktorsicherheitskommision) (RSK 1981) ist die Druckführende Umschließung des Reaktorkühlmittels kontinuierlich auf Leckagen zu überwachen, wobei eine Lokalisierung von Leckagen möglich sein soll. Dazu erfasst das LÜS die Messgrößen

- Taupunkttemperatur
- Raumtemperatur
- Kondensatanfall an Umluftkühlern und
- Wasseranfall im Gebäudesumpf.

Diese Aufgabe wird durch das LÜS in Verbindung mit dem Aktivitätsmesssystem durchgeführt. Diese Messungen werden ergänzt durch Messungen der Aktivität (Edelgasmessung) der Umluft und dem jeweiligen Druck im Reaktorsicherheitsbehälter.

Die Nachweisempfindlichkeit dieser Leckageüberwachung gewährleistet, dass auch kleine Leckagen erfasst werden, bei denen noch keine automatische Auslösung von Reaktorschutzmaßnahmen erfolgt. Bei Überschreitung vorgegebener Grenzwerte werden Störungsmeldungen ausgelöst.

Betriebsbegleitende Bruchmechaniknachweise

Im Rahmen des Integritätskonzeptes sind entsprechend Abb. 15.2 betriebsbegleitende Sicherheitsanalysen durchzuführen, zu denen auch bruchmechanische Nachweise gehören.

Zur Absicherung von Anzeigen unterhalb der Bewertungsgrenze ist hierfür eine anlagen- und komponentenspezifische Fehlergröße gemäß Abb. 15.6 zu postulieren. Die hierfür relevanten mechanischen Belastungen ergeben sich einerseits aus den abdeckenden, betrieblich verifizierten Belastungen, die durch die bisherige Betriebsüberwachung erfasst wurden, andererseits aus den relevanten Störfallbelastungen nach jeweiligem Kenntnisstand. Diese Belastungsdaten dienen zusammen mit der oben festgelegten, postulierten Fehlergröße als Eingangsgrößen für die vorgenannten Bruchmechaniknachweise, als komplementäre Bausteine des Integritätskonzepts (KTA3206 2012).

15.5 Sprödbruch-Sicherheitsanalyse des Reaktordruckbehälters

Der Reaktordruckbehälter (RDB) stellt die wichtigste Barriere eines Kernkraftwerkes dar, in dem das Aktivitätsinventar der Brennelemente jederzeit sicher eingeschlossen werden muss. Von zentraler Bedeutung ist hierbei der Erhalt eines anforderungsgerechten Qualitätszustandes des RDB über die vorgesehene Anlagenbetriebsdauer. Auch für den unwahrscheinlichen Fall eines Kühlmittelverluststörfalles, der mit einer Aktivierung der Notkühlsysteme und nachfolgender Kaltwassereinspeisung verbunden ist, ist die Komponentenintegrität zu gewährleisten.

Ein derartiger Sicherheitsnachweis erfolgt mit bruchmechanischen Methoden unter Zugrundlegung postulierter Rissgrößen im Corenahtbereich der druckführenden Wandung des RDB. Der auf Basis thermohydraulischer Analysen abgebildete Lastpfad muss aber auch mit berücksichtigen, dass der Reaktordruckbehälter in den zurückliegenden Betriebsperioden eine Strahlenbelastung erfahren hat, die mit Veränderungen der Werkstoffmikrostruktur verbunden ist. Dies erfordert ein diesbezügliches Bestrahlungs-Überwachungsprogramm mit repräsentativen Materialproben, aus dem die entsprechenden Werkstoffkenngrößen im bestrahlten Zustand abgeleitet werden können.

Die wesentlichen Elemente eines diesbezüglichen Sprödbruchsicherheitsnachweises des RDB für 1300 MWe DWR-Anlagen werden nachfolgend dargestellt.

15.5.1 Bruchzähigkeiten im unbestrahlten und bestrahlten Zustand

Im Leistungsbetrieb eines Leichtwasserreaktors finden im Neutronenspektrum des Reaktorkerns ständig betriebsbedingte Einwirkungen auf die umgebenden Strukturmaterialien statt. Relevante Veränderungen der Mikrostruktur werden insbesondere durch Neutronenbestrahlung ab einer Fluenz von $1 \cdot 10^{17}\,\mathrm{cm}^{-2}$ ($E > 1$ MeV) hervorgerufen. Nach den Ausführungen gemäß Abschn. 15.3.1 ist diese im Corenahtbereich der druckführenden Wandung des Reaktordruckbehälters Ursache für einen spezifischen Schädigungsmechanismus (s. Tab. 15.1), der durch ein betriebsbegleitendes Bestrahlungsprogramm zu überwachen ist (KTA3203 2001).

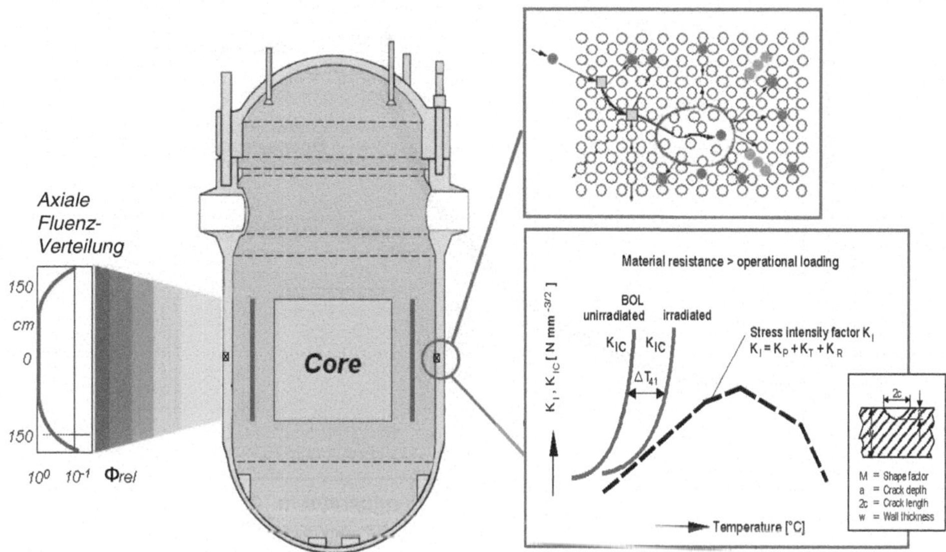

Abb. 15.7 Schematische Darstellung mikrostruktureller Schädigungen im Corenahtbereich durch Neutronenbestrahlung und Auswirkungen des Bestrahlungseinflusses auf die Temperaturabhängigkeit der Bruchzähigkeit K_{Ic}; aus (Ilg 2007), *Quelle* Areva

In Abb. 15.7 (s. obere Teilabb. rechts) sind schematisch die atomistischen Schädigungsmechanismen im Sinne der Wechselwirkung zwischen Neutronen und der metallischen Gitterstruktur mit Entstehung bestrahlungstypischer Strukturdefekte dargestellt (Seeger 1958) mit

- der Ausbildung von Zwischengitteratomen (sogenannte Frenkel-Paare),
- dem Entstehen von Leerstellen sowie
- dem Zustandekommen verdünnter Zonen.

Darüber hinaus können sich je nach chemischer Zusammensetzung z. B. mit Cu und Ni angereicherte Ausscheidungen bilden.

Diese Änderungen der Werkstoffmikrostruktur führen zu einer neutroneninduzierten Werkstoffverfestigung und sind letztlich dafür verantwortlich, dass im höchstbestrahlten Core-Nahtbereich die Bruchzähigkeits-Temperatur-Kurve zu höheren Temperaturen verschoben ist (s. Teilabb. 15.7, unten rechts). Diese beiden Bruchzähigkeitskurven, hier schematisch dargestellt für den unbestrahlten und bestrahlten Zustand, charakterisieren den maßgeblichen bruchmechanischen Werkstoffkennwert K_{Ic} für rissbehaftete Bauteilstrukturen und sind für einen Sicherheitsnachweis mit postulierten Fehlergrößen und den spezifischen betrieblichen Beanspruchungen dementsprechend zu bewerten.

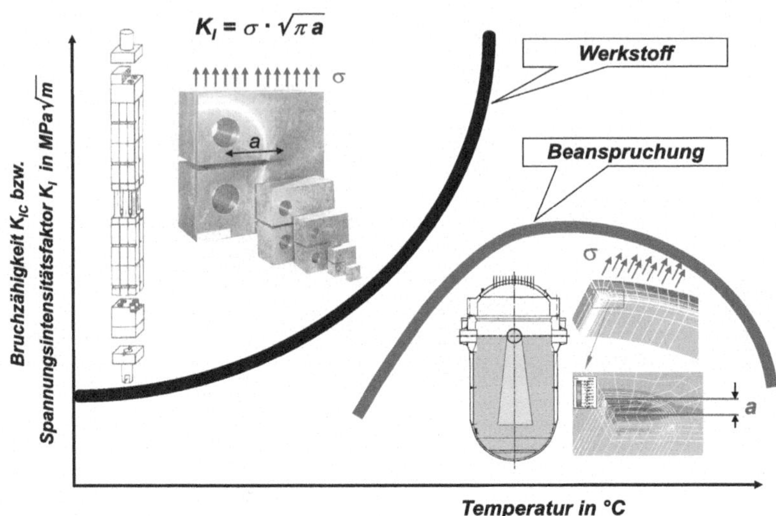

Abb. 15.8 Grundschema des RDB-Sicherheitsnachweises für den sog. PTS-Lastfall mit bruchmechanischen Berechnungsansätzen; aus (Ilg 2007), *Quelle* Areva

15.5.2 Bruchmechanikkonzept zum RDB-Sicherheitsnachweis

Der Sicherheitsnachweis für den Reaktordruckbehälter erfolgt für den Corenahtbereich der druckführenden Wandung durch einen bruchmechanischen Ansatz mit postulierten Fehlergrößen. Maßgeblicher Werkstoffkennwert für die Instabilität eines postulierten Fehlers ist die kritische Bruchzähigkeit K_{Ic}, die weltweit üblich mit rissbehafteten Klein- oder Großproben ermittelt wird (ASTM Standards 2005). Nach der Grundbeziehung aller ingenieurmäßigen Festigkeitsnachweise, muss die Beanspruchung stets kleiner sein, als die hierzu kompatible Werkstoffwiderstandsgröße im jeweiligen Betrachtungsbereich (s. Abb. 15.8). Der hierfür zu berücksichtigende Beanspruchungskennwert ist der so genannte Spannungsintensitätsfaktor K_I entsprechend

$$K_I = \sigma \sqrt{\pi a} \tag{15.1}$$

mit σ = Nominalspannung senkrecht zur Rissebene und a = Risstiefe. Mit zunehmender Temperatur steigt die Bruchzähigkeit K_{Ic} gemäß Abb. 15.8 monoton an.

Die damit zu vergleichende Bauteilbeanspruchung resultiert – typischerweise für DWR-Anlagen – aus einer Kalteinspeisung in den RDB als Folge eines postulierten Kühlmittelverluststörfalls (sog. „Pressurized Thermal Shock", PTS). Daraus lässt sich die Spannungsintensität K_I berechnen, die sich aus der Verknüpfung der Bauteilspannung $\sigma_{Bauteil}$ senkrecht zur Rissebene und einem postulierten Riss der Länge $\sqrt{\pi a}$ ergibt. Die hierfür ermittelte Spannungsintensität K_I gemäß Abb. 15.8 nimmt mit abnehmender Temperatur zunächst zu und nähert sich hierbei der Bruchzähigkeitskurve K_{Ic} = f(T) mit hinreichendem

Sicherheitsabstand an. Dabei erfolgt im Bereich der RDB-Wand Temperaturausgleich, die Beanspruchung K_I fällt dadurch wieder ab. Der Abstand zwischen beiden Kurven stellt die Sicherheit gegen Rissinstabilität dar.

15.5.3 Bestrahlungseinfluss auf die Werkstoffeigenschaften

Die Auswirkungen mikrostruktureller Zustandsänderungen durch Neutronenbestrahlung lassen sich mit unterschiedlichen mechanisch-technologischen Versuchen, z. B. im Zugversuch, im Kerbschlag-Biegeversuch, im Fallgewichtsversuch nach Pellini oder im Bruchmechanikversuch nachweisen (Erve et al. 1994; Server et al.2001).

Zur Absicherung gegenüber Sprödbruchversagen des RDB wird weltweit das so genannte RT_{NDT} -Konzept (RT = Referenztemperatur; NDT = Nil Ductility Transition Reference Temperature) angewandt (KTA3203 2001; RG1.99 1988). Die Referenztemperatur RT_{NDT} im unbestrahlten Zustand ist regelwerkskonform mithilfe von Fallgewichtsversuchen nach Pellini und Kerbschlagbiegeversuchen an repräsentativen Probenmaterialien der eingesetzten RDB-Schmelzen zu ermitteln (KTA3203 2001; ASTM 2000).

Für die Beurteilung neutroneninduzierter Veränderungen der mechanisch-technologischen Kennwerte wird für jeden RDB ein spezifisches Bestrahlungsüberwachungsprogramm vor Inbetriebnahme definiert (KTA3203 2001). Hierbei werden repräsentative Werkstoffproben – überwiegend Kerbschlagbiegeproben Charpy-V-Proben, daneben auch Zugproben – in spezielle Bestrahlungskanäle des Kernbehälters im Reaktordruckbehälter eingebracht.

Der Zentralbereich der Kapsel ist im Coremittenbereich angeordnet. Die Probenkapseln besitzen gegenüber der RDB-Wandung einen geringeren Abstand zum Kern. Dies bedeutet ein Voreilfaktor etwa zwischen 1.5–5 bei SWR-Anlagen und 5–12 bei DWR-Anlagen gegenüber der realen Fluenz des RDB. Damit lassen sich lange vor Betriebsende die Auswirkungen von Neutronenbestrahlung auf die eingesetzten RDB-Werkstoffe gezielt auswerten (KTA3203 2001). Bei einem Voreilfaktor von 5 beispielsweise ist bereits bei einem Fünftel der aufgelaufenen Nachweisfluenz an der RDB-Wand der werkstoffmechanische Zustand der Nachweisfluenz und damit der Nachweis für den End of Life-Zustand möglich, weil die Einhängeproben den Nachweisfluenzzustand dann bereits erreicht haben. Die gewonnenen Ergebnisse dienen dann als Eingangsgrößen für begleitende Sicherheitsanalysen, s. Abschn. 15.5.6.

15.5.4 Grundzüge des RT_{NDT}- und T_0-Konzeptes

Ausgangspunkt für alle weiteren Analysen ist die so genannte K_{Ic}-Referenzkurve aus den 1960er-Jahren gemäß Abb. 15.9, links oben (identisch mit Abb. 7.9-1 in (KTA3201 2010, Teil 2)). Für eine moderne DWR-Anlage mit optimierten RDB-Schmelzen resultiert daraus

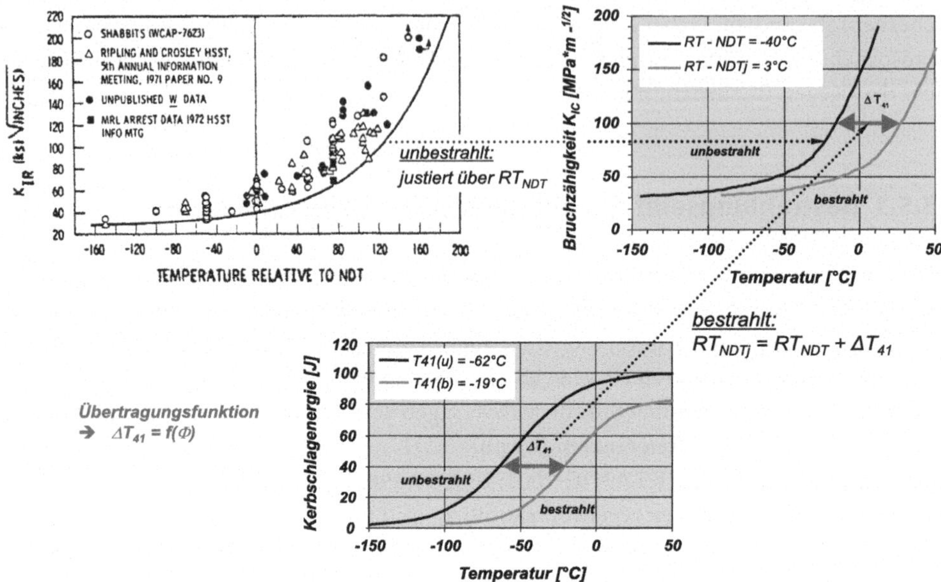

Abb. 15.9 Grundschema des RT_{NDT}-Konzepts zur Ermittlung einer justierten Referenztemperatur von RDB-Werkstoffen im bestrahlten Zustand; aus (Ilg 2007), *Quelle* Areva

im unbestrahlten Zustand eine K_{Ic}-Kurve, die auf den RT_{NDT}-Referenztemperaturwert – im vorliegenden Fall $\mathrm{T} = -40\,°\mathrm{C}$ – justiert ist (s. obere Teilabb. 15.9 rechts). Die zugehörige K_{Ic}-Kurve im bestrahlten Zustand wird mithilfe einer so genannten Übertragungsfunktion $\Delta T_{41} = \mathrm{f}(\Phi)$ abgeleitet (Φ = akkumulierte Neutronenfluenz), die in der mittleren Teilabb. 15.9 unten dargestellt ist.

Der Temperaturwert ΔT_{41} wird aus Ergebnissen repräsentativer Kerbschlagbiegeversuche mit Charpy-V-Proben zwischen dem unbestrahlten und dem bestrahlten Zustand ermittelt (KTA3203 2001). Im vorliegenden Fall beträgt der Wert $\Delta T_{41} = 43\,K$. Somit ist der Kurvenverlauf von K_{Ic} im bestrahlten Zustand gemäß oberem Teilbild durch eine Parallelverschiebung gemäß

$$RT_{NDTj} = RT_{NDT} + \Delta T_{41} \tag{15.2}$$

definiert. RT_{NDTj} ist die justierte Referenztemperatur und wird für weiterführende Sicherheitsanalysen verwendet.

Das vorstehend beschriebene RT_{NDT}-Konzept war zum Zeitpunkt der Errichtung der Kernkraftwerke in Deutschland Stand der Technik und entspricht auch heute noch so den internationalen Regelwerken (RG1.99 1988) und der KTA-Regel 3203 (KTA3203 2001).

Gleichwertig hierzu ist die Sprödbruchabsicherung mittels bestrahlter Bruchmechanikproben nach dem auf probabilistischen Methoden basierenden Masterkurve-Konzept aus dem sich die Referenztemperatur RT_{T0} ableitet (ASTME1921-05 2005; ASMECodeCaseN629 1999; Rosinski und Server 2000). Erstmals wurde das T_0 -Konzept in Deutschland für die Kernkraftwerke Stade und Obrigheim angewandt. In die heutigen kerntechnischen Regeln KTA 3203 (KTA3203 2001) und KTA 3201.2 (KTA3201 2010, Teil 2) sind diese Ansätze eingebracht. Im Gegensatz zum RT_{NDT}-Konzept erfolgt die Ermittlung von der Referenztemperatur nach dem Masterkurve-Ansatz auf direktem Weg mithilfe von Bruchmechanikproben unterschiedlicher Größe. Werden hierzu vorbestrahlte Proben ausgewertet, so leitet sich die justierte Referenztemperatur RT_{T0j} auf direktem Weg ab. Diese ist definiert als (ASMECodeCaseN-629 1999)

$$RT_{T0j} = T_0 + 19.4\,°C \tag{15.3}$$

RT_{NDTj} und RT_{T0j} sind zueinander gleichwertig.

Die Auswertung derartiger Kennwerte nach dem RT_{NDT}- und RT_{T0}-Konzept aus repräsentativen Schmelzen von RDB-Erzeugnisformen aus deutschen Anlagen zeigt, dass im untersuchten Fluenzintervall bis zu einem Maximalwert von ca. $5 \cdot 10^{19}\text{cm}^{-2}$ (E > 1 MeV) die RT_{Grenz}-Kurve gemäß KTA 3203 (KTA3203 2001) in allen Fällen eingehalten wird, s. Abb. 15.10. Bedingung für die Anwendung dieser Grenzkurve ist die Einhaltung der Konzentrationen von Kupfer (≤0.15 %) und Nickel (≤1.1 %) innerhalb eines abgesicherten Bereiches (KTA3203 2001). Ausländische RDB-Werkstoffe liegen aufgrund der chemischen Zusammensetzung und schmelzmetallurgischer Einflüsse sowie technologischer Besonderheiten teilweise deutlich oberhalb dieser Grenzkurve.

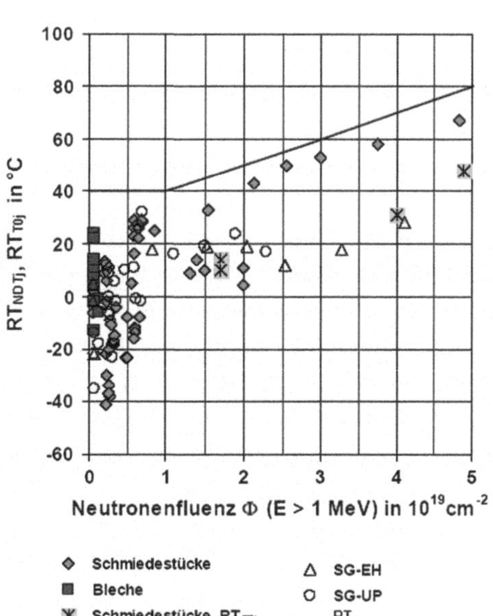

Abb. 15.10 Justierte Grenz-Referenz-Temperaturkurve RT_{Grenz} als Funktion der Neutronenfluenz sowie Ergebnisse RT_{NDTj} bzw. RT_{T0j} von Grundwerkstoffen und Schweißgüter aus Bestrahlungsüberwachungsprogrammen der deutschen RDB (SWR und DWR) (KTA3203 2001)

Tab. 15.3 Probenumfang des Bestrahlungs-Überwachungsprogramms für Nachweisfluenzen größer als $1 \cdot 10^{19}\,cm^{-2}$ (KTA3203 2001)

Probensatz-Nr.	Charpy-V-Proben			Zugproben			Entnahme-zeitpunkte
	GW I	GW II	SG	GW I	GW II	SG	
1	12	12	12	3	3	3	unbestrahlt
2	12	12	12	3	3	3	$\approx 50\,\%$ NWF
3	12	12	12	3	3	3	$\geq 100\,\%$ NWF

GW: Grundwerkstoff
SG: Schweißgut
NWF: Nachweisfluenz

15.5.5 Bestrahlungs-Überwachungsprogramm

Zur Ermittlung der justierten Referenztemperatur RT_{NDTj} nach dem RT_{NDT}-Konzept (s. Abschn. 15.5.4) ist es erforderlich, die Übergangstemperatur-Verschiebung ΔT_{41} an Hand von bestrahlten und unbestrahlten Charpy-V-Proben gemäß vorstehendem Abschn. zu ermitteln (KTA3203 2001). Für eine Nachweisfluenz (NWF) $> 1 \cdot 10^{19}\,cm^{-2}$ ($E >$ 1 MeV) wird RT_{NDTj} mit dem Probenumfang entsprechend Tab. 15.3 bestimmt. Die Proben sind so zu positionieren, dass der Fluenzvoreilfaktor 1.5–12 beträgt. Für eine Nachweisfluenz $\leq 1 \cdot 10^{19}\,cm^{-2}$ ($E > 1$ MeV) ist der Probenumfang reduziert (KTA3203 2001).

15.5.6 Fortschrittliche Sprödbruchsicherheitsnachweise

Die Integrität des Reaktordruckbehälters ist auch für den unwahrscheinlichen Fall eines Kühlmittelverluststörfalles, der mit einer Aktivierung der Notkühlsysteme und nachfolgender Kaltwassereinspeisung verbunden ist, zu gewährleisten. Der Lastpfad für diesbezügliche Sicherheitsanalysen muss hierbei auch berücksichtigen, dass der Reaktordruckbehälter in den zurückliegenden Betriebsperioden eine Neutronenbestrahlung erfahren hat, die mit Veränderungen der Werkstoffmikrostruktur und damit zusammenhängende Beeinflussung der mechanisch-technologischen Eigenschaften verbunden ist.

Im Kühlmittelverluststörfall speisen die Sicherheitssysteme kaltes Notkühlwasser über die Hauptkühlmittelleitungen (HKL) in den druckbelasteten heißen RDB ein. Zum Zeitpunkt der Errichtung wurde diese Kaltwassereinspeisung durch den einhüllenden Lastfall eines sog. Rundum-Thermoschocks der Core-Rundnaht des RDB abgedeckt. Basierend auf den Ergebnissen der Versuche zum thermischen Mischen und zur Kondensation des Notkühlwassers im kaltseitigen und heißseitigen Strang und im RDB-Ringraum im Originalmaßstab in der Upper Plenum Test Facility (UPTF) in Mannheim (1985–1995), konnten belastbare Modelle zur Berücksichtigung der Vorgänge beim Mischen erstellt werden (Hertlein 2003).

Mit diesen Modellen können neben dem primärseitigen Druck auch die zusätzlich benötigten thermohydraulischen Parameter, wie Fluidtemperatur und Wärmeübergangszahl, an jedem Punkt der Innenwand der RDB-Stutzen und des RDB-Ringraums – unter Berücksichtigung der Kondensations- und Schichtungsvorgänge sowie der abwärts strömenden Kaltwassersträhnen und der in der Dampfumgebung fallenden Wasserstreifen im RDB-Ringraum – berechnet werden. Die Verbesserung der thermohydraulischen Modellierung im 3D-Maßsstab zog konsequenterweise eine bruchmechanische Analyse mit fortschrittlichen Methoden unter zusätzlicher Einbeziehung der kalt- und heißseitigen Stutzen nach sich (Keim et al. 2007, 2008).

Entsprechend dem in Deutschland üblichen deterministischen Vorgehen umfasste das Spektrum der zu analysierenden, postulierten Kühlmittelverluststörfälle sowohl kleinere heiß- und kaltseitige HKL-Lecks (Belastung der kalt- und heißseitigen Stutzen) als auch mittlere Lecks (Belastung des bestrahlten Corebereiches einschließlich der Rundnaht und des Übergangsbereichs zwischen zylindrischem Schuss und Mantelflansch) mit kalt- als auch heißseitiger Sicherheitseinspeisung über eine entsprechende Anzahl von Einspeisepumpen. Damit wird das spezifische Anlagensicherheitskonzept im Kühlmittelverluststörfall realitätsnah abgebildet.

Für alle deutschen DWR-Anlagen beginnend mit den Anlagen Biblis A/B bis zur Baureihe Konvoi (Isar 2, Emsland, Neckarwestheim 2) erfolgten für die maßgeblichen Anlagenparameter derartige thermohydraulische Berechnungen, die als Eingabegrößen für darauf aufbauende Bruchmechanik-Analysen dienten.

Zu betrachtende RDB-Bereiche; Fehlerpostulate

Für die vorgenannten strukturmechanischen Untersuchungen wurden folgende RDB-Bereiche mit abdeckend postulierten Fehlern betrachtet (s. Abb. 15.11):

- RDB-Bereich der Core-Rundnaht mit dem höchsten Bestrahlungseinfluss,
- RDB-Stutzenkante des bespeisten Kaltstrangs mit der höchsten Belastung bei heißseitigem Leck,
- RDB-Stutzen des bespeisten Heißstrangs mit der höchsten Belastung bei kaltseitigem Leck und
- Übergangsbereich zylindrischer Schuss/Mantelflansch (thermisch höher belastet als die Core-Naht).

Für diese Stellen wurde jeweils eine zulässige Sprödbruchübergangstemperatur ermittelt. Zugehörend für jede betrachtete Belastungstransiente und für jeden untersuchten Strukturbereich mit zulässiger Temperatur wurde der Materialwiderstand gegen instabile Rissausbreitung ermittelt und auf Zulässigkeit bewertet (Keim et al. 2007, 2008).

Zum Nachweis des Initiierungsausschlusses werden Fehler, die durch die im Rahmen von zerstörungsfreien Prüfungen (ZfP) sicher auffindbaren Fehler gegeben sind, postuliert. Im Regelwerk KTA 3201.2, Abschn. 7.9.3 (KTA3201 2010, Teil 2) wird hierzu für die

Belastungsstufen C und D geregelt, dass Fehler von der Hälfte der in der Rechnung zugrunde gelegten Größe mit Sicherheit aufgefunden werden müssen. Ferner wird zur Fehlerform festgelegt, dass, wo es die Geometrie erlaubt, Oberflächenfehler der Form $a/2c = 1/6$ betrachtet werden sollen. Am Stutzen ist die Fehlerform entsprechend den geometrischen Verhältnissen anzupassen. Die Fehlerlage ist senkrecht zur maximalen Spannung zu wählen.

In Abb. 15.11 links sind diese Bereiche im RDB eingezeichnet, im rechten Teilbild sind die Fehlerpostulate im Grundwerkstoff der beiden RDB-Stutzen, im Bereich der Flanschnaht und im Bereich der Corenaht skizziert. Die jeweilige Fehlertiefe beinhaltet einen Sicherheitsfaktor 2, der in Bezug auf die Fehlererkennbarkeit im Rahmen der ZfP gewählt wurde. Die Lage und die zu untersuchenden Fehlerpostulate ergeben sich durch die maximale Zugspannung. Diese ist im Corenahtbereich durch die Streifen- und Strähnenkühlung in axialer Richtung höher als in Umfangsrichtung.

Es wurden somit die nachfolgenden RDB-Positionen mit den zugehörigen Fehlergeometrien untersucht:

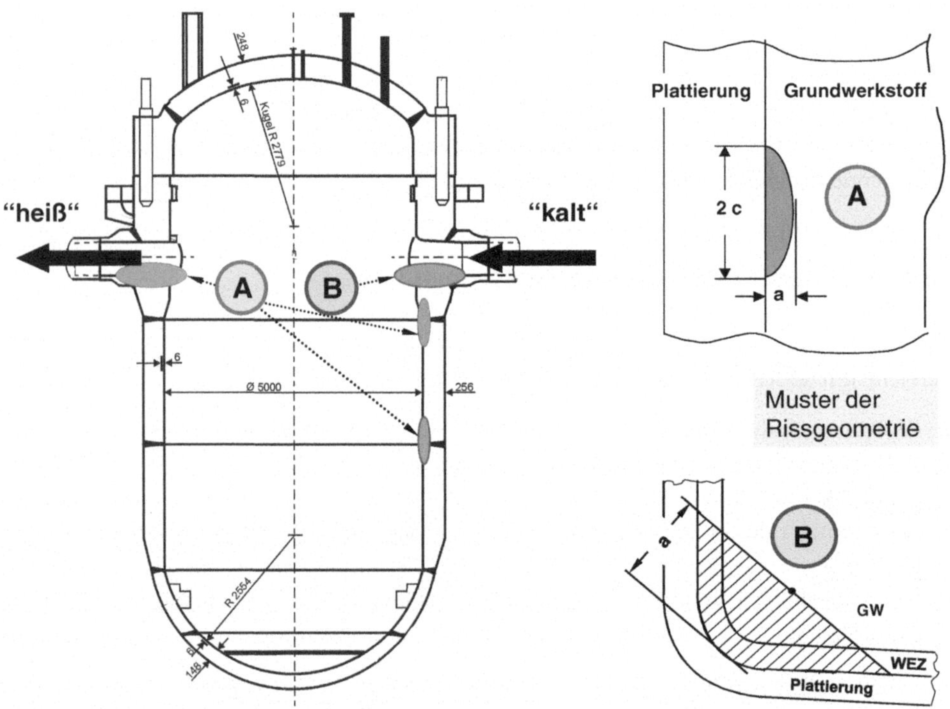

Abb. 15.11 Zu betrachtende Bereiche für DWR-Anlagen Baureihe Vorkonvoi/Konvoi (*links*) sowie zugehörige Fehlerpostulate im Bereich der Corenaht, dem Übergang Flansch/Zylinder, dem heißen RDB-Stutzen und der Stutzenkante des kalten Stutzens (*rechts*); aus (Keim et al. 2007, 2008), *Quelle* Areva

- Corenaht:
  Umfangsfehler in Corenaht bzw. Oberkante Kern (halbelliptischer Fehler: a = 10 mm; a/2c = 1/6)
- kalter Stutzen:
  Stutzenkante, 45° zur Stutzenachse in 6-Uhr Position (Stutzenkantenfehler; Risstiefe: a = 10 mm)
- heißer Stutzen:
  im Bereich der maximalen Spannung im Stutzen zur Rohrleitung hin verschoben, 6-Uhr Position (halbelliptischer Fehler: a = 10 mm; a/2c = 1/6)
- Flanschnaht:
  Umfangsfehler im Übergang zylindrischer Schuss/Stutzenflansch, (halbelliptischer Fehler: a = 10 mm; a/2c = 1/6)

Zur Sprödbruchabsicherung des RDB müssen laut gültigem Regelwerk KTA 3201.2 (KTA3201 2010, Teil 2) über die Druckprüfung hinaus nur Nachweise erbracht werden für solche Bereiche, die durch eine Neutronenfluenz $>1.0 \cdot 10^{17}\,\mathrm{cm}^{-2}$ ($E > 1$ MeV) beeinträchtigt sein könnten. Diese Anforderung trifft formal nur für den Corebereich zu. Vom sicherheitstechnischen Grundverständnis her werden diese Analysen aber auf die 3 weiteren in Abb. 15.11 gekennzeichneten Stellen erweitert (Keim et al. 2007, 2008).

Bruchmechanische Berechnungen

Die Ergebnisse der vorstehend dargestellten thermohydraulischen Berechnungen dienen als Eingabe für die bruchmechanischen Analysen. Die Fluidtemperatur an der RDB-Innenwand, die entsprechenden Wärmeübergangszahlen und der primäre Innendruck werden als zeit- und ortsabhängige Eingabedaten auf die RDB-Innenoberfläche einschließlich der Stutzen aufgebracht.

In Abb. 15.12 sind beispielhaft für die heißseitige Leckgröße 100 cm^2 mit kaltseitiger Sicherheitseinspeisung für eine Konvoi-Anlage das Temperaturfeld und die entsprechenden axialen Spannungen im RDB zu einem diskreten Zeitpunkt gezeigt.

Man erkennt die Kaltwassersträhnen an der Innenoberfläche, die Strähnenvereinigung der beiden Strähnen unterhalb der kaltseitigen Einspeisestutzen und die damit verbundene unsymmetrische Belastung des RDB entlang des Umfanges. Unterhalb der einspeisenden Stutzen (Übergangsbereich Flansch/zylindrischer Schuss) bildet sich ein Bereich mit erhöhten Spannungen aus.

Zur bruchmechanischen Bewertung werden die J-Integralwerte, die mithilfe der Sub-Modelle an den Rissfronten für jeden Zeitpunkt berechnet werden, ausgewertet. Das maximal berechnete J-Integral (Rice 1968; Schwalbe 1980)

$$J = \int_S \left(W\mathrm{d}y - T\frac{\partial u}{\partial x}\mathrm{d}s \right) \tag{15.4}$$

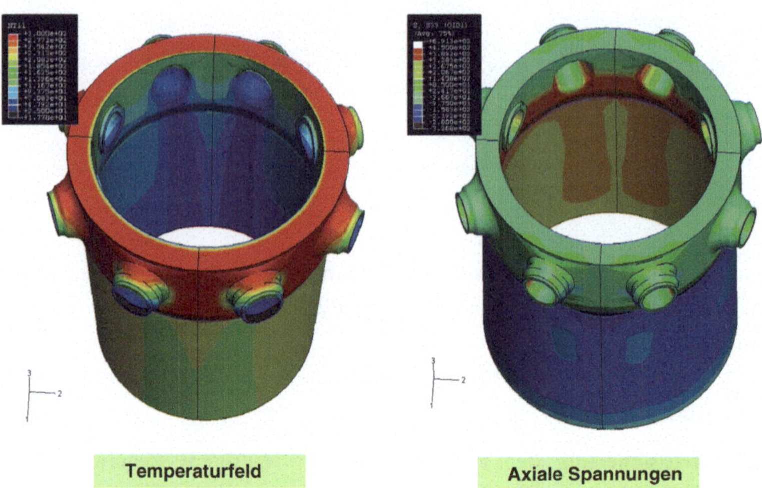

Abb. 15.12 Temperaturfeld (linkes Bild) und axiale Spannungen (rechtes Bild) für die heißseitige Leckgröße 100 cm^2 bei kaltseitiger Sicherheitseinspeisung (DWR-Anlagen Baureihe Vorkonvoi/Konvoi); aus (Keim et al. 2007, 2008), *Quelle* Areva

(W = Verformungsenergie je Volumeneinheit, T = Spannungstensor, u = Verschiebungsvektor, S = beliebige Wegstrecke um die Rissspitze) entlang der Rissfront wird für die Transiente über der Temperatur an dieser Stelle in Abhängigkeit der Zeit aufgetragen. Aus dem J-Integral wird über den Zusammenhang

$$K_I = \sqrt{\frac{J \cdot E}{1 - \nu^2}} \tag{15.5}$$

der Spannungsintensitätsfaktor K_I berechnet und ebenfalls über der Temperatur an der Rissspitze aufgetragen. Hierbei sind E der Elastizitätsmodul und ν die Querkontraktionszahl.

In Abb. 15.13 sind die Ergebnisse für die Corenaht einer Konvoi-Anlage wiedergegeben. Die führende Transiente in Bezug auf die zulässige Referenztemperatur mit tangentialer Annäherung an die links gezeichnete K_{Ic}-Kurve ist die heißseitige Leckgröße von 100 cm^2 mit 2 kaltseitig einspeisenden Sicherheitseinspeisepumpen (SEP). Die heißseitigen 200 und 400 cm^2 Lecks bei kaltseitiger Einspeisung mit 4 SEP weisen maximale Belastungen auf. Daneben sind weitere Einspeisekonfigurationen mit 4 kaltseitigen Sicherheitseinspeisungen bei Leckgrößen von 50 und 100 cm^2 enthalten.

Die maximal zulässige Referenztemperatur ergibt sich für den Fall „kalte Einspeisung mit zwei Sicherheitseinspeise-Pumpen bei einer Leckgröße von 100 cm^2" aus einer Parallelverschiebung der K_{Ic}-Kurve gemäß Abb. 15.9 und beträgt 86 °C. Der korrespondierende Lastpfad tangiert die K_{Ic}-Kurve im Punkt (◇). Dabei wird konservativ die warme Vorbelastung (sog. Warm Prestress (WPS)-Effect) (Eisele et al. 1999, KTA3203 2001) nicht in Anspruch genommen. Der aus Sprödbruch-Überwachungsprogrammen konservativ

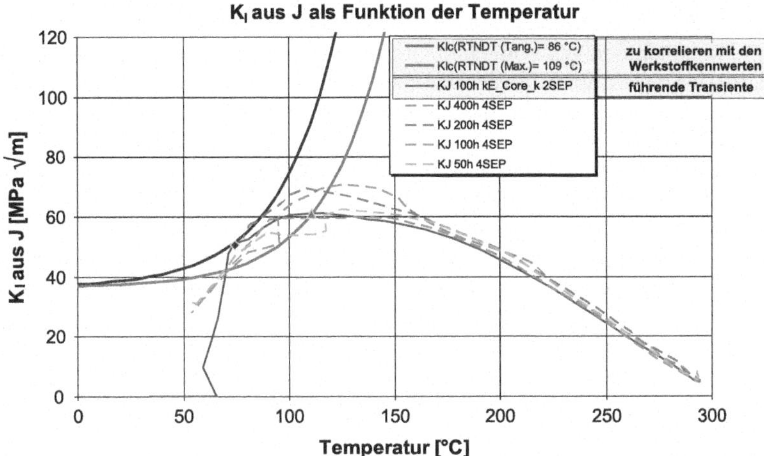

Abb. 15.13 Lastpfade im Kühlmittelverlust-Störfall mit heißseitigem Leck unterschiedlicher Querschnitte im Bereich der Corenaht des RDB einer Konvoi-Anlage nach kaltseitigen Sicherheitseinspeisungen mit 2 bzw. 4 Einspeisepumpen für einen postulierten, innenliegenden Fehler a/2c = 1/6 (a = 10 mm, 2c = 60 mm); aus (Keim et al. 2007, 2008), *Quelle* Areva

ermittelte RT_{NDT}-Wert betragt fur eine Betriebszeit von 60 Jahren maximal etwa 10 °C. Es besteht somit ein Sicherheitsabstand von ca. 75 K. Daher kann bei Kühlmittelverluststörfällen Sprödbruchversagen des RDB im Bereich der Corenaht ausgeschlossen werden.

Literatur

Atomgesetz.: Die hier belegten Aussagen sind in nachfolgenden Fassungen des Atomgesetzes erhalten geblieben (1959)

ASME Code Case N-629 (Section XI, Division 1, Appendix A and G) bzw. ASME Code Case N-631 (Section III, Devision 1, Appendix G), Use of Fracture Toughness Test Data to Establish Reference Temperature for Pressure Retaining Materials (1999)

ASTM Standards, Annual B. of (Hrsg.): ASTM E-208-95a, Standard Test Method for Method for Conducting Drop-Weight Tests to Determine Nil Ductility Transition Temperature of Ferritic Steels. American Society for Testing Materials (2000)

ASTM E1921–05, Standard Test Method for Determination of Reference Temperature, T0, for Ferritic Steels in the Transition Range (2005)

ASTM Standards, Annual B. of (Hrsg.): ASTM E 399–05, Standard Test Method for Linear Elastic Plane Strain Fracture Toughness K_{Ic} of Metallic Materials. American Society for Testing Materials (2005)

Bartonicek, J.: Alterungsmanagement für mechanische Komponenten. Vortrag im RSK-Ausschuss Druckführende Komponenten und Werkstoffe (DKW) (2002)

Bartonicek, J., Zaiss, W.: Betrachtungen zur möglichen Vorgehensweise bei Anwendung des Bruchausschlusses für Rohrleitungen. In: 25. MPA-Seminar. Stuttgart (1999)

Bartonicek, J., Kohlpaintner, W., Widera, M., Roos, E., Herter, K.-H., Otremba, F.: Gesamtkonzept zum Integritätsnachweis. Vortragsveranstaltung zur Gewährleistung von Sicherheit und Verfügbarkeit von Leichtwasserreaktoren. In: Ergebnisse aus MPA/VGB-Forschungsvorhaben, Vortrag 2.1. Stuttgart (2002)

DIN 25475–1 Kerntechnische Anlagen, Überwachungssysteme, Körperschallüberwachung zum Erkennen loser Teile. Ausgabe 05 2004 (2004)

DIN EN ISO 9000 ff, Qualitätsmanagementsysteme - Grundlagen und Begriffe (2005)

DIN 25475–2, Kerntechnische Anlagen, Betriebsüberwachung - Teil 2, Schwingungsüberwachung zur frühzeitigen Erkennung von Änderungen im Schwingungsverhalten des Primärkreises von Druckwasserreaktoren. Ausgabe 05 2009 (2009)

Eisele, U., Alsmann, U., Elsäßer, K., Kessler, A., Mayinger, W., Nagel, G.: Warm Prestress Effect WPS - Berücksichtigung in der Integritätsbewertung. In: 25. MPA-Seminar. Stuttgart (1999)

Erve, M., Leitz, C., Roth, A.: Alterung von Strukturwerkstoffen im Kernbereich des RDB. In: SVA-Vertiefungskurs. Winterthur (1994)

Gonzalez, H., Lupold, T.: Wolf Creek Pressurizer Weld Flaws. In: 10th OPDE-Meeting. Madrid, Spain (2006)

GRS-Weiterleitungsnachricht 2001/05, Schäden an Mischnähten der Reaktordruckbehälterstutzen in den Kern-kraftwerken Virgil C. Summer (USA) und Ringhals 4 (Schweden) (2001)

Hertlein, R.: Mixing and Condensation Models based on UPTF-TRAM-Test Results. In: Jahrestagung Kerntechnik. Berlin, Fachsitzung experimentelle und theoretische Untersuchungen zu Borverdünnungstransienten in DWR. Inforum Verlags- und Verwaltungsgesellschaft, Bonn (2003)

Ilg, U.: Fortschritte in Überwachungsprogrammen für Reaktordruckbehälter. In: atw - Internationale Zeitschrift für Kernenergie, S. 29–36 (2007)

Ilg, U.: Qualitätsstatus von Mischnähten in deutschen DWR- und SWR-Anlagen. Vortrag im RSK-Ausschuss Druckführende Komponenten und Werkstoffe. Bonn (2009)

Ilg, U., König, G., Schöckle, F., Kirchhof, H.-J.: Einführung des operativen Alterungsmanagements für mechanische Komponenten an den Standorten Neckarwestheim (GKN) und Philippsburg (KKP). In: 32. MPA-Seminar. Stuttgart (2006)

Keim, E., Hertlein, R., Ilg, U., König, G., Schlüter, N., Widera, M.: Sprödbruchsicherheitsnachweise von Reaktordruckbehältern auf Basis fortschrittlicher thermohydraulischer Analysen. In: 33. MPA-Seminar. Stuttgart (2007)

Keim, E., Hertlein, R., Ilg, U., König, G., Schlüter, N., Widera, M.: Brittle Fracture Safety Analysis of German RPVs based on Advanced Thermal Hydraulic Analysis. In: Proceedings of ASME Pressure Vessels and Piping Conference, PVP. Chicago, Illinois, USA (2008)

König, G., Schöckle, F.: Thermal loads and their effects on integrity of mechanical systems and components. In: 36. MPA-Seminar (2010)

KTA 3203, Überwachung des Bestrahlungsverhaltens von Werkstoffen der Reaktordruckbehälter von Leichtwasserreaktoren (2001)

KTA 3201, Komponenten des Primärkreises von Leichtwasserreaktoren. - Teil 1: Werkstoffe und Erzeugnisformen, Fassung 06/1998, Teil 2: Auslegung, Konstruktion und Berechnung, Fassung 06/1996 (Entwurf 11/2010), Teil 3: Herstellung, Fassung 11/2007, Teil 4: Wiederkehrende Prüfung und Betriebsüberwachung, Fassung 11/2010

KTA 1403, Alterungsmanagement in Kernkraftwerken (2010)

KTA 3206, Nachweise zum Bruchausschluss für druckführende Komponenten in Kernkraftwerken (2012) - Regelentwurfsvorlage

Metzner, J.: Alterungsmanagement der deutschen KKW-Betreiber - Grundsätzliche Vorgehensweise und Anwendungsbeispiele. Jahrestagung Kerntechnik. Berlin (2003)

MPA/VGB-Forschungsvorhaben SA-AT 29/05, Integritätskonzept für druckführende Komponenten - Nutzungspapier (2009) - rev. 1

Regulatory Guide 1.99, Rev. 2: Radiation Embrittlement of Reactor Vessel Materials (1988)

Rice, J.R.: A path independent integral and the approximate analysis of strain concentration by notches and cracks. J App Mech **35**, 368–379 (1968)

Rosinski, S.T., Server, W.L.: Application of the master curve in the ASME code. Int J Press Vessel Pip 77, **08**(10), S. 591–598 (2000)

RSK-Leitlinien für Druckwasserreaktoren Kapitel 4.1, 3. Ausgabe (1981)

Sicherheitskriterien für Kernkraftwerke (1977)

Schuler, X.: Grundlage der Lebensdauer technischer Einrichtungen. In: Workshop Langzeitbetrieb technischer Einrichtungen von Kernkraftwerken – technische Voraussetzungen und Anforderungen. Stuttgart (2010)

Schuler, X., Schöckle, F.: Plant Life (PLIM) and Ageing Management (AM) in German NPPs - Prerequsite for Long Term Operation (LTO). In: 36. MPA Seminar. Stuttgart (2010)

Schwalbe, K.H.: Bruchmechanik metallischer Werkstoffe. Carl Hanser Verlag, München Wien (1980)

Seeger, A.: Proceedings 2nd International Conference. Peaceful Uses Atomic Energy, Genf Bd. 6, S. 250. (1958) - United Nations New York

Server, W.; English, C.; Naiman, D.; Rosinski, S.: Charpy embrittlement correlations – status of combined mechanistic and statistic bases for U.S. RPV steels (MRP-45)/PWR Materials Reliability Program. Palo Alto, CA, (2001) - Forschungsbericht. Final Report

VGB-R 401 J, Richtlinie für das Wasser in Kernkraftwerken mit Leichtwasserreaktoren (2006)

Brennstoffzyklus

16

Zum Abschluss dieses Buches wird im folgenden Kapitel der nukleare Brennstoffzyklus behandelt. Dieser beinhaltet die Versorgung mit dem Kernbrennstoff Uran, gegebenenfalls die Rezyklierung von nach dem Reaktoreinsatz noch enthaltenem Spaltstoff und schließlich die Entsorgung der radioaktiven Abfälle, für die Endlagerung in tiefen geologischen Formationen die einzige heute ernsthaft verfolgte Strategie darstellt.

16.1 Uranvorkommen

Der im Vergleich zu fossilen Energieträgern extrem hohe Energieinhalt des Kernbrennstoffes ändert nichts an der Tatsache, dass dieser bei seinem Einsatz in Kernkraftwerken verbraucht wird. Damit ist die Nutzung der Kernenergie auf die Gewinnung dieses Rohstoffes aus den grundsätzlich endlichen Vorkommen auf der Erde angewiesen. Daher sollen in den folgenden Unterkapiteln die Uranvorkommen der Erde beschrieben und Abschätzungen zu ihrer Reichweite vorgenommen werden.

16.1.1 Entstehung der Uranvorkommen

Die fossilen Energieträger gehen auf Biomasse zurück, die im Laufe der Erdgeschichte unter der Einwirkung von Sonnenenergie gebildet wurde und dann in geologischen Formationen unter Umwandlung in Kohle oder Erdöl bis in die heutige Zeit erhalten blieb.

Dagegen ist das chemische Element Uran bereits bei der Entstehung der Erde vorhanden gewesen, womit sich die Frage nach seiner Herkunft aber lediglich verlagert. Da eine

A. Ziegler und H.-J. Allelein (Hrsg.), *Reaktortechnik*,
DOI: 10.1007/978-3-642-33846-5_16, © Springer-Verlag Berlin Heidelberg 2013

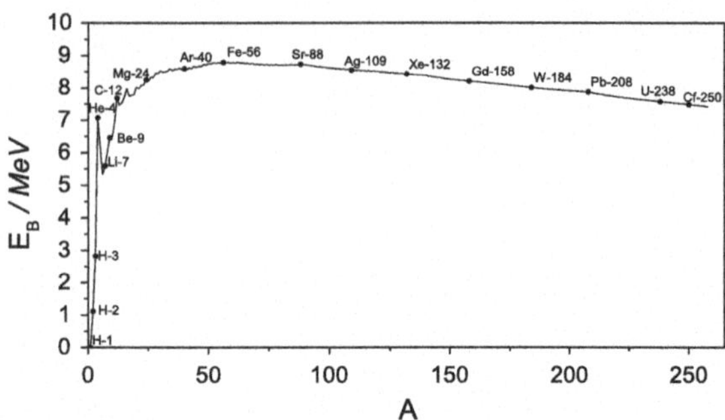

Abb. 16.1 Bindungsenergie pro Nukleon als Funktion der Massenzahl; Daten: (Audi und Wapstra 1995)

Umwandlung von Elementen auf chemischem Wege nicht möglich ist, muss das heute vorhandene Uran durch nukleare Reaktionen entstanden sein. Der Ort, wo diese im Kosmos ablaufen sind Sterne und Supernovae.

In Abb. 16.1 ist die bereits aus Kap. 2 bekannte Bindungsenergiekurve als Funktion der Massenzahl aufgetragen.

Es wird deutlich, dass ein Energiegewinn durch Verschmelzung leichter Kerne bis zum Eisen möglich ist. Aufgrund der Coulombschen Abstoßung nimmt die hierfür erforderliche Aktivierungsenergie mit steigender Kernladungszahl zu.

Bei Sternen mit einer Masse wie der unserer Sonne findet im Normalbetrieb lediglich eine Fusion von Wasserstoff zu Helium statt. Die dominierenden Reaktionen (incl. Summenreaktion) sind:

$$\begin{array}{ll} 2\cdot({}^1H + {}^1H \longrightarrow {}^2H + \beta^+ + \nu_e) & 0.42\,\text{MeV} + 1.02\,\text{MeV} = 1.44\,\text{MeV} \\ 2\cdot({}^2H + {}^1H \longrightarrow {}^3He + \gamma) & 5.49\,\text{MeV} \\ 1\cdot({}^3He + {}^3He \longrightarrow {}^4He + 2\cdot{}^1H) & 12.86\,\text{MeV} \\ \hline 4\cdot({}^1H \longrightarrow {}^4He + 2\,\beta^+ + 2\,\nu_e + 2\,\gamma) & 26.72\,\text{MeV} \end{array} \tag{16.1}$$

In ca. 5 Milliarden Jahren, wenn unsere Sonne das Ende ihrer Lebensdauer erreicht haben wird, werden im Zuge einer Kontraktion und Aufheizung des Sonnenkernes auch Heliumkerne fusionieren und dabei Kohlenstoff und Sauerstoff bilden (Bethe-Weizsäcker-Zyklus). Danach kommen die Fusionsreaktionen zum Erliegen.

In Sternen mit einem Vielfachen der Sonnenmasse schreitet die Fusion bis zum Eisen fort:

$$ {}^{28}Si + {}^{28}Si \longrightarrow {}^{56}Ni \xrightarrow{\beta^+} {}^{56}Co \xrightarrow{\beta^+} {}^{56}Fe \tag{16.2}$$

Manche Reaktionen laufen dabei auch unter Bildung von Neutronen ab, beispielsweise:

$$ {}^{22}Ne + {}^4He \longrightarrow {}^{25}Mg + n \tag{16.3}$$

Da bei den Fusionsreaktionen der schwereren Elemente energiereiche γ-Strahlen gebildet werden, spielt auch die Photodissoziation von Deuterium in ein Proton und ein Neutron eine signifikante Rolle als Neutronenquelle.

Die so gebildeten Neutronen können dann von den schwereren Kernen absorbiert werden; durch sukzessive Abfolge von (n, γ)-Reaktionen und β^--Zerfällen ist somit auch die Bildung von Elementen jenseits des Eisens möglich. Da die Reaktionen je nach Größe des Sterns mehrere tausend Jahre lang ablaufen, spricht man vom sogenannten *s*-Prozess (*s* steht für slow).

Die Bildung von schwereren Elementen als Bi-209 kann mit dem *s*-Prozess nicht erklärt werden, da die Zwischenprodukte kurzlebige α-Strahler sind. Unter den Bedingungen einer Supernova-Explosion kommt es jedoch noch zu einer anderen Kategorie von Neutroneneinfangreakionen:

Sterne mit über 15 Sonnenmassen verbrauchen ihren Fusionsbrennstoff innerhalb von wenigen Millionen Jahren. Am Ende ihrer Lebensdauer kollabieren sie unter ihrem eigenen Gravitationsdruck zu einem Neutronenstern. Unter der ungeheuren Energiedichte in ihrem Inneren kommt es zunächst zu einer Photodisintegration der Eisenkerne in Protonen und Neutronen. Bei zunehmendem Druck vereinigen sich schließlich Protonen und Elektronen zu Neutronen; die Dichte steigt dabei um den Faktor 10^6. Dieser Kollaps erzeugt in den äußeren Bereichen des Sternes eine Schockwelle, die gewaltige Materiemengen ins Weltall schleudert.

Gleichzeitig führen die oben beschriebenen Reaktionen für wenige Sekunden zu einem extrem hohen Neutronenfluss ($\phi > 10^{29}$ Neutronen pro $m^{-2}s^{-1}$), bei dem in einer Kaskade von Neutroneneinfangreaktionen auch die schwersten Elemente gebildet werden. Dieser sogenannte *r*-Prozess wird in Abb. 16.2 anderen Reaktionen der stellaren Nukleosynthese vergleichend gegenübergestellt. Der ebenfalls dargestellte *rp*-Prozess von Protoneneinfangreaktionen hat nur eine untergeordnete Bedeutung (Choppin et al. 2002).

Es wird davon ausgegangen, dass sich vor knapp 5 Milliarden Jahren unser Sonnensystem in der interstellaren Wolken einer vorausgegangenen Supernova-Explosion bildete.

16.1.2 Uranvorkommen auf der Erde

Die mittlere Urankonzentration in der Erdkruste liegt bei ca. 3 ppm, dies entspricht einer Gesamtmasse in einer Größenordnung von $5 \cdot 10^{13}$ Tonnen. Uran kommt damit häufiger vor als beispielsweise Cadmium, Silber oder Quecksilber (Choppin et al. 2002).

Dem gegenüber ist der Urangehalt der Weltmeere mit 0.003 ppm vergleichsweise niedrig, hier beträgt die enthaltene Uranmasse ca. $4 \cdot 10^9$ Tonnen. Für die derzeitige kommerzielle Urangewinnung sind nur Erze mit vergleichsweise hohem Urangehalt ökonomisch interessant, ihr Urangehalt liegt in der Größenordnung von 1000 ppm.

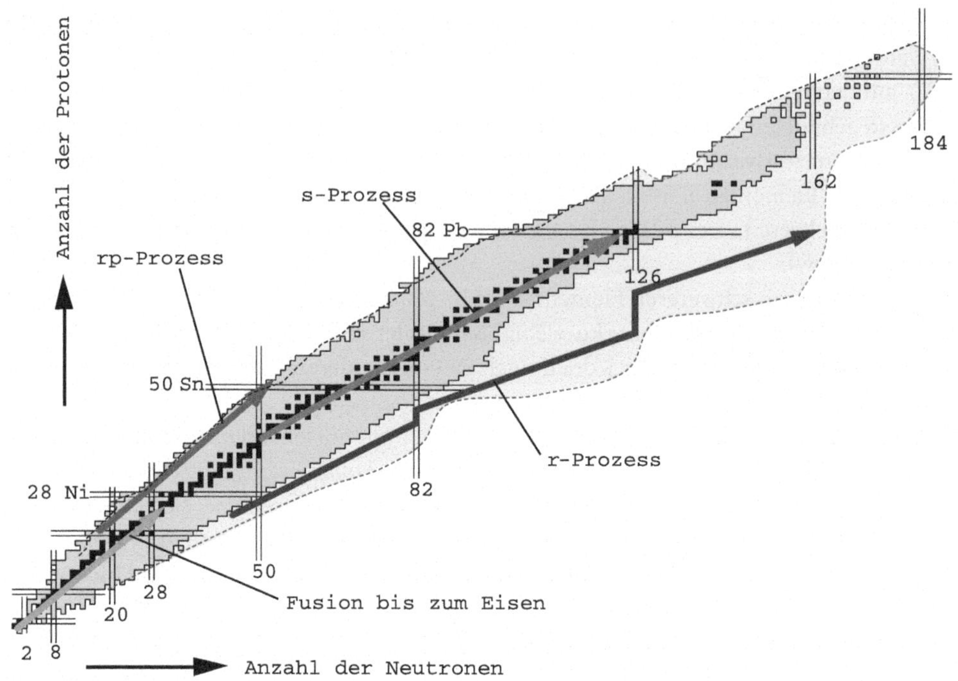

Abb. 16.2 Reaktionsmechanismen der Nukleosynthese (Angert et al. 2001)

Die Höhe der derzeitigen Uranreserven hängt somit nicht von der physisch auf der Erde vorhandenen Uranmenge, sondern in erster Linie von den Weltmarktpreisen für Uran sowie dem Grad der bergmännischen Erschließung von Lagerstätten ab.

16.1.3 Das Oklo-Phänomen

Im Jahre 1972 wurde entdeckt, dass Uran aus dem Oklo-Tagebau in Gabun (Westafrika) einen deutlich niedrigeren U-235-Anteil aufwies als die 0.72 % in normalem Natururan. Darüber hinaus fand man im Gestein die stabilen Endnuklide der Zerfallskette verschiedener Spaltprodukte.

Als Ergebnis dieser Untersuchungen kam man zu dem Schluss, dass vor ca. 2 Milliarden Jahren in Oklo auf natürlichem Wege nukleare Kettenreaktionen stattgefunden haben müssen. Als Moderator diente Wasser, welches durch Ritzen in die Lagerstätte einsickerte. Die durch die Kernspaltung freigesetzte Energie ließ dieses Wasser verdampfen, was zu einer selbsttätigen Abschaltung des Naturreaktors führte.

Insgesamt arbeitete der Reaktor ca. 50.000 Jahre lang in oszillierendem Betrieb mit einer thermischen Leistung von bis zu 100 kW.

Heutzutage ist mit Natururan ein Betrieb von Leichtwasserreaktoren nicht möglich. Wendet man ausgehend von dem oben genannten U-235-Gehalt von 0.72 % das Zerfallsgesetz

$$N = N_0 \cdot e^{-(\lambda * t)} \quad (16.4)$$

mit den Halbwertszeiten von U-238 (4.5 Mrd *a*) und U-235 (700 Mio *a*) an, so erhält man für den damaligen Naturreaktor eine Anreicherung von etwas über 3 %. Dies entspricht auch dem Wert heutiger Leichtwasserreaktoren.

Der Naturreakor von Oklo ist aber nicht nur ein interessantes physikalisches Phänomen; durch die Untersuchungen konnten wertvolle Erkenntnisse zum Langzeitausbreitungsverhalten von Uran und Spaltprodukten gewonnen werden, die insbesondere für die Endlagerfrage von Interesse sind.

16.1.4 Uranabbau und Erzaufbereitung

Uranerze werden derzeit sowohl im Tage- als auch im Untertagebau gewonnen. Die Aufbereitung erfolgt in mehreren Schritten (Clark et al. 2006):

Zunächst wird versucht, mittels physikalischer Verfahren eine Selektion uranhaltiger Gesteinsbrocken zu erreichen. In Betracht kommen in Abhängigkeit von der Zusammensetzung des Matrixgesteins eine Trennung aufgrund von Dichteunterschieden und Magnetismus sowie eine automatisierte Sortierung an Hand der von den Brocken ausgesandten radioaktiven Strahlung.

Anschließend wird das Erz gemahlen, gegebenenfalls kann mittels Flotation eine weitere Aufkonzentrierung durchgeführt werden. Hierfür wird der Staub zusammen mit Tensiden durch Einblasen von Luft in Wasser aufgeschwemmt, die Trennung erfolgt aufgrund der unterschiedlichen Benetzbarkeit der Partikel.

Der nächste Verfahrensschritt ist das Rösten, bei dem unter oxidierenden Bedingungen im Erz vorhandene Sulfide in Sulfate umgewandelt werden, um eine mögliche Vergiftung der Ionenaustauscher in späteren Verlauf der Erzaufbereitung zu verhindern.

Nun kann das Uran aus den Erzen ausgelaugt werden. Hierfür kommen sowohl saure, als auch alkalische Verfahren zum Einsatz. Im erstgenannten Fall wird in der Regel Schwefelsäure verwendet, mit der einen Uranausbeute zwischen 95 % und 98 % erreicht wird. Da nur *VI*-wertiges Uran in Schwefelsäure löslich ist, müssen beim Vorhandensein von niedervalenterem Uran Oxidationsmittel wie Mangandioxid oder Natriumchlorat zugegeben werden. Als Katalysator für die Oxidation dienen Eisen-Ionen. Der Säureverbrauch beträgt bis zu 68 kg pro Tonne Erz.

Insbesondere bei minderwertigeren Erzen, deren Verarbeitung zu viel Schwefelsäure benötigen würde, wird statt dessen eine alkalische Auslaugung mit Natriumcarbonat (Soda) durchgeführt. Vorteil hierbei ist die höhere Selektivität, da nur wenige Metalle lösliche Carbonate bilden. Analog zur sauren Auslaugung ist auch hier eine Oxidation zum *VI*-wertigen Uran erforderlich. Zur Steigerung der Reaktionsraten ist es notwendig, das

Gemisch zu erwärmen, was den Energieverbrauch des Verfahrens im Vergleich zum sauren Aufschluss erhöht.

Zur weiteren Aufkonzentrierung des Urans werden Ionenaustauscher eingesetzt. Zum einen wird in einem diskontinuierlichen Verfahren das Uran als Sulfat- oder Carbonatkomplexverbindung aus der Lauge an einen Anionen-Tauscher-Harz gebunden. Durch Zugabe von Chloriden oder Nitraten können die Uran-Ionen wieder in die Lösung überführt und anschließend ausgefällt werden.

Zum anderen ist durch Einsatz flüssiger Extraktionsmittel auf der Basis von Alkylphosphaten eine kontinuierliche Prozessführung möglich. Dies stellt einen verfahrenstechnischen Vorteil dar, dem allerdings ein ökonomisch und ökologisch nachteiliger Schwund an Extraktionsmittel durch unvollständige Phasentrennung sowie die schlechte Eignung für Laugen mit Urankonzentrationen unter 1 g/l oder aus alkalischem Aufschluss entgegenstehen.

Durch Ausfällen aus der Lösung erhält man ein Konzentrat mit einem Urangehalt von 65–70 %, welches aufgrund seiner charakteristischen Farbe als „Yellow Cake“ bezeichnet wird und das Endprodukt des Uranbergbaus darstellt. Der globale Rohstoffhandel mit dem Energieträger Natururan findet im Wesentlichen auf der Verarbeitungsstufe des Yellow Cake statt.

Bei unsachgemäßer Vorgehensweise kann der Urantagebau eine Belastung für die Umwelt darstellen. Deshalb ist man heutzutage bemüht insbesondere die Rest-Laugen, die Zerfallsprodukte des Urans (vor allem Ra-226) enthalten, sinnvoll weiterzuverarbeiten. Im Fall des sauren Aufschlusses wird die Abfallflüssigkeit mit Kalk neutralisiert. Durch die Beigabe von Bariumchlorid kann das Radium als Radium–Bariumsulfat ausgefällt und in dieser unlöslichen Form ohne Gefahr für die Umwelt gelagert werden.

Wesentliche Elemente einer Renaturierung von Uranminen ist eine ausreichende Abdeckung mit Erde als Schutz vor Erosion und Auslaugung durch Regenwasser. Dadurch ist schließlich (in Abhängigkeit von den klimatischen Bedingungen am Standort der ehemaligen Mine) eine landwirtschaftliche Nutzung des Geländes möglich (Choppin et al. 2002).

16.1.5 Derzeitige Uranförderung

Im Gegensatz zu Erdöl und Erdgas wird Uran zu einem großen Teil in stabilen und politisch zuverlässigen Ländern gewonnen. Einen Überblick über die Uranförderung im Jahre 2011 nach Angaben der World Nuclear Association bietet Tab. 16.1.

16.1.6 Weitere Möglichkeiten der Urangewinnung

Neben den konventionellen, derzeit genutzten Uranvorkommen die im Wesentlichen auf Uranerzadern im Wirtsgestein basieren kann Uran auch aus anderen Quellen gewonnen werden (Clark et al. 2006; OECD 2006).

Tab. 16.1 Uranförderung im Jahre 2011

Land	Uranproduktion [t U/a]
Kasachstan	19451
Kanada	9145
Australien	5983
Niger	4351
Namibia	3258
Russland	2993
Usbekistan	3000
USA	1537
Sonstige	4892
Weltweit	54610

Der mittlere Urangehalt von Granit liegt bei 4.8 ppm, es gibt aber auch Vorkommen mit 15–100 ppm Uran. Der Chattanooga-Schiefer (benannt nach einer Stadt in Tennessee, USA) enthält Uran in einer Konzentration von 57 ppm in einer geschätzten Gesamtmenge von 4–5 Millionen Tonnen Uran.

In Phosphaten, die für die Nutzung als Düngemittel bergmännisch gewonnen werden, kommt Uran mit einem mittleren Gehalt von 10 ppm vor; die Gesamtressourcen werden auf bis zu 22 Millionen Tonnen Uran geschätzt. Beispielsweise in den USA wurde von 1975–1999 Uran als Nebenprodukt der Düngemittelindustrie gewonnen; die Gesamtmenge ist mit 17500 Tonnen aber vergleichsweise niedrig.

Großtechnisch wird die Wirtschaftlichkeitsschwelle dieser Verfahren aber erst bei Uran-Preisen zwischen 100 und 120 \$/kgU gesehen.

Das Meerwasser enthält Uran in einem mittleren Anteil von 3 ppb; das Potential dieser Ressource liegt bei 3000 Millionen Tonnen Uran. Trotz der im Vergleich zu festen Uranvorkommen um Größenordnungen geringeren Konzentration ist die Gewinnung von Uran aus Meerwasser eine ernstzunehmende Option, da im Vergleich zur Erzaufbereitung einige Verfahrensschritte wegfallen.

In Japan wurden erfolgreich Ionenaustauscher-Polymere getestet, die in Drahtkäfigen im Meer versenkt wurden und nach einem Jahr „geerntet" werden könnten. Der notwendige Durchfluss war dabei durch Meeresströmungen gewährleistet. Eine wirtschaftliche Urangewinnung mit diesem Verfahren ist ab einem Uran-Preis von ca. 300 \$/kgU möglich.

Im Rahmen der nuklearen Abrüstung nach dem Ende des kalten Krieges haben die USA und Russland vereinbart, 500 Tonnen hochangereichertes Uran (HEU) aus Waffenbeständen der zivilen Verwendung zuzuführen. Durch Vermischen mit Natur- oder abgereichertem Uran kann ein Missbrauch des Spaltstoffes für unfriedliche Zwecke verhindert werden. Unter Berücksichtigung der Tatsache, dass bei der Urananreicherung der Tail-Massenstrom einen signifikanten Teil des U-235 enthält (siehe Abschn. 16.2.2), entspricht diese HEU–Menge ca. 150 000 Tonnen Natururan.

16.1.7 Reichweite der Kernbrennstoffe

Der weltweite Uranverbrauch lag im Jahre 2008 bei 65 405 Tonnen Natururan. Dem stehen für Gewinnungskosten unter 130 $/tU nachgewiesene Reserven von 3.2 Millionen tU gegenüber. Hieraus ergibt sich eine statische Reichweite von ca. 49 Jahren.

Wie in Abb. 16.3 verdeutlicht wird, ist der Umfang der Reserven eines Rohstoffes nicht nur davon abhängig, wie viele Vorkommen entdeckt wurden, sondern auch, ob eine Gewinnung wirtschaftlich sinnvoll ist. Eine Steigerung der Weltmarktpreise bewirkt somit, dass vormals unwirtschaftliche Lagerstätten erschlossen werden können und die Reserven steigen.

In Abb. 16.4 ist die Entwicklung der Uranpreise dargestellt. Ab 1980 begann ein starker Preisverfall, der erst um die Jahrtausendwende gestoppt wurde. Deutlich erkennbar ist auch

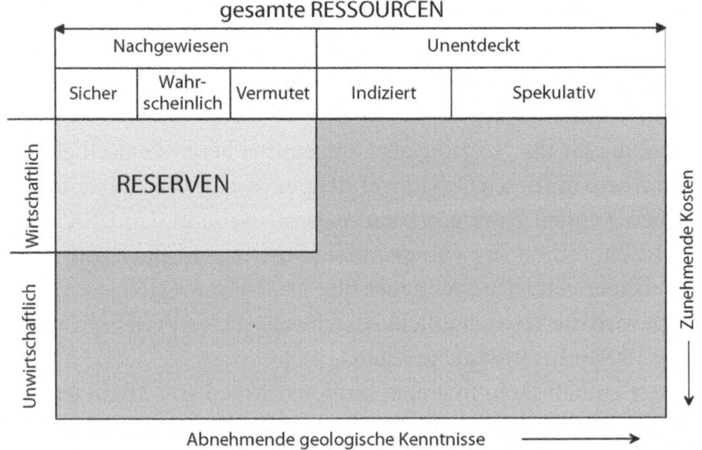

Abb. 16.3 Begriffsbestimmung Reserven und Ressourcen

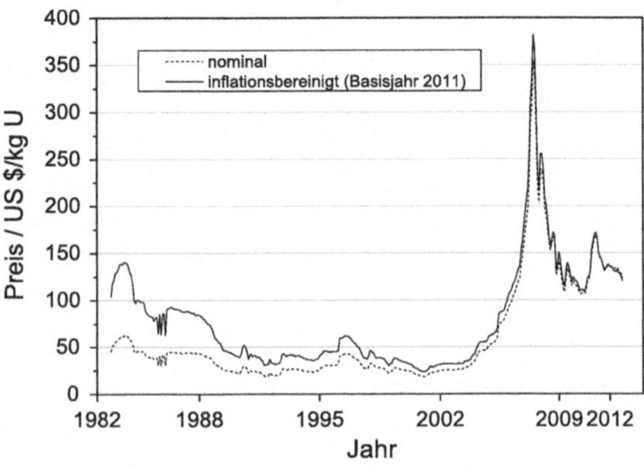

Abb. 16.4 Weltmarktpreise für Uran (indexmundi 2012; CPI 2012)

der starke Anstieg im Rahmen der Rohstoff-Spekulationsblase um 2008; mittlerweile haben sich die Preise wieder etwas stabilisiert.

Der Einfluss des Preises für Natururan auf die Kosten von Strom aus Kernkraftwerken ist allerdings nur von untergeordneter Bedeutung. Geht man davon aus, dass bei einer Anreicherung von 0.72 % auf 4.5 % U-235 ein Anteil von 62.5 % des spaltbaren Nuklids in den Product-Strom gelangt und ein Kernkraftwerk mit einem Wirkungsgrad von $\eta = 35\,\%$ einen Abbrand von 50 000 MWd/tU erreicht, so betragen die Urankosten 0.158 US-Cent pro Kilowattstunde. Hierbei wird ein Weltmarktpreis von 50 $/kgU angenommen.

Somit würde selbst eine Verzehnfachung der Uranpreise auf 500 $/kgU die Kernenergie im Vergleich zur Steinkohle nicht schlechter stellen.

Bei derartigen Preisen könnten auch alle in Abschn. 16.1.6 genannten unkonventionellen Uranvorkommen wirtschaftlich genutzt werden, was zu einer Vervielfachung der Reserven führen würde.

Somit kann die Rohstoffversorgung für die Kernenergie zu marktfähigen Preisen mindestens für mehrere Jahrhunderte für gesichert angesehen werden.

16.2 Vom Erz zum Kernbrennstoff

In seiner bergmännisch gewonnenen Form ist das Uran für den Einsatz in Kernkraftwerken noch ungeeignet. Es sind eine Reihe chemischer Reinigungsschritte erforderlich, für den Einsatz in Leichtwasserreaktoren vor allem aber eine Erhöhung des Anteils des thermisch spaltbaren Isotops U-235 (Anreicherung).

16.2.1 Weiterverarbeitung der Urankonzentrate

Für den Einsatz in der Kerntechnik ist das Uran im Yellow Cake noch nicht rein genug. Deshalb erfolgt als erster Schritt der Weiterverarbeitung ein Auflösen in Salpetersäure, gefolgt von einer Flüssigextraktion mit einem Tributylphosphat(TBP)-Kerosin-Gemisch.

Aus der nunmehr reinen, salpetersauren Uranylnitratlösung erhält man durch Verdampfen und weiteres Erhitzen sechswertiges Uranoxid UO_3. Dieses wird zunächst mit Wasserstoff zu UO_2 reduziert, durch anschließende Reaktion mit Fluorwasserstoff erhält man Urantetrafluorid UF_4, aus welchem man durch Fluoridierung das für die Urananreicherung benötigte Uranhexafluorid UF_6 herstellen kann.

Wenn das Uran in metallischer Form als Kernbrennstoff genutzt werden soll, wird das Urantetrafluorid in Anlehnung an die Thermit-Reaktion mit einem stark elektronegativen Metall reduziert; es kommen Magnesium und vor allen Calcium zur Anwendung. Da reines Uran mit fortschreitendem Abbrand stark schwillt und somit die Integrität der Hüllrohre gefährdet ist, wird der Brennstoff bei Leichtwasserreaktoren ausschließlich in Form von Urandioxid in den Reaktor eingebracht.

16.2.2 Aktuelle Verfahren zur Urananreicherung

Eine kritische Anordnung aus Uran und Leichtwasser ist bei dem natürlich vorkommenden U-235 Gehalt von 0.72 % nicht möglich. Bei Verwendung von Schwerwasser oder Graphit als Moderator ist ein Natururanreaktor zwar prinzipiell möglich, jedoch wird auch hier in der Praxis angereichertes Uran verwendet.

Der Massenunterschied zwischen den Nukliden U-238 und U-235 ist zu gering, um einen signifikanten Einfluss auf die Elektronenhülle zu haben (auf die leichte Verschiebung von Spektrallinien wird bei der Vorstellung der Laseranreicherungsverfahren eingegangen werden). Eine Isotopentrennung auf der Grundlage unterschiedlicher chemischer Reaktionsgleichgewichte wie beim Wasserstoff ist damit ausgeschlossen.

Für die im Folgenden vorgestellten Anreicherungsverfahren wird Uran in Form einer gasförmigen Verbindung benötigt. Hier ist das Uranhexafluorid besonders geeignet: Es sublimiert bei Normaldruck bei einer Temperatur von 56.2 °C; durch Druckabsenkung kann auch bei Raumtemperatur mit der gasförmigen Substanz gearbeitet werden. Da Fluor ein Reinelement ist und somit zu 100 % aus ^{19}F-Atomen besteht, ist gewährleistet, dass Massenunterschiede zwischen Uranhexafluoridmolekülen einzig dadurch zustande kommen, dass das zentrale Uranatom entweder die Massenzahl 235 oder 238 aufweist.

Grundsätzliches zur Isotopenanreicherung

In einer Anreicherungsanlage wird ein eingehender Massenstrom (Feed, Index F) in einen isotopisch abgereicherten (Tail, Index T) und einen angereicherten (Product, Index P) Teilmassenstrom aufgespalten.

Als Funktionen des molaren Anteils des gewünschten Isotopes in den einzelnen Massenströmen (x_i) lassen sich folgende Größen definieren:

Anreicherungsfaktor

$$\alpha = \frac{\frac{x_P}{1 - x_P}}{\frac{x_F}{1 - x_F}} \tag{16.5}$$

Abreicherungsfaktor

$$\beta = \frac{\frac{x_F}{1 - x_F}}{\frac{x_T}{1 - x_T}} \tag{16.6}$$

und durch Multiplikation der Trennfaktor einer einzelnen Trennstufe

$$\alpha \cdot \beta = \frac{x_P \cdot (1 - x_T)}{x_T \cdot (1 - x_P)} \tag{16.7}$$

Eine umfassende Größe zur Quantifizierung des Aufwandes für die Uran-Anreicherung ist die Trennleistung δU. Sie ist definiert durch

$$\delta U = \dot{m}_P \cdot V(x_P) + \dot{m}_T \cdot V(x_T) - \dot{m}_F \cdot V(x_F) \tag{16.8}$$

mit der Wertfunktion

$$V(x_j) = (2 \cdot x_j - 1) \cdot \ln\left(\frac{x_j}{1 - x_j}\right) \qquad j = P, N, T \tag{16.9}$$

Werden in Gl. 16.8 die Massenströme durch Massen ersetzt, so erhält man die Trennarbeit. Sie wird in kg *UTA* oder t *UTA* angegeben, im englischsprachigen Raum ist die Bezeichnung „Separative Work Unit" (1 *SWU* = 1 kg *UTA*) üblich.

Darüber hinaus gilt für die Bilanzierung der Anreicherung die Massenerhaltung sowohl für den gesamten Stoffstrom als auch für das anzureichernde Isotop und damit:

$$\dot{m}_F = \dot{m}_P + \dot{m}_T \tag{16.10}$$

und

$$\dot{m}_F \cdot x_F = \dot{m}_P \cdot x_P + \dot{m}_T \cdot x_T \tag{16.11}$$

Da der Trennfaktor in der Praxis nur unwesentlich größer als 1 ist, ist es erforderlich, viele Trennstufen hintereinander anzuordnen, um eine signifikante Anreicherung zu erzielen. Eine solche Konstruktion wird als Kaskade bezeichnet.

Für den Extremfall einer Kaskade mit einem gegen Null tendierenden Product-Strom gilt für die Anzahl N_P der benötigten Stufen im Anreicherungsteil der Anlage die Beziehung:

$$N_P \cdot \ln(\alpha \cdot \beta) = \ln\left(\frac{x_P \cdot (1 - x_F)}{x_F \cdot (1 - x_P)}\right) \tag{16.12}$$

Und analog gilt für die Stufen im Abreicherungsteil N_T:

$$N_T \cdot \ln(\alpha \cdot \beta) = \ln\left(\frac{x_F \cdot (1 - x_T)}{x_T \cdot (1 - x_F)}\right) \tag{16.13}$$

Aus naheliegenden Gründen sollte bei einer realen Anreicherungsanlage der Massenstrom des angereicherten Produktes größer als Null sein. Es wird in der Praxis eine sogenannte ideale Kaskade angestrebt, die sich dadurch auszeichnet, dass es zu keiner Vermischung von Massenströmen ungleicher Konzentration kommt.

Dies ist gleichbedeutend mit:

$$x'_{n-1} = x''_{n+1} \tag{16.14}$$

Das Schema einer solchen idealen Kaskade ist in Abb. 16.5 dargestellt.

Der Massenstrom in der Stufe i der idealen Kaskade beträgt für den Anreicherungsteil

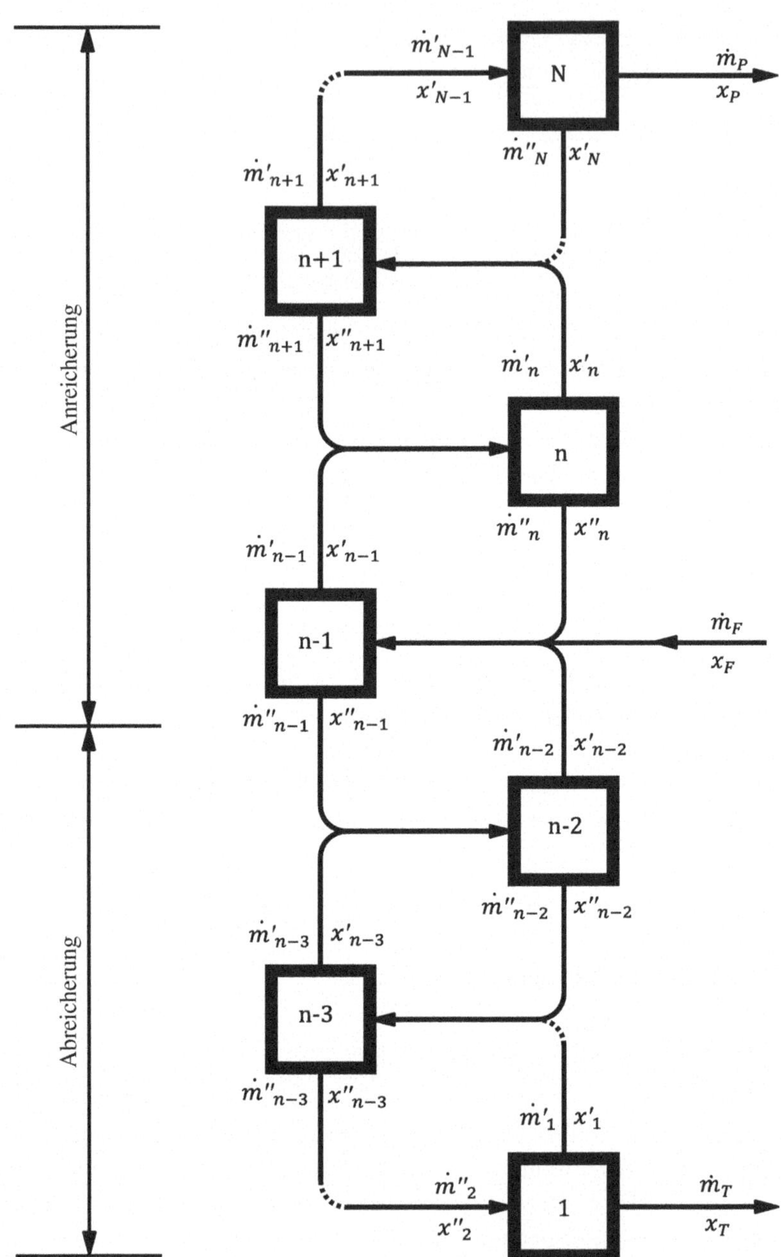

Abb. 16.5 Kaskade einer Anreicherung

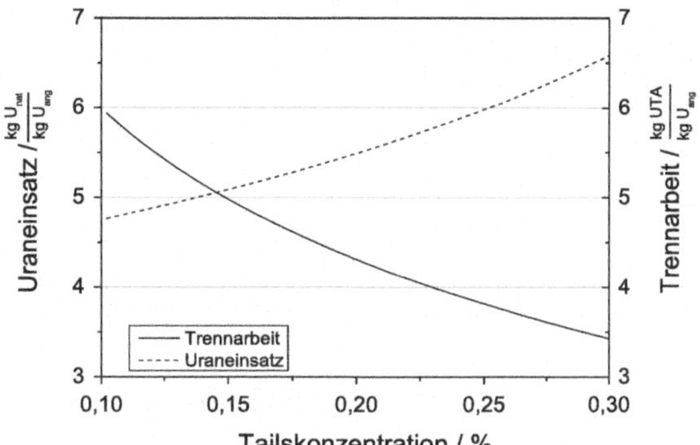

Abb. 16.6 Einfluss der Tails-Konzentration auf Trennarbeit und Uranbedarf

$$\dot{m}_i = 2 \cdot \dot{m}_P \cdot \frac{x_P - x_i}{(\alpha \cdot \beta - 1) \cdot x_i \cdot (1 - x_i)} \tag{16.15}$$

und analog für den Abreicherungsteil

$$\dot{m}_i = 2 \cdot \dot{m}_T \cdot \frac{x_i - x_T}{(\alpha \cdot \beta - 1) \cdot x_i \cdot (1 - x_i)} \tag{16.16}$$

Somit ist der Massenstrom innerhalb der Kaskade am Feed-Punkt am höchsten. Für den gesamten Prozess werden

$$N_{ideal} = 2 \cdot (N_P + N_T) - 1 \tag{16.17}$$

Stufen benötigt und damit etwa doppelt so viele wie in dem für 16.12 und 16.13 zu Grunde gelegten Extremfall.

Während die Konzentrationen im Feed durch das natürliche Isotopenverhältnis und im Product durch die Kundenanforderungen vorgegeben sind, ist beim Tail bei der Urananreicherung eine ökonomische Optimierung möglich. Eine stärkere Abreicherung führt zu einer höheren Trennarbeit, aber auch zu einem niedrigeren Uranbedarf. Die Position des Optimums ist dabei eine Funktion des Preises für Natururan, aber auch von weiteren Faktoren wie beispielsweise den Energiekosten. In der letzten Zeit ist man dazu übergegangen, die Tailkonzentration von 0.2 auf 0.3 % U-235 anzuheben.

Der Zusammenhang zwischen Tailkonzentration, Trennarbeit und Uranbedarf ist in Abb. 16.6 dargestellt.

Gasdiffusion

Die Urananreicherung nach dem Gasdiffusionsverfahren (Abb. 16.7) basiert auf der Tatsache, dass bei gegebener Temperatur die Geschwindigkeit von Gasmolekülen mit steigender Masse abnimmt. Dieser Effekt führt dazu, dass leichte Moleküle schneller durch eine poröse Membran diffundieren als schwerere.

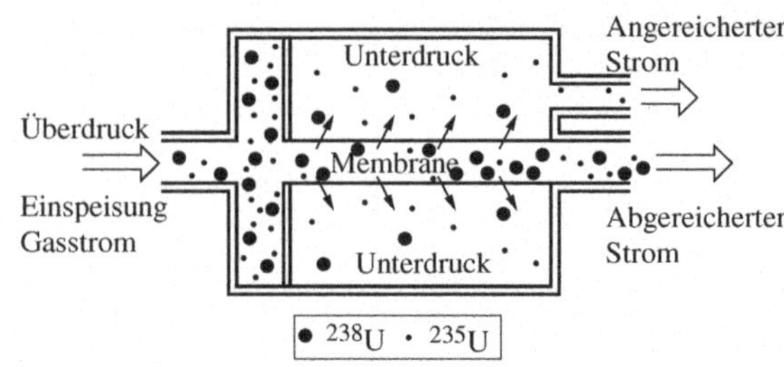

Abb. 16.7 Schema zur Urananreicherung mittels Gasdiffusion

Bei gleicher mittlerer kinetischer Energie der Moleküle (Index $HexU_i = U_iF_6$) gilt:

$$\frac{1}{2} \cdot M_{HexU\text{-}235} \cdot v^2_{HexU\text{-}235} = \frac{1}{2} \cdot M_{HexU\text{-}238} \cdot v^2_{HexU\text{-}238} \tag{16.18}$$

Im Idealfall entspricht der Trennfaktor dem Quotienten der Geschwindigkeiten und damit:

$$\alpha \cdot \beta = \frac{v_{HexU\text{-}235}}{v_{HexU\text{-}238}} = \sqrt{\frac{M_{HexU\text{-}238}}{M_{HexU\text{-}235}}} \approx 1.00429 \tag{16.19}$$

Praktisch hängt der Wert unter anderem von der freien Weglänge der Gasmoleküle, Porengeometrie und Druckdifferenz über die Membran statt; es werden großtechnisch Werte im Bereich von $\alpha \cdot \beta = 1{,}0035$ erreicht. Als Material für die Membran wird aufgrund der Korrosionsbeständigkeit gegenüber Uranhexafluorid beispielsweise Nickel oder Aluminiumoxid verwendet. Ein Quadratzentimeter Membranoberfläche enthält Millionen von Poren mit einem Durchmesser in einer Größenordnung von 10–100 nm.

Aufgrund des nur geringen Trennfaktors ist die Urananreicherung mit dem Gasdiffusionsverfahren mit hohem Aufwand verbunden. Für eine Anreicherung auf 4.5 % bei einer Tail–Konzentration von 0.3 % U-235 ist eine Kaskade mit über 1500 Stufen erforderlich. Da nach jeder Stufe das Uranhexafluorid erneut komprimiert werden muss, ist das Verfahren sehr energieintensiv; der Bedarf liegt bei 2 400 kWh pro kg *UTA*. Für die genannten Werte für An–und Abreicherung entspricht dies einer Menge von ca. 0.162 kg angereichertem Uran. Hieraus kann in einem Leichtwasserreaktor bei einem Endabbrand von 50 000 MWd/t Uran eine Energie von ca. 65 000 kWh_{el} gewonnen werden. Damit verbraucht diese Form der Anreicherung knapp 4 % der Energie, die später aus dem Brennstoff gewonnen werden kann.

Die Urananreicherung mittels Gasdiffusion wurde in den 40er-Jahren im Rahmen des Manhattan-Projektes erforscht. Da zunächst Herausforderungen wie die Wahl eines geeigneten Membranmaterials und die Entwicklung von UF_6-unempfindlichen Schmiermitteln und Dichtungen (für die sich Teflon als geeignetes Material herausstellte) bewältigt werden mussten, wurde die erste Anlage erst kurz vor Kriegsende fertiggestellt. Anschließend stellte die Gasdiffusion aber für mehrere Jahrzehnte die dominierende Anreicherungstechnologie für zivile und militärische Zwecke dar, bis sie ab den 80er-Jahren in steigendem Maße Marktanteile an die Gaszentrifuge verlor.

Gaszentrifugen

Für eine Urananreicherung mittels Zentrifugen wird ein Zylinder (Rotor) in eine so schnelle Drehung versetzt, dass eingebrachtes Uranhexafluorid in der Nähe der Rotorwand vorzugsweise das schwerere Isotop U-238 enthält. In modernen Anlagen (Gegenstromzentrifuge) bildet sich darüber hinaus durch ein axiales Temperaturgefälle eine Naturkonvektionsströmung aus, die den Trenneffekt noch verstärkt. Hierbei wird der innere Strom entlang seiner Bewegungsrichtung mit U-235 angereichert und der äußere Strom dementsprechend abgereichert. Anhand des in Abb. 16.8 dargestellten Schemas einer Gaszentrifuge lässt sich erkennen, dass damit am unteren Ende die höchste und am oberen Ende die niedrigste U-235 Konzentration vorliegt. Dementsprechend sind dort die Entnahmeröhrchen für die angereicherte bzw. abgereicherte Fraktion montiert.

Der Rotor dreht sich auf einem Nadellager in einem evakuierten Schutzgehäuse, dem Rezipenten. Durch eine Molekularpumpe am oberen Ende der Zentrifuge wird das Vakuum zwischen Rezipient und Rotor alleine durch die Drehbewegung aufrecht erhalten. Da sich aufgrund der extrem hohen Umdrehungszahl ein Großteil der Gasmasse in einer dünnen Schicht an der Rotorwand befindet, ist der Druck an der Durchführung der Entnahmeröhrchen so niedrig, dass auf eine Dichtung verzichtet werden kann. Damit enthält die Zentrifuge keine Verschleißteile, was eine lange Lebensdauer gewährleistet.

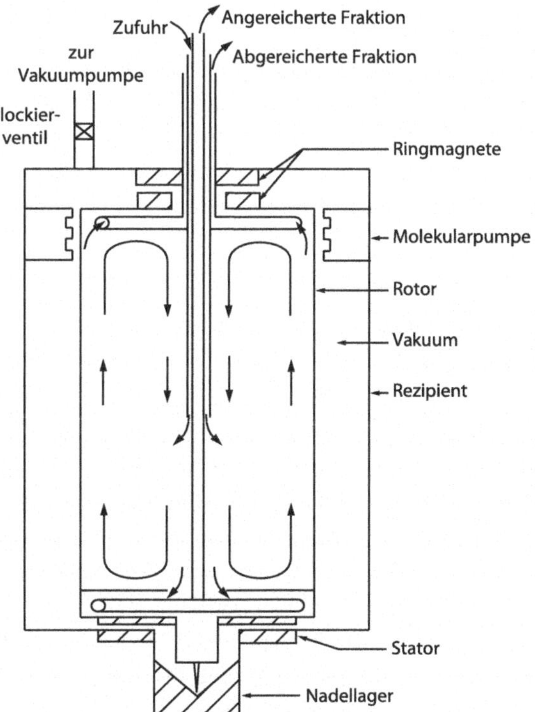

Abb. 16.8 Schema zur Urananreicherung mittels Gaszentrifuge nach (Choppin et al. 2002)

Am oberen Ende wird der Rotor kontaktlos durch Ringmagnete gelagert; der Stator des elektrischen Antriebsmotors befindet sich am Rezipientenboden. Dadurch, dass das Gas in Achsnähe eintritt, während die Öffnungen der Entnahmeröhrchen weiter außen liegen, kommt es zwischen Ein- und Austritt zu einem Druckaufbau, der den Einsatz zwischengeschalteter Pumpen beim Bau einer Zentrifugenkaskade überflüssig macht.

Der Trennfaktor einer Gaszentrifuge kann unter vereinfachenden Annahmen mit

$$\alpha \cdot \beta = \mathrm{e}^{\left(\frac{(M_{\text{U-238}} - M_{\text{U-235}}) \cdot \omega^2 \cdot r^2}{2 \cdot R \cdot T} \cdot \frac{L}{2 \cdot r} \cdot \sqrt{2}\right)} \tag{16.20}$$

mit

M	: molare Masse	[kg kmol^{-1}]
ω	: Winkelgeschwindigkeit	[s^{-1}]
r	: Rotorradius	[m]
R	: allgemeine Gaskonstante	[J kmol^{-1} K^{-1}]
T	: Temperatur	[K]
L	: Länge der Zentrifuge	[m]

berechnet werden.

Hierbei wird durch das Längen/Durchmesser Verhältnis der Einfluss der Konvektionsströmung bei einer Gegenstromzentrifuge berücksichtigt. Eine Steigerung des Trennfaktors ist zum Einen durch eine Erhöhung der Umfangsgeschwindigkeit und zum Anderen durch eine Verlängerung des Rotors möglich. Für die erstgenannte Maßnahme ergeben sich aufgrund der Materialfestigkeit Grenzen. Die Tangentialspannung im Rotor ist proportional zu:

$$\sigma_t = \rho \cdot \omega^2 \cdot r^2 = \rho \cdot v_u^2 \tag{16.21}$$

Daraus folgt:

$$v_{u,max} \sim \sqrt{\frac{\sigma_{max}}{\rho}} \tag{16.22}$$

Als Rotormaterial sind somit vor allem hochfeste, leichte Materialien geeignet. Während in der Vergangenheit noch Stahl oder auch Titan eingesetzt wurden, bestehen moderne Rotoren aus speziellen Faserverbundwerkstoffen.

Einer Verlängerung der Rotoren steht entgegen, dass lange rotierende Rohre ab einer gewissen Drehzahl („biegekritische Drehzahl") starke Eigenschwingungen entwickeln. Früher wurde dieses Problem dadurch vermieden, dass durch entsprechend kurze, unterkritische Rotoren die biegekritische Drehzahl oberhalb der Betriebsdrehzahl lag. Moderne Zentrifugen können durch eine Kombination von schwingungsdämpfenden Lagerungen, einem speziellen Rotorendesign und einer intelligenten Motorensteuerung durch den biegekritischen Drehzahlbereich hindurch hochgefahren werden. Derartige Rotoren werden als überkritisch bezeichnet und ermöglichen eine erhebliche Steigerung des Trennfaktors und der Trennleistung.

Für eine einzelne Gaszentrifuge werden Trennfaktoren von 1.4–3.9 und eine Trennleistung von 15 kg *UTA* pro Jahr angegeben. Allerdings ist aufgrund der strengen Geheimhaltung nicht bekannt, in wie weit Anlagen nach heutigem Stand der Technik eventuell wesentlich leistungsfähiger sind.

Der Energiebedarf von Gaszentrifugen liegt unter 50 kWh pro kg *UTA*, was gegenüber der Gasdiffusion eine Einsparung um den Faktor 50 bedeutet. Die Zentrifugentechnologie erfordert ein erhebliches Maß an technischem Spezialwissen, welches höchster Geheimhaltung unterliegt. Ist dieses Wissen jedoch vorhanden, so ist der Aufwand für den Bau von Gaszentrifugen geringer als der für eine Gasdiffusionsanlage.

Dementsprechend ist für alle neuen Urananreicherungsanlagen in großtechnischem Maßstab die Verwendung von Gaszentrifugen vorgesehen; bestehende Gasdiffusionsanlagen werden in Zukunft sukzessive außer Betrieb genommen werden.

Grundsätzlich besteht bei Gaszentrifugen – genauso wie bei jeder Anreicherungstechnik – die Gefahr eines Missbrauchs für die Produktion von kernwaffenfahigem Spaltstoff. Um *U*-235-Konzentrationen von über 80 % zu erreichen, ist jedoch eine umfangreiche Modifikation der bestehenden Kaskade erforderlich, die Fachleuten nicht verborgen bleiben kann. Dementsprechend entstehen Probleme nur dann, wenn ein Land seine Anreicherungsanlagen internationalen Beobachtern zu verbergen versucht.

Alternative Verfahren zur Urananreicherung

Neben der Gasdiffusion und der Gaszentrifuge gibt es noch weitere Verfahren zur Urananreicherung, die allerdings in den meisten Fällen nur noch von historischem Interesse sind.

- Elektromagnetische Trennung
  Das Prinzip der elektromagnetischen Anreicherung entspricht dem eines Massenspektrografen (siehe Abb. 16.9).
  Die Atome werden zunächst ionisiert und auf eine definierte Geschwindigkeit beschleunigt. In einem Magnetfeld werden sie anschließen durch die Lorentz-Kraft auf eine gekrümmte Bahn gezwungen. Dabei ist der Bahnradius von der Atommasse abhängig; unterschiedlich schwere Atome werden somit voneinander getrennt und können an separaten Punkten in der Apparatur aufgefangen werden. Theoretisch ist damit in nur einer Stufe eine hundertprozentige Trennung möglich, in der Praxis kommt es allerdings zu einer gegenseitigen Beeinflussung innerhalb des Ionenstrahls, was Vermischungseffekte zur Folge hat.
  Im Manhattan-Projekt wurde die elektromagnetische Trennung in Form von Calutrons (**Cali**fornia **U**niversity Cyclo**trons**) zur Herstellung von hochangereichertem *U*-235 eingesetzt. Das Verfahren war allerdings sehr kapital-, energie- und arbeitsintensiv. So wur-

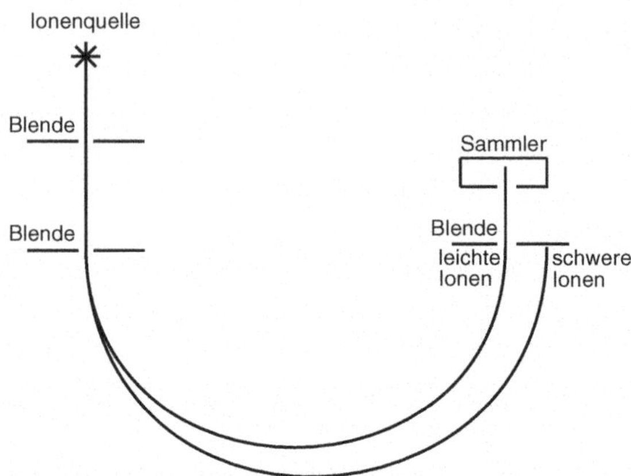

Abb. 16.9 Trennung von Ionenstrahlen unterschiedlicher Massenzahlen mittels elektromagnetischer Trennung

den beispielsweise die Spulen der Elektromagnete in Ermangelung des kriegswichtigen Metalls Kupfer aus den Silberreserven der US-Notenbank gewickelt.
Für die Urananreicherung spielt die elektromagnetische Trennung heute keine Rolle mehr, die noch bestehenden Anlagen werden für die Erzeugung isotopisch reiner Proben von verschiedenen stabilen Elementen für wissenschaftliche Zwecke eingesetzt.

- Trenndüsenverfahren
  Das Trenndüsenverfahren (siehe Abb. 16.10) kann als statische Zentrifuge aufgefasst werden. Eine Mischung aus Uranhexafluorid und einem Trägergas (Helium oder Wasserstoff) wird in einer schlitzartigen Düse beschleunigt und anschließend um 180 ° umgelenkt. Durch die Zentrifugalkräfte wird das Gas im inneren Bereich mit U-235 angereichert, während sich das U-238 tendenziell eher nach außen bewegt. Mit einem Schälblech können die beiden Fraktionen voneinander getrennt werden.
  Der Trennfaktor wird mit 1.01 angegeben; allerdings ist der Energieverbrauch noch höher als bei der Gasdiffusion. Außerdem kommt es zu einer signifikanten Erosion der Schälbleche. Das Trenndüsenverfahren wird somit derzeit nicht mehr großtechnisch zur Urananreicherung eingesetzt.
- Thermodiffusion
  Existiert in einem Fluid ein Temperaturgradient, so weisen leichtere Moleküle die Tendenz auf, zu Orten mit höherer Temperatur zu diffundieren. Dieser Effekt kann für die Urananreicherung genutzt werden. Hierzu wird eine koaxiale Anordnung von drei Rohren verwendet. Das innere Rohr wird mit Heißdampf durchströmt, der Spalt zwischen erstem und zweitem Rohr enthält flüssiges Uranhexafluorid und durch den äußeren Spalt strömt Kühlwasser. Durch die Temperaturdifferenz bildet sich eine Naturkonvektionsströmung im Uranhexafluorid aus, die angereichertes Material nach oben und abgereichertes Material nach unten befördert, wo es entnommen werden kann. Grundsätzlich kann durch eine entsprechende Kaskadierung eine Anreicherung bis von über 80 % erreicht werden. Allerdings würde eine solche Anordnung erst nach 600 Tagen

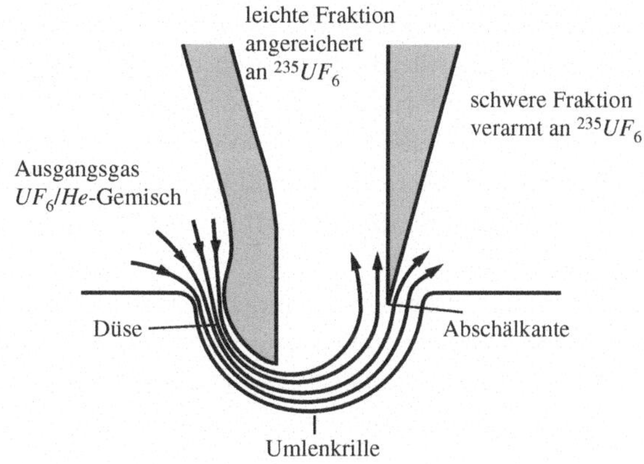

Abb. 16.10 Schema zur Urananreicherung mittels Trenndüse

den Gleichgewichtszustand erreichen. Deshalb wurde die Thermodiffusion im Rahmen des Manhattan-Projektes lediglich dafür eingesetzt, den U-235-Gehalt von Natururan auf ca. 0.9 % zu steigern, um den Aufwand für nachgelagerte Anreicherungsanlagen (im wesentlichen Calutrons) zu senken.

Der Energieaufwand für die Anreicherung mittels Thermodiffusion ist gewaltig. Nach Fertigstellung der K-25-Gasdiffusionsanlage in Oak Ridge im Jahre 1945 wurden die Thermodiffusionsrohre außer Betrieb genommen. Das Verfahren hat heute für die Urananreicherung keinerlei Bedeutung mehr.

- Laseranreicherung

  Zu Beginn von Abschn. 16.2.2 wurde betont, dass bei schwereren Nukliden die Unterschiede der Isotope keinen chemisch signifikanten Einfluss auf die Elektronenhüllen haben. Allerdings führt der unterschiedliche Kernaufbau zu einer Verschiebung der Spektrallinien im Pikometerbereich. Dies kann ausgenutzt werden um, durch isotopenselektive Anregungsprozesse eine chemische Trennung zu ermöglichen. Es wurden hierfür zwei Verfahren entwickelt:

  Bei dem ALVIS-Prozess (Atomic Vapor Laser Isotope Separation) wird metallisches Uran mittels eines Elektronenstrahls verdampft und das Gas strömt in einen evakuierten Behälter, wobei es sich abkühlt. In dieser Kammer wird es dann mit einem Kupferdampf- oder Farbstofflaser bestrahlt. Dabei ist die Laserfrequenz so gewählt, dass lediglich U-235-Atome ionisiert werden. Anschließend werden die Ionen durch ein elektrisches Feld aus dem Gasstrom entfernt.

  Das MLIS-Verfahren (Molecular Laser Isotope Separation) verwendet anstelle des elementaren Urans gasförmiges Uranehexafluorid. In einem ersten Schritt wird mit einem Infrarot-Laser $^{235}UF_6$ selektiv angeregt. Anschließend führt die Bestrahlung mit einem Laser anderer Frequenz zu einer Photodissoziation der angeregten Moleküle in Uranpentafluorid und Fluor. Das feste UF_5 kann dann durch Filtern aus dem Gas entfernt werden.

Der Energieaufwand für Laseranreicherungsverfahren ist mit 10–40 kWh pro kg *UTA* sehr gering. Allerdings führten die hohe Kapitalintensität und technische Probleme bei der Überführung vom Labormaßstab in die großtechnische Anwendung dazu, dass sowohl ALVIS als auch MLIS Verfahren zwischenzeitlich aufgegeben wurden.
Derzeit wird allerdings der SILEX-Prozess (Separation of Isotopes by Laser Excitation), der eine Modifikation des MLIS Verfahrens darstellt, für eine großindustrielle Anwendung evaluiert.
Da mit der Laseranreicherung bereits in kleinen Anlagen im Experimentalstadium signifikante Mengen von hochangereicherten U-235 gewonnen werden können, existiert die Befürchtung, dass diese Technologie für Proliferateure von Interesse sein könnte. Darum unterliegen alle technischen Details strenger Geheimhaltung.

16.2.3 Weiterverarbeitung zu Brennstoffpellets

Abbildung 16.11 zeigt schematisch die einzelnen Arbeitsgänge, die zur Herstellung eines Brennelementes notwendig sind:

Das angereicherte Uranhexafluorid wird als Feststoff in zylindrische Transportbehälter verpackt in der Brennelementfabrik angeliefert, aus denen es durch Erwärmen ausgetrieben werden kann. Anschließend lässt man es entweder mit Wasser und Ammoniak zu Ammoniumdiuranat oder durch zusätzliche Zugabe von Kohlendioxid zu Ammoniumuranylcarbonat reagieren. Beide Substanzen werden dann bei 800 °C mit Wasserstoff zu Urandioxid (UO_2) reduziert.

Das so gewonnene Urandioxid-Pulver wird zu einem Pellet gepresst. Dieser Grünling weist ca. 50 % der theoretischen Dichte auf. Er wird dann bei 1700 °C in einer Wasserstoffatmosphäre gesintert, bis er eine Restporosität von 5 % aufweist. Durch Schleifen wird das Pellet dann zum Schluss exakt auf den gewünschten Durchmesser gebracht.

16.3 Entsorgung radioaktiver Abfälle

Die beim Betrieb von Kernkraftwerken gebildeten Spalt- und Aktivierungsprodukte stellen aufgrund ihrer Radiotoxizität eine Gefahr für Mensch und Natur dar und dürfen daher auch langfristig nicht in die freie Umwelt gelangen. Die sich daraus ergebenden Herausforderungen und Lösungsansätze stellen zwar größtenteils keine reaktortechnischen Fragestellungen dar, da sie mit der Nutzung der Kerntechnik aber untrennbar verbunden sind, sollen sie zum Ende dieses Buches zumindest ansatzweise vorgestellt werden.

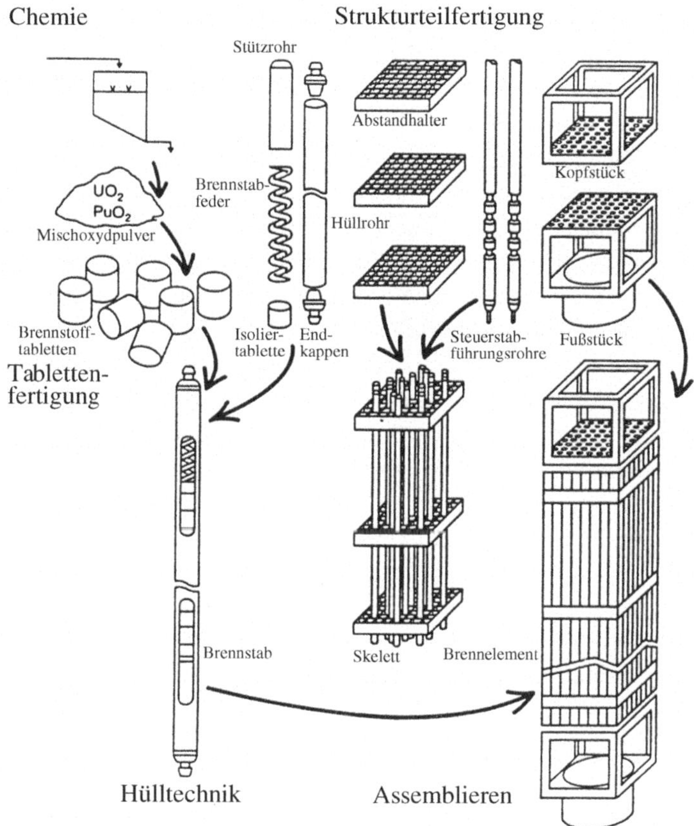

Abb. 16.11 Herstellung eines Brennelementes

16.3.1 Das aktuelle Entsorgungskonzept Deutschlands

Bei den in der Kernenergie anfallenden Abfallprodukten handelt es sich im Wesentlichen um folgende radioaktive Stoffe: Spalt- und Aktivierungsprodukte, Uran und Transurane.

Es gibt mehrere denkbare Alternativen im Umgang mit radioaktiven Abfällen am Ende des Brennstoffkreislaufes. Mit der Novellierung des Atomgesetzes (AtG) im Jahr 2002 soll die Nutzung der Kernenergie zur Erzeugung von Elektrizität in der Bundesrepublik Deutschland geordnet beendet werden. Weiter ist seit dem 1. Juli 2005 die Wiederaufarbeitung von Kernbrennstoffen nach §9a des AtG unzulässig. Somit müssen alle anfallenden radioaktiven Abfälle direkt endgelagert werden. Da jedoch noch kein Standort zur Endlagerung in Deutschland in Betrieb genommen werden konnte, sind die Betreiber der Kernkraftwerke dazu verpflichtet, radioaktive Abfälle bis zu deren Endlagerung in zentralen und dezentralen Zwischenlagern für einen Zeitraum von maximal 40 Jahren zu lagern. Für die

Errichtung eines Endlagers ist nach §9a Abs. 3 des AtG ausschließlich der Bund zuständig. Die Erkundung des Salzstockes in Gorleben als potentielle Endlagerstätte wurde im Jahr 2000 für die Dauer von zehn Jahren zur Klärung konzeptioneller und sicherheitsrelevanter Fragen unterbrochen und im November 2010 formal durch das Landesamt für Bergbau, Energie und Geologie wieder aufgenommen. Die Frage nach der Endlagerung ist weiterhin unbeantwortet. Fest steht jedoch, dass auch die wärmeentwickelnden radioaktiven Abfälle spätestens bis zum Jahr 2035 in tiefen geologischen Formationen endgelagert werden sollen. Für radioaktive Abfälle mit vernachlässigbarer Wärmeentwicklung steht bereits die Schachtanlage Konrad als Endlager zur Verfügung. Der Betrieb der Schachtanlage soll spätestens im Jahr 2019 aufgenommen werden.

Ein abgebranntes Brennelement besteht zu großen Teilen aus Spaltprodukten, dem eigentlichen Abfall. Weiterhin enthält es Reste von Spaltstoffen (Uran, Plutonium) und weiteren Transuranen, die als „minore Aktinide (MA)“ bezeichnet werden. Die Spaltstoffe sind nach einer Rückgewinnung wieder als frischer Brennstoff einsetzbar.

Wiederaufarbeitung bedeutet die Trennung des abgebrannten Brennstoffes durch komplexe Prozessschritte in Spaltprodukte, Uran und Transurane. Das zurzeit durch das AtG vorgeschriebene Verfahren zur Behandlung der radioaktiven Abfallstoffe, die direkte Endlagerung, birgt für lange Zeit das Gefahrenpotential durch die Radiotoxizität und mögliche Proliferation der Stoffe. Die von Radiotoxizität ausgehende Gefährdung besteht im Wesentlichen darin, dass radiotoxische Substanzen im Endlager nach einem unterstellten Versagen der technischen Barrieren nach ca. 1000 Jahren auf dem Wasserpfad in die Biosphäre austreten.

16.3.2 Wiederaufarbeitung von Kernbrennstoffen

Unter der Wiederaufarbeitung von Kernbrennstoffen wird ein technisches Verfahren verstanden, bei dem spaltbares Material abgebrannter Brennelemente von den sonstigen nicht wiederverwertbaren Bestandteilen getrennt wird. Es stellt damit einen wesentlichen Bestandteil des nuklearen Brennstoffkreislaufes dar. Die zivile Wiederaufarbeitung von Kernbrennstoffen dient dabei der Rückgewinnung von spaltbarem Material für neue Brennelemente, während die militärische Wiederaufarbeitung die Herstellung von waffenfähigem Plutonium bezweckt.

Entwickelt wurde die Wiederaufarbeitung 1941 in den USA jedoch ausschließlich für rein militärische Zwecke, um durch chemische Trennung Plutonium-239 für Kernwaffen zu erzeugen. Die zivile Verwendung des Verfahrens gewann erst einige Zeit später an Bedeutung und dient nicht nur dem wirtschaftlichen Ressourceneinsatz, sondern auch der Reduzierung der anfallenden Abfallmengen.

Technisches Verfahren

Die Zusammensetzung abgebrannter Brennelemente hängt wesentlich von der anfänglichen Anreicherung sowie der Abbrandzeit ab. Abgebrannte Brennelemente aus Leichtwasserreaktoren enthalten durchschnittlich etwa 95,6 % Uran (davon 98,5 % ^{238}U, 0,5–1,0 % ^{235}U sowie geringe Anteile an ^{232}U, ^{233}U, ^{234}U, ^{236}U und ^{237}U) und 0,9 % Plutonium. Durch die Wiederaufarbeitung können bis zu 30 % des natürlich vorkommenden Urans eingespart werden. Der rezyklierte Brennstoff kommt anschließend in den gängigen Leichtwasserreaktoren in Form von Mischoxid-Brennelementen oder in Brutreaktoren zum Einsatz. In der Praxis haben sich jedoch die Brutreaktoren nicht durchgesetzt, sodass die meisten kommerziellen Wiederaufarbeitungsanlagen Mischoxid-Brennelemente herstellen. Um dies zu erreichen, sind verschiedene Verfahrensschritte erforderlich. Das technische Verfahren der zivilen Wiederaufarbeitung kann grundsätzlich in sechs Stufen unterteilt werden:

1. Zerkleinerung der Brennelemente
2. Auflösung des Brennstoffes
3. Extraktion
4. Abgasbehandlung
5. Abfallbehandlung
6. Mischoxidbrennstoff-Herstellung

In Abb. 16.12 sind die ersten Stufen der Wiederaufarbeitung vereinfacht dargestellt. Zunächst müssen die zugeführten Brennelemente zerkleinert werden, um insbesondere das Hüllmaterial aus Zircaloy und Edelstahl vom Brennstoff zu trennen.

Anschließend wird der Brennstoff in heißer Salpetersäure (HNO_3) ausgelaugt. Uran, Plutonium und die Spaltprodukte gehen dabei in Lösung, während die Hülsen und das Strukturmaterial als ungelöste Feststoffe zurückbleiben. Verschiedene Filter und Zentrifugen sondern weitere unlösliche Rückstände (Feedklärschlämme) aus, die ebenfalls als radioaktiver Festabfall behandelt werden.

Der anschließende Extraktionsvorgang ist die bedeutendste Verfahrensstufe der Wiederaufarbeitung. Hier werden die gelösten Stoffe Uran, Plutonium und die Spalt- und Aktivierungsprodukte voneinander getrennt.

In der Praxis hat sich das sogenannte PUREX-Verfahren (Plutonium-Uranium Recovery by Extraction) durchgesetzt.

Tri-n-butyl-phosphat (TBP) wird dabei als Extraktionsmittel, mit einem inerten Lösungsmittel (meist Kerosin) verdünnt, verwendet. Ein üblicher Anteil von TBP in diesem Gemisch beträgt 30 %. Die Extraktion beruht darauf, dass sich jeweils zwei oder drei TBP-Moleküle über die Phosphorylgruppe an das zentrale Metallatom binden.

Die Bildung dieser Komplexverbindung erfolgt selektiv bei (IV)- und ggf. (VI)-wertigen Uran- und Plutonium-Ionen. Nach Durchmischung der wässrigen Phase mit der organischen Phase in Mischabsetzern oder Pulskolonnen werden die Nitrate des Urans und Plutoniums in der organischen Phase von den Nitraten der Spaltprodukte in der wässrigen

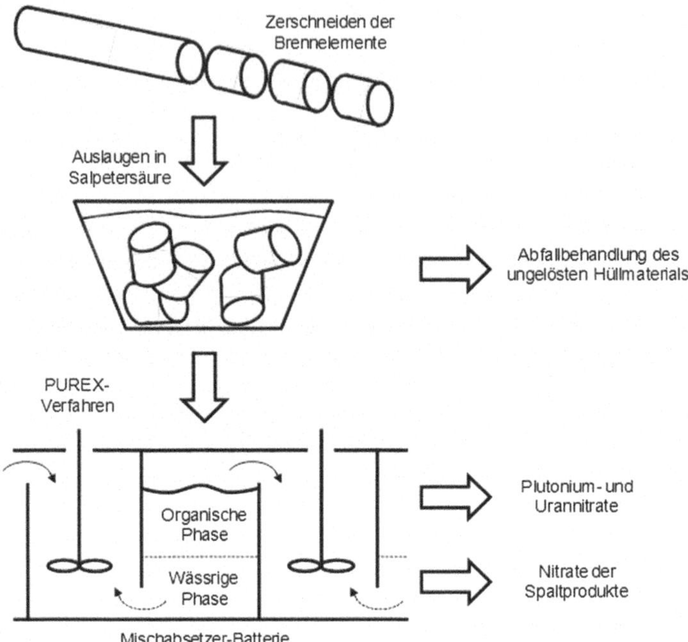

Abb. 16.12 Erste Stufen zur Wiederaufarbeitung abgebrannter Brennelemente

Phase herausgelöst (vgl. Abb. 16.12). Die Spaltprodukte enthaltende Lösung wird anschließend aus dem Prozess entfernt und nach geeigneter Konditionierung bis zur Verglasung gelagert.

Durch Zugabe eines Reduktionsmittels (U(IV)-Nitrat oder Fe(II)-Sulfamat) wird das Plutonium zu Pu^{3+} reduziert und geht dann in die wässrige Phase über. Nach der Abtrennung des Plutoniums wird auch das Uran aus der organischen Phase zurückgewonnen.

Die Lösungsmittelextraktion hat sich gegenüber anderen Trennverfahren durchsetzen können, da sie:

- eine ferngesteuerte und kontinuierliche Betriebsweise erlaubt,
- bei mehrfacher Durchführung der Extraktionszyklen eine hohe Ausbeute des zu gewinnenden Kernbrennstoffes ermöglicht
- und ferner eine hohe Selektivität bei der Trennung entsprechend der geforderten Reinheitsanforderungen gewährleistet.

Bei der Wiederaufarbeitung entstehen Aerosole, die radioaktive Spaltprodukte und Aktinidenelemente enthalten. Daneben enthalten die anfallenden Abgase auch Wasserdampf und Stickoxide. Deshalb erfolgt in der vierten Stufe des Verfahrens die Abgasbehandlung durch diverse Rückhalteeinrichtungen. Dafür kommen Filter- und Waschsysteme zum Einsatz, die teilweise denen der konventionellen chemischen Industrie ähneln, wie zum Beispiel Schwebstofffilter, Waschkolonnen und Gastrockungsanlagen.

Ein weiterer wesentlicher Bestandteil der Abfallbehandlung ist die Verarbeitung der Spaltproduktnitrate aus der wässrigen Lösung, die durch das PUREX-Verfahren entstehen. Diese hochradioaktiven Abfälle werden zunächst in Edelstahltanks zwischengelagert. Für die Endlagerung ist jedoch die Flüssiglagerung nicht geeignet, sodass die Lösung nach einem längeren Zeitraum getrocknet und verfestigt wird. Nur dadurch wird die für die Endlagerung erforderliche chemische, mechanische und thermische Stabilität gewährleistet.

Gegenüber anderen Verfahren zur Abfallbehandlung hat sich weltweit die Verglasung dieser Abfälle durchgesetzt. Hierbei werden die Spaltproduktnitratlösungen getrocknet, kalziniert, mit Glaspulver vermischt und schließlich zu HAW-Glaskokillen geschmolzen. Die sonstigen radioaktiven Abfälle, die bei der Wiederaufarbeitung anfallen, wie zum Beispiel das Brennstoffhüllmaterial und die Feedklärschlämme, werden überwiegend zementiert.

In der letzten Verfahrensstufe werden schließlich die Mischoxid-Brennelemente hergestellt.

Wiederaufarbeitungsanlagen

Weltweit befinden sich über 10 größere Wiederaufarbeitungsanlagen in Betrieb, die insgesamt etwa 4 000–5 000 t Schwermetall pro Jahr verarbeiten können und bis jetzt etwa 90 000 t abgebrannte Brennelemente aus kommerziellen Kernreaktoren rezykliert haben. Die erste kommerzielle Anlage wurde in West Valley, USA errichtet und war auf einen Brennstoffdurchsatz von lediglich 40 kg/d ausgelegt.

Moderne Anlagen weisen einen Durchsatz von mehr als 5 t/d auf.

In Europa werden die Anlagen Sellafield in Großbritannien und La Hague in Frankreich betrieben. In Sellafield wurde 1951 mit der Wiederaufarbeitung begonnen. Die Anlage hat eine Wiederaufarbeitungskapazität von etwa 7 t/d. Die Wiederaufarbeitungsanlage in La Hague hat ihren Betrieb 1966 aufgenommen und seitdem etwa 25 000 t abgebrannte Brennelemente wiederaufarbeitet. Aufgrund des militärischen Interesses, das mit vielen Anlagen verbunden ist, sind die veröffentlichten Angaben meist jedoch unvollständig bzw. nur Schätzwerte. Tabelle 16.2 zeigt dennoch einen Überblick über einige stillgelegte sowie noch in Betrieb befindliche Anlagen gemäß der Angaben der EUROPEAN NUCLEAR SOCIETY.

16.3.3 Partitionierung und Transmutation

Die erforderlichen langen Endlagerzeiten für wärmeentwickelnde Abfälle aus dem Betrieb von Kernkraftwerken sind hauptsächlich durch die Transurane bedingt. Zur quantitativen Beschreibung ist es sinnvoll, verschiedene Nuklide nicht an Hand ihrer Aktivität (A), sondern ihrer Radiotoxizität (R) zu vergleichen. Sie ist ein Maß für die Gesundheitsschäd-

Tab. 16.2 Liste einiger Wiederaufarbeitungsanlagen gemäß der EUROPEAN NUCLEAR SOCIETY

Land	Standort	Kapazität in t/a	Inbetriebnahme bzw. Betriebszeitraum
Belgien	Mol	80	1966–1974
Deutschland	Karlsruhe	35	1971–1990
Frankreich	Marcoule, UP 1	1200	1958–1997
Frankreich	La Hague, UP 2	800	1966–1987
Frankreich	La Hague, UP 2-400	400	1976–2003
Frankreich	La Hague, UP 2-800	800/1000	1994
Frankreich	La Hague, UP 3	800	1990
Großbritannien	Windscale	300/750	1951–1964
Großbritannien	Sellafield, B205	1500	1964
Großbritannien	Dounreay	8	1980–1998
Großbritannien	Sellafield, THORP	1200	1997
Indien	Trombay	60	1965
Indien	Tarapur	100	1982
Indien	Kalpakkam	100	1998
Japan	Tokaimura	210	1977
Japan	Rokkashomura	800	2010
Russland	Tscheljabinsk	400	1978
Russland	Krasnojarsk	1500	
USA	West Valley	300	1966–1972

lichkeit und ist definiert als:

$$R = A \cdot D \tag{16.23}$$

Hierbei ist D die aktivitätsspezifische Dosis, die von folgenden Faktoren abhängig ist:

- Strahlenart (α, β, γ)
- Energie der Strahlung
- Resorption im Organismus
- Verweildauer im Organismus

Die entsprechenden Werte können Tabellenwerken, z. B. der IAEA entnommen werden.

In Abb. 16.13 ist der Verlauf der Radiotoxizität von abgebranntem Kernbrennstoff sowie eine Differenzierung zwischen den Anteilen der Spaltprodukte und der Aktiniden dargestellt. Die Daten wurden aus einer Serpent Rechnung für einen DWR mit einem Abbrand von 45000 MWd/t SM gewonnen; die Radiotoxizität ist auf einen Brennstab bezogen. Um eine sinnvolle Einordnung der Zahlenwerte zu ermöglichen, ist zum Vergleich zusätzlich der Verlauf der Radiotoxizität des ursprünglich eingesetzten Kernbrennstoffes aufgeführt, der gewissermaßen das Vergleichsniveau einer „ungestörten Natur“ darstellt. Wie eingangs

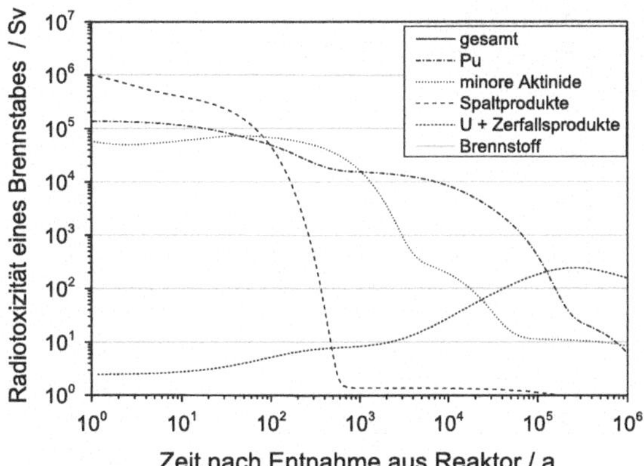

Abb. 16.13 Zeitlicher Verlauf der Radiotoxizitäten ausgewählter Elemente

angesprochen ergibt sich die Langzeitproblematik dieser Abfälle zum allergrößten Teil durch das Plutoniums beziehungsweise seine Zerfallsprodukte und an zweiter Stelle durch die minoren Aktiniden.

Somit kann bereits durch eine Abtrennung des Plutoniums mit anschließendem Verbrauch in Reaktoren wie es mit der Wiederaufbereitung möglich ist die erforderliche Einlagerungsdauer der Abfälle deutlich reduziert werden. Einschränkend muss hier aber bemerkt werden, dass bei der Verwendung von Plutonium als Spaltstoff und insbesondere bei dessen wiederholter Rezyklierung gegenüber reinem Uranbrennstoff in erhöhtem Maße minore Aktinide (Am, Cm, Np) gebildet werden, sodass eine reine Subtraktion der Plutoniumradiotoxizität für das Wiederaufbereitungsszenario nicht zulässig ist.

Um noch kürzere Einschlusszeiten realisieren zu können, ist es erforderlich, die minoren Aktinide in Nuklide mit kürzeren Halbwertszeiten umzuwandeln. Eine denkbare Lösung hierfür ist die Partitionierung und Transmutation (P & T).

Partitionierung

Partitionierung ist die Auftrennung von Uran, Spaltprodukten, Plutonium und minoren Aktiniden in separate Stoffströme und ist Voraussetzung für eine nachgelagerte, selektive Vernichtung.

Hierbei wird zwischen zwei unterschiedlichen Verfahren, dem hydrocheminen („nassen“) und pyrochemichen („trockenen“) Prozess unterschieden. Das PUREX-Verfahren ist bereits zur Trennung von Uran, Plutonium und Spaltprodukten im Rahmen der heutigen Wiederaufbereitung etabliert. Derzeit wird erforscht, wie er für die Abtrennung der minoren Aktiniden modifiziert und erweitert werden kann.

Bei den pyrochmischen Verfahren werden die abgebrannten Brennstoffe in Salzschmelze aufbereitet. Dabei werden die Elemente durch elektrochemische Raffination oder durch Aufteilung in nicht mischbare geschmolzene Salz-Metall Phasen abgeschieden.

Tab. 16.3 α-Werte verschiedener Nuklide (Waltar et al. 2011)

Nuklid	$\alpha(thermischerReaktor)$ $\alpha(thermischerReaktor)$	$\alpha(schnellerReaktor)$ $\alpha(schnellerReaktor)$
U-235	0.22	0.29
U-238	8.3	7.5
Np-237	63	5.3
Np-238	0.1	0.05
Pu-238	12	0.53
Pu-239	0.58	0.3
Pu-240	396.6	1.6
Pu-241	0.4	0.19
Pu-242	65.5	1.8
Am-241	100	7.4
Am-242	1.9	0.19
Am-242m	0.23	0.18
Am-243	111	8.6
Cm-242	3.9	1.7
Cm-243	0.16	0.14
Cm-244	16	1.4
Cm-245	0.15	0.18

Transmutation von Aktiniden

Für die Vernichtung von Aktiniden sind Spaltreaktionen erforderlich, da Einfangreaktionen die Umwandlungskette hin zu stabilen Nukliden nicht wesentlich verkürzen. Die Wahrscheinlichkeit, dass ein Neutroneneinfang zu einer Spaltung führt, wird durch das Verhältnis der Wirkungsquerschnitte für Spaltung und Absorption insgesamt ausgedrückt und mit α bezeichnet. Jeweils für ein Neutronenspektrum eines thermischen und eines schnellen Reaktors gemittelte α-Werte sind in Tab. 16.3 aufgeführt.

$$\alpha = \frac{\sigma_f}{\sigma_A} \tag{16.24}$$

Viele Aktiniden lassen sich faktisch nicht durch thermische Neutronen spalten, sondern werden höchstens in Folge von Einfang- und Zerfallsreaktionen in spaltbare Nuklide umgewandelt – selbst für diese nimmt für thermische Neutronen aber nur Werte von deutlich unter 1 an. In einem thermischen Reaktor erfolgt die Transmutation damit in vielen Zyklen über Generationen von Neutronenreaktionen und Zerfällen und ist damit technisch nur schwer realisierbar. Wenn die Einfangreaktionen gegenüber den Spaltungen stark dominieren, ist die Transmutation außerdem ein Nettoverbraucher von Neutronen, die durch Spaltung von anderem Kernbrennstoff im Reaktor bereitgestellt werden müssen. Wenn dieser – wie in heutigen LWR üblich, zu großen Teilen U-238 enthält, wird durch Resonanzabsorption neues Pu-239 gebildet, aus dem dann erneut minore Aktinide als Aufbauprodukte hervorgehen, so insgesamt eine Nettovernichtung nur noch schwer zu erreichen ist.

Daher konzentrieren sich die Bemühungen für die Transmutation von Aktiniden auf schnelle Systeme. Hierbei wird zwischen kritischen und unterkritischen, beschleunigergetriebenen (ADS – Accelerator Driven Systems) Konzepten unterschieden.

Schnelle kritische Reaktorsysteme

Die Entwicklung von schnellen kritischen Reaktorsystemen für die Transmutation befasst sich insbesondere mit „Fast Burner“-Reaktoren. Dabei stützt man sich auf die Erfahrungen, die insbesondere mit schnellen natriumgekühlten Brütern gewonnen wurden. Im Gegensatz zu diesen werden die Fast Burner aber im Hinblick auf einen möglichst hohen Spaltumsatz von minoren Aktiniden optimiert. Herausforderungen ergeben sich insbesondere beim Sicherheitsverhalten, da der Anteil verzögerter Neutronen bei der Spaltung von minoren Aktiniden sehr gering ist. Außerdem weisen im Hinblick auf die Aktinidenvernichtung optimierte Brennstoffe einen unzulässigen, positiven Brennstofftemperaturkoeffizienten der Reaktivität auf, sodass hier Kompromisse geschlossen werden müssen.

Eine mögliche Lösung dieses Problems stellen beschleunigergetriebenen, unterkritische System dar.

Beschleunigergetriebene, unterkritische Systeme

Unterkritische Systeme vermögen von selbst keine Kettenreaktion aufrecht zu erhalten. Sie wirken jedoch als Verstärker auf eine vorhandene Neutronenquelle, und zwar um so mehr, wie sich ihr Multiplikationsfaktor k dem Wert 1 annähert. Die unterkritische Verstärkung V kann über Gl. 16.25 bestimmt werden.

$$V = \frac{1}{k_{eff} - 1} \tag{16.25}$$

Damit weisen sie im Bezug auf die Neutronik gegenüber kritischen Systemen deutlich vorteilhaftere Sicherheitseigenschaften auf, da eine Reaktivitätszufuhr (zumindest, solange $k_{eff} < 1$ bleibt) keine exponentiellen Leistungsexkursion, sondern nur einen Anstieg auf ein neues Leistungsniveau verursacht. Die bei schnellen kritischen Systemen thematisierte Problematik der Verwendung von hohen Konzentrationen minorer Aktinide kann damit wesentlich besser beherrscht werden.

Als Neutronenquelle dient typischerweise die Spallation schwerer Kerne (z. B. Blei) mittels hochenergetischer Protonen, die von einem Linear- oder Kreisbeschleuniger auf eine Energie in einer Größenordnung von 1 GeV gebracht werden.

Als Prototyp für eine ADS-Anlage ist in Belgien das MYRRA Experiment geplant. Hierbei werden Protonen mit einer Energie von 350 MeV und einer Stromstärke von 5 mA auf ein Blei-Bismut-Target treffen. Um dieses herum sind 59 hexagonale Brennelemente angeordnet, von denen 6 einen minore-Aktiniden Brennstoff und 53 herkömmliches MOX mit einem Plutoniumgehalt von 30 % enthalten .

Transmutation von Spaltprodukten

Im Gegensatz zu den Aktiniden erfolgt die Umwandlung langlebiger Spaltprodukte in kurzlebige oder stabile Nuklide ausschließlich durch Neutroneneinfangreaktionen. Angedacht ist diese Behandlung beispielsweise für Cs-135 und I-129, hierfür sind grundsätzlich alle Reaktorkonzepte geeignet.

16.3.4 Zwischenlagerung

Die Zwischenlagerung radioaktiver Abfälle ist aus zwei verschiedenen Gründen erforderlich. Zum einen muss insbesondere die Nachzerfallswärme abgebrannter Brennelemente über mehrere Jahrzehnte soweit abklingen, bis dass diese sicher auf unbestimmte Zeit eingelagert werden können. Zum anderen wird in Deutschland kein Endlager für wärmeentwickelnde Abfälle vor dem Jahr 2035 zur Verfügung stehen. Sowohl die Transport- und Lagerbehälter als auch die Lagergebäude selbst müssen die sichere Verwahrung auch gegen äußere Einwirkungen wie Erdbeben, Druckwellen, Überflutungen oder gezielte Flugzeugabstürze für einen Zeitraum von 40 Jahren gewährleisten.

In diesem Unterkapitel sollen zunächst die radioaktiven Abfälle klassifiziert werden. Anschließend wird das Behälterkonzept zum Transport und Lagern wärmeentwickelnder Abfälle sowie die zentrale und dezentrale Zwischenlagerung der Transport- und Lagerbehälter näher erläutert.

Radioaktive Abfälle

Radioaktiver Abfall entsteht u. a. durch die Versorgung, den Betrieb, die Stilllegung und den Rückbau von Kernkraftwerken, bei Forschungsvorhaben, bei medizinischen Behandlungen, im militärischen Bereich sowie durch die Wiederaufarbeitung abgebrannter Brennelemente.

In Anlehnung an die Klassifizierung radioaktiver Abfälle der International Atomic Energy Agency (IAEA) von 1994 hat die Europäische Kommission 1999 ein Klassifizierungssystem für feste radioaktive Abfälle veröffentlicht, um die Kommunikation und den

Informationsaustausch innerhalb der Europäischen Union zu vereinfachen. Darin wird die folgende Klassifizierung vorgeschlagen:

1. Radioaktive Abfälle in der Übergangsphase
   Hierbei handelt es sich vorwiegend um Abfälle aus der Medizin, die während der Zwischenlagerung von maximal fünf Jahren soweit abklingen, dass sie der regulären Abfallentsorgung ohne jegliche atomrechtliche Aufsicht zugeführt werden können (Freigaberegelung nach der Richtlinie 96/29/Euratom). Sowohl die IAEA als auch die Europäische Kommission geben dafür eine maximale effektive Strahlendosis für Einzelpersonen der Bevölkerung von 0.01 mSv/a an.
2. Schwach- und mittelaktive Abfälle (LILW oder LAW/MAW)
   Schwach- und mittelaktive Abfälle weisen eine so geringe Radionuklidkonzentration auf, dass die Wärmeentwicklung bei der Lagerung unkritisch verläuft. Es werden weiter kurzlebige Abfälle (LILW-SL) und langlebige Abfälle (LILW-LL) unterschieden.
3. Hochaktive Abfälle (HLW oder HAW)
   Darunter werden Abfälle verstanden, die aufgrund von hoher Radionuklidkonzentration während der Zwischen- und Endlagerung Wärme entwickeln.

Sowohl für schwach- und mittelaktive als auch für hochaktive Abfälle sollen nach dem Vorschlag der Europäischen Kommission standortspezifische Werte für die zulässige Wärmeentwicklung festgelegt werden. Die IAEA hingegen gibt für schwach- und mittelaktive Abfälle eine maximale Wärmeentwicklung von 2 kW/m^3 an.

In Deutschland werden lediglich Abfälle mit vernachlässigbarer Wärmeentwicklung und wärmeentwickelnde Abfälle unterschieden (siehe Abb. 16.14), da die Dosisleistung auf die Lagerfähigkeit von radioaktivem Abfall keinen wesentlichen Einfluss hat.

Diese Unterteilung wurde aufgrund der Endlagerfähigkeit von radioaktiven Abfällen vorgenommen und bezieht sich insbesondere auf die Planungsarbeiten für das Endlagerprojekt Konrad. Dort soll sich das umgebende Wirtsgestein durch die Nachzerfallswärme im Mittel nicht mehr als drei Grad Celsius erhitzen.

Im Folgenden sollen diese beiden Klassen weiter betrachtet und anschließend das Behälterkonzept zur sicheren Aufbewahrung von hochradioaktivem Inventar vorgestellt werden.

Abfälle mit vernachlässigbarer Wärmeentwicklung

Zu den Abfällen mit vernachlässigbarer Wärmeentwicklung zählen ausgediente Anlagenteile und defekte Komponenten wie Pumpen, Rohrleitungen, Filter, kontaminierte Werkzeuge, Schutzkleidung, Chemieabwässer, Lösungsmittel und Schlämme. Über 90 Volumenprozent der radioaktiven Abfälle in Deutschland ist der Klasse der Abfälle mit vernachlässigbarer Wärmeentwicklung zuzuordnen. Bis einschließlich 2008 sind insgesamt 121447 m^3 solcher Abfälle in Deutschland angefallen. Davon sind 93929 m^3 konditionierte

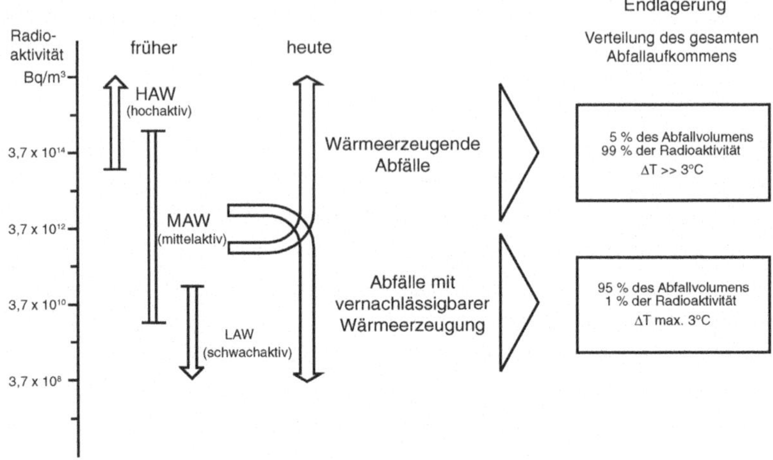

Abb. 16.14 Klassifizierung radioaktiver Abfälle in Deutschland

Abfälle, die bereits in Zwischenlagern, Forschungseinrichtungen und an den zwölf Landessammelstellen bis zur Endlagerung zwischengelagert sind. Das Bundesamt für Strahlenschutz (BfS) prognostiziert, dass bis zum Jahr 2040 etwa 277000 m^3 radioaktive Abfälle mit vernachlässigbarer Wärmeentwicklung zu erwartet sind, die zukünftig im Endlager Konrad endgelagert werden sollen. Nach dem Jahr 2040 werden nur noch geringe Abfallmengen erwartet.

Bis 1978 wurden in die Schachtanlage Asse in Niedersachsen und bis 1998 in das Endlager für radioaktive Abfälle Morsleben (ERAM) in Sachsen-Anhalt (damals noch als schwach- und mittelradioaktiv bezeichnete) Abfälle eingelagert. Seit 2007 ist das Endlager Konrad von oberster Instanz bestätigt und sollte 2013 in Betrieb genommen werden; aufgrund von Verzögerungen ist aber derzeit eine Inbetriebnahme in 2019 abzusehen. Dort können dann insgesamt 303000 m^3 radioaktive Abfälle mit vernachlässigbarer Wärmeentwicklung endgelagert werden.

Wärmeentwickelnde Abfälle

Zu den wärmeentwickelnden Abfällen zählen insbesondere abgebrannte Brennelemente aus dem Betrieb der Kernkraftwerke und Abfälle aus den Wiederaufarbeitungsanlagen in Frankreich und im Vereinigten Königreich (beispielsweise Spaltproduktkonzentrat, Hülsen- und Strukturteile, Feedklärschlämme). Bis zum Jahr 2040 wird erwartet, dass insgesamt ca. 29000 m^3 wärmeentwickelnde Abfälle anfallen. Der Großteil davon (etwa 22700 m^3 bzw. 17200 t) sind abgebrannte Brennelemente. Zwar machen diese wärmeentwickelnde Abfälle damit lediglich etwa 10 Volumenprozent aller radioaktiven Abfälle in Deutschland aus, jedoch enthalten sie mehr als 99 % der gesamten Radioaktivität. Damit wird dieser Art von Abfällen besondere Bedeutung bezüglich der Zwischen- und Endlagerung zugesprochen. Aus diesem Grund soll im Folgenden die Zwischenlagerung von wärmeentwickelnden Abfällen weiter betrachtet werden.

Das Behälterkonzept

Das Gesetz über die friedliche Verwendung der Kernenergie und den Schutz gegen ihre Gefahren (kurz Atomgesetz bzw. AtG) bildet den gesetzlichen Rahmen zur Nutzung der Kernenergie in der Bundesrepublik Deutschland.

Nach §4 und §6 des AtG benötigt sowohl die Beförderung als auch die Aufbewahrung von Kernbrennstoffen eine Genehmigung, die vom BfS erteilt werden kann. Die wärmeentwickelnden radioaktiven Abfälle werden in speziellen Behältern sowohl für den Transport als auch die Lagerung verwahrt. Dazu muss insbesondere der Nachweis über

- den sicheren Einschluss des radioaktiven Inventars,
- die ausreichende Abschirmung gegen ionisierende Strahlung,
- den Ausschluss des Entstehens einer kritischen Anordnung (Unterkritikalität)
- und die sichere Abfuhr der Zerfallswärme

erbracht werden. Zur Überprüfung dieser Schutzziele arbeitet das BfS mit der Bundesanstalt für Materialforschung und -prüfung (BAM) zusammen. Das BfS überprüft die ausreichende Abschirmung gegen Strahlung und die Kritikalitätssicherheit, während die BAM durch verschiedene mechanische und thermische Prüfungen die Unfallsicherheit während des Transportes der Behälter untersucht. So umfasst der Sicherheitsnachweis (analytisch oder experimentell):

- eine 9-m-Freifallprüfung auf ein unnachgiebiges Fundament,
- eine 1-m-Freifallprüfung auf einen Stahldorn mit 15 cm Durchmesser,
- einen Feuertest von 30 Minuten bei 800 °C,
- eine Eintauchprüfung über 8 Stunden in 15 m Wassertiefe
- und eine Eintauchprüfung über 1 Stunde in 200 m Wassertiefe (für Behälter mit abgebrannten Brennelementen).

In Deutschland hat sich überwiegend das Behälterkonzept CASTOR® der Gesellschaft für Nuklear-Service mbH (GNS) durchgesetzt. CASTOR® ist die Abkürzung für „Cask for Storage and Transport of Radioactive Material". Die Behälter zählen zu den Typ B (U)-Versandstücken und dienen sowohl dem Transport als auch der Zwischenlagerung wärmeentwickelnder Abfälle von bis zu 40 Jahren. Der Grundkörper der Behälter besteht aus 30–40 cm dickem Gusseisen, das mit Kugelgraphit vermischt wird. Je nach Behältertyp dienen Polyethylenstangen in mehreren Längsbohrungen der besseren Neutronenabschirmung. Zur Wärmeabfuhr befinden sich Axial- oder Radialrippen an der äußeren Mantelfläche. Die Oberfläche des Behälters ist mit Polysterharz beschichtet, um sie besser dekontaminieren zu können. Das Doppeldeckelsystem oder Doppelbarrierensystem aus

Tab. 16.4 Tabelle mit Daten der meist eingesetzten CASTOR®-Bauarten

	CASTOR®-Typ			
	V/19	V/52	HAW 20/28 CG	440/84
Beladekapazität (BE/Kokillen)	19 (DWR)	52 (SWR)	20 bzw. 28	84
Gesamthöhe (mm)	5862	5451	6110	4080
Außendurchmesser (mm)	2436	2436	2480	2660
Schachthöhe (mm)	5025	4550	5180	3260
Schachtdurchmesser (mm)	1480	1480	1350	1800
Gewicht, unbeladen (t)	106.4	103.8	100.0	95.6
Gewicht, beladen (t)	124.7	122.8	112.0	116.0

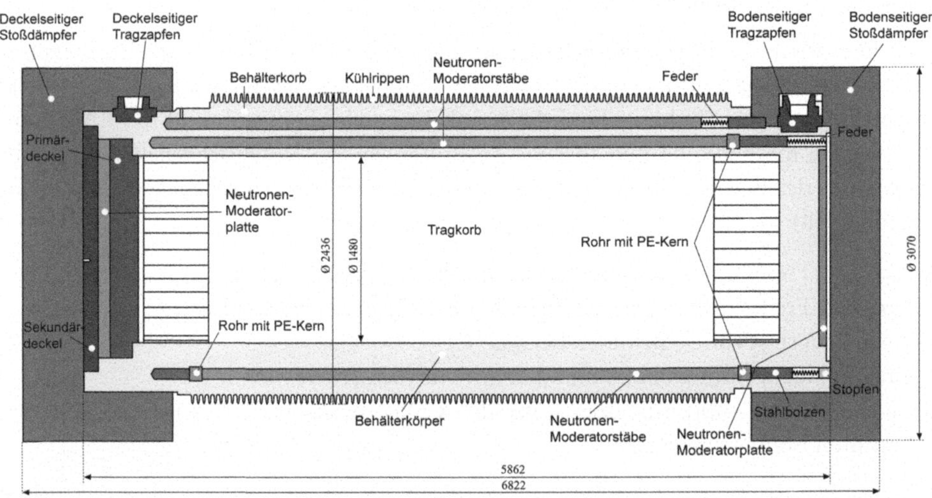

Abb. 16.15 Aufbau des CASTOR® V/19. *Quelle* GKN

Primär- und Sekundärdeckel ist mit langzeitbeständigen Metalldichtungen versehen. Je nach Typ können Castoren über 6 m lang sein, einen Durchmesser von 2.5 m besitzen und beladen bis zu 140 t wiegen. Die Tab. 16.4 beinhaltet die wesentlichen Daten der am meisten eingesetzten CASTOR®-Bauarten. Die Abb. 16.15 zeigt den Aufbau des Behältertyps CASTOR® V/19 und die Abb. 16.16 dessen Unterwasserbeladung.

Abb. 16.16 Unterwasserbeladung des CASTOR® V/19. *Quelle* WTI

Zentrale Zwischenlager

In der Bundesrepublik Deutschland gibt es, neben den dezentralen Standort-Zwischenlager, die drei zentralen Zwischenlager in Ahaus, Gorleben und Rubenow. Seit der Errichtung der Standort-Zwischenlager direkt an den Kernkraftwerksstandorten wird es bis zur Endlagerfindung voraussichtlich nicht zu weiteren Transporten von radioaktivem Abfall aus den Kernkraftwerken zu den zentralen Zwischenlagern kommen. Die drei vorhandenen Zwischenlager dienen primär der Aufbewahrung von radioaktivem Abfall aus den Wiederaufarbeitungsanlagen im Ausland sowie aus den deutschen Forschungsreaktoren.

Transportbehälterlager Ahaus

Das Transportbehälterlager Ahaus (kurz TBL-A) liegt im Münsterland in der Nähe der Stadt Ahaus. Es dient der Trockenlagerung abgebrannter Brennelemente in Transport- und Lagerbehältern vom Typ CASTOR® und wird von der GNS betrieben. Die Lagerhalle ist etwa 200 m lang, 38 m breit, 20 m hoch und besteht aus zwei voneinander getrennten Lagerhälften. Der Empfangsbereich ist durch 4 Tore abgeriegelt und dient der Kontrolle und Entladung von Straßen- und Schienenfahrzeugen. Weiter stehen ein Wartungsraum und zwei Brückenkräne mit einer Tragkraft von 140 t bzw. 32 t zum Manövrieren der Behälter zur Verfügung.

1992 wurde erstmalig der Betrieb des Lagers aufgenommen. Laut Aufbewahrungsgenehmigung des BfS dürfen in der östlichen Lagerhälfte auf 420 Stellplätzen maximal 3960 t Schwermetall bis zum 31.12.2036 gelagert werden. Dazu zählen zum einen abgebrannte Brennelemente aus Leichtwasserreaktoren, die in 370 Transport- und Lagerbehältern unterschiedlicher Behälterbauart aufbewahrt werden dürfen (CASTOR® V/19, CASTOR® V/19 SN 06 und CASTOR® V/52). Für abgebrannte Brennelemente aus dem Thorium-Hochtemperaturreaktor (THTR) sind 305 kleinere Transport- und Lagerbehälter der Behälterbauart CASTOR® THTR/AVR vorgesehen, die auf bis zu 50 Stellplätzen gestapelt werden können.

Die maximal einlagerbare Aktivität beträgt $2 \cdot 10^{20}$ Bq. Des Weiteren dürfen alle Transport- und Lagerbehälter zusammen maximal 17 MW Wärme freisetzen. Bis Ende 2009 wurden 305 Transport- und Lagerbehälter der Behälterbauart CASTOR® THTR/AVR eingelagert. Darüber hinaus befinden sich jeweils 3 Behälter vom Typ CASTOR® V/19 und CASTOR® V/52 sowie 18 Behälter vom Typ CASTOR® MTR2 aus dem stillgelegten Forschungsreaktor Rossendorf im Lager. Damit sind nur etwa 10 Prozent der Lagerkapazität belegt. In der westlichen Lagerhälfte können seit November 2009 für bis zu zehn Jahre radioaktive Abfälle mit vernachlässigbarer Wärmeentwicklung (maximal 10^{17} Bq) zwischengelagert werden. Es wird nicht davon ausgegangen, dass zusätzliche Brennelemente aus Leichtwasserreaktoren eingelagert werden müssen, da mittlerweile genügend Kapazitäten in den Standort-Zwischenlagern vorhanden sind.

Die Aufbewahrungsgenehmigung des BfS für das TBL-A regelt ferner die allgemeinen Nebenbestimmungen, die für die Aufbewahrung und für sämtliche Transport- und Lagerbehälter einzuhalten sind. So müssen zum Beispiel Änderungen an den Behältern, Anlagenteilen und Einrichtungen, aber auch Reparaturmaßnahmen und Änderungen von Zuständigkeits- und Verantwortungsbereichen der atomrechtlichen Aufsichtsbehörde mitgeteilt werden. Die Strahlung an der Umzäunung des Betriebsgeländes wird von der GNS selbst gemessen, aber auch vom Landesamt für Natur, Umwelt und Verbraucherschutz Nordrhein-Westfalen fernüberwacht.

Ein Behälterüberwachungssystem kontrolliert ununterbrochen die Dichtheit aller mit einem Doppelbarrierensystem ausgerüsteten Transport- und Lagerbehälter. Auffälligkeiten sind der atomrechtlichen Aufsichtsbehörde unverzüglich anzuzeigen.

Transportbehälterlager Gorleben

Das Transportbehälterlager Gorleben (TBL-G) (Abb. 16.17) liegt in der Nähe der Stadt Gorleben in Niedersachsen und ist ein Anlagenteil der Brennelementlager Gorleben GmbH (BLG). Auf dem etwa 15 ha großen Betriebsgelände befinden sich außerdem das Abfalllager Gorleben (ALG) für radioaktive Abfälle mit vernachlässigbarer Wärmeentwicklung und eine Pilot-Konditionierungsanlage (PKA) zur Entwicklung von Verpackungsverfahren für die direkte Endlagerung. Die technischen Einrichtungen werden wie beim TBL-A von der GNS betrieben.

Das TBL-G ist 182 m lang, 38 m breit und 20 m hoch. Wie im TBL-Ahaus werden die Transport- und Lagerbehälter mittels eines Brückenkranes mit einer Tragkraft von 140 t manövriert. Das Lager wurde schon 1983 fertig gestellt, jedoch erst 1995 mit der Einlage-

Abb. 16.17 Transportbehälterlager Gorleben. *Quelle* GNS

rung von Brennelementen aus dem Kernkraftwerk Philippsburg in Betrieb genommen. Auf insgesamt 420 Stellpätzen dürfen maximal 3800 t Schwermetall bis zum 31.12.2034 zwischengelagert werden. Die maximale Aktivität ist auf $2 \cdot 10^{20}$ Bq und die maximale Wärmefreisetzung auf 16 MW begrenzt. In TBL-G dürfen Brennelemente aus Leichtwasserreaktoren in Transport- und Lagerbehälter der Bauart CASTOR® Ic, CASTOR® IIa, CASTOR® V/19, CASTOR® V/52 und CASTOR® V/19 SN06 zwischengelagert werden. Weiter hat das TBL-G als einziges Zwischenlager in Deutschland die Genehmigung, Kernbrennstoffe in Form von verglasten hochradioaktiven Spaltproduktlösungen, sogenannten HAW-Glaskokillen, aus der Wiederaufarbeitungsanlage in Frankreich in Transport- und Lagerbehältern der Bauart CASTOR® HAW 20/28 CG, CASTOR® HAW 20/28 CG SN 16, TS 28 V, TN85 und CASTOR® HAW28M zwischenzulagern. Aus Frankreich müssen insgesamt 108 Behälter mit jeweils 28 HAW-Glaskokillen zurückgenommen werden. Im November 2010 befanden sich 5 Behälter mit abgebrannten Brennelementen und 97 Behälter mit HAW-Glaskokillen aus Frankreich im TBL-G. In naher Zukunft wird das Genehmigungsverfahren für die Zwischenlagerung von HAW-Glaskokillen aus der britischen Wiederaufarbeitungsanlage Sellafield eingeleitet. Von dort müssen etwa 20 Behälter zurückgenommen werden. Für den Betrieb des Zwischenlagers gelten ähnliche Bestimmungen wie für das TBL-A.

Zwischenlager Nord

Das im Vergleich zum TBL-A und TBL-G weniger bekannte zentrale Zwischenlager Nord (ZLN) befindet sich in der Gemeinde Rubenow in Mecklenburg-Vorpommern auf dem Betriebsgelände des stillgelegten Kernkraftwerkes Greifswald. Die Anlage wird durch die

Energiewerke Nord GmbH (EWN) betrieben und wurde ursprünglich ausschließlich für den Rückbau der Kernkraftwerke Greifswald und Rheinsberg errichtet. Neben der Zwischenlagerung abgebrannter Brennelemente und radioaktivem Abfall mit geringer Wärmeentwicklung befindet sich auch eine Konditionierungsanlage auf dem Gelände.

Das Lager wurde 1997 fertig gestellt. Es ist etwa 200 m lang, 140 m breit und 18 m hoch und besteht aus insgesamt acht Hallen. 1999 wurde mit der Einlagerung begonnen. In Halle 1–7 werden radioaktive Reststoffe und Abfälle aufbewahrt, während Halle 8 als Transportbehälterlager für CASTOR®-Behälter dient. Großkomponenten wie Dampferzeuger werden in Halle 6 und 7 gelagert. In Halle 1 befindet sich die Landessammelstelle für radioaktive Materialien für Mecklenburg-Vorpommern und Brandenburg. Eine Verladehalle liegt quer zu allen acht Lagerhallen. Dort können Straßen- und Schienenfahrzeuge entladen werden (siehe Abb. 16.18). Die Außenwände des Lagers sind aus 70 cm, die Innenwände aus 30 cm und das Dach aus etwa 55 cm dickem Stahlbeton.

Im Transportbehälterlager dürfen laut Aufbewahrungsgenehmigung maximal 80 Transport-und Lagerbehälter der Bauarten CASTOR® 440/84, CASTOR® 440/84 mvK, CASTOR® KRB MOX, CASTOR® HAW 20/28 CG und CASTOR® KNK mit insgesamt maximal 585.4 t Schwermetall bis zum 05.10.2039 untergebracht werden. Die maximale Aktivität ist auf $7.5 \cdot 10^{18}$ Bq und die maximale Wärmefreisetzung auf 600 kW begrenzt.

Abb. 16.18 Verladung eines CASTOR® in Halle 8. *Quelle* EWN

Ende 2009 befanden sich insgesamt 65 beladene Transport- und Lagerbehälter der Bauart CASTOR® im Lager. Im Dezember 2010 wurden 4 Behälter der Bauart CASTOR® KNK mit Abfällen des ehemaligen Kernforschungszentrums Karlsruhe sowie aus dem Betrieb des stillgelegten Nuklearschiffes „Otto Hahn" eingelagert.

Dezentrale Standort-Zwischenlager

Seit der Novellierung des Atomgesetzes im Jahr 2002 sind nach §9a des AtG die Betreiber von Kernkraftwerken dazu verpflichtet, an den Standorten der Kernkraftwerke Zwischenlager zu errichten und anfallende radioaktive Abfälle bis zu deren direkten Endlagerung dort aufzubewahren.

Die Abb. 16.19 zeigt eine geografische Übersicht über alle Zwischenlager in Deutschland:

Die Errichtung neuer Zwischenlager war erforderlich, da die Lagerkapazitäten der vorhandenen drei zentralen Zwischenlager für die erwartete Abfallmenge nicht ausgereicht hätten. Der Neubau mehrere kleiner dezentraler Standort-Zwischenlager hatte gegenüber der Errichtung weniger großer zentraler Zwischenlager folgende Vorteile:

- Die Transporte von radioaktivem Abfall und das damit verbundene Risiko von Unfällen und Handhabungsfehlern wurden dadurch minimiert.
- Der Region, die von der Kernenergienutzung profitieren konnte, wurde auch ein Teil der Verantwortung für die Entsorgung der dabei entstandenen Abfälle übertragen.
- Teile der Ressourcen des vorhandenen Kernkraftwerkes können auch für das Standort-Zwischenlager genutzt werden (Personal, Infrastruktur, Sicherungseinrichtungen, Werkzeuge für Reparaturarbeiten etc.)

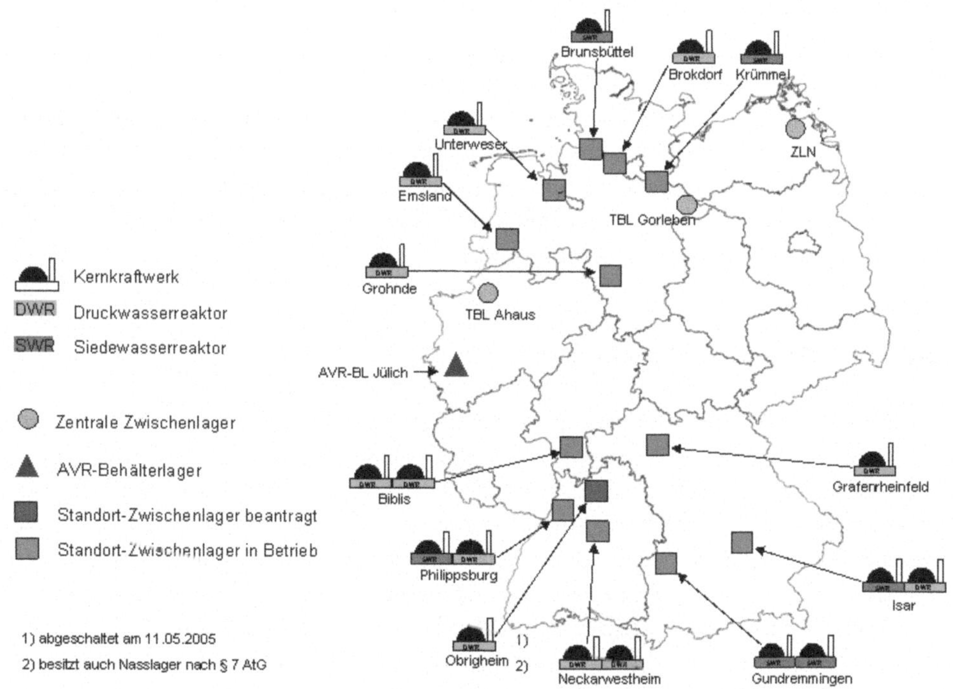

Abb. 16.19 Übersicht über die Zwischenlager in Deutschland. *Quelle* BfS

Bis zum Jahr 2005 wurden insgesamt 14 Anträge zur Aufbewahrung abgebrannter Brennelemente in Standort-Zwischenlagern gestellt. Davon wurden zwölf vom BfS genehmigt und von den Betreibern gebaut. Der Antrag für das Standort-Zwischenlager in Stade wurde zurückgezogen, da das Kernkraftwerk Stade 2003 als erstes Kernkraftwerk in Deutschland stillgelegt wurde. Über die Genehmigung des Standort-Zwischenlagers beim stillgelegten Kernkraftwerk Obrigheim wird noch entschieden. In Tab. 16.5 sind die wesentlichen Daten der genehmigten Lager angegeben.

Anforderungen an ein Standort-Zwischenlager

Wie schon in Abschn. 16.3.4 vermerkt, erfordert die Zwischenlagerung von Kernbrennstoffen nach §6 des AtG eine Genehmigung in deren Antrag überprüft wird, ob

- der Antragssteller zuverlässig ist und die für die Leitung und Beaufsichtigung des Zwischenlagers verantwortlichen Personen sowohl zuverlässig sind als auch die erforderliche Fachkunde besitzen,
- nach dem Stand von Wissenschaft und Technik die erforderliche Vorsorge gegen Schäden durch die Zwischenlagerung vorhanden ist,
- gesetzliche Schadenersatzverpflichtungen erfüllt werden und
- die Anlage gegen Störungen und gegen Einwirkungen Dritter geschützt ist.

Dabei ist die Überprüfung der Vorsorge gegen Schäden durch die Zwischenlagerung nach dem Stand von Wissenschaft und Technik der umfangreichste Prüfgegenstand. Für diese Untersuchung hat die Reaktorsicherheitskommission (RSK) im Auftrag des Bundesministeriums für Umwelt, Naturschutz- und Reaktorsicherheit (BMU) im Frühjahr 2001 „Sicherheitstechnische Leitlinien für die trockene Zwischenlagerung bestrahlter Brennelemente in Behältern“ erarbeitet. Darin werden neun grundlegende Schutzziele abgeleitet, die im Folgenden jeweils kurz erläutert werden sollen.

Sicherer Einschluss des radioaktiven Inventars

Der sichere Einschluss des radioaktiven Inventars soll ausschließlich durch die Transport- und Lagerbehälter gewährleistet werden. Die Brennstabhüllrohre intakter Brennelemente dienen als zusätzlicher Schutz, den es durch die Begrenzung von Korrosion und Tangentialdehnung und -spannung während der gesamten Lagerzeit zu erhalten gilt. Im Gegensatz dazu benötigen defekte Brennstäbe eine besondere Behandlung beispielsweise durch gasdichte Umhüllung und/oder Feuchtigkeitsabsorber. Das schon in Abschn. 16.3.4 beschriebene Doppeldeckelsystem soll die Dichtheit der Transport- und Lagerbehälter gewährleisten. Bei Versagen des Primär- und/oder Sekundärdeckels soll ein Behälterüberwachungssystem unverzüglich den Fehler an eine zentrale Stelle melden, um Gegenmaßnahmen einleiten zu können. So kann die metallische Dichtung durch eine Schweißnaht

Tab. 16.5 Tabelle mit den wesentlichen Daten aller genehmigten Standort-Zwischenlager in Deutschland

Standort, Bundesland	Antragssteller, Antragsstellung am	Erteilung der Aufbewahrungsgenehmigung am	Masse Schwermetall (t)	Aktivität (Bq)	Wärmeleistung (MW)	Behälterstellplätze (Ende 09 belegt)	Inbetriebnahme am
Biblis, Hessen	RWE Power AG, 23.12.1999	22.09.2003	1400	$8.5 \cdot 10^{19}$	5.3	135 (41)	18.05.2006
Brokdorf, Schleswig-Holstein	E.ON Kernkraft GmbH, 20.12.1999	28.11.2003	1000	$5.5 \cdot 10^{19}$	3,75	100 (12)	05.03.2007
Brunsbüttel, Schleswig-Holstein	Kernkraftwerk Brunsbüttel GmbH & Co. oHG, 30.11.1999	28.11.2003	450	$6 \cdot 10^{19}$	2	80 (6)	05.02.2006
Grafenrheinfeld, Bayern	E.ON Kernkraft GmbH, 23.02.2000	12.02.2003	800	$5 \cdot 10^{19}$	3.5	88 (13)	27.02.2006
Grohnde, Niedersachsen	E.ON Kernkraft GmbH, 20.12.1999	20.12.2002	1000	$5.5 \cdot 10^{19}$	3.75	100 (12)	27.04.2006
Gundremmingen, Bayern	RWE Power AG, 25.02.2000	19.12.2003	1850	$2.4 \cdot 10^{20}$	6	192 (25)	25.08.2006
Isar, Bayern	E.ON Kernkraft GmbH, 23.02.2000	22.09.2003	1500	$1.5 \cdot 10^{20}$	6	152 (16)	12.03.2007
Krümmel, Schleswig-Holstein	Kernkraftwerk Krümmel GmbH & CO. oHG, 30.11.1999	19.12.2003	775	$0.96 \cdot 10^{20}$	3	80 (17)	14.11.2006

(Fortsetzung)

Tab. 16.5 (Fortsetzung)

Standort, Bundesland	Antragssteller, Antragsstellung am	Erteilung der Aufbewahrungsgenehmigung am	Masse Schwermetall (t)	Aktivität (Bq)	Wärmeleistung (MW)	Behälterstellplätze (Ende 09 belegt)	Inbetriebnahme am
Lingen (Emsland), Niedersachsen	Kernkraftwerke Lippe-Ems GmbH, 22.12.1998	06.11.2002	1250	$6.9 \cdot 10^{19}$	4.7	125 (28)	10.12.2002
Neckarwestheim, Baden-Württemberg	Gemeinschaftskernkraftwerk Neckar GmbH, 20.12.1999	22.09.2003	1600	$8.3 \cdot 10^{19}$	3.5	151 (32)	06.12.2006
Philippsburg, Baden-Württemberg	EnBW Kraftwerke AG, 20.12.1999	19.12.2003	1600	$1.5 \cdot 10^{20}$	6	152 (31)	19.03.2007
Unterweser, Niedersachsen	E.ON Kernkraft GmbH, 20.12.1999	22.09.2003	800	$4.4 \cdot 10^{19}$	3	80 (5)	18.06.2007

ersetzt oder ein zusätzlicher Fügedeckel aufgeschweißt werden. Ein Wartungsraum im Zwischenlager soll es ermöglichen, solche Reparaturen an defekten Behältern ohne Transporte durchzuführen.

Sichere Abfuhr der Nachzerfallswärme

Durch den weiteren Zerfall der Spaltprodukte entsteht Wärme, die sicher abgeführt werden muss. Die für die Brennstäbe, für die Transport- und Lagerbehälter und für das Lagergebäude zulässige Temperatur darf dabei nicht überschritten werden, da sonst das Moderatormatieral beschädigt oder die Dichtheit der Behälter gefährdet werden können. Die Nachzerfallswärme soll passiv durch Naturkonvektion an die Umgebung abgeführt werden. Die Abb. 16.20 zeigt einen möglichen Temperaturverlauf in einer Lagerhalle.

Die sichere Wärmeabfuhr kann zusätzlich durch einen Belegungsplan für die Behälteraufstellung optimiert werden.

Sichere Einhaltung der Unterkritikalität

Die sichere Einhaltung der Unterkritikalität ist nicht nur bei bestimmungsgemäßer Lagerung und Behälterhandhabung sicherzustellen, sondern auch bei allen möglichen Störfällen wie z. B. bei einem Flugzeugabsturz oder von außen auftretenden Druckwellen. Um dies zu gewährleisten sind eine oder mehrere der folgenden Maßnahmen einzuleiten:

- Die restliche Anreicherung der abgebrannten Brennelemente wird begrenzt.
- Die Abmessung und die Anzahl der Brennelemente werden begrenzt und eine geometrische Anordnung der Brennelemente in den Transport- und Lagerbehältern wird festgelegt.
- Die Neutronenmoderation wird entweder vollkommen ausgeschlossen oder beschränkt. So muss insbesondere darauf geachtet werden, dass keine unzulässigen Wassermengen

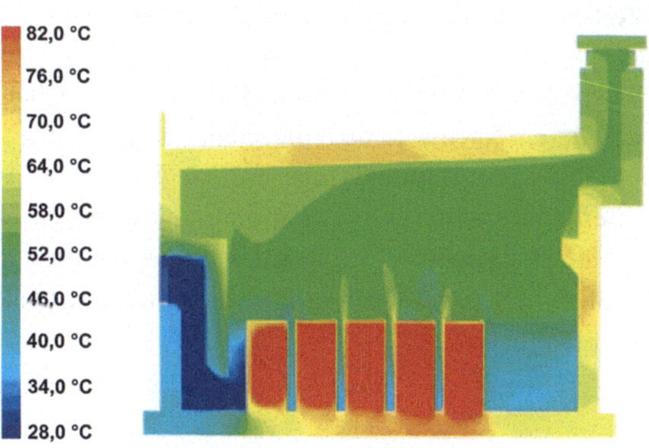

Abb. 16.20 Naturkonvektion in einem Zwischenlager. *Quelle* BfS

in den Transport- und Lagerbehältern vorkommen und dass das Zwischenlager trocken gehalten wird.
- Ausreichend Neutronenabsorber im Brennelementkorb oder in den Brennelementen sind vorhanden.

Der Nachweis für die Kritikalitätssicherheit ist dann erfüllt, wenn der berechnete Neutronenmultiplikationsfaktor k_{eff} auch unter den ungünstigsten Bedingungen (Behälteranordnung in dichter Packung, Flutung der Behälter mit Wasser, fehlerhafte Beladung, Veränderung der Struktur der Brennelemente oder des Brennelementkorbs, Reflektorwirkung des Lagers etc.) den Wert von 0.95 nicht überschreitet.

Ausreichende Abschirmung gegen ionisierenden Strahlung

Sowohl durch die dicke Umwandung der Transport- und Lagerbehälter als auch ergänzend durch die Betonstrukturen des Lagergebäudes sind Einzelpersonen der Bevölkerung und das Betriebspersonal ausreichend gegen die ionisierende Strahlung zu schützen. Nach §46 Abs. 1 der Strahlenschutzverordnung dürfen Einzelpersonen der Bevölkerung (also auch Personen auf dem Betriebsgelände, die nicht zu den beruflich strahlenexponierten Personen zählen) maximal 1 mSv/a ausgesetzt werden. Für beruflich strahlenexponierte Personen beträgt der Grenzwert bei Berufsausübung nach §55 Abs. 1 Satz 1 der Strahlenschutzverordnung 20 mSv/a. An der Oberfläche der Transport- und Lagerbehälter beträgt der Grenzwert 2 mSv/h. Für den Nachweis ist die Gamma- und Neutronenstrahlung in der Umgebung und auf dem Betriebsgelände einschließlich auftretender Streustrahlung und Sekundärstrahlung zu berücksichtigen. Dabei ist von der höchsten in den Transport- und Lagerbehältern sowie im gesamten Zwischenlager möglichen Quellstärke und von den ungünstigsten Bedingungen auszugehen. Bisherige Messwerte an den Standort-Zwischenlagern zeigen, dass die maximale effektive Dosis pro Jahr für Einzelpersonen der Bevölkerung deutlich unterschritten wird.

Weitere Anforderungen an die Zwischenlager

Neben den bereits genannten Anforderungen hat die RSK weitere Schutzziele formuliert, deren Nachweis für eine Genehmigung erbracht werden muss. Diese betreffen die betriebs- und instandhaltungsgerechte Auslegung, Ausführung und Qualitätssicherung, die sicherheitsgerichtete Organisation und Durchführung des Betriebes, den sicheren Abtransport der radioaktiven Stoffe sowie die Auslegung gegen Störfälle und das Vorsehen von Maßnahmen zur Reduzierung der Schadensauswirkungen von auslegungsüberschreitenden Ereignissen.

Grundkonzepte

Insgesamt haben sich drei Grundkonzepte für dezentrale Standort-Zwischenlager durchgesetzt. Dabei handelt es sich ausschließlich um die trockene Lagerung, bei der keine aktiven Kühlsysteme verwendet werden müssen.

- **Steag-Konzept**
  Das STEAG-Konzept charakterisiert sich hauptsächlich durch die dicke Betonstruktur. Die Wandstärke beträgt ca. 1.2 m und die Deckenstärke ca. 1.3 m. Damit ist es nicht nur mechanisch äußerst stabil, sondern bietet auch einen sehr guten Schutz gegen ionisierende Strahlung. Dieses Konzept wurde in Norddeutschland an den Standort-Zwischenlager Brokdorf, Krümmel, Brunsbüttel, Grohnde, Lingen und Unterweser umgesetzt.
- **WTI-Konzept**
  Das Konzept der Wissenschaftlich-Technischen Ingenieurberatung (WTI) GmbH mit Sitz in Jülich basiert auf der Konstruktion der zentralen Zwischenlager in Gorleben, Ahaus und Greifswald. Es sieht eine Wandstärke von ca. 70–85 cm und eine Deckenstärke von ca. 55 cm vor. Das WTI-Konzept wurde an den fünf süddeutschen Standorten Biblis, Philippsburg, Grafenrheinfeld, Isar und Gundremmingen umgesetzt. In Abb. 16.21 ist das geplante Standort-Zwischenlager Obrigheim nach dem WTI-Konzept dargestellt.
- **Tunnelkonzept**
  Das Tunnelkonzept des Standort-Zwischenlagers Neckarwestheim ist eine standortspezifische Lösung, die aufgrund der besonderen Gegebenheiten des Standortes entwickelt wurde. In einen Berg aus Kalkgestein wurden zwei Tunnelröhren gelegt, die als Lagerräume für die Transport- und Lagerbehälter dienen. Die Tunnelwände wurden mit Spritzbeton verstärkt, während die Bodenplatte aus Stahlbeton besteht.

16.3.5 Endlagerung

Radioaktive Abfälle müssen zukünftig über sehr lange Zeiträume, ohne Schäden für Mensch und Umwelt zu verursachen, sicher endgelagert werden. Ein großer Teil der Abfälle ist heute schon vorhanden und wird bisher oberirdisch in Zwischenlagern aufbewahrt, weitere Abfälle kommen hinzu. Diese radioaktiven Abfälle sind in ein Endlager zu verbringen, dessen Einrichtung eine Bundesaufgabe ist (BMWi2008 2008).

Radioaktive Abfälle werden in Deutschland aufgrund ihrer unterschiedlichen Eigenschaften in zwei Kategorien unterteilt:

1. Schwach- und mittelradioaktive Abfälle stellen rund 90 % des prognostizierten Abfallvolumens dar (ca. 277000 m^3 bis zum Jahr 2040), enthalten aber nur ca. 1 % der Radioaktivität des gesamten radioaktiven Abfalls. Ihr Ursprung liegt im Wesentlichen in

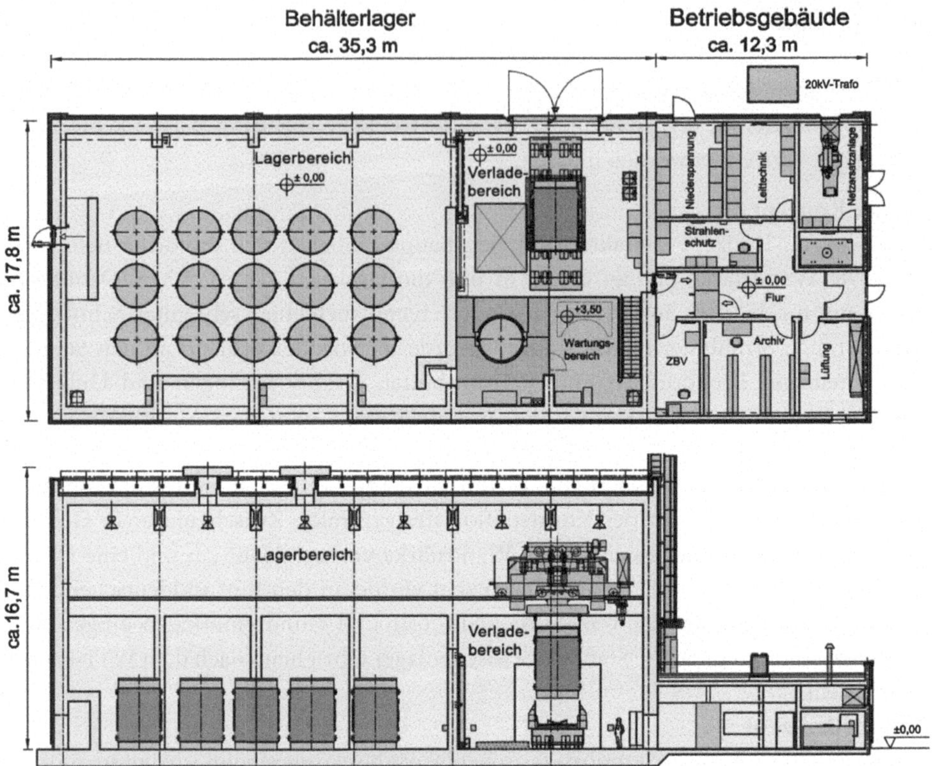

Abb. 16.21 Grundriss und Schnitt des Standort-Zwischenlagers Obrigheim. *Quelle* EnBW Kernkraft GmbH

Kernkraftwerken sowie in der Forschung und Medizin. Die Nachwärme ist relativ gering, jedoch entstehen bei der Lagerung größere Mengen von Gasen.

2. Hochradioaktive Abfälle nehmen rund 10 % des kalkulierten Abfallvolumens ein (ca. 22000 m^3 bis zum Jahr 2040) und enthalten ca. 99 % der gesamten Radioaktivität. Den überwiegenden Anteil dieser Abfälle machen die abgebrannten Brennelemente aus dem Reaktorbetrieb sowie verglaster Abfall aus der Wiederaufarbeitung aus. Der radioaktive Zerfall der enthaltenen Radionuklide bewirkt eine erhebliche Wärmefreisetzung. Die Gasentwicklung ist deutlich geringer als bei den schwach- und mittelradioaktiven Abfällen.

Die verschiedenen physikalisch-chemischen Eigenschaften dieser zwei unterschiedlichen Abfallkategorien stellen unterschiedliche Anforderungen an ihre Endlagerung. In Deutschland wird daher die Endlagerung der zwei Abfallkategorien in getrennten Endlagern in verschiedenen Endlagerformationen verfolgt.

International besteht Einvernehmen, dass die Endlagerung von insbesondere HAW-Abfällen in eigens dafür erstellten Bergwerken in tiefen geologischen Formationen die beste Option darstellt und schon heute technisch sicher zu realisieren ist. Dementsprechend werden nicht nur in Deutschland, sondern auch in vielen anderen Ländern wie z. B. in Finnland, in Frankreich, in Schweden oder auch in den USA Endlagerprojekte in tiefen geologischen Formationen vorangetrieben.

Die Endlagerung von schwach- und mittelradioaktiven Abfällen ist gelöst. Im März 2007 wurde der Planfeststellungsbeschluss für das ehemalige Eisenerzbergwerk Schacht Konrad bei Salzgitter vom Bundesverwaltungsgericht endgültig bestätigt und ist unanfechtbar. Nunmehr erfolgt die Umrüstung zum Endlager mit dem Ziel, dieses spätestens im Jahr 2019 in Betrieb zu nehmen. Im stillgelegten Salzbergwerk Morsleben wurden von 1979–1998 rund 37000 m^3) radioaktive Abfälle eingelagert. Derzeit läuft das Genehmigungsverfahren für die Stilllegung.

Seit Anfang der sechziger Jahre wurden in Deutschland Forschungsarbeiten auf dem Gebiet der Endlagerung radioaktiver Abfälle in unterschiedlichen Wirtsgesteinen durchgeführt. Bereits 1977 hatte die Bundesanstalt für Geowissenschaften und Rohstoffe (BGR) im EU-Auftrag parallel zur Benennung des Salzstocks Gorleben als möglichem Endlagerstandort einen Katalog potenzieller Wirtsgesteinsformationen für Deutschland erstellt . Im Auftrag des BMU und des Bundesministeriums für Bildung und Forschung (BMBF) wurden 1995 durch die BGR zwei Studien mit einer Auswahl und Bewertung von möglichen Standortregionen im Steinsalz und Kristallingestein (Granit, Gneis) veröffentlicht. Dabei wurden sämtliche Vorkommen unter Anwendung von Ausschluss- und Abwägungskriterien, die auch heute noch Gültigkeit besitzen, betrachtet. Die Tab. 16.6 zeigt vergleichend endlagerrelevante Eigenschaften dieser Wirtsgesteine.

Im Jahr 2003 erhielt die BGR vom BMWi den Auftrag, eine ergänzende Studie über die Verbreitung von Tongesteinen in Deutschland zu erstellen und die Ergebnisse der vorhandenen Studien in einer Übersichtskarte zusammenzufassen. Für diese Untersuchungen dienten international anerkannte Ausschluss- und Abwägungskriterien sowie die im Jahr 2002 vom Arbeitskreis Auswahlverfahren Endlagerstandorte (AkEnd) aufgestellten Ausschlusskriterien und Mindestanforderungen als Grundlage. Als Ergebnis wurden in einer Übersichtskarte (siehe Abb. 16.22) neben dem Salzstock Gorleben und den bereits 1995 von der BGR als so genannte Reserveoptionen bewerteten Salzstöcken, Tonsteinvorkommen der Unterkreide in Norddeutschland und des Jura in Nord- und Süddeutschland dargestellt. Kristallingestein wurde aufgrund seiner ungünstigen Eigenschaften im Vergleich zu Steinsalz und Tongestein nicht aufgenommen. Als Bearbeitungsgrundlage dienten alle verfügbaren Daten aus Karten- und Archivmaterial sowie vorhandener Bohrungen (mehr als 24000). Seitdem besteht Klarheit über die in Deutschland vorkommenden, für die Endlagerung von HAW-Abfällen potenziell geeigneten Wirtsgesteine und deren regionale Verbreitung. Der BGR-Kurzbericht „Untersuchung und Bewertung von Regionen mit potenziell geeigneten Wirtsgesteinsformationen“ fasst die Forschungsergebnisse über die Wirtsgesteine Steinsalz, Kristallin und Tongesteine in Deutschland zusammen. Ergebnis ist, dass für Deutschland

Table 16.6 Endlagerrelevante Eigenschaften potenzieller Wirtsgesteine in Deutschland

Eigenschaft	Steinsalz	Ton/Tonstein	Kristallingestein (z. B. Granit)
Wärmeleitfähigkeit	hoch	gering	mittel
Durchlässigkeit	praktischundurchlässig	sehr geringbis gering	sehr gering (ungeklüftet) bis durchlässig (geklüftet)
Festigkeit	mittel	gering bis mittel	hoch
Verformungsverhalten	viskos(Kriechen)	plastisch bisspröde	spröde
Hohlraumstabilität	Eigenstabilität	Ausbaunotwendig	hoch (ungeklüftet) bis gering (stark geklüftet)
In-situ Spannungen	isotrop	anisotrop	anisotrop
Lösungsverhalten	hoch	sehr gering	sehr gering
Sorptionsverhalten	sehr gering	sehr hoch	mittel bis hoch
Temperaturbelastbarkeit	hoch	gering	hoch

das Wirtsgestein Steinsalz wesentliche Vorteile für die Endlagerung von HAW-Abfällen gegenüber den Wirtsgesteinen Tonstein und Kristallingestein aufweist.

- Kristallingestein (z. B. Granit in Süddeutschland) sollte für Deutschland aufgrund seiner ungünstigeren Eigenschaften (Klüftung mit Wasserzutrittsmöglichkeiten) nicht weiter betrachtet werden.
- Steinsalz hat deutliche Vorteile gegenüber Tongestein.
- Neben dem Salzstock Gorleben existieren vier weitere, mit hoher Wahrscheinlichkeit für die Endlagerung geeignete Salzstöcke, wovon drei in Niedersachsen liegen und Reserveoptionen darstellen.
- Auch der größte Teil der möglicherweise geeigneten Tongesteinsformationen liegen in Niedersachsen, Mecklenburg-Vorpommern und Nordrhein-Westfalen.
- Mit großer Wahrscheinlichkeit würden sich neue Standorte wieder in Niedersachsen ergeben.
- Die vorhandenen Tongesteine in Süddeutschland sind aus wissenschaftlicher Sicht weniger gut geeignet als die in Norddeutschland.
- Entscheidend hierbei ist auch, dass es sich in der BGR-Studie insbesondere beim Wirtsgestein Ton nicht um die Ausweisung von Endlagerstandorten, sondern um Regionen handelt. Die Festlegung von Standorten wäre nur durch zusätzliche Vor-Ort-Untersuchungen möglich (z. B. Seismik, Bohrungen).

Detaillierter bewertet wurden sieben Salzstrukturen, wobei neben den norddeutschen Salzstöcken Heide, Geesthacht, Harsefeld (westlich von Buxtehude), Bunde/Jemgum (Ostfriesland, an der Ems) und Bremen-Lesum auch die flach lagernden Salzvorkommen

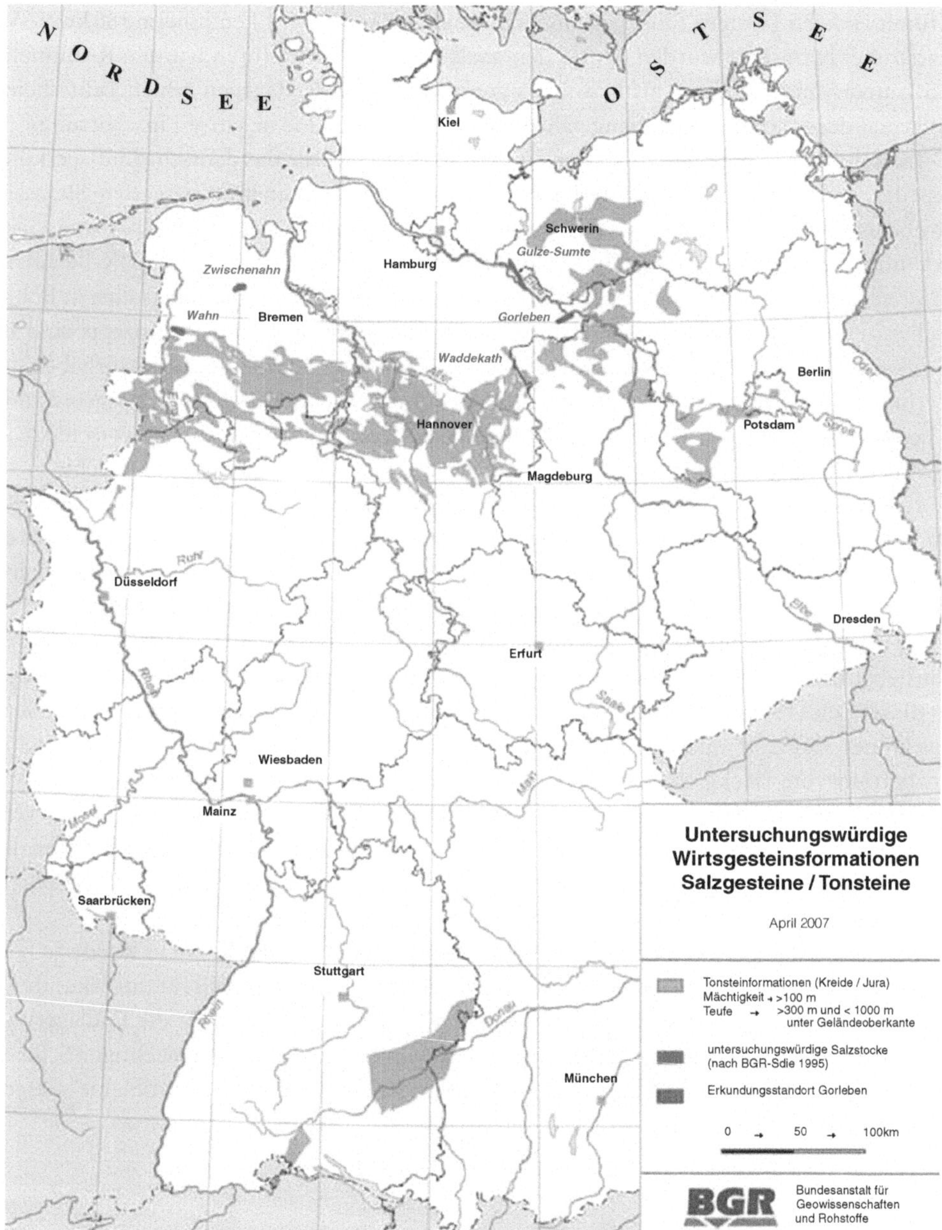

Abb. 16.22 Übersichtskarte von für die Endlagerung in Frage kommenden Regionen mit Tonsteinvorkommen und Salzstöcken in Deutschland (BMWi2008 2008)

Krummendeich (Untere Elbe, gegenüber Brunsbüttelkoog) und Leutesheim (80 km SSW Karlsruhe) betrachtet wurden. Unter den analysierten Salzstrukturen wurden Krummendeich und Bunde/Jemgum als besonders geeignet eingestuft, dagegen erhielt Leutesheim aufgrund der erhöhten Erdbebengefährdung des Umfeldes eine negative Einschätzung.

Im Rahmen langjähriger Forschung und Entwicklung wurde das deutsche Endlagerkonzept der direkten Endlagerung von abgebrannten Brennelementen im Wirtsgestein Steinsalz erarbeitet und seine Machbarkeit nachgewiesen. Dieses Konzept sieht die Einlagerung abgebrannter Brennelemente in großen, selbst abschirmenden Behältern (POLLUX-Behälter) in Strecken vor; Kokillen mit verglastem Abfall aus der Wiederaufarbeitung sollen in Bohrlöchern endgelagert werden. Die technischen Hauptkomponenten des Konzepts sind in Großversuchen erprobt worden. Zudem wurden umfangreiche Forschungsvorhaben zu Verfüll- und Verschlusskonzepten für Strecken und Schächte durchgeführt („geotechnische Barrieren"). Ferner wurden im Rahmen bisheriger Forschungsarbeiten verschiedene Einlagerungsvarianten betrachtet und in sicherheitsanalytischen Studien untersucht.

In der Schachtanlage Asse II, einem ehemaligen Salzbergwerk, wurden von 1965–1995 im Rahmen von Forschungs- und Entwicklungsarbeiten für die Endlagerung radioaktiver Abfälle in Salzformationen bis 1978 auch schwach und mittelradioaktive Abfälle eingelagert. Es wurden u. a. die Wechselwirkung zwischen radioaktiven Abfällen und der Salzformation sowie verschiedene Einlagerungstechniken untersucht. Rund 55 Jahre intensiver Salzbergbau haben die Schachtanlage Asse vor der Zeit der Nutzung als Forschungsbergwerk geprägt. In dieser Zeit (1909–1964) wurde ein umfangreiches System von Hohlräumen geschaffen, das an der Südwestflanke der Salzstruktur nicht von einer ausreichend mächtigen Steinsalzbarriere vom Deckgebirge getrennt ist. Die Zerstörung der Steinsalzbarriere durch den intensiven Salzbergbau wird als Ursache für die heute vorhandenen Lösungszutritte verantwortlich gemacht. Nachdem einige Zeit an einem sicheren Verschlusskonzept für die Schachtanlage Asse II gearbeitet wurde, diskutiert man nun die vollständige Rückholung der eingelagerten Abfälle.

Im Gegensatz zur Asse ist der Salzstock Gorleben unverritzt, das heißt, es wurde zu keiner Zeit Salzbergbau betrieben. Im Salzstock wurden bislang nur speziell für die Erkundung benötigte Hohlräume aufgefahren. Aufgrund der Sicherheitskriterien für die Endlagerung werden die neu zu schaffenden Hohlräume allseits von einer ausreichend mächtigen Schicht von Steinsalz umgeben sein. Hierdurch werden von Anfang an die „Asse-Probleme" ausgeschlossen.

Literatur

Angert, N., Bosch, F., Feldmeier, H., Friman, B., Groß, K.-D., Gutbrod, H.H., Henning, W.F., Knoll, J., Metag, V., Reiß, J.R.S.: Von den Grundbausteinen zur komplexen Materie – Projektvorschlag für ein internationales Beschleunigerzentrum für die Forschung mit Ionen- und Antiprotonenstrahlen (2001). Zugegriffen Okt 2001

Audi, G., Wapstra, A.H.: The 1995 Update to the Atomic Mass Evaluation / IAEA. http://www-nds.iaea.org/ndspub/masses/mass_rmd.mas95, – Forschungsbericht (1995)

Choppin, G.R., Liljenzin, J.-O., Rydberg, J.: Radiochemistry and Nuclear Chemistry. Butterworth-Heinemann (2002)

Clark, D.L., Neu, M.P., Runde, W., Keogh, D.W.: Uranium and Uranium Compounds. In: Kirk-Othmer Encyclopedia of Chemical Technology (2006)

CPI http://www.coinnews.net/tools/cpi-inflation-calculator/consumer-price-index-cpi-and-annual-percent-changes-from-1913-to-2008/, Zugegriffen: 15. Nov. 2012

Endlagerung hochradioaktiver Abfälle in Deutschland – Das Endlagerprojekt Gorleben (2008)

indexmundi http://www.indexmundi.com/commodities/?commodity=uranium&months=360, Zugegriffen: 15. Nov. 2012

OECD: Forty Years of Uranium Resources, Production and Demand in Perspective "The Red Book Retrospective". NEA (2006)

Waltar, A.E., Todd, D.R., Tsvetkov, P.V. (Hrsg.): Fast Spectrum Reactors. Springer, New York (2011)

Anhang A

A.1 Energieverlust beim Stoß

Die Gleichung für den Energieverlust beim winkelabhängigen elastischen Stoß eines Neutrons an einem Atomkern kann unter Anwendung der Impuls- und Energieerhaltung hergeleitet werden:

Im Schwerpunktsystem, d. h. in einem Koordinatensystem, welches sich mit dem Schwerpunkt mitbewegt, verläuft die elastische Streuung kugelsymmetrisch, d. h. hier sind alle Streuwinkel gleichwahrscheinlich.

Es werden folgende Größen verwendet, wie Abb. A.1 zeigt.

Für den Impulssatz vor dem Stoß gilt hier:

$$m_n \cdot (\vec{v}_n - \vec{v}_S) + m_K \cdot (-\vec{v}_S) = 0 \tag{A.1}$$

Nach dem Stoß gilt:

$$\begin{aligned} m_n \cdot \vec{v}'_{Sn} + m_K \cdot (-\vec{v}'_{SK}) &= 0 \\ \Longrightarrow \vec{v}'_{SK} = \frac{m_n}{m_K} \cdot \vec{v}'_{Sn} &= \frac{1}{A} \cdot \vec{v}'_{Sn} \end{aligned} \tag{A.2}$$

Nach Umrechnung auf das ruhende Koordinatensystem, das als Laborsystem bezeichnet wird, können die mittlere Neutronenenergie nach dem Stoß, der mittlere Energieverlust beim Stoß sowie der mittlere Streuwinkel berechnet werden.

Hier werden zusätzlich folgende Größen verwendet:

Abbildung A.2 zeigt den Streuvorgang im Laborsystem.

Die Impulsgleichung $\vec{P} = m \cdot \vec{v}$ für das Laborsystem kann wie folgt geschrieben werden:

$$m_n \cdot \vec{v}_n + m_K \cdot \vec{v}_K = m_n \cdot \vec{v}'_n + m_K \cdot \vec{v}'_K \tag{A.3}$$

A. Ziegler und H.-J. Allelein (Hrsg.), *Reaktortechnik*,
DOI: 10.1007/978-3-642-33846-5, © Springer-Verlag Berlin Heidelberg 2013

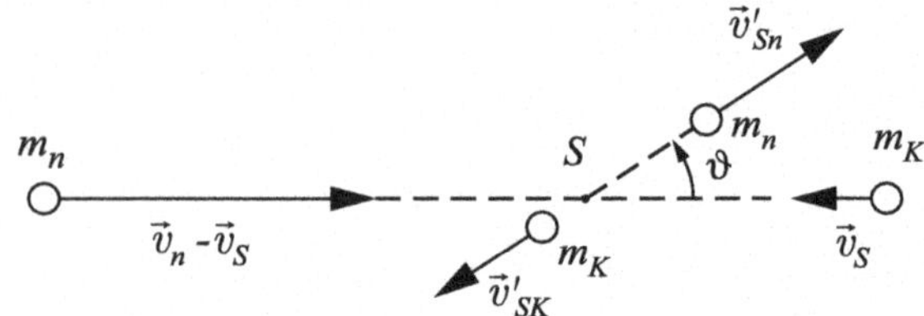

Abb. A.1 Streuvorgang eines Neutrons an einem Atomkern im Schwerpunktsystem

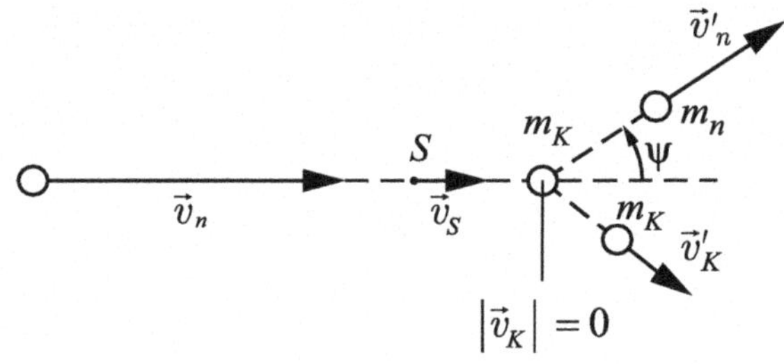

Abb. A.2 Streuvorgang eines Neutrons an einem Atomkern im Laborsystem

Mit den Annahmen

$$m_K = m_{Nukleon} \cdot A = m_n \cdot A \tag{A.4}$$

sowie

$$|\vec{v}_K| = 0 \tag{A.5}$$

ergibt sich für die Geschwindigkeit des Schwerpunktsystems:

$$\begin{aligned} \vec{v}_S &= \frac{\vec{P}}{m_S} = \frac{\sum\limits_i m_i \cdot \vec{v}_i}{\sum\limits_i m_i} \\ &= \frac{m_n \cdot \vec{v}_n + m_K \cdot \vec{v}_K}{m_n + m_K} = \frac{m_n}{m_n + m_K} \cdot \vec{v}_n \\ &= \frac{1}{1+A} \cdot \vec{v}_n \end{aligned} \tag{A.6}$$

Abbildung A.3 zeigt den Zusammenhang zwischen Geschwindigkeit und Streuwinkel in Schwerpunkt- und Laborsystem.

Im Laborsystem lässt sich die Neutronengeschwindigkeit $\vec{v}_n$ nach dem Stoß also durch vektorielle Addition ermitteln.

$$\vec{v}'_n = \vec{v}'_{Sn} + \vec{v}_S \tag{A.7}$$

Wird diese Gleichung quadriert, so ergibt sich unter Zuhilfenahme des Kosinussatzes

$$\vec{a} \cdot \vec{b} = |\vec{a}| \left|\vec{b}\right| \cos\alpha = a \cdot b \cdot \cos\alpha \tag{A.8}$$

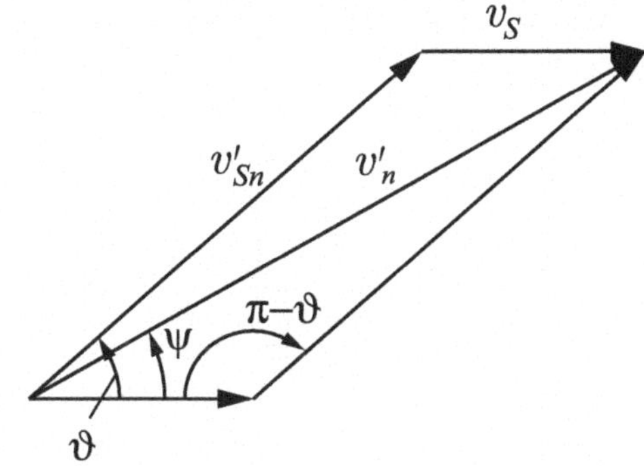

Abb. A.3 Geschwindigkeit und Streuwinkel in Schwerpunkt- und Laborsystem

der folgende Zusammenhang:

$$\begin{aligned} \vec{v}'^2_n &= \left(\vec{v}'_{Sn} + \vec{v}_S\right)^2 \\ &= \vec{v}'^2_{Sn} + \vec{v}^2_S + 2|\vec{v}'_{Sn}||\vec{v}_S| \cos \vartheta \\ \Longrightarrow v'^2_n &= v'^2_{Sn} + v^2_S + 2 \cdot v'_{Sn} \cdot v_S \cdot \cos \vartheta \end{aligned} \tag{A.9}$$

Der Energiesatz lässt sich jetzt im Schwerpunktsystem wie folgt formulieren:

$$\frac{1}{2} \cdot m_n \cdot \left(\vec{v}_n - \vec{v}_S\right)^2 + \frac{1}{2} \cdot m_K \cdot \vec{v}^2_S = \frac{1}{2} \cdot m_n \cdot \vec{v}'^2_{Sn} + \frac{1}{2} \cdot m_K \cdot \vec{v}'^2_{SK} \tag{A.10}$$

Wird diese Gleichung mit 2 multipliziert, die Geschwindigkeit $\vec{v}_S$ durch die Gleichung A.6 und die Geschwindigkeit $\vec{v}_{SK}$ durch die Gleichung A.2 ersetzt, so folgt:

$$m_n \cdot \left(\left(1 - \frac{1}{1+A}\right) \cdot \vec{v}_n\right)^2 + m_K \cdot \left(\left(\frac{1}{1+A}\right) \cdot \vec{v}_n\right)^2 = m_n \cdot \vec{v}'^2_{Sn} + m_K \cdot \left(\frac{1}{A} \cdot \vec{v}'_{Sn}\right)^2 \tag{A.11}$$

Die Berücksichtigung von $m_K = m_n \cdot A$ führt zu

$$\begin{aligned} \left(\vec{v}_n - \frac{\vec{v}_n}{1+A}\right)^2 + \frac{A}{(1+A)^2} \cdot \vec{v}^2_n &= \vec{v}'^2_{Sn} + \frac{A}{A^2} \cdot \vec{v}'^2_{Sn} \\ \Longrightarrow \left(\frac{\vec{v}_n \cdot (1+A) - \vec{v}_n}{1+A}\right)^2 + \frac{A}{(1+A)^2} \cdot \vec{v}^2_n &= \frac{A^2 \cdot \vec{v}'^2_{Sn} + A \cdot \vec{v}'^2_{Sn}}{A^2} \\ \Longrightarrow \vec{v}^2_n \cdot \left(\frac{1+A-1}{1+A}\right)^2 + \frac{A}{(1+A)^2} \cdot \vec{v}^2_n &= \vec{v}'^2_{Sn} \cdot \frac{A^2+A}{A^2} \\ \Longrightarrow \vec{v}^2_n \cdot \frac{A^2+A}{(1+A)^2} &= \vec{v}'^2_{Sn} \cdot \frac{A^2+A}{A^2} \\ \Longrightarrow \vec{v}^2_n &= \vec{v}'^2_{Sn} \cdot \frac{(1+A)^2}{A^2} \\ \Longrightarrow \vec{v}'_{Sn} &= \vec{v}_n \cdot \frac{A}{1+A} \end{aligned} \tag{A.12}$$

Werden (A.6) und (A.12) (A.9) eingesetzt, so folgt für die Geschwindigkeit des Neutrons nach dem Stoß:

$$\begin{aligned} {v'_n}^2 &= {v'}^2_{Sn} + v_S^2 + 2 \cdot v'_{Sn} \cdot v_S \cdot \cos\vartheta \\ &= \left(v_n \cdot \frac{A}{(1+A)}\right)^2 + \left(v_n \cdot \frac{1}{(1+A)}\right)^2 + 2 \cdot \left(v_n \cdot \frac{A}{(1+A)}\right) \cdot \left(v_n \cdot \frac{1}{(1+A)}\right) \cdot \cos\vartheta \\ &= v_n^2 \cdot \frac{A^2 + 1 + 2 \cdot A \cdot \cos\vartheta}{(1+A)^2} \end{aligned} \tag{A.13}$$

Jetzt lässt sich eine Beziehung zwischen Anfangs- und Endenergie eines Stoßvorgangs im Laborsystem herstellen:

$$\begin{aligned} E' &= \frac{1}{2} \cdot m_n \cdot {v'_n}^2 \\ &= \frac{1}{2} \cdot m_n \cdot v_n^2 \cdot \frac{A^2 + 1 + 2 \cdot A \cdot \cos\vartheta}{(1+A)^2} \\ &= E \cdot \left(\frac{A^2+1}{(1+A)^2} + \frac{2 \cdot A}{(1+A)^2} \cdot \cos\vartheta\right) \end{aligned} \tag{A.14}$$

Führt man die Größe

$$\alpha = \left(\frac{A-1}{A+1}\right)^2 \tag{A.15}$$

ein, so folgt mit

$$\begin{aligned} \frac{A^2+1}{(A+1)^2} &= \frac{1}{2} \cdot \frac{(A^2 + 2 \cdot A + 1) + (A^2 - 2 \cdot A + 1)}{(A+1)^2} \\ &= \frac{1}{2} \cdot \frac{(A+1)^2 + (A-1)^2}{(A+1)^2} \\ &= \frac{1}{2} \cdot (1 + \alpha) \end{aligned} \tag{A.16}$$

und

$$\begin{aligned} \frac{2 \cdot A}{(A+1)^2} &= \frac{1}{2} \cdot \frac{(A^2 + 2 \cdot A + 1) - (A^2 - 2 \cdot A + 1)}{(A+1)^2} \\ &= \frac{1}{2} \cdot \frac{(A+1)^2 - (A-1)^2}{(A+1)^2} \\ &= \frac{1}{2} \cdot (1 - \alpha) \end{aligned} \tag{A.17}$$

die Gleichung

$$E' = E \cdot \frac{1}{2} \cdot ((1+\alpha) + (1-\alpha) \cdot \cos\vartheta) \tag{A.18}$$

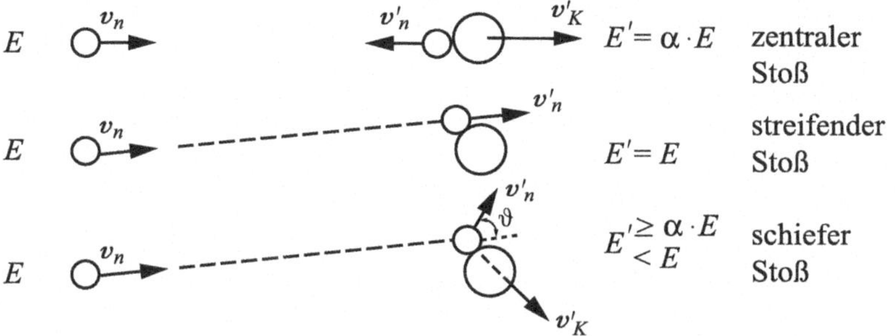

Abb. A.4 Energieübertrag bei den verschiedenen Stoßbedingungen

Der maximale Energieverlust lässt sich mit (A.18) beschreiben, wenn im Schwerpunktsystem das Neutron zurückgestreut wird, also $\vartheta = \pi \Longrightarrow \cos\pi = -1$ ist.

$$\begin{aligned} E'_{min} &= E \cdot \frac{1}{2} \cdot ((1+\alpha) + (1-\alpha)\cdot(-1)) \\ &= E \cdot \frac{1}{2} \cdot ((1+\alpha) - (1-\alpha)) \\ &= E \cdot \alpha \end{aligned} \tag{A.19}$$

Demgegenüber erfolgt minimaler Energieverlust bei minimal streifendem Stoß, also bei $\vartheta = 0 \Longrightarrow \cos 0 = 1$ ist.

$$\begin{aligned} E'_{max} &= E \cdot \frac{1}{2} \cdot ((1+\alpha) + (1-\alpha)\cdot(1)) \\ &= E \end{aligned} \tag{A.20}$$

Die Minimalenergie des Neutrons nach dem Stoß ist also durch die Größe α, d. h. durch die Massenzahl A bestimmt.

Die Energie eines elastisch gestreuten Neutrons mit der Energie E liegt also zwischen E und $\alpha \cdot E$.

Schließlich folgt:

$$E'_{max} - E'_{min} = (1-\alpha)\cdot E \tag{A.21}$$

Abbildung A.4 zeigt die beschriebenen Ereignisse nochmals in einer Übersicht.

A.2 Abbremszeit von Neutronen

Sind Werte für das Bremsvermögen von H_2O mit $\xi\Sigma_s = 1.36\,\text{cm}^{-1}$ und für die Geschwindigkeit thermischer Neutronen mit $v_{th} = 2200\,\text{m s}^{-1}$ gegeben, so lässt sich die

Abbremszeit für Neutronen von schneller Energie auf thermische Energie in Wasser wie folgt berechnen:

Der Energieverlust pro Zeiteinheit

$$-\frac{\mathrm{d}E}{\mathrm{d}t} = v \cdot \xi \cdot \Sigma_s \cdot E \tag{A.22}$$

führt unter Berücksichtigung von

$$E = \frac{m}{2} \cdot v^2 \iff v = \sqrt{\frac{2E}{m}} \tag{A.23}$$

auf die folgende Integralgleichung :

$$\begin{aligned} \int_0^{t_B} \mathrm{d}t &= -\int_{E_0}^{E_{th}} \frac{1}{v \cdot \xi \cdot \Sigma_s \cdot E} \,\mathrm{d}E \\ &= -\int_{E_0}^{E_{th}} \frac{1}{\sqrt{\frac{2E}{m}} \cdot \xi \cdot \Sigma_s \cdot E} \,\mathrm{d}E \end{aligned} \tag{A.24}$$

Hieraus ergibt sich die Bremszeit zu:

$$\begin{aligned} t_B &= -\frac{1}{\sqrt{\frac{2}{m}} \cdot \xi \cdot \Sigma_s} \cdot \int_{E_0}^{E_{th}} \mathrm{E}^{-3/2} \,\mathrm{d}E = \frac{2}{\sqrt{\frac{2}{m}} \cdot \xi \cdot \Sigma_s} \cdot \left(\frac{1}{\sqrt{E_{th}}} - \frac{1}{\sqrt{E_0}} \right) \\ &= \frac{2}{\sqrt{\frac{2}{m}} \cdot \xi \cdot \Sigma_s} \cdot \left(\frac{1}{\sqrt{\frac{m}{2}} \cdot v_{th}} - \frac{1}{\sqrt{\frac{m}{2}} \cdot v_0} \right) = \frac{2}{\xi \cdot \Sigma_s} \cdot \left(\frac{1}{v_{th}} - \frac{1}{v_0} \right) \end{aligned} \tag{A.25}$$

Wegen $E_0 \gg E_{th}$ bzw. $v_0 \gg v_{th}$ ergibt sich noch folgende Vereinfachung:

$$\begin{aligned} t_B &\approx \frac{2}{\xi \cdot \Sigma_s \cdot v_{th}} \\ &\approx \frac{2}{1.36\,\mathrm{cm}^{-1} \cdot 2.2 \cdot 10^5\,\mathrm{cm\ s}^{-1}} = 6.68 \cdot 10^{-6}\,\mathrm{s} \end{aligned} \tag{A.26}$$

A.3 Kritische Werte einer „nackten" U-235–Kugel

Der kritischen Radius einer U-235–Kugel lässt sich mit den Größen

$$\begin{aligned} &\text{Spaltneutronenausbeute} : \nu &&= 2.65 \\ &\text{Spaltquerschnitt} : \sigma_f &&= 1.225\,\text{barn} \end{aligned}$$

$$\begin{aligned} &\text{Einfangquerschnitt} : \sigma_{n,\gamma} &&= 0.095\,\text{barn} \\ &\text{Diffusionskoeffizient} : D &&= 0.91\,\text{cm} \\ &\text{Dichte U-235} : \rho &&= 18.7\,\text{g/cm}^{-3} \end{aligned}$$

und der Bedingung, dass ein schnelles Spektrum vorliegt, wie folgt berechnen:

Die zeitunabhängige Diffusionsgleichung

$$D \cdot \triangle\phi - \Sigma_a \cdot \phi + \nu \cdot \Sigma_f \cdot \phi = 0 \tag{A.27}$$

kann mit dem Multiplikationsfaktor

$$k = \frac{\nu \cdot \Sigma_f}{\Sigma_a} \tag{A.28}$$

und dem Buckling

$$B^2 = \frac{\nu \cdot \Sigma_f - \Sigma_a}{D} = \frac{\Sigma_a}{D} \cdot \left(\frac{\nu \cdot \Sigma_f}{\Sigma_a} - 1\right) = (k-1) \cdot \frac{\Sigma_a}{D} \tag{A.29}$$

wie folgt geschrieben werden:

$$\triangle\phi + B^2 \cdot \phi = 0 \tag{A.30}$$

Mit der Auflösung des Laplaceoperators $\triangle$ in Kugelkoordinaten (ohne Winkelabhängigkeit)

$$\triangle\phi = \frac{\partial^2\phi}{\partial r^2} + \frac{2}{r} \cdot \frac{\partial\phi}{\partial r} = \frac{1}{r^2} \cdot \frac{\partial}{\partial r}\left(r^2 \cdot \frac{\partial\phi}{\partial r}\right) \tag{A.31}$$

lautet die Lösung für den Neutronenfluss:

$$\phi(r) = C_1 \cdot \frac{\sin(B \cdot r)}{r} \tag{A.32}$$

Die Forderung $\phi(r \approx R) = 0$ führt auf die Beziehung

$$B^2 = \left(\frac{\pi}{R}\right)^2 \tag{A.33}$$

für die Flusswölbung. Die Lösung für den Neutronenfluss lautet also

$$\phi(r) = C_1 \cdot \frac{\sin\left(\frac{\pi r}{R}\right)}{r} \tag{A.34}$$

Für den kritischen Radius lässt sich jetzt schreiben:

$$R = \frac{\pi}{B} = \left(\frac{\pi^2}{\frac{\Sigma_a}{D}\cdot\left(\frac{\nu\cdot\Sigma_f}{\Sigma_a}-1\right)}\right)^{1/2} = \left(\frac{\pi^2\cdot L_D^2}{(k-1)}\right)^{1/2} \tag{A.35}$$

Das Einsetzen der Zahlenwerte ergibt jetzt:

$$\begin{aligned} N''' &= \frac{\rho\cdot N_A}{M} = \frac{18.7\ \mathrm{g\,cm^{-3}}\cdot 6.022\cdot 10^{23}\ \mathrm{mol^{-1}}}{235\ \mathrm{g\,mol^{-1}}} \\ &= 4.79\cdot 10^{22}\ \text{Kerne}\ \mathrm{cm^{-3}} \end{aligned} \tag{A.36}$$

$$\begin{aligned} \Sigma_A &= (\sigma_f+\sigma_{n,\gamma})\cdot N''' = (1.225+0.095)\cdot 10^{-24}\ \mathrm{cm}^2\cdot 4.79\cdot 10^{22}\ \mathrm{cm^{-3}} \\ &= 6.32\cdot 10^{-2}\ \mathrm{cm^{-1}} \end{aligned} \tag{A.37}$$

$$k = \eta = \nu\cdot\frac{\sigma_f}{\sigma_f+\sigma_{n,\gamma}} = 2.65\cdot\frac{1.225}{1.225+0.095} = 2.46 \tag{A.38}$$

$$\Longrightarrow B^2 = (k-1)\cdot\frac{\Sigma_A}{D} = (2.46-1)\cdot\frac{6.32\cdot 10^{-2}\ \mathrm{cm^{-1}}}{0.91\ \mathrm{cm}} = 0.1014\ \mathrm{cm^{-2}} \tag{A.39}$$

$$\Longrightarrow B = 0.318\ \mathrm{cm^{-1}} \tag{A.40}$$

$$\Longrightarrow R = \frac{\pi}{B} = 9.866\ \mathrm{cm} \tag{A.41}$$

Der tatsächliche kritische Radius ist noch geringer; er kann durch Subtraktion der Extrapolationsdistanz gewonnen werden. Eine weitere Verringerung ist dadurch möglich, dass die Kugel mit einem Reflektor umgeben wird.

A.4 Plattenförmige Anordnung (Volumenquelle) mit Reflektor

Es sei ein Plattenreaktor mit Reflektor entsprechend folgender Abbildung gegeben:

Der Reaktor hat in der ausschließlich zu betrachtenden x-Richtung eine Ausdehnung von $-a/2 < x < +a/2$. Die Neutronenquelle ist über diesen Bereich homogen verteilt. Der Reflektor hat in x-Richtung die Ausdehnung $-a/2-b < x < -a/2$ und $+a/2 < x < +a/2+b$ (Abb. A.5).

Die Lösung der Diffusionsgleichung für zwei Neutronengruppen (schnelle und thermische) in beiden Gebieten wird wie folgt berechnet:

Bei monoenergetischer Betrachtung eines thermischen Reaktors wird das Verhalten der thermischen Neutronen durch die energieunabhängige Diffusionsgleichung beschrie-

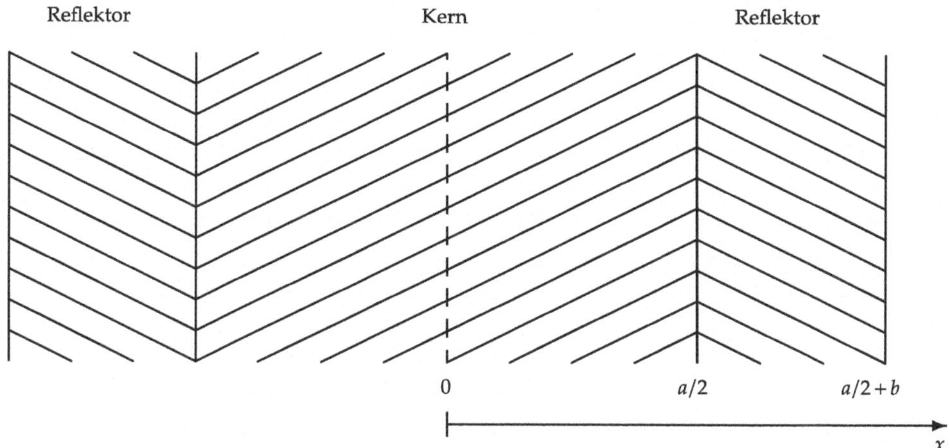

Abb. A.5 Plattenreaktor mit in x-Richtung beidseitig angeordnetem Reflektor

ben. Die Beiträge der anderen Energiebereiche werden durch die Resonanzentkommwahrscheinlichkeit p und den Schnellspaltfaktor ε berücksichtigt.

Während dieses Vorgehen für die Berechnung des Multiplikationsfaktors k_∞ bzw. die Ermittlung des Neutronenflusses ϕ eines nackten Reaktors gute Resultate liefert, ergeben sich bei einem Reaktor mit Reflektor für Neutronenflussverteilung und Leckage große Fehler. Hier muss der Rückstrom thermischer Neutronen durch Moderation und Rückstreuung schneller Neutronen im Reflektor berücksichtigt werden.

Eine erhebliche Verbesserung erhält man schon durch Aufteilung in zwei Energiebereiche. Die Berechnung mit einem schnellen und einem thermischen Bereich sowohl für den Reaktorkern als auch für den Reflektor wird im folgenden durchgeführt.

Zuerst werden die Diffusionsgleichungen für Reaktorkern und Reflektor mit den Indizes 1 für die schnelle Gruppe und 2 für die thermische Gruppe aufgestellt. Die Grenze zwischen den beiden Energiebereichen ist so gewählt, dass eine Aufwärtsstreuung von der thermischen in die schnelle Gruppe nicht zu berücksichtigen ist. Alle Spaltneutronen werden in der schnellen Gruppe freigesetzt.

Kern:

$$D_1^C \cdot \Delta\phi_1^C - \Sigma_{1,a}^C \cdot \phi_1^C - \Sigma_{1\to 2}^C \cdot \phi_1^C + \nu_1 \cdot \Sigma_{1,f}^C \cdot \phi_1^C + \nu_2 \cdot \Sigma_{2,f}^C \cdot \phi_2^C = 0 \tag{A.42}$$

$$D_2^C \cdot \Delta\phi_2^C - \Sigma_{2,a}^C \cdot \phi_2^C + \Sigma_{1\to 2}^C \cdot \phi_1^C = 0 \tag{A.43}$$

Reflektor:

$$D_1^R \cdot \Delta\phi_1^R - \Sigma_{1,a}^R \cdot \phi_1^R - \Sigma_{1\to 2}^R \cdot \phi_1^R = 0 \tag{A.44}$$

$$D_2^R \cdot \Delta\phi_2^R - \Sigma_{2,a}^R \cdot \phi_2^R + \Sigma_{1\to 2}^R \cdot \phi_1^R = 0 \tag{A.45}$$

Unter Berücksichtigung des Zusammenhangs

$$\nu_2 \cdot \Sigma_{2,f}^C \cdot \phi_2^C = f \cdot \eta \cdot \Sigma_{2,a}^C \cdot \phi_2^C \tag{A.46}$$

und der Tatsache, dass der Anteil der Spaltneutronen aus schnellen Spaltungen

$$\nu_1 \cdot \Sigma_{1,f}^C \cdot \phi_1^C \tag{A.47}$$

durch den Schnellspaltfaktor ε ausgedrückt werden kann, folgt:

$$\nu_1 \cdot \Sigma_{1,f}^C \cdot \phi_1^C + \nu_2 \cdot \Sigma_{2,f}^C \cdot \phi_2^C = \varepsilon \cdot f \cdot \eta \cdot \Sigma_{2,a}^C \cdot \phi_2^C \tag{A.48}$$

Die Absorption schneller Neutronen im Kern wird jetzt noch durch die Resonanzentkommwahrscheinlichkeit p berücksichtigt:

$$\Sigma_{1,a}^C \cdot \phi_1^C = (1-p) \cdot \varepsilon \cdot f \cdot \eta \cdot \Sigma_{2,a}^C \cdot \phi_2^C \tag{A.49}$$

$$\Longrightarrow \varepsilon \cdot f \cdot \eta \cdot \Sigma_{2,a}^C \cdot \phi_2^C - \Sigma_{1,a}^C \cdot \phi_1^C = k_\infty \cdot \Sigma_{2,a}^C \cdot \phi_2^C \tag{A.50}$$

Die Diffusionsgleichung für schnelle Neutronen im Kern lässt sich somit wie folgt schreiben:

$$D_1^C \cdot \Delta\phi_1^C - \Sigma_{1\to2}^C \cdot \phi_1^C + k_\infty \cdot \Sigma_{2,a}^C \cdot \phi_2^C = 0 \tag{A.51}$$

Formuliert nur für die x-Richtung und dividiert durch den jeweiligen Diffusionskoeffizient ergeben sich die folgenden vier Differentialgleichungen zweiter Ordnung:

$$\frac{\mathrm{d}^2\phi_1^C}{\mathrm{d}x^2} - \frac{\Sigma_{1\to2}^C}{D_1^C} \cdot \phi_1^C + \frac{k_\infty \cdot \Sigma_{2,a}^C}{D_1^C} \cdot \phi_2^C = 0 \tag{A.52}$$

$$\frac{\mathrm{d}^2\phi_2^C}{\mathrm{d}x^2} - \frac{\Sigma_{2,a}^C}{D_2^C} \cdot \phi_2^C + \frac{\Sigma_{1\to2}^C}{D_2^C} \cdot \phi_1^C = 0 \tag{A.53}$$

$$\frac{\mathrm{d}^2\phi_1^R}{\mathrm{d}x^2} - \frac{\left(\Sigma_{1,a}^R + \Sigma_{1\to2}^R\right)}{D_1^R} \cdot \phi_1^R = 0 \tag{A.54}$$

$$\frac{\mathrm{d}^2\phi_2^R}{\mathrm{d}x^2} - \frac{\Sigma_{2,a}^R}{D_2^R} \cdot \phi_2^R + \frac{\Sigma_{1\to2}^R}{D_2^R} \cdot \phi_1^R = 0 \tag{A.55}$$

Außer der Diffusionsgleichung für schnelle Neutronen im Reflektor sind alle Gleichungen inhomogen. Der homogene Teil der Gleichungen entspricht der Form

$$\frac{\mathrm{d}^2}{\mathrm{d}x^2}\phi_{\mathrm{hom}} + B^2 \cdot \phi_{\mathrm{hom}} = 0 \iff \frac{\mathrm{d}^2}{\mathrm{d}x^2}\phi_{\mathrm{hom}} = -B^2 \cdot \phi_{\mathrm{hom}} \tag{A.56}$$

Lösung für den Kern–Bereich:
Werden in die beiden Diffusionsgleichungen des Kern–Bereichs jetzt die homogenen Lösungsansätze eingesetzt, so erhält man:

$$-\left(D_1^C \cdot B^2 + \Sigma_{1\to 2}^C\right) \cdot \phi_{1,\text{hom}} + k_\infty \cdot \Sigma_{2,a}^C \cdot \phi_{2,\text{hom}} = 0 \tag{A.57}$$

$$-\left(D_2^C \cdot B^2 + \Sigma_{2,a}^C\right) \cdot \phi_{2,\text{hom}} + \Sigma_{1\to 2}^C \cdot \phi_{1,\text{hom}} = 0 \tag{A.58}$$

Die Bedingung, dass diese beiden Gleichungen eine nichttriviale Lösung haben, ist nur dann erfüllt, wenn folgende Gleichung gilt:

$$\left(D_1^C \cdot B^2 + \Sigma_{1\to 2}^C\right) \cdot \left(D_2^C \cdot B^2 + \Sigma_{2,a}^C\right) - k_\infty \cdot \Sigma_{2,a}^C \cdot \Sigma_{1\to 2}^C = 0 \tag{A.59}$$

Die Determinante der Koeffizientenmatrix muss also Null sein.
Einführung der Gleichungen für Bremslänge und Diffusionslänge

$$L_B^C = \sqrt{\frac{D_1^C}{\Sigma_{1\to 2}^C}} \tag{A.60}$$

$$L_D^C = \sqrt{\frac{D_2^C}{\Sigma_{2,a}^C}} \tag{A.61}$$

und Division durch

$$\Sigma_{2,a}^C \cdot \Sigma_{1\to 2}^C \tag{A.62}$$

führt auf die Gleichung

$$\left(1 + L_D^{C^2} \cdot B^2\right) \cdot \left(1 + L_B^{C^2} \cdot B^2\right) = k_\infty \tag{A.63}$$

$$\Longrightarrow k_{eff} = \frac{k_\infty}{\left(1 + L_D^{C^2} \cdot B^2\right) \cdot \left(1 + L_B^{C^2} \cdot B^2\right)} = 1 \tag{A.64}$$

Durch Ausmultiplizieren erhält man eine quadratische Gleichung für das Buckling B^2:

$$B^4 + \left(\frac{1}{L_B^{C^2}} + \frac{1}{L_D^{C^2}}\right) \cdot B^2 - \frac{k_\infty - 1}{L_B^{C^2} \cdot L_D^{C^2}} = 0 \tag{A.65}$$

Die Lösungen dieser Gleichung sind:

$$B_{(+)}^2 = \frac{1}{2}\left(-\left(\frac{1}{L_B^{C^2}} + \frac{1}{L_D^{C^2}}\right) + \sqrt{\left(\frac{1}{L_B^{C^2}} + \frac{1}{L_D^{C^2}}\right)^2 + \frac{4 \cdot (k_\infty - 1)}{L_B^{C^2} \cdot L_D^{C^2}}}\right) \tag{A.66}$$

$$B^2_{(-)} = \left| \frac{1}{2} \left(-\left(\frac{1}{L_B^{C^2}} + \frac{1}{L_D^{C^2}} \right) - \sqrt{\left(\frac{1}{L_B^{C^2}} + \frac{1}{L_D^{C^2}} \right)^2 + \frac{4 \cdot (k_\infty - 1)}{L_B^{C^2} \cdot L_D^{C^2}}} \right) \right| \tag{A.67}$$

Mit den Größen $B^2_{(+)}$ und $B^2_{(-)}$ ergeben sich für schnelle und thermische Gruppe insgesamt vier Gleichungen zur Lösung des Neutronenflusses.

$$\frac{\mathrm{d}^2}{\mathrm{d}x^2}\hat{\phi}_1^C + B^2_{(+)} \cdot \hat{\phi}_1^C = 0 \tag{A.68}$$

$$\frac{\mathrm{d}^2}{\mathrm{d}x^2}\tilde{\phi}_1^C - B^2_{(-)} \cdot \tilde{\phi}_1^C = 0 \tag{A.69}$$

$$\frac{\mathrm{d}^2}{\mathrm{d}x^2}\hat{\phi}_2^C + B^2_{(+)} \cdot \hat{\phi}_2^C = 0 \tag{A.70}$$

$$\frac{\mathrm{d}^2}{\mathrm{d}x^2}\tilde{\phi}_2^C - B^2_{(-)} \cdot \tilde{\phi}_2^C = 0 \tag{A.71}$$

Da $+B^2_{(+)}$ stets positiv und $-B^2_{(-)}$ stets negativ ist, werden die folgenden Lösungsansätze für das hier vorliegende ebene Problem gewählt (bei zylinder- oder kugelförmiger Geometrie werden andere Ansätze verwendet):

$$\hat{\phi} = \cos\left(B_{(+)} \cdot x\right) \tag{A.72}$$

$$\tilde{\phi} = \cosh\left(B_{(-)} \cdot x\right) \tag{A.73}$$

Die Lösungen der Diffusionsgleichungen erhält man jetzt durch Linearkombination der beiden Lösungen für $\hat{\phi}$ und $\tilde{\phi}$.

$$\phi_1^C = K_1 \cdot \hat{\phi}_1 + K_2 \cdot \tilde{\phi}_1 = K_1 \cdot \cos\left(B_{(+)} \cdot x\right) + K_2 \cdot \cosh\left(B_{(-)} \cdot x\right) \tag{A.74}$$

$$\phi_2^C = K_3 \cdot \hat{\phi}_2 + K_4 \cdot \tilde{\phi}_2 = K_3 \cdot \cos\left(B_{(+)} \cdot x\right) + K_4 \cdot \cos\left(B_{(-)} \cdot x\right) \tag{A.75}$$

Werden diese Lösungsgleichungen in die ursprünglichen Differentialgleichungen eingesetzt, so erkennt man, dass von den vier Konstanten K_1, K_2, K_3 und K_4 nur zwei linear unabhängig sind:

$$\begin{aligned} &D_2^C \cdot \left(-K_3 \cdot B^2_{(+)} \cdot \cos\left(B_{(+)} \cdot x\right) + K_4 \cdot B^2_{(-)} \cdot \cosh\left(B_{(-)} \cdot x\right)\right) \\ &- \Sigma_{2,a}^C \cdot \left(K_3 \cdot \cos\left(B_{(+)} \cdot x\right) + K_4 \cdot \cosh\left(B_{(-)} \cdot x\right)\right) \\ &+ \Sigma_{1\to 2}^C \cdot \left(K_1 \cdot \cos\left(B_{(+)} \cdot x\right) + K_2 \cdot \cosh\left(B_{(-)} \cdot x\right)\right) = 0 \end{aligned} \tag{A.76}$$

Die Zusammenfassung der Terme mit cos einerseits und cosh andererseits

$$\begin{aligned}&\left(-D_2^C \cdot K_3 \cdot B_{(+)}^2 - \Sigma_{2,a}^C \cdot K_3 + \Sigma_{1\to 2}^C \cdot K_1\right) \cdot \cos(B_{(+)} \cdot x)\\&+ \left(D_2^C \cdot K_4 \cdot B_{(-)}^2 - \Sigma_{2,a}^C \cdot K_4 + \Sigma_{1\to 2}^C \cdot K_2\right) \cdot \cosh(B_{(-)} \cdot x) = 0\end{aligned} \tag{A.77}$$

zeigt, dass die Gleichung nur dann für alle cos– bzw. cosh –Werte gültig ist, wenn die Klammerausdrücke verschwinden. Die sich hieraus ergebenden Kopplungskonstanten sind:

$$K_{K1} = \frac{K_3}{K_1} = \frac{\Sigma_{1\to 2}^C}{D_2^C \cdot B_{(+)}^2 + \Sigma_{2,a}^C} \tag{A.78}$$

$$K_{K2} = \frac{K_4}{K_2} = \frac{\Sigma_{1\to 2}^C}{-D_2^C \cdot B_{(-)}^2 + \Sigma_{2,a}^C} \tag{A.79}$$

Somit sind die Lösungen der beiden Diffusionsgleichungen im Kern- Bereich nur noch von zwei freien Konstanten abhängig:

$$\phi_1^C = K_1 \cdot \cos(B_{(+)} \cdot x) + K_2 \cdot \cosh(B_{(-)} \cdot x) \tag{A.80}$$

$$\phi_2^C = K_{K1} \cdot K_1 \cdot \cos(B_{(+)} \cdot x) + K_{K2} \cdot K_2 \cdot \cosh(B_{(-)} \cdot x) \tag{A.81}$$

Lösung für den Reflektor–Bereich:

Mit den Gleichungen für Bremslänge und Diffusionslänge

$$L_B^R = \sqrt{\frac{D_1^R}{\Sigma_{1,a}^R + \Sigma_{1\to 2}^R}} \tag{A.82}$$

$$L_D^R = \sqrt{\frac{D_2^R}{\Sigma_{2,a}^R}} \tag{A.83}$$

lassen sich die beiden Diffusionsgleichungen des Reflektor–Bereiches wie folgt schreiben:

$$\frac{d^2\phi_1^R}{dx^2} - \frac{1}{L_B^{R2}} \cdot \phi_1^R = 0 \tag{A.84}$$

$$\frac{d^2\phi_2^R}{dx^2} - \frac{1}{L_D^{R2}} \cdot \phi_2^R + \frac{\Sigma_{1\to 2}^R}{D_2^R} \cdot \phi_1^R = 0 \tag{A.85}$$

Werden auch hier die Lösungen der homogenen Gleichungen eingesetzt, so folgt:

$$-B^2 \cdot \phi_{1,\text{hom}}^R - \frac{1}{L_B^{R2}} \cdot \phi_{1,\text{hom}}^R = 0 \tag{A.86}$$

$$-B^2 \cdot \phi^R_{2,\text{hom}} - \frac{1}{L_D^{R\,2}} \cdot \phi^R_{2,\text{hom}} + \frac{\Sigma^R_{1\to 2}}{D_2^R} \cdot \phi^R_{1,\text{hom}} = 0 \tag{A.87}$$

Die auch hier zu erfüllende Bedingung, dass die Determinante der Koeffizientenmatrix gleich Null ist, führt auf die folgenden Beziehungen:

$$\left(B^2 + \frac{1}{L_B^{R\,2}}\right) \cdot \left(B^2 + \frac{1}{L_D^{R\,2}}\right) = 0 \tag{A.88}$$

Hieraus erhält man die quadratische Gleichung

$$B^4 + \left(\frac{1}{L_B^{R\,2}} + \frac{1}{L_D^{R\,2}}\right) \cdot B^2 + \frac{1}{L_B^{R\,2}} \cdot \frac{1}{L_D^{R\,2}} = 0 \tag{A.89}$$

mit den Lösungen

$$B^2_{(+)} = \frac{1}{2}\left(-\left(\frac{1}{L_B^{R\,2}} + \frac{1}{L_D^{R\,2}}\right) + \sqrt{\left(\frac{1}{L_B^{R\,2}} + \frac{1}{L_D^{R\,2}}\right)^2 - \frac{4}{L_B^{R\,2} \cdot L_D^{R\,2}}}\right) \tag{A.90}$$

$$B^2_{(-)} = \frac{1}{2}\left(-\left(\frac{1}{L_B^{R\,2}} + \frac{1}{L_D^{R\,2}}\right) - \sqrt{\left(\frac{1}{L_B^{R\,2}} + \frac{1}{L_D^{R\,2}}\right)^2 - \frac{4}{L_B^{R\,2} \cdot L_D^{R\,2}}}\right) \tag{A.91}$$

Die Auflösung des Terms unter der Wurzel

$$\begin{aligned}
&\sqrt{\left(\frac{1}{L_B^{R\,2}} + \frac{1}{L_D^{R\,2}}\right)^2 - \frac{4}{L_B^{R\,2} \cdot L_D^{R\,2}}} \\
&= \sqrt{\left(\frac{1}{L_B^{R\,2}}\right)^2 + 2 \cdot \frac{1}{L_B^{R\,2} \cdot L_D^{R\,2}} + \left(\frac{1}{L_D^{R\,2}}\right)^2 - 4 \cdot \frac{1}{L_B^{R\,2} \cdot L_D^{R\,2}}} \\
&= \sqrt{\left(\frac{1}{L_B^{R\,2}}\right)^2 - 2 \cdot \frac{1}{L_B^{R\,2} \cdot L_D^{R\,2}} + \left(\frac{1}{L_D^{R\,2}}\right)^2} \\
&= \sqrt{\left(\frac{1}{L_B^{R\,2}} - \frac{1}{L_D^{R\,2}}\right)^2} = \left(\frac{1}{L_B^{R\,2}} - \frac{1}{L_D^{R\,2}}\right)
\end{aligned} \tag{A.92}$$

führt zu folgendem Ergebnis:

$$B^2_{(+)} = \frac{1}{2}\left(-\frac{1}{L_B^{R\,2}} - \frac{1}{L_D^{R\,2}} + \frac{1}{L_B^{R\,2}} - \frac{1}{L_D^{R\,2}}\right) = -\frac{1}{L_D^{R\,2}} \tag{A.93}$$

$$B_{(-)}^2 = \frac{1}{2}\left(-\frac{1}{L_B^{R2}} - \frac{1}{L_D^{R2}} - \frac{1}{L_B^{R2}} + \frac{1}{L_D^{R2}}\right) = -\frac{1}{L_B^{R2}} \tag{A.94}$$

Da die Diffusionsgleichung für schnelle Neutronen im Reflektor homogen ist, wird nur eine Gleichung zur Lösung des Flusses benötigt:

$$\frac{\mathrm{d}^2}{\mathrm{d}x^2}\tilde{\phi}_1^R - \frac{1}{L_B^{R2}} \cdot \tilde{\phi}_1^R = 0 \tag{A.95}$$

Für die thermische Gruppe werden analog zur Rechnung im Kern–Bereich zwei Gleichungen zur Lösung des Neutronenflusses angesetzt:

$$\frac{\mathrm{d}^2}{\mathrm{d}x^2}\hat{\phi}_2^R - \frac{1}{L_D^{R2}} \cdot \hat{\phi}_2^R = 0 \tag{A.96}$$

$$\frac{\mathrm{d}^2}{\mathrm{d}x^2}\tilde{\phi}_2^R - \frac{1}{L_B^{R2}} \cdot \tilde{\phi}_2^R = 0 \tag{A.97}$$

Da die zweiten Terme der beiden obigen Gleichungen negativ sind, lässt sich ein Lösungsansatz der folgenden Form verwenden:

$$\varphi(x) = C_1 \cdot \mathrm{e}^{\left(-\frac{x}{Z}\right)} + C_2 \cdot \mathrm{e}^{\left(+\frac{x}{Z}\right)} \tag{A.98}$$

Da der Reflektor endlich groß ist, kann eine Betrachtung wie bei einer unendlich ausgedehnten Platte (setzen von C_2 gleich Null, da der Neutronenfluss im Unendlichen endlich bleiben muss) nicht angesetzt werden. Hier muss über die Einführung der Randbedingung

$$\varphi\left(\frac{a}{2} + b\right) = 0 \tag{A.99}$$

in den Lösungsansatz eine Konstante eliminiert werden:

$$0 = C_1 \cdot \mathrm{e}^{\left(-\frac{1}{Z}\cdot\left(\frac{a}{2}+b\right)\right)} + C_2 \cdot \mathrm{e}^{\left(+\frac{1}{Z}\cdot\left(\frac{a}{2}+b\right)\right)} \tag{A.100}$$

$$\Longrightarrow C_2 = -C_1 \cdot \mathrm{e}^{\left(-\frac{1}{Z}\cdot(a+2\cdot b)\right)} \tag{A.101}$$

$$\Longrightarrow \varphi(x) = C_1 \cdot \left(\mathrm{e}^{\left(-\frac{x}{Z}\right)} - \mathrm{e}^{\left(\frac{1}{Z}\cdot(x-(a+2\cdot b))\right)}\right) \tag{A.102}$$

Multipliziert man diese Gleichung mit

$$\frac{\mathrm{e}^{\left(\frac{1}{Z}\cdot\left(\frac{a}{2}+b\right)\right)}}{\mathrm{e}^{\left(\frac{1}{Z}\cdot\left(\frac{a}{2}+b\right)\right)}} \tag{A.103}$$

so lässt sie sich in die folgende Form umwandeln:

$$\begin{aligned}
\varphi(x) &= \frac{C_1}{e^{\left(\frac{1}{Z}\cdot\left(\frac{a}{2}+b\right)\right)}} \cdot \left(e^{\left(-\frac{x}{Z}\right)} \cdot e^{\left(\frac{1}{Z}\cdot\left(\frac{a}{2}+b\right)\right)} - e^{\left(\frac{1}{Z}\cdot(x-(a+2\cdot b))\right)} \cdot e^{\left(\frac{1}{Z}\cdot\left(\frac{a}{2}+b\right)\right)}\right) \\
&= \frac{2\cdot C_1}{e^{\left(\frac{1}{Z}\cdot\left(\frac{a}{2}+b\right)\right)}} \cdot \frac{1}{2} \cdot \left(e^{\left(+\frac{1}{Z}\cdot\left(\frac{a}{2}+b-x\right)\right)} - e^{\left(-\frac{1}{Z}\cdot\left(\frac{a}{2}+b-x\right)\right)}\right) \\
&= \frac{2\cdot C_1}{e^{\left(\frac{1}{Z}\cdot\left(\frac{a}{2}+b\right)\right)}} \cdot \sinh\left(\frac{1}{Z}\cdot\left(\frac{a}{2}+b-x\right)\right) \\
&= C_1^* \cdot \sinh\left(\frac{1}{Z}\cdot\left(\frac{a}{2}+b-x\right)\right)
\end{aligned} \tag{A.104}$$

Die Lösung der homogenen Gleichung der schnellen Gruppe ist dann:

$$\phi_1^R = K_5 \cdot \sinh\left(\frac{1}{L_B^R}\cdot\left(\frac{a}{2}+b-x\right)\right) \tag{A.105}$$

Die Lösung der Diffusionsgleichung der thermischen Gruppe erhält man wiederum durch Linearkombination der beiden Lösungen für $\hat{\phi}$ und $\tilde{\phi}$.

$$\phi_2^R = K_6 \cdot \sinh\left(\frac{1}{L_B^R}\cdot\left(\frac{a}{2}+b-x\right)\right) + K_7 \cdot \sinh\left(\frac{1}{L_D^R}\cdot\left(\frac{a}{2}+b-x\right)\right) \tag{A.106}$$

Werden die Lösungsgleichungen in die ursprünglichen Differentialgleichungen eingesetzt, so kann auch hier eine der Konstanten durch eine abhängige Kopplungskonstante ersetzt werden.

$$\begin{aligned}
&K_6 \cdot \frac{1}{L_B^{R\,2}} \cdot \sinh\left(\frac{1}{L_B^R}\cdot\left(\frac{a}{2}+b-x\right)\right) + K_7 \cdot \frac{1}{L_D^{R\,2}} \cdot \sinh\left(\frac{1}{L_D^R}\cdot\left(\frac{a}{2}+b-x\right)\right) \\
&- K_6 \cdot \frac{1}{L_D^{R\,2}} \cdot \sinh\left(\frac{1}{L_B^R}\cdot\left(\frac{a}{2}+b-x\right)\right) + K_7 \cdot \frac{1}{L_D^{R\,2}} \cdot \sinh\left(\frac{1}{L_D^R}\cdot\left(\frac{a}{2}+b-x\right)\right) \\
&+ K_5 \cdot \frac{\Sigma_{1\to 2}^R}{D_2^R} \cdot \sinh\left(\frac{1}{L_B^R}\cdot\left(\frac{a}{2}+b-x\right)\right) = 0
\end{aligned} \tag{A.107}$$

$$\begin{aligned}
\Longrightarrow &\left(K_6 \cdot \frac{1}{L_B^{R\,2}} - K_6 \cdot \frac{1}{L_D^{R\,2}} + K_5 \cdot \frac{\Sigma_{1\to 2}^R}{D_2^R}\right) \cdot \sinh\left(\frac{1}{L_B^R}\cdot\left(\frac{a}{2}+b-x\right)\right) \\
&+ \left(K_7 \cdot \frac{1}{L_D^{R\,2}} - K_7 \cdot \frac{1}{L_D^{R\,2}}\right) \cdot \sinh\left(\frac{1}{L_D^R}\cdot\left(\frac{a}{2}+b-x\right)\right) = 0
\end{aligned} \tag{A.108}$$

Die obige Zusammenfassung der Terme mit gleichem Argument der sin h-Funktion zeigt, dass die Gleichung für alle sinh-Werte nur dann gilt, wenn die Klammerausdrücke verschwinden. Für den unteren Klammerausdruck ist diese Aussage trivial. Aus dem oberen Ausdruck lässt sich dadurch die Kopplungskonstante gewinnen.

$$K_{K3} = \frac{K_6}{K_5} = \frac{\Sigma_{1\to 2}^R}{D_2^R} \cdot \frac{1}{\frac{1}{L_D^{R\,2}} - \frac{1}{L_B^{R\,2}}} \tag{A.109}$$

Die Lösungsgleichung für die thermische Gruppe lautet dann:

$$\phi_2^R = K_{K3} \cdot K_5 \cdot \sinh\left(\frac{1}{L_B^R} \cdot \left(\frac{a}{2} + b - x\right)\right) + K_7 \cdot \sinh\left(\frac{1}{L_D^R} \cdot \left(\frac{a}{2} + b - x\right)\right) \tag{A.110}$$

<u>Gesamtlösung:</u>
Die vier unbekannten Konstanten K_1, K_2, K_5 und K_7 werden jetzt durch die Übergangsbedingungen zwischen Reaktorkern und Reflektor bestimmt.

Für den schnellen Bereich gilt:

$$\phi_1^C\left(\frac{a}{2}\right) = \phi_1^R\left(\frac{a}{2}\right) \tag{A.111}$$

$$\Longrightarrow K_1 \cdot \cos\left(B_{(+)} \cdot \frac{a}{2}\right) + K_2 \cdot \cosh\left(B_{(-)} \cdot \frac{a}{2}\right) = K_5 \cdot \sinh\left(\frac{1}{L_B^R} \cdot b\right) \tag{A.112}$$

$$-D_1^C \cdot \left.\frac{\mathrm{d}\phi_1^C}{\mathrm{d}x}\right|_{(a/2)} = -D_1^R \cdot \left.\frac{\mathrm{d}\phi_1^R}{\mathrm{d}x}\right|_{(a/2)} \tag{A.113}$$

$$\Longrightarrow D_1^C \cdot K_1 \cdot \left(-B_{(+)}\right) \cdot \sinh\left(B_{(+)} \cdot \frac{a}{2}\right) + D_1^C \cdot K_2 \cdot B_{(-)} \cdot \sinh\left(B_{(-)} \cdot \frac{a}{2}\right)$$

$$= D_1^R \cdot K_5 \cdot \frac{1}{L_B^R} \cdot \cosh\left(\frac{1}{L_B^R} \cdot b\right) \tag{A.114}$$

Für den thermischen Bereich gilt:

$$\phi_2^C\left(\frac{a}{2}\right) = \phi_2^R\left(\frac{a}{2}\right) \tag{A.115}$$

$$\Longrightarrow K_{K1} \cdot K_1 \cdot \cos\left(B_{(+)} \cdot \frac{a}{2}\right) + K_{K2} \cdot K_2 \cdot \cosh\left(B_{(-)} \cdot \frac{a}{2}\right)$$

$$= K_{K3} \cdot K_5 \cdot \sinh\left(\frac{1}{L_B^R} \cdot b\right) + K_7 \cdot \sinh\left(\frac{1}{L_D^R} \cdot b\right) \tag{A.116}$$

$$-D_2^C \cdot \left.\frac{\mathrm{d}\phi_2^C}{\mathrm{d}x}\right|_{(a/2)} = -D_2^R \cdot \left.\frac{\mathrm{d}\phi_2^R}{\mathrm{d}x}\right|_{(a/2)} \tag{A.117}$$

$$\Longrightarrow D_2^C \cdot K_{K1} \cdot K_1 \cdot \left(-B_{(+)}\right) \cdot \sin\left(B_{(+)} \cdot \frac{a}{2}\right)$$
$$+ D_2^C \cdot K_{K2} \cdot K_2 \cdot B_{(-)} \cdot \sinh\left(B_{(-)} \cdot \frac{a}{2}\right)$$
$$= D_2^R \cdot K_{K3} \cdot K_5 \cdot \frac{1}{L_B^R} \cdot \cosh\left(\frac{1}{L_B^R} \cdot b\right) + D_2^R \cdot K_7 \cdot \frac{1}{L_D^R} \cdot \cosh\left(\frac{1}{L_D^R} \cdot b\right) \quad \text{(A.118)}$$

Die Funktionswerte an der Grenze zwischen Reaktorkern und Reflektor werden zur Vereinfachung der Formulierung des Gleichungssystems durch die folgenden Bezeichnungen ersetzt:

$$F_1 = \cos\left(B_{(+)} \cdot \frac{a}{2}\right) \Longleftrightarrow F_1' = -B_{(+)} \cdot \sin\left(B_{(+)} \cdot \frac{a}{2}\right)$$
$$F_2 = \cosh\left(B_{(-)} \cdot \frac{a}{2}\right) \Longleftrightarrow F_2' = B_{(-)} \cdot \sinh\left(B_{(-)} \cdot \frac{a}{2}\right)$$
$$F_3 = \sinh\left(\frac{1}{L_B^R} \cdot b\right) \Longleftrightarrow F_3' = \frac{1}{L_B^R} \cdot \cosh\left(\frac{1}{L_B^R} \cdot b\right)$$
$$F_4 = \sinh\left(\frac{1}{L_D^R} \cdot b\right) \Longleftrightarrow F_4' = \frac{1}{L_D^R} \cdot \cosh\left(\frac{1}{L_D^R} \cdot b\right) \quad \text{(A.119)}$$

Die Argumente der Funktionen F_1, F_1', F_2 und F_2' enthalten die Randkoordinate des Kern–Bereichs, die Argumente der Funktionen F_3, F_3', F_4 und F_4' enthalten die Randkoordinate des Reflektorbereichs.

Damit ergibt sich für das nach den gesuchten Konstantenaufgelöste homogene Gleichungssystem:

$$\begin{aligned}
F_1 \cdot K_1 + {} & F_2 \cdot K_2 - {} & F_3 \cdot K_5 \quad & & = 0\\
K_{K1} \cdot F_1 \cdot K_1 + {} & K_{K2} \cdot F_2 \cdot K_2 - {} & K_{K3} \cdot F_3 \cdot K_5 - {} & F_4 \cdot K_7 & = 0\\
D_1^C \cdot F_1' \cdot K_1 + {} & D_1^C \cdot F_2' \cdot K_2 - {} & D_1^R \cdot F_3' \cdot K_5 \quad & & = 0\\
K_{K1} \cdot D_2^C \cdot F_1' \cdot K_1 + {} & K_{K2} \cdot D_2^C \cdot F_2' \cdot K_2 - {} & K_{K3} \cdot D_2^R \cdot F_3' \cdot K_5 - {} & D_2^R \cdot F_4' \cdot K_7 & = 0
\end{aligned} \quad \text{(A.120)}$$

Dieses System von homogenen Gleichungen ist nur dann lösbar, wenn die Koeffizientendeterminante verschwindet:

$$\begin{vmatrix}
F_1 & F_2 & -F_3 & 0\\
K_{K1} \cdot F_1 & K_{K2} \cdot F_2 & -K_{K3} \cdot F_3 & -F_4\\
D_1^C \cdot F_1' & D_1^C \cdot F_2' & -D_1^R \cdot F_3' & 0\\
K_{K1} \cdot D_2^C \cdot F_1' & K_{K2} \cdot D_2^C \cdot F_2' & -K_{K3} \cdot D_2^R \cdot F_3' & -D_2^R \cdot F_4'
\end{vmatrix} = 0 \quad \text{(A.121)}$$

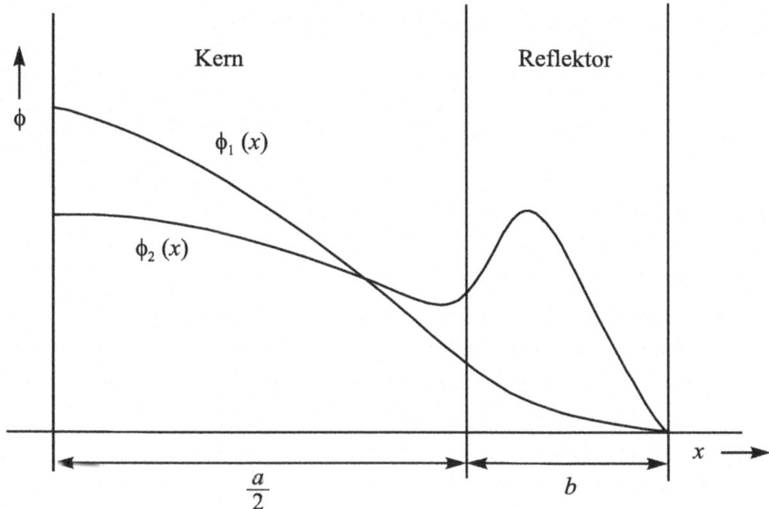

Abb. A.6 Schneller und thermischer Neutronenfluss in x-Richtung des Plattenreaktors

Jetzt lassen sich die Konstanten K_1, K_2, K_5 und K_7 bis auf einen gemeinsamen Faktor bestimmen.

Werden hier die bekannten Materialwerte eingesetzt, so ergibt sich in der Regel für die Determinante ein Wert $\neq 0$. Die Materialwerte werden jetzt solange angepasst, bis der Wert der Determinante ausreichend klein wird.

Mit den so gewonnenen Konstanten lassen sich die Verläufe des schnellen und des thermischen Neutronenflusses entsprechend der Abb. A.6 berechnen.

Abbildung A.6 zeigt, dass der Verlauf des schnellen Flusses im Kern-Bereich eine positive, im Reflektor-Bereich aber wegen fehlender Neutronenquellen eine negative Wölbung aufweist. Der Verlauf des thermischen Flusses hat in beiden Bereichen sowohl Gebiete mit positiver als auch negativer Wölbung. Ist der Quellterm größer als der Absorptionsterm, so ist die Wölbung negativ, und umgekehrt.

Die starke Aufwölbung des Verlaufs des thermischen Neutronenflusses im Reflektor in der Nähe des Kern-Randes wird durch die eindiffundierenden schnellen Neutronen aus dem Kern-Bereich bewirkt. Der hierdurch nach innen abfallende Gradient des Flussverlaufs führt zu einem einwärts gerichteten Neutronenstrom und verbessert somit die Neutronenbilanz.

Weiterhin wird durch den Reflektor der mittlere Neutronenfluss am Kern-Rand angehoben und somit vergleichmäßigt. Dies wirkt sich positiv auf die Brennelemente aus, da die Belastung gleichmäßiger verteilt wird.

A.5 Neutronendichte nach Reaktivitätssprung

Ein Druckwasserreaktor werde mit konstanter Leistung und frischem Brennstoffeinsatz betrieben. Es werde für einen Zeitraum von 10 s eine Reaktivitätsänderung $\rho = -0.003$ zugeführt (Abb. A.7).

Vorgegeben seien folgende Werte der Kernauslegung:

mittlere Geschwindigkeit der Neutronen	: $\overline{v}_{th} = 2.2 \cdot 10^3 \mathrm{m\ s^{-1}}$
mittlerer makroskopischer Absorptionswirkungsquerschnitt	: $\overline{\Sigma}_a = 2.53 \cdot 10^{-2}\ \mathrm{cm^{-1}}$
Gesamtanteil der verzögerten Neutronen	: $\beta = 0.0065$
Zerfallskonstante der verzögerten Neutronen	: $\lambda = 0.0763\ \mathrm{s^{-1}}$

Die Änderung der Neutronendichte im Reaktor wird wie folgt berechnet:

Die punktkinetischen Gleichungen für die zeitabhängige Bilanz der prompten und der verzögerten Neutronen (bei Berücksichtigung von nur einer Gruppe von verzögerten Neutronen) lassen sich in folgender Weise wiedergeben:

$$\frac{\mathrm{d}n}{\mathrm{d}t} = \frac{\rho - \beta}{\overline{l_p}} \cdot n(t) + \lambda \cdot N(t) \tag{A.122}$$

$$\frac{\mathrm{d}N}{\mathrm{d}t} = \frac{\beta}{\overline{l_p}} \cdot n(t) - \lambda \cdot N(t) \tag{A.123}$$

Es gelten hier die Beziehungen

$$\overline{v_{th}} = \frac{\int_0^{E_{th}} v(E) \cdot n(E)\,\mathrm{d}E}{\int_0^{E_{th}} n(E)\,\mathrm{d}E} \tag{A.124}$$

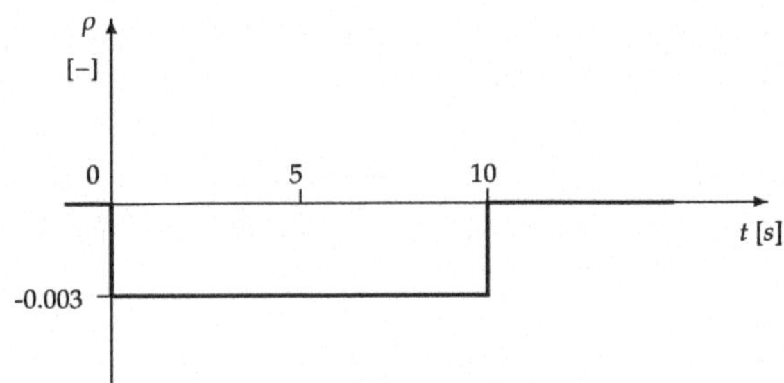

Abb. A.7 Graphische Darstellung der Reaktivitätsänderung $\rho = -0.003$ über einen Zeitraum von 10 s

$$\overline{l_p} = \frac{1}{\overline{v_{th}} \cdot \overline{\Sigma_a}} \tag{A.125}$$

$$\beta = \sum_{i=1}^{6} \beta_i \tag{A.126}$$

$$\overline{l_v} = \frac{1}{\beta} \sum_{i=1}^{6} \beta_i \, \overline{l_i} \tag{A.127}$$

$$\lambda = \frac{1}{\overline{\overline{l_v}}} \tag{A.128}$$

mit der mittleren Lebensdauer $\overline{l_i}$ und dem prozentualen Anteil bezogen auf die Spaltneutronen β_i der verzögerten Neutronen.

Die beiden gekoppelten Differentialgleichungen werden in zwei entkoppelte Differentialgleichungen 2.ter Ordnung, d. h. eine für die Neutronendichte n und eine für die Kernzahldichte der radioaktiven Isotope N, überführt:

Differentiation der Gleichung (A.122):

$$\frac{\mathrm{d}^2 n}{\mathrm{d}t^2} = \frac{\rho - \beta}{\overline{\overline{l_p}}} \cdot \frac{\mathrm{d}n}{\mathrm{d}t} + \lambda \cdot \frac{\mathrm{d}N}{\mathrm{d}t} \tag{A.129}$$

$\frac{\mathrm{d}N}{\mathrm{d}t}$ wird durch(A.123) ersetzt:

$$\frac{\mathrm{d}^2 n}{\mathrm{d}t^2} = \frac{\rho - \beta}{\overline{\overline{l_p}}} \cdot \frac{\mathrm{d}n}{\mathrm{d}t} + \lambda \cdot \left(\frac{\beta}{\overline{\overline{l_p}}} \cdot n - \lambda \cdot N \right) \tag{A.130}$$

$\lambda \cdot N$ wird wiederum durch (A.122) ersetzt:

$$\frac{\mathrm{d}^2 n}{\mathrm{d}t^2} = \frac{\rho - \beta}{\overline{\overline{l_p}}} \cdot \frac{\mathrm{d}n}{\mathrm{d}t} + \lambda \cdot \left(\frac{\beta}{\overline{\overline{l_p}}} \cdot n - \left(\frac{\mathrm{d}n}{\mathrm{d}t} - \frac{\rho - \beta}{\overline{\overline{l_p}}} \cdot n \right) \right) \tag{A.131}$$

Man erhält jetzt die Differentialgleichung 2.ter Ordnung für die Neutronendichte:

$$\frac{\mathrm{d}^2 n}{\mathrm{d}t^2} + \left(\lambda - \frac{\rho - \beta}{\overline{\overline{l_p}}} \right) \cdot \frac{\mathrm{d}n}{\mathrm{d}t} - \lambda \cdot \frac{\rho}{\overline{\overline{l_p}}} \cdot n = 0 \tag{A.132}$$

Differentiation von (A.123):

$$\frac{\mathrm{d}^2 N}{\mathrm{d}t^2} = \frac{\beta}{\overline{\overline{l_p}}} \cdot \frac{\mathrm{d}n}{\mathrm{d}t} - \lambda \cdot \frac{\mathrm{d}N}{\mathrm{d}t} \tag{A.133}$$

$\frac{dn}{dt}$ wird durch (A.122) ersetzt:

$$\frac{d^2N}{dt^2} = \frac{\beta}{\overline{l_p}} \cdot \left(\frac{\rho - \beta}{\overline{l_p}} \cdot n + \lambda \cdot N \right) - \lambda \cdot \frac{dN}{dt} \tag{A.134}$$

n wird wiederum durch (A.123) ersetzt:

$$\frac{d^2N}{dt^2} = \frac{\rho - \beta}{\overline{l_p}} \cdot \left(\frac{dN}{dt} + \lambda \cdot N \right) + \frac{\beta}{\overline{l_p}} \cdot \lambda \cdot N - \lambda \cdot \frac{dN}{dt} \tag{A.135}$$

Man erhält jetzt die Differentialgleichung 2.ter Ordnung für die Kernzahldichte der radioaktiven Isotope N:

$$\frac{d^2N}{dt^2} + \left(\lambda - \frac{\rho - \beta}{\overline{l_p}} \right) \cdot \frac{dN}{dt} - \lambda \cdot \frac{\rho}{\overline{l_p}} \cdot N = 0 \tag{A.136}$$

Die beiden Differentialgleichungen 2.ter Ordnung sind vom Typ

$$y'' + a \cdot y' + b \cdot y = 0 , \tag{A.137}$$

mit den konstanten Koeffizienten

$$a = \lambda - \frac{\rho - \beta}{\overline{l_p}} = \frac{\lambda \cdot \overline{l_p} + \beta - \rho}{\overline{l_p}} \tag{A.138}$$

$$b = -\frac{\lambda \cdot \rho}{\overline{l_p}} , \tag{A.139}$$

also homogen für beide Gleichungen.

Für die charakteristische Gleichung

$$r^2 + a \cdot r + b = 0 \tag{A.140}$$

mit

$$r_{1/2} = -\frac{a}{2} \pm \sqrt{\frac{a^2}{4} - b} \tag{A.141}$$

wird bei $a^2 > 4b$ folgender Lösungsansatz verwendet:

$$y = C_1 \cdot e^{r_1 \cdot t} + C_2 \cdot e^{r_2 \cdot t} \tag{A.142}$$

a und b werden jetzt in die charakteristische Gleichung eingesetzt:

$$r_{1/2} = -\frac{\lambda \cdot \overline{l_p} + \beta - \rho}{2 \cdot \overline{l_p}} \pm \sqrt{\frac{(\lambda \cdot \overline{l_p} + \beta - \rho)^2}{4 \cdot \overline{l_p}^2} + \frac{\lambda \cdot \rho}{\overline{l_p}}}$$

$$= -\frac{\lambda \cdot \overline{l_p} + \beta - \rho}{2 \cdot \overline{l_p}} \pm \left(\frac{\lambda \cdot \overline{l_p} + \beta - \rho}{2 \cdot \overline{l_p}} \cdot \sqrt{1 + \frac{4 \cdot \lambda \cdot \rho \cdot \overline{l_p}}{(\lambda \cdot \overline{l_p} + \beta - \rho)^2}} \right)$$

$$= +\frac{\lambda \cdot \overline{l_p} + \beta - \rho}{2 \cdot \overline{l_p}} \cdot \left(-1 \pm \sqrt{1 + \frac{4 \cdot \lambda \cdot \rho \cdot \overline{l_p}}{(\lambda \cdot \overline{l_p} + \beta - \rho)^2}} \right)$$

$$\hat{=} + \frac{\lambda \cdot \overline{l_p} + \beta - \rho}{2 \cdot \overline{l_p}} \cdot \left(-1 \pm \sqrt{1 + x} \right) \tag{A.143}$$

Das Einsetzen der Zahlenwerte aus der Aufgabenstellung in den zweiten Summanden unter der Wurzel ergibt: $x = -1.3323 \cdot 10^{-2}$ s.

Daher kann für den Wurzelterm folgende Reihenentwicklung (für $x \ll 1$) durchgeführt werden:

$$\sqrt{1+x} = 1 + \frac{1}{2} \cdot x \underbrace{- \frac{1}{8} \cdot x^2 + \frac{1}{16} \cdot x^3 - \ldots''}_{\text{wird vernachl assigt}} \tag{A.144}$$

Es folgt

$$r_{1/2} \approx \frac{\lambda \cdot \overline{l_p} + \beta - \rho}{2 \cdot \overline{l_p}} \cdot \left(-1 \pm \left(1 + \frac{2 \cdot \lambda \cdot \rho \cdot \overline{l_p}}{(\lambda \cdot \overline{l_p} + \beta - \rho)^2} \right) \right) \tag{A.145}$$

$$\Longrightarrow r_1 \approx \frac{\lambda \cdot \rho}{\lambda \cdot \overline{l_p} + \beta - \rho} \tag{A.146}$$

$$\Longrightarrow r_2 \approx -\frac{\lambda \cdot \overline{l_p} + \beta - \rho}{\overline{l_p}} - \frac{\lambda \cdot \rho}{\lambda \cdot \overline{l_p} + \beta - \rho} \tag{A.147}$$

Wegen $\lambda \cdot \overline{l_p} = 1.3708 \cdot 10^{-5} \ll \beta = 0.0065$ lassen sich r_1 und r_2 wie folgt vereinfachen:

$$r_1 \approx \frac{\lambda \cdot \rho}{\beta - \rho} \tag{A.148}$$

$$r_2 \approx -\frac{\beta - \rho}{\overline{l_p}} - \frac{\lambda \cdot \rho}{\beta - \rho} \tag{A.149}$$

Der zweite Term der Gleichung für r_2 ist gegenüber dem ersten Term vernachlässigbar:

$$r_2 \approx -\frac{\beta - \rho}{\overline{l_p}} \tag{A.150}$$

Die Lösungen der beiden Differentialgleichungen 2.ter Ordnung sind:

$$n(t) = K_1 \cdot e^{r_1 \cdot t} + K_2 \cdot e^{r_2 \cdot t} \tag{A.151}$$

$$N(t) = K_3 \cdot e^{r_1 \cdot t} + K_4 \cdot e^{r_2 \cdot t} \tag{A.152}$$

Mithilfe der Randbedingungen werden jetzt die Konstanten K_1, K_2, K_3 und K_4 bestimmt. Wurde der Reaktor stationär betrieben, so gelten die Anfangswerte

$$t = 0 : n = n_0,\ N = N_0$$

$$\Longrightarrow\ n_0 = n(t=0) = K_1 + K_2 \tag{A.153}$$

$$\Longrightarrow\ N_0 = N(t=0) = K_3 + K_4 \tag{A.154}$$

(A.152) wird differenziert und in (A.123) eingesetzt, n in (A.123) wird durch (A.151) ersetzt:

$$K_3 \cdot r_1 \cdot e^{r_1 \cdot t} + K_4 \cdot r_2 \cdot e^{r_2 \cdot t} = \frac{\beta}{\overline{l_p}} \cdot K_1 \cdot e^{r_1 \cdot t} + \frac{\beta}{\overline{l_p}} \cdot K_2 \cdot e^{r_2 \cdot t} - \lambda \cdot K_3 \cdot e^{r_1 \cdot t} - \lambda \cdot K_4 \cdot e^{r_2 \cdot t} \tag{A.155}$$

Ein Koeffizientenvergleich führt zu

$$r_1 : K_3 \cdot r_1 - K_1 \cdot \frac{\beta}{\overline{l_p}} + K_3 \cdot \lambda = 0 \tag{A.156}$$

$$\Longrightarrow K_3 \cdot (r_1 + \lambda) = K_1 \cdot \frac{\beta}{\overline{l_p}} \tag{A.157}$$

$$r_2 : K_4 \cdot r_2 - K_2 \cdot \frac{\beta}{\overline{l_p}} + K_4 \cdot \lambda = 0 \tag{A.158}$$

$$\Longrightarrow K_4 \cdot (r_2 + \lambda) = K_2 \cdot \frac{\beta}{\overline{l_p}} \tag{A.159}$$

(A.153) und (A.154) eingesetzt in (A.157) führt zu:

$$(N_0 - K_4) \cdot (r_1 + \lambda) = (n_0 - K_2) \cdot \frac{\beta}{\overline{l_p}} \tag{A.160}$$

Wird (A.159) nach K_4 aufgelöst und in (A.160) eingesetzt, so ergibt sich für K_2:

$$K_2 = \frac{N_0 \cdot \frac{\overline{l_p}}{\beta} \cdot (r_1 + \lambda) - n_0}{\frac{r_1 + \lambda}{r_2 + \lambda} - 1} \tag{A.161}$$

Mithilfe der Annahmen $|r_2| \gg |r_1|$ und $|r_2| \gg \lambda$ (der Bruch im Nenner von (A.161) wird zu Null gesetzt) vereinfacht sich (A.161) zu:

$$K_2 \approx -\left(N_0 \cdot \frac{\overline{l_p}}{\beta} \cdot (r_1 + \lambda) - n_0 \right) \tag{A.162}$$

Aus (A.153) und (A.162) folgt direkt

$$K_1 \approx N_0 \cdot \frac{\overline{l_p}}{\beta} \cdot (r_1 + \lambda) \tag{A.163}$$

Wird (A.159) nach K_4 aufgelöst und in (A.162) eingesetzt, so ergibt sich unter der Annahme $|r_2| \gg \lambda$ für K_4:

$$K_4 \approx -\left(N_0 \cdot (r_1 + \lambda) - n_0 \cdot \frac{\beta}{\overline{l_p}}\right) \cdot \frac{1}{r_2} \tag{A.164}$$

Aus (A.154) und (A.164) folgt direkt

$$K_3 \approx N_0 \cdot \left(1 + \frac{r_1 + \lambda}{r_2}\right) - n_0 \cdot \frac{\beta}{\overline{l_p}} \cdot \frac{1}{r_2} \approx N_0 \tag{A.165}$$

Der zweite und dritte Term sind vernachlässigbar.

Die Anfangsbedingungen (stationärer Betrieb, d. h. $\rho = 0$, $\frac{dn}{dt} = 0$, $\frac{dN}{dt} = 0$ bis zum Zeitpunkt $t = 0$, siehe (A.122) und (A.123)) führen zu

$$N_0 = n_0 \cdot \frac{\beta}{\lambda \cdot \overline{l_p}} \tag{A.166}$$

Damit ergeben sich jetzt für den Zeitraum der Reaktivitätsabsenkung ($0 < t < 10\,\text{s}$) aus (A.148) und (A.150) für r_1 und r_2 und (A.162), (A.163), (A.164) und (A.165) die Konstanten

$$r_1 \approx \frac{\lambda \cdot \rho}{\beta - \rho} = -0.0241 \tag{A.167}$$

$$r_2 \approx -\frac{\beta - \rho}{\overline{l_p}} = -55.88 \tag{A.168}$$

$$K_1 \approx n_0 \cdot \frac{\beta}{\beta - \rho} = n_0 \cdot 0.684 \tag{A.169}$$

$$K_2 \approx n_0 \cdot \left(-\frac{\rho}{\beta - \rho}\right) = n_0 \cdot 0.316 \tag{A.170}$$

$$K_3 \approx n_0 \cdot \frac{\beta}{\lambda \cdot \overline{l_p}} = n_0 \cdot 474.17 \tag{A.171}$$

$$K_4 \approx n_0 \cdot \frac{\beta \cdot \rho}{(\beta - \rho)^2} = n_0 \cdot (-0.216) \tag{A.172}$$

Die endgültigen Lösungen der beiden Differentialgleichungen 2.ter Ordnung für diesen Zeitraum sind nun:

$$n(t) \approx n_0 \cdot \left(\frac{\beta}{\beta - \rho} \cdot \mathrm{e}^{\frac{\lambda \cdot \rho}{\beta - \rho} \cdot t} - \frac{\rho}{\beta - \rho} \cdot \mathrm{e}^{-\frac{\beta - \rho}{\overline{l_p}} \cdot t}\right) \tag{A.173}$$

$$N(t) \approx n_0 \cdot \left(\frac{\beta}{\lambda \cdot \overline{l_p}} \cdot e^{\frac{\lambda \cdot \rho}{\beta - \rho} \cdot t} + \frac{\beta \cdot \rho}{(\beta - \rho)^2} \cdot e^{-\frac{\beta - \rho}{\overline{l_p}} \cdot t} \right) \tag{A.174}$$

Die Neutronendichte bzw. die Dichte der radioaktiven Isotope zum Endzeitpunkt der Reaktivitätsänderung werden als Anfangswerte für den zweiten Zeitraum benötigt. Sie werden mit (A.173) und (A.174) mit folgendem Ergebnis berechnet:

$$n^* = n(t = 10\ \text{s}) = n_0 \cdot 0.538$$
$$N^* = N(t = 10\ \text{s}) = n_0 \cdot 372.64$$

Für den Zeitraum $10\,s < t < \infty$ sind (A.173) und (A.174) nicht anwendbar, da jetzt andere Anfangsbedingungen herrschen. Insbesondere ist (A.166) hier nicht mehr gültig! In den entsprechenden Gleichungen werden also n_0 und N_0 durch die Größen $n^* = n$ $(t = 10\ \text{s})$ und $N^* = N(t = 10\ \text{s})$ ersetzt. Die Konstanten r_1, r_2, K_1, K_2, K_3 und K_4 werden neu formuliert. Mit $\rho = 0$ für den betrachteten Zeitraum ergibt sich jetzt:

$$r_1 = 0 \tag{A.175}$$

$$r_2 \approx -\frac{\beta}{\overline{l_p}} = -36.179 \tag{A.176}$$

$$K_1 \approx N^* \cdot \frac{\lambda \cdot \overline{l_p}}{\beta} = n_0 \cdot 372.64 \cdot \frac{\lambda \cdot \overline{l_p}}{\beta} = n_0 \cdot 0.786 \tag{A.177}$$

$$K_2 \approx -\left(N^* \cdot \frac{\lambda \cdot \overline{l_p}}{\beta} - n^* \right) = -(K_1 - n_0 \cdot 0.538) = n_0 \cdot (-0.248) \tag{A.178}$$

$$K_3 \approx N^* = n_0 \cdot 372.64 \tag{A.179}$$

$$K_4 \approx -\left(N^* \cdot \lambda - n^* \cdot \frac{\beta}{\overline{l_p}} \right) \cdot \left(-\frac{\overline{l_p}}{\beta} \right) = -\left(N^* \cdot \frac{\lambda \cdot \overline{l_p}}{\beta} - n^* \right) \approx K_2 \tag{A.180}$$

Die Lösungen der beiden Differentialgleichungen lauten bei den neuen Anfangswerten und den geänderten Konstanten nun Abb. A.8:

$$n(t) \approx N^* \cdot \frac{\lambda \cdot \overline{l_p}}{\beta} - \left(N^* \cdot \frac{\lambda \cdot \overline{l_p}}{\beta} - n^* \right) \cdot e^{-\frac{\beta}{\overline{l_p}} \cdot t} \tag{A.181}$$

$$N(t) \approx N^* - \left(N^* \cdot \frac{\lambda \cdot \overline{l_p}}{\beta} - n^* \right) \cdot e^{-\frac{\beta}{\overline{l_p}} \cdot t} \tag{A.182}$$

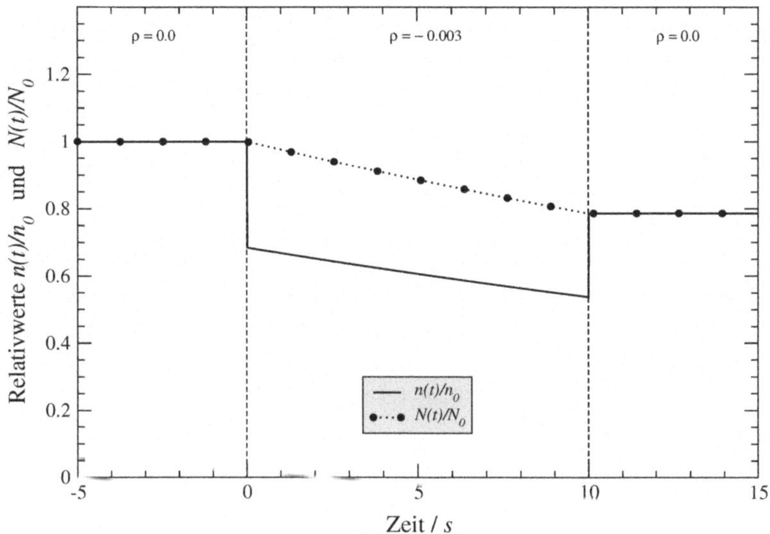

Abb. A.8 Relative Änderung von Neutronendichte n/n_0 und Dichte der Mutterkerne N/N_0 durch eine Reaktivitätsänderung von $\rho = -0.003$

A.6 Ausgewählte Wärmeübergangskorrelationen

A.6.1 Wärmeübergang ohne Sieden

Dittus und Boelter

$$Nu = A \cdot (Re)^m \cdot (Pr)^n. \tag{A.183}$$

Nach Dittus und Boelter kann für eine turbulente Strömung näherungsweise $A = 0.023$, $m = 0.8$, $n = 0.4$ gesetzt werden McAdams (1954); m und n hängen allerdings von den Wandeigenschaften, der Kanalgeometrie und anderen Bedingungen ab.

Bishop, Sandberg und Tong (Bishop et al. 1964)

Für Druckwasserreaktorbedingungen erscheint die Beziehung von Bishop, Sandberg und Tong (Bishop et al. 1964) geeignet.

$$Nu = 0.0069 \; Re^{0.9} Pr^{0.66} \left(\frac{\rho_W}{\rho}\right)^{0.43} \left(1 + 2.4\frac{D_h}{x}\right), \tag{A.184}$$

wobei für ρ_W die Dichte bei Wandtemperatur einzusetzen ist.

Weitere Formeln für Flüssigkeiten (Kraussold 1948), Gase und überhitzte Dämpfe (Hausen 1976), Helium (Durham et al. 1957), (Achenbach 1981) und überhitzten Wasserdampf (Sutherland 1963) finden sich in der angegebenen Literatur.

Weisman (1959)

Für die mittlere Nußelt-Zahl ist aus Messergebnissen an Kühlkanälen mit Reaktorgeometrie von Weismann (Weisman 1959) eine Relation entwickelt worden mit den Exponenten $m = 0.8$ und $n = 1/3$ und einem zur Berücksichtigung der Kanalform angepassten Koeffizienten

$$A = 0.042\frac{s}{d} - 0.024;\ 1.1 \le \frac{s}{d} \le 1.3(Quadrat), \tag{A.185}$$

bzw.

$$A = 0.026\frac{s}{d} - 0.006;\ 1.1 \le \frac{s}{d} \le 1.5(Dreieck). \tag{A.186}$$

Diese Beziehung gilt für $2.5 \cdot 10^4 \le Re \le 10^6$;

A.6.2 Wärmeübergang mit Sieden

Wärmeübergang beim unterkühlten Sieden

Weitere Möglichkeit wäre die Darstellung aus: Clayton T. Crowe 2006 - Multiphase Flow Handbook Seite 3.20

bzw. als Originalquelle:

Kandlikar, S.G. Journal of Heat Transfer, 120, 395–401

Jens und Lottes (1951)

Für das unterkühlte Sieden wie auch für das Blasensieden hat sich bei wassergekühlten Reaktoren die Korrelation von Jens/Lottes für höhere Drücke bewährt (Abb. A.9):

$$T_W - T_S = 25 \cdot \dot{q}''^{0.25} \cdot \exp\left(-\frac{p}{62}\right) \tag{A.187}$$

q in MW/m^2

T in K

7 bar $< p <$ 172 bar

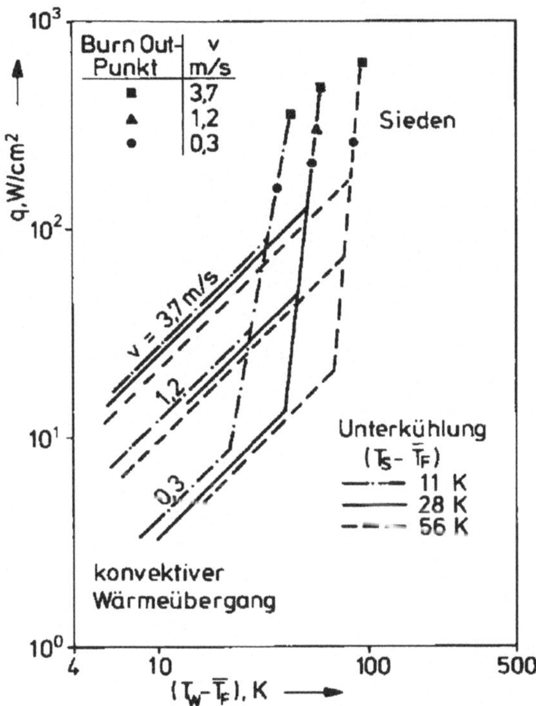

Abb. A.9 Wärmestromdichte bei der Verdampfung in Abhängigkeit von Unterkühlung und Strömungsgeschwindigkeit des Wassers

Forced-convection-boiling

Solange Blasensieden vorherrscht, ist der Wärmeübergangskoeffizient konstant. Danach im Bereich des so genannten „forced convection boiling" genügt der α-Wert einer Beziehung

$$\frac{\alpha}{\alpha_{LO}} = Ax_t t^{-n}$$

$$\text{mit A} = 2.9 \text{ und n} = 0.66 \tag{A.188}$$

wobei α_{Lo} als Wärmeübergangszahl der flüssigen Phase allein (Liquid only) meist nach der Beziehung (Tong 1967)

$$\alpha_{Lo} = 0.023 \cdot \frac{\lambda}{D_h} Re^{0.8} \cdot Pr^{0.4} \tag{A.189}$$

$$\text{mit } Re = \frac{D_h G/F(1-x)}{\eta_f}$$

berechnet wird.

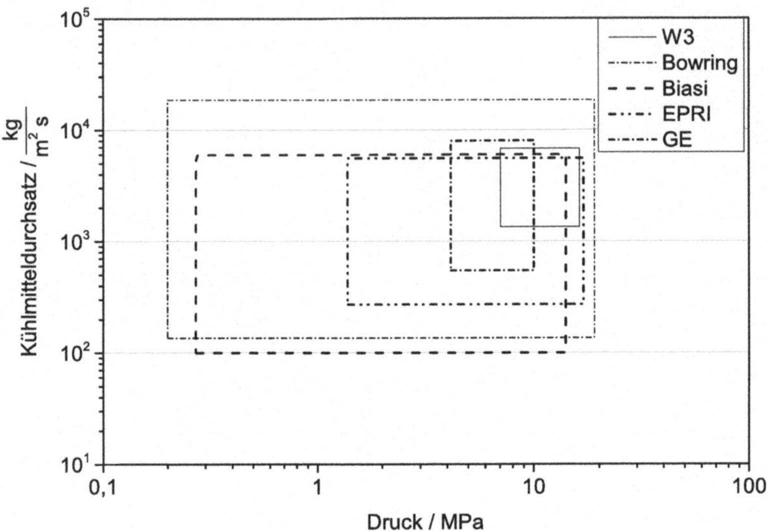

Abb. A.10 Gültigkeisbereiche unterschiedlicher Korrelationen für die kritische Wärmestromdichte

A.6.3 Kritische Wärmestromdichte

Unterschiedliche Gültigkeitsbereiche von Korrelation für die kritische Heizflächenbelastung (Abb. A.10):

Zur Berechnung der kritischen Heizflächenbelastung wird die sogenanonumberte Westinghouse-W-3-Beziehung empfohlen, die sowohl unter Druckwasser- als auch unter Siedewasserbedingungen gilt Bennet et al. (1961).

$$q_{krit} = \left\{(2.02 - 0.612 \cdot 10^{-2}p) + (0.172 - 1.4 \cdot 10^{-3}p) \cdot \mathrm{e}^{x(18.2-0.059p}\right\}$$
$$\left[(0.148 - 1.596x + 173|x| \cdot x)7.373 \cdot 10^{-3}\frac{\dot{m}}{A} + 1.037\right]$$
$$(1.157 - 0.869x)\left[0.266 + 0.836 \cdot \mathrm{e}^{-1.24D_h}\right][260.5 + 0.4509(h_s - h_e)] \quad \text{(A.190)}$$

q_{krit} in W/cm^2 für

Korrelation von Bowring

entnommen aus (Massoud 2005)[S.664]

$$q_{krit} = \dot{q}'' = (C_1 - C_2 \cdot x \cdot h_{fg}) \quad \text{(A.191)}$$

$$C_1 = \frac{2.317 \cdot C_2 \cdot C_4 \cdot h_{fg}}{1 + 0.0143 \cdot C_5 D^{1/2} \cdot G}$$

$$C_2 = \frac{D \cdot G}{4}$$

$$C_3 = \frac{0.308 \cdot C_2 \cdot C_6}{1 + 0.347 \cdot C_7 \cdot (G./1356)^n}$$

$$C_4 = 0.478 + 0.52 P_R^{18.942} \cdot \exp[20.89 \cdot (1 - P_R)]$$

$$C_5 = \frac{C_4}{0.236 + 0.764 \cdot P_R^{1.316} \cdot \exp[2.444 \cdot (1 - P_R)]}$$

$$C_6 = 0.4 + 0.6 \cdot P_R^{17.023} \cdot \exp 16.658(1 - P_R)$$

$$C_7 = C_6 \cdot P_R^{1.649}$$

$$n = 2 - 0.5 P_R$$

$$P_R = 0.145 \cdot P \text{ mit } < 1\text{MPA}$$

Korrelation von Biasi

entnommen aus (Massoud 2005)[S.663]

$$\text{für} G < 300 \frac{\text{kg}}{\text{m}^2 \cdot s} : \quad \dot{q}''_{CHF} = S_1 \cdot (1 - x) \tag{A.192}$$

$$\text{für} G > 300 \frac{\text{kg}}{\text{m}^2 \cdot s} : \quad \dot{q}''_{CHF} = S_2 \cdot (S_3 - x). \tag{A.193}$$

$$S_1 = 15.048 \cdot 10^{-7} \cdot (100 \cdot D)^{-n} \cdot G^{-1/6} \cdot C_1$$

$$S_2 = 2.764 \cdot 10^{-7} \cdot (100 \cdot D)^{-n} \cdot G^{-1/6}$$

$$S_3 = 1.468 \cdot C2 \cdot G^{-1/6}$$

$$C_1 = -1.159 + 1.49 \cdot P \cdot \exp(-0.19 \cdot P) + 9 \cdot P(1 + 10P^2)^{-1}$$

$$C_2 = 0.7249 + 0.99 \cdot P \cdot \exp(-0.32 \cdot P)$$

$n = 0.4$ falls $D_{Channel} \geq 0.01m$, sonsst $n = 0.6$

EPRI-1

entnommen aus (Massoud 2005)[S.666] entnommen aus (Massoud 2005)[S.666]

$$\dot{q}''_{CHF} = \frac{C_1 - x_{in}}{C_2 + (x_l - x_{in})/\dot{q}''_l} \tag{A.194}$$

For uniformly heated chanls

$$\dot{q}''_{CHF} = \frac{C_1 - x_{in}}{C_2 + [4z/(G \cdot D \cdot h_{fg})]} \tag{A.195}$$

$$\begin{aligned}
C_1 &= P_1 \cdot P_r^{P_2} \cdot G^{P_5 + P_7 \cdot P_r} \\
C_2 &= P_3 \cdot P_r^{P_4} \cdot G^{p_6 + P_8 \cdot P_r} \\
P_r &= P/P_{critical} \\
P_1 &= 0.5328 \\
P_2 &= 0.1212 \\
P_3 &= 1.6151 \\
P_4 &= 1.4066 \\
P_5 &= -0.3040 \\
P_6 &= 0.4843 \\
P_7 &= -0.3285 \\
P_8 &= -2.0749
\end{aligned}$$

Achtung: Wärmeströme werden in $\frac{MBtu}{h \cdot ft^2}$ und Massenströme in $\frac{Mlbm}{h \cdot ft^2}$
(Massoud 2005)[S.667] General Electric correlation (BWR)

$$\text{für } X \leq C_1 \quad \dot{q}''_{CHF} = 0.705 + 0.237 \cdot G \tag{A.196}$$

$$\text{für } C_1 \leq X \leq C_2 \quad \dot{q}''_{CHF} = 1.634 - 0.27 \cdot G - 4.71 \cdot X \tag{A.197}$$

$$\text{für } C_2 \leq X \quad \dot{q}''_{CHF} = 0.605 - 0.164 \cdot G - 0.653 \cdot X \tag{A.198}$$

$$\begin{aligned}
C_1 &= 0.197 - 0.108 \cdot G \\
C_2 &= 0.254 - 0.026 \cdot G
\end{aligned}$$

for systems with pressure different from 1000 psia

$$\dot{q}''_{CHF}(P) = \dot{q}''_{CHF}(1000) + 440(1000 - P)$$

GE ist gültig P im Bereich von 600 − 1450 psia G im Bereich $0.4 - 6\frac{Mlbm}{/}h \cdot \text{ft}^2$ X im Bereich 0 − 0.45 Kanallänge im Bereich 29 − 108*in* Durchmesser 0.245 − 1.25*in*.

m_n : Masse des Neutrons
m_K : Masse des Atomkerns
$\vec{v}_n$: Geschwindigkeit des Neutrons vor dem Stoß
$\vec{v}_S$: Schwerpunktsgeschwindigkeit
$\vec{v}'_{Sn}$: Geschwindigkeit des Neutrons nach dem Stoß
$\vec{v}'_{SK}$: Geschwindigkeit des Kerns nach dem Stoß
ϑ : Streuwinkel im Schwerpunktsystem

$\vec{v}_K$: Geschwindigkeit des Kerns vor dem Stoß
$\vec{v}'_n$: Geschwindigkeit des Neutrons nach dem Stoß
$\vec{v}'_K$: Geschwindigkeit des Kerns nach dem Stoß
ψ : Streuwinkel im Laborsystem

Druck p	70	... 162 *bar*
Massenstromdichte G/F	135	... 680 g/(cm^2 s)
hydraulischer Durchmesser D_h	0.5	... 1.8 cm
Dampfgehalt x	-0.15	... + 0.15
Eintrittsenthalpie h_e		$\geq$ 200 cal/g
Kanallänge L	25.4	... 366 cm

A.7 Wirkungsquerschnitte ausgewählter Nuklide

Tab. A.1 Die Zahlenwerte aller Wirkungsquerschnitte sind in barn angegeben.

	0.0253 eV	Maxw. Av	Res. In.	Fiss.Sp Av.	14 MeV
H-1					
σ_t	30.4137	29.2077	240.122	3.98828	0.687144
σ_e	30.0816	28.9133	239.972	3.98824	0.687114
σ_i	0	0	0	0	0
$\sigma_{(n,2n)}$	0	0	0	0	0
σ_γ	0.332128	0.294442	0.149249	$3.95508 \cdot 10^{-5}$	$2.98051 \cdot 10^{-5}$
H-2					
σ_t	4.23579	4.16016	41.2712	2.54034	0.81
σ_e	4.23528	4.15972	41.271	2.53455	0.643566
σ_i	0	0	0	0	0
$\sigma_{(n,2n)}$	0	0	0	$5.79315 \cdot 10^{-3}$	0.166424
σ_γ	$5.05866 \cdot 10^{-4}$	$4.48411 \cdot 10^{-4}$	$2.28792 \cdot 10^{-4}$	$7.01639 \cdot 10^{-6}$	$9.50000 \cdot 10^{-6}$
Li-6					
σ_t	939.592	833.041	430.842	1.9075	1.449
σ_e	0.777684	0.775394	8.71065	1.41784	0.86182
σ_i	0	0	0	0.147794	0.47687
$\sigma_{(n,2n)}$	0	0	0	$1.51243 \cdot 10^{-3}$	0.0782
σ_γ	0.0385136	0.0341433	0.0173231	$1.16994 \cdot 10^{-5}$	$1.01739 \cdot 10^{-5}$
$\sigma_{(n,t)}$	938.776	832.232	422.114	0.336147	0.026

(Fortsetzung)

Tab. A.1 (Fortsetzung)

	0.0253 eV	Maxw. Av	Res. In.	Fiss.Sp Av.	14 MeV
Li-7					
σ_t	1.08514	1.07777	12.518	1.81903	1.44166
σ_e	1.03973	1.0375	12.4976	1.64069	1.01061
σ_i	0	0	0	0.178212	0.369242
$\sigma_{(n,2n)}$	0	0	0	$5.79689 \cdot 10^{-5}$	0.031762
σ_γ	0.0454178	0.0402652	0.0204252	$7.17835 \cdot 10^{-6}$	$4.10770 \cdot 10^{-6}$
$\sigma_{(n,n't)}$	0	0	0	0.0260194	0.302352
Be-9					
σ_t	6.5083	6.49831	74.1871	2.84586	1.52753
σ_e	6.49826	6.48941	74.1825	2.69166	1.01075
σ_i	0	0	0	0	0
$\sigma_{(n,2n)}$	0	0	0	0.118151	0.486035
σ_γ	0.0100343	$8.89516 \cdot 10^{-3}$	0.00451675	$2.40083 \cdot 10^{-6}$	$1.66053 \cdot 10^{-6}$
B-10					
σ_t	3846.32	3409.89	1751.72	2.64038	1.4676
σ_e	2.28669	2.28435	26.693	2.08733	0.907458
σ_i	0	0	0	0.0366224	0.353572
$\sigma_{(n,2n)}$	0	0	0	0	0
σ_γ	0.500021	0.443136	0.223503	$3.31534 \cdot 10^{-5}$	0
$\sigma_{(n,a)}$	3843.53	3407.15	1724.81	0.461456	0.044373
B-11					
σ_t	5.06723	5.06192	59.2494	2.44488	1.41513
σ_e	5.06173	5.05704	59.2467	2.413	0.790977
σ_i	0	0	0	0.0316177	0.268849
$\sigma_{(n,2n)}$	0	0	0	$4.78885 \cdot 10^{-6}$	0.018
σ_γ	$5.50736 \cdot 10^{-3}$	$4.882 \cdot 10^{-3}$	$2.74743 \cdot 10^{-3}$	$2.78436 \cdot 10^{-6}$	$2.15000 \cdot 10^{-7}$
C-nat					
σ_t	4.94226	4.93796	57.5011	2.38355	1.30226
σ_e	4.9384	4.93454	57.4993	2.36994	0.819214
σ_i	0	0	0	0.0122235	0.42067
$\sigma_{(n,2n)}$	0	0	0	0	0
σ_γ	$3.86139 \cdot 10^{-3}$	$3.42320 \cdot 10^{-3}$	$1.76517 \cdot 10^{-3}$	$2.3071 \cdot 10^{-5}$	$7.04604 \cdot 10^{-5}$
Co-59					
σ_t	43.2156	39.0015	855.514	3.73353	2.70798
σ_e	6.03186	6.03156	779.674	3.0004	1.3845
σ_i	0	0	0	0.72584	0.358255
$\sigma_{(n,2n)}$	0	0	0	$3.22109 \cdot 10^{-4}$	0.6887
σ_γ	37.1837	32.9699	75.8425	$5.00143 \cdot 10^{-3}$	$9.00000 \cdot 10^{-4}$

(Fortsetzung)

Tab. A.1 (Fortsetzung)

	0.0253 eV	Maxw. Av	Res. In.	Fiss.Sp Av.	14 MeV
Cd-113					
σ_t	19994	23670.6	477.64	5.86977	4.53093
σ_e	24.6842	48.9111	92.7216	4.14816	2.5836
σ_i	0	0	0	1.6353	0.373267
$\sigma_{(n,2n)}$	0	0	0	$8.49097 \cdot 10^{-3}$	1.5623
σ_γ	19969.3	23621.7	384.919	0.0778024	0.001
Xe-135					
σ_t	2964430	3122150	12664.2	5.88111	4.97634
σ_e	299480	384550	5042.63	4.88816	3.45679
σ_i	0	0	0	0.969073	0.131711
$\sigma_{(n,2n)}$	0	0	0	0.0133137	1.38446
σ_γ	2664950	2737640	7621.54	0.0105581	$1.00013 \cdot 10^{-3}$
Sm-149					
σ_t	40697.5	60546.4	3987.21	6.91619	5.05205
σ_e	185.693	377.357	553.404	4.56478	2.81311
σ_i	0	0	0.727139	2.13284	0.377917
$\sigma_{(n,2n)}$	0	0	0	0.0130815	1.84549
σ_γ	40511.7	60168.8	3433.07	0.205406	$8.80535 \cdot 10^{-4}$
Th-232					
σ_t	20.3814	19.5017	301.348	7.74109	5.81485
σ_e	13.0442	13.0337	217.35	4.92299	2.71975
σ_i	0	0	0.134966	2.62666	0.589906
$\sigma_{(n,2n)}$	0	0	0	0.0212238	1.54217
$\sigma_{(n,3n)}$	0	0	0	$1.87732 \cdot 10^{-4}$	0.605824
σ_f	0	0	$5.70157 \cdot 10^{-6}$	0.0748205	0.354885
σ_γ	7.33718	6.46801	83.863	0.0952139	$1.15301 \cdot 10^{-3}$
nu	2.1	2.1		2.29	3.91
U-232					
σ_t	162.709	141.881	689.788	7.7836	5.8624
σ_e	10.8131	10.7581	162.415	4.50302	2.46924
σ_i	0	0	0.0787424	1.10185	0.4205
$\sigma_{(n,2n)}$	0	0	0	$1.05276 \cdot 10^{-3}$	0.401077
$\sigma_{(n,3n)}$	0	0	0	$3.11815 \cdot 10^{-6}$	$7.71371 \cdot 10^{-4}$
σ_f	76.5104	66.2978	355.08	2.05385	2.57
σ_γ	75.3854	64.825	172.214	0.123838	$8.16395 \cdot 10^{-4}$
nu	3.128	3.128		3.409	5.022

(Fortsetzung)

Tab. A.1 (Fortsetzung)

	0.0253 eV	Maxw. Av	Res. In.	Fiss.Sp Av.	14 MeV
U-233					
σ_t	588.735	522.875	1049.95	7.65996	5.75726
σ_e	12.1772	12.1497	143.698	4.47803	2.81722
σ_i	0	0	0.146027	1.21149	0.422241
$\sigma_{(n,2n)}$	0	0	0	$4.30594 \cdot 10^{-3}$	0.181495
$\sigma_{(n,3n)}$	0	0	0	$2.22464 \cdot 10^{-7}$	$4.73952 \cdot 10^{-5}$
σ_f	531.302	469.316	765.4	1.89605	2.335
σ_γ	45.2564	41.4092	140.71	0.0700786	$1.2578 \cdot 10^{-3}$
nu	2.497	2.497		2.733	4.22
U-234					
σ_t	118.252	105.746	893.229	7.69029	5.73798
σ_e	17.2836	17.1215	261.239	4.6982	2.68951
σ_i	0	0	0.182026	1.71396	0.591469
$\sigma_{(n,2n)}$	0	0	0	$2.83768 \cdot 10^{-3}$	0.401608
$\sigma_{(n,3n)}$	0	0	0	$2.15436 \cdot 10^{-6}$	$2.88644 \cdot 10^{-3}$
σ_f	0.0670921	0.0588901	0.703351	1.18052	2.04961
σ_γ	100.901	88.5658	631.104	0.0947664	$2.8957 \cdot 10^{-3}$
nu	2.365	2.365		2.644	4.191
U-235					
σ_t	698.776	607.98	552.977	7.63255	5.83069
σ_e	15.1153	15.0075	144.229	4.33504	2.68043
σ_i	0	0	0.137541	1.96321	0.514021
$\sigma_{(n,2n)}$	0	0	0	0.0140598	0.522142
$\sigma_{(n,3n)}$	0	0	0	$1.59961 \cdot 10^{-5}$	0.0329855
σ_f	584.977	506.287	268.764	1.22506	2.0799
σ_γ	98.6828	86.6866	139.847	0.0951636	$1.2127 \cdot 10^{-3}$
nu	2.437	2.437		2.672	4.388
U-236					
σ_t	14.0216	13.4383	591.774	7.82901	5.78701
σ_e	8.84114	8.83466	245.863	4.78505	2.74591
σ_i	0	0	0.245497	2.35201	0.563266
$\sigma_{(n,2n)}$	0	0	0	$8.21384 \cdot 10^{-3}$	0.717615
$\sigma_{(n,3n)}$	0	0	0	$4.66104 \cdot 10^{-5}$	0.144859
σ_f	0.0471036	0.0419217	4.46248	0.575827	1.61307
σ_γ	5.13332	4.56168	341.203	0.107862	$2.28514 \cdot 10^{-3}$
nu	2.371	2.371		2.627	4.358

(Fortsetzung)

Tab. A.1 (Fortsetzung)

	0.0253 eV	Maxw. Av	Res. In.	Fiss.Sp Av.	14 MeV
U-238					
σ_t	11.9828	11.6795	591.581	7.78417	5.85825
σ_e	9.29941	9.29586	316.177	4.84568	2.78896
σ_i	0	0	0.209944	2.54632	0.638193
$\sigma_{(n,2n)}$	0	0	0	0.018706	0.880885
$\sigma_{(n,3n)}$	0	0	0	$1.24879 \cdot 10^{-4}$	0.405953
σ_f	$1.6799 \cdot 10^{-5}$	$1.49111 \cdot 10^{-5}$	$2.34597 \cdot 10^{-3}$	0.30276	1.14338
σ_γ	2.68334	2.38362	275.192	0.0705686	$8.8000 \cdot 10^{-4}$
nu	2.492	2.492		2.681	4.447
Np-237					
σ_t	191.289	168.948	837.435	7.56614	5.70257
σ_e	15.8714	15.7095	172.85	4.31629	2.65488
σ_i	0	0	0.280722	1.71849	0.413713
$\sigma_{(n,2n)}$	0	0	0	$3.29493 \cdot 10^{-3}$	0.476985
$\sigma_{(n,3n)}$	0	0	0	$8.08143 \cdot 10^{-6}$	0.021987
σ_f	0.0203656	0.0176171	0.634813	1.33259	2.13151
σ_γ	175.398	153.221	663.669	0.195459	$3.5000 \cdot 10^{-3}$
nu	2.636	2.636		2.947	4.737
Pu-238					
σ_t	585.138	495.934	418.777	7.81829	5.86069
σ_e	154.561	138.422	252.994	4.44328	2.55014
σ_i	0	0	0.204581	1.29814	0.433427
$\sigma_{(n,2n)}$	0	0	0	$4.71274 \cdot 10^{-4}$	0.133931
$\sigma_{(n,3n)}$	0	0	0	$2.3662 \cdot 10^{-6}$	0.00192579
σ_f	17.7658	14.768	19.9277	1.9345	2.74063
σ_γ	412.812	342.745	145.651	0.141887	$6.40262 \cdot 10^{-4}$
nu	2.901	2.901		3.252	5.186
Pu-239					
σ_t	1026.53	981.584	627.655	7.77901	5.8698
σ_e	7.99045	7.80607	152.288	4.36142	2.72271
σ_i	0	0	1.02322	1.5814	0.495886
$\sigma_{(n,2n)}$	0	0	0	$4.29577 \cdot 10^{-3}$	0.228716
$\sigma_{(n,3n)}$	0	0	0	$1.15914 \cdot 10^{-5}$	0.012058
σ_f	747.834	699.035	293.166	1.79027	2.40814
σ_γ	270.702	274.748	181.178	0.041605	$2.2955 \cdot 10^{-3}$
nu	2.879	2.877		3.181	4.937

(Fortsetzung)

Tab. A.1 (Fortsetzung)

	0.0253 eV	Maxw. Av	Res. In.	Fiss.Sp Av.	14 MeV
Pu-240					
σ_t	288.561	262.921	9402.52	7.75043	5.89571
σ_e	0.951015	0.860946	898.732	4.56992	2.50757
σ_i	0	0	0.276027	1.76649	0.511656
$\sigma_{(n,2n)}$	0	0	0	$4.24822 \cdot 10^{-3}$	0.561581
$\sigma_{(n,3n)}$	0	0	0	$1.23347 \cdot 10^{-5}$	0.0254034
σ_f	0.0640455	0.0581696	2.71136	1.32679	2.2885
σ_γ	287.546	262.002	8500.8	0.0829707	$1.000 \cdot 10^{-3}$
nu	2.897	2.897		3.143	4.91
Pu-241					
σ_t	1386.55	1281.24	891.116	7.73399	5.98781
σ_e	11.2591	11.0538	150.676	4.23296	3.2756
σ_i	0	0	0.238805	1.78215	0.279
$\sigma_{(n,2n)}$	0	0	0	0.023999	0.105
$\sigma_{(n,3n)}$	0	0	0	$4.5323 \cdot 10^{-5}$	0.128
σ_f	1012.26	939.059	560.667	1.60117	2.199
σ_γ	363.028	331.128	179.535	0.0936708	$1.2126 \cdot 10^{-3}$
nu	2.945	2.945		3.203	5.044
Pu-242					
σ_t	29.9961	27.705	1446.3	8.00387	5.97428
σ_e	8.71511	8.6892	322.486	4.78765	2.6352
σ_i	0	0	0.243242	1.98907	0.457841
$\sigma_{(n,2n)}$	0	0	0	$7.95579 \cdot 10^{-3}$	0.741936
$\sigma_{(n,3n)}$	0	0	0	$3.90837 \cdot 10^{-5}$	0.132452
σ_f	0.0138209	0.0122185	0.231665	1.13884	2.006
σ_γ	21.2671	19.0036	1123.33	0.0803204	$8.460 \cdot 10^{-4}$
nu	2.893	2.893		3.179	4.816
Am-241					
σ_t	699.185	626.832	1743.96	7.72423	5.5528
σ_e	11.8181	11.3611	149.068	4.59424	2.40413
σ_i	0	0	0.195027	1.5006	0.298813
$\sigma_{(n,2n)}$	0	0	0	$1.41174 \cdot 10^{-3}$	0.259086
$\sigma_{(n,3n)}$	0	0	0	$8.39443 \cdot 10^{-6}$	0.0158128
σ_f	3.12221	2.82752	8.42712	1.34825	2.5745
σ_γ	684.244	612.643	1586.27	0.279718	$4.58222 \cdot 10^{-4}$
nu	3.08	3.08		3.408	5.183

(Fortsetzung)

Tab. A.1 (Fortsetzung)

	0.0253 eV	Maxw. Av	Res. In.	Fiss.Sp Av.	14 MeV
Am-243					
σ_t	88.3807	80.1427	2249.77	7.81284	5.81402
σ_e	7.88181	7.82771	196.203	4.70914	3.00257
σ_i	0	0	0.218796	1.82135	0.314978
$\sigma_{(n,2n)}$	0	0	0	$2.35213 \cdot 10^{-3}$	0.357889
$\sigma_{(n,3n)}$	0	0	0	$1.02436 \cdot 10^{-5}$	0.0407142
σ_f	0.0813307	0.0724884	1.99905	1.06328	2.09499
σ_γ	80.4176	72.2424	2051.35	0.216712	$2.88321 \cdot 10^{-3}$
nu	3.273	3.273		3.558	5.133

Literatur

Achenbach, E.: Experimente zum Wärmeübergang eines HTR-Kugelhaufens bei Normalbetrieb und unter Störfallbedingungen, pp. 117–121. Jahrestagung Kerntechnik DAtF, In (1981)

Bennet, J.A.R.; Collier, J.G.; Pratt, H.R.C.; Thornton, J.D.: Heat transfer to two-phase gas-liquid systems. Part I: Steamwater mixtures in the liquid-dispersed region in an annulus. In: Transactions of the Institution of Chemical Engineers 39 (1961), S. 113–126

Bishop, A.A.; Sandberg, R.O.; Tong, L.S.: Forced convection heat transfer to water at near-critical temperatures and supercritical pressures. 1964. - WCAP-5449

Durham, F.P.; Neal, R.C.; Newrnan, H.J.: High-temperature heat transfert to agas flowing in heat-generating tubes with high heat flux. In: Reactor Heat Transfert Conference Bd. Part 1, 1957, S. 502–514

Hausen, H. (Hrsg.): Wärmeübertragung im Gegenstrom, Gleichstrom und Kreuzstrom. 2, neubearb. Aufl. Springer Berlin, Göttingen, Heidelberg, 1976

Jens, W.H. (Hrsg.); Lottes, P.A. (Hrsg.): Analysis of heat transfer, burnut, pressure drop and density data for high pressure, water. USAEC-ANL-4627. 1951

Kraussold, H.: Der konvektive Wärmeübergang. In: Technik **3**, 205–213 (1948)

Massoud, Dr. M.: Engineering Thermofluids. Springer-Verlag Berlin Heidelberg 2005, 2005

McAdams, W.H.: Heat transmission. McGraw-Hill, New York (1954)

Sutherland, W.A.: Heat transfer to superheated steam - GEAP-4258. 1963

Tong, L.S. (ed.): Boiling heat transfer and two-phase flow, Bd, 3rd edn. Wiley & Sons, New York, London, Sydney (1967)

Weisman, J.: Heat transfer to water flowing parallel to tube bundles. In: Nuclear Science and E. 6 (1959), S. 78–79

Sachverzeichnis

0–9
0.1F-Postulat, 388
10-Stunden-Autarkie, 441

Symbols
B_N -Methode, 122
P_N -Näherung, 124
S_N -Methode, 122
α-Spektroskopie, 299
α-Zerfall, 28
β-Strahlung
  Prompt, 215
β-Zerfall, 13, 25, 30, 48, 533
γ-Spektroskopie, 16, 299
γ-Strahlen, 533
γ-Strahlung, 16, 269, 290
  prompt, 215
Ähnlichkeitstheorie, 229
Überhitzungszustand, 231
Überschussreaktivität, 177, 194, 433, 492
Überwachung auf lose Teile, 514

A
Abbrand, 185, 557
Abbrandkompensation, 102, 271
Abbrandsperrvermerk, 453
Abbrandverzug, 459, 497
abbrennbare Gifte, 466
Abfälle, 552
  nicht wärmeentwicklende, 561
  wärmeentwickelnde, 561, 562
Abrüstung, 537
Abschaltborkonzentration, 482
Abschaltreaktivität, 434, 460
Abschaltsystem, 455
Abschirmung, 574
Abschlussarmaturen, 287
Absorbermaterial, 456
Absorption, 88
  β-Strahlung, 223
  γ-Strahlung, 223
Absorptionsquerschnitt, 462
Abstandhalter, 237, 245, 271
ADS, 559
Ahaus, 565
Aktinide, 342, 557
Aktiniden, 190
Aktivierung, 258, 298, 304
Aktivierungsprodukt, 185, 550
Aktivierungsrate, 480
Aktivitätsaufbau, 414
Albedo, 174
ALLEGRO, 372
Alterung, 501
Alterungsmanagement, 399, 502
ALVIS-Prozess, 549
Americium, 188
Anfahrüberbrückung, 477
Anfahrbereich, 302
Anfahren, 469
Anfahrsollstellung, 473
Anordnung
  heterogene, 110, 153, 159
  homogene, 102, 109
  inhomogene, 102
  kritische, 141
  quasihomogene, 102, 112
Anreicherung, 96, 466
Antimaterie, 10
AP 1000, 315, 317, 322, 330

A. Ziegler und H.-J. Allelein (Hrsg.), *Reaktortechnik*,
DOI: 10.1007/978-3-642-33846-5,

Asse, 562, 580
atomrechtliche Aufsichtsbehörde, 446
atomrechtliches Genehmigungsverfahren, 434
ATWS, 445
Außenkühlung, 322
Außenmesssystem, 304, 471
Auflagen, 445
Ausbrand, 468
Auslegungsfluenz, 407
AVR, 356
AVT-Fahrweise, 410

B

Bänke, 459
 D-Bank, 460, 489
  D-Bank-Stellungsregelung, 488
 Gesamtbank, 462, 473
 L-Bank, 460, 489
  L-Bank-Stellungsregelung, 476
 Nettobank, 465
Barn, 60
Baryonen, 10
Basissicherheit, 386
Basissicherheitskonzept, 388
Baulinie, 72, 270
BE-Lademaschine, 447
Beanspruchungsstufe, 390
Beladestrategien, 432
Beladung
 konventionelle, 432
 low-leakage, 432
 voll-low-leakage, 432
Becquerel, 28
Beryllium, 37, 82
Bestrahlungsüberwachungsprogramm, 517, 521
Bethe-Tait-Störfall, 345
Bethe-Weitsäcker-Zyklus, 532
Bethe-Weizsäcker-Formel, 24, 40
Betriebsüberwachung, 399, 503, 507
Betriebsdruck, 254
Betriebsgenehmigung, 445
Betriebshandbuch, 471
Betriebsinstrumentierung, 509
Betriebsstufe, 392
Beziehung
 nach Blasius, 237
 nach Nikuradse, 237
Biegespannungen, 213
Bindungsenergie, 8, 15, 23, 39, 41
biologischer Schild, 304
Bismut, 364, 533
Blasensieden, 232
 lokales, 235
Blei, 364
Blei-Bismut, 364
BOC, 433, 436, 437
Boltzmann-Konstante, 69
Bor-10-Anreicherung, 435
Borcarbid, 277, 357
Borda-Carnot-Koeffizienten, 238
Borkonzentration, 442, 486
Bortrifluorid, 294, 302, 305
Borwirksamkeit, 443
 reziproke, 444
Breit-Wigner-Formel, 86
Bremsdichte, 84, 89, 137, 144, 155
Bremsstoß, 80
Bremsstrahlung, 31
Bremsverhältnis, 82
Bremsvermögen, 82, 84
Bremszeit, 83
Brennelement, 244, 271, 336, 344, 352, 370, 550
 -führungsrohre, 249
 -fuß, 251
 -kopf, 249
 -skelett, 246
 Mischoxid, 202, 553, 560
 MOX, 202
 Schäden
  Leistungserhöhung, 203
 zylindrisch, 219
Brennelementeinsatzplanung, 431
 kurzfristige, 432
 langfristige, 432
 mittelfristige, 432
Brennstab, 244
 Auslegung, 201
 Belastung, 210
 Bestrahlungsversuch, 210
 Defekt, 202
 Dehnung
  Bestrahlung, 204
 Durchmesserveränderung, 204
 Hülle, 201
 Laständerung, 202
 Oxidation, 205
 Verbiegung, 202

Brennstab-Schäden, 490
Brennstabanordnung
  Dreick, 229
  Quadrat, 229
Brennstabdefekt, 210
Brennstabgeometrie, 218
Brennstabunterkanal, 228
Brennstoff
  Carbid, 198
  Formänderung, 202
  Hülle, 199
  konditionieren, 202
  Kriechen, 209
  Metall, 198
  Nachsintern, 203
  Nitrid, 198
  Oxid, 198
  Phasenumwandlung, 202
  Schmelzen, 203
  Schmelzpunkt, 201
  Schwellen, 207, 210, 212
  Spaltgasdruck, 209
  Spaltgaskammer, 209
  Tablette, 203
  Temperatur, 201
    Maximum, 219
  Temperaturfeld, 215
  Urancarbid, 198
  Zentralkanal, 203
Brennstoffabbrand, 185
Brennstoffanordnung, 214
Brennstoffgitter, 108
Brennstoffhülle, 223
  Magnox, 199
Brennstoffkonditionierung, 490
Brennstoffschwellen, 214
  Langzeitwechselwirkung, 212
Brennstofftabletten, 221, 244
Brennstofftemperaturkoeffizient, 183, 486
Bruchausschluss, 360
bruchmechanische Analyse, 397, 520, 523
Bruchzähigkeit, 516
Brutmantel, 346, 350
Brutrate, 344
Brutreaktor, 198, 343, 362
Brutstoff, 186, 361
Buckling, 142, 146, 148, 151
  geometrisches, 142, 144
  materielles, 142

C
Cäsium, 190, 560
Cadmium, 67, 339
Calutron, 547, 549
CANDU, 335
  Advanced-, 341
CASTOR, 563
Coated Particle, 353
Compton-Effekt, 32
Containmentkühlsystem (passiv), 316
Core, 252
Core Catcher, 323, 326, 348
Corenaht, 406, 506, 515, 522, 524
Corium, 323, 325
Corum, 326
Curie, 28
Curium, 188

D
Dampfanteil, 235
Dampfblasen, 233
Dampferzeuger, 244, 263, 337, 340, 359
Dampferzeugerheizrohre, 264, 410
Dampffilm, 233
Dampfgehalt, 235
Dampfphase, 233
Dampftrockner, 263, 278
Dancoff-Ginsburg-Korrektur, 112
Defektwahrscheinlichkeit, 439
dehnungsinduzierte Risskorrosion (DRK), 124
Detektor, 291
differentielle Steuerstabwirksamkeit, 462
Diffusionsgleichung, 125, 132, 139, 142, 147, 149, 155, 164
  Grenzbedingungen, 133
Diffusionskonstante, 129, 163, 167, 175
Diffusionslänge, 156
DNB, 235
DNB-Punkt, 233
DNB-Punkt, 232
DNB-Rechenschaltung, 475
DNB-Verhältnis, 440
Doppelgreifer, 448
Doppler-Koeffizient, 183, 345
Dopplereffekt, 86, 444, 460
Dosimetrie, 296
DRAGON-Reaktor, 355
Drehdeckel, 348

Drosselkörper, 244, 437
Druckabfall
  Austritt, 238
  Brennelement, 238
  Eintritt, 238
  homogenes Modell, 239
  Reibung, 237
  statische Höhe, 237
  Zweiphasenströmung, 239
Druckentlastungssystem, 287
druckführende Umschließung (DfU), 400
Druckhalter, 244, 265
Druckkammer, 288
Druckprüfung, 513
Druckröhren, 335
Druckröhrenreaktor, 216
Druckverlust, 237
  Abstandhalter, 237
  Austritt, 237
  Beschleunigung, 237
  Drift-Modell, 239
  Eintritt, 237
  Kühlmitteldurchsatz, 237
  Multiplikator laminare Strömung, 239
  Multiplikator turbulente Strömung, 239
  Pumpenleistung, 237
  Schlupfmodell, 239, 240
  Stabbündel, 237
Druckwasserreaktor, 187, 243, 304, 313
Dryout, 233
Durchmesser
  hydraulisch, 228, 229
Durchmischungsfahnen, 247

E

Eichbosonen, 10, 12
Eigenspannungen, 419
Einheitszelle, 154
Einwurfstab, 460
Einzelfehler, 443
Eisen, 16
elektromagnetische Trennung, 547
Elektron, 13
ELFR, 367
ELYS, 367
Emissionsvermögen, 222
Emsland, 243
ENDF, 57, 68, 87, 168
Endlager, 342, 535, 561, 575
Energiegruppen, 165
Entborieren, 473
Enthalpie, 224, 236
EOC, 436, 438
EPR, 313, 323, 328
Ermüdung, thermisch, 507, 509
Ermüdungsanalyse, 395
Erz, 535, 539
ESBWR, 315, 320
Extrapolationslänge, 134, 175

F

Förderpumpe, 244, 261
Führungsmast, 447
Führungsrohre, 245, 455
Fahrfolge, 461
  Fahrfolgewechsel, 482
Fahrgeschwindigkeitsbegrenzung, 464
Fahrkammersystem, 309
Farbladung, 10
FD-Minimaldruckregelung, 486
Fehlerpostulat, 521, 522
Fermi-Alter, 138, 143, 164
Fermi-Alter-Gleichung, 137
Fermi-Alter-Theorie, 126
Fermionen, 6, 10
Ficksches Gesetz, 136, 132, 216
FIFA, 186
Filmsieden, 440
Filmverdampfung
  partielle, 233
  vollständige, 233
FIMA, 186
Fittingfaktor, 439
Flüssigextraktion, 536, 539, 553
Flüssigkeitstropfen, 233
Fluenzen, 441
Fluor, 540
Flussabsenkung, 157
Flussdichteverteilung, 309
Flusswölbung, 142, 146, 148, 151
Formfaktor, 219
Fotomultiplier, 294
freie Weglänge, 102, 130
Frenkel-Defekte, 440
Frequenzstützung, 491
Fretting, 202
Frischdampfleitungsleck, 434
Funktionsprüfung, 513

G
Gadolinium, 102, 271, 339
Gadolinium-Ausbrand, 437
Gasdiffusion, 543
Gaszentrifuge, 545
Gebäudekondensator, 319
Geiger-Müller-Zählrohr, 293
Genehmigungsdruck, 254
Generation IV, 360
Generatorleistungssollwert, 478
Geschwindigkeitsprofil, 233
Gestaltänderungsenergie-Hypothese, 213
GFR 2400, 369
GIF, 360
GLAD-RELEB, 479
Gliederzüge, 305
Gluonen, 10
Gorleben, 566, 578
Granit, 537, 577
Graphit, 76, 82, 154, 353
Gruppenkonstanten, 166, 171

H
Hühlrohrtemperatur
  Maximum, 227
Hüllrohr
  axiale Dehnung, 212
  Duktilitätsminderung
    Wasserstoff, 213
  Korrosion, 213
  Ovalität, 221
  tangentiale Dehnung, 212
  Wanddicke
    Reduktion, 213
  Zircaloy, 202
Hüllrohrkorrosion, 435
Hüllrohrtemperatur, 228
Halbleiterdetektoren, 298
Halbwertsdicke, 34
Halbwertszeit, 48
Hauptförderpumpe, 261
Hauptkühlmittelleitungen, 412
Hauptkühlmittelpumpe, 261
Hauptkühlmittelstutzen, 257
Hauptwärmesenke, 472
Heißgasleitung, 357
Heißkanal, 211
Heißkanalfaktor, 221, 438
Heizfläche
  Belastung
    kritisch
  Zerstörung, 232
Heizflächenbelastung
  kritische, 201
    Optimum, 232
Helium, 353, 357, 368, 532, 548
Herstellungstechnologie, 386
Hilfshub, 447
Hochtemperaturreaktor, 216, 353
  Brennelemente, 355
  VHTR, 372
HPLWR, 374
HTR-Modul, 356
hydraulischer Durchmesser, 228, 229

I
Impulsbereichsmesskanal, 471
inhärente Sicherheit, 433
Inspektion, vorbeugende, 513
Instrumentierungslanze, 437
integrale Reaktivitätswirksamkeit, 465
integrale Reaktorleistung, 488
Integrität, 502
Integritätskonzept, 395, 503
interdendritische Spannungsrisskorrosion, 507
interkristalline Spannungsrisskorrosion
    (iSpRK), 408, 410, 422
Iod, 191, 560
Ionisation, 291
Ionisationskammer, 291, 302
IRWST, 315, 317, 331
Isolation Condenser, 315
Isotopentrennung, 540

J
J-Integral, 526
Jahreskollektivdosis, 416
JANIS, 90
JSFR, 363

K
Kühlkanal, 225, 233
  Austrittstemperatur, 226
  Eintrittstemperatur, 225, 228
  Massenstrom, 225
  Querschnitt, 201

Kühlmittel
  Eintrittstemperatur, 225
  Geschwindigkeit, 228
  Strömung, 224
  Verdampfen, 231
  Verlust
    Störfall, 201
Kühlmitteltemperatur
  axiale Verteilung, 225
  lokale, 228
Kühlmitteltemperaturkoeffizient, 433, 486
Kühlmittelumwälzpumpe, 284
Kühlmittelverluststörfall, 516, 520, 524
Kalandria, 336, 341, 342
KALIMER, 363
Kalkar, 345
Kaskade, 541, 545
  -ideale, 541
Kerena, 313, 319, 322, 327, 331
Kernüberwachung, 480
Kernabbrand, 487
Kernbehälter, 252, 257, 359
Kernbrennstoff, 531
  -reichweite, 538
Kerneinbauten, 252
Kernfänger, 323, 326, 348
Kernfusion, 16, 36, 532
Kerngerüst, 257
Kerngitter, 279
Kernmantel, 274, 278, 417
Kernradius, 14
Kernschmelze, 313, 321, 378
Kernspaltung, 39, 61, 93
  Spaltprodukte, 205
kerntechnisches Regelwerk, 383, 455
Kernumfassung, 254
Kettenreaktion, 93, 99
Kleinkugelabschaltsystem, 357
Kobalt, 304
Koeffizient
  Borda-Carnot, 238
Komponentenintegrität, 505
Kondensationskammer, 288
Konrad, 562, 578
Konvektion, 221
Konvektionsströmung, 231
Konversationsrate, 343
Konvoi, 243, 269, 328
Korrisivität, 368
Korrosionsschichtdicke, 439
Kreiselpumpe, 261
Kreislaufauslegung, 268, 288
Kriechstauchung, 212
Kritikalität, 574
Kritikalitätsbedingung, 143
Kritikalitätssicherheit, 447
Kritikalitätssicherheitsabstände, 443
kritische Anordnung, 464
kritische Bedingung, 93, 94
kritische Borkonzentration, 462
kritische Gleichung, 145
kritische Masse, 176
kritischer Radius, 146
Kritischmachen, 470
kritsche Gleichung, 95
Kugelmesssonde, 437
Kugelmesssystem, 308
Kugelschüttung, 355, 357, 380

L

La Hague, 555
Laborsystem, 130
langfristigen Unterkritikalität, 442
Laplace-Operator, 216
Laser-Anreicherung, 549
Laständerungsgeschwindigkeit, 483
Lastfallklasse, 392
Lastfolgebetrieb, 461, 485
Lastschriebe, 451
Lastwechsel, 210
Lastwechselfähigkeit, 483
Lastwechselvorgang, 482
Lastzyklusbetrieb, 461
Leck-vor-Bruch-Verhalten, 385, 389, 395
Leckageüberwachung, 514
Legendre-Polynome, 124
Leichtwasserreaktor, 166, 199, 243, 343, 353, 539
  überkritischer, 373
Leifähigkeitsintegral, 218
Leistungsbetrieb, 302
Leistungsdichte, 178, 201, 217, 309
  maximal, 219
  maximale, 218, 219
Leistungsdichteumverteilung, 438
  Leistungsdichteumverteilungseffekte, 490
Leistungsdichteverteilung, 213

Leistungsdichteverteilung (LDV), 305, 460, 488
Leistungsdrichte, 278
Leistungserhöhung
 schnelle, 212
Leistungsreaktivität, 455
Leistungsregelung, 484
Leistungsverteilung, 225
 axial, 225
Leistungsverteilungsdetektor, 305, 309, 437
Leitfähigkeitsintegral, 217
Leptonen, 10, 12
Lethargie, 79, 84, 136
LOCA (Loss of Coolant Accident), 385, 436
LOCA-Schadensumfang, 438
Loop, 244

M
magische Zahlen, 9, 17
Manhattan-Projekt, 544, 547, 549
Martinelli-Nelson
 Multiplikator, 241
 Parameter, 240
Massendefekt, 16, 35, 45
Massenspektrograf, 547
Masterkurve-Konzept, 519
Maxwell-Verteilung, 53, 68
MCNP, 123
mechanische Belastungen, 389, 505, 509
Mehrgruppenrechnung, 215
Mesonen, 10
Mindestabbrand, 453
Mindestlastpunkt, 485
Mittelbereich, 473
mittlere freie Weglänge, 444, 467
mittlere Kühlmitteltemperatur, 485
mittleres Wanderungsquadrat, 144
MLIS-Prozess, 549
MOC, 436, 437
Moderator, 69, 76, 82, 88, 96, 102, 104, 106, 155, 163, 183, 200, 336, 344
 Be, 198
 Blei, 199
 D_2O, 198
 Graphit, 198
 H_2O, 198
 Metall, 199
 organisch, 198
Moderatorkoeffizient, 184
Moderatortemperaturkoeffizient, 184
Monte-Carlo, 102, 112, 115, 122, 166
Morsleben, 577
MOX, 202, 553, 560
MSR, 376
Multigruppendiffusionsgleichung, 169
Multigruppenkonstanten, 166
Multigruppenrechnung, 164
Multiplikationsfaktor, 99, 100, 115, 123, 139, 182
MYRRA, 559

N
Nachhaltigkeit, 361
Nachteilfaktor, 105
Nachwärme, 46, 152, 359, 371, 573
Nachwärmeleistung, 214
Nachzerfallsleistung, 311, 435, 441
Nassdampfgebiet, 235
natürliches Zyklusende, 492
Natrium, 344, 368
Natururan, 95, 336, 343
Naturzirkulation, 314
Netto-Dampfproduktion, 232
Neutrino, 31
Neutrinos, 9, 12
Neutron, 13, 41
Neutronen, 9, 47, 290, 533
 -absorber, 339
 -bilanz, 97
 -dosis, 305
 -energie, 53, 61, 65
 -fluss, 174
 -flussdichte, 100, 104, 116, 146, 157, 166, 277, 300, 533
 -generation, 100
 -geschwindigkeit, 83
 -lebensdauer, 52
 -multiplikation, 97
 -quelle, 162
 -quellen, 37, 132, 135, 159, 169, 277
 -spektrum, 54, 107, 165
 -strahl, Schwächung, 58
 -strom, 127, 167
 -temperatur, 69
 -versprödung, 376
 Absorption, 61, 85
 Bremsung, 76
 Energie, 48, 79, 81, 85

epithermische, 67, 161, 165
freie Weglänge, 64
Generationszyklis, 97
Lebensdauer, 100
mittlere Lebensdauer, 64
prompte, 47
Resonanzabsorption, 85
schnelle, 67
Spalt-, 141, 165
Streuung, 74
thermische, 43, 61, 67, 68, 126, 165, 191, 558
verzögerte, 47, 178
Neutronenausbeute, 47
Neutronenbestrahlung, 506, 516, 517
Neutronenfluenz, 407
Neutronenflussaußeninstrumentierung, 304
Neutronenflussdichte, 225
Neutronenflussdichteverteilung, 214, 225
Neutronenflussregelung, 463
Neutronenflussverteilung, 476
Neutronengift, 102, 271, 337
Neutronenmoderation, 467
NJOY, 87, 168
Normalbetrieb, 469
Notkühlung, 434
Notkondensator, 313
Nucleosynthese, 533
Nukijamakurve, 231, 233
Nukleonen, 8, 16
Nulllast, 473
Nulllastborkonzentration, 475
Nusseltzahl, 230

O

obere Endstellung, 473
oberes Kerngerüst, 455
Oberflächentemperatur, 218
Oklo-Phänomen, 534

P

Paarbildung, 32
Parallelströmung, 237
Partitionierung, 557
Passive Pressure Pulse Transmitter, 327
passive Sicherheitseigenschaften, 311, 359, 362, 378
Passivität, 311
Pauli-Prinzip, 6, 15
PCI, 212
PCI-Schäden, 490
peak oben, 438
Pellet, 550
Pellets, 221
Pfropfenströmung, 233
Phasenänderung, 231
Phasengrenze
Wasser Dampf, 233
Phasenverteilung, 228
Phosphate, 537
Photoeffekt, 32
Plausibilitätskontrolle, 103, 115
Plutonium, 185, 188, 202, 342, 553, 557
POLLUX, 580
Positron, 10, 30
Potentialschwelle, 41
Prandtlzahl, 230
Pressurized Thermal Shock (PTS), 516
Primärkreis, 244, 399, 509
Product, 540
Proliferation, 362, 550
Proportionalzähler, 292
Proton, 13
Protonen, 9
Punktkinetische Gleichungen, 178
Lösung, 180
PUREX-Verfahren, 553, 557

Q

Qualität, 502
Quarks, 9, 10
Querschnittsversperrung, 238

R

r-Prozess, 533
räumiche Trennung, 312
Radioaktive Abfälle, 560
nicht wärmeentwickelnde, 561
wärmeentwickelnde, 561
Radioaktivität, 27
Radiotoxizität, 561
Random walk, 116
Reaktionsrate, 61, 65
Reaktivität, 337, 341, 364, 463, 486
Reaktivitätsänderungen, 455

Reaktivitätsverlust, 214
Reaktor
  -dynamik, 177
  -gitter, 155
  -kern, 252, 273
  -leistung, 146
  prompt überkritischer, 181
  endlicher, 140, 145, 179
  heterogener, 153
  homogener, 172
  kritische Abmessungen, 145
  kugelförmiger, 145
  Leichtwasser-, 176
  Natur-, 534
  Natururan, 153
  Natururan-, 153, 162
  quaderförmiger, 147
  quasi-homogen, 16, 98
  Rand, 146
  thermisch, 197
  thermischer, 103, 141
  unendlicher, 102
  zylinderförmiger, 148
Reaktordruckbehälter, 254, 278, 356, 357, 378, 404, 455, 506
Reaktoren
  thermische, 97
Reaktorkern, 346, 350, 357, 367, 369
  Erstbeladung, 213
Reaktorleistungsbegrenzung, 459, 475
Reaktormesstechnik, 290
Reaktorschnellabschaltung, 440, 455
Reaktorschutz, 471
Referenztemperatur, 442, 517, 519
Reflektor, 172
Reflektorgewinn, 175
Regelstab, 271
Regelstabantrieb, 258, 273, 282
Regenerationsfaktor, 95, 99, 103, 146, 161
Rekritikalität, 442
relative Flussänderungsgeschwindigkeit, 465, 473
Relocation, 479
Resonanz, 66, 76
  -parameter, 86
  -verbreiterung, 86
  Halbwertsbreite, 85
Resonanzabsorption, 444, 85, 97, 101, 166, 183, 341, 559
Resonanzbereich, 160
Resonanzentkommwahrscheinlichkeit, 90, 99, 109, 160, 183
Resonanzintegral, 90, 109, 111, 159
Reynoldzahl, 229, 230
Rezipent, 545
Ringströmung, 233
  inverse, 235
Rotor, 545

S

s-Prozess, 533
Sättigungskurve, 236
Salzschmelzenreaktor, 376
Salzstock, 578
Samarium, 189
Schädigungsmechanismus, 397, 409, 502–508, 511–513, 515
Schadensgrenzkurve, 438
Schmelze-Beton-Wechselwirkung, 323
Schnellabschaltung, 339
Schneller Bleigekühlter Reaktor, 364
Schneller Brüter, 165, 342, 362, 380
Schneller Gasgekühlter Reaktor, 368
Schneller Natriumgekühlter Reaktor, 342
  Generation IV, 362
  Loop Typ, 345
  Pool Typ, 350
Schnellspaltfaktor, 99, 105, 161
Schrödinger-Gleichung, 5, 8, 18
Schrittfolgeplan, 452
Schutzziel, 442
Schweißplattierung, 257
Schwermetall, 186
Schwerpunktsystem, 78, 85, 130
Schwingungsüberwachung, 513
SCWR, 373
SE-Greifer, 449
Seitz-Wigner-Zelle, 155
Selbstabschirmung, 445
Sellafield, 555
Serpent, 102, 123, 135, 153, 162, 166, 173
Sicherheitsbehälter, 270
Sicherheitsfaktor
  burn out, 232
Sichtprüfung, 512
Siebtonne, 253
Siedebeginn, 231

Siedekennlinie, 231
Siedeline, 236
Siedetemperatur, 236
Siedewasserreaktor, 187, 231, 270, 309, 331
SILEX-Prozess, 550
Siliciumcarbid, 354
SMFR, 363
SNR-300, 345
Spallation, 559
Spaltgas
  Sättigungskonzentration, 207
Spaltgasfreisetzung, 207, 212, 214, 221
Spaltkammer, 300
Spaltneutronenausbeute, 47
Spaltneutronenspektrum, 146
Spaltprodukt, 39, 551, 560
  -vergiftung, 190
  Metallausscheidung, 205
Spaltprodukte, 42, 185, 189, 205, 269, 214, 342, 354
  Ausbeute, 44
Spaltstoff, 186, 301
  Anreicherung, 198
  Konzentration, 200
Spaltstoffkonzentration, 225
Spaltstoffkugel, 146
Spaltzone, 346
Spannungskategorie, 391, 392
Spannungsvergleichswert, 391
Spektralkoeffizient, 435
Spektrallinien, 5, 549
Spezifisches Volumen, 235
SPN-Detektoren, 303
Spontanspaltungen, 40
Sprödbruchübergangstemperatur, 521
Sprödbruchsicherheitsanalyse, 514, 521, 523
Störfall, 467
Störfallanalyse, 434
Stableistung
  maximale, 219
Standort-Zwischenlager, 569
starke Wechselwirkung, 10
stationäres Teillastdiagramm, 484, 493
Stauplatte, 253
Steag, 576
Steinsalz, 578
Stephan–Boltzmann
  Emissionsgesetz, 222
  Konstanten, 222
Steuerelemente, 437, 455, 459
  Fahrkonzept, 459
Steuerstab, 274, 338, 357, 455
Steuerstabfahrkonzept, 488
Stoßdichte, 84
Strömung
  Geschwindigkeitsfeld, 224
  Grenzschicht, 229
  laminar, 230
  turbulent, 230
Strömungskanal
  Siedewasserreaktor, 233
Strömungsverhältnisse
  DWR, 235
Streckbetrieb, 490, 492
  Streckbetriebsfahrweisen, 493
  stretch-out, 492
Streuung, 122, 127, 168
  elastische, 60
  elatische, 98
  elstische, 87
  inelastische, 60, 67, 98, 146, 166
  isotrope, 74, 117
  Richtungsabhängigkeit, 117
  Vorwärts-, 130
Stromdichte, 217
Strontium, 190
Strukturmaterial, 200
stuck-rod, 441, 465
Super-Phénix, 350
Supernova, 533
Synchronisieren, 478
Szintillationsdetektoren, 294
  Feststoff-, 296
  Flüssigkeit-, 295
  Gas-, 295

T

Tail, 540
Tauline, 236
Temperatur
  Hühlrohr, 201
Temperaturdifferenz, 232
  Brennstaboberfläche, 224
  Brennstoffoberfläche, 224
Temperaturgradient, 215, 217
Temperaturkoeffizient, 184
Temperaturprofil, 228
Temperaturrückwirkung
  punktkinetisches Modell, 228

Temperaturverlauf
Pelletoberfläche, 227
Temperaturverteilung
axial, 226
Hüllrohr, 226
parabolisch, 217
radial, 211
Stabquerschnitt, 224
thermische Belastungen, 390, 505, 509
thermische Neutronen, 467
thermische Nutzung, 99, 104, 158
thermische Streumatrizen, 166
thermischer Absorber, 462
thermischer Schild, 253
Thermodiffusion, 208, 548
Thermolumineszenz, 297
Thermoschutzrohr, 281
Thorium, 186, 342, 355, 361, 379
THTR-300, 355
Tianwan, 326
Tongestein, 578
Totzeit, 291
transkristalline Spannungsrisskorrosion (tSpRK), 410
Transmutation, 558
Transportgleichung, 118
*P*1-Näherung, 125
PN-Näherung, 124
Vereinfachung, 123
Transporttheorie, 115, 117, 118
Transportweglänge, 131
Transurane, 214
Trennarbeit, 541
Trenndüsenverfahren, 548
Trennfaktor, 541, 547, 548
Trennleistung, 541
Trennstufe, 541
Tributylphosphat, 539, 553
TRISO coated particle, 353
Tröpfchenmodell, 9, 23, 41
Tritium, 31
Turbinenleitrechner, 478

U
Umsetzplan, 446
Unterkühlungstransiente, 442
Unterkritikalität, 467
Unterkritische Verstärkung, 559
Uran, 29, 41, 93, 102, 185, 301, 342, 355, 361
-abbau, 535
-dioxid, 550
-erz, 535, 539
-fördermenge, 536
-gehalt der Meere, 533
-gehalte der Meere, 536
-hexafluorid, 539, 540, 550
-preis, 538
-vorkommen, 531
-vorkommen, unkonventionelle, 537
Anreicherung, 96, 103, 535, 540
Natur-, 95, 153, 176, 538
Reichweite der Vorkommen, 538

V
Vanadium, 309
Verbindungsdruckbehälter, 359
Verbleibsfaktor, 139
Verbleibswahrscheinlichkeit, 139
schnelle, 143
thermische, 143
Verdampfungskondensation, 208
Verdampfungswärme, 236
Vergleichsdehnung
plastisch, 212
Vergleichsspannung, 213, 391
Verhältnis
U/O, 201
Verteilung
Dampfblasengehalt, 233
Vier-Faktoren-Formel, 98
Void-Koeffizient, 341, 342, 345, 489
Voidreaktivität, 435, 445
Volllast-Nulllast-Übergang, 441
Volumenausgleichsleitung, 266
voreilende Bestrahlungsproben, 440
Voreilfaktor, 517
Vorsipping-Anlage, 451
Vorwärtsstreuung, 130

W
Wärmeübergang, 229
konvektiv, 230
Spalt, 221
Wärmeübergangsphänomene, 235
Wärmeübergangszahl, 222, 228, 230
Dampf–Flüssigkeitsmischung, 236
Reduktion, 233

Wärmeübertragung, 197
  Geschwindigkeitseinfluss, 229
  Turbulenzgrad, 229
Wärmebilanz, 216
Wärmedurchgangszahl, 222
  Konvektion, 222
  Wärmeleitung, 221
Wärmeleitfähigkeit, 215, 216, 230
  Hülle, 223
  UO_2, 217
Wärmeleitung, 215, 221
  axiale, 225
  Strahlung, 220
Wärmesenke, 215
Wärmestrahlung, 221
  Brennstoff zu Hülle, 222
  Wand zu Brennstoff, 222
Wärmestrom, 221
Wärmestromdichte, 215, 216, 218, 223, 231, 232
  kritisch, 233
  lokal, 228
  maximale, 219
  Oberfläche, 219
Wärmetransport, 215
  elektrische Ladungsträger, 220
  Photonen, 220
Wanderungsquadrat, mittleres, 144
Wasser
  schweres, 82, 335
Wasserabscheider, 263, 278
Wasserchemie, 397, 421, 505, 507
Wasserfilm, 233
wasserseitige Hüllrohrkorrosion, 439
Wasserspaltung, 373
Wasserstoff, 322, 532, 548
wasserstoffinduzierte Flockenrisse (sog. Flakes), 386
Wasserstoffproduktion, 373
Wasserströmung
  1-phasig, 233
Wasserzutritt, 578
Way-Wigner Formel, 46
Werkstoffkonzept, 400
Werkstoffsensibilisierung, 421
Westcott-Faktor, 72
Widerstandsbeiwert, 237, 238
Wiederaufbereitung, 552, 565
wiederkehrende Prüfungen (WKP), 397, 470, 490, 504
Wirkungsquerschnitt, 59, 98, 103, 146, 163, 166, 302
  1/v Verlauf, 66
  differentieller, 73
  Energieabhängigkeit, 65
  makroskopischer, 64
  mikroskopischer, 60
  mittlerer thermischer, 71
Wirtsgestein, 577
WTI, 575
WWER-1000, 326

X
Xe-Aufbau, 478
Xenon, 189, 338
Xenon-Dynamik, 489
  Mitkopplung, 496
Xenonschwingungen, 195
Xenonvergiftung, 192

Y
Yellow Cake, 536

Z
Zählgas, 293
Zählrate, 290
Zentraltemperatur, 218, 219
Zentrierglocke, 448
Zentrifuge, 545
Zerfallsgesetz, 28, 52
Zerfallskonstante, 28
Zerstörung
  Heizfläche, 233
zerstörungsfreie Prüfungen (ZfP), 397, 508, 511
Zielabbrand, 432
Zircaloy, 199, 212, 553
Zircaloy-4, 247
Zirkonium, 322
Zonenkontrollsystem, 337
Zwangsumwälzpumpe, 284
Zweiphasengebiet, 235
Zweiphasengemisch, 228
Zwischenlager, 565
Zwischenlager Nord, 567
Zwischenlagerung, 560
Zykluslänge, 492